ISBN 978-0-364-60889-0
PIBN 11041858

ZEITSCHRIFT

FÜR

ANALYTISCHE CHEMIE.

HERAUSGEGEBEN

VON

DR. C. REMIGIUS FRESENIUS,

GEH. HOFRATHE, DIRECTOR DES CHEMISCHEN LABORATORIUMS UND DER PHARMACEUTISCHEN LEHRANSTALT ZU WIESBADEN, PROFESSOR DER CHEMIE, PHYSIK UND TECHNOLOGIE AM LANDWIRTHSCHAFTLICHEN INSTITUTE DASELBST.

FÜNFZEHNTER JAHRGANG.

MIT IN DEN TEXT GEDRUCKTEN HOLZSCHNITTEN UND SIEBEN LITHOGR. TAFELN.

WIESBADEN.

C. W. KREIDEL'S VERLAG.

1876.

Inhalts-Verzeichniss.

I. Original-Abhandlungen.

II. Bericht über die Fortschritte der analytischen Chemie.

I. Allgemeine analytische Methoden, analytische Operationen, Apparate und Reagentien. Von H. Fresenius.

II. Chemische Analyse anorganischer Körper. Von H. Fresenius.

III. Chemische Analyse organischer Körper. Von C. Neubauer.

1. Qualitative Ermittelung organischer Körper.

2. Auf Physiologie und Pathologie bezügliche Methoden.
Von C. Neubauer.

8. Auf gerichtliche Chemie bezügliche Methoden.
Von C. Neubauer.

Eine neue, die gleichzeitige quantitative Ermittelung des Chlors gestattende Methode zur Bestimmung von Phosphor und Schwefel in organischen Substanzen.

Von

G. Brügelmann.

Phosphor und Schwefel, insbesondere aber Schwefel, in organischen Substanzen zu bestimmen, welche diese Elemente nur höchst spärlich enthalten und deshalb in grösseren Quantitäten auf dieselben untersucht werden müssen, ist nach den bekannten Methoden mit gewissen Schwierigkeiten verbunden.

Veranlasst durch einige Phosphor- und Schwefelbestimmungen in Pflanzentheilen, habe ich deshalb zunächst für diese eine neue Methode ausgearbeitet, nach welcher sich auch sehr bedeutende Substanzmengen — bis zu 20 Grm. in 2 Stunden — leicht und schnell bewältigen lassen. Dieselbe bietet indessen ausserdem, wie weitere Versuche gezeigt haben, noch in anderen Beziehungen einige Vortheile, nämlich einmal in der Möglichkeit Chlor neben Phosphor und Schwefel zu bestimmen, dann darin, dass bei der Untersuchung Chlor und zugleich auch Stickstoff enthaltender Körper die Bildung des Cyans vermieden wird, ferner in der bequemen und durchaus sicheren Behandlung flüssiger sehr leicht flüchtiger Verbindungen und endlich in der Anwendung verhältnissmässig nur kleiner Mengen von Reagentien.

Während die bekannten Verfahrungsweisen entweder überhaupt nur die Untersuchung geringer Substanzmengen erlauben, oder aber, sobald grössere Quantitäten und namentlich auch flüssige leichtflüchtige Verbindungen ins Spiel kommen, demgemäss eine weit grössere Menge von Reagentien beanspruchen, verlangt deren die nach einigen allgemeineren Betrachtungen zu beschreibende Methode für sämmtliche Fälle dasselbe unbedeutende Quantum.

Nach dieser neuen Methode wird die Zerstörung der organischen Materie durch einen Sauerstoffstrom in einem an beiden Seiten offenen

Verbrennungsrohre bewirkt, während die Bindung der hierdurch in Phosphorsäure und Schwefelsäure verwandelten Elemente Phosphor und Schwefel sowie des Chlors durch eine kurze Schicht von Aetzkalk und zwar gekörntem Aetzkalk geschieht.

Es mag im ersten Augenblicke befremden, den Kalk grade für den gedachten Zweck anzuwenden, da er zu der Bildung des schwerlöslichen schwefelsauren Kalkes bei Schwefelbestimmungen Veranlassung gibt; doch ist dies, wie nachstehend gezeigt werden wird, nur in den seltensten Fällen bei der Ausführung der Methode zu berücksichtigen, wogegen der Kalk einige andere sehr wesentliche Eigenschaften besitzt, welche ihm vor den übrigen hier in Betracht kommenden Substanzen unbedingt den Vorzug einräumen.

Kohlensaures Natron sowohl, wie kohlensaurer Baryt und kohlensaure Magnesia, welche beide bereits zur Vertretung des kohlensauren Natrons bei Schwefelbestimmungen vorgeschlagen worden, sind in ihrer Anwendung von verschiedenen Nachtheilen begleitet. Was zuerst den Baryt betrifft, so bietet derselbe, sobald er in Säuren vollständig löslich ist, allerdings die Gewähr, frei von Schwefelsäure zu sein; der bei der Oxydation entstehende, bei der nachherigen Behandlung der geglühten Masse mit Wasser und Säure zurückbleibende schwefelsaure Baryt ist aber überaus stark verunreinigt und dann ist der Baryt natürlich in allen den Fällen unbrauchbar, in denen man vor der Ausfällung der Schwefelsäure unlösliche Stoffe durch Filtration zu entfernen hat. Die Magnesia wird sich wohl nicht leicht, wenigstens nicht so leicht wie der Kalk insbesondere in grösseren Mengen ganz schwefelsäurefrei darstellen lassen, auch würde sie die Bestimmung des Chlors, wegen der leichten Zersetzbarkeit des Chlormagnesiums schon in niedriger Temperatur, nicht gestatten; ihre Anwendung wird aber dadurch schon bei der zu beschreibenden Methode ganz unmöglich, dass Chlormagnesium nach Fresenius*) einen lösenden Einfluss auf schwefelsauren Baryt ausübt, und dass schwefelsaure Magnesia, bei stärkerem Glühen an sich schon etwas zersetzbar, mit Kohle geglüht schweflige Säure, im Wasserdampf geglüht aber Schwefelsäure unter Zurücklassung von Magnesia ausgibt. Phosphorbestimmungen liessen sich jedenfalls auch mit Baryt oder Magnesia, Chlorbestimmungen auch mit Baryt ausführen; allein hierin würde dem Gebrauche des Kalkes gegenüber zum Mindesten kein Vortheil begründet sein. Ein Hauptübel-

*) Dessen Anl. z. quantit. chem. Anal. 5. Aufl. S. 129.

stand in dem Gebrauche des kohlensauren Natrons endlich für Schwefelbestimmungen im Allgemeinen besteht darin, dass es fast stets durch schwefelsaures Natron verunreinigt ist. Es gilt dies wenigstens von dem im Handel als chemisch rein vorkommenden kohlensauren Natron. Dasselbe lässt sich nun zwar auf Umwegen ganz frei von Schwefelsäure erhalten, aber abgesehen hiervon ist seine Anwendung bei der zu beschreibenden Methode deshalb unzweckmässig, weil es in höherer Temperatur einmal das Glas sehr stark angreift, was eine nachherige langwierige Abscheidung der aus demselben aufgenommenen Kieselsäure bedingt, dann die Eigenschaft hat stark zusammenzusintern. Hierdurch erweitert sich der Kanal zwischen der Wandung des Verbrennungsrohres und dem kohlensauren Natron, so dass während des Verlaufes der Operation die Absorptionsfähigkeit der vorgelegten Schicht desselben verringert werden muss.

Von der grössten Bedeutung für die zu beschreibende Methode ist es daher, dass der Aetzkalk auch in der höchsten Temperatur unveränderlich ist und sich in Folge dessen mit grossem Vortheil gekörnt — die Darstellung des gekörnten Kalkes wird nachher beschrieben — anwenden lässt. Schichten gekörnter Absorptionsmittel wirken, wenn die Körner eine geeignete Grösse haben, und das Material zumal wie beim Aetzkalk porös ist, dadurch, dass ein sie passirendes Gasgemisch gezwungen ist, sie nach allen Richtungen hin zu durchdringen, weit intensiver als Schichten pulverförmiger Absorptionsmittel mit einem an ihrer Oberfläche befindlichen Kanale. Dementsprechend zeigte sich bei der Ausarbeitung der zu beschreibenden Methode eine Schicht gekörnten Aetzkalkes von nur 10 Cm. Länge und einem Gewicht von nur etwa 10—15 Grm. als für alle Fälle ausreichend und vollständige Sicherheit bietend. Dazu kommt noch, dass der Kalk verhältnissmässig leicht in grösserer Menge rein und insbesondere frei von Schwefelsäure zu erhalten ist, dass er das Glas der Verbrennungsröhren so gut wie nicht angreift und, da er das ohnehin zu Chlorbestimmungen in organischen Verbindungen dienende Material bildet, ein bequemes Mittel abgibt, unter Anwendung von Salpetersäure bei der Auflösung des Rohrinhaltes, Phosphor und Schwefel neben Chlor zu bestimmen. *)

*) Brom und Jod lassen sich nach dieser Methode nicht zugleich nachweisen. Bekanntlich geht Jodcalcium unter Luftzutritt und ebenso in einem Sauerstrom erhitzt ganz in Aetzkalk über; wenn nun auch die Zersetzbarkeit des Bromcalciums unter denselben Verhältnissen eine geringere, so ist sie doch schon so gross, dass durch die Wegführung von Brom durch den Gasstrom bedeutende

bis der Siedepunkt auf 140° C. gestiegen ist; die zum Kochen erhitzte Lösung zeigt alsdann an ihrer Oberfläche eine Haut von ausgeschiedenem salpetersaurem Kalk. Diese heissgesättigte Lösung, welche nach dem Erkalten sehr zähflüssig geworden, wird in ein passendes Becherglas oder Standgefäss gebracht und in demselben mit 2 Raumtheilen einer Mischung von 2 Vol. absolutem Alkohol und 1 Vol. Aether durch Umrühren innig gemischt. Das Ganze wird nun, damit der Aether sich nicht verflüchtigt, in einen nachher zu verschliessenden Kolben übergefüllt. Nach 12 Stunden langem Stehen trennt man die Flüssigkeit von dem abgeschiedenen Niederschlage durch Filtration. Hierdurch werden Quarzkörner, Schwefelsäure, Phosphorsäure, Eisen und Thonerde vollkommen beseitigt, und die ablaufende Lösung enthält nunmehr reinen salpetersauren Kalk. Dieselbe wird jetzt in einer Porcellanschale durch Abdampfen, was wieder, wenn die Schale geräumig genug, über freiem Feuer geschehen kann, ohne dass Alkohol und Aether Feuer fangen, erst von diesen befreit und zuletzt unter Umrühren vollständig eingetrocknet. Von dem so erhaltenen festen, salpetersauren Kalk, welchen man seiner grossen Zerfliesslichkeit wegen in einem gut zu verschliessenden Glase aufbewahrt, wird ein kleiner Theil in einen Porcellankolben gebracht und der Kolben in einem passenden Ofen, am besten wohl einem Gasofen, da man in einem solchen den ganzen Kolben übersehen kann, zum Glühen erhitzt. Sobald der salpetersaure Kalk zersetzt ist, sobald also die Gasentwicklung aufhört, wird eine neue Quantität desselben eingeführt und so fort. Nachdem in dieser Weise sämmtlicher salpetersaurer Kalk in Aetzkalk verwandelt, wird der Kolben nach genügendem Erkalten zur Erlangung des Inhaltes zerschlagen. Der gewonnene Aetzkalk wird vollständig von den anhaftenden Porcellanscherben befreit, in sehr kleinen Theilen, denn sonst erhält man verhältnissmässig weit mehr Pulver, in einem Porcellanmörser zerstossen, bis die grössten Körner noch etwa 5 Mm. Durchmesser haben, und endlich das feine Pulver durch ein Sieb mit 1 Mm. weiten Oeffnungen entfernt. Genau in dieser Weise wird auch der Marmorkalk zu seinem Gebrauche vorbereitet.

Man trage in den glühenden Porcellankolben nicht auf einmal zu grosse Mengen von salpetersaurem Kalke ein, damit kein Uebersteigen der durch die Gasentwicklung in lebhaftes Schäumen versetzten geschmolzenen Masse stattfinden kann.

Bei der eben mitgetheilten Darstellungsweise des reinen Aetzkalkes ist keine Rücksicht auf eine etwaige Verunreinigung der zu verarbeitenden Kalkart durch Chlor genommen worden, da chlorfreier Kalk häufiger vorkommt. Der Vollständigkeit wegen, und damit es für alle Fälle genüge, soll in Folgendem angegeben werden, wie das beschriebene Verfahren zu erweitern ist, um auch das Chlor zu entfernen.

Zu diesem Ende löst man den Kalk zuerst wiederum in Salpetersäure, concentrirt die Lösung durch Eindampfen und fällt nun den Kalk mit einer ebenfalls concentrirten Lösung von kohlensaurem Ammon in einem geräumigen Becherglase, oder bei der Verarbeitung grösserer Kalkmengen, in einem hohen, grossen Standgefässe aus. Der kohlensaure Kalk wird nun durch Decantiren mit destillirtem, chlorfreiem Wasser, unter gründlichem Umrühren nach dem jedesmaligen neuen Aufgiessen desselben, so lange gewaschen, bis die letzten Waschwasser — welche man, damit die Reaction nicht durch allzugrosse Verdünnung der Flüssigkeit an Schärfe verliert, nur in kleinen Mengen anwendet — mit Silberlösung geprüft, nicht mehr die geringste Reaction auf Chlor erkennen lassen. Dieser Punkt wird schnell erreicht, da sich der kohlensaure Kalk ausgezeichnet absetzt.*) Nachdem derselbe so vom Chlor vollkommen befreit worden, löst man ihn alsdann von Neuem in der Weise in chlorfreier Salpetersäure, dass ein kleiner Theil unzersetzt bleibt, um Eisen und Thonerde abzuscheiden. Ebenso verdampft man die Lösung wieder bis zum Siedepunkte 140° C. und verfährt zur Beseitigung der übrigen Verunreinigungen in allen Stücken wie oben auseinandergesetzt worden.

Hat man mit Kalkarten zu thun, welche nur die eine oder die andere der erwähnten Beimengungen enthalten, so vereinfacht sich selbstverständlich dementsprechend das angegebene Reinigungsverfahren.

Zur Verarbeitung von etwa 500 Grm. Marmorkalk, welche sich nach der eben beschriebenen Darstellungsweise des reinen Aetzkalkes gut bewältigen lassen und — unter der Voraussetzung, dass keine unvorhergesehenen Verluste eintreten — Material für etwa 20 Analysen liefern, wählt man zweckmässig einen Porcellankolben von etwa 8—10 Cm. Durchmesser.**) Derselbe sei auf der Innenseite womöglich nicht glasirt,

*) Um ein Beispiel anzuführen, sei erwähnt, dass eine Probe von kohlensaurem Kalk, welche aus 150 Grm. chlorfreiem Marmorkalk erhalten und mit 5 Grm. Chlorcalcium verunreinigt worden, nach 15maligem Decantiren mit chlorfreiem destillirtem Wasser in einem grossen Becherglase von etwa 3 Liter Inhalt, wieder vollkommen chlorfrei war.

**) Porcellankolben von 6,5 und 9,5 Cm. Durchmesser liefert die Königl. Sächs. Porcellanmanufactur in Meissen.

da der Kalk aus einem solchen gar keine, oder höchstens in keiner Weise störende Spuren von Kieselsäure und Thonerde aufnimmt. Der gewonnene Aetzkalk haftet nicht an der Wandung des Kolbens, bildet aber gleichwohl eine zusammenhängende poröse Masse von der Form desselben.

In Folge dessen lässt er sich leicht von dem Porcellan des Kolbens, nachdem dieser vorsichtig zerschlagen, so vollständig trennen, dass er sich ganz klar und ohne den kleinsten Rückstand zu hinterlassen in Säure löst. Sollte der Kolben beim Erhitzen springen, so wird, wenn dies nicht ganz zu Anfang geschieht, die Operation doch fast immer in demselben glücken, denn die bereits vorher gebildete dichte Schicht von Aetzkalk an seiner Wandung hält den Tiegel zusammen, ersetzt ihn also gewissermaassen.

II. Ausführung der Methode.

Die Ausführung der Methode, obgleich für sämmtliche Fälle in der Hauptsache dieselbe bleibend, verlangt doch im Einzelnen, insbesondere aber jenachdem man mit «festen Substanzen aller Art, sowie flüssigen nicht flüchtigen Verbindungen», oder aber mit «flüssigen flüchtigen Verbindungen» zu thun hat, einige Modificationen. Es soll daher der besseren Uebersicht wegen zuerst die Untersuchung der in die erste der beiden erwähnten Abtheilungen, alsdann diejenige der in die zweite Abtheilung gehörigen Körper abgehandelt werden.

1. Feste Substanzen aller Art, sowie flüssige nicht flüchtige Verbindungen.

Die hierher gehörenden Körper werden, wenn sie in kleineren Quantitäten verbrannt werden sollen, in einem Porcellan- oder Platinschiffchen, dagegen, wenn grössere Mengen in Untersuchung zu ziehen sind in anderer geeigneter Weise, also etwa in einem kleinen Glaskolben mit beim Einfüllen in das Rohr einzuschiebendem Halse oder auch in einer kleinen Schale abgewogen und dann stets für sich in das Rohr gebracht. Es wird hiermit besonders darauf aufmerksam gemacht, dass es durchaus nicht nöthig ist, falls die Substanz in Körnern oder überhaupt in grösseren in das Rohr passenden Stücken vorhanden, diese erst, zu zerkleinern. Die Erbsen und die Haselnusskerne z. B. wurden ohne weiteres als solche, die Haselnussschalen nur nach ganz gröblichem Zerstossen, so dass die Stücke in das Rohr passten, verbrannt, und verfährt man ebenso mit Vortheil immer, wenn es die Natur der Substanz erlaubt, sie in Stücken oder auch Krystallen anzuwenden.

Die Länge des Verbrennungsrohres, dessen innerer Durchmesser etwa 12 Mm. betrage, richtet sich einmal nach der Natur, dann auch nach der Menge der zu untersuchenden Substanz. Die anzuwendende Schicht des gekörnten Aetzkalkes dagegen ist ein für allemal nur 10 Cm. lang. Ebenso ist die Substanz von dem Ende des Rohres, durch welches der Sauerstoff eintritt, stets ungefähr 15 Cm. weit entfernt. Einige Verbindungen entwickeln beim Erhitzen, und dies gilt insbesondere von den unzersetzbar flüchtigen, eine solche Menge leicht entzündlicher Dämpfe, dass Explosionen nicht leicht zu vermeiden sein würden, wenn solche Körper ohne weiteres vor die glühende Kalkschicht gebracht und alsdann im Sauerstoffstrome verbrannt werden sollten. Diese Explosionen lassen sich aber mit Sicherheit abwenden, wenn man, was Warren für Kohlenstoff- und Wasserstoffbestimmungen in organischen Verbindungen gleicher Absicht zuerst vorgeschlagen, vor die Kalkschicht eine Lage von dichtem, feinfaserigem Asbest bringt.

Das Beschicken des an seinen beiden Enden durch Erhitzen vor der Lampe von den scharfen Glaskanten befreiten Rohres geschieht nun in folgender Weise: Das eine Ende desselben wird mit einem geeignet zusammengebogenen Platinblech geschlossen, welches man etwa 2 Cm. weit einschiebt, und welches sich ziemlich fest, sodass es einen gewissen Halt hat, an die Wandungen des Rohres anlegen muss. Hierauf wird, damit dieselbe möglichst dicht zu liegen kommt, unter gelindem Aufklopfen des Rohres, die 10 Cm. lange Schicht des gekörnten Aetzkalkes eingefüllt und die noch leere Partie des Rohres alsdann sorgfältig von den anhaftenden Kalktheilchen gereinigt. Hat man mit Körpern zu thun, welche wie die meisten Pflanzentheile in grösseren Stücken sich anwenden lassen und daher gestatten, die Kalkschicht gegen das zusammengebogene Platinblech hin zusammenzudrücken, so bringt man dieselben direkt vor die Kalkschicht; ermöglicht dies die Substanz aber nicht, befindet sie sich in einem Schiffchen, oder kann sie überhaupt, etwaiger leichter Zersetzbarkeit oder Flüchtigkeit wegen, erst dann in das Rohr eingeführt werden, wenn die Kalkschicht bereits zum Glühen gebracht ist, so gibt man derselben alsdann dadurch den nöthigen Halt, dass man zwischen sie und die Substanz eine etwa 5 Cm. lange Lage in ihrer Grösse dem Rohrdurchmesser angepasster Glasstückchen, welche man in bekannter Weise mit einem Schlüssel von einem Verbrennungsrohre — das Glas muss schwer schmelzbar sein — abbrechen kann, bringt. Die Glasstückchen werden bei solchen Substanzen, welche keinen Phosphor enthalten, der sich bekanntlich in der Glühhitze mit Platin verbindet, vortheilhaft ganz oder auch theilweise durch ein passend zusammengebogenes Platinblech, welches sich möglichst vollständig an die Wandung des Rohres anlegt, ersetzt. — Platin wird nun zwar auch bei chlorhaltigen Verbindungen durch den mit ihm in Berührung sich befindenden Aetzkalk etwas angegriffen; denn obwohl derselbe an sich keine Einwirkung auf das Platin äussern würde, findet eine solche doch durch Vermittelung des vorhandenen Chlorcalciums als Flussmittel statt. Sie ist aber so oberflächlich, dass es nicht nöthig, ihretwegen die Anwendung des Platins zu umgehen; auf die Resultate ist sie von gar keinem Einfluss. — Es ist für das Gelingen der Versuche wesentlich der Kalkschicht in der eben erwähnten Art einen festen Halt zu geben, damit sich an keiner Stelle derselben ein Kanal bilden kann; denn ist ein solcher vorhanden, so ist es als sicher anzunehmen, dass Verluste entstehen. Liegen Körper zur Untersuchung vor, welche Veranlassung zu Explosionen geben können, oder ist man in dieser Beziehung nicht sicher, so fügt man zwischen die Kalkschicht und die Substanz, ausser der 5 Cm. langen Schicht von Glasstückchen oder dem sie ersetzenden Platinblech, welche beide in diesem Falle auch noch den Zweck haben, die Kalkschicht vor Verunreinigung durch Asbestfasern zu schützen, eine etwa 15 Cm. lange, lockere aber doch dichte Schicht von feinfaserigen Asbest ein, den man, wenn er durch organische Substanz verunreinigt sein sollte, vorher aus Vorsicht gut ausglüht.

Nach dem Gesagten ist es klar, dass sich eine für alle Fälle geeignete Länge des Verbrennungsrohres nicht angeben lässt; im Allgemeinen wird ein solches von 40—50 Cm. sich als passend erweisen. Die jedesmalige erforderliche Länge desselben lässt sich aber unter Berücksichtigung der betreffenden Umstände leicht bestimmen; ausserdem schadet es nicht, wenn das Rohr etwas zu lang gewählt werden sollte.

Das in der beschriebenen Weise vorbereitete Rohr wird nun vorsichtig so in den Verbrennungsofen gelegt, dass aus demselben etwa 3 Cm. der Seite, welche mit dem Sauerstoffgasometer in Verbindung gesetzt wird, hervorragen. Sollen Verbindungen verbrannt werden, welche beim Erhitzen explosive Dämpfe entwickeln, befindet sich also eine Asbestschicht im Rohre, so gibt man ausserdem der zur Aufnahme desselben bestimmten Rinne, in der Regel wohl einer Eisenblechrinne, eine solche Lage, dass sie nur den Theil unterstützt, welcher die Kalkschicht und die diese von der Asbestschicht trennenden Glasstückchen oder das Platinblech, sowie etwa 1 Cm. von der Asbestschicht selbst enthält. Der andere Theil des Rohres, in welchem die übrigen 14 Cm. der Asbestschicht und die Substanz sich befinden, ruht frei in dem Ofen. Vor einem zu starken Erhitztwerden durch die heissen benachbarten Theile desselben bleiben auf diese Weise die Asbestschicht und die Substanz sicher bewahrt. Ist die Substanz bereits in das Rohr eingeführt, hat man also mit grösseren Substanzmengen wie z. B. Pflanzentheilen zu arbeiten, für deren Aufnahme ein Schiffchen nicht geräumig genug, so erhitzt man nunmehr, nachdem mittelst eines durchbohrten gutschliessenden Kautschukstopfens, eines in denselben eingepassten Glasröhrchens und eines Kautschukschlauches die Verbindung mit dem Sauerstoffgasometer schon vorher hergestellt, auch der Sauerstoffstrom in der nachher zu erwähnenden Art schon regulirt worden, eine solche Strecke der Kalkschicht, also etwa 5 Cm. derselben zum Glühen, wie es zulässig ist, ohne dass die Substanz selbst zu früh zersetzt werde. Erst wenn dies erreicht, erhitzt man langsam auch den übrigen Theil der Kalkschicht, welcher der Substanz zunächst liegt und diese selbst wie nachher angegeben wird. Soll dagegen die Substanz in einem Schiffchen verbrannt werden, so erhitzt man erst die ganze Kalkschicht und die sie von der Substanz oder der etwa angewandten Asbestschicht trennenden Glasstückchen oder das Platinblech sowie 1 Cm. von der Asbestschicht selbst zum Glühen, setzt dann den Sauerstoffstrom in Bewegung, führt das die Substanz enthaltende Schiffchen entweder bis an die Asbestschicht oder, falls eine solche nicht vorhanden, bis auf etwa 5 Cm. vor die erhitzten Theile in das Rohr ein und verschliesst dasselbe hierauf sofort wieder mittelst des durchbohrten Kautschukstopfens. Das in diesen eingepasste Röhrchen habe, damit man vor einem Zurücktreten von Dämpfen gesichert ist, eine Ausströmungsöffnung von nur etwa 0,5 Mm. für den Sauerstoffstrom.

Nach diesen Vorbereitungen wird die Verbrennung selbst durch vorsichtiges Erhitzen der Substanz eingeleitet und in der Weise weiter und zu Ende geführt, dass die Sauerstoffzufuhr bei den an den betreffenden Elementen reicheren Substanzen, den organischen Verbindungen, stets, also während der ganzen Operation im Ueberschusse, bei den an den betreffenden Elementen ärmeren Substanzen, den organischen Gebilden, womöglich fortwährend ausreicht, die anfangs ausgeschiedene Kohle sogleich zu oxydiren. Was die Schnelligkeit betrifft, mit der man den Sauerstoffstrom zutreten lässt, so geht man für sämmtliche Fälle sicher, wenn sie eine derartige, dass in 1 Minute etwas über 100 CC. Gas in das Verbrennungsrohr gelangen. Bis die Verbrennung eingeleitet, dirigirt man, insbesondere bei der Untersuchung organischer Gebilde, wie der Pflanzentheile, welche sich schon im Rohr befinden, während man den einen vorhin erwähnten Theil der Kalkschicht erst zum Glühen erhitzt, den Sauerstoffstrom in entsprechender Weise langsamer.

Beachtet man die eben gegebenen Regeln genau, so hat man einen sicheren Maassstab, nach welchem die Verbrennung sich leiten lässt; weshalb indessen entweder ein Sauerstoffüberschuss oder doch ein zur Verbrennung vollständig genügender Sauerstoffzutritt erforderlich oder vortheilhaft ist, werde ich, da dieser Umstand auch bei den «flüssigen flüchtigen Verbindungen» zu berücksichtigen, erst dort auseinandersetzen.

Substanzen, welche an den betreffenden Elementen arm sind, können schneller verbrannt werden, als solche, welche dieselben in grösserer Menge enthalten. Die Grenzen, innerhalb deren man sich in dieser Beziehung unter Beachtung der gegebenen Regeln bei der Ausführung der Operation zu bewegen hat, sind folgende: Bei Substanzen, welche die betreffenden Elemente nur in sehr kleinen Mengen enthalten, wie z. B. bei Pflanzentheilen und überhaupt organischen Gebilden aller Art, kann man so schnell arbeiten, also den Sauerstoff so schnell zutreten lassen, wie dies möglich, ohne dass die Substanz mit Flamme zu brennen beginnt; denn dann springt einerseits das Rohr leicht, andererseits lässt sich die Operation nicht gut mehr in der erforderlichen Weise reguliren. Dieser Schnelligkeit der Verbrennung ist die vorhin angegebene Sauerstoffzufuhr von etwas über 100 CC. in 1 Minute ungefähr entsprechend; 10 Grm. Substanz lassen sich in dieser Weise in etwa einer Stunde bewältigen. Man sorge fortwährend bei der Verbrennung dafür, dass die Kalkschicht womöglich ganz weiss, also ganz frei von ausgeschiedener Kohle erhalten wird. Um dies zu erreichen, hat man namentlich beim ersten Erhitzen der Substanz vorsichtig zu verfahren. Sobald ein Verglimmen derselben beginnt, führt man ihr von aussen keine Wärme mehr zu, bis dieses Verglimmen aufhört; fast immer verkohlt die ganze Masse der Substanz auf diese Weise von selbst — verbrennt auch wohl theilweise vollständig — und erst wenn dies erfolgt, schreitet man zur Oxydation der abgeschiedenen Kohle durch stärkeres Erhitzen der dieselbe enthaltenden Theile des Rohres. Etwaige Unregelmässigkeiten in der Verbrennung lassen sich durch zeitweise Verlangsamung des Sauerstoffstromes leicht wieder ausgleichen.

Bei Substanzen, welche die betreffenden Elemente in beträchtlicherer Quantität aufzuweisen haben, also den organischen Verbindungen, geht man am sichersten, wenn man die Verbrennung so langsam leitet, wie dies bei Kohlenstoff- und Wasserstoffbestimmungen in organischen Körpern geschieht. In den hierher gehörigen Fällen kann man den Sauerstoff zweckmässig auch in geringerer Menge als oben angegeben zutreten lassen, wenn man nur darauf achtet, dass derselbe stets im Ueberschusse vorhanden. Man überzeugt sich davon hier wie überall sonst, dadurch, dass man in kurzen Zwischenräumen während des Verlaufes der Operation mit einem glimmenden Holzspane an dem offenen Theile des Rohres prüft, ob Sauerstoff entweicht.

Hält man sich bei der Verbrennung an das vorhin erwähnte Maximum in der Schnelligkeit, so kann man, wie oben schon bemerkt, in 1 Stunde etwa 10 Grm. einer an den betreffenden Elementen armen Substanz vollständig oxydiren; ist aber die Untersuchung noch beträchtlicherer Substanzmengen erwünscht, so muss man alsdann die Länge der Operation dementsprechend über eine Stunde ausdehnen, so dass sich also z. B. in 2 Stunden 20 Grm., in 3 Stunden 30 Grm. würden verbrennen lassen. Es ist indessen wohl kaum nöthig, auch bei den an den genannten Elementen ärmsten Substanzen, mehr als 20 Grm. zu verarbeiten. Obgleich dies immerhin ausführbar, fängt dann die Operation in Folge der sehr langen Zeitdauer und in vielen Fällen, nämlich bei leichten Körpern, auch wegen des sehr langen Verbrennungsrohres an unbequemer und unsicherer zu werden.

Nachdem in der vorhin beschriebenen Weise alles Brennbare anscheinend oxydirt und der Kalkschicht zugeführt worden, wird auch der Theil des Rohres, in welchem sich die Substanz befand, und der, welcher die etwa zur Anwendung gekommene Asbestschicht enthält, zum Glühen erhitzt. Sobald dies bewirkt, die Kohle vollständig verbrannt ist und der Sauerstoff sich am offenen Ende des Rohres deutlich nachweisen lässt, ist die Operation beendigt.

Ist nun die Substanz durch eine Asbestschicht und Glasstückchen, oder ein zusammengebogenes Platinblech von der Kalkschicht getrennt, so bringt man das noch heisse Rohr, da wo sich die Glasstückchen oder das Platinblech und die Asbestschicht berühren, mittelst einiger darauf gebrachter Tropfen Wasser behutsam zum Springen und entfernt nach dem Erkalten sorgfältig die Asbestfasern und Glassplitter, welche an dem die Kalkschicht enthaltenden Theile des Rohres noch zurückgeblieben sind. War aber die Substanz in directer Berührung mit der Kalkschicht oder befand sie sich in einem Schiffchen und war nur durch Glasstückchen oder ein Platinblech von derselben getrennt, so wird das Rohr in seiner ganzen Länge in Untersuchung gezogen.

In beiden Fällen entleert man die letzten an dem Ende des Rohres, an welchem der Sauerstoff während der Operation austrat, befindlichen 2 Cm. der Kalkschicht in ein besonderes Becherglas, nachdem man das Rohr an seiner Aussenseite gründlich gereinigt und das den Verschluss bildende Platinblech mit einem starken hakenförmig umgebogenen Drahte vorsichtig entfernt hat. Man nimmt dies am besten über einem Bogen Glanzpapier vor, wobei man das Rohr stets horizontal hält oder es auch fest auf das Glanzpapier auflegt. Die erwähnten 2 Cm. der Kalkschicht, die man besonders hierauf prüft, dürfen keine Spur der betreffenden Elemente enthalten, wenn die Verbrennung gut verlaufen ist und die Kalkschicht die erforderliche Beschaffenheit gehabt hat. Finden sich in diesen letzten 2 Cm. der Kalkschicht Theile der absorbirten Elemente, so muss man auf Verluste gefasst sein, sofern man die Bestimmung durchführt. Es ist daher das Richtige alsdann die Operation ohne weiteres zu wiederholen.

Das noch im Rohr Befindliche wird nun bis auf das etwa angewandte Platinblech und auch das Schiffchen, welches man in der Regel im Rohr ausspülen kann, ebenfalls in ein Glas gebracht — was durch gelindes Klopfen an die Aussenwandung des Rohres oder mit Hülfe eines starken Platindrahtes leicht gelingt — und in Wasser und Säure gelöst, worauf die Elemente schliesslich, nachdem man nöthigenfalls filtrirt hat, nach den bekannten Methoden bestimmt werden. — Ich erinnere daran, dass auch bei der Anwendung dieser Methode der bei der Untersuchung Schwefel enthaltender Verbindungen erhaltene schwefelsaure Baryt, bevor man die Schwefelbestimmung als endgültig ansehen kann, nach dem von Fresenius*) empfohlenen Verfahren gereinigt werden muss. — Das Rohr selbst stellt man in das Becherglas und zwar mit dem Theil in die Flüssigkeit, welcher die Kalkschicht enthielt; es kann zum Umrühren benutzt werden. Die ganze zur Auflösung erforderliche Menge von Wasser und Säure bringt man zweckmässig durch das Rohr in das Gefäss, damit jenes ordentlich ausgespült wird. Sind bei chlorhaltigen Verbindungen Theile des Rohres durch den Aetzkalk, welcher durch die Gegenwart des geschmolzenen Chlorcalciums eine aufschliessende Einwirkung auf das Glas erhält, stark angegriffen worden, so lässt man diese, ehe man zur Bestimmung selbst schreitet, mit der angesäuerten Lösung einige Zeit in Berührung.

*) Dessen Anl. z. quantit. chem. Anal. 5. Aufl. S. 324.

Verbrennt man Phosphor enthaltende Verbindungen und will die Bildung von Metaphosphorsäure verhindern, so mischt man die in einem Schiffchen befindliche Substanz mit überschüssigem feingepulvertem Aetzkalk, etwa dem 3fachen Vol., innig. Da in diesem Falle die gewöhnlich zur Anwendung kommenden Platinschiffchen zu klein sind, biegt man sich vortheilhaft ein passendes aus einem grossen Platinblech zurecht. Bei der Analyse dieser Verbindungen vermeide man unter recht vorsichtigem Operiren, die Anwendung einer Asbestschicht; denn in einer solchen würde sich, auch wenn die Substanz mit Kalk gemischt, leicht Phosphor bei etwaiger Verflüchtigung desselben nach dem Glühen als Metaphosphorsäure absetzen. Die höchst geringe Menge von Pyrophosphaten, welche sich beim Verbrennen von Pflanzentheilen bilden kann, ist ganz ohne Einfluss auf die Methode; selbst bei den an Phosphor reichsten Samenarten wie z. B. den Erbsen wird das Glas des Verbrennungsrohres nur höchst unbedeutend angegriffen, auch erhält man die ganze Menge des vorhandenen Phosphors bei der nachherigen Behandlung des Rohrinhaltes mit Wasser und Säure als dreibasische Phosphorsäure in Lösung.

Operirt man unter Anwendung einer Asbestschicht, so muss man dem Flüchtigkeitsgrade der Substanz entsprechend in etwas wechselnder Weise verfahren. Da die hierhergehörenden Verbindungen wohl sämmtlich zu den schwerflüchtigen gehören, würde man dieselben der Kalkschicht gar nicht zuführen können, wenn die Asbestschicht nicht in geeigneter Weise mit erhitzt würde. Man schreitet daher in diesen Fällen mit dem Erhitzen an dem dem eintretenden Sauerstoffstrom zugekehrten Theile der Substanz beginnend und dem Flüchtigkeitsgrade derselben Rechnung tragend, langsam nach der Kalkschicht hin vor, treibt also die ganze Menge der Substanz dem Kalke allmählich zu, so dass wenn alles Brennbare dort angelangt, die Asbestschicht bereits in ihrer ganzen Länge den Flammen ausgesetzt ist. Man hat hierbei einige Vorsicht anzuwenden und andauernd, besonders aber wenn die Substanz dem glühenden Theile des Rohres sich nähert, das Erhitzen nur sehr behutsam fortzuführen und zu steigern, weil sonst leicht plötzlich die ganze Masse derselben in grosser Schnelligkeit durch die Kalkschicht getrieben wird und man alsdann Gefahr läuft, Verluste zu erleiden. Auch bei dem ersten Erhitzen der Substanz, ehe sie in die Asbestschicht sublimirt ist, hat man sich vor zu starker Wärmezufuhr in Acht zu nehmen, damit nicht in Folge derselben vor der Asbestschicht dennoch Explosionen entstehen. Nur theilweise unzersetzbar flüchtige Verbindungen werden ebenso wie dies eben für die unzersetzbar flüchtigen angegeben, behandelt. Auch beim Erhitzen vollkommen zersetzbare Verbindungen lassen sich unter Anwendung einer Asbestschicht mit Sauerstoffüberschuss verbrennen; man muss aber alsdann auf ein richtiges Miterwärmen der Asbestschicht sein besonderes Augenmerk richten, damit dieselbe durch die reichlich sich entwickelnden Producte der trocknen Destillation in Gemeinschaft mit Wasser nicht verstopft wird. Bei der Verbrennung von organischen Gebilden, also Pflanzentheilen z. B. ist eine Asbestschicht niemals erforderlich.

Von den in den Pflanzentheilen und anderen organischen Gebilden enthaltenen Chloralkalien geht trotz der bei der Operation herrschenden hohen Temperatur Nichts durch Verflüchtigung verloren; wenigstens konnte ich bei meinen Verbrennungen durchaus keine Verluste an Chlor constatiren*).

Die letzten 2 Cm. der Kalkschicht bei den an Mineralstoffen so armen Körpern, wie z. B. Pfanzentheilen, in der vorhin angegebenen Art auf die betreffenden Elemente besonders zu prüfen, ist nicht nöthig, denn die kleinen Mengen derselben, welche beim Verbrennen entweichen, werden so gut wie sicher von der Kalkschicht vollständig zurückgehalten.

Hat man sich des durch die beschriebene Darstellungsweise gereinigten Aetzkalkes bedient, so wird man sich ein Filtriren nach dem Auflösen des Rohrinhaltes und zwar auch bei der Untersuchung der «flüssigen flüchtigen Verbindungen» in den meisten Fällen sparen können, nämlich dann, wenn die Substanz mit der Kalkschicht in directer Berührung oder nur durch ein zusammengebogenes Platinblech, nicht aber durch Glasstückchen von derselben getrennt war. Hierdurch aber sowohl wie da-

---

*) Um die etwa den glühenden Theilen des Verbrennungsrohres entführten Chloralkalien wieder aufzufangen, wurde dasselbe 20 Cm. länger als es sonst passend gewesen wäre genommen; dementsprechend blieben 20 Cm. von der Substanz aus jenseits der Kalkschicht beim Füllen des Rohres leer, auch wurde dieser Theil desselben während der ganzen Operation nicht erhitzt. Wären nun durch das Glühen aus der Kalkschicht Chloralkalien entführt worden, so hätten sie sich in dem 20 Cm. langen, leeren, nicht erhitzten Theile des Rohres wieder absetzen müssen. Diese Strecke desselben wurde deshalb nach beendigter Verbrennung abgeschnitten, mit Wasser in ein kleines Becherglas ausgespült, und die Lösung mit salpetersaurem Silberoxyd versetzt. Da keine Reaction auf Chlor eintrat, konnten aus der Kalkschicht auch keine Chloralkalien entwichen sein. Ein etwaiger Verlust an denselben würde sich in der eben erwähnten Weise jedenfalls sicher vermeiden lassen.

durch, dass eine Abscheidung von Kieselsäure beim Gebrauche des gereinigten Aetzkalkes und auch bei dem des Marmorkalkes ebenfalls nicht erforderlich, werden die nach dieser Methode ausgeführten Analysen ungemein erleichtert und beschleunigt.

Der gereinigte Aetzkalk ist in Folge seines festeren Gefüges, etwas schwerer in verdünnten Säuren löslich als der Marmorkalk. Dies ist bei Schwefel- und Phosphor-Bestimmungen indessen weniger störend, da man alsdann die Einwirkung der Säure durch Erwärmen unterstützen darf, was bei Chlorbestimmungen nicht eher angeht, als bis das Chlor durch zugesetzte Silberlösung gebunden worden ist. Man kann daher, unter der Voraussetzung, dass der zur Anwendung gekommene gereinigte Aetzkalk ganz klar in Säuren löslich, zuerst überschüssige Silberlösung — wie viel von derselben erforderlich, wird man bei einer Lösung von annähernd bekanntem Gehalt leicht im Voraus beurtheilen können — und dann erst die Säure zufügen; ein Erhitzen um deren Einwirkung auf den Kalk zu befördern schadet nun nicht mehr. Trotz des so vor der Auflösung des Kalkes hervorgerufenen Chlorsilberniederschlages, wird man nach dem Aufrühren desselben deutlich zu erkennen vermögen, wann die vollständige Lösung des Kalkes eingetreten ist; denn die Kalktheilchen bleiben hierbei am Boden des Gefässes zurück, oder berühren denselben doch früher wieder, als der voluminösere und daher langsamer niederfallende Chlorsilberniederschlag.

2. Flüssige flüchtige Verbindungen.

Flüssige flüchtige Verbindungen werden wie bei Kohlenstoff- und Wasserstoffbestimmungen in kleinen, dünnwandigen Glaskügelchen mit langem, feinem Halse abgewogen. Dasselbe misst 8 Cm. und wird, nachdem man die Substanz hat eintreten lassen, an seiner Spitze vor der Lampe zugeschmolzen.

Die Länge des Verbrennungsrohres richtet sich auch hier zweckmässig bis zu einem gewissen Grade nach der Natur der Substanz; doch ist ein solches von 48 Cm. für alle Fälle brauchbar. Der innere Durchmesser desselben betrage wieder etwa 12^{mm}. Da viele der hierhergehörenden Verbindungen auch schon bei ganz gelindem Erwärmen grössere Mengen leicht brennbarer Dämpfe entwickeln, so ist hier die Anwendung einer Asbestschicht in der Regel noch wichtiger als bei der Untersuchung mancher der in die vorige Abtheilung gezählten Körper.

Nachdem die scharfen Kanten des Verbrennungsrohres vor der Lampe rundgeschmolzen worden, füllt man zuerst wieder eine 10 Cm. lange Schicht gekörnten Aetzkalk ein, genau in derselben Weise wie dies für die in die vorige Abtheilung gehörenden Substanzen angegeben worden, gibt der Kalkschicht auch wiederum den nöthigen Halt durch eine 5 Cm. lange Lage von Glasstückchen oder durch ein sie ganz oder auch theilweise ersetzendes Platinblech. Hat man mit Substanzen zu thun, welche zu Explosionen Veranlassung geben können, so schiebt man ausserdem noch eine 20 Cm. lange Asbestschicht ein. An dem dem nachher eintretenden Sauerstoffstrom zugekehrten Ende derselben wird das Rohr nach der Füllung vor der Lampe vorsichtig eng ausgezogen, wobei man es stets so hält, dass die Kalkschicht eine tiefere Lage als die Asbestschicht hat. Dieser verengte Theil des Rohres muss einen etwas kleineren Durchmesser als das zur Aufnahme der Substanz bestimmte Glaskügelchen haben, darf aber doch nicht zu schwach im Glase sein. Lässt sich die Substanz ohne Anwendung einer Asbestschicht untersuchen, so gibt man dem Rohre, 20 Cm. — und diese leer lassend — von den der Kalkschicht benachbarten Glasstückchen oder dem Platinblech entfernt, ebenfalls in der schon erwähnten Weise eine Verengerung. Dieser Zwischenraum von 20 Cm., durch welchen auch die flüchtigsten Verbindungen weit genug von den glühenden Theilen des Rohres sich befinden, kann man bei weniger flüchtigen auch den Umständen nach verkleinern und dann dem entsprechend ein etwas kürzeres Verbrennungsrohr als eben angegeben wählen. Die Verengerung des Rohres sei aber stets etwa 10 Cm. von dem Ende desselben entfernt, durch welches der Sauerstoffstrom während der Operation eintritt; sie wird durch einen lockeren Asbestpfropfen geschlossen, wenn eine Asbestschicht nicht schon in dem Rohre vorhanden ist, wenn man also Verbindungen verbrennt, welche zu Explosionen keine Veranlassung geben. Nach dem Einfüllen der Kalkschicht, insbesondere bevor die Glasstückchen oder das Platinblech in das Rohr kommen, müssen alle die Theile desselben, welche von der Kalkschicht aus dem eintretenden Sauerstoffstrom zugewendet sind, sorgfältig von dem anhaftenden Kalkstaube befreit werden. Da dies wesentlich, so lässt sich die Verengerung des Rohres auch erst dann, wenn dasselbe bereits beschickt ist, anbringen; sollte dies vorher geschehen, so könnte der Kalk nur durch das dem eintretenden Sauerstoffstrome abgewendete Ende des Rohres, aber erst nach dem Einführen der etwa nöthigen Asbestschicht, der Glasstückchen oder des Platinbleches eingefüllt werden. Diese würden aber alsdann leicht eine nun nicht mehr zu entfernende Verunreinigung durch Kalk erfahren.

Nachdem das Rohr in der beschriebenen Weise vorbereitet worden, legt man es in den Verbrennungsofen, so dass etwa 3 Cm. der Seite, welche nachher mit dem Sauerstoffgasometer in Verbindung gesetzt wird, hervorragen. Der Rinne, welche zur Aufnahme des Rohres bestimmt ist, gibt man eine solche Lage, und zwar hier in allen Fällen, dass sie nur den Theil desselben unterstützt, welcher die Kalkschicht und die 5 Cm. lange Lage von Glasstückchen oder das diese ersetzende Platinblech enthält. Der andere Theil des Rohres, in welchem die Asbestschicht oder der ihr entsprechende leer gelassene Raum, sowie die zur nachherigen Aufnahme des Kügelchens mit der Substanz bestimmte Partie sich befinden, ruht frei in dem Ofen. Man erhitzt nun die Kalkschicht sowohl wie die 5 Cm. lange Lage von Glasstückchen oder das Platinblech, auch 1 Cm. der Asbestschicht selbst zum Glühen und schiebt erst, wenn dies vollständig erreicht, das die Substanz enthaltende Kügelchen, so, dass es mit der zugeschmolzenen Spitze — also ohne diese vorher abzubrechen — bis an die Asbestschicht oder, falls eine solche nicht vorhanden, bis an den die Verengerung des Rohres schliessenden Asbestpfropfen reicht, in das Rohr ein. Dasselbe wird hierauf mittelst eines durchbohrten, weichen Kautschukstopfens, in welchen ein 20 Cm. langes, nicht zu schwaches und durch einen Kautschukschlauch mit dem Sauerstoffgasometer in Verbindung stehendes Glasröhrchen von etwa 6^{mm} Durchmesser eingepasst ist, geschlossen, nachdem man schon vorher den Sauerstoffstrom in geeigneter Weise in Bewegung gesetzt hat.

Dadurch, dass man die nöthige Menge Fett auf das den Sauerstoff zuführende Röhrchen gestrichen, lässt sich dasselbe, wovon man sich vorher überzeugt, auch bei vollkommen dichtem Verschluss des Verbrennungsrohres durch den Kautschukstopfen in diesem verschieben; man bewirkt daher das Abbrechen des Kugelhalses leicht durch ein Vorwärtsbewegen des Glaskügelchens nach der Asbestschicht oder dem Asbestpfropfen hin mittelst Einschiebens des erwähnten Röhrchens. Sobald der Kugelhals in Folge des Widerstandes, welchen er so an dem Asbest findet, genügend gekrümmt ist, zerspringt er an einer Stelle und von diesem Augenblicke an beginnt das Verdampfen der Flüssigkeit. Nachdem das Glaskügelchen noch bis auf etwa 4 Cm. nach der Verengerung des Rohres hin vorgeschoben worden, wird das in den Kautschukstopfen eingepasste Röhrchen vorsichtig wieder in seine anfängliche Lage gebracht, in welcher es nur um einige Millimeter weiter in das Verbrennungsrohr hineinragt als der Kautschukstopfen. Während des Einschiebens und Zurückziehens des Sauerstoffzuleitungsrohres muss das Verbrennungsrohr in der Weise am Kautschukstopfen festgehalten werden, dass es sich womöglich gar nicht bewegen kann. Auch ist jenes an der Seite, durch welche der Sauerstoff in das Verbrennungsrohr gelangt, nicht etwa zu einer Spitze ausgezogen, sondern rund abgeschmolzen. Diese Oeffnung desselben habe, wie bei den in die vorige Abtheilung gehörenden Körpern, einen sehr kleinen Durchmesser, etwa einen solchen von 0,5^{mm}.

Die Verbrennung wird wiederum in der Weise geleitet, dass der zuströmende Sauerstoff während der ganzen Operation im Ueberschusse vorhanden ist. Im Einzelnen geschieht dies genau nach denselben Regeln welche für die Untersuchung »der festen Substanzen aller Art, sowie der flüssigen nicht flüchtigen Verbindungen« vorhin aufgestellt worden sind; auch ist die Zeit, welche man am besten auf den Versuch verwendet, wieder annähernd dieselbe wie diejenige, welche man bei Kohlenstoff- und Wasserstoffbestimmungen einhält.

Das Verdampfen der Flüssigkeit lässt sich leicht in der Weise reguliren, dass man ihrem Flüchtigkeitsgrade entsprechend entweder zwischen dem Kautschukstopfen, der das Rohr verschliesst und dem die Substanz enthaltenden Kügelchen, oder auch direct unter diesem eine Gasflamme anzündet und dieselbe je nach Erforderniss längere oder kürzere Zeit, grösser oder kleiner brennen lässt. Bei sehr flüchtigen Verbindungen, wie z. B. dem Schwefelkohlenstoff, verfährt man am Besten zuerst so, dass man in der Nähe des Substanzkügelchens eine Flamme nur einen Moment ganz klein brennen lässt; erst wenn nach einiger Zeit hierdurch die gewünschte Einwirkung nicht erreicht wird, wiederholt man das Erwärmen in derselben Weise, oder auch, aber nur ganz allmählich und mit der grössten Vorsicht, etwas stärker. In der Regel kann man sehen, wie durch die Zuleitung der Wärme selbst eine sehr kleine Flüssigkeitsmenge aus der Kugel austritt. Sobald die Flüssigkeit das Kügelchen verlassen hat, zerbricht man dasselbe durch das den Sauerstoff zuleitende Rohr, indem man mit demselben die Kugel bis an die Verengerung des Verbrennungsrohres schiebt und dort zerdrückt. Hierdurch wird auch der kleine noch gasförmig in der Kugel zurückgebliebene Ueberrest der Substanz der Kalkschicht zugeführt. Das Sauerstoffzuleitungsrohr wird alsdann wieder zurückgezogen und schliesslich, nachdem man den Sauerstoff am offenen Ende des Rohres bereits hat nachweisen können und die Substanz der Kalkschicht anscheinend zugetrieben worden, der Sicherheit wegen auch der Theil des Rohres, welcher bisher noch nicht erhitzt war, also die Asbestschicht oder der ihr entsprechende leere Zwischenraum und die die Kugelüberreste enthaltende Stelle bis zum Glühen erhitzt. Sobald hierauf am offenen Ende des Rohres ein Entweichen des Sauerstoffs wiederum deutlich zu erkennen, ist die Verbrennung beendigt.

Das noch heisse Rohr wird hierauf, da wo sich die Glasstückchen oder das Platinblech und die Asbestschicht berühren, oder wenn eine solche nicht vorhanden, da wo der leere Theil des Rohres beginnt, wie bei den in die vorige Abtheilung gezählten Körpern, durch einige darauf gebrachte Tropfen Wasser zum Springen veranlasst. Auch verfährt man mit dem die Kalkschicht enthaltenden Theile des Rohres in allen übrigen Stücken genau so, wie dies dort auseinandergesetzt worden.

Schwerer flüchtige Verbindungen führt man der Kalkschicht in der Weise zu, dass man dieselben, nachdem sie aus dem Kügelchen ausgetrieben und dieses zerdrückt worden, ganz wie dies bei den festen, unzersetzbar oder theilweise unzersetzbar flüchtigen Körpern angegeben, also auch unter Beachtung derselben Vorsichtsmaassregeln, nach und nach durch geeignetes Erwärmen in ihrer ganzen Menge der Kalkschicht durch die Asbestschicht hindurch zutreibt.

Eine Asbestschicht ist bei den »flüssigen flüchtigen Verbindungen« in fast allen Fällen unentbehrlich; denn Körper dieser Art, welche wie das Chloroform beim Erhitztwerden im Sauerstoffstrom keine Veranlassung zu Explosionen geben, gehören zu den Ausnahmen.

Bei dem in feuchter Atmosphäre schon bei gewöhnlicher Temperatur zersetzbaren Dreifach-Chlorphosphor *) wurde ein vollkommen trockner

*) Da mir keine flüssige, flüchtige, Phosphor enthaltende, organische Verbindung zu Gebote stand, wählte ich statt einer solchen den Dreifach-Chlorphosphor. Die Analyse desselben gab aber in der erwähnten Weise, also in einem trocknen Sauerstoffstrome, auch unter Anwendung einer Asbestschicht ausgeführt, wenigstens was die Phosphorbestimmung betrifft, schon etwas zu niedrige Resultate, obgleich der Dreifach-Chlorphosphor in trockner Atmosphäre unzersetzbar ist. Ob sich daher phosphorhaltige, flüssige und flüchtige organische Verbindungen in Anbetracht dessen, dass die bis jetzt bekannten, die Phosphorbasen, schon an der Luft sehr leicht oxydirbar, nach dieser Methode überhaupt vortheilhaft zu untersuchen sind, muss ich unentschieden lassen, da es mir eben an Material fehlte. Im Uebrigen werden solche Verbindungen wohl nur höchst selten Gegenstand einer Analyse bilden und habe ich sie hier auch blos der Vollständigkeit wegen erwähnt. Sie gehören wie andere höchst flüchtige Ver-

Gasstrom in das ebenfalls vorher getrocknete Rohr geleitet, um die Zersetzung der Verbindung, bevor sie die erhitzten Theile desselben erreichte, zu verhindern. Es würde sonst durch die Bildung von phosphoriger Säure in der zur Anwendung gekommenen Asbestschicht, beim nachherigen Glühen derselben Metaphosphorsäure entstanden sein. Unter Anwendung eines trocknen Gasstromes operirte ich übrigens bei sämmtlichen Versuchen. Zum Trocknen des Sauerstoffs diente derselbe Apparat, welcher bei Kohlenstoff- und Wasserstoffbestimmungen benutzt wird. Eine zwischen den Sauerstoffgasometer und das Verbrennungsrohr eingeschaltete Waschflasche, um den Sauerstoffstrom beobachten und reguliren zu können, würde doch ohnehin immer erforderlich sein.

Was nun schliesslich den Sauerstoffüberschuss betrifft, dessen man sich bei der Ausführung der Methode in vielen Fällen bedienen muss, in anderen vortheilhaft bedient, so ist zuerst bei schwefelhaltigen, insbesondere schwefelreichen Verbindungen eine vollständige Ueberführung des Schwefels in Schwefelsäure nur dann erreichbar, wenn dieser Sauerstoffüberschuss während der ganzen Verbrennung ununterbrochen vorhanden ist. *) Sobald

---

bindungen von z. B. bei etwa 10° C. liegendem Siedepunkte, zu den seltensten Ausnahmen, für deren Untersuchung sich wohl nie ein allgemein brauchbares Verfahren im Voraus angeben lässt.

*) Bei mangelndem Sauerstoffzutritt entsteht durch die hierdurch hervorgerufene Kohleabscheidung und deren reducirende Einwirkung auf den schwefelsauren Kalk Schwefelcalcium; dieses wird aber durch Kohlensäure und Wasserdampf, welche gleichzeitig sich bilden, wenn auch nur zu einem sehr kleinen Theile, unter Entweichen von etwas Schwefelwasserstoff zersetzt. Für die schwefelhaltigen Verbindungen kommt, ihres relativ hohen Schwefelgehaltes wegen, diese geringe Zersetzbarkeit des Schwefelcalciums schon in Betracht; auf die Untersuchung der organischen Gebilde dagegen ist sie ohne Einfluss. Ich überzeugte mich hiervon in der Weise, dass ich 2mal je 5 Grm. Erbsen mit zeitweise unzureichendem Sauerstoffzutritt verbrannte und die entweichenden Gase durch eine mit Salpetersäure angesäuerte Bleizuckerlösung in 2 Woulff'schen Flaschen leitete. Bei beiden Versuchen blieb die Lösung in der zweiten Flasche ganz klar, diejenige in der ersten dagegen enthielt einen schwarzen Niederschlag, welcher indessen zum grösseren Theile aus nicht verbrannter organischer Substanz bestanden haben muss; denn die nachfolgende Prüfung des Niederschlages ergab, dass die in demselben enthaltene Schwefelmenge so überaus gering war, wie sie auf die Ausführung einer Schwefelbestimmung in den Erbsen von gar keiner oder höchstens nicht zu beachtender Einwirkung hätte sein können. In dem grossen Ueberschusse des Kalkes und darin, dass ein Theil desselben immer als Aetzkalk vorhanden bleibt, liegt vielleicht der Grund, warum eine nur so geringe Menge des Schwefelcalciums unter den erwähnten Verhältnissen zersetzt wird.

dies nicht stattgefunden, kann man durch ein selbst lange andauerndes Ueberleiten von Sauerstoff nach Beendigung der Operation eine völlige Oxydation des Schwefels nicht mehr erreichen. Bei den vielen Verbrennungen des Schwefelkohlenstoffs, welche ich ausgeführt, erhielt ich stets bei der nachherigen Auflösung des Rohrinhaltes in Säure eine Entwicklung von Schwefelwasserstoff*), oft in beträchtlicher Menge, sobald der Sauerstoff nicht vom Anfang bis zum Ende des Versuches vorgewaltet hatte. Bei der Analyse von Phosphor und Chlor enthaltenden Verbindungen ist das fortwährende Vorhandensein von überschüssigem Sauerstoff für die Bestimmung der Elemente selbst nicht wesentlich; bei chlorhaltigen Verbindungen wird indessen durch denselben noch vermieden, dass das in dem ersten Theile der Kalkschicht sich oft reichlich bildende

*) Da von den niederen Oxydationsstufen der Verbindungen des Schwefels mit dem Kalke keine bei der Behandlung mit Säure Schwefelwasserstoff entwickelt, namentlich aber auch keine in höherer Temperatur unzersetzbar ist, lässt sich, glaube ich, das Auftreten desselben bei der Auflösung des Rohrinhaltes mit Wasser und Säure, wenn nicht andauernd mit Sauerstoffüberschuss verbrannt wurde, nur durch das Vorhandensein von Schwefelcalcium erklären. Dieses aber vermag an und für sich in der Sauerstoffatmosphäre gar nicht zu existiren, und es bleibt daher nur die Annahme, dass dasselbe in irgend welcher Weise mechanisch vor der Einwirkung des Sauerstoffs geschützt wird. Es könnte dies durch den schwefelsauren Kalk geschehen, der entweder schon in Folge der hohen Temperatur des Verbrennungsofens oder, was wohl wahrscheinlicher, in Folge der bei seiner Entstehung durch die Vereinigung von Kalk, Schwefel und Sauerstoff erzeugten starken Hitze, möglicherweise eine je nach den betreffenden Umständen mehr oder weniger eingreifende Schmelzung erleidet. In dieser Beziehung bemerke ich, dass bei den angeführten Verbrennungen des Schwefelkohlenstoffs stets, wenn derselbe so schnell dem Kalke zugeführt wurde, dass der Sauerstoff zur Oxydation nicht mehr ausreichte, und dieser alsdann ebenfalls schnell zu dem Schwefelcalcium und zu den in grosser Menge gebildeten niederen Oxydationsstufen des Schwefels mit dem Kalke trat, durch die nunmehr energisch erfolgende Sauerstoffabsorption eine so hohe Temperatur entstand, dass die Masse lebhaft erglühte. Wird nun der schwefelsaure Kalk blos durch die bei der Vereinigung von Kalk, Schwefel und Sauerstoff erzeugte bedeutende Temperaturerhöhung zum Schmelzen veranlasst und wieder fest, sobald die Vereinigung erfolgt, so müssen während des Schmelzens eingeschlossene Theilchen von Schwefelcalcium von nun an vor einer Einwirkung des Sauerstoffs vollkommen geschützt bleiben. — Sowohl die in Vorstehendem wie die in der vorigen Anmerkung erwähnten Fehlerquellen werden durch den fortwährend überschüssig zugeleiteten oder zur Verbrennung ausreichenden Sauerstoff einfach in der Weise sicher vermieden, dass der Schwefel in diesem Falle erst als schweflige Säure und Sauerstoff mit dem Kalke in Berührung tritt.

Chlorcalcium, welches während des Erhitzens schmilzt, etwa zu oxydirende Theile, namentlich Kohle einschliesst. Bliebe Kohle unverbrannt, so wäre bei zugleich stickstoffhaltigen Verbindungen die Möglichkeit einer Bildung von Cyan, wenn auch nur in kleinen Mengen, nicht ausgeschlossen, auch könnten bei Gegenwart von Phosphor und Schwefel Verbindungen der niederen Oxydationsstufen dieser Elemente mit dem Kalke durch das geschmolzene Chlorcalcium umhüllt und dadurch vor der vollständigen Oxydation bewahrt bleiben.

Eine für die Verbrennung genau ausreichende Sauerstoffzufuhr würde in den besprochenen Fällen ohne Zweifel ebenfalls genügen; da sich eine solche jedoch wohl kaum einhalten lässt, so ist die Anwendung von überschüssigem Sauerstoff nicht zu umgehen.

An den betreffenden Elementen ganz arme Substanzen wie die Pflanzentheile und überhaupt die organischen Gebilde geben in der eben erwähnten Weise, also in Folge von zeitweise mangelndem Sauerstoffzutritt während der Verbrennung, keine Veranlassung zu Fehlern. Ausserdem lässt sich bei ihnen, sobald die Verbrennung eingeleitet und so regulirt ist, dass bei möglichst schnellem Sauerstoffzutritte, also bei der Zufuhr von etwas über 100 CC. in einer Minute, nur ein lebhaftes Verglimmen der Masse — nicht aber ein Verbrennen mit Flamme, worauf bereits hingewiesen wurde — stattfindet, weniger leicht eine zeitweise geringe Kohleabscheidung vermeiden. Sie schadet hier aber bei dem überaus spärlichen Vorhandensein der betreffenden Elemente in keiner Weise und beeinträchtigt namentlich die vollständige Oxydation des Schwefels nicht, sofern nur zum Schlusse der Operation die Verbrennung der Kohle eintritt. Spuren derselben wie sie wohl bei organischen Gebilden zurückbleiben, welche Aschen mit viel schmelzbaren Salzen hinterlassen, kommen hier nicht in Betracht. Immerhin suche man aber auch in den hierhergehörigen Fällen, die Abscheidung von Kohle auf der Kalkschicht womöglich ganz zu umgehen, und zwar schon deshalb, weil die Operation alsdann regelmässiger und sauberer verläuft.

Bei der Beschreibung der Methode ist darauf Bedacht genommen worden, derselben eine solche Form zu geben, dass sie womöglich für die Untersuchung der verschiedenartigsten Substanzen die nöthigen Anhaltspunkte biete. Indessen mag es bei der grossen Mannigfaltigkeit der hierhergehörigen Fälle, in einzelnen derselben immerhin vortheilhaft sein, von einigen der in der Abhandlung gezogenen Grenzen bis zu einem gewissen Grade abzuweichen. Es ist z. B. nicht immer nöthig die Asbestschicht von derselben Länge anzuwenden, wie dort angegeben, also bei den in die erste Abtheilung gezählten Verbindungen mit 15 Cm., bei «flüssigen flüchtigen Verbindungen» mit 20 Cm. Diese Länge der Asbestschicht ist eine solche, dass sie auch für die Verbrennung der am leichtesten flüchtigen Verbindungen die erforderliche Sicherheit bietet, bei weniger flüchtigen kann man dieselbe, ohne ihre Wirksamkeit zu beeinträchtigen, mehr oder weniger verkürzen. Wie sich ferner die Länge des Verbrennungsrohres ebenfalls nach der Natur, ausserdem aber nach der Menge der zu untersuchenden Substanz zu richten hat, so mag endlich ab und zu auch eine Abänderung mancher anderen der gegebenen Maasse und Angaben angebracht sein. Derartige kleinere Modificationen werden sich, da die Grundbedingungen in der Ausführung der Methode stets dieselben bleiben, leicht in geeigneter Weise anbringen lassen.

Die angegebene Schnelligkeit des Sauerstoffstromes, sein fortwährendes Vorhandensein im Ueberschusse bei der Untersuchung der die betreffenden Elemente enthaltenden Verbindungen, oder womöglich in einer zur Verbrennung stets ausreichenden Menge bei der Untersuchung der an jenen Elementen sehr armen organischen Gebilde und ausserdem die erwähnte Länge und Beschaffenheit der Kalkschicht, werden dagegen unter allen Umständen zweckmässig eingehalten.

Bei der Angabe der in der nachfolgenden Tabelle enthaltenen Beleganalysen habe ich, um einen gewissen Einblick in die Ausführung jedes einzelnen Versuches zu ermöglichen, nicht nur die zur Anwendung gekommenen Substanzmengen, die Belegzahlen und die absoluten Bestimmungsfehler, sondern auch die Länge des Rohres, die Art der Beschickung desselben und die ungefähre Dauer der Verbrennung mit angegeben.

Die Analyse des rothen Phosphors wurde ausgeführt, nachdem derselbe mit etwa dem 3fachen Vol. von feingepulvertem Aetzkalk innig gemischt worden war. Nach der Verbrennung wurde der Rohrinhalt zu 1 Liter gelöst und hierauf die Phosphorbestimmung 3mal in je 250 CC. der Flüssigkeit vorgenommen. Die als Beleg angeführte Zahl ist das Mittel aus diesen 3 gut übereinstimmenden Versuchen.

Das zu hohe minus an Phosphor, welches beide Analysen des Chlorphosphors ergaben, hat darin jedenfalls seinen Hauptgrund, dass die Substanz in Folge ihrer leichten Zersetzbarkeit, und obgleich sie vorher rectificirt worden, nicht vollkommen frei von phosphoriger Säure war;

in den Trümmern des Substanzkügelchens blieb wenigstens, nachdem das Rohr zum Glühen erhitzt worden, eine wenn auch nur höchst geringe aber doch deutlich erkennbare Menge von Metaphosphorsäure zurück. Nach der Auflösung des Rohrinhaltes wurde die Lösung in dem einen Falle längere Zeit mit einem Ueberschusse von Salpetersäure erhitzt um den Phosphor womöglich vollständig als dreibasische Phosphorsäure in Lösung zu erhalten. Auch blieben während dieser Zeit die durch die Gegenwart des Chlorcalciums angegriffenen Theile des Rohres mit der sauren Lösung in Berührung. Das Chlor wurde in diesem Falle in einer besonderen Portion bestimmt. Bei der zweiten Analyse dagegen wurde der Rohrinhalt nach der Auflösung in Wasser und Salpetersäure und nachdem er mit der nunmehr aber nur schwachsauren Flüssigkeit ebenfalls längere Zeit, jedoch in der Kälte in Berührung war, zu 0,5 Liter verdünnt und in 2 gleiche Theile getheilt, worauf in dem einen die Bestimmung des Chlors in dem anderen, nach Zusatz einer weiteren Menge von Säure und wiederum längerem Erhitzen, diejenige der Phosphorsäure erfolgte. Ein weiterer Verlust an Phosphorsäure bei beiden Versuchen ist dennoch vielleicht dadurch veranlasst worden, dass eine geringe Menge des Phosphors nicht als dreibasische Phosphorsäure in Lösung ging. Wegen der erwähnten beiden Fehlerquellen zog ich es vor, als Maassstab für die Genauigkeit der betreffenden Bestimmungen, nicht die theoretische Zusammensetzung der Verbindungen, sondern wie bei der Analyse der Erbsen, Haselnusskerne und Haselnussschalen die Uebereinstimmung von zwei Versuchen gelten zu lassen.

Die Bestimmung der 3 Elemente Chlor, Schwefel und Phosphor erfolgte bei der Analyse der Erbsen in der durch Wasser und Salpetersäure bewirkten Auflösung des Rohrinhaltes ohne weiteres in der angegebenen Reihenfolge nacheinander; nur wurde vor der Ausfällung der Phosphorsäure mit essigsaurem Uranoxyd, da dieses etwas chlorhaltig, das in der Flüssigkeit von der Chlorbestimmung her vorhandene überschüssige Silber durch Salzsäure entfernt.

Bei der Analyse der Haselnusskerne und Haselnussschalen endlich wurde der Rohrinhalt ebenfalls in Salpetersäure gelöst, alsdann zu 0,5 Liter verdünnt und das Chlor hierauf in je 200 CC. dieser Lösung, die Schwefelsäure ebenfalls in je 200 CC. und die Phosphorsäure in je 100 CC. derselben bestimmt.

Unter Anwendung von in der beschriebenen Weise gereinigtem Aetzkalke operirt wurde bei den Analysen 1. 2. 3. 5. 6. 8. 12. 13. 14 und 15; unter Anwendung von Marmorkalk bei den Analysen 4. 7. 9. 10 und 11.

III. Beleganalysen.

Substanz	Angew. Menge in Grm.	Gefunden in 100 G.-Thln.	Absoluter Bestimmungsfehler in Grammen	Länge des Rohres	Beschickung des Rohres	Ungefähre Dauer der Verbrennung
1. Phosphor (rother)	0,3130	99,872 P statt 100,000	— 0,00035 P	45 Cm.	10 Cm. Kalk 5 „ Glas	1 Stunde
2. Dreifach-Chlorphosphor	0,3375	77,108 Cl statt 77,455		48 Cm.	10 Cm. Kalk 5 „ Glas 20 „ Asbest	
	0,5020	22,087 P statt 22,545				
3. Dreifach-Chlorphosphor	0,5125	76,991 Cl statt 77,455				
		21,926 P statt 22,545				
4. Schwefelkohlenstoff	0,3155	83,930 S statt 84,210	— 0,00091 S		10 Cm. Kalk 5 „ Platin 20 „ Asbest	
5. Phenylsenföl	0,4250	23,709 S statt 23,704	+ 0,00002 S	43 Cm.	10 Cm. Kalk 5 „ Platin 15 „ Asbest	
6. Sulfocarbanilid	0,5650	13,917 S statt 14,035	— 0,00067 S			
7. Chloroform	0,4090	88,728 Cl statt 89,121	— 0,00158 Cl	48 Cm.	10 Cm. Kalk 5 „ Platin 20 „ leer	
8. Benzoylchlorid	0,4730	25,074 Cl statt 25,267	— 0,00087 Cl	38 Cm.	10 Cm. Kalk 5 „ Platin 10 „ Asbest	
9. Naphtalintetrachlorid	0,5510	52,270 Cl statt 52,593	— 0,00183 Cl			
10. Erbsen (lufttrocken)	5,5035	0,481 P 0,106 S 0,058 Cl		40 Cm.	10 Cm. Kalk	1/2 Stunde
11. Erbsen (lufttrocken)	10,4010	0,439 P 0,117 S 0,071 Cl		45 Cm.		1 Stunde
12. Haselnusskerne (lufttrocken)	5,4120	0,373 P 0,044 S 0,055 Cl		45 Cm.	10 Cm. Kalk	1/2 Stunde
13. Haselnusskerne (lufttrocken)	5,7730	0,365 P 0,067 S 0,044 Cl				
14. Haselnussschalen (lufttrocken)	20,6230	0,033 P 0,012 S 0,022 Cl		80 Cm.	10 Cm. Kalk	2 Stunden
15. Haselnussschalen (lufttrocken)	20,5470	0,028 P 0,007 S 0,031 Cl				

Leipzig, den 17. Sept. 1875, Laboratorium von Prof. Dr. W. Knop.

Ueber Phlorhizin und Phloretin.

Von

Julius Löwe.

Das von de Koninck entdeckte Phlorhizin zählt man zur Familie der Glycoside, da Stas zuerst gefunden, dass die wässrige Lösung dieses Körpers beim Erhitzen mit verdünnten mineralischen Säuren in Phloretin und Zucker zerfällt. Man drückt heute diese Spaltung aus durch die Formel

$$= \text{€}_{21} H_{24} \Theta_{10} + H_2 \Theta = \text{€}_{15} H_{14} \Theta_5 + \text{€}_6 H_{12} \Theta_6.$$

Phlorhizin Phloretin Zucker.

wobei man also von der Anschauung ausgeht, dass durch Aufnahme oder den Hinzutritt von 1 Mol. Wasser zu dem Phlorhizin die beiden Spaltungsproducte resultiren. Nun bedarf es nach meiner Beobachtung durchaus nicht der Gegenwart von mineralischen Säuren, um die Zerlegung des Phlorhizins in Phloretin und Zucker in gleichem Sinne herbeizuführen, denn es genügt schon in Wasser suspendirtes Phlorhizin in zugeschmolzenen Glasröhren nur bei einer Temperatur von 108—110° C. im gesättigten Kochsalzbade mehrere Tage zu erhitzen, um das Phlorhizin in Phloretin und krystallisirbaren Zucker (Traubenzucker) zu zerlegen. Auch diese Spaltung ohne Gegenwart von Säuren liesse sich noch durch obige Formel deuten, während die nachfolgende Beobachtung mit ihr minder im Einklang steht. Erhitzt man nämlich festes neben Schwefelsäure getrocknetes Phlorhizin längere Zeit bis auf 130° C. im Luftbade und laugt die feste geschmolzene Masse mit kaltem Wasser aus, so enthält die Lösung nach dem Verdampfen einen weichen krystallisirbaren Körper, der alle Eigenschaften des bei gleicher Temperatur erhitzten Traubenzuckers hat und ebenso wie dieser die alkalische Glycerin-Kupferlösung schon in der Kälte reducirt, eine Eigenschaft, welche dem Phlorhizin kaum beim Erhitzen zukommt. Als Rückstand der Extraction bleibt eine selbst in kochendem Wasser fast unlösliche Substanz, welche durch ihr Verhalten in nächster Beziehung zum Phloretin steht. Findet hier durch die Temperatur von 130° C. die gleiche Spaltung des Phlorhizin's statt, so kann die für das Phlorhizin aufgestellte Formel $= \text{€}_{.1} H_{24} \Theta_{10}$ unmöglich richtig sein, denn diese erfordert zur Spaltung die Aufnahme von 1 Mol. Wasser, während die Zerlegung auf trockenem Wege nur durch die Temperatur auch ohne letzteres erfolgt und zur Deutung unbedingt einen anderen Formel-Ausdruck verlangt. Es erschien mir somit wichtig die Versuche über die Zusammensetzung des Phlorhizins aufzunehmen und eine Formel aufzustellen, welche sich allen Thatsachen ungezwungen anschliesst. Im Nachstehenden lasse ich die Resultate dieser Versuche folgen.

Phlorhizin.

Mehrmals aus Wasser umkrystallisirtes Phlorhizin wurde zum völligen Austrocknen mehrere Wochen neben Schwefelsäure unter dem Exsiccator aufgestellt. Die zur Analyse genommenen Proben führten zu nachstehenden Ergebnissen:

	I.	II.	III.
Genommene Substanz in Grm. =	0,588	0,310	0,4186
Gefunden $Є\Theta_2$ =	1,134	0,593	0,802
$Є$ =	0,3093	0,1618	0,2183
% =	52,687	52,191	52,269
Gefunden $H_2\Theta$ =	0,304	0,156	0,221
H_2 =	0,034	0,0174	0,024
% =	5,782	5,613	5,734.

Mittel.	Mittel nach Mulder.	Mittel nach Marchand.
$Є$ = 52,382	52,53	52,75
H = 5,709	6,08	6,32.

Dieses Mittel nähert sich den Analysen von Mulder und Marchand wenigstens im Kohlenstoffgehalte, nur fanden dieselben den Wasserstoff höher, welcher wieder nach de Koninck's Analysen = 5,5 — 5,6 und nach Petersen = 5,82 beträgt. Jedenfalls ist der Kohlenstoffgehalt des Phlorhizins in 100 Th. nicht 53,39 %, wie ihn die Formel $Є_{21}\ H_{24}\ \Theta_{10}\ 2H_2\Theta$ erfordert und Stas und Roser gefunden haben, denn Stas fand im Mittel = 53,24 % und Roser = 53,95 %, welches Resultat meine Analysen um 1 % übersteigt, eine Differenz die zu erheblich ist, um annehmen zu können, meine Resultate sollten bei der subtilen Ausführung um eine so erhebliche Grösse zurückstehen. Die ferneren Ergebnisse werden die Differenzen noch schärfer in's Licht stellen und gerade nicht zu Gunsten der heutigen Formel des Phlorhizin's sprechen. Das nach meinen Analysen gefundene Mittel drücke ich aus durch die Formel = $Є_{23}\ H_{30}\ \Theta_{14}$ wie nachstehende Berechnung ergibt.

			Gefunden im Mittel.
$Є_{23} \cdot 12$	= 276	52,07	52,382
H_{30}	= 30	5,66	5,709
Θ_{14}	= 224		
	530.		

Erhitzt man krystallisirtes neben Schwefelsäure getrocknetes Phlorhizin bis zu 100—105° C. im Luftbade, so schmilzt es unter Austritt von Wasser und erstarrt beim Erkalten zu einer lichtgelben amorphen Masse. Der Gewichtsverlust wurde dabei zwischen 6,6—6,80 % gefunden. Erdmann ermittelte denselben zu 6,82 % und de Koninck zu 7,0 %. Selbst beim Erhitzen im Luftbade bis zu 130° C. erhöht sich dieser Gewichtsverlust kaum über 7 %. Die Formel $C_{21} H_{24} O_{10} + 2(H_2 O)$ verlangt hingegen 7,63 %.

Das bei 105° C. geschmolzene Phlorhizin wurde von nachstehender Zusammensetzung gefunden:

Genommene Substanz in Grm.	=	0,336	0,368	0,327
Gefunden CO_2	=	0,678	0,752	0,671
C	=	0,186	0,2051	0,183
%	=	55,357	55,740	55,960
Gefunden H_2O	=	0,160	0,172	0,152
H_2	=	0,0178	0,0191	0,017
%	=	5,300	5,190	5,200.

Mittel.

$C = 55,686$ %

$H = 5,263$ %.

Diese Zusammensetzung entspricht der Formel $= C_{23} H_{26} O_{12}$ wie nachstehende Berechnung ergibt.

		In 100 Theilen.	Gefunden im Mittel.
$C_{23 \cdot 12}$	= 276	55,870	55,686
H_{26}	= 26	5,263	5,263
O_{12}	= 192	38,867	—
	494	100,000.	

Somit ergibt sich, dass beim Trocknen des Phlorhizins bei 100—105° C. dasselbe 2 Mol. Wasser verliert. Der Wassergehalt berechnet sich bei der für das Phlorhizin von mir aufgestellten Formel $= C_{23} H_{30} O_{14}$ zu

$= 6,793$ %,

welche berechnete Zahl mit der von mir gefundenen von 6,6 – 6,80 sehr befriedigend übereinstimmt.

Das bei 100—106° C. getrocknete Phlorhizin nach der Formel $C_{21} H_{24} O_{10}$ wurde nach früheren Analysen gefunden, wie folgt:

	Petersen.	Erdmann u. Marchand.		Mulder.	Marchand.	
C =	56.15 %	56,90	56,31	56,68	56,37	56,89
H =	5,81	5,89	5,61	5,74	5,55	5,88
O =	38,04	37,21	38,08	37,58	38,08	37,23
	100,00	100,00	100,00	100,00	100,00	100,00.

Nach dieser Formel berechnet sich hingegen die Zusammensetzung des bei 105° getrockneten Phlorhizins wie folgt:

C = 57,79
H = 5,51
O = 36.70
100,00.

Nach dieser Aufstellung ist somit der Kohlenstoff aller obigen Analysen um gut 1 % geringer, als er der Berechnung nach sein müsste, wenn überhaupt die Formel nur annähernd zu der gefundenen Zusammensetzung stimmte. Derselbe Zweifel, welcher sich für die Richtigkeit der alten Formel des Phlorhizins bei der wasserhaltigen Substanz erheben liess, derselbe taucht hier bei dem wasserfreien Phlorhizin auf. Die Ergebnisse meiner Analysen stimmen viel befriedigender zu der von mir aufgestellten Formel und sind gewissermaassen durch nachstehende Resultate controlirt.

Versetzt man eine weingeistige Lösung von Phlorhizin mit einer weingeistigen Kalilösung in schwachem Ueberschusse, so entsteht eine weissliche Fällung, welche sich zu einem dunkelgelben Syrup am Boden sammelt. Giesst man nach der Klärung die weingeistige Lösung ab, wascht den Rückstand mit Weingeist aus, löst ihn in kaltem Wasser, filtrirt und säuert mit Salzsäure schwach an, so entsteht ein krystallinischer in kaltem Wasser schwer löslicher weisser Niederschlag, welcher nach der Umkrystallisation aus Wasser und Trocknen neben Schwefelsäure zu folgender Zusammensetzung führte.

		I.		II.
Genommene Substanz in Grm.	=	0,304	. . .	0,312
Gefunden CO_2	=	0,584	. . .	0,600
C	=	0,159	. . .	0,164
%	=	52,303	. . .	52,564
Gefunden H_2O	=	0,153	. . .	0,156
H_2	=	0,017	. . .	0,0174
%	=	5,592	. . .	5,600.

Mittel.

$C = 52{,}432$

$H = 5{,}596.$

Beim Trocknen bei 100—105° C. schmolz derselbe, wie Phlorhizin unter einem Gewichtsverlust von 6,80 % und der geschmolzene Rückstand führte auf folgende Zusammensetzung:

Genommene Substanz in Grm.	=	0,408 . . .	0,387
Gefunden CO_2	=	0,835 . . .	0,780
C	=	0,2278 . . .	0,2128
%	=	55,830 . . .	55,014
Gefunden H_2O	=	0,182 . . .	0,187
H_2	=	0,0202 . . .	0,0201
%	=	5,000 . . .	5,190.

Mittel.

$C = 55{,}422$

$H = 5{,}095.$

Das Ergebniss der neben Schwefelsäure wie der bei 100—105° C. getrockneten Krystalle führt auf die Formel = $C_{23} H_{30} O_{14}$ und $C_{23} H_{26} O_{12}$ und geben zu erkennen, dass die Fällung unverändertes Phlorhizin ist.

Das vorstehende Verhalten des Phlorhizins zu Kali wurde versucht zur Darstellung ähnlicher Blei- und Barytverbindungen, indem die weingeistige Fällung mit Weingeist gewaschen, in Wasser gelöst und einerseits mit essigsaurem Blei, andererseits mit Chlorbaryum versetzt wurde, allein die Versuche blieben resultatlos wegen der Löslichkeit der Verbindungen in Wasser. Das Phlorhizin wird weder in wässriger noch in weingeistiger Lösung durch wässrige oder weingeistige Lösung von essigsaurem Blei gefällt.

Phloretin.

Es erschien zur Controle nothwendig die genaue Zusammensetzung des Körpers festzustellen, welcher beim Erhitzen von Phlorhizin mit verdünnter Schwefelsäure entsteht. Zu genanntem Zwecke wurde Phlorhizin mit Wasser, welches 1 % Schwefelsäure enthielt, längere Zeit auf dem Wasserbade erhitzt, der röthlich weisse sich ausscheidende Körper gesammelt und der Reinigung durch Auflösen in Weingeist und Fällung mit heissem Wasser unterzogen. Bei 110° C. getrocknet ergaben sich nachstehende Resultate:

		I.	II.	III.
Genommene Substanz in Grm.	=	0,450	0,444	0,448
Gefunden $C\Theta_2$	=	1,068	1,049	1,060
C	=	0,2913	0,2861	0,289
%	=	64,733	64,437	64,509
Gefunden $H_2\Theta$	=	0,176	0,187	0,190
H_2	=	0,0196	0,0208	0,0211
%	=	4,356	4,685	4,709.

Mittel.

C = 64,560

H = 4,583.

Diese Zusammensetzung entspricht der Formel $C_{17} H_{14} \Theta_6$ wie nachstehende Berechnung ergibt:

			In 100 Theilen.	Gefunden im Mittel.
$C_{17 \cdot 12}$	=	204	64,97	64,560
H_{14}	=	14	4,45	4,583
Θ_6	=	96	30,58	
		314	100,000.	

Drei zugeschmolzene Glasröhren gefüllt mit je 3 Grm. in reinem Wasser suspendirtem Phlorhizin wurden darauf im gesättigten Kochsalzbade bei 110° C. acht bis zehn Tage lang erhitzt, wobei sich eine reiche Menge röthlich weisser in heissem Wasser unlöslicher Körner ausschied, während die darüberstehende Flüssigkeit kaum gefärbt erschien. Die auf einem Filter gesammelten Körner wurden nach dem Abwaschen mit Wasser in Weingeist gelöst und diese Lösung mit grösseren Mengen heissen Wassers versetzt. Nach dem Erkalten schied sich wieder die ganze Menge in fast weissen Körnern aus, welche nur einen schwachen Stich in's Röthliche hatten. Sie wurden auf einem Filter gesammelt, abgewaschen, erst neben Schwefelsäure, darauf bei 105° C. getrocknet. Die Analyse führte auf folgende Zusammensetzung:

Genommene Substanz		I.	II.	III.	IV.	V.	VI.
in Grm.	=	0,201	0,254	0,285	0,3214	0,308	0,188
Gefunden $C\Theta_2$	=	0,477	0,597	0,673	0,757	0,725	0,439
C	=	0,1301	0,1628	0,1836	0,2065	0,1378	0,1198
%	=	64,726	64,094	64,421	64,250	64,220	64,00
Gefunden $H_2\Theta$	=	0,077	0,104	0,118	0,139	0,125	0,076
H_2	=	0,0086	0,0116	0,0131	0,0155	0,014	0,0085
%	=	4,278	4,570	4,597	4,667	4,545	4,521.

Mittel.

C = 64,285

H = 4,530.

Diese Resultate stimmen befriedigend überein mit denen, welche von dem Phloretin, mit verdünnter Schwefelsäure dargestellt, gewonnen wurden und lassen es somit kaum zweifelhaft, dass beim Erhitzen des Phlorhizins bei 110° C. ohne Gegenwart von Säuren dasselbe sich schon in Phloretin und Zucker spaltet.

Zum Nachweise des sich hier gleichzeitig bildenden Zuckers wurde die von den Krystallen beim Entleeren der Röhren abgelaufene Flüssigkeit längere Zeit neben Schwefelsäure aufgestellt, wo bei der Concentration sich noch einige Krystalle von unzersetztem Phlorhizin in der Ruhe ausschieden, darauf wurde filtrirt und bei gelinder Wärme im Wasserbade abgedampft. Es blieb ein lichtgelber Syrup, der beim Stehen neben Schwefelsäure nach einiger Zeit zu einer festen krystallinischen Masse erstarrte, die alle Eigenschaften des Traubenzuckers besass. Die Analyse der im Schiffchen bei 110° C. wieder geschmolzenen Krystalle führte auf folgendes Ergebniss:

			Traubenzucker in 100 Theilen enthält %
Genommene Substanz in Grm.	=	0,329	
Gefunden CO_2	=	0,479	
C	=	0,1307	
%	=	39,727	40,000
Gefunden H_2O	=	0,198	
H_2	=	0,022	
%	=	6,68	6,67.

Die Feststellung der Gegenwart des Zuckers dient als weiterer Beweis für die Spaltung des Phlorhizins in Phloretin und Zucker auch ohne Gegenwart von bei der Zersetzung mitwirkenden Säuren. —

Erhitzt man neben Schwefelsäure getrocknetes Phlorhizin mehrere Tage im Luftbade bis auf 130° C. und laugt darauf die geschmolzene röthliche Masse mit kaltem Wasser aus, so enthält die gelbliche Lösung einen Körper, der alle Eigenschaften des Zuckers hat, während der in Wasser unlösliche Rückstand in naher Beziehung zum Phloretin steht. Bei grösseren Mengen von Phlorhizin gelingt es schwer die Spaltung vollständig durchzuführen, da immer noch Antheile des Phlorhizins unzersetzt bleiben, von denen sich kleinere Quantitäten beim unlöslichen Rückstande, andere in der Auflösung des Zuckers befinden. Der Rückstand ist mit kochendem Wasser leichter davon zu befreien, da auch hierin derselbe dem Phloretin gleicht, nämlich sich kaum in kochendem Wasser aufzulösen. Von Weingeist wird er nach solcher Behandlung leicht zur gelben Lösung aufgenommen, die bei grösserem Zusatz von Wasser denselben nach längerem Stehen in weissen, theils krystallinischen theils amorphen Körnern ausscheidet. Dieselben ergaben nach der Analyse folgende Zusammensetzung:

		I.	II.	III.
Genommene Substanz in Grm.	=	0,306	0,403	0,244
Gefunden CO_2	=	0,720	0,950	0,575
C	=	0,1964	0,259	0,157
%	=	64,183	64,270	64,350
Gefunden H_2O	=	0,126	0,160	0,098
H_2	=	0,014	0,018	0,0109
%	=	4,575	4,467	4,470.

Mittel.

$C = 64,234$

$H = 4,504.$

Dieses Ergebniss steht in naher Beziehung zu den Resultaten, welche über die Zusammensetzung des Phloretins gefunden wurden und lässt, durch die gleichzeitige Gegenwart des zuckerartigen Körpers, kaum an der Identität beider zweifeln.

Der allgemeine Charakter der Glycoside ist, dass sie sich nur durch die Einwirkung von Säuren, Alkalien oder Fermenten, gewöhnlich unter Wasseraufnahme, in Zucker und andere Stoffe spalten. Das Phlorhizin zeigt hierbei einen wesentlichen Unterschied, es wird nach Rochleder durch Emulsin nicht zerlegt, spaltet sich ohne Gegenwart von Säuren und Alkalien und ohne Wasseraufnahme in Zucker und Phloretin. Geht man dabei von der aufgestellten Formel des neben Schwefelsäure getrockneten Phlorhizins aus, so liesse sich die Spaltung in folgender Weise ausdrücken:

$$C_{23}H_{30}O_{14} - 2(H_2O) = C_{17}H_{14}O_6 + C_6H_{12}O_6$$

Phlorhizin. Phloretin. Zucker.

Das bei 105° C. getrocknete und geschmolzene Phlorhizin würde dann die Spaltung ohne Austritt von Wasser ergeben, nämlich:

$$C_{23}H_{26}O_{12} = C_{17}H_{14}O_6 + C_6H_{12}O_6.$$

Es war nun weiter festzustellen, in welcher Gewichtsmenge die Bildung von Zucker und Phloretin bei der Spaltung des Phlorhizins erfolgt, um auch aus diesem Versuche die Annäherung an die Formel bemessen

3*

zu können, denn 100 Theile neben Schwefelsäure getrockneten Phlorhizins verlangen nach der Formel:

Phloretin	=	59,25
Zucker	=	33,96
Wasser	=	6,79
		100,000.

Zu diesem Zwecke wurden mehrere Grm. Phlorhizin bei der Temperatur des Wasserbades mit ganz verdünnter Schwefelsäure zersetzt, das ausgeschiedene Phloretin auf einem gewogenen Filter gesammelt und der Zucker im Filtrate theils durch Abdampfen und Trocknen bei 110° C. theils mit alkalischer Kupferlösung bestimmt. Aus 3 Versuchen wurde im Mittel gefunden: Phloretin = 57,5 %, Zucker = 36,7 %.

Wenn dieses Verfahren auf absolute Genauigkeit auch keinen Anspruch machen kann, insoferne, wenn die Spaltung des Phlorhizins nicht vollständig verlaufen, das Phloretin stets zu niedrig, der Zucker hingegen zu hoch ausfallen muss, so dient es doch immerhin zu einer annähernden Controle. Roser fand bei ähnlichem Verfahren: Phloretin = 60,46 % und Zucker = 41,76 %.

Nach Hlasiwetz zerfällt das Phloretin beim Kochen mit starken Basen in Phloretinsäure und Phloroglucin, welche Spaltung man ausdrückt durch die Gleichung:

$$\text{Є}_{15}\,H_{14}\,\Theta_5 + H_2\Theta = \text{Є}_9\,H_{10}\,\Theta_3 + \text{Є}_6\,H_6\,\Theta_3.$$

Phloretin. Phloretinsäure. Phloroglucin.

Es drängt sich nun die Frage auf, wie sich dieser Vorgang nach der von mir aufgestellten Formel über das Phloretin wohl ausdrücken liesse, um mit den erlangten analytischen Resultaten einigermaassen im Einklang zu stehen. Gibt man der Phloretinsäure die Formel = $\text{Є}_{11}\,H_{10}\,\Theta_4$, so würde sich die Spaltung durch die nachstehende Gleichung vorstellen lassen:

$$\text{Є}_{17}\,H_{14}\,\Theta_6 + H_2\Theta = \text{Є}_{11}\,H_{10}\,\Theta_4 + \text{Є}_6\,H_6\,\Theta_3.$$

Phloretin. Phloretinsäure. Phloroglucin.

Die Phloretinsäure von der Formel = $\text{Є}_{11}\,H_{10}\,\Theta_4$ verlangt in 100 Theilen wie folgt:

Berechnet.		In 100 Theilen.	Gefunden: Mittel nach Hlasiwetz.
$\text{Є}_{11 \cdot 12}$	= 132	64,08	64,93 %
H_{10}	= 10	4,86	6,25
Θ_4	= 64	31,06	28,82
	206	100,00	100,00.

Erhebliche Differenzen sind in der berechneten Phloretinsäure im Vergleiche mit der von Hlasiwetz gefundenen in der That nicht vorhanden, um gerade die Formel $C_{11} H_{10} O_4$ für unwahrscheinlich zu halten; allein weniger günstige Uebereinstimmung zeigen die nach dieser Formel berechneten Salze mit den von Hlasiwetz gefundenen Resultaten.

Frankfurt a. M., September 1875.

Können die indirecten Methoden der Alkalienbestimmung sich gegenseitig controliren oder zur Controle der directen Methoden verwendet werden?

Von

Dr. M. Kretschy.

Die Frage nach welcher Methode die quantitative Bestimmung des Kaliums neben Natrium unter den mannigfachsten Mengenverhältnissen beider am genauesten durchführbar sei, darf noch als offene betrachtet werden. Es fehlen vergleichende an demselben Untersuchungsobjecte durchgeführte Bestimmungen, aus welchen gefolgert werden könnte, ob durch die directen oder durch die indirecten Methoden und durch welche der letztern die genauesten Resultate erhaltbar seien, und welche Methoden sich gegenseitig zur Controle dienen könnten.

Mathematisch betrachtet ist die indirecte Bestimmung von Kali neben Natron die Lösung einer Gleichung von zwei Unbekannten, wobei es völlig gleich ist, ob man aus dem Gewichte der Chloride und ihrem Chlor oder dem der Sulfate und ihrer Schwefelsäure u. s. w. rechnet; die Lösung der Gleichung fordert nur, dass die genannten Gewichtsgrössen gegeben seien, und sie scheinen in der That durch verhältnissmässig kurze und einfache Operationen gegeben. Da aber die Rechnung letztere als fehlerlos und das Alkaligemenge seiner Summe nach genau bestimmbar (chemisch rein) voraussetzt, so folgt aus der Rechenmöglichkeit noch lange nicht die Anwendbarkeit einer indirecten Methode, sondern eine solche wird, abgesehen von der Genauigkeit der betreffenden Atomgewichte abhängen:

1) von der Grenze, bis zu welcher die Methode ihren Operationsfehler versuchsmässig einengen kann, eventuell wie hoch sie ihn verrechnet;

2) bis zu welcher Grenze der Fehler von Seite der ursprünglichen Summenbestimmung — der Fehler einer Verunreinigung — der Alkalien eliminirbar ist, oder wie hoch die Methode ihn verrechnen würde.

Diese Cardinalfragen sind allerdings, aber nicht erschöpfend, gewürdigt und insbesondere wird die Stellung der indirecten Methoden der Alkalibestimmungen zu den directen, sowie die Brauchbarkeit der ersteren im Vergleiche zu den letzteren verschieden beurtheilt. In dem Artikel »indirecte Analyse« des Handwörterbuches d. r. u. a. Chemie 1. Auflage wird zugestanden, dass es einige Fälle gebe, wo wirklich die indirecte Methode dem directen Wege vorzuziehen sei. In dem gewählten idealen Beispiele wird nach Thomson's Vorgang*) das Kali und Natron aus dem Gesammtgewichte der Alkalichloride und der daraus erhaltbaren Sulfate ermittelt, und werden bei ca. 24 und 29 Decigrammen Salz die Gewichte noch in der 6. Decimale angesetzt. Es wird sich zeigen, dass gerade diese Methode von Seite der Formel grosse Fehlerconstanten habe. Nach dem Artikel der neuen Auflage des Handwörterbuches (vom Jahre 1871) kommt die indirecte Analyse fast ausschliesslich nur dann in Anwendung, wenn es sich um die Bestimmung von Substanzen handelt, deren Trennung besondere Schwierigkeit zeigt, oder nicht genau auszuführen ist. Wie weit dieser Ausspruch auch auf die Alkalibestimmung Bezug nehme, ist nicht angegeben.

List**) bemerkt zu seinem Vorschlag die Alkalien neben Magnesia indirect aus dem Gewichte der Sulfate und der darin enthaltenen Schwefelsäure zu bestimmen: »die Fehlerquellen sind bei dieser Methode jedenfalls weniger erheblich als bei jeder directen Trennungsweise.« Es wird sich erweisen, dass dieser Ausspruch keine allgemeine Gültigkeit habe.

Werther***) bestimmt die Alkalien entweder mittelst titrirter Schwefelsäure durch indirecte Analyse oder durch Trennung mittelst Platinchlorids. Er verlangt aber für seine verführerisch bequeme Methode, dass die Summe der Sulfate 6—8 Decigramme betrage, bei geringeren Salzmengen werde die Ungenauigkeit zu gross.

H. Schiff†) führt allerdings 6 Methoden an, nach welchen Kali und Natron indirect bestimmt werden können, ohne über den relativen Werth dieser Methoden genauer zu orientiren.

---

*) Liebig's Annal. **20**, 205.

) Liebig's Annal. **80, 117.

***) Ueber Silicatanalysen Journ. f. p. Chem. **91**, 324.

†) Liebig's Annal. **108**, 219.

Zu Gunsten der Chlormethode hat P. Collier*) 15 Versuche mitgetheilt. Er arbeitete mit kleinen Salzmengen und bestimmte das Chlor maassanalytisch nach Mohr,**) welcher auch zuerst die Fehlerconstanten der Chlormethode von Seite der Formel entwickelt hat. Die Chlormengen lagen zwischen 0,027 und 0,079 Grm., die Fehler im berechneten Chloralkalimetall meist unter 0,001 und nicht über 0,002 Grm. — Fresenius hält diesen Versuchen gegenüber aufrecht, dass die indirecte Analyse bei Salzmengen, welche geringe Antheile des einen neben grossen des andern enthalte, nicht zu empfehlen sei, namentlich bei Silicatanalysen und in ähnlichen Fällen, in welchen die Chloralkalimetalle so schwer absolut rein, namentlich frei von Chlormagnesium erhalten werden. Dieser wichtige Einwand von Seite der Reinheit der Salze zusammengehalten mit dem maassanalytischen Verfahren der Chlorbestimmung, welches Fresenius***) bei beiderseits grösseren Salzmengen verstattet, gibt zu verstehen, dass Fresenius für genaue Resultate die indirecte Methode überhaupt nicht empfehle.

Nach H. Rose†) kann bei grosser Genauigkeit die indirecte Bestimmung beider Alkalien genauere Resultate geben als die Trennung mittelst Platinchlorids, aber doch nur in dem Falle, wenn ausser den beiden Alkalien selbst nicht Spuren eines andern Metalls in der Chlorverbindung enthalten sind.

Bunsen††) bedient sich der Chlormethode, um durch indirecte Analyse eine Controle für die Trennung des Kalis vom Natron durch Platinchlorid zu haben.

Bei solcher Sachlage scheint eine vergleichende Prüfung der verschiedenen Methoden der Alkalibestimmung geboten. Ich prüfte daher von den indirecten Methoden, die durch Sulfatüberführung der Chloride, die Methode der Schwefelsäure- und jene der Chlorbestimmung. Bei den directen Methoden beschränkte ich mich auf die mittelst Platinchlorids. Sie gibt richtig ausgeführt so genaue Resultate, dass kein Anlass vorliegt auch auf andere Methoden näher einzugehen.

---

*) Diese Zeitschrift 4, 413.

**) Lehrb. der chem. Titrirmethode 4. Aufl. p. 434.

***) Anleit. zur quant. chem. Analyse 5. Aufl. p. 441.

†) Handb. d. anal. Chem. 2, 17. 6. Aufl.

††) Instruction für die Untersuch. der bad. Mineralwasser. Diese Zeitschrift 10, 400.

Mit Ueberchlorsäure zu arbeiten ist, wenn auch Fahlberg's*) Einwand gegen diese Methode zu ihren Gunsten erledigt würde, nicht einladend, zumal bei Endbestimmungen die lange Arbeitsstrecken hinter sich haben. Die Weinsteinmethode beansprucht sowohl nach dem Vorschlage Mohr's als auch Fleischer's nur die Genauigkeit einer genauen Titrirung. Arbeitet man mit Salzmengen von 1—2 Grm. Kalisalz, so kann nach Mohr's**) Versuchen allerdings eine Genauigkeit von 0,07—0,01 % erreicht werden, aber Mengen wie sie bei physiologischen Fragen in Betracht kommen, werden auf diesen Vortheil verzichten müssen. Fleischer hat eine zweimalige Titrirung mit Normalkali zu verrechnen, Mohr titrirt nur einmal, titrirt aber einen Rest von jener Weinsteinlösung mit, mittelst welcher der Weinsteinniederschlag gewaschen wurde. So unbedeutend dieser Rest auch scheinen mag, er wird nicht controlirt, 1 Tropfen Normalalkali zur Neutralisirung der Filterbenetzung, $^1/_2$ Tropfen für die Ueberschreitung der Endreaction gerechnet, repräsentiren schon 5,59 KCl. Für ein Gemenge von 0,030 KCl neben 0,300 NaCl, für welches eine Methode noch aufkommen sollte, würde sonach mit grosser Wahrscheinlichkeit mehr als der sechste Theil des KCl nicht mehr bestimmbar, selbst absolut genaue Maassgefässe u. s. w. angenommen.

Zu allen nachfolgend angeführten Versuchen wurde sorgfältigst gereinigtes Chlorkalium und Chlornatrium verwendet, das letztere erwies sich im Spectralapparate geprüft frei von Kali, — 0,250 Grm. Chlorkalium mittelst Platinchlorids ausgefällt gaben ein Filtrat, das nach Entfernung des überschüssigen Platins verdunstet einen unwägbaren Rückstand hinterliess. Um der Reinheit der Salze noch mehr versichert zu sein, wurden gewogene Mengen von Chlornatrium und Chlorkalium in Sulfate übergeführt, anderseits der Chlorgehalt bestimmt. Die Ergebnisse des Versuchs stimmten vollkommen mit den durch Rechnung ermittelten Gewichtsmengen. In den wenigen Fällen, in welchen schwefelsaure Alkalien zu den Versuchen verwendet wurden, war mit gleicher Sorgfalt deren Reinheit geprüft. Von den Salzen wurden Lösungen dargestellt, deren Gehalt nach Volum und Gewicht durch Abdampfproben controlirt wurde.

---

*) Journ. f. prakt. Chem. [N. F.] 5, 93 und diese Zeitschr. 11, 193. Vergl. übrigens auch die Mittheilungen von K. Kraut über die genannte Methode, diese Zeitschr. 14, 152. R. F.

**) Lehrb. der Titrirmethode 4. Aufl., p. 160.

Indirecte Methoden.

A. Versuchsfehler von Seite der Operationen.

1. *Bestimmung von Kali neben Natron durch Ueberführung der Chloride in Sulfate.*

$$\mathrm{Na}\begin{cases}23{,}0\\23{,}043;\end{cases}\quad \mathrm{K}\begin{cases}39{,}11\\39{,}137;\end{cases}\quad \mathrm{Cl}\begin{cases}35{,}46\\35{,}457;\end{cases}\quad \mathrm{S}\begin{cases}16^{*})\\32{,}074^{**})\end{cases}$$

Ist C die bekannte Summe der Chloride und S die der Sulfate, so ist

$$\mathrm{NaCl} \times n + \mathrm{KCl} \times k = C$$

$$\mathrm{Na_2SO_4} \times \frac{n}{2} + \mathrm{K_2SO_4} \times \frac{k}{2} = S$$

n und k sind unbekannt: n sagt wie oft die im Gemenge vorhandene Kochsalzmenge das Aequivalent 58,5 setzt, k wie oft das im Gemenge vorhandene Chlorkalium das Aequivalent 74,594 setzt. Demnach ist:

$$k = \frac{C}{2{,}8484} - \frac{2 \times 58{,}5}{142{,}16} S$$

und das gesuchte $\mathrm{KCl} = 74{,}594\,k = 26{,}18803\,C - 21{,}55317\,S$.

Die Ueberführung der Chloride in Sulfate gelingt bei kleineren Mengen mit grosser Genauigkeit, von richtig geleitetem Erhitzen hängt sowohl das vollständige Trocknen der Chloride als deren Ueberführung in neutrale Sulfate ab. Um einen grösseren Ueberschuss an Schwefelsäure zu vermeiden, wurde dieselbe nach berechneten Mengen zugesetzt; für das Erhitzen wurde eine Art Luftbad benutzt, welches in einer gewissen Auswahl constante Temperaturen zu erhalten gestattet.

Dieses Luftbad besteht aus zwei in einander gehängten Körben aus engmaschigem Eisennetz, die Körbe haben die Cylinderform, die Wandungen sind einfach, die Böden doppelt und zwar liegen die Drahtnetzscheiben so übereinander, dass die Netzfäden sich in Winkeln von 45° schneiden. Der äussere Korb wird mit seinem freien Rande an dem Glühring eines eisernen Filtrirgestells befestigt, der innere Korb steht von den Wandungen und dem Boden des äusseren etwa 2 Cm. ab und ist mittelst dreier Haken an letzterem befestigt. Höhe und Umfang wird von der Grösse der Platintiegel bestimmt, welche der Korb aufnehmen soll. Einige Kreiswindungen von Platindraht schützen den Tiegel vor jedem Contact mit dem eisernen Korb. Je nach der Flammenhöhe des

*) Fresenius Anleit. z. quant. Anal. 5. Aufl.

**) Nach Stas.

gewöhnlichen Bunsen'schen Gasbrenners lassen sich stundenlang Temperaturen herstellen, die nur um wenige Grade differiren. Bei ganzer Flammenhöhe (10—11 Cm.) erreicht die Temperatur 245—256°, für das Trocknen der Chloride sind diese Temperaturen zureichend. Sowohl das Abdampfen der Lösungen als das Trocknen der Abdampfrückstände kann in einem solchen Luftbade durchgeführt werden. Hat der Sulfatrückstand die Temperatur bis 250° erreicht, so ist er reif für die offene Flamme. Bei den gewählten Versuchsmengen genügte die volle Flamme eines Bunsen'schen Brenners um neutrales schwefelsaures Salz auch ohne Zusatz von kohlensaurem Ammon zu erhalten.

Resultate.

Versuchsmengen der Chloride in Milligrammen.	Verhältniss zwischen K Cl und Na Cl	Sulfate			Differenz gegen die Berechnung nach Stas.	Werth dieser Differenz in Milligr. K Cl
		berechnet		gefunden.		
		nach Fresenius.	nach Stas.			
I. K Cl 17,5 Na Cl 503,2	1:28	631,58	631,86	632,05	+0,19	—4,0
II. K Cl 21,6 Na Cl 501,65	1:23	634,48	634,76	634,6	—0,16	+3,6
III. K Cl 19,5 Na Cl 305,7	1:15	394,05	394,227	394,1	—0,12	+2,7
IV. K Cl 19,15 Na Cl 382,2	1:19	486,55	486,76	486,75	—0,01	+0,3
V. K Cl 9,9 Na Cl 240	1:24	303,04	303,179	303,2	+0,02	—0,4
VI. K Cl 3,95 Na Cl 70,25	1:17	89,94	89,98	89,95	—0,03	+0,7
VII. K Cl 13,08 Na Cl 54,96	1:4	82,03	82,07	82,05	—0,02	+0,4

Unter 7 Versuchen liegt in 6 der Fehler innerhalb den Atomgewichtsdifferenzen, er überschritt im Maximum nicht 0,2 Milligr. und doch wird bei der Umrechnung in Chlorkalium dieses um — 22,6 % verfehlt.

2. Bestimmung des Kalis und Natrons aus dem Gewichte ihrer Sulfate und deren Schwefelsäure.

Formel zur Berechnung des schwefelsauren Kalis nach den aus Fresenius' Lehrb. der quant. Analyse citirten Atomgewichten:

$$71\,n + 87{,}11\,k = S \text{ (Sulfatmenge)}$$

$$40\,n + 40\,k = s \text{ (Schwefelsäuremenge)}$$

$$k = \frac{S}{16,11} - \frac{71\,s}{40 \times 16,11}$$

$$KO, SO_3 = 87,11\,k = 5,407213\,S - 9,59778\,s.$$

Als Materiale zu dieser Versuchsreihe wurden theils Lösungen der Alkalichloride, theils schwefelsaure Salze verwendet.

Die Bestimmung der Schwefelsäure geschah nach Bunsen's*) Angaben. Die Lösung des schwefelsauren Salzgemenges wurde so weit verdünnt, dass für je 0,1 Liter Flüssigkeit je 0,1 Grm. schwefelsaurer Baryt zu fällen war. Die Fällung wurde bei beginnendem Sieden der Flüssigkeit mit Chlorbaryumlösung von ermitteltem Gehalte vorgenommen, ein erheblicher Ueberschuss des Fällungsmittels vermieden. Der geglühte Niederschlag wurde als rein verrechnet, wenn die Wägedifferenz höchstens 0,5 Milligrm. betrug. Von dieser Weisung Bunsen's musste jedoch in den Fällen Umgang genommen werden, wenn der Niederschlag nach mehrmals wiederholter $1\frac{1}{2}$stündiger Digerirung noch über 0,5 Milligrm. verlor, ohne dass im Waschwasser Chlorbaryum mittelst Schwefelsäure nachgewiesen werden konnte.

Resultate.

	Versuchsmengen der Salze in Milligrammen.		Verhältniss zwischen Kali u. Natronsalz	Alkalisulfate berechnet	Schwefelsaurer Baryt			Werth der Differenz		Anmerkungen.
					berechnet.	gefunden	Differenz	in SO_3	in KO, SO_3	
I.	K Cl Na Cl	21,6 501,65	1 : 23	634,48	1033,44	V. Wäg. 1032,8 I. „ 1042,2	— 0,6	— 0,22	+ 2,17	
II.	K Cl Na Cl	3,95 70,25	1 : 17	94,91	146,13	III. „ 144,7 I. „ 148,2	— 1,43	— 0,49	+ 4,72	
III.	K Cl Na Cl	19,5 305,7	1 : 15	394.05	639,66	V. „ 639,27 I. „ 645,2	— 0,39	— 0,13	+ 1,3	
IV.	K Cl Na Cl	13,08 54,96	1 : 4	82,03	129,97	II. „ 128,2 I. „ 128,9	— 1,75	— 0,60	+ 5,7	
V.	KO, SO_3 NaO, SO_3	4,3 244,1	1 : 56	248,4	406,28	II. „ 406,0 I. „ 408,0	— 0,28	— 0,09	+ 0,9	
VI.	KO, SO_3 NaO, SO_3	109,7 98,7	1,11 : 1	208,4	312,0	I. „ 309	— 2,8	— 0,96	+ 9,2	Chlorbaryumüberschuss 0,081 Grm.
VII.	KO, SO_3 NaO, SO_3	99,2 88,7	1,19 : 1	187,9	268,36	II. „ 267,1 I. „ 267,3	— 1,26	— 0,43	+ 4,3	0,122
VIII.	KO, SO_3 NaO, SO_3	170,7 128,2	1,3 : 1	298,9	438,64	I. „ 434,85	— 3,8	— 1,3	+ 12,5	0,128

*) Instr. f. d. Untersuch. bad. Mineralwasser. Diese Zeitschr. 10, 396.

Wie sich aus diesen Versuchen ergibt wird die Schwefelsäure zum Theil genau, aber auch auffallend ungenau gefunden; ersteres ist der Fall, wenn das Natronsalz in 15 — 56facher Menge das Kalisalz überwiegt. Ungeachtet die Schwefelsäuremengen in den Versuchen I. III. V. zwischen 0,139 und 0,354 Grm. variirten, betrug der grösste Fehler nur 0,07 %. Bei den Versuchen aber, in welchen das Kalisalz überwiegt, bewegt sich der procentische Fehler zwischen — 0,46 und — 1,2.

Vergleicht man die ersten Wägungen des geglühten aber noch nicht gereinigten Barytniederschlages, so fällt auf, dass sie von plus in minus umschlagen, sobald die Mengenverhältnisse beider Salze sich einander nähern oder gar das Kalisalz überwiegt. Auf ähnliches Verhalten macht Rose*) aufmerksam, nach welchem Kalisalz bei der Schwefelsäurebestimmung leicht ein zu geringes, Natronsalz ein zu hohes Resultat finden lasse und die Genauigkeit der Schwefelsäurebestimmung überhaupt von Abwesenheit der Alkalien abhänge.**)

Die Methode der Kalibestimmung, welche aus der gefundenen Schwefelsäure rechnet, theilt also nicht nur die Unsicherheit der Schwefelsäurebestimmung, sondern bringt sie noch in 9,5facher Vergrösserung zum Ausdruck. Sind die Sulfate chemisch rein, so wird Kali neben Natron befriedigend genau gefunden, wenn das Natronsalz um ein bedeutendes Vielfaches das Kalisalz überwiegt. Sind beide Salze in nahe gleichen Mengen vorhanden, so wird das Kali grob verfehlt; gleiches ist der Fall, wenn man nur kleine Quantitäten des Salzgemenges in Arbeit hat.

3. Bestimmung des Kalis neben Natron aus dem Gewichte ihrer Chloride und deren Chlor.

Formel zur Berechnung des Chlorkaliums nach den Atomgewichten von Stas:

$$74{,}594\,k + 58{,}5\,n = C \text{ (Chloridsumme)}$$

$$35{,}457\,k + 35{,}457\,n = c \text{ (Chlormenge)}$$

$$k = \frac{C - 58{,}5\,c}{16{,}094}$$

$$KCl = 74{,}594\,k = 4{,}634894\,C - 7{,}647047\,c.$$

Eine Chlorbestimmung, die den vollen Vortheil dieser überaus genauen Methode haben soll, setzt voraus, dass das Gewicht der Chloralkalien genau noch in der 4. beziehungsweise in der 5. Decimale bekannt

*) Handb. d. analyt. Chem. 2, 455, 456.

**) Vergl. auch Fresenius l. c. p. 324.

ist. Daher wurden nur Gewichtstitres benutzt und dieselben so angelegt, dass 1 Grm. Flüssigkeit ca. 10 Mgrm. NaCl beziehungsweise 1,5—3 Mgrm. KCl enthielt. Die Salze wurden im Platintiegel mittelst des Trockenkorbes 4—6 Stunden bei ca. 250° C. getrocknet, zuletzt schwach geglüht und auf Constanz gewogen. Die Lösungen wurden jedesmal durch Abdunstproben controlirt und auch in den letzten Resten noch constant gefunden.

Die Chlorbestimmung wurde in mässiger Verdünnung durchgeführt. Die titrirte Lösung von salpetersaurem Silber wurde mit einigen Tropfen Salpetersäure versetzt und in einem Ueberschuss von 1—2 Drittel der erforderlichen äquivalenten Menge beim beginnenden Sieden zugetropft. Das Licht wurde bei allen Operationen sorgfältig abgehalten. Der lufttrockene Niederschlag und das beim Verbrennen des Filters zurückbleibende Silber wurden mit Königswasser befeuchtet, vorsichtig erwärmt, zuletzt so weit erhitzt, bis nahe vollständige Schmelzung eintrat. Das geschmolzene Chlorsilber sieht perlmutterartig weiss aus.

Resultate.

Versuchsmengen der Chloride in Milligrammen.		Verhältniss zwischen Na Cl u. K Cl	Chorsilber		
			berechnet	gefunden	verfehlt
I.	K Cl 35,472 Na Cl 267,069	1:7	722,79	722,77	— 0,02
II.	K Cl 10,679 Na Cl 98,353	1:9	261,598	261,54	— 0,05
III.	K Cl 5,325 Na Cl 451,632	1:83	1094,509	1094,61	+ 0,1
IV.	K Cl 4,480 Na Cl 274,494	1:61	681,320	681,23	— 0,09
V.	K Cl 4,568 Na Cl 370,23	1:81	916,239	916,2	— 0,04
VI.	K Cl 2,371 Na Cl 121,107	1:51	301,400	301,50	+ 0,1
VII.	K Cl 1,743 Na Cl 473,866	1:271	1164,82	1164,73	— 0,09

Da 1 Milligrm. AgCl = 0,247 Cl und mit 0,1 Chlor nach der Formel 0,764 KCl verfehlt würden, so überstieg der Fehler im Chlor nicht 0,03, der im Chlorkalium nicht 0,2 Milligrm.

Nach Stas liegt der Molecularwerth von NaCl zwischen 58,506 und 58,502, nach den Mittelzahlen der Atomgewichte von Na und Cl ist er 58,500. Setzt man Silber = 107,93 und im Maximalwerth von NaCl den Maximalwerth von Na etc., so entsprächen:

a NaCl 58,506 — Cl 35,461 und AgCl 143,391
b NaCl 58,500 — Cl 35,457 und AgCl 143,387
c NaCl 58,502 — Cl 35,460 und AgCl 143,390

100 NaCl entsprächen nach a AgCl = 245,087
b « = 245,049
c « = 245,102.

Die grösste Differenz ist zwischen b und c, sie würde für 1000 Milligrm. NaCl betragen 0,53 Milligrm. AgCl. Auf die Frage, welche kleinste Menge von Chlorkalium in einem Gemenge von KCl und NaCl noch gefunden werden könne, wäre also zu antworten: Diejenige, deren Chlorsilberwerth bezogen auf eben dieselben Mengen von NaCl noch eine Differenz gibt, welche die nicht mehr vermeidbaren Fehler der Analyse übersteigt.

1 Milligrm. NaCl = 2,451 Milligrm. AgCl
1 « KCl = 1,923 « «
Differenz 0,528.

Sonach würde 1 Milligrm. KCl bei 1000 Milligrm. NaCl im Chlorsilber keine grössere Differenz hervorbringen, als oben verzeichnete Atomgewichtswerthe von Cl und Na, dagegen 2 Milligrm. KCl bei 500 Milligrm. NaCl einen Ueberschuss von 1,05 AgCl ergeben, während die Atomgewichtsdifferenz nur 0,26 Milligrm. AgCl beträgt. Diese 0,26 AgCl geben somit bei NaCl bis zu 500 jene Decimalen des gefundenen KCl an, bis zu welchen es noch mit Sicherheit gefunden würde.

Fresenius gestattet für eine genaue Chlorbestimmung 99,9 oder 100,1 Cl statt 100 zu finden d. i. für 404,37 AgCl einen Fehler von 0,404 AgCl oder 1 Milligrm. für 1 Grm. AgCl, welches Zugeständniss bei Chlorsilbermengen von mehr als 5 Decigrammen um das 2—3fache zu gross sein dürfte.

Zusammenstellung der Fehler der drei Methoden von Seite der Operation.

I. KCl = 26,18803 C — 21,55317 S.

Fehler in der Sulfatüberführung um 0,1 Milligrm. verfehlt KCl um 2,5
0,2 « « « « 4,3.

Die Sulfatsumme wurde in 7 Versuchen verfehlt zwischen 0,02 und 0,2 Milligrm.

II. $KO, SO_3 = 5{,}407213\ S - 9{,}59778\ s$.

Fehler in der Schwefelsäuresumme um 0,1 verfehlt KO, SO_3 um 0,95
. 0,2 « « « 1,91.

Die Schwefelsäure wurde in 8 Versuchen verfehlt im Minimum um — 0,03, im Maximum um — 1,3.

Kali in einem und demselben Gemenge nach diesen 2 Methoden bestimmt ergab:

	Durch Ueberführung in Sulfate.	Fehler in %	Durch SO_3 Bestimmung.	Fehler. %
KCl 21,6 NaCl 501,65	25,2 KCl	+ 16,6	23,4 KCl	+ 8,4
KCl 19,5 NaCl 305,7	22,2 «	+ 13,8	20,6 «	+ 5,6
KCl 13,08 NaCl 54,96	13,4 «	+ 2,4	18,0 «	+ 43,7
KCl 3,95 NaCl 70,25	4,6 «	+ 17,2	7,9 «	+ 100.

III. $KCl = 4{,}634894\ C - 7{,}647047\ c$.

Fehler in der Chlorsumme um 0,1 Milligrm. verfehlt KCl um 0,76
0,2 » « « « 1,52.

Fehler in 7 Versuchen nicht über 0,03 Cl und 0,2 KCl.

B. Fehler von Seite der ursprünglichen Summenbestimmung, ihr Einfluss auf die Berechnung.

Dass ein Fehler in der Summenbestimmung oder anders ausgedrückt eine Verunreinigung des Alkaligemenges jede indirecte Kalibestimmung in Zweifel bringt, veranschaulichen genügend die Summencoefficienten 26,18, 5,40, 4,63, mit welchen er multiplicirt würde. Der Einwand, dem die indirecte Methode hier zu begegnen hat, ist von der schwersten Art, zwar für sie nicht allein, auch die directe Methode hätte jedesmal die Sicherheit erst zu beweisen, mit welcher sie nach ausgefälltem Kalisalze den Rest für Natron verrechnet; sie kommt aber leichter weg, weil sie den Fehler nur addendo vorbringt, die indirecte Methode multiplicando.

Nehmen wir einen concreten Fall und wählen zur Kalibestimmung die empfindlichste indirecte Methode. NaCl 200, KCl 98, Verunreinigung durch MgCl 2 Milligrm.; das Chlor würde gewichtsanalytisch bestimmt und absolut genau gefunden. $KCl = 4{,}6\ C - 7{,}6\ c$. C vermehrt um $2 \times 4{,}634$, c vermehrt um $1{,}494 \times 7{,}647$ lässt KCl um 2,16 vermindert finden.

Dasselbe Beispiel: Die Verunreinigung gebe ihr Chlor ab und betrüge nur die den 2 Milligrm. MgCl äquivalente Menge MgO = 0,842. Würde KCl um 0,842 × 4,634 = 3,9 Milligrm. zu viel gefunden.

Man sieht die Verunreinigung kann wägbar sein und die Kalibestimmung nach der Chlormethode noch mässig gut ausfallen. Der Fehler dürfte immer noch kleiner ausfallen, als der, welcher durch maassanalytische Bestimmung des Cl für sich eingeführt werden kann *), ja insoferne er zugleich der Gesammtfehler in der Bestimmung beider Alkalien wäre, repräsentirt er eine Genauigkeit, welche die directe Bestimmung mittelst $PtCl_2$, wenn das KCl als $KPtCl_3$ und das NaCl des Filtrates als solches gewogen wird, nur dann überträfe, wenn sie diese 2 Milligrm. MgCl abscheidet.

Man sieht ferner, dass ein beigemengtes Chlormetall seinen Fehler in der Formel eine Strecke weit selbst compensirt, dass aber eine chlorfreie Verunreinigung die Bestimmung sogleich unbrauchbar macht. Für 2 Milligrm. chlorfreie Verunreinigung erschiene im KCl schon ein plus von 9,2 Milligrm. Es würde also die Chlormethode, deren Operationsfehler fast Null ist, für ihre Ziffern so lange kein Vertrauen beanspruchen können, als nicht die Reinheit des Alkaligemenges nachgewiesen oder Art und Menge der Verunreinigung bestimmbar ist. Sind diese Anforderungen erfüllt, dann möchte die Chlormethode von keiner andern Methode der Alkalibestimmung an Genauigkeit übertroffen werden können, die Salzmengen mögen gross oder klein sein; fehlt aber dieser Nachweis, so wird die Vertrauenswürdigkeit in die Bestimmung nicht erhöht, wenn von beiden Salzen grössere Mengen vorliegen. Der Nachweis von der Reinheit des Salzgemisches muss ein ziffermässiger sein, und darf sich nicht auf die Ueberzeugung beschränken, dass man eben alles gethan habe, um es rein zu bekommen. Ebenso ist nicht zu erwarten, die indirecten Methoden könnten, wenn combinirt, einander zur Controle dienen; sie sind nicht gleichwerthig, noch würden sie den Summenfehler umgehen können. Die Schwefelsäure-Methoden sind selbst bei reinem Salz, die eine der enormen Factoren wegen, mit welchen sie die Fehler multiplicirt, die andere der Operationsfehler halber, wenig verlässlich.

---

*) Vgl. diese Zeitschr. 7, 173.

Directe Methoden.

Bestimmung des Kalis mittelst Platinchlorids.

Bei dieser Versuchsreihe wurden die Operationen auf nassem Wege theils ausschliesslich in Platingefässen theils in schon vorher viel gebrauchten, überdies aber in angesäuertem Wasser ausgekochten Glasgefässen ausgeführt. Den Salzlösungen wurde so viel Platinchlorid zugesetzt, als erforderlich war um die beiden Alkalien in Doppelchloride zu verwandeln und überdies einen kleinen Ueberschuss in der Lösung zu haben. Letztere wurde auf dem Wasserbade so weit verdunstet, bis sie beim Erkalten erstarrte. Der Rückstand, mit wenigen Tropfen Wasser befeuchtet, wurde mit einer Mischung von Aether und absolutem Alkohol (1 : 5) übergossen, unter einer Glasglocke stehen gelassen, dann ohne weitere Rücksicht ob das Natriumplatinchlorid gänzlich gelöst sei abfiltrirt; der Rückstand mit Alkoholäther im Becherglase oder in der Platinschale gewaschen, aber nicht sofort auf das Filter gebracht; es wurden vielmehr die auf das Filter gerathenen Niederschlagspuren mit etwas Wasser zurückgespült, das Filter mit Wasser vollständig ausgewaschen, der mit Wasser übergossene Niederschlag nach Zusatz von wenig Tropfen Platinchlorid neuerdings im Wasserbade eingedampft und nun erst nach dem Waschen auf dem Filter gesammelt, getrocknet und gewogen.

Da man leicht zu viel Chlorkalium findet, wenn man dasselbe aus dem Kaliumplatinchlorid oder aus dem reducirten Platin berechnet, und um dem störenden Einfluss aus der ammoniakhaltenden Atmosphäre entstandenen Platinsalmiaks zu begegnen, wurde das Kaliumplatinchlorid durch vorsichtiges Glühen reducirt, das Chlorkalium mit Wasser aus dem Glührückstande ausgezogen und als solches gewogen. Bei den kleinen Versuchsmengen (3—120 Milligrm.) gelang dies sehr gut. Beim Auslaugen des KCl aus dem Glührückstande gehen immer kleine Mengen von Platin in Lösung, werden aber beim Abdampfen der KCl-Lösung durch vorsichtiges Erhitzen ausgeschieden. Um dessen Gewicht zu ermitteln, wurde das KCl nach dessen Gewichtsbestimmung in Wasser gelöst, das Platin auf einem kleinen Filter gesammelt, gewaschen und mit dem Filter verbrannt, die Asche mit dem Tiegel zurückgewogen. Die Natriumplatinchloridlösung wurde mit Wasserstoff reducirt, die platinfreie Chlornatriumlösung zur Trockne gebracht und gewogen.

Ergebnisse.

Versuchsmengen in Milligrm. Gewichtstitre.		Verhältniss von KCl : NaCl	Kaliumplatinchlorid			Fehler in KCl ausgedrückt	KCl	NaCl	Gesammtfehler der Analyse.
			berechnet	gefunden	verfehlt		aus den Platinverbindungen durch Reduction erhalten		
I.	K Cl 3,51 Na Cl 383,23	1 : 109	11,52	13,2	+ 1,68	+ 0,5	3,5	383,1	— 0,1
II.	K Cl 3,81 Na Cl 209,19	1 : 54	12,5	11,8	— 0,7	— 0,2	3,8	209	— 0,2
III.	K Cl 8,00 Na Cl 133,64	1 : 13	26,25	26,6	+ 0,35	+ 0,1	7,9	134,2	+ 0,5
IV.	K Cl 30,10 Na Cl 243,48	1 : 8	98,67	98,3	— 0,37	— 0,1	29,8	244,1	+ 0,3
V.	K Cl 120,64 Na Cl 127,84	1 : 1,05	395,47	398,4	+ 2,93 *)	+ 0,9	120,5	128,5	+ 0,5
VI.	K Cl 4,25 Na Cl 339,28	1 : 79	13,94	14,1	+ 0,16	+ 0,0	3,9	—	— 0,3
VII.	K Cl 9,76 Na Cl 499,19	1 : 51	32,02	32,7	+ 0,68	+ 0,2	9,7	—	— 0,06
VIII.	K Cl 11,67 Na Cl 139,03	1 : 11	38,25	39,5	+ 1,25	+ 0,38	11,3	—	— 0,3
IX.	K Cl 22,73 Na Cl 153,12	1 : 6,7	74,52	75,3	+ 0,78	+ 0,3	22,5	—	— 0,2
X.	K Cl 91,57 Na Cl 115,43	1 : 1	299,99	300,4	+ 0,41	+ 0,1	91,3	—	— 0,2

In diesen 10 Versuchen wurde das K Cl sechs Mal mit nahezu absoluter Genauigkeit gefunden, bei 4 Versuchen erreichte der Fehler nicht 0,4 Milligramm. Er fällt in Minus.

Dagegen stellt sich unter 10 Versuchen acht Mal das KCl aus dem Platindoppelsalz berechnet zu hoch, der Fehler beträgt im Mittel 0,3 Milligrm., im Maximum 0,9 Milligrm. Auch dieses Resultat könnte befriedigen, aber die Verlässlichkeit des Resultates hängt an Bedingungen — Ammonfreiheit der Atmosphäre und des $Pt Cl_2$, Unwandelbarkeit des Gewichts der Filter — für deren Zutreffen keine controlirbaren Wahrnehmungen gegeben sind. Dass bei 100° getrocknete Filter durch die Waschproceduren bei der Platinchloridmethode nicht unbeträchtlich am Gewichte verlieren können, wurde durch Proben nachgewiesen. Sowohl

*) War beim zweiten Abdunsten mit Platinchlorid etwas länger auf dem Wasserbade gestanden, die Flüssigkeit bis zum Trocknen eingedampft.

Filter aus schwedischem Filtrirpapier als solche aus gewöhnlichem weissen mit Salpetersäure und Wasser ausgelaugtem Filtrirpapier erleiden einen Gewichtsverlust von ungefähr 1,5—2 Milligrm., wenn durch sie eine alkoholisch-ätherische Platinchloridlösung filtrirt wird und sie nachher mit Alkoholäther, dann mit Wasser gewaschen werden.

Die Versuche I., III., IV., V. wurden in Glasgefässen ausgeführt, das Chlornatrium war drei Mal etwas zu hoch gefunden. Wie bedeutend beim Arbeiten in Glasgefässen der Fehler in dieser Richtung werden kann, zeigte ein Versuch, bei dem ein neues nicht mit saurem Wasser mehrere Tage ausgekochtes Becherglas in Verwendung kam. Statt 342 wurden 372 Milligrm. NaCl gefunden. Das durch Reduction gewonnene NaCl enthält meist Spuren von Platin, dessen Menge jedoch auf der Wage nicht nachweisbar ist.

Da die Ziffer für NaCl nicht nothwendig die für KCl sondern nur den Arbeiter controlirt und NaCl auch bei der directen Bestimmung nicht als solches nachgewiesen wird, so ist es nicht blos bequemer, sondern auch im Ganzen zuverlässiger, nur das KCl direct zu bestimmen und die Differenz der Chloridsumme für NaCl zu rechnen.

Welche Berechtigung kann nun die Ziffer für NaCl beanspruchen? Bunsen lässt das Chlorkalium als $KPtCl_3$, im abfiltrirten Theile die Magnesiaspuren und in einer anderen gleichwerthigen Portion das Chlor bestimmen, «um durch die indirecte Analyse eine Controle für die Trennung des Kali vom Natron zu haben». Was wird durch die indirecte Analyse controlirt? Im stimmenden Falle kann sie die Ziffer für das gefundene Kalisalz bekräftigen, im nicht stimmenden widerlegt sie diese nicht, da bloss die supponirte Chloralkaliensumme falsch zu sein brauchte. Im ersteren Falle wäre der Beweis für die absolute Reinheit des Materials gegeben, es müsste jedoch eine strenge qualitative Probe damit übereinstimmen, im anderen Falle würde, wenn Kali nicht für sich schon durch directe Bestimmung genau gefunden werden könnte, gar nichts folgen oder es folgt, wenn die Chlorkaliumziffer durch eine directe abermalige Bestimmung erhärtbar ist, die Unreinheit des Salzgemenges.

Die Chlormethode controlirt also, wenn Kalium direct bestimmt ist, nur die Reinheit des Salzgemenges und gibt sie in einem annähernd ziffermässigen Ausdruck zu erkennen, insofern macht sie eine streng beglaubigte Bestimmung beider Alkalien möglich.

Wie der annähernd ziffermässige Ausweis der Verunreinigung verwerthet werden könne, soll nachfolgende Ausführung ergeben:

Der Schwerpunkt der Deduction liegt in der Voraussetzung, dass das KCl mittelst $PtCl_2$ mit grosser Genauigkeit gefunden werden kann. Es seien 3 — 120 Milligrm. im Salzgemenge enthalten, der Fehler der KCl-Bestimmung falle in minus und betrage nahe das Maximum der 10 obigen Versuche — 0,3 Milligrm. Die Chlorbestimmung verfehle bei circa 600 Milligrm. AgCl nahe an ∓ 0,3 AgCl die = 0,06 Cl (das Doppelte obiger Versuche).

Ist KCl = 4,634894 C — 7,647047 c. I

und Chlor = c, KCl = K bekannt (durch directe Bestimmung), so ist C = x

$$C = \frac{7,6\,..}{4,6\,..}\,c + \frac{K}{4,6\,..} = 1,64989\ c + 0,215754\ K. \quad \text{II}$$

Ist c und K gefunden und NaCl = x, so folgt aus I

$$K = 4,634894\ (K + x) - 7,647047\ c$$

$$NaCl = 1,64989\ c - 0,78427\ K. \quad \text{III}$$

Die beiden Gleichungen II und III multipliciren die Fehler der Arbeit in ganz geringem Maasse, beziehungsweise dividiren sie dieselben, so dass der für x gefundene Werth für sich nach der Grösse seiner Abweichung orientiren kann, ob diese auf einen Arbeitsfehler geschoben werden dürfe. Besonders günstig liegt die Summengleichung II. Nach ihr wird die Summe der Chloralkalien verändert:

bei einem KCl-Fehler von	0,1	Mgrm.	um 0,02
	0,3	«	« 0,06
bei einem Chlorfehler von	0,06	«	« 0,09
	0,10	«	« 0,16.

a. Das Gemenge von NaCl und KCl sei verunreinigt, die Verunreinigung enthalte kein Chlor.

Beispiel: 200 NaCl, 98 KCl Verunreinigung 2 Milligrm. Chloridmenge 300.

KCl sei gefunden 97,7 = K; Cl sei bis ± 0,06 gefunden, folgt aus II.:

K um — 0,3 verfehlt verändert die Chloridsumme um — 0,06; c verfehlt um ∓ 0,06 verändert sie um ∓ 0,09.

Chloridsumme entsprechend K und c, somit: 297,85 oder 298,03 statt 300 der Wägung und NaCl = 200,15 oder 200,33 statt 202,3 der Wägung.

Die Gegenprobe gibt Formel I, nach welcher KCl für C = 300 rund 107,6 oder 106,8 statt 97,7 KCl gefunden wurde.

b. Die Verunreinigung sei ein Chlormetall und zwar ein solches, bei welchem die Verhältnisszahl $\frac{m}{Cl}$ unter der von $\frac{Na}{Cl}$ liege (Chlormagnesium, Chlorlithium).

Beispiel: 200 NaCl, 98 KCl, 2 MgCl; Chloridsumme = 300.

K gefunden 97,7; Cl = 169,297.

K verfehlt um — 0,3 verändert C (Summe der Chloralkalien) um — 0,0647.

Die Abweichung im Cl, hier gleich dem Cl des MgCl, 1,494 ∓ 0,06 verändert die Summe um 1,434 × 1,64989 = + 2,3659 oder um 1,553 × 1,6 . . = + 2,5639, somit

$$C = 298 + \left\{\begin{matrix} 2,3659 - 0,0647 \\ \text{oder} \\ 2,5639 - 0,0647 \end{matrix}\right\} = 300 + \left\{\begin{matrix} 0,30 \\ \text{oder} \\ 0,49. \end{matrix}\right.$$

Die Chloridsumme würde nach II um 0,3 oder um 0,49 zu hoch gegen die Wägung gefunden.

Das anscheinend gleichgültige plus von 0,3 würde nach II gleichwohl erst eingebüsst worden und 0 sein, wenn bei der Chlorbestimmung mehr als das dreifache der Annahme, d. i. ungefähr 1 Mgr. AgCl verloren worden wäre. Reconstruiren wir dieses plus aus C = 16 . . c + 0,21 . . K, indem wir die Operationen überlegen, durch welche es entstanden, so ist klar, dass es nicht vom Chlorkalium K und dessen Coefficienten komme, als welches mit grosser Sicherheit wenig und überhaupt in minus verfehlt werde, sondern von c und dessen Coefficienten (von einem Ueberschuss an Chlor). Auf einen solchen macht auch die Gleichung I für KCl aufmerksam, da nach ihr KCl rund 96,3 oder 95,4 gegen 97,7 der directen Wägung ist.

Ist der Ueberschuss an Chlor = u, so entstand 0,3 aus (1,6 . . . u — 0,21 . . r), wo r der Fehler der directen Kalibestimmung ist.

$$0,3 \,.\,. = 1,6 \,.\,.\, u - 0,21 \,.\,.\, r$$

$$u = \frac{0,3}{1,6 \,.\,.} + \frac{0,21 \,.\,.\, r}{1,6 \,.\,.} = + 0,18255.$$

Soweit also dieses Plus von c und dessen Coefficienten stammt, jene 0,18255, repräsentirt es denjenigen wirksamen unverdeckten Rest, welcher in der Formel I für KCl den Ausschlag — 1,4 zu Gunsten des NaCl gibt, demnach in seinem grösseren Theile aufgedeckt werden kann.

0,18255 × 7,64 . . (dem Chlorcoefficienten) in I ist = 1,396. Es ist also fremdes Chlormetall zugegen, seinem Cl nach äquivalent 1,39 KCl. Reducirt man das gefundene Cl um das der 1,39 KCl, 169,237 — 0,663 = 168,574 Cl und berechnet aus dem reducirten Chlor und K = 97,7 die Chloralkaliensumme und NaCl, so ist

$$C = \begin{cases} 168{,}574 \times 1{,}64989 = & 278{,}127 \\ + \ 97{,}7 \times 0{,}21575 = & + \ 21{,}079 \\ & \overline{299{,}206} \end{cases}$$

und NaCl = 201,5.

In dem anderen Falle, wo das von der Summengleichung ausgewiesene Plus von 0,49 reconstruirt wurde, wird als Chloralkaliensumme 298,685 und NaCl 200,9 gefunden gegen 300 und 202,3 der Wägung.

c. Verunreinigung durch ein Chlormetall (wie bei b), n eine Chlor nicht abgebende Substanz oder durch ein Chlormetall, bei welchem $\frac{m}{Cl}$ grösser ist als $\frac{Na}{Cl}$.

Beispiel: NaCl 200, KCl 98, MgCl und Chlor nicht abgebende Verunreinigung je 1 Mgrm., Chloridsumme gewogen 300.

KCl gefunden 97,7; Cl des MgCl 0,747 Mgrm. Gesammtchlor 168,557 gefunden bis ∓ 06 . KCl zufolge der Chlorbestimmung nach I 102 oder 101.

Die Chloridsumme, welche dem gefundenen K und c entspräche ist nach II

$$C = \begin{cases} 168{,}490 \times 1{,}6\,. = & 277{,}989 \\ + \ 97{,}7 \times 0{,}2\,. = & + \ 21{,}079 \\ & \overline{299{,}068.} \end{cases}$$

299,068 oder 299,274 gegen 300 und NaCl = 201,3 oder 201,5 gegen 202,3.

Wo also die Summengleichung II ein Minus gegen die Summe der Wägung ausweist, ist das Alkaligemenge mit einer chlorfreien oder mit einer chlorfreien und chlorabgebenden Verbindung verunreinigt; im ersteren Falle eliminirt sie die Verunreinigung vollständig, im zweiten Falle zum Theil. Wo die Summengleichung ein Plus gegen die Wägesumme ausweist, wird die Anwesenheit von fremdem Chlormetall erkannt werden können (MgCl oder LiCl). Die Prüfung auf Magnesiaspuren und deren quantitative Bestimmung könnte natürlich nicht erlassen werden, sie würde aber, so lange man nicht weiss, in welchem Antheil die Magnesiumspuren als MgCl oder MgO zugegen seien, nur sagen, dass eine Correctur zu machen sei, nicht aber welche;

so lange böte die Summengleichung die einzige Abfertigung. Gelänge es aber, das MgCl von der Chlorbestimmung in eine constante Verbindung überzuführen, so würde die Correctur der Rechnung und der direct bestimmte Magnesiarest sich decken müssen. Der allergünstigste Fall wäre der, wo die Verunreinigung in eine chlorfreie überführbar ist (nach a) und dieser scheint in der That für Spuren von MgCl genügend vollständig erzwungen werden zu können.

Bekanntlich wird MgCl für sich bei Luftzutritt erhitzt theilweise in MgO übergeführt. Um die Grösse dieses Antheils zu erfahren und zu ermitteln, ob analog dem Salmiak, die Alkalichloride diese Zersetzung verhindern, wurden Glühversuche angestellt.

1. Gewogene Mengen von Chlornatrium und Magnesiumoxyd wurden im Platintiegel unter Zusatz von Wasser und Salzsäure zur Trockne verdampft und dann bei bedecktem Tiegel wie zum Trocknen des Kochsalzes erhitzt.

380 Milligrm. NaCl und 10,2 MgO = 390,2 Mgrm. gaben nach mehrmaliger Wiederholung der Procedur, bei der zuletzt die Hitze bis zur beginnenden Rothgluth gesteigert wurde, das ursprüngliche Gewicht 390,2.

514 NaCl und 4,7 MgO = 518,8 Mgrm. gaben schon bei der ersten Wägung dieses Gewicht und blieben auch nach wiederholtem Lösen und Eindampfen constant.

2. 377 KCl und 11.5 MgO = 388,5 Mgrm., wie 1. behandelt, wogen 401,4. Sodann wie zur trockenen Zerlegung des $KPtCl_3$ erhitzt, stellte sich das Gewicht auf 390, nach weiterer stündiger Erhitzung auf 388.5. (Die Salzmasse wurde platinhaltig, der Tiegel verlor 4,5 Mgrm. am Gewicht.)

114,3 KCl, 5,8 MgO = 120,1 Mgrm., wie 1. behandelt, wogen 127,3, das Chlormagnesium wies sonach bis auf 0,7 Mgrm. sein Chlor aus. Durch $^3/_4$ Stunden bis zu einer Temperatur erhitzt, bei welcher $KPtCl_3$ zersetzt wird, stellte sich das Gewicht auf 121,8, nach weiterem $1^1/_2$stündigem Erhitzen auf 120,1. Auch bei diesem Versuch wurde Platin angegriffen, der Tiegel war um 2,2 Mgrm. leichter geworden.

Chlornatrium, auch wenn in relativ grosser Menge anwesend, verhindert also die Zersetzung des MgCl nicht; diese erfolgt schon bei schwacher Rothgluth; neben KCl erfolgt wohl auch Zersetzung, aber erst nach stundenlangem Erhitzen. Hieraus ergibt sich, dass das Chlorkalium-Chlornatriumgemenge, wenn nicht die Anwesenheit von Chlormagnesium geradezu ausgeschlossen ist,*) durch eine Stunde und länger in der angegebenen Weise erhitzt werden müsse, um eine constante allererst verrechenbare Magnesiaverbindung zu erhalten. Zu derselben Wahrnehmung gelangte auch H. Laspeyres**) bei Melaphyranalysen.

Schlussfolgerungen.

1. Die indirecten Methoden der Kalibestimmung neben Natron sind unverlässlich, sobald über die Reinheit des Salzgemenges kein Aufschluss vorliegt. Ist die Reinheit ermittelt, so gibt die Chlormethode die genauesten Resultate, die Salzmengen mögen gegeneinander gross oder klein sein. Die Schwefelsäure-Methoden sind auch dann noch unverlässlich: die Methode der Sulfatüberführung der Chloride deshalb, weil sie den Operationsfehler mit 21,5 multiplicirt; die Methode durch Schwefelsäurebestimmung aber darum, weil, wenn Kalisalz in grösserer Menge vorhanden ist, der Operationsfehler unsicher und gross wird.

2. Die Mengenverhältnisse beider Alkalisalze bedingen bei der Chlormethode und bei der durch Sulfatüberführung der Chloride keinen höheren Fehler als den, der durch die Variationen der Atomgewichtswerthe verursacht wird. Bei der Methode durch Schwefelsäurebestimmung wird (wie es scheint nebst der absoluten Menge) das Mengenverhältniss beider Alkalisalze von bestimmendem Einfluss. Bei 15 bis 20fachem Ueberwiegen des Natronsalzes wird der schwefelsaure Baryt nur um wenige Zehntelmilligramme verfehlt, wo hingegen das Kalisalz dem Natronsalze nahe gleichkommt oder überwiegt, beträgt der Ausfall an schwefelsaurem Baryt Milligramme (über 4).

3. Die indirecten Methoden sind weder bezüglich ihrer Leistungsfähigkeit gleichwerthig, noch umgehen sie den Summenfehler, sie können sich also gegenseitig nicht zur Controle dienen.

4. Wird die Chlormethode für sich allein angewendet, so muss der Beweis für die Reinheit des Alkaligemenges ziffermässig sein; dagegen kann sie, wenn Kali direct bestimmt ist, einen empfindlichen Indicator für die Reinheit des Alkaligemenges abgeben, und dies ist ihr vornehmster Dienst bei der Kalibestimmung neben Natron.

5. Chlorkalium lässt sich bei Mengen zwischen 0,003 und 0,120 Grm. mittelst Platinchlorids genau, und sehr genau bestimmen, wenn das

*) Vergl. Fresenius Anleit. zur quant. Analyse, 5. Aufl., analytische Belege, Versuch 37, 38.

**) Journ. f. prakt. Chem. 94, 195.

$KPtCl_3$ reducirt und das KCl des wässerigen Auszuges direct gewogen wird.

6. Diese genaue Ziffer für KCl ermöglicht in Verbindung mit der Chlormethode auch die Ziffer für Chlornatrium mit beglaubigter Genauigkeit zu bestimmen, wenn Spuren von Verunreinigungen vorliegen.

7. Sind Magnesiaspuren als Verunreinigung zu erwarten, so ist das Chloralkaliengemenge vor der Chlorbestimmung durch eine Stunde und länger bei dunkler Rothgluth zu erhalten, damit der Widerstand, den anwesendes Chlorkalium der Zersetzung des Chlormagnesiums entgegenstellt, so gebrochen werde, dass vom Chlormagnesium kein mit der Wage nachzuweisender Rest von Chlor zurückbleibe.

8. Chlormagnesium für sich erhitzt verwandelt sich in Magnesiumoxyd, das immer noch eine Chlorreaction, wenn auch keine wägbare Menge von Chlorsilber gibt. Die Chlormagnesiumspur neben Chlornatrium und Chlorkalium wird durch Erhitzen in eine constante Verbindung übergeführt, welche bei der controlirenden Bestimmung ziffermässig und mit grosser Schärfe wieder gefunden wird.

Wien, chemisches Universitätslaboratorium des Herrn Professor Schneider, im Juli 1875.

Wie lange lässt sich der behufs Vergiftung genossene Phosphor in der Leiche nachweisen?

Von

Professor Dr. **Fischer** und Apotheker **Julius Müller.**

Anknüpfend an einen im Eulenburg'schen Journal für forensische Medicin von uns veröffentlichten angeblichen Vergiftungsfall durch Phosphor machten wir zur Beantwortung obiger Frage nachstehende in demselben Journal gleichzeitig mitgetheilte Versuche:

Den 19. April vergifteten wir vier mittelstarke Meerschweinchen mit je gleichen Mengen Phosphor. Es wurden zu dem Zweck Streichhölzchen-Kuppen eingeweicht und die von den Hölzchen befreite flüssige Masse den Meerschweinchen vermittelst einer Schlundsonde eingegossen; genau quantitativ bestimmt erhielt jedes 0,023 Grm. Phosphor. Nach wenigen Stunden trat bei allen Thieren der Tod ein; sie wurden nebeneinander $^1/_2$ Meter tief in einen sandig lettigen Boden begraben und nach je 4 resp. 3 Wochen die Untersuchung auf Phosphor resp. phosphorige Säure vorgenommen. Hierbei ergab sich Folgendes: Den 19. Mai wurde das erste Meerschweinchen, nachdem es also 4 Wochen in der Erde gelegen, ausgegraben; es roch unangenehm faulig, die einzelnen Organe aber konnten noch vollständig unterschieden werden. Herz, Leber, Milz, Magen und sämmtliche Gedärme herausgenommen wurden zuerst nach der Scherer'schen Methode auf Phosphor geprüft: es zeigte sich bald eine intensive Braunfärbung des Silberpapieres, wohingegen das Bleipapier völlig weiss blieb. Wie schön auch diese Reaction, so ist sie doch, ohne das geschwärzte Papier weiter zu untersuchen, bei stark in Fäulniss übergegangenen Substanzen nicht beweisend. Wir haben diese Reaction, wie sich weiter ergeben wird, beim vierten Meerschweinchen, in dem weder Phosphor noch phosphorige Säure vorhanden, ebenso schön erhalten; die hier eingetretene Bräunung war nur den gasförmigen Fäulniss-Producten zuzuschreiben.

Nach der Scherer'schen Voruntersuchung wurde die ganze Masse nach der Mitscherlich'schen Methode der Destillation unterworfen. Beim Beginn des Kochens trat sofort das characteristische Leuchten ein und währte dasselbe nahe eine Stunde. Zur annähernd quantitativen Feststellung des nicht oxydirten Phosphors wurde, nachdem noch eine Stunde weiter destillirt, im Destillat der Phosphor nach der gewöhnlichen Methode als pyrophosphorsaure Magnesia bestimmt; wir erhielten 0,018 Grm.; dies entspricht fast genau 0,005 Grm. Phosphor. Nach den von O. Schifferdecker in dieser Zeitschrift 1872 Bd. 11 S. 279 mitgetheilten Versuchen würden diese 0,005 Grm. destillirter Phosphor auf noch in der ganzen Masse vorhanden gewesene 0,0075 — 0,010 Grm. Phosphor schliessen lassen; es hätten sich demnach von den genossenen 0,023 Grm. Phosphor innerhalb vier Wochen 0,013 — 0,0155 Grm. höher oxydirt. Den 14. Juni wurde das zweite Meerschweinchen, das nun 8 Wochen begraben, vorgenommen; die Fäulniss war jetzt schon so weit vorgeschritten, dass die einzelnen Organe sich nicht mehr unterscheiden liessen, die ganze innere Masse war eine schmierige geworden. Dieselbe wurde so vollständig wie möglich von den Rippen abgekratzt und ebenfalls erst der Scherer'schen Methode unterworfen: Das Silberpapier wurde schnell braunschwarz, das Bleipapier blieb unverändert. Der Destillation unterworfen zeigte sich gleich beim Beginn des Kochens ebenfalls wieder das characteristische Leuchten, welch schöne Erscheinung diesmal aber nur 35 Minuten währte. Nachdem auch hier wieder die Destillation eine Stunde fortgesetzt, wurde im Destillat der vorhandene

Phosphor als pyrophosphorsaure Magnesia bestimmt; wir erhielten 0,011 Grm.; diese Menge entspricht fast genau 0,003 Grm. Phosphor. Nach Schifferdecker müssen wir also annehmen, dass in der ganzen untersuchten Masse noch 0,0045 — 0,006 Grm. unoxydirter Phosphor vorhanden gewesen wären, eine Thatsache, die wir bei so vollständig eingetretener Fäulniss nicht erwartet hatten.

Sehr gespannt zogen wir nun den 10. Juli das dritte Meerschweinchen, das nun 12 Wochen in der Erde gelegen, in die Versuchsreihe. Das Thier war vollständig in Fäulniss übergegangen, so dass von einer Trennung der inneren Masse Abstand genommen werden musste; wir zerrührten in Folge dessen das ganze Thier möglichst gut und nahmen wieder zuerst die Untersuchung mit den Papieren vor: Das Silberpapier wurde bald-braunschwarz, das Bleipapier blieb unverändert. Hierauf wurde wie früher die mit Schwefelsäure angesäuerte Masse der Destillation unterworfen; diesmal liess sich keine Spur eines Leuchtens bemerken; im Destillat war weder Phosphor noch phosphorige Säure nachzuweisen; nach 12 Wochen also war unoxydirter Phosphor nicht mehr vorhanden. Da aber die Möglichkeit vorlag, dass ein Theil des genossenen Phosphors sich nur bis zur phosphorigen Säure oxydirt habe, wurde nun nach der Dusart-Blondlot'schen Methode verfahren d. h. die in dem Kolben nach der Destillation zurückgebliebene Masse in einen geräumigeren Kolben gebracht, chemisch reines Zink und Schwefelsäure zugefügt, der Kolben in ein Wasserbad gestellt und das sich entwickelnde Wasserstoffgas in Silberlösung geleitet; es trat bald eine Schwärzung und hierauf die Bildung eines nicht unbedeutenden schwarzen Niederschlages ein. Dieser Niederschlag gesammelt und sorgfältig abgewaschen wurde nun nach dem von Neubauer und Fresenius veränderten Verfahren abermals in den Wasserstoffentwickelungs-Apparat gebracht; beim Anzünden des Wasserstoffgases war die prachtvolle Grünfärbung der Flamme zu beobachten und die im Vorstoss condensirten und mit Wasser nachgespülten Verbrennungsproducte enthielten durch molybdänsaures Ammoniak sowie durch ammoniakalische Bittersalzlösung leicht nachweisbare Phosphorsäure. Es ergibt sich hieraus also, dass in dem 12 Wochen vergrabenen Meerschweinchen, wenn auch nicht mehr unoxydirter Phosphor, so doch noch vorhandene phosphorige Säure, also eine Vergiftung durch Phosphor, evident nachgewiesen werden konnte.

Den 30. Juli endlich wurde das vierte, jetzt 15 Wochen vergrabene Meerschweinchen untersucht. Der Geruch dieses Cadavers war nicht so fauliger Natur als der der früheren; die ganze Masse mehr trocken. Das ganze Thier wurde nun wie das vorige zuerst nach der Scherer'schen Methode untersucht; es färbte sich, wie schon erwähnt, das Silberpapier auch hier bald braunschwarz, das Bleipapier blieb unverändert; in allen vier Thierchen war also trotz vorgeschrittener Fäulniss Schwefelwasserstoff nie gebildet worden. Nach der Mitscherlich'schen Methode war hier, wie zu erwarten, keine Spur von unoxydirtem Phosphor nachzuweisen. Es wurde nun der im Kolben gebliebene Rückstand ebenfalls nach dem Dusart-Blondlot'schen Verfahren untersucht: wir erhielten ebenfalls eine Schwärzung der Silberlösung, je nach einstündigem Einleiten des Wasserstoffgases setzte sich ein, wenn auch geringer, schwarzer Niederschlag zu Boden. Derselbe gesammelt, gut ausgewaschen und abermals in den Wasserstoffentwickelungs-Apparat gebracht ertheilte aber beim Anzünden des Wasserstoffs der Flamme keine grüne Färbung, die ausgespülten Verbrennungsproducte enthielten keine Spur von Phosphorsäure; nach 15 Wochen also war beim Genuss von 0,023 Grm. Phosphor derselbe in der Leiche nicht mehr nachzuweisen, war vollständig zu Phosphorsäure oxydirt.

Wir erkennen an, dass diese Versuche, bei denen sich herausgestellt, dass behufs Vergiftung genossener Phosphor noch nach 12 Wochen in der Leiche mit positiver Gewissheit nachzuweisen, nicht völlig in Einklang zu stellen sind mit den bei Menschen mittelst Phosphors vorkommenden Vergiftungsfällen: einmal war die Menge des genossenen Phosphors für die kleinen Thierchen eine ziemlich bedeutende; dann trat der Tod ohne jedes Erbrechen, durch welches Symptom beim Menschen gewöhnlich eine mehr oder minder grosse Menge genossenen Phosphors entfernt wird, ein — der ganze gegebene Phosphor also blieb im Organismus; endlich bietet das dicht behaarte Fell des Meerschweinchens der Luft gewiss einen grösseren Widerstand als die Haut; immerhin aber beweisen die Versuche, dass der Phosphor längere Zeit unoxydirt in der Leiche sich erhält, als man bei der grossen Oxydationsfähigkeit des Phosphors zu erwarten berechtigt war.

Breslau, den 2. September 1875.

Ueber eine trügerische Reaction auf salpetrige Säure.

Von

G. C. Wittstein.

Vor einigen Wochen überraschte mich einer meiner Praktikanten mit der Nachricht, das im Laboratorium befindliche destillirte Wasser enthalte salpetrige Säure. Da ich schon seit vielen Jahren alles Wasser, welches bei mir zu analytischen Arbeiten in Gebrauch gezogen wird, selbst destillire, so musste ich jener Angabe gleich von vorn herein widersprechen; und auf die Frage, worauf sie sich stütze, bekam ich zur Antwort: Auf die Kämmerer'sche Probe.

Die Kämmerer'sche Probe?! Worin besteht dieselbe, und wie kam es, dass mir dieselbe ganz entgangen war? Nun verwies mich der betreffende Herr auf S. 68 des II. Bandes der N. Folge des Journ. für pr. Chemie, wo in der That von H. Kämmerer, Prof. der Chemie an der Industrieschule in Nürnberg, empfohlen ist, Trinkwasser auf salpetrigsaure Verbindungen in der Weise zu prüfen, dass man zu demselben erst etwas bromsaures Natron, hierauf Jodkaliumstärke und zuletzt Essigsäure setzen soll. Es sei dann die Anwesenheit von salpetriger Säure in doppelt so grosser Verdünnung noch durch sofort eintretende violette Färbung zu erkennen, als in Lösungen ohne Zusatz von bromsaurem Natron. Diese Reaction beruhe offenbar darauf, dass bromsaures Natron oder Bromsäure durch salpetrige Säure leichter reducirt, als Jodkalium zersetzt werde. Das dadurch frei werdende Brom wirke dann seinerseits auf das Jodkalium und bewirke dadurch die Entstehung einer Blaufärbung, d. h. einer Jodamylumbildung.

Nach Durchlesung dieser Angaben Kämmerer's brauchte ich mir nicht mehr vorzuwerfen, dieselben bei der fast täglichen Lektüre von Fachzeitschriften übersehen zu haben, denn sie beruhen auf einer völligen Unkenntniss des Verhaltens eines Gemenges von bromsaurem Natron und Jodkalium zu Säuren, also hier der Essigsäure. Der Vorgang findet nämlich statt nach der Gleichung:

$$NaO, Br\,O_5 + 5\,KJ + 6\,\overline{A} = NaO, \overline{A} + 5\,(KO, \overline{A}) + Br + 5\,J.$$

Gegen die Richtigkeit derselben kann kein Zweifel Platz greifen. Man vertheile nur in destillirtem Wasser ein wenig Stärkekleister, füge ein Körnchen Jodkalium, ein Körnchen bromsaures Natron und einige Tropfen Essigsäure hinzu, um nach ein paar Minuten die weisse Trübung sich violett färben zu sehen. Lässt man das bromsaure Natron weg, so erhält sich die weisse Trübung stundenlang; sowie aber letzteres Salz hinzukommt, tritt alsbald die violette Farbe auf.

Die angebliche Verbesserung der Jodkaliumkleister-Probe auf salpetrige Säure durch Hinzufügen von bromsaurem Natron ist mithin nichts weiter als eine Verballhornisirung derselben und gänzlich zu verwerfen, weil auch bei Abwesenheit von salpetriger Säure der Kleister violett wird.

Anfänglich war ich erstaunt, diesen schülerhaften Missgriff nicht schon öffentlich berichtigt gelesen zu haben. Bei einem Besuche jedoch, womit mich Herr Professor Dr. Böttger aus Frankfurt a. M. vor Kurzem erfreute und wo die Rede auch darauf kam, erfuhr ich, dass Derselbe schon in der am 20. März d. J. abgehaltenen Sitzung des dortigen Physikalischen Vereins die irrige Erklärungsart der Kämmerer'schen Beobachtung dargethan hat.*)

München, den 7. October 1875.

Ein Gaswaschapparat als Aufsatz für Gasentwickelungsgefässe.

Von

Rob. Muencke.

Die von Th. Kempf in dieser Zeitschrift 7, 442 beschriebene Gas-Wasch-Flasche hat ausser dem Nachtheil, das Gas nur partiell zu waschen, auch den Fehler, dass bei ungünstigen Druckverhältnissen die im Aufsatz enthaltene Flüssigkeit in das Entwicklungsgefäss gehebert wird. Diese Fehler beseitigt der von mir in Anwendung gezogene Apparat, dessen Construction aus der beistehenden Figur 1 ersichtlich sein wird. Das Gas tritt durch die mittlere Röhre in den inneren Cylinder, bewirkt hier das Austreten der Waschflüssigkeit in den äusseren Cylinder und strömt, durch die zahl-

Fig. 1.

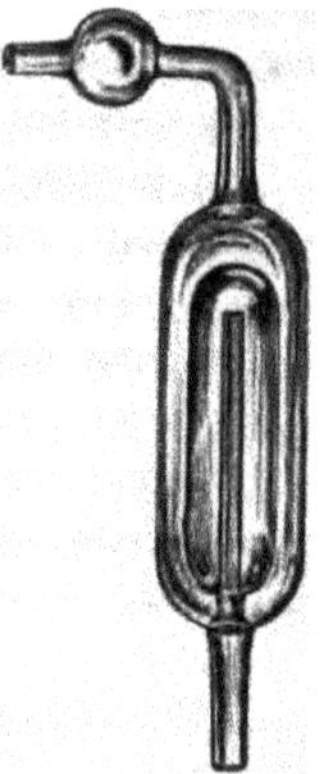

*) Siehe Frankfurter Zeitung vom 1. April 1875.

reichen kleinen Oeffnungen im unteren Theil des inneren Cylinders möglichst vertheilt, gewaschen in den äusseren Cylinder, aus dem es durch die obere rechtwinklig gebogene Röhre weitergeleitet wird. Um ein mechanisches Fortreissen der Waschflüssigkeit möglichst zu verhindern, enthält die am oberen Rohr befindliche Kugel Glaswolle. Mit Waschflüssigkeit ist der Apparat bis zu ungefähr $^1/_3$ angefüllt.*)

Berlin, September 1875.

Mittheilungen aus dem chemischen Laboratorium des Prof. Dr. R. Fresenius zu Wiesbaden.

Ueber die Analyse des Cementkupfers.

Von

R. Fresenius.

Vor einiger Zeit erhielt ich eine Sendung Cementkupfer, welches von zwei verschiedenen Chemikern mit sehr abweichendem Resultate analysirt worden war; denn während der eine 79,80 % Kupfer gefunden hatte, fand der andere nur 76,52 %.

Gebeten um eine Entscheidungsanalyse musste ich meine Aufgabe nicht allein darin erkennen, den wahren Durchschnittsgehalt der Waare festzustellen, sondern auch zu ermitteln, auf welche Weise so von einander abweichende Zahlen gefunden werden konnten.

Ich theile im Nachstehenden genau den Gang meines Verfahrens mit.

Das Gesammtgewicht der mir zugekommenen Probe, welche aus feinem Pulver, mittelfeinem Pulver und etwas gröberen Kupferstückchen bestand, betrug 4789,17 Grm. — Diese ganze Menge wurde in einer Schale mittelst eines Löffels möglichst gleichmässig gemischt und dann nahm man mit dem Löffel zwei grössere Proben von 212,31 Grm. und 218,16 Grm. heraus.

Aus jener wurden durch Behandlung mit Salpetersäure und Salzsäure 5837,5 Grm. Lösung dargestellt.

---

*) Das Institut für mechanische Arbeiten von Warmbrunn, Quilitz & Co. in Berlin fertigt diese Aufsätze in verschiedenen Grössen.

Aus 25,1119 Grm. dieser Lösung wurde reines Schwefelkupfer abgeschieden und dasselbe mit Schwefel gemengt im Wasserstoffstrome bis zu constantem Gewichte geglüht.

Man fand so einen Gehalt des Cementkupfers an Kupfer von 78,13 %

Das aus 25,3028 Grm. derselben Lösung erhaltene Kupfersulfür lieferte . . . . 78,34 «

Im Mittel . . 78,23 %.

Die zweite Probe von 218,16 Grm. lieferte 6292,3 Grm. Lösung.

Davon ergab sich bei Abscheidung des Kupfersulfürs aus 27,0536 Grm. Lösung ein Gehalt des Cementkupfers von . . . 73,95 %

Und bei Verwendung von weiteren 27,1596 Grm. derselben Lösung ein Gehalt von . . . . 73,90 «

Mittel . . 73,93 %.

Aus diesen Versuchen, deren Resultate noch weiter von einander abweichen, als die oben angeführten von anderen Chemikern ermittelten Zahlen, ergab sich, dass auf dem eingeschlagenen Wege ein irgend genauer Durchschnittsgehalt nicht zu erzielen war, da sich das Cementkupfer als Ganzes nicht gleichförmig genug mischen liess. Hierin und offenbar nur hierin lag auch der Grund der von den früheren Analytikern erhaltenen abweichenden Zahlen.

Es wurde daher der ganze Rest der Probe mittels zweier Blechsiebe getrennt in

	3197,5	Grm.	feines Pulver,
	747,0	«	mittelfeines Pulver,
	414,2	«	gröbere Kupferstückchen,
zusammen .	4358,7	Grm.,	

von jedem Antheil $^1/_{10}$ genommen, also

	319,75	Grm.	feines Pulver,
	74,70	«	mittelfeines Pulver,
	41,42	«	gröbere Kupferstückchen,
zusammen .	435,87	Grm.	

und diese ganze Menge in Salpetersäure und Salzsäure gelöst. Die Lösung betrug 7845,3 Grm.

Aus 18,2455 Grm. dieser Lösung wurden nach der oben beschriebenen Weise erhalten . . . . 75,19 %

Aus 18,2066 Grm. . . . . 75,28 «

Mittel . . 75,24 %.

Das wahre Mittel der ganzen in meine Hände gelangten Probe ergab sich nun aus folgender Zusammenstellung:

212,31 Grm.	Cementkupfer von	78,23 %	=	166,09 Grm. Kupfer
218,16 «	« «	73,93 «	=	161,28 « «
4358,70 «	«	75,24 «	=	3279,48 « «
4789,17 «	«	enthalten somit		3606,86 « «

oder 100 enthalten im Mittel 75,31 %.

Man erkennt aus dieser Darlegung klar, dass man somit bei Cementkupfern von einer ähnlich ungleichartigen Beschaffenheit zur Erhaltung eines richtigen Durchschnittsgehaltes von vornherein den von mir bei Verarbeitung der Hauptmenge betretenen Weg wählen muss.

Ueber die Analyse des zur Schiesspulverfabrikation bestimmten Kalisalpeters.

Von

R. Fresenius.

Das salpetersaure Kali, wie solches von den chemischen Fabriken den Schiesspulverfabriken geliefert wird, hat in der Regel einen so hohen Grad der Reinheit, dass man in der Lösung mit Hülfe von direct zugesetzten Reagentien nur einen sehr geringen zuweilen auch einen etwas erheblicheren Chlorgehalt zu entdecken vermag. Oxalsaures Ammon und phosphorsaures Ammon unter Ammonzusatz lassen die Salpeterlösung oft völlig unverändert, weil die geringen Spuren von Kalk und Magnesia, welche in der Regel vorhanden sind, durch die genannten Fällungsmittel aus der concentrirten Salpeterlösung nicht ausgefällt werden. Noch schwieriger als die Bestimmung des Kalkes und der Magnesia erweist sich die des meist in sehr geringen Mengen vorhandenen Natrons. Gelingt es auch dessen Anwesenheit durch Spectralanalyse zu beweisen, so gestattet doch diese Probe, wenn es sich um Bestimmung der Menge handelt, keinen sicheren Anhaltspunkt.

Da nun nicht selten an den Analytiker die Aufgabe herantritt, auch in so reinen Salpetersorten noch die Spuren beigemischter fremder Salze zu bestimmen, so theile ich im folgenden das Verfahren mit, welches ich schon seit längerer Zeit mit bestem Erfolge anwende.

1. Wasserbestimmung.

Dieselbe wird wie gewöhnlich ausgeführt durch mässiges Erhitzen einer im Platintiegel abgewogenen Probe. Man kann die Hitze allmählich steigern, bis der Salpeter eben anfängt zu schmelzen. Der Wassergehalt ergibt sich aus der Gewichtsabnahme. — Bei den ausserordentlich kleinen Spuren von salpetersaurem Kalk, salpetersaurer Magnesia und organischen Substanzen, welche die zu Schiesspulver tauglichen Salpeter enthalten, bleibt der aus deren Zersetzung, beziehungsweise aus deren Einwirkung auf den Salpeter hervorgehende Fehler ohne merklichen Einfluss auf das Resultat.

Bei einer von mir analysirten Salpeterprobe verloren 4,0795 Grm. Salpeter 0,0050 Grm. entsprechend 0,1226 % Wasser.

2. Bestimmung des in Wasser unlöslichen Rückstandes und des Chlors.

Man löst 100 Grm. des Salpeters in heissem Wasser, sammelt den Rückstand auf einem bei 100⁰ getrockneten Filterchen, wäscht ihn aus, trocknet bei 100⁰ und wägt. — Sollte der Rückstand irgend erheblicher sein, so ist das Trocknen des Filters und Rückstandes bei 120⁰ vorzuziehen.

Bei der von mir analysirten Probe hinterliessen die 100 Grm. 0,021 Grm. Rückstand.

Das Filtrat wird mit reiner Salpetersäure angesäuert, mit etwas salpetersaurem Silberoxyd versetzt und die Flüssigkeit längere Zeit bei Lichtabschluss gelinde erwärmt.

Den Niederschlag von Chlorsilber sammelt man auf einem kleinen Filterchen und bestimmt ihn in üblicher Weise entweder als Chlorsilber oder als metallisches Silber.

Bei der von mir als Beispiel erwähnten Analyse wurden erhalten 0,0327 Grm. Chlorsilber, entsprechend 0,0081 % Chlor.

Mit Hülfe maassanalytischer Bestimmung nach der Mohr'schen Methode kommt man bei so kleinen Chlorgehalten und da man mit etwa 400 CC. einer concentrirten Salpeterlösung zu thun hat, nicht zu befriedigenden Resultaten.

3. Bestimmung des Kalks, der Magnesia und des Natrons.

Man löst 100 Grm. des Salpeters unter Zusatz von etwa 1,5 Grm. Chlorkalium (welches zur Zersetzung des salpetersauren Natrons dient) in etwa 100 CC. Wasser unter Erhitzen in einer Platin- oder Porzellanschale auf und giesst die Lösung unter Umrühren in etwa 500 CC. reinen Alkohols von etwa 96 % unter stetem Umrühren. Nach dem Absitzen sammelt man den krystallinischen Niederschlag auf einem gut ausgewaschenen Saugfilter und wäscht ihn mit Alkohol unter stetem Absaugen aus.

Das Filtrat wird durch Abdestilliren von dem Weingeist befreit, der Rückstand in wenig Wasser gelöst und die Lösung abermals in Alkohol gegossen. Nach dem Abfiltriren und Auswaschen des Rückstandes mit Alkohol, destillirt man wieder ab, löst den Rückstand nochmals in Wasser und fällt die Lösung wiederum mit Alkohol. Nachdem man den Rückstand mit Alkohol ausgewaschen, hat man nun eine weingeistige Lösung, in welcher aller Kalk, alle Magnesia und alles Natron enthalten ist und nur noch so wenig Kalisalze sich finden, dass eine Trennung des Natrons vom Kali als ausführbar erscheint. Man erkennt, dass dieser Schluss nur richtig ist, wenn der Salpeter keine schwefelsauren Salze enthält, weil sich bei Anwesenheit solcher bei der Alkoholfällung schwefelsaurer Kalk ausscheiden würde.

In der Regel bleiben aber die Lösungen so reiner Salpeter, mit Chlorbaryum versetzt, vollkommen klar und enthalten somit keine nachweisbaren Mengen schwefelsaurer Salze. Auch bei dem von mir untersuchten Salpeter war dies der Fall.

Nachdem man aus der zuletzt erhaltenen alkoholischen Lösung den Alkohol durch Abdampfen entfernt hat, führt man zunächst den geringen Salzrückstand durch wiederholtes Abdampfen mit Salzsäure in reine von Nitraten freie Chlormetalle über und fällt in deren filtrirter Lösung den Kalk durch einige Tropfen gelösten oxalsauren Ammons, dann im Filtrate die Magnesia durch eine geringe Menge reinen phosphorsauren Ammons. Das Filtrat erhitzt man in einer Platinschale, um das Ammoniak zu entfernen, setzt einen oder zwei Tropfen Eisenchloridlösung zu, neutralisirt mit Ammon oder kohlensaurem Ammon bis zu ganz geringer alkalischer Reaction, erhitzt und filtrirt den aus basisch phosphorsaurem Eisenoxyd bestehenden Niederschlag ab. Das Filtrat verdampft man zur Trockne, verflüchtigt die Ammonsalze, scheidet das Chlorkalium als Kaliumplatinchlorid ab, verdampft das weingeistige Filtrat zur Trockne und zersetzt das Natriumplatinchlorid sammt dem überschüssigen Platinchlorid durch vorsichtiges Erhitzen im Wasserstoffstrom. Man zieht alsdann das Chlornatrium mit Wasser aus, verdampft die Lösung zur Trockne und berechnet aus dem gewogenen Rückstand das Natron, nachdem man geprüft hat, ob derselbe frei von Kali, Kalk und Magnesia ist.

Im vorliegenden Beispiel wurden auf diese Weise aus den 100 Grm. Salpeter erhalten:

0,0002 Grm. Kalk, — 0,0070 Grm. pyrophosphorsaure Magnesia und 0,0276 Grm. Chlornatrium.

Hieraus ergab sich alsdann folgendes Gesammtresultat:

Salpetersaures Kali	99,8124
Salpetersaures Natron	0,0207
Salpetersaure Magnesia	0,0093
Salpetersaurer Kalk	0,0006
Chlornatrium	0,0134
Unlöslicher Rückstand	0,0210
Feuchtigkeit	0,1226
	100,0000.

Man erkennt, dass man bei einer solchen Untersuchung mit ungewöhnlicher Sorgfalt bedacht sein muss, dass alle zur Verwendung kommenden Reagentien vollkommen rein sind.

Bericht über die Fortschritte der analytischen Chemie.

I. Allgemeine analytische Methoden, analytische Operationen, Apparate und Reagentien.

Von

H. Fresenius.

Spectralanalyse. R. Bunsen*) hat unter dem Titel «spectralanalytische Untersuchungen» eine sehr interessante Abhandlung veröffentlicht, deren reicher Inhalt sich ohne Schaden für die Sache nicht im Auszuge wiedergeben lässt. Ich benutze daher gerne die Erlaubniss des Verfassers, die Abhandlung unverkürzt mitzutheilen.

«Nur bei dem kleineren Theile der einfachen Stoffe und ihrer Verbindungen genügt die verhältnissmässig niedrige Temperatur der nicht-

*) Poggendorff's Ann. d. Phys. u. Chem. **155,** 230 u. 366.

leuchtenden Gasflamme, um für analytische Zwecke verwendbare Spectren zu erhalten; der bei weitem überwiegende Theil der Elemente verwandelt sich erst bei Hitzegraden in Dampf, wie sie nur durch elektrische Glüherscheinungen hervorgebracht werden können. Bei Körpern, welche in der Flamme keine Spectren hervorbringen, ist man daher auf Funkenspectren angewiesen, deren Verwendung namentlich da nicht entbehrt werden kann, wo es sich in solchen Fällen um Aufsuchung neuer Elemente oder um zweifellose Nachweisung von Körpern handelt, die ihrem Verhalten nach einander so nahe stehen, dass die gewöhnlichen Reagentien zu ihrer Erkennung nicht ausreichen.

Einer praktischen Verwerthung der Funkenspectren stehen aber Schwierigkeiten entgegen, welche Veranlassung gewesen sind, dass diese wichtigen Reactionsmittel in den chemischen Laboratorien immer noch keinen Eingang gefunden haben. Zunächst hat es bisher an einem einfachen Verfahren gefehlt, durch welches Funkenspectren mit derselben Bequemlichkeit wie Flammenspectren jederzeit hergestellt werden können; der erste Abschnitt dieser Arbeit wird daher von einer Kette und einem Funkenapparate handeln, die eine solche Bequemlichkeit gewähren. Eine andere Schwierigkeit ergibt sich aus dem Umstande, dass es noch an Spectrentafeln fehlt, welche allen Anforderungen der Praxis genügen. Zwar liegt eine Fülle von zum Theil vortrefflichen Maassbestimmungen auf diesem Gebiete vor, aber bei einem nicht geringen Theile derselben ist die Reinheit des Materials, auf die sie sich beziehen, auch nicht im Entferntesten verbürgt, und oft erweislich nicht vorhanden. Versucht man es, die vorliegenden, mit verschieden brechenden Mitteln, bei verschiedener Spaltbreite, bald bei höheren, bald bei niederen Temperaturen von verschiedenen Beobachtern erhaltenen Spectren auf eine gemeinschaftliche Scale zu reduciren, so erhält man Tafeln, die sich als völlig unbrauchbar zum Gebrauch in Laboratorien erweisen. Um nach dieser Richtung hin einen sicheren Anhaltspunkt zu gewinnen, bedarf es oft noch eingehender Untersuchungen über die Reinheit des zu den Fundamentalbeobachtungen zu verwendenden Materials, da sich in vielen Fällen nur mit Substanzen, die als völlig rein erkannt sind, die Zweifel beseitigen lassen, welche über die Zugehörigkeit einzelner Spectrallinien bestehen können, graphische Darstellungen von Spectren aber für die Praxis ohne allen Werth sind, wenn nicht mindestens bezüglich der Leitlinien jede Unsicherheit hinwegfällt. Wo es daher nöthig erschien, sind im Folgenden die Methoden ausführlicher erörtert, nach welchen die zur Feststellung der Spectren benutzten Substanzen frei von jeder Verunreinigung hergestellt wurden.

1. Kette und Vorrichtungen zur Erzeugung des Funkenstroms.

Wer in der Lage gewesen ist, Ströme von grosser Intensität mit zeitweiligen Unterbrechungen von Tagen, Wochen und Monaten gebrauchen zu müssen, kennt die Widerwärtigkeiten, welche das Aufstellen, Auseinandernehmen und Reinigen der bisher gebräuchlichen constanten Ketten mit sich bringt.

So lange die Erzeugung von Funkenspectren eine so lästige und zeitraubende Vorbereitung erfordert, wird man nicht erwarten dürfen, dieselben als Reactionsmittel von praktischem Werthe in den chemischen Laboratorien eingeführt zu sehen. Die im Nachstehenden beschriebene Kette ohne Thonzellen ist dazu bestimmt, diesem Bedürfniss abzuhelfen.

Ich habe vor Jahren gezeigt, dass ein Gemisch von Kalibichromat mit Schwefelsäure die Salpetersäure in der Kohlezinkkette ohne Thonzellen mit Vortheil ersetzen kann; später hat Leeson und Warrington vorgeschlagen, diese Mischung bei Thonzellenketten in einem solchen Verhältniss anzuwenden, dass das chromsaure Salz gerade hinreicht mit der Schwefelsäure Chromalaun zu bilden und dass die zur Lösung des Salzes benutzte Wassermenge genügt, um den gebildeten Chromalaun in Lösung zu erhalten. Eine solche Lösung besteht dem Gewichte nach aus:

Kalibichromat	1,33
concentrirter wasserhaltiger Schwefelsäure	1,00
Wasser	6,00.

Durch diese Mischung, welche allgemein in Gebrauch gekommen ist, wird aber durchaus nicht den elektrolytischen Vorgängen in der Kette ohne Thonzellen Rechnung getragen. Je nachdem die grünliche zweisäurige oder die bläuliche dreisäurige Modification des Chromoxyds bei der Elektrolyse entsteht, gestalten sich diese Vorgänge entweder nach Schema 1. oder nach Schema 2., wo links vom Gleichungszeichen die ursprünglich vorhandenen Bestandtheile und rechts davon die daraus durch die Elektrolyse erzeugten Zersetzungsproducte in Aequivalenten ausgedrückt sind.

1.

$$\left.\begin{array}{l} KaO \,.\, Cr_2O_6 \\ 3\,Zn \\ 6\,HO \,.\, SO_3 \end{array}\right\} = \begin{array}{l} KO \,.\, SO_3 \\ 3\,ZnO \,.\, SO_3 \\ Cr_2O_3 \,.\, 2SO_3 \end{array}$$

2.

$$\left.\begin{array}{l} KaO \,.\, Cr_2O_6 \\ 3\,Zn \\ 7\,HO \,.\, SO_3 \end{array}\right\} = \begin{array}{l} KaO \,.\, SO_3{}^{*)} \\ 3\,ZnO \,.\, SO_3 \\ Cr_2O_3 \,.\, 3\,SO_3 \end{array}$$

Für das Verhältniss von 1 Aeq. Kaliumbichromat auf 4 Aeq. Schwefelsäure, welches W a r r i n g t o n für Thonzellenketten der Theorie entsprechend vorschreibt, gestaltet sich der Vorgang unter der Voraussetzung, dass die Thonzelle hinwegfällt und beide Erregerplatten in die Chromflüssigkeit eingetaucht sind, nach folgendem Schema:

3.

$$\left.\begin{array}{r} KaO \,.\, Cr_2C_6 \\ 1{,}714\,Zn \\ 4\,HO \,.\, SO_3 \end{array}\right\} = \begin{array}{l} 0{,}429\,KaO \,.\, Cr_2O_6 \\ 0{,}571\,Cr_2O_3 \,.\, 3\,SO_3 \\ 1{,}714\,ZnO \,.\, SO_3 \\ 0{,}571\,KaO \,.\, SO_3 \end{array}$$

Man sieht daher, dass in der Flüssigkeit 1. und 2. das Verhältniss der Bestandtheile in dem noch unzersetzten Antheile einerseits, und dem zersetzten andererseits, während der ganzen Dauer der Elektrolyse bis zur Erschöpfung der Kette dasselbe bleibt, dass also eine der ersten Bedingungen der Stromconstanz erfüllt ist, dass aber dagegen, wenn man die W a r r i n g t o n'sche Flüssigkeit ohne Thonzellen anwendet, die ursprünglichen Bedingungen der Stromerzeugung schon nicht mehr vorhanden sind, sobald der Verbrauch an Bichromat die Höhe von 57 % erreicht hat. Dieser also nicht weniger als 43 % betragende öconomische Verlust hat aber noch einen viel grösseren Nachtheil im Gefolge, der daraus entspringt, dass die in der Flüssigkeit vorhandenen Säuren nicht ausreichen, um bis zu Ende der Action mit den bereits vorhandenen oder sich erst bildenden Basen lösliche Salze zu bilden; Folge davon ist, dass sehr bald auf den Erregerplatten Absätze entstehen, die polarisirend wirken und den Strom hemmen. Es ist daher nicht zu verwundern, dass die mit der W a r r i n g t o n'schen Flüssigkeit gespeisten Chromsäureketten ohne Thonzellen, was ihre Stromconstanz und Nachhaltigkeit betrifft, nur sehr unbefriedigende Resultate haben geben können.

Da sich aus der Theorie nicht entnehmen lässt, welchen Einfluss die Bildung der grünlichen oder der bläulichen Modification des Chromoxyds auf den Gang der Stromerzeugung ausübt und welcher Wasser-

---

*) Die Art der Formelschreibung des Originals ist bei dieser Abhandlung beibehalten worden. H. F.

zusatz die günstigsten Resultate gibt, so schien es geboten, den Versuch in dieser Beziehung entscheiden zu lassen. Zu diesem Zwecke wurden aus der Warrington'schen Flüssigkeit durch successiven Zusatz gemessener Schwefelsäuremengen zehn Flüssigkeiten bereitet und aus jeder derselben durch steigenden gemessenen Wasserzusatz wiederum fünf Flüssigkeiten hergestellt. In einzelnen dieser nach einer geeigneten systematischen Ordnung ausgewählten Flüssigkeiten wurde unter ganz gleichen Verhältnissen ein einfaches aus amalgamirtem Zink und Kohle gebildetes Paar, in dessen Schliessungsbogen sich eine Tangentenbussole befand, eingetaucht und der Verlauf der Stromstärke nach der Zeit bis nahe zur Erschöpfung der Kette beobachtet. Es erwies sich dabei als die am besten wirkende Mischung folgende fast ganz genau den, unter 1. gegebenen, aus der Theorie abgeleiteten Aequivalentverhältnissen entsprechende Gewichtszusammensetzung:

Kalibichromat	1
wasserhaltige Schwefelsäure	2
Wasser	12.

Dieselbe erzeugt beim Gebrauch keinen Chromalaun, sondern färbt sich mit Zink in Berührung grün und trocknet allmählich zu einer faserig krystallinischen Salzmasse ein, die aus Sulfaten von Chromoxyd, Kaliumoxyd und Zinkoxyd besteht und die beim Kochen mit viel Wasser einen nach der Formel $2 Cr_2O_3 . 3 SO_3$ zusammengesetzten Niederschlag fallen lässt. Zink, selbst sehr unreines, löst sich darin ohne alle Gasentwickelung mit spiegelblanker Oberfläche auf*).

Um 10 Liter dieser Erregerflüssigkeit zu bereiten, verfährt man auf folgende Weise: 0,765 Kilogr. käufliches pulverisirtes Kalibichromat, das an 3 % Verunreinigungen zu enthalten pflegt, werden in 0,832 Liter Schwefelsäure von 1,836 specifischem Gewicht, die sich in einem Steingutgefäss befindet, allmählich unter Umrühren eingetragen und wenn das Salz in Chromsäure und schwefelsaures Kali umgesetzt ist, 9,2 Liter Wasser unter fortwährendem Umrühren als fingerdicker Strahl hinzugegossen; der bereits sehr heisse Krystallbrei erhitzt sich dabei noch mehr und löst sich nach und nach vollständig auf. Als Erreger in dieser Flüssigkeit dienten bei allen nachfolgenden Versuchen ein 12 Cm. tief eintauchender, 4 Cm. breiter und 1,3 Cm. dicker Stab von der

*) Die Flüssigkeit eignet sich ganz vorzüglich zum Decapiren angelaufener Metalle.

festesten Gaskohle und eine eben so tief eintauchende, ebenfalls 4 Cm. breite, 0,5 Cm. dicke, gewalzte Zinkplatte, welche mit Ausnahme ihrer der Kohle zugekehrten amalgamirten Fläche sonst überall mit einer warm aufgestrichenen Wachsschicht überzogen war. Der Abstand zwischen Kohle und Zink betrug je nach den Umständen drei bis zehn Millimeter. Gibt man der zur Aufnahme der Erregerflüssigkeit dienenden Zelle die bei Grove'schen oder Zinkkohlenketten übliche Grösse und Gestalt, so erhält man, was Dauer und Constanz des Stromes anbelangt, wenig befriedigende Resultate. Dies hat seinen Grund in dem Umstande, dass in der Salpetersäure jener Ketten bei weitem mehr zur Depolarisation verwendbarer Sauerstoff aufgespeichert ist, als in einem gleichen Gewichte der Chromflüssigkeit und dass mithin von dieser letzteren für gleichen Effect eine verhältnissmässig weit grössere Menge verbraucht wird. Die Chromsäurekette fordert deshalb, im Vergleich mit der Grove'schen, Gefässe von mindestens drei- bis viermal grösserem Rauminhalt. Man gibt ihnen am besten die Gestalt schmaler hoher Cylinder, welche bei der Aufstellung keinen grösseren Flächenraum einnehmen, als gleich wirksame Elemente der gebräuchlichen Thonzellenketten. Fig. 2, Tafel I stellt eine Kette von 4 solchen Elementen dar. Die ungefähr 1,6 Liter betragende Flüssigkeitssäule hat eine an dem Glascylinder markirte Höhe von 0,28 Meter und einen Durchmesser von 0,088 Meter. Das Zinkkohlepaar taucht nur bis zu seiner halben Höhe in die Flüssigkeitssäule ein mit einer wirksamen Zinkoberfläche von ungefähr 48 Quadratcentimeter. Wird diese Kette durch einen Schliessungsbogen von geringem Leitungswiderstande geschlossen, so sieht man in der rothen Flüssigkeitssäule einen dunkler gefärbten Flüssigkeitsfaden, welcher von der sich lösenden Zinkplatte ausgeht, zu Boden sinken und sich in Gestalt einer ziemlich scharf begränzten Schicht im unteren Theile der Glaszelle ansammeln. Die ursprüngliche Flüssigkeit hat das specifische Gewicht 1,140, die mit Zinkvitriol beladene, am Boden angesammelte dagegen 1,272; die elektrolytisch verbrauchte Flüssigkeit sinkt daher stetig zu Boden und wird fortwährend durch seitlich zuströmende noch nicht elektrolytisch veränderte ersetzt, wodurch sich eine Circulation herstellt, welche von wesentlichem Einfluss auf die Constanz des Stromes ist.

Ich habe es nicht für überflüssig gehalten, mich durch Versuche zu überzeugen, in wie weit bei der Elektrolyse das Verhältniss von einem Aequivalent freier Chromsäure zu 6 Aequivalenten freier Schwefelsäure in der sich erschöpfenden Flüssigkeit wirklich constant bleibt. Die Erschöpfung geschah durch das eben beschriebene Zinkkohlepaar bis der anfängliche Strom von der absoluten Intensität 36 auf die Intensität 6 herabgesunken war, wozu eine vierzehnstündige Schliessung der Kette bei nicht sehr erheblichem Widerstande des Schliessungsbogens erforderlich war.

Die ursprüngliche, nachstehend mit A bezeichnete Flüssigkeit und die erschöpfte mit B bezeichnete, beide auf gleiche Mengen wasserhaltiger Schwefelsäure bezogen, enthielten der Analyse zufolge:

A

$HO.SO_3$ 100,0; 2,041 Aeq.

$KaO.Cr_2O_6$ 50,2; 0,340 Aeq.

B

$HO.SO_3$	100,0;	2,0410	Aeq. = a
Cr_2O_6	4,5;	0,0447	Aeq. = b
Cr_2O_3	21,7;	0,2833	Aeq. = c
KaO	15,9;	0,3383	Aeq. = d
ZnO	34,0;	0,8395	Aeq. = e

Wenn sich die elektrolytischen Vorgänge in der Kette verhalten, wie oben angenommen wurde, so muss nahezu $e = 3c$ und $6b = a - (e + d + 2c)$ sein, d. h. auf jedes Aequivalent reducirter Chromsäure (Cr_2O_6) drei Aequivalente Zink gelöst werden und das Verhältniss zwischen den beiden noch nicht an Basen gebundenen Säuren während des elektrolytischen Verbrauchs der Flüssigkeit ein nahezu constantes bleiben, was beides wirklich annähernd der Fall ist, nämlich:

$$3c = 0{,}850; \qquad 6b = 0{,}0268$$
$$e = 0{,}840; \quad a - (e + d + 2c) = 0{,}0307.$$

Denkt man sich alle vorhandenen Basen an Schwefelsäure gebunden, so ist das Verhältniss der freien Schwefelsäure zur freien Chromsäure in der ungebrauchten Flüssigkeit 1:0,424, in der fast erschöpften 1:0,320. Der in diesem letzteren Verhältniss für Chromsäure etwas zu klein gefundene Werth, ist daraus erklärlich, dass sich aus dem Quecksilber der amalgamirten Zinkcylinder stets etwas zu Boden fallendes chromsaures Quecksilberoxydul bildet.

Die Constanten der Kette wurden mit einer Tangentenbussole bestimmt, an der sich eine Minute noch mit Sicherheit ablesen liess. Die Messung der Stromintensitäten geschah nach Gaus'schem Maass mit Hülfe der Formel:

(1) . . . . $J = \frac{RT}{2\pi} \cdot \frac{\sin u}{\cos(u+x)}$

wo u den auf den Nullpunkt des Kreises bezogenen Ablenkungswinkel der Nadel, R den Radius des Bussolenringes in Millimetern, T die horizontale Componente des Erdmagnetismus in Gaus'schem Maass und x die Abweichung des Nullpunktes der Nadel von der Ringebene bedeutet. Um x zu bestimmen, beobachtet man den Winkel u, um welchen die Nadel durch einen constanten Strom von ihrem Nullpunkt abgelenkt wird, sowie den Winkel v, um welchen sie durch denselben constanten in entgegengesetzter Richtung wirkenden Strom nach der anderen Seite hin vom Nullpunkt abweicht; man hat dann

$$\tang x = \frac{1}{2}(\cotg v - \cotg u)$$

wo x das Vorzeichen erhält, durch welches der Gleichung

$$\frac{\sin u}{\cos(u-x)} = \frac{\sin v}{\cos(v+x)}$$

genügt wird.

Aus folgenden Beobachtungen

u 10^0 45′
v 10^0 35′
u 10^0 41′
v 10^0 31′
u 10^0 37′

wurde für x der Werth 1^0 58′ gefunden; R betrug 201,6 Millimeter; T wurde für den nicht eisenfreien Ort der Beobachtungen durch eine Wasserzersetzung mit Hülfe des elektrochemischen Aequivalents des Wassers aus der Gleichung

$$T = \frac{2\pi}{R} \cdot \frac{\cos(u-x)}{\sin u} \cdot \frac{G}{at}$$

bestimmt, worin a = 0,009421 Milligramm, das elektrochemische Aequivalent des Wassers, b die während der Stromdauer von t Secunden zersetzte in Milligrammen ausgedrückte Wassermenge und u den während der Wasserzersetzung beobachteten mittleren Ablenkungswinkel der Nadel bedeutet. Zwei Versuche gaben für

t	1382″,0	1320″,0
G	300 ,8 Milligr.	299 ,9 Milligr.
u	20^0 35′	21^0 27′.

Daraus folgt für T der Werth 1,939 als Mittel aus den beiden sich ergebenden Werthen 1,941 und 1,938. Die Bildung von Ozon und

Wasserstoffsuperoxyd bei der Elektrolyse und die Unsicherheit der Nadelablesung bei Beginn des Stromes wurde dadurch vermieden, dass die Platinplatten in der nur wenige Gramm Wasser fassenden Zersetzungszelle vor dem Versuch amalgamirt und darauf ausgeglüht und das Aufsammeln des Knallgases erst begonnen wurde, nachdem die Wasserzersetzung bereits 10 Minuten angedauert hatte, wo der Strom stationär geworden war. Das Aufsammeln des Gases geschah unter constantem Druck in einer Messflasche über Wasser, das zuvor mit elektrolytischem Knallgas gesättigt war. Nach Beobachtung von Volumen, Druck und Temperatur wurde die Messflasche vorsichtig mit der innen noch adhärirenden Wasserbenetzung emporgehoben, gewogen, bis an den bei der Gasmessung abgelesenen Theilstrich mit Wasser gefüllt, wieder gewogen und aus diesen Daten das Gewicht des in der beobachteten Zeit t zersetzten Wassers berechnet. Der Ablenkungswinkel der Nadel änderte sich sehr regelmässig, bei dem ersten Versuch nur um 7′, bei dem zweiten um 9′. Aus allen diesen Bestimmungen ergibt sich folgende, bei sämmtlichen nachfolgenden Messungen benutzte Gleichung zur Berechnung der Stromesstärken in absolutem Maass:

$$J = 62{,}23 \cdot \frac{\sin u}{\cos (u - 1^0\,58')}.$$

Die Chromsäurekette ohne Thonzellen ist unter den gebräuchlichen constanten Ketten die am wenigsten constante. Dies zeigen die Curven Fig. 1, Taf. I, von welchem A die Stromabnahme der sich erschöpfenden gewöhnlichen Kohlenzinkkette, B dieselbe Stromabnahme für die Chromsäurekette ohne Thonzellen nach absolutem Maasse in Stunden und Minuten darstellt. Wo die Curve der Chromsäurekette gebrochen erscheint, war die Zinkplatte neu amalgamirt worden. Bei der Kohlezinkkette und eben so bei der Grove'schen Kette tritt nach dem Schliessen bedeutend eher Stromconstanz ein, als bei der Chromsäurekette, weil die Depolarisation bei der ersteren erheblich vollkommener ist, als bei der letzteren; man erkennt dies schon daran, dass der constant gewordene Strom durch Umrühren der Chromsäureflüssigkeit nicht unbedeutend verstärkt wird. Wird die Flüssigkeit nur an der Zinkplatte allein in Bewegung gesetzt, so findet dieses Ansteigen des Stromes nicht statt; die Polarisation findet daher nur an der Kohlenplatte, nicht aber am Zink statt.

An elektromotorischer Kraft übertrifft die Chromsäurekette ohne Thonzellen alle anderen gebräuchlichen Apparate mit Thonzellen um ein

Erhebliches. Diese elektromotorische Kraft lässt sich schon ohne genauere Maassbestimmungen in ziemlich enge Grenzen einschliessen: dieselbe muss grösser sein als die der Grove'schen Kette, mithin grösser als 18.5; denn schaltet man in den, einen Multiplicator enthaltenden Schliessungsbogen der Grove'schen Kette eine Chromsäurekette mit entgegengesetzter Stromrichtung ein, so überwiegt der Strom der letzteren Kette; wird dagegen das Grove'sche Element durch zwei Daniell'sche mit gleicher Stromrichtung ersetzt, so überwiegt der Strom der beiden letzteren Elemente; die elektromotorische Kraft der Chromsäurekette muss daher kleiner als 21,3 sein, also zwischen 18,5 und 21,3 liegen. Um genauere Bestimmungen zu erhalten, wurde die Stromstärke J_1 der Kette in absolutem Maasse bestimmt und nach Einschaltung des in British Association Maass ausgedrückten Leitungswiderstandes l die Stromstärke J abermals gemessen. Es ist daher die elektromotorische Kraft e und der Leitungswiderstand der Zelle ω in absolutem Maasse ausgedrückt

(2) . . . . $e = \frac{J\,l}{J_1 - J} J_1$

(3) . . . . $\omega = \frac{J\,l}{J_1 - J}.$

Die Beobachtungen geschahen auf folgende Weise: Zuerst wurde die Intensität des stationär gewordenen Stromes aus dem Mittelwerth von 5 in gleichen Zeitintervallen vollführten wenig von einander abweichenden Nadelablesungen bestimmt, diese Bestimmung in gleicher Weise nach Einschaltung des Widerstandes l wiederholt, dann dieselben Messungen erst ohne den Leitungswiderstand, dann mit demselben nochmals ausgeführt. Es ergaben sich dadurch die vier mittleren Winkelablesungen i_1 i_2 i_3 i_4. Mit Hülfe der Formel (1) ward der Werth von J aus i_2 der von J_1 aus dem Mittel von i_1 und i_3 berechnet und ebenso aus i_3 einerseits und i_2 und i_4 andererseits nochmals ein Werth für J und J_1 gewonnen. Aus den in der folgenden Tabelle zusammengestellten Beobachtungen ergibt sich die elektromotorische Kraft e und der Leitungswiderstand der Zelle ω für die gebräuchlichsten Ketten im Vergleich mit denselben für die Chromsäurekette gefundenen Constanten:

	Chlorsilber-kette		Daniell'sche Kette		Grove'sche Kette		Zinkkohlen-kette		Chromsäure-kette	
l	1,258	1,258	1,258	1,258	0,5126	0,745	1,258	1,258	1,258	1,258
J_1	19,40	18,83	11,64	11,79	33,33	29,64	66,55	66,22	51,01	51,00
J	4,55	4,22	4,90	4,94	17,83	13,47	12,09	12,07	12,45	12,65
e	7,47	6,85	10,65	10,69	18,51	18,40	18,59	18,57	20,72	21,16
Mittel aus e	7,16		10,67		18,45		18,58		20,94	
ω	0,385	0,364	0,915	0,907	0,555	0,621	0,279	0,280	0,406	0,415

Man sieht aus diesen Versuchen, dass die Chromsäurekette ohne Thonzellen eine etwa 13 % grössere elektromotorische Kraft besitzt, als die Grove'sche oder die Kohlenzinkkette. Wiederholt man die Bestimmung von e von Zeit zu Zeit, während sich die Chromsäurekette allmählich erschöpft, so tritt bald eine Phase ein, wo man immer grössere und grössere Werthe für e findet; man kann aber leicht zeigen, dass e unter diesen Umständen keineswegs wächst, sondern im Gegentheil abnimmt; es genügt einer nicht erschöpften Chromsäurekette eine erschöpfte entgegenwirken zu lassen, um sich zu überzeugen, dass der Strom der ersteren den der letzteren überwiegt. Dieses beweist, das die Polarisation bei dieser Kette viel weniger vermieden ist, als bei der Daniell'schen und Grove'schen und dass mithin die Bedingungen, welche den Gleichungen 2 und 3 zu Grunde liegen, bei zunehmender Erschöpfung der Erregerflüssigkeit nicht mehr streng erfüllt sind. Der für die Chromsäurekette gefundene ungewöhnlich grosse Werth von e könnte daher noch Zweifel erwecken. Dass es sich aber dabei nicht um Versuchsfehler handelt, ergibt sich unzweifelhaft daraus, dass die Bestimmung der elektromotorischen Kraft in ungeschlossener Kette mittelst des Lipmann'schen Elektrometers auf denselben hohen Werth führt; der Versuch gab als Verhältniss der elektromotorischen Kräfte für die Grove'sche und Chromsäurekette

$$\frac{\text{Grove}}{\text{Chromsäurekette}} = \frac{18,45}{21,18}.$$

Die Chromsäurekette war vor dem Versuche einige Zeit der Ruhe überlassen. Eine in dem oben festgestellten günstigsten Verhältniss zusammengesetzte Lösung von chromsaurem Kali und Schwefelsäure leitet viel schlechter, als die in der Grove'schen Zelle benutzte Schwefelsäure und Salpetersäure. Dieser Nachtheil wird aber vollkommen durch den Vortheil aufgewogen, dass bei der Chromsäurezelle der verhältnissmässig grosse Leitungswiderstand hinwegfällt, welchen die Thonzellen in den gebräuchlichen constanten Ketten mit sich bringen und dass man bei Abwesenheit der Thonzellen den Abstand der Erregerplatten sehr klein wählen kann. Um in dieser Beziehung eine Vergleichung zu ermöglichen, wurde ein und derselbe Kohlenstab und ein und dieselbe, auf der Rückseite mit Wachs überzogene, auf der andern amalgamirte Zinkplatte einmal zu einer Grove'schen Kette mit Thonzellen, das andere Mal ohne diese letztere zu einer Chromsäurekette und zwar beide Male bei gleichem Abstande von 15^{mm} und gleicher Oberfläche von 400$^{\square mm}$ combinirt. Die Messung gab als Leitungswiderstand beider Elemente:

Grove'sche Kette mit Thonzelle 0,6401 B. A.
Chromsäurekette ohne Thonzelle 0,5575 B. A.

Bezüglich des wesentlichen Leitungswiderstandes gebührt daher unter analogen Verhältnissen der Chromsäurekette ebenfalls der Vorrang. Um über den ökonomischen Effect der Chromsäurekette ein Urtheil zu gewinnen, bedarf es einer etwas eingehenderen Betrachtung der in dieser Kette auftretenden chemischen Vorgänge: Bei nicht geschlossenen frisch gefüllten Grove'schen Ketten ist der Zinkverbrauch ein verschwindend kleiner; erst wenn nach längerer Benutzung ein elektrolytischer und endosmotischer Austausch der beiden Erregerflüssigkeiten statt gefunden hat, macht sich eine von der Stromerzeugung unabhängige Zinkconsumption bemerkbar. Der Zinkverbrauch in ungeschlossener Chromsäurekette zeigt sich dagegen gleich anfangs reichlich von der Ordnung desjenigen, welcher bei der Stromerzeugung in geschlossener Kette erfordert wird. Dieser Umstand macht es unerlässlich, der Chromsäurekette eine Einrichtung zu geben, durch welche bei jeder Stromunterbrechung die Erregerplatten ausser Berührung mit der Flüssigkeit gesetzt werden, um dem in ungeschlossener Kette eintretenden unverhältnissmässig grossen Zinkverbrauch vorzubeugen. Es ist nicht nur für die Praxis, sondern auch in theoretischer Beziehung von besonderem Interesse, den Zinkverbrauch während der Stromerzeugung mit dem in offener Kette zu vergleichen, da die Theorie allein keinen Anhaltspunkt zur Entscheidung der Frage gewährt, ob das in offener Kette gelöste Zink in geschlossener ganz, theilweise oder gar nicht zur Erzeugung des Stromes mit verwandt wird. Zur Entscheidung dieser Frage wurde gleichzeitig und unter ganz gleichen Verhältnissen ein mit eingeschalteter Tangentenbussole geschlossenes Element einerseits und ein völlig gleiches nicht geschlossenes andererseits in ein und dieselbe, in einem hohen Glascylinder befindliche Chromflüssigkeit gleich tief eingesenkt, der Zinkverlust beider Elemente in gleichen Zeitintervallen durch Wägung bestimmt und die Stromintensität des geschlossenen Elements von 15 zu 15 Minuten gemessen. In der folgenden Tabelle sind die Resultate dieser Versuche zusammengestellt. Columne I gibt die Beobachtungszeiten in Stunden t, Columne II die entsprechenden Stromintensitäten J in B. A. Maass, Columne III den Zinkverbrauch V_0 in offener Kette, Columne IV den theoretischen aus dem elektrochemischen Aequivalent des Zinks (0,03402) berechneten zur Stromerzeugung erforderlichen Zinkverbrauch V_e, Col. V den bei geschlossener Kette in Wirklichkeit beobachteten Zinkverbrauch V_g in Grammen.

I t	II J	III V_0	IV V_e	V V_g	VI
1	56,0	3,000	6,860	9,268	26,0
2	54,5	5,730	13,536	18,069	25,1
3	52,5	8,381	13,967	26,102	23,5
4	50,7	10,913	26,177	24,623	24,4
5	48,5	13,165	32,117	42,033	23,6
6	44,5	15,326	37,568	48,336	22,3
7	41,0	17,468	42,591	54,434	21,8
8	38,0	19,305	47,237	60,531	22,0
9	35,0	20,966	51,524	65,481	21,3
10	32,7	22,508	55,529	70,646	21,4
11	30,6	23,821	59,277	75,646	21,6
12	28,3	25,095	62,743	79,926	21,5
13	26,4	26,347	65,976	84,328	21,8
14	24,7	27,569	69,001	87,946	21,6
15	23,0	28,779	71,818	91,827	21,8
16	21,0	30,021	74,390	94,973	21,7
17	19,0	31,241	76,718	97.709	21,5
18	18,0	32,461	78,923	100,520	21,5

Aus Col. III und IV ist ersichtlich, dass unter den obwaltenden Umständen die in offener Kette gelöste Zinkmenge etwas weniger als die Hälfte von dem in geschlossener Kette zur Stromerzeugung der Theorie nach nothwendigen Zinkverbrauch beträgt und dass, wie Col. V zeigt, nur ein Theil des in offener Kette ohne Stromerzeugung gelösten Metalls in geschlossener Kette zur Strombildung mit herangezogen wird. Diese Thatsache ist um so beachtenswerther, als die chemischen Vorgänge, welche die Lösung des Zinks begleiten, in offener sowohl wie in geschlossener Kette ganz genau dieselben sind, d. h. in beiden Fällen ohne alle am Zink vorgehende Polarisation erfolgen. Sie steht vollkommen mit der Ansicht im Einklange, dass die Lösung des Zinks nicht als Ursache des Stromes, wohl aber als nothwendige Bedingung für denselben zu betrachten ist. Col. VI gibt den an der Strombildung nicht theilnehmenden, also als Verlust auftretenden Antheil des gelösten Zinks in Procenten der stündlich gelösten gesammten Zinkmenge. Dieselbe beträgt 22,5 % und bleibt sich während der Erschöpfung der Kette ziemlich gleich. In der ungeschlossenen Grove'schen und in der Kohlenzinkkette ist die Menge der Salpetersäure, welche lediglich in Folge einer endosmotischen Durchschwitzung der Thonzelle zum Zink gelangt, nur gering; der dadurch bedingte stündliche Zinkverlust beträgt bei einer amalgamirten Zinkplatte von 156 Quadratcentimeter Oberfläche in einer Schwefelsäure, die mit ihrem fünfzehnfachen Gewicht Wasser verdünnt war, durchschnittlich nur gegen 0,3 Grm. und ist daher für die Praxis ganz unerheblich. Dagegen zeigen die bestconstruirten Ketten der erwähnten Art, wenn sie zu starken andauernden Strömen benutzt werden, einen ungewöhnlich grossen, von der Strombildung unabhängigen Zinkverbrauch, welcher durch die elektrolytische Ueberführung der Salpetersäure bedingt wird. Um die Grösse dieses Zinkverlustes im Vergleiche mit demjenigen der Chromsäurekette kennen zu lernen, wurde in den Schliessungsbogen einer vierpaarigen Kohlenzinkkette ein kleines Voltameter eingeschaltet, welches, um den Wasserdampf zurückzuhalten, mit Chlorcalciumröhren versehen war, und der Gewichtsverlust desselben, nachdem das Knallgas durch getrocknete Luft verdrängt war, bestimmt. Bei den Versuchen stand das Niveau der Salpetersäure in den noch nicht gebrauchten Thonzellen bester Qualität etwas tiefer als das der Schwefelsäure in den Zinkzellen; die Thonzellen fassten 120 CC., die Zinkzelle 250 CC. und die wirksamen, die Thoncylinder umschliessenden amalgamirten Zinkflächen betrugen je 156 Quadratcentimeter.

Nennt man die in Milligrammen ausgedrückte im Voltameter zersetzte Wassermenge w, die zur Wasserzersetzung erforderliche Zeit in Secunden t, den während der Dauer der Zersetzung eingetretenen Gewichtsverlust eines jeden der vier in der Kette wirkenden Zinkcylinder ebenfalls in Milligrammen z, und das elektrochemische Aequivalent des

Wassers a = 0,009421, so war die mittlere Stromintensität während des Versuchs in der von der British Association angenommenen Einheit

$$J = \frac{w}{a\,t},$$

und die während der Dauer des Versuchs zur Stromerzeugung nothwendige Zinkmenge Z_0

$$Z_0 = \frac{Z_n}{H + O}\,w.$$

Nach einem von Hrn. Dr. Gabriel ausgeführten Versuche war

$$w = 2714$$
$$t = 14400$$
$$J = 20$$
$$\text{also } Z_0 = 9802.$$

In Wirklichkeit betrug der während dieses Versuchs für jeden der in der Kette wirksamen Zinkcylinder gefundene Gewichtsverlust in Milligrm.

18129
16972
20481
19221
im Mittel 18701.

Während daher in der Chromsäurekette von der beschriebenen Einrichtung durchschnittlich nur 22 % Zink unbenutzt verloren ging, betrug dieser Verlust bei der benutzten Salpetersäurekette durchschnittlich 48 %. Dieser ökonomische Vorzug der regelrecht gehandhabten Chromsäurekette entspricht vollkommen den Erfahrungen, welche man bei der praktischen Verwendung derselben zu machen Gelegenheit hat. Ich besitze eine solche Kette von 40 Paaren mit wirksamer Zinkoberfläche von nur je 40 Quadratcentimeter, die mittelst einer einfachen Kurbelvorrichtung in die Flüssigkeit eingetaucht und aus derselben wieder emporgehoben werden kann. Dieselbe hat seit bereits 8 Semestern zu allen Vorlesungsversuchen gedient, ohne dass es während dieser langen Zeit nöthig gewesen ist, die Zinkplatten oder deren Wachsüberzüge, oder die ursprüngliche Erregerflüssigkeit zu erneuern, und die leitenden Verbindungsstellen zu reinigen; es ist nur erforderlich gewesen, die nicht mehr als einige Minuten Zeit kostende Amalgamation der Zinkplatten bisweilen zu wiederholen und die an der Luft abgedunstete Flüssigkeit durch Nachfüllen von Wasser bis zur ursprünglichen durch eine Marke an der Glaszelle bezeichneten Höhe zu ersetzen. Der Apparat gibt noch heute zwischen

Kohlenspitzen einen Flammenbogen, der zwar zu optischen Projectionen nicht mehr beständig genug ist, aber immer noch für die photochemischen Vorlesungsversuche ausreicht. Die nach nun bereits vierjährigem Gebrauch mit dieser Kette erzielten Ströme sind noch jetzt zu Demonstrationen über Elektrolyse, Funkenspectren, Gaszersetzungen durch Inductionsfunken etc. kräftig genug und werden voraussichtlich noch längere Zeit zu solchen Zwecken ausreichen. Ich brauche kaum zu wiederholen, dass Wirkungen von solcher Nachhaltigkeit nur dann zu erwarten sind, wenn man die leicht zu beobachtende Vorsicht gebraucht, die Paare keinen Augenblick länger mit der Flüssigkeit in Berührung zu lassen, als es die bei den Versuchen erforderliche Stromdauer nöthig macht.

Die specielle Einrichtung der zur Erzeugung der Funkenspectren bestimmten Kette ist aus Fig. 2, Taf. I ersichtlich. Sie besteht aus vier der oben beschriebenen Paare, in deren Glaszellen die an den Rahmen a in geeigneter Weise befestigten leicht abzunehmenden Zinkkohlenelemente mittelst der Handhabe b eingetaucht werden. Dieser Rahmen erhält seine Führung durch die in den Schlitzen der Ständer c c mit sanfter Gleitung beweglichen Zapfen e e, wobei die Tiefe der Einsenkung der Elemente mittelst eines durch den Schlitz gesteckten Stiftes f bestimmt wird und daher im Verlaufe der Erschöpfung der Erregerflüssigkeit beliebig vermehrt werden kann. Um die Kette jeder Zeit ohne Anstrengung in Thätigkeit setzen zu können, ist der bewegliche Theil derselben durch das Gegengewicht g so weit contrebalancirt, dass die Elemente, sich selbst überlassen, eben noch aus der Flüssigkeit emporgezogen werden. Die Zinkplatten sind an die Kupferstreifen h angelöthet, gegen deren anderes platinirtes Ende der Kohlenstab mittelst einer Klemmschraube angepresst wird. Soll die Amalgamation der Zinkplatten erneuert werden, so bringt man das bis zur richtigen, durch Marken bezeichneten Höhe mit Quecksilber und darüber befindlicher verdünnter Schwefelsäure gefüllte Amalgamirgefäss Fig. 3, Taf. I unter die Zinkplatte und hebt es langsam empor, bis die letztere den Boden berührt. Das abtropfende Quecksilber sammelt sich in kleinen porzellanenen Untertassen, mit denen man die Glaszellen während des Nichtgebrauchs der Kette bedeckt hält.

Die Poldrähte der Kette i i sind etwas spiralförmig gewunden, um bei dem Niederlassen der Paare der Bewegung hinlänglichen Spielraum zu lassen: sie führen den inducirenden Strom, von welchem eine Abzweigung den Stromunterbrecher in Thätigkeit setzt zum Ruhmkorff'-

schen Apparat, dessen Inductionsrolle nahezu einen Durchmesser von $0^m,2$ und eine Länge von $0^m,5$ besitzt. Der in derselben inducirte Strom gelangt zu dem vor dem Spalt des Spectroskops stehenden Funkenapparat Fig. 4, Taf. I. Als Stativ für diesen dient die dreihalsige Flasche w. Der Inductionsstrom geht von dem Quecksilbernäpfchen a durch den feinen Draht b zu der auf einem zugespitzten Platindraht steckenden Kohlenspitze c, springt als Funke zur andern Kohlenspitze c_1 über und gelangt von dieser in das zweite mit dem andern Ende der Inductionsrolle in Verbindung stehende Quecksilbernäpfchen a_1. Die Platindrähte, auf welchen die Kohlenspitzen stecken, sind von angeschmolzenen Glasröhren umgeben, die sich in den Durchbohrungen der Körke d d mit sanft gleitender Bewegung um ihre Achse drehen lassen; die Körke stecken ihrerseits auf Glasstäben und lassen sich ebenfalls auf- und abbewegen und um ihre Achse drehen. Alle diese Bewegungen gestatten eine rasche exacte Einstellung der Kohlenspitzen vor dem Spalt des Spectralapparates. Die Beobachtung der Funkenspectren selbst geschieht in der Weise, dass man, während sich das Auge vor dem Beobachtungsfernrohr befindet, mit der linken Hand die auf dem Boden stehende Kette in Thätigkeit setzt und mit der rechten den Funkenapparat, dessen Kohlenspitzen man ein für alle Mal die richtige Höhe gegeben hat, vor dem Spalt so einstellt, dass das Spectrum mit der Scale im Fernrohr coincidirt. Bei den Beobachtungen lässt man den stets durch eine eingeschaltete Leydener Flasche verstärkten Funken am besten in horizontaler Richtung vor dem senkrechten Spalt überschlagen; die Schlagweite des zwischen stumpfen Platinspitzen überspringenden Funkens beträgt 1 bis 2 Centimeter.

Die zur Aufnahme der Flüssigkeitsproben bestimmten Kohlenspitzen stellt man auf folgende Weise her: als Material zu denselben dient die im Handel allgemein verbreitete nicht zu lockere Zeichenkohle. Um sie leitend zu machen, setzt man eine grosse Anzahl der Kohlenstängelchen in einem bedeckten Porcellantiegel, der sich, allseitig mit Kohlenpulver umgeben, in einem grösseren ebenfalls bedeckten Thontiegel befindet, längere Zeit der grössten Weissgluth aus. Die dadurch leitend gewordenen Stängelchen werden mit einem Bleistiftschärfer zugespitzt und der kleine so hergestellte Kohlenconus mit einer feinen Uhrmachersäge abgeschnitten. Fünfhundert solcher Kohlenspitzen können leicht von einem Arbeiter in einem Tage gefertigt werden, so dass man sich einen zu langjährigen Beobachtungen ausreichenden Vorrath davon ohne Schwierigkeit verschaffen kann. Aus den Kohlenspitzen ist jetzt noch der Gehalt an Kieselerde, Magnesia, Mangan, Eisen, Kali, Natron und Lithion zu entfernen. Man kocht zu diesem Zweck in einer Platinschale an tausend Kohlenspitzen auf einmal, zuerst mit Fluorwasserstoffsäure, dann mit concentrirter Schwefelsäure, dann mit concentrirter Salpetersäure und endlich mit Salzsäure je zu wiederholten Malen aus, indem man zwischendurch jede dieser Säuren durch Auskochen und Abspülen mit Wasser entfernt. Nach dieser Behandlung sind die Kohlenspitzen, nachdem sie an ihrer Basis mit einem den Platinspitzen entsprechenden Loche mittelst eines feinen dreikantigen Spitzbohrers versehen sind, zum Gebrauche fertig. Für jeden Versuch steckt man neue Kohlen auf die Platinspitzen und bewirkt die Imbibition derselben mit der zu prüfenden Salzlösung mittelst eines hohlen capillaren Glasfadens, nöthigen Falls unter gelinder Erhitzung mittelst einer kleinen Gasflamme. Ein solcher Kohlenconus wiegt ungefähr 0,015 Grm. und kann mehr als sein eigenes Gewicht an Flüssigkeit aufnehmen. Die damit erhaltenen Funkenspectren sind von sehr langer Dauer, so dass bei den völlig imprägnirten Kohlenspitzen ein Nachfüllen mit den capillaren Glasfädchen erst nach längerer Zeit nöthig wird. Die mit den reine Funkenspectren gebenden Lösungen getränkten Kohlenspitzen, so wie diese Lösungen selbst, werden in etiquettirten Gläschen aufbewahrt, um jederzeit die normalen Spectren zur Vergleichung herstellen zu können.

Sämmtliche zur Feststellung der Spectren angestellte Versuche wurden mit dem in Poggendorff's Ann. Bd. 113 pag. 374 und diese Zeitschrift 1, 49 beschriebenen Spectralapparate, der schon zu unseren ersten Beobachtungen gedient hat, angestellt. Da der Spalt des Instrumentes von den durch die Funken verspritzten Flüssigkeitstheilen sehr bald leidet, so wurde derselbe stets durch ein demselben dichtanliegendes Glimmerblättchen, das leicht entfernt und durch Abspülen gereinigt werden konnte, geschützt.

II. Funkenspectren, Flammenspectren und Absorptionsspectren der Elemente.

Der Anblick, welchen ein continuirliches Spectrum im Spectroskop gewährt, hängt wesentlich von der Breite des Spaltes ab: homogenes Licht stellt sich als eine einfarbige scharf begränzte Linie dar, deren scheinbare Breite proportional mit der Spaltbreite wächst; bestehen dagegen die durchgelassenen Strahlen aus mehreren benachbarten Lichtbestandtheilen, so erscheinen diese, nach ihrer Farbe nebeneinander gelegt, dem Auge als mehr oder weniger breites Band, dessen scheinbare Ausbreitung nicht der Spaltbreite, sondern der Verbreiterung des Spaltes proportional wächst. Der Anblick, welchen die auf diesen Bändern hervortretenden Lichtmaxima und Abstufungen gewähren, wird ebenfalls auf das Wesentlichste von der Spaltbreite bedingt, weil die mit der Verbreiterung des Spaltes hinzukommenden Bilder die bereits vorhandenen theilweise überlagern. Bei allmählicher Verengerung des Spaltes können daher ganze Gruppen neuer Linien sichtbar werden, die den Habitus des anfänglichen Spectrums total verändern, so lassen sich z. B. die breiten dem Funkenspectrum des Yttriums eigenthümlichen Bänder im rothen Theile des Spectrums durch Verengerung des Spaltes in eine grosse Anzahl scharf gesonderter Linien auflösen, welche durch die Eigenthümlichkeit ihrer Lage und Intensität das charakteristischste Merkmal für die Gegenwart des Yttriums abgeben. Nächst der Spaltbreite ist die Intensität der Lichtquelle auf die charakteristische Ausbildung der Spectren vom erheblichsten Einfluss: in den ungeheuren Temperaturen des Flaschenfunkens erhitzte Dämpfe geben oft eine grosse Zahl von Linien, die bei den Hitzegraden des einfachen Funkens oder denen der nichtleuchtenden Gasflamme entweder noch gar nicht auftreten, oder zu lichtschwach sind, um für das Auge wahrnehmbar zu sein; dazu kommt noch, dass bei erhöhter Lichtintensität oft continuirliche Spectren erscheinen, in Folge deren sich viele der schwächeren, sonst durch Contrastwirkung deutlich hervortretenden Linien der Wahrnehmung mehr oder weniger entziehen. Die von Kirchhoff zuerst hervorgehobene Thatsache, dass die relative Intensität der einzelnen Linien bei Temperaturerhöhung der Lichtquelle sich nicht gleichmässig ändert, ist Ursache, dass die im Flammenspectrum als die relativ schwächsten auftretenden Linien im Funkenspectrum nicht selten als die lichtstärksten erscheinen, wie dies in besonders auffallender Weise bei dem Lithiumspectrum der Fall ist. Andererseits begegnet man der auf den ersten Blick befremdenden Erscheinung, dass bei manchen Stoffen das Flammenspectrum an Schärfe und Linienzahl das Funkenspectrum bei weitem übertrifft, dass z. B. im Funkenspectrum die für das Flammenspectrum so charakteristischen Linien des Caesiums gar nicht und die des Rubidiums kaum zum Vorschein kommen. Es ist dies indessen leicht begreiflich, wenn man erwägt, dass die weniger erhitzte glühende Flammensäule wegen ihren umfangreichen Dimensionen dem Spalte Licht von erheblich grösserer Intensität zuführt, als die auf die Funkenbahn beschränkte winzige Gassäule von unverhältnissmässig höherer Temperatur. Diejenigen Stoffe, deren Spectren schon bei niederen Temperaturen zum Vorschein kommen, werden daher immer am zweckmässigsten in der Gasflamme und nicht im Funken beobachtet; es gehören vornehmlich dahin die der Alkalien, alkalischen Erden, des Indiums, Thalliums und einige andere. Solche Spectren werden in vollendetster Ausbildung erhalten, wenn man die zu prüfenden Perlen, um die höchsten Temperaturen zu erzielen, an der nicht zu einem Oehr umgebogenen äussersten Spitze eines haarfeinen Platindrahtes in den Schmelzraum der nichtleuchtenden Flammen bringt.

Aus allen diesen Betrachtungen ergibt sich für die practische Verwerthung der Spectren die Nothwendigkeit, die Funkentemperatur nicht innerhalb allzuweiter Grenzen variiren zu lassen und eine bei allen Beobachtungen beizubehaltende Spaltbreite zu wählen, bei der noch eine hinlängliche Sonderung der charakteristischen Linien erreicht wird, ohne dass eine allzugrosse Lichtschwächung das deutliche Sehen beeinträchtigt. Wo es sich, wie immer in Laboratorien, um Beobachtung der Funkenspectren mit nur einem Prisma handelt, wird diesen Bedingungen in befriedigendster Weise genügt, wenn der Spalt bis zu dem Grade verengt wird, dass die beiden dem Chloryttrium eigenthümlichen Bänder in Roth sich bereits in deutlich unterscheidbare Liniencomplexe aufgelöst haben, wenn ferner der zum Flaschenfunken benutzte Inductionsstrom eine solche Stärke hat, dass die Schlagweite der Funken zwischen stumpf zugespitzten Platindrähten ungefähr ein bis zwei Centimeter beträgt.

Schon in unseren ersten Arbeiten über Spectralanalyse ist darauf hingewiesen worden, dass die Spectren der Elemente keineswegs immer mit den Spectren ihrer Verbindungen identisch sein müssen. Zwar zeigt sich sehr häufig eine solche Identität, besonders bei denjenigen Elementen, deren glühende Dämpfe vorwiegend homogenes Licht aussenden; allein ob diese Identität wirklich besteht, oder eine scheinbare ist, hat trotz aller Bemühungen, wie mir scheint, noch in keinem Falle mit wissenschaftlicher Strenge entschieden werden können. Gibt auch Natriumdampf, wie ich früher gezeigt habe, bei der Temperatur des kochenden Quecksilbers, also weit unter der Glühhitze die dunkele Linie des Natriums und sieht man diese auch in den glühenden Dämpfen aller flüchtigen Natriumverbindungen als helle Linie wiederkehren, so fehlt es doch immer noch an einer endgültigen Entscheidung darüber, ob diese gleichen Spectren von dem Element eben sowohl, wie von seinen Verbindungen, oder aber ob sie nur von dem durch Zersetzung freiwerdenden Elemente allein herrühren. Wie auch diese Frage entschieden werden mag, für die spectralanalytische Praxis ist sie von geringer Erheblichkeit. Es genügt hier sich zu erinnern, dass das Spectrum eines Elements nicht immer unabhängig von der Verbindung ist, in der es sich befindet und dass es daher geboten erscheint, zur Erkennung der Elemente bestimmte Verbindungen derselben zu wählen. Ich werde daher zu den folgenden Beobachtungen, wie bereits in unseren ersten Arbeiten, vorzugsweise die Chlorverbindungen benutzen, welche sich durch ihre Flüchtigkeit und die Leichtigkeit, mit der sie herzustellen sind, besonders empfehlen. Wo es sich um Gemenge dieser in der Flamme oder dem Funken zu verflüchtigenden Chloride handelt, hängt es von der relativen Menge und Flüchtigkeit derselben ab, in welcher Reihenfolge nacheinander die Spectren derselben im Verlaufe der Erhitzung zum Vorschein kommen. Wird einer nur bei höheren Temperaturen flüchtigen Substanz, welche für sich allein ein intensives Linienspectrum gibt, ein anderer schon bei niederen Temperaturen flüchtiger kein Spectrum gebender Stoff in steigendem Verhältniss beigemengt, so nimmt das Spectrum an Deutlichkeit allmählich ab, bis es am Ende nicht selten gar nicht mehr kenntlich ist. Haben beide Stoffe Linienspectren, so erhält man zuerst oft nur die Spectralreaction des leichtflüchtigeren Stoffes und sieht die des schwerflüchtigeren erst in dem Maasse, als der leichtflüchtigere durch wiederholtes Befeuchten mit Chlorwasserstoffsäure und heftiges Erhitzen sich mehr und mehr verflüchtigt, in immer grösserer Deutlichkeit hervortreten. Diese Erscheinung hat in dem Umstande ihren Grund, dass die erhitzte Probe stets die niedrigste der Verflüchtigungstemperaturen der in ihr verdampfenden Körper nahezu annimmt, die in höherer Temperatur verdampfenden also noch nicht oder nur sehr sparsam zur Verflüchtigung gelangen können.

Die trockenen oder mit Salzsäure befeuchteten Kohlenspitzen des Funkenapparats geben an sich, wenn ihre oben beschriebene Reinigung richtig ausgeführt war, kein Spectrum, was sich leicht daraus abnehmen lässt, dass in einer Atmosphäre von Wasserstoff zwischen ihnen überschlagende Funken nur die wenigen charakteristischen Linien des letzteren geben. Die bei den Spectralbeobachtungen in Luft überspringenden Funken zeigen daher nur Luftlinien des Sauerstoffs, Stickstoffs und Wasserstoffs. Um sich vor jeder Verwechselung desselben mit den das Vorhandensein einzelner Elemente anzeigenden Linien bei den Beobachtungen sicher zu stellen, ist auf jeder der Spectraltafeln dieses Luftspectrum in erster Linie angegeben.

f auf den Tafeln bedeutet das Flammenspectrum,
e das Spectrum im elektrischen Funken und
a das Absorptionsspectrum.

1. Spectren der Elemente aus der Gruppe der Alkalien.

Die Darstellung der reinen Chloride, welche zur Beobachtung der Taf. II und III No. 1 bis 6 dargestellten Spectren gedient haben, geschah auf folgende Weise:

Das aus Salzsäure und kohlensaurem Natron erhaltene Kochsalz war durch Auswaschen mit concentrirter Salzsäure und mehrmaliges Umkrystallisiren gereinigt.

Reines Chlorkalium wurde durch Glühen von sechsmal umkrystallisirtem chlorsauren Kali hergestellt.

Als Caesium- und Rubidiummaterial dienten die nach den von mir angegebenen Methoden in grösster Reinheit dargestellten Präparate, mit welchen die Atomgewichte dieser Metalle von mir festgestellt sind.

Das aus schwefelsaurem Thalliumoxydul durch Salzsäure gefällte Chlorthallium wurde durch oftmals wiederholtes Umkrystallisiren gereinigt.

Zur Herstellung des Lithiumspectrums diente dasselbe in grösster Reinheit dargestellte Präparat, welches zu der in meinem Laboratorium von Hrn. Diehl ausgeführten Atombestimmung des Lithiums benutzt worden.

Sämmtliche auf diese Weise erhaltene Chlorüre verflüchtigten sich in der nichtleuchtenden Flamme leicht und vollständig am Platindraht. Durch fractionirte Krystallisation erhaltene Proben derselben gaben bei der Prüfung Spectren, in welchen sich nicht die mindeste Andeutung von Verschiedenheiten entdecken liess.

Schon ein Blick auf die Taf. II genügt, um erkennen zu lassen, dass sämmtliche Glieder der Alkaligruppe viel besser durch das Flammenspectrum als durch das Funkenspectrum erkannt werden können. Von den Linien des Chlorkaliums zeigt sich im Funken keine Spur, von denen des Chlorrubidiums und Chlorcaesiums nur schwache Andeutungen, während die Flammenspectren dieser Körper in ausgezeichneter Vollständigkeit und Schönheit ausgebildet sind. Die Elemente der Alkaligruppe sind daher stets in ihren Flammenspectren nachzuweisen.

Kommen sie alle sechs gemeinschaftlich vor, so wird die Erkennung des Lithiums, Thalliums und Natriums durch die Gegenwart der übrigen so wenig beeinträchtigt, dass man noch Quantitäten davon erkennen kann, die sich sonst jeder Wahrnehmung entziehen würden. Nicht mit gleicher Leichtigkeit kann man die übrigen drei Elemente, wenn sie wie fast immer in der Natur mit jenen gemengt vorkommen, in ihren letzten Spuren erkennen, weil bei Kalium und Natrium continuirliche Spectren auftreten, welche die Sichtbarkeit anderer Linien erheblich beeinträchtigen. Um diese continuirlichen Spectren so weit zu beseitigen, dass sich die letzten, auf keinem anderen Wege noch wahrnehmbaren Spuren von Kalium, Rubidium und Caesium nebeneinander noch zweifellos erkennen lassen, verfährt man auf folgende Weise: Man fällt die Chloride gemeinschaftlich durch Platinchlorid als Chlorplatindoppelsalze; die Fällung muss kalt in concentrirter Lösung vorgenommen werden, damit sich die Doppelchloride möglichst wenig krystallinisch und in einem Zustande höchst feiner Vertheilung ausscheiden. Der Niederschlag wird in einem Platinschälchen an 20 bis 30mal mit sehr wenig Wasser, das man jedesmal durch einfaches Abgiessen von dem Niederschlage entfernt, ausgekocht und nach jeder fünf- bis sechsten Auskochung eine Probe davon genommen und vor dem Spectralapparat geprüft. Man wischt zu diesem Zweck einige Milligramm des Niederschlags auf ein kleines Stückchen befeuchtetes Filtrirpapier, umwickelt die mit dem Papier umhüllte Probe mit einem haarfeinen Platindraht und verflüchtigt sie, nach vorgängiger Verkohlung des Papiers in der höchsten Oxydationsflamme der nichtleuchtenden Lampe, in dem Schmelzraum der vor dem Spalt des Spectroskops eingestellten Flamme. Nach den ersten Auskochungen zeigt sich gewöhnlich nur die Kaliumlinie neben den Linien des Natriums und Lithiums; nach weiter fortgesetzter Auskochung erscheinen allmählich immer deutlicher und vollständiger hervortretende Linien des Caesiums und Rubidiums. Verschwindend kleine Spuren von Thallium, wie sie in manchen Soolwassern auftreten, beginnen erst gegen Ende der Auskochungen sich vorübergehend zu zeigen.

2. Spectren der Elemente aus der Gruppe der alkalischen Erden.

Taf. III und IV geben No. 7 bis 10 die Spectren der dieser Gruppe angehörigen Chloride des Calciums, Strontiums, Baryums und Magnesiums.

Als Material zur Darstellung des Chlormagnesiums diente vielfach umkrystallisirtes Bittersalz, das sich als völlig frei von Kalk und Eisen erwies.

Chorbaryum und Chlorstrontium wurden nach häufig wiederholter Extraction mit heissem Alkohol durch sechs- bis achtmaliges Umkrystallisiren gereinigt.

Das aus eisen-, mangan- und magnesiafreier oxalsaurer Kalkerde bereitete Chlorcalcium wurde zur vollständigen Reinigung wiederholt in absolutem Alkohol gelöst.

Die charakteristische Linie des Magnesiums Taf. IV No. 10, welche der Fraunhofer'schen Linie b entspricht, kommt in dem Flammenspectrum nicht zum Vorschein und tritt nur im Funkenspectrum auf, liegt aber dann einer bei 75 auftretenden Luftlinie so nahe, dass beide sich nicht mehr deutlich von einander unterscheiden lassen. Um das Magnesium erkennen zu können, muss daher die Luft, in welcher der Funke überspringt, durch Wasserstoff oder Leuchtgas ersetzt werden, was leicht mit Hülfe des kleinen Apparates Fig. 5 Taf. I bewerkstelligt werden kann. Das mit einem vierfach durchbohrten gut passenden Kautschukpfropfen verschlossene Glasgefäss A, in welchem sich die in Quecksilbernäpfchen eingeschmolzenen Platindrähte mit den Kohlenspitzen α β befinden, steht durch das unter dem Pfropf mündende Glasröhrchen b mit einem Döbereiner'schen Wasserstoffentwickelungsapparat in Verbindung, mittelst dessen die aus c entweichende Luft durch Wasserstoff ersetzt wird. Auf c steckt ein Kautschukröhrchen, das mit einem Glasstäbchen nach Austreibung der Luft verschlossen wird. Der feine Zuleitungsdraht f führt den Strom durch das Quecksilbernäpfchen mit eingeschmolzenem Platindraht zur Kohlenspitze α, von wo derselbe als Funke nach β überspringt und in den Ableitungsdraht g gelangt.

Kommen, wie sehr oft, in Mineralwassern und Gesteinen nur verschwindend kleine Spuren von Strontianerde und Baryterde neben grossen Mengen von Kalk vor, so digerirt man diese in salpetersaure Salze übergeführten Basen mit kleinen Mengen absoluten Alkohols. Der kleine Rest von salpetersaurem Strontian und Baryt, welcher dabei zurückbleibt, oder sich nach einigen Stunden ausscheidet, wird auf ein winziges Filterchen gesammelt, mit Alkohol ausgewaschen, das mit einem haarfeinen Platindraht sorgfältig umwickelte Filter in der höchsten Oxydationsflamme verascht und die in der Asche enthaltenen Basen mittelst eines Capillarfadens durch Salzsäure in Chloride verwandelt, deren

Flammenspectrum man beobachtet. Sieht man neben der gewöhnlich noch stark auftretenden Natriumlinie nur das Strontiumspectrum, so kann man die äussersten Spuren von Baryum, die sich unter den obwaltenden Umständen nicht sogleich zu erkennen geben, dadurch noch nachweisen, dass man die Probe am Platindraht wiederholt abwechselnd glüht und mit Salzsäure befeuchtet; es werden dadurch noch Spuren von Baryt sichtbar, die sich sonst jeder Wahrnehmung entziehen.

Um in Barytmineralien den Nachweis verschwindend kleiner Spuren von Kalk und Strontian zu führen, zieht man die drei in Chloride verwandelten Basen mit möglichst wenig absolutem Alkohol aus und verdampft denselben; der hinterbleibende oft kaum sichtbare Rückstand der Alkohollösung wird mit einem Streifchen Fliesspapier aufgewischt, das Papier im Platindraht verascht, die Asche zu wiederholten Malen abwechselnd geglüht und wieder mit Salzsäure befeuchtet und zwischendurch das Flammenspectrum beobachtet.

Handelt es sich um Auffindung verschwindend kleiner Kalk- und Barytspuren in Strontianmineralien, so zieht man die in Chloride verwandelten Basen wiederholt zuerst mit kaltem und dann mit heissem Alkohol aus; in dem ersten Auszuge findet man den Kalk, in den späteren Strontian und in den letzten den Baryt nach dem eben angegebenen Verfahren. Die schwefelsauren Salze der Barytgruppe sind zu schwer flüchtig um Spectren in der Flamme zu geben. Zur Umwandlung derselben in Chloride glüht man die in eine sechsfache Papierlage eingehüllte, mit haarfeinem Platindraht umwickelte Probe, nach Veraschung des Papiers in der Oxydationsflamme, in der leuchtend gemachten Gasflamme und befeuchtet die so zu Sulfüren reducirte Probe mit Salzsäure mittelst eines Capillarfadens.

Bei allen diesen Reactionen zeigen die in der Flamme erhitzten Chloride fast immer einen erheblichen Gehalt an Natriumverbindungen, deren continuirliches Spectrum die Deutlichkeit der übrigen zu beobachtenden Linien beeinträchtigt. Man entfernt daher zuvor diese Natriumverbindungen aus der Perle am Platindrahte durch heftiges anhaltendes Glühen in der oberen Oxydationsflamme und prüft dann erst die von neuem mit Salzsäure befeuchtete Perle auf ihre Spectren.

3. Spectren der Elemente aus der Gruppe der nicht alkalischen Erden.

Die Chlorverbindungen des Aluminiums und Berylliums zeigen weder im Funken noch in der Flamme zu ihrer Erkennung brauchbare Linien.

Die Zeichnungen Taf. IV No. 11 bis 14 stellen die Spectren der aus den sogenannten Cerit- und Ytteriterden erhaltenen Chloride dar.

Da die vollständige Trennung dieser Erden besondere Schwierigkeiten darbietet und die bekannten bisher benutzten Methoden in den meisten Fällen sich als unzureichend erweisen, so scheint es mir nöthig, etwas ausführlicher auf die Darstellung des völlig reinen Materials einzugehen, mit welchem die hierhergehörigen Spectren festgestellt worden sind.

Zur Gewinnung der reinen Cerverbindung diente Cerit von Utöe. Das pulverisirte Fossil wurde mit concentrirter Schwefelsäure in einem Hessischen nur zu $^1/_3$ angefüllten Tiegel zu einem Brei vermischt, die überschüssige Schwefelsäure durch Erhitzen des Tiegels bis zur angehenden Glühhitze entfernt, der aufgequollene zu Pulver zerdrückte Inhalt des Tiegels in Wasser von nahe 0° C. unter Vermeidung jeder Erhitzung eingetragen und die Salzlösung von dem hinterbliebenen Rückstande durch Filtration getrennt. Dieser letztere gibt durch mehrmalige Wiederholung derselben Behandlung mit Schwefelsäure noch erhebliche Mengen Salzlösung. Aus der völlig neutralen mit Schwefelwasserstoff von Arsenik, Molybdän, Wismuth, Kupfer und Blei befreiten, darauf mit Salzsäure stark angesäuerten und durch Einleiten von Chlor wieder oxydirten Lösung werden die Oxyde des Cers, Lanthans und Didyms durch Oxalsäure gefällt. Die durch Glühen in einer Porzellanschale über Kohlenfeuer aus den gefällten Oxalaten erhaltenen Oxyde löst man in Salpetersäure und dampft die Lösung im Wasserbade bis zur Syrupsconsistenz ein. Wird die nach dem Erkalten amorph gestehende Masse in kaltem Wasser gelöst und mit Wasser, das auf 1 Liter nur 2 CC. concentrirte Schwefelsäure enthält, eine Zeitlang gekocht, so fällt der grösste Theil des Ceroxyds als basisch schwefelsaures Salz nieder. Man wendet auf 250 Grm. der Ceritoxyde drei Liter des angesäuerten Wassers an. Der mit ebenso angesäuertem Wasser ausgewaschene Niederschlag wird zur weiteren Reinigung durch Eindampfen mit einem nicht zu grossen Ueberschuss von verdünnter Schwefelsäure gelöst und die Lösung durch Eintragen in einige Liter kochenden Wassers abermals gefällt. Erst wenn das Lösen, Fällen und Auswaschen in gleicher Weise noch zwei bis drei Mal wiederholt ist, kann man jede Verunreinigung des Niederschlags als beseitigt betrachten. Bei diesen wiederholten Fällungen bleibt der grösste Theil des Cers neben den übrigen Ceritoxyden in Lösung, so dass aus 100 Grm. der gemischten Oxyde nur wenige Grm. der reinen Cerverbindung erhalten werden. Aus sämmtlichen bei der Darstellung abfallenden Lösungen lässt sich selbstverständlich auf dieselbe Weise wieder reines Product gewinnen. Die völlige Reinheit der so erhaltenen Substanz wurde durch folgendes Verhalten der daraus dargestellten Verbindungen festgestellt:

Das aus der Lösung des basisch-schwefelsauren Salzes durch Kalihydrat gefällte blassgelbe Oxydhydrat gab in concentrirter Kalilösung mit Chlor behandelt eine tief orangerothe Oxydationsstufe, ohne dass die bis zur sauren Reaction mit Chlor gesättigte Kalilösung die geringste Spur einer fremden Erde aufgenommen hatte. Das an der Luft geglühte Ceroxyd ist rein gelblich weiss und nimmt bei dem Erhitzen eine beim Erkalten wieder verschwindende pomeranzengelbe Farbe an. Das schwefelsaure Oxydsalz gab mit dithionigsaurem Natron erwärmt keine Spur eines Niederschlages (Thorerde). Das oxalsaure Oxydulsalz löste sich in einer Lösung von neutralem oxalsauren Ammoniumoxyd beim Kochen erheblich auf, schied sich aber bei dem Verdünnen mit Wasser in der Kälte vollständig wieder ab. Die auf diese Art durch fractionirte Ausscheidung erhaltenen Proben zeigten als Chlorverbindungen geprüft von Anfang bis zu Ende ein und dasselbe Funkenspectrum und namentlich keine Andeutungen der dem Lanthan oder Yttrium angehörigen Linien. Durch keine der concentrirten Lösungen dieses Cers liessen sich Andeutungen von Absorptionsspectren des Didyms oder Erbiums hervorbringen.

Taf. IV No. 13[e] gibt das mit dem Chlorür dieses reinen Cermaterials erhaltene Funkenspectrum, dessen übrigens nicht sehr charakteristische Hauptlinien bei 68, 71 und 79 liegen.

Zur Darstellung der reinen Lanthanverbindungen eignet sich am besten die aus Cerit erhaltene Salzlösung, aus welcher durch Zusatz von kochendem schwefelsäurehaltigen Wasser die erste Abscheidung des basisch schwefelsauren Ceroxyds stattgefunden hat. Man kocht dieselbe mit pulverisirtem natürlich vorkommenden Magnesit, wodurch fast alles noch gelöste Ceroxyd niedergeschlagen wird. Nach Entfernung derselben wird die mit Salzsäure angesäuerte Lösung durch Oxalsäure gefällt, der Niederschlag in einer Porcellanschale über Kohlenfeuer bis zur Zerstörung der Oxalsäure erhitzt, die gebildeten Oxyde in Schwefelsäure gelöst und die, nach Entfernung des Säureüberschusses durch Abdampfen, mit Wasser verdünnte Lösung abermals mit Magnesit gekocht. Die jetzt nur noch Spuren von Cer enthaltende Flüssigkeit wird noch zwei bis dreimal derselben Behandlung mit Oxalsäure und Magnesit unterworfen, die jetzt erhaltenen Oxyde in Schwefelsäure gelöst und die abgedampften schwefelsauren Salze in angehender Glühhitze entwässert. Um daraus eine völlig didymfreie Lanthanverbindung zu gewinnen, ist immer noch die ursprüngliche von Mosander angegebene Darstellungsmethode die einfachste und sicherste: Man löst die entwässerten schwefelsauren Salze in möglichst wenig Wasser von 0° bis 5° C. durch portionenweises Eintragen auf, erwärmt die concentrirte Lösung, bis sich das Lanthansalz in Gestalt einer weissen breiigen Masse feiner verfilzter Nadeln ausgeschieden hat, und saugt die Mutterlauge, welche zur Darstellung des reinen Didyms zurückgestellt wird, mittelst der Wasserluftpumpe in einem mit Dampf auf 100° C. erhitzten Trichter aus. Die bei beginnender Glühhitze entwässerte Salzmasse wird abermals ganz auf dieselbe Weise behandelt und diese Behandlung noch sechs bis acht Mal wiederholt.

Eine concentrirte Lösung des so gereinigten schwefelsauren Lanthanoxyds zeigt bei Durchstrahlung einer $0^m,2$ dicken Schicht keine Spur von Absorptionslinien des Didyms und Erbiums und nach Umwandlung in Chlorür im Funken geprüft, keine von den dem Cer und dem Yttrium angehörigen Linien. Mit diesem Material erhaltene fractionirte Fällungen von oxalsaurem Lanthanoxyd zeigen, als Chlorverbindungen auf ihr Spectrum geprüft, von Anfang bis zu Ende der Fällungen keine Verschiedenheit in der Anzahl, Lage und relativen Lichtstärke der Linien. Gegen oxalsaures Ammoniumoxyd verhält sich das oxalsaure Lanthanoxyd wie das entsprechende Cersalz; auch hier zeigen die fractionirten Ausscheidungen aus oxalsaurem Ammoniumoxyd von Anfang bis zu Ende ganz dasselbe Spectrum.

Das Chlorlanthan gibt kein Flammenspectrum, zeichnet sich aber durch ein sehr glänzendes linienreiches Funkenspectrum aus, das sich Taf. IV No. 14* verzeichnet findet.

Zur Darstellung der Didymverbindungen, für deren Reinheit es bisher an jedem Beweise gefehlt hat, diente die von dem schwefelsauren Lanthanoxyd abfiltrirte erste Mutterlauge. Alle bisher vorgeschlagenen Reinigungsmethoden des Didyms geben Producte, in denen sich bedeutende Verunreinigungen von Lanthan leicht im Funkenspectrum nachweisen lassen. Die Beseitigung dieser Verunreinigungen ist mir nur auf folgende sehr umständliche Weise gelungen: Versetzt man das nach Mosander's ursprünglicher Vorschrift möglichst rein erhaltene schwefelsaure Didymoxyd tropfenweise unter stetem Umrühren mit Oxalsäure, so lösen sich die anfangs niederfallenden Oxalate des Didyms und Lanthans wieder auf bis ein Zeitpunkt eintritt, wo durch weiteren Zusatz der Säure eine permanente beim Umschütteln krystallinisch werdende amethystfarbige Fällung sich zu zeigen beginnt. Diese erste didymreiche Portion der Fällung wird von den späteren lanthanreicheren getrennt, um weiter verarbeitet zu werden. Man verwandelt sie wieder in neutrales völlig wasserfreies schwefelsaures Didymoxyd, behandelt dieses abermals in derselben Weise und wiederholt diese Behandlung so lange, bis sich in dem letzten Producte keine Lanthanlinien im Funkenspectrum mehr erkennen lassen.

Das reine Chlordidym gibt im Funkenstrom, wie auf Taf. IV No. 15[e] zu ersehen ist, nur in der Nähe von 70 Andeutungen von Linien, die aber zu schwach sind, um mit Vortheil als Erkennungsmittel dienen zu können; dagegen gewährt das Absorptionsspectrum der festen oder gelösten Didymsalze ein so empfindliches und sicheres Kennzeichen für die Gegenwart dieses Elements, dass sich selbst noch kleine Spuren davon in allen durch fremde Stoffe nicht zu sehr gefärbten Flüssigkeiten erkennen lassen. Taf. IV gibt No. 15[a] dieses Absorptionsspectrum eines nur 0,4 Millimeter dicken Krystalles von schwefelsaurem Didymoxyd; Taf. IV 15[a] das der Lösung dieses Salzes.

Die Reinheit der nach den bisher vorgeschlagenen Methoden dargestellten Thorerde lässt noch erhebliche Zweifel zu. Es war daher auch hier eine eingehendere Untersuchung nöthig, um das Verhalten des völlig reinen Chlorthoriums im Funkenstrom feststellen zu können. Als Material zur Darstellung der Erde diente Orangit von Brewig in Norwegen. Nachdem die Kieselerde des in Salzsäure gelösten Fossils durch Abdampfen und die durch Schwefelwasserstoff fällbaren Metalle durch Einleiten dieses Gases entfernt waren, wurde die Lösung mit Salpetersäure oxydirt, mit Ammoniak niedergeschlagen und der Niederschlag so lange mit concentrirter Oxalsäurelösung digerirt, bis das sich bildende Thorerdeoxalat völlig weiss erschien. Dasselbe wurde ausgewaschen, geglüht, mit concentrirter Schwefelsäure eingedampft und das durch starkes Erhitzen entwässerte schwefelsaure Salz in möglichst wenig Wasser von 0° bis 6° C. aufgelöst. Das durch Erwärmen auf 100° C. abgeschiedene, in einem auf 100° C. mit Dampf erhitzten Trichter gesammelte, mit kochendem Wasser durch wiederholtes Aussaugen mittelst der Wasserluftpumpe von Mutterlauge befreite Salz zeigte als Chlorverbindung im Funken geprüft die ausgezeichnetsten Linien des Lanthans. Lässt man das schwefelsaure Salz bei 100° C. in fractionirten Portionen auskrystallisiren, so zeigen alle diese Portionen gleich wie die zurückbleibende

Mutterlauge die Lanthanlinien immer noch; die letztere lässt ausserdem nicht nur deutliche Absorptionslinien des Didyms erkennen, sondern gibt auch im Funken Linien des Cers. Die fractionirten Fällungen des neutralen schwefelsauren Salzes mit unterschwefligsaurem Natron zeigten sich ebenfalls nicht ganz frei von den erwähnten Linien. Um die letzten Spuren dieser Verunreinigungen zu entfernen, schien es daher geboten einen neuen Weg der Reinigung aufzusuchen. Ein solcher ergibt sich aus dem Verhalten der Oxalate des Cers, Lanthans, Didyms, Erbiums und Yttriums gegen oxalsaures Ammoniumoxyd. Eine conc. kochende Lösung dieses letzteren Salzes nimmt die erwähnten Oxalate nur in geringer Menge auf und scheidet dieselben beim Verdünnen mit Wasser und Erkalten fast ganz vollständig wieder aus; die oxalsaure Thorerde dagegen löst sich unter denselben Umständen leicht in dem Ammoniaksalz und fällt nicht wieder nieder, wenn man das Lösungsmittel erkalten lässt, verdünnt oder durch Eindampfen concentrirt. Glüht man den Eindampfungsrückstand dieser Lösung in einer Platinschale, so bleibt die Thorerde zurück. Wiederholt man diese Reinigung mehrmals mit einer zuvor schon durch wiederholtes Fällen mit unterschwefligsaurem Natron gereinigten Erde, so erhält man reine Thorerde, welche als Chlorid geprüft weder in der Flamme noch im Funkenstrom ein Spectrum gibt, das als Erkennungsmittel benutzt werden könnte.

Was man für reine Thorerde gehalten hat, dürfte demnach noch erheblich verunreinigt gewesen sein, wie dann auch die von verschiedenen Beobachtern ausgeführten Atombestimmungen des Thors eine nur wenig befriedigende Uebereinstimmung gewähren.

In Beziehung auf die Gewinnung des reinen Materials zur Feststellung der Spectren des Yttriums und Erbiums kann ich auf die von Bahr und mir angegebene Darstellungsmethode*) beider Erden verweisen. Die zu den Beobachtungen benutzten Chloride waren aus dem Material dargestellt, mit welchem a. a. O. das Atomgewicht des Yttriums zu 30,85 und das des Erbiums zu 56,3 bestimmt wurde. Als Beweis für die vollständige Trennung beider Erden kann der Umstand angesehen werden, dass alle aus den Lösungen derselben durch fractionirte Fällung mit Oxalsäure erhaltenen, in Chlorverbindungen verwandelten Niederschläge Spectren gaben, in welchen sich Anzahl und relative Intensität der einzelnen Linien völlig gleich verhielt. Dasselbe zeigte sich bezüg-

*) Liebig's Annal. 137, 1.

lich der fractionirten Krystallisationen der schwefelsauren Salze und den letzten von diesen Krystallisationen zurückbleibenden Mutterlaugen. Bei allen diesen Beobachtungen habe ich vergeblich nach Andeutungen einer dritten, besondere Absorptionsstreifen gebenden Erde (Terbinerde) gesucht, deren Vorhandensein im Gadolinit von einzelnen Chemikern eine Zeit lang angenommen wurde.

Yttriumchlorid und Erbiumchlorid geben keine Flammenspectren; dagegen gehört das Taf. IV Nro. 12e dargestellte Funkenspectrum des Chloryttriums zu den linienreichsten und schönsten; auch Chlorerbium gibt, wie Nro. 11e zeigt, ein brechbares Funkenspectrum an; viel einfacher und sicherer aber erkennt man das letztere Chlorid an dem Absorptionsspectrum seiner Lösungen Nro. 11a. Das Erbiumoxyd gehört zu den wenigen Stoffen, die beim Glühen in fester Gestalt ein discontinuirliches Spectrum geben, dessen helle Linien Nro. 11f den dunklen Streifen des Absorptionsspectrums entsprechen. Erbinerde ist dadurch leicht und sicher von allen anderen Oxyden zu unterscheiden.

Zur mineralogischen Charakterisirung aller Cerit- und Ytteriterden enthaltenen Mineralien gibt die Spectralanalyse das sicherste und bequemste Mittel an die Hand. Der dabei einzuschlagende Weg wird aus folgenden Beispielen erhellen:

1. Cerit von der Bastnäsgrube. Einige Centigramm des pulverisirten Fossils mit Salzsäure eingedampft, gaben bei dem Wiederauflösen in Salzsäure und Wasser eine concentrirte Lösung von folgendem Verhalten: Bei durchfallendem Lichte zeigte dieselbe das charakteristische Absorptionsspectrum des Didyms und zwar am deutlichsten die Hauptstreifen bei 55 und 75 (Nro. 15a). Da jede Spur des charakteristischsten Absorptionsstreifens der Erbinerde bei 35 (Nro. 11a) fehlte, so lässt sich daraus auf die Abwesenheit der Erbinerde im Cerit schliessen. Die mit der Flüssigkeit völlig gesättigten Kohlenspitzen gaben ein Funkenspectrum, in welchem gegen 10 Lanthanlinien und die ausgezeichneten Cerlinien bei 67,8, 70,9, 79,4 (Nro. 13e) auf das deutlichste hervortraten; von Magnesiumlinien war im Funkenspectrum in Wasserstoffgas nichts wahrzunehmen; dagegen gibt die am Platindraht verdampfte Flüssigkeit in der nicht leuchtenden Flamme verflüchtigt, ein schwaches Calciumspectrum (Nro. 7f). während das Funkenspectrum nur schwache Andeutungen der Calciumlinie bei 49 (Nro. 7e) zu erkennen gab.

2. Gadolinit von Ytterby. Die durch Abdampfen mit Salzsäure von Kieselsäure befreite Lösung des Minerals zeigte folgendes Ver-

halten: Sie gab das Absorptionsspectrum des Didyms, wobei der nahe bei 55 (Nro. 15a) auftretende Streifen besonders stark hervortrat; ausserdem sah man, wiewohl bei weitem schwächer, Absorptionsstreifen des Erbiums, besonders deutlich den bei 35 (Nro. 11a), ferner, zwar sehr schwach, aber noch deutlich erkennbar 65 bis 68 (Nro. 11a). Am Platindraht in der Flamme behandelt gab die Flüssigkeit ein deutliches aber wenig nachhaltiges Kalkspectrum und ein schwächeres Natronspectrum. Der Funkenstrom zeigte ein fast vollständiges nachhaltiges und intensives Yttriumspectrum mit den beiden besonders schön ausgebildeten charakteristischen Liniengruppen zwischen 40 und 50 (Nro. 12e); vom Cerspectrum zeigte sich dabei nur die eine aber ausgezeichnete Linie 70,9 (Nro. 13e); Linien des Lanthans liessen sich nicht auffinden. Da das Lanthanspectrum äusserst reich an charakteristischen höchst intensiven Linien ist, die schon durch sehr kleine Mengen Substanz erhalten werden, so ist anzunehmen, das das untersuchte Material entweder gar kein Lanthan oder nur unbedeutende Spuren davon enthält. Dieser Analyse nach enthielt die untersuchte Substanz durch Spectralanalyse nachweisbares Yttrium, Erbium, Didym, Cer, Calcium und Natrium.

3. Orangit von grosser Reinheit aus Brewig eben so wie die beiden vorhergehenden Mineralien mit Salzsäure behandelt, gab äusserst schwach, aber unzweifelhaft erkennbar, den charakteristischen Absorptionsstreifen des Didyms bei 54 (Nro. 15a). Im Funkenspectrum waren die Cerlinien 70,7 und 67,5 (Nro. 13e) und die Lanthanlinie 87 (Nro. 14e) deutlich hervortretend. In der Flamme zeigte sich ein deutliches aber nicht sehr nachhaltiges Calciumspectrum. Man sieht aus diesen Reactionen, dass der Orangit ein ziemlich complicirtes Gemenge mehrerer Erden enthält.

4. Wasit, wie die eben betrachteten Fossilien mit Salzsäure behandelt, gab eine Lösung von folgendem Verhalten: Dieselbe zeigte die Absorptionsstreifen des Didyms bei 55 und 75 (Nro. 15a) ziemlich stark, aber keine Spur vom Absorptionsspectrum des Erbiums. Bei dem Erhitzen in der Flamme wurde ein kräftiges Calciumspectrum sichtbar. Im Funkenspectrum wurde nur die Cerlinie 70,9 (Nro. 13e) einigermaassen deutlich sichtbar. Von den übrigen Linien der Elemente aus der Gruppe der nicht alkalischen Erden war in Folge eines überwiegenden Thonerde- und Eisengehalts der Lösung nichts sichtbar; diese kamen erst nach folgender Behandlung der Lösung zum Vorschein. Die betreffenden Erden wurden durch Digestion des aus der Lösung erhaltenen

Ammoniakniederschlags mit Oxalsäure als Oxalate abgeschieden. Diese gaben nach dem Glühen und Lösen in Salzsäure ein fast vollständiges sehr intensives Yttriumspectrum und die charakteristischen Cerlinien 70,9, 67,7 (Nro. 13e). Von Lanthanlinien liess sich nichts entdecken.

5. Euxenit. Eine kleine Menge des Fossils wurde mit kohlensaurem Natron aufgeschlossen und zur Abscheidung der Säuren mit verdünnter Chlorwasserstoffsäure zur Trockenheit eingedampft; die mit Salzsäure und Wasser ausgezogene Masse gab eine Lösung, welche durch Ammoniak gefällt wurde; der erhaltene mit Oxalsäure digerirte Niederschlag hinterliess als schweres weisses Pulver die oxalsauren Erden der Cerit- und Ytteritgruppe; diese wurden in schwefelsaure Salze verwandelt und die Ytteritgruppe von der Ceritgruppe auf die übliche Weise durch Krusten von schwefelsaurem Kali getrennt. Es zeigte sich dabei, dass neben den die Hauptmasse bildenden Erden der Ytteritgruppe nur Spuren der Erden der Ceritgruppe vorhanden waren. Die ersteren gaben als Chlorverbindungen geprüft das Absorptionsspectrum des Erbiums sehr deutlich und vollständig und im Funkenstrom ein sehr nachhaltiges intensives fast ganz vollständiges Yttriumspectrum, indem sich keine weiteren bekannten oder neuen Linien zu erkennen gaben. Die Erden der Ceritgruppe auf dieselbe Weise als Chloride geprüft liessen das Absorptionsspectrum des Didyms in grosser Deutlichkeit erkennen, gaben aber im Funkenspectrum keine deutlich erkennbaren Linien des Cers und Lanthans, dagegen noch ein ziemlich ausgebildetes Yttriumspectrum, das auf die Mangelhaftigkeit der üblichen Trennungsmethode mit schwefelsaurem Kali hinweist.«

III. Chemische Analyse organischer Körper.

Von

C. Neubauer.

1. Qualitative Ermittelung organischer Körper.

Ueber eine neue Art die Böttger'sche Zuckerprobe anzustellen. E. Brücke*) empfiehlt zur Anstellung der bekannten Böttger'schen

*) Berichte d. Wiener Akademie 1875 p. 1.

Zuckerreaction das in neuerer Zeit zu Ausfällung von Alkaloiden empfohlene Jodwismuthkalium.

Es ist bekannt, dass bei der Böttger'schen Zuckerprobe die eintretende Schwärzung nicht nur von reducirtem Wismuthmetall, sondern auch von Schwefelwismuth herrühren kann. Man schützt sich durch eine Gegenprobe gegen Irrthum. Man versetzt einige Kubikcentimeter der zu untersuchenden Flüssigkeit mit Kali, fügt eine kleine Menge von feingepulverter Bleiglätte oder ein paar Tropfen von der Lösung eines Bleisalzes hinzu und kocht. Hatte sich Schwefelwismuth gebildet, so muss sich auch Schwefelblei bilden.

Wenn dies nun aber geschieht, so ist die vollständige Abscheidung der schädlichen Substanz mit den bisherigen Hilfsmitteln keineswegs immer leicht und bequem. Es ist dies um so mehr zu bedauern, als bei Aufsuchung von Zucker im Harne das Wismuth vor dem in der Trommer'schen Probe angewendeten Kupfer den grossen Vorzug hat, dass es von Harnsäure und von Kreatinin nicht reducirt wird.

Im Harne sind es am häufigsten Blut, Eiweiss, Eiter und eiteriger Schleim, welche zur Bildung von Schwefelwismuth Veranlassung geben.

Das Jodwismuthkalium fällt nun, analog dem von Brücke früher zu ähnlichem Zwecke angewendeten Jodquecksilberkalium das Eiweiss und dessen colloide Abkömmlinge. Hierauf gründet sich das vom Verfasser eingeschlagene Verfahren.

Man bereitet sich das Reagens durch Auflösen von frisch gefälltem basisch salpetersaurem Wismuthoxyd in heisser Jodkaliumlösung unter Zusatz von Salzsäure.*) Man säuert die zu untersuchende Flüssigkeit, z. B. den zu untersuchenden Harn, mit Salzsäure an. Man wird bald, wenn man sich das Reagens in grösserer Menge bereitet hat, aus dem Gebrauche lernen, wie viel verdünnte Salzsäure man hinzuzufügen hat; eine zu grosse Menge ist schon deshalb schädlich, weil sie im Verlaufe des Verfahrens neutralisirt werden muss. Anfangs macht man eine Vorprobe mit einer gleichen Menge Wasser, das so weit angesäuert werden muss, dass hineinfallende Tropfen des Reagens es nicht trüben. Der nöthige Säurezusatz ist hier wieder abhängig von der Menge der freien Säure, die schon im Reagens enthalten ist.

Nachdem man die zu untersuchende Flüssigkeit angesäuert hat, fällt man mit dem Reagens aus, wartet einige Minuten, bis sich der Nieder-

*) Vergl. Fron: Jodkaliumwismuth als Reagens auf Alkaloide. Chem. Centralbl. 1875 p. 263. Rep. Pharm. 2—325.

schlag zusammengesetzt hat und filtrirt; das Filtrat darf weder durch einen Tropfen verdünnter Salzsäure, noch durch einen Tropfen des Reagens getrübt werden. Hat man sich überzeugt, dass dies nicht der Fall ist, so übersättigt man reichlich mit einer concentrirten Aetzkalilösung, wobei sich ein weisser flockiger Niederschlag von Wismuthoxydhydrat ausscheidet. Man kocht nun ohne zu filtriren und beobachtet, ob Schwärzung durch reducirtes Wismuth eintritt. Es ist dabei nur zweierlei zu beobachten, erstens, dass man hinreichend kocht, da bei den Wismuthproben die Reduction häufig nur schwierig eintritt, zweitens, dass der entstandene weisse Niederschlag nicht zu reichlich sei, so dass er kleine Mengen von reducirtem Metall oder Oxydul verdecken könnte. Ist dies der Fall, so lässt man den Niederschlag, nachdem er entstanden ist, sich absetzen, giesst die klare Flüssigkeit in ein anderes Probierglas über und lässt ihr noch einige Flocken des Niederschlages folgen, weniger oder mehr, je nachdem man die kleinsten Mengen von Zucker nachweisen oder nur untersuchen will, ob etwa grössere Zuckermengen vorhanden sind.

Wenn man das hier beschriebene Verfahren auf mit Wasser verdünntes Blut oder mit Wasser verdünntes Hühnereiweiss anwendet, so bekommt man allerdings noch eine geringe Schwärzung, beziehungsweise Graufärbung, aber dieselbe rührt nicht von Schwefelwismuth her, sondern von den vorhandenen geringen Zuckermengen. Verfasser hat verdünntes Blut in der Hitze coagulirt, den Niederschlag ausgewaschen, in Kali wieder in der Wärme gelöst, die Lösung mit Salzsäure und Jodwismuthkalium ausgefällt, filtrirt, das Filtrat mit Kali übersättigt und gekocht, und nun keine Spur einer Schwärzung erhalten.

Dasselbe Resultat gab Wasser, dem Eiter zugesetzt war, nachdem die Flüssigkeit in der vorbeschriebenen Weise mit Jodwismuthkalium ausgefällt war.

Auch das Vorhandensein von Schwefelalkalien in Substanz beirrt bei diesem Verfahren die Böttger'sche Probe nicht, da das Wismuth zu denjenigen Metallen gehört, die durch Schwefelwasserstoff schon aus saurer Lösung als Schwefelmetalle gefällt werden. Bei hinreichendem Ueberschuss des Reagens und mässigem Säuregrade geht aller Schwefel der Schwefelalkalien in Schwefelwismuth über und bleibt auf dem Filtrum zurück. Der Ueberschuss an Reagens darf nicht zu gering sein. Wenn die Probe auch nur noch einen leisen Geruch nach Schwefelwasserstoff zeigt, so schüttele man anhaltend und füge von Zeit zu Zeit kleine Portionen des Reagens hinzu, bis derselbe vollständig verschwunden ist.

Eine endliche Controle darüber, dass das schwarze Pulver, welches man erhalten hat, Wismuthmetall und nicht auch Schwefelwismuth ist, liegt in Folgendem: Man sammelt das Pulver auf einem kleinen glatten Filtrum, wäscht es zusammen, reisst das überflüssige Papier ab, legt den Rest in eine kleine flache Glas- oder Porzellandose, übergiesst ihn mit Salzsäure, die man durch Verdünnen starker, rauchender Salzsäure mit dem gleichen Volum Wasser erhalten hat, und deckt einen gutschliessenden Deckel darauf, an dessen Innenseite ein Stückchen Filtrirpapier haftet, das man an einer Stelle mit einem Tropfen Bleilösung befeuchtet hat. Ist Schwefelwismuth vorhanden, so bräunt sich die mit Bleilösung befeuchtete Stelle.

Zum Morphiumnachweis. Aug. Husemann*) vertheidigt die von ihm angegebene Morphinprobe gegenüber der Behauptung Mohr's, dass dieselbe nichts beweise. Die ebenso charakteristische als im höchsten Grade empfindliche Probe besteht nämlich darin, dass Morphin oder ein Salz desselben, wenn es 12—15 Stunden mit conc. Schwefelsäure in Berührung gewesen, oder eine halbe Stunde lang damit auf 100°, oder einige Augenblicke auf etwa 150° erhitzt gewesen ist, eine Lösung gibt (falls erhitzt wurde, lässt man erst erkalten), in der sowohl mit einem Tröpfchen Salpetersäure, als auch mit kleinen Mengen von Salpeter, oder von chlorsaurem Kali, oder von Chlorwasser, oder von gelöstem unterchlorigsaurem Natron, oder von Eisenchlorid eine prächtige blau- bis rothviolette Färbung entsteht, die bald in ein dunkles Blutroth übergeht und dann allmählich verblasst. Es ist also nicht das Morphium selbst, sondern ein durch Einwirkung der conc. Schwefelsäure daraus sich erzeugendes Umwandlungsproduct desselben, welches mit den genannten Reagentien die Farbenreaction hervorbringt. Die Empfindlichkeit ist so gross, dass $^1/_{100}$ Mgr. Morphin in einigen Tropfen Schwefelsäure gelöst und in der angegebenen Weise weiter behandelt, noch deutliche Rosafärbung erzeugt. Auch der Fröhde'schen Reaction gegenüber, die nach Dragendorff noch $^1/_{200}$ Mgr. Morphin anzeigen soll, hält Husemann, was grössere Beweiskraft anbetrifft, seine Methode für sicherer, da ihm kein Stoff bekannt ist, der nur unter den angegebenen Bedingungen mit Salpetersäure und den übrigen namhaft gemachten Oxydationsmitteln die gleiche Färbung erzeugt, während mit dem Fröhde'schen Reagens auch Papaverin, Salicin, Populin, Phlorhizin und andere Pflanzenstoffe ganz ähnliche Färbungen wie das Morphin veranlassen. Auch stören die nie ganz zu beseitigenden

*) Archiv d. Pharm. **206**, 231.

färbenden organischen Stoffe die Husemann'sche Reaction nicht, wenn man an Stelle der Salpetersäure die chlorhaltigen Oxydationsmittel als Reagentien benutzt.

Ueber die Verbindungen von Kreatin mit Quecksilberoxyd. Anschliessend an seine früheren Untersuchungen über die Verbindung des Kreatins mit Quecksilberoxyd, (diese Zeitschrift **14**, 201) bemerkt R. Engel*) jetzt, dass dieselbe beständig sei, wenn man sie zwischen 0° und 5° bereitet. Ist der Körper sodann ausgewaschen und annähernd getrocknet, so kann er bis auf 95° erwärmt werden, ohne Reduction zu erleiden. Zur Darstellung versetzt man eine kalihaltige und abgekühlte Kreatinlösung mit einer ebenfalls abgekühlten Sublimatlösung bis gelbes Quecksilberoxyd anfängt niederzufallen, wäscht aus, behandelt den Niederschlag mit einer geringen Menge verdünnter Essigsäure, um etwa vorhandenes Oxyd zu entfernen, wäscht von neuem, trocknet in luftverdünntem Raume und zuletzt bei 80—90°C. So dargestellt entspricht die Verbindung der Formel:

$$Є_4 H_7 (Hg) N_3 Θ_2.$$

Dicyanamid und Glycocyamin liefern ebenfalls mit Quecksilberchlorid weisse Verbindungen.

Ueber das Verhalten des Chloroforms gegen Fermente. Nach den Untersuchungen von A. Müntz**) zeigen die organisirten und nichtorganisirten Fermente gegen Chloroform ein durchaus verschiedenes Verhalten. Die organisirten Fermente der Milch-, Harn-, Buttersäure- und Alkoholgährung, sowie die der Fäulniss, werden bei Gegenwart von Chloroform unwirksam; das Alkoholferment wird sogleich getödtet, dagegen scheint das Milchsäureferment, wenn es nicht zu lange der Chloroformeinwirkung ausgesetzt war, seine frühere Thätigkeit wieder annehmen zu können.

Dagegen werden die chemischen Wirkungen der Diastase, des Emulsins, der Synoptase, des Ptyalins ebenso wie des Fermentes des Hefenwassers durch Chloroform weder verhindert noch verlangsamt. Das Chloroform gestattet demnach, die beiden Arten von Gährungen strenge zu unterscheiden.

Ueber den invertirenden Bestandtheil der Hefe. Die Darstellung dieses interessanten, zu den ungeformten Fermenten gehörenden, Bestand-

*) Ber. d. deutsch. chem. Ges. z. Berlin **8**, 546.

) Ber. d. deutsch. chem. Ges. z. Berlin **8, 776.

theils der lebenden Hefenzellen, gelang E. Donath*) nach einem zuerst von K. Zulkowsky und E. König zur Isolirung ungeformter Fermente angegebenen Verfahren. Zu diesem Zweck wurde die Hefe mit absolutem Alkohol fast erschöpft, abgepresst und bei gelinder Temperatur möglichst vollständig getrocknet. Es resultirte so eine spröde Masse, welche in feinzerriebenem Zustande, mit Wasser bei gewöhnlicher Temperatur ausgelaugt wurde. Die Laugen wurden durch doppelte Filter filtrirt, bis sie unter dem Mikroskop keine Hefenzellen mehr zeigten. Aus den trotz mehrfacher Filtration nicht klaren und sehr stark opalescirenden Filtraten wurde durch Ausschütteln mit Aether eine froschlaichartige Masse ausgeschieden, die sich in der Aetherschicht ablagerte. Diese ätherhaltige Gallerte wurde durch mehrmaliges Ausschütteln mit Wasser gewaschen und sodann in absoluten Alkohol getropft, wobei sich weisse Flocken ausschieden, die abfiltrirt, mit absolutem Alkohol gewaschen und unter der Luftpumpe getrocknet wurden. War die durch die Aetherausschüttelung erhaltene Gallerte rein weiss, so war das schliesslich durch Trocknen unter der Luftpumpe erhaltene Präparat pulverig und weiss, sonst aber ganz hornartig und dunkel gefärbt. In Wasser ist die Masse allem Anschein nach unlöslich und nur in sehr hohem Grade aufquellbar. Die Filtration solcher Flüssigkeiten geht anfangs gut von statten, hört aber nach kurzer Zeit fast vollständig auf. Eine sehr geringe Quantität genügt, um in einer Lösung von Rohrzucker schon bei gewöhnlicher Temperatur nach 10—15 Minuten die Inversion desselben zu vollenden. Stärke und Dextrin werden nicht verändert. Die Substanz zeigt zwar deutlich die Millon'sche Reaction der Albuminate, aber nicht die von Adamkiewicz angegebene Färbung der eisessigsauren Lösung mit conc. Schwefelsäure. Die Analyse ergab C = 40,48—40,53, H 6,38—6,88, N 9,36—9,47. Verf. nennt dieses Ferment Invertin.

Zum Nachweis der Gallensäuren und Gallenfarbstoffe im Urin. A. Hilger**) berichtet über einen nach einer Phosphorintoxication entleerten Urin, der so reichliche Mengen von Gallensäuren enthielt, dass es gelang, aus 500 CC. Urin die Gallensäuren als Natronsalze zu isoliren und dieselben aus der alkoholischen Lösung mittelst Aethers krystallinisch abzuscheiden. Zur Abscheidung der Gallensäuren befolgte Hilger die Methode von Hoppe-Seyler mit einigen kleineren Abänderungen.

*) Ber. d. deutsch. chem. Ges. z. Berlin 8, 795.

**) Archiv d. Pharm. 206, 385.

Der Harn wurde direct ohne zuvoriges Eindampfen und Behandlung mit Alkohol etc. mit Bleiessig und Ammon vollständig ausgefällt, der Niederschlag bei mässiger Wärme getrocknet und 3—4mal mit absolutem Alkohol ausgekocht. Die alkoholischen Auszüge wurden mit kohlensaurem Natron versetzt, zur Trockne verdampft und wieder mit erwärmtem Alkohol aufgenommen. Diese alkoholische Lösung enthielt die Natronverbindungen der Gallensäuren, die sich sowohl durch die Pettenkofer'sche Probe nachweisen, als auch durch Zusatz von Aether krystallinisch ausscheiden liessen.

Von Gallenpigmenten enthielt der erwähnte Harn Bilirubin und Biliverdin. Er zeigte die Gmelin'sche Probe direct, gab bei successivem Erschöpfen in angesäuertem Zustande an Chloroform Bilirubin ab und gab beim Ausfällen mit Kalkhydrat oder Barythydrat oder Baryumchlorid einen Niederschlag, der mit Säuren und Alkohol erwärmt eine tiefgrüne Lösung gab. Aus dem getrockneten mit Barytwasser entstandenen Niederschlage liess sich mittelst Chloroforms Bilirubin extrahiren. Hilger empfiehlt hiernach zum Nachweis der Gallenpigmente in Urin das folgende Verfahren.

Der Harn (50—100 CC.) wird gelinde erwärmt und mit Barythydrat bis zur alkalischen Reaction versetzt, der entstehende Niederschlag abfiltrirt und ausgewaschen. Besprengt man eine Probe dieses Niederschlags mit salpetrige Säure enthaltender Salpetersäure, so entstehen in den meisten Fällen sofort die bekannten Farbennüancen. Noch sicherer erkennt man die Gegenwart der Gallenpigmente, wenn der Niederschlag mit kohlensaurer Natronlösung erhitzt wird, wobei die Gallenpigmente mit grüner oder braungrüner Farbe in Lösung gehen. Diese Lösung kann direct oder nach vorherigem Verdampfen zur Trockne, zur Anstellung der Gmelin'schen Reaction benutzt werden. Auch ist hier an die Fähigkeit der Gallenpigmente in alkalischer Lösung zu erinnern, durch schwaches Ansäuern mit verdünnter Salz- oder Schwefelsäure in grünen Flocken gefällt zu werden, welche weiter geprüft werden können.

Schliesslich erinnert Hilger daran, dass Biliverdin und Biliprasin ebenfalls die Gmelin'sche Reaction geben.

Zur Pettenkofer'schen Gallensäurereaction bemerkt Külz*) folgendes: Wenn man auf einen Porcellanteller eine geringe Menge reiner Glycocollsäure mit einem Tropfen Rohrzuckerlösung (1:4) benetzt und mittelst

*) Centralblatt f. d. med. Wissenschaften 1875 p. 515.

eines Glasstabes einen Tropfen conc. Schwefelsäure zufliessen lässt, so tritt, ohne dass man zu erwärmen nöthig hat, die bekannte Reaction sehr schön und schnell auf. Wendet man unter sonst ganz gleichen Verhältnissen Traubenzuckerlösung an, so tritt die bekannte violette Färbung nicht so schnell ein; oft muss man um die Reaction hervorzurufen, mehr Schwefelsäure zusetzen und erwärmen. Ebenso schön, ja noch besser, gelingt die Reaction unter Anwendung von Fruchtzuckerlösung. Eine solche stellt man sich dadurch her, dass man in Wasser suspendirtes Inulin durch gelindes Erwärmen zunächst auflöst und dann unter Zusatz von verdünnter Schwefelsäure bis zum Sieden erhitzt. Je nachdem man eine Lösung von Trauben-, Rohr- oder Fruchtzucker anwendet, tritt die Reaction verschieden schnell auf, wovon man sich auf folgende Weise leicht überzeugen kann: Man stelle sich zunächst gleich conc. Lösungen (1:4) der genannten Zuckerarten her. Setzt man darauf je einen Tropfen dieser Lösungen zu 3 gleichen Portionen Glycocollsäure und fügt dann je einen Tropfen conc. Schwefelsäure zuerst zu der mit Traubenzucker, dann zu der mit Rohrzucker und zuletzt zu der mit Fruchtzucker versetzten Probe, so wird man sehen, dass die Reaction bei dem Versuch mit Traubenzucker am spätesten auftritt.

Zur Prüfung des Rothweins. Zur Prüfung des Rothweins auf den Farbstoff der schwarzen Malve, welche, wie ich aus Erfahrung weiss, augenblicklich in ganz colossalen Massen zur künstlichen Darstellung von Rothwein Verwendung findet, empfiehlt Böttger*) folgende Reaction: Man mischt 10 CC. Rothwein mit 90 CC. destillirtem Wasser, nimmt von diesem Gemisch 30 CC. und setzt 10 CC. einer concentrirten Lösung von Kupfervitriol hinzu. Ist der Wein echt, so wird er sofort entfärbt; ist er dagegen mit schwarzer Malve gefärbt, so entsteht eine prachtvolle violett aussehende Flüssigkeit.

---

2. Quantitative Bestimmung organischer Körper.

a. *Elementaranalyse.*

Eine einfache Methode zur Bestimmung von Chlor, Brom und Jod in organischen Verbindungen. Zur Bestimmung genannter Körper bedient man sich nach E. Kopp**) einer etwa 60 Cm. langen und 5—6^{mm}

*) Aus dem „Arbeitgeber" durch Pharm. Zeitschr. f. Russland 1875 p. 309.

**) Ber. d. deutsch. chem. Ges. z. Berlin 8, 769.

weiten Glasröhre, welche an einem Ende zugeschmolzen ist. Die organische Substanz wird zur leichteren Regulirung der Zersetzung mit reinem Eisenoxyd (durch Glühen von reinem Eisenvitriol dargestellt) innig gemischt, zuerst in die Röhre eingebracht, so dass sie eine lockere Schicht von 12—18 Cm. Länge bildet. Mit etwas Eisenoxyd wird nachgespült.

Auf diese Schicht werden auf eine Länge von 20—25 Cm. mehrere enggewundene Spiralen von ziemlich feinem Eisendraht geschoben und sodann füllt man den Rest der Röhre mit porösen Krusten von entwässerten, reinen Sodakrystallen. Letztere erhält man mit der grössten Leichtigkeit, wenn man einige Krystalle von reiner Soda in einer Platinschale bei einer nicht zum Schmelzen des Salzes steigenden Temperatur vollständig entwässert.

Darauf bringt man den Theil der Röhre, wo sich die Eisenspiralen befinden, zum Glühen und rückt mit der Hitze nach und nach bis zum zugeschmolzenen Ende der Röhre vor. Bei dieser Temperatur wird die im Contacte mit Eisenoxyd sich befindende organische Substanz vollständig zersetzt. Sollte selbst eine partielle Verflüchtigung stattfinden, so findet sicher die Zersetzung auf den Eisenspiralen statt. In welcher Form auch die Halogene sich entwickeln mögen, sie werden vom glühenden Eisen, welches im Ueberschuss vorhanden ist, als wenig flüchtiges $\text{Fe}Cl_2$, $\text{Fe}Br_2$ etc. zurückgehalten. Spuren von $\text{Fe}Cl_3$, $\text{Fe}Br_3$, welche verdampfen könnten, werden vom Natriumcarbonat zersetzt und das Halogen fest gebunden. Nach dem Erkalten wird die Röhre gereinigt, auf einem Papier in Stücke zerschnitten und darauf in einem Kolben mit destillirtem Wasser einige Zeit lang gekocht. Die Chlor-, Brom- und Jodeisenverbindungen werden hierbei vom kohlensauren Natron zersetzt. Man filtrirt, wäscht aus, übersättigt mit Salpetersäure und fällt mit Silbernitrat. In den meisten Fällen übersteigt das Volum der Gesammtflüssigkeiten nicht 40 CC.

b. Bestimmung näherer Bestandtheile.

Volumetrische Bestimmung der essigsauren Salze und der Essigsäure bei Gegenwart von Mineralsäuren. Nach Untersuchungen von G. Witz*) lässt sich das Methylanilinviolett sehr gut zu speciellen volumetrischen Bestimmungen verwenden. So röthet z. B. die Essigsäure den Lackmus, ist aber ohne Wirkung auf jenes Violett, dagegen färben die Mineralsäuren das Violett blaugrün, selbst dann noch, wenn sie auch nur in äusserst geringer Menge in einer Flüssigkeit enthalten sind.

*) Pharm. Centralhalle 1875 p. 94.

Hieraus folgt, dass die Essige, natürliche wie künstliche, das Violett sofort verändern werden, wenn man ihnen eine Spur einer Mineralsäure zusetzt. In der That ist dieser Versuch von dem entschiedensten Erfolg begleitet und man kann auf keine andere Weise rascher und genauer einen derartigen Betrug ermitteln, sowie die Menge der Essigsäure und die der zur Fälschung angewendeten Säuren volumetrisch bestimmen.

Man bedarf zu diesem Zweck nur einer einzigen acidimetrischen Flüssigkeit, um damit zu erhalten:

1. den Neutralitätspunkt bei Gegenwart von Lackmus, welcher die Gesammtmenge der Säuren gibt;

2. den Neutralitätspunkt bei Gegenwart von Violett, welcher die Menge der Mineralsäuren allein gibt. — Die Menge der Essigsäure ergibt sich aus der Differenz.

Nehmen wir als Beispiel eine Titrirung von reinem Essig mit Natronlauge, wobei als Reagens Lackmus angewandt wurde. Setzt man hierzu eine titrirte Schwefelsäure und einen Tropfen des Violett, so geht letzteres nicht in Blau über, weil alles essigsaure Natron in schwefelsaures verwandelt wird. Das Blau erscheint aber sofort, wenn die Mineralsäure auch nur spurenweise im Ueberschuss zugegen ist. Das essigsaure Salz lässt sich also eben so leicht wie ein kohlensaures Alkali mittelst des gewöhnlichen alkalimetrischen Verfahrens bestimmen, denn die abgeschiedene Essigsäure übt auf das Violett keine Wirkung aus. Enthält das Acetat auch noch freie Essigsäure, so bestimmt man letztere durch einen besonderen Versuch unter Anwendung von Lackmus.

Bestimmung des Orcins in den Färbeflechten auf maassanalytischem Wege. Die ungewöhnliche Leichtigkeit, mit der Brom von einer Orcinlösung aufgenommen wird, veranlasste S. Reymann*) genaue Versuche über das Verhalten des Broms zu einer Orcinlösung anzustellen.

Eine verdünnte wässerige Orcinlösung gibt mit Bromwasser unter Gelbfärbung zuerst Monobromorcin und später Tribromorcin. Diese Umwandlung ist eine glatte und nach den Ergebnissen der Analyse zu urtheilen, eine nahezu vollständige.

Reymann ging bei seinen Versuchen von destillirtem, wasserfreien Orcin aus, von dessen Reinheit er sich durch den Schmelzpunkt überzeugte. Zu einer sehr verdünnten Orcinlösung setzte der Verf. so lange Bromwasser, dessen Titer zuvor genau bestimmt war, bis der ent-

*) Ber. d. deutsch. chem. Ges. z. Berlin 8, 790.

standene Niederschlag endlich wieder eine gelbliche Färbung angenommen hatte und bis nach einigem Schütteln in einem Stöpselglase ein Ueberschuss von Brom durch den Geruch wahrzunehmen war. Hierauf wurde Jodkaliumlösung zugesetzt und das durch den Ueberschuss des Broms ausgeschiedene Jod mit unterschwefligsaurem Natron titrirt. Eine einfache Rechnung zeigt, wie viel Brom zur Bildung von Tribromorcin verwandt wurde oder wie viel Orcin in der Flüssigkeit enthalten war.

Die Einwirkung des Broms auf Orcin erfolgt nach folgenden Gleichungen:

$$Є_7 H_8 Θ_2 + Br_2 = HBr + Є_7 H_7 Br Θ_2$$

und

$$Є_7 H_7 Br Θ_2 + 2 Br_2 = 2 H Br + Є_7 H_5 Br_3 Θ_2.$$

Folgende Analysen mögen als Belege dienen:

Die Orcinlösung enthielt 3,2 Grm. Orcin im Liter; 10 CC. enthielten mithin 0,032 Grm.

1. Versuch,	statt	0,032	gefunden	0,0315	=	98,4 %
2. «	«	«	«	0,03147	=	98,34 %
3. «	«	«	«	0,031107	=	97,20 %
4. «	«	«	«	0,03144	=	98,37 %
5. «	«	«	«	0,031398	=	98,17 %.

Nro. 1 der Versuche ist bei Gegenwart von Erythrit, Nro. 2 bei Gegenwart von Erythrit und Chlorcalcium, Nro. 5 bei Gegenwart von Erythrit, Chlorcalcium und etwas Zuckercouleur angestellt.

Ueber die Trennung von Alizarin und Purpurin. Rosenstiehl*) ist durch seine Untersuchungen zu dem Resultate gekommen, dass die bekannte Trennung des Alizarins vom Purpurin mittelst einer kalt gesättigten Lösung von Alaun keine quantitativ brauchbaren Resultate liefert. Das Purpurin bildet nämlich mit dem Alaun gleichzeitig zwei Verbindungen, von denen die in Wasser lösliche der Flüssigkeit die charakteristische Fluorescenzerscheinung mittheilt, während die andere in Wasser unlösliche und gegen Säure ziemlich indifferente, in der Form eines rosafarbigen Pulvers dem ungelösten Rückstande sich beimengt und mithin verloren geht. Kopp hat s. Z. (1867) denselben Verlust an Purpurin beobachtet, nur hat er ihn der Attraction der Holzfaser zugeschrieben, deren Gehalt an fetten und harzigen Substanzen die Aufnahme

*) Dingler's polyt. Journal **216**, 452.

von Thonerdebeize und damit von Farbstoff bedinge, eine Erklärung, von der nunmehr Umgang genommen werden kann.

Auch die ungleiche Löslichkeit beider Farbstoffe in doppelt-kohlensaurem Natron gibt kein exactes Trennungsmittel für dieselben ab. Ein Liter einer gesättigten Lösung von doppelt-kohlensaurem Natron vermag 0,5 Grm. Alizarin und 5—6 Grm. Purpurin in der Kälte zu lösen. Hat man nun ein Gemenge beider und behandelt dieses mit einer entsprechenden Menge obiger Lösung, so erhält man das Purpurin in Lösung, das Alizarin bleibt ungelöst. Lässt man darauf die Flüssigkeit ruhig absitzen und neutralisirt die klare Flüssigkeit mit Säure, so fällt ein Niederschlag heraus, welcher zwar beim Färben die Nüance des Purpurins liefert, dem aber gleichwohl Alizarin beigemengt ist.

Ueber die Fehling'sche Kupferlösung zur Zuckerbestimmung. Nach den Untersuchungen von P. Lagrange*) kommt bei der Darstellung der Fehling'schen Lösung, deren Haltbarkeit bekanntlich Manches zu wünschen übrig lässt, sehr viel auf das Mengenverhältniss des Alkalis zum neutralen weinsauren Kupferoxyd an. Ist die Lösung zu arm an Kali, so zersetzt sie sich, wie früher schon Fehling selbst angab, leicht bei längerem Kochen, überschüssiges Alkali dagegen soll beim Kochen den krystallisirbaren Zucker verändern und so zu Irrthümern Veranlassung geben.

Lagrange will nun gefunden haben, dass man durch Auflösen von 10 Grm. neutralem weinsauren Kupferoxyd und 400 Grm. reinem Natronhydrat in 500 Grm. destillirten Wassers eine Lösung erhält, die die angegebenen Fehler nicht besitzt. Die so dargestellte Lösung lässt kein Kupferoxydul fallen, auch selbst dann nicht, wenn sie unter Ersatz des verdampfenden Wassers 24 Stunden lang für sich allein oder mit einem Zucker gekocht wird, den man durch längeres Waschen mit absolutem Alkohol von jeder Spur Traubenzucker befreit hat. Auch zerstreutes Tageslicht soll auf diese Lösung ohne Einfluss sein. — Das neutrale weinsaure Kupferoxyd wird durch Fällen einer Lösung von Kupfervitriol mit neutralem weinsauren Kali bereitet. Man wäscht zuerst durch Decantation aus und trocknet schliesslich bei 100°. Auch kann man eine Lösung von Kupfervitriol mit Natronlauge fällen, den Niederschlag durch Decantation auswaschen und darauf soviel neutrales weinsaures Kali hinzufügen, als nothwendig ist um neutrales weinsaures Kupferoxyd zu bilden; dieses

*) Compt. rend. 1874 p. 1005.

löst man sodann in so starker Natronlauge, dass auf 1 Theil des weinsauren Kupferoxyds 40 Theile Natronhydrat vorhanden sind.

Zur Gerbstoffbestimmung in Weinen. Zur Gerbstoffbestimmung im Wein wie auch in anderen gerbstoffhaltigen Flüssigkeiten, verwendet A. Carpené*) mit bestem Erfolg eine Lösung von essigsaurem Zinkoxyd in überschüssigem Ammon. Es entsteht hierbei ein in Wasser, Ammon und in einem Ueberschuss von essigsaurem Zinkoxyd unlösliches Zinktannat. Mit vielen anderen Körpern, so mit Alkohol, Aepfelsäure, Weinsäure, Weinstein, weinsaurem Kalk, Glycerin, Gelatine, Albumin und Eisensalzen mit organischen Säuren gibt das Reagens keinerlei Fällung; dagegen gibt es mit Gallensäure, Bernsteinsäure, Glycose und Thonerdesalzen Niederschläge, die jedoch in einem Ueberschuss des Fällungsmittels sowie in Ammon löslich sind. In einer Lösung von Oenocyanin entsteht zwar ein violetter Niederschlag, doch soll sich dieser nicht so rasch bilden, um die Gerbstoffbestimmung zu beeinflussen.

Behandelt man daher den Wein mit einem Ueberschusse des Reagens, so entsteht ein Niederschlag von Zinktannat, gemischt mit einer kleinen Menge von Farbstoff. Man erhitzt darauf fast zum Sieden, damit sich die Flocken zusammensetzen, bringt nach dem Erkalten auf ein Filter und wäscht mit kochendem Wasser aus, wobei fast aller Farbstoff in Lösung geht. Den Niederschlag löst man darauf in verdünnter Schwefelsäure, wobei eine schwach roth gefärbte Lösung entsteht, während eine Spur Gerbstoff verloren geht (?).

In dieser Lösung bestimmt man schliesslich den Gerbstoff mit einer Chamäleonlösung, von welcher 1 CC. = 0,0076 Grm. Tannin entspricht.

Die von dem Verf. mitgetheilten Beleganalysen geben sehr befriedigende Resultate.

IV. Specielle analytische Methoden.

2. Auf Physiologie und Pathologie bezügliche Methoden.

Von

C. Neubauer.

Ueber das Oxyhämoglobin. P. Bert**) stellte Untersuchungen an über die Absorption des Sauerstoffs durch Blut bei wechselndem Drucke

*) Dingler's polyt. Journ. **216**, 452.

) Ber. d. deutsch. chem. Ges. z. Berlin **8, 543.

und gelangte hierbei zur Ueberzeugung, dass das Oxyhämoglobin eine bestimmte Verbindung ist, welche bei zunehmendem Drucke keine weiteren Sauerstoffmengen aufnehmen kann. (Der Sauerstoff löst sich in diesem Falle einfach im Blutserum auf und folgt dem Dalton'schen Gesetze).

Das Oxyhämoglobin ist bei 16° beständig, selbst wenn der Druck auf $^1/_8$ Atmosphäre sinkt, bei der Temperatur des Körpers erleidet es jedoch eine um so grössere Dissociation, als der Druck geringer wird.

Ueber den Stickstoff- und Eiweissgehalt der Frauenmilch. Die in neuerer Zeit gemachte Angabe, dass der Stickstoffgehalt der Gesammtmilch 2,3 bis 4,8 mal so gross sein sollte als der der darin enthaltenen Eiweisskörper, veranlasste L. Liebermann*) zu neuen Untersuchungen über diesen Gegenstand. Obgleich sich nun zeigte, dass obige Zahlen übertrieben sind, und dass sich in der Milch ausser den Albuminaten keine andere stickstoffhaltige Substanz nachweisen lässt, so haben die Untersuchungen Liebermann's doch ergeben, dass die bisherigen Methoden zur Fällung der Eiweisskörper, die von Hoppe-Seyler und von Brunner, nicht die gesammten Milcheiweissstoffe geben, sondern dass sich dabei ein beträchtlicher Theil der Fällung entzieht. Die gesammten Eiweissstoffe bekommt man aber nach der alten Methode von Haidlen und ferner durch die Fällung mit essigsaurer Tanninlösung.

Diese Thatsachen sind durch zahlreiche analytische Daten belegt; ebenso die Behauptung, dass die Dumas'sche Methode der Stickstoffbestimmung auch bei der Milch bedeutend mehr Stickstoff liefert als die Methode nach Will-Varrentrapp.

Zur Chlorbestimmung im Urin. A. Rabuteau**) gibt an, dass die genaue Neutralität der Flüssigkeit beim Bestimmen der Chloride nach der Mohr'schen Methode mit salpetersaurem Silberoxyd nicht nothwendig sei. Die Lösung kann getrost durch Essigsäure angesäuert werden, da diese das chromsaure Silberoxyd nicht löst. Zum Nachweis der chlorsauren Salze im Urin säuert Verf. den Harn mit Schwefelsäure an und versetzt sodann mit Indigolösung. Eintretende Entfärbung zeigt die Gegenwart von Chlorsäure an. Zur quantitativen Bestimmung entfernt man zunächst das Chlor, dampft ein und führt die vorhandenen chlorsauren Salze durch Glühen in Chlorate über, die dann wie gewöhnlich mit Sil-

*) Berichte der Wiener Akademie 1875 p. 137.

**) Centralblatt f. d. med. Wissenschaften 1875 p. 462.

berlösung bestimmt werden. So hat Rabuteau gefunden, dass die chlorsauren Salze nach innerlichem Gebrauch vollständig im Urin wieder erscheinen.

Ueber das Auftreten von Morphin im Harne und den Faeces. E. Vogt*) untersuchte den Urin und die Faeces eines 60jährigen kranken Mannes, welcher täglich, schon seit 5 Jahren, eine Morphiummixtur mit 1,3 Alkaloïd und ausserdem noch in subcutanen Injectionen alle zwei Tage 2 g. Morphin verbraucht. Zur Untersuchung des Urins diente die 24stündige Harnmenge, die nach den bekannten Methoden von Otto und Dragendorff, Ausziehen mit Amylalkohol etc., verarbeitet wurde. Das Resultat war ein absolut negatives. Trotz der bedeutenden Mengen von Morphin die Patient nahm, denn obgleich die Gewichtsbezeichnung im Original fehlt, so sind doch wohl Gramm gemeint, gelang es dem Verf. nicht Morphium, selbst nicht einmal spurenweise im Urin nachzuweisen.

Andere Resultate sollten die Faeces liefern. Dieselben, ein 3tägiges Product, wurden einmal nach der Methode von Stas mit angesäuertem Alkohol extrahirt, eine andere Quantität unterwarf der Verf. zunächst der Dialyse und behandelte das Diffusat sodann mit Magnesia und Essigäther. Beide Versuche ergaben Morphin und zwar in quantitativ bestimmbaren Mengen. Es dürften sonach stets bei Vergiftungsfällen die Faeces mit zu berücksichtigen sein und andererseits, auch bei anhaltendem Gebrauch, manchmal ein Auftreten von Morphin im Harne nicht stattfinden, welches negative Resultat Dragendorff immer nur in der verfehlten Abscheidungsmethode seine Erklärung finden lässt.

Verf. stellte ferner einige Versuche an über die Empfindlichkeit der verschiedenen Morphinreactionen und bemerkt hierzu Folgendes: Die Husemann'sche Probe, conc. Schwefelsäure und Salpetersäure hatte ihre Grenze bei 5 Centimilligr. Ihr folgte die Reaction mit Jodsäure und Schwefelkohlenstoff, welche noch bei 1 Decimilligrm. die rosenrothe Färbung zeigte. Mit Eisenchlorid liess sich die Blaufärbung erst bei 3 Decimilligrm. schwach erkennen. Die Fröhde'sche Reaction, mit Molybsäure und conc. Schwefelsäure, gab dem Verf. erst bei 1 Decimilligrm. entscheidende Resultate.

Bei der Husemann'schen Probe wählte Vogt stets den kürzeren Weg des Erhitzens auf 150^{0}, ein Temperaturgrad, den man bei einiger

---

*) Archiv der Pharm. **207**, 23.

Uebung auch ohne Thermometer, an dem Uebergang der violetten Färbung in eine schmutzig braune, ziemlich genau erkennen soll.

Morphin in Harn gelöst ergab bei bedeutender Verdünnung mit Eisenchlorid keine scharfe Reaction. Erst bei Gegenwart von 5 Milligrm. erschien deutlich eine blaue Färbung. Die Husemann'sche Probe bewährte sich mit solchen Lösungen noch beim Vorhandensein von 2 Milligrm. und die Jodsäure mit Schwefelkohlenstoff sogar noch mit 1 Milligrm.

Zum Nachweis des Albumins im Urin. A. Hilger*) hat verschiedene zum qualitativen Nachweis des Albumins gebräuchliche Methoden einer vergleichenden Prüfung unterworfen und kommt nach den erhaltenen Resultaten zu dem Schluss, dass bei der Nachweisung von Albumin in Urin die bekannte Bödeker'sche Reaction, Fällbarkeit des Albumins in essigsaurer Lösung mittelst Ferrocyankaliums, in erster Linie berücksichtigt werden soll, namentlich, wenn es sich um zweifelhafte Resultate mit anderen Agentien handelt. Jedenfalls möge diese Probe eine grössere Berücksichtigung finden als bisher. Auch möge das ärztliche Publicum bei Eiweissproben im Harn stets drei Proben im Auge behalten:

1. Die Probe mit Salpetersäure,
2. Die Coagulationsprobe mittelst Essigsäure und
3. Die Probe mit Essigsäure und Ferrocyankalium.

Ich bemerke hierzu, dass nach meinen Erfahrungen die Probe mit Salpetersäure, wenn man sie in der von Heller angegebenen Weise durch sehr vorsichtiges Ueberschichten der farblosen Säure mit dem fraglichen zuvor klar filtrirten Urin ausführt, bei einiger Uebung an Sicherheit und Eleganz nichts zu wünschen übrig lässt (siehe meine Harnanalyse 7. Aufl. p. 76).

Untersuchung des Urins nach dem Genuss von Salicylsäure. Piccard**) untersuchte den nach dem innerlichen Gebrauch von Salicylsäure gelassenen Urin nach der Methode von Bertagnini.***) Die Verarbeitung des Urins von Fieberkranken nach diesem Verfahren wird durch den massenhaft vorkommenden Schleim erschwert, welcher beim Schütteln mit Aether die ganze Flüssigkeit in eine dicke Emulsion verwandelt. Derselbe muss dieserhalb vorher aus dem eingedampften Harn mit absolutem Alkohol gefällt werden. Die von Bertagnini vorge-

*) Archiv der Pharm. 206, 388.

**) Ber. d. deutsch. chem. Ges. z. Berlin 8, 817.

***) Ann. Chem. Pharm. 1856 p. 248.

schlagene Trennung beider Säuren durch Sublimation der Salicylsäure ist wohl geeignet, diese Säure, nicht aber die Salicylursäure ganz rein zu liefern. Aether und Benzol, in welchen die erstere löslicher ist, sind zu diesem Zweck besser. Aus einem unreinen Gemenge beider krystallisirt beim Erkalten der wässerigen Lösung letztere zuletzt.

Der Uebergang von viel unveränderter Salicylsäure in den Urin ist für die innere antiseptische Behandlung von Blasenkrankheiten therapeutisch interessant. Die ausgeschiedenen Quantitäten sind aus vielen Gründen schwer anzugeben: sie wurden approximativ auf 1 Grm. Salicylsäure und $^1/_2$ Grm. Salicylursäure im Liter geschätzt.

---

3. Auf gerichtliche Chemie bezügliche Methoden.

Von

C. Neubauer.

Zur Nachweisung von Blut. R. Böttger hat die von Almén*) angegebene Methode zum Nachweis von Blut geprüft und bewährt gefunden. Handelt es sich darum, Blutflecken auf Geweben, Holz und dergl. nachzuweisen, so verfährt man nach Böttger**) wie folgt: Man bereitet sich zunächst aus 5 Grm. Guajacharz und 100 CC. absolutem Alkohol eine klare filtrirte Lösung, hiervon mischt man in einem Reagensglase ca. 5 CC. mit einem gleichen Volum rectificirten Terpentinöls. Fügt man nun den mit schwacher Essigsäure in der Wärme behandelten resp. aufgelösten, wenn auch noch so kleinen Fleck auf Leinwand, Holz etc. hinzu, so gibt sich beim Vorhandensein von Blut dieses augenblicklich durch eine intensive Blaufärbung zu erkennen.

*) Diese Zeitschrift **13**, 104.

**) Pharm. Centralhalle 1875 p. 266.

Kritik des Buches: „Anleitung zur Ausführung qualitativer chemischer Analysen. Von Dr. Oscar Siegel, Liegnitz 1875, Verlag von Max Cohn." **Von Dr. W. Hampe.**

Das unter dem angeführten Titel erschienene Büchelchen des Herrn Dr. Oscar Siegel ist, mit Ausnahme der ersten 16 Seiten, welche eine Zusammenstellung der wichtigsten Reactionen der Elemente und ihrer Verbindungen enthalten, weiter nichts, als eine fast wortgetreue Wiedergabe meiner 1868 erschienenen Tafeln zur qualitativen chemischen Analyse. Nicht allein die ganze Disposition ist von Anfang bis zu Ende dieselbe, sondern auch die einzelnen Trennungsmethoden sind bis in die kleinsten Details meinen Tafeln entlehnt. Um jedoch ein anderes Kleid für sein Plagiat zu gewinnen, hat Herr Siegel vielfach aus einer von meinen Tabellen mehrere Schemata gemacht und diese zum Theil in gewöhnlichem Buchformat drucken lassen, statt der von mir gewählten Tabellenform; auch hat Siegel hin und wieder einige Worte oder Sätze weggelassen, oder die Reihenfolge der Worte verändert.

Abgesehen von diesen, für den Inhalt ganz unwesentlichen Abänderungen und einigen später zu besprechenden Unrichtigkeiten, ist die sachliche Uebereinstimmung des Siegel'schen Werkes (von Seite 16 an) mit meinen Tafeln an jeder beliebigen Stelle sofort auf das Unzweideutigste zu erkennen, so dass es Raumverschwendung wäre, darauf ausführlicher einzugehen. Nur ein paar beliebig herausgegriffene Stellen mögen zur Illustration dienen.

Gleich Seite 16 bei Siegel heisst es:

„I. Die Substanz prüft man, indem man dieselbe in einer an einem Ende zugeschmolzenen Glasröhre erhitzt.

1. Der Körper decrepitirt. Es kann vorhanden sein: Kochsalz, Zinkblende, Bleiglanz, Schwerspath und kohlensaure Salze.

2. Die Substanz zeigt Phosphorescenz. Es kann vorhanden sein: Phosphorsaurer Kalk, kohlensaurer Kalk, Flussspath.

3. Die Substanz entwickelt unter Schwärzung einen brenzlichen Geruch. Es können vorhanden sein: Organische Stoffe.

4. Am oberen kälteren Theile der Glasröhre bilden sich Wassertropfen. Es kann sein a) Krystallwasser; die Substanz bläht sich auf. b) Mechanisch

Man vergleiche Tab. I meiner Tafeln.

„Vorprüfung der Substanz durch Erhitzen in einer Glasröhre.

1. Der Körper decrepitirt. Kochsalz, Zinkblende, Schwerspath, Bleiglanz, Spatheisensein und manche ähnliche Carbonate etc.

2. Es zeigt sich Phosphorescenz. Flussspath, Apatit, Kalkspath, Harmotom.

3. Der Körper schwärzt sich unter Entwickelung brenzlicher Producte. Organische Stoffe."

(Hier ist das Verhalten der freien Aepfelsäure, Bernsteinsäure und Benzoësäure beschrieben, was Siegel fortgelassen hat).

„4. Es treten Wassertropfen auf. Prüfung auf ihre Reaction.

a) Körper mit Krystallwasser. Die meisten schmelzen leicht, blähen sich beigemengtes, oder chemisch gebundenes Wasser. Die Substanz schmilzt nicht."

etc.

auf und werden nach Abgabe des Wassers wieder fest.

b) Mechanisch eingeschlossenes oder chemisch gebundenes Wasser. Die Körper schmelzen nicht, manche decrepitiren."

Nehmen wir noch als Beispiel einen Vergleich der in beiden Werken angegebenen Behandlungsweise des Schwefelammonium-Niederschlages im Falle die Vorprüfung desselben die Gegenwart von phosphor-, oxal-, borsauren Salzen oder Fluormetallen ergeben hat.

In Siegel's Buche, Tabelle VII, Bemerkung, heisst es:

a) Bei Gegenwart von borsauren Erden oder Fluormetallen.

Man kocht den durch Schwefelammonium erhaltenen Niederschlag mit kohlensaurem Natron, filtrirt und wäscht gut aus. Das Filtrat enthält die mit der Borsäure und dem Fluor verbundenen alkalischen Erden.*) Dasselbe wird nach Tabelle VIII weiter untersucht. Den erhaltenen Rückstand löst man mit Salzsäure, fällt mit Ammoniak und Schwefelammonium und untersucht denselben weiter nach Tab. VII.

b) Bei Gegenwart von oxalsauren Erden.

Man glüht den durch Schwefelammonium erhaltenen Niederschlag, um die vorhandene Oxalsäure zu zerstören, löst den Rückstand in Salzsäure und fällt jetzt die Stoffe mit Ammoniak und Schwefelammonium aus. Im Filtrat sind die mit der Oxalsäure verbunden gewesenen alkalischen Erden enthalten. Der Niederschlag wird nach Tab. VII, das Filtrat nach Tab. VIII weiter untersucht.

c) Bei Gegenwart von phosphorsauren Salzen.

Der mit Schwefelammonium erhaltene

In Tab. VI B meiner Tafeln heisst es:

„a) Er enthält nur oxalsaure Salze. Glühen des Niederschlags zur Zerstörung der Oxalsäure, Lösen des Rückstandes in Salzsäure, Fällen der Lösung mit Ammoniak und Schwefelammonium. Das Filtrat vom Niederschlag enthält die mit Oxalsäure verbunden gewesenen alkalischen Erden, der Niederschlag wird nach A untersucht.

b) Er enthält nur Fluormetalle oder borsaure Salze. Kochen des Niederschlags mit kohlensaurem Natron, Filtriren, Auswaschen, Lösen des Rückstandes in Salzsäure, Fällen mit Salmiak, Ammoniak und Schwefelammonium. Untersuchung des Niederschlags nach A. Das Filtrat enthält die mit Fluor, resp. Borsäure verbunden gewesenen alkalischen Erden.

c) Er enthält nur phosphorsaure Salze. Man behandelt mit verdünnter Salzsäure, filtrirt Schwefelkobalt und

*) Eine völlig sinnlose Entstellung! Das erwähnte Filtrat enthält nur borsaures Natron und Fluornatrium, nebst kohlensaurem Natron, aber keine alkalischen Erden. — Vergleiche meine Tafeln.

Niederschlag wird mit Salzsäure wie oben behandelt (Rückstand = Schwefelkobalt und Schwefelnickel — siehe Schema 9) und das Filtrat mit etwas chlorsaurem Kali gekocht. Man prüft jetzt einen kleinen Theil dieser Lösung mit Schwefelcyankalium auf Eisen (rothe Färbung = Eisen) und fügt sodann soviel Eisenchlorid hinzu, bis ein Tropfen mit Ammoniak einen gelblichen Niederschlag gibt. Hierauf wird die überschüssige Säure durch kohlensaures Natron neutralisirt und essigsaures Natron hinzugegeben, gekocht und heiss filtrirt. Der bleibende Rückstand, sowie das Filtrat werden wie folgt untersucht:

Der Rückstand kann bestehen aus: Phosphors. Eisenoxyd, basisch phosphorsaurem *) Eisenoxyd, Uranoxyd, Chromoxyd, Thonerde. Schmelzen mit 2 Thl. Salpeter und 1 Thl. kohlens. Natron bei mässiger Temperatur und Auslaugen mit Wasser. — Eisenoxyd, Uranoxyd, Thonerde. Trennung nach Tab. VII. B. — chromsaures Kali. Essigsäure und essigsaures Bleioxyd: Chromsaures Bleioxyd.

Das Filtrat kann bestehen aus: Essigs. Zinkoxyd, Manganoxydul, Baryt, Strontian, Kalk, Magnesia. Versetzen mit Ammoniak und Schwefelammonium. — Schwefelzink, Schwefelmangan. Essigsäure. Schwefelzink, essigs. Manganoxydul: Ammoniak und Schwefelammonium. Schwefelmangan. — essigs. Baryt, Strontian, Kalk, Magnesia. Trennung nach Tabelle VIII.

d. Bei Gegenwart von sämmtlichen angeführten Stoffen.

Man zerstört die Oxalsäure durch Glühen des Niederschlags, löst in Salzsäure, fällt mit Salmiak, Ammoniak Schwefelnickel ab, kocht das Filtrat mit etwas chlorsaurem Kali und prüft einen kleinen Theil mit Rhodankalium auf Eisen, fügt dann soviel Eisenchlorid hinzu, dass ein Tropfen mit Ammoniak einen gelblichen Niederschlag gibt, stumpft die freie Säure durch kohlensaures Natron ab, setzt überschüssiges essigsaures Natron hinzu, kocht und filtrirt heiss ab. Der Niederschlag enthält: phosphors. Eisenoxyd, bas. essigs. Eisenoxyd, Uranoxyd, Chromoxyd und Thonerde, das Filtrat: essigs. Zinkoxyd, essigs. Manganoxydul, essigsauren Baryt, Strontian, Kalk und Magnesia. Der Niederschlag wird mit 3 Thl. Salpeter und 1 Thl. kohlensaurem Natron bei mässiger Temperatur geschmolzen, die Masse mit Wasser ausgelaugt und in der Lösung Chrom durch Essigsäure und essigsaures Bleioxyd nachgewiesen. Das zurück gebliebene Eisenoxyd, Uranoxyd etc. trennt man nach A b. Die Lösung des essigsauren Zinkoxyds, Manganoxyduls etc. versetzt man mit Salmiak, Ammoniak und Schwefelammonium, wodurch Schwefelzink und Schwefelmangan gefällt werden, die man durch Essigsäure trennt, während Baryt, Strontian, Kalk und Magnesia als essigsaure Salze in Lösung bleiben und nach Tabelle VII geschieden werden.

d) Er enthält Fluormetalle, phosphorsaure, borsaure und oxalsaure Salze.

Man glüht den Niederschlag zur Zerstörung der Oxalsäure, löst in Salzsäure, fällt mit Salmiak, Ammoniak

*) Muss heissen: essigsaurem.

und Schwefelammonium (es bleiben die mit Oxalsäure verbunden gewesenen alkalischen Erden in Lösung), filtrirt, kocht mit kohlensaurem Natron, filtrirt und löst den Niederschlag, wie oben angegeben, in Salzsäure und untersucht wie in c) vorher angegeben.

und Schwefelammonium (die mi säure verbunden gewesene alk Erde bleibt in Lösung), koch Niederschlag mit kohlensaurem N filtrirt, löst in Salzsäure, fällt w hin und untersucht diesen Nieder nach B c."

Nur die Bezeichnung der Tabellen ist in dem Vorgeführten verschi

Wie jemand es mit seiner Ehre verträglich finden kann, ein g Buch in solcher Weise abzuschreiben, ist mir unverständlich! Si aber hat meine Tafeln noch dazu ohne alles Verständniss rein mech abgeschrieben. Es ergibt sich dies aus folgenden Stellen zur Evi Auf No. VI meiner Tafeln heisst es bei der Verarbeitung einer Fl keit, welche kohlensaures Uranoxyd-Ammoniak, das gleiche Beryll salz, Schwefelammonium und kohlensaures Ammoniak enthält: »Ans mit Salzsäure, Kochen mit Salpetersäure, Kali im Ueberschuss«. Wort Salpetersäure ist abgekürzt zu Salpeters, und das Komma da bei der Correctur vergessen, so dass, wenn nicht Salpetersäure geschrieben wäre, ein Laie möglicherweise statt Kochen mit Salp säure, Kali im Ueberschuss, lesen könnte Kochen mit salpeters Kali. In der That schreibt Herr Siegel (Tabelle VII) dies frisch und documentirt sich damit nicht allein als gedankenloser Abschr sondern für den Fachmann auch in wahrhaft frappanter Weis Ignorant.

Ganz dasselbe gilt von folgender Stelle:

In meiner Tafel V heisst es:

Versetzen mit bleifreiem Zink (Antimon, Zinn); Kochen mit centrirter Salzsäure { Antimon / Zinnchlorür.

Herr Siegel hat beim Abschreiben die Worte: »Antimon, Kochen mit concentrirter Salzsäure« zufällig vergessen, so dass ihm (Schema X.) heisst:

»Versetzen mit bleifreiem Zink { Antimonmetall / Zinnchlorür «, eine völlig lose Entstellung. Als ob das Zink blos das Antimon, nicht abe Zinn fällte!

Ich glaube, dass Obiges zur Beurtheilung der Siegel'schen lungsweise und seines Plagiats genügen wird.

etc.*

it Oxal-
kalische
cht den
Natron,
wie vor-
rschlag

nden!
unnen
egal
risch
lter.
sig-
rds-
ern
Das
ir
er
r-
n
g
r,
s

und Schwefelammonium (es bleiben die mit Oxalsäure verbunden gewesenen alkalischen Erden in Lösung), filtrirt, kocht mit kohlensaurem Natron, filtrirt und löst den Niederschlag, wie oben angegeben, in Salzsäure und untersucht wie in c) vorher angegeben.	und Schwefelammonium (die mit Oxalsäure verbunden gewesene alkalische Erde bleibt in Lösung), kocht den Niederschlag mit kohlensaurem Natron, filtrirt, löst in Salzsäure, fällt wie vorhin und untersucht diesen Niederschlag nach B c."

Nur die Bezeichnung der Tabellen ist in dem Vorgeführten verschieden!

Wie jemand es mit seiner Ehre verträglich finden kann, ein ganzes Buch in solcher Weise abzuschreiben, ist mir unverständlich! Siegel aber hat meine Tafeln noch dazu ohne alles Verständniss rein mechanisch abgeschrieben. Es ergibt sich dies aus folgenden Stellen zur Evidenz. Auf No. VI meiner Tafeln heisst es bei der Verarbeitung einer Flüssigkeit, welche kohlensaures Uranoxyd-Ammoniak, das gleiche Beryllerdesalz, Schwefelammonium und kohlensaures Ammoniak enthält: «Ansäuern mit Salzsäure, Kochen mit Salpetersäure, Kali im Ueberschuss». Das Wort Salpetersäure ist abgekürzt zu Salpeters, und das Komma dahinter bei der Correctur vergessen, so dass, wenn nicht Salpetersäure gross geschrieben wäre, ein Laie möglicherweise statt Kochen mit Salpetersäure, Kali im Ueberschuss, lesen könnte Kochen mit salpetersaurem Kali. In der That schreibt Herr Siegel (Tabelle VII) dies frisch weg und documentirt sich damit nicht allein als gedankenloser Abschreiber, sondern für den Fachmann auch in wahrhaft frappanter Weise als Ignorant.

Ganz dasselbe gilt von folgender Stelle:

In meiner Tafel V heisst es:

Versetzen mit bleifreiem Zink (Antimon, Zinn); Kochen mit concentrirter Salzsäure { Antimon / Zinnchlorür.

Herr Siegel hat beim Abschreiben die Worte: »Antimon, Zinn, Kochen mit concentrirter Salzsäure« zufällig vergessen, so dass es bei ihm (Schema X.) heisst:

»Versetzen mit bleifreiem Zink { Antimonmetall / Zinnchlorür «, eine völlig sinnlose Entstellung. Als ob das Zink blos das Antimon, nicht aber das Zinn fällte!

Ich glaube, dass Obiges zur Beurtheilung der Siegel'schen Handlungsweise und seines Plagiats genügen wird.

Einige Versuche über das Sättigen der Luft mit Wasserdampf und über das Trocknen derselben.

Von

Dr. H. C. Dibbits.

A. Ueber das Sättigen der Luft mit Wasserdampf.

Ein Gas, das in einem abgeschlossenen Raum längere Zeit mit Wasser in Berührung gewesen ist, ist, wie bekannt, mit Wasserdampf gesättigt. Wie lange aber, bei gegebenem Verhältniss zwischen dem Volum des Gases und der Oberfläche des Wassers, die Zeit der Berührung sein muss, damit vollständige Sättigung des Gases eintrete, ist, so viel ich weiss, noch niemals untersucht. Regnault nimmt in seinen hygrometrischen Studien*) und anderswo an, — wie man auch allgemein zu thun pflegt, — dass, wenn ein trockenes Gas in einem Aspirator oder einem Gasbehälter, der mit Wasser gefüllt ist, aufgefangen wird, das Gas sehr bald mit Wasserdampf gesättigt ist; indem er aber, in seiner genannten Abhandlung, einen Apparat zur Bestimmung der latenten Verdampfungswärme des Wassers beschreibt **), worin trockene Luft bei der gewöhnlichen Temperatur in Blasen durch Wasser streicht, sagt er, dass durch directe Versuche noch zu entscheiden sei, ob die Luft sich dabei vollständig mit Wasserdampf sättige oder nicht. Die Geschwindigkeit, mit welcher ein Gas sich mit Wasserdampf sättigt, ist also noch völlig unbekannt.

Ich habe in dieser Hinsicht einige Versuche angestellt, die ich im Folgenden mitzutheilen wünsche. Die Anregung zu diesen Versuchen war eine Frage, welche mir die von unserer Regierung in Bezug auf das Eichen der Gasuhren ernannte Commission zur experimentellen Prü-

*) Compt. rend. **20**, 1127 und 1220. — Ann. Chim. Phys. [3], **15**, 129. — Pogg. Ann. **65**, 135 und 321.

) Ann. Chim. Phys. [3], **15, 231.

fung vorlegte, ob das Leuchtgas nach dem Durchgange durch eine sogenannte nasse Gasuhr mit Wasserdampf gesättigt sei. Die Frage habe ich auf folgende Weise zu entscheiden versucht.

§. 1. Ueber die relative Feuchtigkeit des Leuchtgases.

Die Versuche zur Bestimmung der relativen Feuchtigkeit des Leuchtgases wurden angestellt in einem gegen Norden liegenden, nicht geheizten Zimmer. Die Einrichtung war folgende:

Das Leuchtgas aus der Gasleitung, das schon durch die gewöhnliche, nasse Gasuhr des Laboratoriums gegangen war, wurde geleitet:

a. durch eine Woulf'sche Flasche mit einem Thermometer, zur Bestimmung der Temperatur des einströmenden Gases;
b. durch eine U-förmige Chlorcalciumröhre, zum Trocknen des Gases;
c. durch eine horizontal aufgestellte, nasse Gasuhr, deren genaue Controlirung ich meinem Freunde Dr. Th. van Doesburgh, Director der neuen Gasfabrik zu Rotterdam, verdanke;
d. durch eine Woulf'sche Flasche mit einem Thermometer;
e. durch zwei gewogene Chlorcalciumröhren;
f. durch eine nicht gewogene Chlorcalciumröhre, zum Abschluss;
g. durch ein Glasrohr, an dessen Ende das Gas verbrannte.

Ein drittes Thermometer gab die Temperatur des Zimmers an. Die Angaben der drei Thermometer waren immer dieselben. Die Fehler des Nullpunktes waren kurz vorher mit schmelzendem Eise bestimmt, und die deshalb nöthige Correction ist bei allen folgenden Temperaturangaben angebracht.

Bei zwei Versuchen (I. und II.) wurde die Woulf'sche Flasche d hinter der Gasuhr entfernt, hingegen zwischen c und e ein Pfropf Watte eingefügt, um möglicherweise überspritzende Wassertröpfchen zurückzuhalten. Das Leuchtgas trat dann aus der Gasuhr durch die Watte und unmittelbar darauf in die gewogenen Chlorcalciumröhren.

Der grosse Widerstand in den Chlorcalciumröhren war Ursache, dass die Geschwindigkeit des Gasstromes, sogar bei dem grösseren Druck während des Abends und der Nacht, nur eine mässige sein konnte. Sie wechselte ab zwischen etwa 10 und 30 Liter pro Stunde.

Weil zu erwarten war, dass das Leuchtgas, das chlorcalciumtrocken in die Gasuhr eintrat, sich bei der Temperatur des in dieser enthaltenen Wassers mit Wasserdampf sättigen würde, war es wünschenswerth, dass die Temperatur dieses Wassers möglichst nahe dieselbe war wie die des

Zimmers. Es wurde deshalb nur dann ein Versuch angefangen, wenn die Zimmertemperatur in den letzten 24 Stunden um weniger als 1° geschwankt hatte. Auch während der Versuche schwankte die Temperatur meistens um weniger als 1°. Die Tage und Nächte mit bewölktem Himmel im Monate Januar dieses Jahres, zu welcher Zeit diese Versuche angestellt wurden, waren in dieser Hinsicht besonders günstig.

Das aus der Gasuhr austretende Gas wurde nur durch Chlorcalcium getrocknet, obgleich es nach den Untersuchungen von M. Pettenkofer und insbesondere von R. Fresenius*) bekannt ist, dass der in einem Gase enthaltene Wasserdampf von Chlorcalcium nur sehr unvollständig absorbirt wird. Es war hier aber nicht möglich, Schwefelsäure zum Trocknen anzuwenden, weil diese, ausser Wasserdampf, auch Kohlenwasserstoffe aus dem Leuchtgase absorbirt haben würde. Ich habe deshalb eine besondere Versuchsreihe angestellt zur Bestimmung der Quantität Wasserdampf, welche das von mir benutzte Chlorcalcium nicht absorbirt, und zwar bei verschiedenen Temperaturen. Diese Versuchsreihe wird unten (§. 4, Seite 145) ausführlicher mitgetheilt; hier will ich nur erwähnen, dass aus dieser die in nächstfolgender Tabelle angegebenen Correctionen für das unvollständige Trocknen durch das von mir benutzte Chlorcalcium abgeleitet sind**).

In Bezug auf die gewogenen Chlorcalciumröhren muss ich noch hinzufügen, dass am Ende jeden Versuches, ehe sie zum zweiten Mal gewogen wurden, das darin noch enthaltene Leuchtgas durch kohlensäurefreie und chlorcalciumtrockene Luft verdrängt wurde. Ob das Chlorcalcium in diesen Röhren, ausser Wasserdampf, noch andere Bestandtheile aus dem Leuchtgase in wägbarer Quantität aufnahm, habe ich nicht besonders untersucht. Ich glaube aber, dass dieser mögliche Fehler die Resultate nicht merkbar beeinflusst haben kann, weil 1. das Leuchtgas schon vor der Gasuhr eine Chlorcalciumröhre passirte, und 2. das benutzte Chlorcalcium nach Ablauf der Versuche immer rein weiss geblieben war und, auch beim Erwärmen, keinen bemerkbaren Gasgeruch von sich gab. — Das Chlorcalcium aus der Röhre b vor der Gasuhr, das von Zeit zu Zeit erneuert wurde, gab mit Wasser eine von Calciumcarbonat trübe, alkalisch reagirende Lösung, welche sehr merkbar Ammoniak enthielt; das Chlorcalcium aber aus den Absorptionsröhren e gab, nach Ablauf der Versuche, wie das ursprüngliche Salz, eine klare, neutrale Lö-

*) Diese Zeitschrift 4, 177.

**) Siehe die Tabelle auf Seite 149.

sung, welche mit dem Nessler'schen Reagens nur eine ganz schwache Reaction auf Ammoniak zeigte, welche zu gering war, um die Quantität zu bestimmen. Das in dem Leuchtgase enthaltene Ammoniak wurde also in der Röhre b so gut wie vollständig absorbirt.

Die Quantitäten Wasserdampf, welche das Leuchtgas oder die Luft bei vollständiger Sättigung bei verschiedenen Temperaturen enthalten kann, habe ich berechnet, sowohl aus den von Magnus als aus den von Regnault gefundenen Spannungen des Wasserdampfes. Auf die Art der Berechnung komme ich im §. 3 zurück *). Hier will ich nur erwähnen, dass aus directen Versuchen von Regnault hervorgeht, dass das in vollkommen gesättigter Luft direct gefundene Gewicht des Wasserdampfes durchschnittlich 1 % kleiner ist als das aus den von ihm gefundenen Dampfspannungen berechnete. Wenn also die nach Regnault berechnete relative Feuchtigkeit = 0,99 gefunden wird, ist das Gas als vollkommen gesättigt zu betrachten.

Die Data der Versuche enthält die Tabelle auf folgender Seite.

Zieht man in Betracht, dass ein sehr leicht möglicher Fehler in den Temperaturbestimmungen von 0°,1 die Zahl der relativen Feuchtigkeit schon um 0,006 oder 0,007 ändert, so ergibt sich, dass die dritte Decimale ganz unsicher ist. Das Resultat ist also, dass für die relative Feuchtigkeit des Leuchtgases in den 4 Versuchen gefunden wurde:

berechnet nach Magnus: 1,00
« « Regnault: 0,99

mit sowohl positiven als negativen Abweichungen; und berücksichtigt man ferner das oben über die Versuche von Regnault Gesagte, so geht daraus hervor, dass das Leuchtgas, obgleich es chlorcalciumtrocken in die Gasuhr eintrat, beim Austreten aus derselben vollkommen mit Wasserdampf gesättigt war.

§. 2. Ueber die relative Feuchtigkeit von Luft, welche nur kurze Zeit mit Wasser in Berührung gewesen ist.

Zur Bestimmung der relativen Feuchtigkeit von kohlensäurefreier Luft, welche, nachdem sie durch concentrirte Schwefelsäure getrocknet ist, einfach in grösseren oder kleineren Blasen durch Wasser streicht, und zugleich zur Bestimmung der Quantität Wasserdampf, welche durch gewöhnliches Chlorcalcium nicht absorbirt wird, machte ich folgende Einrichtung (Seite 126).

*) Siehe die Tabelle auf Seite 144.

Versuche über die relative Feuchtigkeit des Leuchtgases (Seite 124).

		I.	II.	III.	IV.
Temperatur während der letzten 24 Stunden vor Anfang des Versuches		4°,5—3°,7	6°,2—5°,8	7°,0—6°,3	8°,1—8°,9
Temperatur	beim Anfang des Versuches . . .	3°,7 . . .	5°,8 . . .	6°,3 . . .	8°,9
	" Ende " " . . .	4°,5 . . .	5°,0 . . .	6°,9 . . .	6°,3
	Mittel	4°,1 . . .	5°,4 . . .	6°,6 . . .	7°,6
Quantität des durchgeströmten Gases, in Litern		128,4 . . .	122,8 . . .	46,7 . . .	311,5
Gewichtszunahme	der 1. $CaCl_2$-Röhre . . .	0,7495 Grm.	0,781 Grm.	0,3045 Grm.	2,261 Grm.
	" 2. " . . .	0,004 "	0,008 "	0,0205 "	0,049 "
Correction für das unvollständige Trocknen durch das Chlorcalcium bei der mittleren Temperatur des Versuches		0,057 "	0,060 "	0,025 "	0,178 "
Totales Gewicht des Wasserdampfes		0,8105 Grm.	0,849 Grm.	0,350 Grm.	2,488 Grm.
Bei vollkommener Sättigung sollte gefunden sein . .	nach Magnus:	0,813 "	0,848 "	0,349 "	2,485 "
	" Regnault:	0,822 "	0,856 "	0,352 "	2,502 "
Relative Feuchtigkeit	nach Magnus: . .	0,997	1,001	1,003	1,001
	nach Regnault: .	0,986	0,992	0,994	0,994

Gewöhnliche atmosphärische Luft wurde geleitet:

a. durch eine Röhre mit Natronkalk;

b. durch eine Woulf'sche Flasche mit concentrirter Schwefelsäure;

c. durch eine Woulf'sche Flasche mit destillirtem Wasser;

d. durch drei gewogene Chlorcalciumröhren;

e. durch zwei gewogene Schwefelsäureröhren;

f. durch eine Woulf'sche Flasche mit concentrirter Schwefelsäure zum Abschluss der feuchten Luft.

Die Woulf'sche Flasche c hatte drei Tubulaturen; durch die zwei äusseren gingen die Zuleitungs- und die Ableitungsröhre der Luft, während die mittlere Tubulatur einen doppelt durchbohrten Pfropfen trug. Durch die eine Oeffnung dieses Pfropfens ging ein Thermometer A, dessen Kugel in die oberste Schicht des Wassers tauchte, während die zweite Oeffnung eine lange, enge Glasröhre trug, welche mit einer weiteren, etwa 1 Meter langen, vertical gestellten und unten in ein Becken mit Wasser getauchten Glasröhre verbunden war. Letztere Röhre diente als Manometer, zur Anweisung des negativen Druckes in der Woulf'schen Flasche c während des Versuches.

Durch diesen Apparat wurde nämlich die Luft gesaugt mittelst eines mit Wasser gefüllten Aspirators von etwa 10 Liter Inhalt, welcher ebenfalls mit einem Manometer versehen war. Ich sorgte dafür, dass das Wasser im Aspirator immer sehr nahe dieselbe Temperatur hatte wie das Zimmer, und diese Temperatur wurde bei jedem Versuche möglichst constant erhalten; die Temperaturschwankungen bei jedem Versuche betrugen meistens nur wenige Zehntel eines Grades.

Der ganze Apparat war aufgestellt in einem grossen Zimmer, das, wenn nöthig, mittelst eines Ofens erwärmt werden konnte. Die in der erstfolgenden Tabelle (Seite 132) erwähnten Versuche Nr. 1—5 wurden ohne Heizung, also bei der herrschenden Lufttemperatur, angestellt; bei den Versuchen Nr. 6—10 wurde das Zimmer geheizt. Um die Temperatur des Apparates möglichst constant zu erhalten, waren die Theile c — e durch Holzschirme vor strahlender Wärme geschützt. Wenn das Zimmer geheizt wurde, wurden diese Theile des Apparates, sowie auch der ganze Aspirator, überdies mit einer dreidoppelten Decke von dicken, weissen Tüchern umgeben, welche gleichsam einen die Hauptheile des Apparates umgebenden Kasten von schlechten Wärmeleitern bildeten. Das Thermometer A in der Woulf'schen Flasche c, so wie ein zweites Thermometer B, dessen Kugel sich zwischen den beiden Schenkeln und auf der halben

Höhe der dritten, U-förmigen Chlorcalciumröhre d befand, ragten aus dieser Decke hervor. Ein drittes Thermometer C gab die Temperatur des aus dem Aspirator fliessenden Wassers an, während ein viertes, welches an einer der Seiten des Zimmers aufgehängt war, nur beim Heizen benutzt und dann fortwährend abgelesen wurde. Ehe ein Versuch anfing, hatten die vorher gewogenen Absorptionsröhren d und e meistens schon eine Stunde in dem auf die gewünschte Temperatur erhitzten Zimmer verweilt. Ein Gehilfe war fortwährend mit dem Heizen des Ofens beschäftigt, und nach einiger Uebung gelang es sehr gut, während 3—5 Stunden die Temperatur des Apparates bis auf Schwankungen von weniger als 1^0 constant zu erhalten. Nur bei einem Versuche (Nr. 8, Seite 132) variirte sie im Innern des Apparates um etwas mehr als 1^0, nämlich um 1^0,4.

Die drei erstgenannten Thermometer A, B und C wurden regelmässig alle 5 Minuten abgelesen, und aus diesen zahlreichen Ablesungen wurden die mittleren Temperaturen mit grosser Genauigkeit abgeleitet. Die aus den an C gemachten Ablesungen abgeleitete Mitteltemperatur stimmte immer bis auf 0^0,1 mit der von B überein; sie ist im Folgenden als die Temperatur im Aspirator oder als die Temperatur des Zimmers bezeichnet. Das Thermometer A gab, während des Durchströmens der Luft, in Folge der Verdampfung des Wassers, immer eine etwas niedrigere Temperatur an.

Das mit der Woulf'schen Flasche c verbundene Manometer war, während des Durchsaugens der Luft, in fortwährender Schwankung. Die Schwankungen betrugen aber nur ein Paar Centimeter Wasserdruck. Der höchste und der niedrigste Stand des Wassers wurden ebenfalls regelmässig alle 5 Minuten abgelesen und so konnte der mittlere negative Druck in c mit genügender Genauigkeit gefunden werden.

Das Manometer am Aspirator wurde abgelesen, wenn dieser so weit entleert war, dass er von neuem gefüllt werden musste, nach vorherigem Schliessen des Hahnes am Abflussrohre. Der Barometerstand wurde beim Anfang und beim Ende jeden Versuches aufgezeichnet und aus beiden Ablesungen das Mittel genommen. Also waren alle zur Bestimmung des mittleren Druckes erforderten Data bekannt, und zwar sowohl für die durchgesaugte Luft im Aspirator, als für die Luft in der Woulf'schen Flasche c während des Durchströmens.

Das aus dem Aspirator fliessende Wasser wurde in einem Literglase gemessen, welches jedesmal bis zur oberen Marke gefüllt und sodann entleert wurde, wobei ich das Glas jedesmal während 20 Secunden austropfen liess. Den Inhalt dieses Literglases hatte ich durch Wägung bestimmt, indem ich es mit destillirtem Wasser von bekannter Temperatur bis zur Marke füllte und auf dieselbe Weise entleerte; das Mittel aus 20 derartigen Bestimmungen wurde als der wahre Inhalt des Messglases angenommen.

Das Volum der durchgeströmten Luft, im feuchten Zustande, bei gegebenem Druck und bei gegebener Temperatur im Aspirator gemessen, war also bekannt. Daraus konnte also auch das Volum berechnet werden, welches diese Luft in der Woulf'schen Flasche c bei den dort herrschenden Verhältnissen von Druck und Temperatur besass.

Zur Prüfung ob die Luft in der Woulf'schen Flasche mit Schwefelsäure b vollkommen getrocknet wurde, auch wenn die Luft sehr schnell durchströmte, liess ich, sowohl beim Anfang als beim Ende dieser Versuche, 25 Liter Luft durch die Flasche b und unmittelbar darauf durch eine gewogene Schwefelsäureröhre streichen, und zwar mit einer Geschwindigkeit, welche grösser war als die sonst angewandte. Die gewogene Schwefelsäureröhre änderte dabei ihr Gewicht nicht um 0,0001 Gramm, und daraus ergab sich, dass die Luft vollkommen trocken in die Woulf'sche Flasche mit Wasser c gelangte. Ueberdies wurden die Zuleitungs- und die Ableitungsröhre letztgenannter Flasche vor Anfang jeden Versuches sorgfältig getrocknet, und in der Ableitungsröhre war noch ein Pfropfen von trockener Watte angebracht um möglicherweise überspritzende Wassertröpfchen zurückzuhalten. Das in den Absorptionsröhren aufgefangene Wasser konnte also nur in Folge von Verdampfung in der Woulf'schen Flasche c von der durchströmenden Luft aufgenommen sein.

In Bezug auf die Einrichtung der Absorptionsröhren, welche zu diesen und zu allen später mitzutheilenden Versuchen angewandt wurden, sei hier noch Folgendes erwähnt: Diese Röhren waren alle U-förmig, von 12—13 Centimeter Schenkellänge und 12—13 Millimeter innerem Durchmesser; sie waren an der einen Seite ausgezogen und an der andern mit einem durchbohrten Korkpfropfen, der auswendig mit Siegellack bedeckt war, verschlossen. Beim Gebrauch wurden sie immer derart gestellt, dass die Luft an dem Korkende eintrat. Ich glaube, dass diese Stellung beim Trocknen von Gasen immer zu empfehlen ist, weil der Kork als hygroskopische Substanz, insbesondere bei Temperaturabwechslungen, leicht Wasser aufnehmen oder abgeben kann, was eine Gewichtsänderung der Röhren verursachen würde, wenn der Kork sich am Ausgangsende befindet. Deshalb wurde immer die oben erwähnte

Stellung beibehalten. — Das benutzte Chlorcalcium war schneeweiss, beinahe neutral und enthielt 26,22 % Wasser (siehe §. 4, Seite 151); es war feinkörnig, und jede Röhre enthielt davon 24—28 Grm. in einer Schicht von 22—23 Centimeter Länge. — Die Schwefelsäureröhren enthielten kleine Glaskorallen, welche mit concentrirter Schwefelsäure (mit einem Gehalte von 91,5 % H_2SO_4, siehe §. 5, Seite 155) getränkt waren; jede Röhre enthielt 8—9 Grm. Säure; in der Krümmung sperrte die sich dort sammelnde Säure das Lumen der Röhre ab. — Wenn die Absorptionsröhren ausser Gebrauch waren, wurden sie mit Kautschukkappen verschlossen; sie wurden aber offen gewogen und zwar unmittelbar vor und nach dem Versuche, wenn nöthig mit der zum Annehmen der Temperatur der Wage erforderten Zwischenzeit*).

Die Chlorcalcium- und die Schwefelsäureröhren wurden jede für sich gewogen. Die letzte Schwefelsäureröhre änderte ihr Gewicht niemals, und eben so wenig die letzte Chlorcalciumröhre. Die erste Schwefelsäureröhre hingegen wurde immer viel schwerer, und diese Gewichtszunahme diente zur Bestimmung der Quantität Wasserdampf, welche durch das Chlorcalcium nicht absorbirt wird (siehe §. 4, Seite 145). Die sämmtliche Gewichtszunahme der fünf Absorptionsröhren gab die totale Quantität Wasserdampf an, welche die durchgeströmte Luft enthielt.

Die zwei ersten Chlorcalciumröhren und die erste Schwefelsäureröhre wurden von Zeit zu Zeit erneuert; die letzte Chlorcalcium- und die letzte Schwefelsäureröhre aber waren bei allen diesen Versuchen dieselben.

Dass die concentrirte Schwefelsäure bis auf unmerkbare Spuren den Wasserdampf vollständig absorbirt, wird sich aus §. 5 ergeben.

Mit dem beschriebenen Apparate habe ich mehrere Versuche angestellt. Anfangs nahm ich die Zuleitungsröhre der trockenen Luft sehr eng (von etwa 1 Millim. innerem Durchmesser) und liess sie 2 Centim. in das Wasser der Woulf'schen Flasche c tauchen. Die trockene Luft war also genöthigt, mit einer Geschwindigkeit von 10—15 Liter pro Stunde, in sehr kleinen Blasen durch das Wasser zu streichen. Das Resultat dieser vorläufigen Versuche war, dass die Luft mit Wasserdampf gesättigt gefunden wurde. Ich wählte darauf eine Zuleitungsröhre von 6 Millim. innerem Durchmesser, welche rechtwinklig abgeschnitten war und nur 1 Centim. in das Wasser tauchte. Die Luft wurde mit einer Ge-

*) Ueber das Wägen und Aufbewahren dieser Röhren, vergl. Seite 157—162.

schwindigkeit von 24—30 Liter pro Stunde*) durchgesaugt; sie strich jetzt so schnell durch das Wasser, dass es unmöglich war die übrigens ziemlich grossen Luftblasen zu zählen und diese einen ununterbrochenen Strahl zu bilden schienen. Auf diese Weise stellte ich 10 Versuche an, deren Ergebnisse in der Tabelle (Seite 132) mitgetheilt werden.

Vorher aber wollen wir die Formel entwickeln, welche zur Berechnung der Resultate erforderlich ist.

Es sei:

v = dem Volum des aus dem Aspirator geflossenen Wassers, in Litern;

t = der mittleren Temperatur im Aspirator;

H = dem auf 0^0 reducirten mittleren Barometerstande, in Millim. Quecksilber;

h = dem mittleren negativen Druck im Aspirator nach dem Schliessen des Hahnes, ebenfalls ausgedrückt in Millim. Quecksilber;

p = der Maximumspannung des Wasserdampfes bei der Temperatur t^0;

v' = dem Volum, welches die durchgeströmte Luft in der Woulf'schen Flasche c unter den dort herrschenden Umständen während des Durchströmens successive eingenommen hat, in Litern;

t' = der mittleren Temperatur ebendaselbst;

h' = dem mittleren negativen Druck ebendaselbst während des Durchströmens der Luft, ausgedrückt in Millim. Quecksilber;

p' = der Maximumspannung des Wasserdampfes bei der Temperatur t'^0;

α = dem Ausdehnungscoefficienten der Luft für 1^0 C.

Das Volum der durchgeströmten Luft, im trockenen Zustande, bei 0^0 und 760 Millim. Quecksilberdruck, wird dann:

$$v \times \frac{H - h - p}{760} \times \frac{1}{1 + \alpha t},$$

und dieses Volum wird in der Woulf'schen Flasche mit Wasser:

$$v' = \left\{ v \times \frac{H - h - p}{760} \times \frac{1}{1 + \alpha t} \right\} \times \frac{760}{H - h' - p'} \times (1 + \alpha t')$$

oder:

$$v' = v \times \frac{H - h - p}{H - h' - p'} \times \frac{1 + \alpha t'}{1 + \alpha t} \quad \ldots\ldots\ldots \quad (1).$$

*) Die Durchströmungsgeschwindigkeit wurde von Zeit zu Zeit bestimmt, indem ich mit einer Sekunden-Uhr die Zeit beobachtete, in welcher 1 Liter Wasser aus dem Aspirator floss. Die Geschwindigkeit des Ausfliessens wurde mittelst eines Hahnes regulirt.

Aus dieser Formel kann also das Volum, welches die Gesammtmenge der durchgeströmten Luft im feuchten Zustande in der Woulf'schen Flasche mit Wasser eingenommen hat, berechnet werden, und da auch die Temperatur in dieser Flasche bekannt ist, lässt sich auch das Gewicht des Wasserdampfes, welchen dieses Luftvolum im gesättigten Zustande enthalten kann, durch Rechnung finden*). Das Verhältniss zwischen dem gefundenen und dem berechneten Gewichte des Wasserdampfes gibt die relative Feuchtigkeit an.

Es würde zu weitläufig sein, wenn ich alle Rechnungselemente aller angestellten Versuche mittheilte. Ein Beispiel möge deshalb genügen.

Beim Versuch No. 5 war:

v = 63,34 Liter.		
t = 14°,3 C.		t' = 14°,0 C.
H = 759,4 Millim.		
h = 10,2 «		h' = 9,6 Millim.
p = 12,1 «		p' = 11,9 «

Daraus berechnet nach Formel (1):

v' = 63,205 Liter.

Gewichtszunahme

der 1. Chlorcalciumröhre	. . .	0,6884 Gramm.
« 2. «	. . .	0,0082 «
« 3. «	. . .	0,0000 «
« 1. Schwefelsäureröhre	. . .	0,0602 «
« 2. «	. . .	0,0000 «
Total	. . .	0,7568 Gramm.

Das Gewicht des Wasserdampfes, welches das Volum von 63,205 Liter Luft im gesättigten Zustande bei 14°,0 enthalten kann, beträgt:

berechnet nach der Spannungstabelle von Magnus: . 0,7559 Gramm.
« « « « « Regnault: 0,7576 «

und also ist die relative Feuchtigkeit,

berechnet nach Magnus: . 1,001
« « Regnault: 0,999.

Die Ergebnisse sämmtlicher Versuche enthält folgende Tabelle, worin t, t' und v' die oben (Seite 130) angegebene Bedeutung haben, und weiter:

g = dem Gewichte des aufgefangenen Wassers, in Grammen;
r = der relativen Feuchtigkeit, nach Magnus berechnet;

*) Ueber die Art dieser Berechnung, siehe §. 3, Seite 135.

r' = der relativen Feuchtigkeit, nach Regnault berechnet, beide für die mittlere Temperatur t'.

Nr.	t	t'	v'	g	r	r'
1	— 1°,2	0°,0	60,52	0,2672	1,003	0,990 *)
2	+ 2°,8	+ 2°,6	61,03	0,3457	0,990	0,977
3	7°,6	7°,4	61,39	0,4855	1,004	0,997
4	10°,4	10°,1	81,82	0,7665	1,000	0,995
5	14°,3	14°,0	63,20	0,7568	1,001	0,999
6	17°,8	17°,6	82,35	1,2302	1,004	1,003
7	21°,7	21°,5	61,45	1,1529	1,002	1,003
8	25°,1	24°,5	62,28	1,3925	1,006	1,007
9	28°,0	26°,8	53,06	1,3384	0,998	0,999
10	30°,5	29°,7	52,28	1,5518	1,001	1,003.

Berücksichtigt man das oben (Seite 124) über die dritte Decimale der relativen Feuchtigkeit Gesagte, so sieht man, dass, obgleich die Durchströmungsgeschwindigkeit bis zu 30 Liter pro Stunde gesteigert wurde, die Luft vollkommen mit Wasserdampf gesättigt war.

Dass die gefundenen Werthe von r und r' bei den höheren Temperaturen bisweilen etwas grösser sind als 1 oder 0,99, hat seinen Grund vielleicht darin, dass etwas von dem aus dem Aspirator fliessenden Wasser verdampfte ehe es gemessen war. Ich erinnere daran, dass dieses Wasser die Temperatur des Zimmers hatte. Das gemessene Luftvolum muss dadurch etwas zu klein, und die relative Feuchtigkeit etwas zu gross gefunden werden. Der Einfluss dieses Fehlers liess sich schwer bestimmen; jedenfalls kann er nur sehr klein gewesen sein. — Eine andere mögliche Fehlerquelle ist darin zu suchen, dass die obere Wand der Woulf'schen Flasche von den aufspritzenden Wassertröpfchen

*) Bei diesem Versuche, dem einzigen, wobei t niedriger war als t', ist die relative Feuchtigkeit berechnet für die Temperatur t. Während es im Zimmer fror, war das Wasser in der Woulf'schen Flasche beim Anfang des Versuches schon theilweise in Eis verwandelt, dessen Quantität fortwährend zunahm. Schon nachdem 1 Liter Luft durchgeströmt, war die Ableitungsröhre der feuchten Luft an der Innenseite mit kleinen Eiskrystallen bedeckt, während die umgebende Luft zu dieser Zeit die Temperatur hatte von —1°. 1 Liter Luft, welche in der Zeit von 2 Minuten durch Wasser von 0° geströmt war, setzte also, bei einer Abkühlung von höchstens 1°, sichtbare Eiskrystalle ab. Daraus geht hervor, dass diese Luft auch bei 0° entweder vollkommen oder doch fast vollkommen mit Wasserdampf gesättigt war.

an der Innenseite benetzt wurde, und dass diese Wand, in Folge einer geringen Erwärmung durch die äussere Luft, eine etwas höhere Temperatur hatte als das Wasser, worin die Kugel des Thermometers getaucht war. Wenn aber dies die Ursache war, dass die relative Feuchtigkeit bisweilen etwas grösser als 1 gefunden wurde, so liegt darin ein neuer Beweis, dass die Luft bei der Temperatur des Wassers mit Wasserdampf gesättigt war.

Wie man aus der Tabelle sieht, war die Temperatur des verdampfenden Wassers immer etwas niedriger als die des Zimmers. Es war dies auch der Fall, wenn beide Temperaturen vor dem Anfang des Versuchs absolut dieselben waren; sobald der Luftstrom anfing, sank die Temperatur des Wassers um einige Zehntel eines Grades in Folge der latenten Verdampfungswärme. Die relative Feuchtigkeit musste natürlich berechnet werden für die Temperatur des Wassers, das den Wasserdampf abgibt; die durchströmende Luft wird aber wohl genau dieselbe Temperatur gehabt haben.

Die zu diesen Versuchen benutzte Woulf'sche Flasche mit Wasser hatte einen inneren Durchmesser von 6,6 Centim., die Oberfläche des Wassers war also 34,2 Quadratcentimeter. Der mit Luft gefüllte Raum in der Flasche hatte einen Inhalt von etwa 80 CC.

Darauf änderte ich die Versuche in der Weise ab, dass die 6 Millim. weite Zuleitungsröhre der trockenen Luft nicht unterhalb, sondern 1 Centim. oberhalb der Oberfläche des Wassers endete. Die Luft wurde also nur über das Wasser hinweg geblasen, oder besser gesaugt, und zwar mit derselben Geschwindigkeit wie bei den vorigen Versuchen (24—30 Liter pro Stunde). Die Flasche mit Wasser war dieselbe wie die soeben beschriebene, in welcher die Oberfläche des Wassers 34,2 Quadratcentimeter betrug. Der Abstand der Mittelpunkte der Zuleitungs- und der Ableitungsröhre war 5,8 Centim. Ich erhielt folgende Resultate:

Nr.	t	t'	v'	g	r	r'
11	+ 3°,2	+ 2°,9	43,16	0,2471	0,980	0,968
12	17°,7	17°,3	25,64	0,3747	0,997	0,996
13	18°,8	18°,5	35,21	0,5482	0,992	0,992.

Wiederum war also die Luft, bei den Temperaturen von etwa 17° und 18° vollkommen, bei der Temperatur von etwa 3° beinahe vollkommen mit Wasserdampf gesättigt.

Endlich verkleinerte ich die Oberfläche des Wassers, worüber die Luft hinweg gesaugt wurde, indem ich anstatt der genannten Woulf'schen Flasche jedesmal eine kleinere oder ein Kölbchen mit Wasser anwandte. Also erst bei geringerer Oberfläche des Wassers fand ich, dass die relative Feuchtigkeit merkbar von der Einheit abwich, wie folgende Versuche zeigen. Die Durchströmungsgeschwindigkeit der vorher getrockneten Luft war immer wieder 24—30 Liter pro Stunde, und die Dimensionen der Flasche mit Wasser waren:

Nummer des Versuches.	Grösse der Oberfläche des Wassers in Quadrat-centim.	Abstand der Mittelpunkte der Zuleitungs- und der Ableitungs-röhre in Centim.	Höhe des unteren Endes der Zu- und Ableitungsröhren oberhalb des Wassers, in Centim.	Inhalt des mit Luft gefüllten Raumes in der Flasche, in CC.
14	16,8	3,3	1	25
15	8,0	2,7	1	8
16	4,0	0,8	0,5	4

Nr.	t	t'	v'	g	r	r'
14	18⁰,8	18⁰,0	30,22	0,4283	0,930	0,930
15	18⁰,4	18⁰,1	41,85	0,5436	0,847	0,847
16	20⁰,4	19⁰,8	30,59	0,3901	0,752	0,752.

Die Luft war also jetzt bei weitem nicht mehr gesättigt, die relative Feuchtigkeit aber doch immer noch sehr gross.

Als ich aber in demselben Kölbchen, das zu Versuch Nr. 16 gedient hatte, in welchem die Oberfläche des Wassers nur 4 Quadratcentim. betrug, die Zuleitungsröhre der trockenen Luft wieder 1 Centim. unter die Oberfläche des Wassers tauchte, sodass die Luft, und zwar mit derselben Geschwindigkeit wie früher, in Blasen durch das Wasser strich, (wobei ein Pfropfen von Watte in der Ableitungsröhre die überspritzenden Wassertröpfchen zurückhielt), ergab sich, dass die durchgeströmte Luft wieder mit Wasserdampf gesättigt war, indem ich fand:

Nr.	t	t'	v'	g	r	r'
17	17⁰,6	17⁰,1	25,05	0,3602	0,996	0.995
18	20⁰,0	19⁰,3	30,10	0,4936	0,996	0,996.

Aus den in diesem §. mitgetheilten Versuchen geht hervor:

1) dass Luft, welche durch concentrirte Schwefelsäure getrocknet ist, beim Streichen durch Wasser mit einer Geschwindigkeit, welche wenigstens bis zu 30 Liter pro Stunde gesteigert werden kann, sich bei der Temperatur dieses Wassers vollkommen mit Wasserdampf sättigt;

2) dass die vorher getrocknete Luft sich ebenfalls mit Wasserdampf sättigt, wenn sie einfach über das Wasser hinstreicht, falls nur die Oberfläche des Wassers im Verhältniss zur Geschwindigkeit des Luftstromes nicht all zu klein ist.

§. 3. Berechnung des Gewichtes des Wasserdampfs, welchen 1 Liter gesättigter Luft bei verschiedenen Temperaturen enthält.

Das Gewicht des Wasserdampfes, welchen ein gewisses Volum gesättigter Luft bei einer bestimmten Temperatur enthält, wird gewöhnlich berechnet nach der Formel:

$$g = v \times d \times a \times \frac{p}{760} \times \frac{1}{1+\alpha t}, \quad . \quad . \quad . \quad . \quad (2)$$

worin:

g = dem Gewichte des Wasserdampfes, in Grammen;

v = dem Volum der gesättigten Luft, in Litern;

d = 0,622 = der theoretischen Dichte des Wasserdampfes in Bezug auf Luft;

a = 1,2932 Gramm = dem Gewichte eines Liters Luft bei 0^0 und 760 Millim. Druck;

$\alpha = \frac{1}{273}$ = dem Ausdehnungscoefficienten des Wasserdampfes und der Luft;

t = der Temperatur in Celsiusgraden;

p = der Maximumspannung des Wasserdampfes bei der Temperatur t.

Diese Formel beruht auf zwei Voraussetzungen: 1) dass die Maximumspannung des Wasserdampfes in Luft dieselbe sei wie im luftleeren Raum; 2) dass seine Dichte in gesättigter Luft gleich der theoretischen Dichte sei.

Nun ist aber von mehreren Physikern durch Versuche nachgewiesen, dass weder die erste noch die zweite Voraussetzung völlig zutrifft. Regnault*) bestimmte die Spannung des Wasserdampfes zwischen 0^0 und 40^0 in Luft und in Stickgas, und fand sie immer kleiner als im Vacuum. Der Unterschied war zwar nicht gross, betrug aber bei 34 Bestimmungen in Luft 1—5 % und bei 57 Bestimmungen in Stickgas

---

*) Compt. rend. 20, 1128. — Ann. Chim. Phys. [3], 15, 130. — Pogg. Ann. 65, 136.

ebensoviel, bisweilen 6—8 % der totalen Spannung. Auch die Spannungsmaxima der Dämpfe von Aether, Benzin und Schwefelkohlenstoff fand Regnault *) in Luft (für Aether auch in Wasserstoff und Kohlensäuregas) kleiner als im Vacuum. Er erklärt **) diese Abnahme der Spannung durch Condensation des Dampfes in Folge der Adhäsion an den Wänden des Gefässes, eine Condensation, welche zwar im luftleeren Raume ebenso stattfindet; während aber im Vacuum der fortgenommene Dampf sofort durch die ungehinderte Verdunstung der Flüssigkeit wieder ersetzt wird, gehe diese Ersetzung in Luft oder einem andern Gase viel langsamer vor sich. Nur wenn die Gefässwände ganz und gar mit Flüssigkeit benetzt sind, ist das Spannungsmaximum in Luft dem im Vacuum gleich. — Auch H. Herwig ***) hat die Abnahme der Spannung in der Nähe des Sättigungszustandes, in Folge der Adhäsion an den Gefässwänden, bei den Dämpfen von Aether und Wasser sowie auch auch beim Aethylbromid †) beobachtet und genauer studirt.

Das Spannungsmaximum des Wasserdampfes ist also unter gewöhnlichen Umständen in Luft immer um einige Procente kleiner als im luftleeren Raum.

Die zweite Voraussetzung ist ebenfalls öfters experimentell geprüft worden und immer unwahr befunden. Mit Hinweglassung der sich auf andere Dämpfe beziehenden Versuche von Gay-Lussac ††), Cagniard de la Tour †††), Bineau §), Cahours §§), Playfair und Wanklyn §§§) u. A. will ich hier nur folgende Untersuchungen über die Dichte des Wasserdampfs erwähnen. Regnault □) bestimmte die Dichte des Wasserdampfes erstens bei 100⁰ unter schwachem Druck und bei 37⁰ bis 55⁰ ebenfalls unter schwachem Druck, sodass das Spannungsmaximum bei weitem nicht erreicht wurde; in beiden Fällen war der Dampf von seinem Condensationspunkte weit entfernt, und die Dichte wurde

*) Compt. rend. **39**, 345. — Pogg. Ann. **93**, 552.

) Compt. rend. **39, 356. — Pogg. Ann. **93**, 564.

***) Pogg. Ann. **137**, 592.

†) Pogg. Ann. **141**, 83.

††) Ann. de Chimie, **43**, 173.

†††) Ann. Chim. Phys. [2]. **21**, 127 und 178; **22**, 410.

§) Compt. rend. **19**, 767: **23**, 414. — Ann. Chim. Phys. [3]. **18**, 226.

§§) Compt. rend, **20**, 51. — Ann Chem. Pharm. **128**, 68.

§§§) Ann. Chem. Pharm. **122**, 247.

□) Compt. rend. **20**, 1134. — Ann. Chim. Phys. [3], **15**, 141. — Pogg. Ann. **65**, 141.

= 0,620—0,623, also sehr nahe gleich der theoretischen, gefunden. Als er aber zweitens die Dichte bestimmte bei 30⁰—32⁰ und niedrigem Druck, unter Umständen, wobei das Verhältniss zwischen der wirklichen Spannung und dem Spannungsmaximum grösser war als 0,8, fand er die Dichte des Wasserdampfs bei vier Bestimmungen = 0,625—0.647; sie war um so grösser, je grösser das genannte Verhältniss. Der grösste Werth (0,647) wurde gefunden bei 30⁰,8, als der Raum des Ballons mit Wasserdampf gesättigt war. — Ebenso fanden W. Fairbairn und Th. Tate*) den Ausdehnungscoefficienten des Wasserdampfs um so grösser, und demgemäss auch die Dichte desselben um so grösser, je mehr man, von höheren Temperaturen anfangend, sich dem Sättigungs- oder Condensationspunkte nähert, und zwar sowohl oberhalb als unterhalb 100⁰. -- Dasselbe Resultat erhielt Hirn**) für überhitzten Wasserdampf unter grossem Druck bei verschiedenen Temperaturen. — A. Horstmann***) bestimmte die Dichte der Dämpfe von Schwefelkohlenstoff, Aether, Essigsäure und Wasser bei Atmosphärendruck und verschiedenen Temperaturen; er fand dieselbe ebenfalls in der Nähe des Sättigungspunktes immer grösser als die theoretische. Die Dichte des Wasserdampfs †) fand er z. B. unter dem Druck der Atmosphäre bei 129⁰,1 = 0,633, bei 108⁰,8 = 0,653. Bei letztgenannter Temperatur war der Dampf noch weit von seinem Sättigungspunkte entfernt, und doch war die gefundene Dichte 5 % grösser als die theoretische.

Die ausführlichste Untersuchung aber über die Dichte des Wasserdampfs verdanken wir H. Herwig ††). Er bestimmte die Dichte der Dämpfe von Alkohol, Chloroform, Schwefelkohlenstoff, Aether, Wasser und Aethylbromid unter verschiedenem, niedrigem Drucke und bei verschiedener Temperatur, und erhielt in der Nähe des Sättigungspunktes bei den sechs genannten Dämpfen das schon öfters erwähnte Resultat. Ausserdem †††) aber zeigte er, dass die Dichte eines gesättigten

---

*) Philos. Transact. of London, 1860, S. 185; 1862, S. 591. — Abgekürzt in Phil. Mag. [4], **21**, 230.

**) Hirn, Theorie mécanique de la chaleur, 1862.

***) Ann. Chem. Pharm. Supplbnd. **6**, 51.

†) Ann. Chem. Pharm. Supplbnd. **6**, 64.

††) Pogg. Ann. **137**, 19 und 592; **141**, 83.

†††) Ich erwähne hier nur diejenigen Resultate Herwig's, welche sich auf die Dichte der gesättigten Dämpfe, insbesondere des gesättigten Wasserdampfs, beziehen.

Dampfes auch von der Temperatur der Sättigung abhängt. Aus seinen Beobachtungen leitet er nämlich die Formel ab:

$$\frac{PV}{p_1 v_1} = 0{,}0595 \sqrt{(a+t)} \quad . \quad . \quad . \quad . \quad . \quad . \quad (A.)$$

worin P und V Druck und Volumen bezeichnen, wenn der Dampf bei der Temperatur t bereits dem Mariotte'schen Gesetze folgt, p_1 und v_1 die entsprechenden Grössen für den rein gesättigten Dampf, und $a+t$ die vom absoluten Nullpunkte an gerechnete Temperatur bedeutet. Diese Formel gilt für sämmtliche von ihm untersuchten Dämpfe. Für unseren Zweck lässt sich dieselbe auch also schreiben*):

$$d' = d \,.\, 0{,}0595 \sqrt{(a+t)} \quad . \quad . \quad . \quad . \quad . \quad . \quad (B.)$$

wenn d die theoretische Dichte, d' die Dichte im Sättigungszustande bei der Temperatur t bezeichnet. Daraus würde folgen, dass die Dichte eines rein gesättigten Dampfes der Quadratwurzel aus der absoluten Temperatur proportional ist. Mit diesem Schlusse sind die Beobachtungen Herwig's sehr gut im Einklang; denn aus den von ihm mitgetheilten Beobachtungszahlen berechnen sich z. B. folgende Werthe der Dichte d' des bei t^0 gesättigten Wasserdampfs:

$t = 55^0$ . . . . $d' = 0{,}671$
$t = 69^0{,}8$ . . . $d' = 0{,}682$
$t = 85^0$ . . . . $d' = 0{,}701$
$t = 95^0$ . . . . $d' = 0{,}710$.

Diese Werthe von d' stimmen mit den aus der Formel (B) mit dem theoretischen Werthe von $d = 0{,}622$ berechneten bis in die dritte Decimale überein.

Aus sämmtlichen Untersuchungen geht also hervor, nicht nur dass, je näher man dem Sättigungspunkte kommt, die Dichte des Wasserdampfes um so grösser ist, sondern auch dass die Dichte im Sättigungszustande selbst von der Temperatur der Sättigung abhängt.

Man sieht also ohne Weiteres, dass die Formel (2) gar nicht anwendbar ist zur genauen Berechnung der Quantität Wasserdampf, welche ein gewisses Luftvolum im gesättigten Zustande enthält. Glücklich aber hat Regnault hier wieder geholfen. Er bestimmte direct durch Wägung die Menge des Wasserdampfs, welche in einer künstlich bei bestimmter Temperatur gesättigten Luft vorhanden war**) und verglich mit

*) Vergleiche Wüllner, Lehrbuch der Experimentalphysik, 2. Aufl. III. S. 616.

) Compt. rend **20, 1141. — Ann. Chim. Phys. [3], **15**, 150. — Pogg. Ann. **65**, 148. — Der von Regnault zu diesen Versuchen angewandte Apparat der so gefundenen Menge jene, welche die Rechnung nach der oben genannten Formel (2) ergab. Er nahm die grösstmögliche Vorsorge um die Luft mit Wasserdampf zu sättigen, und saugte mittelst eines etwa 58 Liter fassenden Aspirators ein genau gemessenes Volum der gesättigten Luft durch gewogene Röhren mit Schwefelsäure. Auf diese Weise stellte er bei verschiedenen Temperaturen, zwischen 0° und 27°, 68 Versuche an, deren übereinstimmendes Ergebniss war, dass das gefundene Gewicht sehr nahe mit dem berechneten übereinstimmte *). Die Einflüsse der kleineren Spannung und der grösseren Dichte des Wasserdampfes im Sättigungszustande heben sich also gegenseitig nahezu auf.

Die Uebereinstimmung des direct gefundenen und des berechneten Gewichtes des Wasserdampfes war jedoch nicht vollkommen. Das beobachtete Gewicht fand Regnault 0—1,5 %, im Durchschnitt etwa 1 %, kleiner als das berechnete. Bei der Berechnung benutzte er die aus seinen eigenen Beobachtungen abgeleitete Tabelle der Spannkräfte des Wasserdampfes.

Die Maximumspannungen des Wasserdampfes sind aber, ausser von Regnault, auch von Gustav Magnus**) mit grosser Genauigkeit bestimmt worden. Die Beobachtungen beider Physiker stimmen mit einander sehr nahe überein. Vergleicht man die aus ihren Beobachtungen abgeleiteten Spannungstabellen mit einander, so sieht man, was die vor-

---

ist auch abgebildet und beschrieben in Wüllner's Lehrbuch der Experimentalphysik, 1 Aufl. II. S. 205; 2. Aufl. III. S. 626.

*) Ausserdem stellte Regnault noch 7 Versuche an bei etwas höheren Temperaturen, bis zu 45°, welche in der Hauptsache dasselbe Resultat ergaben (Ann. Chim. Phys. [3], **15**, 160).

Auch G. J. Schmeddink (Pogg. Ann. **27**, 40) hat, schon im Jahre 1832, derartige Versuche wie die letztgenannten von Regnault mit einem ähnlichen Apparate angestellt, und zwar bei verschiedenen Temperaturen zwischen 13° und 44° C. Zu dieser Zeit waren aber die Spannkräfte des Wasserdampfes noch nicht genau bekannt, und deshalb sind die von Schmeddink aus seinen Versuchsdata berechneten Resultate unrichtig. Legt man jedoch der Rechnung die von Regnault bestimmten Grössen (die Spannkräfte des Wasserdampfes, das spec. Gewicht der Luft, den Ausdehnungscoefficient der Gase) zu Grunde, so ergibt sich aus den 73 Versuchen von Schmeddink dasselbe Resultat wie aus denjenigen von Regnault, dass nämlich die nach der Formel (2) berechnete Quantität Wasserdampf mit der direct gefundenen bis auf 1—2% übereinstimmt. Die Versuche von Schmeddink sind also viel genauer als er selbst damals vermuthen konnte.

) Pogg. Ann. **61, 225. — Ann. Chim. Phys. [3], **12**, 69.

kommenden Lufttemperaturen betrifft, dass bei -16^0, -5^0 und $+19^0$ die Uebereinstimmung beider Tabellen vollkommen ist; zwischen -16^0 und -5^0, so wie auch oberhalb $+19^0$ (bis etwa $+48^0$) sind die Spannkräfte nach Magnus etwas grösser; zwischen -5^0 und $+19^0$ sind dieselben nach Magnus etwas kleiner. Berechnet man die Unterschiede beider Tabellen in Procenten, so findet man, dass dieselben betragen

(Spannung nach Magnus minus Spannung nach Regnault):

bei	-20^0:	$-1,2$ %	bei	$+15^0$:	$-0,17$ %
«	-15^0:	$+0,2$ «	«	20^0:	$+0,03$ «
«	-10^0:	$+0,8$ «	«	25^0:	$+0,14$ «
	-5^0:	$0,0$ «	«	30^0:	$+0,17$ «
«	0^0:	$-1,6$ «	«	35^0:	$+0,16$ «
«	$+5^0$:	$-1,0$ «	«	40^0:	$+0,11$ «
«	$+10^0$:	$-0,5$ «	«	45^0:	$+0,05$ «

Das Maximum der so ausgedrückten Unterschiede fällt auf 0^0 *).

Die nach der Spannungstabelle von Magnus berechneten relativen Feuchtigkeitsgrade fallen also, wenn man die ganz niedrigen Temperaturen unberücksichtigt lässt, zwischen -5^0 und $+19^0$ etwas grösser aus als die nach der Tabelle von Regnault berechneten, während bei Lufttemperaturen oberhalb 19^0 in sehr geringem Maasse das Umgekehrte stattfindet. Zwischen -5^0 und $+19^0$ gibt also die Formel (2) das Gewicht des in gesättigter Luft enthaltenen Wasserdampfes noch genauer an, wenn man dabei die Dampfspannungen der Tabelle von Magnus, als wenn man sie der Tabelle von Regnault entnimmt, und dasselbe gilt also für die berechnete relative Feuchtigkeit.

Aus dieser Betrachtung geht also hervor, dass die Formel (2) sich zur Berechnung der Quantität des in 1 Liter gesättigter Luft enthaltenen Wasserdampfes für die vorkommenden Lufttemperaturen anwenden lässt, wenn man dabei die theoretische Dichte des Wasserdampfes und die Spannungen desselben entweder nach der Magnus'schen oder nach der Regnault'schen Tabelle zu Grunde legt. Das also berechnete Gewicht des Wasserdampfes wird, nach Regnault's Versuchen, bei niedrigeren Lufttemperaturen (etwa zwischen -5^0 und $+10^0$) etwas

*) Der relativ grosse Unterschied bei niedrigeren Temperaturen ist, absolut genommen, doch nur sehr klein, denn bei 0^0 beträgt derselbe nur 0,075 Millim. Die Unterschiede zwischen den beiden Tabellen rühren grösstentheils auch von den verschiedenen, von Regnault und von Magnus angewandten Interpolationsformeln her.

genauer gefunden nach der Spannungstabelle von Magnus; bei mittleren und höheren Lufttemperaturen stimmen die nach beiden Tabellen berechneten Gewichte sehr nahe mit einander überein, aber sie weichen um etwa 1 % von der wahren Grösse ab. Daraus folgt weiter, dass, wenn die relative Feuchtigkeit, d. h. das Verhältniss zwischen dem direct gefundenen und dem nach obiger Formel berechneten Gewichte, = 0,99 gefunden wird, die Luft vollkommen mit Wasserdampf gesättigt ist.

Vergebens habe ich in den mir bekannten Handbüchern der Physik und der Chemie nach einer Tabelle gesucht, welche die auf die genannte Weise für verschiedene Temperaturen berechneten, in 1 Liter gesättigter Luft enthaltenen Quantitäten Wasserdampf genau angibt. Derartige Tabellen sind zwar schon vor längerer Zeit von Pouillet*), von L. F. Kämtz**), von James Glaisher***) und Andern berechnet worden, dieselben sind aber auf die älteren Bestimmungen und Interpolationen der Spannkräfte des Wasserdampfs resp. von Dalton, August, Biot, gegründet und deshalb sehr ungenau. Was die neueren Handbücher betrifft, so kommt in Johann Müller's Lehrbuch der kosmischen Physik eine solche Tabelle vor; in den drei ersten Auflagen dieses Lehrbuches (1856—1872)†) ist diese Tabelle aber noch genau dieselbe wie die schon längst veraltete von Pouillet, welche, wie gesagt, auf Dalton's Bestimmungen der Spannkräfte des Wasserdampfes beruht, und erst in der neuerlich erschienenen vierten Auflage (1875) ist dieselbe durch eine bessere ersetzt††). Diese gibt jedoch, wie die ältere Tabelle von Pouillet, nur eine Decimale und ist ausserdem bei einigen Temperaturen noch sehr fehlerhaft, indem sie das Gewicht des Wasserdampfes z. B. bei —10° um nicht weniger als 8 %, bei +29° um 5 % zu gross angibt. Etwas besser ist die Tabelle in F. Kohlrausch's Leitfaden der praktischen Physik†††); sie ist aber, insbesondere bei den Temperaturen unterhalb Null, auch nicht sehr genau und gibt ebenfalls nur eine Decimale. Nach längerem Suchen habe ich endlich in einer in Washing-

*) Pouillet, Eléments de physique experim. et de météorologie, (1830), II. p. 735.

**) Kämtz, Vorlesungen über Meteorologie, (1840), S. 91. — Kämtz, Cours complet de météorologie, traduit par Ch. Martins, (1843), p. 73.

***) Greenwich Meteorolog. Observations, 1842, p. XLVIII.: 1843, p. LIX.; etc.

†) 1. Auflage, 1856, Seite 394. — 3. Auflage, 1872, Seite 637.

††) 4. Auflage, 1875, Seite 682.

†††) 1. Auflage, 1870, Seite 118. — 2. Auflage, 1872, Seite 207.

ton herausgegebenen Tabellensammlung *) eine von Guyot bis in drei Decimalen genau berechnete, derartige Tabelle gefunden. Sie gibt die Gewichte des Wasserdampfes für die Temperaturen von — 20° bis + 40°. Ehe dieselbe mir bekannt war, hatte ich indessen, da es mir bei meinen Untersuchungen jedesmal vorkam, die genannten Quantitäten Wasserdampf genau zu kennen, schon selbst eine derartige Tabelle mit dem Temperaturintervall von 1° berechnet, aus welcher sich die gewünschten Data für jede bestimmte Temperatur durch Interpolation leicht ableiten liessen. Aus dem genannten Grunde, und weil die amerikanische Tabellensammlung wahrscheinlich mehr bei den Meteorologen als bei den Physikern und Chemikern bekannt ist, ist es vielleicht nicht überflüssig diese Tabelle hier einzuschalten, und theile ich sie also unten mit. Dazu kommt, dass die Gewichte des Wasserdampfes, so viel ich weiss, noch niemals nach der Spannungstabelle von Magnus berechnet worden sind.

Ich habe die Rechnung ausgeführt mit dem Temperaturintervall von 1° für die Temperaturen von — 20° bis + 40°, und zwar absonderlich mit Zugrundelegung der Spannungstabelle von Magnus und der von Regnault **). Wie diese Tabellen die Spannkräfte des Wasserdampfes in 3 Decimalen angeben, habe ich die Rechnung auch bis in 3 Decimalen ausgeführt. Für die theoretische Dichte des Wasserdampfes habe ich, ausgehend von der von Regnault bestimmten Dichte des Sauerstoffs, den Werth

$$^{9}/_{16} \times 1{,}10563 = 0{,}6219$$

angenommen, und für den Ausdehnungscoefficient die Zahl $^{1}/_{273}$.

*) Smithsonian Miscellaneous Collections. Tables, meteorological and physical, by Arnold Guyot. Sec. Edit. Washington 1858. — Series B, p. 39 und 93. — Die Gewichte des Wasserdampfes sind hier sowohl für 1 Kubikmeter Luft und Celciusgrade in Grammen (p. 39) als für 1 Kubikfuss Luft und Grade Fahrenheit in englischen Grains (p. 93) berechnet. In derselben Sammlung kommen auch viele älteren Tabellen über die Spannkräfte und die Gewichte des Wasserdampfes vor.

**) Die Spannkräfte nach Magnus habe ich dem Original in Pogg. Ann. 61 Seite 247 entnommen; allein habe ich bei + 10° statt 9,126 die Zahl 9,120 der Rechnung zu Grunde gelegt, weil hier, wie aus den zweiten Differenzen hervorgeht, wahrscheinlich ein Druckfehler vorliegt. Die Spannkräfte nach Regnault habe ich ebenfalls dem Original in den Mémoires de l'Institut de France 21, p. 624 entnommen. Ein ins Auge fallender Druckfehler kommt auch hier vor; bei 27° steht nämlich 25,505 statt 26,505.

Folgende Tabelle ist also berechnet nach Formel (2) (Seite 135) mit den Werthen:

$$v = 1 \text{ Liter};$$
$$d = 0{,}6219$$
$$s = 1{,}2932$$
$$\alpha = 0{,}003663 = {}^1/_{273}.$$

Der Kleinheit der Zahlen wegen sind die Gewichte von g mit 1000 multiplicirt und also ausgedrückt in Milligrammen.

Für jede Temperatur, welche einen Bruchtheil eines Grades enthält, wird der Werth von g leicht durch Interpolation gefunden mittelst der bekannten Formel:

$$g = g' + n\,b - \frac{n(1-n)}{2}.\,c \quad . \; . \; . \; . \; . \quad (3)$$

worin:

g' = demjenigen Werthe von g, welcher dem nächstvorhergehenden ganzen Temperaturgrade angehört;
n = dem Bruchtheil des Temperaturgrades;
b = der ersten Differenz, und
c = der zweiten Differenz der Werthe von g in der Tabelle.

Die dritten Differenzen haben erst auf die vierte Decimale Einfluss und können also völlig vernachlässigt werden.

In Bezug auf die Differenzen muss ich noch daran erinnern, dass die Tabelle der Spannkräfte von Magnus mittelst einer Interpolationsformel aus seinen Beobachtungen abgeleitet ist; demgemäss haben auch die zweiten Differenzen in seiner Spannungstabelle und also auch die in meiner nach dieser berechneten Tabelle der Gewichte des Wasserdampfes einen ganz gleichmässigen Verlauf. Regnault hingegen wandte zur Berechnung der Spannungstabelle aus seinen Beobachtungen unterhalb und oberhalb 0° verschiedene Interpolationsformeln an, und die Folge davon ist, dass bei 0° die zweiten Differenzen einen Sprung zeigen. Da ich natürlich nicht von der Regnault'schen Spannungstabelle abweichen wollte, kommt dieser Sprung in den zweiten Differenzen bei 0° auch in der von mir nach den Regnault'schen Spannungen berechneten Tabelle vor, welche ich jetzt folgen lasse*).

*) Die oben (Seite 142) genannte Tabelle in den Smithsonian Miscell. Collect. ist von Guyot berechnet mit Zugrundelegung der Spannungstabelle des Wasserdampfes von Regnault. Dieselbe stimmt bei den Temperaturen zwischen 0° und + 40°, bis auf einzelne geringe Abweichungen von höchstens 3 Einheiten in der 3. Decimale, mit der meinigen vollkommen überein. Unter-

Tabelle des Gewichtes des Wasserdampfes in 1 Liter gesättigter Luft.

Temperatur.	Gewicht des Wasserdampfes in Milligrammen, berechnet: nach Magnus.	nach Regnault.	Temperatur.	Gewicht des Wasserdampfes in Milligrammen, berechnet: nach Magnus.	nach Regnault.
— 20°	1,046	1,058	+ 1°	5,131	5,209
— 19°	1,136	1,146	2°	5,495	5,570
— 18°	1,234	1,241	3°	5,881	5,953
— 17°	1,338	1,342	4°	6,291	6,359
— 16°	1,450	1,450	5°	6,725	6,789
— 15°	1,571	1,567	6°	7,185	7,246
— 14°	1,701	1,693	7°	7,672	7,730
— 13°	1,839	1,829	8°	8,188	8,242
— 12°	1,988	1,975	9°	8,733	8,784
— 11°	2,147	2,131	10°	9,310	9,356
— 10°	2,317	2,299			
— 9°	2,499	2,481	+ 11°	9,919	9,961
— 8°	2,694	2,676	12°	10,563	10,600
— 7°	2,901	2,886	13°	11,243	11,275
— 6°	3,122	3,112	14°	11,960	11,987
— 5°	3,358	3,355	15°	12,716	12,738
— 4°	3,610	3,617	16°	13,514	13,531
— 3°	3,878	3,898	17°	14,355	14,366
— 2°	4,163	4,201	18°	15,240	15,246
— 1°	4,466	4,527	19°	16,171	16,172
0°	4,788	4,868	20°	17,152	17,147

---

halb 0° weicht meine (nach Regnault berechnete) Tabelle etwas von der Guyot'schen ab, was seinen Grund darin hat, dass Regnault für die Temperaturen unterhalb 0° zwei Tabellen der Spannkräfte des Wasserdampfes gibt (Mémoires de l'Institut de France, 21, p. 624 und p. 627), von denen Guyot die zweite, ich die erste benutzt habe. Regnault hat nämlich für diese Temperaturen die Spannkräfte zweimal, zu verschiedenen Zeiten, interpolirt (Mém. de l'Inst. 21, p. 623) und wagt es nicht zu entscheiden, welche Tabelle vorzuziehen sei. Der Unterschied dieser beiden Tabellen beträgt jedoch höchstens 0,019 Millim., und der Unterschied der daraus berechneten Gewichte des Wasserdampfes in 1 Liter gesättigter Luft höchstens 0,021 Milligr. oder 0,7%.

Temperatur.	nach Magnus.	nach Regnault.	Temperatur.	nach Magnus.	nach Regnault.
+ 21°	18,184	18,173	+ 31°	31,801	31,746
22°	19,268	19,252	32°	33,549	33,492
23°	20,408	20,386	33°	35,378	35,320
24°	21,605	21,578	34°	37,292	37,232
25°	22,861	22,830	35°	39,294	39,232
26°	24,180	24,144	36°	41,387	41,324
27°	25,564	25,524	37°	43,574	43,511
28°	27,016	26,971	38°	45,858	45,797
29°	28,537	28,488	39°	48,244	48,185
30°	30,131	30,079	40°	50,735	50,677

B. Ueber das Trocknen der Luft.

§. 4. Ueber das unvollständige Trocknen der Luft durch Chlorcalcium bei verschiedenen Temperaturen.

Dass gewöhnliches Chlorcalcium einem Luftstrome den Wasserdampf vollständig zu entziehen nicht vermag, ist, wie es scheint, zuerst von M. Pettenkofer*) beobachtet. R. Fresenius**) untersuchte diesen Gegenstand genauer und zeigte ausführlich, dass über Chlorcalcium getrocknete Luft an concentrirte Schwefelsäure noch Wasserdampf abgibt, und umgekehrt, über Schwefelsäure getrocknete Luft dem überhaupt wasserhaltigen Chlorcalcium Wasser entzieht. Neuerdings zeigte H. Laspeyres***), dass, wenn die Luft über $\text{Ca}Cl_2$ mit geringem Wassergehalte getrocknet worden ist und sie darauf über $\text{Ca}Cl_2$ mit einem grösseren Wassergehalte streicht, sie diesem ebenfalls Wasser entführt. Auch andere Chemiker haben sich mit demselben Gegenstande beschäftigt, Keiner aber scheint den Einfluss, welchen die Temperatur des Chlorcalciums auf das Trocknen eines Luftstromes ausübt, bemerkt zu haben. Da dieser Einfluss der Temperatur mir schon beim Anfang meiner Untersuchung ins Auge fiel, und derselbe sich, bei fortgesetzter Prüfung, viel grösser zeigte als ich selbst anfangs erwartete, möge die Mittheilung der in dieser Hinsicht von mir angestellten Versuche hier einen Platz finden.

---

*) Sitzungsbericht der bayer. Acad. 1862, II, Seite 59. — Diese Zeitschrift, 1, 487 und 494.

**) Diese Zeitschrift, 4, 177.

***) Journ. f. prakt. Chem. [2], 11, 26; 12, 347.

Wie schon früher erwähnt, diente der im §. 2 (Seite 124—129) beschriebene Apparat, mit welchem die Versuche über die relative Feuchtigkeit der Luft angestellt wurden, gleichzeitig zur Bestimmung der Quantität Wasserdampf, welche durch das Chlorcalcium nicht absorbirt wird. Ich erinnere daran, dass die feuchte Luft erst drei gewogene Chlorcalciumröhren, dann zwei gewogene Schwefelsäureröhren passirte. Die dritte Chlorcalciumröhre nahm niemals an Gewicht zu, die erste Schwefelsäureröhre aber wohl, und diese absorbirte also den durch das Chlorcalcium nicht aufgenommenen Wasserdampf. Die zweite Schwefelsäureröhre zeigte keine Gewichtszunahme; sie wurde aber immer zur Controle beibehalten und gewogen. Zum Abschluss diente ausserdem noch eine Woulf'sche Flasche mit Schwefelsäure.

Diese Versuche wurden bei verschiedenen Temperaturen angestellt, und es ergab sich dabei, dass die Quantität Wasserdampf, welche nicht vom Chlorcalcium, wohl aber von der Schwefelsäure absorbirt wird, um so grösser ist, je höher die Temperatur.

Die Temperatur des Chlorcalciums wurde bestimmt durch das Seite 126 genannte Thermometer B, dessen Kugel sich zwischen den beiden Schenkeln und auf der halben Höhe der dritten Chlorcalciumröhre befand. Die Schwefelsäureröhren hatten nahezu dieselbe Temperatur wie das Chlorcalcium, weil sie sich innerhalb derselben, Seite 126 genannten Decke befanden. In §. 5 werden wir jedoch sehen, dass die Temperatur der Schwefelsäure keinen bemerkbaren Einfluss auf das Trocknen hat, und dass diese Säure bei den vorkommenden Lufttemperaturen innerhalb der Grenzen der unvermeidlichen Wägungsfehler die Luft vollständig trocknet.

In Bezug auf die Vorsorgen um die Temperatur des Chlorcalciums constant zu erhalten verweise ich weiter auf die im §. 2 mitgetheilte Beschreibung des Apparates.

Die Quantität Wasserdampf, welche in der letzten Chlorcalciumröhre nicht absorbirt wird, hängt natürlich vom Volum ab, welches die Luft während des Durchströmens in dieser Röhre eingenommen hat. Dieses Volum aber ist, — weil, während der Versuche, der Druck und der Feuchtigkeitszustand der Luft in den verschiedenen Theilen des Apparates nicht dieselben waren, — weder dem Volum des aus dem Aspirator geflossenen Wassers (v), noch dem Volum der Luft in der Woulf'schen Flasche mit Wasser (v', Seite 130) gleich. Es lässt sich aber leicht aus den Data der Versuche berechnen, wenn nur noch der Druck in der letzten Chlorcalciumröhre bekannt ist.

Dieser Druck wurde aber während der Versuche nicht bestimmt, weil sich Schwierigkeiten darboten, ohne Verlust an Wasserdampf die letzte Chlorcalciumröhre mit einem Manometer zu verbinden. Nach Ablauf der Versuche jedoch habe ich eine besondere Versuchsreihe zur Bestimmung dieses Druckes angestellt, indem ich zwischen der dritten Chlorcalcium- und der ersten Schwefelsäureröhre ein Wasser-Manometer einschaltete und, ohne übrigens an dem Apparate etwas geändert zu haben, mit derselben Geschwindigkeit wie früher die Luft durchströmen liess. Das genannte Manometer wurde jede Minute abgelesen, und aus mehr als 100 dieser Ablesungen wurde der mittlere negative Druck in diesem Theile des Apparates während des Durchströmens der Luft gefunden. Dieser mittlere negative Druck war = 13,5 Millim. Quecksilber und ist den folgenden Berechnungen für alle Versuche zu Grunde gelegt.

Das Volum der Luft beim Austritt aus der dritten Chlorcalciumröhre lässt sich jetzt auf folgende Weise berechnen.

Es sei:

v'' = dem Volum, welches die durchgeströmte Luft beim Austritt aus der dritten Chlorcalciumröhre unter den dort herrschenden Umständen während des Durchströmens successive eingenommen hat;

t'' = der mittleren Temperatur ebendaselbst;

h'' = dem mittleren negativen Druck ebendaselbst während des Durchströmens der Luft, ausgedrückt in Millim. Quecksilber;

k = dem Gewichte des nicht vom Chlorcalcium, wohl aber von der Schwefelsäure aufgenommenen Wasserdampfes, in Grammen;

q = der Tension dieses Wasserdampfes im Volum v'';

während die andern Buchstaben die frühere Bedeutung beibehalten.

Nach Seite 130 ist das Volum der durchgeströmten Luft, im trockenen Zustande, bei 0° und 760 Millim. Quecksilberdruck, =

$$v \times \frac{H - h - p}{760} \times \frac{1}{1 + \alpha t}.$$

Dazu kommt jetzt k Gramm Wasserdampf, welcher, da er weit von seinem Condensationspunkte entfernt ist, jedenfalls als ein vollkommenes Gas betrachtet werden kann. Das Volum der trockenen Luft, vermehrt mit k Gramm Wasserdampf, beträgt also, bei 0° und 760 Millim.:

$$v \times \frac{H - h - p}{760} \times \frac{1}{1 + \alpha t} + \frac{k}{0,8042}$$

wo $0,8042 = 0,6219 \times 1,2932$), und dieses Volum wird in der dritten Chlorcalciumröhre bei der Temperatur t'' und dem Drucke $H - h''$:

$$v'' = \left[v \times \frac{H - h - p}{760} \times \frac{1}{1 + \alpha t} + \frac{k}{0,8042} \right] \times \frac{760}{H - h''} \times (1 + \alpha t''),$$

oder

$$v'' = v \times \frac{H - h - p}{H - h''} \times \frac{1 + \alpha t''}{1 + \alpha t} + \frac{760\,k\,(1 + \alpha t'')}{0,8042\,(H - h'')} \; . \; . \quad (4).$$

Falls $t'' = t$, was bei unseren Versuchen, mit Ausnahme von Nr. 1, immer der Fall war, so wird:

$$v'' = v \times \frac{H - h - p}{H - h''} + \frac{760\,k\,(1 + \alpha t)}{0,8042\,(H - h'')} \; . \; . \; . \; . \; . \quad (5).$$

Weiter lässt sich auch der Werth von q wie folgt ableiten. Es ist nämlich:

$$k = v'' \times 0,8042 \times \frac{q}{760} \times \frac{1}{1 + \alpha t''}$$

und also, wenn man wieder $t'' = t$ setzt,

$$q = \frac{760\,k\,(1 + \alpha t)}{0,8042\,v''} \; . \; . \; . \; . \; . \; . \; . \; . \; . \; . \; . \quad (6).$$

Es ist leicht einzusehen, dass der Werth von q die Dampfspannung des angewandten Chlorcalciums in Millimeter Quecksilber angibt.

Die folgende Tabelle enthält die Ergebnisse der Versuche und der Rechnung. Die Versuche sind dieselben wie die in der Tabelle auf Seite 132; die Werthe von t sind also auch dieselben. k ist die Gewichtszunahme der beiden Schwefelsäureröhren in Grammen; v'' (Liter) ist nach Formel (5), q (Millimeter Quecksilber) nach Formel (6) berechnet. Das Verhältniss $\frac{1000\,k}{v''}$ gibt die Quantität Wasserdampf an, welche 1 Liter bei der entsprechenden Temperatur über Chlorcalcium getrocknete Luft noch enthält, ausgedrückt in Milligrammen.

Nr.	t	v''	k	$\frac{1000\,k}{v''}$	q
1	— 1°,2	60,56	0,0167	0,276	0,260
2	+ 2°,8	61,08	0,0241	0,395	0,377
3	7°,6	61,21	0,0350	0,572	0,555
4	10°,4	81,40	0,0576	0,708	0,694
5	14°,3	62,67	0,0602	0,961	0,955
6	17°,8	81,33	0,1023	1,258	1,266

7	21°,7	60,38	0,1041	1,724	1,759
8	25°,1	60,98	0,1418	2,325	2,400
9	28°,0	51,91	0,1492	2,874	2,995
10	30°,5	50,80	0,1754	3,453	3,628.

Aus diesen direct gefundenen Werthen von $\frac{1000\,k}{v''}$ und von q habe ich mittelst graphischer Interpolation die folgende Tabelle für ganze Temperaturgrade abgeleitet. Ich schreibe die Dampfspannung des reinen Wassers daneben, so wie das Verhältniss zwischen dieser und dem entsprechenden Werthe von q (der Dampfspannung des Chlorcalciums).

Temperatur.	1 Liter bei der entsprech. Temp. über Chlorcalcium getrocknete Luft enthält noch Milligr. Wasserdampf.	Dampfspannung des angewandten Chlorcalciums in Millim. Quecks.	Dampfspannung des Wassers nach Regnault in Millim. Quecks.	Verhältniss dieser beiden Dampfspannungen.
— 2°	0,25	0,24	3,94	0,061
0°	0,31	0,29	4.60	0,063
+ 2°	0,37	0,35	5,30	0,066
4°	0,44	0,42	6,10	0,069
6°	0,51	0,49	7,00	0,070
8°	0,59	0,57	8,02	0,072
10°	0,69	0,67	9,16	0,073
12°	0,81	0,80	10,46	0,076
14°	0,95	0,94	11,91	0,079
16°	1,11	1,11	13,54	0,082
18°	1,30	1,31	15,36	0,085
20°	1,53	1,55	17,39	0,089
22°	1,80	1,84	19,66	0,094
24°	2,11	2,17	22,18	0,098
26°	2,47	2,56	24,99	0,102
28°	2,88	3,00	28,10	0,107
30°	3,34	3,50	31,55	0,111.

Aus dieser Tabelle sieht man, dass bei steigender Temperatur die Dampfspannung des Chlorcalciums noch viel stärker wächst als die des Wassers. Daraus geht weiter hervor, dass das Chlorcalcium die Luft um so schlechter trocknet, je wärmer, und um so besser, je kälter es ist. Wenn z. B. Luft, welche bei einer gewissen Temperatur mit Wasserdampf gesättigt ist, bei derselben Temperatur über Chlorcalcium getrocknet wird, so enthält sie nach dem Trocknen bei 0⁰ immer noch 6 %, bei 15⁰ noch 8 % und bei 30⁰ sogar noch 11 % der totalen Quantität Wasserdampf; oder, in absoluten Quantitäten ausgedrückt: wenn feuchte Luft über Chlorcalcium getrocknet wird, so enthält 1 Liter derselben nach dem Trocknen bei 0⁰ noch 0,3, bei 15⁰ noch 1,0 und bei 30⁰ sogar noch 3,3 Milligr. Wasserdampf.

Es versteht sich, dass die bis jetzt in diesem §. mitgetheilten Zahlen nur gelten für Chlorcalcium mit dem nämlichen Wassergehalte wie das von mir benutzte. Chlorcalcium mit einem andern Wassergehalte würde natürlich etwas andere Zahlen geben. Höchst wahrscheinlich aber würden sich daraus dieselben allgemeinen Folgerungen ergeben.

Um indessen die erwähnten Zahlen nicht ganz werthlos zu machen, habe ich, nach Ablauf meiner Versuche, das angewandte Chlorcalcium analysirt und insbesondere den Wassergehalt desselben genau bestimmt. Dazu wählte ich das Chlorcalcium aus der dritten Absorptionsröhre, welche zu den Versuchen Nr. 1—10 (Seite 132 und 148) angewandt war und dabei ihr Gewicht unverändert beibehalten hatte. Ich theilte das Chlorcalcium aus dieser Röhre, nach der Länge derselben, in vier Portionen und titrirte von jeder Portion 0,7—0,8 Gramm mit zehntel-normaler Silberlösung. Aus dem so gefundenen Chlorgehalte wurde dann der Gehalt an $\text{€a}Cl_2$ berechnet. Die vier Portionen gaben ganz übereinstimmende Resultate, indem ich fand, dass:

1 Gramm des wasserhaltigen Chlorcalciums =

I.	1,435	Gramm Ag.
II.	1,434	« «
III.	1,432	« «
IV.	1,434	« «
Mittel . . .	1,434	Gramm Ag = 0,7369 Gramm $\text{€a}Cl_2$.

Die Lösung des Chlorcalciums in Wasser war fast vollkommen klar und zeigte eine äusserst schwache alkalische Reaction. Beim Titriren mit zehntel-normaler Salzsäure erforderten 5 Gramm des Chlorcalciums zur Neutralisation 1,25 CC. Säure = 4,6 Milligr. HCl. Eine Wiederholung dieses Versuches gab dasselbe Resultat. Nimmt man an, dass die alkalische Reaction von einer Spur $\text{€a}H_2\Theta_2$ herrührte, so ergibt sich, dass das Chlorcalcium 0,093 % $\text{€a}H_2\Theta_2$ enthielt.

Weiter enthielt das Chlorcalcium Spuren von Calciumsulfat, von Eisen, und von Kalium- und Natriumchlorid, zu wenig aber zur quantitativen Bestimmung. Von Ammoniak oder Ammoniumchlorid war es völlig frei; beim Destilliren einer Lösung von 5 Grm. des Salzes mit Kalilauge wurde ein vollkommen neutrales Destillat erhalten. Auch das ursprüngliche Chlorcalcium enthielt keine Spur von NH_3 oder NH_4Cl.

Das angewandte Chlorcalcium hatte also folgende procentische Zusammmensetzung:

$$
\begin{array}{rl}
73,69 \% & CaCl_2, \\
0,09 \; « & CaH_2O_2, \\
26,22 \; « & H_2O, \\
\hline
100 \quad \% &
\end{array}
$$

welche, nach Abzug der Spur von CaH_2O_2, zur Formel führt:

$$CaCl_2 + 2,19\, H_2O.$$

Im Vorhergehenden haben wir also gesehen, dass Chlorcalcium die Luft bei verschiedenen Temperaturen in sehr verschiedenem Maasse trocknet. Noch auf eine andere, und zwar mehr directe Weise habe ich dies zu zeigen versucht, indem ich Luft, welche schon über Chlorcalcium bei einer bestimmten Temperatur so weit möglich getrocknet war, durch mehrere, mit gleichwerthigem Chlorcalcium gefüllte Röhren führte, und diese verschiedenen Temperaturen aussetzte. Kommt die Luft in Berührung mit kälterem Chlorcalcium, so nimmt dieses von neuem Wasser auf; gelangt sie in eine Röhre mit wärmerem Chlorcalcium, so gibt dieses hingegen Wasser ab.

Zur Ausführung dieses Versuches füllte ich acht U-förmige Röhren von den Seite 128 genannten Dimensionen mit Chlorcalcium aus einer Flasche (mit 26 % Wassergehalt). Um ganz sicher zu sein, dass die Röhren alle gleichwerthiges Chlorcalcium enthielten, liess ich etwa 100 Liter von Kohlensäure und Ammoniak befreite, feuchte Luft durch diese acht Röhren streichen. Die drei ersten wurden dann, weil sie theilweise feucht geworden waren, erneuert (mit Chlorcalcium aus derselben Flasche), und ich liess, nachdem ich die 4., 5., 6., 7. und 8. Röhre, — welche ich **a**, **b**, **c**, **d** und **e** nennen will, — gewogen hatte, wieder feuchte Luft durchströmen Diese wurde hier und bei den nächst folgenden Versuchen nicht durch die Röhren gesaugt, sondern gepresst. Der ganze Apparat hatte die Temperatur von 17°. Nachdem 50 Liter Luft durchgeströmt waren, hatte keine der Röhren **a**—**e** ihr Gewicht um mehr als 0,0001 Gramm geändert. Das Chlorcalcium in diesen Röhren war also wirklich vollkommen gleichwerthig*).

Ich setzte dann diese Röhren verschiedenen Temperaturen aus, indem ich einige derselben entweder mit schmelzendem Eise umgab oder in warmes Wasser tauchte, dessen Temperatur möglichst constant erhalten wurde. Im letzteren Falle wurde die Temperatur dieses Wassers jede 5 oder 10 Min. abgelesen, und daraus die Mitteltemperatur abgeleitet. Die andern Röhren waren der Zimmertemperatur ausgesetzt. Nach dem Durchströmen der Luft zeigten die Chlorcalciumröhren jetzt eine Gewichtsänderung, und zwar im angedeuteten Sinne, wie sich aus folgenden Zahlen ergibt. Bei jedem Versuche wurden 50 Liter Luft in etwa 2 Stunden durchgepresst. Das Zeichen + bedeutet eine Gewichtszunahme, das Zeichen — eine Gewichtsabnahme.

I.

Temperatur des Zimmers: 16⁰,9.

Röhre.	Temperatur.	Gewichtsänderung.
a. . . .	16⁰,9	0,0000 Grm.
b. . . .	0⁰ . . .	+ 0,0452 «
c. . . .	30⁰,2 . . .	— 0,1565 «
d. . . .	0⁰ . . .	+ 0,1559 «
e. . . .	16⁰,9 . . .	— 0,0442 «
	Summe	+ 0,0004 Grm.

Während also die Röhre a, welche dieselbe Temperatur hatte wie die drei vorhergehenden, nicht gewogenen Chlorcalciumröhren, ihr Gewicht nicht änderte, nahm die Röhre b, welche kälter war, noch 0,0452 Grm. Wasser auf; die Röhre c, welche viel wärmer war, gab 0,1565 Grm. Wasser ab; d, welche wieder dieselbe Temperatur hatte wie b, nahm eben so viel auf als c verloren hatte, während e, welche dieselbe Temperatur hatte wie a, so viel abgab, dass die algebraïsche Summe sämmtlicher Gewichtsänderungen wieder = 0 war.

*) Das Volum von 50 Liter feuchte Luft wurde in 58 Min., also etwa in 1 Stunde, durchgepresst. Man sieht aus diesem Versuche, wie schnell das Chlorcalcium, wenn es nur feinkörnig und die Länge der Röhren nicht zu klein ist, den Wasserdampf, welchen es aufzunehmen fähig ist, aufnimmt; denn trotz der grossen Geschwindigkeit des Luftstromes hatte die dritte Chlorcalciumröhre nur einige Milligramme, die vierte und die folgenden aber Nichts an Gewicht zugenommen.

Nach Ablauf dieses Versuches war das Chlorcalcium in den verschiedenen Röhren natürlich nicht mehr absolut gleichwerthig. Ich stellte die Röhren dann derweise, dass diejenige, welche erst kälter gewesen war als die Temperatur des Zimmers, jetzt erwärmt wurde, und umgekehrt, wie sich aus der Stellung der Buchstaben a, b, u. s. w. bei den jetzt folgenden Versuchen ergibt.

II.

Temperatur des Zimmers: 16°,2.

Röhre.	Temperatur.	Gewichtsänderung.
a.	16°,2	0,0000 Grm.
c.	0°	+ 0,0407 «
d.	29°,0	— 0,1484 «
e.	0°	+ 0,1485 «
b.	16°,2	— 0,0403 «
	Summe	+ 0,0005 Grm.

III.

Temperatur des Zimmers: 15°,0.

Röhre.	Temperatur.	Gewichtsänderung.
a.	15°,0	0,0000 Grm.
c.	28°,8	— 0,1045 «
d.	15°,0	+ 0,1024 «
e.	25°,1	— 0,0627 «
b.	15°,0	+ 0,0646 «
	Summe	— 0,0002 Grm.

IV.

Temperatur des Zimmers: 15°,3.

Röhre.	Temperatur.	Gewichtsänderung.
a.	15°,3	0,0000 Grm.
d.	30°,5	— 0,1322 «
e.	— 5° *)	+ 0,1740 «
b.	26°,5	— 0,1204 «
c.	15°,3	+ 0,0781 «
	Summe	— 0,0005 Grm.

*) Die Röhre e war in eine Kältemischung von Glaubersalz und Salzsäure gestellt. Die Temperatur war nicht sehr constant; sie wechselte ab in der Mitte der Mischung von — 10° bis 0°.

Als ich dann alle Röhren wieder der Zimmertemperatur (18°,5) aussetzte und wieder 50 Liter Luft durchführte, behielten sie ihre respective Gewichte bis auf einige Zehntel-Milligramme bei.

Aus diesen Versuchen geht auf's Deutlichste der Einfluss hervor, welchen die Temperatur auf das Trocknen eines Gases durch Chlorcalcium ausübt. In einem System mit gleichwerthigem Chlorcalcium gefüllter Röhren kann man, beim Durchgang eines Gases, das schon vorher chlorcalciumtrocken gemacht ist, nach Belieben positive oder negative Gewichtsänderungen hervorrufen, je nachdem die verschiedenen Theile dieses Systems eine niedrigere oder eine höhere Temperatur besitzen. Ist die Temperatur beim Eingang des Systems dieselbe wie beim Ausgang, so ist die algebraïsche Summe dieser Gewichtsänderungen (bis auf die unvermeidlichen Wägungsfehler) immer = Null; ist aber die Temperatur beim Eingang eine andere als beim Ausgang, so erleidet das Gesammtgewicht des Systems eine positive oder negative Aenderung, je nach dem Temperaturunterschiede zwischen der ersteren und der letzteren Röhre. Die sich daraus nothwendig ergebenden Folgerungen in Bezug auf das Trocknen von Gasen durch Chlorcalcium sind zu deutlich, als dass es nöthig wäre, darauf hier näher einzugehen.

§. 5. Ueber das Trocknen der Luft durch Schwefelsäure und Phosphorsäureanhydrid.

Nach den Ergebnissen des vorigen Paragraphen war es die Frage, ob nicht die Schwefelsäure, sei es auch in geringerem Maasse, in Bezug auf das Trocknen eines feuchten Luftstromes vielleicht dieselben Erscheinungen zeige wie das Chlorcalcium. Dass concentrirte Schwefelsäure die Luft nicht absolut trocknet, war schon von R. Fresenius*) nachgewiesen, der zeigte, dass über Schwefelsäure möglichst getrocknete Luft an Phosphorsäureanhydrid noch eine Spur Wasser abgibt. Es war aber die Frage, ob die kleine Quantität Wasserdampf, welche nicht von der Schwefelsäure absorbirt wird, auch von der Temperatur beeinflusst wird. Ich stellte deshalb eine neue Versuchsreihe an, indem ich bei verschiedenen Temperaturen über concentrirte Schwefelsäure getrocknete Luft durch gewogene, mit Phosphorsäureanhydrid gefüllte Röhren führte.

Ehe ich aber zur Beschreibung dieser Versuche übergehe, will ich einige Bemerkungen über die Zusammensetzung der angewandten Schwefel-

*) Diese Zeitschrift 4, 177.

säure, so wie über die Einrichtung und das Wägen der $P_2\Theta_5$-Röhren vorausschicken.

Die Zusammensetzung der Schwefelsäure. — Alle in dieser Abhandlung erwähnten Schwefelsäureröhren waren gefüllt aus einer etwa 1 Liter käufliche Säure enthaltenden Flasche. Die Schwefelsäure war beinahe farblos; mit Eisensulfat gab sie nicht die geringste Verfärbung, und ebensowenig, nachdem sie mit Wasser verdünnt war, mit jodkaliumhaltigem Stärkekleister. Sie war also frei von salpetriger Säure. Hingegen entfärbte die verdünnte Schwefelsäure einige Tropfen einer verdünnten Lösung von Chamäleon minerale; schweflige Säure war aber nicht aufzufinden, und die genannte Entfärbung wurde also wohl von einer Spur organischer Substanz verursacht.

Zur Bestimmung des Wassergehaltes wurden 5—7 Gramm Säure mit einer Pipette möglichst schnell in ein gewogenes Becherglas gebracht, das gleich darauf mit einem Uhrglase bedeckt und wieder gewogen wurde. Die Säure wurde dann vorsichtig mit Wasser verdünnt und mit Kalilauge titrirt. Das Resultat von 3 Bestimmungen war:

1 Gramm Schwefelsäure neutralisirte:

I.	18,51	CC. Kalilauge.
II.	18,57	« «
III.	18,51	« «
Mittel . . .	18,53	CC. Kalilauge.

Die angewandte Kalilauge war sogenannte normale; sie war aber schon einige Jahre aufbewahrt, und deshalb wurde sie von Neuem mit Salzsäure titrirt, deren Gehalt mittelst reinen Silbers festgestellt war. Es ergab sich, dass

1 CC. Kalilauge = 49,41 Milligr. $H_2S\Theta_4$.

Demnach war 1 Gramm Schwefelsäure $= 18{,}53 \times 0{,}04941 = 0{,}9155$ Gramm $H_2S\Theta_4$.

Weiter hinterliessen 10 Grm. Schwefelsäure beim Abdampfen in einer Platinschale 0,0135 Grm. Rückstand, der wohl als Bleisulfat zu betrachten ist.

Die Zusammensetzung der Schwefelsäure war also folgende:

91,5 %	$H_2S\Theta_4$
0,1 «	$PbS\Theta_4$
8,4 «	$H_2\Theta$
100 %	

woraus sich die Formel ergibt: $H_2S\Theta_4 + 0{,}50\,H_2\Theta$.

Die Einrichtung der Phosphorsäureröhren*). — Es hat mir viel Mühe gekostet, diese Röhren so einzurichten, dass der Luftstrom mit nicht zu kleiner Geschwindigkeit durchgeht. Das $P_2 \Theta_5$ ballt sich nämlich, insbesondere wenn die Röhre ganz damit angefüllt ist, schon beim Anfang des Luftstromes sehr leicht zusammen und bietet demselben dann einen ausserordentlich grossen Widerstand. Falls der Druck nicht sehr gross ist, geht die Luft dann nur äusserst langsam hindurch. Schliesslich bin ich bei folgender Einrichtung stehen geblieben. Ich wähle gerade Röhren, wie sie für Chlorcalcium üblich sind, mit einer Kugel, und fülle sie nur so weit mit $P_2 \Theta_5$ an, dass, wenn man die Röhre vertical hält, während die Kugel nach oben gekehrt ist, letztere fast ganz leer bleibt. Die Röhre wird mit lockeren Baumwolle- oder Asbestpfropfen**) versehen, und, wie üblich, mit einem durchbohrten und nachher übersiegelten Korkstopfen verschlossen. Beim Gebrauch wird sie in schräger Richtung gestellt, etwa unter einem Winkel von 45^0, mit der Kugel nach oben, und die Luft tritt am Korkende ein, verlässt die Röhre also an dem in der Nähe der Kugel ausgezogenen Ende. Wenn nun der Luftstrom das $P_2 \Theta_5$ hinauftreibt, kommt dieses in die Erweiterung der Kugel und fällt, insbesondere beim Klopfen, leicht zurück ohne sich zusammenzuballen, und der Widerstand, welchen der Luftstrom erfährt, obgleich immer grösser als in einer $\mathrm{\Theta a Cl_2}$- oder $H_2 S\Theta_4$-Röhre, ist nicht hinderlich mehr. Meistens bläst die Luft in dem flockigen $P_2 \Theta_5$ einen kleinen Kanal; dreht man dann die Röhre ein wenig um ihre Längsaxe, unter sanftem Klopfen während der Luftstrom durchgeht, so wirbelt das $P_2 \Theta_5$ wie Schneeflocken umher, und der kleine Kanal bildet sich meistens an einer andern Stelle. Obgleich es vielleicht überflüssig war, habe ich doch bei meinen Versuchen die $P_2 \Theta_5$-Röhren etwa jede Viertelstunde auf diese Weise umgedreht.

Ich hatte diese Versuche schon beendet, als die Arbeit A. Mitscherlich's über «Elementaranalyse mittelst Quecksilberoxyds***)» zu meiner Kenntniss kam. Derselbe bedient sich zur Wasseraufnahme ebenfalls einer Phosphorsäureröhre, und füllt dieselbe, wie aus seiner Be-

*) Für die mit $P_2 O_5$ gefüllten Röhren behalte ich den üblichen Namen bei.

**) Wenn die $P_2 \Theta_5$-Röhren nur dazu dienen, um Spuren von Wasserdampf aufzunehmen, sind Pfropfen von Baumwolle ganz brauchbar. Bei grösseren Quantitäten Wasserdampf sind Asbestpfropfen vorzuziehen.

***) A. Mitscherlich, Chemische Abhandlungen, 3. Heft, 1875.

schreibung*) hervorgeht, auch nicht ganz mit $P_2Θ_5$ an. Er stellt aber die Röhre horizontal. Wahrscheinlich macht der grosse Druck in der Verbrennungsröhre einer Elementaranalyse die von mir empfohlene schräge Stellung unnöthig.

Das Wägen der Phosphorsäureröhren. — In Bezug auf das Wägen dieser Röhren möchte ich noch Folgendes erwähnen, umsomehr weil es sich auch auf andere Absorptionsröhren (Chlorcalcium, Schwefelsäure u. s. w.) bezieht. Es ist öfters empfohlen worden**), die Absorptionsröhren verschlossen zu wägen, weil sie, wenn sie offen auf der Wage liegen, ihr Gewicht fortwährend ändern. Es versteht sich, dass ein Verschluss mit eingeriebenen Glasstöpseln wohl der allerbeste wäre; doch muss ich hier bemerken, dass Kautschukkappen (kurze Kautschukröhrchen, in denen ein massives Glasstäbchen steckt) zum Verschliessen der Absorptionsröhren während des Wägens bei genauen Gewichtsbestimmungen ganz unbrauchbar sind, denn die wiederholt bestimmten Gewichte zweier $P_2Θ_5$-Röhren, welche mit Kautschukkappen verschlossen waren, zeigten mir öfters Differenzen von mehr als ein Milligr. Der Kautschuk ist nämlich eine Substanz, welche viel hygroskopischer ist als man gewöhnlich annimmt. Drei Röhrchen von bestem, braunrothem, englischem Kautschuk, wie ich sie zur Verbindung der Absorptionsröhren u. s. w. anwende, welche zwei Monate in einem Exsiccator aufbewahrt waren und jede von etwa 1 Gramm Gewicht, erlitten, als ich sie in feuchte aber nicht gesättigte Luft stellte, in 1 Tag eine Gewichtszunahme von 1%, in 6 Tagen von 1,5%. Die Temperatur war 17°—19°. In trockener Luft erreichten sie, sehr allmählich, ungefähr ihr früheres Gewicht wieder***). — Kautschukkappen konnte ich also, während des Wägens, nicht anwenden. Da mir keine eingeriebenen Glasstöpsel zu Dienste standen, habe ich es vorgezogen, die Absorptionsröhren offen zu wägen, und konnte dies um so sicherer thun, weil es sich ergab, wie äusserst langsam die feuchte, atmosphärische Luft durch die engen Glasröhrchen zum hygroskopischen Inhalt hinein diffundirt. Als ich nämlich eine $P_2Θ_5$-

*) Seite 24 seiner Abhandlung.

**) Neuerdings noch von Laspeyres, Journ. f. prakt. Chem. [2], 11, 41.

***) Das ursprüngliche Gewicht kehrte aber niemals vollkommen zurück. Auch nachdem sie 10—12 Tage in trockner Luft verweilt hatten, waren die Röhrchen jede noch 0,9—1,3 Milligr. schwerer als früher, und die Gewichte nahmen nicht mehr ab. Ich vermuthe, dass hierbei eine langsame Oxydation des Kautschuks stattfindet.

Röhre offen auf die Wage legte, sie einige Minuten liegen, sie dann, ohne sie zu berühren, von Zeit zu Zeit wog, fand Gewicht nur äusserst langsam zunahm. Eine zweite $P_2\Theta_5$-Rö sich ebenso; wie folgende Zahlen zeigen.

	Temperatur.	Gewichtszunahme i. Milligrammen. $P_2\Theta_5$-Röhre I.	$P_2\Theta_5$-Röhre II.
in der 1. Stunde	19°	0,4	0,4
« « 2. «	19°	0,4	0,5
« « 3. «	19°	0,4	0,4
« « 4. «	19°	0,4	0,4
« noch 20 Stunden	17°—19°	6,1	7,6
also in 24 «		7,7	9,3
in noch 24 «	17°—18°	6,4	8,6
« « 24 «	17°—18°	6,5	8,8

Der innere Durchmesser der Zu- und Ableitungsröhrchen betrug bei diesen $P_2\Theta_5$-Röhren 2,7 Millim. und die Länge derselben 3—4 Centim. Innerhalb des Wagekastens, worin die Röhren verweilten, befand sich keine die Luft trocknende Substanz.

Man sieht, wie klein diese Gewichtszunahmen sind. Ich brachte dann mehrere offene Absorptionsröhren in gesättigte Luft, indem ich sie in einen durch Wasser abgesperrten Raum neben eine grosse Schale mit Wasser stellte. Nach Ablauf von je 24 Stunden wurden die Röhren abgewischt und, etwa 10 Minuten nachdem sie, jede für sich, an dem Wagebalken aufgehängt war, gewogen. Auf diese Weise habe ich mit 10 Absorptionsröhren (3 Chlorcalcium-, 4 Schwefelsäure- und 3 Phosphorsäureröhren) im Ganzen etwa 150 Wägungen angestellt. Von den beobachteten Gewichtszunahmen theile ich nur folgende mit, und zwar, wie die vorigen, in Milligrammen; die nicht erwähnten waren alle noch kleiner. Die Schwefelsäureröhren wurden nach jeder Wägung dermaassen gedreht, dass die oberen Glaskorallen von Neuem mit der concentrirten Säure benetzt wurden. — Die Durchmesser und die Länge der Eingangsröhrchen sind am Fusse nächstfolgender Tabelle angegeben.

[illegible]die Röhre hängen lässt, ändert sich [illegible] meistens nicht um 0,1 Milligr. [illegible]n, dass die Reduction [illegible]nahme der Absorptions- [illegible]rn kann, indem z. B. [illegible]ıft, ein Unterschied [illegible]ne leicht mögliche [illegible]Millim. im Baro- [illegible] mitgetheilten [illegible], weil sie [illegible]ht haben [illegible] ange- [illegible] Re- [illegible] als [illegible] in

Temperatur.	Gew[illegible] in [illegible] H_2SO_4-R[illegible] I.	II.			
19⁰—20⁰	. . .	. . .	. . .		
19⁰—20⁰	. . .	. . .	. . .		
19⁰—20⁰	. . .	. . .	. . .		
17⁰—19⁰	10,6	11,4	8,5		
17⁰—18⁰	10,1	11,1	8,1		
17⁰—18⁰	10,1	10,7	8,2		
15⁰—17⁰	9,3	10,0	7,4	8,[illegible]	
13⁰—15⁰	8,5	9,0	6,7	7,6	
14⁰—16⁰	8,7	9,4	7,0	7,7	
10⁰—11⁰	6,4	6,8	5,1	5,6	
7⁰—10⁰	5,3	5,6	4,3		
5⁰— 6⁰	4,2	4,5	3,5		
14⁰—16⁰	8,8	9,4	7,1.		
Durchmesser der Eingangsröhrchen in Millim.	2,4	3,1	3,1	2,4	2,7
Länge derselben in Millim.	32	50	75	40	30

Man sieht, dass die Gewichtszunahmen, wie zu erwarten war, mit der Temperatur abnehmen. Die beobachteten Zahlen sind der Quantität Wasserdampf, welche die Luft bei Sättigung enthält, nahezu proportional. Bei zwei Schwefelsäureröhren habe ich die Gewichtszunahmen in gesättigter Luft sogar 30 Tage verfolgt; sie blieben immer von derselben Ordnung und nahmen bei steigender Temperatur wieder zu. Ob die Schwefelsäure das Lumen der Röhre abschloss oder nicht, machte keinen Unterschied. Bei den verschiedenen Röhren zeigte sich die Gewichtszunahme um so kleiner, je enger die Eingangsröhrchen und je länger dieselben waren. Eine P_2O_5-Röhre, bei welcher dieselben 100 Millim. lang und nur 1,5 Millim. weit waren, nahm, als sie ohne Verschluss aufbewahrt wurde,

in 120 Stunden bei 14⁰—16⁰ in atmosphär. Luft nur 6,0 Milligr.
» 120 « « 14⁰—16⁰ « gesättigter « « 7,6 «

an Gewicht zu.

Die grösste beobachtete Gewichtszunahme bei diesen verschiedenen Absorptionsröhren betrug also in 24 Stunden nicht mehr als 12,9 Milligr.

Röhre offen auf die Wage legte, sie einige Minuten liegen liess und sie dann, ohne sie zu berühren, von Zeit zu Zeit wog, fand ich, dass ihr Gewicht nur äusserst langsam zunahm. Eine zweite $P_2 \Theta_5$-Röhre verhielt sich ebenso; wie folgende Zahlen zeigen.

	Temperatur.	Gewichtszunahme in Milligrammen. $P_2 \Theta_5$-Röhre I.	$P_2 \Theta_5$-Röhre II.
in der 1. Stunde	19⁰	0,4	0,4
« « 2. «	19⁰	0,4	0,5
« « 3. «	19⁰	0,4	0,4
« « 4. «	19⁰	0,4	0,4
« noch 20 Stunden	17⁰—19⁰	6,1	7,6
also in 24 «		7,7	9,3
in noch 24 «	17⁰—18⁰	6,4	8,6
« « 24 «	17⁰—18⁰	6,5	8,8

Der innere Durchmesser der Zu- und Ableitungsröhrchen betrug bei diesen $P_2 \Theta_5$-Röhren 2,7 Millim. und die Länge derselben 3—4 Centim. Innerhalb des Wagekastens, worin die Röhren verweilten, befand sich keine die Luft trocknende Substanz.

Man sieht, wie klein diese Gewichtszunahmen sind. Ich brachte dann mehrere offene Absorptionsröhren in gesättigte Luft, indem ich sie in einen durch Wasser abgesperrten Raum neben eine grosse Schale mit Wasser stellte. Nach Ablauf von je 24 Stunden wurden die Röhren abgewischt und, etwa 10 Minuten nachdem sie, jede für sich, an dem Wagebalken aufgehängt war, gewogen. Auf diese Weise habe ich mit 10 Absorptionsröhren (3 Chlorcalcium-, 4 Schwefelsäure- und 3 Phosphorsäureröhren) im Ganzen etwa 150 Wägungen angestellt. Von den beobachteten Gewichtszunahmen theile ich nur folgende mit, und zwar, wie die vorigen, in Milligrammen; die nicht erwähnten waren alle noch kleiner. Die Schwefelsäureröhren wurden nach jeder Wägung dermaassen gedreht, dass die oberen Glaskorallen von Neuem mit der concentrirten Säure benetzt wurden. — Die Durchmesser und die Länge der Eingangsröhrchen sind am Fusse nächstfolgender Tabelle angegeben.

Temperatur.	Gewichtszunahmen in Milligrammen, in je 24 Stunden, in gesättigter Luft. $H_2S\Theta_4$-Röhren. I.	II.	III.	$CaCl_2$-Röhre. IV.	$P_2\Theta_5$-Röhre. V.
19°—20°	. . . .	. . . .	. . . .	10,1	12,6
19°—20°	. . . .	. . . .	. . . .	10,3	12,9
19°—20°	. . . .	. . . .	. . . .	9,7	12,1
17°—19°	10,6	11,4	8,5	9,4	11,6
17°—18°	10,1	11,1	8,1	9,1	10,8
17°—18°	10,1	10,7	8,2	9,1	11,0
15°—17°	9,3	10,0	7,4	8,2	9,6
13°—15°	8,5	9,0	6,7	7,6	8,5
14°—16°	8,7	9,4	7,0	7,7	9,0
10°—11°	6,4	6,8	5,1	5,6	6,7
7°—10°	5,3	5,6	4,3		
5°— 6°	4,2	4,5	3,5		
14°—16°	8,8	9,4	7,1.		
Durchmesser der Eingangsröhrchen in Millim.	2,4	3,1	3,1	2,4	2,7
Länge derselben in Millim.	32	50	75	40	30

Man sieht, dass die Gewichtszunahmen, wie zu erwarten war, mit der Temperatur abnehmen. Die beobachteten Zahlen sind der Quantität Wasserdampf, welche die Luft bei Sättigung enthält, nahezu proportional. Bei zwei Schwefelsäureröhren habe ich die Gewichtszunahmen in gesättigter Luft sogar 30 Tage verfolgt; sie blieben immer von derselben Ordnung und nahmen bei steigender Temperatur wieder zu. Ob die Schwefelsäure das Lumen der Röhre abschloss oder nicht, machte keinen Unterschied. Bei den verschiedenen Röhren zeigte sich die Gewichtszunahme um so kleiner, je enger die Eingangsröhrchen und je länger dieselben waren. Eine $P_2\Theta_5$-Röhre, bei welcher dieselben 100 Millim. lang und nur 1,5 Millim. weit waren, nahm, als sie ohne Verschluss aufbewahrt wurde,

in 120 Stunden bei 14°—16° in atmosphär. Luft nur 6,0 Milligr.
« 120 « « 14°—16° « gesättigter « « 7,6 «

an Gewicht zu.

Die grösste beobachtete Gewichtszunahme bei diesen verschiedenen Absorptionsröhren betrug also in 24 Stunden nicht mehr als 12,9 Milligr.

und dieses Maximum wurde allein erreicht bei den ungünstigsten Verhältnissen, nämlich in gesättigter Luft und der höchsten Temperatur. Pro Stunde berechnet beträgt das beobachtete Maximum nur 0,54, und pro Minute nur 0,009 Milligr. Sogar in dem Falle, dass eine Wägung 10—15 Minuten dauerte, — und längere Zeit wird man doch wohl niemals dazu brauchen, — würde also die durch Diffusion der feuchten, atmosphärischen Luft in die offene Absorptionsröhre verursachte Gewichtszunahme höchstens nur etwa 0,1 Milligr. betragen, und fällt dieselbe also ganz innerhalb der Grenzen der Wägungsfehler.

Viel grössere Gewichtsänderungen hingegen zeigen die Absorptionsröhren, wenn sie, in Bezug auf Temperatur und Feuchtigkeit der Glasoberfläche, nicht den Gleichgewichtszustand mit der äusseren Luft angenommen haben. Regnault hat es schon gesagt*): »Der geringste Unterschied zwischen der Temperatur der äusseren Luft und der des Apparats zur Zeit der Wägung, der gar nicht zu vermeiden ist, verursacht einen merklichen Fehler. Endlich kann sich die ungemein hygroskopische Glasfläche der Apparate bei den beiden Wägungen mit einer ungleichen Schicht Feuchtigkeit bekleiden.« Wenn man eine Glasröhre, welche schon einige Zeit auf der Wage verweilt und also vollkommen den Gleichgewichtszustand mit der äusseren Luft angenommen hat, genau wägt und sie dann mit einem trocknen Tuche abwischt, — wodurch das Glas meistens etwas erwärmt und die Schicht Feuchtigkeit zum Theil fortgenommen wird, — so hat das Gewicht, gleich darauf, oft um mehr als ein Milligramm abgenommen. Die Glasoberfläche condensirt nämlich weniger Wasserdampf aus der Luft, wenn sie etwas erwärmt, als wenn sie kalt ist. Während nun das Glas allmählich wieder die Temperatur der Luft in der Wage annimmt, wird von Neuem Wasserdampf condensirt, und das frühere Gewicht kehrt vollkommen zurück. Ich glaube, dass die beim Wägen von offenen Absorptionsröhren öfters beobachtete Gewichtszunahme meistens nur dieser Ursache zuzuschreiben ist.

Meiner hier mitgetheilten Erfahrungen wegen habe ich also die Absorptionsröhren immer auf folgende Weise gewogen. Nachdem die Röhre im verschlossenen Zustande die Temperatur des Wagezimmers angenommen hatte, wurde sie, wenn nöthig, abgewischt und offen an dem Wagebalken aufgehängt; um jeden etwa dabei verursachten Temperaturunterschied möglichst zu beseitigen, wurde dann erst nach 10—15 Minuten

---

*) Ann. Chim. Phys. [3], 15, 153. — Pogg. Ann. 65, 151.

das Gewicht bestimmt. Wenn man die Röhre hängen lässt, ändert sich das Gewicht in einer weiteren Viertelstunde meistens nicht um 0,1 Milligr.

Schliesslich muss ich noch daran erinnern, dass die Reduction auf den luftleeren Raum die Gewichtszunahme der Absorptionsröhren leicht um mehrere Zehntelmilligramme ändern kann, indem z. B. bei mittlerer Temperatur, für 10 CC. verdrängte Luft, ein Unterschied von 0,1 Milligr. in der Gewichtszunahme schon durch eine leicht mögliche Aenderung von 2^0,2 in der Temperatur oder von 6,2 Millim. im Barometerstande verursacht wird. Bei den in den vorigen §§. mitgetheilten Versuchen habe ich indessen diese Reduction nicht angebracht, weil sie doch auf das Endresultat keinen bemerkbaren Einfluss gehabt haben würde. Nur bei einigen Versuchen mit $P_2\Theta_5$ habe ich dieselbe angebracht (Seite 164). Hier will ich nur noch bemerken, dass diese Reduction beim Wägen von offenen Röhren einen kleineren Einfluss hat als beim Wägen von verschlossenen Röhren, und dass ersteres also auch in dieser Hinsicht empfehlenswerther erscheint.

Das Aufbewahren der Absorptionsröhren. — Aus dem über die Hygroskopicität des Kautschuks Gesagten folgt, dass die Absorptionsröhren, wenn sie, mit Kautschukkappen verschlossen, aufbewahrt werden, allmählich an Gewicht zunehmen müssen. Es ist dies zuerst von Laspeyres*) beobachtet worden, der bei Chlorcalciumröhren, welche mit einem Kautschukstopfen verschlossen waren, eine tägliche Gewichtszunahme fand von 0,7—0,9 Milligramm. Ich kann diese Beobachtung von Laspeyres vollkommen bestätigen. Sehr oft habe ich mit Kautschukkappen verschlossene Chlorcalcium-, Schwefelsäure- und Phosphorsäureröhren während einiger Monate an der Luft liegen lassen und sie alle 10 Tage gewogen; sie zeigten alle eine mittlere tägliche Gewichtszunahme von 0,3—0,9 Milligr. Im Winter war diese Gewichtszunahme immer kleiner als im Sommer**), was sich aus dem verschiedenen Gehalt an Wasserdampf der Luft im Wagezimmer, das niemals geheizt wurde, erklärt.

*) Journ. f. prakt. Chem. [2], 11, 33 35; 12, 351. — Auch wenn die $\text{€a}Cl_2$-Röhre mit einem vollkommen gut schliessenden Korkstopfen verschlossen war, und auch wenn dieser mit Siegellack bedeckt war, fand Laspeyres eine tägliche Gewichtszunahme von ungefähr derselben Grösse.

**) Die mittlere tägliche Gewichtszunahme betrug z. B. bei derselben Chlorcalciumröhre, welche immer mit denselben Kautschukkappen verschlossen wurde, im Monate März bei niedriger Temperatur 0,31, im Juni 0,72 Milligramm; bei derselben Schwefelsäureröhre im März 0,30, im Juni 0,82 Milligramm.

Daraus folgt weiter, dass man am Besten thut, die Absorptionsröhren so viel möglich unmittelbar vor und unmittelbar nach den Versuchen zu wägen. Findet eine der Wägungen am folgenden Tage statt, so kann dadurch leicht ein Fehler von etwa 1 Milligr. verursacht werden. Alle in diesem Aufsatze erwähnten Wägungen habe ich deshalb möglichst kurz vor und nach den Versuchen ausgeführt; nur in dem Falle, dass die Absorptionsröhren einer höheren Temperatur als die im Wagezimmer ausgesetzt wurden, war ich genöthigt, ein Paar Stunden mit dem Wägen zu warten. — Die weiter folgenden Versuche mit den $P_2 \Theta_5$-Röhren fanden im Wagezimmer selbst statt, und konnten die Wägungen also unmittelbar ausgeführt werden.

Dass die Kautschukkappen keinen absoluten Verschluss darstellen, fand ich noch auf eine merkwürdige Weise bestätigt. Im abgelaufenen Sommer hatte ich nämlich zwei Schwefelsäure- und zwei Chlorcalciumröhren, welche alle vorher gewogen waren, in einen grossen Exsiccator neben eine Schale mit Schwefelsäure gestellt, damit sie beim Aufbewahren keine Feuchtigkeit aufnehmen möchten. Die Röhren waren alle mit Kautschukkappen verschlossen. Nachdem sie 56 Tage in dem Exsiccator verweilt hatten, wurden sie wieder gewogen, und es ergab sich, dass, während die beiden Schwefelsäureröhren ihr Gewicht bis auf 0,1 Milligr. unverändert beibehalten hatten, die eine Chlorcalciumröhre 4,4, die andere 4,0 Milligr. an Gewicht verloren hatte.

Die Phosphorsäureröhren habe ich immer in einem Exsiccator neben Schwefelsäure aufbewahrt, und dasselbe geschah mit den Kautschukkappen und den Verbindungsröhren von Kautschuk, wenn dieselben nicht benutzt wurden. Ich arbeitete also immer mit trockenem Kautschuk.

Nach dieser Abschweifung kehren wir zu unseren Versuchen zurück über das Trocknen der Luft durch Schwefelsäure und Phosphorsäureanhydrid. Bei dem ersten Theil dieser Versuche (No. 1—6, Seite 163) wurde die Luft mittelst des Aspirators durch folgende Apparate gesaugt:

a. durch eine Röhre mit Natronkalk;

b. durch eine Woulf'sche Flasche mit Schwefelsäure;

c. durch eine Woulf'sche Flasche mit destillirtem Wasser;

d. durch eine Chlorcalciumröhre, zur Aufnahme des grössten Theiles des Wasserdampfes;

e. durch zwei Schwefelsäureröhren, von denen die zweite gewogen war;

f. durch zwei gewogene Phosphorsäureröhren;

g. durch eine Woulf'sche Flasche mit Schwefelsäure zum Abschluss.

Die beiden Schwefelsäureröhren waren entweder, wie die andern Theile des Apparates, der Zimmertemperatur ausgesetzt, oder sie wurden in warmes Wasser getaucht. Die zweite Schwefelsäureröhre zeigte niemals eine merkbare Gewichtszunahme. Die Luft war also beim Eintritt in die Phosphorsäureröhren so vollständig getrocknet als Schwefelsäure sie zu trocknen vermag.

In jeder der Phosphorsäureröhren hatte die Schicht des $P_2 \Theta_5$ eine Länge von 4 Centimeter.

Ich erhielt folgende Resultate. Wegen der Kleinheit der Zahlen ist die Gewichtszunahme der $P_2 \Theta_5$-Röhren in Milligrammen angegeben.

Luft durchgesaugt.

Nummer des Versuches.	Temperatur des Zimmers.	Temperatur der beiden $H_2 S \Theta_4$-Röhren.	Dauer des Versuches in Stunden.	Durchgeströmte Luft in Litern.	Gewichtszunahmen der $P_2 \Theta_5$-Röhren. A.	B.
1	5°,0	5°,0	6	60,1	+ 0,7	+ 0,6
2	10°,4	10°,4	6	30,2	+ 0,6	+ 0,6
3	8°,8	20°	6	14,4	+ 0,5	+ 0,5
4	9°,0	20°	6	41,7	+ 0,6	+ 0,4
5	10°,8	30°	8	44,2	+ 1,3	+ 1,0
6	10°,6	30°	4	24,7	+ 0,3	+ 0,4
			Total	215,3	+ 4,0	+ 3,5.

Man sieht aus dieser Tabelle, dass die Gewichtszunahmen der $P_2 \Theta_5$-Röhren nur äusserst gering sind. Es zog aber meine Aufmerksamkeit auf sich, dass die Gewichtszunahme in keinem Zusammenhang mit der Quantität der durchgeströmten Luft zu stehen schien, dass sie hingegen bei längerer Dauer des Versuches um so grösser war. Dabei hatte die zweite Röhre fast ebensoviel aufgenommen wie die erste. Es war also die Frage, ob vielleicht die beiden $P_2 \Theta_5$-Röhren zu kurz waren um den Wasserdampf vollkommen zu absorbiren; oder ob vielleicht die kleinen Gewichtszunahmen nur von der kleinen Menge feuchter, atmosphärischer Luft herrühren konnten, welche die zur Verbindung der Theile des Apparates dienenden Kautschukröhrchen, in Folge ihrer Seite 157 und 161 erwähnten Durchdringbarkeit für feuchte Luft, ins Innere des Apparates durchgehen liessen. Letztere Frage kam um so mehr in Betracht, weil, wie gesagt, bei diesen Versuchen die Luft durch den Apparat gesaugt wurde, und also der Druck in dem Innern desselben kleiner war als der der Atmosphäre.

Ich stellte deshalb eine andere Versuchsreihe an, bei welcher die grösst mögliche Vorsorge getroffen wurde, damit keine feuchte Luft von Aussen in den Apparat eindringen konnte. Die Luft wurde jetzt, anstatt gesaugt zu werden, durch den Apparat gepresst. Dieselbe wurde durch Wasser aus einem grossen Gasbehälter verdrängt, aus dem sie also feucht austrat; sie passirte eine Natronkalkröhre, eine Chlorcalciumröhre, zwei Schwefelsäureröhren (von denen die zweite absolut Nichts an Gewicht zunahm) und darauf drei Phosphorsäureröhren (C, D und E). Die Länge der Schicht des $P_2 \Theta_5$ betrug:

in der $P_2 \Theta_5$-Röhre	C:	12 Centim.
« « « «	D:	12 «
« « « «	E:	6 «
Sämmtliche Länge des $P_2 \Theta_5$:		30 Centim.

Die dritte $P_2 \Theta_5$-Röhre E. war ursprünglich zum Abschluss bestimmt; sie wurde aber ebenfalls gewogen, und es ergab sich, indem ausserdem noch eine Woulf'sche Flasche mit Schwefelsäure zum Abschluss diente, dass sie, wie man unten sehen wird, gar Nichts an Gewicht zunahm.

Die zur Verbindung dienenden Kautschukröhrchen waren einige Wochen in einem Exsiccator über Schwefelsäure getrocknet. Bei der Darstellung der Verbindung der verschiedenen Absorptionsröhren wurde der Hahn des Gasbehälters schon einigermaassen geöffnet, sodass schon ein Strom von trockener Luft durchging; erst wurden die beiden Schwefelsäureröhren, und darauf, der Reihe nach, die Phosphorsäureröhren mit den vorigen verbunden. Der ganze Apparat war aufgestellt in dem (nicht geheizten) Wagezimmer neben der Wage; die $P_2 \Theta_5$-Röhren hatten also immer dieselbe Temperatur wie die Luft in der Wage, und wurden immer unmittelbar vor Anfang und nach Ablauf der Versuche gewogen. Die letzte Schwefelsäureröhre änderte ihr Gewicht nicht im Mindesten.

Ausserdem habe ich bei den Versuchen No. 7—16 die Gewichte der $P_2 \Theta_5$-Röhren, so weit es möglich war, auf den luftleeren Raum reducirt. Nach Ablauf der Versuche wurden die Röhren entleert und das Gewicht des Glases, des Korkstopfens und des Siegellacks, jedes für sich, bestimmt. Durch Differenz wurde das Gewicht des Phosphorsäureanhydrids gefunden. Leider ist mir das specifische Gewicht letztgenannter Substanz unbekannt; eine Angabe desselben habe ich nirgendwo auffinden können.

Indessen ergab es sich, dass die Reduction auf den luftleeren Raum für das Glas u. s. w. so ausserordentlich klein war, dass sie auf das Endresultat fast gar keinen Einfluss hatte. Das Glas, der Kork und das Siegellack verdrängten nämlich:

bei der $P_2\Theta_5$-Röhre C: 9,3 CC. Luft.
« « « « D: 8,8 « «
« « « « E: 7,2 « «

und da zwischen der ersten und der zweiten Wägung die Temperatur sich um höchstens 2°,2, der Barometerstand sich um höchstens 2,7 Millim. änderte, und dabei die Aenderungen der Temperatur und des Drucks oft im entgegengesetzten Sinne wirkten, so betrug die Reduction auf den luftleeren Raum für die Gewichts**änderungen** des Glases, des Korkes und des Siegellacks niemals mehr als 0,085 Milligr. Das Gewicht des $P_2\Theta_5$ betrug:

in der Röhre C: 4,7 Gramm.
« « « D: 5,3 «
« « « E: 2,4 «

und wenn man dessen specifisches Gewicht etwa = 1 annimmt, so geht aus dem Gesagten hervor, dass die Reductionen auf den luftleeren Raum für die Gewichts**änderungen** der angewandten $P_2\Theta_5$-Röhren **höchstens** 0,12 Milligr. betragen konnten. Meistens betrugen sie weniger als 0,05 Milligr.; nur bei den Versuchen No. 9, No. 10 und No. 12 wurde, dieser Reduction wegen, die Gewichtsänderung der Röhren C, D und E um 0,0001 Gramm verkleinert.

Mit den genannten Vorsorgen und indem ich die Wägungen mit der grössten Genauigkeit ausführte, erhielt ich die in folgender Tabelle zusammengestellten Resultate. Die Gewichtsänderungen sind wieder angegeben in Milligrammen.

Luft durchgepresst.

Nummer des Versuches.	Temperatur des Zimmers.	Temperatur der beiden $H_2S\Theta_4$ Röhren.	Dauer des Versuches in Stunden.	Durchgeströmte Luft in Litern.	Gewichtsänderungen der $P_2\Theta_5$-Röhren. C.	D.	E.
7	7°,5	7°,5	7	42	+ 0,1	+ 0,2	+ 0,1
8	10°,0	10°,0	6	51	— 0,1	— 0,1	— 0,2
9	12°,4	12°,4	6	33	+ 0,2	— 0,1	0,0
10	14°,0	18°	10	100	+ 0,3	0,0	
11	9°,1	20°	6	30	+ 0,2	0,0	+ 0,1
12	14°,8	25°	7	52	0,0	— 0,1	+ 0,1
			Total	308	+ 0,7	— 0,1	+ 0,1

Man sieht, wie ausserordentlich klein die Gewichtsänderungen der $P_2\Theta_5$-Röhren bei diesen Versuchen sind. Es kommen auch negative Gewichtsänderungen derselben vor und der grösste beobachtete Werth beträgt nur 0,3 Milligr., sodass man fast geneigt sein würde diese kleinen Schwankungen der Gewichte nur Wägungsfehlern zuzuschreiben, und also zu schliessen, dass die Schwefelsäure die Luft absolut trocknet. Ein Einfluss der Temperatur der Schwefelsäure ist nicht zu erkennen. Indessen betrug die totale Gewichtsänderung der ersten $P_2\Theta_5$-Röhre bei den sechs Versuchen + 0,7 Milligr., während die zweite und die dritte Röhre ihr Gewicht bis auf 0,1 Milligr. unverändert beibehalten hatten. Die erste $P_2\Theta_5$-Röhre hatte also doch Etwas aufgenommen, die zweite und die dritte aber Nichts. Man sieht jedoch, dass die Quantität Wasserdampf, welche nicht von der Schwefelsäure, wohl aber von dem Phosphorsäureanhydrid absorbirt wird, nur äusserst gering ist, indem sie für mehr als 300 Liter Luft nur 0,7 Milligr. betrug, d. i. im Mittel für 1 Liter Luft nur etwa 0,002 Milligr. Diese Grösse ist so ausserordentlich klein, dass sie sogar für 100 Liter Luft noch innerhalb der Grenze der möglichen Wägungsfehler fällt, und also bei gewöhnlichen Wasserbestimmungen völlig vernachlässigt werden kann.

Ein Einfluss der Temperatur der Schwefelsäure auf das Trocknen der Luft ist bei den genannten Versuchen Nr. 7—12 nicht zu erkennen. Die Temperaturen wechselten ab zwischen 7°,5 und 25°. Ausserdem hat Regnault *) gezeigt, dass die concentrirte Schwefelsäure auch bei sehr niedrigen Temperaturen eben so gut trocknet wie bei der gewöhnlichen Temperatur. Er führte nämlich erstens etwa 58 Liter bei 23°—24° **) mit Wasserdampf gesättigte Luft durch vier $H_2S\Theta_4$-Röhren, von denen die zwei ersten der Lufttemperatur (wahrscheinlich etwa 23°) ausgesetzt waren; die dritte war in Eis, die vierte in ein Gemenge von Eis und Chlorçalcium von — 30° getaucht. Die erste Röhre nahm 1,235 Grm. Wasser auf, die zweite nichts, und die dritte und vierte ebenfalls nichts. — Einen zweiten Versuch stellte Regnault folgenderweise an: Er trocknete die Luft durch drei U-förmige Röhren mit schwefelsaurem Bimsstein, jede 1 Meter lang, von denen die dritte in ein Gemenge von

*) Compt. rend. **20**, 1142. — Ann. Chim. Phys. (3), **15**, 152. — Pogg. Ann. **65**, 150.

**) Diese Temperatur, welche hier von Regnault nicht angegeben ist, habe ich abgeleitet aus dem Gewichte des Wasserdampfes und dem Volum der gesättigten Luft.

Eis und Chlorcalcium getaucht war. Die also vollkommen getrocknete Luft gelangte in eine gewogene, mit feuchtem Schwamm gefüllte Röhre, und darauf in zwei gewogene Schwefelsäureröhren. Die Röhre mit feuchtem Schwamm verlor 0,767 Grm.; die erste gewogene $H_2S\Theta_4$-Röhre gewann ebensoviel, die zweite nichts.

Ein gleiches Resultat wurde von P. A. Favre*) erhalten. Derselbe führte 40 Liter Luft, welche durch concentrirte Schwefelsäure bei + 18° getrocknet war, durch eine $P_2\Theta_5$-Röhre bei + 18° und durch eine $H_2S\Theta_4$-Röhre, welche der Temperatur von — 18° ausgesetzt war. Die beiden letzteren Röhren nahmen nichts an Gewicht zu. Wandte er, anstatt Luft, Wasserstoff oder Kohlensäure an, so waren die Resultate dieselben.

Aus diesen Versuchen geht hervor, dass die Schwefelsäure bei der gewöhnlichen Temperatur die Luft eben so vollständig trocknet wie bei — 30°.

Zwischen den Temperaturgrenzen von — 30° und + 25° trocknet also die Schwefelsäure die Luft so vollständig aus, dass diese an Phosphorsäureanhydrid nur noch kaum wägbare Spuren von Wasserdampf abgibt. Diese Spuren von Wasserdampf sind nur wägbar für einige Hunderte Liter Luft.

Anders verhält es sich wenn die Schwefelsäure einer höhern Temperatur ausgesetzt wird. Dieselbe trocknet dann, obgleich immer noch sehr gut, nicht mehr so vollständig, wie aus den in der folgenden Tabelle mitgetheilten Versuchen hervorgeht, welche ganz in derselben Art wie die Versuche Nr. 7—12 angestellt wurden.

Luft durchgepresst.

Nummer des Versuches.	Temperatur des Zimmers.	Temperatur der beiden $H_2S\Theta_4$-Röhren.	Dauer des Versuches in Stunden.	Durchgeströmte Luft in Litern.	Gewichtsänderungen der $P_2\Theta_5$-Röhren. C.	D.	E.
13	13°,1	30°	6	50	+ 0,4	— 0,1	+ 0,1
14	10°,0	32°	6	50	+ 0,6	0,0	— 0,1
15	13°,9	40°	6	50	+ 1,0	0,0	+ 0,1
16	15°,5	50°	6	50	+ 2,2	+ 0,1	— 0,1
			Total	200	+ 4,2	0,0	0,0

Bei Temperaturen von 30° und darüber wird also die Luft durch Schwefelsäure nicht so vollständig getrocknet wie unterhalb 30°. Die

*) Ann. Chim. Phys. [3], 12, 224.

Quantität Wasserdampf, welche durch Schwefelsäure nicht absorbirt wird, ist indessen bei 30° für 50 Liter Luft noch kaum merkbar; bei 40° beträgt sie 0,02, bei 50° 0,044 Milligr. für 1 Liter Luft. Wenn also das Volumen der Luft nicht mehr als 2—3 Liter beträgt, und man dieselbe trocknet durch Schwefelsäure, welche bis auf 50° erwärmt ist, wird der Wassergehalt noch, ohne Anwendung von $P_2 \Theta_5$, bis auf 0,1 Milligr. genau gefunden.

Schliesslich habe ich noch folgende vier Versuche angestellt, in der Absicht zu prüfen, wie schnell das Phosphorsäureanhydrid kleinere und grössere Quantitäten Wasserdampf aufnimmt*). Dazu wurde feuchte Luft gepresst durch zwei $H_2 S\Theta_4$-Röhren und eine $P_2 \Theta_5$-Röhre, in welcher das $P_2 \Theta_5$ eine Länge hatte von 12 Centim.; sie ging dann durch eine gewogene Röhre, welche eine Wasser abgebende Substanz enthielt und welche ich a nennen will, und darauf durch eine gewogene $P_2 \Theta_5$-Röhre b. Zum Abschluss diente eine andere $P_2 \Theta_5$-Röhre. Die Röhre a enthielt bei den Versuchen Nr. 17 und 18 wasserhaltiges Chlorcalcium; bei Nr. 19 und 20 wurde sie ersetzt durch ein gewogenes Kölbchen mit Wasser, an dessen Oberfläche die Luft entlang strich. Das $P_2 \Theta_5$ in der Röhre b hatte bei Nr. 17—19 eine Länge von 4, bei Nr 20 eine Länge von 12 Centim. Die Gewichtsänderungen sind hier in Grammen angegeben.

Nummer des Versuches.	Temperatur des Zimmers und aller Röhren.	Dauer des Versuches in Stunden.	Durchgeströmte Luft in Litern.	Gewichtsänderung: Röhre a.	$P_2 \Theta_5$-Röhre b.
17	14°,9	6	50	— 0,0508	+ 0,0509
18	16°,2	6	50	— 0,0553	+ 0,0555
19	14°,5	2	20	— 0,2464	+ 0,2462
20	15°,6	3	50	— 0,6575	+ 0,6574

Man sieht, dass bei allen Versuchen die Röhre b ebensoviel aufnahm als die Röhre a abgegeben hatte. Daraus geht hervor, wie schnell und wie vollkommen das $P_2 \Theta_5$ der Luft den Wasserdampf entzieht, sogar bei einer Geschwindigkeit des Luftstromes (Nr. 20) von etwa 17 Liter pro Stunde. Das $P_2 \Theta_5$ wurde am Eingangsende der Röhre b ganz feucht; am Ausgangsende aber blieb es bei den vier Versuchen vollkommen trocken.

*) Ich hatte diese Versuche (Nr. 17—20) schon angestellt, ehe Alex. Mitscherlich seine Seite 156 citirte Arbeit publicirt hatte. Derselbe hat ebenfalls (Seite 25 seiner Abhandlung) einige Versuche angestellt, aus welchen sich die schnelle und vollkommene Aufnahme von Wasserdampf durch $P_2 \Theta_5$ ergibt.

Die Resultate der in diesem Paragraphen mitgetheilten Versuche sind also:

1. Wenn man keinen Glasverschluss anwenden kann, thut man am Besten die Absorptionsröhren offen zu wägen. Bei nicht zu weiten und nicht zu kurzen Zuleitungsröhrchen geht die Diffusion der feuchten, atmosphärischen Luft in das Innere der Absorptionsröhren so langsam vor sich, dass die dadurch verursachte Gewichtszunahme bei den ungünstigsten Verhältnissen in $^1/_4$ Stunde nur etwa 0,0001 Gramm beträgt und meistens viel geringer sein wird. Viel grössere Fehler hingegen entstehen, wenn die äussere Glasoberfläche, in Bezug auf Temperatur und Feuchtigkeit, sich nicht mit der äusseren Luft ins Gleichgewicht gestellt hat.

2. Bei genauen Wasserbestimmungen ist es, in Bezug auf die Diffusion der feuchten, äusseren Luft durch die Kautschukröhrchen, besser die Luft durch die Absorptionsapparate zu pressen als zu saugen.

3. Concentrirte Schwefelsäure, welche nicht mehr als $^1/_2$ Molecül (8,4 %) Wasser enthält, trocknet, bei allen Lufttemperaturen bis etwa 25°, die Luft so vollständig aus, dass 100 Liter mittelst derselben getrocknete Luft an Phosphorsäureanhydrid nur noch etwa 0,0002 Gramm Wasser abgeben. Bei fast allen Wasserbestimmungen ist also die Quantität Wasserdampf, welche von concentrirter Schwefelsäure nicht absorbirt wird, so ausserordentlich klein, dass sie ganz innerhalb der Grenzen der möglichen Wägungsfehler fällt.

4. Erst bei höheren Temperaturen als 25° oder 30° trocknet concentrirte Schwefelsäure die Luft nicht mehr so vollständig. Jedoch beträgt die Quantität Wasserdampf, welche 1 Liter durch Schwefelsäure bei 50° getrocknete Luft noch enthält, viel weniger als 0,0001 Gramm.

Es bleibt schliesslich noch die Frage übrig, ob das Phosphorsäureanhydrid die Luft absolut*) trocknet. Ich habe in dieser Hinsicht keine Versuche angestellt, sondern will hier nur an einen sich auf diese Frage beziehenden Versuch von P. A. Favre**) erinnern. Derselbe führte möglichst vollständig durch Schwefelsäure getrockneten Sauerstoff durch eine glühende Röhre mit fein zertheiltem Kupfer, welches durch Reduction von Kupferoxyd mittelst Kohlenoxyds erhalten war; der Sauerstoff wurde in geringem Ueberschuss angewandt, und dieser Ueberschuss

*) Unter einem absolut getrockneten Gase verstehe ich ein Gas, das kein einziges Molecül $H_2\Theta$ enthält.

**) Ann. Chim. Phys. [3], 12, 225.

passirte zwei gewogene $H_2 SO_4$-Röhren. Wenn nun der in die Röhre mit Kupfer eintretende Sauerstoff überhaupt noch Wasser enthielt, so musste dieses, während der Sauerstoff sich mit dem Kupfer verband, von den gewogenen $H_2 SO_4$-Röhren absorbirt werden. Diesen Versuch stellte er zweimal an. Das erste Mal gaben 31 Liter Sauerstoff 0,0025 Gramm Wasser ab, das zweite Mal 23 Liter 0,0015 Gramm; d. i. für 1 Liter Sauerstoff 0,08 resp. 0,06 Milligr. Wasser. Berücksichtigt man, dass bei derartigen Versuchen eher zu viel als zu wenig Wasser gefunden wird, während Favre nicht angibt, welche Vorsorge er angewandt hat um dem Eindringen von Feuchtigkeit aus der äusseren Luft vorzubeugen, so geht daraus hervor, dass die von Favre gefundene Zahl eher zu gross als zu klein ist, und dass also die Quantität Wasserdampf, welche 1 Liter durch Schwefelsäure getrockneten Sauerstoffs, im absoluten Sinne, noch enthält, höchstens nur wenige Hundertel eines Milligramms betragen kann.

In folgender Art wäre die genannte Frage vielleicht vollkommen zu entscheiden. Man führe ein nicht zu kleines Volum eines Gases, von dem man vollkommen sicher ist, dass es absolut kein Wasser enthält, durch ein gewogenes, Wasser enthaltendes Kölbchen und darauf durch eine oder mehrere $P_2 O_5$-Röhren. Als absolut trockenes Gas wäre Sauerstoff zu wählen, den man aus vorher geschmolzenem, reinem Kaliumchlorat in einem bei grosser Hitze vollständig ausgetrockneten Apparate entwickeln könnte, und zwar mit den von J. S. Stas *) angegebenen Vorsorgen um die entweichenden Spuren von Chlor und Chlorkaliumdampf zurückzuhalten. Wenn nun das $P_2 O_5$ ebensoviel Wasser aufnimmt als das Kölbchen mit Wasser abgibt, so wäre der vollständige Beweis geliefert, dass das $P_2 O_5$ den Sauerstoff absolut zu trocknen vermag. Im entgegengesetzten Falle würde sich ergeben, wie viel Wasserdampf 1 Liter durch $P_2 O_5$ getrockneter Sauerstoff, im absoluten Sinne, noch enthält.

Aus dem Gesagten geht aber hervor, dass diese Quantität Wasserdampf, wenn sie überhaupt nicht gleich Null ist, doch nur einen äusserst kleinen Bruchtheil eines Milligramms betragen kann. Auch aus theoretischen Gründen wird man zu demselben Schlusse geführt.

Amsterdam, Nov. 1875.

---

*) J. S. Stas, Untersuchungen über die Gesetze der chem. Proportionen, übersetzt von L. Aronstein, S. 239.

Einige Bemerkungen zu der zweiten Abhandlung von Dr. Pillitz über Bodenabsorption.

Von

W. Knop.

Dr. Pillitz hat in dieser Zeitschrift 14, 282 eine zweite Reihe «Studien über Bodenabsorption» veröffentlicht und mich dadurch veranlasst, einige Punkte seiner Abhandlung weiter zu besprechen.

1. Zur Ausführung der Versuche bediente sich Dr. Pillitz der Methode der Verdrängung. Er gibt dieser Methode den Vorzug vor dem einfacheren Verfahren, die Erden in Glaskolben mit den Flüssigkeiten, aus welchen Salze absorbirt werden sollen, zu schütteln, und bezeichnet dieses letztere Verfahren als das meinige. Er scheint dabei vorauszusetzen, dass das von ihm befolgte von mir unberücksichtigt geblieben sei. Damit aber verhält es sich thatsächlich ganz anders. Das Verdrängungsverfahren hat Dr. Frank in Stassfurt zur Prüfung des Verhaltens des Chlorkaliums im Vergleich mit anderen Kalisalzen seiner Zeit angewandt und Dr. Treutler hat in gleicher Weise zwei grössere Versuchsreihen in meinem Laboratorium ausgeführt. Ich selbst habe aus sehr einfachen Gründen, nämlich der Uebereinstimmung willen mit der Methode der meisten meiner Vorgänger, das ältere Verfahren beibehalten, es rührt darum aber nicht von mir her.

2. Dr. Pillitz begründet sein Urtheil mit der Untersuchung einer einzigen Erde, «Thauerde aus dem Versuchsweingarten des pomologischen Institutes zu Geisenheim». Wie diese Erde beschaffen war, wie hoch ihr Verlust beim Glühen, wie gross die Gehalte an Kalksulfaten, an Kalk- und Talkerdecarbonat, an Quarzsand, Silicaten der Sesquioxyde und Monoxyde war, darüber finde ich in beiden Abhandlungen durchaus nichts angegeben. Ich will es aber den Lesern dieser Zeitschrift selbst überlassen, darüber zu entscheiden, welche Beweiskraft die Untersuchung einer einzigen Erde überhaupt hat und wie weit Dr. Pillitz beide Methoden mit einander auf experimentellem Wege verglich, um Anspruch auf Autorität bei einer solchen Beurtheilung machen zu können.

3. Dr. Pillitz findet bei seinen Absorptionsversuchen, dass die Geisenheimer Erde bei der Behandlung mit einer Salmiaklösung von 7 % Gehalt vollständig ausgesättigt wurde, so wie dass diese Erde die äquivalente Menge Kali absorbirte; jede Erde hat nach ihm für Kali,

Ammoniak und Phosphorsäure einen bestimmten Sättigungsgrad. Nothwendig ist aber dazu, dass alle diese Körper in Form neutraler Salze mit der Erde in Berührung kommen. Wenn diese Regel so allgemeine Gültigkeit hat, so wird Dr. Pillitz Niemand absprechen, dass er zur Kenntniss der Natur der Absorption einen schätzenswerthen Beitrag geliefert habe.

Anders aber verhält es sich, wenn Dr. Pillitz sein Verfahren als das richtige, das seiner Vorgänger dagegen als unrichtiges erklärt. Es kommt bezüglich der Richtigkeit denn doch wohl in Frage, in welcher Absicht und zu welchem Zweck man Absorptionsversuche anstellt.

Man kann ja sehr wohl die Absorption als rein physikalische Eigenschaft poröser Körper studiren. Ein Physiker, der sich für dieselbe interessirt, würde aber wohl schwerlich eine aus unbekannten Verhältnissen verschiedener Substanzen gemischte Erde, sondern ein homogenes Material, etwa Kohle oder einen Metallschwamm zu den Versuchen verwenden.

Was meine Vorgänger und mich anbetrifft, so hatten wir das ganz andere Ziel vor Augen, das Verhalten der Pflanzennährstoffe zur Ackererde aufzuklären, und ich glaube nicht, dass man daraus irgend Jemanden mit Recht einen Vorwurf machen kann.

Gesteht man uns aber diese Berechtigung zu, so dürften wir auch mit viel verdünnteren Lösungen arbeiten, als Dr. Pillitz vorschreibt, und zur Absorption nicht allein neutrale, sondern auch saure und basische Salze verwenden. Dr. Pillitz mag nur einmal ausrechnen, wie viele hundert Centner Kalisalz, Ammoniaksalz und Superphosphat man pro Acker als Dünger verwenden müsste, um eine Bodenflüssigkeit von 6 bis 15 % Salzgehalt herzustellen, für welche nach seiner Aussage sein Absorptionsgesetz allein Gültigkeit hat; er wird sich dadurch gewiss selbst überzeugen, dass es dem Pflanzenphysiologen und Landwirth ganz gleichgültig sein kann, wie sich so concentrirte Lösungen zur Ackererde verhalten, denn bei physiologischen Arbeiten wendet man Nährstofflösungen an von 0,5 bis 5,0 pro Mille Salzgehalt und auf dem Felde gewöhnlich 2 bis 3 Centner Kunstdünger pro Acker.

Ebenso hat keiner der Vorgänger von Dr. Pillitz je das Bedürfniss gehabt zu wissen, wie sich die neutralen löslichen Phosphate im Boden verhalten, denn bisher hat man bei physiologischen Versuchen immer das saure phosphorsaure Kali und auf dem Felde das Kalksuperphosphat in Anwendung gebracht.

Vergleicht man aber, was Dr. Pillitz über das Verhalten solcher verdünnter Salzlösungen zur Ackererde aussagt, mit den Erfahrungen seiner Vorgänger, so findet man gar keine wesentlichen Differenzen, und ich glaube, dass auch gar kein Grund vorliegt, in Hinblick auf das gesteckte Ziel die Richtigkeit der älteren Versuchsmethoden in Zweifel zu ziehen, denn darum, dass es für jede Erde eine Concentration der Salzlösung gibt, durch welche sie ausgesättigt wird, bleibt ja nach seiner eigenen Aussage das Resultat, da dieses bei verdünnteren Lösungen sich ganz anders verhält, auch richtig.

4. Seite 290 seiner Abhandlung sagt Dr. Pillitz: Im Allgemeinen scheinen die Bedenken Knop's in der Mangelhaftigkeit seiner analytischen Methode begründet.

Eigenthümlich ist es, dass Dr. Pillitz unter analytischer Methode das Verfahren versteht, wie man die Erde mit der Salzlösung behandelt. Was hier «Mangelhaftigkeit» anbetrifft, so hat deren die eine Methode gerade so viel als die andere. Von dieser Thatsache kann sich Jeder überzeugen, der einmal fünfzig bis hundert sehr verschiedener Erden untersucht und nicht bei der Prüfung von einigen wenigen Erden stehen bleibt.

5. Dr. Pillitz meint dann schliesslich noch bezüglich einer von mir allerdings ausgesprochenen Ansicht, dass man den Erden vielleicht ein Dissociationsvermögen zuschreiben müsste, es sei mit diesem Ausspruche das Räthselhafte der Ackererden seiner Aufklärung nicht näher gebracht.

Handelte es sich hier lediglich um eine aus der Luft gegriffene Behauptung, so würde ich gegen diese Auslassung nichts einwenden. indessen hat Dr. Pillitz dabei ausser Acht gelassen, dass ich zur Aufklärung des Verhaltens der Nährstofflösungen zur Ackererde mehrere Hunderte von Bestimmungen gemacht, über hundertundfünfzig Erden auf die Grösse ihrer Absorption und eine grössere Anzahl Erden zugleich auch quantitativ auf ihre näheren Bestandtheile untersucht habe. Jene Conjectur ist ein Ausdruck der bei dieser Arbeit gemachten Erfahrungen, keineswegs ein ohne Grund hingeworfenes leeres Wort.

6. Dass zwischen den Absorptionen des Ammoniaks und Kalis so nahe Beziehungen stattfinden, dass man aus der einen auf die andere schliessen kann, ist bereits bekannt. (Ich verweise auf meine Bonitirung der Ackererde S. 46—47). Es ergibt sich dieses Resultat ohne Weiteres aus der Vergleichung der vorhandenen Absorptionsversuche mit Kali- und Ammoniaksalzen und bildet eben den Grund, weshalb man sich bei der Untersuchung der Ackererden auf die am leichtesten ausführbare Prüfung

der Ammoniakabsorption beschränkt. Wenn aber Dr. Pillitz meint, dass es zum Studium der Absorption auch noch nothwendig sei, die Quantitäten Phosphorsäure zu bestimmen, welche eine Ackererde aufnimmt, so hat er dabei nicht überlegt, dass die Phosphorsäure ohne Weiteres durch die Carbonate der Kalk- und Talkerde aus der Lösung niedergeschlagen wird und dass man, um vergleichbare Resultate zu erhalten, die kalkarmen Erden mit Kreidepulver mischt. Dass die Phosphorsäure aber aus sauren phosphorsauren Salzen fast vollständig ausgefällt wird, wenn man nur genug Kreide anwendet, weiss man von vornherein. Eine kalkreiche Erde würde an und für sich schon die Phosphorsäure ausfällen und der Versuch also häufig nichts weiter aussagen, als dass die Erde kalkreich oder kalkhaltig sei, ein Resultat, das man bei der Bonitirung der Ackererden schon auf schnellerem und sicherem Wege quantitativ erhalten hat, und folglich in dieser unbestimmten Form ganz überflüssig ist. Da die übrigen Säuren, welche bei der Pflanzencultur in Betracht kommen, die Salzsäure, Schwefelsäure und Salpetersäure nicht merklich absorbirt werden, wenn ihre Lösungen so verdünnt sind, als es behufs der Ernährung der Pflanze zweckmässig ist, so hat es im Interesse der Pflanzenphysiologie auch gar keinen Sinn, die Zeit mit der Prüfung des Verhaltens der Säuren zur Ackererde weiter zu verlieren und dasselbe noch weiter zu verfolgen als es bereits geschehen ist. Selbstverständlich meine ich hier mit diesem Verhalten nur die Absorption der Säuren durch Ackererden.

Ausdrücklich will ich zum Schluss noch bemerken, dass bei allen meinen Versuchen Erden, welche sehr grosse Mengen, wesentlich mehr als 6 % Humus enthielten, ausgeschlossen blieben. Torf- und Moorerden verhalten sich den anderen Erden nicht gleich und machen wegen ihrer grossen wasserhaltenden Kraft und Mitwirkung der Humussäuren besondere Schwierigkeiten.

Nachträge zu der Abhandlung: Eine neue, die gleichzeitige quantitative Ermittelung des Chlors gestattende Methode zur Bestimmung von Phosphor und Schwefel in organischen Substanzen.

Von

G. Brügelmann.

I. Methode zur Bestimmung des Schwefels im Leuchtgase.

Die unter obigem Titel in dieser Zeitschrift **15**, 1—27 von mir mitgetheilte Methode zur Bestimmung von Phosphor, Schwefel und Chlor in organischen Substanzen (Verbrennung der Substanz durch Sauerstoff in einem an beiden Seiten offenen Verbrennungsrohre und Auffangen der gebildeten Phosphorsäure, Schwefelsäure und des Chlors in einer vorgelegten kurzen Schicht von gekörntem Aetzkalk) gibt, wie mir weitere Versuche gezeigt haben, auch ein einfaches Mittel ab, um den Gesammtgehalt des Schwefels im Leuchtgase zu bestimmen. Die Methode ist zwar in der oben erwähnten Abhandlung eingehend beschrieben und begründet worden und darf namentlich in letzterer Beziehung hiermit auf dieselbe verwiesen werden; gleichwohl soll an dieser Stelle nicht nur das specieller erörtert werden, wodurch der vorliegende Fall charakterisirt wird, also das Messen und Zuleiten des Gases zum Verbrennungsrohre, sondern auch das was ausserdem zur Ausführung des Versuches gehört, damit nach den betreffenden Angaben, auch ohne auf die frühere Abhandlung zurückzugreifen, mit Sicherheit experimentirt werden kann.

Was die bisher über den vorliegenden Gegenstand gemachten Angaben betrifft, so geht aus denselben hervor, dass von den bekannten Methoden zur Bestimmung des Schwefels im Leuchtgase keine zu allgemeinerer Anerkennung hat gelangen können.*)

Aus diesem Grunde und in der Absicht, für die Zwecke der chemischen Analyse ein zuverlässiges Verfahren für die in Rede stehenden Schwefel-

---

*) Nachstehend mache ich auf einige kleinere und grössere Mittheilungen in dieser Zeitschrift und in dem Journal für Gasbeleuchtung aufmerksam, welche theils die Beschreibung der bisher angewandten Bestimmungsmethoden, theils auch eine Kritik dieser Methoden enthalten:

In dieser Zeitschrift **2**, 441 findet sich eine kurze Beschreibung des Verfahrens von Lethcby (Chem. News 1868, Nr. 167 p. 73) und **7**, 371 eine eben bestimmungen anzugeben, theile ich meine nachstehend beschriebene Methode mit; denn dieselbe ist sämmtlichen übrigen Methoden entgegen nicht wie diese nur für die Untersuchung des Leuchtgases ausgearbeitet und benutzt worden, sondern hat zuvor ihre Brauchbarkeit auch bei Schwefelbestimmungen schwefelhaltiger organischer Substanzen der verschiedensten Art, insbesondere schwefelreicher Verbindungen von bekanntem Schwefelgehalte, erwiesen.

1. Aufsammeln und Messen des Gases.

Ungefähr 10 Ltr. Gas werden wohl immer genügen, um eine zur Schwefelbestimmung ausreichende Menge von Schwefelsäure zu erhalten.

---

solche der von W. Valentin angegebenen Methode (Chem. News 1868 Nr. 429, p. 89).

Die folgenden Angaben beziehen sich sämmtlich auf das Journal für Gasbeleuchtung:

1863, 353—355 sind enthalten Beschreibungen und Abbildungen der Apparate von F. J. Evans und Letheby zur Bestimmung des „Doppeltschwefelkohlenstoffs" im Leuchtgase.

1866, 470—477 findet sich eine Abhandlung: „Ueber die Mängel der gegenwärtig zur Bestimmung des Doppeltschwefelkohlenstoffs im Gase üblichen Apparate und Beschreibung eines neuen derartigen Apparates" von Alfred G. Anderson. In der Abhandlung werden u. A. die Fehlerquellen des Letheby'schen Verfahrens eingehend betrachtet, welches nach Anderson zu niedrige Resultate gibt.

1868, 347—352 findet sich die Beschreibung der Methode von Letheby und diejenige des Verfahrens von W. Valentin mit Abbildung. Die Valentin'sche Methode hat wie die von Anderson angegebene zum Zwecke, die Mängel des Letheby'schen Verfahrens zu beseitigen.

1868, 387 heisst es: „Ein neues Verfahren, den Schwefel im Gase zu bestimmen, ist von Herrn Valentin angegeben. Valentin wirft dem bekannten Verfahren von Dr. Letheby vor, dass es nicht den gesammten Schwefelgehalt im Gase angibt; es wird seiner Ansicht jedoch von Herrn Ellisen, dem Chemiker der Pariser Gasgesellschaft, widersprochen, der die Methode von Dr. Letheby für vollständig genau hält."

1869, 485 heisst es: „Die Controverse über die exacte Bestimmung des Schwefels im Gase ist heute noch nicht erledigt. —"

1871, 23 endlich wird in: „Erster Bericht der Londoner Gasprüfungs-Commission über die Schwefelfrage" gesagt: „Auch ist noch zu erwähnen, dass im Jahre 1867 eine Verbesserung an dem Letheby'schen Prüfungsapparat angebracht worden ist, durch welche der Schwefelgehalt vollständiger nachgewiesen wird, als es vorher der Fall war." Folgt Abbildung und Beschreibung des Apparates.

Man fängt das Gas über Wasser in einem grossen Glasballon auf, dessen Capacität bis zu der Stelle, an welcher der Hals beginnt, man vorher durch Einfüllen von Wasser mittelst Messgefässen festgestellt hat und der also das angegebene Gasquantum ungefähr zu fassen vermag. — Dass das Wasser als Sperrflüssigkeit benutzt wird, ist auf die Genauigkeit der Schwefelbestimmungen jedenfalls von keinem Einfluss, da das Gas in der Gasanstalt mit Wasser gewaschen und im Gasbehälter über Wasser aufbewahrt wird, ausserdem auch auf seinem Wege zu den Ausströmungsöffnungen noch weiterhin mit Wasser in Berührung kommt, der Einfluss desselben auf das Gas hierdurch also ohne Zweifel erschöpft worden ist. — Die betreffende Stelle, an welcher der Hals des Ballons beginnt, der beiläufig etwa 20 Cm. lang ist und einen inneren Durchmesser von annähernd 5 Cm. hat, versieht man mit einem Feilstrich. Der Hals wird ausserdem bis zu seiner Mündung in der Weise getheilt, dass man aus einer Bürette je 10 CC. Wasser zufliessen lässt und hierauf jedesmal in der Höhe der Wassersäule ebenfalls einen Feilstrich anbringt. Das Gas kann so bis auf 10 CC. und nach Augenmaass noch etwas darunter abgemessen werden, eine Genauigkeit, die in Anbetracht des grossen zur Untersuchung kommenden Volumens wohl mehr als genügend ist, denn bei dem Verbrauch von 10000 CC. Gas würde ein Zuviel oder Zuwenig von 10 CC. die Schwefelbestimmung nur um $^1/_{1000}$ beeinflussen.

Um das Gas in den Glasballon eintreten zu lassen, füllt man denselben zuerst mit Wasser fast vollständig und verschliesst ihn hierauf fest mit einem doppelt durchbohrten Kautschukstopfen, in den zwei gewöhnliche nicht zu enge Glasröhrchen eingepasst sind. Das eine derselben, etwa 15 Cm. lang, ragt nicht weiter in den Ballon als der Kautschukstopfen und ist oberhalb desselben spitzwinkelig umgebogen, das andere ist etwa 10 Cm. lang und reicht 1—2 Cm. über den Kautschukstopfen hinaus in den Ballon. Mit diesem Röhrchen steht ein Kautschukschlauch, mit dem zweiten durch Kautschukverschluss ein etwa 50—60 Cm. langes Glasrohr, an dessen anderem Ende ein kurzer Kautschukschlauch sich befindet, in Verbindung. Den am Ballon angebrachten Kautschukschlauch befestigt man an einem Wasserbehälter mit passender Ausflussöffnung oder der Wasserleitung und lässt Wasser so lange durchfliessen, bis die Luft aus dem ganzen Apparate verdrängt ist. Die Mündung des mit dem Glasrohre verbundenen kurzen Schlauchstückes, aus welcher das Wasser austritt, hält man nun etwas höher als das Ende des Schlauches, durch welches das Wasser eintritt, stellt dann den Wasserzufluss ab und verschliesst erst jetzt zuerst das am Glasrohr befindliche Schlauchstück, durch welches das Wasser austritt, alsdann auch den an der Leitung befindlichen Schlauch nahe dem dem Kautschukstopfen abgekehrten Ende durch zwei Mohr'sche Quetschhähne. Derjenige derselben, welcher den Kautschukschlauch verschliesst, muss für später zu erfüllende Zwecke auch als Schraubenquetschhahn brauchbar, also mit einer Stellschraube versehen sein.

Der Ballon wird jetzt in einem passenden Gestell, mit dem Halse nach unten, aufgehängt oder auch, da er in Folge der bedeutenden in ihm enthaltenen Wassermenge sehr schwer ist, in der Nähe der Gasleitung vorläufig niedergelegt. Das an demselben angebrachte Glasrohr setzt man, nachdem, um die Luft zu verdrängen, die Gasleitung schon vorher geöffnet worden, mit dieser in Verbindung, schiebt den Quetschhahn auf das Rohr um es zu öffnen, und entfernt alsdann zu gleichem Zweck auch den anderen Quetschhahn. Alsbald beginnt das Ausfliessen des Wassers auf dieser Seite und das Eintreten des Leuchtgases auf der anderen. Sobald der Ballon bis etwa zur Mitte des Halses mit Gas gefüllt ist, stellt man zuerst den Wasserabfluss, alsdann auch den Gaszutritt mittelst der beiden Quetschhähne, an derselben Stelle, welche sie vor der Füllung inne hatten, ein. — Es sei daran erinnert, dass man, damit kein Wasser in die Gasrohrleitung gelangen kann und ausserdem der Zutritt des Gases hierdurch erschwert oder selbst verhindert wird, dem Ballon während der Füllung eine etwas tiefere Lage gibt, als der Ausströmungsöffnung der Gasleitung. —

Zum Messen des Gasvolumens wird der Ballon in geeigneter Weise, etwa in einem grossen Filtrirgestelle hängend mit seinem Halse senkrecht in ein geräumiges mit der nöthigen Menge Wasser angefülltes Becherglas oder Standgefäss eingelassen, so dass der am Kautschukstopfen angebrachte Schlauch mit in das Wasser eintaucht, während das ebenfalls am Kautschukstopfen angebrachte Glasrohr aber ausserhalb des Becherglases oder Standgefässes bleibt. Man entfernt nun unter dem Wasserspiegel den den Kautschukschlauch schliessenden Quetschhahn, bringt die Flüssigkeiten darauf achtend, dass der Schlauch unter Wasser bleibt, im Becherglase und im Halse des Ballons durch geeignete Bewegung und Unterstützung des Glases ins Niveau, liest, sobald dieses nach Verlauf einiger Zeit constant bleibt, die Temperatur- und Druckverhältnisse über den beiden Flüssigkeitssäulen sich also ausgeglichen haben, das im Ballon befindliche Volumen ab und beobachtet die Temperatur des Arbeitsraums und den Barometerstand. Den Schlauch im Becherglase schliesst man endlich wiederum an derselben Stelle wie vorher und auch wieder unter dem Wasserspiegel durch den zugehörigen Schraubenquetschhahn.

Die Gasvolumina werden in der beschriebenen Weise, in Anbetracht ihrer bedeutenden Ausdehnung bei überaus geringem Gehalte an dem zu bestimmenden Bestandtheile mit sehr grosser Genauigkeit gemessen. Ihre Reduction auf gleichen Druck und gleiche Temperatur und unter Beachtung der Tension des Wasserdampfes wird wohl am einfachsten auf die angenommenen Normalverhältnisse, 0° C. und 760 Mm. Barometerhöhe ausgeführt *).

Im Uebrigen kann man sich selbstverständlich zum Messen des Gases, wie bei den anderen Methoden, auch hier einer Gasuhr bedienen; das Abmessen in einem Glasballon ist aber der grösseren Einfachheit des Apparates wegen sicherer und, da es unter genauer Berücksichtigung von Temperatur, Tension des Wasserdampfes und Luftdruck bewirkt werden kann, auch schärfer.

2. Beschickung des Verbrennungsrohres und Zusammensetzung des Apparates.

Das Beschicken des an seinen beiden Enden durch Erhitzen vor der Lampe von den scharfen Glaskanten befreiten Verbrennungsrohres, von etwa 12 Mm. innerem Durchmesser und 48 Cm. Länge, geschieht in folgender Weise: Das eine Ende desselben wird mit einem geeignet zusammengebogenen Platinblech geschlossen, welches man etwa 2 Cm. weit

---

*) Die Berücksichtigung von Temperatur, Tension des Wasserdampfes und Barometerstand ist für das richtige Verhältniss der gefundenen Schwefelmengen zu einander, wie nachstehende Zahlen beweisen, nicht überflüssig:

Ein Gasvolum von 10000 CC. vergrössert oder verringert seine Ausdehnung 1) für 20° C., je nachdem es um dieselben erwärmt oder abgekühlt wird, durch die Temperaturschwankung um etwa 700 CC., durch den Wechsel der Tension des Wasserdampfes um etwa 250 CC., 2) für 40 Mm. Barometerhöhe, je nachdem der Druck um dieselben zu- oder abnimmt um etwa 500 CC.

Zu vorliegendem Beispiel sind absichtlich hohe, fast die höchsten Schwankungen angenommen worden, welche sich bei dem Messen der Gasvolumina unter den gegebenen Verhältnissen einstellen werden. Wenn sich diese Schwankungen auch einerseits als Luftdruck, andererseits als Temperatur und als Tension des Wasserdampfes ab und zu entgegenwirken, ihren Einfluss also verringern, so summiren sie sich dafür in anderen Fällen desto stärker und vergrössern dann dem entsprechend den Fehler einer blos direkten Messung. Für die oben angenommenen Daten würde eine solche also einen Fehler von 1450 CC. = etwa $^1/_7$ der Schwefelbestimmung veranlassen können.

einschiebt, und welches sich ziemlich fest, so dass es einen gewissen Halt hat, an die Wandungen des Rohres anlegen muss. Hierauf wird, damit dieselbe möglichst dicht zu liegen kommt, unter gelindem Aufklopfen des Rohres eine 10 Cm. lange Schicht von gekörntem Aetzkalk (die Darstellung des reinen, insbesondere schwefelsäurefreien gekörnten Aetzkalkes habe ich angegeben in dieser Zeitschrift, **15**. 5—8) eingefüllt, und der noch leere Theil des Rohres alsdann sorgfältig von den anhaftenden Kalktheilchen gereinigt. Weiter fügt man eine etwa 5 Cm. lange Lage in ihrer Grösse dem Rohrdurchmesser angepasster Glasstückchen ein, welche man in bekannter Weise mit einem Schlüssel von einem Verbrennungsrohre — das Glas muss schwer schmelzbar sein — abbrechen kann, und endlich eine lockere aber doch dichte 20 Cm. lange Schicht von feinfaserigem Asbest. Die Glasstückchen, welche einmal den Zweck haben, der Kalkschicht den erforderlichen Halt zu geben, dann aber auch dieselbe vor einer Verunreinigung durch Asbestfasern schützen sollen, kann man vortheilhaft durch ein passend zusammengebogenes Platinblech ersetzen. Das Platin wird bei der Verbrennung zwar etwas angegriffen, doch nicht so bedeutend, dass man seine Anwendung umgehen müsste; die Resultate werden gar nicht dadurch beeinflusst. — Die Kalkschicht muss so dicht und fest liegen, dass sich an keiner Stelle derselben ein Kanal bilden kann, denn sonst sind Verluste zu befürchten. Der Asbest wird zweckmässig vor seiner Verwendung gut ausgeglüht.

Das in dieser Weise vorbereitete Rohr wird nun so in den Verbrennungsofen gelegt, dass etwa 3 Cm. aus demselben hervorragen und dass die zur Aufnahme des Rohres bestimmte Eisen- oder Thonrinne oder sonstige Unterlage nur den Theil desselben unterstützt, welcher die Kalkschicht, die 5 Cm. lange Lage von Glasstückchen oder das dieser entsprechende Platinblech sowie 1 Cm. von der Asbestschicht enthält. Die übrigen 19 Cm. derselben und der kleine leer gebliebene Theil des Rohres ruhen frei im Ofen. Die Kalkschicht und die 5 Cm. lange Lage von Glasstückchen oder das Platinblech und 1 Cm. der Asbestschicht werden hierauf zum Glühen erhitzt. Sobald dies erreicht, wird das Rohr mittelst eines doppelt durchbohrten gut passenden Kautschukstopfens geschlossen, in welchen zwei Glasröhrchen von nur geringem Durchmesser eingepasst sind, durch deren eines der Sauerstoff, durch deren anderes das Leuchtgas zugeführt wird. Die Röhrchen ragen nicht viel weiter als der Kautschukstopfen in das Verbrennungsrohr und sind an der Seite, an der die beiden Gase in dasselbe eintreten, in der Weise rundgeschmolzen, dass nur eine kleine Oeffnung bleibt. Das eine der Röhrchen wird durch einen Kautschukschlauch mit einem der bekannten bei Kohlenstoff- und Wasserstoffbestimmungen zur Reinigung des Sauerstoffs dienenden Apparate (oder auch, wenn der Sauerstoff sicher keine schädlichen Beimengungen enthält, mit einer kleinen etwa zu einem Drittel mit Wasser angefüllten Wasch-Flasche) und dieser mit dem Sauerstoffgasometer in Verbindung gesetzt; das andere Röhrchen verbindet man durch ein Glasrohr mit einer kleinen etwa zu einem Drittel mit Wasser angefüllten Waschflasche, diese mit dem Glasballon, welcher das Leuchtgas enthält durch das an demselben angebrachte Glasrohr und den Ballon endlich durch den an ihm befindlichen Kautschukschlauch mit einem Wasserbehälter, welcher nahe am Boden mit einer Ausflussöffnung versehen ist.

Das Zuströmen der beiden Gase zum Verbrennungsrohre lässt sich mit Hülfe des Sauerstoffreinigungsapparates (oder der an seiner Stelle befindlichen Waschflasche) und der zwischen den Ballon und das Verbrennungsrohr eingeschalteten Waschflasche leicht beobachten und reguliren.

Obgleich eine Einwirkung der Schwefelverbindungen des Leuchtgases auf Kautschuk, wenn eine solche überhaupt vorhanden, unter den gegebenen Verhältnissen wohl kaum von Einfluss auf die Schwefelbestimmungen sein würde, empfehle ich dennoch die Verbindung der einzelnen Theile des Apparates der Sicherheit wegen nicht durch Kautschukschläuche, sondern durch Glasröhren herzustellen, welche man unter einander nur durch kurze Kautschukschlauchstücke in gewöhnlicher Weise communiciren lässt.

3. Ausführung der Verbrennung.

Nachdem der Apparat, wie eben beschrieben, zusammengefügt ist, öffnet man den Hahn des Sauerstoffgasometers so weit, dass etwas über 100 CC. Gas in einer Minute in das Verbrennungsrohr eintreten, schiebt den Quetschhahn, welcher das den Ballon mit der Waschflasche verbindende Glasrohr schliesst, bei Seite und öffnet hierauf den Hahn des Wasserbehälters ganz, den Schraubenquetschhahn durch Andrehen der Stellschraube aber so weit, bis in Folge des hierdurch in den Ballon einfliessenden Wassers das Leuchtgas in einer solchen Quantität in das Verbrennungsrohr eintritt, dass der zuströmende Sauerstoff stets ausreicht, die vollständige Verbrennung des Gases zu bewirken. Am offenen Ende des Verbrennungsrohres dürfen demnach keine brennbare Zersetzungsprodukte entweichen und soll also dort kein Flämmchen von solchen herrührend sich zeigen. Sobald dies eintritt, mässigt man den Leuchtgasstrom durch Zudrehen des Schraubenquetschhahnes bis das Flämmchen wieder verschwindet.

Beifolgende Abbildung zeigt den zusammengesetzten Apparat während der Verbrennung (das Sauerstoffgasometer und der Sauerstoffreinigungsapparat sind der Einfachheit wegen weggelassen) und ist auch ohne Erläuterung verständlich. a ist das Verbrennungsrohr, b das Sauerstoffzuleitungsrohr.

Fig. 2.

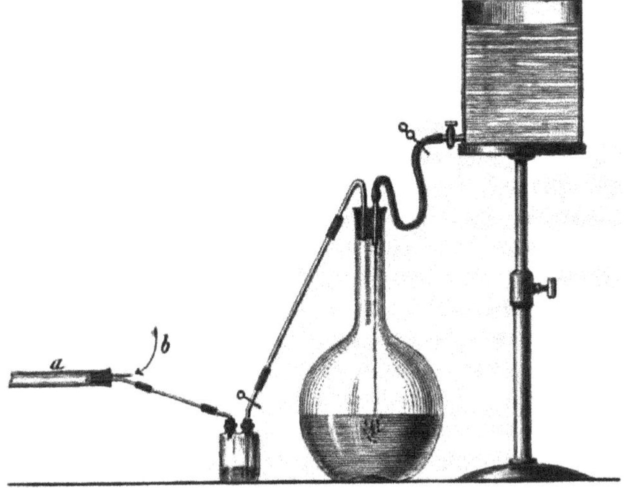

Bei der angegebenen Schnelligkeit der Verbrennung, welche man zweckmässig befolgt, und welche sich auch für die Untersuchung der schwefelarmen organischen Gebilde als die passendste erwiesen hat *) geht die Operation ruhig und gleichmässig von Statten und beansprucht zur Untersuchung von etwa 10000 CC. Leuchtgas etwa $1^1/_2$—2 Stunden. Bei schnellerem Operiren überträgt sich die Verbrennung, während sie sonst nur da sich vollzieht, wo die glühenden Theile des Rohres beginnen, leicht in die Asbestschicht; durch zeitweise Abstellung des Leuchtgasstromes lassen sich solche Unregelmässigkeiten, sollten sie auch bei der angegebenen Schnelligkeit einmal eintreten, sofort wieder beseitigen, so dass Explosionen in Folge der Anwendung der Asbestschicht mit der grössten Sicherheit zu vermeiden sind.

*) Diese Zeitschrift 15, 12.

Bei dem Gebrauche von Glasstückchen zur Trennung der Kalkschicht von der Asbestschicht findet die eben angedeutete Uebertragung der Verbrennung des Gasgemisches in die Asbestschicht hinein unter sonst gleichen Umständen leichter statt als bei der Anwendung eines zusammengebogenen Platinbleches, weshalb ein solches schon aus diesem Grunde sich jenen gegenüber empfiehlt.

Sobald das Leuchtgas aus dem Ballon durch das einfliessende Wasser verdrängt ist, lässt man dieses noch so lange zutreten, bis es in die Waschflasche gelangt, bis das Gas also vollständig auch aus dem Zuleitungsrohr zu derselben vertrieben worden. Das Zuleitungsrohr schliesst man hierauf mit dem während des Versuches bei Seite geschobenen Quetschhahne und ebenso mit einem zweiten Quetschhahne (dem Schraubenquetschhahn der sich an dem auszuschaltenden Ballon befindet) möglichst nahe am Verbrennungsrohre den das Sauerstoffgas zuführenden Schlauch, welchen man hierauf von dem Sauerstoffreinigungsapparat oder der einen solchen ersetzenden Waschflasche abnimmt. An seiner Stelle verbindet man, während man den Sauerstoffstrom nicht unterbricht, nunmehr das Glasrohr, durch welches das Leuchtgas aus dem Ballon austrat, an dem Ende, welches diesem zugewendet war, mit dem Sauerstoffreinigungsapparat oder der ihn ersetzenden Waschflasche, schiebt den die andere Waschflasche schliessenden Quetschhahn wieder bei Seite und lässt den hierdurch von neuem hervorgerufenen Sauerstoffstrom noch so lange andauern, bis der Sauerstoff sich am offenen Ende des Verbrennungsrohres mit einem glühenden Holzspane deutlich nachweisen lässt; hierauf erhitzt man die Asbestschicht der Sicherheit wegen in ihrer ganzen Länge zum Glühen.

Der Versuch ist jetzt beendigt, und das Leuchtgas in der beschriebenen Weise der Kalkschicht vollständig zugeführt worden.

Da wo sich das Platinblech oder die Glasstückchen und die Asbestschicht berühren, wird jetzt mittelst einiger darauf gebrachter Tropfen Wasser das noch heisse Verbrennungsrohr vorsichtig zum Springen gebracht und nach dem Erkalten der Theil desselben, welcher die Kalkschicht enthält, von den noch anhaftenden Glassplittern und Asbestfasern, sowie auch an seiner Aussenseite gründlich gereinigt.

Die letzten an dem Ende des Rohres, an dem der Sauerstoff während der Operation austrat, befindlichen 2 Cm. der Kalkschicht entleert man in ein besonderes Becherglas, nachdem man mit einem starken hakenförmig umgebogenen Drahte das den Verschluss bildende Platinblech behutsam entfernt hat. Man nimmt dies am besten über einem Bogen Glanzpapier vor, wobei man das Rohr stets horizontal hält oder es auch fest auf das Glanzpapier auflegt. Die erwähnten 2 Cm. der Kalkschicht, die man besonders hierauf prüft, dürfen keine Spur von Schwefelsäure enthalten, wenn die Verbrennung gut verlaufen ist, und die Kalkschicht die erforderliche Beschaffenheit gehabt hat. Durch diese geforderte Prüfung der letzten 2 Cm. der Kalkschicht erhält man, vorausgesetzt dass sonst keine Fehler in der Untersuchung vorkommen, bereits ehe man zur Bestimmung der gebildeten Schwefelsäure schreitet, Aufschluss darüber, ob die Analyse zu einem richtigen Resultate führen wird oder nicht. Findet sich in den letzten 2 Cm. der Kalkschicht Schwefelsäure, so muss man auf Verluste gefasst sein, sofern man die Bestimmung durchführt. Es ist daher das Richtige in diesem Falle die Operation ohne weiteres zu wiederholen.

Das noch im Rohr Befindliche wird nun bis auf das etwa angewandte Platinblech ebenfalls in ein Glas gebracht — was durch gelindes Klopfen an die Aussenwandung des Rohres oder mit Hülfe eines starken Platindrahtes leicht gelingt — und in Wasser und Säure gelöst, worauf die Schwefelsäure schliesslich, nachdem man nöthigenfalls filtrirt hat, nach der bekannten Methode durch Fällung mit Chlorbaryum bestimmt wird.

Mit Hülfe der beschriebenen Methode wurden nachstehende 5 Schwefelbestimmungen im Leuchtgase der Leipziger Gasanstalt ausgeführt:

Angew. Vol. in CC. (reducirt).	Gefunden $BaSO_4$ in Grm.	Gef. S in Grm. auf 10000 CC. (reducirt).	Datum	
2883	0,0060	0,0029	9.	Dec.
9228	0,0340	0,0051	10.	
9344	0,0245	0,0036	16.	
9112	0,0285	0,0043	17.	
9400	0,0300	0,0044	21.	

Das Messen des untersuchten Volumens von 2883 CC. wurde in einem Kolben ausgeführt, dessen Hals in Zwischenräume von 5 CC. eingetheilt worden war und zwar ganz in derselben Weise wie die Theilung des Halses in Zwischenräume von 10 CC. bei dem grossen etwa 10 Liter fassenden Ballon.

Ich glaube, dass ein Gasquantum von etwa 10000 CC. wie es zur Untersuchung kam, ein für alle Fälle geeignetes ist, und stets eine zur Bestimmung des Schwefels genügende Menge von Schwefelsäure bei seiner Verbrennung liefert. Es lassen sich nach der beschriebenen Methode auch noch grössere Volumina verarbeiten, die Verbrennung dauert aber alsdann sehr lange, der Sauerstoffverbrauch wird ein ausnehmend grosser, und die Operation verliert an Sicherheit. Jedenfalls empfiehlt es sich für die Untersuchung eines noch grösseren Volumens als des erwähnten, das Gas nicht in einem grossen, sondern in zwei kleineren Ballons abzumessen (da das Arbeiten mit allzugrossen Ballons mit Unbequemlichkeiten verbunden ist) aber in demselben Rohre gleich hintereinander zu verbrennen.

II. Zur Reindarstellung des gekörnten Aetzkalkes.

Bezüglich der Reindarstellung des gekörnten Aetzkalkes, welche ich für die Zwecke meiner Methode zur Bestimmung von Phosphor, Schwefel und Chlor in organischen Substanzen *) in dieser Zeitschrift **15**, 5—8 beschrieben habe, möchte ich noch auf Folgendes aufmerksam machen:

Die Darstellungsweise wurde ausgearbeitet während der warmen Jahreszeit; es entging mir hierbei, dass der salpetersaure Kalk bei der niedrigeren Temperatur der kalten Jahreszeit aus seiner durch Eindampfen auf 140° C. Siedepunkt concentrirten und alsdann mit 2 Raumtheilen einer Mischung aus 2 Vol. absolutem Alkohol und 1 Vol. Aether versetzten Lösung in Wasser, namentlich beim Filtriren leicht theilweise auskrystallisirt und sich so bis zu einem gewissen Grade der Ueberführung in Aetzkalk entzieht. Dieser Uebelstand lässt sich leicht ganz oder fast ganz dadurch vermeiden, dass man die betreffenden Operationen an einem genügend erwärmten Orte vornimmt.

Zu der Verwandlung des salpetersauren Kalkes in Aetzkalk durch Glühen in einem Porcellankolben, habe ich mich letzthin wiederholt mit Vortheil eines kleinen mit Ringen bedeckten sogenannten Kanonenofens bedient, der mit Coke geheizt und in den der Kolben so eingesetzt wurde, dass der grössere Theil seines Halses hervorragte. Die Anwendung eines solchen Ofens gestattet auch die Darstellung an jedem beliebigen Orte z. B. im Freien vorzunehmen; hierbei hat man den Vortheil, auf die

---

*) Diese Zeitschrift **15**, 1—27.

Entfernung der Zersetzungsprodukte keinen Bedacht nehmen zu brauchen. Coke enthält, was für den Fall, dass der Kolben Sprünge bekommen sollte, wohl zu beachten, da alsdannn die Feuergase mit dem im Kolben befindlichen Aetzkalke etwas in Berührung kommen, nur sehr wenig Schwefel; bei meinen Darstellungen, bei denen dies eintrat, war der erhaltene Kalk dennoch vollkommen brauchbar.

Leipzig, den 23. Dec. 1875, Laboratorium von Prof. Dr. W. Knop.

Ein einfacher Bürettenhalter.

Von

M. J. Dietl,
Privatdocent.

(Aus dem physiologischen Institute zu Innsbruck.)

An den Seiten eines Metallklötzchens M sind 2 federnde Arme b befestigt, die an ihren freien Extremitäten Metallplättchen mit Korkbeleg k tragen. Nicht weit von den letzteren sind die Arme mit

Fig. 3.

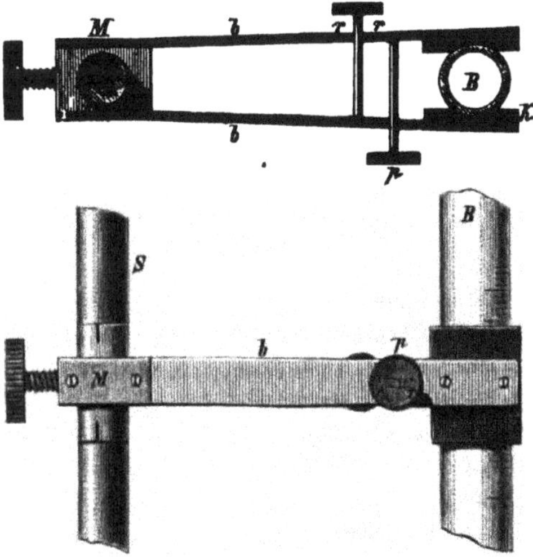

einem Schlitz r—r versehen, durch den vice versa Stifte gehen, die in dem einen Arme befestigt, durch den Schlitz des anderen herausragen und in einer runden Platte p enden.

Das Metallklötzchen bewegt sich mittelst einer federnden Hülse an einer Stativstange, an der es durch eine Schraube feststellbar ist.

Der mit einer seichten Höhlung versehene Korkbeleg nimmt die Bürette B auf, indem ein Druck auf die Plättchen p die Arme öffnet, die sich, nachdem die Bürette eingelegt ist, und man mit dem Drucke nachlässt, schliessen und die Bürette um so sicherer halten, je stärker die Arme federn.

Wenn die Vorrichtung gut gearbeitet ist und besonders auf das Ausfeilen des Korkbelegs einige Sorgfalt verwendet wurde, so steht die Bürette senkrecht und sicher; etwaige kleine Unregelmässigkeiten der Lage lassen sich übrigens leicht corrigiren. Der Apparat gewährt aber den weiteren Vortheil, dass die Bürette möglichst frei steht, durch einen einfachen Handgriff in jede beliebige Höhenstellung gebracht werden kann und die Scala nirgends eine Unterbrechung erleidet.

Unsere Bürettenhalter verfertigte der hiesige Universitätsmechaniker Miller.

Innsbruck, December 1875.

Aufschliessung des Chromeisensteins.

(Mittheilung aus dem chemischen Laboratorium des Bayrischen Gewerbemuseums zu Nürnberg.)

Von

Dr. R. Kayser.

Bekannt sind die Schwierigkeiten, welche die bisherigen Aufschliessungsmethoden des Chromeisensteins begleiten, und es dürfte daher nicht unerwünscht sein, ein Verfahren zu besitzen, nach welchem die Aufschliessung schneller und zuverlässiger erzielt wird, als wie z. B. durch die gebräuchliche Behandlung mit saurem schwefelsaurem Kali, Soda und Salpeter. Es ist bei diesem, wie bei allen anderen Schmelzverfahren, kaum zu vermeiden, dass sich in der flüssigen Schmelze ein Theil des specifisch schwereren Minerals am Boden des Tiegels absetzt und sich so der Aufschliessung entzieht. —

Im Folgenden will ich nun ein Verfahren angeben, welches diesen Uebelstand nicht besitzt, sondern schnell und sicher zum Ziele führt. Man mengt einen Theil sehr fein gepulverten Chromeisensteins (am besten geschlämmten) mit zwei Theilen calcinirter reiner Soda und drei Theilen Kalkhydrat. Letzteres bereitet man sich, indem man gebrannten Marmor mit soviel Wasser behandelt, bis er in Pulver zerfallen ist. Das Gemenge wird im offenen Tiegel etwa eine Stunde bei Hellrothgluth, unter öfterem Umrühren, gehalten. Nach dem Erkalten resultirt eine zusammengesinterte Masse, aus welcher sich das entstandene Chromat leicht mit heissem Wasser ausziehen lässt, und bestimmt man dann die Chromsäure nach bekannten Methoden.

Mittheilungen aus dem chemischen Laboratorium des Prof. Dr. R. Fresenius zu Wiesbaden.

Ueber das optische Verhalten verschiedener Weine und Moste, sowie über die Erkennung mit Traubenzucker gallisirter Weine.

Von

C. Neubauer.

1. Der käufliche Traubenzucker.

Es ist eine längst bekannte Thatsache, dass die käuflichen Traubenzucker, wie sie augenblicklich der Handel liefert, stets erhebliche Mengen unvergährbarer Substanzen enthalten. «Es gibt — sagt Fr. Anthon, — wohl die erste Autorität auf diesem Gebiete — bei der Umsetzung der Stärke keinen Zeitabschnitt, bei welchem in der Flüssigkeit gerade nur Zucker, oder selbst nur vergährbare Stoffe überhaupt vorhanden sind; sie enthält leicht eine bedeutende Menge eines Stoff's, der kein Gummi mehr, aber auch noch nicht Zucker geworden ist und somit die Veranlassung gibt, dass die so erhaltene Zuckerlösung nur zu $^2/_3$ bis $^3/_4$ vergährt. Setzt man in diesem Falle das Kochen länger fort, so geht allerdings der gährungsunfähige Stoff allmählich in Zucker über, zu gleicher Zeit aber wird ein Theil des gebildeten Zuckers zu Caramel (?), das weder krystallisirbar noch gährungsfähig ist.»

Diese Thatsache wurde früher schon von Mohr*) und E. Schmid**)

---

*) Mohr, der Weinbau p. 211.

**) Weinlaube 1869 p. 258.

bestätigt, und auch ich gelangte bei der Untersuchung einer grösseren Anzahl käuflicher Traubenzuckersorten, die aus verschiedenen Fabriken des In- und Auslandes bezogen waren und deren Ergebnisse von mir s. Z. in den Annalen der Oenologie publicirt wurden, zu demselben Resultate.

F. Mohr, welcher im Jahre 1863 verschiedene Sorten Traubenzucker nach Anthon's Methode untersuchte, fand in denselben 9 bis 45 % unvergährbare Stoffe. E. Schmid untersuchte 6 verschiedene Sorten. Dieselben enthielten bei 86,6 % Trockensubstanz und 13,4 % Wasser:

Vergährbaren Zucker	70,1 %
Unvergährbare Substanzen	16,5 %
Wasser	13,4 %
	100,0.

In der Weinlaube von 1872 pag. 119 wird die mittlere Zusammensetzung der käuflichen Traubenzuckersorten wie folgt angegeben:

Vergährbarer Zucker	60—65 %.
Unvergährbare Stoffe	24 %.
Wasser	16 %.

Ich selbst fand im Mittel von 13 verschiedenen Analysen folgende Zusammmensetzung:

Vergährbarer Zucker	61,08 %.
Unvergährbare Substanzen	20,54 %.
Asche	0,34 %.
Wasser	18,04 %.
	100,00.

Eine weitere höchst wichtige Thatsache ist aber die, dass diese unvergährbaren Stoffe der käuflichen Traubenzuckersorten die Polarisationsebene des Lichtes ungleich stärker als der reine Traubenzucker nach Rechts drehen. Ich untersuchte zu diesem Zwecke 10 procentige Lösungen von 7 verschiedenen Präparaten, die durchschnittlich 18 % Wasser enthielten und bekam die in der folgenden Tabelle verzeichneten Resultate:

	A. Wirklicher Gehalt 10 procentiger Lösungen käuflicher Traubenzucker an Dextrose nach Fehling	B. Gesammtextract 10 procentiger Lösungen käuflicher Traubenzucker nach Balling	C. Gefundene Drehungswinkel dieser Lösungen käuflicher Traubenzucker.	D. Berechnete Drehungswinkel dieser Lösungen käufl. Traubenzucker nach ihrem Gehalt an reiner Dextrose	Unvergährbare Stoffe dieser käuflichen Traubenzucker B — A.
1	6,25 Proc.	7,9 Proc.	9,9°	7,05°	1,65 Proc.
2	7,32 „	8,6 „	12,5°	8,25°	1,28 „
3	6,10 „	7,8 „	13,5°	6,88°	1,70 „
4	7,10 „	8,3 „	10,75°	8,00°	1,20 „
5	6,75 „	7,8 „	11,4°	7,61°	1,05 „
6	6,13 „	7,5 „	11,76°	6,91°	1,37 „
7	6,38 „	8,0 „	11,30°	7,20°	1,62 „

Ja selbst wenn man den Gesammtextractgehalt dieser Lösungen, wie ihn das Saccharometer von Balling ergab, für reinen Traubenzucker gelten lassen wollte, würden die hiernach berechneten Drehungswinkel die in Wirklichkeit gefundenen noch nicht erreichen. Die folgende Tabelle zeigt die auch dann noch stattfindenden ziemlich erheblichen Differenzen:

	Extractgehalt 10 procentiger Lösungen nach Balling.	Gefundener Drehungswinkel dieser Lösungen in 200 mm. langen Röhren.	Berechneter Drehungswinkel; die Angaben nach Balling als reiner Traubenzucker gerechnet.
1	7,9 Proc.	9,9°	8,91°
2	8,6 „	12,5°	9,70°
3	7,8 „	13,5°	8,80°
4	8,3 „	10,75°	9,36°
5	7,8 „	11,4°	8,80°
6	7,5 „	11,76°	8,46°
7	8,0 „	11,30°	9,03°

Lassen wir endlich Lösungen verschiedener käuflicher Traubenzucker vergähren, so bleiben diese fremdartigen Stoffe unzersetzt zurück und die schliesslich vom Alkoholgehalt befreite Lösung ist immer noch durch eine ziemlich starke Rechtsdrehung ausgezeichnet. So hinterliess eine grössere Menge Traubenzucker, nach dem Vergähren und Eindampfen, eine nicht unbedeutende Menge eines braunen Syrups von widerlichem Geschmack, der aber durch starke Rechtsdrehung ausgezeichnet war.

50 CC. dieses Syrups auf 250 CC. verdünnt, zeigten, nach der Behandlung mit Thierkohle untersucht, eine Rechtsdrehung von $+ 8,4^0$ in 100 Mm. langer Röhre. Die folgenden Versuche, zu welchen nahezu 10 procentige Lösungen dienten, liefern hierfür einen weiteren Beweis.

	Drehungswinkel vor der Gährung 200 Mm.	Drehungswinkel nach der Gährung 200 Mm.
Chemisch reiner Rohr-Zucker	$13,3^0$	0.
Chemisch reiner, von mir selbst dargestellter Traubenzucker	$10,4^0$	0.
Käuflicher Traubenzucker, feucht, aber blendend weiss	$13,2^0$	$3,4^0$.
Käuflicher Traubenzucker, gelblich, aber sehr fest	$14,9^0$	$4,65^0$.
Käuflicher Traubenzucker, gelblich, aber trocken	$14,3^0$	$3,9^0$.

In einer zweiten Reihe wurden die Versuche unterbrochen, als die Gährung noch nicht vollständig beendigt war. Es ergaben sich hierbei folgende Resultate:

	Drehungswinkel vor der Gährung 200 Mm.	Drehungswinkel kurz vor Beendigung der Gährung 200 Mm.
Chemisch reiner Rohrzucker	$+ 15,8^0$ R.	— 1,6 L.
Chemisch reiner Traubenzucker . . .	$12,75^0$	+ 0,7 R.
Käuflicher Traubenzucker	$14,60^0$	$+ 4,8^0$ R.
Käuflicher Traubenzucker	$13,3^0$	$+ 4^0$ R.

Da der Rohrzucker vor der Gährung bekanntlich in Invertzucker übergeht, und die linksdrehende Levulose schwerer vergährt als die rechtsdrehende Dextrose, so zeigt eine Rohrzuckerlösung während der Gährung längere Zeit eine ziemlich bedeutende Linksdrehung, die auch schliesslich, nach vollständig beendigter Gährung, = 0 wird.

2. Darstellung von chemisch reinem Traubenzucker.

Die Darstellung von chemisch reinem Traubenzucker aus dem käuflichen Kartoffelzucker ist mit manchen Schwierigkeiten verbunden, da durch die fremden, unvergährbaren Beimischungen das Krystallisiren der reinen Dextrose sehr verzögert wird.

Nach Mohr*) löst man möglichst kräftigen Stärkezucker im Wasserbade in etwa der Hälfte seines Gewichts Wasser auf und filtrirt dann in einen Glastrichter, dessen Spitze unten durch einen Kork verschlossen ist. Wenn der Trichter beinahe gefüllt ist, setzt man ihn mit einer Glasplatte bedeckt auf einem Stativ mehrere Monate in einen kühlen Keller, wo der Traubenzucker als Hydrat wieder krystallisirt. Man löst darauf den Stopfen und lässt alles noch Flüssige abfliessen; dann bedeckt man den Zucker mit einer Schicht Weingeist von 80 % und deplacirt damit so lange, bis der Zucker blendend weiss ist. Man trocknet zuerst an freier Luft, dann in einem Chlorcalciumtopf. Wärme darf man nicht eher anwenden, bis die meiste Feuchtigkeit schon entfernt ist, weil sonst der Zucker in der Flüssigkeit erweicht und zusammenbackt. Krystallisirt man schliesslich den vollständig trocknen Zucker aus absolutem Alkohol noch einmal um, so erhält man ihn von vorzüglicher Reinheit. Dieses Verfahren von Mohr dauert zwar ziemlich lange, verlangt nicht unbedeutende Mengen von Alkohol, gibt aber im Uebrigen ein schönes Präparat.

0,9544 Grm. wurden zu 250 CC. gelöst und zur Titrirung nach Fehling benutzt. 10 CC. der Fehling'schen Lösung verlangten im Mittel von mehreren Titrirungen 13,1 CC. dieser verdünnten Zuckerlösung. Es wurden also anstatt 0,9544 Grm. 0,9542 gefunden, entsprechend 99,96 %.

Ein sehr vorzügliches Resultat erhält man nach dem Verfahren von Schwarz**), welches bekanntlich darauf beruht, dass mit wenig Salzsäure versetzter 80 procentiger Alkohol schon in der Kälte ganz erhebliche Mengen von reinem Rohrzucker nach und nach auflöst, nach längerem Stehen aber chemisch reinen Traubenzucker in undeutlichen Warzen massenhaft ausscheidet. Zweckmässig verfährt man in folgender Weise: 5—600 CC. Alkohol von 80 % versetzt man mit 30—40 CC. rauchender Salzsäure und trägt in diese Mischung fein gepulverten weissen Rohrzucker nach und nach ein. Hört das Lösungsvermögen in der Kälte nach erneuertem Zusatz von Rohrzucker und wiederholtem Umschütteln allmählich auf, oder beginnt bereits der gebildete Traubenzucker sich auszuscheiden, so giesst man die Flüssigkeit von etwa noch vorhandenem Rohrzucker ab und überlässt sie in einem verschlossenen

*) Diese Zeischrift 12, 296.

**) Chem. Centralblatt 1872, p. 696.

Glase der Krystallisation. Ist diese beendigt, so sammelt man den auskrystallisirten Traubenzucker auf einem Filter, wäscht mit Weingeist bis zum Verschwinden der sauren Reaction aus und lässt die Krystalle sodann auf Fliesspapier an der Luft vollständig trocken werden. Ist dieser Zeitpunkt eingetreten, so krystallisirt man aus kochendem absolutem Alkohol um und erhält so ein Präparat von vorzüglicher Reinheit. Die saure alkoholische Mutterlauge sättigt man darauf in der Kälte abermals mit gepulvertem Rohrzucker, worauf man nach einiger Zeit eine zweite Krystallisation von reinem Traubenzucker erhält. Schliesslich färbt sich die saure Alkohollösung am Lichte gelblich, ja schwach bräunlich, allein sie wird dadurch zur weiteren Darstellung von reinem Traubenzucker nicht unbrauchbar; ich benutze ein und dieselbe Alkoholmischung schon über $1^1/_2$ Jahr zur Darstellung des Traubenzuckers.

1. 0,85 Grm. dieses aus absolutem Alkohol krystallisirten und bei 100° C. getrockneten Traubenzuckers wurden zu 250 CC. gelöst.

10 CC. der Fehling'schen Lösung verlangten im Mittel 14,8 CC. dieser verdünnten Zuckerlösung. Daraus berechnet sich 0,8446 Grm. anstatt 0,85; entsprechend 99,36 %.

2. 1,3292 Grm. gelöst zu 250 CC. Verbraucht wurden auf 10 CC. Fehling'scher Lösung 9,45 CC. Daraus berechnet sich 1,3227 Grm. anstatt 1,3292, entsprechend 99,51 %.

Die Elementaranalyse dieses Traubenzuckers ergab folgende Resultate:

1. 0,397 Grm. des bei 100° C. getrockneten Traubenzuckers gaben 0,583 Grm. CO_2 und 0,2498 Grm. H_2O.

2. 0,5114 Grm. Traubenzucker gaben 0,751 Grm. CO_2 und 0,2946 Grm. H_2O.

Daraus berechnet sich:

	Berechnet:			
C_6	72	40,0	40,05	40,05.
H_{12}	12	6,6	6,99	6,60.
O_6	96	53,4	52,96	53,35.
	180	100,0	100,00	100,00.

Aus dem Traubenmost erhält man die beiden darin vorhandenen Zuckerarten, Levulose und Dextrose, leicht nach folgendem Verfahren: Frischen Traubenmost neutralisirt man nahezu mit dünner Kalkmilch, erhitzt einmal zum Kochen und lässt zur vollständigen Ausscheidung der

Kalksalze einige Tage stehen. Darauf filtrirt man und verdunstet das Filtrat bis zur ziemlich dicken Syrupsconsistenz. Nach längerem Stehen an einem kühlen Orte beginnt allmählich die Krystallisation, und schliesslich erstarrt die ganze Masse zu einem dicken Krystallbrei. Ist dieser Punkt eingetreten, so verreibt man die Masse nach und nach mit Alkohol von 50—60 %, sammelt die unlöslich bleibende Dextrose auf einem Filter und wäscht sie mit Alkohol von gleicher Stärke aus. Die Krystalle lässt man zunächst, auf Fliesspapier ausgebreitet, lufttrocken werden, bringt sie sodann über Schwefelsäure oder in einen Chlorcalciumtopf und krystallisirt sie schliesslich aus kochendem absoluten Alhohol zweimal um, wodurch man den Zucker weiss und vollständig rein erhält. Die alkoholische Mutterlauge enthält die Levulose. Man verdunstet zunächst den Weingeist, verdünnt den Rückstand bis zur Consistenz eines dünnen Syrups und versetzt darauf vorsichtig unter fleissigem Umrühren so lange mit Kalkmilch bis schliesslich die ganze Masse, unter ziemlich bedeutender Erwärmung, zu einem dicken Magma von Levulosekalk erstarrt. Nach 48 stündigem Stehen verdünnt man den Krystallbrei mässig mit Wasser, sammelt den Levulosekalk auf einem Colatorium von Leinen, lässt abtropfen und presst schliesslich ziemlich stark aus. Der so erhaltene, ziemlich trockne Levulosekalk wird schliesslich mit einer wässerigen Lösung von Oxalsäure zersetzt und das erhaltene, mit ausgezogener Thierkohle entfärbte, Filtrat im Wasserbade verdunstet. Die Levulose bleibt dann als farbloser oder höchstens schwach gelblich gefärbter Syrup zurück.

3. Die unvergährbaren Substanzen der käuflichen Traubenzucker.

Zur Darstellung der unvergährbaren Substanzen der käuflichen Traubenzuckersorten, wurden 2 Kilo in Wasser gelöst, die Lösung bis auf etwa 16 % Extractgehalt verdünnt und darauf mit einer genügenden Menge von reiner wirksamer Bierhefe in Gährung versetzt. Als sich nach mehreren Tagen das Drehungsvermögen der vergohrenen Flüssigkeit nicht weiter änderte, wurde die Gährung als beendet betrachtet und das Filtrat darauf zur Entfernung des gebildeten Alkohols bis über die Hälfte eingedampft, so dass das Saccharometer einen Gehalt von 10,5 % anzeigte. Diese Flüssigkeit wurde darauf mit einer neuen Menge, auf ihre Wirksamkeit geprüfter Bierhefe versetzt und mehrere Tage lang zuerst bei 20—25° C. schliesslich bei 30—35° C. damit in

Berührung gelassen. Als auch bei dieser hohen Temperatur keine Spur von Gährung mehr eintrat, die Hefe sich vielmehr schnell zu Boden senkte, wurde filtrirt und das schwach gelblich gefärbte Filtrat vorsichtig mit einer verdünnten Lösung von Bleizucker, wodurch nur ein mässig starker Niederschlag entstand, ausgefällt. Das Filtrat wurde vom überschüssigen Bleioxyd durch Schwefelwasserstoff befreit und bis zu einem Extractgehalt von etwa 45 % eingedampft. Die erkaltete Lösung wurde darauf mit dem gleichen Volum Alkohol versetzt und 12 Stunden lang in die Kälte gestellt. Es hatten sich während dieser Zeit nur geringe Mengen von Mineralstoffen ausgeschieden, von welchen die Flüssigkeit abfiltrirt wurde. Als die alkoholische Lösung darauf in einem Mischcylinder mit etwa dem gleichen Volum Aether kräftig durchgeschüttelt wurde, schied sich der fragliche Körper in concentrirter wässeriger Lösung aus. Die geklärte Alkohol-Aetherlösung liess nach dem Verdunsten einen sehr sauer reagirenden, verhältnissmässig geringen Rückstand, welcher beseitigt wurde. Die durch Aether ausgeschiedene, wässerige Lösung des fraglichen Körpers wurde durch Abdampfen bis zur starken Syrupconsistenz verdunstet und darauf nach und nach unter kräftigem Umschütteln mit dem mehrfachen Volum Alkohol von 90 % versetzt, wobei sich schliesslich eine dicke syrupartige Masse ausschied, während wieder eine nicht unbedeutende Menge in Lösung blieb, die nach dem Verdunsten einen dicken syrupartigen Rückstand lieferte.

Da sich aus der mit Alkohol gefällten, dicken, syrupartigen Masse durch Behandlung mit Alkohol von 45 % kein Dextrin mehr abscheiden liess, der Körper sich vielmehr in dem Weingeist von genannter Stärke klar auflöste, so wurde er in concentrirter wässeriger Lösung 48 Stunden lang, unter wiederholter Erneuerung des äusseren Wassers, der Dialyse unterworfen. Der Rückstand auf dem Dialysator wurde schliesslich in verdünnter Lösung mit ausgezogener Thierkohle entfärbt und darauf zum stärksten Syrupe im Wasserbade concentrirt. In gleicher Weise wurde der in Alkohol löslich gebliebene Antheil behandelt. So resultirten schliesslich zwei syrupdicke Flüssigkeiten, die keinen süssen Geschmack besassen, sich durch Hefe nicht in Gährung versetzen liessen und deren concentrirte Lösungen auf Zusatz von Alkohol kein Dextrin fallen liessen. Fehling'sche Lösung wurde von beiden Körpern nur noch sehr schwach reducirt.

Ich bin mit der weiteren Reinigung dieser Körper, die mit nicht geringen Schwierigkeiten verbunden zu sein scheint, beschäftigt und werde darüber, sofern sie mir überhaupt gelingen sollte, später berichten. Soviel glaube ich aber jetzt schon annehmen zu dürfen, dass wir es hier weder mit Dextrin noch mit einer Mischung von Dextrin und Zucker zu thun haben, sondern dass in der That, wie auch schon Anthon angibt, bei der Umsetzung der Stärke ein Zeitpunkt eintritt, bei welchem die Flüssigkeit eine bedeutende Menge eines Stoffes enthält, der kein Gummi mehr, aber auch noch nicht Zucker geworden ist, der aber, wie ich unten zeigen werde, durch längeres Kochen mit verdünnter Schwefelsäure schliesslich auch in Zucker übergeführt werden kann. Besonders reichlich sind diese unvergährbaren Stoffe in jenem farblosen, äusserst dicken Kartoffelsyrup enthalten, der von mehreren Fabriken in den Handel gebracht wird und unter anderen auch in den Conserve-Fabriken Verwendung findet. Dieser Syrup ist dadurch ausgezeichnet, dass er auch in concentrirtestem Zustande nie Krystalle absetzt, und unzweifelhaft sind es die in Masse hier vorhandenen unvergährbaren Substanzen, welche die Krystallisation des Traubenzuckers verhindern. Eine Lösung dieses Syrups von 1,0652 spec. Gew. entsprechend einem Extractgehalt von 15,883 %, drehte in 200 Mm. langer Röhre, mit dem Polaristrobometer von Wild untersucht, die Polarisationsebene des Lichtes um 40,6° nach Rechts, während eine entsprechend starke Lösung von reinem Traubenzucker nur 17,91° R. gedreht haben würde.

10 CC. dieser Lösung wurden auf 250 CC. verdünnt und damit die Zuckerbestimmung nach Fehling ausgeführt. 10 CC. der Fehling'schen Lösung verlangten im Mittel 13,1 CC., woraus sich ein Zuckergehalt von 9,54 % berechnet, während das Saccharometer einen Extractgehalt von 15,883 % angab. Es sind mithin in dieser Lösung (15,883 — 9,54) = 6,343 % jener unvergährbaren Substanzen vorhanden.

Um zu sehen, wie weit das Drehungsvermögen jener im käuflichen Traubenzucker vorhandenen unvergährbaren Stoffe von dem Drehungsvermögen des reinen Traubenzuckers abweicht, bestimmte ich, wenigstens annähernd, die spec. Drehung und daraus die Drehungsconstante des sowohl in Alkohol löslichen als des darin unlöslichen Theils jener Substanzen.

a. Der in Alkohol lösliche Theil.

Von dem in Alkohol löslichen Theil jener unvergährbaren Substanzen wurde eine Lösung dargestellt und in dieser sowohl der Gehalt an Mineralstoffen als auch der Gesammtextractgehalt; durch Abdampfen und tagelanges Trocknen in einem trocknen Luftstrom, bestimmt. Es ergaben sich folgende Resultate:

Extractgehalt der Lösung	16,67 %
Mineralstoffe	0,08 «
Organische Substanz der Lösung . . . =	16,59 %.

Im Mittel von mehreren Beobachtungen lenkte diese Lösung in 200 Mm. langer Röhre, mit dem Polaristrobometer von Wild untersucht, die Polarisationsebene um 25,9° nach Rechts ab.

Die spec. Drehung findet man nun bekanntlich nach der Formel:

$$(\alpha)j = \frac{\alpha}{p \, . \, l},$$

worin α der beobachtete Drehungswinkel, p der Gehalt von 1 CC. Flüssigkeit an der circularpolarisirenden Substanz und l die Länge des Beobachtungsrohrs, in Decimeter ausgedrückt, bedeutet.

Es ergibt sich mithin die spec. Drehung des in Alkohol löslichen Theils:

$$\alpha j = \frac{25{,}9}{0{,}1659 \, . \, 2} = 78.$$

Aus der spec. Drehung findet man eine sogenannte Drehungsconstante A nach der Formel

$$A = \frac{10^5}{(\alpha)},$$

in unserm Falle also:

$$A = \frac{10^5}{78} \text{ zu } 1282.$$

b. Der mit Alkohol gefällte Theil der unvergährbaren Substanzen.

Die Lösung gab durch Trocknen im Luftstrom bis zum constanten Gewicht einen Gehalt von 16,105 % und die Mineralbestandtheile betrugen 0,548 %.

Die Lösung enthielt also (16,105 — 0,548) = 15,557 % organischer Substanz und drehte in 200 Mm. langer Röhre untersucht, im Mittel von mehreren Messungen, die Poralisationsebene um 29,1° nach Rechts. Hieraus berechnet sich die spec. Drehung zu

$$\alpha j = \frac{29{,}1}{0{,}1556 \, . \, 2} = 93{,}52^0,$$

und daraus die Drehungsconstante zu

$$A = \frac{10^5}{93{,}52} = 1069{,}3.$$

Aus diesen Bestimmungen, die aber, da die Substanzen noch keineswegs chemisch rein waren, nur annähernd richtig sind, ergibt sich jedoch, dass ihre spec. Drehung ungleich bedeutender als die der reinen Dextrose, und wiederum erheblich geringer als die des Dextrins ist, welche von Kekulé*) zu $(\alpha) = + 138,7$, von Fehling in Kolbe's Lehrbuch der org. Chemie Bd. III, 2te Abth. pag. 21 zu $(\alpha) = + 118,68$ angegeben wird.

Die folgende Zusammenstellung zeigt die Abweichungen im spec. Drehungsvermögen von dem des reinen Traubenzuckers:

	Spec. Drehung.	Drehungs-constante.
In Alkohol löslicher Theil der unvergährbaren Substanzen	78	1282.
Durch Alkohol fällbarer Theil der unvergährbaren Substanzen	93,52	1069,3.
Chemisch reiner Traubenzucker nach Hoppe-Seyler's **) Bestimmungen . . .	56,4	1773.

Da man das Stärkemehl, behufs seiner quantitativen Bestimmung ja bekanntlich vollständig in Zucker überführen kann, so unterlag es von vorneherein keinem Zweifel, dass auch diese unvergährbaren Stoffe der käuflichen Traubenzucker sich durch längeres Kochen mit verdünnter Schwefelsäure schliesslich in Zucker umwandeln liessen.***)

Die folgenden Versuche werden hierfür den Beweis liefern, aber auch zeigen, dass, wenn diese Umwandlung eine vollständige sein soll, hierzu ein ziemlich langes Kochen mit verdünnter Säure erforderlich ist, wobei aber schliesslich eine theilweise Zersetzung des gebildeten Zuckers, unter Bräunung der Flüssigkeit und Ausscheidung brauner humusartiger Flocken, stattfindet.

Von dem in Alkohol löslichen Theil der unvergährbaren Substanzen wurde eine wässerige Lösung mit 25 CC. Normal-Schwefelsäure versetzt und darauf auf 100 CC. verdünnt. In 200 Mm. langer Röhre untersucht, lenkte diese Lösung die Polarisationsebene um 13,1° R. ab. Die Flüssigkeit wurde darauf 8 Stunden lang mit Rückflusskühler gekocht, wobei sie sich erheblich dunkler färbte. Nachdem dieselbe darauf mit Thierkohle entfärbt, filtrirt und wieder genau auf 100 CC. gebracht

*) Lehrbuch d. org. Chemie, Bd. II. p. 379.

**) Diese Zeitschrift 14, 303.

***) Diese Zeitschrift 11, 54.

war, zeigte sie eine Drehung von + 8,4°. Durch das Kochen mit Schwefelsäure hatte also der Drehungswinkel von 13,1 bis auf 8,4°, also um 4,7° abgenommen. Nachdem darauf mit kohlensaurem Baryt die Schwefelsäure entfernt war, erhielt die Flüssigkeit einen Zusatz von reiner wirksamer Bierhefe, worauf bald eine lebhafte Gährung eintrat. Nachdem diese vollständig beendigt und die Flüssigkeit klar geworden war, wurde filtrirt, der gebildete Alkohol durch Eindampfen verjagt und die Mutterlauge wieder genau auf 100 CC. verdünnt. Die Flüssigkeit zeigte jetzt noch eine Drehung von 1,35°; im Ganzen hatte also der Drehungswinkel durch beide Manipulationen, Kochen mit Schwefelsäure und Gährung, von 13,1° bis auf 1,35°, also um 11,75° abgenommen. Eine vollständige Ueberführung dieser Substanz in Zucker war also noch nicht erfolgt.

In einem zweiten Versuch wurden 30 CC. Normal-Schwefelsäure genommen und das Kochen 10 Stunden lang fortgesetzt. Die ursprüngliche Lösung hatte zu Anfang ein spec. Gew. von 1,042, enthielt also 10,381 % Extract und drehte in 200^{mm} langem Rohre um 17,4° nach rechts. Während des Kochens mit der verdünnten Schwefelsäure färbte sich die Flüssigkeit allmählich dunkler und setzte schliesslich nach dem Erkalten bräunliche Flocken einer humusartigen Substanz ab. Nach dem Entfärben mit Thierkohle drehte sie jetzt nur 10,9° nach Rechts, hatte also durch das Kochen mit Schwefelsäure eine Abnahme im Drehungsvermögen von 6,5° erlitten. Nach Entfernung der Schwefelsäure und Beendigung der Gährung war das Drehungsvermögen, der vom Alkohol befreiten und wieder auf 100 CC. verdünnten Flüssigkeit bis auf 1,4° R. gesunken, so dass die Gesammtabnahme 16° betrug, mithin die bei weitem grösste Menge der ursprünglich unvergährbaren Substanz in vergährbaren Zucker übergegangen war. Ein gleiches Verhalten zeigten die mit Alkohol gefällten unvergährbaren Stoffe. Die Lösung derselben drehte ursprünglich 17,8° nach rechts. Durch das Kochen mit verdünnter Schwefelsäure, welches 8 Stunden lang unterhalten wurde, sank das Drehungsvermögen auf 10,8°, um sich schliesslich, nach beendeter Gährung auf 2,5° zu verringern. Die Gesammtabnahme betrug also hier 15,3°, der bei weitem grösste Theil war also auch in diesem Falle in vergährbaren Zucker übergegangen.

4. Das optische Verhalten der Moste.

Es ist eine längst bekannte Thatsache, dass viele süssen Früchte, so auch die Trauben Invertzucker, mithin eine Mischung von Levulose und

Dextrose enthalten. Ob aber beide Zuckerarten in dem Moste zu gleichen Theilen, wie in dem aus Rohrzucker dargestellten Invertzucker, vorhanden sind, oder ob, wie es beim Bienenhonig und manchen anderen Früchten der Fall sein soll, neben dem Invertzucker auch häufig Rohrzucker vorhanden ist, oder zuweilen die Dextrose sich in überwiegender Menge findet, darüber können nur lange fortgesetzte Untersuchungsreihen entscheiden, die jedoch meines Wissens bisher noch vollständig fehlen. Wenn wir festhalten, dass in den unreifen Trauben, ja selbst in den Mosten schlechter Jahrgänge, bedeutende Mengen von Aepfelsäure neben Weinsäure vorhanden sind, dass aber mit dem Grade der Reife die Aepfelsäure mehr und mehr zurücktritt, so dass sie in guten Jahrgängen kaum noch nachzuweisen ist, ja gänzlich fehlt, so kann ja ähnliches mit den Zuckerarten, je nach dem Grade der Reife, ebenfalls stattfinden und gerade für derartige Untersuchungen scheint mir das optische Verhalten der Moste von hoher Bedeutung *).

Ich habe daher auch seit dem Jahre 1868 meine Aufmerksamkeit dem optischen Verhalten der Moste zugewandt, um zunächst zu berichten, dass von Hunderten von Mostsorten, die ich seit dieser Zeit in Händen gehabt, auch nicht eine einzige die Polarisationsebene des Lichtes nach Rechts drehte, vielmehr alle ohne Ausnahme eine mehr oder weniger starke Drehung nach Links zeigten. Im Jahre 1874 untersuchte ich in dieser Richtung 26 verschiedene Mostsorten, mit einem Zuckergehalt von 14 bis 20 %, im Polarisationsapparate von Ventzke-Soleil und fand bei allen eine Linksdrehung, die zwischen 5 und 7,8 % schwankte. Im Jahre 1875 untersuchte ich in gleicher Weise 20 Mostsorten und fand

*) In seinen Bemerkungen zu meiner Notiz in den Berliner Berichten Bd. 8, p. 1285 „Ueber die Erkennung mit Traubenzucker gallisirter Weine" glaubt Herr V. Wartha (ebendaselbst p. 1516) darauf aufmerksam machen zu müssen, dass nicht ich, sondern Pohl zuerst das Polarisationsinstrument zur Untersuchung der Traubenmoste in Anwendung gebracht, und weiter, dass nicht ich, sondern Mitscherlich zuerst nachgewiesen habe, dass der im Traubensaft enthaltene Zucker vollständig identisch ist mit dem aus Rohrzucker enthaltenen Invertzucker. Ich habe darauf zu erwidern, dass ich nirgends behauptet habe, zuerst das Polarisationsinstrument in der Weintechnik in Anwendung gebracht zu haben, und weiter, dass es mir niemals eingefallen ist, mir eine Entdeckung zuzuschreiben, die über 20 Jahre lang in allen Lehrbüchern zu lesen ist. Ausserdem steht auch in meiner Abhandlung, wo von der Linksdrehung der Traubenmoste die Rede ist wörtlich, was **bekanntlich** darin seinen Grund hat, dass im Traubensaft der Zucker zum Theil als Dextrose zum Theil als Levulose enthalten ist etc. etc.

bei einem Zuckergehalt von 15—22 % eine Drehung von 6,2 bis 8,9 % nach Links. Da aber bekanntlich die Levulose ein viel stärkeres Drehungsvermögen nach Links besitzt als die Dextrose nach Rechts, so können diese Beobachtungen allein keineswegs die oben angeregten Fragen entscheiden, ob nämlich der Zucker der Trauben stets reiner Invertzucker ist oder ob auch gleichzeitig unter Umständen Rohrzucker zugegen oder die Dextrose oder auch die Levulose in überwiegender Menge vorhanden ist.

Zur Entscheidung der Frage, ob in guten Mostsorten neben dem Invertzucker auch noch Rohrzucker vorhanden ist, benutzte ich zunächst vier Mostproben von Königlicher Domäne zu Wiesbaden, die mir von Herrn Kellerinspector Vietor geliefert wurden und von deren Reinheit ich also überzeugt sein konnte.

Ich theile die erhaltenen Resultate in Folgendem mit:

1. Steinberger Auslese 1874.

Die Analyse gab folgende Resultate:

Zucker	18,59 %
Freie Säure	0,53 «
Albuminate	0,25 «
Mineralstoffe	0,29 «
Extractivstoffe	4,71 «
Gesammtmenge der gelösten Stoffe	24,37 %
Wasser	75,63 «
	100,00 %
Spec. Gewicht	1,0949 %

Zur Prüfung auf Rohrzucker wurde der Most zunächst mit Thierkohle entfärbt und der Drehungswinkel in 200^{mm} langer Röhre bestimmt. 50 CC. des entfärbten Mostes wurden darauf mit 5 CC. rauchender Salzsäure versetzt und 10—15 Minuten lang im Wasserba'e auf 65—70° C. zur Invertirung etwa vorhandenen Rohrzuckers, erhitzt. Der Drehungswinkel wurde sodann zum zweiten Mal und zwar in 220^{mm} langer Röhre bei 15° C. bestimmt.

Es ergaben sich folgende Werthe:

Polarisationswinkel vor dem Invertiren	— 12,2°
Polarisationswinkel nach dem Invertiren	— 11,84°
Es ergab sich also eine Abnahme von	— 0,36°.

2. Steinberger 2. Qualität.

Die Analyse ergab folgende Resultate:

Zucker	16,35 %
Freie Säure	0,60 «
Albuminate	0,26 «
Mineralstoffe	0,27 «
Extractivstoffe	4,21 «
Gesammtmenge der aufgelösten Stoffe	21,69 %
Wasser	78,31 «
	100,00 %
Spec. Gewicht	1,085 %.
Polarisationswinkel vor dem Invertiren .	— 9,04°
Polarisationswinkel nach dem Invertiren .	— 9,16°
Es ergab sich also eine Zunahme von . .	+ 0,12°.

3. Markobrunner Auslese.

Die Analyse ergab folgende Resultate:

Zucker	18,94 %
Freie Säure	0,60 «
Albuminate	0,27 «
Mineralstoffe	0,28 «
Extractivstoffe	4,13 «
Gesammtmenge der aufgelösten Stoffe	24,22 %
Wasser	75,78 «
Spec. Gewicht	1,0969 %
Polarisationswinkel vor dem Invertiren .	— 12,52°
Polarisationswinkel nach dem Invertiren .	— 12,60°
Es ergab sich also eine Zunahme von . .	+ 0,08°

4. Markobrunner 2. Qualität.

Die Analyse ergab folgende Resultate:

Zucker	16,62 %
Freie Säure	0,60 «
Albuminate	0,23 «
Mineralstoffe	0,28 «
Extractivstoffe	4,05 «
Gesammtmenge der aufgelösten Stoffe	21,78 %
Wasser	78,22 «
	100,00 %
Spec. Gewicht	1,087 %

Polarisationswinkel vor der Invertirung . — 11,2⁰
Polarisationswinkel nach dem Invertiren . — 10,9⁰
Es ergab sich also eine Abnahme von . . — 0,3⁰.

Die gefundenen Differenzen zwischen den Drehungswinkeln vor und nach dem Invertiren sind in diesen 4 Fällen nur äusserst gering, und da sie bald + bald — ausgefallen, so wage ich noch nicht daraus einen Schluss zu ziehen. Ich werde aber in angegebener Weise meine Versuche zu verschiedenen Zeiten der Traubenreife, in schlechten und guten Jahren fortsetzen, namentlich auch nach dem Invertiren eine wiederholte Titrirung nach Fehling ausführen, und hoffe so durch eine längere Beobachtungsreihe endlich die Frage zu entscheiden, ob zu gewissen Perioden der Traubenmost neben der Levulose und Dextrose auch noch Rohrzucker enthält oder nicht.

Nicht minder interessant und wichtig ist die zweite Frage, ob der Traubenmost die Levulose und Dextrose stets genau in dem Verhältniss enthält, wie beide im Invertzucker vorkommen, oder ob unter Umständen, wie es beim Bienenhonig vorkommen soll, der Gehalt an Dextrose, vielleicht auch der der Levulose vorherrschend ist.

Enthält der Traubenmost reinen Invertzucker, so muss sich aus der Drehungsconstante des letzteren der Zuckergehalt der Moste berechnen lassen und mit den durch Titrirung nach Fehling's Methode gefundenen Mengen übereinstimmen.

Da die spec. Drehung der Levulose bei 15⁰ C. = — 106 und die der reinen Dextrose = 56 ist, so berechnet sich die spec. Drehung des Invertzuckers

$$-\frac{106}{2}+\frac{56}{2}=-25^0 \text{ bei } 15^0 \text{ C.*)}.$$

Aus der bekannten spec. Drehung finden wir die Drehungsconstante Wild's nach der Formel:

$$A=\frac{10^5}{(\alpha)}$$

für den Invertzucker also:

$$\frac{10^5}{-25}=A=-4000.$$

Aus der bekannten Drehungsconstante ergibt sich der Gehalt an Zucker in je einem Liter Flüssigkeit nach der Formel:

$$C=A\frac{\alpha}{L}$$

*) Kekulé, Lehrbuch der org. Chem. Bd. 2. p. 349.

und wenn die Flüssigkeit in einem 200^{mm} langen Rohre untersucht wurde nach

$$C = \frac{A}{2} \cdot \alpha$$

für den Invertzucker also in Procenten

$$C = -2{,}000 \cdot \alpha.$$

Ich habe in diesem Jahre 19 verschiedene Mostsorten aus dem Rheingau in angegebener Richtung untersucht. Der Zuckergehalt derselben wurde einmal nach Fehling's Methode bestimmt und das andere Mal aus dem berechneten Drehungswinkel nach obiger Formel berechnet. Ich habe die erhaltenen Resultate nach Procenten in der folgenden Tabelle zusammengestellt.

Vergleichende Zuckerbestimmungen in Most nach dem Verfahren von Fehling und nach der optischen Methode.

1 8 7 5.	Gefundene Drehungswinkel in 200 mm. langer Röhre.	Berechnete Zuckermengen in Procenten.	Nach Fehling gefundene Zuckermenge in Procenten.	Differenz. Proc.
Neroberger 1.	— 9,7°	19,4	18,8	0,60
Neroberger 2.	— 10,2°	20,4	18,52	1,88
Neroberger 3.	— 10,3°	20,6	19 52	1,08
Neroberger 4.	— 9,8°	19,6	18,50	1,10
Neroberger Traminer . .	— 10,5°	21,0	19,20	1,80
Hattenheimer 1.	— 9,7°	19,4	16,12	3,28
Hattenheimer 2.	— 10°	20,0	15,63	4,37
Hattenheimer 3.	— 10,2°	20,4	15,42	5,00
Hattenheimer 4.	— 9,5°	19,0	15,06	4,00
Geisenheimer	— 9,4°	18,8	15,42	3,40
Johannisberger	— 9,9°	19,8	18,12	1,68
Markobrunner 1. . . .	— 10,4°	20,8	18,38	2,42
Markobrunner 2. . . .	— 11,0°	22,0	16,67	5,33
Steinberg 1.	— 12,2°	24,4	20,16	4,24
Steinberg 2.	— 10,0°	20,0	18,52	1,48
Rüdesheimer 1.	- 11,6°	23,2	18,52	4,68
Rüdesheimer 2.	— 10,3°	20,6	18,25	2,35
Neroberger Riesling . .	— 9,7°	19,4	18,38	1,02
Markobrunner 3. . . .	— 10,5°	21,0	18,12	2,88

Im Mittel von diesen 19 vergleichenden Bestimmungen ergab die optische Methode einen höheren Zuckergehalt von 2,77 %; das Maximum betrug 5,33 %, das Minimum 0,60 %. Hiernach will es scheinen, als ob die Linksdrehung der Traubenmoste durchschnittlich etwas höher ist, als sie dem reinen Invertzucker zukommt. Allein da die spec. Drehung des Invertzuckers so ausserordentlich von der Temperatur abhängig ist, sie sinkt bekanntlich bei einer Temperaturerhöhung von 15° auf 25°, also von nur 10°, von — 25 auf — 12,5 *), und es ferner mit nicht geringen Schwierigkeiten verbunden ist, den Temperaturgrad während der Beobachtung in allen Fällen absolut constant zu erhalten, so wage ich es noch nicht aus den mitgetheilten Versuchen irgend welche Schlüsse zu ziehen, werde aber in den kommenden Jahren diese Beobachtung mit noch grösserer Sorgfalt fortsetzen.

Lässt man Mostsorten von oben mitgetheilter Zusammensetzung, also mittlerer Jahrgänge, vergähren, so nimmt die ursprüngliche Linksdrehung nach und nach mit fortschreitender Gährung ab und schliesslich resultirt ein Wein, dessen Drehungsvermögen nahezu oder vollständig 0 ist, oder auch wohl zuweilen 0,1—0,2° nach rechts beträgt. Solche Weine enthalten nach beendeter Gährung kaum noch Spuren von Zucker. Die sehr schwache Rechtsdrehung, die man zuweilen bei solchen Weinen nach beendeter Gährung beobachtet, ist wohl nur auf Rechnung der vorhandenen weinsauren Salze zu setzen, möglich jedoch auch, dass hier noch andere rechtsdrehende, zur Zeit noch unbekannte Stoffe mit im Spiele sind.

Ich gebe im Folgenden einige Belege:

Neroberger Most 1873. Analyse des Mostes:

Zucker	15,95 %
Freie Säure	0,84 «
Albuminate	0,25 «
Mineralstoffe	0,31 «
Extractivstoffe	3,64 «
Gesammtmenge der aufgelösten Stoffe	20,99 %
Wasser	79,01 «
	100,00 %.

Zur Bestimmung des optischen Verhaltens dieses Mostes diente der Polarisationsapparat von Ventzke-Soleil. Die Scala dieses Instrumentes gab direct, bei Beobachtung in 200^{mm} langer Röhre, Procente von Traubenzucker an.

*) Kekulé a. a. O. p. 349.

Während der Gährung zeigte dieser Most das folgende optisch Verhalten:

		Polarisation.
Januar	21.	— 6,2 % L.
«	25.	— 5,0 « «
«	27.	— 4,8 « «
«	29.	— 3,9 « «
«	31.	— 2,0 « «
Februar	2.	— 0,1 « «
«	4.	+ 0,1 « R.
«	8.	+ 0,1 « «
März	12.	— 0. « «

Steinberger Most 1874. Analyse des Mostes.

Zucker	17,62 %
Freie Säure	0,59 «
Albuminate	0,25 «
Mineralstoffe	0,28 «
Extractivstoffe	4,27 «
Gesammtmenge der aufgelösten Körper	23,01 %
Wasser	76,99 «
	100,00 %

Zur Bestimmung des optischen Verhaltens dieser Moste während d Gährung diente ein grosses Polaristrobometer von Wild. Die B obachtungen wurden mit 100^{mm} langer Röhre gemacht.

		Polarisationswinkel in 100 mm. langer Röhre.
März	15.	— 5,57° L.
«	19.	— 5,56° «
«	20.	— 5,30° «
«	22.	— 4,90° «
«	23.	— 4,35° «
«	24.	— 3,45° «
«	25.	— 2,50° «
«	27.	— 0,62° «
«	31.	+ 0,20° R.
April	1.	± 0° «
«	20.	± 0° «

Zu einem 3. Versuch diente ein Johannisberger Most aus dem Jahre 1875.

Die Analyse ergab:

Zucker	18,12	%
Freie Säure	0, 83	«
Stickstoff	0,042	«
Mineralstoffe	0,204	«
Gesammt-Extract	23,36	«.

Vor der Gährung drehte dieser Most in 200^{mm} langer Röhre untersucht die Polarisationsebene um einen Winkel von — 9,9^0 nach Links; nach beendeter Gährung war die Drehung = 0.

5. Das optische Verhalten feiner Auslese-Weine.

Wir haben im Vorhergehenden gesehen, dass die Traubenmoste stets von der darin enthaltenen Levulose eine mehr oder weniger starke Drehung der Polarisationsebene nach Links bewirken, und dass nach der Vergährung der Moste mittlerer Jahrgänge, mit einem Zuckergehalt von 14—18%, schliesslich ein Wein resultirt, dessen Drehungsvermögen wohl in den meisten Fällen 0 sein wird, aber auch, entweder von der Weinsteinsäure oder anderen unbekannten Körpern herrührend, 0,1—0,2^0 nach Rechts betragen kann.

Ganz anders stellt sich die Sache bei den feinen Ausleseweinen vorzüglicher Jahrgänge wie 1858, 1861, 1862, 1868 etc. Auch hier zeigt der Most bei einem Zuckergehalt von 26—28% eine starke Drehung der Polarisationsebene nach Links, aber schliesslich resultirt nach beendeter Gährung ein Wein, der von der zum Theil unvergohrenen Levulose stets eine starke Drehung nach Links behält. Ich habe in dieser Richtung 15 verschiedene Ausleseweine aus dem Rheingau und von der Haardt untersucht, die mit 15 bis 30 Mark die Flasche bezahlt werden und zu den edelsten Gewächsen dieses Jahrhunderts gehören, aber auch nicht ein einziger zeigte Rechtsdrehung; sämmtliche Weine ohne Ausnahme lenkten, mit einem Zuckergehalt (Levulose) von 4—15%, die Polarisationsebene bei der Untersuchung mit dem Polaristrobometer von Wild in 100^{mm} langer Röhre um —2,4 bis — 7^0 nach Links ab.

Ich verdanke diese sehr werthvollen Proben, deren Analysen ich in der folgenden Tabelle zusammenstelle, Königlicher Domäne zu Wiesbaden, Herrn Gutsbesitzer Aug. Wilhelmj zu Hattenheim, dem Fürstlich Metternich'schen Keller-Inspector Czéh auf Schloss Johannisberg und Herrn Reichstagsabgeordneten Dr. A. Buhl zu Deidesheim a. d. Haardt. Ich ergreife diese Gelegenheit um den genannten Herren für die bereitwillige Unterstützung meiner Arbeiten meinen verbindlichsten Dank auszusprechen.

Die mitgetheilten Analysen dieser vorzüglichen Auslese-Weine, die den Stolz des Rheingaues und der Haardt bilden, und wesentlich dazu beigetragen haben, den Weltruf dieser Gegenden zu begründen, veranlassen Herrn Wartha in seiner oben erwähnten Entgegnung zu folgender Bemerkung:

«Herr Neubauer bemerkt auch, er hätte Weine untersucht, die mit 15—30 Mark pro Flasche bezahlt werden, und glaubt, dass, wenn ein solcher Auslese-Wein links polarisire, derselbe nicht verfälscht sein könne, vergisst aber den Umstand, den ich hervorgehoben, dass dabei nicht ausgeschlossen ist, dass dem theueren Weine durch Hefe invertirter Rohrzucker beigemengt sein kann.»

Obgleich ich nirgends in Abrede gestellt habe, dass ein mit Unmassen von Rohrzucker versetzter Wein nicht auch Links polarisiren könne, und so sehr ich auch für jede Erweiterung meines Wissens dankbar bin, so bedaure ich doch von dieser Quartaner-Belehrung des Herrn Wartha, die in nichts Geringerem besteht, als dass Rohrzucker durch Hefe invertirt wird, und dass mit Rohrzucker versetzte Weine auch unter Umständen links polarisiren können, keinen Gebrauch mehr machen zu können. Wäre ich von der absoluten Reinheit meiner untersuchten 15 Auslese-Weine, die ich den besten und sichersten Quellen verdanke, nicht ebenso überzeugt gewesen wie Herr Wartha von der Reinheit der von ihm untersuchten 3 süssen Ungarweine, aus den gräflich Zichy'schen Kellern, so würde ich nicht zu ebendemselben Schluss wie Wartha gekommen sein, dass nämlich reine Auslese-Weine stets links polarisiren, dagegen rechts polarisirende, um mit Wartha's eignen Worten zu sprechen, natürlich unbedingt verdächtig sind.

Ich gestehe gerne zu, dass diese kurze Bemerkung von Wartha, welche derselbe im Jahre 1873 in einem Aufsatz «Ueber den Zuckergehalt vergohrener Weine und über die optische Bestimmungsmethode desselben» *) gemacht, von mir s. Z. übersehen worden ist. Allein es ist auch Anderen so gegangen, weder die Annalen der Oenologie, noch die in Oesterreich selbst erscheinende Weinlaube haben von diesem Aus-

*) Journal f. pr. Chem. Bd. 7, p. 350.

Analysen verschiedener Auslese-Weine.

Jahrgang.		Polarisationswinkel der entfärbten Weine in 200 mm. langer Röhre.	Zuckergehalt nach Fehling.	Gesammte Extractmenge. Proc.	Alkoholgehalt. Proc.	Freie Säure. Proc.	Spec. Gewicht der Weine mit Alkohol.	Spec. Gewicht der Weine ohne Alkohol.	Mineralstoffe. Proc.
1874	Deidesheimer von Dr. Buhl	— 3,8° links	4,27 Prc.	6,84	8,73	0,66	1,0135	1,0280	0,22
1874	Deidesheimer von Dr. Buhl	—12,9° „	8,83 „	14,33	9,50	0,67	1,0455	1,0580	0,41
1874	Deidesheimer von Dr. Buhl	— 8,3° „	5,71 „	9,46	9,95	0,68	1,0220	1,040	0,21
1874	Deidesheimer von Dr. Buhl	— 2,1° „	1,51 „	3,26	11,17	0,35	0.9950	1,0160	0,32
1862	Steinberger von Aug. Wilhelmj	— 5,5° „	6,44 „	11,40	10,21	0,75	1,0305	1,0455	0,22
1858	Rauenthaler Berg von Aug. Wilhelmj	— 4,4° „	3,22 „	6,65	9,98	0,75	1,0085	1,0250	0,17
1868	Rüdesheimer Berg von A. Wilhelmj*)	—14,5° „	15,60 „	23,26	8,52	0,78	1,0775	1,0935	0,19
1861	Rauenthaler Berg von A. Wilhelmj	—10,2° „	9,62 „	15,99	7,70	0,66	1,0480	1,0610	0,31
1865	Forster Jesuitengarten v. A. Wilhelmj	—10,2° „	9,19 „	15,192	9,00	0,63	1,0410	1,0595	0,25
1861	Schloss Johannisberger von Czéh	4,9° „	10,00 „	15,54	7,55	1,06	1,0465	1,0605	0,19
1862	Schloss Johannisberger von Czéh	— 5,1° „	7,44 „	11,85	8,56	0,88	1,0350	1,0487	0,21
1868	Schloss Johannisberger von Czéh	— 0,2° „	0,54 „	8,42	9,71	0,57	0,997	1,0150	0,17
1868	Steinberger von Königl. Domäne	— 8,3° „	8,07 „	12,98	9,25	0,81	1,0390	1,0555	0,31
1868	Markobrunner von Königl. Domäne	— 6,1° „	6,41 „	11,60	9,76	0,79	1,0275	1,0440	0,298
1868	Rüdesheimer von Königl. Domäne	— 8,1° „	6,78 „	11,38	9,72	0,63	1,0305	1,0470	0,297

*) Die analytischen Resultate dieses grossen Weines mögen Manchem kaum glaublich erscheinen, und doch hatte ich im Jahre 1868 Gelegenheit einen selbstgekelterten Most von ähnlicher Güte aus gleicher Lage zu untersuchen. Am 9. November 1868 lieferte mir der Königliche Kellerinspector Herr Vietor edelfaule, bereits zu Rosinen eingeschrumpfte Weinbeeren aus dem Rüdesheimer Berg (Burg Ehrenfels), die mir beim Keltern mit starker Schraubenpresse nicht mehr als 50,8 Proc. Most lieferten. Die Analyse dieses von mir selbst gekelterten Mostes ergab folgende Resultate:

Spec. Gewicht des Mostes		1,2075.
Zucker	42,80 Proc.	
Freie Säure	0,55 „	
Albuminate	0,39 „	
Mineralstoffe	0,76 „	
Extractivstoffe	14,03 „	
	58,53 Proc.	
Wasser	41,47	
	100,00	

spruch Wartha's Notiz genommen. Auch auf dem Oenologen-Congress zu Trier im Herbste 1874 erklärte Herr Nessler noch: «Man kann natürliche von Kunstweinen nicht unterscheiden» und keiner der zahlreich anwesenden Chemiker hielt ihm Wartha's bereits ein Jahr alte Bemerkung entgegen.*) Der Grund von diesem so totalen ins Vergessen-Gerathen kann doch wohl kein anderer sein, als dass Herr Wartha seinen obigen Ausspruch auch nicht durch einen einzigen Beleg, nicht durch eine einzige Analyse gallisirter Weine erhärtet hat, sondern einzig und allein durch die Linksdrehung von nur drei süssen Ungarweinen sich zu diesem Ausspruch berechtigt hielt.

6. Die Erkennung mit Traubenzucker gallisirter Weine auf optischem Wege.

Ich habe oben mitgetheilt, dass nach meinen und den Untersuchungen Anderer, die käuflichen Traubenzuckersorten, wie sie augenblicklich der Handel liefert, 16—20 % einer der Gährung hartnäckig widerstehenden Substanz enthalten, die aber durch eine starke Rechtsdrehung der Polarisationsebene ausgezeichnet ist. Hiernach lag die Vermuthung nahe, dass diese unvergährbaren Stoffe der käuflichen Traubenzucker, da sie durch ihr optisches Verhalten genügend characterisirt sind, ein unzweideutiges Merkmal abgeben könnten, um einen Naturwein von einem mit Traubenzucker gallisirten, mit Sicherheit zu unterscheiden.

Ich habe oben bemerkt, dass Weine mittlerer Jahrgänge meistens die Polarisationsebene gar nicht oder höchstens um 0,1 — 0 2 ⁰ nach Rechts drehen, dass dagegen feine Auslese-Weine, die noch unvergohrene Levulose enthalten, stets durch eine mehr oder weniger starke Drehung nach Links ausgezeichnet sind. Vergleicht man nun hiermit das optische Verhalten der mit käuflichem Traubenzucker gallisirten Weine, so wird man in allen Fällen, gleichgültig ob noch unvergohrener Zucker vorhanden ist oder nicht, einen verhältnissmässig hohen Extractgehalt finden, und sämmtliche derartige Weine zeigen, in 100—200 ^{mm} langer Röhre, unmittelbar oder nach vorherigem Concentriren und Entfärben, mit dem Polaristrobometer von Wild untersucht, eine mehr oder weniger starke Rechtsdrehung der Polarisationsebene, die in 100 ^{mm} langer Röhre nicht selten 3 — 5 ⁰ R. beträgt und auf Rechnung jener unvergährbaren Substanzen der käuflichen Traubenzucker zu setzen ist.

*) Annalen der Oenologie Bd. 5, Heft 2.

Die folgenden Versuche mögen die Beweise bringen:

A. Mit Traubenzucker gallisirte Weine.

Zu diesen Versuchen diente ein 1873er Neroberger Most von folgender Zusammensetzung:

Zucker	16,89	%
Freie Säure	1,16	«
Albuminate	0,28	«
Mineralstoffe	0,34	«
Extractivstoffe	2,08	«
Gesammtmenge der aufgelösten Stoffe	20,75	%
Wasser	79,25	
	100,00.	

Spec. Gewicht des Mostes 1,0825.

Dieser Most lieferte nach der Gährung einen Wein, dessen Drehungsvermögen in 100 mm langer Röhre = 0 war.

Zum Gallisiren dieses Mostes diente ein schwach gelblich gefärbter, ziemlich fester Traubenzucker von folgender Zusammensetzung:

Zucker nach Fehling	67,57	%
Unvergährbare Stoffe	16,45	«
Mineralstoffe	0,36	«
Wasser	15,62	«
	100,00.	

Gesammtextract nach Balling 84,38 %.

Eine 10procentige Lösung dieses Traubenzuckers drehte in 200 mm langer Röhre untersucht, die Polarisationsebene um 13,25° nach Rechts, während eine gleich starke Lösung von reinem Traubenzucker nur eine Drehung von 11,28° bewirkt haben würde.

Zu dem Versuch wurde der Most zur Hälfte mit Wasser verdünnt und erhielt darauf pro Liter einen Zusatz von 200 Grm. des obigen Traubenzuckers. Eine zweite Quantität desselben verdünnten Mostes erhielt auf je ein Liter einen Zusatz von 180 Grm. Rohrzucker, entsprechend 189,47 Grm. Invertzucker.

Die gallisirten Moste hatten mithin, den zugesetzten Rohrzucker als Invertzucker berechnet, folgende Zusammensetzung:

	Mit Traubenzucker gallisirt.	Mit Rohrzucker gallisirt.
Zucker	21,96 %	27,39 %
Freie Säure	0,58 «	0,58 «
Albuminate	0,14 «	0,14 «
Extractivstoffe	4,33 «	1,04 «
Mineralstoffe	0,25 «	0,17 «
	27,26 %	29,32 %.

Während der Gährung wurde das optische Verhalten beider täglich mit dem Polaristrobometer von Wild in 100 mm langer Röhre geprüft. Es ergaben sich folgende Resultate:

Tag.	Gallisirt mit Rohrzucker.	Gallisirt mit Traubenzucker.	Tag.	Gallisirt mit Rohrzucker.	Gallisirt mit Traubenzucker
März.			März.		
10.	+ 8,8°	+ 9,7°	23.	— 4,30°	+ 6,49°
11.	+ 6,85°	+ 9,7°	24.	— 4,20°	+ 6,60°
12.	+ 5,13°	+ 9,7°	25.	— 4,18°	+ 6,88°
13.	+ 3,60°	+ 9,5°	27.	— 3,50°	+ 7,08°
15.	+ 1,21°	+ 8,9°	31.	— 2,10°	+ 6,80°
16.	— 1,10°	+ 8,6°	April.		
17.	— 3,94°	+ 8,02°	2.	— 1,40°	+ 6,65°
19.	— 5,30°	+ 7,12°	5.	— 0,50°	+ 6,60°
20.	— 5,10°	+ 6,88°	8.	— 0,40°	+ 6,60°
22.	— 4,90°	+ 6,68°	20.	± 0	+ 6,60°

Nachdem die Weine vollständig klar geworden, ergab die Analyse derselben folgende Resultate:

	Mit Rohrzucker gallisirt.	Mit Traubenzucker gallisirt
Spec. Gewicht mit Alkohol .	0,9905	1.0165
Spec. Gewicht ohne Alkohol .	1,0085	1,0300
Alkohol	11,84 %	7,57 %
Zucker	0,23 «	2,66 «
Freie Säure	0,63 «	0,54 «
Mineralstoffe	0,15 «	0,25 «
Gesammt-Extract	1,94 «	7,59 «

Während des Sommers wurden die Weine im Laboratorium aufbewahrt. Der mit Traubenzucker gallisirte zeigte im Hochsommer noch leichte Spuren von Gährung; das optische Verhalten beider war nach Ablauf eines Jahres:

Mit Traubenzucker gallisirt . = + 4,7° R.
Mit Rohrzucker gallisirt . . = 0°.

Eine zweite Versuchsreihe wurde wie folgt ausgeführt. Je 1 Liter des zur Hälfte mit Wasser verdünnten Mostes, dessen Analyse oben mitgetheilt, erhielt einen Zusatz von 315,9 Grm. käuflichen Traubenzucker, welche nach obiger Analyse 215,5 Grm. reinen Traubenzucker enthalten. Eine zweite Quantität desselben verdünnten Mostes erhielt pro Liter einen Zusatz von 204,7 Grm. Rohrzucker, entsprechend 215,5 Grm. Invertzucker. Beide Moste wurden also auf einen gleichen Zuckergehalt und zwar von 30 % gebracht.

Diese gallisirten Moste hatten mithin folgende Zusammensetzung:

	Mit Rohrzucker gallisirt.	Mit Traubenzucker gallisirt.
Zucker	30,00 %	30,00 %
Freie Säure	0,58 «	0,58 «
Albuminate	0,14 «	0,14 «
Extractivstoffe (Gesammt-Extract)	1,04 «	6,29 «
Mineralstoffe	0,17 «	0,29 «
	31,93 %	37,30 %.

Während der Gährung wurde das optische Verhalten in 100 mm langer Röhre mit dem Polaristrobometer von **Wild** beobachtet. Es ergaben sich folgende Resultate:

Tag.	Mit Rohrzucker gallisirt.	Mit Traubenzucker gallisirt.	Tag.	Mit Rohrzucker gallisirt.	Mit Traubenzucker gallisirt.
April.			April.		
20.	+ 9,9°	+ 15,9°	30.	— 5,50°	+ 11,00°
			Mai.		
24.	+ 4,8°	+ 14,45°	3.	· 4,40°	+ 10,10°
26.	— 1,15°	+ 13,60°	6.	— 2,80°	+ 9,8°
27.	— 4,55°	+ 13,10°	12.	— 1,20°	+ 9,8°
28.	— 5,70°	+ 12,45°	21.	— 0,30°	+ 9,8°

Nachdem sich die Weine vollständig geklärt hatten, ergab die Analyse derselben folgende Resultate:

	Gallisirt mit Rohrzucker.	Gallisirt mit Traubenzucker
Spec. Gewicht mit Alkohol .	0,991	1,0262
Spec. Gewicht ohne Alkohol .	1,0095	1,0373
Alkohol	12,25 %	9,318 %
Zucker	0,397 «	4,09 «
Freie Säure	0,66 «	0,63 «
Mineralstoffe	0,146 «	0,244 «
Gesammtextract	2,256 «	11,354 «

Die mitgetheilten Resultate zeigen zunächst den gewaltigen Unterschied zwischen den mit käuflichem Traubenzucker und den mit reinem Rohrzucker gallisirten Weinen. Während letztere bei einem hohen Alkoholgehalt arm an Extractivstoffen sind, findet bei ersteren gerade das Gegentheil statt. Hierin liegt auch sicherlich der Grund, warum der Rohrzucker von den Winzern ungern zum Gallisiren der Weine benutzt wird. Rohrzucker — sagen sie — macht den Wein spitz, während er durch das Gallisiren mit Traubenzucker Schmalz, d. h. Körper bekommt. Ich glaube die bedeutende Differenz beider Weine in Alkohol und Extractgehalt erklärt diese technische Bezeichnung der praktischen Winzer wohl genügend. Der Rohrzucker vergährt noch bei ziemlich hohem Procentsatz bis auf 4—4 $^1/_2$ % vollständig, während die unvergährbaren Stoffe der käuflichen Traubenzucker, die, wie ich oben mitgetheilt, bis zu 20 % betragen können, nach der Gährung zurückbleiben und so dem Weine einen hohen Extractgehalt ertheilen, den der Winzer offenbar mit dem Worte «Schmalz oder Körper» bezeichnet.

Nach Ablauf eines Jahres, während dessen die Weine im Laboratorium, also bei ziemlich hoher Temperatur lagerten, wurde ihr optisches Verhalten abermals geprüft. Es ergaben sich in 100^{mm} langer Röhre folgende Drehungswinkel:

Mit Traubenzucker gallisirt	Nr. 1	= + 4,7° R.
« « «	Nr. 2	= + 9,8° R.
Mit Rohrzucker gallisirt	Nr. 1	= 0°.
« « «	Nr. 2	= 0°.

Ich bin mit der Fortsetzung dieser Gallisirungs-Versuche unter verschiedenen Verhältnissen beschäftigt und werde darüber später weiteres mittheilen.

Ich lasse nun die Untersuchungen einiger gallisirter Weine des Handels folgen, die ebenfalls den Beweis liefern, dass die unvergährbaren Stoffe der käuflichen Traubenzucker nach der Gährung zurückbleiben und, da sie durch eine verhältnissmässig starke Rechtsdrehung ausgezeichnet sind, zur Unterscheidung der gallisirten Weine von Naturweinen dienen können.

Nr. 1. Weisswein 1871. Der Wein erhielt vor Gährung auf je 1000 Liter einen Zusatz von 200 Liter Zuckerwasser, bereitet aus 50 Pfd. Colonial-Rohzucker und 2 Ctr. Traubenzucker. Ausserdem wurden 12 Pfd. Malaga-Rosinen, 3 Loth Tannin und 3 Pfd. Weinsteinsäure auf je 1000 Liter zugesetzt.

Der Wein wurde im Jahre 1875 untersucht und ergab folgende Resultate:

Alkohol	8,71 %
Freie Säure	0,66 «
Zucker	1,74 «
Mineralstoffe	0,157 «
Gesammt-Extract	5,28 «

Der Drehungswinkel des direct in 100 mm langer Röhre untersuchten Weins betrug + 3,95° Rechts, und in 200 mm langer Röhre + 7,9° Rechts.

Nr. 2. Rothwein. Die Analyse ergab:

Alkohol	9,47 %
Freie Säure	0,638 «
Gesammt-Extract	4,90 «

In 200 mm langer Röhre untersucht, drehte der zuvor mit Thierkohle entfärbte Wein die Polarisationsebene um einen Winkel von + 5,3° Rechts.

Nr. 3. Rothwein. Die Analyse ergab:

Alkohol	9,33 %
Freie Säure	0,563 «
Gesammt-Extract	4,204 «

In 200 mm langer Röhre untersucht, drehte der mit Thierkohle entfärbte Wein die Polarisationsebene um einen Winkel von + 4,1° nach Rechts.

Diese beiden Rothweine Nr. 2 und 3 waren als reine Naturweine verkauft, und erst auf meine ganz bestimmte Behauptung, dass dieselben mit Traubenzucker gallisirt seien, bekannte der Fabrikant oder Producent

Farbe und räumte einen, freilich nur geringen, Zuckerzusatz ein. Allein nach der verhältnissmässig starken Drehung, welche diese Weine zeigten, muss der Zuckerzusatz kein geringer, sondern im Gegentheil ein ziemlich bedeutender gewesen sein.

Nr. 4. Weisswein 1873. Dieser Wein sollte angeblich auf 1200 Liter einen Zusatz von 4 Ctr. Traubenzucker erhalten haben.

Die Analyse ergab:

Alkohol	7,48	%
Freie Säure	0,62	«
Mineralstoffe	0,31	«
Gesammtextract	2,28	«

In 200 mm langer Röhre untersucht, drehte der ursprüngliche Wein die Polarisationsebene um einen Winkel von + 0,8° nach Rechts. 200 CC. wurden darauf bis auf 50 CC. concentrirt, mit Thierkohle behandelt und darauf abermals der optischen Prüfung unterworfen. Der Drehungswinkel war jetzt in 200 mm langer Röhre auf + 3,1° R. gestiegen.

Nr. 5. Weisswein 1874. Der Most dieses Weines war als angeblich rein verkauft und erst die Analyse des fertigen Weines zeigte im Frühjahr 1876 einen nicht unerheblichen Zusatz von Traubenzucker.

Die Analyse ergab:

Alkohol	7,86	%
Freie Säure	0,66	«
Mineralstoffe	0,212	«
Gesammt-Extract	2,99	«

Direct in 200 mm langer Röhre untersucht, drehte der Wein die Polarisationsebene um einen Winkel von 2,9° nach Rechts. 500 CC. wurden auf 100 CC. concentrirt, mit Thierkohle entfärbt und abermals der optischen Probe unterworfen. Die Drehung war jetzt auf + 14,6° R. gestiegen.

Nr. 6. Französischer Rothwein. Die Analyse dieses Weines ergab:

Alkohol	7,88	%
Freie Säure	0,65	«
Mineralstoffe	0,39	«
Gesammt-Extract	2,68	«
Stickstoff	0,02	«

In 200 mm langer Röhre untersucht, drehte dieser Wein 1,1° nach Rechts. 150 CC. wurden darauf mit Thierkohle entfärbt und auf 50 CC. concentrirt. In 200 mm langer Röhre untersucht, war die Drehung nach Rechts jetzt auf 3,4° gestiegen.

Nr. 7. Ein dünner und saurer Weisswein von folgender Zusammensetzung:

Alkohol	6,04	%
Freie Säure	1,14	«
Mineralstoffe	0,19	«
Stickstoff	0,05	« .
Gesammt-Extract	2,20	«

erhielt auf je 1000 Liter einen Zusatz von 257 Kilo Traubenzucker und 423 Liter Wasser. Nachdem die durch Zusatz von Hefe eingeleitete Gährung beendigt war und der Wein sich geklärt hatte, drehte derselbe, in 100 mm langer Röhre untersucht, 4,1° nach Rechts.

Wenn es nach dem Mitgetheilten wohl keinem Zweifel mehr unterliegt, dass die häufig genannten unvergährbaren Stoffe der käuflichen Traubenzucker den damit gallisirten Weinen eine mehr oder weniger starke Rechtsdrehung der Polarisationsebene ertheilen, wodurch solche Weine als mit Traubenzucker gallisirte erkannt werden können, so bleibt doch noch die Frage zu beantworten, bis zu welchem Verdünnungsgrad sich diese Rechtsdrehung noch mit Sicherheit nachweisen lässt. Nehmen wir den Fall, es läge ein Most von 16 % Zucker und 1,2 % Säure vor und derselbe sollte durch Verdünnen und Versetzen mit Traubenzucker auf einen Säuregehalt von 0,6 % und einen Zuckergehalt von 18 % gebracht werden. In diesem Falle hätte man also den Naturmost auf das Doppelte mit Wasser zu verdünnen und demselben sodann auf je 1000 Liter mit 143 Kilo eines Traubenzuckers zu versetzen, der auf 15 % Wasser und 15 % unvergährbare Stoffe 70 % reinen Traubenzucker enthält. Der so nach der Gährung entstandene Wein würde in 1000 Liter also etwa 21,5 Kilo unvergährbare Stoffe, entsprechend 2,15 % enthalten. Werden sich diese mit Sicherheit nachweisen lassen oder nicht?

Um diese Frage einigermaassen zu beantworten, versetzte ich einen vom Alkohol befreiten und wieder auf das ursprüngliche Volum verdünnten Wein, dessen spec. Gew. 1,0077 war, mit einer beliebigen Menge jener unvergährbaren Stoffe der käuflichen Traubenzucker und bestimmte abermals das spec. Gewicht, welches zu 1,027 gefunden wurde.

Einem spec. Gewicht von 1,027 entspricht nach Balling ein Extractgehalt von 6,731 % und da dem spec. Gewicht der Weinflüssigkeit 1,0077 ein Extractgehalt von 1,925 % zukommt, so enthielt die Flüssigkeit also 6,731 — 1,925 = 4,806 % jener unvergährbaren Substanzen.

Während die Weinflüssigkeit allein keine bestimmbare Drehung der Polarisationsebene bewirkte, drehte die Lösung jetzt in 200 ^{mm} langer Röhre um 8,4° nach Rechts. Nehmen wir den Gehalt der käuflichen Traubenzucker an unvergährbaren Stoffen im Mittel zu 15 % an, so würde ein Gehalt von 4,806 % einem Traubenzuckerzusatz von 320,4 Kilo pro 1000 Liter Wein entsprechen.

Zur Feststellung der Grenze, bis zu welcher sich diese unvergährbaren Stoffe noch mit Sicherheit durch ihr optisches Verhalten erkennen lassen, wurde die ursprüngliche Flüssigkeit wiederholt auf das doppelte Volum verdünnt und die Drehungswinkel dieser verdünnten Lösungen bestimmt. Es ergaben sich folgende Resultate:

	Gehalt der Lösung an unvergährbarer Substanz.	Entsprechender Traubenzuckerzusatz pro 1000 Liter.	Drehungswinkel in 200 mm. langer Röhre.
Nr. 1	4,806 %	320,4 Kilo	8,4° R.
« 2	2,403 «	160,2 «	4,2° «
« 3	1,201 «	80,1 «	2,1° «
« 4	0,600 «	40,05 «	1,1° «
« 5	0,300 «	20,02 «	0,55° «

Bei noch grösserer Verdünnung wird das Resultat unsicher, aber auch jetzt gelangt man noch zum Ziele, wenn man die Flüssigkeit zuvor durch Eindampfen concentrirt und nöthigenfalls durch Thierkohle entfärbt.

100 CC. der Flüssigkeit vom Versuch Nr. 5 wurden mit 100 CC. Wasser verdünnt. Die Drehung schwankte jetzt zwischen 0,2 und 0,3°, war also mit vollständig genügender Schärfe kaum noch zu bestimmen. 100 CC. wurden darauf auf 25 CC. durch Eindampfen concentrirt und abermals auf ihr optisches Verhalten geprüft; es ergab sich eine Drehung von 1,1° R.

Dieser letzte Versuch lieferte also folgende Resultate:

	Gehalt der Lösung an unvergährbarer Substanz.	Entsprechender Traubenzuckerzusatz pro 1000 Liter.	Drehungswinkel der auf 1/4 Volum concentr. Lösung.
Nr. 6	0,15 %	10,01 Kilo	$\frac{1,1}{4} = 0,275.$

Bei sehr geringen Drehungen thut man wohl, zu Anfang der Beobachtung den Apparat so einzustellen, dass die Interferenzfransen scharf und deutlich hervortreten, also auf etwa 40—45° und sodann bis zum vollständigen Verschwinden derselben, welches bekanntlich ohne drehende Substanz bei 50° eintritt, zu drehen. Man wird auf diese Weise sich selten um mehr als 0,05°, höchstens um 0,1° irren.

Dass sich in der That noch verhältnissmässig geringe Mengen von Traubenzucker, welche dem Most oder Wein zugesetzt, durch die optische Analyse nachweisen lassen, möge folgender Fall zeigen.

Der fragliche Wein war ein 1874 er und hatte nach Angabe der Producenten auf 1200 Liter einen Zusatz von nur $^1/_3$ Ctr. = 33 $^1/_3$ Pfd. Traubenzucker erhalten. Direct in 200 ^{mm} langer Röhre untersucht, bewirkte der Wein nur eine Drehung um 0,2° nach Rechts. 500 CC. wurden darauf möglichst weit concentrirt und zum Auskrystallisiren der Salze in die Kälte gestellt. Die Mutterlauge wurde sodann genau auf 50 CC. verdünnt und mit Thierkohle entfärbt. Das Filtrat setzte in der Ruhe Krystalle ab, wahrscheinlich weinsteinsauren Kalk, und wurde nach 24 Stunden hiervon abfiltrirt. Die so erhaltene Flüssigkeit drehte in 200 ^{mm} langer Röhre untersucht um einen Winkel von 1,85° nach Rechts.

Zum Gegenversuch diente ein in der Zusammensetzung nahezu gleicher absolut reiner 1874er Weisswein. 500 CC. dieses Weins wurden in gleicher Weise wie oben angegeben behandelt. In 200 ^{mm} langer Röhre untersucht, bewirkte diese, vom Weinstein so befreite und mit Thierkohle entfärbte concentrirte Flüssigkeit, weder bei weissem noch bei gelbem Lichte, eine nachweisbare Drehung der Polarisationsebene. Das optische Verhalten war gleich 0, so dass die bei dem obigen Wein nachgewiesene Rechtsdrehung von + 1,85° wohl allein auf Rechnung des zugesetzten Traubenzuckers zu setzen ist.

7. Ausführung der optischen Weinprüfung.

Die Ausführung der optischen Weinprüfung ergibt sich aus dem Mitgetheilten schon von selbst. Man benutzt am besten das grosse Polaristrobometer von Wild*), welches eine Schärfe der Bestimmung zulässt, wie ich sie wenigstens mit einem anderen Polarisationsapparate

*) Die Firma Hermann und Pfister in Bern liefert dasselbe in vorzüglicher Ausführung zum Preise von etwa 130 Mark.

nie in gleicher Weise habe erreichen können. Ist der Wein nur mässig gefärbt, so untersucht man ihn zunächst direct, und zwar in 100^{mm} oder 200^{mm} langer Röhre, und wird in den meisten Fällen über eine bestehende Rechtsdrehung nicht lange in Zweifel bleiben. Ist der Wein in anderem Falle zu dunkel oder die gefundene Rechtsdrehung zu unbedeutend um jeden Zweifel auszuschliessen, so verdunstet man, je nach Ausfall der ersten Prüfung 500, 300, 200 oder 100 CC. bis zum Herauskrystallisiren der Salze, lässt die Mutterlauge einige Zeit stehen, verdünnt auf 50 CC. entfärbt mit Thierkohle und prüft darauf das absolut klare Filtrat abermals und zwar in 200^{mm} langer Röhre. Selbst sehr geringe Rechtsdrehungen werden sich so der Entdeckung nicht entziehen. Verwendet man zum Entfärben rohe, nicht mit Salzsäure ausgezogene Thierkohle, so setzt das Filtrat nicht selten Krystalle, wahrscheinlich von weinsaurem Kalk, ab. In diesem Falle wartet man bis die Krystallisation beendigt ist und benutzt die abermals filtrirte Mutterlauge zur optischen Prüfung.

Ist die mit Thierkohle behandelte Flüssigkeit nur noch schwach gefärbt, so wird man selbst bei Anwendung einer 200^{mm} langen Röhre bei gelbem Natriumlicht zum gewünschten Ziele gelangen. Im anderen Falle, wo die Dunkelfärbung die Anwendung des Natriumlichts verbietet, benutzt man eine hellbrennende Gas- oder Petroleumlampe mit breiter Flamme.

Rothweine werden stets zunächst vom Alkoholgehalt durch Eindampfen befreit und, nachdem das ursprüngliche Volum wieder hergestellt und die Flüssigkeit mit Thierkohle behandelt ist, zur optischen Prüfung benutzt.

Ich schliesse diese Abhandlung mit dem Wunsche, dass von möglichst verschiedenen Seiten Untersuchungen in gleicher Richtung angestellt werden möchten, denn dass zur Erkennung selbst stark gallisirter Weine auch die feingeschulteste Zunge geübter Weinkenner nicht immer ausreicht, habe ich während meiner Arbeit häufiger erfahren müssen.

Mit Untersuchungen solcher Weine, die mit Rohrzucker gallisirt und solche, die nach dem Verfahren von Chaptal verbessert wurden, bin ich augenblicklich beschäftigt, und werde über das optische Verhalten dieser, vor, während und nach der Gährung, demnächst berichten.

Methode zur Analyse alkalischer Mineralwasser.

Von

R. Fresenius.

Im Laufe des letzten Jahres hatte ich Veranlassung die 5 Mineralquellen des Bades Neudorf in Böhmen wie einige andere Mineralwasser zu untersuchen, welche alle doppeltkohlensaures Natron enthielten und von denen sich namentlich die Neudorfer Quellen auch durch einen hohen Gehalt an kohlensaurem Eisenoxydul auszeichneten.

Ich hatte dadurch Veranlassung die Methode zur Analyse alkalischer Mineralwasser, welche in meiner Anleitung zur quantitativen Analyse, 5. Auflage §. 209 ff. angegeben ist, einer neuen Prüfung zu unterwerfen und dieselbe in nicht wenigen Punkten zu verbessern.

Ich theile nun im Folgenden die von mir bei der Analyse der Neudorfer Quellen befolgte Methode mit und nehme — damit dieselbe eine vollständige Anleitung zur Analyse alkalischer, namentlich auch eisenhaltiger Mineralwasser darstellt — in kürzester Fassung oder unter Hinweisung auf die betreffenden Paragraphen meiner Anleitung zur quantitativen Analyse auch diejenigen Bestimmungen auf, welche Neues nicht enthalten.

a. Bestimmung des Chlors, Broms und Jods zusammen.

Etwa 2000 Grm. Wasser werden im Wasserbade auf ungefähr ein Viertel eingedampft. Man filtrirt, wäscht aus, säuert das Filtrat mit Salpetersäure an, fällt mit salpetersaurem Silberoxyd und wägt den erhaltenen Niederschlag entweder so oder nach dem Glühen im Wasserstoffstrom.

b. Bestimmung der Kieselsäure, des Eisens, Mangans, der Thonerde, des Kalks und der Magnesia.

Etwa 7000 Grm. Wasser, der Inhalt einer grossen Flasche, werden mit Salzsäure angesäuert und in grossen Platinschalen, zuletzt im Wasserbade, völlig zur Trockne gebracht. Der Rückstand wird mit Salzsäure befeuchtet, Wasser zugefügt, erwärmt, die Kieselsäure abfiltrirt und vollständig ausgewaschen. Nach dem Wägen wird sie mit Fluorammonium und Schwefelsäure erhitzt. Etwaige nicht verflüchtigbare Antheile (Spuren von schwefelsaurem Baryt) werden in Abzug gebracht.

Die von der Kieselsäure abfiltrirte Flüssigkeit wird zunächst mit Ammon gefällt, der Niederschlag nach dem Erwärmen abfiltrirt und ausgewaschen. Man löst den grösstentheils aus Eisenoxydhydrat bestehenden Niederschlag wieder in Salzsäure, neutralisirt bis fast zum Trübewerden mit einer verdünnten Lösung von kohlensaurem Ammon, kocht und filtrirt den jetzt von Mangan und alkalischen Erden ganz freien Niederschlag ab. Wenn in dem Filtrate durch Ammon noch Spuren eines Niederschlages erhalten werden, so filtrirt man sie besonders ab, löst in ganz wenig Salzsäure, fällt nochmals mit Ammon und filtrirt wieder ab. Das Filtrat vereinigt man mit dem erst erhaltenen.

Der grössere Niederschlag von basischem Eisenoxydsalz und der durch Ammon erhaltene geringe werden nunmehr wieder in Salzsäure gelöst, die Lösung mit etwas chemisch reinem Weinstein (Weinsteinsäure ist oft etwas thonerdehaltig) versetzt, Ammon zugefügt und das Eisen aus der klaren Flüssigkeit durch Fällen mit Schwefelammonium in einem fast gefüllten, verschlossen stehen bleibenden Kochfläschchen abgeschieden und so von Thonerde und Phosphorsäure getrennt. Man löst das Eisensulfür in Salzsäure, oxydirt die Lösung mit Salpetersäure, fällt mit Ammon und wägt das durch Glühen des Niederschlags erhaltene Eisenoxyd. Nach dem Wägen löst man es in rauchender Salzsäure um festzustellen, ob kein grösserer Rückstand bleibt als er der Filterasche entspricht.

Die von dem Eisensulfür abfiltrirte Flüssigkeit dampft man unter Zusatz einer Lösung von kohlensaurem Natron, welche durch Sättigen mit Kohlensäure von jeder Spur von Thonerde befreit ist, in einer Platinschale zur Trockne, erhitzt den Rückstand unter Zusatz von etwas reinem Salpeter, weicht mit Wasser auf, löst in Salzsäure, filtrirt und fällt mit Ammon. Man erhält meist einige Flöckchen von phosphorsaurer Thonerde. Ob es nur solche ist, ergibt sich daraus, dass im Filtrate durch molybdänsaures Ammon noch weitere Phosphorsäure ausgefällt wird, was in der Regel der Fall ist.

Die das Mangan, den Kalk und die Magnesia enthaltenden Filtrate werden concentrirt, dann das Mangan durch Schwefelammonium ausgefällt. Die fast gefüllte Kochflasche bleibt verschlossen 24 Stunden stehen. Nach dem Filtriren und Auswaschen löst man das Mangan nochmals in Salzsäure und fällt wiederum in gleicher Weise mit Schwefelammonium. Schliesslich wird das Mangansulfür mit Schwefel gemengt im Wasserstoffstrom geglüht, als solches gewogen und auf seine Reinheit geprüft.

Die Filtrate werden mit Salzsäure erhitzt und eingedampft, der Schwefel abfiltrirt und aus dem Filtrate der Kalk mit Ammon und oxalsaurem Ammon gefällt. Nach dem Absitzen filtrirt man, wäscht aus, löst den Niederschlag in Salzsäure, fällt wieder mit Ammon und etwas reinem oxalsaurem Ammon und führt schliesslich den oxalsauren Kalk zum Behufe der Wägung in kohlensauren Kalk oder in Aetzkalk über.

Die vereinigten Filtrate verdampft man zur Trockne, verjagt durch Glühen des Rückstandes in einer Platinschale die Ammonsalze, befeuchtet mit Salzsäure, verdampft damit im Wasserbade zur Trockne, nimmt mit Salzsäure und Wasser auf und fällt, nachdem man sich durch Prüfung einer dann wieder zuzufügenden kleinen Probe die Ueberzeugung verschafft, dass die Flüssigkeit mit Ammon und oxalsaurem Ammon klar bleibt, die Magnesia mit phosphorsaurem Natron-Ammon unter Ammoniakzusatz, um sie schliesslich als pyrophosphorsaure Magnesia zu wägen.

c. Bestimmung der Schwefelsäure und der Alkalien.

Etwa 3000 Grm. Wasser, der Inhalt von einer oder von zwei Flaschen, werden mit Salzsäure angesäuert, eingedampft und die Kieselsäure abgeschieden wie in b. Das Filtrat, welches keinen grossen Ueberschuss von Salzsäure enthalten darf, fällt man durch vorsichtigen Zusatz von Chlorbaryum in der Hitze. Der Niederschlag von schwefelsaurem Baryt wird erst so gewogen, dann mit Salzsäure erwärmt und ausgewaschen. Die erhaltene saure Lösung dampft man unter Zusatz einiger Tropfen Chlorbaryumlösung fast zur Trockne, setzt Wasser zu, filtrirt, vereinigt die hier erhaltene geringe Menge schwefelsauren Baryts mit der Hauptmenge und wägt den so gereinigten Niederschlag wieder. Das so erhaltene Gewicht ist als das genaue zu betrachten.

Die von dem schwefelsauren Baryt abfiltrirte Flüssigkeit wird im Wasserbad zur Trockne verdampft, der Rückstand mit Wasser aufgenommen und die Lösung unter Zusatz reiner, etwas im Ueberschuss zugesetzter Kalkmilch gekocht. Man filtrirt und fällt das Filtrat mit kohlensaurem und oxalsaurem Ammon. Die von dem Niederschlage abfiltrirte Flüssigkeit verdampft man zur Trockne, verjagt die Ammonsalze durch Glühen in einer Platinschale und wiederholt sodann die Abscheidung der Magnesia, von der immer noch kleine Mengen vorhanden sind, etc. in gleicher Weise aber unter Verwendung sehr genau bemessener kleiner Reagentienmengen. Nach Verjagung der Ammonsalze durch gelindes Glühen werden schliesslich die in einer bedeckten Platinschale enthaltenen Chloralkalimetalle gewogen.

Um das darin enthaltene Chlorkalium von Chlornatrium und der geringen Menge Chlorlithium zu scheiden, führt man alle durch Zusatz überschüssigen Platinchlorids in Platindoppelsalze über, behandelt die fast trockenen mit Weingeist von 80 Vol. Proc. filtrirt und wäscht mit Weingeist aus. Nachdem das Kaliumplatinchlorid in eine kleine gewogene Platinschale abgespült ist, löst man die Reste auf dem Filterchen in siedendem Wasser, verdampft das Ganze zur Trockne und wägt das bei 130° C. getrocknete Kaliumplatinchlorid. Um es auf seine Reinheit zu prüfen, behandelt man es wiederholt mit kleinen Mengen kalten Wassers, giesst die Lösung in ein Porzellanschälchen ab, setzt etwas Platinchlorid zu, verdampft im Wasserbade fast zur Trockne, behandelt mit Weingeist, filtrirt, löst die kleine Menge zurückgebliebenen Kaliumplatinchlorids nach dem Auswaschen mit Weingeist in etwas siedendem Wasser, verdampft die Lösung in dem die Hauptmenge des Kaliumplatinchlorids enthaltenden Schälchen, trocknet bei 130° C. und wägt. Stimmt dieses Gewicht nicht mit dem früheren überein, so ist dies ein Zeichen, dass dem erstgewogenen Kaliumplatinchlorid noch etwas Lithium- oder Natriumplatinchlorid beigemengt gewesen war. Das letzte Gewicht wird als das richtige betrachtet. Die Menge des Chlornatriums ergibt sich, indem man von der Summe der Chloralkalimetalle die des Chlorkaliums und die des — nach unten anzugebender Methode zu ermittelnden — Chlorlithiums abzieht.

Um ganz sicher zu sein, dass die Chloralkalimetalle keine kleinen Reste von alkalischen Erden mehr enthalten, verdampft man die Lösung des Natrium-Lithiumplatinchlorids zur Trockne, erhitzt den Rückstand im Wasserstoffstrom, behandelt mit Salzsäure und Wasser, filtrirt die Lösung von dem metallischen Platin ab und prüft erst mit etwas Schwefelsäure auf Baryt, dann mit Ammon und oxalsaurem Ammon auf Kalk, endlich mit phosphorsaurem Natron-Ammon auf Magnesia. Finden sich noch Spuren einer alkalischen Erde, so sind diese zu bestimmen und in Form von Chlormetallen von der Summe der Chloralkalimetalle abzuziehen.

d. Bestimmung der Kohlensäure.

Dieselbe wird genau nach der Methode ausgeführt, welche ich in meiner Anl. zur quant. Anal. 6. Aufl. S. 436 ff. beschrieben habe.

e. Bestimmung des fixen Rückstandes.

Der Inhalt einer Flasche (etwa 500—1000 Grm.) wird in einer gewogenen Platinschale im Wasserbade zur Trockne verdampft, der Rückstand bei 180° C. getrocknet und gewogen. Man übergiesst denselben darauf mit Wasser, fügt vorsichtig Salzsäure, dann Schwefelsäure in einigem Ueberschuss zu, verdampft zur Trockne, glüht gelinde aber andauernd unter wiederholtem Zusatze von festem kohlensaurem Ammon, um die sauren Sulfate der Alkalien in neutrale Sulfate überzuführen und zwar bis zu constantem Gewichte und wägt. Der geringe Niederschlag, welcher etwa aus der Flasche nicht ausgespült werden kann, wird in etwas Salpetersäure gelöst, die Lösung zur Trockne verdampft, der Rückstand geglüht und dann so behandelt wie es sogleich angegeben werden soll. Die erhaltenen Producte werden den Hauptmassen zugezählt.

Bei sehr eisenreichen Wassern ist es vorzuziehen, die Bestimmung des fixen Rückstandes etc. mit dem Wasser solcher Flaschen vorzunehmen, aus denen sich durch längere Lufteinwirkung das Eisen als Eisenoxydhydrat bereits vollständig abgeschieden hat. Man filtrirt, wäscht den Niederschlag aus und verfährt mit dem Filtrate wie angegeben. Den Niederschlag löst man in Salpetersäure. Bleibt dabei etwas Kieselsäure ungelöst, so ist dieselbe zu bestimmen und zuzurechnen. Die salpetersaure Lösung dampft man ein, glüht den Rückstand, behandelt mit Wasser und kohlensaurem Ammon, um kleine Antheile Aetzkalk in kohlensauren Kalk überzuführen, erhitzt mässig, wägt und addirt das so erhaltene Gewicht zu dem des bei 180° C. getrockneten Schaleninhaltes.

Dann behandelt man das Eisenoxyd etc. mit Salzsäure und Schwefelsäure, verdampft und glüht. Das so erhaltene Gewicht ist zum Gewicht der aus dem Wasser erhaltenen Sulfate zu zählen.

Durch diese Art der Ausführung vermeidet man die Schwierigkeit, dass sich bei gemeinsamer Behandlung des Rückstandes mit Schwefelsäure und Glühen leicht bei zu starkem Glühen etwas schwefelsaure Magnesia zersetzt, oder bei nicht genügend starkem Erhitzen etwas Schwefelsäure mit dem Eisenoxyd verbunden bleibt.

f. Bestimmung des Jods, Broms, Lithiums, (Mangans), Baryts und Strontians.

Der Inhalt eines Ballons (etwa 60 Liter) wird in einem verzinnten kupfernen Kessel bis auf etwa 4 oder 5 Liter verdampft, die alkalische Flüssigkeit abfiltrirt und der Rückstand mit siedendem Wasser ausgewaschen, bis das Waschwasser keine alkalische Reaction mehr zeigt. Der Sicherheit wegen prüft man dann auch noch, ob der Rückstand bei spectralanalytischer Prüfung keine Lithionlinie mehr erkennen lässt.

Die Wasserlösung α dient zur Bestimmung des Jods, Broms und Lithions, der Rückstand β zur Bestimmung des (Mangans), Baryts und Strontians.

α. Die Wasserlösung. Man verdampft sie bis sie eine noch feuchte Salzmasse darstellt, und fügt unter Zerreiben mit einem Pistill Alkohol von etwa 96 Proc. in reichlicher Menge zu. Man filtrirt und kocht den Rückstand noch dreimal mit solchem Alkohol aus. Die weingeistige Lösung wird unter Zusatz von 2 Tropfen starker Kalilauge abdestillirt. Der dabei bleibende Rückstand wird in etwas Wasser gelöst, die Lösung wieder zur feuchten Salzmasse eingedampft und neuerdings mit 96procentigem Alkohol behandelt wie oben. Die Lösung wird wiederum abdestillirt und mit dem verbleibenden Rückstande in gleicher Weise nochmals verfahren.

Man erhält so schliesslich eine alkoholische, alles Jod- und Brom- und eine nur mässige Menge Chlor-Alkalimetall enthaltende Lösung. Dieselbe wird unter Zusatz von 2 Tropfen Kalilauge in einer Platinschale zur Trockne verdampft, der Rückstand gelinde geglüht und mit siedendem Wasser vollständig extrahirt. Ist die erhaltene Lösung noch bräunlich gefärbt, so wird sie nochmals unter Zusatz von 2 Tropfen Kalilauge und von einer ganz geringen Menge Salpeter eingedampft und der Rückstand wiederum mässig erhitzt. Beim Extrahiren erhält man jetzt sicher eine wasserhelle Lösung.

Diese wird mit Schwefelkohlenstoff versetzt, mit verdünnter Schwefelsäure angesäuert, vorsichtig eine geringe Menge einer Auflösung von salpetriger Säure in Schwefelsäure zugesetzt, geschüttelt und der violett gefärbte Schwefelkohlenstoff ausgewaschen. Man bestimmt alsdann darin das Jod mit einer ganz verdünnten Lösung unterschwefligsauren Natrons von bekanntem Wirkungswerth. Aus der vom jodhaltigen Schwefelkohlenstoff getrennten Flüssigkeit fällt man Brom und Chlor in Form von Silberverbindungen und bestimmt das Brom durch die Gewichtsabnahme beim Erhitzen gewogener Portionen des Brom-Chlorsilbers im Chlorstrom.

Aus der vom Brom-Chlorsilber abfiltrirten Flüssigkeit wird der Silberüberschuss durch Salzsäure ausgefällt und das Filtrat einstweilen aufgehoben.

Zur Lithionbestimmung werden a) die drei bei der Behandlung mit Weingeist gebliebenen Salzrückstände, b) die beiden Filterchen, durch welche die von organischen Materien befreite Lösung der Jod-Brom-Chloralkalimetalle abfiltrirt wurde und zwar nach dem Einäschern und c) die Lösung benutzt, welche nach Abscheidung des Silberüberschusses durch Salzsäure erhalten wurde.

Man vereinigt dies Alles, fügt Wasser, dann Salzsäure zu bis zum Vorwalten und verdampft fast zur Trockne. Man zerreibt alsdann den Rückstand mit absolutem Weingeist in genügender Menge, filtrirt ab und kocht den Rückstand noch so oft mit kleinen Mengen starken Alkohols aus, bis weder der grosse Chlornatriumrückstand noch der Abdampfungsrückstand des letzten alkoholischen Auszuges ein Lithiumspectrum mehr liefert. Die alkoholischen Filtrate destillirt man ab, löst den Rückstand nach Zusatz von 2 Tropfen Salzsäure in Wasser, verdampft bis zur feuchten Salzmasse, wiederholt die Behandlung mit absolutem Alkohol, destillirt wieder ab und verfährt mit dem Rückstand nochmals in gleicher Weise. Das letzte Mal setzt man dem Alkohol die Hälfte seines Volums Aether zu. Stets prüft man die Rückstände spectralanalytisch, ob sie frei von Lithium sind. Zeigt sich noch die Lithiumlinie, so wird das Auskochen mit Alkohol fortgesetzt.

Die ätherisch-alkoholische Lösung destillirt man ab, befeuchtet den Rückstand mit etwas Wasser, setzt ein wenig Salzsäure zu, verdampft in einer Porzellanschale im Wasserbad zur Trockne, nimmt mit Wasser auf, setzt — zur Entfernung etwa in die Wasserlösung übergegangener kleiner Antheile von Phosphorsäure — 2 Tropfen Eisenchloridlösung, dann reine Kalkmilch in geringem Ueberschuss zu, kocht, filtrirt den der Hauptsache nach aus Magnesiahydrat bestehenden Niederschlag ab und wäscht ihn mit siedendem Wasser, bis er keine Lithiumreaction mehr zeigt. Das Filtrat fällt man mit oxalsaurem Ammon, wäscht den Niederschlag aus, glüht ihn, löst ihn in Salzsäure, verdampft und prüft ob eine Probe bei spectralanalytischer Prüfung noch eine Lithium-Reaction gibt. Ist dies der Fall, so fällt man nach Zusatz von Wasser die Lösung abermals mit Ammon und oxalsaurem Ammon.

Das von dem oxalsauren Kalk getrennte Filtrat, beziehungsweise die beiden Filtrate, verdampft man zur Trockne, verjagt die Ammonsalze, befeuchtet den Rückstand mit Salzsäure, fügt etwas Wasser zu, verdampft im Wasserbad zur Trockne und wiederholt die Behandlung mit Kalkmilch etc. unter Verwendung kleiner, sehr vorsichtig bemessener Reagentien-Mengen und steter Controle, ob die abgeschiedenen Niederschläge ganz frei von Lithium sind. Nach abermaliger Entfernung der Ammonsalze, Befeuchten mit Salzsäure und Verdampfen im Wasserbad scheidet man schliesslich das Lithium als phosphorsaures Lithion ab, nach der von mir in dieser Zeitschrift **1**, 42 angegebenen Methode, wägt es und untersucht, ob es sich klar in Salzsäure löst und ob die etwas verdünnte Lösung

IV.

1. 250 CC. einer neu bereiteten Lösung von salpetrigsaurem Kali erforderten so 8,65 und 8,45 CC. einer verdünnten Chamäleonlösung, entsprechend 0,00144 Grm. salpetrige Säure.

2. 250 CC. derselben Lösung mit Essigsäure destillirt erforderten 8,05, bei einem zweiten Versuch 7,98 CC. und bei einem dritten 7,60 CC.

3. 250 CC. derselben Lösung wurden mit einer braunen durch Auskochen einer sehr humusreichen Erde mit einer Lösung von kohlensaurem Natron dargestellten Lösung (welche vorgenommener Prüfung gemäss frei von salpetrigsauren Salzen war) bis zur weingelben Farbe versetzt, dann nach dem Ansäuern mit Essigsäure destillirt. Man gebrauchte 8,18 und bei einem zweiten Versuche 7,90 CC.

Es hatte somit weder Traubenzucker noch Humussäure eine Zersetzung der salpetrigen Säure veranlasst.

Die beiden Einwürfe Kämmerer's sind somit für die gewöhnlichen Verhältnisse natürlicher Gewässer unbegründet und ich halte daher die von mir empfohlene Methode zur empfindlichsten Nachweisung der salpetrigen Säure in natürlichen Gewässern und anderen sehr verdünnten Lösungen derselben in allen Beziehungen aufrecht.

Selbstverständlich muss wie jede andere so auch diese Methode unter Berücksichtigung der Verhältnisse richtig angewendet werden; denn dass in Wasser gelöste Nitrate bei Gegenwart von Kohlenhydraten durch Bacterien zu Nitriten reducirt werden, hat Meusel*) nachgewiesen und dass man den Lösungen der salpetrigsauren Salze Stoffe zusetzen kann, welche die frei gewordene salpetrige Säure zersetzen sowie dass solche Substanzen auch in natürlichen Gewässern unter abnormen Umständen vorkommen können, versteht sich von selbst und braucht in dieser Hinsicht nur an Schwefelwasserstoff enthaltende Wasser erinnert zu werden.

---

*) Ber. d. deutsch. chem. Ges. z. Berlin 1876 S. 1215.

Maassanalytische Bestimmung des Phenols.

Von

Dr. W. F. Koppeschaar.

Gegenwärtig wird die Quantität an Phenol in Steinkohlen-Kreosotöl beinahe ausschliesslich auf die Weise bestimmt, dass man ein bekanntes Volum in einer calibrirten Röhre mit einer starken Lösung von Aetzkali einige Zeit schüttelt und nachher das Volum an Kohlenwasserstoffen abliest, das sich allmählich abgesetzt hat. Das Princip dieser Methode ist folgendes: Phenol wird durch Aetzkali in einen in Wasser löslichen Körper übergeführt, wie es durch folgendes Schema ausgedrückt wird

$$C_6H_5.OH + KOH = C_6H_5.OK + H_2O.$$

Jedermann, der sich mit dieser Bestimmung beschäftigt hat, wird erstens erfahren haben, wie schwer es bisweilen ist, die Säule meistens sehr dunkelgefärbter Kohlenwasserstoffe mit einiger Sicherheit zu bestimmen. Zweitens kann die Verminderung des Volums keine sichere Richtschnur für die Quantität an Phenol sein, wenn man nicht eine Correction anbringt, wofür keine constante Ziffer aufzufinden ist; überdies muss ein Gehalt an Wasser die Unsicherheit noch vergrössern.

Da ich vor einiger Zeit zehn Proben von Kreosotöl, welches zur Desinfection von Cloaken und Abtritten angewandt werden sollte, auf Phenol zu prüfen hatte, genügte mir die angegebene Methode so wenig, dass ich mich entschloss, ein besseres Princip aufzusuchen, um eine für die Praxis brauchbarere Methode darauf zu gründen.

In den Berichten der Deutschen chemischen Gesellschaft zu Berlin, Bd. 4, Seite 770 findet sich ein Aufsatz von Landolt über Bromwasser, als Reagens auf Phenol und verwandte Körper. Bei seinen Untersuchungen fand derselbe, dass Bromwasser noch eine deutliche Trübung veranlasst in einer Lösung von 1 Th. Phenol in 43700 Th. Wasser; — in einer Lösung von 1 Th. Phenol in 54600 Th. Wasser war die Reaction nicht mehr sichtbar. Der Niederschlag, den man erhält, wenn man eine wässerige Lösung von

Phenol mit einem Ueberschuss von Bromwasser mischt, ist ausschliesslich Tribromphenol, so dass die Reaction durch folgendes Schema ausgedrückt wird:

$$C_6H_5.OH + 6Br = C_6H_2Br_3.OH + 3HBr.$$

Landolt hat dies durch folgende Beleganalysen bewiesen: 0,3573 Gramm krystallisirtes Phenol wurden in Wasser gelöst und mit einem Ueberschuss von Bromwasser zersetzt. Der voluminöse Niederschlag wurde auf einem Filter gesammelt, ausgewaschen und getrocknet. Er lieferte 1,241 Gramm Tribromphenol. — 0,7146 Gramm Phenol, auf gleiche Weise behandelt, lieferten 2,494 Gramm Bromsubstitut.

Die Resultate dieser Bestimmungen ersieht man aus folgender Zusammenstellung:

Gefunden:	Berechnet:	Phenol in Procenten:
326,5	331	98,6
328,1		99,1.

Auf diese Zahlen gestützt, lässt Landolt mit Recht den Ausspruch folgen: «Hieraus zeigt sich zugleich, dass das Verfahren auch zur quantitativen Bestimmung des Phenols benutzt werden kann.»

Dieses Verfahren von Landolt gibt zwar sehr befriedigende Resultate, aber die Ausführung ist ohne Abänderung desselben in der Praxis mit vielen Beschwerden verknüpft. Tribromphenol ist zwar so gut wie unlöslich in Wasser, aber es kann nicht auf 100° C. erhitzt werden ohne Zersetzung und Verflüchtigung. Der ausgewaschene, sehr voluminöse Niederschlag muss daher unter einer Glocke neben einem hygroscopischen Stoff getrocknet werden, bis das Gewicht sich nicht mehr ändert. Bei einer etwas grösseren Quantität nimmt diess einige Tage in Anspruch. Das Trocknen geht zwar in einem luftverdünnten Raum geschwinder, aber man hat nicht überall und nicht immer eine Luftpumpe zu seiner Disposition.

Durch das Princip geleitet, welches dem Verfahren von Landolt zu Grunde liegt, kam ich sehr bald auf die Idee, die Bestimmung des Phenols maassanalytisch auszuführen, mit Hülfe eines bekannten Volums titrirten Bromwassers, welches mehr als genügend sein muss, um alles anwesende Phenol in Tribromphenol überzuführen.

Ermittelt man alsdann den Ueberschuss des Broms, indem man Jodkalium einwirken lässt und das ausgeschiedene Jod wie üblich mit Natriumhyposulfit bestimmt, so ergibt sich die Menge des zur Bildung von Tribromphenol verwandten Broms.

Meine Erwartung ist bei Anstellung von Versuchen in befriedigender Weise in Erfüllung gegangen. Dieselben wurden mit ein wenig gefärbtem krystallisirtem Phenol von Calvert, Nr. 1, angestellt. Für alle zu erwähnenden Proben habe ich eine und dieselbe Lösung gebraucht, die bereitet war durch Lösen von acht Gramm des erwähnten Phenols in destillirtem Wasser zu einem Volum von 2000 CC.

Die erste Reihe von Versuchen wurde in folgender Weise angestellt: 25 CC. Phenollösung, worin 0,1 Gramm Phenol, wurden in einem Halbliterkolben, der mit einem guten eingeschliffenen Stopfen versehen war, mit Bromwasser übergossen bis zur Marke, also mit 475 CC. Vor dem Zufügen des Bromwassers pipettirte ich für jede Probe 50 CC. desselben in ein Becherglas, worin sich eine genügende Quantität gelöstes Jodkalium befand, um so den Titer des angewandten Bromwassers zu bestimmen. Um Gewissheit zu erlangen, dass das Bromwasser von genügender Stärke war, bereitete ich vorher in einer geräumigen Stöpselflasche eine grosse Quantität, gab ihm genügende Stärke und füllte den Inhalt in Stöpselflaschen von ungefähr 600 CC. Inhalt ab. Die Lösung von Natriumhyposulfit entsprach in ihrem Wirkungswerth einer Lösung von 5 Gramm Jod im Liter. — Vorausgesetzt, dass das Phenol ganz rein ist, ergibt sich durch Berechnung, dass die 475 CC. Bromwasser dann die der Theorie entsprechende Quantität an Brom enthalten, wenn 50 CC. davon, mittels Jodkaliums zersetzt, 17,9 CC. Natriumhyposulfit nöthig haben. — Da ein gewisser Ueberschuss von Brom die Entstehung von Tribromphenol befördert, habe ich immer Bromwasser von etwas höherem Titer angewandt.

Der Grund, warum ich schwaches Bromwasser gewählt habe, liegt darin, dass stärkeres beim Ausgiessen durch Verflüchtigung zu viel Brom verliert.

Die ersten Quantitäten Bromwasser, welche man zusetzt, verursachen keinen bleibenden Niederschlag, weil zunächst Mono- und Dibromphenol entstehen. Erst später bildet sich ein bleibender Niederschlag. Sobald die nöthige Quantität Brom hinzugekommen, sieht man das Tribromphenol durch die ganze Lösung verbreitet, während diese eine braune Färbung annimmt, zum Zeichen dass das Brom vorwaltet.

Nach einiger Zeit brachte ich 10 CC. einer Jodkaliumlösung, die 125 Gramm im Liter enthielt, in ein geräumiges Becherglas, fügte den ganzen Inhalt der Flasche hinzu und spülte sie mit etwas destillirtem Wasser in das Becherglas aus. Das in Freiheit gesetzte Jod entspricht dem Ueberschuss an Brom und wird entweder mit der erwähnten Lösung von Natriumhyposulfit allein bestimmt, oder mit einem Ueberschuss von dieser versetzt und mit Jodlösung von gleicher Volumstärke zurücktitrirt. Das Verschwinden oder Entstehen der durch Jodamylum bedingten blauen Farbe war sehr deutlich mit je einem Tropfen der Flüssigkeiten hervorzurufen. Bei dem Verschwinden hatte das Tribromphenol eine weisse Farbe. In folgender Tabelle sind die auf diese Weise erhaltenen Resultate zusammengestellt.

Natrium-hyposulfit für 50 CC. Brom-wasser.	Lösung von Phenol.	Hinzu-gefügtes Bromwasser.	Zeit der Reaction.	Natrium-hyposulfit für den Ueber-schuss an Brom.	Gefun-denes Phenol in Pro-centen.
19,86 CC.	25 CC.	475 CC.	15 Minuten.	28,7 CC.	98,8
18,1 „	25 „	475 „	30 „	11,95 „	98,8
18,9 „	25 „	475 „	15 „	19 „	99,1
19,5 „	25 „	476,8 „	12 Stunden.	22,35 „	101
19,3 „	25 „	475 „	15 Minuten.	20,4 „	100,6
19,4 „	25 „	475 „	12 „	20,4 „	101
18 „	25 „	475 „	10 „	11 „	98,8
21,98 „	25 „	475 „	30 „	44,5 „	101,4
21,75 „	25 „	475 „	15 „	43,1 „	101
21,96 „	25 „	475 „	15 „	44,2 „	101,4
22,22 „	25 „	475 „	45 „	47 „	101,3
19,55 „	25 „	475 „	30 „	23,6 „	100,1
9,75 „	25 „	975 „	30 „	27 „	100,7

Der mittlere Durchschnitt dieser Resultate ist 100,3, welche Zahl ein wenig zu gross ist, wahrscheinlich in Folge Verlustes an Brom beim Uebergiessen des Bromwassers.

Vergleicht man den kleinsten mit dem grössten Werth, so ergibt sich, dass die Methode eine Unsicherheit hat von etwa 2,5 % der ganzen Quantität vorhandenen Phenols.

Obgleich diese Resultate mich so befriedigten, dass ich nach dem beschriebenen Verfahren die 10 Proben von Kreosotöl untersuchte, habe ich doch danach gestrebt die Methode in der Weise zu ändern, dass erstens der Fehler kleiner wird und dass man zweitens das übelriechende freie Brom nicht nöthig hat.

Es ist mir diess auch nach Wunsch geglückt, indem ich das Brom im nascirenden Zustande einwirken liess nach Maassgabe der folgenden Schemata:

$$5\,KBr + KBrO_3 + 6\,HCl = 6\,Br + 3\,H_2O + 6\,KCl, \text{ oder}$$
$$5\,NaBr + NaBrO_3 + 6\,HCl = 6\,Br + 3\,H_2O + 6\,NaCl.$$

Die Erfahrung lehrte dabei, dass das nascirende Brom in verdünnten Lösungen auf gleiche Weise wirkt wie das freie, d. h. dass durch dasselbe nur Tribromphenol und keine Additionsproducte gebildet werden, was ich gefürchtet hatte.

Das Gemenge von Bromalkalimetallen und Alkalibromaten wird bereitet durch Einwirkung überschüssigen Broms auf die ätzenden Alkalien und Abdampfen zur Trockne. Da die Bromate der Alkalien ohne zersetzt zu werden eine höhere Temperatur ertragen können als die Chlorate, so ist beim Abdampfen auf dem Sandbade eine Zersetzung der Salzmasse nicht zu befürchten, wenn man die Temperatur nicht allzu sehr steigert. Die Salzmasse wird schliesslich, um sie ganz gleichmässig zu erhalten, zerrieben.

Zur Bromirung von 0,1 Gramm Phenol bedarf man der Theorie nach 0,7606 Gramm von dem Gemenge von Bromkalium mit Kalibromat oder 0,751 Grm. von dem Gemenge von Bromnatrium mit Natronbromat.

Da ich aber keine chemisch reinen Aetzalkalien anwandte, und das Brom im Ueberschuss zugesetzt werden muss, so überzeugte ich mich zuvor von der Wirksamkeit der beiden Gemenge, indem ich bekannte Quantitäten in Wasser löste, Jodkalium zufügte, die Lösung durch Salzsäure zersetzte und das ausgeschiedene Jod titrirte. Zersetzung durch Schwefelsäure lieferte keine guten Resultate.

Für die meisten Proben stellte ich von den beiden Salzgemengen solche Lösungen dar, dass 100 CC. nach der Zersetzung für 0,1 Grm. Phenol die genügende Quantität Brom lieferte.

Kennt man den Grad der Reinheit der Aetzalkalien, welche zur Bereitung der Salzgemenge dienen sollen, einigermaassen, so ist es nicht erforderlich, die Wirksamkeit letzterer durch besondere Versuche zu ermitteln.

In der folgenden Tabelle findet man die Resultate zusammengestellt, welche ich mit dem Gemenge von $5\,KBr + KBrO_3$ erhalten habe.

Lösung von Phenol.	Gemenge, 5 K Br + K Br Θ_3.	Salzsäure.	Dauer der Reaction.	$Na_2 S_2 \Theta_3$ für den Ueberschuss von Brom.	Ermittelter oder am meisten wahrscheinlicher Titer.	Gefundene Procente Phenol.
25 CC.	60,05 CC.	20 CC. (*)	16 Stunden	19,5 CC.	75,2 CC. für 25 CC.	99,6
25 „	64,95 „	20 „ „	24 „	34,7 „	75,2 „ „ 25 „	99,8
25 „	100 „	20 „ „	5 „	18,5 „	89,8 „ „ 50 „	99,5
25 „	100 „	20 „ „	12 „	18,35 „	89,8 „ „ 50 „	99,6
25 „	100 „	25 „ „	12 „	17,95 „	89,8 „ „ 50 „	99,8
25 „	100 „	5 „ „	30 Minuten	20,9 „	90,9 „ „ 50 „	99,4
25 „	100 „	25 „ „	12 Stunden	19,8 „	90,9 „ „ 50 „	100,8
25 „	100 „	25 „ „	12 „	19,25 „	90,9 „ „ 50 „	100,8
25 „	100 „	25 „ „	30 Minuten	20 „	90,9 „ „ 50 „	99,9
25 „	100 „	25 „ „	20 Stunden	21,3 „	90,9 „ „ 50 „	99,1

Die folgenden Bestimmungen machte ich mit dem Gemenge 5 Na Br + Na Br O_3.

Lösung von Phenol.	Gemenge, 5 NaBr + Na Br Θ_3.	Salzsäure.	Dauer der Reaction.	$Na_2 S_2 \Theta_3$ für den Ueberschuss von Brom.	Ermittelter Titer.	Gefundene Procente Phenol.
25 CC.	100 CC.	5 CC.	15 Minuten	40,7 CC.	201,35 CC. für 100 CC.	99,2
25 „	100 „	5 „	15 „	40,2 „	201,35 „ „ 100 „	99,5
25 „	100 „	5 „	30 „	40,5 „	201,35 „ „ 100 „	99,3
25 „	100 „	25 „ (*)	30 „	40,2 „	201,35 „ „ 100 „	99,5

Alle diese Proben sind auf folgende Weise gemacht. Ich brachte zuerst die Lösung von Phenol in eine mit gutem eingeschliffenem Stopfen versehene Flasche von etwa 250 CC. Inhalt, setzte die Lösung des Salzgemenges hinzu, schüttelte ein wenig, fügte die Salzsäure hinzu und verschloss nachher die Flasche sorgfältig. Nachdem durch Schütteln vollständige Mischung erreicht war, setzte ich die Flasche zur Seite. Die zur Zersetzung gebrauchte Säure, welche in der Tabelle mit (*) markirt ist, war verdünnte Salzsäure, ungefähr von der Stärke der Normalsäure, also etwa 36,46 Grm. HCl im Liter enthaltend. Zu den übrigen Bestimmungen habe ich gewöhnliche concentrirte Salzsäure gebraucht. Wenn man die verdünnte Säure anwendet, sieht man in der ersten Minute keine Aenderung, aber in der zweiten wird die Lösung opalisirend. Allmählich nimmt das Opalisiren zu durch die Abscheidung von weiss gefärbtem Tribromphenol; der Ueberschuss an Brom wird erst nach 15—20 Minuten sichtbar, je nach dem Concentrationsgrade und der Quantität der angewandten Salzsäure. Wenn man concentrirte Säure gebraucht, wird das Tribromphenol und das Brom sogleich abgeschieden.

Nach Ablauf der für die Reaction angegebenen Zeit wurde die Flasche geöffnet, 5 CC. Lösung von Jodkalium hinzugefügt, die Flasche wieder geschlossen und nachher gut geschüttelt. Das Zurücktitriren fand in den meisten Fällen in der Flasche selbst statt; nur bei zwei Versuchen wurde der Inhalt der Flasche in ein geräumiges Becherglas gegossen und die Flasche mit Wasser in das Becherglas nachgespült. Das abgeschiedene Jod wurde bei allen Proben mit Natriumhyposulfit allein bestimmt, bi die Blaufärbung durch Jodamylum nach einigen Minuten nicht meh wiederkehrte. Das Tribromphenol blieb bei allen Proben mit den nä lichen physikalischen Eigenschaften in der Flüssigkeit zurück wie bei Bestimmung mit Bromwasser.

Wenn man die erhaltenen Resultate mit denen vergleicht, w mit Bromwasser erhalten wurden, findet man, dass sie der Wahrheit kommen und die Abweichungen der einzelnen Resultate von einand ringer sind.

Vergleicht man bei der Versuchsreihe mit dem Gemen $5\,KBr + KBrO_3$ das niedrigste Resultat mit dem höchsten, s sich eine Differenz von 1,5 % von der ganzen Phenolmenge, g einer solchen von 2,5 % bei Anwendung von Bromwasser, de wendung nebenbei schädlich auf die Respirationsorgane einwirk

Noch günstiger stellen sich die mit dem Gemenge $5\,NaBr$ - erhaltenen Ergebnisse dar, denn bei diesen beträgt die Differ als 0,5 Procent, ein Resultat, welches auch nicht entfern bisher meist gebräuchliche Verfahren der Phenolbestimmung erreicht wird.

Obgleich die Zeit der Reaction bei Verwendung des Kaliumverbindungen viel länger war als bei den Vers Natriumverbindungen, wurden mit letzteren doch besse halten. Nach meiner Meinung liegt die Ursache davon i des von mir gebrauchten Aetzkalis, während das Aetzna

Lösung von Phenol.	Gemenge, $5\,KBr + KBr\Theta_3$.	Salzsäure.	Dauer der Reaction.	$Na_2S_2\Theta_3$ für den Ueberschuss von Brom.	Ermittelter oder am meisten wahrscheinlicher Titer.	Gefundene Procente Phenol.
25 CC.	60,05 CC.	20 CC. (*)	16 Stunden	19,5 CC.	75,2 CC. für 25 CC.	99,6
25 „	64,95 „	20 „ „	24 „	34,7 „	75,2 „ „ 25 „	99,3
25 „	100 „	20 „ „	5 „	18,5 „	89,8 „ „ 50 „	99,5
25 „	100 „	20 „ „	12 „	18,35 „	89,8 „ „ 50 „	99,6
25 „	100 „	25 „ „	12 „	17,95 „	89,8 „ „ 50 „	99,8
25 „	100 „	5 „ „	30 Minuten	20,9 „	90,9 „ „ 50 „	99,4
25 „	100 „	25 „ „	12 Stunden	19,3 „	90,9 „ „ 50 „	100,3
25 „	100 „	25 „ „	12 „	19,25 „	90,9 „ „ 50 „	100,3
25 „	100 „	25 „ „	30 Minuten	20 „	90,9 „ „ 50 „	99,9
25 „	100 „	25 „ „	20 Stunden	21,3 „	90,9 „ „ 50 „	99,1

Die folgenden Bestimmungen machte ich mit dem Gemenge $5\,NaBr + NaBr\Theta_3$.

Lösung von Phenol.	Gemenge, $5\,NaBr + NaBr\Theta_3$.	Salzsäure.	Dauer der Reaction.	$Na_2S_2\Theta_3$ für den Ueberschuss von Brom.	Ermittelter Titer.	Gefundene Procente Phenol.
25 CC.	100 CC.	5 CC.	15 Minuten	40,7 CC.	201,35 CC. für 100 CC.	99,2
25 „	100 „	5 „	15 „	40,2 „	201,35 „ „ 100 „	99,5
25 „	100 „	5 „	30 „	40,5 „	201,35 „ „ 100 „	99,3
25 „	100 „	25 „ (*)	30 „	40,2 „	201,35 „ „ 100 „	99,5

Alle diese Proben sind auf folgende Weise gemacht. Ich brachte zuerst die Lösung von Phenol in eine mit gutem eingeschliffenem Stopfen versehene Flasche von etwa 250 CC. Inhalt, setzte die Lösung des Salzgemenges hinzu, schüttelte ein wenig, fügte die Salzsäure hinzu und verschloss nachher die Flasche sorgfältig. Nachdem durch Schütteln vollständige Mischung erreicht war, setzte ich die Flasche zur Seite. Die zur Zersetzung gebrauchte Säure, welche in der Tabelle mit (*) markirt ist, war verdünnte Salzsäure, ungefähr von der Stärke der Normalsäure, also etwa 36,46 Grm. HCl im Liter enthaltend. Zu den übrigen Bestimmungen habe ich gewöhnliche concentrirte Salzsäure gebraucht. Wenn man die verdünnte Säure anwendet, sieht man in der ersten Minute keine Aenderung, aber in der zweiten wird die Lösung opalisirend. Allmählich nimmt das Opalisiren zu durch die Abscheidung von weiss gefärbtem Tribromphenol; der Ueberschuss an Brom wird erst nach 15—20 Minuten sichtbar, je nach dem Concentrationsgrade und der Quantität der angewandten Salzsäure. Wenn man concentrirte Säure gebraucht, wird das Tribromphenol und das Brom sogleich abgeschieden.

Nach Ablauf der für die Reaction angegebenen Zeit wurde die Flasche geöffnet, 5 CC. Lösung von Jodkalium hinzugefügt, die Flasche wieder geschlossen und nachher gut geschüttelt. Das Zurücktitriren fand in den meisten Fällen in der Flasche selbst statt; nur bei zwei Versuchen wurde der Inhalt der Flasche in ein geräumiges Becherglas gegossen und die Flasche mit Wasser in das Becherglas nachgespült. Das abgeschiedene Jod wurde bei allen Proben mit Natriumhyposulfit allein bestimmt, bis die Blaufärbung durch Jodamylum nach einigen Minuten nicht mehr wiederkehrte. Das Tribromphenol blieb bei allen Proben mit den nämlichen physikalischen Eigenschaften in der Flüssigkeit zurück wie bei der Bestimmung mit Bromwasser.

Wenn man die erhaltenen Resultate mit denen vergleicht, welche mit Bromwasser erhalten wurden, findet man, dass sie der Wahrheit näher kommen und die Abweichungen der einzelnen Resultate von einander geringer sind.

Vergleicht man bei der Versuchsreihe mit dem Gemenge von $5\,KBr + KBr\Theta_3$ das niedrigste Resultat mit dem höchsten, so ergibt sich eine Differenz von 1,5 % von der ganzen Phenolmenge, gegenüber einer solchen von 2,5 % bei Anwendung von Bromwasser, dessen Verwendung nebenbei schädlich auf die Respirationsorgane einwirkt.

Noch günstiger stellen sich die mit dem Gemenge $5\,NaBr + NaBr\Theta_3$ erhaltenen Ergebnisse dar, denn bei diesen beträgt die Differenz weniger als 0,5 Procent, ein Resultat, welches auch nicht entfernt durch das bisher meist gebräuchliche Verfahren der Phenolbestimmung mit Aetzkali erreicht wird.

Obgleich die Zeit der Reaction bei Verwendung des Gemenges der Kaliumverbindungen viel länger war als bei den Versuchen mit den Natriumverbindungen, wurden mit letzteren doch bessere Resultate erhalten. Nach meiner Meinung liegt die Ursache davon in der Unreinheit des von mir gebrauchten Aetzkalis, während das Aetznatron beinahe ganz rein war. Diess ergab nicht allein die qualitative Analyse, sondern auch die grosse Differenz in der Wirksamkeit der beiden Salzgemenge nach Zersetzung mit Salzsäure. Durch viele Arbeit in Anspruch genommen, war ich nicht im Stande reines Aetzkali zu bereiten und damit eine neue Serie von Beleganalysen zu liefern. — Wahrscheinlich sind bei dieser Methode die Sulfate schädlich, weil sie in Gegenwart von freier Säure sich zersetzen und Schwefelsäure abscheiden.

Da Aetznatron billiger als Aetzkali, auch leichter rein zu erhalten oder zu bereiten ist als dieses, glaube ich bei Anwendung meiner Methode insbesondere das Aetznatron empfehlen zu können zur Bereitung des Gemisches von Bromid und Bromat.

Bevor ich nun zur Beschreibung meiner Methode übergehe, will ich noch die Versuche mittheilen, welche ich zur Bestimmung des Wirkungswerthes der beiden Gemenge anstellte, um dabei auf den Einfluss hinzuweisen, welchen die Verdünnung und die Salzsäuremenge ausüben.

Gemenge von 5 KBr + KBr O_3.	Quantität KJ und wann hinzugefügt.	Salzsäure.	Dauer der Reaction.	Natrium-hyposulfit.
25 CC.	Nach 12 Stunden 10 CC.	10 CC. (*)	16 Stunden	75,25 CC.
25 „	„ 12 „ 10 „	10 „ „	16 „	75,2 „
50 „	„ 1 „ 10 „	10 „ „	3 „	89,1 „
50 „	„ 1 „ 10 „	10 „ „	3,5 „	89,7 „
50 „	„ 1 „ 10 „	10 „ „	24 „	89,7 „
50 „	Sogleich 10 „	10 „ „	10 Minuten	90 „
50 „	„ 10 „	10 „ „	24 Stunden	90 „
50 „	Nach 10 Minuten 10 „	20 „ „	15 Minuten	89,95 „
50 „	Sogleich 5 „	10 „ „	24 Stunden	86 „
50 „	„ 10 „	20 „ „	2 Minuten	89,82 „
50 „	„ 10 „	25 „ „	2 „	89,55 „
50 „	„ 10 „	25 „ „	5 „	90,8 „
50 „	„ 10 „	25 „ „	2 „	90,85 „
50 „	„ 10 „	25 „ „	2 „	90,85 „
50 „	„ 10 „	25 „ „	2 „	90,85 „
50 „	„ 10 „	25 „ „	8 Stunden	90,9 „
50 „	„ 10 „	5 „	2 Minuten	91,05 „
50 „	„ 10 „	5 „	2 „	91,1 „

Gemenge von 5 Na Br + Na Br $Θ_3$.	Quantität KJ und wann hinzugefügt.	Salzsäure.	Dauer der Reaction.	Natrium-hyposulfit.
100 CC.	Sogleich 20 CC.	10 CC.	2 Minuten	201,6 CC.
100 „	„ 20 „	10 „	2 „	201,2 „
100 „	„ 20 „	10 „	2 „	201,3 „
100 „	„ 20 „	10 „	2 „	201,3 „

Aus dem bisher Mitgetheilten folgt, dass Phenol in Flüssigkeiten, welche keine anderen Körper enthalten, auf die Brom einwirkt, in verhältnissmässig kurzer Zeit und mit grösserer Sicherheit mittels dieses Halogens maassanalytisch bestimmt werden kann als durch Schütteln mit einer starken Aetzlauge.

Phenolbestimmungen finden nun fast ausschliesslich statt bei Untersuchung von Kreosotöl und von wasserhaltigen, nicht krystallisirten Qualitäten von Phenol. Bei Prüfung solcher Gemenge kann nun die maassanalytische Methode gute Dienste leisten.

Handelt es sich nur um eine Probe und kommt es nicht darauf an die grösstmögliche Genauigkeit zu erreichen, so kann man getrost Bromwasser anwenden. Gilt es aber viele Proben zu untersuchen oder überhaupt eine grössere Zahl von Phenolbestimmungen auszuführen, so ist das andere Verfahren vorzuziehen, denn ist man einmal im Besitze einer grösseren Quantität der Lösung des Gemenges 5 Na Br + Na Br $Θ_3$ von bekanntem Titer, so bietet es grössere Sicherheit, nimmt weniger Zeit in Anspruch und schliesst den Bromgeruch aus.

Liegt zur Untersuchung wasserhaltendes Phenol vor, so braucht man nur eine verdünnte Lösung desselben zu bereiten und darin das Phenol zu bestimmen.

Bei Bestimmung von Phenol in Kreosotöl aber, welches viele Kohlenwasserstoffe enthält, muss man die abgewogene Quantität in einem Literkolben mit warmem Wasser übergiessen, um das vorhandene Phenol besser lösen zu können.

Ich habe beobachtet, dass alsdann nach dem Abkühlen und Stehen die braungefärbten theerigen Substanzen an der Wandung des Kolbens fest anhaften, so dass man im Stande ist, eine wasserhelle, farblose

Lösung mit der Pipette herauszunehmen. Trüb bleibende Lösungen muss man filtriren.

Wie bekannt enthält das Kreosotöl ausser Phenol kleine Quantitäten von Kresol und andere Homologe, welche auch in Wasser löslich sind und durch Einwirkung von Brom in Bromsubstitute übergehen. Das angewandte Brom wird daher auch diese zersetzen und da diess vielleicht auf die nämliche Weise geschieht, so kann dadurch die Genauigkeit der Phenolbestimmung beeinträchtigt werden. — Da aber die Prüfung des Kreosotöls meistens ausgeführt wird, um den Werth desselben zu bestimmen zum Desinficiren, oder zum Conserviren von Holz, die verschiedenen Kresole wahrscheinlich eine gleiche Wirkung ausüben wie Phenol und man diesen Werth in Procenten Phenol ausdrückt, so wird der entstehende Fehler nicht gross, zumal in den durch Fractionirung des Steinkohlentheers erhaltenen Producten das Phenol immer in sehr überwiegender Menge vorhanden ist im Vergleich zu der Quantität seiner Homologen.

Da ich nicht im Besitze reinen Kresols war, auch nicht Zeit hatte, eine der bekannten isomeren Verbindungen zu bereiten, muss ich es unentschieden lassen, ob das besprochene Verfahren auch zur Bestimmung von Körpern dieser Art zu gebrauchen ist.

Ich lasse nun eine detaillirte Beschreibung der Bestimmungsweisen des Phenols folgen.

I. Maassanalytische Bestimmung von Phenol mittelst Bromwassers.

Erfordernisse.

1. Eine Lösung von Natriumhyposulfit, in Volumstärke gleich einer Lösung von Jod, welche 5 Grm. im Liter enthält.
2. Eine filtrirte Lösung von Stärkemehl.
3. Bromwasser von solcher Stärke, dass 50 CC. nach Zersetzung mit Jodkalium 18—20 CC. von der Lösung des Natriumhyposulfits erfordern. Das Bromwasser wird in Flaschen mit gut eingeriebenen Stopfen von mindestens 500—600 CC. Inhalt aufbewahrt.
4. Eine Lösung von Jodkalium, die im Liter 125 Grm. enthält.

Ausführung der Analyse.

Man bereitet eine klare Lösung von der zu untersuchenden Probe von Phenol oder Kreosotöl durch Lösen von 4 Grm. zum Volum von 1000 CC., pipettirt davon 25 CC. in einen Halbliterkolben mit gut eingeschliffenem Glasstopfen, füllt die Flasche schnell mit Bromwasser bis zur Marke, verstopft und schüttelt einige Zeit.

Bevor man das Bromwasser zufügt, pipettirt man 50 CC. desselben in ein 5 CC. der unter 4 erwähnten Jodkaliumlösung enthaltendes Becherglas.

Nach Verlauf einer Viertelstunde entleert man den Inhalt der Flasche in ein geräumiges, 10 CC. der Jodkaliumlösung enthaltendes Becherglas und spült die Flasche zweimal mit Wasser in das Becherglas nach.

Schliesslich bestimmt man das ausgeschiedene Jod in dem Inhalte des grossen wie des kleinen Becherglases mit Hülfe der unter 1. erwähnten Lösung von Natriumhyposulfit, wobei man erst am Ende der Operation Stärkelösung zufügt und abliest, sobald die Blaufärbung nach Verlauf einiger Minuten nicht mehr wiederkehrt.

Berechnung.

Hat man zur Bestimmung 25 CC. der Phenollösung angewandt, worin 0,1 Grm. der Probe, 475 CC. Bromwasser hinzugefügt, zur Titrirung des Bromwassers 50 CC. gebraucht und die ausgeschiedenen Jodmengen mit einer Natriumhyposulfit-Lösung von oben angegebener Stärke bestimmt, so wird die Berechnung sehr erleichtert durch den Gebrauch der Formel:

$$(9,5\,a - b)\,0,61753,$$

worin a die Anzahl CC. der Natriumsulfit-Lösung angibt, welche verbraucht wurden zur Bestimmung des Bromwasser-Titers und b die Anzahl CC., welche dem Ueberschuss an Brom bei der Probe entsprachen. Die gefundene Zahl gibt die Anzahl der Procente Phenol in der untersuchten Probe an.

II. Maassanalytische Bestimmung des Phenols mittelst des Gemenges von Natriumbromid und Natriumbromat.

Erfordernisse.

1. Eine Lösung von Natriumhyposulfit, die in Volumstärke gleich ist einer 5 Grm. Jod im Liter enthaltenden Jodlösung.
2. Eine Lösung von $5\,NaBr + NaBrO_3$, von solcher Stärke, dass 50 CC., vermischt mit 10 CC. der oben erwähnten Jodkaliumlösung und zersetzt durch 5 CC. concentrirte Salzsäure, nach Verdünnung mit etwa 100 CC. Wasser 86—95 CC. von der unter 1 erwähnten Lösung von Natriumhyposulfit bedürfen.

Das Salzgemisch bereitet man, wie schon oben erwähnt, durch Zersetzen einer ziemlich reinen Aetznatronlauge mit einem Ueberschuss von Brom, Abdampfen zur Trockne und Zerreiben des Rückstandes, falls man denselben nicht auf einmal in Lösung bringt.

Löst man davon 9 Grm. in 100 CC. Wasser, so erhält man in der Regel eine zu starke Lösung, welche dann nach vorgenommener Untersuchung durch Zusatz von Wasser leicht auf die richtige Stärke gebracht werden kann.

3. Eine filtrirte Lösung von Stärkemehl.
4. Eine Lösung von Jodkalium, 125 Grm. im Liter enthaltend.

Ausführung der Analyse.

Wenn der Titer des Gemenges von Natriumbromid und Natriumbromat nach angegebener Art bestimmt ist, bringt man 25 CC. der Phenollösung, worin 0,1 Grm. der Probe in eine Flasche mit gut eingeschliffenem Stopfen von etwa 250 CC. Inhalt, fügt 100 CC. der titrirten Lösung des Gemenges von $5\,NaBr + NaBrO_3$ und schliesslich 5 CC. concentrirte Salzsäure zu. Dann verschliesst und schüttelt man die Flasche.

Nach etwa 15 Minuten öffnet man dieselbe, lässt schnell 10 CC. der unter 4 erwähnten Jodkaliumlösung einfliessen, verschliesst wieder und schüttelt einige Zeit.

Man spritzt jetzt den abgenommenen Stopfen in die Flasche ab und bestimmt das ausgeschiedene Jod mit der unter 1 erwähnten Natriumhyposulfit-Lösung unter Zufügung von Stärkelösung gegen Ende der Operation.

Berechnung.

Hat man nach dem genannten Verfahren eine Bestimmung von Phenol ausgeführt, wobei man 0,1 Grm. der Probe, 50 CC. der Lösung des Salzgemenges $5\,NaBr + NaBrO_3$ zur Bestimmung des Titers mit Natriumhyposulfitlösung und 100 CC. jener Lösung zur Zersetzung des Phenols verwandt hat, so wird ebenfalls die Rechnung sehr erleichtert durch den Gebrauch der Formel:

$$(2\,a - b)\;0{,}61753,$$

worin a und b die nämliche Bedeutung haben wie in der vorigen Formel.

Aenderung der Ausführung der Analyse in besonderen Fällen.

Man erkennt leicht, dass es zweckmässig ist, bei Untersuchung von Proben, welche sehr wenig Phenol enthalten, ein Vielfaches von 4 Grm. Substanz abzuwägen und diese Quantität zu 1000 CC. aufzulösen, wobei man nur Sorge zu tragen hat, dass in 25 CC. nicht mehr als 0,1 Grm. reines Phenol enthalten sind.

Macht man in solchen Fällen nur diese Abänderung, so kann man sich doch der beiden Formeln bedienen, wenn man nur die erhaltene Zahl in demselben Maasse erniedrigt, in welchem man beim Abwägen die 4 Grm. vervielfältigt hat.

Haag, im Februar 1876.

Ueber die Zersetzung einiger Ammoniumsalze in wässeriger Lösung durch Kalium- und Natriumsalze.

Von

Dr. H. C. Dibbits.*)

Nachdem ich in einer früheren Abhandlung**) gezeigt habe, dass verschiedene Ammoniumsalze, beim Kochen ihrer wässerigen Lösung, eine bestimmte Quantität Ammoniak verlieren, welche, ausser von der Quantität und der Concentration der Lösung und von der Quantität des verdampften Wassers, von der Natur des Salzes abhängt, wandte ich mich zur Bestimmung des entweichenden Ammoniaks aus Lösungen, welche, neben einem Ammoniumsalze, verschiedene Quantitäten eines Kalium- oder Natriumsalzes enthielten. Ich that dieses in der Absicht daraus abzuleiten, ob die beiden Salze sich gegenseitig zersetzen oder nicht. Indem ich z. B. Ammoniumsulfat und Kaliumchlorid im Aequivalent-Verhältnisse zusammen auflöste und die Lösung destillirte, wollte ich mittelst der im Destillate gefundenen Quantität NH_3 prüfen, ob die genannten Salze als solche in der siedenden Lösung bestehen, oder ob sie sich zu Ammoniumchlorid und Kaliumsulfat umsetzen. Während nämlich die Kaliumsalze für sich die Reaction des Destillates nicht beeinflussen, gibt Ammoniumsulfat beim Kochen der Lösung viel mehr NH_3 ab als Ammoniumchlorid, und also wäre es möglich zu entscheiden, welches dieser beiden Ammoniumsalze in der kochenden Lösung vorkommt. In derselben Art habe ich mehrere Combinationen geprüft.

Die Ausführung dieser Versuche nahm ich in derselben Weise vor wie bei meinen früheren Destillationen. Die abgewogenen Salze wurden immer

---

*) Auszug aus der gleichnamigen Arbeit in Poggend. Annal. Ergänz. Band 7, Seite 462, vom Verfasser für diese Zeitschrift bearbeitet.

**) Pogg. Annal. 150, 260. — Im Auszug: diese Zeitschrift 13, 395.

in der gleichen Quantität Wasser (200 CC.) gelöst und die Lösung in einer mit einem Liebig'schen Kühler versehenen Retorte gekocht; vom Destillate wurden immer zweimal 50 CC. in titrirter Schwefelsäure aufgefangen und jede Portion wurde mit zehntel-normaler Ammoniaklösung zurücktitrirt. — Die Salze, für deren Bereitung ich auf das Original verweise, waren möglichst rein und insbesondere möglichst neutral dargestellt; ich überzeugte mich überdiess, dass die angewandten Kalium-, Natrium- und Baryum-Salze für sich die Reaction des Destillates nicht beeinflussen. Das angewandte Wasser enthielt keine Spur von Ammoniak oder einer anderen Base.

Die untersuchten Combinationen waren nur solche, bei denen die beiden Ammoniumsalze, deren Bildung in der Lösung möglich war, möglichst verschiedene Quantitäten Ammoniak verlieren. Es würde aber zu weitläufig sein, die Versuche hier alle zu erwähnen. Ein Beispiel, das ich ausführlich mittheile, möge deshalb hier genügen.

Ammoniumsulfat und Kaliumchlorid (resp. Ammoniumchlorid und Kaliumsulfat) wurden in äquivalenten Quantitäten oder in deren einfachen Multiplis in 200 CC. Wasser zusammen aufgelöst, und zwar wurde genommen:

1 Aeq.	NH_4Cl . . .	= 5,35	Grm.
1 »	$^1/_2 (NH_4)_2 S\Theta_4$.	= 6,6	»
1 »	KCl	= 7,46	»
1 »	$^1/_2 K_2 S\Theta_4$ . .	= 8,71	»

Die gefundenen Quantitäten NH_3 sind in den folgenden Tabellen angegeben, und zwar in Milligrammen: a in den ersten 50 CC., b in den zweiten 50 CC. des Destillates.

	Ammoniumchlorid für sich. 1 Aeq. Mittel aus 2 Versuchen.	Ammoniumsulfat für sich. 1 Aeq. Mittel aus 2 Versuchen.
a	1,1	5,8
b	0,6	3,9
Total	1,7	9,7.

Ammoniumsulfat mit Kaliumchlorid.

1 Aeq. $^1/_2 (NH_4)_2 S\Theta_4$.

	Mit 1 Aeq. KCl.	Mit 2 Aeq. KCl.	Mit 5 Aeq. KCl.
a	5,2	4,8	4,1
b	3,3	3,1	2,9
Total	8,5	7,9	7,0.

1 Aeq. NH_4Cl mit 1 Aeq. $\frac{1}{2}K_2SO_4$.

a	. . .	5,2
b	. . .	3,3
Total	. .	8,5.

Aus diesen Versuchen ergibt sich Folgendes:

1. Es verdampft ebensoviel NH_3, wenn man entweder $\frac{1}{2}(NH_4)_2SO_4$ mit KCl oder NH_4Cl mit $\frac{1}{2}K_2SO_4$ combinirt. Es ist also gleichgültig, ob man die Salze **A B** und **C D** oder **A C** und **B D** zusammen bringt. In der Lösung geben sie immer dasselbe, wie diess auch schon auf andere Weise gefunden wurde.

2. Zufügung von 1 Aeq. KCl zu 1 Aeq. $\frac{1}{2}(NH_4)_2SO_4$ vermindert die Quantität NH_3, welche letztgenanntes Salz für sich gibt, von 9,7 auf 8,5 Milligr. Berücksichtigt man nun, dass Hinzufügung von vielen Salzen, auf welche NH_3 nicht zersetzend einwirken kann, das Verdampfen des NH_3 befördert*), so lässt sich diese Abnahme von 9,7 auf 8,5 nur dadurch erklären, dass ein Theil des Ammoniumsulfats in Ammoniumchlorid verwandelt ist. Aber nur ein Theil des Salzes ist auf diese Weise umgesetzt; denn wäre die Umsetzung in NH_4Cl und $\frac{1}{2}K_2SO_4$ vollständig, so hätte ich, anstatt 8,5, nur 1,7 Milligr. NH_3 finden müssen. Daraus ergibt sich weiter, dass, wenn die Lösung zu gleicher Zeit $(NH_4)_2SO_4$ und NH_4Cl enthält, weil die ursprünglichen Salze im Aequivalent-Verhältnisse zusammen gebracht sind, auch K_2SO_4 und KCl zugegen sein müssen und dass also die Lösung vier Salze enthält. — Fügt man 2 Aeq. KCl hinzu, so nimmt die Quantität des verdampften NH_3 noch mehr ab; ein noch grösserer Theil des Ammoniumsulfats ist in Chlorid und also auch ein grösserer Theil des Kaliumchlorids in Sulfat verwandelt. Und endlich bei 5 Aeq. KCl ist diese Umsetzung noch ansehnlicher.

Ganz zu demselben Resultate führen alle die untersuchten Combinationen, nämlich:

Ammoniumsulfat mit KCl, NaCl, KNO_3, $NaNO_3$,
Ammoniumoxalat « « « « «
Ammoniumacetat « « « « « $BaCl_2$ und BaN_2O_6,

und die sich aus sämmtlichen Versuchen ergebenden Schlüsse sind also folgende:

1. **Ammoniumsulfat**, **Ammoniumoxalat** und **Ammoniumacetat** werden, in kochender Lösung, durch Hinzufügung äquivalenter

*) Siehe unten, Seite 248.

Mengen des Chlorids oder des Nitrats von Kalium, Natrium, Baryum*) theilweise zersetzt.

2. Diese gegenseitige Zersetzung ist um so grösser, je mehr von dem Chloride oder dem Nitrate hinzugefügt wird. Die Grösse der Umsetzung lässt sich aus den gefundenen Quantitäten NH_3 annähernd berechnen.

3. In allen Fällen enthält die Lösung bei 100° vier Salze.

II.

In der Absicht, den Einfluss zu bestimmen, welchen die Anwesenheit anderer Salze bei den im Vorhergehenden beschriebenen Versuchen auf das Entweichen des Ammoniaks ausgeübt haben könnte, habe ich noch folgende Versuche angestellt.

Erstens combinirte ich Ammoniumchlorid mit andern Chloriden, Ammoniumnitrat mit andern Nitraten, Ammoniumsulfat mit andern Sulfaten, und destillirte die Lösungen auf dieselbe Weise wie früher. Gegenseitige Zersetzung war jetzt nicht möglich, und ich konnte also den Einfluss prüfen, den die Salze für sich auf das Entweichen des Ammoniaks ausüben. Es ergab sich, dass dieser Einfluss bei Hinzufügung von andern Chloriden zu NH_4Cl, oder von andern Nitraten zu $(NH_4)N\Theta_3$ (wobei überhaupt nur sehr wenig NH_3 verdampft) unmerkbar war, dass hingegen Hinzufügung von Kalium- oder Natriumsulfat zu Ammoniumsulfat das Verdampfen des NH_3 befördert. Ich erhielt z. B.. indem ich immer dieselbe Quantität Wasser (200 CC.) zur Lösung anwandte und immer die Hälfte davon abdestillirte, im Destillate:

aus 1 Aeq. $^1/_2\,(NH_4)_2\,S\Theta_4$	für sich	9,7	Milligr. NH_3,
« 1 « «	mit 1 Aeq. $^1/_2\,K_2\,S\Theta_4$	11,0	« «
	« 2 « «	12,1	« «
	« 1 « $^1/_2\,Na_2\,S\Theta_4$	10,8	« «
	« 2 « «	11,4	« «
« 1 « «	« 5 « «	12,8	« «

also um so mehr NH_3, je grösser die Quantität des hinzugefügten Kalium- oder Natriumsulfates.

Zweitens stellte ich, in Bezug auf den genannten Einfluss, einige Versuche bei der gewöhnlichen Temperatur (10°—16°) an, welche ich folgendermaassen ausführte:

---

*) Die Combinationen des Ammoniumsulfates und des Ammoniumoxalates mit den Baryumsalzen sind hier natürlich ausgeschlossen.

In sechs Bechergläser, welche möglichst gleich hoch und gleich weit waren, wurde die gleiche Quantität Wasser und die gleiche Quantität Ammoniak gebracht, und dazu in einige derselben verschiedene Quantitäten des zu untersuchenden Salzes gefügt. Die Gläser wurden, nachdem sie gewogen waren, in einen Kreis gestellt, in dessen Mitte sich eine Schale mit concentrirter Schwefelsäure befand, und das Ganze wurde mit einer grossen, abgeschliffenen, auf der Unterlage luftdicht schliessenden Glasglocke bedeckt. Nach 1 oder 2 Tagen wurde die Glocke abgenommen, die Gläser wurden von Neuem gewogen, und das in den Lösungen zurückgebliebene Ammoniak mit verdünnter Schwefelsäure titrirt. Durch Subtraction wurde also die Quantität des verdampften Ammoniaks gefunden, während aus dieser und dem Gewichtsverluste jeden Glases die Quantität des verdampften Wassers abgeleitet wurde.

Indem ich für die weiteren Details auf das Original verweise, erwähne ich nur, dass sämmtliche also mit Kaliumchlorid, Kaliumnitrat, Kaliumsulfat, Natriumchlorid, Natriumnitrat, Natriumsulfat, Baryumchlorid und Baryumnitrat angestellte Versuche zu den folgenden Schlüssen führten:

1. Aus den untersuchten Salzlösungen verdampft in derselben Zeit um so weniger Wasser, je concentrirter die Lösung ist; — ein Resultat, das bei der kleineren Dampfspannung zu erwarten war.

2. Aus allen den angewandten Salzlösungen verdampft in derselben Zeit mehr NH_3 als aus reinem Wasser, sowohl in absoluter Quantität, als im Verhältniss zum verdampften Wasser. Das Verhältniss zwischen verdampftem NH_3 und verdampftem Wasser nimmt bei allen Salzen zu mit wachsendem Salzgehalte der Lösung.

Schliesslich habe ich auch zwei Salze, welche mit NH_3 bekannte Verbindungen eingehen, nämlich Strontiumchlorid und Calciumchlorid, in dieser Hinsicht bei der gewöhnlichen Temperatur geprüft. Ich fand, dass aus den Lösungen dieser Salze in derselben Zeit, absolut genommen, weniger NH_3 entweicht, als aus reinem Wasser. Das Wasser verdampft aber aus diesen Lösungen, insbesondere aus den concentrirteren, nur sehr langsam, und berechnet man wieder das Verhältniss zwischen dem verdampften NH_3 und dem verdampften Wasser, so findet man auch hier, dass dieses Verhältniss mit zunehmendem Salzgehalte immer grösser wird.

Das allgemeine Resultat dieser Versuche ist also, dass die Anwesenheit von Salzen in der Lösung die Quantität des verdampften Ammoniaks im Verhältniss zum verdampften Wasser, — sogar bei Salzen, welche mit NH_3 bekannte Verbindungen eingehen, — sowohl bei der gewöhnlichen als bei der Siedetemperatur vermehrt. Bei kleinen Quantitäten Ammoniak kann dieser Einfluss unmerkbar sein, niemals aber findet eine Abnahme dieses Verhältnisses statt.

Die auf Seite 247—248 erwähnten Folgerungen aus den Versuchen, in welchen Hinzufügung eines Chlorids oder eines Nitrats die Quantität des verdampften NH_3 verminderte, finden darin eine weitere Bestätigung.

Amsterdam, im Februar 1876.

Einige Bemerkungen über das „neue Azotometer nach Knop“.

Von

Dr. Paul Wagner.

In dieser Zeitschrift **13**, 383 habe ich einige von mir als zweckmässig befundene Modificationen in der Construction und dem Gebrauch des Azotometers von Knop beschrieben. Professor Knop hat darauf in dieser Zeitschrift **14**, 247 unter Bezugnahme auf meine Veröffentlichung weitere «Verbesserungen» des Apparates empfohlen, welche die Firma Fr. Hugershoff in Leipzig jüngst zur Anfertigung eines «neuen Azotometers nach Knop» veranlasst haben.

Im Interesse der azotometrischen Bestimmungsmethode sehe ich mich zu folgenden kurzen Bemerkungen über die von Professor Knop gegebenen Notizen veranlasst.

1. Knop empfiehlt, das U-Rohr, welches zum Messen des Stickstoffs dient, nicht aus einer gewöhnlichen Bürette und passendem Ergänzungsrohr zusammenzusetzen, sondern dasselbe vom Glasbläser aus einem Stück anfertigen zu lassen.

Diese Aenderung, welche übrigens die Bürette zerbrechlicher macht, erscheint mir unwesentlich und kann wohl nur durch ästhetische Rücksichten motivirt werden.

2. Das aus der Bürette abzulassende Wasser will Knop nicht aus der oberen Oeffnung des Cylinders hinaus, sondern gleich unten durch eine zu diesem Zwecke angebrachte Tubulatur des Cylinders abgeführt wissen.

Ich vermag nicht einzusehen, worin der «wesentliche Vortheil» dieser Einrichtung liegen soll. Die von mir gewählte einfachere Vorrichtung gestattet meiner Erfahrung gemäss ein untadelhaft bequemes Ablassen des Wassers. Die Knop'sche Vorrichtung hat dagegen den Nachtheil, dass ein erheblich weiterer Glascylinder angewendet werden muss, um überhaupt die Herstellung der Kautschukverbindung am Boden des Cylinders bewerkstelligen zu können; durch Anwendung eines extra angefertigten tubulirten Cylinders wird ferner der Apparat unnöthig vertheuert, und es ist endlich bei dieser Vorrichtung das Auseinandernehmen des Apparates zum Zweck der Reinigung und Reparatur umständlicher. Bei dem von mir beschriebenen Apparat werden alle in den Cylinder eintauchenden Theile durch den Deckel, welcher zugleich das Wasser des Cylinders vor Staub schützt, gehalten, und lassen sich, wenn der Cylinder gereinigt werden soll, durch einfache Hebung des Deckels aus dem Cylinder nehmen. Vor Staub gänzlich geschützt, und durch Zusatz von etwas Quecksilberchlorid haltbar gemacht, bleibt das im Cylinder befindliche Wasser monatelang klar, der Apparat steht beständig zum sofortigen Gebrauche bereit, während bei der Vorrichtung von Knop ein jedesmaliges Füllen des Cylinders mit Wasser erforderlich ist.

3. Das Entwickelungsgefäss*) will Knop nicht, wie ich vorgeschlagen, in einem neben den Apparat gestellten Gefäss mit kaltem Wasser gekühlt wissen, sondern dasselbe soll mit in das Wasser des Cylinders eingetaucht und durch eine besondere Vorrichtung darin festgehalten werden. Bequemlichkeitsrücksichten sind, wie man sogleich erkennt, bei dieser Einrichtung nicht maassgebend gewesen, sondern Knop will durch dieselbe erzielen, dass «völlig gleiche Temperaturen zwischen dem Innern des Zersetzungsgefässes und dem des U-Rohres» hergestellt werden.

Knop geht nämlich von der irrthümlichen Meinung aus, dass eine solche Gleichstellung der Temperatur zur Erzielung eines richtigen Resultates erforderlich sei. Ich frage: aus welchem Grunde soll die

*) Die Befestigung des Cylinderchens auf dem Boden des Entwickelungsgefässes habe ich in meiner Abhandlung durch Umgiessen mit Gyps und Bedeckung der Gypsoberfläche mit einer dünnen Paraffinschicht angegeben. Es sei erwähnt, dass die Firma Ehrhardt & Metzger in Darmstadt die passenden Entwickelungsgefässe mit festgeschmolzenem Cylinderchen auf der Glashütte hat anfertigen lassen und diese, sowie alle anderen Theile des Azotometers gesondert verkauft. D. V.

im Zersetzungsgefäss eingeschlossene Luft mit der im U-Rohr enthaltenen gleiche Temperatur haben? Diese Forderung ist meiner Ansicht nach unrichtig, es kommt vielmehr und zwar lediglich darauf an, dass die im Zersetzungsgefäss enthaltene Luft, welche nach stattgehabter Reaction sich erwärmt hat, auf genau dieselbe Temperatur zurückgebracht werde, welche sie vor der Reaction und zwar in dem Momente der Einstellung der Bürettenflüssigkeit auf 0 CC. hatte.

Diese Temperatur darf aber selbstverständlich eine ganz andere sein, als die, welche durch das im Wasser des Cylinders hängende Thermometer angegeben wird, und nur die letztere braucht überhaupt bekannt zu sein.

Wenn die Temperatur des Entwickelungsgefässes beim Einstellen der Bürettenflüssigkeit auf 0 CC. z. B. 10⁰ C. betrug, so muss das Entwickelungsgefäss mit seinem ganzen Inhalt auf genau 10⁰ C. wieder abgekühlt werden, bevor man das entwickelte Stickstoffvolum ablesen darf; die Temperatur des U-Rohres (die vielleicht 15 oder 20⁰ C. beträgt) hat hiermit gar nichts zu thun.

Dieser höchst wichtigen Forderung wird aber nur dann genügt, wenn die Temperatur des Kühlwassers eine constante ist. Die Temperatur des Kühlwassers kann nun aber nicht dieselbe bleiben, weil die im Zersetzungsgefäss entwickelte Wärme sich dem Kühlwasser mittheilt, das letztere erwärmt sich, der Inhalt des Zersetzungsgefässes wird dadurch nicht genau auf seine frühere Temperatur zurückgeführt, das eingeschlossene Luftvolum in Folge dessen nicht blos zu seinem ursprünglichen Volum verdichtet und — man erhält ein zu hohes Resultat. Hier liegt eine Fehlerquelle der azotometrischen Methode. Aber diese Fehlerquelle wird verschwindend klein, wenn man die im Entwickelungsgefäss erzeugte Wärme auf eine sehr grosse Wassermenge vertheilt. Ich wende ein Kühlgefäss an, welches $4^1/_2$ Liter Wasser enthält, dadurch wird die Fehlerquelle so gering, dass sie keinen nachweisbaren Einfluss auf das Resultat ausübt.

Durch Anwendung von Eiswasser zur Kühlung wäre man im Stande, eine absolute Constanz der Temperatur herzustellen, auch die schnell kühlende Wirkung des Eiswassers würde den Gebrauch desselben sehr empfehlen; allein die durch die Bromlauge bewirkte Stickstoffabsorption wird bei dieser Temperatur vermuthlich grösser sein, als den Dietrich'schen Zahlen entspricht, und müsste erst besonders festgestellt werden.

Die Sorge dafür, dass der Inhalt des Entwickelungsgefässes vor und nach der Zersetzung möglichst dieselbe Temperatur besitze, ist ein höchst wichtiger Moment. In der irrthümlichen Meinung dagegen, gleiche Temperatur zwischen Entwickelungsgefäss und U-Rohr herstellen zu müssen, benutzt Knop die obere Schicht des Cylinderwassers zur Ableitung der bei der Stickstoffentwickelung freigewordenen Wärme; diese Wärmemenge theilt sich dabei einer relativ geringen Wassermenge mit, es findet zu starke Erwärmung des Kühlwassers und damit ungenügende Abkühlung des Zersetzungsgefässes statt, in Folge dessen ein zu hohes Resultat erhalten wird.

Diese durch seine neue Construction des Azotometers hervorgerufene resp. vergrösserte Fehlerquelle übersehend, glaubt Knop dagegen eine andere, bei meinem Apparat thatsächlich aber nicht vorhandene Fehlerquelle gefunden zu haben, indem er sagt:

4. „Im Zersetzungsgefäss habe ich immer so wenig als möglich Luft gelassen und dasselbe zum bei weitem grösseren Theil mit Wasser (soll wohl Bromlauge heissen?) ausgefüllt. Ich gebe zu, dass bei Herstellung völlig gleicher Temperatur im Innern des Zersetzungsgefässes und des U-Rohres es einerlei ist, ob viel oder wenig Luft im Zersetzungsgefäss bleibt, allein, wenn man die Methode einmal so weit verschärft, wie es nach den jetzt gemachten Erfahrungen möglich ist, so ist das auch in Rechnung zu ziehen, dass die Luft vier Zehntausendstel von ihrem Volum an Kohlensäure und im Laboratorium noch mehr enthalten kann.“

Wie gross ungefähr die Fehlerquelle sein könnte, auf welche Knop hier hinweist, wird folgende Rechnung ergeben.

Nach W. Henneberg's Untersuchungen (auch Fittbogen hat kürzlich ungefähr dasselbe gefunden) enthält die atmosphärische Luft im Durchschnitt 0,032 Volumprocente Kohlensäure, so dass wir wohl nicht zu wenig rechnen, wenn wir für die Laboratoriumsluft den dreifachen Kohlensäuregehalt, also etwa 1 p. m. annehmen.

Das von mir benutzte Entwickelungsgefäss fasst 200 CC., von denen 60 CC. durch (50 CC.) Bromlauge und (10 CC.) Ammoniumsalz-Lösung eingenommen werden, so dass 140 CC. Luftraum bleiben. Diese 140 CC. Luft enthalten bei Annahme von 1 p. m. Kohlensäure = 0,14 CC. Kohlensäure. Wird diese Kohlensäure beim Schütteln mit Bromlauge absorbirt, so werden 0,14 CC. Stickstoff, welche bei Normalbarometerstand und 17° C. (Zimmertemperatur) = 0,00016 Grm. wiegen, zu wenig gefunden.

Dieser Fehler ist nicht gross, allein er würde bei der Schärfe der azotometrischen Bestimmung immerhin zu beachten sein, wenn er — thatsächlich vorhanden wäre. Das ist er nun aber nicht.

Prof. Knop hat es offenbar übersehen, dass man, wie ich es in meiner Abhandlung ausdrücklich angegeben habe, das mit bromhaltiger Kalilauge etc. beschickte und darauf geschlossene Entwickelungsgefäss so lange im Wasser kühlen lässt, als von 5 zu 5 Minuten noch ein Steigen des Wasserspiegels im graduirten Rohr, d. h. eine Volumverminderung der im Entwickelungsgefäss eingeschlossenen Luft zu constatiren ist, und dass erst hierauf der Wasserspiegel auf 0 CC. eingestellt und die Stickstoffentwickelung vorgenommen wird. Es ist aber klar, dass die während der Kühlungszeit entstehende Volumabnahme nicht nur in Folge von Wärmeabgabe der eingeschlossenen Luft, sondern auch in Folge ihrer Abgabe von Kohlensäure an die im Zersetzungsgefäss enthaltene starke Kalilauge geschieht. Die eingeschlossene Luft ist also von Kohlensäure bereits hinlänglich gereinigt, bevor die Stickstoffentwickelung und überhaupt eine Gasmessung beginnt.

Dass in der That die von Knop hervorgehobene Fehlerquelle nicht vorhanden ist, oder so verschwindend klein ist, dass sie nicht constatirt werden kann, ist durch das Experiment sehr leicht nachzuweisen: man führt die ganze azotometrische Operation, wie ich sie genau beschrieben habe, von Anfang bis zu Ende unter Ausschluss einer Stickstoffverbindung aus, man wendet also einfach anstatt der 10 CC. Ammoniumsalzlösung 10 CC. ammoniakfreien destillirten Wassers an.

Man wird sich alsdann stets davon überzeugen, dass keine bemerkbare Volumverminderung entsteht.

5. Prof. Knop sagt schliesslich:

„Ich mache auch auf den Umstand aufmerksam, dass bisher überhaupt noch nicht untersucht worden ist, welchen Einfluss die im Wasser gelöste Kohlensäure auf die Genauigkeit der Stickstoffbestimmungen mittelst des Azotometers hat. Diese Lücke ist noch auszufüllen."

Hiergegen mache ich darauf aufmerksam, dass ja nur 10 CC. Wasser (in welchen die zu zersetzende Stickstoffverbindung gelöst ist) in das Entwickelungsgefäss gelangen. Es dürfte aber doch wohl als gar zu minutiös erscheinen, wenn man annehmen wollte, dass die in dieser geringen Wassermenge etwa gelöste Kohlensäure, welche beim Vermischen mit Bromlauge einfach an das Kali der letzteren tritt, die Genauigkeit der azotometrischen Methode möglicherweise beeinträchtigen könnte.

Mittheilungen aus dem Professor Wartha'schen Laboratorium am königl. ungar. Josephs-Polytechnicum in Budapest.

Ueber die Klosterneuburger Mostwage.

Von

Dr. Wilhelm Pillitz.

In den Berichten der königl. ungarischen Akademie der Wissenschaften zu Budapest vom 14. Juni 1875 veröffentlichte Herr Professor Moritz Preysz unter dem Titel «Oenologische Studien» einen Aufsatz über die Klosterneuburger Mostwage, in welchem die Ungenauigkeit der Angaben dieses Instrumentes gerügt und auf die Nothwendigkeit einer Berichtigung der Scala hingewiesen wird.

Die von Prof. Preysz gerügten Fehler wurden dem Wesen nach auch von Klosterneuburg aus anerkannt, jedoch damit entschuldigt, dass da das Instrument nicht für analytische Zwecke, sondern blos für den Gebrauch der Producenten und Händler bestimmt ist, es auf geringe Differenzen in den Angaben nicht ankomme.

Angesichts der Wichtigkeit indessen, welche eine gute Zuckerbestimmung im Moste für unsere heimische Weinproduction besitzt, sah der ungar. naturwissenschaftliche Verein, angeregt von Hn. Prof. Preysz, sich veranlasst auf die Sache näher einzugehen. Und da Hr. Prof. Preysz durch langjährige Krankheit an der Ausführung jeder anstrengenden Arbeit leider verhindert ist, wurde ich mit dem Auftrage beehrt, über die Klosterneuburger Mostwage zu referiren und womöglich eine sachgemässe Correctur in der von Prof. Preysz angedeuteten Richtung zu versuchen.

Indem ich nun unternehme, mich des mir gewordenen Auftrages zu entledigen, finde ich vorweg die Bemerkungen am Platze, dass man, um über die Brauchbarkeit einer Mostwage überhaupt zu einem sicheren

Anhaltspunkte zu gelangen, nothwendig auf die elementaren Untersuchungen zurückgreifen muss, auf deren Ergebnissen die Anzeigen des Instrumentes beruhen. Ich habe demgemäss in einer grösseren Reihe von Versuchen die fortschreitende Entwickelung der Extractstoffe und des Zuckers während der ganzen Ausbildungsperiode (vom 1. August bis 30. September 1875) einer und derselben Traubengattung (Kleinweiss) verfolgt.

Die Trauben stammen von Pussta Leányfalú aus der Besitzung des Hn. Stefan v. Petrovits, welcher die Güte hatte, das in beträchtlicher Menge verbrauchte Trauben-Material bereitwillig zur Verfügung zu stellen. Sämmtliche Trauben sind aus gleicher Lage (südöstlicher Bergabhang) entnommen. Die ersten Untersuchungen wurden von dem Practikanten am Prof. Wartha'schen Laboratorium Hn. Carl Dussa ausgeführt und zwar anfangs von 3 zu 3, dann nach je 2 Tagen und zuletzt, knapp vor der Lese, täglich vorgenommen.

Zur Ermöglichung einer späteren Controle hat Hr. Dussa von den jeweilig ausgepressten Mostquantitäten in Röhren eingeschmolzene Proben aufbewahrt, welche ich später, bei den von mir ausgeführten Control-Versuchen in der That vollkommen wohl erhalten fand.

Bestimmt wurden 1. das specifische Gewicht des Mostes.
« « 2. der Gesammtextract.
« « 3. der Zuckergehalt nach Fehling.
dto. nach Babo.
« « 4. die Gesammtsäure.

Die Ermittlung des specifischen Gewichtes geschah im 100 Grammfläschchen. Die Vorzüge dieser Bestimmungart gegen die mit dem Pyknometer sind unverkennbar. Die Bestimmung ist eine schärfere und nicht mit jenen Schwierigkeiten verbunden, die bei der Anwendung des Pyknometers entgegentreten.

Bei der Bestimmung des Gesammtextractes stiess ich anfangs auf die bekannten Schwierigkeiten, mit denen diese Operation im Allgemeinen verbunden zu sein pflegt. Die Methode, welche bei dieser Bestimmung in den Laboratorien befolgt wird, führt fast ohne Ausnahme auf Differenzen. Der Fehler liegt hier eben in der Methode. Bei Eindampfung des Mostes im offenen Gefässe färbt die Flüssigkeit sich braun und als Rückstand erhält man eine dunkle, schmierige und im Wasser sich nur unvollständig lösende Masse, die auf eine theilweise Zersetzung der ursprünglich vorhandenen Extractstoffe schliessen lässt.

Ich schlug daher nacheinander verschiedene Wege ein, von denen einige hier angedeutet sein mögen. Anfangs vermuthete ich, dass die Bräunung und Zersetzung des Extractstoffes von der Einwirkung der im Moste vorhandenen Säuren auf den Zucker und durch die Zersetzung der Säuren selbst bei der Eindampfungs- und Trocknungs-Temperatur bedingt sei. Ich entfernte daher die Weinsäure aus dem Moste vor der Eindampfung durch Ausschütteln mit Aether-Alkohol. Aber die Manipulation hatte keinen Erfolg; die Extractsubstanz färbte sich nach wie vor dunkelbraun.

Ein anderer Versuch, bei dem die sämmtlichen Säuren durch kaustisches Natron abgestumpft wurden, gelang nicht besser. Selbst als das Eindampfen und Trocknen der Extractsubstanz bei 80° C. vorgenommen wurde, nahm der Rückstand eine dunkelbraune bis schwarze Farbe an, löste sich unvollkommen in Wasser und hatte einen bittern, ekelerregenden Geschmack.

Da nun weder die Entfernung der Säuren noch die Herabminderung der Eindampfungs-Temperatur zum Ziele führte, lag die Vermuthung nahe, dass vielleicht der Sauerstoff der atmosphärischen Luft beim Trocknungs-Processe auf die Masse zersetzend einwirkt. Ich nahm daher nach Abstumpfung der Säuren die Austrocknung im Vacuum vor.

Auf diesem Wege erhielt ich in der That das erwünschte Resultat. Als Kriterium eines richtigen Extractes dienten mir folgende Anhaltspunkte:

1. Der Extract muss hart und spröde sein.
2. Die Farbe soll sich möglichst wenig verändert haben.
3. Muss sich in dem wieder aufgelösten Extract genau dieselbe Zuckermenge vorfinden, welche in dem ursprünglichen Moste enthalten war.

Der erhaltene Extract entsprach diesen Anforderungen. Die zu behandelnde Mostmenge — etwa 20 CC., oder bei zuckerreichen Mosten 10 CC. — wird, wie schon oben angedeutet, vorerst durch Zusatz von Normallauge neutralisirt. Der Most wird nämlich in eine vorher gewogene und mit einem kurzen Glasstäbchen versehene Platinschale gegeben und aus einer Bürette mit Normal-Natronlauge behandelt. Ist der Most etwas gelblich gefärbt, so bedarf es keines besonderen Indicators. Bei allmählichem Hinzugeben der Natronlauge bemerkt man plötzlich, dass der Most sich verdunkelt und die dunkle Färbung beibehält. Dieser Punkt ist als Neutralisationspunkt zu betrachten. Setzt man mehr Lauge zu, so entsteht ein geringer flockiger Niederschlag von ausgeschiedenem Kalkphosphat. Bei ganz hellem Moste thut man wohl 1—2 Tropfen Lackmuslösung zuzusetzen; der Endpunkt der Titration wird so etwas schärfer.

Nach beendeter Neutralisation setzt man die Schale auf ein Wasserbad und dampft den Inhalt bis zur dicken Syrup-Consistenz ab, nimmt vom Wasserbad und übergiesst den Rückstand mit absolutem Alkohol, den man in die Masse gehörig einrührt und verjagt dann den Alkohol auf einem Sandbade bei 60—70° C.

Die rapid entweichenden Alkoholdämpfe reissen einen beträchtlichen Theil des Wassers mit sich fort; man setzt dann die Schale sammt Inhalt in den Vacuumapparat.

Die Anordnung dieses Apparates ist in nachstehender Zeichnung (Fig. 4) anschaulich gemacht.

Fig. 4.

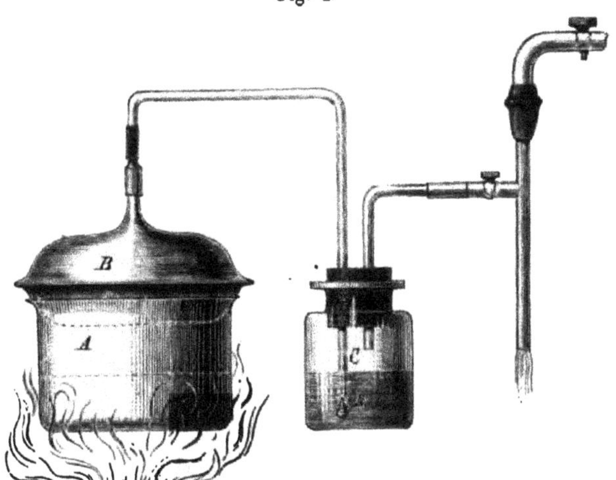

A ist ein massives Zinkgefäss mit abgeschliffenem Rande. Mittelst eines Kautschukringes kann der gläserne Helm B luftdicht aufgesetzt werden. Der Helm steht seinerseits mit der Waschflasche C und diese mit der Wasserstrahl-Luftpumpe in Verbindung. In der Vacuumpfanne befindet sich der einzutrocknende Most neben einer Schale mit Chlorcalcium. Die Waschflasche enthält concentrirte Schwefelsäure, theils um die Tension des Wasserdampfes herab zu drücken, theils um ein schnelleres

Trocknen zu bewirken. Um ein Zurücksteigen der Schwefelsäure in die Vacuumpfanne zu verhindern, was bei Druckverminderung, als etwa durch das Oeffnen eines Wasserhahnes in der Localität, leicht eintreten kann, ist in der Waschflasche bei E ein in die Waschröhre eingeschliffenes Glasventil angebracht, welches rechtzeitig die Röhrenmündung verschliesst, beim Saugen sich aber wieder öffnet. Dieses geschieht aber zuweilen mit solcher Heftigkeit, dass das Ventil, indem es die Röhrenmündung verlässt und auf den Boden der Waschflasche niederfällt, diesen durchlöchert. Die Waschflasche muss daher massiv und dickwandig sein um auch den Luftdruck zu vertragen. Man thut ferner gut, auf den Boden der Flasche etwas langfaserigen Asbest zu legen.

Ist nun alles gehörig vorbereitet, so setzt man die Pumpe in Thätigkeit und heizt das Wasserbad unter der Pfanne an. Schon nach einigen Minuten leert sich die Pfanne bei gutem Schluss des Deckels bis auf die Wasserdampftension — der Inhalt der Schale quillt auf, wirft grosse Blasen und verwandelt sich allmählich in eine vollkommen durchsichtige, glasige und spröde Masse, die nur ganz wenig dunkler gefärbt erscheint. Man soll das Trocknen bis zur Gewichtsconstanz fortsetzen; leider gelang es mir auf dem beschriebenen Wege nicht dieses zu erreichen und ich musste mich begnügen, wenn die Differenz nach je einer Stunde nicht mehr als 8—10 Milligramm betrug. Dieses macht von 20 CC. auf 100 CC. berechnet 40—50 Milligramm, oder 0,04—0,005 %. Um dieses zu erreichen bedurfte es einer 8—10stündigen Trocknung im Vacuum.

Was nun die Berechnung des Extractgehaltes betrifft, so ist hierbei nicht zu vergessen, dass die freie Säure mit Natronlauge abgestumpft wurde; andererseits aber, dass für jedes Aequivalent Natron, welches mit der Wein-, Aepfel- oder Oxalsäure in Verbindung trat, auch ein Aequivalent Wasser in Freiheit gesetzt wurde und dieses Wasser mithin als zum Extract gehörig hinzu addirt werden muss. Die Menge des freigewordenen Wassers zu berechnen, unterliegt keiner Schwierigkeit, die verbrauchte Natronmenge ist das Maass dafür.

Gesetzt also, das Gesammtgewicht des erhaltenen Extractes sei $= g$, die Menge Natron, die zur Abstumpfung der freien Säure diente $= n$, und endlich stelle w das Wasser vor, welches durch das Natron ausgetrieben wurde; so ergibt sich für den wirklichen Extract-Gehalt $E = g + w - n$ in 100 CC. Most, also in 100 Gramm $E' = \frac{g + w - n}{s}$ wo s das specifische Gewicht des Mostes bezeichnet.

Hat man chemisch reine Natronlauge zur Titrirung verwendet, so steht diese Formel in ihrer ganzen Ausdehnung richtig. In den Laboratorien wird die Natronlauge aber zumeist aus roher käuflicher Soda bereitet, welche mit Kalkhydrat gekocht wird, und war die Soda chlorhaltig, so ist es unvermeidlich, dass auch die Natronlauge Chlornatrium enthält.

Gegen den Kieselsäure-Gehalt einer Natronlauge kann man sich schützen, indem man die Lauge in Fläschchen aufbewahrt, die innen mit Paraffin überzogen sind.

Die Natronlauge kann aber trotz der Anwesenheit von Chlornatrium ganz richtig normal gestellt sein. Jedoch ist in diesem Falle die Menge ihrer Trockensubstanz, worauf es hier besonders ankommt, bedeutend gestiegen, was zu fehlerhaften Bestimmungen Anlass geben könnte.

Es bleibt in diesem Falle nichts anders übrig, als den Trockengehalt der Lauge direct zu ermitteln.

Man dampft zu diesem Behufe 10—20 CC. der Lauge zur Trockne ein, hierbei geht das Natronhydrat zum grössten Theile in kohlensaures Natron über; man befeuchtet daher den Rückstand mit reinem kohlensaurem Ammoniak, dampft abermals zur Trockne ein, glüht und wägt schliesslich.

Gesetzt es ergäbe sich ein Gesammtgewicht $= m$; in 20 CC. Normalnatron sind aber 1,060 Grm. kohlensaures Natron, so ist die Grösse der Beimengung $= m - 1{,}060$ für 20 CC., oder $\frac{m - 1{,}06}{20}$ für je 1 CC.

Zur klaren Uebersicht sei es mir gestattet hier eine practisch durchgeführte Extractbestimmung folgen zu lassen.

20 CC. Most wurden mit 9,2 CC. Normallauge eingetrocknet. Das Gewicht des Gesammtextractes g betrug 1,1964. Die hierbei verwendete Natronlauge enthielt blos Chlornatrium. 30 CC. der Lauge gaben nach der Behandlung mit kohlensaurem Ammon und Glühen im Mittel aus drei gut stimmenden Versuchen 1,6815. In 30 CC. sind thatsächlich 1,590 Grm. kohlensaures Natron enthalten, mithin enthält 1 CC. Lauge $\frac{1{,}6815 - 1{,}59}{30} = 0{,}00305$ NaCl + 0,031 NaO; in allem also 0,03405 fixen Rückstand, welcher mit der Anzahl der verbrauchten CC. multiplicirt das n ergibt. $n = 0{,}03405 \times 9{,}2 = 0{,}3134$. Die Gesammtextract-Menge ist aber nach obiger Formel: $E = g + w - n$, es muss daher noch der Werth von w bestimmt werden.

Dieses als abhängig von der Menge der verbrauchten Natronlauge, steht mit derselben in äquivalentem Verhältnisse; also $1000 : 9 = 9{,}2 : w$; $w = 0{,}0828$.

$$E = 5\,(1{,}1964 + 0{,}0828 - 0{,}3134) = 4{,}8290$$

$$E' = 5\left(\frac{1{,}1964 + 0{,}0828 - 0{,}3134}{s = 1{,}01915}\right) = 4{,}7375.$$

Hat man zur Extractbestimmung nicht 20, sondern blos 10 CC. verwendet, so ist obige Formel selbstverständlich nicht fünf-, sondern zehnfach zu nehmen.

Ich lasse hier eine Reihe von Extractbestimmungen folgen:

Tab. I.

Datum.	Specifisches Gewicht des Mostes.	Extract nach Balling.	Directe Extract-Bestimmung.		Anmerkungen.
			a. in 100 Grm.	b. in 100 CC.	
Aug. 1.	1,01878	4,700	—	—	
„ 3.	1,01915	4,775	4,738	4,829	
„ 8.	1,0176	4,375	4,437	4,516	Am 6. war Regenwetter.
„ 11.	1,01938	4,827	4,741	4,833	
„ 17.	1,02792	6,950	5,94	6,115	Vom 16. bis 19. Regenwetter. Die Extractbestimmung vom 17. geschah nach der alten Abdampfmethode.
„ 20.	1,04228	10,447	9,97	10,393	
„ 22.	1,03638	9,019	8,82	9,1497	
„ 24.	1,03522	8,731	8,702	9,0085	
„ 30.	1,05243	12,857	12,53	13,199	
Sept. 2.	1,059588	14,571	14,351	15,2035	
„ 5.	1,06445	14,721	—	—	Vom 5. bis 7. Regen.
„ 8.	1,060878	14,881	—	—	
„ 11.	1,0741	14,943	—	—	
„ 14.	1,076704	18,541	—	—	
„ 17.	1,08629	20,749	—	—	
„ 20.	1,08591	20,657	—	—	
„ 22.	1,090809	21,784	—	—	
„ 23.	1,08944	21,462	—	—	
„ 26.	1,09131	21,899	—	—	
„ 27.	1,08851	21,255	—	—	
„ 28.	1,09102	21,830	—	—	
„ 29.	1,09006	21,600	—	—	
„ 30.	1,0909	21,807	21,793	23,774	

Wie zu ersehen, stimmt also die durch Abdampfung erhaltene Extractmenge ganz gut mit dem dem specifischen Gewichte entsprechenden Extracte. Hieraus geht nothwendigerweise hervor, dass alle diejenigen

Substanzen, die neben dem Zucker im Moste enthalten sind, auf das specifische Gewicht in demselben, oder doch nahezu in demselben Maasse einwirken, wie der Zucker selbst, dass daher selbst in dem Falle, wenn die einzelnen Stoffe in ihrem Mengenverhältnisse wechseln, dieses in dem Gesammtgewicht doch keine solche Veränderung hervorbringt, welche die Grenze der Beobachtungsfehler überschreitet.

Am 1. August war das specifische Gewicht 1,01878, dem entspricht Zucker 4,700, thatsächlich wurden gefunden 0,556. Mithin hatten 4,246 % Nichtzucker dasselbe spec. Gewicht, wie die gleiche Menge Zucker.

Die auf die oben beschriebene Art erhaltenen Extracte bildeten eine spröde, hellgelbe, durchsichtige Masse, die sich vollkommen in Wasser löste. Die Farbe der erhaltenen Lösung war allerdings dunkler, als die des ursprünglichen Mostes, der Zucker in dem Extracte war jedoch intact geblieben. Durch directe Versuche erhielt ich z. B. folgende Werthe.

Am 22. August ergab eine mit 20 CC. Most vorgenommene Bestimmung 4,78 % Zucker. Der Extract wurde nach meiner Methode eingetrocknet und wieder in Wasser gelöst. Eine neuerdings vorgenommene Zuckerbestimmung ergab 4,63 % Zucker.

Am 30. September enthielt der Most $\frac{18,915}{8} = 17,338$; 20 CC. Extract, die nach erfolgter Eindampfung wieder gelöst wurden, zeigten $\frac{18,32}{8}$.

Die Zuckerbestimmung.

Die bekannte Fehling'sche Zuckerprobe ist so allgemein üblich und so vielfach auf ihre Güte erprobt, dass ich kein Bedenken trug, die Bestimmungen nach dieser Methode auszuführen. Jedoch ist im Moste ein so complicirtes Gemenge der verschiedenartigsten Stoffe vorhanden, dass die Endreaction mit genügender Schärfe nicht bestimmt werden kann, so zwar, dass ein halbes Cub.-Centimeter einer halbprocentigen Lösung sich der Beobachtung entzieht.

Die Zuckermenge, die in 0,5 CC. der halbprocentigen Lösung enthalten ist, beträgt 0,0025 Grm. Da zur Fällung des Kupferoxyduls in 10 CC. der Fehling'schen Lösung gerade 10 CC. der halbprocentigen Zuckerlösung nothwendig sind, so kann der Fehler bei je 10 CC. der

Zuckerlösung — falls bei dem Abmessen um 0,5 CC. gefehlt wurde — 2,5 Milligrm. betragen.

Haben wir nun einen Most. der z. B. 20 % Zucker enthält, was hier zu Lande nicht selten der Fall ist, so ist behufs der Titration eine 40fache Verdünnung erforderlich; also etwa 25 CC. Most auf ein Liter. Berechnen wir nun die obigen 2,5 Milligrm. von je 10 CC. auf 1000 CC. des verdünnten, oder 25 CC. des ursprünglichen Mostes, so summirt sich der Fehler bereits auf 0,25 Grm., welcher Fehler auf 100 CC. Most bezogen ein ganzes Procent ausmacht.

Weit günstiger gestaltet sich die Sache bei der gewichtsanalytischen Fehling'schen Zuckerprobe. Auf unseren analytischen Wagen sind wir im Stande, die ganzen Milligramme noch mit Sicherheit zu bestimmen. Wenn wir nun das ausgeschiedene Kupferoxydul auf einem vorher vollständig ausgetrockneten Filter gesammelt, getrocknet und abermals gewogen, den Fehler von zwei Milligrm. begehen, so entspricht dieser Menge Kupferoxydul 0,001 Grm. wasserfreier Traubenzucker; denn 100 Grm. desselben scheiden 198,2 Grm. Kupferoxydul aus.

Wenn wir nun diesen Fehler auf einen 20 % Zucker haltenden Most in der hier angedeuteten Weise berechnen, so ergibt sich hierbei ein Fehler von nur 0,4 %. Wir müssten also um 5 Milligrm. bei dem Abwägen gefehlt haben, um einen so grossen Fehler zu begehen wie jener ist, der bei der volumetrischen Fehling'schen Bestimmung begangen wurde.

Bei zuckerarmen Mosten, wo die Verdünnung das 1—5fache beträgt, wird der Fehler bei der Fehling'schen Titration allerdings weit geringer sein. Da aber die Ungenauigkeits-Gränze sich gleich bleibt und bei kleinen Mengen ebenso gross sein kann, als bei der vollen Belastung der Wage, so folgt daraus, dass bei zuckerarmen Mosten die Titration, bei zuckerreichen hingegen die gewichtsanalytische Methode vorzuziehen sei.

In der jüngsten Zeit bin ich indess auch von der gewichtsanalytischen Fehling'schen Methode abgekommen; das Trocknen der Filter und der Niederschläge ist eine zu zeitraubende und mühsame Arbeit. Ich versuchte daher das ausgeschiedene Kupferoxydul auf maassanalytischem Wege zu bestimmen.

Das titrimetrische Verfahren von Schwarz (Ann. d. Ch. und Ph., Band 92, p. 97), Mohr, 4. Aufl. p. 215 leistete mir hierbei vorzügliche Dienste.

Dieses Verfahren gründet sich bekanntlich auf die Oxydation des

Cu_2O durch Chamäleon. Hat man auf übliche Weise mit einer gegebenen Menge der zuckerhaltigen Flüssigkeit das Cu_2O aus der Fehling'schen Lösung ausgefällt, so decantirt man die überstehende noch blaue Lösung durch ein Filter, wäscht das im Kölbchen zurückgebliebene Kupferoxydul mit heissem Wasser, decantirt abermals und sobald die Flüssigkeit von dem Filter abgetropft ist, wirft man dasselbe in das Kölbchen, gibt eine gehörige Menge Kochsalz und concentrirte chlorfreie Salzsäure zu, verschliesst den Hahn mit einem Krönig'schen Kautschukventil und kocht so lange, bis das Filter vollkommen zerfasert erscheint, was in einigen Minuten erfolgt ist. Man leert nun den Inhalt des Kölbchens in ein Becherglas, verdünnt auf circa 200—250 CC. und titrirt mit der Chamäleonlösung. Hierbei nimmt die farblose Kupferchlorürlösung allmählich eine blaue Farbe an, in welcher mit grosser Schärfe die Endreaction, die violette Nüance, wahrgenommen werden kann. Es handelt sich jetzt darum, den Titer der Chamäleonlösung auf Zucker fest zu stellen. Hierzu dient die Normal-Oxalsäure.

Bekanntlich gibt 1 Aequivalent Chamäleon = 158,11 bei seiner Reduction durch Oxalsäure 5 Aequivalente Sauerstoff ab, mithin genügt $^1/_5$ (= 31,62) Aequivalent Chamäleon um 1 Aequivalent Oxalsäure zu oxydiren.

Lösen wir aber blos $^1/_{50}$ Aequiv. Chamäleon, das ist 3,162 auf 1000 CC., so haben wir hierdurch eigentlich eine Zehntel-Normallösung erhalten, da 100 CC. der Chamäleonlösung genau 10 CC. Normal-Oxalsäure entsprechen. Da aber zur Oxydation von 1 Aequiv. Kleesäure ebensoviel Chamäleon erforderlich ist, als zu der des Kupferoxyduls, so folgt daraus, dass dieselbe Anzahl von Cub.-Centimetern der Chamäleonlösung, die zur Oxydation von 10 CC. Normal-Oxalsäure (welche 0,63 Grm. enthalten) nöthig war, auch erforderlich sein wird, um 0,7136 Grm. Kupferoxydul in Oxyd überzuführen.

Es werden also 100 CC. Chamäleonlösung entsprechen

0,63 Grm Oxalsäure,

0,7136 Grm. Kupferoxydul.

Nun bedürfen aber 5 Aequiv. Kupferoxydul zu ihrer Ausscheidung aus der weinsauren Kupferoxyd-Natronlösung 1 Aequivalent wasserfreien Traubenzucker; es entsprechen also der Menge von 0,7136 Kupferoxydul 0,36 Grm. wasserfreier Traubenzucker nach dem Ansatze 180 : 356,8 = x : 0,7136, wo x = 0,36.

Hundert CC. Chamäleon-Lösung entsprechen daher 0,36 Grm.

Ein « « entspricht « 0,0036 «

wasserfreiem Traubenzucker. Mithin entspricht einem Aequivalent Chamäleon auch ein Aequiv. Traubenzucker, und man hat demgemäss bei der Titration des Kupferoxyduls die Anzahl der verbrauchten CC. mit 0,0036 zu multipliciren und erhält direct den Zuckerwerth. Die Titration verläuft sehr glatt, der Endpunkt ist mit grosser Schärfe nachzuweisen, so zwar, dass sich diese Bestimmung unseren schärfsten maassanalytischen Methoden anreiht.

Um die Grösse der Fehler, die man bei diesem Verfahren begehen kann, zu ermitteln, nehmen wir als Beispiel wie oben einen 20 % Zucker haltenden Most, welcher auf das 40fache, also 25 CC. auf 1000, verdünnt wurde. Zur Ausfällung des Kupfers wendet man 25 CC. der halbprocentigen Lösung an.

Gesetzt nun es habe sich bei einem Parallelversuche eine Differenz von 0,2 CC. ergeben, so entsprechen dem 0,0107 Grm. Zucker, die — auf 100 CC. ursprünglichen Most berechnet — eine Differenz von 0,11 % ausmachen.

Vergleichen wir nun die Fehlergrenzen der einzelnen hier beschriebenen Methoden, so ergeben sich bei einem 20 % Zucker haltenden Moste:

für die maassanalytische Fehling'sche Probe 1 %
« « gewichtsanalytische « « 0,4 «
« « Titration mit Chamäleon . . . . . 0,11 «

Die letzte Methode ist in ihren Angaben daher die genaueste. Aber noch andere wichtige Gründe sprechen zu Gunsten derselben.

Erstens bedarf die Ausführung der Bestimmung nur einer kurzen Zeit. Zweitens ist die Bestimmung zu jeder Tageszeit mit derselben Genauigkeit ausführbar. Man kann den Endpunkt der Titration bei künstlicher Beleuchtung ebensowohl, als wie beim Tageslicht mit genügender Schärfe bestimmen. Drittens ist man an das Bereiten einer genauen — und leider so leicht zersetzbaren — Fehling'schen Lösung nicht gebunden. Bei der Vornahme einer Prüfung mischt man sich eine reine Kupfervitriollösung mit überschüssiger Natronlauge, setzt Weinsäure oder weinsaures Natron zu, alles in dem gehörigen Verhältnisse, dass die Mischung beim Kochen kein Kupferoxydul ausscheidet, und nun fällt man mit der zu prüfenden Zuckerlösung.

Hier möge eine Beleg-Analyse folgen.

2,4416 Grm. durch öfteres Umkrystallisiren aus absolutem Alkohol erhaltene schneeweisse und harte Krystalle von Traubenzucker wurden auf 250 CC. gelöst und je 20 CC. der Lösung zur Bestimmung verwendet. Einem CC. der Chamäleonlösung entsprachen 0,0036 Grm. Traubenzucker. Für 20 CC. Zuckerlösung wurden verwendet, einmal 54,2 CC., ein andermal 54,4 CC., also im Mittel 54,3 CC., das ist 0,19548 Grm. Zucker in 20 CC. = 2,440 Grm. in 250 CC.

II.

Und nun sei es mir gestattet dem Gegenstande meiner Aufgabe näher zu treten, indem ich hier eine Reihe von Beobachtungen folgen lasse, die ich zur Bestimmung des Zuckergehaltes der Trauben in continuirlicher Reihenfolge während der ganzen Entwickelungsperiode der Beeren angestellt habe und aus den Beobachtungen einige Schlussfolgerungen mittheile.

Die Bestimmungen wurden abwechselnd je nach der einen oder andern der oben angeführten Methoden gemacht und mit den Angaben der Klosterneuburger Mostwage (angefertigt durch Capeller jun. in Wien) verglichen. Der Most wurde vor der Fehling'schen Bestimmung mit Bleiessig versetzt, der Niederschlag auf dem Filter wohl mit Wasser ausgewaschen, das Filtrat mittelst kohlensauren Natrons entbleit, abermals filtrirt, der Bleiniederschlag ausgewaschen und nachdem das Gesammtfiltrat auf ein bestimmtes Volumen gebracht war zur Bestimmung verwendet. Es wurden bei der Titration wenigstens zwei Bestimmungen vorgenommen und das Mittel derselben einregistrirt.

Tab. II.

Datum.	Zucker nach Fehling.			Klosterneuburger Mostwage bei 17,5° C.	Differenz zwischen Fehling u. Babo.		Anmerkung.
	a. in 100 Grm.	b. in 100 CC.			a.	b.	
Aug. 1.	0,556	0,5668	(3	—	-	—	Die (1, (2, (3 bezeichnen die hier der Reihe nach erwähnte 1., 2. und 3. Bestimmungs - Methode.
„ 3.	0,53	0,54	(1	—	—	—	
„ 8.	0,467	0,476	(1	—	—	—	
„ 11.	0,68	0,70	(1	—	—	—	
„ 17.	1,99	2,046	(1	—	—	—	
„ 20.	5,02	5,238	(1	9,05	4,03	3,712	
„ 22.	4,40	4,562	(1	8,5	4,1	3,94	
„ 24.	4,12	4,273	(1	8,5	4,38	4,23	
„ 30.	8,797	9,259	(1	11,5	2,703	2,24	
Sept. 2.	10,53	11,16	(1	13,0	2,47	1,84	
„ 5.	10,87	11,574	(1	14	3,13	2,43	
„ 8.	10,56	11,21	(1	13,5	2,49	1,84	
„ 11.	13,3	14,285	(2	16,0	1,715	2,7	

Datum.	Zucker nach Fehling.		Klosterneuburger Mostwage bei 17,5° C.	Differenz zwischen Babo und Fehling.		Anmerkung.
	a. in 100 Grm.	b. in 100 CC.		a.	b.	
Sept. 14.	14,298	15,387 (3	16,55	2,25	1,0	Die (1, (2, (3 bezeichnen die hier der Reihe nach erwähnte 1., 2. und 3. Bestimmungs-Methode.
„ 17.	17,83	18,503 (3	18,05	1,02	— 0,45	
„ 20.	16,473	17,808 (3	18,5	2,03	0,69	
„ 22.	17,579	19,176 (3	19,05	1,47	— 0,13	
„ 23.	17,506	19,072 (3	18,0	0,494	0,57	
„ 26.	18,362	20,035 (3	19,0	0,638	— 1,035	
„ 27.	17,361	18,898 (3	18,55	1,189	0,34	
„ 28.	17,22	18,79 (3	19,05	1,83	0,26	
„ 29.	17,96	19,584 (3	19,0	1,04	— 0,584	
„ 30.	17,338	18,915 (3	19,05	1,71	0,135	

Diese Tabelle belehrt uns vorläufig über drei Dinge. Erstens, dass in 100 CC. Most immer mehr Zucker enthalten ist, als in 100 Grm. desselben Mostes, was in Rücksicht auf das spec. Gewicht des Mostes gar nicht anders zu erwarten ist. Zweitens, vergleicht man die successive Vermehrung des Zuckergehaltes mit jener des Gesammtextractes, so findet man, dass der Zucker sich zuweilen in kurzen Zwischenräumen um mehrere Procente vermehrt, während die relative Nichtzucker-Menge sich kaum merklich verändert hat. So z. B. vermehrte sich der Zucker vom 8. August bis zum 2. September um beinahe 10 % und der Nichtzucker blieb stationär. Die Zuckerangaben dieser Tabelle zusammengehalten mit den entsprechenden Verzeichnungen des Gesammtextractes in der ersten Tabelle ergeben für den Nichtzucker-Gehalt der untersuchten Trauben am 8. August 3,970
11. « 4,06
22. « 4,42
30. « 3,73
2. Sept. 3,82 u. s. w.

Drittens, die Angaben der Klosterneuburger Mostwage stimmen mit der Fehling'schen Probe bei 20 % Gesammtextract nur in dem Sinne überein, dass wir die bezüglichen Angaben als Gramme Zucker in 100 Cub.-Centimeter Most nehmen; auf 100 Grm. bezogen — wie es die Fehling'sche Probe in der That erfordert — wären die Angaben des Instrumentes um reichlich ein Procent zu gross.

Was nun speciell die Babo'sche Mostwage betrifft, so ist dieselbe durch die Erklärung ihres Urhebers eigentlich schon von vornherein gegen jede Kritik gefeit. Nachdem die Wage ausgesprochener Maassen gar nicht den Zweck hat, in ihren Angaben genau zu sein; nachdem ferner die Angaben von 17 % abwärts, wo die Abweichungen bekanntlich immer grösser werden, nur dazu da sind, um dem Praktiker immer vor Augen zu halten, dass das Instrument nicht absolut, sondern nur annähernd richtige Zahlen gibt*), so sind alle Einwendungen, die man gegen die Richtigkeit der Angaben vorbringen könnte, und somit auch alle Kritik selbst a priori beseitigt.

Und dennoch können dieser Wage zwei principielle Einwendungen nicht erspart bleiben.

Der erste Einwand bezieht sich auf die beliebte Zahl von 3, als Durchschnitts Ziffer für Nichtzucker in 20procentigem Moste. Diese Zahl ist offenbar zu tief gegriffen. Eine lange Reihe von Versuchen hat mir die Durchschnittszahl von 4,3 ergeben. Ich kann die Entstehung der Zahl 3 nur erklären, wenn ich annehme, dass bei der Revision der Analysen behufs Feststellung der fraglichen Constante diejenige Zuckermenge mit der Saccharometer-Anzeige verglichen wurde, welche in 100 CC. Most enthalten ist, wie es ja allgemein üblich ist, dass man den Zuckergehalt auf 100 Raumtheile bezogen ausdrückt. — In diesem Falle wird man die Zahl 3 für Nichtzucker in der That gerechtfertigt finden. Das Saccharometer zeigt aber bekanntlich Zucker-Gewichtstheile in 100 Grm. Lösung, wir können daher mit den Angaben des Saccharometers wieder nur diejenige Zuckerquantität vergleichen, welche in 100 Gewichtstheilen enthalten ist und diese ist stets kleiner als die in 100 CC. enthaltene Zuckermenge, deshalb auch die Differenz zwischen Gesammtextract und Zucker grösser ausfallen muss.

Z. B. ein Most, der 20 Gewichtsprocent Gesammtextract enthält, besitzt ein spec. Gewicht von 1,085. Enthält nun derselbe Most in 100 CC. 17 Grm. Zucker und man subtrahirt diese 17 von den obigen 20, so ergeben sich für Nichtzucker allerdings 3.

Aber in 100 Grm. des gegebenen Mostes sind nicht 17, sondern $\frac{17}{1,085} = 15,69$ Grm. Zucker enthalten, daher stellt sich die Menge des Nichtzuckers in 100 Grm. nicht auf 20—17, sondern auf 20—15,69

*) Weinlaube 1875, p. 349.

= 4,31; also genau auf dieselbe Zahl, die ich als Mittelwerth auch bei meinen Mostanalysen (Tab. II.) gefunden habe.

Mein zweiter wichtigerer Einwand bezieht sich auf die Angaben der Grade von 17, resp. 20 abwärts.

Es ist zu bedauern, dass Freiherr v. Babo sich darüber nicht ausgesprochen hat, nach welchem Principe er die Theilstriche von 17 abwärts angebracht hat. Ist die bildliche Darstellung des Verhältnisses zwischen Gesammtextract und Zucker in der Abhandlung (Weinlaube 1869, p. 227) graphisch richtig wiedergegeben, so scheint Hrn. v. Babo bei der Auftragung der Theilstriche ein combinirtes Verhältniss vorgeschwebt zu haben. Für die Hauptposition von 20 % Gesammtextract ist 17 % Zucker angenommen. Das Verhältniss von 20 zu 17 gilt aber eben blos für diese eine Position, für alle übrigen Zahlen nach abwärts zeigt die Scala — wie aus der nebenanstehenden Zeichnung ersichtlich — auf je 6 % Gesammtextract 5 % Zucker. Demgemäss entsprechen

Saccharom. %.	Zucker %.
20	17
19	$16^1/_6$
18	$15^2/_6$
17	$14^3/_6$
16	$13^4/_6$
15	$12^5/_6$
14	12 u. s. w.

Fig. 5.

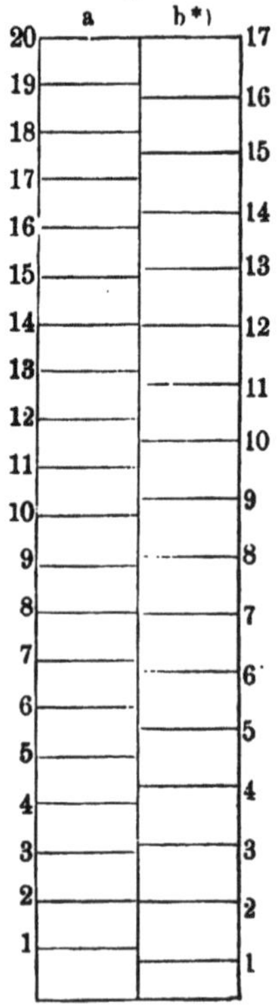

In der Durchführung zeigt sich aber diese Annahme als unhaltbar. Bei dem Theilstriche 2 z. B. fallen die Angaben des Saccharometers mit jenen der Babo'schen Wage zum letztenmale zusammen. Das heisst mit Worten ausgedrückt: die Klosterneuburger Wage erklärt von einem unreifen Traubensaft, welcher Alles in Allem blos 2 % Gesammtextract enthält, dass diese 2 % purer Zucker seien. Ja ein Most von 1 % Gesammtextract enthält nach dieser Wage $1^1/_6$ %

*) a Saccharometer-Procente, b Zuckerprocente nach Babo.

Zucker, also um ein Sechstel mehr als überhaupt Extract vorhanden ist. Hieraus geht hervor, dass die Klosterneuburger Mostwage in den unteren Graden nicht blos an Ungenauigkeit laborirt, sondern sie zeigt geradezu das Gegentheil von dem, was wirklich vorhanden ist; sie zeigt puren Zucker da, wo kaum noch Spuren von Zucker zu entdecken sind.

Ob nun bei der Gradeintheilung das Verhältniss in der angegebenen Weise zu Grunde gelegt wurde oder nicht, soviel scheint jedenfalls gewiss, das Freiherr v. Babo bei der Construction seiner Wage von der Idee ausgegangen ist, dass der Zucker während der Vegetations-Periode der Trauben in einem zu dem Nichtzucker sich gleichbleibenden Verhältnisse sich vermehre, eine Supposition, die sich aus den von der zweiten Tabelle abgeleiteten Schlussfolgerungen und noch mehr aus den hier folgenden Analysen als irrig erweist.

Der Verlauf des Entwicklungsprocesses der Trauben hat sich mir in folgender Weise dargestellt.

Schon im ersten Entwicklungsstadium enthalten die Beeren Zucker, jedoch in so geringen Spuren, dass sein Vorhandensein eben nachgewiesen aber quantitativ nicht bestimmt werden kann. Erst wenn der Extract 4 % überschritten hat*) tritt der Zucker in wägbarer Menge auf und vermehrt sich von da ab rasch, so zu sagen sprungweise, je nachdem die Umstände seine Ausbildung begünstigen, bis zur vollen Reife. Während aber der Zucker in den Beeren sich anhäufte, haben die Nichtzucker-Stoffe kaum einen Fortschritt in ihrer relativen Grösse gemacht. Sie sind bei circa 4 % stationär geblieben.

Die Bestimmung der Säuren ist von Herrn Carl Dussa, Praktikant am Wartha'schen Laboratorium, ausgeführt worden. Es ist also deutlich, dass, während der Zucker von 0,5 bis 17 % sich anhäufte, der Nichtzucker bei circa 4 % stehen geblieben ist. Es braucht wohl kaum erwähnt zu werden, dass der Nichtzucker trotzdem mehr geworden ist. Seine Vermehrung hat aber immer blos 4 % von der jeweiligen Vermehrung des Traubensaftes betragen.

Die Gesammtsäure hat abgenommen. — Diese Abnahme erfolgt aus zwei Ursachen; erstens durch die Verdünnung in der wachsenden Saftmenge der Traube, zweitens vermöge der Abstumpfung durch Alkalien, deren Menge bekanntlich mit zunehmender Reife wächst**).

---

*) Das war bei meinen Versuchen bereits am 1. August der Fall. Siehe Tab. I.

**) Neubauer, Ann. d. Oenol. Band 4, 490.

Tab. III.

Datum.	Extract % nach Balling.	Zucker in 100 Grm. Most.	Differenz.	Gesammtsäure in 100 Grm. Most als Weinsäure.
Aug. 1.	4,700	0,556	4,144	3,38
„ 3.	4,775	0,53	4,245	3,23
„ 8.	4,375	0,467	3,908	3,08
„ 11.	4,827	0,68	4,147	3,12
„ 17.	6,950	1,99	4,960	3,15
„ 20.	10,447	5,02	5,472	2,60
„ 22.	9,019	4,40	4,619	2,82
„ 24.	8,731	4,12	4,611	2,77
„ 30.	12,857	8,797	4,060	2,18
Sept. 2.	14,571	10,53	4,011	1,76
„ 5.	15,721	10,87	4,851	1,78
„ 8.	14,881	10,56	4,321	2,05
„ 11.	17,943	13,30	4,643	1,30
„ 14.	18,541	14,298	4,243	1,25
„ 17.	20,749	16,813	3,936	1,17
„ 20.	20,657	16,473	4,184	1,28
„ 22.	21,784	17,579	4,205	0,94
„ 23.	21,462	17,506	3,956	1,19
„ 26.	21,899	18,362	3,537	0,89
„ 27.	21,255	17,361	3,894	1,02
„ 28.	21,830	17,22	4,610	0,96
„ 29.	21,600	17,96	3,640	0,80
„ 30.	21,807	17,338	4,469	1,01

Mittel 4,289.

Resumiren wir das hier Gesagte, so zeigt die vorliegende Versuchsreihe, dass während der Vegetation bis zur vollen Reife

die Säure weniger wird,
der Nichtzucker verhältnissmässig,
der Zucker aber unverhältnissmässig zunimmt.

Man ist gewohnt, Säure und Zucker im Moste gleichsam als Gegensätze zu betrachten. Ich glaube, dass die Säure zur Zuckerbildung nothwendig ist.

Herr Prof. Neubauer*) hat nämlich in den Blättern und jungen Trieben der Weinrebe das Vorhandensein von Quercitrin nachgewiesen.

*) Neubauer, diese Zeitschr. 12, 42; Ann. d. Oenol. Band 4, 102.

Da nun dieser Körper, wie bekannt, durch Einwirkung verdünnter Säuren in Zucker und Quercetin gespalten wird, so scheint mir die Säure dazu bestimmt, eben diese Spaltung hervor zu bringen, wo dann das eine Spaltungsproduct, der Zucker auf dem Wege der Saftcirculation in die Beeren gelangt, während das Quercetin ausgeschieden wird. In der That hat Prof. Neubauer nach der Lese auch blos das Quercetin in den Blättern und Trieben vorgefunden. Für diese Ansicht spricht unter Anderem noch die Thatsache, dass die unreif abgelösten Trauben nicht wie andere Obstarten nachreifen. Sie sind eben von ihrer Zuckerquelle getrennt.

Doch kommen wir zurück auf unseren Gegenstand.

Die 3. Tabelle zeigt als Mittelwerth für Nichtzucker 4,3 %. Darf man dieser Zahl allgemeinen Werth beilegen? Ich glaube ja. Es wäre freilich gewagt, auf Grundlage einer Versuchsreihe eines Jahrganges, ausgeführt mit einer einzigen Traubengattung eine Cardinalzahl für alle Fälle hinstellen zu wollen. Nachdem es sich aber herausgestellt hat, dass die von Freih. v. Babo angenommene Zahl 3 durch die oben auseinandergesetzte Rectification ebenfalls in 4,3 übergeht; so glaube ich alle jene Versuche, auf denen die Zahl 3 der Klosterneuburger Wage beruht, als ebenso viele Argumente für meine Fundamentalzahl 4,3 in Anspruch nehmen zu dürfen.

Ausserdem liegen mir noch eine Masse von auswärtigen Analysen vor, die alle, von 100 CC. auf ebenso viele Gramm umgerechnet, für Nichtzucker im Extracte ungefähr 4,3 ergeben. Als Beispiele mögen einige derselben hier folgen.

Mostgattung und Jahrgang.	Analysirt und mitgetheilt durch	Zucker in 100 Grm. Most.	Ges.-Extract dem spec. Gewicht entsprechend.	Differenz.	Spec. Gewicht.
Neroberger Riesling 1868	Neubauer Ann. d. Oenol. IV. p. 472	18,06	22,52	4,46	1,094
„ „ 1873	„ „ „ „ „ „ 489	14,678	19,875	4,99	1,0825
„ Traminer I.	„ „ „ „ „ „ „	18,97	23,44	4.47	1,098
„ „ II.	„ „ „ „ „ „ „	18,41	22,75	4,34	1,095
Neroberger Riesling 1870	„ „ „ „ „ „ „	12,04	16,975	4,83	1,0699

u. s. w.

Noch Eines muss hier erwähnt werden, was wir so in der Praxis «volle Reife» der Beeren nennen, hat streng genommen blos relative Bedeutung. Im Allgemeinen versteht man unter Reife den Culminationspunkt der Entwickelung, über welchen hinaus der Verfall und die Abnahme beginnen. Dieser Punkt ist aber nach den Jahrgängen sehr verschieden. In schlechten Jahren beginnt der Rückgang bereits bei 14—16 % Gesammtextract, in guten Jahren erreicht derselbe 24—26 % und darüber.

Wie sich nun die einzelnen Extractstoffe untereinander und zur Saftmenge in dem Stadium der Ueberreife verhalten, dafür glaube ich gibt es noch keine Regeln von allgemeiner Geltung und am wenigsten ist die Mostwage, was immer für eine Construction sie auch habe, das Instrument, welches hierüber Aufschluss zu geben vermöchte.

Ja selbst während der Entwickelung treten oft Schwankungen im Mengenverhältnisse ein. So sehen wir nach einem warmen Regen die Saftmenge plötzlich vermehrt, während Extract und Zucker mit der Saftzunahme nicht gleichen Schritt gehalten haben und eine relative Abnahme, d. h. eine Abnahme im procentischen Verhältnisse constatiren lassen. Vor der Reife sind indess solche Störungen in 2—3 Tagen gewöhnlich wieder ausgeglichen. Nach überschrittener Reife hingegen bilden sie die Etappen zur Vernichtung.

Aus dem bisher Gesagten ergibt es sich von selbst, wie eine Mostwage construirt sein müsste, welche nicht nur bei Most von reifen Beeren, sondern in allen Stadien der Entwickelung annähernd richtig den Zuckergehalt angibt und bei welcher auf den constanten Nichtzucker-Gehalt möglichste Rücksicht genommen ist.

Als das Einfachste scheint sich wohl der Weg zu empfehlen, dass wir bei Mostuntersuchungen ein Balling'sches Saccharometer zur Hand nehmen und von der jeweiligen Angabe ohne Umstände 4,3 % auf Nichtzucker in Abzug bringen.

Balling hat aber bei der Construction seines Saccharometers Lösungen von reinem Rohrzucker angewendet, und im Moste ist Invertzucker enthalten. Wollen wir also das Balling'sche Saccharometer zur Bestimmung des Zuckers im Moste benutzen, so müssen wir uns zuerst die Ueberzeugung verschafft haben, dass das spec. Gewicht des im Moste enthaltenen Invertzuckers jenem des Rohrzuckers vollkommen gleich ist. Nun haben Pohl und neuerlich Hoppe-Seyler*) nachgewiesen, dass der Traubenzucker um ein Beträchtliches schwerer ist als Rohrzucker. —

*) Diese Zeitschrift 14, 305.

Eine 26,0366 Procent Traubenzucker enthaltende Lösung hatte ein spec. Gewicht von 1,115665. Diesem aber entspricht nach Balling ein Gehalt von über 27 % Rohrzucker. — In dem Invertzucker sind rechts- und linksdrehende Zuckerarten in äquivalenten Antheilen gemengt. Das spec. Gewicht des Invertzuckers wird daher nur in dem Falle jenem des Rohrzuckers gleich sein, wenn das Mengenverhältniss der spec. schwereren und leichteren Zuckerarten eine Ausgleichung der Differenzen bedingt.

Ob nun dieses günstige Mischungsverhältniss im Moste thatsächlich vorhanden sei, dafür stehen mir leider directe Versuche nicht zu Gebote. Aber Thatsache ist, dass bei meinen Versuchen die Zuckerangaben des Balling'schen Saccharometers ohne Ausnahme mit den Resultaten der directen Analysen vollkommen übereinstimmten.

Die Benutzung des Balling'schen Saccharometers zur Zuckerbestimmung im Moste hat indess die Unbequemlichkeit, dass dasselbe Gramme Zucker in 100 Gramm Lösung angibt, während beim Moste die Gewohnheit sich eingebürgert hat, dass man Gramme Zucker in 100 CC. Most bestimmt.

Es empfehlen sich hier zwei Wege. Entweder man rechnet die Balling'sche Tabelle auf 100 CC. um, indem man von den Saccharometer-Procenten vorerst 4,3 für Nichtzucker abzieht und den Rest mit dem spec. Gewichte multiplicirt. Z. B. am 30. September war das specifische Gewicht des Mostes 1,0909, diesem entspricht nach Balling eine Extractmenge von 21,807 Grm. in 100 Grm. Most. Ziehen wir nun hiervon 4,3 ab, so bleiben als Zucker 17,507, diese mit 1,0909 multiplicirt ergeben auf 100 CC. 19,098 Grm. Zucker. Die directe Bestimmung ergab 18,915 Gramm.

Oder aber — und dieser Weg scheint der bequemere — man verzeichnet gleich auf der Scala von Grad zu Grad das dem Moste entsprechende specifische Gewicht. Man braucht dann nur je zwei der nebeneinander stehenden Zahlen miteinander zu multipliciren, um die Menge der Zuckergramme für 100 CC. zu erhalten.

Versuchsweise habe ich bei dem hiesigen Glaskünstler Herrn Louis Claude eine in der angedeuteten Weise construirte Mostwage anfertigen lassen. Die Constante von 4,3 für Nichtzucker ist von den Balling'schen Saccharometer-Angaben in Abzug gebracht. Die Scala hat also ihren Nullpunkt da, wo jenes Instrument 4,3 % Extract zeigt. Enthält daher ein Most z. B. 19,3 % Gesammtextract, so sinkt mein Instrument bis zum 15. Theilstriche ein. Neben dieser Zahl findet sich aber das spec. Gewicht für 19,3 % Gesammtextract verzeichnet. Man braucht daher dieses letztere blos mit 15 zu multipliciren und man hat die Anzahl der Zuckergramme, die in 100 Raumtheilen Most enthalten sind.

Die Einrichtung der Scala ist hier veranschaulicht.

Gesammt-Extract.	Dem entsprechende Zucker-procente.	Spec. Gewicht des Mostes.	Gesammt-Extract.	Dem entsprechende Zucker-procente.	Gesammt-Extract.
4,3	0	1,0172	17,3	13	1,0718
5,3	1	1,0212	18,3	14	1,0757
6,3	2	1,0253	19,3	15	1,0800
7,3	3	1,0294	20,3	16	1,0844
8,3	4	1,0335	21,3	17	1,0887
9,3	5	1,0376	22,3	18	1,0930
10,3	6	1,0417	23,3	19	1,0975
11,3	7	1,0459	24,3	20	1,1017
12,3	8	1,0501	25,3	21	1,1060
13,3	9	1,0543	26,3	22	1,1103
14,3	10	1,0585	27,3	23	1,1146
15,3	11	1,0627	28,3	24	1,1189
16,3	12	1,0670	29,3	25	1,1232

Die erste Columne ist bei der Scala des Instrumentes weggelassen.

Ich hoffe, dass diese Wage ihrem Zwecke entsprechen wird, halte es aber nichts desto weniger für wünschenswerth, dass dieselbe von Fachgenossen unter möglichst verschiedenen Umständen noch des Weiteren erprobt werden möge.

Ich schliesse diese Zeilen, indem ich die angenehme Pflicht erfülle dem Herrn Professor Dr. Wartha meinen aufrichtig gefühlten Dank auszusprechen für die vielfache Unterstützung, die er mir zur Förderung dieser Arbeit in edelmüthiger Weise angedeihen liess.

Budapest, den 15. März 1876.

Nachtrag.

Soeben gelangte ich in den Besitz eines Vortrages, welchen Herr Prof. Moritz Preysz im Jahre 1862 in der Versammlung des Hegyalyáer Weinproducentenvereines gehalten hat und der in Sárospasak im Drucke erschienen ist. In dem in vieler Beziehung höchst interessanten Vortrage schlägt Prof. Preysz eine Mostwage vor, welche mit vollem

Rechte als Prototyp der um 7 Jahre später erschienenen Babo'schen Mostwage angesehen werden kann. Das Balling'sche Saccharometer ist dort wie hier zu Grunde gelegt. Für Nichtzucker schlägt Prof. Preysz vor, bei

20 — 25 %	Gesammtextract	3 %
25 — 30 «	«	3,5 «
über 30 «	«	4,0 «

in Abzug zu bringen. Der Glaskünstler Herr Louis Claude hat solche Mostwagen seiner Zeit auch construirt und die Abzüge derart indicirt, dass er neben den Saccharometerprocenten die entsprechenden Zuckerprocente mittelst rother Striche andeutete.

Budapest, den 22. April 1876.

Ueber die Anwendbarkeit des Azotometers zur Bestimmung des in humusreichen Bodenarten enthaltenen Ammoniaks.

Von

Dr. A. Pagel.

Das Azotometer in der von Knop und Wagner angegebenen Gestalt ist ein Instrument, durch welches sich der Gehalt von Ammoniakverbindungen an Stickstoff mit absoluter Schärfe auf das Sicherste bestimmen lässt, wenn es sich in der betreffenden Substanz nur um reine Ammoniakverbindungen handelt. Eine andere Frage ist es aber, ob nicht durch die Gegenwart anderer Substanzen die erhaltenen Resultate getrübt werden können.

Es ist z. B. bekannt, dass organische Säuren, wie die Pyrogallussäure, in alkalischer Lösung Sauerstoff lebhaft absorbiren; das Azotometer würde nun zur Bestimmung des Stickstoffs in pyrogallussaurem Ammonium ungeeignet sein; zwar würde sich der Stickstoffgehalt dieses Salzes, durch die Einwirkung der bromirten Lauge, in Gasform, wie aus andern Ammoniumsalzen, entwickeln, aber die Volumenvermehrung würde keinen richtigen Ausdruck für den Stickstoffgehalt abgeben, weil gleichzeitig der Sauerstoff der in dem Azotometer enthaltenen atmosphärischen Luft von der alkalischen Lösung der Pyrogallussäure absorbirt werden und damit in derselben Zeit eine Volumenverminderung eintreten würde.

Der Zweck der nachstehenden Versuche besteht darin, nachzuweisen, ob die in dem Boden enthaltenen Humusverbindungen, deren hohes Absorptionsvermögen für Sauerstoff allgemein bekannt ist, sich der Pyrogallussäure ähnlich verhalten. Wäre dieses der Fall, so dürfte man das Azotometer nur mit Vorsicht zur Bestimmung des Ammoniaks in Bodenarten anwenden. Zu den Versuchen wurden hauptsächlich Moorbodenarten verwendet, da das Azotometer, gelegentlich einer Untersuchung über die Umwandlungen des Ammoniaks in Moorboden, zur Bestimmung des Ammoniaks gebraucht werden sollte.

Zunächst wurde zur eignen Controle, sowie auch zur Bestimmung der Absorption des anfangs entwickelten Stickstoffs durch die Flüssigkeiten in dem Entwicklungsgefässe und der graduirten Röhre in bestimmten Zeiträumen chemisch reines schwefelsaures Ammoniak untersucht.

I. 2 Grm. chemisch reines schwefelsaures Ammoniak in 200 CC. Wasser gelöst.

1) 20 CC. = 0,2 Grm. Substanz lieferten nach 15 Minuten langem Stehen:

bei einem Barometerstand von (b) . . . = 754^{mm},
bei einer Temperatur von (t) . . . . = 17^0 C.,
eine Gasvolumenzunahme von (r) . . . = 35,8 CC.
Nach der Absorptionstabelle von Dietrich sind hinzuzunehmen pro 70 CC. Entwicklungsflüssigkeit (corr. v) = 1,08 CC.

sodass sich ergibt ein Gesammtvolumen
(Ges. v) = 36,88 CC. × 1,15118
= 42,455 Mgrm. Stickstoff,
= **21,23 % Stickstoff.**

2) Eine zweite Bestimmung ergab genau dasselbe Resultat. Die Berechnung erfordert für $(NH_4)_2SO_4$ 21,21 % Stickstoff.

3) Nach halbstündigem Stehen ergab die Ablesung:

b = 754 ^{mm},
t = 18^0 C.,
v = 35,8 CC.,
corr. v = 1,08 CC.

Ges. v = 36,88 CC. × 1,14576
= 42,255 Mgrm. Stickstoff,
= **21,13 % Stickstoff.**

4) Nach einstündigem Stehen:

$$\begin{aligned} b &= 754^{mm}, \\ t &= 18^0\ C., \\ v &= 35,8\ CC., \\ \text{corr. } v &= 1,08\ CC. \\ \hline \text{Ges. } v &= 36,88\ CC.; \end{aligned}$$

also war eine weitere Absorption nicht eingetreten.

5) Nach drei Stunden:

$$\begin{aligned} b &= 756^{mm}, \\ t &= 18^0\ C., \\ v &= 35,6\ CC., \\ \text{corr. } v &= 1,07\ CC. \\ \hline \text{Ges. } v &= 36,67\ CC. \times 1,14886 = 42,128\ \text{Mgrm.} \\ &= 21,06\ \%\ N. \end{aligned}$$

6) Nach zwanzig Stunden:

$$\begin{aligned} b &= 766^{mm}, \\ t &= 15^0\ C., \\ v &= 32,0\ CC., \\ \text{corr. } v &= 0,97\ CC. \\ \hline \text{Ges. } v &= 32,97\ CC. \times 1,18067 = 38,926\ \text{Mgrm.} \\ &= 19,46\ \%\ N. \end{aligned}$$

Die Resultate 1) und 2) zeigen, dass das Azotometer beim reinen schwefelsauren Ammoniak fast absolut richtige Resultate gibt; 3) und 4) ergeben nach halbstündigem und einstündigem Stehen eine sehr geringe Absorption von nur 0,1 %, 5) nach drei Stunden eine Absorption von nicht ganz 0,2 %, und 6) nach zwanzig Stunden eine Absorption von 1,77 %.

II. Von einem Moorboden, der zum Zwecke der Aufschliessung von Phosphorit mit diesem und schwefelsaurem Ammoniak gemischt war, wurden 5 Gramm in den Cylinder des Entwicklungsgefässes gebracht und mit so viel Wasser übergossen, dass Substanz und Wasser ein Volumen von etwa 10 CC. einnahmen. Die Flüssigkeit im graduirten Cylinder wurde auf 10 CC. eingestellt, im Uebrigen wie gewöhnlich verfahren.

Als das Entwicklungsgefäss nach dem Schütteln, wobei eine sehr merkbare Temperaturerhöhung eingetreten war, 15 Minuten im Kühlgefässe gestanden hatte, ergab die Ablesung:

1) b = 760mm,
t = 15° C.,
Volumenzunahme v = 19,8 CC. (abgelesen 29,8 CC.),
corr. v = 0,53 CC.
Ges. v = 20,33 CC. × 1,17127 = 23,8119 Mgrm.
= 0,476 % N war*)
demnach in Form von Ammoniak vorhanden gewesen.

2) Nach einer Stunde:
b = 760mm,
t = 17° C.,
Volumenzunahme v = 18,4 CC. (abgelesen 28,4 CC.),
corr. v = 0,49 CC.
Ges. v = 18,89 CC. × 1,16052 = 21,9222 Mgrm.
= 0,438 % N als NH_3.

3) Nach drei Stunden:
b = 760mm,
t = 20° C.,
Volumenzunahme v = 18,9 CC. (abgelesen 28,9 CC.),
corr. v = 0,5 CC.
Ges. v = 19,4 CC. × 1,14408 = 22,195 Mgrm.
= 0,444 % N als NH_3.

Durch Kochen mit Magnesia usta wurden durch Doppelbestimmung gefunden 0,509 % N als NH_3; das Azotometer gibt demnach etwas zu wenig Stickstoff an. Nach einer und drei Stunden hatte eine geringe Absorption stattgefunden.

III. Zu einem dritten Versuche wurde eine ähnliche Bodenmischung angewandt, die aber viel weniger Ammoniak enthielt. Angewandt wurden wieder 5 Gramm, verfahren wie bei II. Die Ablesung ergab:

1) nach 15 Minuten:
b = 760mm,
t = 20° C.,
Volumenzunahme v = 2,5 CC. (abgelesen 12,5 CC.),
corr. v = 0,09 CC.
Ges. v = 2,59 CC. × 1,14408 = 2,963 Mgrm.
= 0,059 % N als NH_3*).

Durch Kochen mit Magnesia usta gefunden 0,065 % N als NH_3.

*) 15 Minuten waren vielleicht zur Abkühlung des Gases auf die Ablesungstemperatur des äusseren Gefässes nicht ausreichend, daher denn bis zu einer Stunde noch eine Volumenverminderung, darüber aber nicht mehr, eintrat.

2) Nach **einer** Stunde:

b = 760^{mm},

t = 20^{0} C.,

Volumenzunahme v = 1,8 CC. (abgelesen 11,8 CC.),

corr. v = 0,07 CC.

Ges. v = 1,87 CC. × 1,14408 = 2,129 Mgrm.

= 0,043 % N als Ammoniak.

IV. Von einem Moorboden (im lufttrocknen, gepulverten Zustande, ohne Zusatz eines Salzes) wurden 5 Grm. ins Azotometer gebracht und mit Bromlauge wie gewöhnlich geschüttelt.

1) Nach 15 **Minuten** langem Stehen ergab die Ablesung:

b = 760^{mm},

t = 20^{0} C.,

Volumenzunahme v = 1,5 CC. (abgelesen 11,5 CC.),

corr. v = 0,07 CC.

Ges. v = 1,57 CC. × 1,14408 = 1,796 Mgrm.

= 0,036 % N als Ammoniak.

0,036 % N als Ammoniak wurden auch durch Kochen mit gebrannter Magnesia gefunden.

2) Nach **halbstündigem** Stehen:

b = 760^{mm},

t = 20^{0} C.,

Volumenzunahme v = 0,5 CC. (abgelesen 10,5 CC.)

3) Nach **einer Stunde**:

b = 760^{mm},

t = 20^{0} C.,

Vol.-**Abnahme** — v = 0,4 CC. (abgelesen 9,6 CC.)

4) Nach **zwei Stunden**:

b = 760^{mm},

t = 21^{0} C.,

Volumenabnahme — v = 1,2 CC. (abgelesen 8,8 CC.).

5) Nach 16 **Stunden**:

b = 762^{mm},

t = 18^{0} C.,

Volumenabnahme — v = 8,0 CC. (abgelesen 2,0 CC.).

Bei dieser Versuchsreihe ergibt sich das auffallende Resultat, dass ein Theil des Gasgemenges absorbirt wird; und zwar kann es hier keine einfache Absorption von Luft durch das Wasser in der graduirten Röhre sein, wie es wohl bei längerem Stehen der Lösung des schwefelsauren Ammoniaks der Fall sein mochte (vgl. die Versuchsreihe I.), sondern es ist augenscheinlich, dass die Bromlauge Umsetzungen in dem humosen Boden hervorgerufen hat, durch welche eine Volumenverminderung in Folge der Absorption von Sauerstoff eintrat.

V. Noch auffallender zeigte sich diese Absorption bei einer andern lufttrockenen Moorprobe, die einer etwas tieferen Schicht entnommen war als diejenige in IV.

5 Grm. Substanz wie gewöhnlich im Azotometer geschüttelt zeigten

1) nach 15 Minuten:

$$b = 764^{mm},$$
$$t = 16^0 \text{ C.},$$

Volumenabnahme — $v = 1{,}7$ CC. (abgelesen 8,3 CC.).

Beim Kochen mit Magnesia usta ergab sich, dass in der Probe 0,014 % N als Ammoniak enthalten waren.

2) Nach einer Stunde ergab die Ablesung:

$$b = 764^{mm},$$
$$t = 16^0 \text{ C.},$$

Volumenabnahme — $v = 3{,}1$ CC. (abgelesen 6,9 CC.).

3) Nach 4 Stunden:

$$b = 762^{mm},$$
$$t = 18^0 \text{ C.},$$

Volumenabnahme — $v = 4{,}4$ CC. (abgelesen 5,6 CC.).

VI. Von derselben Probe (wie die in V. angewandte) wurden 10 Grm. mit Magnesia usta ausgekocht, so dass sämmtlicher als Ammoniak vorhandener Stickstoff ausgetrieben werden musste, und dann der grössere Theil (entsprechend ca. 6—7 Grm. ursprünglicher Substanz) ins Azotometer gebracht und mit Bromlauge geschüttelt, nachdem wie gewöhnlich auf 10 CC. eingestellt war. Schon nach 5 Minuten war eine Volumenverminderung von 2,2 CC. eingetreten, die sich in 15 Minuten auf 3,3 CC. steigerte. Jedenfalls ist diese so schnelle Absorption dadurch zu erklären, dass durch das Kochen die Substanz aufgelockert und daher um so leichter angreifbar geworden war.

VII. Diese letzten Versuche beweisen unzweifelhaft, dass das Azotometer bei Moorboden (überhaupt humusreichen Bodenarten) zur Bestimmung des ammoniakalischen Stickstoffs durchaus nicht anwendbar ist. Bei andern Bodenarten kann es vielleicht ohne Bedenken benutzt werden; wenigstens ergaben zwei Versuche mit einer Erdprobe, die einmal (a) etwas zugemischtes schwefelsaures Ammoniak enthielt, das andere Mal (b) sich in rohem Zustande befand, Resultate, welche mit den durch Kochen mit Magnesia usta erhaltenen vollkommen übereinstimmten:

a) Angewandte Substanz = 5 Grm. Niveau des Wassers in der graduirten Röhre wieder auf 10 CC. eingestellt. Nach 15 Minuten wurde abgelesen:

$b = 748^{mm}$,

$t = 14^0$ C.,

Volumenzunahme $v = 4{,}8$ CC. (abgelesen 14,8 CC.),

corr. $v = 0{,}15$ CC.

Ges. $v = 4{,}95$ CC. $\times$ 1,15774 = 5,7308 Mgrm. Stickstoff.

= 0,115 % N als Ammoniak.

Durch Magnesia usta gefunden: 0,119 % N.

b) 5 Grm. Substanz ergaben nach 15 Minuten:

$b = 744^{mm}$,

$t = 17^0$ C.,

Volumenzunahme $v = 0{,}8$ CC. (abgelesen 10,8 CC.),

corr. $v = 0{,}05$ CC.

Ges. $v = 0{,}85$ CC. $\times$ 1,13562 = 0,9653 Mgrm. Stickstoff.

= 0,019 % N als Ammoniak.

Durch Magnesia usta gefunden: 0,017 % N.

Diese Versuche möchten genügen, um darzuthun, dass das Azotometer einerseits sehr genaue, andererseits aber wieder ganz falsche Resultate geben kann. Bei ganz reinen Ammoniaksalzen ist die Stickstoffbestimmung mit dem Azotometer jeder andern vorzuziehen, weil sie, bei ihrer leichten Ausführbarkeit, sehr scharfe Resultate liefert. Dagegen ist die Anwendung des Azotometers zur Bestimmung des Ammoniakgehaltes von humosen und namentlich Moor-Bodenarten direct zu verwerfen, weil hier voraussichtlich die oben bewiesene Absorption von Sauerstoff durch die organischen Substanzen des Bodens häufig eintreten und das Resultat der Bestimmung zu niedrig ausfallen lassen wird. Inwiefern eine Vorsicht bei dem Gebrauch des Azotometers auch bei humusärmeren Bodenarten gerathen ist, mag dahingestellt bleiben; in vielen Fällen wird das Instrument gewiss richtige Resultate geben, für andere Fälle ist aber die Möglichkeit nicht von der Hand zu weisen, dass es zu niedrige Zahlen liefern kann.

Nachträglich mag noch bemerkt werden, dass das Azotometer bei der Untersuchung von schwefelsaurem Ammoniak, welches durch stickstoffhaltige Destillationsproducte verunreinigt war, höhere Zahlen gab als die Verbrennung mit Natronkalk; besonders bei längerem Stehen trat die Volumenvermehrung ein. Möglicherweise hat die Bromlauge hier auch den in den Verunreinigungen enthaltenen Stickstoff frei gemacht, während derselbe bei der Verbrennung mit Natronkalk nicht in Form von Ammoniak entwickelt wurde und daher verloren ging. —

Laboratorium der Versuchs-Station Halle a. d. S., 25. April 1876.

Ueber das Aufschliessen von Silicaten.

Von

C. Stöckmann.

Das Aufschliessen von Silicaten ist eine Arbeit, die sich fast in jedem analytischen Laboratorium täglich wiederholt. So einfach diese Operation nun auch ist, so lästig ist im Allgemeinen doch das Herausbringen des geschmolzenen Kuchens aus dem Tiegel. In den Lehrbüchern findet man wohl allgemein die Regel angegeben, den noch heissen Tiegel auf eine kalte Eisenplatte zu stellen und mündlich wird den Studirenden gewöhnlich die Regel ertheilt, den noch heissen Tiegel in ein Gefäss mit heissem Wasser zu tauchen. Die erste Regel versagt häufig und die letzte ist mit grosser Gefahr für den Platintiegel verknüpft, deshalb findet man dieselbe auch nirgendwo gedruckt, sondern sie scheint sich nur durch mündliche Ueberlieferung fortzupflanzen. Es gibt Platintiegel, welche die Procedur des Wasserabkühlens vollständig aushalten, ohne auch nur die geringste Beschädigung zu erleiden; ich habe aber auch gesehen, wie einem Chemiker der Tiegelboden vollständig diametral riss, von einem Ende des Bodens bis zum andern, während ein zweiter bei dieser plötzlichen Abkühlung ebenfalls einen, wenn auch nur kleinen Riss bekam. Beide Tiegel waren natürlich unbrauchbar geworden. Der erste Tiegel war nota bene höchstens 8 Tage im Gebrauch.

Ich werde nun im Folgenden ein Verfahren mittheilen, welches niemals versagt und für den Tiegel absolut ungefährlich ist.

Was zunächst den Tiegel anbetrifft, in welchem der Aufschluss gemacht werden soll, so bemerke ich, dass man zweckmässig dafür sorgt, dass derselbe so viel wie möglich frei von Beulen ist; sind welche vorhanden, so klopfe man dieselben auf irgend eine Weise heraus, am besten über einer Form. Uebrigens schützt man den Tiegel vor Beulen, wenn man das in den Lehrbüchern häufig angegebene Drücken, Biegen und Aufstossen des Tiegels ganz und gar unterlässt; es ist das ein vollständig verkehrtes Verfahren. Die Form des Tiegels wähle man nicht zu hoch und zu schmal. Die Dimensionen meines Tiegels sind folgende: Höhe 38^{mm}; oberer Durchmesser 38^{mm}; Durchmesser des Bodens 21^{mm}. Diese Dimensionen sollen indess nicht maassgebend sein, denn in einem Tiegel von viel schmalerer Form (41 : 33 : 19) schliesst sich auch ganz gut auf; nur ist die breitere Form wegen des späteren Umkippens des geschmolzenen Kuchens bequemer.

Die aufzuschliessende Substanz wird nun in einem solchen Tiegel mit der $2^1/_2$—3fachen Menge kohlensauren Kali-Natrons gemengt und auf dieses Gemenge noch eine schwache Decke desselben Aufschliessungsmittels gestreut. Darauf wird der Tiegel bedeckt und über einer Lampe geglüht. Ich benutze hierzu die von mir in dieser Zeitschrift *) beschriebene Lampe.

Zuerst wird nur der Boden des Tiegels geglüht und zwar so stark und so lange, bis die Massen in's Schmelzen gerathen und die heftigste Reaction vorüber ist; alsdann gibt man volle kräftige Hitze, bis zum fertigen Aufschluss. Nun dreht man die Flamme aus und lässt den Tiegel vollständig erkalten. Jetzt beginnt die eigentliche Arbeit, den Kuchen aus dem Tiegel herauszubringen: dieselbe ist nun höchst einfacher Natur; sie besteht nämlich nur darin, dass wir die Flamme wieder anzünden und den Tiegel wieder erhitzen; diese Erhitzung dauert aber nur so lange, **bis der Rand des Kuchens im Tiegel anfängt zu schmelzen,** alsdann wird die Flamme wieder ausgedreht und der Tiegel bis zum vollständigen Erkalten stehen gelassen. Dieses zweite Erhitzen geschieht bei offenem Tiegel um besser beobachten zu können, auch braucht man nicht ängstlich zu sein, dass man die Erhitzung des Kuchens etwa zu weit triebe; die Grenzen sind nicht sehr enge gesteckt. Wollte man jetzt den Tiegel durch leises Drücken, Biegen und Aufstossen maltraitiren, so würde der Kuchen losspringen, es gibt aber ein viel einfacheres und ungefährlicheres Mittel diesen Zweck zu erreichen. Man füllt mit der Spritzflasche so viel Wasser in den Tiegel, dass der Kuchen gut bedeckt ist, dann erwärmt man eben durch Unterhalten der Flamme **und sofort löst sich der Kuchen los.**

---

*) Diese Zeitschrift **13**, 27.

Drückt man nun mit einem Glasstab auf den Rand des Kuchens, so kann man denselben im Tiegel umwerfen und in eine Porcellanschale schütten. Hier wird er so lange mit Wasser erwärmt, bis er vollständig zergangen ist und dann mit Salzsäure in bekannter Weise gelöst. Den Tiegel reinigt man mit etwas Wasser und Salzsäure und spült ihn in die Porcellanschale aus.

In der eben beschriebenen Weise werden seit einiger Zeit im hiesigen Laboratorium sämmtliche Aufschlüsse behandelt und bis jetzt hat die Methode noch kein einziges Mal versagt; und zwar sind sowohl Aufschlüsse gemacht worden von Roheisen-Rückständen wie von Eisenerzen und feuerfesten Thonen. Es gelingt sogar häufig, dass der Kuchen im Tiegel vollständig los liegt und direct in die Porcellanschale geschüttet werden kann.

Ich bemerke noch, dass es sich beim Aufschliessen im Allgemeinen empfiehlt, eine kleine Messerspitze voll Salpeter beim Mischen auf die Decke von kohlensaurem Kali-Natron zu werfen; der Tiegel bleibt dadurch im Innern immer blank, ohne dass derselbe übrigens angegriffen wird. Namentlich verhütet man dadurch auch etwaige Eisenplatinlegirungen.

Hütte Phönix bei Ruhrort, den 3. März 1876.

Ein zweckmässiger Schwefelwasserstoff-Entwickelungs-Apparat.

Von

Dr. Clemens Winkler,
Professor an der K. S. Bergacademie Freiberg.

(Hierzu Fig. 1 auf Taf. V).

Die Annehmlichkeiten eines dichtschliessenden, selbstthätigen und dabei lange wirksam bleibenden Schwefelwasserstoff-Entwickelungs-Apparates sind so grosse, dass es gerechtfertigt erscheint, Mittheilung über die Einrichtung eines solchen zu machen, wie sie sich seit Jahresfrist in tadelloser Weise bewährt hat. Die Construction dieses Apparates ähnelt der von Brugnatelli angegebenen,*) doch ist das Säuregefäss feststehend, die bald undicht werdenden Kautschukverschlüsse sind vermieden und sämmtliche Gefässe aus starkem Bleiblech hergestellt und mit reinem Blei

*) Fresenius, Anleit. z. qual. Analyse 14. Aufl. 57.

verlöthet. Die Rohrleitungen bestehen ebenfalls aus Blei und sind mit Hülfe von Flantschen angesetzt.

Der Apparat setzt sich im Wesentlichen aus drei Gefässen zusammen. Der an beiden Enden konisch verjüngte Cylinder A dient zur Aufnahme des Schwefeleisens, welches in hasel- bis wallnussgrossen Stücken auf den darin befindlichen falschen Bleiboden zu liegen kommt. Die anfängliche Füllung beträgt 10 bis 15 Kilogr. und wird zeitweilig durch Nachtragen ergänzt. Den Verschluss der Eintragsöffnung bewerkstelligt man durch eine starke Kautschukscheibe, gegen welche mit Hülfe einer Schraube eine eiserne Platte fest angedrückt wird.

An die obere Verjüngung dieses Cylinders ist seitlich ein horizontal abgebogenes Bleirohr angelöthet, welches zwei Messinghähne trägt. Der eine, grössere derselben, a, ist der Haupthahn, durch welchen die Ableitung des Gases nach dem Raum erfolgt, in welchem es verbraucht wird und wo dessen Vertheilung durch eine Anzahl kleiner Hähne bewirkt werden kann, an welche die Waschflaschen angesetzt sind. Durch entsprechendes Oeffnen des Haupthahnes a kann man den Gasabfluss dem Gesammtbedarf angemessen regeln, gleichzeitig aber einer Gasverschwendung, wie sie in Laboratorien so oft vorkommt, vorbeugen. Der Hahn b ist ein einfacher Fehlhahn, welcher nur beim Füllen und Entleeren des Apparates geöffnet zu werden braucht. Es ist selbstverständlich, dass die Hähne gut eingeschliffen sein und dass sie zeitweilig gefettet werden müssen, damit sie vollkommen dicht halten, denn das in A befindliche Gas steht stetig unter dem Drucke der Flüssigkeit. Sie allein vermögen bei mangelhafter Beschaffenheit Gasverluste herbeizuführen; im Uebrigen sind solche unmöglich, da die Eintragsöffnung durch die aufgeschraubte, mit Kautschuk geliederte Eisenscheibe hermetisch verschlossen ist und die Löthnaht absolut dicht hält.

Der Cylinder A, der einschliesslich seiner Füllung ein beträchtliches Gewicht besitzt, wird von einem eisernen Bock getragen, welcher mit seinen Füssen auf dem Rande des Säuregefässes B aufruht. Die Rohrverbindung zwischen beiden erfolgt durch eiserne Flantschen mit Schrauben und Kautschukring und es braucht dieselbe selten oder nie gelöst zu werden. Der am Boden des Gefässes B angelöthete gekrümmte Rohrstutzen c dient zum Ablassen der Salzlösung und ist durch einen Kautschukschlauch mit eisernem Schraubenquetschhahn verschlossen. Früher wurde ein Hahn aus Hartblei verwendet, der aber abgeworfen werden musste, weil er bald undicht wurde und weil er die Anwendung von verdünnter Schwefelsäure zur Entwickelung des Schwefelwasserstoffgases nöthig machte; es ist diese aber bei Weitem nicht so zweckmässig, als diejenige von Salzsäure und hat ausserdem, namentlich im Winter, leicht das Auskrystallisiren von Vitriol und damit das Verstopfen der Rohrleitungen zur Folge.

In gleichem Niveau mit dem Siebboden des Cylinders A befindet sich das Gefäss C, welches als zweites Säurereservoir dient. Dasselbe steht durch ein Bleirohr mit Flantschenverbindung mit B in Communication. Anfänglich war in der Mitte dieses Rohrs ebenfalls ein Hartbleihahn angebracht, um, nach erfolgtem Zurücksteigen der Säure, den Druck nach A aufheben zu können; aus den erwähnten Gründen musste derselbe jedoch später durch einen Schraubenquetschhahn ersetzt werden, indessen erscheint auch dieser überflüssig, da der Schluss des ganzen Apparates ein völlig dichter ist. Um durch den Geruch der mit Schwefelwasserstoff beladenen Säure nicht belästigt zu werden, schliesst man C durch einen lose aufgelegten Deckel aus Bleiblech.

Zur Füllung des Apparates dient rohe Salzsäure, die mit ihrem gleichen Volumen Wasser verdünnt worden ist und zwar sind von dieser Säuremischung gegen 40 Liter erforderlich. Das Verdünnen kann gleich im Gefäss C vorgenommen werden; man lässt die verdünnte Säure hierauf bei geöffnetem Fehlhahn nach B abfliessen und füllt endlich auch C, jedoch nur reichlich bis zur Hälfte mit dem erwähnten Gemisch. Es empfiehlt sich, den Apparat nach erfolgter Füllung einige Zeit, z. B. über Nacht, unbenutzt stehen zu lassen, damit die Flüssigkeit Gelegenheit findet, sich mit Gas zu sättigen; der Apparat bleibt dann auf lange Zeit hinaus gleichmässig wirksam. Um ihn vor unberufenen Händen zu schützen, welche eine gefährliche Massenentwickelung von Schwefelwasserstoff herbeiführen könnten, umgibt man den ganzen Apparat mit einem verschliessbaren, schrankartigen Gehäuse, in welches auch der Haupthahn mit zu liegen kommt; dem letzteren gibt man Morgens die richtige Stellung, während man ihn Abends regelmässig abschliesst.

Der vorstehend beschriebene Apparat, welcher, wie erwähnt, nunmehr seit einem Jahre ungestört functionirt, wird mit vollständiger Armatur und in vortrefflicher, solider Ausführung zum Preise von ca. 120 Mark von der K. S. Bleiwaarenfabrik in Halsbrücke bei Freiberg geliefert.

Freiberg, den 4. Mai 1876.

Zur Bestimmung der Kohlensäure.

Von

Alexander Classen
in Aachen.

(Hierzu Fig. 2 auf Taf. V.)

Von den zur Bestimmung der Kohlensäure vorgeschlagenen Methoden ist die Kolbe'sche der allgemeinsten Anwendung fähig. Bekanntlich hat Fresenius*) den von Kolbe ursprünglich vorgeschlagenen Apparat derart modificirt, dass derselbe unter allen Umständen angewendet werden kann und lassen die nach dem Kolbe-Fresenius'schen Verfahren erhaltenen Resultate gewiss nichts zu wünchen übrig. Volhard**) weist gelegentlich der Besprechung des Persoz'schen Verfahrens gewiss nicht mit Unrecht darauf hin, dass die Herstellung des Fresenius'schen Apparates eine gewisse Geschicklichkeit erfordert und viel Zeit in Anspruch nimmt, so dass, wenn auf die Zusammenstellung der einzelnen Theile nicht grosse Sorgfalt verwendet wird, keine genauen Resultate erhalten werden können. Der mit der Zusammenstellung von Apparaten weniger vertraute Analytiker wird überhaupt durch die complicirte Einrichtung des genannten Apparates abgeschreckt und zieht es vor, ein einfacheres, wenn auch weniger zuverlässiges Verfahren anzuwenden. Der Apparat lässt sich nun, ohne geringste Einbusse der Genauigkeit und Sicherheit, auf die ursprüngliche einfache Form wieder zurückführen, wenn man die Condensation von Wasserdampf und Chlorwasserstoffsäure ohne Anwendung von Chlorcalcium und Kupfervitriolbimsstein bewirkt. Die Anwendung eines kleinen Liebig'schen Kühlers liefert keine genügende Condensation, da bei fortgesetztem Kochen der in dem Zersetzungskölbchen befindlichen Flüssigkeit, Wasser und Chlorwasserstoffsäure in die zum Trocknen der Kohlensäure bestimmte U-Röhre hinübergerissen werden. Ich wende zur Condensation ein Rohr von 2,7—3 Centim. Durchmesser an, an dessen oberem Ende eine Röhre von 1,5 Centim. und an dessen unterem Ende eine solche von 6—7^{mm} Durchmesser angeschmolzen ist. Diese Röhre wird von einer etwas weiteren Glasröhre (als solche benutze ich den Glascylinder eines Argand'schen Brenners von 23 Centim. Höhe und 4,5 Centim. Weite) umgeben. Bewirkt man nun die Abkühlung der inneren Röhre auf die be-

---

*) Fresenius, quant. Analyse 6. Aufl. 451.

) Ann. der Chem. u. Pharm. **176, **142**.

kannte Art, so kann man stundenlang die in dem Zersetzungskölbchen befindliche verdünnte Chlorwasserstoffsäure kochen, ohne dass auch nur eine Spur des letzteren an dem oberen Ende der Condensationsröhre nachgewiesen werden könnte. Bekanntlich wird zur Zersetzung des Carbonats verdünnte Chlorwasserstoffsäure, welche höchstens ein spec. Gewicht von 1,12 besitzt, angewandt und diese nach und nach durch das Trichterrohr, zu dem in Wasser suspendirten Carbonat*) gegeben, so dass also die im Zersetzungskölbchen enthaltene Säure ein viel geringeres spec. Gewicht besitzt. Ich habe mich durch Versuche überzeugt, dass man bei Anwendung der oben gedachten Condensationsvorrichtung Chlorwasserstoffsäure bis zum spec. Gewicht von 1,065 kochen kann, ohne dass Salzsäuredampf übergeht. Diese Concentration wird aber bei richtiger Manipulation nicht erreicht. Ebensowenig findet ein Uebergehen von Salzsäure statt, wenn man vor oder nach stattgehabter Zersetzung Kaliumhydrosulfat oder selbst verdünnte Schwefelsäure in den Kolben gibt und das Kochen der Flüssigkeit erneuert. Zum Trocknen der Kohlensäure genügt eine einzige mit Glasperlen gefüllte U-Röhre, in welche man so viel concentrirte Schwefelsäure eingibt, dass dieselbe den Gang der Gasentwickelung zu beobachten gestattet. Eine solche Röhre kann zu einer ganzen Reihe von Versuchen dienen, ohne dass ein Erneuern der Säure erforderlich wäre. Die Kohlensäure selbst wird von Natronkalk aufgenommen. Die Anwendung einer weiteren U-Röhre zum Schutze der beiden mit Natronkalk gefüllten Röhren gegen von aussen eindringenden Wasserdampf oder Kohlensäure, halte ich für vollständig überflüssig.

Die Einrichtung des oben beschriebenen Apparates ist aus der Fig. 2 auf Taf. V ersichtlich. Die einfache Form empfiehlt denselben auch als Ersatz des von Ullgren**) angegebenen Apparates zur Bestimmung des Kohlenstoffs in Roheisen.***)

Folgende analytische Belege mögen hier noch Platz finden:

---

*) Die Zersetzung des Carbonats auf die Art zu bewirken, dass man direct Salzsäure vom spec. Gewicht 1,12 auf die trockene Substanz fliessen lässt, halte ich für durchaus unstatthaft, da bei zu rascher Entwickelung von Kohlensäure ein Theil den Natronkalk ohne absorbirt zu werden passirt. Aus demselben Grunde muss man sich hüten, einen raschen, unregelmässigen Luftstrom, zur Ueberführung der Kohlensäure in die Absorptionsröhren, durch den Apparat zu ziehen.

**) Fresenius, quant. Analyse, Aufl. 5, 820.

***) Siehe auch meine quantitative Analyse p. 205.

Isländischer Doppelspath.

Angewandt.		Gefundene Kohlensäure in Procenten.
0,899 Grm.	. . . .	43,44 berechnet 44,0
1,0725 «	. . . .	43,92
0,9072 «	. . . .	43,92
1,1015 «	. . . .	43,93
0,8595 «	. . . .	43,94
Reines gefälltes Baryumcarbonat.		
1,1756 Grm.	. . . .	22,30 berechnet 22,32
1,171 «	. . . .	22,31
1,2795 «	. . . .	22,29
0,6740 «	. . . .	22,30
0,8685 «	. . . .	22,31

Ueber das Verhalten der Auflösung von molybdänsaurem Ammon in Salpetersäure zum Licht.

Von

M. Jungck.

Die zur Fällung der Phosphorsäure benutzte Lösung von molybdänsaurem Ammon in Salpetersäure setzt bei der Aufbewahrung fast stets einen intensiv gelben krystallinischen Niederschlag ab, auch wenn man dieselbe nach ihrer Bereitung 24—28 Stunden stehen gelassen und von der sich fast stets bildenden Trübung abfiltrirt hat. Derselbe bildet mit der Zeit fest zusammenhängende Schalen, die am Boden und den Gefässwänden festsitzen, sich in Ammon leicht lösen und sich überhaupt ganz wie der bekannte Niederschlag mit Phosphorsäure zu verhalten scheinen, für den sie auch häufig gehalten werden. Wiederholte Versuche haben dem Verfasser jedoch gezeigt, dass obiger Niederschlag, der sich auch nach vorheriger Filtration absetzt, keine Spur Phosphorsäure enthält, da selbst mehrere Gramm davon — in Ammon gelöst und mit Magnesiamischung versetzt — keinen Niederschlag gaben. Es scheint derselbe vielmehr lediglich eine andere Modification von Molybdänsäure zu sein, die durch die Einwirkung des Lichtes auf obige Lösung gebildet wird. Es empfiehlt sich daher die Molybdänlösung in Flaschen von möglichst dunklem Glase an vor Licht geschützten Orten aufzubewahren. Hier hat sich die Menge des sich bildenden Niederschlags, seitdem statt der früheren Flasche von weissem eine solche von dunkelgelb-grünem Glase*) genommen wurde, ungemein vermindert. Dagegen entstand in einem Glase, welches mit einer schon wochenlang bereiteten, fast ganz klar gebliebenen und nochmals filtrirten Lösung einige Stunden dem directen Sonnenlichte ausgesetzt wurde, eine starke sich stets vermehrende Trübung, während in einer mit eben dieser Lösung unter Abhaltung des Lichts gefüllten und daneben gestellten Flasche eine Trübung nicht entstand.

Zur Ausfällung des Eisenoxyds und der Thonerde durch essigsaures Natron.

Von

M. Jungck.

Der mit essigsaurem Natron gefällte Niederschlag von Eisenoxyd und Thonerde ist oft nur schwer auszuwaschen, weil das basisch essigsaure Eisenoxyd etc. die Filterporen verstopft, besonders wenn vorher nicht vollständig neutralisirt worden ist. Die Filtration ist dabei oft so langsam, dass das Waschwasser auf dem Filter kalt wird, in welchem Falle dann, wenn die Lösung noch zu sauer war, das Eisenoxyd durchläuft und durch nochmaliges Kochen abgeschieden werden muss. Diesem Uebelstande lässt sich jedoch leicht abhelfen, wenn man möglichst vollständig neutralisirt, ohne jedoch etwas zu fällen und dann zur gut — am besten mit heissem Wasser — verdünnten Flüssigkeit s e h r v i e l essigsaures Natron ($1^1/_2$—2 Grm. auf 0,1 Grm. Eisenoxyd und Thonerde) fügt. Der Niederschlag setzt sich dann beim Kochen sofort vollständig ab, ist grossflockig und braun und lässt sich ebenso rasch wie der mit Ammon gefällte auswaschen. Bei schlechter Neutralisation ist derselbe roth und pulverig, bei zu wenig zugesetztem essigsaurem Natron rothbraun und kleinflockig.

*) Eine ganz undurchsichtige Flasche zu nehmen, wäre zu unbequem, eine hinreichend grosse blaue Flasche war nicht zur Hand.

Aufarbeitung von Uranrückständen.

Von

A. Gawalovski
in Prag.

Phosphorsäurebestimmungen sind besonders in Handelslaboratorien eine oft wiederkehrende Operation, so dass die bei Ausführung derselben mittelst Uranlösung auf gewichts- oder maassanalytischem Wege (welch' letzterer namentlich in Handelslaboratorien den Vorzug verdient) resultirenden Rückstände die Aufarbeitung lohnen.

Wohl existiren bereits diverse Methoden, das Uranphosphat in das entsprechende Nitrat oder Acetat zurückzuführen; doch hat der von mir eingeschlagene Weg den Vortheil bequemer und einfacher Ausführung, so dass ich denselben der Oeffentlichkeit übergebe.

Uranphosphat, sowie auch Ammon-Uranphosphat werden beide mit Leichtigkeit, besonders in der Wärme, von Ammoncarbonat gelöst.

Magnesiasalze, besonders die Magnesiamixtur (Magnesiumchlorid und Ammon nebst Ammoniumchlorid), präcipitiren aus der alkalischen Uranlösung die Phosphorsäure.

Ist der gegenseitigen Einwirkung genügend Zeit gelassen worden, so ist die Präcipitation auch eine vollständige.

Auf diese bekannten Thatsachen stützte ich meine Aufarbeitungsmethode.

Das von der Phosphorsäurebestimmung, nach einer der zwei angeführten Methoden resultirende Uranphosphat wird, wenn erforderlich, decantirt und durch 2—3maliges Waschen der grösste Theil der löslichen Salze entfernt. Ein gänzliches Aussüssen ist, wie weiter unten ersichtlich, nicht Bedingniss.

Nun wird in eine gesättigte Lösung von Ammoncarbonat so lange Uranphosphat — am besten feuchtes — eingetragen, als noch welches gelöst wird. Der unlöslich gebliebene Rest verschwindet sogleich nach Zuthat eines geringen Ammoncarbonatüberschusses.

Geht die Lösung nicht gut von Statten, so genügt es, sie etwas zu erwärmen. Allfällig zurückbleibende Sedimente werden abfiltrirt, selbstredend ist dies aber nur nöthig, wenn Eisen vorhanden ist. Sind die Rückstände nicht alt, so enthält der Niederschlag kein, oder wenigstens nur höchst geringe Spuren von Eisen.

Der klaren alkalischen Uranlösung setzt man nun Ammon bis zum ziemlichen Vorwalten zu und fällt mit Magnesiamixtur, worauf 10—12 Stunden bei Seite gestellt wird. Ist die Temperatur zwischen 30—40° C., so scheidet sich das Ammon-Magnesiumphosphat schön körnig, zum Theil in gut ausgebildeten Krystallen, an den Glaswandungen aus.

Die nun abfiltrirte, sattgelbe Lösung enthält das Uran, an Ammoncarbonat gebunden. Man dampft sie auf das halbe Volum ein; hierbei beginnt basisches Uran-Ammoncarbonat in dottergelben Flocken sich auszuscheiden; nun wird Salzsäure bis zum Vorwalten zugesetzt und alle Kohlensäure durch starkes Aufkochen verjagt. Sodann übersättigt man mit kohlensäurefreiem Ammon.

Das Uranoxyd-Ammon scheidet sich in dichten Flocken aus, sedimentirt sehr rasch und lässt sich auf dem Filter leicht und vollständig aussüssen, wonach es zur Herstellung der titrirten Lösung direct in Essigsäure oder Salpetersäure gelöst wird.

Räthlich ist es, die Lösung des Uranacetates nach 10—12 Stunden nochmals durch dichtes Papier zu filtriren, um sicher zu sein, dass alle Phosphorsäure ausgeschieden wurde.

Ueber die Ausbeute nach meiner Methode dürften beifolgende Daten genügenden Aufschluss geben.

Ich hatte von 6 Liter Uranacetatlösung Rückstände, welche ich nach diesem Gange aufarbeitete, und erhielt $6^1/_4$ Liter neue Uranacetatlösung.

Da der ursprüngliche Titer 0,0051808 Phosphorsäure für 1 CC. entsprach, so enthielten die anfänglichen 6 Liter 124,8 Grm. Uranoxyd.

Der Titer der resultirenden Uranlösung war = 0,00476 Grm. auf Phosphorsäure bezogen, in $6^1/_4$ Liter entsprechend 119,2 Grm. Uranoxyd. Der Gesammtverlust beträgt demnach 5,6 Grm. = 4,5 % U_2O_3.

Wird überhaupt berücksichtigt, dass die ursprünglichen 6 Liter nahezu ausschliesslich zur Titration von Spodiumabfallproben verwendet und bei je einer Analyse im Durchschnitt 30 CC. Uranlösung verwendet wurden, so vertheilen sich die 6 Liter auf 200 Partien.

Angenommen, dass bei je einer Analyse zur Einstellung der Endreaction nach und nach 20 Tropfen gebraucht wurden, so ist dieser Verlust an Uran, als unwiederbringlich, mit in Rechnung zu bringen.

Bei der Phosphorsäurebestimmung nach Pincus Methode gehe ich in der Weise vor, dass 10 Grm. des betreffenden Phosphatdüngers in 1 Liter gelöst werden; zur Ausmessung mit Uran gelangen 50 CC. des Filtrates, entsprechend $^1/_2$ Grm. und wird die Probe 2 Mal genommen. Da nun bei 50 CC. Phosphatlösung an 30 CC. Uranacetat verbraucht werden, so kann man, mit Rücksicht auf das verdampfende Wasser annehmen, dass der Urantiter um die Hälfte verdünnt werde.

Da ferner bei je einer Partie von 30 CC. verbrauchter Uranlösung 20 Tropfen, als zur Austüpfelung verwendet, in Rechnung gezogen werden, so entspricht die Menge des unwiederbringlich verlorenen Uranacetates demselben Volum der Tropfen, d. i. circa 0,6 CC. Bei 200 Partien macht dies 120 CC. = 2,5 Grm. Uranoxyd. Zieht man dieses Quantum an den 5,6 Grm., welche bei der Aufarbeitung abgingen, ab, so verbleiben 3,1 Gramm = 2,6 % als thatsächlicher Manipulationsverlust meiner Methode.

Schliesslich lasse ich als vorläufige Notiz einer Arbeit, die bereits unter der Feder ist, folgen, dass ich einen ähnlichen Weg für die quantitative Uranbestimmung im Urangelb (einem hervorragenden Handelsartikel der modernen Glasindustrie) ausarbeite, der demnächst zur Publication gelangen soll, falls die Resultate befriedigender Natur sind.

Nachweisung freien Schwefels.

Briefliche Mittheilung

Von

Max Rosenfeld.

Minimale Mengen von freiem Schwefel lassen sich nach folgender Methode nachweisen:

Die zu untersuchende Substanz wird zu einem feinen Pulver zerrieben und eine geringe Menge davon mit Hülfe eines Stückchens Filtrirpapier an die innere Wandung eines trockenen Trichters gerieben, so dass die Substanz in sehr fein vertheiltem Zustande an derselben haften bleibt. Die so vorbereitete innere Fläche des Trichters bringt man nun mit einer Wasserstoffflamme in der Weise in innige Berührung, dass man sie fest über die Ausströmungsöffnung hält und an das horizontale Ausströmungsrohr auflegt. Man lässt nun abwechselnd verschiedene Stellen von der Flamme bestreichen, indem man zuerst den Rand und nach und nach den Grund des Trichters mit derselben in Berührung bringt. An den Stellen, wo nur die geringsten Mengen von Schwefel vorhanden sind, wird die Flamme sehr schön blau gefärbt. Besonders deutlich tritt die Färbung im Dunkeln hervor und wenn die Flamme den Grund des Trichters bestreicht.

Da der Verfasser nicht in der Lage war, zu untersuchen wie sich unter gleichen Umständen Selen und Tellur verhalten, so habe ich den gleichen Versuch mit diesen Elementen angestellt. Ersteres liefert eine fahlblaue, letzteres eine grünlichblaue Färbung der Wasserstoffflamme. Obgleich die Färbungen lange nicht so intensiv sind, wie bei Schwefel, so eignet sich doch die Reaction nicht gut zur Auffindung des Schwefels neben Selen oder Tellur. — Im Uebrigen glaube ich darauf hinweisen zu müssen, dass auch schon Gust. Merz*) auf die Färbung der Wasserstoffflamme durch Schwefel aufmerksam gemacht hat. R. F.

Bestimmung von Schafwolle, beziehungsweise Baumwolle in Garnen.

Briefliche Mittheilung

Von

Dr. K. J. Bayer.

Um in Garnen die Schafwolle zu bestimmen (resp. die Baumwolle), verfahre ich folgendermaassen: das fragliche Garn (0,5—0,8 Grm.) wird lufttrocken gewogen, bei 100^0 getrocknet und der Feuchtigkeitsgehalt bestimmt, sodann in einem trockenen Gefässe mit etwa 20 CC. eines Gemenges von 4 Volum concentrirter Schwefelsäure und 1 Volum Wasser übergossen und 12 Stunden damit, womöglich unter Umrühren, stehen gelassen. Nach dieser Zeit gibt man zweckmässig die Wolle nochmals in etwa die gleiche Menge derselben Schwefelsäure und lässt abermals 4—5 Stunden stehen, worauf man sicher sein kann, alle Baumwolle gelöst zu haben. Es wird sodann die Flüssigkeit mit etwa der 3fachen Menge Wasser und ebensoviel Alkohol verdünnt und direct durch Papier filtrirt. Da in der zuerst abgegossenen Schwefelsäure immer einzelne Härchen von Schafwolle herumschwimmen, so verdünnt man diese in gleicher Weise und filtrirt durch dasselbe Filter. Ist dies geschehen, so handelt es sich — bei gefärbten Garnen — noch darum die auf dem Filter befindlichen Farbstoffe, resp. deren Zersetzungsproducte mit Schwefelsäure zu entfernen und dies geschieht am besten durch Aufgiessen von heissem absolutem Alkohol bis das Ablaufende farblos ist. Bis jetzt konnte ich damit die Farbstoffe von Schwarz, Grün, Braun und Olive, die alle sehr intensiv waren, vollständig entfernen. Am Filter

*) Journ. f. prakt. Chem. **80**, 495.

bleibt, wenn man nachträglich mit kochendem Wasser bis zum Aufhören der sauren Reaction auswascht, die reine Schafwolle nur noch lichte gefärbt zurück; sie gibt nach dem Trocknen bei 100° C. und nach Abzug von 2 % den wahren Gehalt an Schafwolle an.

Der letztere Abzug beruht auf der von mir gemachten Erfahrung, dass Schwefelsäure von oben angegebener Concentration reine Schafwolle auch bei längerer Digestion in der Kälte nicht angreift, dass das Gewicht der Schafwolle dadurch nicht im Mindesten abnimmt, sich vielmehr um etwa 2 % vermehrt, was wahrscheinlich nur von einer Flächenanziehung herrührt. Diese 2 % sind durch Wasser nicht zu entfernen.

Zur Berechnung der Baumwolle nahm ich bis jetzt bei gefärbten Garnen $3\frac{1}{2}$ % Farbstoff an; inwieweit diese Annahme gerechtfertigt ist, kann ich bis jetzt nicht entscheiden, glaube jedoch, dass sie von der Wirklichkeit wenig abweicht. Uebrigens kommt es in der Tuchindustrie bei derartigen Untersuchungen auf ein Mehr oder Minder von 2—3 % weniger an.

Im Nachfolgenden theile ich einige meiner Resultate mit.

1) Versuch mit reiner Schafwolle:

0,3144 Grm. lieferten nach längerem Trocknen bei 100° C.
0,0362 Grm. Wasser . . . . = 11,51 %,
nach dem Behandeln mit Schwefelsäure, Filtriren durch ein gewogenes Filter, Auswaschen und Wägen wurden erhalten 0,2842 Grm. Schafwolle . . . . = 90,40 «
beide zusammen . . = 101,91 %,
ab 2 % der Schafwolle . . = 1,81 «
100,10 %.

2) Versuch mit gemischtem Garn (Grün):

0,7643 Grm. lieferten nach dem Trocknen bei 100° C.
0,0856 Grm. Differenz (Wasser) . . . . = 11,20 %,
nach dem Behandeln mit Schwefelsäure etc. 0,4206 Grm. Schafwolle . . . . = 55,03 «
ab 2 % . . = 53,93 %.

Zwei weitere Versuche stellte ich mit einem schwarzen gemischten Garn an und erhielt folgende Resultate:

1) 0,5444 Grm. Garn mit 11,15 % Feuchtigkeit lieferten nach dem Behandeln mit Schwefelsäure etc. 0,2816 Grm. Schafwolle . . . . = 51,72 %,
nach Abzug von 2 % . . . . = 50,69 «

2) 0,8466 Grm. Garn mit 11,15 % Feuchtigkeit lieferten nach dem Behandeln mit Schwefelsäure etc. 0,4262 Grm.

Schafwolle . . . . = 50,34 %,

nach Abzug von 2 % . . . . = 49,33 «

Diese Uebereinstimmung scheint mir vollkommen zu genügen, und mag die Differenz wahrscheinlich davon herrühren, dass ich bei der ersten Probe das Garn zweimal, bei der zweiten dagegen nur einmal mit Schwefelsäure behandelte, infolge dessen es beim ersten Male mehr Schwefelsäure aufzunehmen im Stande war als bei der zweiten Probe. Auch mag im Garne die Mischung nicht an allen Stellen dieselbe sein.

Ich gedenke diese Versuche weiter fortzusetzen, da sie nicht ohne Wichtigkeit für die Industrie sind.

Chemisch-technisches Laboratorium in Altbrünn.

Beiträge zur quantitativen Bestimmung der Metalle auf elektrolytischem Wege.

Von

Dr. F. Wrightson
aus Birmingham.

Die quantitative Bestimmung der Metalle, wie Kupfer, Nickel, Kobalt u. s. w. nach den bis jetzt üblichen Methoden ist nicht allein häufig sehr zeitraubend wegen der Mannigfaltigkeit der auszuführenden Operationen, sondern sie lässt auch in Betreff der Genauigkeit der Resultate Manches zu wünschen übrig, und nicht selten entstehen — selbst wenn man Alles mit der nöthigen Vorsicht ausgeführt hat — durch unvorhergesehene Ursachen Fehler, welche eine Wiederholung der Bestimmung nöthig machen. — Es wurde daher die elektrolytische Bestimmungsmethode der Metalle, eine Methode, welche die zahlreichen und zeitraubenden Operationen entbehrlich macht und welche auf die leichteste und schnellste Weise die Metalle in einem fast von jeder Verunreinigung freien Zustande liefert, von den Chemikern und Metallurgen als eine sehr willkommene entgegengenommen. Dieselbe ist meines Erachtens zuerst von W. Gibbs*) für Kupfer empfohlen und für Nickel als wahr-

*) Diese Zeitschrift 3, 334.

scheinlich anwendbar in Aussicht gestellt worden. — Später empfahl C. Luckow *) und dann auch Lecoq de Boisbaudran **) das Verfahren für Kupfer. Allgemeinere Aufmerksamkeit aber erregte die Methode erst seit die Mansfelder Ober-Berg- und Hüttendirection in Eisleben die Luckow'sche Methode mit einer Prämie bedachte und das Verfahren auf den Mansfelder Werken einführte. ***)

Die nachstehenden Versuche liefern Beiträge zur Entscheidung der Frage, welche Metalle sich durch elektrolytische Ausfällung bestimmen lassen und zwar erstens dann, wenn in der Lösung nur ein Metall vorhanden und zweitens dann, wenn neben dem zu bestimmenden Metall auch andere Metalle in Lösung sind.

Es wurden zu diesem Behufe zunächst Normal-Lösungen verschiedener Metalle, und zwar meistens schwefelsaure, dargestellt, in denen der Gehalt an Metall nach mehreren der gebräuchlichen Methoden bestimmt wurde. Von diesen Lösungen wurden Quantitäten, welche etwa 0,50 bis 0,75 Grm. Metall enthielten, abgewogen, je nach Umständen mit Salpetersäure oder Ammoniak versetzt, mit Wasser auf 200 CC. verdünnt und in ein Becherglas von 2 bis 3 Mal grösserem Inhalt gebracht.

Der galvanische Strom wurde mittelst einer Clamond'schen Thermosäule erzeugt, welche von Mechanikus J. F. Koch in Eisleben bezogen war. †) Dieselbe war denen ganz gleich, welche man gegenwärtig in den Mansfelder Werken anwendet. Die Stärke des Stromes wurde so gewählt, dass derselbe in der Stunde bei Zersetzung mit Schwefelsäure angesäuerten Wassers etwa 100 CC. Knallgas lieferte. Die Platinelektroden hatten genau die Form und Grösse, wie solche in der Abhandlung der Mansfelder Ober-Berg- und Hütten-Direction ††) beschrieben sind.

Ich theile im Folgenden auch die Versuche mit, welche ungünstige Resultate lieferten, weil aus denselben zu ersehen ist, welche Fehlerquellen bei den elektrolytischen Bestimmungen vorhanden und wie sie zu vermeiden sind, und ich halte dies für um so entsprechender, weil im

*) Dingler's polyt. Journ. **177**, 296 (1865).

) In Bullet. mens. de la Soc. chim. de Paris juin 1867; diese Zeitschr. **7, 253.

***) Diese Zeitschrift **8**, 23 u. **11**, 1.

†) Eine Beschreibung dieser Thermosäule findet sich in dem Ber. über die Fortschr. d. anal. Chem. II. Chem. Anal. unorgan. Körper in diesem Hefte. Die Redaction.

††) Diese Zeitschrift **11**, 1.

Ganzen über elektrolytische Bestimmungen von Metallen in Lösungen von bekanntem Gehalt noch nicht allzuviel Mittheilungen gemacht worden sind.

1. Versuche mit Kupfer.

Es wurde eine Normal-Kupferlösung bereitet durch Auflösen reinen schwefelsauren Kupferoxydes in destillirtem Wasser. Der Kupfergehalt betrug der Berechnung nach 1,2075 %. Die Bestimmung als Cu_2S unter Anwendung der gewöhnlichen Vorsichtsmaassregeln ausgeführt, ergab einen Gehalt von [illegible] % Cu. Diese Lösung wurde zu allen elektrolytischen Bestimmungen des Kupfers benutzt, sei es nun, dass man sie allein anwandte oder dass man ihr andere Metallsalzlösungen zufügte.

Bei den ersten drei Versuchen verfuhr ich folgendermaassen. Etwa 30 Grm. der Lösung wurden abgewogen, mit 20 CC. Salpetersäure von 1,21 spec. Gew. versetzt und mit Wasser auf 200 CC. gebracht; man senkte dann den Platin-Conus und die Platin-Spirale ein, verband sie mit der Thermosäule deren Stromstärke vorher gemessen war und liess den Strom einige Stunden lang durch die Lösung gehen. Das Kupfer beginnt sofort sich auf dem als negativen Pol dienenden Platin-Conus abzusetzen, auswendig fest und metallglänzend, inwendig matt aber von reiner Kupferfarbe. Wenn die Operation gut gelingt, wird die Lösung farblos, und augenscheinlich schlägt sich alles Kupfer in 3—4 Stunden nieder. Als ich mit den gewöhnlichen Reagentien auf Kupfer prüfte, waren in der Lösung höchstens noch ganz geringe Spuren zu erkennen. Nichtsdestoweniger zeigten die ersten drei Versuche einen nicht unbeträchtlichen Verlust; es wurden nämlich erhalten statt der berechneten 1,2075 % in

I.	II.	III.
1,150 %	1,170 %	1,185 %.

Dies rührte daher, dass die Salpetersäure, sobald man den Strom unterbricht, auf das Metall einwirkt, selbst wenn man den Conus so schnell wie nur irgend möglich herausnimmt und abspült. — Diese Schwierigkeit wird leicht beseitigt, wenn man die Flüssigkeit mittelst eines kleinen Hebers vom Boden des Zersetzungsgefässes abzieht, während man gleichzeitig reines Wasser von oben nachgiesst, bis alle Säure entfernt ist.

Auf diese Weise bleibt die zersetzende Kraft des Stromes stärker, als die auflösende Wirkung der Säure, und wenn der Process richtig durchgeführt wird, findet man in der durch Abdampfen concentrirten

Lösung sammt Waschwasser kaum die kleinste Spur von Kupfer. — Endlich wird der Platin-Conus herausgenommen, mit destillirtem Wasser abgespült (Alkohol habe ich ganz überflüssig gefunden), bei etwa 100 bis 120° getrocknet und gewogen.

Die in dieser Weise ausgeführten Versuche IV, V, VI ergaben

	IV.	V.	VI.	berechnet:
Kupfer:	1,2069 %	1,2076 %	1,2070 %	1,2075 %

Aus diesen Resultaten ergibt sich klar, dass die elektrolytische Methode bezüglich der Bestimmung des Kupfers, wenn es sich allein in Lösung befindet, nichts zu wünschen übrig lässt, weder in Bezug auf Genauigkeit, noch auch in Bezug auf leichte Ausführbarkeit der Operation. Es stimmen in dieser Hinsicht meine Resultate vollkommen mit denen überein, welche von den oben genannten Chemikern, die sich mit dem gleichen Gegenstande beschäftigt haben, erhalten worden sind. Anders verhält es sich, wenn neben dem Kupfer noch andere Metalle in der Lösung vorhanden sind und zwar influirt sowohl die Natur als auch die Menge der vorhandenen andern Metalle.

b. Versuche mit Kupfer und Antimon.

Die Versuche VII, VIII, IX, X, XI wurden mit Lösungen angestellt, welche auf dieselbe Quantität Kupfer (1,2075 %) Antimonmengen von 0,280 % bis 0,800 % — also von etwa $^1/_4$ bis zu fast $^2/_3$ der Kumpfermenge — enthielten.

Bei allen diesen Versuchen wurde mehr oder weniger Antimon mit dem Kupfer auf dem Platin-Conus niedergeschlagen. Nichtsdestoweniger ist es wohl möglich, dass bei Anwesenheit viel geringerer Mengen von Antimon (wie sie z. B. in unreinem Kupfer vorkommen) das Kupfer ganz rein und antimonfrei ausgefällt wird.

c. Versuche mit Nickel und Kupfer.

Zunächst wurden die Versuche XII und XIII mit reiner Nickellösung ausgeführt. Das Nickel lässt sich durch den elektrischen Strom aus einer durch Mineralsäuren sauren Lösung nicht abscheiden, leicht aber wird es durch denselben aus einer ammoniakalischen Lösung ausgefällt, wie dies bereits von der Mansfelder Ober-Berg- und Hütten-Direction (diese Zeitschr. **11**, 11) mitgetheilt worden ist.

Die zu den Versuchen verwandte Normal-Nickellösung wurde durch Auflösung reinen schwefelsauren Nickeloxyduls bereitet. Den Gehalt derselben bestimmte ich nach der von W. Gibbs*) angegebenen Methode, d. h. durch Ausfällen mittels Oxalsäure unter reichlichem Zusatz von Weingeist. Der Niederschlag von oxalsaurem Nickeloxydul wurde vorsichtig erst an der Luft, dann im Wasserstoffstrom geglüht und das reine Nickel gewogen.

21.352 Grm. der Lösung lieferten so 0.4040 Grm. Nickel, gleich 1.892 %. — und 15.325 Grm. lieferten 0.2875 Grm. gleich 1.878 %. — Im Mittel enthielt somit die Lösung 1.885 % Nickel.

Etwa 25 Grm. der Lösung wurden mit Ammoniak in beträchtlichem Ueberschuss versetzt, mit Wasser auf 200 CC. gebracht und der Strom hindurch geleitet. Nach kurzer Zeit beginnt das Metall sich auf dem als negative Elektrode dienenden Platin-Conus mit stahlgrauer Farbe abzusetzen, auf der innern Seite zuweilen viel dunkler und matt, aussen mit dem Glanz und der echten Farbe des Metalls. Die Ausfällung vollzieht sich (bei den Mengen, mit welchen ich arbeitete) in etwa 4—6 Stunden vollständig. Man lässt den Strom einwirken, bis ein paar Tropfen der Flüssigkeit in eben so viel verdünnte Schwefel-Ammoniumlösung gebracht, kaum die geringste Dunkelfärbung hervorbringen. Man kann dann sicher sein, dass alles Nickel vollständig ausgefällt ist. Es wurde erhalten in:

	XII.	XIII.
Nickel:	1,6920 %	1,7330 %

anstatt 1,885 %. Es fand also ein beträchtlicher Verlust statt, wahrscheinlich weil die Flüssigkeit nicht durch einen Heber entfernt worden war.

Die Versuche XIV und XV wurden mit Lösungen ausgeführt, welche Kupfer und Nickel enthielten. Es wurden zu diesem Zweck bestimmte Quantitäten der vorerwähnten Lösungen abgewogen, so zwar, dass beide Metalle in etwa gleichen Mengen vorhanden waren; man versetzte mit 20 CC. Salpetersäure, verdünnte mit Wasser auf 200 CC. und fällte zunächst das Kupfer aus. Es wurden erhalten in:

	XIV.	XV.
Kupfer:	1,1190 %	1,2060 %

Es fand also in ersterem Fall ein beträchtlicher Verlust statt. Es rührte dies offenbar daher, dass ich bei XIV etwas Salzsäure zugefügt hatte, denn bei diesen elekrolytischen Zersetzungen scheint sowohl freie Chlorwasserstoffsäure (wie dies schon früher wiederholt beobachtet worden ist) als auch Chlorammonium (wie dies von der Mansfelder Ober-

*) Diese Zeitschrift 7, 259.

Berg- und Hütten-Direction, diese Zeitschr. **11**, 11 mitgetheilt ist und wie ich es bestätigt fand), sehr nachtheilig zu sein.

Die Lösung, aus welcher das Kupfer ausgefällt war, sammt dem Abspülwasser, wurde bis zum geeigneten Volumen eingedampft, mit Ammoniak im Ueberschuss versetzt und der Einwirkung des Stromes unterworfen.

Bei Versuch XIV fand ich, dass selbst nach mehrtägiger Arbeit das Nickel sich nur theilweise und unvollständig abgeschieden hatte. Ich schrieb dies anfangs einer Unvollkommenheit der Thermosäule*) zu, fand aber später, dass es lediglich von der Anwesenheit des Chlorammoniums herrührte.

Bei Versuch XV erhielt ich 1,770 % Nickel (anstatt 1,885 %), also auch noch zu wenig.

Versuch XVI. 22,872 Grm. der Nickellösung wurden mit Ammoniak in beträchtlichem Ueberschuss versetzt, auf 200 CC. verdünnt und der Einwirkung des Stromes etwa 5 Stunden lang ausgesetzt. Es hatten sich 0,4125 Grm. Nickel auf dem Platin-Conus abgesetzt, entsprechend 1,8030 % also gegenüber der Zahl 1,885 noch immer zu wenig.

Versuch XVII. 15,003 Grm. der Nickellösung in gleicher Weise behandelt, lieferten 0,2785 Grm. Metall, entsprechend 1,8560 %, somit ein geringerer Verlust.

Versuch XVIII. Es wurden 18,6359 Grm. der Kupferlösung und 13,3495 der Nickellösung gemischt, 20 CC. Salpetersäure von 1,21 spec. Gew. zugesetzt, mit Wasser auf 200 CC. verdünnt und die Lösung der Einwirkung des Stromes ausgesetzt. Nach etwa 3—4 Stunden hatten sich 0,2210 Grm. Kupfer entsprechend 1,1890 % auf dem Platin niedergeschlagen, also der berechneten Zahl 1,2075 % gegenüber etwas zu wenig. Die Lösung sammt Waschwasser wurde nun stark concentrirt, etwas Schwefelsäure zugesetzt und wiederholt zur Trockne eingedampft, bis gar keine Salpetersäure mehr vorhanden war. Man versetzte nun mit Ammoniak, brachte mit Wasser auf 200 CC. und liess den Strom einwirken. Es wurden erhalten 0,2495 Grm. Metall entsprechend 1,868 %, anstatt 1,885 %, also ein Geringes zu wenig.

Das ausgefällte Nickel wurde auf Kupfer geprüft aber davon frei befunden. Die Trennung war somit vollkommen gelungen und auch die Genauigkeit der Nickelbestimmung muss als eine für praktische Zwecke

*) Die Thonbrenner, wie mir solche anfangs geliefert worden waren, sind nämlich sehr zerbrechlich und der im Apparat befindliche war damals gesprungen.

genügende erachtet werden. Wäre die elektrolytische Methode z. B. für eine Legirung angewendet worden, welche 12 % Nickel enthalten hätte, so würde statt der Zahl 12 die Zahl 11.59 gefunden worden sein.

d. Versuche mit Cadmium.

XIX. Ein qualitativer Versuch mit einer Lösung schwefelsauren Salzes genügte, um zu zeigen, dass dieses Metall sich zur quantitativen Bestimmung auf elektrolytischem Wege nur wenig eignet.

Es wird nämlich sehr leicht und rasch aus einer sauren Lösung niedergeschlagen, aber nicht in festem wägbarem Zustande, sondern in lockeren an dem Rande des Conus hängenden Schuppen, so dass in kurzer Zeit eine leitende Verbindung zwischen den beiden Elektroden hergestellt, dadurch die Flüssigkeit der Einwirkung des Stromes entzogen und naturgemäss die Zersetzung zum Aufhören gebracht wird.

e. Versuche mit Zink.

XX. Es wurde eine Lösung von schwefelsaurem Zinkoxyd angewendet, welche 1.8760 % metallisches Zink enthielt. Das Zink lässt sich aus durch Mineralsäuren sauren Lösungen mittelst des elektrischen Stromes nicht gut abscheiden, leicht aber aus ammoniakalischen. Aehnlich wie das Cadmium wird es nämlich aus sauren Lösungen in Schuppen und kurzen Nadeln abgeschieden, die sich besonders am Rande des Conus absetzen und bald eine leitende Metallverbindung zwischen den beiden Elektroden bilden.

f. Versuche mit Kobalt.

XXI und XXII umfassen zwei elektrolytische Kobaltbestimmungen in einer Lösung des schwefelsauren Salzes.*) Das Kobalt lässt sich unter ganz denselben Umständen wie das Nickel auf elektrolytischem Wege quantitativ bestimmen, setzt sich aber mit wenig metallischem Glanz und viel dunklerer Farbe als das Nickel, zuweilen fast schwarz, ab. Es wurden erhalten 2,714 % und 2,771 %. In der restirenden Flüssigkeit sammt den Waschwassern war nach dem Eindampfen kaum die geringste Spur von Kobalt zu entdecken.

g. Versuche mit Nickel und Kobalt.

XXIII. Gleiche Theile (0,5416 Grm.) von Nickel und Kobalt in ammoniakalischer Lösung wurden der Einwirkung des Stromes unterwor-

*) Der Gehalt der Lösung an Kobalt war nicht auf andere Weise bestimmt worden.

fen, bis sich 0,4643 Grm. Metall, also etwas weniger als die Hälfte der Summe der Gewichte von Kobalt und Nickel zusammen, auf den Conus niedergeschlagen hatte. Diese 0,4643 Grm. wurden dann in Salzsäure aufgelöst und das darin enthaltene Kobalt unter Einhaltung der nöthigen Vorsichtsmaassregeln mittelst salpetrigsauren Kalis gefällt. Alsdann wurde die Flüssigkeit (aus der, wie nachher angestellte besondere Versuche bewiesen, das Kobalt vollständig ausgefällt war), welche noch Chlorammonium und etwa vorhandenes überschüssiges salpetrigsaures Kali enthielt, der Einwirkung des elektrischen Stromes unterworfen; aber selbst nach längerer Zeit konnten nur 0,0355 Grm. Nickel und zwar nur mit der grössten Schwierigkeit abgeschieden werden. *)

Der Niederschlag von salpetrigsaurem Kobaltoxyd-Kali wurde durch Erhitzung mit Schwefelsäure zersetzt, alle salpetrige Säure verjagt, mit Ammoniak übersättigt, auf 200 CC. gebracht und der Einwirkung des Stromes unterworfen. Es wurden erhalten 0,2790 Grm. Kobalt von fast schwarzer Farbe. In der Flüssigkeit war kein Kobalt mehr enthalten.

Zieht man diese Quantität von der Summe des kobalt- und nickelhaltigen Niederschlags im Gewichte von 0,4643 Grm. ab, so erhält man die Menge des mit ausgefällten Nickels mit 0,1853 Grm. Es wurden demnach in derselben Zeit und unter gleichen Umständen etwa 3 Gewichtstheile oder Aequivalente Kobalt auf 2 Nickel niedergeschlagen, denn

$$0{,}2790 : 0{,}1853 = 3 : 1{,}99.$$

Ob diese Thatsache allgemein gültig ist, lässt sich natürlich erst aus einer grösseren Reihe von unter verschiedenen Umständen angestellten Versuchen schliessen. Vorläufig könnte man immerhin auf die Thatsache fussend, dass Kobalt rascher als Nickel durch den Strom ausgefällt wird, dies Verhalten dazu benutzen, um bei einer Analyse die Mengenverhältnisse der beiden Metalle auf möglichst schnelle und leichte Weise so zu verändern, dass sie für die vollständige Trennung auf einem andern Wege geeignet wären.

h. Bestimmung des Kupfers und Nickels in einem Hüttenprodukte.

Als praktisches Beispiel der Anwendbarkeit der elektrolytischen Methode führe ich hier noch die Analyse eines Hüttenproduktes an, welche,

*) Es schien mir dies von der Bildung von Chlor-Stickstoff herzurühren, der sich am positiven Pole in den wohlbekannten kleinen gelblichen ölartigen Tropfen, welche sich rasch zersetzen, ausschied und eine beständige Quelle von Chlor bildete, das die Wirkung des Stromes hindert oder aufhebt.

[illegible] Bestimmungen ausgeführt werden [illegible] Kupferoxydul [illegible] [illegible]

Die [illegible] Bestimmungen des Kupfers wurden [illegible] Die Salzsäure wurde vor der Einwirkung des Stromes mittelst Salpetersäure [illegible] Die erste Bestimmung [illegible] Schwefelsäure [illegible] durch den [illegible] Strom [illegible] Salpetersäure [illegible] Ich glaube überhaupt, dass [illegible]

Die 3 Bestimmungen gaben

	I.	II.	III.
Kupfer	[illegible] %	[illegible] %	[illegible] %

Im Durchschnitt [illegible] % entsprechend [illegible] % Kupferoxyd.*)
Es wurde nur eine Bestimmung des Nickels ausgeführt. Das Nickel setzte sich in sehr schönem metallglänzendem Zustande ab. Es war nur eine geringe Spur von Kobalt darin nachzuweisen. Erhalten wurden 50.40 % metallisches Nickel, entsprechend [illegible] % Nickeloxydul.

i. Einfluss von neben Nickel in einer Lösung befindlichem Eisen.

XXV. Da in den Nickel- und Kobalterzen fast immer grössere oder kleinere Quantitäten von Eisen vorkommen, so war es von Interesse, zu untersuchen, ob sich die genannten Metalle auf elektrolytischem Wege von dem Eisen trennen lassen.

Etwas Eisenchloridlösung (besser wäre wohl Eisenvitriol gewesen) wurde mit nicht zu viel Weinsäure versetzt, dann mit Ammoniak im Ueberschuss und hernach mit etwas Nickellösung, so zwar, dass die Flüssigkeit etwa 0,3—0,4 Grm. Nickel enthielt. Man verdünnte auf 200 CC. und unterwarf der Einwirkung des Stromes. Von Anfang an wurden beide Metalle zugleich ausgeschieden und nach 8 Stunden enthielt die Flüssig-

---

*) Es ist hierbei zu bemerken, dass nicht alles Kupfer in Form von Oxyd, sondern theilweise auch als Oxydul vorhanden war.

keit kaum eine Spur der beiden Metalle mehr. Ihr Aussehen war hellglänzend, stellenweise fast silberweiss wie das einer Legirung.

Da ich im Augenblicke nicht in der Lage bin meine Versuche fortzusetzen, habe ich geglaubt einstweilen die bis jetzt erhaltenen Resulte mittheilen zu sollen. Ich hoffe, dass es mir später möglich sein wird, auf den interessanten Gegenstand zurück zu kommen.

Bericht über die Fortschritte der analytischen Chemie.

I. Allgemeine analytische Methoden, analytische Operationen, Apparate und Reagentien.

Von

H. Fresenius.

Mit der Verbesserung der analytischen Wagen haben sich F. Frerichs *) und Arzberger **) beschäftigt. Frerichs hat zunächst die seit langer Zeit üblichen Wagen mit verhältnissmässig langem Balken und die in neuerer Zeit von Bunge in Hamburg construirten und in Carl's Repertorium beschriebenen kurzarmigen Wagen einer sorgfältigen vergleichenden Prüfung unterworfen.

Als Vorzüge der langarmigen Wagen gegenüber denen mit kurzem Wagebalken fand er Folgendes:

1. Die langarmigen Wagen behielten ihren Nullpunkt auch bei schwankender Temperatur fast unverändert bei. Die Zunge der kurzarmigen Bunge'schen Wage dagegen machte bald um einen Theilstrich links bald um einen solchen rechts vom Nullpunkt ihre Schwingungen.

2. Bei den langarmigen Wagen wechselte die Empfindlichkeit bei Temperaturschwankungen nur unmerklich. Bei der kurzarmigen dagegen war die Empfindlichkeit mit der Temperatur sehr veränderlich.

Diesen Mängeln gegenüber gewährte jedoch die kurzarmige Wage einen grossen Vortheil. Sie hatte, mit einer gleich belasteten und gleich

*) Ann. Chem. **178,** 365.
) Ann. Chem. **178, 382.

empfindlichen langarmigen Wage verglichen, eine viel geringere Schwingungsdauer und gestattete daher ein bei weitem rascheres Arbeiten.

Der Verfasser bestrebte sich nun eine Wage zu construiren, welche die Vortheile beider Instrumente vereinigen sollte.

Um den Vortheil der kurzen Schwingungsdauer nicht einzubüssen, behielt er den kurzen Balken bei. Es galt daher zunächst die Ursache der vorgenannten Uebelstände kurzarmiger Wagen aufzusuchen und zu beseitigen und der Verfasser glaubte dieselbe in der Construction des Bunge'schen Wagebalkens zu finden. Derselbe ist aus vielen Stücken verschiedener Metalle zusammengefügt. Nothwendig musste mit der verschiedenen Ausdehnung dieser Metalle durch die Wärme eine Veränderung der Form des Wagebalkens verbunden sein. Die drei Aufhängepunkte, welche bei einer guten Wage in einer Ebene liegen sollen, mussten ihre gegenseitige Lage verändern, woraus sowohl die wechselnde Empfindlichkeit, als auch der unregelmässige Ausschlag erklärt werden konnte. Der Verfasser suchte diesem Uebelstande dadurch abzuhelfen, dass er den Wagebalken aus einem Stücke nur eines Metalles construirte. Um demselben ein möglichst geringes specifisches Gewicht zu geben, wählte er die durchbrochene Form, wie sie bei den langarmigen Wagen üblich geworden. Als Material wurde Aluminium verwendet. Das ausserordentlich geringe specifische Gewicht des Aluminiums und seine bedeutende Widerstandsfähigkeit gegen äussere Einflüsse empfehlen das Metall für diesen Zweck. Ein solcher Balken, für eine Tragfähigkeit von 500 Grm. construirt, hatte, mit Inbegriff der stählernen Schneiden und der Zunge aus demselben Metalle, ein absolutes Gewicht von 33 Grm.

Eine wichtige Verbesserung nahm der Verfasser ferner mit dem Theile der Wage vor, welcher beim Gebrauche dem Hebelarm als Unterlage dient. Die Arretirungsvorrichtung der Bunge'schen Wage ist so angeordnet, dass die Unterlage für die Mittelschneide des Wagebalkens beweglich ist. Durch Heben und Senken derselben wird die Auslösung respective Arretirung bewirkt. Frerichs verwarf diese Anordnung und nahm von der langarmigen Wage die fest mit der Säule verbundene unbewegliche Unterlage herüber. Denn es liegt wohl auf der Hand, dass der Theil einer Wage, von dessen unverrückter Stellung die Uebereinstimmung der Wägungen abhängt, nicht wohl beweglich sein darf, da jeder auch noch so gut gearbeitete bewegliche Mechanismus der Abnutzung und Veränderung unterliegt.

Diesen Verbesserungen wurden die übrigen Theile der Wage angepasst.*)

Neuerdings versuchte Frerichs an Stelle der Reiterverschiebung einen anderen, eigenthümlichen Apparat zu verwenden, dessen Einrichtung durch Fig. 3 u. 4 auf Taf. V veranschaulicht wird. Er suchte die kleinen Gewichtsunterschiede unter 0,01 Grm. durch die Torsion eines feinen Drahtes a (Fig. 3) auszugleichen, welcher durch die Vorrichtung h fest mit der Achse b des Wagebalkens verbunden die Verlängerung desselben bildet. Das Ende dieses horizontal nach vorne vorgeführten Drahtes war mit einem Torsionskreise c (Fig. 3 u. 4) verbunden, welcher durch eine passende Vorrichtung d mit dem Querstücke e der Säule verbunden war. Durch Drehen konnte dem Drahte die jedesmal erforderliche Torsion gegeben werden. Ein Nonius f erleichterte das genaue Ablesen der angewendeten Torsion. Durch einen einmaligen Versuch wurde festgestellt, um wie viel Grade der Draht nach rechts tordirt werden musste, um bei einem in der linken Schale der Wage befindlichen Uebergewichte von 0,01 Grm. das Gleichgewicht wieder herzustellen. Bei dem von dem Verfasser verwendeten Drahte war eine Torsion von 40° erforderlich. Durch Division mit 10 resp. 100 wurden hieraus die den kleineren Gewichten ent-

---

*) Der Verfasser bedient sich seit 2½ Jahren einer solchen von dem Mechanikus F. Sartorius in Göttingen angefertigten Wage und ist mit derselben sehr zufrieden. Bei Belastungen bis zu 50 Grm. auf jeder Seite lässt sie ein Uebergewicht von $^1/_{10}$ Milligrm. noch mit Sicherheit erkennen. Bei höherer Belastung nimmt ihre Empfindlichkeit um Weniges ab. Ihre Einstellung behält sie Wochen hindurch unverändert.

Herr F. Sartorius hat sich mit der Anfertigung in dieser Weise verbesserter Wagen weiter beschäftigt und hat im Laufe der Zeit noch manche ins Einzelne gehenden Verbesserungen angebracht. Zu diesen Verbesserungen zählt der Verfasser besonders die Verwendung einer Legirung von 95 Proc. Aluminium und 5 Proc. Silber für den Wagebalken. Eine solche Legirung hat ein nur um wenig höheres specifisches Gewicht, als das reine Aluminium, bietet dagegen den Vortheil, dass sie sich leichter und besser verarbeiten lässt. Beim Guss füllt sie die Form weit vollständiger aus und ist weniger blasig als das nur träge fliessende Aluminium. Weniger zähe als das letztere bietet das Aluminiumsilber der Feile, welche von dem reinen Aluminium verschmiert wird, geringeren Widerstand. Endlich lassen sich in dieser Legirung bessere Schraubengewinde ausschneiden, wodurch eine sichere Verbindung der kleineren Theile mit dem Wagebalken ermöglicht ist. Zu den Verbesserungen dürfte vielleicht noch zu rechnen sein die Verwendung eines Gehäuses von Gusseisen und Glas, wodurch die Wage eine gute Belichtung erhält.

sprechenden Torsionswinkel berechnet und in einer kleinen Tabelle zusammengestellt.

Soll mit einer so eingerichteten Wage die Schwere eines Gegenstandes ermittelt werden, so wird dieser auf die eine Wagschale gelegt und auf die zweite werden so viele Gewichte gebracht als nothwendig sind um dem Körper annähernd das Gleichgewicht zu halten. Nach Hinzufügung von 0,01 Grm. muss jedoch ein Uebergewicht vorhanden sein. Wird nun durch Auslösen der Arretirung dem Wagebalken freie Bewegung gestattet, so wird er sich nach der Seite des abzuwägenden Gegenstandes neigen. Durch langsames Drehen des Torsionskreises nach der entgegengesetzten Seite vermittelst eines auf den Zapfen g durch eine Oeffnung in der vorderen Glaswand des Gehäuses aufgesetzten Knopfes wird das Uebergewicht aufgehoben; zugleich aber geräth der Balken und mit ihm die Zunge in leise Schwingungen. Die Torsion in der einen oder anderen Richtung wird nun so lange geändert, bis die Zunge auf beiden Seiten des Nullpunktes scheinbar gleichen Ausschlag gibt. Der Torsionswinkel wird abgelesen und aus der Tabelle das demselben entsprechende Gewicht bestimmt.

Bei einiger Uebung, sagt der Verfasser, lassen sich mit diesem Instrumente Wägungen ausserordentlich rasch ausführen, da das häufige Arretiren der Wage bei Gewichtsdifferenzen unter 0,01 Grm. ganz wegfällt.

Frerichs fürchtete anfangs, der verwendete Draht würde seine Elasticität zu bald verändern; während der 3—4 Wochen jedoch, in denen er mit einer solchen Wage Versuche anzustellen Gelegenheit hatte, behielt derselbe auch nach starkem Tordiren seine Elasticität fast unverändert bei.*)

Arzberger hat für feine analytische Wagen eine Luftdämpfungsvorrichtung construirt, welche das Hin- und Herschwingen des Wagebalkens auf eine einmalige langsame Schwingung bis zur Gleichgewichtslage reducirt, so dass dadurch die für genaue Wägungen erforderliche Zeit bedeutend abgekürzt wird.**)

Es bedarf wohl kaum der Erwähnung, dass durch Anbringung der Luftdämpfung die Schwingungsmethode mit Beobachtung der Umkehrungspunkte ausgeschlossen ist.

---

*) Die so verbesserte Wage wird von dem Mechanikus F. Sartorius in Göttingen geliefert.

**) Die erste derartige Luftdämpfung hat der Verfasser an einer Wage der k. k. Normalaichungs-Commission in Wien angebracht.

Die Vorrichtung zur Luftdämpfung ist in Fig. 5 u. 6 auf Taf. V dargestellt. In Fig. 5 ist w das eine Ende des Wagebalkens, a das Schalengehänge; die Schale s ist mit zwei steifen Drähten an den Querbalken b befestigt, in dessen Mitte ganz nahe über einander zwei Löcher gebohrt sind. Das obere Loch dient zur Verbinbung von b mit a durch ein Häkchen, in dem unteren Loche hängt ein Drahthaken, der an einer kreisrunden vergoldeten Messingplatte d von 67^{mm} Durchmesser und 0,5^{mm} Dicke befestigt ist. Die Platte d, der Dämpfer, hängt frei in einem Cylinder c von 68^{mm} innerem Durchmesser, so dass zwischen Dämpfer und Cylinder ringsum ein Raum von 0,5^{mm} frei bleibt. Der Boden des Cylinders ist mit einem central angebrachten Schräubchen an der Platte p befestigt, welche mit dem Wagekasten in fester Verbindung steht. Fig. 6 zeigt den Cylinder c und die Platte p im Grundriss; r ist das untere zu einer Klemmschraube ausgearbeitete Ende einer am Deckel des Wagekastens befestigten Säule, welche in einen aus der Figur ersichtlichen Schlitz der Platte p eingreift, wodurch es möglich wird vor dem Festklammern der Schraube r dem Cylinder c jene Stellung zu geben, bei welcher der Dämpfer d frei ohne Anstreifen auf und nieder gehen kann. Im Boden des Cylinders c (Fig. 6) ist ein Loch l angebracht, welches durch die Platte p verschlossen ist; dreht man aber den Cylinder c um seine Mittelpunktschraube, so wird dieses Loch mehr und mehr frei, indem es sich über p verschiebt, wodurch die Dämpfung vermindert und endlich fast ganz aufgehoben werden kann.

Bezüglich der Anordnung der Theile ist besonders hervorzuheben, dass, wie schon oben gesagt, die beiden in der Mitte von b angebrachten Löcher sehr nahe über einander liegen müssen, damit nicht durch eine seitliche Belastung der Wagschale und ein hierdurch bewirktes Schiefhängen derselben ein Anstreifen des Dämpfers an den Cylinder hervorgerufen werde. Selbstverständlich muss an der gegenüberliegenden Wagschale ein Taragewicht angebracht werden, welches analog dem Dämpfer aufgehangen ist.

Viele wiederholte Versuche haben gezeigt, dass bei verschiedenen Störungen des Gleichgewichtes die Zunge immer genau auf denselben Punkt einspielt, dass somit in der That die Dämpfung nur ein dynamisches Hinderniss ist, welches die statischen Gleichgewichtsverhältnisse nicht im Geringsten beeinflusst.

Die äusserst ruhige Bewegung des Wagebalkens, welche bei nahezu erreichtem Gleichgewichte eintritt, macht es möglich, dass man mit der

Reitervorrichtung den Centigrammhaken überhängen kann, ohne vorher zu arretiren, wodurch das letzte Auswägen noch mehr beschleunigt wird. Natürlich darf diese Operation nur von geübter Hand ausgeführt werden, wenn die Wage nicht Schaden leiden soll.

Wagen, welche nicht mit vollkommenen Arretirungsvorrichtungen versehen sind, sowie unempfindliche Wagen eignen sich nicht für solche Luftdämpfungen. Im ersten Falle wird der Wagebalken nicht immer genau auf demselben Ort aufgesetzt, wodurch ein Anstreifen des Dämpfers an die Cylinderwand erfolgen kann. Im anderen Falle, bei geringer Empfindlichkeit, müsste ein weit grösseres dynamisches Hinderniss der schwingenden Bewegung entgegengesetzt werden, was nur durch Vergrösserung des Dämpfers und Cylinders und durch ein genaueres Einpressen des ersteren in den Cylinder erreicht werden könnte, wodurch abermals Veranlassung zum Anstreifen des Dämpfers gegeben würde.

Eine verbesserte Ventilbürette hat Georg August König*) construirt. Zur Herstellung des Ventilsitzes lässt man die Anschwellung am Halse einer Mohr'schen Bürettenröhre über einer mässig starken Gasflamme langsam zusammenfallen. Die Temperatur darf eine dunkle Rothgluth nicht übersteigen und die Röhre muss fortwährend gedreht werden, damit ein Verbiegen vermieden wird. Das Resultat dieser Bearbeitung ist eine starke Verdickung der Halswand und eine schwach kegelförmig sich zuspitzende Haarröhre.**) Die Weite der letzteren richtet sich natürlich nach dem beabsichtigten Gebrauche. Will man eine rasch auslaufende Bürette für minder genaue Arbeiten, wie z. B für gewöhnliche alkalimetrische und acidimetrische Proben, so lässt man die Röhre weiter, etwa wie in Fig. 9, wo 50 CC. in $1\frac{1}{2}$ Minuten ausfliessen; anderenfalls kann man bis zur Hälfte jenes Durchmessers herunter gehen z. B. für feine chlorometrische Bestimmungen. Im letzteren Falle gebraucht man alsdann eine in $\frac{1}{20}$ CC. getheilte Röhre.

Die so vorbereitete Röhre wird nunmehr auf einem gewöhnlichen rotirenden Schleifsteine angeschliffen und zwar je nach Belieben rechts oder links, immer aber so, dass die anzuschleifende Ebene rechtwinklig auf der Theilung steht.

---

*) Dingler's pol. Journal **217**, 134.

**) Anstatt den Hals zu verdicken, kann man denselben auch in eine Spitze ausziehen. Jedoch ist alsdann das Anschleifen viel schwieriger und die Gefahr des Zerbrechens bedeutender.

Die Steigung der Schliffebene ist durch die Punkte $\alpha \beta$ (Fig. 9) in jedem Falle gegeben d. h. sie muss möglichst steil sein. Da die Ausflussröhre conisch ist, kann man, sobald der Durchschnitt erfolgt, die Weite der Mündung innerhalb enger Grenzen controliren. Falls man nämlich die Röhre sehr eng werden liess, kann nunmehr durch fortgesetztes Schleifen eine Erweiterung erzielt werden.

Man schleift jetzt den Rücken und die Seiten des Halses so zu, dass bei α eine möglichst feine Spitze entsteht (Fig. 11) und zwar so, dass diese Spitze nicht mehr als 1—2^{mm} unter den tiefsten Punkt der elliptischen Ausflussöffnung zu liegen kommt. — Dieses ist ein ziemlich wichtiger Punkt, indem davon die Gleichförmigkeit des ausfliessenden Strahles, und mehr noch der Tropfen, vorzugsweise abhängt. — Der Ventilsitz ist damit fertig, wenn man das in Fig. 13 und 14 dargestellte Ventil benutzen will. Soll aber das in Fig. 9 bis 12 dargestellte Ventil zur Anwendung kommen, so muss dem Zuspitzen ein Flachschleifen und Poliren vorausgehen, was natürlich einige Geschicklichkeit verlangt und am besten von einem Optiker besorgt wird, welcher in sehr kurzer Zeit eine ebene Glasfläche herzustellen vermag. Die Construction der Ventilklappe und der dazu gehörigen Feder ist aus den Figuren leicht ersichtlich. Nur einige Punkte bedürfen der Erläuterung. Die Figuren zeigen die Einrichtung für eine 50 CC. Bürette mit den Dimensionen aller Theile in natürlicher Grösse. Die Platte p (Fig. 9 und 11) ist von so dickem Platinblech gefertigt, dass ein Verbiegen, selbst unter starkem Drucke, nicht leicht möglich ist. Sie hängt durch den Platinstift i (angelöthet) mittelst des Gelenkes h mit der platinirten Messingfeder t zusammen. Letztere wird durch den mittelst Klemmschraube um die Bürette gelegten Ring c festgehalten. Die Bewegung erfolgt durch den in der Mutter n sich drehenden Schraubenkopf s. Sowie nämlich die Spitze des Bolzens die Glaswand berührt, wird die Feder rückwärts bewegt und die Klappe geöffnet, wobei dann ein voller Strahl senkrecht ausfliesst, wenn die Stellung Fig. 12 erreicht ist. Eine halbe Drehung genügt, um diese Stellung zu erzielen. Die Regulirung des Ausflusses geschieht mit der grössten Leichtigkeit und Sicherheit in allen Stadien. Sobald die Bolzenspitze das Glas nicht mehr berührt, kommt die Elasticität der Feder zur Wirkung und hält die Klappe mit dichtem Verschlusse.

Die in Fig. 13 und 14 dargestellte Vorrichtung zeigt das Klappenprincip in seiner einfachsten Form. Die etwas ausgeplattete Spitze der platinirten Messingfeder ist mit dem dünnen Kautschukblättchen r (Fig. 13 u. 14) bekleidet, wobei eine consistente Kautschuklösung als Befestigungsmittel dient. Der Verfasser versichert, dass sich diese einfache Vorrichtung — obgleich nicht so elegant arbeitend, als die oben beschriebene — bei mehr als anderthalbjährigem Gebrauche in den Händen seiner Praktikanten für alle Titrirflüssigkeiten gleich gut bewährt habe. Die mit der Maassflüssigkeit in Berührung tretende Fläche der Klappe ist so klein, dass ein bedeutender Einfluss nicht stattfinden kann. Bleiben die Büretten fortwährend gefüllt, so erleidet allerdings der Kautschuk in einiger Zeit eine Veränderung, er wird hart und brüchig; doch kann die Auswechselung eines Blättchens bei vorräthiger Kautschuklösung in wenigen Minuten erfolgen.

Ueber Differential-Luftthermometer hat L. Pfaundler*) Mittheilungen gemacht. Das Berthelot'sche Luftthermometer mit Capillarmanometer hat den Nachtheil, dass seine Angaben vom jeweiligen Barometerstande abhängen. Diesem Uebelstande sucht der Verfasser durch Anwendung von Differential-Luftthermometern mit capillaren Manometern zu begegnen. Er erörtert die allgemeine Formel, welche zur Berechnung der Temperatur in Celsius-Graden aus den Angaben des Instrumentes dient und zeigt, unter welchen Constructionsbedingungen diese Formel sich so vereinfacht, dass an Stelle der Rechnung eine einfache Ablesung treten kann. Er untersucht ferner die möglichen Fälle in Bezug auf das Druckverhältniss der eingesperrten Luft und gelangt so zu einer grösseren Anzahl von Constructionen dieses Thermometersystemes, welche zwar alle auf demselben Principe beruhen, aber im Einzelnen sich durch ihre äussere Form sowohl wie durch ihre Anwendbarkeit wesentlich unterscheiden. — Zum Schlusse wird noch eine, wie es scheint bis jetzt noch nie angewendete Anordnung, der man den Namen Doppelgefäss-Luftthermometer oder auch Differentialdruckthermometer geben könnte, beschrieben, welche mehrfache Vortheile zu gewähren verspricht. Zwei Figurentafeln dienen zur Darstellung der beschriebenen Constructionen.

Auf ein neues Heberbarometer, welches H. Wild**) beschrieben hat, kann hier nur aufmerksam gemacht werden.

*) Sitzungsber. der kaiserl. Akademie d. Wissensch. in Wien 1875, p. 221.

**) Poggendorff's Ann. d. Phys. u. Chem. Ergänzungs-Bd. VII., p. 655.

Einen Bunsen'schen Brenner, welcher nicht zurückschlägt, hat Heinrich Morton*) construirt. Nach verschiedenen vergeblichen Versuchen, dem bekannten Missstande abzuhelfen, kam der Verfasser auf folgende Betrachtungen.

Es ist augenscheinlich, dass ein Rückschlag in der Lampe jedesmal stattfindet, wenn irgend ein Theil der aufsteigenden Luft- und Gasmischung aus der Oeffnung mit einer Geschwindigkeit entweicht, welche schwächer ist als die Verbrennungsgeschwindigkeit.

In einer gewöhnlichen Lampe mit cylindrischem Hauptrohr ist es klar, dass die Reibung der äusseren Fläche der aufsteigenden Gassäule gerade diesem Theil eine schwächere Geschwindigkeit ertheilt als dem mittleren Theil und dass also Gegenströmungen entstehen müssen.

Es kommt daher vor, dass der mittlere Theil der aufsteigenden Gassäule mit einer Geschwindigkeit entweicht, welche grösser ist als diejenige, mit welcher das Gas abwärts brennen kann, und dass bei diesem Theil kein Rückschlag befürchtet zu werden braucht, während die äusseren Theile sich mit einer so viel geringeren Geschwindigkeit bewegen, dass die Verbrennung schneller abwärts vor sich geht als die Bewegung der Gasmischung aufwärts und ein Zurückschlagen der Flamme erfolgt.

Bekanntlich erhält man einen Strahl von Wasser oder von irgend einer anderen Flüssigkeit, dessen Theilchen sich alle mit derselben Geschwindigkeit bewegen sollen, also ohne Gegenströmungen, wenn man aus der Mündung eine Oeffnung in einer dünnen Wand macht.

Fig. 6.

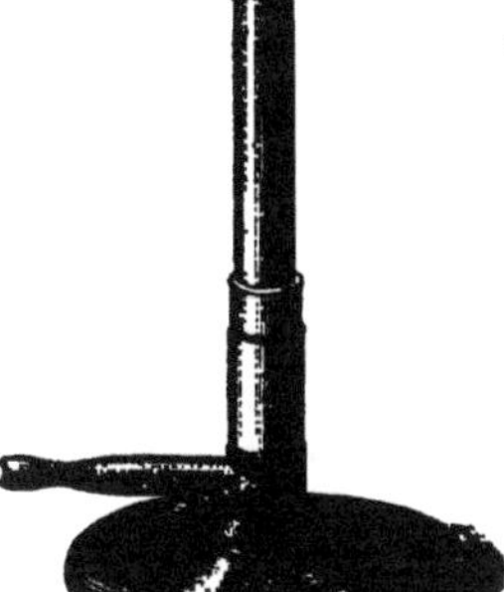

Diesen Gedanken zufolge construirte der Verfasser eine Lampe mit einer Röhre, deren Durchmesser im Verhältniss zu ihrer Höhe etwas gross war und verengte die obere Oeffnung, so dass die Röhre die Form eines an beiden Enden offenen Fingerhuts annahm. Der Flächenraum der Oeffnung betrug etwa zwei Drittel des Durchschnitts der Röhre und die Mündung war also praktisch dasselbe wie eine Oeffnung in einer dünnen Wand.

Das in Fig. 6 dargestellte Resultat dieser Formveränderung über-

*) Poggendorff's Ann. d. Phys. u. Chem. **156**, 655.

traf des Verfassers Erwartungen weit. Die neue Lampe gab eine vollkommen nichtleuchtende Flamme bei einem Gasdruck von 1—1,5 Zoll Wasser. Selbst bei dem schwächsten Druck und bei der heftigsten Bewegung schlug die Flamme nicht zurück; ja man konnte sie so stark hin und her bewegen, dass sie ausging, ohne jene Wirkung hervorzurufen. Unter denselben Umständen würde die Flamme einer gewöhnlichen Bunsen'schen Lampe bei dem geringsten Luftzug und der mässigsten Bewegung zurückgeschlagen sein.

Einen Gasapparat für quantitative Löthrohr-Proben hat J. Hirschwald*) angegeben. Der von Plattner so sinnreich ausgestattete Löthrohr-Apparat entspricht in einer Weise allen Anforderungen, dass seither kaum eine nennenswerthe Aenderung desselben vorgeschlagen worden ist. Bedient man sich jedoch zur Ausführung quantitativer Löthrohr-Proben des Leuchtgases, so lässt sich für diesen Fall die Vorrichtung wesentlich zweckentsprechender gestalten. Hirschwald bedient sich seit mehreren Jahren für den Unterricht in der Probirkunde an der königl. Gewerbe-Akademie zu Berlin des in Fig. 7 auf Taf. V veranschaulichten einfachen Apparates, der sich in jeder Hinsicht vorzüglich bewährt hat. Die Beschreibung gebe ich am besten mit des Verfassers eigenen Worten.

«Ein gewöhnlicher Bunsen'scher Brenner ist mit folgender Ausrüstung versehen: An Stelle der Brennerröhre wird ein dünnes Rohr a mit seiner Spitze aufgeschraubt, das zur Einführung atmosphärischer Luft mittelst des Kautschukgebläses dient. Hierüber schiebt sich ein weiteres Rohr b mit seitlichem Einlass zur Einführung des Leuchtgases. Auf diese Weise ist der Bunsen'sche Brenner bequem in ein verticales Löthrohrgebläse zu verwandeln und lässt sich schnell wieder für seinen ursprünglichen Zweck abrüsten. Der Brenner trägt zugleich ein kleines Stativ, dessen Einrichtung aus der Zeichnung ersichtlich ist.

In den Schieber d ist der Träger i lose hineingesteckt, so dass durch eine leichte Drehung die Probe schnell vom Feuer entfernt werden kann. Von den beiden Ringen e und f dient der grössere e zum Aufstellen des Oefchens, der kleinere f zum Absetzen der heissen Tiegel und Röstschälchen.

Der kleine Ofen g, h, der keines besonderen Halters bedarf, besteht aus Graphit oder aus Gascoke, wie solcher zu galvanischen Ele-

*) Berg- und Hüttenm. Zeitung 35, 145.

menten benutzt wird. Die Form ist dieselbe wie sie Plattner aus Holzkohle herstellt, nur dass der Feuercanal senkrecht unter den Tiegel einmündet. Letzterer hängt in einem Platinring, dessen Drahtende zur Befestigung seitlich um den Ofen herumgebogen wird. Dergleichen Oefchen sind immer auf's Neue wieder zu benutzen und gestatten einen mehrjährigen Gebrauch. Es erfordern daher die Proben keinerlei besondere Vorbereitung und es lassen sich bei Anwendung eines etwas grösseren Gebläses mehrere solcher Apparate zugleich in Thätigkeit setzen und somit eine Anzahl von Proben auf einmal ausführen.

Die Vortheile dieser Methode bestehen überdies in einem schnelleren und gleichmässigeren Zusammenschmelzen der Beschickung, so dass Blei-Niederschlagsproben in 2—3 Minuten ausführbar sind und weit seltener fehlschlagen, als das bei seitlicher Feuerung der Fall ist. Auch hier muss man jedoch vorzugsweise darauf Acht geben, dass die Spitze der inneren Flamme ausserhalb des Heizcanals bleibt, um eine zu starke Erhitzung und dem zu Folge ein Durchbrennen des Tiegels zu vermeiden. Besonders hervorzuheben ist das fast ausnahmslose und leichte Gelingen der Reductionsproben in solchen mit Kohle ausgefütterten Tiegeln, bei denen bekanntlich im Plattner'schen Kohlenhalter nur schwierig die erforderliche Temperatur zu erzielen ist*).»

Was die Proben betrifft, die, wie Silber- und Kupferproben, in der freien Löthrohrflamme behandelt werden, so pflegt man, der Bequemlichkeit halber, sich statt des Handlöthrohrs vielfach des sogenannten Rohrbeck'schen Gebläses zu bedienen. Dasselbe ist jedoch in Folge des zu wenig stabilen Kugelscharniers höchst zweckwidrig. Hirschwald benutzt statt dessen mit Vortheil den einfachen Apparat, welchen Fig. 8 auf Taf. V veranschaulicht. Das Stativ wird je nach Höhe des Brenners eingestellt und das Löthrohr durch die Klemmschraube b in der gewünschten Neigung fixirt. Alle während der Operation erforderlichen Bewegungen werden durch Drehung des ganzen Stativs leicht ausgeführt. Auf diese Weise gewährt der Apparat bei hinlänglicher Stabilität, eine ausreichende Veränderlichkeit der Grösse und Richtung der Spitzflamme,

---

*) Da wo es an Leuchtgas fehlt, kann man sich mit Vortheil eines Gemenges von Benzindampf mit atmosphärischer Luft bedienen. Man füllt eine grosse Woulf'sche Flasche mit Schlackenwolle, tränkt letztere mit Benzin und lässt mittelst eines Kautschukgebläses atmosphärische Luft durch die Flasche strömen. Die so mit Benzindämpfen beladene atmosphärische Luft gibt beim Austritt durch eine feine Spitze eine sehr brauchbare Löthrohrflamme.

ohne dass, wie bei der Rohrbeck'schen Vorrichtung, jeder Tritt auf das Kautschukgebläse eine Ablenkung der Flamme bewirkt *).

Ein selbstthätiges Löthrohrgebläse einfachster Art hat J. Landauer**) beschrieben. Der Apparat besteht aus zwei geräumigen Aspirator-Flaschen, welche durch Kautschukschläuche mit einander communiciren. Eine derselben wird mit Wasser gefüllt und auf einen erhöhten Platz gestellt, während die andere mit einem Kauschukpfropfen verschlossen wird, welcher ein mit einem Standlöthrohr in Verbindung stehendes Gasleitungsrohr umschliesst. Indem das Wasser aus der oberen Flasche in die untere tritt, wird die in der letzteren befindliche Luft comprimirt und dadurch ein für Löthrohrzwecke vollkommen ausreichender Luftstrom erzeugt ***).

Nimmt man Flaschen von 4 Liter Inhalt, so erhält man bei Anwendung eines Löthrohres mit einer Ausströmungsöffnung von 0.4^{mm} einen constanten Luftstrom von 10 Minuten Dauer. Nach dieser Zeit ist zur ferneren Thätigkeit nur das Wechseln der Flaschen erforderlich. Dabei wurden bei einer Fallhöhe von 90 Cm. brauchbare Reductionsflammen von 8—9 Cm. und Oxydationsflammen von 7—8 Cm. Länge erhalten.

Hat man Glasgefässe mit Oeffnungen am Boden nicht zur Hand, so kann man sich gewöhnlicher Flaschen bedienen, welche durch bis auf den Boden gehende Röhren mit einander verbunden werden. In diesem Falle ist das Abflussrohr vor dem Gebrauch anzusaugen.

Es liegt auf der Hand, dass man durch Schraubenquetschhähne sowohl den Wasserzufluss wie den Luftstrom nach Belieben reguliren kann.

Ein automatisches Filter hat W. H. Seaman†) construirt. Wir müssen uns bezüglich desselben mit dem Hinweise auf die Originalabhandlung begnügen.

Ueber Gasbehälter für chemische Laboratorien und Verbesserungen an denselben hat Rob. Muencke††) Mittheilungen gemacht. Benutzt

*) Die von Hirschwald construirten Apparate werden von der Firma Schlag und Behrend in Berlin geliefert.

) Ber. d. deutschen chem. Gesellschaft zu Berlin **8, 1476.

***) Die einfache Construction des Apparates ist auch ohne Abbildung (die der Originalabhandlung übrigens beigegeben ist) leicht verständlich.

†) American Chemist **6**, 168 (1875).

††) Dingler's polytechn. Journ. **218**, 40.

man den Druck der Wasserleitungen in den chemischen Laboratorien bereits mit grossem Erfolge bei verschiedenen Operationen, so bietet er auch zum Füllen der Gasbehälter eine willkommene Erleichterung, da man mittelst Wasserdruck dieselben sehr bequem in kurzer Zeit füllen und das Gas mit grösserer Geschwindigkeit ausströmen lassen kann, als dies bei Anwendung der bisher üblichen Gasbehälter der Fall ist.

Schraubt man in die seitliche Oeffnung des Aufsatzgefässes unserer gewöhnlichen sog. Metallgasometer an Stelle des Aufsatztrichters ein gewöhnliches Rohr, welches zweckmässig rechtwinkelig gebogen ist, um dem Kautschukschlauch eine geeignete Lage zu gestatten, und verbindet man dasselbe mit der Wasserleitung, nachdem vorher die beiden Hähne der Messingsäulen am Gasbehälter geöffnet worden, so strömt das Wasser mit mehr oder weniger Druck in den Behälter, während die Luft durch die mittlere Oeffnung im Aufsatzreservoir entweicht.

Nachdem der Behälter vollständig mit Wasser gefüllt, werden die Hähne geschlossen, der untere Tubus geöffnet und, nach Entfernung der Ausströmungsspitze, der seitliche Hahn mit dem Gasentwickelungsgefäss verbunden. Ist das Wasser vollständig durch den unteren Tubus verdrängt, der Behälter allseitig verschlossen und die anfängliche Verbindung des oberen Rohres mit der Wasserleitung wiederhergestellt worden, so lässt man entweder das Gas durch die seitlich angeschraubte Spitze oder durch den mittleren Hahn ausströmen, je nach dem zu erreichenden Zweck, und regelt die Ausströmungsgeschwindigkeit mit dem Hahn der Wasserzuleitung.

Ein so veränderter Gasometer besitzt aber noch manche Nachtheile. Das Herausfliessen des verdrängten Wassers aus dem unteren Tubus ist unbequem und störend, da man gezwungen ist, den Gasometer in ein grösseres Wasserreservoir zu setzen oder denselben so aufzustellen, dass das abfliessende Wasser direct in den Wasserabfluss geleitet wird. Die seitlich stehende Ausströmungsspitze gestattet nicht, den Behälter vollständig zu entleeren, und ihre Unbeweglichkeit verhindert, die Richtung der Spitze zu ändern, falls nicht dem ganzen Apparat eine andere Stellung gegeben wird.

Fig. 7 zeigt einen Gasbehälter, dessen Construction alle diese Mängel beseitigt und welcher sich in der Praxis in jeder Beziehung bewährt hat.

Das Aufsatzreservoir ist getragen von vier messingenen Säulen, von denen zwei mit Hähnen versehen sind. Die seitliche Säule trägt das bis fast auf den Boden reichende Wasserzu- und Ableitungsrohr. Um grössere Quantitäten Wasser in kürzerer Zeit eintreten zu lassen, besitzen die Röhren- und Hahndurchbohrungen einen Durchmesser von 12^{mm} im Lichten. Auf die das Wasserzu- und Ableitungsrohr tragende Säule ist ein rechtwinkelig gebogenes Rohr (das Wasserrohr) angeschraubt, auf die mittlere Säule aber ein längeres gerades Messingrohr (das Gasrohr) dessen oberes Ende einen aufgeschliffenen Conus mit Kugel trägt, in die eine Ausströmungsspitze mit Regulirungshahn, resp. ein kurzes Messingrohr mit Schlauchansatz rechtwinkelig geschraubt werden kann. Einen unteren Tubus besitzt dieser Gasbehälter nicht.

Fig. 7.

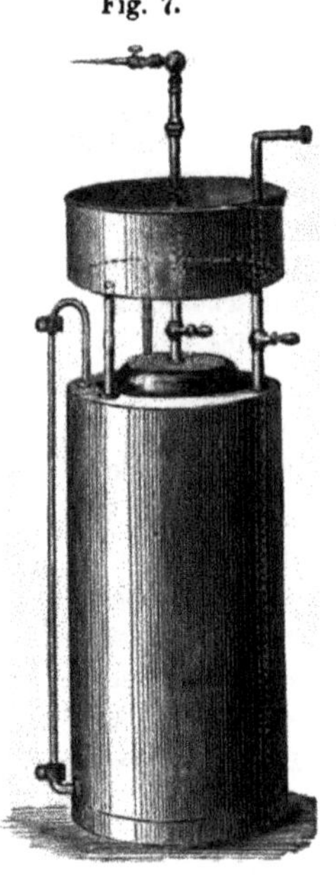

Oeffnet man beide Hähne, schraubt das Schlauchstück in den nach allen Seiten drehbaren Conus und verbindet das Wasserrohr mit der Wasserleitung, so entweicht die Luft durch das Gasrohr und der Behälter füllt sich in kürzester Zeit. Ist die Füllung beendet und die Verbindung mit der Wasserleitung aufgehoben, so befestigt man an das Wasserrohr einen herabhängenden Kautschukschlauch, der schliesslich in das Abflussreservoir der Wasserleitung münden kann, und verbindet das Schlauchstück des Gasrohres mit dem Gasentwickelungsapparat. Ein nur geringer Druck des Gases reicht hin, um durch den herabhängenden, hier die Stelle eines Hebers vertretenden Schlauch, das Wasser in dem Maasse zu entfernen, als Gas in den Behälter eintritt. Der mit Gas gefüllte und wieder mit der Wasserleitung in Verbindung gesetzte Behälter ist nun zu weiteren Operationen hergerichtet. Der Conus des Gasrohres trägt entweder die Gasausströmungsspitze oder das Schlauchstück, je nachdem beabsichtigt wird, Gas durch die Spitze ausströmen zu lassen oder weiter zu leiten. Glocken und Cylinder füllt man in dem für diesen Zweck vorhandenen Aufsatzreservoir nach Entfernung des aufgeschraubten Gasrohres. Nach Hinwegnahme des aufgeschraubten Wasserzuleitungsrohres kann dieser Gasbehälter selbstverständlich auch als gewöhnlicher Gasbehälter, ohne den Druck der Wasserleitung, angewendet werden.

Da jedoch in fast allen chemischen Laboratorien sich besondere Wasserreservoirs in den Experimentirtischen befinden, in welchen Cylinder und Glocken bequemer und sichtbarer, auch von der Grösse dieser Gefässe unabhängiger gefüllt werden können, so erschien es zweckmässiger, das Aufsatzreservoir ganz fortzulassen und den Gasbehälter so zu construiren, wie es Fig. 8 zeigt. In Stopfbüchsen sich bewegend, trägt die aufgelöthete Messingkapsel rechts das Wasserrohr, links das Gasrohr mit aufschraubbarer Ausströmungsspitze. Die Stopfbüchsen ermöglichen die Reinigung des Behälters und gestatten bei dichtem Verschluss eine allseitige Bewegung.

Fig. 8. Fig. 9.

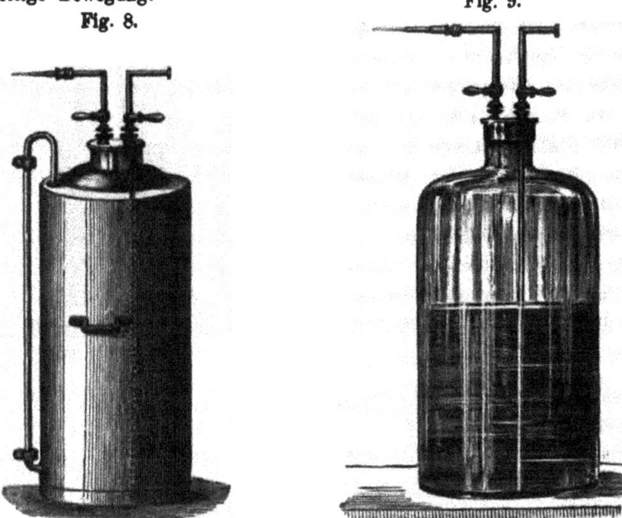

Grössere sogen. Glasgasometer darzustellen, ist für Glasfabrikanten eine schwierige Aufgabe, da es mit vielen Widerwärtigkeiten verknüpft ist, an umfangreichen Glasgefässen den unteren Tubus möglichst nahe am Boden luftdicht anzubringen. Auch ist dieser Tubus besonders geeignet das Zerbrechen des Apparates möglichst zu beschleunigen.

Durch die beschriebene Construction der Gasbehälter ist man in den Stand gesetzt, ohne Schwierigkeit grössere dickwandige Gasbehälter darzustellen, welche dem stärksten Druck hinreichenden Widerstand entgegensetzen. Sie bieten die grosse Annehmlichkeit, bei gefälligem Aeusseren, den Vorgang genau beobachten und das Wasserstandsrohr entbehren zu können. Einen solchen Gasbehälter stellt Fig. 9 dar.

Er besitzt die gleiche Construction wie der vorgehend beschriebene von Zink oder Kupfer.

Fig. 10 zeigt einen Gasbehälter von Glas mit zwei bis auf den Boden des Gefässes reichenden Röhren, die beide durch Stopfbüchsen verdichtet sind. Zwischen denselben befindet sich das Gasausströmungsrohr von derselben Beschaffenheit wie bei den vorstehend beschriebenen Gasbehältern. Er gestattet sowohl das Wasser durch beide Röhren gleichzeitig ein- oder ausströmen zu lassen, um in noch kürzerer Zeit gefüllt oder entleert zu werden, als auch Gas durch eine der beiden Röhren in den Behälter einzuführen, wie es Fig. 10 veranschaulicht.

Fig. 10.

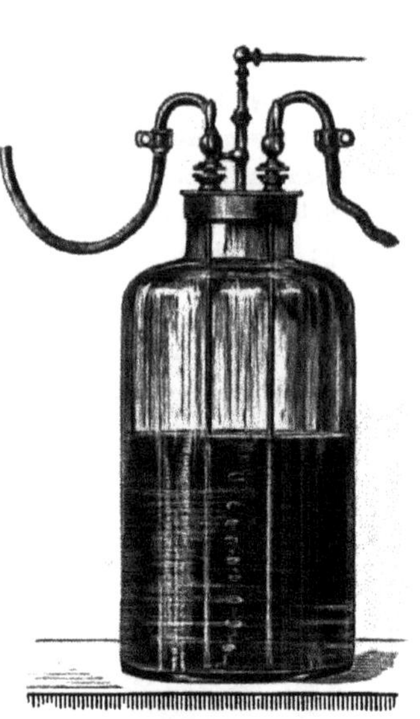

Dass diese Gasbehälter auch als Aspiratoren Anwendung finden können, dürfte aus der Construction ersichtlich sein*).

Einen Thermoregulator für Trockenkästen hat Rob. Muencke**) beschrieben. Fig. 11 (auf d. folg. Seite) gibt eine Abbildung desselben.

In die etwa 18^{mm} weite und 145^{mm} lange, mit dem wulstigen Ring oo versehene Glasröhre a ist ungefähr in der Mitte derselben das 80^{mm} lange Röhrchen b eingeschmolzen; im oberen 40^{mm} langen Theil besitzt dasselbe einen lichten Durchmesser von 8^{mm}, im untern bis fast auf den Boden reichenden nur 1 bis $1\frac{1}{2}^{mm}$. Das seitliche Rohr f am obern Theile der Röhre a dient zur Weiterleitung des Gases in den Brenner. Der die Röhre a verschliessende Kork trägt die eiserne Zuleitungsröhre g, welche sich nach unten allmählich conisch verengt und hier, bei 2^{mm} unterer Oeffnung, mit einem der Röhre b entsprechenden, theilweise durchbrochenen Scheibchen und einem kleinen, nach oben zu sich verjüngenden

*) Das Institut für mechanische Arbeiten von Warmbrunn, Quilitz & Comp. in Berlin fertigt diese Gasbehälter.

) Dingler's polytechn. Journ. **219, 72.

Spalt versehen ist; dient ersterer zur Centrirung der Röhre g, so vermittelt letzterer die allmähliche Abnahme des Gaszutrittes, nachdem die

Fig. 11.

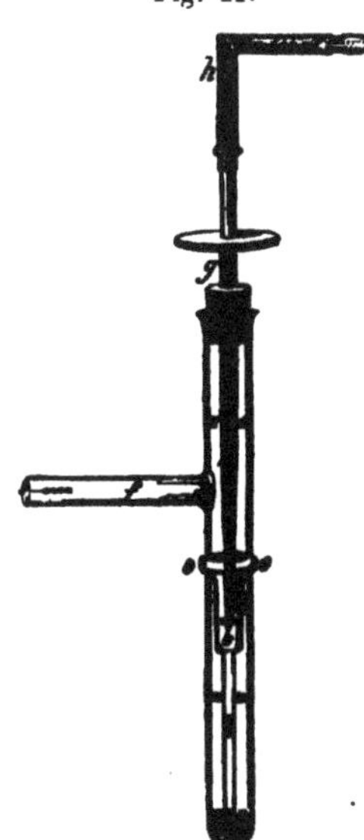

Oeffnung d der Röhre g bereits verschlossen ist. Die kleine Oeffnung p verhindert das gänzliche Verlöschen der Flamme. Die eiserne Röhre g ist in dem Kork verschraubbar und trägt oben conisch aufgeschliffen das rechtwinklig gebogene Schlauchstück für den Gaszuleitungsschlauch; die Röhre g kann daher beliebig eingestellt werden, ohne die Richtung von h zu verändern. An einfacher construirten Apparaten kann auch ein ähnlich geformtes, rechtwinklig gebogenes, in dem Kork verschiebbares Glasrohr die Stelle des eisernen Rohres vertreten.

Bei Zunahme der Temperatur wird das im untern Theile der Röhre a befindliche Quecksilber durch die in mm eingeschlossene Luft in die Röhre b getrieben. Je nach der Einstellung der Röhre g gegen die Quecksilberkuppe in b kann also das Maximum der Erwärmung leicht geregelt werden.

Der Verfasser hält diesen Thermoregulator wegen seiner einfachen Construction, bequemen Handhabung bei Anwendung von einer verhältnissmässig geringen Quecksilbermenge und der exacten Flammenregulirung für besonders geeignet zum Gebrauch in chemischen Laboratorien*).

Ueber den Lackmusfarbstoff. V. Wartha**) macht darauf aufmerksam, dass der dunkelblaue, gegen Säuren indifferente Farbstoff, der so häufig als Begleiter des Lackmus angeführt wird, gewöhnlicher Indigo ist***). Ob derselbe absichtlich zugesetzt wird, um die Qualität der

*) Derselbe ist von Warmbrunn, Quilitz & Comp. in Berlin zu beziehen.

) Ber. d. deutsch. chem. Gesellschaft zu Berlin **9, 217.

***) Es ist kaum nöthig darauf hinzuweisen, dass man sich am einfachsten von der Gegenwart des Indigo's im Lackmus überzeugt, indem man 2—3 Würfelchen desselben in einem Reagensglase vorsichtig erhitzt, wobei dann die charakteristischen violetten Dämpfe und das dunkelblaue Sublimat von Indigo auftreten (Anmerk. des Verfassers).

Lackmuswürfel durch die dunkelblaue Färbung zu erhöhen, oder ob Indigo bei der Gährung der Farbeflechten aus dem Indican enthaltenden zugesetzten Harn entsteht, ist noch zu untersuchen; nach der Menge des im Lackmus vorhandenen Indigo's glaubt der Verfasser annehmen zu müssen, dass derselbe absichtlich zugesetzt sei.

Behandelt man den käuflichen Lackmus in einem geräumigen Kolben mit gewöhnlichem Weingeist und schüttelt tüchtig um, so erhält man eine trübe, blauviolette Flüssigkeit, aus der sich beim Kochen Indigo als feines Pulver absetzt, während ein schön roth, oder bei manchen Sorten grün fluorescirender Farbstoff, der gegen Säuren indifferent ist, in Lösung bleibt.

Die auf diese Weise behandelten zurückbleibenden Lackmuswürfel werden nun mit destillirtem Wasser übergossen und mindestens 24 Stunden hingestellt, worauf die tiefgefärbte Lösung abgegossen und auf dem Wasserbade eingedampft wird. Der zurückbleibende Farbextract wird einige Mal mit absolutem, etwas Essigsäure enthaltendem Alkohol behandelt und weiter eingedampft, wodurch das Wasser so vollständig entfernt wird, dass der trockene spröde Rückstand sich pulvern lässt. Das erhaltene braune Pulver wird nun mit essigsäurehaltigem, absolutem Alkohol extrahirt, wobei grosse Mengen eines scharlachrothen — mit Ammoniak nicht blau, sondern purpurroth werdenden — ganz dem Orceïn ähnlichen Farbstoffes entfernt werden. Dadurch wird der zurückbleibende Lackmusfarbstoff so empfindlich, dass man damit die im Brunnenwasser enthaltenen kohlensauren alkalischen Erden gerade so genau titriren kann, wie mit Cochenilletinktur, was mit der nach der bisher üblichen Weise hergestellten Lackmustinktur nicht ausgeführt werden konnte. Der in absolutem Alkohol unlösliche braunrothe Farbstoff wird nun in Wasser gelöst, filtrirt, im Wasserbade zur Trockne verdampft und schliesslich durch mehrmaliges Befeuchten mit absolutem reinem Alkohol und abermaliges Verdampfen jede Spur von Essigsäure entfernt. Der zurückbleibende, spröde zu einem braunen Pulver leicht zerreibbare Körper ist nun der in Wasser mit röthlichbrauner Farbe lösliche höchst empfindliche Lackmusfarbstoff. Mit Aufwand grosser Quantitäten von absolutem Alkohol geschieht die Gewinnung des so sehr empfindlichen Lackmusfarbstoffes noch leichter, indem man die erste wässerige Lösung nach dem Ansäuern mit Essigsäure mit grossem Alkoholüberschuss fällt, den flockigen Niederschlag sammelt, mit Alkohol wäscht, mit Wasser aufnimmt und im Uebrigen so verfährt, wie bei der ersten Darstellungsweise angegeben wurde.

Die Verwendung der Salicylsäure als Indicator für acidimetrische Versuche statt der Lackmustinktur hat H. Weiske*) empfohlen. Eine beliebige Menge Salicylsäure wird in destillirtem Wasser gelöst, der etwa ungelöst gebliebene Rückstand abfiltrirt und hierauf die klare Flüssigkeit mit ein paar Tropfen Eisenchloridlösung versetzt. Alsdann lässt man zu der intensiv gefärbten Lösung aus einer Bürette vorsichtig sehr verdünnte Natronlauge bis zur genauen Neutralisation zutröpfeln, wobei die Flüssigkeit eine rothgelbe Farbe annimmt. Setzt man nun von dieser Flüssigkeit der zu titrirenden Säure einige Cubikcentimeter zu, so bleibt letztere anfangs ungefärbt. In dem Maasse jedoch, in welchem die Flüssigkeit beim Titriren mit Natronlauge dem Neutralitätspunkte näher rückt, färbt sie sich mehr und mehr violett, bis sie schliesslich kurz vor eingetretener Neutralisation die höchste Farbenintensität zeigt, welche jetzt beim geringsten Ueberschuss von Natronlauge plötzlich wieder verschwindet. Diese Reaction ist, nach den Angaben des Verfassers, so scharf und zuverlässig, dass sich hierdurch der Neutralisationspunkt leichter und sicherer als mit Lackmustinktur feststellen lässt, und hat hauptsächlich den Vorzug, dass, sobald der plötzliche Farbenwechsel eingetreten ist, keine weitere Farbenveränderung, wie dies bei der Lackmustinktur der Fall ist, erfolgt.

Weiske hat sich bisher des neuen Indicators besonders bei der Ausführung der Stickstoffbestimmungen nach der Péligot'schen Modification der Varrentrapp-Will'schen Methode bedient.

II. Chemische Analyse anorganischer Körper.

Von

H. Fresenius.

Ueber die chemische Massenwirkung des Wassers und zwar speciell bei der bekannten Reaction zwischen Chlorwismuth und Wasser hat W. Ostwald **) Untersuchungen angestellt, auf die hier nur hingewiesen werden kann.

---

*) Journ. f. prakt. Chem. [N. F.] **12**, 157.

) Journ. f. prakt. Chem. [N. F.] **12, 264.

Ueber die Dissociation wasserhaltiger Salze haben H. Precht und K. Kraut*) Mittheilungen gemacht. Zunächst geben sie eine gedrängte Uebersicht der bisherigen Arbeiten über diesen Gegenstand von Mitscherlich, Debray, G. Wiedemann und Alex. Naumann, dann beschreiben sie den von ihnen angewandten Apparat und die von ihnen ausgeführten Versuche mit

1) Gyps, 2) schwefelsaurem Cadmiumoxyd, 3) schwefelsaurem Eisenoxydul, 4) schwefelsaurem Eisenoxydulammon, 5) Ammoniak- und Kalialaun, 6) phosphorsaurer Ammon-Magnesia, 7) kohlensaurem Natron.

Die Verfasser haben ihre Versuche namentlich deshalb ausgeführt, um zu ermitteln ob, wie Debray glaubt, die Tension oder ob der Wasserverlust eines wasserhaltigen Salzes im Vacuum ein Hülfsmittel werden kann, zu erkennen, ob dasselbe einen Theil seines Krystallwassers fester gebunden hält, als den Rest. Die Versuche geben mehrfach Belege dafür, dass dieses Verfahren bei einzelnen Salzen zum Ziele führt, zeigen aber auch andererseits, dass dasselbe nur mit Berücksichtigung aller in Frage kommenden Verhältnisse, auch der individuellen Natur der Salze, benutzt werden darf.

Das Verhalten des schwefelsauren Cadmiumoxydes im Vacuum bei 100° zeigt auf's bestimmteste, dass dieses Salz $^5/_8$ seines Wassers schwächer gebunden enthält, als den Rest. Dasselbe lehren die mit Eisenvitriol angestellten Versuche in Bezug auf 6 At. Wasser, ja es gewinnt den Anschein, als ob selbst die ersten beiden Wasseratome, dann das dritte, endlich 6 Atome mit einer von einander oder vom siebenten abweichenden Kraft zurückgehalten würden. Die besondere Stellung des siebenten Wasseratoms ist hier durch die bei 100° im begrenzten Vacuum nicht messbare Spannung bestimmt gekennzeichnet, während dagegen im Wasserstoffstrome bei 100° alles Wasser leicht entweicht. Auch beim schwefelsauren Eisenoxydul-Ammon zeigt sich das sechste Wasseratom stärker gebunden.

Aber vom Alaun weiss man, dass er neben Vitriolöl 18 Atom Wasser verliert;**) im begrenzten Vacuum konnte diese Wassermenge selbst bei 100° nicht ausgetrieben werden. Hier mag der Umstand, dass der wasserhaltige Alaun beim Erhitzen schmolz, von Einfluss sein und das wirkliche Verhalten verdecken. Die phosphorsaure Ammon-Magnesia gilt

*) Ann. Chem. **178**, 129.

) Vergl. Kraut, Ann. Chem. Suppl. **4, 126.

nach dem Trocknen bei 100⁰ als $2 MgO, NH_4O, PO_5 + 2 HO$. Es darf freilich das Trocknen nicht zu lange fortgesetzt werden, wenn sie diese Zusammensetzung behalten soll; immerhin deuten die vorliegenden Erfahrungen darauf, dass eine festere Bindung dieser beiden Wasseratome vorhanden ist, obgleich sie im Vacuum nicht mit Sicherheit erkannt werden konnte. Auch beim kohlensauren Natron lässt das Verhalten im Vacuum nicht voraussehen, dass dieses Salz 9 Atom Wasser mit einer so viel grösseren Leichtigkeit entlässt, als das zehnte.

Noch andere Salze verlieren ihr Wasser erst bei Temperaturen, welche zu hoch sind, um Beobachtungen im Vacuum zu gestatten. Dies gilt namentlich von den Silicaten. Versuche, welche bereits vor Jahren in Kraut's Laboratorium angestellt wurden, haben ein solches Verhalten für den Dioptas, das Kieselzinkerz und den Okenit erwiesen*). Erhitzt man diese Silicate im trockenen Luftstrom auf allmählich steigende Temperaturen, so beginnt der Wasserverlust meist schon bei 100⁰ ohne 1 At. oder einen einfachen Bruchtheil eines Atoms zu erreichen, bei höherer Temperatur z. B. bei 300⁰ entweicht wieder Wasser, aber wie auch die Versuche geleitet wurden, es gelang nicht, bestimmt ausgesprochene Unterschiede zu constatiren, aus denen sich der Schluss hätte ziehen lassen, dass diese Verbindungen ihr Wasser in verschiedenen Formen enthalten, oder dass eine derselben dasselbe leichter als die andern entlasse. Formeln, welche das Wasser in dem einen Silicate als basisches, in dem anderen als Krystallwasser aufführen, werden demnach bis auf Weiteres willkürlich bleiben.

Ueber die Absorptionsspectren einiger Salze der Metalle der Eisengruppe und ihre Anwendung in der Analyse hat Hermann W. Vogel**) Mittheilungen gemacht. Nach kurzer Anführung der bisherigen Untersuchungen über Absorptionsspectren von Metallsalzen, namentlich der Arbeiten von Brewster und Gladstone, Stockes, Valentin, Vierordt, Schiff und Preyer, beschreibt der Verfasser die Reactionen der durch Schwefelammonium fällbaren Metalle und zeigt dann wie sich in dem gewöhnlichen Gange der qualitativen Analyse auf nassem Wege die Beobachtung der Absorptionsspectren mit Nutzen verwenden lässt.

*) Dioptas CuO, SiO_2, HO; Kieselzinkerz $2 ZnO, SiO_2, HO$: Okenit $CuO, 2 SiO_2, 2 HO$. — Ueber den Wasserverlust des Dioptas vergl. Gmelin 6. Aufl. **3**, 690.

) Ber. d. deutsch. chem. Gesellsch zu Berlin **8, 1533.

Zur Beobachtung der Absorptionsspectren verwendet Vogel die einfachsten Hülfsmittel. Ein Taschenspectroskop a Fig. 12 wird in einen Retortenhalter B gespannt und entweder auf eine Flamme L gerichtet, oder auf einen Spiegel S, welcher Himmelslicht auf den Spalt p des Spectroskopes wirft. Die Lösungen der Salze werden in gewöhnlichen Reagensgläsern vor den Spalt gehalten; man fasst die Gläser unten zwischen Daumen und Zeigefinger und hält sie dicht vor den Spalt, so dass beide Finger die (runde) Spaltplatte und das Glas an diametral entgegengesetzten Punkten zugleich berühren.

Fig. 12.

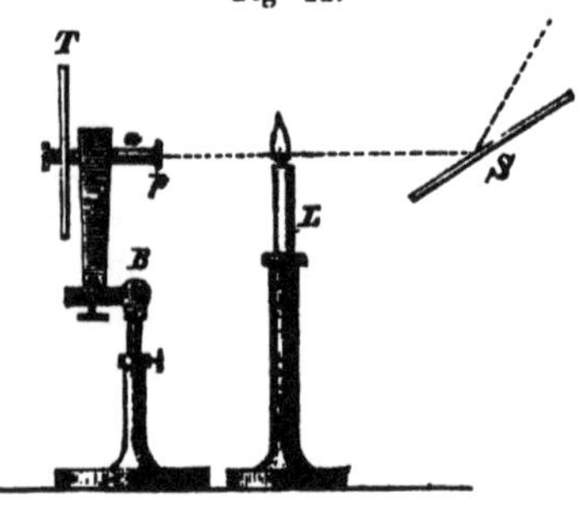

Bei sehr verdünnten Lösungen bedarf man oft dickerer Schichten zur Beobachtung der Absorptionsstreifen. Diese erhält man leicht, wenn man in ein Reagensglas einige Cubikcentimeter der Probeflüssigkeit giesst (je verdünnter diese ist um so mehr*) und dann senkrecht durch das Reagensglas R hindurchsieht (Fig. 13). Ein untergelegter Spiegel S reflectirt Lampen- oder Himmelslicht durch das Rohr in den Spalt; schwarzes Papier um das Reagensglas gewickelt, hält passend Nebenlicht ab. Ein Schirm von Pappe TT dient zum Schutz der Augen gegen das grelle Licht.

Fig. 13.

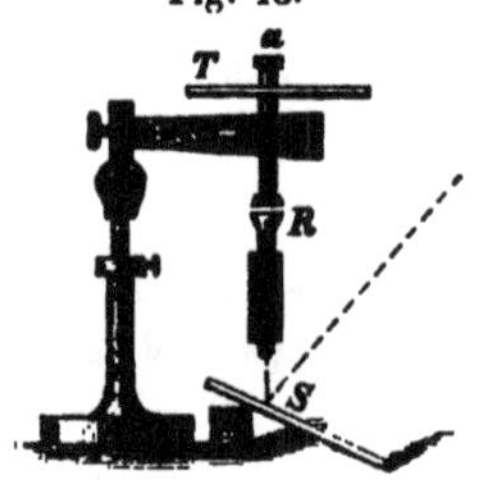

Zur Darstellung der Absorptionsspectren bedient sich der Verfasser der graphischen Methode, welche er bereits früher bei der Darstellung seiner photographischen Spectren angewandt hat**). Auf einer Horizontallinie als Abscisse, die durch die Fraunhofer'schen Hauptlinien abgetheilt ist. wird die Absorption, welche irgend ein Stoff gibt, durch eine Curve ausgedrückt, welche um so höher steigt, je intensiver die Absorption ist. Die Sache ist so leicht verständ-

*) Eine Schicht Chromalaunlösung 1:100 muss z. B. 2,5 Centimeter hoch sein, um einen deutlichen Absorptionsstreif auf D zu geben, eine fünffach verdünnte Lösung (1:500) verlangt eine fünfmal höhere Schicht. Man sorge daher bei verdünnten Lösungen für eine genügende Menge Probeflüssigkeit.

**) Vergl. Ber. d. deutsch. chem. Gesellsch. zu Berlin 7, 459.

lich, dass eine nähere Auseinandersetzung kaum nöthig ist und so leicht ausführbar, dass auch der des Zeichnens Unkundige ein verständliches Absorptionsspectrum darstellen kann*).

Mangan. Nach Hoppe-Seyler lässt sich eine chlorfreie Manganverbindung leicht durch Kochen mit Bleisuperoxyd und Salpetersäure in Uebermangansäure überführen, die sich im reinen Zustande sofort durch ihre rothe Farbe verräth. Diese ist selbst bei einer Verdünnung 1 : 250000 noch erkennbar. Sind jedoch stark färbende Metalle wie Chrom und Eisen in grossen Mengen, dagegen das Mangan nur in sehr kleinen Mengen vorhanden, so ist die Färbung nicht mehr so deutlich, desto sicherer aber die Erkennung durch das Spectroskop, und diese Reaction ist, wie der Verfasser fand, empfindlicher als das Schmelzen mit kohlensaurem Natron. Concentrirte Uebermangansäurelösung löscht den Raum von G bis D des Spectrums völlig aus, Lösungen von 1 : 4000 lassen die ersten Spuren von Absorptionsstreifen sichtbar werden (Fig. 14, Curve 1), bei Verdünnungen auf 1 : 10000 treten die bekannten 5 Absorptionsstreifen zwischen F und D deutlich hervor (Fig. 14, Curve 2). Der stärkste derselben α bei E ist noch in Lösungen von 1 : 250000 bei $1^1/_2$ Centimeter Dicke deutlich zu erkennen. Er verräth also trotz gegenwärtiger anderer färbender Salze die geringsten Mengen Mangan sofort.

Hinsichtlich der Anwendbarkeit des Hoppe-Seyler'schen Reagens bemerkt Vogel Folgendes.

Ein Tropfen Manganvitriollösung (1 : 100, d. i. 1 Milligrm. Salz) gibt damit sofort die Uebermangansäure-Reaction. Bei einer Lösung, die neben 100 Eisenvitriol und Chromalaun 1 Manganvitriol enthielt, war die Reaction nicht empfindlich genug. Wurde jedoch solche Lösung mit Kalilauge gefällt und eine Probe des Niederschlages mit Salpetersäure gekocht, dann etwas Bleihyperoxyd zugeschüttet, so offenbarte sich die Reaction sofort in ganz ausgezeichneter Weise. Ebenso verhielten sich Kaliniederschläge aus salzsaurer Flüssigkeit nach zweimaligem Auswaschen, der bekannte Schwefelammoniumniederschlag gemengter Metalle und durch Salpetersäure zersetzbare gepulverte Mineralien (z. B. Spatheisenstein).

Bei Manganspuren und Gegenwart anderer farbiger Salze erscheint nur der Absorptionsstreif α Fig. 14, Curve 2.

Die Spectralreactionen der grünen Mangansäure, welche Curve 3 in graphischer Darstellung gibt, sind weniger empfindlich.

---

*) Eine noch rationellere, aber für praktische Zwecke zu weit gehende Darstellungsweise verdanken wir J. Müller (Poggendorff's Ann. 72, 76).

Uran. Uranoxydsalze geben in Lösung zwei wenig charakteristische Spectralstreifen bei F, Curve 4, und löschen ausserdem Blau aus. Das Spectrum des Urannitrats, Curve 4, wird durch Zusatz von Salzsäure

Fig. 14.

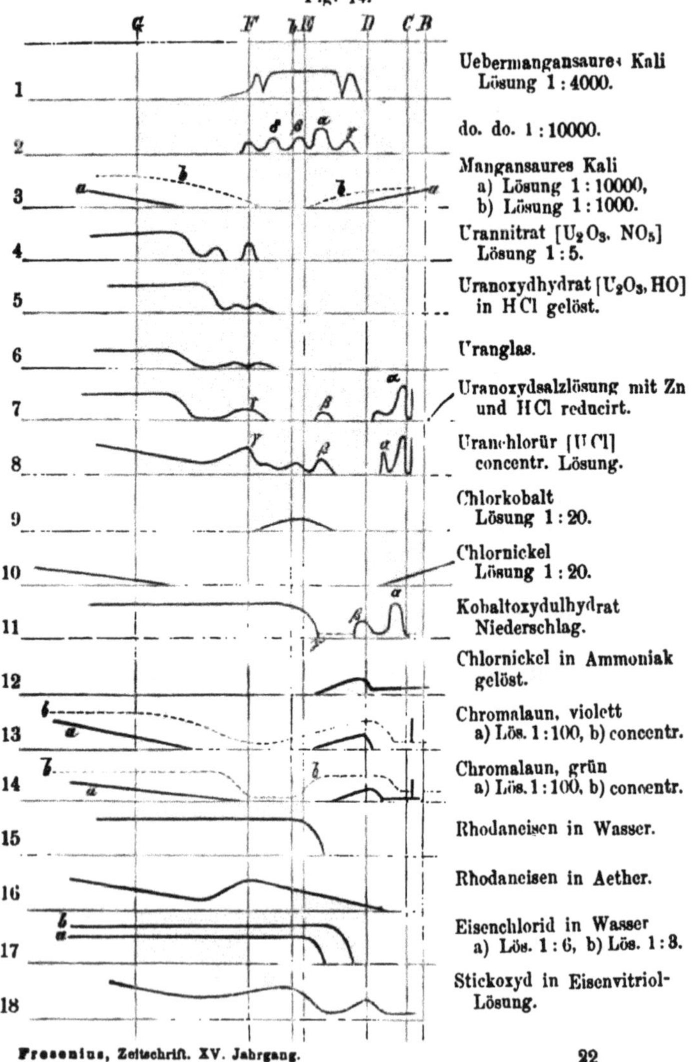

verändert; es bilden sich dann zwei Streifen links von F. Die Reaction des Nitrats ist von der salzsauren Lösung des Oxyds (Curve 5) verschieden, indem bei letzterer die Streifen weiter nach Grün gerückt und verschwommener sind; die Reaction des Uranglases ist dem ganz analog (Curve 6), dagegen ist das bekannte Absorptionsspectrum des Uranchlorürs und der Salze des Uranoxyduls im höchsten Grade charakteristisch durch seine ausgezeichneten Absorptionsstreifen in Grün und Orange, in erster Linie durch die Streifencurve α, Curve 7.

Hinsichtlich der praktischen Anwendbarkeit dieser Reaction fand der Verfasser Folgendes.

Man kann mit jedem beliebigen löslichen Uranoxydsalze sehr leicht die Absorptionsstreifen des Uranchlorürs erhalten, wenn man es mit Zink und etwas Salzsäure versetzt. Nach kurzer Zeit stellen sich die Streifen α und β (Curve 7) ein. Weder Eisen, noch Zink, Kobalt, Nickel, Chrom oder Thonerde hindern die Reaction.

Eine Uranlösung 1:200 zeigt die Reaction in Reagensglasdicke ($1\frac{1}{2}$ Centimeter) noch ganz deutlich, verdünntere Lösungen in dickeren Schichten, wenn man senkrecht in das Reagensglas hineinsieht. Die Reaction ist demnach auch zur Auffindung kleiner Mengen Uran verwendbar. In sehr verdünnten Lösungen ist nur α sichtbar. Das Spectrum der concentrirten Uranchlorürlösung ist in Curve 8 abgebildet.

Kobalt und Nickel. Chlornickel und Chlorkobalt in Lösungen von 1:20 zeigen keine sehr charakteristische Spectralreaction, das erstere löscht etwas Grün aus, das zweite das Roth und Violett (Curve 9 und 10).

Blaue Kobaltsalze absorbiren mehr Gelb. Ganz eigenthümlich ist dagegen die Reaction des Kobaltoxydulhydrates. Vogel fand, dass der Niederschlag, den Kali oder Natron in Kobaltsalzlösungen hervorbringt, so lange er noch nicht höher oxydirt ist, sowohl in der blauen als auch in der rothen an der Luft bald grün werdenden Modification, zwei sehr charakteristische Absorptionsstreifen zeigt, einen stärkeren bei C und einen schwächeren auf D', Curve 11, ausserdem wird die ganze blaue Seite des Spectrums von E ab verschluckt. Der blaue Niederschlag zeigt, verglichen mit dem röthlichen, eine etwas stärkere Absorption im Gelb und Orange an den Stellen der punktirten Linie, Curve 11, im übrigen aber dieselben Streifen; bei sehr geringer Menge des Niederschlags erscheint nur der Streifen α.

Kobaltglas zeigt die Streifen α und β ebenfalls, ausserdem noch einen dritten bei E an der Stelle, wo die Absorption des Grün bei

Kobaltoxydulhydrat, Curve 11, beginnt. Das blaue Ende des Spectrums wird von Kobaltglas durchgelassen.

Zwei CC. Chlorkobaltlösung (1:500) gaben, mit Kalilauge gefällt, nach dem Absitzen des Niederschlages den Streifen α im Orange noch ganz deutlich; eine Lösung (1:100) gab nach dem Fällen mit einem Tropfen Kalilauge beide Streifen höchst intensiv. Hat man vorher die Luft durch Kochen aus der Lösung entfernt, so dass die höhere Oxydation des Kobaltoxydulhydrats verhindert wird, so erscheint die Reaction noch schöner. Nickel hindert die Reaction nur wenig. Bei 100 Nickel auf 1 Kobalt erkennt man im Niederschlag noch den Streifen α (Curve 11), bei 50 Nickel auf 1 Kobalt sieht man sehr schön beide Streifen. Dagegen verhindern Chromoxyd und Eisenoxyd schon bei zehnfacher Menge diese Reaction des Niederschlages vollständig.

Die Reaction des mit Kalilauge erzeugten Nickelniederschlages entspricht der des Chlornickels (Curve 10), nur wird Blau bis F absorbirt. Charakteristischer ist die Reaction des blauen Nickeloxydulammons; es zeigt einen deutlichen Absorptionsstreif auf Gelb (Curve 12). Chrom- und Kupfersalze geben zwar mit Ammoniak andere Absorptionen, dennoch verhindern sie die leichte Erkennung der nicht sehr intensiven Nickelreaction.

Chromoxyd gibt sich in seinen violetten wie grünen Salzen durch eine sehr charakteristische Reaction zu erkennen, die im sauren und neutralen Zustande kein anderes analoges Metallsalz der Eisengruppe zeigt. In Lösung von 1:100 löscht es in $2^1/_2$ Centimeter dicker Schicht das Gelb aus und gibt einen verwaschenen Absorptionsstreif auf D Curve 13a.

Die grünen Chromoxydsalze absorbiren das Gelb, Roth und Blau stärker als die violetten (Curve 14). In verdünnteren Lösungen muss man dickere Schichten anwenden und also senkrecht in das möglichst gefüllte Reagensglas hineinsehen, um den Streif zu erkennen.

Im Lampenlicht, das im Spectroskop eine weitere Ausdehnung nach Roth zeigt, als Himmelslicht, bemerkt man ausser dem breiten verwaschenen Streif auf D noch einen schmalen scharfen Absorptionsstreif jenseits C sowohl bei der grünen als bei der violetten Modification des Chromoxyds (s. Curve 13 und 14), derselbe scheint bisher noch nicht beobachtet zu sein*).

*) Er liegt fast genau in der Mitte zwischen C und B auf Theilstrich 50 von Vogel's Apparat, der B auf 46,5; C auf 53 und D auf 70 zeigt. Dieser Streif zeigt sich auch in verdünnten Lösungen bei hinreichender Dicke und ändert

Chromoxyd in Ammoniak gelöst löscht hauptsächlich Grüngelb aus. Der Niederschlag von Chromoxydhydrat verhält sich ähnlich wie seine Salze, ist jedoch wenig durchsichtig. Sind in einer Chromoxydsalzlösung sehr grosse Mengen von Eisenoxydsalz gegenwärtig, so können diese die Beobachtung der Chromreaction stören, indem alsdann Eisenoxydhydrat die ganze blaue Seite bis Gelb auslöscht (Curve 17). Man braucht aber dann nur die Flüssigkeit mit Zink und Salzsäure zu reduciren und zu entfärben, um den Chromstreif auf D wahrzunehmen. Reicht diese Reaction auch nicht zur Erkennung sehr kleiner Chrommengen aus, so gibt sie doch bei der Prüfung der Lösung eines Gemenges von Salzen sofort einen schätzbaren Anhaltspunkt.

Eisenoxydsalze lassen sich spectroskopisch leicht kennbar machen durch ihre Rhodanammonreaction. Die intensive Färbung reicht in den meisten Fällen allein zur Erkennung hin, bei starker Färbung von Seiten anderer Metalle braucht man die Lösung nur mit Aether zu schütteln, der sofort das Rhodaneisen mit violetter Farbe löst und, wie bereits J. Müller beobachtete, einen breiten verwaschenen Schatten auf Grün und Gelb erzeugt. (Curve 16.)

Die Reaction des Rhodaneisens in Aether entspricht völlig der Reaction des Jods in Schwefelkohlenstoff, ebenso wie die wässrige Rhodaneisenlösung der alkoholischen Jodlösung in Farbe und Spectralreaction gleichkommt (s. Curve 15).

Eisenoxydulsalze absorbiren nur sehr schwach, Eisenoxydsalze löschen die blaue Seite des Spectrums aus, höchst concentrirte Lösungen bis nahe D, verdünntere bis E, noch verdünntere bis F.

Eine 16procentige Eisenchloridlösung absorbirt bei 5 Centimeter Dicke den blauen und grünen Antheil des Spectrums bis zur Mitte zwischen D und E (Curve 16a) bei 10 Centimeter Dicke bis D.

Die Lösung des Stickoxyds in Eisenoxydulsalzlosungen zeigt verdünnt einen Absorptionsstreif auf D (Curve 18), der zu Verwechselungen mit Chrom führen kann, deshalb muss man ersteres, im Falle es vorhanden ist, durch Kochen entfernen.

Zinksalze weisen keine charakteristische Spectralreaction auf. Dagegen sind Thonerdesalze vermöge ihrer Reaction auf organische Farbstoffe leicht spectralanalytisch kennbar zu machen. Dieselben färben

seine Lage mit der Concentration nicht. Ein von Brewster in concentrirten Lösungen von oxalsaurem Chromoxydkali zwischen B und a beobachteter Streifen stimmt damit nicht überein.

sich mit Hollunderbeerentinctur und Malventinctur sehr intensiv unter Entstehung eines Absorptionsstreifs auf D. Schon 1 Tropfen Alaunlösung (1 : 100) bewirkt deutliche Verdunkelung des verdünnten Hollunderbeerensafts*).

Chromalaun bewirkt die Reaction nicht, Eisenoxydsalze veranlassen jedoch ähnliche Färbungen. Bekanntlich hat Goppelsröder das Morin, welches mit Thonerdesalzen Fluorescenz bewirkt, als Reagens empfohlen**). Vogel will das Verhalten gegen Thonerdelösungen in spectralanalytischer Hinsicht studiren und später darüber Mittheilung machen.

Das bis jetzt von dem Verfasser Veröffentlichte könnte bei qualitativen Untersuchungen wohl Verwendung finden. Hat man bei solchen z. B. mit dem bekannten Schwefelammoniumniederschlag zu thun, so kann man eine kleine Probe mit Salpetersäure und Bleihyperoxyd auf Mangan prüfen, den Rest mit verdünnter Salzsäure lösen, wobei CoS und NiS grossentheils zurückbleiben. In der Lösung der letzteren in Königswasser offenbart sich durch Niederschlagen einer Probe mit Kalilauge spectroskopisch das Kobalt. Das Nickel weist man am besten auf gewöhnlichem Wege nach Liebig nach. In der Lösung der übrigen Metalle offenbart sich das Chrom, falls nicht zu viel Eisenoxydsalz zugegen ist, spectroskopisch leicht. Bei Gegenwart grosser Mengen von Eisenoxydsalz, die sich durch die Farbe und durch die Auslöschung der blauen Seite des Spectrums (s. o.) verrathen, verdünnt man dieses mit Zink, wonach der Chromstreifen auf D, sowie bei Gegenwart von Uran die Streifen des Uranoxyduls deutlich hervortreten. Zink erkennt man auf gewöhnlichem Wege. Bei der Prüfung auf Eisen und Thonerde kann man mit Erfolg die oben erwähnten Farbe- und Spectralreactionen zu Hülfe nehmen.

Zur elektrolytischen Bestimmung des Kupfers und Nickels. In dieser Zeitschrift **14**, 350 berichtete ich kurz über eine Verbesserung

*) Diese Verdunkelung kann auch ohne Spectroskop als Reagens auf Thonerde dienen. Man füllt in zwei gleiche Reagensgläschen je 2 Centimeter hohe Schichten einer verdünnten Hollunderbeerentinctur (etwa von der Farbe einer rothen Chlorkobaltlösung 1 : 16), gibt in das eine etwas von der Thonerde enthaltenden Flüssigkeit, in das andere ebensoviel Wasser; durch Vergleichung der beiden gegen weisses Papier gehaltenen Röhrchen ergibt sich die Verdunkelung sehr leicht. Malventinctur dunkelt mit Thonerdesalzen weniger intensiv, gibt aber einen deutlicheren Absorptionsstreif auf D. Die Thonerdelösung darf ausser Essigsäure keine freie Säure enthalten.

) Diese Zeitschr. **7, 208.

des Verfahrens der elektrolytischen Bestimmungsmethode — Anwendung einer Thermosäule an Stelle der Meidinger'schen Elemente — ohne damals in der Lage zu sein, über die genannte Thermosäule nähere Mittheilungen machen zu können. Ich hatte seitdem Gelegenheit die von Mure und Clamond*) ursprünglich construirte und von Clamond**) neuerdings verbesserte Thermosäule durch eignes Arbeiten mit derselben kennen zu lernen und mich von der Zweckmässigkeit derselben zu überzeugen.

Im Nachstehenden gebe ich eine Beschreibung dieses durch Fig. 1—3 auf Taf. VI veranschaulichten Apparates. Fig. 1 ist eine perspectivische Ansicht; Fig. 2 ein Durchschnitt nach der Verticalachse des Apparates nebst Ansicht der Armaturen; Fig. 3 eine Grundansicht der zusammengefügten Stäbe und ihrer Armaturen.

Die Elemente bestehen aus einer Legirung von Zink und Antimon***) und aus Eisen; dieselben sind, wie Fig. 3 zeigt, radial im Kreise angeordnet und es liegen bei einer Säule mehrere solcher Elementenkränze über einander. In Fig. 3 sind mit B die Stäbchen der Zinkantimonlegirung und mit L die verzinnten Eisenbleche bezeichnet. Diese Eisenbleche dienen gleich als Stromleiter von einem Elemente zum anderen und liegen deshalb auf den oberen Flächen der Stäbchen B auf. Da letztere sich stärker als das Eisen ausdehnen, so wird der Contact beim Erwärmen um so grösser. Die einzelnen Elemente sind durch Lagen von Asbest getrennt, ebenso die verschiedenen über einander befindlichen Elementenkränze (siehe r in Fig. 2). Das Ganze bildet einen Cylinder, nach dessen innerer Seite hin die sämmtlichen Löthstellen gerichtet sind.

Diese sind gegen die directe Einwirkung der Gasflammen dadurch geschützt, dass der Cylinder innen ganz mit Asbest ausgekleidet ist. Die Erwärmung geschieht durch Gas. Zu diesem Ende befindet sich in dem Cylinder ein mit Löchern versehenes Rohr aus feuerfestem Thon †)

*) Telegraphic Journal, November 1872 p. 11 und Dingler's pol. Journ. **207**, 125.

) Engineering, December 1874 p. 437; Dingler's pol. Journ. **215, 427 und Berg- und Hüttenmännische Zeitung **34**, 394.

***) Um den Stäbchen der Zink-Antimonlegirung grössere Dauer zu verleihen müssen dieselben in Formen gegossen werden, welche etwas unter den Schmelzpunkt der genannten Legirung erwärmt sind; auch darf die Legirung selbst nicht stark überhitzt werden.

†) Da diese Thonröhren bei der Abkühlung der Thermosäule selbst dann sehr leicht zerspringen, wenn man das rasche Zuströmen kalter Luft durch Ver-

A (Fig. 2 und 3). Das Gas passirt zunächst den Giroud'schen Regulator C (Fig. 1 und 2), um auch bei Druckschwankungen ein gleichförmiges Brennen der Gasflammen und also mittelbar einen constanten Strom zu erzielen, und wird dann durch die Röhre T, in welche durch zweckmässig angebrachte Oeffnungen Luft einströmt und sich mit dem Gase mischt, nach A geleitet. Aus den Löchern von A heraus brennt die Mischung von Gas und Luft; die zur Verbrennung weiter nöthige Luft strömt von unten in den ringförmigen Raum D zwischen dem Rohre A und der Innenwandung des Cylinders ein. Die Entzündung geschieht, nach Abnahme des Deckels, von oben.

Die einzelnen Elemente eines Elementenkranzes sind hinter einander verbunden. Dagegen können die verschiedenen Kränze verschieden verbunden werden, je nachdem die äusseren Widerstände beschaffen sind. Zu diesem Zwecke endigen die Pole jedes Kranzes in Klemmschrauben, welche vertical auf zwei Metallstreifen angeordnet sind, wie man dies aus der perspectivischen Ansicht Fig. 1 ersieht. Hier sind die sämmtlichen Elemente hinter einander verbunden dargestellt, während in der schematischen Skizze zu Fig. 2 die Kränze neben einander verbunden gedacht sind.

Die Form der bei elektrolytischen Bestimmungen anzuwendenden Elektroden kann selbstverständlich sehr verschieden gewählt werden und wird natürlich für specielle Zwecke entsprechend modificirt werden müssen. Für die Untersuchung kupferhaltiger Schiefer hat sich nach den Mittheilungen der Mansfeld'schen Oberberg- und Hüttendirection*) beispielsweise die im Eislebener Laboratorium übliche Form (Conus und Spirale von Platin) sehr gut bewährt. Zur Analyse von Kupfernickellegirungen, und namentlich auch von Neusilber, wobei man mit weit concentrirteren Lösungen arbeiten muss, als im vorhergenannten Falle, hat sich in dem Laboratorium von Christofle & Comp. in Paris eine andere Form eingebürgert, welche Herpin**) beschreibt. Der in

---

schliessen der Cylinderöffnung mittelst eines (in den Figuren weggelassenen) gusseisernen Deckels möglichst verhindert, so bediene ich mich solcher aus Porcellan von gleicher Construction, welche sich als ganz vorzüglich bewährt haben. (H. F.)

*) Diese Zeitschrift 11, 1 ff.

**) Bullet. de la Société d'Encouragement 1874 p. 595; Dingler's pol. Journ. 215, 440; Moniteur scientif. [3 sér.] 5, 41.

Fig. 4 u. 5 auf Taf. VI dargestellte Apparat besteht aus einer auf einem Dreifuss B stehenden Platinschale A, welche mit dem negativen Pole der Batterie verbunden wird; die Anode bildet eine Platinspirale C und das Ganze wird zur Verhütung eines durch die entwickelten Gasbläschen verursachten Substanzverlustes mit einem Glastrichter D bedeckt.

Die Ausführung der Analyse von Kupfernickellegirungen beschreibt Herpin folgendermaassen:

In einem Kölbchen von circa 250 CC. Inhalt löst man 1 Grm. der Substanz in Salpetersäure, verdampft bis fast zur Trockne und setzt dann 4—5 CC. Schwefelsäure und soviel destillirtes Wasser zu, dass die Flüssigkeit auf 60—70 CC. gebracht wird. Diese Lösung wird in die Platinschale A gespült und der Elektrolyse unterworfen. Durch den galvanischen Strom wird nur das Kupfer abgeschieden, während das Nickel in der sauren Lösung zurückbleibt.

Die nur noch Nickel enthaltende Flüssigkeit wird in ein, dem zum Auflösen der Probe angewandten ähnliches Kölbchen abgegossen, die Platinschale erst mit Wassser, dann mit Alkohol ausgespült, getrocknet und zur Bestimmung des abgeschiedenen Kupfers gewogen. Die mit dem Spülwasser vereinigte nickelhaltige Flüssigkeit wird zum Kochen erhitzt, die überschüssige Säure anfänglich mit kohlensaurem Natron theilweise abgestumpft, dann mit Ammon übersättigt, bis die Flüssigkeit eine blaue Färbung angenommen hat. Hierauf bringt man die Lösung in die Platinschale, lässt den elektrischen Strom bis zur Ausfällung alles Nickels einwirken und wägt letzteres.

Enthält die Legirung Spuren von Blei oder Eisen, so hat man sich um dieselben nicht weiter zu kümmern; das Blei scheidet sich während der Ausfällung des Kupfers als Hyperoxyd am positiven Pole ab; das durch Ammon als Oxydhydrat ausgefällte Eisen schwimmt in der Flüssigkeit; die Bestimmung des Nickels wird somit durch die Anwesenheit geringer Mengen der beiden genannten Metalle nicht gestört.

Zur Erzeugung des galvanischen Stromes bediente sich Herpin Bunsen'scher Elemente, einer kleinen Gramme'schen Maschine und der oben beschriebenen Clamond'schen thermoelektrischen Säule. Seinen Erfahrungen zufolge empfiehlt sich die Anwendung des letztgenannten Apparates am meisten.

Zur Prüfung der Genauigkeit des Verfahrens stellte Herpin folgende Versuche an:

1. Von einer im Liter 20 Grm. reines Kupfer enthaltenden Lösung

unterwarf er wiederholt je 50 CC. entsprechend 1 Grm. reinem Kupfer der Elektrolyse und erhielt dabei 1 Grm. Kupfer bis auf eine Differenz von 0,001 oder 0,0005 Grm. zurück.

2. Ferner stellte er durch Umwandlung von käuflichem Nickelmetall zu reinem schwefelsaurem Nickeloxydul-Ammoniak eine Lösung von reinem Nickel dar. Bei der wiederholten elektrolytischen Behandlung von je 50 CC. dieser Lösung erhielt er 0,315 Grm. Nickel.

3. Von der Kupferlösung versetzte er 25 CC., welche 0,500 Grm. Kupfer enthielten, mit 25 CC. der Nickellösung entsprechend 0,1575 Grm. Nickel. Die elektrolytische Trennung und Bestimmung beider Metalle ergab 0,500 Grm. Cu und 0,158 Grm. Ni (Differenz = 0,0005 Grm.)

4. Aus reinem Kupfer und reinem Nickel (beide Metalle waren durch elektrolytische Zersetzung einer bestimmten Menge von den oben erwähnten Lösungen gewonnen worden) stellte der Verfasser zwei verschiedene Legirungen dar und analysirte sie nach der oben beschriebenen Methode. Er erhielt folgende Resultate:

	Angewandt:	Gefunden:	Verlust:
I.	Cu = 0,750 Grm.	0,749 Grm.	0,001 Grm.
	Ni = 0,250 «	0,249 «	0,001 «
II.	Cu = 0,800 «	0,7995	0,0005
	Ni = 0,200 «	0,199 «	0,001 «

Der Verfasser hat sich ferner bei verschiedenen Neusilber-Analysen des beschriebenen Verfahrens bedient. Das Zink bestimmte er durch Verflüchtigung und benutzte den dabei erhaltenen Regulus zur elektrolytischen Trennung und Bestimmung von Kupfer und Nickel. Er erhielt Resultate, welche nur Differenzen von 0,003 bis 0,005 Grm. aufwiesen. Diese Differenzen rührten, wie Herpin angibt, von einem geringen Gehalt der Legirung an Eisen her.

Zur Unterscheidung von Chlor-, Brom- und Jodsilber vor dem Löthrohre empfiehlt V. Goldschmidt*) das Schwefelwismuth.

Zur Unterscheidung der beiden ersteren dieser in der Natur vorkommenden Verbindungen vor dem Löthrohre war bis jetzt keine vollkommen sichere Reaction angegeben, denn das Verhalten der durch Schmelzung mit saurem schwefelsaurem Kali entstandenen Perle ist doch kein sicheres Kennzeichen. Auch die Flammenreaction mit Kupferoxyd trennt nur Jodsilber von den übrigen. Der Nachweis von Wismuth

*) Berg- und Hüttenmänn. Zeitung 35, 106.

durch Jodkalium und Schwefel sowohl auf Kohle als in der offenen Glasröhre ist bekannt. Umgekehrt lässt sich nicht nur Jod, sondern auch Brom und Chlor durch Wismuth und Schwefel nachweisen. Am besten wendet man dazu das durch Schmelzen von gediegenem Wismuth mit Schwefelblumen leicht darzustellende Schwefelwismuth an und zwar in gepulvertem Zustande.

Man legt ein Stückchen des Haloidsilbers in eine Vertiefung der Holzkohle. darauf ein kleines Löffelchen voll Schwefelwismuth und behandelt mit der Löthrohrflamme. Jodsilber gibt den bekannten prächtig rothen, Bromsilber einen intensiv gelben und Chlorsilber einen weissen Beschlag von Jod- resp. Brom- und Chlorwismuth. Diese Beschläge sind sehr flüchtig und liegen weit von der Probe weg. Näher der Probe bildet sich ein Beschlag von Wismuthoxyd und schwefelsaurem Wismuthoxyd, der manchmal durch Rothfärbung an einigen Stellen die Gegenwart des Silbers gleichzeitig verräth.

Ebensogut gelingt der Nachweis in der an beiden Enden offenen Glasröhre. Man bringt ein Stückchen des Haloidsalzes hinein, bedeckt mit Schwefelwismuth und erhitzt über der Spirituslampe allmählich. Die Masse schmilzt leicht und gibt unter starker Rauchentwickelung den rothen Beschlag von Jodwismuth, den gelben von Brom- und den weissen von Chlorwismuth. Diese Beschläge legen sich rund um die Glasröhre. Schwefelwismuth allein gibt auch einen schwachen weissen Beschlag von schwefelsaurem Wismuthoxyd, der sich am Boden der Röhre hinzieht und mit dem Chlorwismuth nicht verwechselt werden kann.

Letzteres Verfahren hat den Vortheil, dass es gleichzeitige Gegenwart von Chlor und Brom erkennen, sowie auch, dass es sich auf die betreffenden Alkaliverbindungen anwenden lässt.

Eine neue Reaction auf Gold hat C. Kern*) aufgefunden. Durch Einwirkung von Rhodankalium auf Natrium-Goldchlorid erhält man nämlich nach seinen Beobachtungen einen orangefarbenen Niederschlag, der sich bei geringem Erwärmen ausscheidet. Die Reaction ist nach den Mittheilungen des Verfassers sehr empfindlich.

Ueber die Trennung des Tellurs von Chlor und von Platin hat Fr. Becker**) gelegentlich einer Arbeit über einige Tellurverbindungen Erfahrungen gemacht. Er versuchte zunächst in dem krystallisirten

*) Ber. d. deutsch. chem. Gesellsch. zu Berlin **8**, 1684.

) Ann. Chem. **180, 268.

Triäthyltellurplatinchlorid $Te_2(C_4H_5)_3Cl$, $PtCl_2$ das Chlor und das Tellur zu bestimmen, fand aber, dass diese Bestimmungen mit grossen Schwierigkeiten verknüpft sind. Chlor soll sich vom Tellur auf die Art trennen lassen,*) dass man die salpetersaure Lösung mit verdünnter Schwefelsäure und salpetersaurem Silberoxyd versetzt, wobei nur Chlorsilber niederfallen soll. Verfasser fand jedoch, dass der Niederschlag auch Tellur enthielt.

Zur Trennung von Tellur und Platin**) soll man die concentrirte salzsaure Lösung mit Chlorammonium versetzen und das Platin als Ammoniumplatinchlorid bestimmen; führt man das aus, so erhält man beim Auswaschen mit Wasser jedenfalls einen Verlust an Platin, setzt man hingegen Alkohol zu, so behält man im Niederschlage Tellur, da Tellurchlorid und tellurige Säure in Alkohol unlöslich sind. Verfasser führte daher die Platinbestimmung in der Art aus, dass er die Substanz in einem gewogenen Porcellantiegel einige Zeit lang erwärmte, dann stark mittelst des Gebläses glühte, aus dem Rückstande die tellurige Säure mit Salzsäure auszog, nochmals heftig glühte und schliesslich den Tiegel sammt dem rückständigen Platin wog.

Zur Bestimmung der Phosphorsäure mittelst molybdänsauren Ammons. Seit W. Knop***) gezeigt hat, dass molybdänsaures Ammon unter Umständen, namentlich bei Gegenwart von viel Salmiak, mit Kieselsäure einen gelben Niederschlag geben kann, ganz ähnlich dem, den das molybdänsaure Ammon mit Phosphorsäure erzeugt, pflegt man bei Phosphorsäurebestimmungen vor der Fällung mit molybdänsaurem Ammon der Vorsicht halber die Kieselsäure abzuscheiden. Directe Versuche darüber, ob und wie sehr in der Lösung vorhandene Kieselsäure auf die Genauigkeit der Resultate der Phosphorsäurebestimmung influire, lagen bisher noch nicht vor und hat daher E. H. Jenkins†) zur Aufklärung des Sachverhaltes folgende Versuche ausgeführt.

Es wurden angewandt:

1) Eine Lösung von kieselsaurem Kali, dargestellt durch Erhitzen von mittelst Zersetzung von Fluorsilicium gewonnener Kieselsäure mit Kalilauge, mit Salpetersäure schwach angesäuert. In 50 CC. ent-

*) H. Rose, Handbuch der analyt. Chem. 6. Aufl. Bd. 2 p. 595.

**) Fr. Sonnenschein quantitat. Analyse p. 19.

***) Chem. Centralbl. [N. F.] **1,** 691 und 861 (1857).

†) Journ. f. prakt. Chem. [N. F.] **13, 237.**

hielt sie 0,2055 Grm. SiO_2 (eine Spur Phosphorsäure war nachzuweisen).

2) Eine Lösung von reinem phosphorsaurem Natron

$$\left(\begin{matrix}2\,NaO\\HO\end{matrix}\right\} PO_5 + 24\ aq.\Big),$$

welche in 50 CC. 0,1080 Grm. PO_5 enthielt.

Je 25 CC. dieser Lösung lieferten:

I. 0,0844 Grm. $2\,MgO, PO_5$ entsprechend 0,05398 Grm. PO_5,

II. 0,0845 « $2\,MgO, PO_5$ « 0,05400 « PO_5.

Wechselnde Mengen der beiden Lösungen wurden vermischt und mit den Mischungen die Phosphorsäurebestimmung in bekannter Weise ausgeführt, indem man mit einer Lösung von molybdänsaurem Ammon fällte, den Niederschlag in Ammon löste und diese Lösung dann durch Magnesiamixtur fällte.*)

Angewandt		Gefunden
SiO_2	PO_5	PO_5
in Grammen		in Grammen
0,0492	0,0022	0,0023
0,0492	0,0108	0,0114
0,0492	0,0270	0,0267
0,0123	0,0540	0,0540
0,0246	0,0540	0,0547
0,0492	0,0540	0,0544
0,2055	0,0540	0,0538.

Ein weiterer Versuch wurde angestellt mit einer Lösung, welche enthielt:

0,2055 Grm. SiO_2
0,5000 « CaO, SO_3
0,2000 « MgO
0,1000 « Al_2O_3
0,5000 « Fe_2O_3
} + 25 CC. der phosphorsauren Natronlösung

also 0,0540 Grm. PO_5.

Gefunden wurde: 0,0544 Grm. PO_5.

*) Die bei diesen Versuchen benutzten Lösungen von molybdänsaurem Ammon und Chlormagnesium waren nach der Vorschrift von Abesser, Jani und Märcker (vergl. diese Zeitschrift **12**, 252) bereitet; auch die Bestimmungen wurden nach ihren Angaben ausgeführt.

Ferner wurde die Phosphorsäure in einer Lösung von phosphorsaurem Kalk, welche 0,0379 Grm. PO_5 enthielt, nach Zusatz von 0,3100 Grm. SiO_2 bestimmt und 0,0381 Grm. PO_5 gefunden.

Die von dem Verfasser erhaltenen Resultate zeigen, dass unter gewöhnlichen Umständen die Fällung der Phosphorsäure mittelst molybdänsauren Ammons durch Anwesenheit von Kieselsäure nicht beeinträchtigt wird und dass es daher nicht nöthig ist, die Kieselsäure vorher abzuscheiden.

Ueber die Austreibung des Schwefelwasserstoffs aus seiner wässerigen Lösung hat J. Volhard*) gelegentlich der Untersuchung des Schwefelwassers von Bir Keraui in der libyschen Wüste einige Versuche angestellt. Dieselben ergaben, dass der Schwefelwasserstoff aus seiner wässerigen Lösung durch Kochen nicht vollständig ausgetrieben werden kann, dass jedoch die Menge von Schwefelwasserstoff, welche nach längerem Kochen in dem Wasser zurückbleibt, äusserst gering ist, so dass man sie getrost vernachlässigen kann. Abgemessene Mengen Schwefelwasserstoffwasser von bekanntem Gehalt wurden in einem Kolben mit kleinem Rückflusskühler unter Durchleiten von reinem Wasserstoffgas und Verminderung des Druckes durch Anwendung einer Handluftpumpe einige Stunden im Sieden erhalten; das entweichende Gas musste durch ammoniakalische Silberlösung streichen. Das gefällte Schwefelsilber wurde entweder als Silber gewogen oder bei Anwendung bestimmter Volumina titrirter Silberlösung das noch in Lösung gebliebene Silber durch Titrirung mit Rhodanammonium bestimmt. Im Mittel vieler Bestimmungen wurden so aus 500 CC. Schwefelwassertoffwasser von 0,15 bis 0,2 pro mille Schwefelwasserstoffgehalt 95,7 bis 96,6 Procent des Schwefelwasserstoffes in der Vorlage wiedergefunden. Das rückständige Wasser entfärbte Jodlösung, mit Silberlösung färbte es sich braun.**)

Die gleichen Reactionen zeigte der Rückstand von Schwefelwasserstoffwasser, welches 4 — 5 Stunden lang am Rückflusskühler oder im offenen Kolben unter Ersatz des verdampfenden Wassers im Sieden erhalten wurde. Die zurückbleibende Schwefelwasserstoffmenge betrug un-

*) Sitzungsber. d. kgl. bayer. Akademie d. Wissensch. zu München 1875 p. 28.

**) Man erkennt dies namentlich deutlich, wenn man in eine Probirröhre einen Tropfen Silberlösung gibt, die Röhre mit dem gekochten Wasser anfüllt und dann von oben hineinsieht.

abhängig von dem Gehalt des angewendeten Schwefelwasserstoffwassers durchschnittlich 0,003 pro mille des Rückstandes. Sogar wenn das Wasser im offenen Kolben bei wallendem Sieden auf $^1/_6$ bis $^1/_{10}$ eingekocht wurde, enthielt der Rückstand noch eine minimale Menge von Schwefelwasserstoff, welche lediglich von der Menge des zurückbleibenden Wassers abzuhängen scheint, von der sie 0,0015 bis 0,0016 pro mille ausmachte.

III. Chemische Analyse organischer Körper.

Von

C. Neubauer.

1. Qualitative Ermittelung organischer Körper.

Ueber die Erkennung von Methylalkohol und Aethylalkohol neben einander. Zur Auffindung einer Beimischung von Aethylalkohol im Holzgeist empfiehlt Berthelot*) die Mischung mit dem doppelten Volum concentrirter Schwefelsäure zu erhitzen. Der Holzgeist liefert hierbei den zwar gasförmigen, aber leicht durch Wasser verdichtbaren Methyläther, während aus dem Aethylalkohol bei dieser Behandlung bekanntlich Aethylengas entsteht, welches man an Brom binden und als Aethylenbromid näher bestimmen kann. Die Methode soll die Entdeckung von 1 % Aethylalkohol im Holzgeist gestatten.

Ungleich umständlicher ist die Entdeckung von Holzgeist im Aethylalkohol, obgleich die von Riche und Bardy**) angegebene Methode befriedigende Resultate liefert. Das Verfahren verlangt zunächst die Ueberführung beider Alkohole in Methyl- und Aethylanilin und zwar durch consecutive Behandlung derselben mit Jod, Phosphor und Anilin. Das so erhaltene Produkt gibt in alkalischer Lösung mit einem geeigneten Oxydationsmittel behandelt z. B. mit Zinnchlorid, einen Körper, der von Weingeist mit röthlicher Farbe aufgenommen wird, sobald man es mit reinem Aethylalkohol zu thun hat. Enthält derselbe aber Holzgeist, so ist die Farbe, dem Gehalt an Methylalkohol entsprechend, mehr oder weniger intensiv violett.

Neue Reaction auf Brucin. A. Flückiger***) verwendet als Reagens auf Brucin eine Lösung von salpetersaurem Quecksilberoxydul,

*) Journ. de Pharm. et de Chim. **21**, 468.

) Ber. d. deutsch. chem. Gesellsch. zu Berlin **8, 697.

***) Archiv der Pharm. **206**, 403.

die mit Brucin in fester oder in aufgelöster Form zusammengebracht, keine Röthung hervorbringen darf, wie die freie Salpetersäure thut. Verwendet man z. B. eine Zehntelnormal-Auflösung von Brucin, welche im Liter $^1/_{10}$ Aeq. des Alkoloides in Form von Acetat oder Sulfat enthält, so darf durch Vermischen gleicher Volumina der letzteren und der Quecksilberlösung keine Färbung entstehen. Setzt man aber das Gemisch der Wärme eines mässig geheizten Wasserbades aus, so tritt allmählich eine schöne Carminfärbung auf, welche nach und nach sehr stark wird und sich durch grosse Haltbarkeit auszeichnet. Die rothe Flüssigkeit kann selbst zur Trockne eingedampft werden und bildet dann ein dauerhaftes Belegstück; andere Brucinreactionen bestehen nur in vorübergehenden Farbenerscheinungen. Die Reaction gelingt mit einer Brucinlösung besser als mit dem Alkoloide oder dessen Salzen in trockner Form.

Strychnin wirkt nicht ähnlich auf die Quecksilberlösung, so dass Brucin neben Strychnin durch dieselbe erkannt werden kann, wenn wenigstens 1 Th. Brucin auf 10 bis 20 Strychnin kommen. Die Alkaloide des Opiums und der China, Veratrin, Caffeïn, Piperin werden durch die Quecksilberlösung nicht gefärbt. Einigermaassen dem Brucin ähnlich verhalten sich wohl Eiweiss und Phenol, welche aber durch den Gang einer auf Brucin gerichteten Untersuchung beseitigt werden. Ausserdem geht die rothe Färbung, welche das Phenol hervorruft, sehr bald in braun über.

Ueber das Drehungsvermögen der Aepfelsäure. W. Bremer*) hat Untersuchungen über das Drehungsvermögen der verschiedenen Aepfelsäuren angestellt und gefunden, dass die aus rechtsdrehender Weinsäure mittelst Jodwasserstoffs bereitete Aepfelsäure ein Rotationsvermögen von + 3,157 zeigt, während die aus Vogelbeeren bereitete Säure um dieselbe Grösse nach Links dreht (— 3,299°). Die aus Traubensäure durch Reduction bereitete Säure ist optisch unwirksam, wahrscheinlich bildet sie eine Verbindung von rechts- und linksdrehender Aepfelsäure.

Das saure Ammonsalz der rechtsdrehenden Aepfelsäure besitzt ein Rotationsvermögen von + 7,912° und merkwürdigerweise zeigt das daraus dargestellte entsprechende Salz der linksdrehenden Säure eine kleinere specifische Drehung, nämlich — 5,93°. Es ist endlich Bremer gelungen, ein zweites Ammonsalz der linksdrehenden Aepfelsäure zu erhalten, indem er die Säure zuerst in das saure Kalksalz überführte, dieses mit

*) Ber. d. deutsch. chem. Gesellsch. zu Berlin 8, 1594.

Ammon neutralisirte und dann den Kalk genau mit Oxalsäure ausfällte. Das so erhaltene saure Ammonsalz zeigte nun das Rotationsvermögen — 7,816^0, also von gleicher Grösse nur mit entgegengesetzten Zeichen wie das oben angeführte rechtsdrehende Salz.

Ein neues festes Alkaloid im Mutterkorn. Ch. Tanred*) fand in dem Mutterkorn ein neues festes Alkaloid, dem er den Namen Ergotinin gegeben. Das Alkaloid ist alkalisch, verbindet sich mit Säuren und wird durch die bekannten Reagentien auf Alkaloide gefällt. Es löst sich in Alkohol, Chloroform und Aether. An der Luft verändert es sich leicht. Mit mässig concentrirter Schwefelsäure färbt es sich zuerst gelbroth und sodann intensiv blau, eine Färbung, die an der Luft nach Kurzem verschwindet.

Ueber die Eigenschaften des Glycocolls. R. Engel**) berichtigt einige Angaben über das Verhalten des Glycocolls. So fand derselbe die Angabe von Horsford, nach welcher der Leimzucker beim Kochen mit einer concentrirten Lösung von Kali oder Baryt eine blutrothe Färbung annehmen soll, nicht bestätigt. Verf. vermuthet, dass H. eine unreine Substanz in Händen gehabt hat, da die Reaction mit einem reinen Präparat niemals eintritt. Ferner wird hervorgehoben, der Leimzucker löse Kupfervitriol in Kalilauge mit blauer Farbe und reducire schon in der Kälte das salpetersaure Quecksilberoxydul. Beide Reactionen zeigen auch andere Substanzen und sind für den Leimzucker nur dann zu verwerthen, wenn auch die beiden folgenden Reactionen eintreten.

1. Der Leimzucker gibt mit Eisenchlorid eine tiefrothe Färbung, verhält sich also ähnlich wie die essigsauren Alkalien.

2. Setzt man zu einer Leimzuckerlösung ein wenig Carbolsäure und dann unterchlorigsaures Natron, so entsteht eine blaue Färbung. Bekanntlich geben unter denselben Bedingungen Anilin, Ammoniak, Methylamin etc. dieselbe Färbung wie der Leimzucker.

Einige Reactionen stickstoffhaltiger Körper. R. Engel***) hat gefunden, dass das unterchlorigsaure Natron das Phenol blau färbt bei Gegenwart von Glycocoll, Leucin oder Taurin, grünblau bei Gegenwart von Xanthin, Hypoxanthin, Harnstoff oder Alloxan, gar nicht oder kaum grünlich wenn Kreatin oder Tyrosin, schön roth wenn Harnsäure zugegen

*) Ber. d. deutsch. chem. Gesellsch. zu Berlin 8, 1593.

**) Zeitschr. d. österr. Apotheker-Vereins 13, 486.

***) Archiv d. Pharm. 208, 85.

ist. — Von allen genannten Stoffen ist es allein das Kreatinin, welches eine Lösung von Pyrogallol und Eisenchlorid in Wasser bläut.

Das Nessler'sche Reagens wird nicht verändert von Harnstoff, Glycocoll, Leucin, Taurin und Tyrosin, dagegen schwefelgelb gefärbt durch Xanthin, Hypoxanthin, Alloxan und Harnsäure. Auch Kreatin und Kreatinin geben damit gelbe Fällungen, welche bei ersterem Körper langsam, bei letzterem sehr schnell einer schwarzen — in Folge der Reduction des Quecksilbers — Platz macht.

Untersuchungen über die Bierhefe. Wenn man nach R. Schützenberger*) frische Hefe mit Wasser kocht und dann vollständig mit Wasser auswäscht, so bleibt ein Rückstand, dessen Gewicht constant ist und bei mehreren Versuchen nur in sehr engen Grenzen (20—21,4 % der Hefe) schwankt. Rührt man aber frische Hefe mit Wasser an und überlässt sie hierauf 12—15 Stunden bei einer Temperatur von 35—40° C. sich selbst, so gibt sie nun an kochendes Wasser 17—18 % lösliche Stoffe ab und der ungelöst gebliebene Antheil wiegt nach dem Trocknen bei 100° C. 12,5—13 %. Die frische Hefe verliert mithin durch Behandlung mit kochendem Wasser 8—9 % feste Stoffe, dagegen nach der Digestion 17—18 %. Diese Thatsache beruht auf einem in der Substanz der Hefe selbst vor sich gehenden physiologischen Akte, und nicht auf einer Fäulniss, von der Verf. bei dieser Manipulation nie die geringste Andeutung wahrnehmen konnte. Zugleich ist zu erwähnen, dass dieser Akt nur bis zu einer gewissen Grenze fortschreitet und dann stillsteht.

Zur Untersuchung des durch Digestion der vorher mit kaltem Wasser gewaschenen Hefe erhaltenen Extracts, schlug Verf. das folgende Verfahren ein: Die digerirte Hefe wurde mit viel Wasser gekocht, filtrirt, das schwach sauer reagirende Filtrat im Wasserbade zum Syrup eingeengt und dieser kalt gestellt. Der mit kleinen Krystallen durchsetzte Syrup wurde in einem Kolben eine Zeit lang mit Weingeist von 92 % ausgekocht, wobei sich eine dunkle pechartige, fest am Glase klebende Masse ausschied.

Der weingeistige, etwas concentrirte Auszug lieferte beim Erkalten einen reichlichen krystallinischen Absatz, der durch Waschen mit kaltem Weingeist und Pressen fast ganz weiss wurde. Die Krystalle erschienen theils in Form zarter Blättchen, theils als durchsichtige Kügelchen. Diese Krystallisation und die zweite durch Concentration der ersten Mutterlauge

*) Zeitschrift d. österr. Apotheker-Vereins 1874, p. 393.

erhaltene bestanden beinahe ausschliesslich aus geschwefeltem Pseudo-Leucin mit sehr wenig Tyrosin. Die von der zweiten Krystallisation getrennte Mutterlauge wurde im Wasserbade vom Weingeist befreit, mit Wasser verdünnt, zur Beseitigung der Phosphate mit Barytwasser versetzt, aus dem Filtrate der überschüssig angewandte Baryt durch Kohlensäure entfernt, hierauf die Flüssigkeit mit essigsaurem Kupferoxyd gekocht, der dadurch entstandene bräunliche flockige Niederschlag, welcher Carnin, Guanin und Xanthin in Verbindung mit Kupferoxyd enthielt, abfiltrirt und zum Filtrate Weingeist im Ueberschuss gesetzt, wodurch abermals ein Niederschlag entstand, und zwar ein bläulichweisser, der in Wasser löslich war und daher mit verdünntem Weingeist gewaschen werden musste.

Dieser letzte Niederschlag lieferte durch Behandlung mit Schwefelwasserstoff Arabin, aber noch verbunden mit Baryt, welchen man vermittelst Schwefelsäure wegnahm. Aus dem Filtrate, welches von dem bläulichweissen Präcipitate getrennt war, verjagte man den Alkohol, dann schlug man daraus das Kupfer mit Schwefelwasserstoff nieder und verdunstete zum Syrup, welcher in der Kälte krystallinisch erstarrte. Beim Behandeln desselben mit kaltem Weingeist hinterblieb schwefelfreies Leucin, wahrscheinlich mit einem Gehalte von Butalanin. Durch Verdunsten der weingeistigen Flüssigkeit erhielt man einen süssschmeckenden stickstoffhaltigen Syrup.

Der obenerwähnte bräunliche Kupferniederschlag wurde mit warmem Wasser gewaschen und mit warmer, verdünnter Salzsäure behandelt; er löste sich unter Zurücklassung schwarzer Flocken von Schwefelkupfer (der Schwefel stammt jedenfalls aus der einen Schwefelverbindung her, wahrscheinlich derselben, welche das Leucin so hartnäckig begleitet). Die warm filtrirte salzsaure Lösung setzte beim Erkalten einen grossen Theil der Kupferverbindung wieder ab. Dieser Absatz lieferte durch Zersetzen mit Schwefelwasserstoff Carnin, welches durch Krystallisiren aus Wasser gereinigt wurde. Die salzsaure Mutterlauge gab nach Ausfällung des Kupfers und Eindampfung zuerst Krystalle von salzsaurem Xanthin, dann solche von salzsaurem Guanin, woraus man das reine Guanin durch Fällen mit Ammoniak, in welchem etwa noch vorhandenes Xanthin gelöst blieb, erhielt.

Das Sarkin gewann man durch Fällen der salpetersauren Lösung des ersten Kupferniederschlages mit Ammoniak und Silbernitrat, Waschen des weissen gallertartigen Niederschlages mit ammoniakalischem Wasser,

Krystallisiren aus heisser Salpetersäure von 12° B. und Zersetzen der Silberverbindung mit Schwefelwasserstoff.

Der bei der Behandlung des Hefeextractes mit Weingeist zurückgebliebene pechartige Körper liess beim Auflösen in warmem Wasser alkalisch-erdige Phosphate fallen; aus dem Filtrate setzten sich in der Kälte zahlreiche Krystalle von Tyrosin ab, während die Mutterlauge noch viel Gummi enthielt. Dieses wurde durch Fällen mit Bleiessig und Zersetzung des Niederschlags mit Schwefelwasserstoff gereinigt. Harnstoff, Harnsäure, Kreatin und Kreatinin konnten von dem Verf. ebensowenig wie Inosit und Inosinsäure in dem Hefenextract gefunden werden.

---

2. Quantitative Bestimmung organischer Körper.

Ueber die Bestimmung der Löslichkeit. V. Meyer*) beschreibt zu diesem Zwecke ein Verfahren, welches bei einer Zeitdauer von wenigen Stunden scharfe und durchaus vergleichbare Resultate liefert. Diese Vortheile erreicht man dadurch, dass die Abscheidung der gelösten Substanz in grossen Krystallen unmöglich gemacht wird, dieselbe vielmehr als Pulver ausfällt, — dass Flüssigkeit und Krystallmehl auf's Innigste mit einander gemischt werden, und dass die Temperatur während der Abscheidung der Substanz nie niedriger wird als in dem Moment, in welchem die gesättigte Lösung für die Wägung genommen wird. Das Verfahren ist folgendes: Die zu vergleichenden Substanzen werden in zwei gleich grossen, 50—60 CC. fassenden Reagensgläsern in heissem Wasser gelöst, sobald die Lösung erfolgt ist, die Reagensröhren in ein geräumiges Becherglas mit kaltem Wasser gestellt und nun mit scharfkantigen Glasstäben der Inhalt so lange umgerührt, bis derselbe die Temperatur des umgebenden Wassers angenommen hat. Man lässt darauf das Ganze etwa 2 Stunden stehen, notirt die Temperatur des ebenfalls umgerührten Wassers im Becherglase, rührt den Inhalt der zwei Röhren nochmals mit den Glasstäben sehr heftig um, filtrirt dann sofort die für die Bestimmung erforderliche Menge durch trockne Faltenfilter in mit den Deckeln gewogene Tiegel und wägt die Flüssigkeit und dann den Abdampfrückstand, resp. bestimmt auf beliebige Art die Menge der in der gewogenen Lösung enthaltenen Substanz. Bei diesem Verfahren ist es ganz gleichgültig, ob man die Substanz nach dem Erkalten 2 Stunden oder tagelang stehen lässt; man erreicht also in wenigen Stunden mit

*) Ber. d. deutsch. chem. Gesellsch. z. Berlin 8, 998.

und die in einem anderen Gefäss bereitete heisse Auflösung des zu untersuchenden Körpers bringt. Das untere Ende der beiderseitig offenen Kugelröhre ist durch einen einmal durchbohrten Kautschukpfropf geschlossen, dessen Durchbohrung wiederum durch den Glasstab b verschlossen ist. Die Kugelröhre a steckt unten in dem dickwandigen Stück Kautschukschlauch c, welches eine luftdichte Verbindung zwischen ihr und dem, das trockne Papierfilter tragenden, Trichter f herstellt. Letzterer befindet sich in der einen Oeffnung eines doppelt durchbohrten Kautschuk-Stopfens g, welcher den für die Aufnahme des Filtrats bestimmten, circa 30—40 CC. fassenden Kolben n schliesst. Die durch die herausfiltrirende Flüssigkeit verdrängte Luft entweicht aus dem Kolben durch das aus einem Glasstück bestehende Chlorcalciumröhrchen h. An seinem oberen Ende ist es durch einen Kautschukschlauch o mit dem die Communication mit der Atmosphäre herstellenden Glasrohr i verbunden. Letzteres, sowie das obere Ende der Kugelröhre a stecken in einem Kautschukstopfen k, welcher die, die ganze Vorrichtung umschliessende circa 300^{mm} lange und 77^{mm} weite Glasallonge l schliesst und durch dessen dritte Bohrung (bei m) ein Strom Wasserdampf durch den Apparat geleitet wird. Vor dem Versuch wird der Kolben n zusammen mit dem Chlorcalciumröhrchen h ohne Kork und Kautschukverschluss gewogen, dann die Theile des Apparats verbunden und für dichten Schluss durch Ligaturen am Stopfen g und Kautschukschlauch o gesorgt. Das obere Ende der Röhre i kann man zweckmässig mit einer Chlorcalciumröhre verbinden, um zu verhindern, dass durch dieselbe Feuchtigkeit aus der Luft angezogen wird. Man leitet nun einen starken Dampfstrom durch den Apparat, während man von Zeit zu Zeit durch heftiges Auf- und Abschieben des dicken Silber- oder Platindrahts p, welcher, unten spiralförmig gewunden, ganz lose den Glasstab b umgibt, die Flüssigkeit und Krystalle im Kugelrohr a innig mit einander mischt. Nach etwa 15 Minuten langem Durchleiten des Dampfstroms ist die Temperatur constant; die Temperatur im Kugelrohr zeigt dann die nicht mehr veränderliche Temperatur 98^0, so dass Temperaturmessungen daher während der ganzen Operation nicht erforderlich sind. Man öffnet nun, während fortwährend Dampf durch den Apparat strömt, durch langsames Emporziehen des unten etwas zugespitzten Glasstabes b das untere Ende der Kugelröhre und hat es somit in der Hand, die Flüssigkeit langsam oder schneller filtriren zu lassen. Bei Substanzen, welche schwierig filtriren, könnte man an dem Rohr i einen Schlauch anbringen und, indem man an diesem mit dem Munde saugt, die Filtration beschleunigen. Nach beendeter Filtration lässt man erkalten, trocknet den nun gefüllten Kolben n sammt dem Chlorcalciumröhrchen mit Papier gut ab und wägt sie nach Entfernung des Stopfens g und des Trichters f wieder mit einander. Man spült sodann den Inhalt des Kolbens in eine gewogene Schale und bestimmt den Abdampfrückstand. — Die als Beleg in diesem Apparat mit chlorsaurem Kali ausgeführten Löslichkeitsbestimmungen stimmen vorzüglich überein.

Ueber eine Methode zur quantitativen Bestimmung des Vanillins in der Vanille. F. Tiemann und W. Haarmann*) gründen auf die ausgesprochene Aldehydnatur des Vanillins und auf das bekannte Verhalten der Aldehyde zu sauren schwefligsauren Alkalien eine Methode zur quantitativen Bestimmung des Vanillins in der Vanille. In der That wird das Vanillin einer wässerigen, mit Alkalihydrosulfit im Ueberschuss versetzten Lösung durch Aether nicht nur nicht entzogen, sondern geht auch, wenn eine ätherische Lösung desselben mit einer wässerigen Lösung der letzt genannten Salze geschüttelt wird, vollständig in diese über, während keine Spur von anderen, in der ätherischen Lösung neben Vanillin eventuell anwesenden Substanzen, so lange sich darunter keine aldehydartigen befinden, von der Lösung des Alkalihydrosulfits aufgenommen wird. — Die Verbindung des Vanillins mit den sauren schwefligsauren Alkalien ist durch Zusatz von Schwefelsäure leicht zu zersetzen und die in Freiheit gesetzte schwefelige Säure kann durch vorsichtiges Erhitzen fast vollständig ausgetrieben werden, ohne dass ein Verlust an Vanillin eintritt. Schüttelt man die Lösung darauf mit Aether, so geht die gesammte Menge des darin befindlichen Vanillins in diesen über und kann durch Abheben, Abdestilliren oder Verdunstenlassen desselben leicht in völlig reinem Zustande gewonnen werden. Die Methode ist nun folgende: 30—50 Grm. feingeschnittene Vanille werden in einer grösseren Stöpselflasche mit 1—$1^1/_2$ Liter Aether übergossen und unter häufigem Umschütteln 6—8 Stunden damit in Berührung gelassen. Nach Ablauf dieser Zeit giesst man die klare Flüssigkeit durch ein Faltenfilter in einen grossen Kolben ab, bringt in die Stöpselflasche von Neuem 800 bis 1000 CC. Aether, schüttelt möglichst oft um, filtrirt nach 1—2 Stunden und wiederholt diese Operation des Ausziehens zum dritten Male mit 5—600 CC. Aether. Die so erschöpfte Vanille wird mit Hülfe der

*) Ber. d. deutsch. chem. Gesellsch. z. Berlin 8, 1115.

letzten Aetherantheile möglichst auf das Filter gebracht und hier noch einige Male mit geringen Aethermengen ausgewaschen. Die vereinigten Aetherauszüge werden darauf zunächst auf dem Dampfbade bis auf 150 bis 200 CC. abdestillirt.

Den Rückstand bringt man in ein hohes, enges Stöpselglas, fügt 200 CC. eines Gemisches aus gleichen Theilen Wasser und einer nahezu gesättigten Lösung von saurem schwefligsaurem Natron hinzu und schüttelt, nachdem man den Stöpsel fest aufgesetzt hat, den Inhalt 10—20 Minuten lang kräftig durch. Man muss die Flasche, namentlich bei Beginn des Schüttelns, von Zeit zu Zeit öffnen und während des Schüttelns den Stöpsel fest halten, um einem Herausschleudern desselben und dem damit stets verbundenen Verlust an Flüssigkeit vorzubeugen.

Sobald die gelb gefärbte Aetherschicht sich von der fast farblosen wässerigen Lösung scharf gesondert hat, werden beide mittelst eines Scheidetrichters von einander getrennt. Die erstere bringt man in das Stöpselglas zurück und schüttelt sie nochmals während 5—10 Minuten mit 50 CC. concentrirter Natriumhydrosulfitlösung und 50 CC. Wasser tüchtig durch. Die vereinigten wässerigen Lösungen werden darauf kurze Zeit mit 180—200 CC. reinen Aethers geschüttelt, um geringe Verunreinigungen vollständig zu entfernen. Nachdem man den Aether abermals getrennt hat, giesst man die Salzlösung in einen geräumigen Kolben mit langem, nicht zu weitem Halse. Derselbe wird mit einem dreifach durchbohrten Korke verschlossen, in dessen mittlerer Durchbohrung sich ein nahezu bis auf den Boden reichendes Trichterrohr befindet. Ein zweites ebensolanges Rohr vermittelt die Verbindung des Kolbens mit einer Wasserkochflasche und ein drittes gestattet die entwickelte schwefelige Säure in ein vorgelegtes Gefäss zu leiten, in welchem sich krystallisirte Soda und etwas Wasser befindet. Zweckmässig schaltet man zwischen diesem Gefäss und dem Zersetzungskolben eine leere Waschflasche ein, um geringe Mengen eventuell übergerissener Flüssigkeit in den Zersetzungskolben zurückbringen zu können.

Man giesst nun durch das Trichterrohr allmählich verdünnte Schwefelsäure ein (auf je 100 CC. der angewandten concentrirten Natriumhydrosulfitlösung 150 CC. reine Säure, welche durch Vermischen von 3 Volum concentrirter Schwefelsäure und 5 Volum Wasser erhalten worden ist) und lässt, wenn die Entwicklung von schwefeliger Säure geringer wird, Wasserdampf eintreten, um letztere möglichst auszutreiben. Sobald die eingeschaltete Waschflasche im Inneren stark beschlägt, unterbricht man die Operation und lässt abkühlen.

Der Inhalt des Zersetzungskolbens wird darauf in eine zu schliessende Stöpselflasche gebracht und in dieser 3—4 Mal mit nicht zu geringen Mengen Aether (je 4—500 CC.) ausgeschüttelt, welcher alles vorhandene Vanillin aufnimmt. Man trennt den Aether mittelst eines Scheidetrichters von der wässerigen Lösung und destillirt die vereinigten Aetherauszüge in einem Kolben, zuletzt sehr vorsichtig (mit wenig Dampf, damit der Kolbeninhalt an keiner Stelle auf mehr als 50—60° C. erwärmt werde) bis auf 15—20 CC. ab. Die zurückbleibende, schwach gelb gefärbte Lösung bringt man auf ein gewogenes Uhrglas, spült mit reinem Aether sorgfältig nach und lässt den Aether bei gewöhnlicher Temperatur vollständig verdunsten. Es krystallisirt dabei, wenn man genau gearbeitet und namentlich ein zu starkes Erhitzen der concentrirten Vanillinlösung vermieden hat, sofort reines, bei 81° C. schmelzendes Vanillin. Dasselbe wird über Schwefelsäure getrocknet, bis keine Gewichtsabnahme mehr zu constatiren ist.

Die nach dieser Methode mit reinem Vanillin ausgeführten Bestimmungen ergaben sehr genaue Resultate.

In käuflicher Vanille wurden folgende Mengen von Vanillin gefunden:

1. Mexicanische Vanille	1,69	Proc.
2. Bourbon-Vanille	2,48	«
3. Java-Vanille	2,75	«
4. Bourbon-Vanille	1,91	«

Die obige Methode kann aber auch mit Vortheil bei der Isolirung anderer Aldehyde in Anwendung gebracht werden und ermöglicht namentlich eine scharfe Trennung von Aldehyden und Säuren, welche bei Oxydationen organischer Körper so häufig neben einander entstehen, in allen Fällen, wo beide Verbindungen in Aether leicht löslich sind. Nur da wo Ketone oder hochconstituirte phenolartige Substanzen in's Spiel kommen, wie z. B. bei der Oxydation von Buchenholztheerkreosot etc. resultiren, da die genannten Verbindungen theilweise oder ganz in die Lösung der Natriumhydrosulfite übergehen, nicht sofort reine Aldehyde.

Bestimmung des in einer Flüssigkeit gelösten Sauerstoffs. Zu diesem Zweck empfiehlt D. Freire*) die Oxydation des Pyrogallols in ammoniakalischer Lösung zu benutzen und sodann solange Zinnchlorür-

*) Ber. d. deutsch. chem. Gesellsch. z. Berlin, 8, 1347.

lösung zuzusetzen, bis die Flüssigkeit, welche eine braune Farbe angegenommen hatte, wieder entfärbt ist. Die Zinnchlorürlösung wird zuvor mit einer bekannten Menge von Pyrogallol, welches bei Gegenwart von Ammon durch den Sauerstoff der Luft vollständig oxydirt ist, titrirt. Nach den Versuchen von Döbereiner weiss man, dass 1 Grm. Pyrogallol 0,38 Grm. oder 260 CC. Sauerstoff aufzunehmen vermag.

Die Anwendung der quantitativen Spectralanalyse bei den Titrirmethoden. Diese interessante Arbeit von K. Vierordt*), die sich zunächst mit der Zuckerbestimmung nach Fehling's Methode beschäftigt, erlaubt nicht wohl einen Auszug und begnüge ich mich daher damit, auf das Original sowie auf Vierordt's Schrift «die quantitative Spectralanalyse» zu verweisen.

Ueber das Verhalten der Lösungen einiger Substanzen zum polarisirten Lichte. Diese mit sehr verschiedenen Substanzen von O. Hesse**) ausgeführte Untersuchung erlaubt keinen Auszug und begnüge ich mich daher damit, auf das Original zu verweisen.

IV. Specielle analytische Methoden.

Von

H. Fresenius und **C. Neubauer.**

1. Auf Lebensmittel, Handel, Industrie, Agricultur und Pharmacie bezügliche.

Von

H. Fresenius.

Zur Unterscheidung der freien Kohlensäure im Trinkwasser von der an Basen gebundenen bedient sich M. v. Pettenkofer***) einer alkoholischen Lösung von Corallin (Rosolsäure).

Man löst 1 Th. reines Corallin in 500 Thln. 80procentigen Weingeistes und versetzt mit Aetzbaryt bis zur beginnenden röthlichen Färbung. Von dieser Lösung fügt man zu etwa 50 CC. zu prüfenden Wassers 0,5 CC. Enthält das Wasser freie Kohlensäure, so bleibt die Flüssigkeit

*) Ann. Chem. **177**, 31.

) Ann. Chem. **176, 89 und 189.

***) Sitzungsber. d. math.-phys. Classe der K. bayer. Akademie d. Wissensch. 1875 H. 1 und Dingler's pol. Journ. **217**, 158.

farblos oder wird höchstens schwach gelblich; enthält es aber keine freie Kohlensäure, sondern nur doppeltkohlensaure Salze, so wird die Flüssigkeit roth. Giesst man zu einem durch Corallin roth gewordenen Wasser etwas kohlensaures Wasser, so entfärbt sich die Flüssigkeit oder nimmt eine schwach gelbliche Färbung an. Dasselbe geschieht schon, wenn man mittelst einer Glasröhre durch ein so geröthetes Wasser ausathmet, in welchem Falle die in der ausgeathmeten Luft enthaltene Kohlensäure die Farbenwandlung bewirkt.

Wasser, welches freie Kohlensäure absorbirt enthält, erträgt, bis es geröthet wird, einen um so grösseren Zusatz einer verdünnten Lösung eines Alkalis, z. B. von kohlensaurem Natron, je mehr es freie Kohlensäure enthält. Ob sich darauf ein Verfahren zur quantitativen Bestimmung der freien Kohlensäure im Wasser gründen lässt, müssen weitere Versuche lehren.

Ueber die chemische Untersuchung der fossilen Kohlen für praktische Zwecke hat G. C. Wittstein*) eine Abhandlung veröffentlicht, in welcher er seine Erfahrungen über diesen Gegenstand mittheilt. Ich begnüge mich mit dem Hinweise auf die Originalabhandlung, da dieselbe nichts wesentlich neues enthält.

Zur Unterscheidung der Alizarin- und Purpurinfarben auf Baumwolle empfiehlt G. Witz**) folgendes Verfahren.

Man behandelt den gefärbten oder bedruckten Stoff ungefähr 5 Minuten lang mit einer lauwarmen Aetznatronlösung von 1,0431 spec. Gew., welcher auf 1000 Thle. 1 Thl. übermangansaures Kali zugegeben ist, wäscht in reinem Wasser und entfernt das Manganhyperoxyd durch eine sehr verdünnte Lösung von doppeltschwefligsaurem Natron. Alizarinrosa oder Alizarinviolett widerstehen dieser Behandlung auch in ihren schwächsten Abstufungen, während die entsprechenden Purpurinfarben durch dieselbe zerstört werden wie überhaupt durch alle oxydirenden Körper. So liefert auch das Erwärmen mit einer verdünnten Lösung von doppeltchromsaurem Kali (1 Thl. auf 1000 Thle. Wasser) und Oxalsäure ähnliche Resultate, aber der Unterschied tritt nicht so scharf zu Tage. Nach der Angabe des Verfassers lässt sich in der angegebenen Weise mittelst übermangansauren Kalis genau erkennen, ob eine Farbe mit Alizarin oder mit Purpurin oder mit einem Gemenge beider hergestellt ist. In letzterem Falle

*) Pharm. Zeitschr. f. Russland **14**, 546.

) Must.-Ztg. **24, 348 und Chem. Centralbl. [3. Folge] **6**, 784.

soll man sogar das angewandte Verhältniss des Gemenges annäherungsweise schätzen können.

Die quantitative Bestimmung kleiner Phosphormengen im Eisen führt J. Alleyne*) auf spectralanalytischem Wege in folgender Weise aus. Man lässt in einem geschlossenen Glasgefässe zwischen zwei Platindrähten elektrische Funken überspringen, nachdem das Gefäss mit Wasserstoff gefüllt und die eine Elektrode mit Feilspänen von dem zu untersuchenden Eisen umgeben ist. Wird nun Kohlensäure (damit Sauerstoff) in abgemessener Menge nach und nach in das Gefäss zugeführt, bis die charakteristischen Phosphorlinien im Spectroskop erscheinen, so lässt sich aus der Menge der zugeführten Kohlensäure ein Schluss auf den Procentgehalt des Eisens an Phosphor ziehen.

Die Prüfung der Chininsalze auf Beimischung von Strychnin- und Morphinsalzen verdient besondere Aufmerksamkeit seit in den letzten Jahren einige Male die genannten giftigen Alkaloide den Chininsalzen beigemischt getroffen und dadurch mehrere Menschenleben geopfert wurden. Die Frage, auf welche Weise diese giftigen Alkaloide in das Chininsalz hineingekommen sind, hat ihre Beantwortung nicht gefunden. Wiederholen kann sich diese giftige Beimischung vielleicht erst nach langer Zeit, dennoch muss sie der Apotheker stets fürchten und jeden kleinen vom Droguisten bezogenen Posten Chininsalz einer besonderen Prüfung unterwerfen.**) H. Hager***) empfiehlt das nachstehend mitgetheilte Verfahren der Prüfung mittelst doppeltchromsauren Kalis und salpetersauren Silberoxyds als besonders geeignet.†)

Bei der Prüfung des Chinins ist es allgemeiner Usus geworden, zuerst einige Decigramme in concentrirter Schwefelsäure zu lösen, um die Gegenwart oder Abwesenheit des Salicins oder anderer Bitterstoffe zu constatiren. Um mit dieser Lösung auch auf die Gegenwart von Strychnin und Morphin zu reagiren, ist es erforderlich, kleine Antheile aus verschiedenen Stellen der Chininsalzmenge in Summa bis zu 0,3 Grm. herauszunehmen und in einem Reagircylinder in circa 6 CC. reiner concentrirter Schwefelsäure unter sanftem Schütteln zu lösen. Von der farb-

*) Berggeist 1876 Nr. 28 und Berg- und Hüttenm. Zeitung **35**, 151.

**) Grosse Posten Chininsalz, welche sich noch der Original-Verpackung der Chininfabriken erfreuen, kommen hier natürlich nicht in Betracht.

***) Pharm. Centralhalle **16**, 444.

†) Bezüglich des Nachweises von Morphin in Chininsalzen vergl. übrigens auch diese Zeitschr. **12**, 220 und **13**, 456.

losen oder kaum gelblichen Lösung giesst man nun einige Cubikcentimeter auf kleine Krystallbruchstücke von doppelt chromsaurem Kali. Reine Chininlösung umgibt die Krystalle in ihrer Farblosigkeit wohl eine Minute hindurch und dann erst bemerkt man die eintretende lösende Einwirkung. Bei Gegenwart von Strychnin werden dagegen sofort von den Krystallen ausgehende blaue, dann in Violett und Roth, endlich in Grün übergehende Striemen in der sanftbewegten Chininlösung auftreten. Zu dem übrigen Theile der Schwefelsäure-Chininlösung gibt man 4—5 Tropfen Silbernitratlösung und agitirt sanft. Bei Gegenwart von Morphin tritt sofort eine röthlichbraune bei sehr gelindem Anwärmen tief dunkelrothbraun werdende Färbung ein (unter Reduction des Silberoxyds). Es können zwar andere Substanzen, welche nicht Morphin sind, eine ähnliche Reaction hervorbringen; das Eintreten einer solchen verweist aber überhaupt auf die Verwerflichkeit des betreffenden Chinins. Bei dem Chininhydrochlorat entsteht ferner gleichzeitig eine weisse Abscheidung von Chlorsilber, dennoch bleibt die rothbraune oder violettbraune Färbung nicht aus, wenn Morphinsalz zugegen ist.

Zur Prüfung des Balsamum peruvianum nigrum auf eine Beimischung von Alkohol empfiehlt A. Gawalovski*) eine kleine Portion desselben in ein Reagensglas zu bringen, mit einer Lösung von saurem chromsaurem Kali und dann mit concentrirter Schwefelsäure zu versetzen. Die geringste Spur Alkohol gibt sich durch den sofort auftretenden charakteristischen Aldehydgeruch zu erkennen. Der ätherisch gewürzhafte Geruch des Balsams verdeckt und beeinträchtigt, nach den Angaben des Verfassers, die Reaction nicht im geringsten. Bei Versuchen mit reinem Balsam, dem absichtlich Alkohol zugesetzt war, erhielt der Verfasser selbst bei Spuren dieser Verfälschung noch charakteristische Aldehydentwickelung.

---

2. Auf Physiologie und Pathologie bezügliche Methoden.

Von

C. Neubauer.

Ueber Choletelin und Hydrobilirubin. Der lange zwischen Heynsius, Campbell und Stokvis auf der einen und Maly auf

*) Pharm. Centralhalle 16, 265.

der anderen Seite über die Identität des Choletelins und Hydrobilirubins geführte Streit ist durch neue Untersuchungen von L. Liebermann*) endlich zu Gunsten der Maly'schen Ansicht entschieden worden.

Entsteht das Hydrobilirubin wirklich durch Spaltung des Bilirubins, wie zuletzt von Heynsius behauptet wurde, so muss neben dem Hydrobilirubin in der Lösung das zweite Spaltungsprodukt zu finden sein, wenn es nicht etwa gasförmig oder so flüchtig ist, dass es schon bei gewöhnlicher Temperatur entweicht. Gelingt es jedoch, die ganze oder annähernd ganze zur Hydrobilirubinbereitung verwendete Bilirubinmenge als Hydrobilirubin wieder zu erhalten, so ist, da die Moleculargewichte von Bilirubin und Hydrobilirubin nicht sehr verschieden sind und sich verhalten wie 572:592 (2 Mol. Bilirubin: 1 Mol. Hydrobilirubin) nachgewiesen, dass das Hydrobilirubin kein Spaltungsprodukt des Bilirubins sein kann, mithin aber auch, dass Choletelin und Hydrobilirubin nicht identische Körper sein können.

Liebermann schlug demnach folgenden Gang ein: 0,5175 Grm. getrocknetes reines Bilirubin wurden mit etwas Wasser in ein Kölbchen gebracht und mit frisch bereitetem flüssigem Natriumamalgam versetzt. Das Kölbchen wurde an einem warmen Orte längere Zeit (2 Tage) stehen gelassen, zeitweise auf dem Wasserbade gelinde erwärmt und mit dem Zusatze kleiner Portionen Natriumamalgam so lange fortgefahren, bis die Farbstofflösung nicht mehr lichter wurde. Hierauf goss man die Lösung vom Amalgam in ein Becherglas und spülte das Kölbchen mit Wasser aus. Die auf diese Weise gewonnene stark alkalische Hydrobilirubinlösung wurde so lange mit verdünnter Salzsäure versetzt, bis keine weitere flockige Ausscheidung mehr erfolgte. Der voluminöse Niederschlag (Hydrobilirubin) wurde hierauf auf ein früher getrocknetes und gewogenes Filter gebracht und so lange mit kaltem Wasser gewaschen, bis eine Probe des Filtrats keine Spur einer Chlorreaction mehr zeigte.

Der Niederschlag wurde hierauf getrocknet und gewogen und gab nach Abzug des Filters:

0,430 Grm. Hydrobilirubin

= 83 % der verwendeten Bilirubinmenge. Das Filtrat war stark gefärbt, es war also nicht aller Farbstoff durch HCl gefällt worden, was nicht überraschen kann, da im Filtrate NaCl war und wie schon Maly bemerkt, Neutralsalze die Löslichkeit des Hydrobilirubins für Wasser bedeutend erhöhen.

*) Archiv der Physiologie 11, 181.

Ueber die (für Hydrobilirubin) charakteristischen Reactionen, die dieses Filtrat zeigte, wird später berichtet. Vorerst handelte es sich darum, die Menge des gelöst gebliebenen Farbstoffs festzustellen. Zu diesem Zwecke wurde das Filtrat genau gemessen; es betrug 500 CC. und wurde in 2 Theile von je 250 CC. getheilt; aus dem einen wurde versucht den Farbstoff durch Schütteln mit Chloroform auszuziehen, was jedoch nicht gut gelang; hingegen gelang es in dem 2. Theile auf colorimetrischem Wege den Hydrobilirubingehalt festzustellen, wobei wie folgt verfahren wurde.

0,0265 Grm. von dem oben erwähnten mit HCl gefällten und gewogenen Hydrobilirubin wurden in etwas natronhaltigem Wasser gelöst und auf denselben Säuregrad wie das oben erwähnte Filtrat gebracht. Es war dies darum nothwendig, weil die alkalische Hydrobilirubinlösung, wie auch Jaffé und Maly angeben, eine ganz andere Farbe hat als die saure. Beim Ansäuern geschieht es jedoch, dass ein Theil des Hydrobilirubins wieder ausfällt. Man muss daher noch einmal einige Tropfen Natronlauge zusetzen und dann wieder mit HCl ansäuern, um eine klare Lösung zu erhalten. Dies hängt wahrscheinlich wieder mit der Löslichkeit des Hydrobilirubins in NaCl-haltigem Wasser zusammen. Nun wurde diese Lösung und das Filtrat vom gefällten Hydrobilirubin in zwei gleich weite und gleich hohe Glascylinder gebracht und die erstere (die Lösung des gewogenen Hydrobilirubins) so lange verdünnt, bis sie dieselbe Farbenintensität und dieselbe Nuance zeigte, wie das zu untersuchende Filtrat. Nachdem dies erreicht war, wurde die so verdünnte Hydrobilirubinlösung gemessen; sie betrug 210 CC. Da diese 210 CC. 0,0265 Grm. Hydrobilirubin enthielten und dieselbe Farbennuance zeigten wie das Filtrat, das 500 CC. betrug, so berechnen sich daraus 0,063 Grm. Hydrobilirubin nach der Formel:

$$x = \frac{0,0265 \times 500}{210} = 0,063.$$

Nun wurden zur Controle die zur colorimetrischen Bestimmung verwendeten 250 CC. Filtrat auf 1000 CC gebracht, und die andere Lösung wieder so lange verdünnt, bis sie der ersteren vollkommen gleich war und nun wieder gemessen; ihre Menge betrug nun 850 CC., woraus sich für 500 CC. Filtrat (nun auf 2000 verdünnt) nach dem Ansatz

$$x = \frac{0,0265 \times 2000}{850} = 0,0622 \text{ Grm.}$$

Hydrobilirubin berechnen. Im Mittel also

0,0626 Grm. Hydrobilirubin.

Dies zur gefällten und gewogenen Menge Hydrobilirubin addirt gibt:

Gew. Hydrobilirubin = 0,4300
Colorimetr. bestimmtes = 0,0626

0,4926 Grm.

d. i. = 95,1 % der verwendeten Bilirubinmenge = 0,5175 Grm.

Bedenkt man nun, wie schwer es ist, eine solche complicirte Operation ohne Verlust zu Ende zu führen, so ist dieses Resultat ein vollständig befriedigendes, und beweist deutlich genug, dass das Hydrobilirubin kein Spaltungsprodukt des Bilirubins ist.

Die Eigenschaften des colorimetrisch bestimmten Filtrates sowohl, als auch der Fällung waren in jeder Beziehung diejenigen von Hydrobilirubin, nämlich:

1) Schönes Absorptionsband im Spectrum zwischen 146,48—160 (die Natronlinie auf 120 gestellt), also zwischen den Fraunhofer'schen Linien b—F.

2) Verschwinden des Bandes bei Zusatz von Ammoniak.

3) Wiedererscheinen des Bandes, jedoch in noch schärferer Weise, mit einer geringen Verrückung nach links (gegen roth) bei Zusatz von Chlorzink zu dieser ammoniakalischen Lösung.

4) Fluorescenz dieser mit Chlorzink versetzten ammoniakalischen Lösung.

5) Rosenrothe Färbung der verdünnten sauern Lösung.

6) Umschlagen von dunkelgelbroth oder roth in lichtgelb, beim Versetzen der sauren Lösung mit einem Alkali, und umgekehrt dunklere Färbung mit rothem Ton, beim Ansäuern der alkalischen Lösung.

7) Das Hydrobilirubin ist als trockenes Pulver dunkelbraun, wie Bleisuperoxyd.

Auch die Untersuchungen über Choletelin wurden in ähnlicher Weise vorgenommen. 0,355 Grm. getrocknetes Bilirubin wurden in Alkohol gelöst und in diese Lösung nach Maly salpetrige Säure eingeleitet. Die ursprünglich braune Farbe der Lösung ging sehr bald in ein gesättigtes Grün, dieses ganz wie es bei der Gmelin'schen Gallenfarbstoffreaction zu sehen ist, in ein dunkles Blau, dieses wieder in Violett über, und endlich war die Flüssigkeit durchwegs hellbraun und veränderte sich nicht weiter. Deutlich sieht man da wie das Bilirubin in Biliverdin, in das blaue Oxyd etc. übergeht. Berücksichtigt man nun die Schnelligkeit mit der das geschieht (die ganze Reaction bis zur Entstehung des höchsten Oxydationsproduktes kann in 10 Minuten beendigt sein), so begreift man sehr gut, wie differirende Meinungen über die Eigenschaften dieser Farbstoffe entstehen können, denn in keiner Phase der Reaction, mit Ausnahme der letzten, wo eben schon Alles in Choletelin verwandelt ist, hat man den einen oder andern Farbstoff rein, sondern immer im Verein mit niedereren oder höheren Oxydationsprodukten.

Sobald nun die Farbstofflösung unverändert geblieben war, wurde sie mit Wasser versetzt, wodurch ein voluminöser, flockiger Niederschlag entstand; dieser wurde abfiltrirt, gewaschen, getrocknet, gewogen und gab

0,215 Grm. Choletelin.

Das Filtrat war auch hier gefärbt, es wurde also auch hier dieselbe colorimetrische Methode, wie beim Hydrobilirubin angewandt, mit Auflösen einer gewogenen Menge des gefällten Choletelins und sie ergab für das Filtrat einen Gehalt von

0,041 Grm. Choletelin.

Daher: Gewogenes Choletelin = 0,215
Colorimetrisch bestimmt = 0,041
0,256 Grm. Choletelin

= 72,1 % des verwendeten Bilirubins.

Obwohl hier die Ausbeute der Berechnung nicht so nahe kam als beim Hydrobilirubin, so zeigt es sich doch, dass das Choletelin kein Nebenprodukt bei der Oxydation des Bilirubins sein kann, sondern das einzige Produkt dieser Reaction darstellt. Dass ferner das gewogene Choletelin und der im Filtrat noch gelöst vorhandene Farbstoff identisch waren, ergibt sich aus Folgendem. Beide zeigten, nachdem sie auf denselben Säuregrad gebracht und entsprechend verdünnt waren, genau dieselbe Farbennuance und ausserdem dieselben Reactionen und Eigenschaften, wie sie dem Choletelin zukommen.

1) Kein Absorptionsband, weder an der Stelle wo das des Hydrobilirubins sich befindet, noch anderswo im Spectrum, sondern eine Verdunklung, die ungefähr von der Stelle, wo das Band des Hydrobilirubins sich befindet, gegen Violett hin immer mehr zunimmt, so dass sogar in stark verdünnten Lösungen das Blau und Violett des Spectrums ganz ausgelöscht erscheinen. Diese Beobachtung stimmt vollkommen mit derjenigen Vierordts*), die ebenfalls hier ihren Platz finden mag.

*) Zeitschrift f. Biologie 10, 402.

«Von einer Verwechslung des Choletelinspectrums mit dem des Hydrobilirubins kann gar keine Rede sein; die spectrophotometrischen Unterschiede beider sind enorm.

a) In dem Choletelinspectrum fehlen Absorptionsbänder, während das Hydrobilirubinspectrum ein charakteristisches Band zwischen E 63 und F besitzt.

b) Hydrobilirubin absorbirt sämmtliche Spectralfarben viel stärker als Choletelin (folgen Beispiele).

c) Die Form beider Absorptionscurven zeigt grosse Unterschiede; in der Hydrobilirubincurve, um mich auf die grösste Abweichung zu beschränken, nimmt die Absorption von F—G wieder ab, während sie in der Choletelincurve unaufhaltsam zunimmt.»

2) Die Choletelinlösung zeigt keine Fluorescenz beim Versetzen mit Chlorzink und Ammoniak, und auch kein Absorptionsband.

3) Keine rosenrothe Färbung der verdünnten sauern Lösung.

4) Die sauern Lösungen des Choletelins sind lichtgelb, und werden bei Zusatz eines Alkalis dunkler, bräunlich. (Bei Hydrobilirubin findet, wie oben bemerkt, das Gegentheil statt.)

5) Das Choletelin ist als trockenes Pulver lichtbräunlichgelb (ockergelb).

Verf. bemerkt, dass es ihm nach den obigen, an einem verhältnissmässig grossen Materiale ausgeführten Untersuchungen ganz unbegreiflich ist, wie Stokvis und Heynsius gerade das Gegentheil der in Nr. 1 und 2 angeführten Thatsachen finden konnten.

Für die vollständige Verschiedenheit beider Körper sprechen, ausser den so verschiedenen physikalischen und chemischen Eigenschaften, auch noch die Resultate der Elementaranalysen. Die Analysen von Maly*) ergaben in Procenten:

für Hydrobilirubin:	C 64,64;	H 6,93 (im Mittel)
« Choletelin:	C 55,67;	H 5,20
« «	C 55,23;	H 5,41.

Es ist zu bemerken, dass sich die analytischen Zahlen für Choletelin auf Substanzen verschiedener Bereitungsweise beziehen und untereinander gute Uebereinstimmung zeigen, und dass sie ferner gegenüber dem Hydrobilirubin eine Differenz von nahezu 10% C. aufweisen.

*) Jahresbericht f. Thierchemie für 1873, p. 201.

Obwohl die oben mitgetheilten Untersuchungsresultate vollkommen geeignet schienen, die vollständige Verschiedenheit von Choletelin und Hydrobilirubin schon auf Grund ihrer so differenten chemischen und optischen Eigenschaften zu beweisen, war es doch noch von Interesse eine Ueberführung des Choletelins in Hydrobilirubin, und wieder eine Ueberführung dieses in Choletelin zu versuchen, und zwar die erstere durch Reduction, die letztere durch Oxydation. Diese Ueberführung des Choletelins in Hydrobilirubin gelang vollständig und eine Ueberführung des Hydrobilirubins in Choletelin wird durch eine Reaction, die weiter unten beschrieben werden soll, sehr wahrscheinlich. Auch durch diese Reactionen, die auf theoretische Annahme gegründet, praktisch durchgeführt wurden, ist der unumstössliche Beweis für die Verschiedenheit der beiden Körper geliefert.

Bringt man nämlich etwas Choletelin in Pulverform mit Wasser und Natriumamalgam zusammen in ein Kölbchen, und lässt an einem warmen Orte längere Zeit (24 Stunden) stehen, so wird die früher dunkelbraune Lösung lichtgelb; untersucht man nun dieselbe, so stellt es sich heraus, dass alles Choletelin in Hydrobilirubin verwandelt wurde, denn diese Lösung gibt alle Reactionen, wie sie für Hydrobilirubin angegeben wurden. — Es gelingt noch durch eine andere Reaction sich von der Verschiedenheit der beiden Körper zu überzeugen.

Eine kleine Menge trocknen Hydrobilirubins wird mit einigen Tropfen conc. Schwefelsäure in einem Schälchen verrieben, wobei sich das Hydrobilirubin mit rothbrauner Farbe löst. Bringt man zu dieser Flüssigkeit ein kleines Körnchen Salpeter, so sieht man beim Hin- und Herneigen des Schälchens an dessen Wänden sehr bald intensiv grüne Streifen, die zwiebelroth, violett und bräunlichgelb werden, während an anderen Stellen noch grüne, rothe, violette Streifen sichtbar sind. Auf diese Weise wird die an der Wand des Schälchens haftende Flüssigkeit häufig wie marmorirt. Lässt man nun eine Zeit lang stehen, so wird die ganze Masse der Flüssigkeit violett und bei weiterem Zusatz von Salpeter dunkelgelb und bleibt weiter unverändert. — Untersucht man nun diese gelbe Flüssigkeit im Spectralapparat, so sieht man dieselbe Verdunklung in Blau und Violett, wie sie beim Choletelin beschrieben wurde.

Auch Bilirubin gibt diese Reaction, doch noch viel schöner und rascher als Hydrobilirubin, während das Choletelin, in derselben Weise behandelt, unverändert bleibt.

Ueber die Gährung des Harnstoffs. Anschliessend an seine früheren Untersuchungen über das Harnferment (diese Zeitschrift **13**, 247) bemerkt Musculus*), dass das beste Material zur Gewinnung der Harnfermente der dickflüssige, schleimreiche, ammoniakalische Harn von an Blasen-Katarrh leidenden Personen sei. Versetzt man solchen Urin mit starkem Alkohol, so wird der Schleim zu einer zähen, dem Fibrin ähnlichen Masse coagulirt und lässt sich dann leicht von der Flüssigkeit abscheiden. Der Niederschlag wird bei gelinder Wärme getrocknet, in Pulver zerrieben und in einem verschlossenen Glase aufbewahrt. Alle Filter, welche zu dieser Darstellung gedient haben und auf welchem noch ein wenig von der Substanz hängen geblieben ist, können nach der Färbung mit Curcuma, als Reagenspapier für Harnstoff dienen. Dieses Papier ist dann viel stärker als das durch einfaches Filtriren des ammoniakalischen Urins dargestellte. Mit dem Mikroskop untersucht zeigt dieser getrocknete Schleim keine Fermentzellen, wie die, welche sich im Sediment von Harn befinden und denen man die Eigenschaft, den Harnstoff in kohlensaures Ammon umzuwandeln zuschreibt. Der Schleim wirkt vielmehr selbst als chemisches Ferment, wovon der beste Beweis seine Löslichkeit in Wasser ist.

Bringt man etwas von dem Fermentpulver in Wasser und filtrirt, so geht zuerst eine trübe Flüssigkeit durch, die aber nach und nach vollkommen klar wird. Setzt man zu dieser klaren Lösung Harnstoff, so wird dieser in kurzer Zeit in kohlensaures Ammon umgewandelt, obgleich die Lösung nur sehr wenig Substanz enthält.

Diese Substanz verhält sich ganz wie Mucin. Durch Alkohol, wie durch Essigsäure wird sie in weissen Flocken gefällt. — Salpetersaures Quecksilberoxyd bewirkt einen Niederschlag, der sich beim Erwärmen rosenroth färbt. — Der mit Alkohol erzeugte Niederschlag gibt beim Trocknen eine braune, amorphe, glänzende Masse, die sich in Wasser, besonders schwach kochsalzhaltigem, wieder löst und dann sehr energisch auf Harnstoff wirkt. 0,1 Grm. in 50 CC. gelöst verwandeln 0,2 Grm. Harnstoff in weniger als einer Stunde bei 34—40° C. vollständig in kohlensaures Ammon. — Der durch Essigsäure erzeugte Niederschlag wirkt dagegen nicht mehr auf den Harnstoff. —

Die Empfindlichkeit dieses Fermentes gegen Säuren ist überhaupt ausserordentlich. Bringt man ein wenig des Ferments in Wasser, welches

*) Archiv der Physiologie **12**, 214.

$^1/_{1000}$ Salzsäure enthält, und neutralisirt nach 10 Minuten mit Natron, so hat die Lösung nicht die geringste Wirkung auf Harnstoff mehr. Man könnte vielleicht glauben, dass durch die Saturation selbst das Ferment in seiner Wirkung beeinträchtigt sei. Allein dieser Einwand widerlegt sich durch folgenden Versuch: Bringt man das Ferment in eine Lösung von Aetznatron und zwar von der Stärke von $^1/_{100}$ und neutralisirt darauf exact mit Salzsäure, so wird die Wirksamkeit des Fermentes kaum merkbar verändert. Mit einer Salzsäure von $^1/_{3000}$ wird das Ferment nur theilweise zerstört. Schwefelsäure, Salpetersäure, Essigsäure, Salicylsäure etc. wirken auf ähnliche Art.

Wärme zerstört das Ferment im feuchten wie im trocknen Zustande schon bei 80° C. Durch Fäulniss wird es ebenfalls zerstört. Verdünnte Alkalien hemmen die Wirkung des Ferments (5 % Ammon hebt die Wirkung vollständig auf) ohne dasselbe zu zerstören, denn nach der Sättigung ist die Wirkung wieder hergestellt. Phenol, welches alle organisirten Fermente zerstört, hat gar keine Einwirkung auf die Energie dieser Harnfermente.

Fermentpapier wurde mit reinem Phenol imprägnirt, dann mit Alkohol gut ausgewaschen, ohne dass es irgend etwas von seinen Eigenschaften verlor.

Das Harnferment hat mithin sehr viel Aehnlichkeit mit den löslichen, chemischen Fermenten, wie Diastas, Speichel und Pancreasferment.

Die Diastase ist z. B. ebenso empfindlich gegen Säuren: Eine Lösung von $^1/_{1000}$ Salzsäure zerstört es vollkommen. Gegen Salze, Alkalien und Phenol verhält es sich genau so wie das Harnferment.

Das diastatische Ferment des Pancreas ist weniger empfindlich gegen die Säure, $^1/_{1000}$ Salzsäure hemmt zwar die Gährung, zerstört aber das Ferment nicht, erst bei Anwendung von einer einprocentigen Säurelösung wird das Ferment zerstört.

Nach dem Mitgetheilten könnte man glauben, dass Körper von ähnlicher Constitution wie der Harnstoff z. B. Säureamide überhaupt, ein analoges Verhalten dem Ferment gegenüber zeigen werden, letzteres daher kein specifisches Reagens für Harnstoff allein sei. Versuche nach dieser Richtung mit Acetamid und Oxamid ergaben, dass das Ferment direct auf dieselben nicht einwirkt, denn erst nach einigen Tagen konnte die Gegenwart von geringen Mengen von Ammoniak constatirt werden, die aber ohne Zweifel durch die inzwischen eingetretene Fäulniss bedingt waren. In ähnlicher Weise verhält es sich gegen Hippursäure,

Harnsäure, Kreatin, Guanidin, Dicyandiamid etc. — auch diese werden durch das Ferment nicht alterirt. Daraus folgt, dass dem Ferment eine ganz specifische Wirkung auf den Harnstoff zukommt.

Bei der Anwendung des Fermentpapiers hat man nur die Gegenwart von Kalk- und Magnesiasalzen, welche Doppelzersetzungen mit kohlensaurem Ammon geben und so die Wirkung auf Curcuma verhindern, zu vermeiden. Zu diesem Zweck zersetzt man diese Salze mit wenig kohlensaurem Natron und verwendet das neutralisirte Filtrat zur Prüfung.

Anwendung des Ferments zur quantitativen Harnstoffbestimmung.

Das aus Harn von Blasen-Katarrh nach oben mitgetheilter Methode dargestellte Ferment eignet sich auch vorzüglich zur quantitativen Bestimmung des Harnstoffs.

10 CC. Harn mit ein wenig kohlensaurem Natron versetzt, dann aufs 10fache mit Wasser verdünnt, werden mit einigen Tropfen Lackmus gefärbt, durch eine verdünnte Säure genau neutralisirt, mit 0,2 Grm. Fermentpulver versetzt und in einem Wasserbade auf 35—40° C. erwärmt. Nach einer Stunde ist der Harnstoff vollständig umgewandelt. Durch Titrirung mit normaler Schwefelsäure erfährt man die gebildete Menge von Ammoniak, die auf Harnstoff umgerechnet wird. Kreatin und Kreatinin werden wie schon oben bemerkt, hierbei nicht zersetzt.

Nitrobenzolvergiftung bewirkt keine Zuckerausscheidung im Urin. v. Mering*) widerlegt die von C. A. Ewald gemachten Angaben, dass der Urin nach Nitrobenzolvergiftung Zucker enthalten soll. Nach den Untersuchungen von v. Mering besteht kein Zweifel, dass der im Urin ausgeschiedene Körper kein Zucker ist. Er reducirt zwar alkalische Kupferlösung beim Kochen, geht aber, wenn man ihn unter den nöthigen Cautelen mit Hefe versetzt, nicht in Gährung über. Besonders hervorgehoben muss werden, dass dieser Körper linksdrehend ist, was bekanntlich das Gegentheil von den Eigenschaften des Traubenzuckers ist. In dem Urin von Kaninchen, die v. Mering mit Nitrobenzol vergiftete, gelang es, mittelst des Polarimeters von Soleil-Duboscq eine deutliche Linksdrehung bis zu —4° nachzuweisen. Es wäre von höchstem Interesse, diesen merkwürdigen Körper näher kennen zu lernen.

*) Centralblatt f. d. med. Wissenschaft. 1875, p. 945.

Eine linksdrehende Substanz im normalen Harn. Die von v. Mering*) gemachte Angabe, dass der Urin nach Nitrobenzolvergiftung eine linksdrehende Substanz enthält, veranlasste H. Haas**) zur folgenden, höchst beachtenswerthen Mittheilung: Eiweiss- und zuckerfreier Harn von Menschen lenkt bei saurer Reaction constant, unabhängig von Alter und Geschlecht, Lebensweise und Gesundheitszustand, die Ebene des polarisirten Lichtes nach links ab. Unter sehr vielen Urinen, die Verf. untersucht, hat nur einmal der Morgenharn eines 6jährigen Mädchens diese Eigenschaft nicht besessen, während sich der an demselben Nachmittage von dem Kinde gelassene Urin wieder als linksdrehend erwies. Die Drehung des frischen Harns ist eine so geringe, dass sie jedenfalls wegen der Eigenfarbe des Urins bei der Untersuchung mit dem Ventzke-Soleil'schen Apparate der Wahrnehmung schlechterdings entgeht. Mit dem Wild'schen Polaristrobometer wurde in einer 1 Decimeter langen Röhre, eine Drehung von — 3′ bis — 10′ beobachtet. (Eine solche Drehung kann man doch wahrlich keine geringe nennen und wäre es daher im höchsten Grade zu verwundern, wenn eine so starke Linksdrehung bei normalen Urinen bis jetzt vollständig übersehen sein sollte. N.) Der Nachtharn drehte weniger stark als der Nachmittagsharn.

Ueber die Eigenschaften dieser linksdrehenden Substanz macht Haas zunächst folgende Mittheilungen: Die Substanz zeigt ihre drehenden Eigenschaften in saurer, neutraler und alkalischer Lösung. Macht man jedoch den Urin durch Ammon oder kohlensaures Natron stark alkalisch, so wird die Lösung inactiv, auch wenn sie vorher entsprechend eingedampft worden. In den dabei entstehenden Niederschlägen ist die Substanz nicht enthalten. Säuert man die Lösungen wieder an, so drehen sie wieder links. Die Substanz ist nicht flüchtig. Dampft man den Urin ein, so nimmt die Stärke der Drehung mit der Concentration zu. Das Destillat ist optisch inactiv.

Alkohol nimmt aus dem zum Syrup eingedampften Urin die drehende Substanz auf. Thierkohle hält beim Entfärben der eingedampften Urine einen Theil der drehenden Substanz zurück. Ein solcher eingedampfter Urin, der nach theilweiser Entfärbung mit basisch essigsaurem Blei, eine Drehung von — 21,7′ zeigte, drehte nach 6maligem Filtriren durch

---

*) Dieses Heft p. 365.

**) Centralblatt f. d. med. Wissenschaft. 1876, p. 149.

Kohle —12,5', nach 12maligem Filtriren —9,8'. Durch destillirtes Wasser lässt sich die drehende Substanz wieder aus der Kohle auswaschen. Das Waschwasser zeigte eine Drehung von —2,9'. Bleiessig fällt die Substanz nicht. Man kann daher auch den Urin mit Bleiessig entfärben und ihn dadurch zur Untersuchung mit dem Apparat von Ventzke-Soleil zugänglich machen.

Fällt man aus einer mit Bleiessig versetzten Lösung der Substanz das überschüssige Blei mit Ammon oder mit Schwefelsäure aus, so wird auch die drehende Substanz mit niedergeschlagen; das Filtrat zeigt keine Drehung mehr. Zerlegt man den im Wasser suspendirten Bleiniederschlag mit Schwefelwasserstoff, so geht gleichwohl die drehende Substanz nicht in Lösung. Siedendes Wasser, noch leichter aber Alkohol, nimmt dagegen aus dem Schwefelblei eine Substanz auf, welche nur rechts dreht.

Die aus dem Schwefelblei gewonnenen Lösungen lösen nach dem Zusatz von Natronlauge viel Kupferoxyd, ohne es in der Wärme zu reduciren und färben sich mit Salpetersäure und Natronlauge braungelb.

Haas behält sich die weitere Untersuchung dieses jedenfalls höchst interessanten Harnbestandtheils ausdrücklich vor.

3. Auf gerichtliche Chemie bezügliche Methoden.

Von

C. Neubauer.

Analytische und toxikologische Untersuchungen über die Carbolsäure. Zur Abscheidung der Carbolsäure empfiehlt E. Jacquemin*) die betreffenden organischen Materien (Harn, Blut etc.) mit Schwefelsäure oder Phosphorsäure zu destilliren. Besitzt das Destillat den charakteristischen Geruch der Carbolsäure, so schüttelt man es mit Aether, lässt die Aetherlösung freiwillig verdunsten und prüft den gebliebenen Rückstand weiter mit den unten zu besprechenden Reagentien. Liegen aber über die Natur des Giftes gar keine Anhaltspunkte vor, so ist es jedenfalls besser, das allgemeine Verfahren mit Petroleumäther von Dragendorff zu befolgen.

Was nun die einzelnen Reactionen auf Carbolsäure betrifft, so sind der Geruch, die Eigenschaft die Haut weiss zu färben, sowie Leim und

*) Aus Journ. de Méd. de Bruxelles durch Archiv d. Pharm. **208**, 47.

Eiweiss zu fällen, unsicher, da sie sowohl dem Kreosot wie der Carbolsäure zukommen. Eben so unsicher ist die Eigenschaft der Carbolsäure einen mit Salzsäure befeuchteten Fichtenspan an der Luft blau zu färben, denn nach den Erfahrungen Ritters wird ein solcher Span mitunter schon durch Salzsäure allein blau oder grün.

Bromwasser, welches sehr verdünnte Lösungen der Carbolsäure fällt, ist sicherlich sehr empfindlich; allein wenn auch der Niederschlag, welcher in verdünnten Lösungen sehr langsam entsteht, eine krystallinische Structur annimmt, so ist es doch nach dem Verf. eine mehr complementäre als charakteristische Reaction.

Die Umwandlung der Carbolsäure in Pikrinsäure ist ebenfalls eine sehr empfindliche Reaction, aber zugleich auch nur complementär, denn mehrere andere Substanzen verhalten sich ebenso.

Die bekannte Reaction mit Eisenchlorid ist empfindlich und charakteristisch. Nach Dragendorff färbt das schwefelsaure Eisenoxyd eine Flüssigkeit, welches in 1 CC. nur $^1/_2$ Milligrm. Carbolsäure enthält, noch lilablau.

Die von Jacquemin entdeckte Reaction beruht auf der Leichtigkeit, womit die Carbolsäure in erythrocarbolsaures Natron, ein blaues Salz von beträchtlicher Färbekraft, übergeführt werden kann. Versetzt man die Carbolsäure mit ihrem gleichen Gewichte Anilin und dann mit unterchlorigsaurem Natron, so entsteht eine dunkelblaue Farbe durch Bildung von erythrocarbolsaurem Natron, welche durch ihre Reinheit und Beständigkeit ausgezeichnet ist. Säuren verändern die Farbe in eine rothe, in Folge des Freiwerdens der Erythrocarbolsäure, und Alkalien stellen die blaue Farbe wieder her.

Diese Reaction ist nach dem Verf. 30 mal empfindlicher als die mit schwefelsaurem Eisenoxyd. (Es darf hier jedoch nicht unerwähnt bleiben, dass bekanntlich Anilinsalze allein mit unterchlorigsaurem Natron eine blauviolette Farbe geben, und daher die erwähnte Reaction von Jacquemin nur mit grösster Vorsicht angewandt werden darf. N.)

Auf diese seine Reaction gestützt, empfiehlt Jacquemin zur Auffindung der Carbolsäure das folgende Verfahren einzuschlagen.

Angenommen einem mit Carbolsäure behandelten Kranken sei zur Ader gelassen und das Blut sollte auf einen Gehalt an Carbolsäure geprüft werden. 100 Grm. des Blutes werden zu diesem Zweck mit einer Mischung von 98 Grm. Wasser und 2 Grm. Schwefelsäure sorgfältig gemischt. Nach einstündiger Einwirkung bringt man das Ganze auf ein

Seihetuch, versetzt die klar abgegossene Flüssigkeit mit ihrem gleichen Volum Alkohol von 30% und colirt zum zweitenmal.

Hat man so 30 CC. der Flüssigkeit gesammelt, so stumpft man die Säure mit kohlensaurem Natron ab, fügt mittelst eines Glasstabs einen Bruchtheil eines Tropfens Anilin und zuletzt unterchlorigsaures Natron hinzu. Dieses senkt sich wegen seiner grösseren Dichtigkeit nach unten, daher die Farbenveränderung in Gelb, Grün und Grünlichblau am Boden des Glases beginnt. Sobald dieser Zeitpunkt eingetreten ist, rührt man um, worauf die ganze Flüssigkeit grünlichblau erscheinen wird.

Organe, Herz, Lunge, Leber, Muskel behandelt man ebenso, nachdem man etwa 100 Grm. durch Zerschneiden und Verreiben mit Sand möglichst zerkleinert hat.

Wenn der mit 30 CC. angestellte Versuch die Anwesenheit der Carbolsäure dargethan hat, so versetzt man den Rest in einer Flasche mit Aether, schüttelt eine Zeit lang, stellt in Ruhe, giesst den Aether ab, wiederholt dieselbe Behandlung noch einmal und lässt die ätherischen Flüssigkeiten freiwillig verdunsten. Mit diesem Rückstande kann man alle Reactionen der Carbolsäure anstellen. Will man die blaue Farbe des erythrocarbolsauren Natrons hervorrufen, so darf man niemals vergessen, die Flüssigkeit, wenn sie sauer ist, vorher mit kohlensaurem Natron zu neutralisiren.

Ist dagegen der mit 30 CC. angestellte Versuch negativ ausgefallen, so empfiehlt es sich, statt mit Aether, mit Petroleumäther von 60° C. Siedepunkt zu schütteln. Der Verdunstungsrückstand gibt, wenn überhaupt eine Spur von Carbolsäure zugegen, die blaue Reaction unzweifelhaft.

Soll Urin auf Carbolsäure geprüft werden, so nimmt man circa 200 Grm. davon in Arbeit, setzt dazu eine Mischung von 4 Grm. Schwefelsäure mit 16 Grm. Wasser, erwärmt eine Stunde auf 50° C., fügt nach dem Erkalten ein gleiches Volum Weingeist von 90% hinzu, filtrirt nach einiger Zeit und verfährt wie angegeben.

Hat man es mit Milch zu thun, so setzt man zu 200 Grm. derselben ebenfalls eine Mischung von 4 Grm. Schwefelsäure und 16 Grm. Wasser, erhitzt so lange bis das Caseïn sich vollständig ausgeschieden hat, filtrirt nach dem Erkalten, behandelt mit Weingeist etc. Jacquemin stand die Milch von einer Kuh zur Verfügung, welche sich stark verletzt hatte und deren Wunde mit Carbolsäure behandelt worden war. Um damit die charakteristische Reaction zu bekommen, genügte es schon, derselben direct einen Tropfen Anilin und unterchlorigsaures Natron hinzuzusetzen.

Ueber die Erkennung des menschlichen und thierischen Blutes in trocknen Flecken in gerichtlich - medicinischer Beziehung. Malinin*) hat, wie schon viele vor ihm, versucht aus der Grösse der mit Kalilösung aufgeweichten Blutkörperchen die Frage ob Menschen- oder Thierblut zu entscheiden. Verf. kommt zu folgenden Schlussfolgerungen:

1. Wenn der Durchmesser der Blutkügelchen weniger beträgt als 0,006^{mm}, so kann man entscheiden, dass es kein Menschenblut ist.

2. Wenn der Durchmesser 0,007^{mm} oder mehr beträgt, so kann man es der Wahrscheinlichkeit nach für Menschenblut annehmen.

3. Wenn aber ihr Durchmesser zwischen 0,006 und 0,007^{mm} schwankt, so ist daraus zu schliessen, dass es weder Ziegen- noch Hammel- noch Ochsenblut ist; möglich ist es, dass es Hunde-, Schweine- oder gar Menschenblut ist.

Ich begnüge mich damit, was die Details anbetrifft, auf das Original zu verweisen, um so mehr als Virchow in einer Anmerkung zu genannter Arbeit sagt: «Indess habe ich es nie gewagt, auf Grund solcher Untersuchungen menschliches und Säugethierblut zu unterscheiden.»

*) Virchow's Archiv **65**, 528.

Berichtigungen:

Im 14. Jahrgange dieser Zeitschrift p. 351. Zeile 13 v. u. lies „Clamond" statt Clarmond.

Im 15. Jahrgange dieser Zeitschrift p. 219 Zeile 1 v. u. lies „zum Preise von etwa 330 Mark" statt zum Preise von 130 Mark.

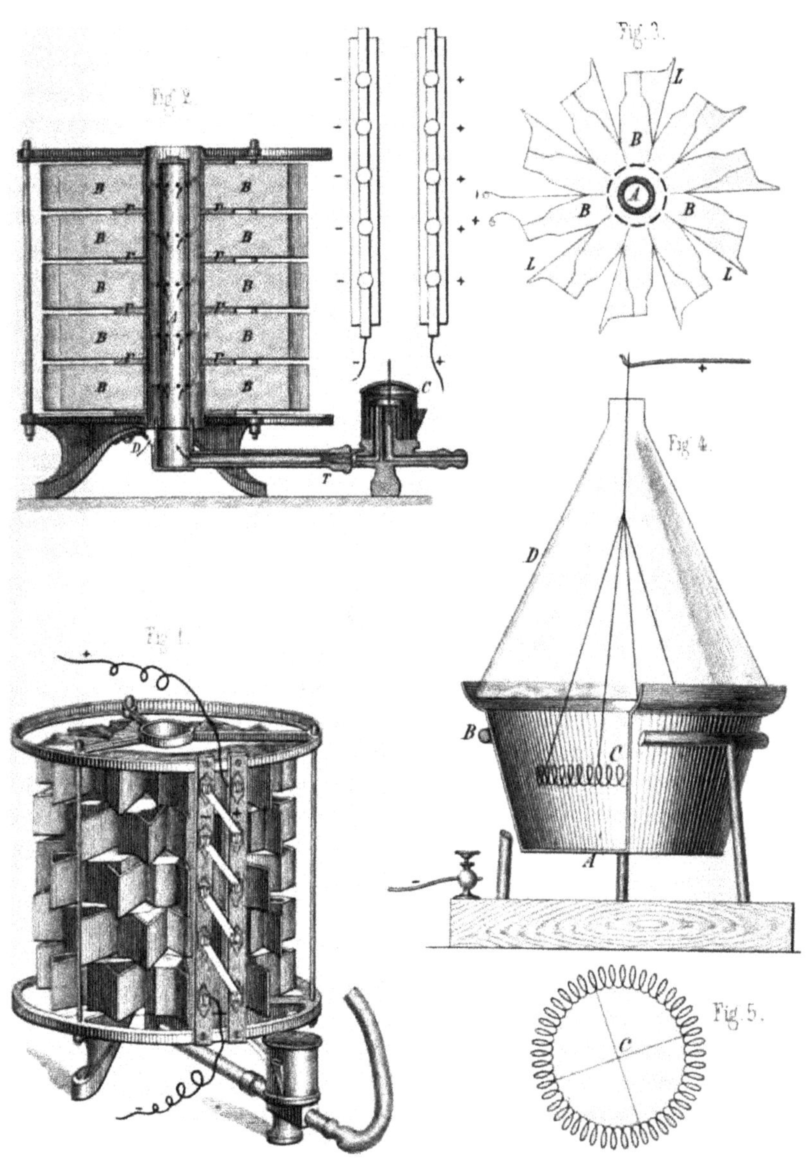

Lith. Anst. v. Wirtz, Darmstadt
C.W. Kreidel's Verlag, Wiesba

Elementaranalyse vermittelst Quecksilberoxyds.

Von

Alexander Mitscherlich. *)

Der Elementaranalyse ist, so lange organische Körper untersucht sind, die grösste Aufmerksamkeit geschenkt worden, und es haben die bis jetzt gebräuchlichen Methoden in ihrer Art die grösste Vollkommenheit erreicht. Trotzdem ist aber denselben der grosse Nachtheil geblieben, dass sie mit Ausnahme der nachher angegebenen Verfahren nur die Bestimmung des Kohlenstoffs und Wasserstoffs, nicht aber ausserdem die der übrigen Bestandtheile der organischen Körper, durch eine Verbrennung zulassen. Wenn auch für die Substanzen, die nur aus Kohlenstoff, Wasserstoff und Sauerstoff bestehen, die bisherigen Methoden mit Kupferoxyd u. s. w. wie bekannt bei guter Ausführung vollständig befriedigende Resultate geben, so fehlt doch bei ihnen stets die Controle. Wir wissen nicht, ob nicht durch einen Fehler bei einer Analyse, der sich bei einer zweiten wiederholt haben kann, die meist nur aus dem Verlust berechnete Sauerstoffmenge zu gross oder zu klein ist, oder ob nicht ein Körper in der Substanz vollständig übersehen ist, dessen Gewicht dann als Sauerstoff in Rechnung kommt. —

Haben wir statt der einfachen organischen Verbindungen solche mit Stickstoff, Schwefel, Chlor u. s. w. zu untersuchen, so mehren sich die Fehlerquellen. Wir müssen nach den gebräuchlichen Methoden zur Feststellung der Zusammensetzung eines Körpers unter Umständen drei oder noch mehr Analysen machen. Die Substanz kann hier bei den verschiedenen Analysen Wasser aufgenommen oder verloren haben, kann selbst vielleicht nicht vollständig gleichmässig gewesen sein, kann sich zum Theil zersetzt haben u. s. w. Alle diese Fehlerquellen machen,

*) Dem Wunsche des Verfassers entsprechend habe ich seine Abhandlung „Elementaranalyse vermittelst Quecksilberoxyds“, welche bis jetzt nur als Brochüre (bei Ernst Siegfried Mittler & Sohn in Berlin) erschienen ist, in diese Zeitschrift aufgenommen. R. F.

wenn keine directe Sauerstoffbestimmung vorgenommen ist, die meist nur aus dem Verlust berechnete Sauerstoffmenge ungenau. Wie bekannt, haben die bisherigen Analysen complicirter pflanzlicher oder thierischer Körper zu stark von einander abweichenden Resultaten geführt.

Auch war eine Bestimmung der Zusammensetzung von Gasarten, deren specifisches Gewicht wegen zu geringer Menge nicht genau zu bestimmen war, durch die sogenannte Elementaranalyse ohne directe Sauerstoffbestimmung nicht möglich. Das Gewicht der Gasarten war nicht bekannt, der Sauerstoff konnte also aus dem Gewichtsverlust nicht ermittelt werden.

Um die genannten Nachtheile in der analytischen Methode zu beseitigen, ist es seit einer Reihe von Jahren mein unablässiges Bemühen gewesen, eine Methode aufzufinden, welche die Bestimmung aller Körper in den organischen Substanzen durch eine einzige Analyse zulässt. —

Was die bisherigen Methoden in der Elementaranalyse anbetrifft, so kann ich dieselben wohl als hinlänglich bekannt voraussetzen und mich hier im Wesentlichen nur auf Anführung derjenigen beschränken, die mit dem nachfolgenden Verfahren in einem Zusammenhange stehen.

Von Gay-Lussac und Thénard wurde die Verbrennung organischer Substanzen mit chlorsaurem Kali gemacht. Bestimmt wurde hierbei ausser dem Gewicht der Substanz die Menge der Kohlensäure und die des zur Verbrennung gebrauchten Sauerstoffs. Das Wasser wurde aus dem Verlust berechnet, da das Gewicht der Substanz mit dem Gewichte des verbrauchten Sauerstoffs gleich ist der entstandenen Menge der Kohlensäure und des Wassers. Diese Methode wurde aufgegeben, weil der Gesammtfehler in der Analyse auf die Bestimmung des Wasserstoffs fiel, auf die ja immer vorzüglich Gewicht gelegt werden muss. Sie ist durch die Verbrennung der Körper unter Bestimmung des Kohlenstoffs und Wasserstoffs und unter Berechnung der Sauerstoffmenge durch den Verlust verdrängt worden.

A. Ladenburg*) benutzte indess neuerdings wieder die erstere Methode und wandte statt des chlorsauren Kalis jodsaures Silberoxyd an. In seinen angegebenen Analysen erreichen die Fehler der Bestimmung des Sauerstoffverbrauchs 2,2 %.

*) Vgl. Ann. d. Chem. u. Pharm. CXXXV. 1. Zeitschr. f. Chem. 1865. 497; diese Zeitschr. 4, 192; Journ. f. prakt. Chem. XCVI. 346; Chem. Centr. 1865, 911; Ann. chim phys. V. 486; Bull. soc. chim. IV. 261; Jahresber. üb. Fo. d. Chem. 1865, 129.

E. H. von Baumhauer*) verbrannte die organischen Körper mit Kupferoxyd und bestimmte den dem Kupferoxyd entzogenen Sauerstoff durch Volumenverminderung des zur Oxydation desselben nachher verwandten Sauerstoffs.

Später**) bestimmte er den zur Oxydation des Kupfers nothwendigen Sauerstoff durch Gewinnung desselben aus gewogenem jodsaurem Silberoxyd, indem er den Ueberschuss des hierdurch entstandenen Sauerstoffs durch Verbrennung desselben zu Wasser feststellte. Als Belege für die Methode sind Analysen von Oxalsäure und Harnsäure angegeben.

Um diese Methode selbst zu prüfen, machte ich folgende zwei Versuche. — Ungefähr 100 Grm. Kupferoxyd wurden durch Wasserstoff vollständig reducirt, das gebildete Kupfer im Sauerstoff nachher unter Glüherscheinung verbrannt, und das Verbrennungsproduct während $7^1/_4$ Stunden unter Zutreten von Sauerstoff wie bei der Verbrennungsanalyse erhitzt. Eine fortwährende Sauerstoffaufnahme fand statt. Nach der genannten Zeit war dieselbe noch nicht beendet, obgleich 800 Cub.-Centim. bereits langsam aufgenommen waren. Um den Grund dieser Erscheinung zu untersuchen, wurden die Kupferoxydstücke aus dem Rohre genommen und zerdrückt. Es fanden sich im Innern derselben grössere Mengen von Kupferoxydul.

Ferner wurde Kupferoxyd, das zu Verbrennungen gedient hatte, so lange in einem Verbrennungsrohre mit Sauerstoff bei der Temperatur der Verbrennungsanalyse gelassen, bis eine Aufnahme desselben nicht mehr zu beobachten war. Bei der darauf vorgenommenen Zerkleinerung wurde wieder in solchen Kupferoxydstücken Kupferoxydul wahrgenommen.

Aus diesen Versuchen geht hervor, dass wenn bei solchen Verbrennungen organischer Körper Stücke von reducirtem Kupferoxyd von dem Durchmesser nur eines Millimeters entstehen, diese nachher mit Sauerstoff entweder überhaupt nicht oder erst nach einer sehr langen Zeit vollständig verbrennen. Unter solchen Umständen, die bei kohlenstoff- und wasserstoffreicheren Substanzen wohl schwer zu vermeiden sein werden, wird eine quantitative Bestimmung des Sauerstoffs nach diesem Verfahren wohl nicht leicht ausführbar sein.

*) Vgl. Ann. d. Chem. u. Pharm. XC. 228; Journ. f. prakt. Chem. LXIII. 57; Jahresber. über Fortschritte d. Chem. 1854, 740.

**) Vgl. Extr. des Arch. Néerland. I. 179; diese Zeitschr. 5, 141; Zeitschr. f. Chem. 1866, 428; Journ. f. prakt. Chem. CI. 257; Bull. soc. chim. VI. 131; Jahresber. üb. F. d. Chem. 1866. S. 812.

Von Stromeyer*) wurde eine Methode angegeben, vermittelst welcher durch eine besondere Bestimmung die Sauerstoffmenge in organischen Körpern gefunden wird, indem die Quantität des zum Verbrennen verbrauchten Sauerstoffs vom Kupferoxyd durch Titriren festgestellt wird. Derselbe sagt unter Anderm von seiner Methode: «die Zahlen (der Sauerstoffbestimmung) fallen zu hoch aus und können die Bestimmung aus dem Verlust nicht corrigiren.»

E. J. Maumené**) erhitzt die organischen Substanzen mit Bleioxyd und bestimmt durch das entstandene metallische Blei den zur Verbrennung gebrauchten Sauerstoff. Analysen sind nicht angegeben, aus denen ein Schluss auf die Genauigkeit der Methode gezogen werden könnte. Da das Verfahren ausserdem nicht genauer beschrieben und nicht angegeben ist, in welcher Weise Fehlerquellen, wie die Oxydation des Bleies und der organischen Körper durch den Sauerstoff der Luft im Verbrennungsrohre und andere mehr, vermieden werden, so konnte dasselbe nicht näher geprüft werden.

Eine directe Sauerstoffbestimmung durch Wägungen wurde bis jetzt von mir allein ermittelt***), indem die organischen Substanzen durch Chlor zerlegt und der Sauerstoff in denselben durch Wägung des entstandenen Kohlenoxydes und der gebildeten Kohlensäure festgestellt wurde. Ausserdem wurden in derselben Abhandlung von mir einige andere Methoden zur Bestimmung der Zusammensetzung der organischen Körper angegeben.

Erstere Methode ist von mir erweitert worden; statt des Chlors wandte ich Kaliumplatinchlorid an und konnte so ausser Sauerstoff und Wasserstoff auch noch Kohlenstoff direct durch eine Verbrennung bestimmen. †)

Diese Methode habe ich später in der Weise vervollkommnet, dass ich die Substanzen in einem schwer schmelzbaren Glasrohre mit einem

*) Vgl. Annal. d. Chem. u. Pharm. CXVII. 247; Jahresber. f. Fortschr. d. Chem. 1862.

**) Vgl. Compt. rend. LV. 432. Journ. f. prakt. Chem. LXXXVIII. 185; Chem. Centralbl. 1863, 49; Jahresber. f. Fortschr. d. Chem. 1862, 552.

***) Vgl. Pogg. Ann. CXXX. 536; diese Zeitschrift 6, 136; im Auszug. Zeitschrift f. Chemie III. 496. Vierteljahresschrift f. pr. Pharmac. XVII. 551; Jahresber. f. Fortschr. d. Chem. 1867, 855.

†) Vgl. Ber. d. deutsch. chem. Gesellsch. in Berlin I. 45. Zeitschrift f. Chem. 1868, 384. Diese Zeitschrift 7, 272. Bull. soc. chim. X. 3?8. L'Instit. 1868, 271. Jahresber. f. Fortschr. d. Chem. 1868, 882.

Gemenge von Kaliumplatinchlorid und Chlorkalium verbrannte. Es entstand hierbei Wasser, Chlorwasserstoff, Kohlensäure, Kohlenstoff und auch Chlorkohlenstoff. Der Zusatz von Chlorkalium bewirkte eine grosse Vertheilung des Kaliumplatinchlorides und nach der Verbrennung beim Ueberleiten von Chlor die leichte Neubildung des letzteren Salzes.

Da die Methode beim häufigeren Auftreten von Chlorkohlenstoff die Bestimmung des Kohlenstoffs etwas schwierig machte, so suchte ich weiter nach einem einfacheren Verfahren. Versuche statt der genannten Chlorverbindung durch Anwendung von Schwefel oder dessen leicht zerlegbare Verbindungen eine Methode einer vollständigen Elementaranalyse ausfindig zu machen, sind mir nicht geglückt. Es findet wohl meist eine Zerlegung der organischen Körper durch Schwefel oder leicht zerlegbare Schwefelverbindungen statt, aber nicht mit der Leichtigkeit und Sicherheit, um eine Methode der Analyse darauf zu gründen. Auf die bei diesen Untersuchungen gemachten Beobachtungen werde ich in einer späteren Abhandlung zurückkommen.

In zwei Mittheilungen*) habe ich vor einiger Zeit kurz Rechenschaft gegeben über ein Verfahren, das im Allgemeinen nicht langwieriger und schwieriger ist wie die Verbrennung der organischen Körper durch Kupferoxyd, welches aber gestattet, ausser Kohlenstoff und Wasserstoff vorzüglich Sauerstoff, ferner Stickstoff, Chlor, Brom, Jod, Schwefel, Phosphor und andere unorganische Substanzen durch eine einzige Analyse genau zu bestimmen.

Um dieses auszuführen, werden die Kohlenstoffverbindungen mit Quecksilberoxyd verbrannt. Unter der Temperatur, bei der Quecksilberoxyd für sich zerlegt wird, entsteht hierbei auf Kosten des Sauerstoffs eines Theiles des Quecksilberoxydes Wasser, Kohlensäure und Quecksilber. Durch Wägung der Kohlensäure und des Wassers wird wie gewöhnlich Kohlenstoff und Wasserstoff bestimmt; durch Wägung des durch Reduction entstandenen Quecksilbers wird die Quantität Sauerstoff, die zur Verbrennung gedient hat, und durch Abziehen der letzteren von der in den Verbrennungsproducten vorhandenen wird die Sauerstoffmenge der untersuchten Kohlenstoffverbindung gefunden. Es wird hierbei also die Quantität Sauerstoff einer organischen Verbindung nicht durch den Verlust,

*) Vgl. Ber. d. deutsch. chem. Ges. 1873. 1000 u. a. a. O.
Vgl. Tagebl. der 47. Naturf. Versamml. 1874. S. 122; Bericht d. deutsch. chem. Gesellsch. 1874. S. 1527 u. a. a. O.

sondern durch Wägungen ermittelt. Bei Stickstoff haltenden Körpern scheidet sich Stickstoff als solcher und als Stickoxyd ab. Ist Chlor, Brom oder Jod in den zu untersuchenden Körpern vorhanden, so verbinden diese sich bei der Verbrennung mit dem frei werdenden Quecksilber. Schwefel und Phosphor in organischen Körpern werden beim Erhitzen mit dem genannten Oxyde in schwefel- und metaphosphorsaures Quecksilberoxyd übergeführt. Diese Salze, sowie fast alle in den zu analysirenden Substanzen noch befindlichen Körper bleiben beim Quecksilberoxyde und werden später von demselben getrennt und bestimmt.

Voruntersuchung.

Bevor die organischen Körper analysirt werden, ist es sehr zweckmässig, eine Voruntersuchung vorzunehmen. Die Körper werden darauf geprüft, ob sie bei gewöhnlicher Temperatur flüchtig sind, ob sie Stickstoff, Schwefel, Phosphor oder noch andere einfache Körper enthalten, ob sie sich leicht in fein gepulvertem Zustande mit Quecksilberoxyd mischen lassen, und in welcher Weise beim Erhitzen der Verbrennungsprocess vor sich geht. Je nach dem Verhalten bei dieser Voruntersuchung werden die Körper einer etwas verschiedenen Behandlungsweise unterzogen.

Um zu erkennen, wie bei wenig oder nicht flüchtigen Körpern der Vorgang der Verbrennung ist, nimmt man ungefähr 0,01 Grm. feingepulverte Substanz, versetzt sie mit ungefähr 5 Grm. pulverförmigem Quecksilberoxyd, schüttelt innig in einem Reagensgläschen, bis nichts mehr von der Substanz sichtbar ist, und erhält dann während ungefähr 5 Minuten das Gemenge bei der Temperatur, bei welcher das Quecksilberoxyd dunkelbraun ist. Die Substanz verbrennt hierbei. Die nicht vollständige Verbrennung wird nach dem Erkalten erkannt durch schwarze Pünktchen im Quecksilberoxyd oder nach Zusetzen von etwas Wasser und Schütteln durch Absatz von Kohle oberhalb desselben. Waren ausser Chlor, Brom oder Jod, welche durch die Sublimation der Quecksilberverbindungen erkannt werden, noch andere einfache Körper bei der angewandten Substanz, so wird die mit Wasser versetzte Masse darauf hin untersucht, ob sich Stoffe in derselben für sich oder durch Zusatz von wenig kohlensaurem Natron oder von etwas Salpetersäure von dem Quecksilberoxyd vollständig trennen lassen.

Sind durch genannte Mittel alle ausziehbaren Körper aus dem Quecksilberoxyd entfernt, so wird dasselbe auf etwa unlöslich noch vorhandene

Substanzen durch starkes Erhitzen in einem Röhrchen untersucht; das Quecksilberoxyd verschwindet vollkommen, während der in demselben vorhanden gewesene Körper zurückbleibt.

Alle organischen Verbindungen werden im Wesentlichen auf gleiche Weise analysirt mit Ausnahme der Stickstoff haltenden, die einer besonderen Behandlung unterworfen werden. Ich werde zunächst die Apparate und Präparate für die Verbrennungen der stickstofffreien organischen Körper, dann die Verbrennung selbst beschreiben und zuletzt zu dem Verfahren bei Stickstoff haltenden Körpern, bei Chlor-, Brom- oder Jodverbindungen und bei organischen Verbindungen, welche andere Metalloide oder Metalle enthalten, übergehen.

c a g f h c d b

Fig. 16. 1/10 nat. Grösse.

Vorbereitung zur Verbrennung von Kohlenstoff, Wasserstoff und Sauerstoffverbindungen.

Das Verbrennungsrohr Fig. 16 hat in der Länge von 900mm von a bis d einen inneren Durchmesser von 15mm und von d bis b bei einer Länge von 170mm einen Durchmesser von 8mm. Es ist an beiden Seiten a und b offen, hat an der Seite b einen Schliff, der in das später beschriebene Sublimationsrohr Fig. 28 S. 390 recht gut einpasst, und besteht aus einem gut gekühlten Glase, welches nicht schwer schmelzbar zu sein braucht. Verschlossen wird dasselbe auf der Seite a durch ein Verschlussrohr c mit einem gut schliessenden Hahne, welches durch einen Kautschukstopfen gut eingepasst wird. Statt des Glashahnes kann selbstverständlich an dem an c sich befindenden Kautschukschlauche ein Quetschhahn benutzt werden. An das Ende e b des Verbrennungsrohres werden die Absorptionsapparate befestigt.

Das Quecksilberoxyd, das benutzt wird, ist zum Theil das chemisch reine rothe in Pulverform und zum Theil dasselbe in Stücken.*)

*) Um das Quecksilberoxyd auf Reinheit zu untersuchen, wird eine geringe Menge desselben in einem Glasröhrchen durch hohe Temperatur zerlegt; die Verunreinigungen bleiben zurück. Lassen sich dieselben nicht auswaschen, so wird das Oxyd mit Eisenpulver innig gemengt und in einer Retorte erhitzt. Das hierdurch reducirte Quecksilber destillirt dann in eine angebrachte Vorlage. Die Um-

In dem weiteren Theile des vollständig gereinigten Verbrennungsrohrs wird eine 450^{mm} lange Schicht Quecksilberoxyd in erbsengrossen Stücken von der Verengung d bis Stelle e gebracht; von beiden Seiten der Schicht können sehr zweckmässig zwei grössere Stücke Quecksilberoxyd eingezwängt werden, welche die übrigen festhalten. Von Stelle e bis f kommt eine 300^{mm} lange Schicht von pulvrigem Oxyde und zuletzt bei f wieder ein grösseres Stück desselben hinein, um das feinkörnige festzuhalten. Die Stelle des Rohres von f bis a bleibt leer.

Das Quecksilberoxyd im Verbrennungsrohr wird in dem später beschriebenen Ofen bis zur schwarzen Färbung in einem trockenen Strome von atmosphärischer Luft so lange erhitzt, bis sich metallisches Quecksilber abscheidet, damit Spuren von Salpetersäure, die beim Quecksilberoxyde leicht noch vorhanden sind, zugleich mit dem gebildeten Quecksilber und der Feuchtigkeit aus dem Rohre entfernt werden. Hierbei werden denn alle Apparate, welche Feuchtigkeit bei der Analyse in das Verbrennungsrohr hineinbringen könnten, durch Erwärmen getrocknet. Das abgeschiedene Quecksilber fängt man in einem beliebigen an b vorgelegten Rohre auf. Man lässt dann erkalten unter Verschluss des Rohres bei b und unter dem Luftdruck, welchen der den Luftstrom erzeugende Apparat bewirkt, damit nicht Feuchtigkeit in's Rohr kommen kann. Quecksilberoxyd wie Verbrennungsrohr sind jetzt für die Analyse vorbereitet.

Das Quecksilberoxyd und das Rohr, die für viele Analysen gebraucht werden können, werden zum Zwecke des Trocknens bei der Vorbereitung für spätere Verbrennungen nur bis zur dunkelbraunen Färbung des Oxydes erhitzt.

---

setzung findet häufig unter Abbrennen der Masse statt, wie bei einem Gemenge von Kohle und Kupferoxyd.

Das hierdurch gewonnene Quecksilber wird durch Oxydation mit reiner Salpetersäure und durch Erhitzen der Masse wieder in für die Analyse brauchbares Quecksilberoxyd verwandelt.

Wenn Stücke in genügender Menge nicht beim Oxyde vorhanden sind, so werden diese dadurch bereitet, dass zum pulverförmigen Quecksilberoxyde rauchende reine Salpetersäure bis zur starken Befeuchtung gesetzt, und nachher die Säure durch Erhitzen wieder ausgetrieben wird. Dies geschieht sehr zweckmässig nach dem Trocknen auf dem Wasserbade in einem Glasrohre bei einem stärkeren Strome atmosphärischer Luft durch eine Temperatur, bei der das Quecksilberoxyd schwarz ist.

Durch Stickstoff wird vor der eigentlichen Verbrennung die atmosphärische Luft verdrängt.

Diese ist aus dem Rohre zu entfernen, weil eine grössere Anzahl von organischen Körpern schon bei Temperaturen unter 300° mit dem Sauerstoff der Luft verbrennt.

Ich führe hier nur an, dass Aether, Stearinsäure, Stärke und andere Körper mehr unter der Temperatur von 230° bei Gegenwart von Sauerstoff sich entzünden *).

Um für die Analysen fast reinen Stickstoff herzustellen, leitet man aus Kupfer und Salpetersäure gewonnenes Stickoxyd in einen zu drei Viertel mit Luft gefüllten Glasgasometer von unten so lange hinein, bis derselbe mit Gas gefüllt ist.

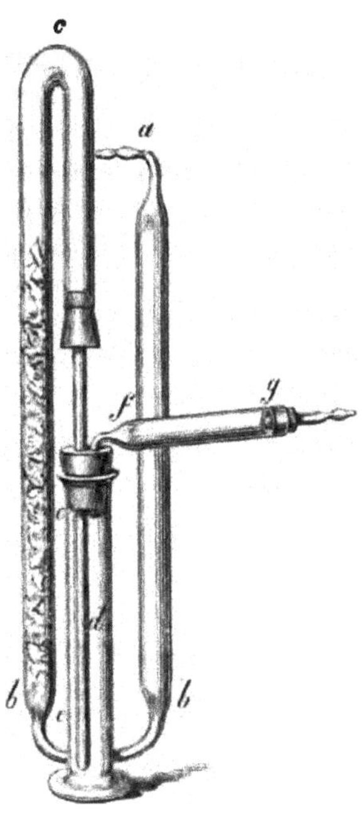

Fig. 17.
1/5 natürl. Grösse.

Statt des Glasgasometers kann, wie sich wohl von selbst versteht, eine Glasglocke in einem mit Wasser gefüllten Gefässe benutzt werden.

Man hat im Gasbehälter ausser Stickstoff grössere oder kleinere Mengen von Stickoxyd und auch Stickoxydul, das bei dieser Darstellung des Stickoxydes nicht zu vermeiden, das aber auch für diese Verwendung des Stickstoffs ohne jeden Nachtheil ist. Die geringen Mengen von Stickoxyd verhindern eine Verunreinigung des Stickstoffs durch Sauerstoff, welche durch das Nachgiessen von Sauerstoff haltendem Wasser auf den Gasbehälter sonst hervorgebracht wird.

Zur weiteren Reinigung des aus dem Gasometer tretenden Stickstoffs geht die Gasart durch ein auf der einen Seite a etwas ausgezogenes 15^{mm} weites U-förmig gebogenes Rohr a b c Fig. 17. das auf der anderen Seite c wieder nach unten gebogen ist. An dieser Seite befindet sich durch einen Kautschukstopfen befestigt ein dünnes Glasrohr d,

*) Vgl. Tagebl. d. deutschen Naturf. Versamml. 1874 S. 184. Ber. d. deutsch. chem. Gesellsch. 1874 S. 1533 u. a. a. O.

das in einen Cylinder mit Kalilösung e bis auf den Boden geht. Das U-förmige Rohr, dessen Schenkel a b c zu drei Viertel mit groben Glasstückchen gefüllt ist, enthält ein Gemenge von drei Maasstheilen rauchender Schwefelsäure und von einem Maasstheile rauchender Salpetersäure, welches ungemein grosse Quantitäten von Stickoxyd unter Bildung von den bekannten Bleikammerkrystallen aufnimmt. Sobald die Kammerkrystalle entstehen, muss das Gemenge erneuert werden.

Statt der beschriebenen Vorrichtung lassen sich auch Kaliapparate von den verschiedenen Constructionen anwenden.

Zur Aufnahme der flüchtigen Säuren, die aus der Flüssigkeit entweichen, dient der Cylinder mit Kalilösung, an dem sich ein Rohr f g befindet, welches Kalistücke und — durch Asbest getrennt — wasserfreie Phosphorsäure enthält.

Als Verbrennungsöfen können die bisher gebräuchlichen von den verschiedenen Constructionen benutzt werden.

Statt des Ofens lässt sich mit verhältnissmässig wenigen Kosten eine Vorrichtung machen, die gestattet, dass auf jedem Arbeitstische in den Laboratorien eine solche Verbrennung gemacht werden kann.

Während bei den Analysen mit Kupferoxyd grosse Oefen nöthig sind, um die hohe Temperatur zu erzielen, so genügen sechs bis acht etwas stärkere Bunsen'sche Brenner, a Fig. 18, welche an ihrer oberen Oeffnung b einen engen an beiden Seiten stark erweiterten Spalt haben, und welche in senkrechter Stellung des letzteren gegen das Rohr benutzt werden, zur Verbrennungsanalyse mit Quecksilberoxyd bei nachfolgender Vorrichtung.

Ein eisernes Rohr c d Fig. 18 von 750^{mm} Länge, 24^{mm} innerem Durchmesser und 3^{mm} Wandungendicke ist in seiner ganzen Länge aufgeschnitten und 10^{mm} weit ausgefeilt. Von e bis f, 90 bis 300^{mm} von dem einen Ende, ist das Rohr an der dem Spalt entgegengesetzten Seite bis auf 7^{mm} dicke eiserne Stäbe entfernt, die nur dazu dienen, beide Theile des Rohres c e und f d zusammen zu halten.

Ueber diesen Ausschnitt lässt sich ein zweites Rohr g h von 230^{mm} Länge bei einer Weite von 33^{mm} mit einem Spalt von 16^{mm} bequem hinüber schieben.

Das lange Rohr, das innerhalb keine scharfen Kanten haben darf, damit nicht das Glas dadurch geritzt wird, ruht auf vier einfachen an c und d befestigten Füssen i oder auf zwei Haltern, die am Ende desselben angebracht sind.

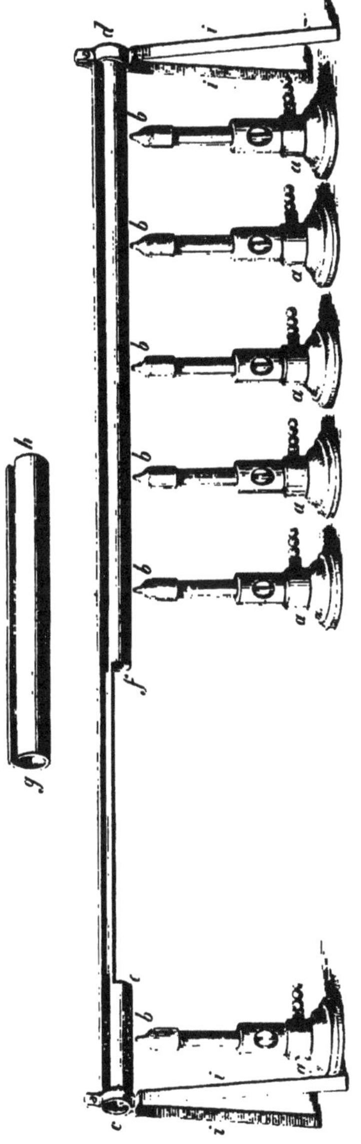

Fig. 18. $^1/_5$ natürl. Grösse.

Durch die Bunsen'schen Brenner, welche dicht unter dem Rohre stehen, und welche die Heizung hauptsächlich von den Seiten bewirken, lässt sich die Erwärmung gut reguliren, da man durch den Spalt im eisernen Rohre sich stets durch eine kleine Drehung des Verbrennungsrohres von der Färbung des Quecksilberoxydes überall überzeugen kann. Das eiserne Rohr darf an keiner Stelle bis zur schwachen, im Dunkeln nur erkennbaren, Rothgluth während der ganzen Operation erwärmt werden, weil bei dieser Temperatur eine Zerlegung des Quecksilberoxydes stattfindet, die unter derselben nicht entsteht.

Es erfordert diese Heizvorrichtung etwas mehr Aufmerksamkeit, wie die nachher beschriebenen Oefen, da die Vertheilung der Wärme durch die wenigen Brenner nicht so gleichmässig geschieht, wie in den Oefen und ein Wärmeregulator nicht gut angebracht werden kann.

Will man einen von den gebräuchlichen Verbrennungsöfen anwenden, so muss darauf Rücksicht genommen werden, dass von allen Seiten möglichst gleiche Erwärmung stattfindet, damit stets durch die Färbung des oberen Quecksilberoxydes die Temperatur des gesammten erkannt und hierdurch eine zu starke Erwärmung während der Analyse vermieden werden kann. Die Vertheilung der Wärme in einem Ofen mit Bunsenschen Brennern von 750mm Länge und 70mm Weite an den unteren Kachelenden wird, wie folgt, bewirkt: Drei im Halbkreise gebogene, 100, 200 und 450mm lange Rinnen von starkem Eisenblech, von denen die erste a b Fig. 19, sowie die dritte 60 und die zweite 53mm im Durchmesser hat, liegen ungefähr 20mm unter dem Verbrennungsrohr auf den stark umgebogenen Ecken c in dem Ofen.

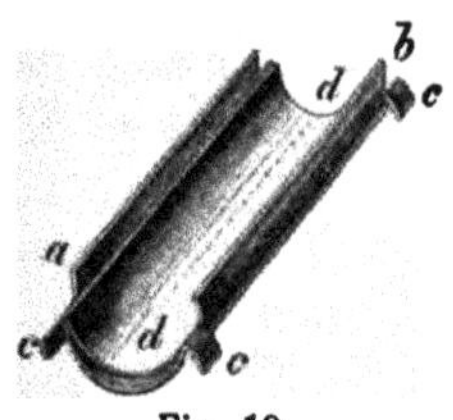

Fig. 19.
1/5 natürliche Grösse.

Auf diesen Rinnen befinden sich andere d d von derselben Länge, die 5mm unter den ersten Rinnen beginnen, und die um soviel schwächer gekrümmt sind, dass zwischen diesen und den ersteren an der tiefsten Stelle 5mm Raum bleibt. Der Zwischenraum wird mit käuflicher Magnesia angefüllt. Die mittleren zwei Rinnen sind so eingerichtet, dass sie auf die letzten beiden geschoben werden können. Die Brenner stehen möglichst dicht unter den Rinnen, damit dieselben von den Flammen recht weit umspült werden. Die heissen Gasarten können durch den Zwischenraum zwischen den Kacheln des Ofens und den Rinnen bequem hindurchtreten.

Es braucht wohl nicht erwähnt zu werden, dass die oben beschriebenen eisernen Röhren Fig. 18 im Verbrennungsofen statt der Rinnen unter Fortlassung der Kacheln angewendet werden können. —

Einen Wärmeregulator Fig. 20, der wohl auch für andere Zwecke seine Verwendung finden kann, benutzt man zur Verhinderung einer zu hohen Temperatur im Verbrennungsofen sehr zweckmässig, da bei vielen Gaseinrichtungen die Flammen verschiedene Heizkraft bei gleicher Stellung des Hahns geben. Derselbe hat folgende Construktion.

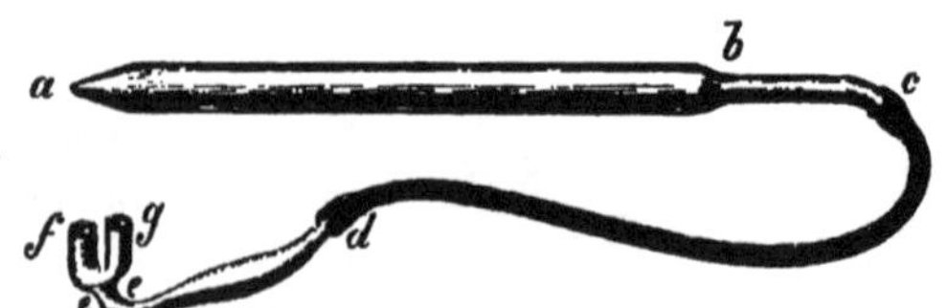

Fig. 20. 1/5 natürliche Grösse.

Im letzten Viertel des Ofens nach den Absorptionsapparaten hin, an Draht befestigt, befindet sich ein auf der einen Seite zugeschmolzenes, auf der andern Seite eng fortlaufendes offenes Rohr a b c Fig 20, welches in seinem weiteren Theile die Länge von 200^{mm} und den Durchmesser von 10^{mm} hat.

Ueber den engen Theil des Rohres b c, der zum Ofen hinausragt, ist ein Kautschukschlauch c d übergestülpt, an dem der Schenkel d e des gabelförmigen Rohres d e f g von gezeichneter Form befestigt ist, während die andern beiden Schenkel des Rohres f e und e g in den gasleitenden Schlauch eingeschaltet sind.

Der Schenkel d e ist 110^{mm} lang und meist 10^{mm} weit; die Schenkel f e und e g brauchen nur so lang zu sein, dass der Gasschlauch bequem übergestülpt werden kann, nach dem sich die Weite derselben richtet. Wenn das Rohr d e f g auf e ruht, so gehen alle Schenkel schräg in die Höhe. In dem Rohr d e f g befindet sich soviel Quecksilber als in den Schenkel d e und in den Schlauch c d hineingeht.

Wird der Ofen benutzt, so steigt durch Erwärmung des Rohres a b das Quecksilber in den beiden Schenkeln f e und e g in die Höhe und verhindert mehr oder weniger den Gasdurchgang. Der Regulator kann nun auf jede beliebige Temperatur eingestellt werden; man löst hierzu bei etwas höherer als der gewünschten Temperatur den Schlauch bei c, presst das Quecksilber mit dem Munde durch denselben in die beiden angegebenen Schenkel soweit hinein, dass das Quecksilber den Gaszutritt gerade verhindert und stülpt dann den Kautschukschlauch wieder über Rohr a b c.

Beabsichtigt man den Regulator auf eine etwas höhere oder niedrigere Temperatur als die ursprünglich gewünschte einzustellen, so geschieht dies durch eine mehr oder weniger steile Lage von Rohr d e.

Zur Einführung der Substanz in das Verbrennungsrohr können häufiger wohl Methoden der bisher gebräuchlichen Verbrennungs-Analysen benutzt werden, nur sind hierbei die grossen Vorsichtsmassregeln, welche beim Kupferoxyd nothwendig sind, um die Feuchtigkeit abzuhalten, in dem Maasse nicht erforderlich. weil das Quecksilberoxyd keine starke Absorptionsfähigkeit für Gasarten zeigt. Andere Umstände sind bei dem letzteren zu berücksichtigen, die es nothwendig erscheinen lassen, nach den nachfolgend beschriebenen oder diesen sehr ähnlichen Verfahren zu arbeiten.

A. Um feste, nicht flüchtige Körper zu analysiren, wird benutzt ein Füllrohr Fig. 21. In seinem weiteren Theile a b ist es 180^{mm} lang und 26^{mm} weit, in seinem engeren b c aber 150^{mm} lang und 6^{mm} weit. Dasselbe wird vor der Analyse vollständig getrocknet und mit Kautschukverschluss d e versehen.

Fig. 21. $^{1}/_{5}$ natürliche Grösse.

Ferner ist die Mischflasche Fig. 22 aus dünnem Glase mit 50^{mm} langem Halse ab. 10^{mm} Oeffnung a und 100 Kubikcm. Inhalt zweckmässig anzuwenden. Ein leichter Glasstöpsel c muss darin gut eingeschliffen sein.

Die fein gepulverte, wenn nöthig, getrocknete Substanz wird in der getrockneten Mischflasche unter den bekannten Vorsichtsmassregeln gewogen.

Hat die Voruntersuchung ergeben, dass bei gutem Pulvern der Substanz Kohle nach dem Erhitzen zurückbleibt, so wird dieselbe durch ein gut gereinigtes Mullläppchen vor dem Hineinschütten gesiebt.

Fig. 22 $^{1}/_{5}$ natürliche Grösse.

Aus dem Verbrennungsrohre kommt das pulverförmige Quecksilberoxyd mit den wenigen Stücken, die sich vorn befinden in das Füllrohr noch warm hinein, in dem es nach dem Verschlusse desselben vollständig erkaltet. Da das Verbrennungsrohr in das Füllrohr hinein passt, geht dies schnell ohne Feuchtigkeitsaufnahme von Statten. Aus dem Füllrohr schüttet man in die Mischflasche, in deren Hals b c das Füllrohr hineingeht, ungefähr das Vierhundertfache der angewandten Substanz an gepulvertem Quecksilberoxyd hinein. In der Regel wird, wenn nicht sehr viel Substanz angewendet ist, die halbe Flasche voll Quecksilberoxyd mehr wie hinreichend sein. Nach dem Verschliessen der letzteren wird durch sorgfältiges Schütteln eine so innige und gleichmässige Vertheilung bewirkt, dass in dem Gemenge nirgends mehr etwas von der Substanz zu erkennen ist.

Bei solchen Körpern, welche bei der Voruntersuchung Kohlentheilchen zurück gelassen haben, ist besonders Gewicht auf ganz vollkommene Mengung zu legen. Der gute Verlauf der Verbrennung ist wesentlich bedingt durch die gute Ausführung dieser Operation; man vermeidet hierdurch eine zu schnelle Verbrennung, Abscheidung von Kohlenstoff, der nachher schwierig zu oxydiren ist, und andere Nachtheile mehr.

Der Inhalt der Mischflasche wird darauf in das Verbrennungsrohr geschüttet, indem der Hals derselben tief in das genannte Rohr hinein gesteckt wird. — Um Reste der Substanz aus der Mischflasche zu entfernen, wird anderes Quecksilberoxyd aus dem Füllrohr hinein gebracht, dann dieselbe damit ausgespült und dies Quecksilberoxyd in das Verbrennungsrohr geschüttet. — Die letzte Operation wird nochmals wiederholt, der Rest des Pulvers aus dem Füllrohre in das Verbrennugsrohr geschüttet, die grösseren Stücke nachgeschoben, die Stelle **af** Fig. 16 Seite 377 des Verbrennungsrohrs vom Quecksilberoxyde befreit, das Rohr in den Ofen gelegt und durch schwaches Klopfen des ersteren ein Raum für leichten Gasdurchgang beim Quecksilberoxyde hervorgebracht. Bei a wird in das Rohr dann das Verschlussrohr c wie angegeben luftdicht eingepasst und das letztere mit den Stickstoff gebenden Apparaten durch einen Kautschukschlauch in Verbindung gesetzt.

B. Auch f l ü s s i g e , n i c h t f l ü c h t i g e Körper wie fette Oele u. s. w. werden auf gleiche Weise in das Verbrennungsrohr gebracht. Man erreicht durch Schütteln eine gleichmässige Vertheilung der Substanz und des Quecksilberoxydes wie bei den festen Körpern, und entfernt die Substanz durch die Menge des Oxydes vollkommen von den Wandungen der Mischflasche.

Auf gleiche Weise verfährt man mit bei gewöhnlicher Temperatur weichen, leicht schmelzbaren Körpern, die sich nicht leicht pulvern lassen, wie Wachs u. dergl. m. unter schwacher Erwärmung der Mischflasche.

C. Um f e s t e , f l ü c h t i g e K ö r p e r zu verbrennen, wende ich ausser dem Füllrohre Fig. 21 noch ein 200 mm langes und 13 mm weites M i s c h r o h r Fig. 23 von dünnem Glase an, welches durch zwei Kautschukstopfen a und b verschlossen wird.

Fig. 23. $1/5$ natürl. Grösse.

Nachdem das Quecksilberoxyd mit mehr Stücken wie früher in das Füllrohr Fig. 21 geschüttet ist, wird pulveriges Oxyd aus der Oeffnung c desselben in das gut getrocknete, auf der einen Seite durch den Kautschukstopfen verschlossene Mischrohr gebracht, bis es zu einem Viertel gefüllt ist. Nach Verschluss des Mischrohres mit dem zweiten Kautschukstopfen wird dasselbe gewogen und nach Hineinbringen der möglichst zerkleinerten Substanz wieder gewogen; dann wird das Rohr bis zu drei Viertel mit dem Quecksilberoxydpulver gefüllt und nach dem Verschliessen sorgfältig bis zur feinen Mengung geschüttelt.

Die Kautschuckstopfen werden an wenig gut getrocknetem Quecksilberoxyde abgeputzt, welches in's Mischrohr kommt. Das Letztere wird dann fast vollständig mit dem Oxyde gefüllt und von beiden Seiten durch einige passende Oxydstücke verschlossen. Das jetzt fertige Mischrohr wird in das Verbrennungsrohr hineingeschoben, einige Quecksilberoxydstücke werden nachgegeben und weiter wird verfahren wie bei den nicht flüchtigen Substanzen.

D. Bei flüchtigen Flüssigkeiten benutze ich ein Kugelrohr*) Fig. 24, bestehend in einem Thermometerrohre mit einer kugelartigen Erweiterung bei a, welches an beiden Seiten lange Verengungen hat.

c b a d e

Fig. 24. $^1/_5$ natürl. Grösse.

Das Rohr wird durch Erwärmen und Hindurchsaugen von Luft vermittelst eines Kautschukschlauchs getrocknet, gewogen, dann auf der einen Seite in die zu untersuchende Flüssigkeit getaucht, und die letztere durch Saugen mit einem Schlauch hineingezogen, bis dasselbe vollständig gefüllt ist. Durch eine spitze Flamme wird bei d erst Stück d e und dann, ohne dass Kugel a mit der warmen Hand berührt wird, bei b Stück b c abgeschmolzen, nachdem man bei sehr leicht flüchtigen Substanzen die Flüssigkeit aus Rohr c b beinahe bis nach Kugel a durch Erwärmen entfernt hat. Bei letzteren Substanzen muss auch das Glas der Kugel möglichst dünn und die Kugel selbst möglichst kalt sein.

Durch Erhitzen wird aus den Stücken c b und d e die Substanz entfernt, und dieselben werden dann zusammen mit der Kugel gewogen. Durch die beiden Wägungen erhält man das Gewicht der Flüssigkeit

*) Vgl. E. Mitscherlich, Lehrb. d. Chemie, 1. Band. 1841. S. 129 und 130 u. a. a. O.

in dem Kugelrohre. Das letztere wird dann in die Mitte von g e des Verbrennungsrohres Fig. 16 S. 377 geschoben und das Quecksilberoxyd zuletzt noch bei Stelle g f möglichst angehäuft.

Nachdem das Verbrennungsrohr mit den Stickstoffapparaten in Verbindung gesetzt ist, nachdem die weitere eiserne Röhre Fig. 18 S. 381 über die engere oder die mittelsten oben beschriebenen eisernen Rinnen im Ofen auf die letzten geschoben sind, und hierdurch die Kugelröhre von jeder nicht absichtlichen Erwärmung geschützt ist, sind die Vorbereitungen zur Verbrennung beendet.

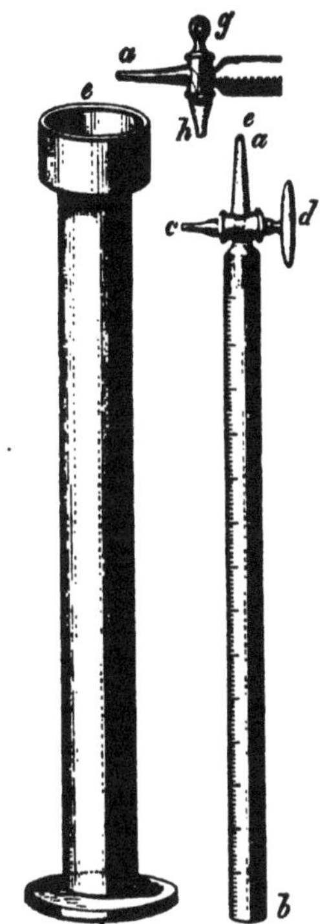

Fig. 25. 1/5 natürl. Grösse.

E. Um Gasarten in das Verbrennungsrohr zu führen, benutze ich eine Bürette a b Fig. 25 mit doppelt durchbohrtem Hahne c d in 0,2 Cubcm. eingetheilt, welche in einen Cylinder e f hineingeht, der mit Glycerin von 1,19 spec. Gewicht, als einer Substanz, die sehr wenig Wasserdampf abgibt und die Gasarten nicht verunreinigt, gefüllt ist.

Um die Bürette mit der zu untersuchenden Gasart zu füllen, wird letztere bei der Stellung des Hahnes g h von a aus hindurch geleitet, bis sie vollkommen rein heraustritt. Wenn der Hahn dann die Stellung c d bekommen hat, tritt das Gas in die Bürette, welche nach der Füllung durch die Stellung des Hahnes g h wieder verschlossen wird. Die Oeffnung h desselben wird dann mit dem Stickstoffgasometer und Oeffnung a mit dem Verbrennungsrohr vermittelst getrockneter Kautschukschläuche in Verbindung gesetzt.

Die Absorptionsapparate, die zur Aufnahme des Wassers und der Kohlensäure dienen, können natürlich die verschiedenen Formen haben, die bei den bis jetzt gebräuchlichen Methoden angewendet werden; nachfolgend beschriebene aber habe ich als sehr zweckentsprechend gefunden.

Zur Wasseraufnahme wende ich an ein bei a Fig. 26 kugelartig erweitertes und bei b zum Ueberstülpen des Kautschuks ausgezogenes Phosphorsäurerohr, das eine innere Oeffnung von 15mm und eine Gesammt-Länge von 200mm hat.

Fig. 26. 1/5 natürl. Grösse.

Statt des sonst üblichen Chlorcalciums benutze ich wasserfreie Phosphorsäure, welche keine Spur von Phosphor, der durch Zusatz von Wasser zu derselben leicht erkannt wird, enthalten darf.

Solche Phosphorsäure wird beim Verbrennen von Phosphor in genügend vorhandener Luft leicht dargestellt, wenn das Herumspritzen des Phosphors hierbei vermieden wird. Im Handel ist dieser Körper häufig vollständig brauchbar zu bekommen.

Die wasserfreie Phosphorsäure ziehe ich seit langer Zeit*) zum Trocknen von Gasarten dem Chlorcalcium und der Schwefelsäure vor. Sie absorbirt den Wasserdampf vollkommener und zugleich schneller wie Chlorcalcium, lässt sich leichter benutzen wie Schwefelsäure und ist ausserdem verwendbar bei Gasarten, die von Chlorcalcium absorbirt werden. R. Fresenius hat durch Versuche schon gezeigt, dass wasserfreie Phosphorsäure vollkommener Wasserdampf absorbirt, als Chlorcalcium und und Schwefelsäure.**) Um diese Verhältnisse für diese Analysen genau festzustellen, wurden unter andern folgende Versuche gemacht:

Hinter einem Chlorcalciumrohre, wie es bei der Elementaranalyse sonst gebraucht wird, wurde ein gewogenes Phosphorsäurerohr gebracht und sechs Liter feuchter Luft in einer viertel bis halben Stunde bei ungefähr 20^{0} hindurchgeleitet. Die wasserfreie Phosphorsäure zeigte eine Zunahme von 0,01773 Grm.

Derselbe Versuch wurde wiederholt, nur statt des Chlorcalciumrohres wurde ein kleines Phosphorsäurerohr genommen. Das gewogene Phosphorsäurerohr nahm nicht zu.

Wieder wurde derselbe Versuch wie der letzte angestellt, nur wurde statt des gewogenen Phosphorsäurerohres das Chlorcalciumrohr gewogen angebracht; aber es fand auch bei diesem keine Zunahme statt.

Da selbst bei einem ganz langsamen Hindurchgehen von Gasarten

---

*) Vgl. Bericht d. deutsch. chem. Gesellsch. in Berlin, I. 45 u. a. a. O.

**) Vgl. diese Zeitschr. 4, 177; im Auszug Zeitschrift f. Chem. 1866. 92; Chem. Centr. 1866, 202; Jahresbericht f. Fortschr. d. Chem. 1866, 688.

durch Chlorcalcium nicht alles Wasser denselben entzogen wird, so ist in der bisherigen Methode der Elementaranalysen eine Fehlerquelle beim Wasser, die unter Umständen 0,05 % des Wasserstoffs durch die bei der Verbrennung sich bildenden Gasarten erreichen kann. Beim Wasserstoff liesse sich vielleicht dieser Fehler vernachlässigen, bei der Bestimmung des Sauerstoffs, wo er acht Mal so gross wird, aber nicht. In Folge dessen darf bei dem hier beschriebenen Verfahren nie Chlorcalcium angewendet werden.

Ausserdem bietet die wasserfreie Phosphorsäure bei anderen Bestimmungen den grossen Vorzug bei genügender Vorsicht keine durch Wägungen beobachtbare Mengen von Chlor, Chlorwasserstoff, Kohlensäure u. s. w. aufzunehmen, während aller Wasserdampf gebunden wird. Entsteht bei einer quantitativen Bestimmung erkennbare wasserhaltige Phosphorsäure, so muss um so leicht aufnehmbare Körper wie die genannten aus dieser zu entfernen, das Phosphorsäurerohr so stark erhitzt werden, dass feuchtes Filtrirpapier an demselben zischt. Es wird dann nur noch Wasser zurückgehalten.

Bei den in früheren Abhandlungen von mir beschriebenen Methoden wende ich zu solchen Zwecken jetzt nur Phosphorsäure an. Die Apparate werden hierdurch ausserdem einfacher wie bei Anwendung von Schwefelsäure.

Das Phosphorsäurerohr, das wegen der grossen Aufnahme von Wasser durch das Phosphorsäureanhydrid sehr klein sein kann, ist in der angegebenen Weise sehr zweckmässig, weil es sich in solcher Form sehr bequem luftdicht über das Verbrennungsrohr vermittelst eines als Stopfen dienenden Kautschukschlauchs einpassen lässt und ein leichtes Einbringen der Phosphorsäure ermöglicht. Das von b bis a gefüllte und an beiden Stellen mit Asbest versehene Phosphorsäurerohr, das stets, wenn es nicht zur Aufnahme von Wasserdampf benutzt wird, von beiden Seiten mit Kautschukhütchen verschlossen ist, wird nach seiner Wägung wie angegeben an das Verbrennungsrohr gebracht.

Zur Kohlensäureaufnahme können selbstverständlich die verschiedenen gebräuchlichen Apparate benutzt werden.

In den meisten Fällen gebe ich dem Mitscherlich'schen Kaliapparate Fig. 27 den Vorzug; den Liebig'schen verwende ich bei der Verbrennung Stickstoff haltender und solcher Körper, welche viel Kohlensäure geben. Es lässt sich bei dem letzteren fast stets durch das Auftreten der Blasen in der ersten kleinen Kugel der Gang der Verbrennung

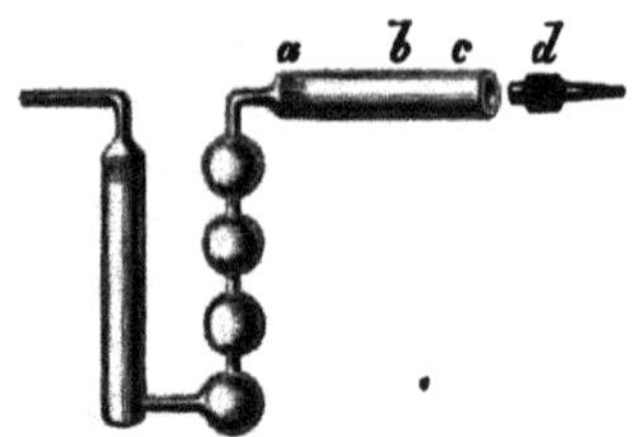

Fig. 27. 1/5 natürl. Grösse.

beobachten, was beim Mischerlich'schen wegen des leichteren Zurücksteigens der Kalilösung häufig nicht der Fall ist. Der Kaliapparat Fig. 27 wird nach Hineinbringen von Kalistücken von a bis b, und von wasserfreier Phosphorsäure von b bis c, die die auf beiden Seiten durch etwas Asbest zusammengehalten wird, mit einem Röhrchen bei c vermittelst Kautschukschlauch d verschlossen, mit Kalilösung so gefüllt, dass die hindurchtretenden Gasarten etwas Kalilösung bei schräger Stellung in die oberste Kugel treiben, durch zwei Kautschukhütchen von beiden Seiten verschlossen, gewogen und vermittelst eines Schlauches mit dem Phosphorsäurerohr Fig. 26 S. 388 in Verbindung gebracht.

Für die Verbrennung sind jetzt alle Vorbereitungen getroffen; nach derselben wird nur noch folgender Apparat angewendet.

Zur Quecksilberaufnahme dient das leere Sublimationsrohr Fig. 28, welches 280^{mm} lang, 15^{mm} weit ist und eine kugelartige Erweiterung a hat, während es beim Ende b gut in das Verbrennungsrohr eingeschliffen und bei c etwas ausgezogen ist. Durch einen passenden Glasstopfen d kann das Rohr bei b verschlossen werden. Sind die angegebenen Einschliffe nur einigermaassen gut angefertigt, so springt das Glas bei diesen allmählichen Erwärmungen und Abkühlungen nicht. Eine Vorrichtung, durch die diese Glasschliffe vermieden werden können, ist später beschrieben.

Fig. 28. 1/5 natürl. Grösse.

Verbrennung von Kohlenstoff-, Wasserstoff- und Sauerstoffverbindungen.

Ehe die eigentliche Verbrennung ausgeführt wird, prüft man die zusammengestellten Apparate Fig. 29 auf luftdichten Verschluss.

Der Hahn c, der zum Stickstoffgasometer führt, wird geöffnet, und der Kaliapparat i durch ein Kautschukhütchen verschlossen. Treten nach einiger Zeit keine Blasen mehr durch die Reinigungsapparate des Stickstoffs, so schliessen sämmtliche Apparate luftdicht. Der Hahn bei c wird wieder geschlossen, der Verschluss bei i wieder vorsichtig entfernt, vermittelst des Hahnes c dann durch einen langsamen Strom von Stickstoff die atmosphärische Luft soweit vertrieben, dass sie nicht mehr mit der Substanz in Berührung kommen kann, und der Hahn c zuletzt wieder verschlossen. Während dessen erhitzt man bei allen zu verbrennenden Körpern mit Ausnahme der Gasarten das Quecksilberoxyd von f bis g und h bis d bis zur dunkelbraunen Färbung, das heisst bis zu einer Temperatur von ungefähr 360°. Die eiserne Röhre g h Fig. 18 S. 381 beziehungsweise die mittleren Rinnen im Ofen sind hierbei entfernt worden.

Bei den Gasarten wird das ganze Quecksilberoxyd ebenso erwärmt, indem die eisernen Röhren Fig. 18 S. 381 oder die Rinnen das Verbrennungsrohr überall gegen die directe Einwirkung der Flamme schützen.

Je nachdem, ob feste Körper und nicht flüchtige Flüssigkeiten oder Gasarten untersucht werden sollen, verfährt man etwas verschieden.

A und B. Bei festen Körpern und nicht flüchtigen Flüssigkeiten wird durch Regulirung der Flammen durch Verschieben der Brenner unter Vor- und Zurückschieben der eisernen Röhre g h Fig. 18 S. 381 oder beim Ofen unter Vor- und Zurückschieben der mittelsten Rinnen und unter Ueberdecken oder Fortnehmen der Kacheln das Gemenge der Substanz mit dem Quecksilberoxyde langsam so erhitzt, dass nie die directe Flamme an das Verbrennungsrohr kommen kann. Die Verbrennung der Substanz lässt sich hierdurch sehr gut und sicher leiten. Wie schnell dieselbe geht, wird beobachtet durch die Blasen, die im Kaliapparate i Fig. 29 in die erste Kugel steigen. Die Verbrennung wird so geleitet, dass in diesem Kaliapparate ungefähr in der Secunde eine Blase auftritt. Ist nun das Quecksilberoxyd im ganzen Rohre dunkelrothbraun, während im Kaliapparate die Lösung zurücksteigt, so ist die Verbrennung beendet.

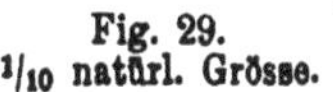

Fig. 29.
1/10 natürl. Grösse.

Substanzen, welche bei der Voruntersuchung Abscheidungen von Kohlenstoff zeigten, geben noch einige Zeit nach erfolgter dunkelbrauner Färbung Kohlensäureentwicklung. Um diese möglichst zu beschleunigen wird das Quecksilberoxyd da, wo die Substanz lag, bei beinahe aber nicht ganz schwarzer Färbung unter mehrmaliger Drehung des Verbrennungsrohres vorsichtig erhalten, bis keine Kohlensäureentwicklung im Kaliapparat sichtbar ist. Hat man bei der Voruntersuchung Körper als sehr schwer verbrennbar erkannt, wie Graphit, Steinkohle u. s. w., so muss die Erwärmung unter Umständen lange Zeit, wie eben angegeben, fortgesetzt werden.

Nach der vollkommenen Verbrennung werden dann durch trockene, kohlensäurefreie Luft die Verbrennungsproducte unter vorsichtigem Erwärmen von a bis f und von d bis b Fig. 29 S. 391 des Verbrennungsrohres in die Absorptionsapparate getrieben. Die angegebenen Theile des Verbrennungsrohres werden erhitzt, um das abgesetzte Wasser zu entfernen. Befindet sich in a f keine Feuchtigkeit mehr, so werden die Flammen ausgelöscht und nur noch d b mit einer Flamme weiter schwach erwärmt, bis alles Wasser entfernt ist. Der Kautschuk wird hierbei aber nur so stark erhitzt, dass man das Rohr noch ohne sich zu verbrennen anfassen kann.

Ist man bei der Vorbereitung nicht sorgfältig zu Werke gegangen, so können folgende Uebelstände eintreten.

Wenn die Substanz mit zu wenig Quecksilberoxyd gemengt war, entsteht eine plötzliche starke Verbrennung.

Wenn die Zerkleinerung der Substanz und die Mengung derselben mit dem Quecksilberoxyde nicht sorgfältig genug war, zeigen sich am Schlusse der Verbrennung schwarze Stellen vom Kohlenstoff herrührend, welche durch langes Erhitzen mit Quecksilberoxyd nachträglich noch verbrannt werden müssen.

Hat man bei fehlerfreier Ausführung der Verbrennung nicht annähernd hundert Procente erhalten, so war das Quecksilberoxyd oder der Stickstoff unrein.

C. Bei den flüchtigen, festen Substanzen verfährt man auf gleiche Weise, wie oben angegeben; es kann nur bei diesen mit einem Male eine sehr schnelle Verbrennung entstehen, während dieselbe anfangs zu langsam vor sich ging. — Es findet bei dem allmählichen Erwärmen solcher Körper leicht ein Sublimiren nach der kältesten Stelle zwischen g und e des Verbrennungsrohres Fig. 29 S. 391 statt; sobald die Substanz dann die zur Verbrennung nöthige Temperatur bekommen hat, geht dieselbe stürmisch vor sich; bemerkt man deshalb bei der Verbrennung selbst Substanz an den Wandungen des Verbrennungsrohres, oder erkennt man an dem zu langsamen Auftreten von Blasen im Kaliapparate, dass eine solche Sublimation eintritt, was durch die Voruntersuchung schon vorausgesehen werden kann, so bewirkt man durch schwaches Erwärmen der Stelle, wo die Substanz sich anhäuft, eine langsame Verflüchtigung derselben.

D. Um flüchtige Flüssigkeiten zu verbrennen, wird das Quecksilberoxyd wieder von d bis e und g bis f Fig. 29 Seite 391 bis zur dunkelbraunen Färbung ebenso wie vorher erhitzt, während das Verbrennungsrohr mit Stickstoff ungefähr bis h gefüllt wird; dann wird die Stelle, wo das Kugelrohr bei a Fig. 24 S. 386 am Verbrennungsrohre sichtbar wird, durch eine Flamme ganz vorsichtig erwärmt. Eine sehr geringe Temperaturerhöhung genügt schon das Zerplatzen der Kugel durch Ausdehnung der Flüssigkeit in derselben ohne jeden störenden Einfluss hervorzubringen. Bei sehr flüchtigen Körpern ist eine Kühlung an beiden Seiten der Kugel nothwendig. Eine weitere Erwärmung der Stelle, wo die Substanz liegt, ist häufig zur Verflüchtigung derselben nicht erforderlich; wenn nöthig, wird dieselbe wie früher angegeben bewirkt, nur muss darauf geachtet werden, dass man eine stärkere Erwärmung von der Stelle e nach der Substanz hin allmählich hervorbringt, damit nicht nur an einer Stelle die Verbrennung vor sich geht, weil in diesem Falle an derselben sich Kohlenstoff abscheiden kann.

Hat die Voruntersuchung ergeben, dass sich viel Quecksilber bei der Verbrennung abscheidet, also viel Kohlenstoff und Wasserstoff in der Substanz ist, so muss dieselbe besonders langsam verbrannt werden. Ist die Verbrennung zu schnell gegangen, so ist dies durch Destillationsproducte im dünnen Theile des Verbrennungsrohres oder durch Geruch in den Absorptionsapparaten zu erkennen. Man muss bei solchen Körpern hauptsächlich darauf achten, dass die angegebenen Mengen von erbsengrossen Stücken von Quecksilberoxyd im Verbrennungsrohre vorhanden sind und die dunkelbraune Färbung bei der Verbrennung stets haben.

E. Die Gasarten lässt man, nachdem etwas Stickstoff in das Verbrennungsrohr eingetreten ist, ganz langsam in das, wie vorher angegeben, erhitzte Verbrennungsrohr hineingehen, indem der Hahn nach der Stellung d c Fig. 25 Seite 387 hin verschoben wird.

Um zuletzt bis zum Nullpunkt der Bürette die Gasart aus derselben zu entfernen, hebt man durch ganz wenig Saugen am Kaliapparate i Fig. 29 Seite 391 vermittelst eines Schlauches den Druck der Absorptionsapparate auf. Ist das Erstere erreicht, so wird schnell der Hahn wieder in Stellung g h gebracht und erst etwas Stickstoff, dann atmosphärische Luft hinüber geleitet. Weiter wird verfahren, wie oben angegeben ist.

Nachdem die Verbrennung wie beschrieben vollendet ist, und die Absorptionsapparate entfernt sind, wird das gewogene Sublimationsrohr Fig. 28. Seite 390 über das Verbrennungsrohr gepasst. Das letztere wird so in die Heizvorrichtung gelegt, dass das Quecksilber, welches sich zwischen f und a des Verbrennungsrohres Fig. 29 Seite 391 abgesetzt hat, stark erwärmt wird, ohne dass der Kautschuk bei a eine zu hohe Temperatur bekommt.

Durch einen starken Luftstrom wird bei der Temperatur der Verbrennung das metallische Quecksilber in die Nähe der Verengung des Verbrennungsrohres bei d Fig. 29 Seite 391 getrieben. Der Luftstrom muss zur guten Ausführung der Operation stark sein, damit nicht Quecksilber nach dem Kautschuk bei a zurücksublimiren kann, damit nicht Quecksilber oxydirt werden kann und aus anderen Gründen mehr; derselbe darf nur nicht so stark sein, dass condensirtes Quecksilber mit der Luft fortgerissen wird.

Bei Verfahren B muss durch Klopfen gegen das Verbrennungsrohr dafür Sorge getragen werden, dass das Quecksilberoxyd im inneren Rohr der Luft den bequemen Durchgang gestattet.

Um das Quecksilber in das Sublimationsrohr zu bringen, wird der letztere Theil des Verbrennungsrohres, in dem sich jetzt das Quecksilber befindet, mit einem Viertel des Sublimationsrohres in den Ofen geschoben, und die Luft vermittelst eines beliebigen, mit dem Sublimationsrohre in Verbindung gebrachten Aspirators, welcher die Stärke des bewirkten Luftstromes angibt, durch die Apparate hindurch gesogen. Vorn bleibt mit dem Verbrennungsrohre der vorher zur Reinigung der Luft benutzte Kaliapparat in Verbindung, durch den man die Stärke des jetzt etwas langsamer hindurchgehenden Luftstromes ermittelt. Schliesst der Schliff nicht ganz luftdicht, so wird ein Verlust an Quecksilber nicht hervorgebracht, weil dann etwas Luft in das Sublimationsrohr hineintritt, Quecksilberdampf aber hierbei nicht entweichen kann. Im Sublimationsrohre wird alles Quecksilber verdichtet. Was als Gas während der Operation aus dem Rohre entweicht, ist so wenig, dass es nicht in Rechnung kommen kann. Nur bei einem sehr starken Luftstrome wird condensirtes Quecksilber mit fortgerissen.

Zeigen sich nirgends im Verbrennungsrohre Spuren von Quecksilber, so ist die Sublimation beendet.

Die Schliffe beim Verbrennungs- und Sublimationsrohre lassen sich vermeiden, wenn man den engeren Theil d b des Verbrennungsrohres Fig. 16 Seite 377 oder Fig. 29 Seite 391, sowie das Sublimationsrohr Fig. 28 Seite 390 doppelt so lang wählt. Das Quecksilber wird bei diesen Vorrichtungen zuerst in die Mitte des engeren Theiles des Verbrennungsrohres sublimirt, während das Sublimationsrohr schon über das Ende desselben gelegt ist; das erstere wird dann bei dem dickeren Theile des Verbrennungsrohres nicht ganz luftdicht so eingepasst, dass der Aspirator ausser einem stärkeren Luftstrome im Verbrennungsrohre einen zweiten schwächeren zwischen beiden Glasröhren bewirkt, welcher ein Zurücksublimiren des Quecksilbers an diese Stellen verhindert. Der vorn am Verbrennungsrohre angebrachte Kaliapparat wird bei dieser Operation zweckmässig entfernt. Durch Erwärmen wird dann das Quecksilber in das Sublimationsrohr gebracht. Diese Operation gibt ebenso gute Resultate, ist aber bei weitem langwieriger auszuführen.

Ist das Sublimationsrohr vor und nach der Operation gewogen, ist ebenfalls Kaliapparat und Phosphorsäurerohr gewogen, so ist die Analyse beendet.

Aus der Wassermenge wird wie gewöhnlich, indem $^1/_9$ des Gewichtes genommen wird, der Wasserstoff, und aus dem Gewichte der Kohlensäure, von dem $^3/_{11}$ Kohlenstoff ist, der letztere bestimmt. Um beide zu oxydiren, ist ausser dem Sauerstoff in der Substanz noch Sauerstoff vom Quecksilberoxyde verwandt. Da dieser letztere durch das Gewicht des metallischen Quecksilbers genau festgestellt ist und 0,08 desselben beträgt, so hat man nur nöthig, diese Sauerstoffmenge von der im Wasser, welche $^8/_9$ desselben ausmacht, und der in der Kohlensäure gefundenen, welche $^8/_{11}$ derselben beträgt, abzuziehen, um den Sauerstoff in der Substanz durch d i r e c t e W ä g u n g e n zu bestimmen.

Die Zeit, welche eine Analyse, zu der die nöthigen Apparate und Präparate hergerichtet sind, beansprucht, beträgt mit Einschluss der Wägungen und der Sublimation des Quecksilbers ungefähr vier und eine halbe Stunde. Die Zeit, welche das Erhitzen des Quecksilberoxydes zum Trocknen und die Sublimation erfordert, wird zugleich zu den Wägungen und Berechnungen benutzt. Besondere Aufmerksamkeit erfordert nur die Verbrennung selbst.

Es könnte gegen das beschriebene Verfahren eingewendet werden, dass fünf Fehlerquellen ungenaue Resultate geben müssten, erstens Zerlegung des Quecksilberoxydes für sich entweder durch das Licht oder durch die Temperatur, die zur Verbrennung der organischen Substanzen erforderlich ist, zweitens nicht vollkommene Verbrennung der Substanz bei der Temperatur der dunkelbraunen Färbung des Quecksilberoxydes, drittens Zerlegung des Quecksilberoxydes durch die bei der Verbrennung der organischen Körper mit Quecksilberoxyd entstehende Temperaturerhöhung, viertens Oxydation des gebildeten Quecksilbers durch die Luft bei der Sublimation und fünftens Verflüchtigung des Quecksilbers während der Sublimation.

Alle diese Fehlerquellen können, wie aus dem Nachfolgenden hervorgeht, die Resultate der Analysen nicht wesentlich beeinträchtigen.

Das reine rothe Quecksilberoxyd zerlegt sich nach besonders angestellten Versuchen gar nicht bei der gewöhnlichen Temperatur durch das Licht. Die angebliche Zerlegung ist meist durch Anwesenheit organischer Substanzen veranlasst. Ich komme hierauf noch in einer späteren Abhandlung zurück. Auch bei der Temperatur dieser Verbrennungen habe ich eine Zerlegung des Oxydes durch nicht zu starkes Tageslicht, welches durch den Spalt des eisernen Rohres fiel, nicht beobachten können. Durch Lichtwirkung werden hiernach die Resultate dieser Verbrennungen nicht beeinträchtigt.

Wie bekannt, wird durch höhere Temperatur das Quecksilberoxyd immer dunkler; bei ungefähr 220° ist es dunkelroth, bei 250° hellrothbraun, bei 360° dunkelrothbraun und bei 400° schwarz. Bei der Temperatur von 450° findet noch nicht die geringste Zerlegung des Quecksilberoxydes statt.

Nach besonders angestellten Versuchen werden unter der Temperatur von 300° folgende Körper mit Quecksilberoxyd verbrannt: Wasserstoff, Russ, Stärke, Stärke-, Milch- und Rohrzucker, Gummi arabicum, Gummi

Traganth, Stearinsäure, Benzoesäure, Citronensäure, Weinsäure, Rüböl und andere Körper mehr. Einige dieser Körper verbrennen schon wenig über 150° mit Quecksilberoxyd; keinen organischen Körper habe ich gefunden, der bei 300° noch nicht verbrannte. In besondern Abhandlungen werde ich diese und ähnliche Erscheinungen ausführlich besprechen. — Es geht aus diesen Versuchen hervor, dass die Verbrennung der organischen Körper weit unter der Temperatur der Zersetzung des Quecksilberoxydes von Statten geht.

Ist zu wenig Quecksilberoxyd mit der Substanz gemengt, so kann durch eine explosionsartige Verbrennung eine Zerlegung des Quecksilberoxydes für sich entstehen, ist aber wie bei der Vorbereitung beschrieben, die 400fache Menge von Oxyd zugesetzt, so kann bei guter Vertheilung die Temperaturerhöhung durch die Wärmeleitung des Oxydes nur eine sehr unbedeutende sein. Eine Zerlegung des Oxydes findet nach den Versuchen in diesen Fällen bei den Verbrennungen nicht statt.

Bei der Sublimation von Quecksilber im starken Luftstrome entsteht bei der Temperatur der starken Verflüchtigung während der Zeit der Operation keine erkennbare Oxydation des reinen Metalles. Enthält aber dasselbe andere Metalle, so tritt eine merkliche Oxydation unter Umständen schon bei gewöhnlicher Temperatur ein. Auch hierauf muss ich in späteren Abhandlungen ausführlich zurückkommen.

Ein für die Analyse merklicher, durch Verflüchtigung des metallischen Quecksilbers hervorgebrachter Verlust ist bei der ganzen Operation nicht zu beobachten. —

Um zu untersuchen, ob die letzten angegebenen Umstände die Brauchbarkeit der Methode beeinträchtigen können, wurden unter andern nachfolgende Versuche angestellt:

7,796 Grm. reines Quecksilber wurden aus dem gewogenen Sublimationsrohre in das mit Quecksilberoxyd gefüllte 70,8752 Grm. wiegende Mischrohr geschüttet, durch Schütteln mit dem Quecksilberoxyd gemengt und vermittelst des Luftstromes bei dunkelbrauner Färbung des Quecksilberoxydes aus dem Mischrohre, welches in das Verbrennungsrohr gebracht war, wieder in das Sublimationsrohr sublimirt. Die Operation dauerte ungefähr eine Stunde; gebraucht wurden ungefähr 20 Liter Luft. Das Sublimationsrohr zeigte jetzt einen Verlust von 0,0003 Grm., während das Mischrohr mit dem Quecksilberoxyde 0,0006 Grm. Zunahme hatte.

Anders verhält sich diese Sublimation, wenn man sie bei einem schwachen Luftstrome langsam vornimmt; so wurde z. B. dieselbe Menge Quecksilber in einer Zeit von 10 Stunden sublimirt; die Zunahme des Quecksilberoxydes betrug hierbei 0,0808 Grm.

Es findet also nur beim langsamen Sublimiren des Quecksilbers bei Luftzutritt eine erhebliche Oxydation statt, aber nicht im starken Luftstrome, weil hierbei wahrscheinlich durch die schnelle Verdampfung des Quecksilbers dies letztere bei einer für die Oxydation zu niedrigen Temperatur bleibt.

Den besten Beweis, dass aufgeführte Fehlerquellen nicht bei den Analysen in Betracht kommen, liefern nachfolgende Resultate von ausgeführten Verbrennungen. Dieselben sind zum grössten Theil von den Herren Heinrich Schöntag aus Wunsiedel in Baiern und Julius La Fontaine aus Carlsruhe ausgeführt; die mit einem Kreuz versehenen sind von dem letzteren gemacht worden. Bei dieser Gelegenheit spreche ich den genannten Herren meinen Dank für die mir gewährte Hülfe aus.

Es könnte ferner gegen beschriebene Methode eingewendet werden, dass der höhere Preis des Quecksilberoxydes oder der Verbrennungs- und Sublimationsröhren die Operation kostspielig machen müsste. — Da das Quecksilber stets quantitativ wieder gewonnen wird und aus ihm wieder leicht das Oxyd dargestellt werden kann, und da bei etwaigen Verunreinigungen des Oxydes das Metall und dann wieder das Oxyd leicht rein hergestellt werden kann, so kommt es wohl kaum in Betracht, dass bei den jetzigen hohen Preisen des Quecksilbers das Oxyd desselben in Bezug auf den zur Verwendung kommenden Sauerstoff den dreifachen Preis des Kupferoxydes hat.

Die Verbrennungsröhren mit den Sublimationsröhren werden mir zum Preise von 1,10 Rm. geliefert. Es kann eine einzige solche Röhre zu sehr vielen Verbrennungen benutzt werden, da sie durch dieselben in keiner Weise leidet. Den theuren schwer schmelzbaren Röhren der Verbrennungen mit Kupferoxyd gegenüber wird bei dem schnelleren Verbrauche der letzteren eine Ersparniss bewirkt werden.

Analysen von organischen, stickstofffreien Körpern.

Nach A, feste, nicht flüchtige Körper.

Russ, aus Petroleum durch unvollkommene Verbrennung und nachheriges langes Glühen dargestellt . . . . 0,1588 Grm.

gefunden Kohlensäure 0,5170 Grm. oder C = 0,1410 Grm.
oder . . . . . , ... 88,8 %
« Wasser 0,0165 Grm. oder H = . 0,00183 Grm.
oder . . . . 1,2 «
« Quecksilber aus Oxyd entstanden . . 4,6760 Grm.
oder O = 0,37408, daraus O in der Substanz = 0,3907 (Sauerstoff in Kohlensäure und Wasser) — 0,3741 (Sauerstoff aus dem zerlegten Quecksilberoxyde) = 0,0166 oder 10,4 «

gefunden . 100,4 %

Bernsteinsäure*) 0,415 Grm. und 0,245 Grm.

			berechnet
gefunden	C = 40,80 %	und 40,64 %	berechnet 40,70 %
«	H = 5,44 «	« 5,44 «	« 5,1 «
«	O = 53,88 «		« 54,2 «
gefunden	100,12 %		

Als Gerbsäure gekauftes Präparat 0,239 Grm. und 0,521 Grm.,

gefunden	C = 46,21 %	und 46,30 %
«	H = 4,55 «	« 4,50 «
«	O = 49,03 «	
gefunden	99,79 %	

Körper als Kolophonium bezeichnet 0,475 Grm.,

gefunden C = 72,60 %
« H = 10,05 «
« O = 17,07 «

gefunden 99,72 %.

Mannit 0,1795 Grm. und 0,137 Grm.

gefunden	C = 39,95 %	und 40,00 %,	berechnet 39,6 %
«	H = 7,70 «	« 7,66 «	« 7,7 «
«	O = 51,79 «		« 52,7 «
gefunden	99,44 %.		

*) Bei den analysirten Körpern wurde mehr darauf Gewicht gelegt, dass beim Verbrennen keine Asche zurückblieb als auf die Reinheit der chemischen Verbindungen. Da die Bestimmung aller Körper erfolgt, so waren vollständig reine Substanzen nicht nöthig anzuwenden. Der Beweis für eine gute Analyse liegt darin, dass nahe 100% wieder gewonnen werden. Auch ist zu bemerken, dass einige der aufgeführten Analysen nicht in allen Stücken nach dem beschriebenen, als besten gefundenen Verfahren ausgeführt und in Folge dessen einige etwas weniger gut ausgefallen sind.

Santonin 0,4425 Grm., anderes Präparat 0,179 Grm.,

gefunden	C = 72,72 %	und	73,19 %,	berechnet	73,2 %
«	H = 7,33 «	«	7,32 «	«	7,3 «
«	O = 20,27 «			«	19,5 «
gefunden	100,32 %.				

Naphtalin 0,386 Grm.,

gefunden	C = 93,48 %,	berechnet	93,7 %
«	H = 6,53 «	«	6,3 «
«	O = 0,50 «	«	0,0 «
gefunden	100,51 %.		

Nach B, nicht flüchtige Flüssigkeiten.

Baumöl † 0,40395 Grm.,

gefunden	H = 11,76 %
«	C = 74,14 «
«	O = 14,17 «
gefunden	100,07 %.

Nach C, feste flüchtige Körper.

Benzoesäure † 0,7200 Grm.,

gefunden	C = 67,54 %,	berechnet	68,9 %
«	H = 4,66 «	«	4,9 «
«	O = 27,79 «	«	26,2 «
gefunden	99,99 %.		

Camphor † 0,417 Grm.,

gefunden	C = 78,64 %,	berechnet	79,0 %
«	H = 10,66 «	«	10,5 «
«	O = 10,64 «	«	10,5 «
gefunden	99,94 %.		

Nach D, flüchtige Flüssigkeiten.

Aceton 0,3219 Grm.,

gefunden	C = 60,96 %,	berechnet	62,1 %
«	H = 10,53 «	«	10,3 «
«	O = 28,83 «	«	27,6 «
gefunden	100,32 %.		

Alkohol † 0,24455 Grm.,

gefunden	C	=	50,44 %
«	H	=	12,59 «
«	O	=	36,72 «
gefunden			99,75 %.

Alkohol † mit Wasser 0,49275 Grm.,

gefunden	C	=	50,01 %
«	H	=	13,01 «
«	O	=	36,50 «
gefunden			99,52 %.

Nitrobenzoesaurer Aether, 0,4404 Grm.,

gefunden	C =	55,91 %,	berechnet	55,4 %
«	H =	4,84 «	«	4,6 «
	O =	31,85 «	«	32,8 «
« durch Verlust	N =	7,40 «	«	7,2 «
gefunden		100,00 %.		

Chloräthyl 0,2045 Grm.,

gefunden	C =	37,06 %,	berechnet	37,2 %
«	H =	7,93 «	«	7,8 «
« durch Verlust	Cl =	55,01 «	«	55,0 «
gefunden		100,00 %.		

Chloroform 0,2607 Grm.,

gefunden	C =	10,24 %,	berechnet	10,1 %
«	H =	1,10 «	«	0,8 «
« durch Verlust	Cl =	88,66 «	«	89,1 «
gefunden		100,00 %.		

Jodaethyl † 1,5664 Grm.,

gefunden	C =	15,32 %,	berechnet	15,4 %
«	H =	3,25 «	«	3,2 «
« durch Verlust	J =	81,43 «	«	81,4 «
gefunden		100,00 %.		

Nach E, Gasarten.

Wasserstoff, aus gekochtem destillirten Wasser durch Natriumamalgam dargestellt, 83,3 Cubikcm. bei 749^{mm} Druck und 20,6^0 = 0,00681 Grm.
gefunden . . . . H = 0,00683 «

gefunden O im entstandenen Wasser . . . . = 0,0547 Grm.
« Hg aus HgO entstanden = 0,6876 Grm.
daraus O zur Verbrennung gebraucht . . . = 0,0550 «
Kohlenoxyd † 138,3 Kubikcm. bei 750,8^{mm} Druck
und . . . . 19,10 = 0,1590 «

gefunden	C = 42,81 %,	berechnet	42,86 %
«	O = 55,84 «	«	57,14 «
«	H = 1,44 «		
gefunden	100,09 %.		

Verbrennung von Stickstoff haltenden, organischen Körpern und Vorbereitung dazu.

Die Verbrennung von Stickstoff haltenden, organischen Körpern ist im Wesentlichen dieselbe wie von Stickstoff freien; es wird nur bei ersteren statt durch Stickstoff durch Kohlensäure die atmosphärische Luft im Verbrennungsrohre verdrängt, der frei gewordene Stickstoff in einem Maassgefässe durch sein Volumen bestimmt und Stickoxyd in einem Absorptionsapparate aufgefangen und gewogen.

Statt Kohlensäure andere Gasarten anzuwenden, habe ich nicht zweckmässig befunden. Viele Versuche wurden mit Stickoxyd und Wasserstoff gemacht. Erstere Gasart bewirkt bei einigen organischen Körpern Zerlegungen, und letztere macht durch die verschiedenen Quantitäten, die im Rohre mit Quecksilberoxyd verbrennen, genaue Wasserstoffbestimmungen unmöglich.

Die Apparate zu diesen Verbrennungen sind folgende.

Ein Kohlensäureapparat Fig. 30, um eine gewogene Quantität Kohlensäure in das Verbrennungsrohr hinein zu bringen, wird benutzt statt des Stickstoffgasometers mit seinen Reinigungsapparaten. Der Kohlensäureapparat besteht in einem 12 CC. fassenden Kölbchen a mit einem 10^{mm} grossen Ansatzrohre b, das mit einem Apparate der von Kohlensäure freie, trockene Luft zuführt, in Verbindung steht. In das Kölbchen geht ein zweimal rechtwinklig gebogenes Rohr c, mit der inneren Oeffnung von 2^{mm} durch ein Stück Kautschukschlauch luftdicht aber auf- und abschiebbar eingepasst, bis auf den Boden hinein. Dasselbe hat an

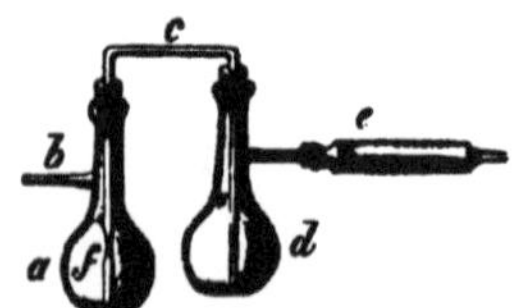

Fig. 30. 1/5 natürl. Grösse.

dem Ende dieses Schenkels bei f eine Verengung bis zu ungefähr 0,3^{mm} im Innern, was sich vermittelst der Lupe deutlich messen lässt, während der andere Schenkel in ein Kölbchen d von gleicher Form, aber dem doppelten Inhalte bis auf den Boden hineingeht.

Im ersteren Kölbchen befinden sich ungefähr 9 CC. Salpetersäure mit 3 CC. Wasser verdünnt, so dass ungefähr dasselbe nahe bis zum Hals mit drei Viertel Raumtheilen Salpetersäure und mit einem Viertel Raumtheil Wasser gefüllt ist. Staubtheile dürfen in der Flüssigkeit nicht suspendirt sein, weil dieselben leicht die Verengung f verstopfen können. In das andere Kölbchen d sind ungefähr 10 Grm. saures kohlensaures Natron in möglichst grossen Stücken eingeschüttet, welches mit 3 CC. Wasser versetzt wird, so dass ersteres ungefähr bis zur Hälfte angefeuchtetes Salz enthält. An dem angeschmolzenen Rohre des letzten Kölbchens d ist ein kleines Rohr e mit wasserfreier Phosphorsäure luftdicht eingepasst.

Wird Kölbchen a heruntergezogen, so kann Luft ungehindert von b aus durch den Apparat hindurch treten, wird aber Kölbchen a in die Höhe gebracht, so wird nicht mehr Luft hindurch treten können, sondern die Luft wird die Salpetersäure aus Kölbchen a in das Rohr c hineinpressen, die durch das Capillarrohr f nur langsam hindurch gehen kann und so eine Kohlensäureentwicklung bewirkt, die durch einen mit Rohr e in Verbindung stehenden Hahn c Fig. 29 S. 391 regulirt wird. Letzteren schnell zu öffnen oder zu schliessen muss vermieden werden, weil hierdurch leicht eine zu starke Kohlensäureentwicklung im Kölbchen d entsteht, die dann Kohlensäure in Kölbchen a hineintreibt. Findet die Kohlensäureentwicklung statt, so geht etwas Kohlensäure in das Rohr c, welche gleich darauf durch Salpetersäure wieder verdrängt wird. Ist das Capillarrohr des Rohres c bei f nicht eng genug, so tritt hierbei Kohlensäure bis in den Kolben a, was leicht Fehler hervorbringen kann; ist dasselbe zu eng, so geht die Kohlensäureentwicklung zu langsam vor sich.

Um nach dem Gebrauche die Säure aus dem Rohr c des Kohlensäureapparates zu entfernen, lässt man durch augenblickliches Oeffnen des Hahnes c Fig. 29 S. 391 etwas mehr Säure in Kölbchen d treten, es findet dann nach Verschluss des Hahnes eine nachträgliche Kohlensäureentwicklung im Kölbchen d des Kohlensäureapparates statt, die alle Säure aus Rohr c durch Zurücktreten von etwas Flüssigkeit aus d verdrängt.

Während dieses Zurücksteigens wird Rohr c aus der Salpetersäure gehoben und der genannte Hahn wieder geöffnet, so dass ein langsamer Luftstrom die Kohlensäure aus dem Apparate verdrängen kann.

Es empfiehlt sich mit dem beschriebenen kleinen Apparat einige Versuche zu machen, bevor derselbe für die Analyse gebraucht wird.

Es ist leicht ersichtlich, dass dieser kleine Apparat in verschiedener Weise abgeändert werden kann; so können statt der Kölbchen Reagensgläschen, statt der angeschmolzenen Röhren doppelt durchbohrte Kautschukstopfen mit einem kleinen Phosphorsäurerohr u. s. w. benutzt werden. —

Statt des beschriebenen Apparates habe ich die verschiedensten anderen Constructionen von Kohlensäureapparaten versucht, sie aber alle als nicht brauchbar verwerfen müssen. So sind unter andern die sogenannten Kipp'schen mit Glashähnen versehenen Apparate vielfach modificirt für diesen Zweck unbrauchbar, weil der Hahn mit der Zeit die zum Trocknen des Gases angewendete Schwefelsäure hindurchlässt. Ein solcher mit einem Quetschhahne vermeidet diesen Fehler; es findet aber in dem Röhrchen desselben, das in die Kohlensäure gebende Substanz hineingeht, durch Diffusion der Flüssigkeiten nach dem Gebrauche eine geringe Kohlensäureentwicklung statt. Die kleinen Kohlensäurebläschen steigen in dem Röhrchen, wenn es nicht ganz fein ist, empor, verdrängen allmählich die Schwefelsäure aus demselben und bewirken hierdurch eine erhebliche nachträgliche Kohlensäureentwickelung. Ganz feine Röhrchen würden diesen Fehler vermeiden, bringen aber andere Nachtheile mit sich.

Kohlensäureapparate, welche durch Erwärmen von saurem kohlensauren Natron für sich oder nach Zusatz von Wasser Kohlensäure geben, können für diese Analysen nicht angewendet werden, weil sie während der Verbrennung ausser Thätigkeit gesetzt werden müssen und dann bei der Abkühlung wieder stark Kohlensäure aufnehmen, was bei der Wasserbestimmung Fehler veranlassen kann.

Da solche Apparate aber wegen ihres sehr geringen Gewichtes für viele Zwecke sich eignen werden, so beschreibe ich nachfolgend einen solchen, den ich lange Zeit benutzt habe. Derselbe besteht in einem, mit doppelt durchbohrtem Kautschukstopfen verschlossenen, Reagensgläschen oder Kölbchen, welches mit der angegebenen Substanz gefüllt ist. Ein Zuleitungsrohr geht bis auf den Boden desselben durch die eine Oeffnung des Kautschukstopfens; in der andern Oeffnung desselben befindet sich ein ganz kleines Rohr mit wasserfreier Phosphorsäure, welches oben wieder mit einem Ableitungsrohre versehen ist.

Die Füllung des Verbrennungsrohres mit Quecksilberoxyd, die Erwärmung desselben, die Einführung der Substanzen und die übrigen Operationen werden in gleicher Weise vorbereitet wie oben angegeben ist. Als Apparate zur Aufnahme der Verbrennungsproducte werden ausser dem Phosphorsäurerohre noch folgende angewendet.

Zur Aufnahme des Stickoxydes bringt man hinter dem Phosphorsäurerohre einen Mitscherlich'schen Kaliapparat wie Fig. 27 S. 390 an, welcher mit einer durch Erhitzen hergestellten Lösung von Chromsäure in Schwefelsäure gefüllt ist. Es befinden sich von beiden Seiten durch Asbest abgeschlossen zwischen a und b feine Krystalle von Zinnchlorür und von b bis c wasserfreie Phosphorsäure. — Durch diesen Apparat findet eine schnelle und vollständige Aufnahme des Stickoxydes statt.

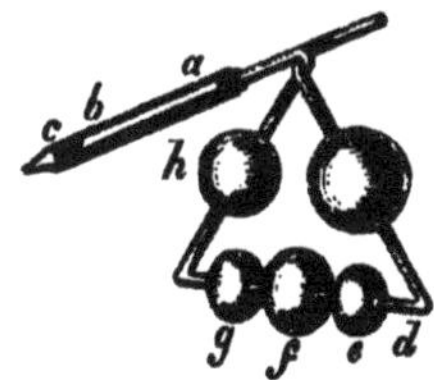

Fig. 31. 1/5 natürl. Grösse.

Nach diesem Chromsäureapparate kommt ein Liebig'scher Kaliapparat, wie Zeichnung Fig. 31 angibt, mit Kalilösung, an dem durch ein Stückchen Kautschukschlauch eingepasst ist ein 90^{mm} langes und 10^{mm} weites, mit Kalistückchen und wasserfreier Phosphorsäure gefülltes Rohr. Der Kaliapparat kann mit dem Kohlensäureapparate zusammen gewogen werden.

Ausserdem ist vermittelst eines engen Kautschukschlauches an dem Kaliapparate angebracht eine Bürette mit Zubehör, wie oben beschrieben und Fig. 25 S. 387 angibt, welche ungefähr 200 CC. fasst.

Die Gasarten gehen durch die Oeffnung a der Bürette, durch den Hahn derselben bei seiner Stellung h g und durch einen Kautschukschlauch in einen mit Kalilösung u. s. w. gefüllten und gewogenen Mitscherlich'schen Kaliapparat wie Fig. 27 S. 390, welcher die etwa nicht vom ersten Kaliapparate absorbirte Kohlensäure aufnimmt.

Die Bürette ist bis zu ungefähr 30 CC. mit Luft gefüllt, damit nicht beim etwaigen Zurücksteigen des Kalis im ersten Kaliapparate Glycerin in denselben gelangen kann. Unter Berücksichtigung der Temperatur und des Atmosphären-Druckes wird der Stand der Flüssigkeit in der Bürette genau abgelesen.

Wenn die Apparate gewogen und richtig zusammengestellt sind, verschliesst man den letzten Kaliapparat durch ein Hütchen und lässt Luft in die Apparate treten. Hat man sich hierdurch vom Schliessen derselben überzeugt, so wird das Hütchen entfernt und das Rohr c Fig. 30 S. 402 des Kohlensäureapparates, das anfangs ausserhalb der Salpetersäure war, tief in dieselbe gebracht. Durch Regulirung des Hahnes c Fig. 29 S. 391 lässt man anfangs einen stärkeren dann einen schwächeren Strom von Kohlensäure in das Verbrennungsrohr hinein gehen. Während dessen erhitzt man die Theile des Quecksilberoxydes, welche ohne Gefahr, dass Substanz sich verflüchtigt oder zersetzt, erwärmt werden können.

Beobachtet man beim Liebig'schen Kaliapparate, dass die Gasarten, die hineintreten, vollständig absorbirt werden, so dass auch in längerer Zeit keine Blase aus dem Apparate heraustritt, so wird, nachdem man sich den Stand des Kalis im dünnen Rohre des Liebig'schen Kaliapparates ungefähr bei d Fig. 31 genau gemerkt hat, dem Hahne der Bürette die Stellung c d gegeben, so dass der Inhalt der Bürette mit dem Kaliapparate communicirt. Ehe man dem Hahne die bezeichnete Stellung gibt, hat man durch Bewegen des Kalis alles Kohlensäuregas aus den letzten vier Kugeln des Kaliapparates zu entfernen.

Nachdem durch langsamen Verschluss des Hahnes c beim Verbrennungsrohr der Kohlensäurestrom unterbrochen ist, wird die Verbrennung vollständig wie früher vorgenommen.

Nach der Verbrennung öffnet man wieder langsam den Hahn c Fig. 29 S. 391, lässt von Neuem Kohlensäure solange hindurch treten, bis auch nicht die kleinste Blase aus dem Kaliapparate entweicht, und verschliesst bei gleicher Stellung der Flüssigkeit im Kaliapparate bei d unter denselben Vorsichtsmaassregeln wie vorher den Inhalt der Bürette.

Die Kohlensäure wird jetzt durch einen Strom von trockener, kohlensäurefreier atmosphärischer Luft aus dem Kohlensäureapparate, aus dem Verbrennungsrohre u. s. w. vertrieben, nachdem der Kohlensäureapparat, wie früher beschrieben, ausser Thätigkeit gesetzt ist. Während der Kohlensäure- und Luftstrom hindurch geht, wird, wie früher beschrieben, das Wasser aus dem Verbrennungsrohr in das Phosphorsäurerohr getrieben.

Hat sich die Temperatur und der Druck der Atmosphäre während der Verbrennung nicht sehr wesentlich verändert, so werden die Gasarten in den Kugeln e f g und h des Liebig'schen Kaliapparates Fig. 31 S. 405, die nicht 14 CC. ausmachen, sowie die 30 CC. Luft in der Bürette ganz ohne Einfluss auf die Bestimmung des Stickstoffs bleiben. Ist das Erstere der Fall gewesen, so muss die Differenz in Rechnung gebracht werden. Durch genaue Messung der Gasart in der Bürette wird nach Abzug der 30 CC. unter Berücksichtigung des Luftdruckes und der Temperatur der Stickstoff bestimmt, zu welchem noch sieben Fünfzehntel vom Gewicht des gewonnenen Stickoxydes hinzukommen.

Die übrigen Bestandtheile des verbrannten Körpers werden berechnet wie früher angegeben. Zum Sauerstoff müssen noch acht Fünfzehntel vom Gewicht des Stickoxydes hinzugerechnet werden.

Analysen Stickstoff haltender, organischer Körper.

Nach A, feste, nicht flüchtige Körper.

Cinchonin † 0,3710 Grm.,

gefunden	C =	77,87 %,	berechnet	77,9 %
«	H =	7,79 «	«	7,8 «
«	N =	8,85 «	«	9,1 «
«	O =	4,99 «	«	5,2 «
gefunden		99,50 %.		

Schiessbaumwolle † 0,3354 Grm.,

gefunden	C =	25,27 %,	berechnet	24,2 %
«	H =	2,29 «	«	2,4 «
«	O =	59,49 «	«	59,3 «
«	N =	13,20 «	«	14,1 «
gefunden		100,25 %.		

Nach B, nicht flüchtige Flüssigkeiten.

Anilin † 0,3535 Grm.,

gefunden	C =	76,73 %,	berechnet	77,4 %
«	H =	7,01 «	«	7,5 «
«	N =	15,97 «	«	15,1 «
«	O =	0,81 «	«	0,0 «
gefunden		100,52 %.		

Nach E, Gasarten.

Aethylen † 141,0 CC. bei 748,0^{mm} Druck und 19,1^{0} = 0,16155 Grm.,

gefunden	C =	85,1 %,	berechnet	85,7 %
«	H =	14,6 «	«	14,3 «
«	O =	0,1 «	«	0,00 «
«	N =	0,1 «	«	0,00 «
gefunden		99,9 %.		

Die letzte Analyse wurde zur Prüfung der Sauerstoff- und Stickstoffbestimmung gemacht. Der Fehler beim Stickstoff, sowie der beim Sauerstoff würde nicht 0,0003 Grm. betragen.

Verbrennung Chlor, Brom oder Jod haltender, organischer Körper und Vorbereitung dazu.

Bei der Verbrennung Chlor, Brom oder Jod haltender Körper mit oder ohne Stickstoff wird die Analyse in fast völlig gleicher Weise, wie angegeben, vorbereitet und ausgeführt. Nur mit dem Unterschiede, dass statt des beschriebenen Sublimationsrohres ein solches mit der Abänderung Fig. 32 benutzt wird. Der weitere Theil desselben hat die Länge von

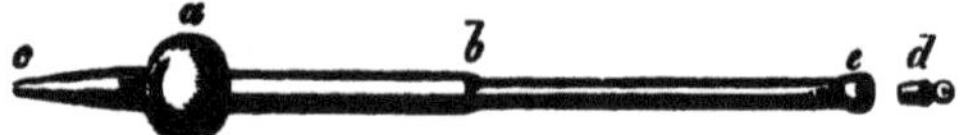

Fig. 32. $^1/_5$ natürl. Grösse.

170^{mm}; der engere Theil von b bis zum Schliffe e ist bei einer Länge von 150^{mm} 7^{mm} weit und enthält durch Asbest von beiden Seiten verschlossen ungefähr 20 Grm. grobgepulvertes, sogenanntes reines Zink des Handels, dessen Verunreinigungen bei der Verwendung zu diesem Verfahren ohne Nachtheile sind.

Vor der ersten Wägung wird das Rohr schwach erwärmt, und das Zink durch Hindurchziehen von Luft getrocknet.

Sobald die Sublimation in das Rohr vorgenommen werden soll, wird dasselbe soweit mit dem Verbrennungsrohre in die Heizvorrichtungen gebracht, dass die Stelle b noch stark erwärmt wird.

Man erhält bei der Verbrennung genannter Körper meist ein Gemenge von Quecksilber mit Chlor-, Brom- oder Jodverbindungen desselben, oder seltener die beiden Chlor-, Brom- oder Jodverbindungen ohne metallisches Quecksilber. Bei der Sublimation, welche bei der Temperatur der Verbrennung vorgenommen wird, bilden sich aus den genannten Verbindungen des Quecksilbers, die des Zinks sowie zum Theil Zinkamalgam in Tröpfchen, ohne dass hierbei merkliche Quantitäten des Zinks oxydirt werden.

Das Zink für sich ändert bei dieser Operation sein Gewicht nur ganz unbedeutend. Bei einem hierzu wie bei der Analyse angestellten Versuche war beim Zink eine Zunahme von 0,0018 Grm. zu bemerken, was für den zu berechnenden Sauerstoff 0,00015 Grm. ausmachen würde, ein Fehler, der vollständig zu vernachlässigen ist.

Bei der Sublimation muss berücksichtigt werden, dass die Verbindungen des Quecksilbers beim Quecksilberoxyde nicht so leicht wie das metallische Quecksilber erkannt werden können; es muss deshalb um Fehler zu vermeiden die Erwärmung unter Fortgehen des Luftstromes noch längere Zeit nach scheinbarer Beendigung der Sublimation fortgesetzt werden. Durch die abermalige Wägung des Sublimationsrohres erhält man jetzt das Gewicht des Chlors, Broms, Jods mit dem des Quecksilbers.

Durch Zusetzen einer verdünnten, wässrigen Lösung von saurem kohlensauren Natron zum Inhalt des Sublimationsrohres, durch Abfiltriren des unlöslichen Theiles, und durch Titriren der Lösung nach Mohr's Angabe vermittelst eines mit Chromsäure versetzten Silbersalzes oder durch Fällung vermittelst eines Silbersalzes und Wägung des Niederschlages wird Chlor, Brom oder Jod genau bestimmt. Durch Abziehen des Gewichtes dieser Körper von der Zunahme des Sublimationsrohres wird das Quecksilber und hierdurch, wie oben angegeben, die Sauerstoffmenge festgestellt. Die übrigen Körper werden genau wie früher aus den gefundenen Verbrennungsproducten berechnet.

Verbrennt man auf diese Weise einen von den wenigen Körpern, die soviel Chlor enthalten, dass ausser Chlorür, das sich sonst nur bildet, auch Chlorid entsteht, so zerlegt dies letztere zum Theil nachträglich das Quecksilberoxyd unter Bildung von Sauerstoff und Quecksilberchlorür. Es lässt sich bei solchen Körpern der Sauerstoff nicht aus den gefundenen Gewichten bestimmen. Man muss diese verbrennen, entweder wie Stickstoff haltende Körper und den abgeschiedenen Sauerstoff aus dem Volumen berechnen, oder, wenn dies thunlich, zur Substanz eine gewogene Menge einer reinen organischen Verbindung innig gemengt hinzusetzen, die dann nachher in Rechnung gezogen werden muss. — Quecksilberjodid zersetzt das Quecksilberoxyd nicht unter diesen Verhältnissen.

Analysen Chlor, Brom oder Jod haltender organischer Körper.

Nach A, nicht flüchtige, Stickstoff haltende Körper.

Salmiak † 0,2415 Grm.,

gefunden H =	8,43 %,	berechnet	7,47 %
« Cl =	68,35 «	«	66,35 «

gefunden	N = 23,85 %,	berechnet	26,18 %
«	C = 0,06 «		
«	O = 0,09 «		
	100,78 %.		

Jodanilin † 0,5734 Grm.,

gefunden	C = 32,93 %,	berechnet	33,0 %
«	H = 2,79 «	«	2,8 «
«	N = 6,35 «	«	6,4 «
«	J = 57,58 «	«	57,8 «
«	O = 0,03 «	«	0,00 «
	99,68 %.		

Nach C, flüchtige, feste Körper.

Jodoform † 0,1222 Grm.,

gefunden	C = 3,68 %,	berechnet	3,0 %
«	H = 0,89 «	«	0,3 «
«	J = 95,59 «	«	96,7 «
	100,16 %.		

Nach D, flüchtige Flüssigkeiten.

Jodamyl † 0,3967 Grm.,

gefunden	C = 29,31 %,	berechnet	30,3 %
«	H = 5,31 «	«	5,6 «
«	J = 65,62 «	«	64,1 «
«	O = 0,18 «	«	0,0 «
	100,42 %		

Bromaethylenbromür † 0,8020 Grm.,

gefunden	C = 8,04 %,	berechnet	8,9 %
«	H = 1,18 «	«	1,1 «
«	Br = 89,18 «	«	90,0 «
«	O = 2,19 «	«	0,00 «
	100,59 %.		

Nach D, flüchtige, Stickstoff haltende Flüssigkeiten.

Bromaethylenbromür † 1,211 Grm.,

gefunden	C = 7,90 %,	berechnet	8,9 %
«	H = 1,19 «	«	1,1 «

gefunden Br =	89,04 %,	berechnet	90,0	%
« O =	2,31 «	«	0,00	«
« N =	0,02 «	«	0,00	«
«	100,46 %.			

Die letzte Analyse wurde zur Controle der Stickstoffbestimmungen gemacht.

Verbrennung der übrigen organischen Körper und Vorbereitung dazu.

Es bleiben jetzt zu besprechen nur übrig die Verbrennungen der organischen Verbindungen und Gemenge, welche Schwefel, Phosphor und andere Metalloide oder Metalle enthalten.

Aus der Voruntersuchung hat man erkannt, die Bestimmung, welcher Körper ausser den besprochenen noch in der zu untersuchenden organischen Substanz vorzunehmen ist, und auf welche Weise man dieselbe zu machen hat.

Die Vorbereitung und die Verbrennung wird bei diesen Substanzen je nach dem Vorhandensein von Stickstoff, Chlor, Brom oder Jod ganz wie beschrieben vorgenommen. Es bleiben die übrigen Metalloide oder die Metalle mit wenigen Ausnahmen, z. B. Arsen, bei der Verbrennung im Quecksilberoxyde zurück und werden aus diesem dann gewonnen. Bei nicht flüchtigen, organischen Körpern bleiben sie nur, wo die Substanz lag, bei flüchtigen aber befinden sie sich überall im Quecksilberoxyde, wo die Verbrennung vor sich gegangen ist. Nur das Quecksilberoxyd, welches von demselben etwas enthalten kann, wird der weiteren Behandlung unterworfen.

Bei den Körpern, bei welchen eine Trennung des Rückstandes vom Quecksilberoxyde durch Wasser möglich ist, z. B. bei Natrium-, Kalium- und ähnlichen Verbindungen wird das den Rückstand enthaltende Oxyd mit Wasser ausgelaugt, bis alle löslichen Substanzen entfernt sind. In der Flüssigkeit werden die Körper weiter nach bekannten Methoden bestimmt. Dieselben sind, wie man aus der Voruntersuchung ersieht, als kohlensaure Verbindungen beim Quecksilberoxyde vorhanden und müssen als solche dann in Rechnung gezogen werden.

Um zu untersuchen, ob nicht bei diesen Verbrennungen unbestimmte Mengen Kohlensäure an Natron gebunden beim Quecksilberoxyde zurückbleiben, wurde folgender Versuch angestellt.

1,2775 Grm. saures kohlensaures Natron wurde mit Quecksilberoxyd im Mischgefässe gemengt und eine Stunde lang im Verbrennungsrohre bei der Temperatur der Verbrennungen erhalten. Eine starke Kohlensäureabgabe war hierbei zu erkennen. Nach dem Erkalten wurde dann dieselbe Operation mit einem gewogenen Kaliapparate wiederholt, um etwa sich abscheidende Kohlensäure aufzunehmen: Kohlensäure konnte aber nicht nachgewiesen werden. Abermals wurde dann das Gemenge eine Stunde lang bei einer Temperatur erhalten, bei der sich das Quecksilber zerlegt, aber auch hierbei konnte eine Kohlensäureabgabe nicht beobachtet werden. Da durch den angegebenen Versuch bewiesen ist, dass eine Zerlegung des kohlensauren Natrons durch Quecksilberoxyd nicht stattfindet, so ist die Bestimmung der organischen Natriumverbindungen nach dem angegebenen Verfahren zulässig. Ein Versuch mit kohlensaurem Kalk bewies für diese Verbindung das Gleiche.

Sind Körper in der Substanz gewesen, welche sich nach der Verbrennung, wie die Voruntersuchung gezeigt hat, durch kohlensaures Natron in Lösung bringen lassen, wie Schwefel und ähnliche, so wird das Quecksilberoxyd, welches jetzt Schwefelsäure enthält, mit einer von Schwefelsäure freien Lösung von kohlensaurem Natron versetzt, einige Zeit erhitzt, decantirt, ausgewaschen und die Schwefelsäure u. s. w. weiter bestimmt nach bekannten Methoden.

Bei diesen Schwefelbestimmungen hat man dafür zu sorgen, dass möglichst keine weissen Stellen im Rohre bei der Verbrennung zurückbleiben, die von schwefelsaurem Quecksilberoxydule herrühren und hierdurch eine falsche Sauerstoffbestimmung hervorbringen können. Sie entstehen durch unvollkommene Mengung der Substanz mit dem Quecksilberoxyde oder bei flüchtigen Körpern durch Verbrennen der Substanz nur an einer Stelle mit verhältnissmässig wenig Quecksilberoxyd. Durch längeres Erhitzen dieses Salzes findet Umwandlung desselben in das Oxydsalz statt.

Bei der Berechnung des Sauerstoffs in den Schwefel haltenden und ähnlichen Verbindungen muss, wenn solche nicht als Säuren in der Substanz vorhanden waren, in Rechnung gezogen werden, dass Sauerstoff vom Quecksilberoxyde zur Oxydation des Schwefels zu Schwefelsäure verbraucht ist.

Ist Phosphor in der organischen Substanz enthalten gewesen, so wird fast ebenso verfahren, wie eben beschrieben; nur es muss nach der

Verbrennung das Phosphorsäure haltende Quecksilberoxyd mit einer concentrirten Lösung von kohlensaurem Natron versetzt, das Wasser dann verdampft, und das Quecksilberoxyd bei der Temperatur der schwarzen Färbung des Oxydes während 10 Minuten erhalten werden; erst hierdurch ist es möglich, die Phosphorsäure vollständig aus dem Quecksilberoxyde auszulaugen und der weiteren Bestimmung zu unterwerfen.

Hat die Voruntersuchung ergeben, dass nach der Verbrennung Körper beim Quecksilberoxyde zurückbleiben, die sich durch Salpetersäure ausziehen lassen, wie kohlensaurer Kalk u. a. m., so wird wenig Salpetersäure und viel Wasser zum Oxyde hinzugebracht, dasselbe einige Zeit erhitzt, die Flüssigkeit decantirt und das Quecksilberoxyd vollständig ausgewaschen. In der Flüssigkeit werden nach den bekannten Verfahren die unorganischen Körper bestimmt.

Wenn die Körper als kohlensaure Verbindungen nach der Verbrennung beim Quecksilberoxyde gewesen waren, was bei der Voruntersuchung erkannt wird, so muss diese Säure nachher in Rechnung gebracht werden.

War nach der Voruntersuchung auch die Salpetersäure nicht im Stande, die Stoffe aus dem Quecksilberoxyde herauszuziehen, so werden die festen sowie die nicht flüchtigen, flüssigen Verbindungen in ähnlicher Weise, wie unter C beschrieben, verbrannt. Es wird hierbei in dem um die Hälfte längeren Mischrohre, wie Fig. 23 S. 385 angibt, die Substanz gewogen und dann vollständig reines Oxyd meist bis zu einem Drittel oder zur Hälfte des Mischrohrs hinzugesetzt. Das Quecksilberoxyd kann, wenn unverbrennliche Körper in der Substanz vorhanden sind, in weit geringerer Menge, wie früher angegeben, hierbei angewendet werden. Durch Schütteln des Mischrohres wird eine innige Mengung erzielt, das Gemenge dann nach einer Seite gebracht, mehr Oxyd nachgegeben und nach Ersetzung der Kautschukstopfen durch Quecksilberoxydstücke das Rohr mit der Seite, wo das Gemenge liegt, in das Verbrennungsrohr, wie früher angegeben, gebracht. Eine grössere Anzahl Stücke wird im Verbrennungsrohr nachgeschoben, und dann verbrannt und sublimirt, wie früher beschrieben.

Nach diesen Operationen und nach Entfernung der grössten Menge der im Verbrennungsrohre nachgeschobenen Stücke wird das Mischrohr vorsichtig herausgenommen, in ein anderes langes offenes Rohr gebracht und vermittelst eines Stopfens mit einem Wasserstoffapparate für einen continuirlichen Strom, der reines Gas gibt, in Verbindung gesetzt; das Quecksilberoxyd wird dann in den Heizvorrichtungen bei der Temperatur der Verbrennung durch einen starken Wasserstoffstrom reducirt und dadurch vollständig entfernt. Bewirkt Wasserstoff keine erkennbare Einwirkung mehr, so wird das Rohr nach dem Abkühlen von Wasserstoff befreit, nach dem Verschluss mit den gereinigten Stopfen gewogen und zur Controle nochmals erhitzt und wieder gewogen. Die Reduction des Quecksilberoxydes geht häufig unter Glüherscheinung und Flamme vor sich.

Es muss bei der nachherigen Berechnung der im Mischrohr zurückgebliebenen Substanzen immer berücksichtigt werden, als was die Körper im Mischrohre vorhanden sind, ob sie reducirt sind, ob sie Sauerstoff, ob sie Wasser aufgenommen haben u. s. w.

Bei flüchtigen Flüssigkeiten sowie bei Gasarten, welche nach den unter D und E beschriebenen Verfahren verbrannt werden, ist, soweit Quecksilberoxyd zur Verbrennung gedient hat, dies in einem besonders gewogenen Rohre derselben Behandlung zu unterwerfen.

Sind bei der Voruntersuchung mehrere Körper gefunden, die nach der Verbrennung von dem Quecksilberoxyde getrennt werden müssen, so wird nach dem oben beschriebenen Verfahren eine vollständige Analyse stets dann möglich sein, wenn eine genügende Quantität unorganischer Körper zur quantitativen Bestimmung derselben übrig bleibt.

Es ist dies Verfahren der Elementaranalyse nur bei solchen organischen Körpern geprüft worden, welche die häufiger in denselben vorkommenden Metalle oder Metalloide enthalten. — Es erscheint wohl nicht zweifelhaft, dass diese Methode auch bei organischen Körpern Anwendung findet, in denen die andern einfachen Körper vorhanden sind.

Analysen nach letzterem Verfahren.

Als essigsaures Natron gekauftes Präparat 0,5290 Grm.,

gefunden	C =	12,61 %
«	H =	6,79 «
	O =	42,17 «
«	Kohlensaures Natron =	39,11 «
gefunden		100,68 %.

Benzoesaurer Kalk 0,4388 Grm.,

gefunden	C =	42,44 %
«	H =	4,45 «

gefunden O = 23,62 %
» Kohlensaurer Kalk = 27,74 »
» Andere Asche = 1,60 »
gefunden 99,85 %.

Stangenschwefel † 0,2481 Grm.,
gefunden S = 99,69 % berechnet 100,00 %
» C = 0,08 »
» H = 0,05 »
» O = 0,48 »
gefunden 100,30 %.

Als schwefelsaures Cinchonin gekauftes Präparat 0,3361 Grm.,
gefunden C = 63,59 %
» H = 6,89 »
» O = 12,29 »
» N = 6,61 »
» SO^3 = 10,80 »
gefunden 100,18 %.

Als schwefelsaures Strychnin gekauftes Präparat 0,262 Grm., 0,4901 Grm. und 0,4863 Grm.
gefunden S = 8,65 %, 8,66 % und 8,59 %.

Schwefelkohlenstoff 0,3677 Grm.
gefunden C = 15,61 % berechnet 15,8 %
» S = 84,36 » » 84,2 »
gefunden 99,97 %.

Fehlt in den zu untersuchenden Körpern Kohlenstoff oder Wasserstoff, wie z. B. in den Ammoniak-Verbindungen, im Schwefelkohlenstoff u. s. w., so geht die Analyse in gleicher Weise, wie beschrieben, vor sich. Die hierdurch entstehenden Vereinfachungen der Methode gehen aus dem angegebenen Verfahren hervor.

Ausser durch die mitgetheilten Analysen wurde bei einer ganzen Reihe von Körpern die Methode als brauchbar erkannt, von welchen ich hier nur einige aufführen will: Aether, Aethyldisulfid, Essigsäure, essigsaures Bleioxyd, Monochloressigsäure, Palmitinsäure, Tristearin, Acetamid,

Triäthylamin, Weinstein, apfelsaurer Kalk, Citronensäure, Cyanquecksilber, Cyanursäure, Senföl, Harnstoff, Harnsäure, Hippursäure, Theobromin, Benzol, Nitrobenzol, Dinitrobenzol, Benzamid, Pikrinsäure, Amygdalin, Terpentinöl, Citronenöl, Eiweiss, Petroleum, Ammoniakflüssigkeit und weinsaures Ammoniak.

Um entnehmen zu können, ob das beschriebene Verfahren von einem mit demselben nicht vertrauten Chemiker nach beifolgender Beschreibung ohne weitere Anleitung mit gutem Erfolge angewendet werden kann, machte auf meine Veranlassung Herr O. Vogel aus Obernkirchen, welcher in das hiesige Laboratorium aus dem Göttinger Universitäts-Laboratorium eingetreten war und im Ganzen ungefähr sieben Elementaranalysen mit Kupferoxyd bis dahin ausgeführt hatte, nachfolgende Analysen nur allein nach dieser Beschreibung.

Nach einigen Verbrennungen ohne Wägungen und nach zwei qualitativen Verbrennungen vor den Analysen mit Chlor haltenden Körpern machte derselbe zur Ermittelung von Kohlenstoff, Wasserstoff, Sauerstoff, Stickstoff und Chlor im Ganzen neun Analysen, von denen ich die Resultate von sechs Verbrennungen nachfolgend mittheile.

Alkohol 0,38679 Grm., 0,3683 Grm. und 0,3389 Grm.

gefunden	C = 50,70 %,	50,73 %	und	50,72 %
«	H = 13,09 «	13,18 «	«	13,14 «
			O =	35,14 «
				99,00 %.

Anilin 0,2615 Grm. nnd 0,2484 Grm. Bei der ersteren Analyse wurden für Stickstoff aus dem Verlust gefunden 14,49 % statt nach der theoretischen Zusammensetzung 15,05; bei der zweiten Analyse wurden im Ganzen gefunden 100,28 %.

Käufliches Chloralhydrat 0,3980 Grm.

gefunden	Wasser = 0,0758 Grm. daraus	H = 2,12 %
«	Kohlensäure = 0,2175 Grm. daraus	C = 14,91 «
«	Quecksilber mit Chlor = 2,1755 Grm. darin durch Titriren gefunden	Cl = 64,95 «
	daraus Quecksilber = 1,917 Grm. demnach nach der beschriebenen Berechnung	O = 18.14 «
		100,12 %.

Ich spreche dem genannten Herrn hiermit meinen Dank für seine mir bereitwilligst gewährte Unterstützung aus.

Aus den angeführten Beweisstücken geht hervor, dass die Verbrennung aller organischen Substanzen vermittelst Quecksilberoxyds durch eine einzige Operation unter Bestimmung aller Bestandtheile mit einer Genauigkeit möglich ist, die wohl von keiner der jetzt bekannten Methoden der Elementaranalysen übertroffen wird und im Allgemeinen auch nicht schwieriger ausführbar ist wie die jetzt gebräuchlichen.

Münden, im Mai 1875.

Eine Methode zur alkalimetrischen Bestimmung der Phosphorsäure und der alkalischen Phosphate.

Nach zum Theil gemeinsam mit Franz Hinteregger angestellten Versuchen.

Von

Professor **Richard Maly** in Graz.

Die Titrirung von Phosphorsäure oder löslichen Phosphaten mit Alkalien resp. Säuren ist direct nicht ausführbar, auch nicht unter Anwendung der emfindlicheren Farbstoffindicatoren (gereinigtes Lackmus oder Corallin). Dies ist eine sehr merkwürdige, der Phosphorsäure eigenthümliche Eigenschaft und zurückzuführen auf die verschiedene Reaction, welche ganz-, zweidrittel- oder eindrittelgesättigte Salze zeigen.

NaH_2PO_4 färbt Lackmus roth, Corallin gelb und verhält sich also acidimetrisch wie eine Säure; Na_2HPO_4 färbt Lackmus blau und Corallin roth, verhält sich also wie eine alkalische Substanz und in gleicher Weise reagirt das dreibasische Natriumphosphat.

Diese Salze unterscheiden sich von andern Säuren resp. alkalischen Substanzen dadurch, dass, wenn man sie mit Normalalkali resp. Normalsäure neutral titriren will, dies nicht gelingt, sofern sich kein Umschlag des Farbenindicators zeigt, sondern ganz langsam nur oft nach Cubiccentimeter betragendem Zusatz der Farbenindicator eine deutliche Veränderung zeigt.

Es ist aber sehr leicht verständlich, woher das kommt. Während wir sonst saure und alkalische Substanzen ihre entgegengesetzten Qualificationen ausgleichen sehen, trifft dies hier nicht zu, soferne das Mononatriumphosphat $Na H_2 P\Theta_4$ und das Dinatriumphosphat $Na_2 H P\Theta_4$ keine Wirkung und keine Ausgleichung aufeinander ausüben, weshalb die saure Reaction des einen Salzes gemeinsam neben der alkalischen des andern stehen bleibt.

Sättigt man Phosphorsäure mit Natronlauge, so wird ein Intervall eintreten, während dessen Mono- und Dinatriumphosphat gleichzeitig anwesend sein werden, und die Flüssigkeit färbt rothes Lackmus nach violett zu, und blaues nach roth zu, sie reagirt amphoter.

Auf dieses leicht zu beobachtende, eigenthümliche Verhalten von Phosphatgemischen neuerdings aufmerksam gemacht zu haben ist das Verdienst von Fr. Soxhlet*), welcher auch darauf hinwies, dass, indem es eine eigentlich neutrale Lösung eines Alkaliphosphatgemisches gar nicht gibt, und die thierischen Flüssigkeiten solche Phosphate enthalten, eine mehr oder weniger amphotere Reaction eine Eigenthümlichkeit solcher Flüssigkeiten (Milch, Harn etc.) ist.

Soxhlet erklärt es deshalb auch für eine Unmöglichkeit den Harn acidimetrisch zu titriren. Ich habe schon an einem andern Orte**) darauf hingewiesen, dass dies fast etwas zu weit gegangen scheint, da der Harn auch noch andere Säuren enthält und so höchstens der Neutralpunkt etwas unbestimmt erscheint, aber je vorherrschender die Phosphate sind, um so undeutlicher ist ein Uebergang und bei reinen Phosphatgemischen ist davon keine Rede mehr, da man um mehrere CC. Normalnatron hier schwanken kann.

Abgesehen von den thierischen Flüssigkeiten, hat man auch sonst, namentlich in der Agriculturchemie zur Titrirung von Superphosphaten, das Verlangen gehabt, Phosphate zu titriren.

In Mohr's Titrirbuch***) ist davon nirgend die Rede; aber Alex. Müller†) und Heinr. Rheineck††) haben die Aufgabe zu lösen versucht.

Alex. Müller hat untersucht wie viel Base (Kalk, Baryt oder Magnesia) von einem Mol. $Na_2 H P\Theta_4$ in alkalischer Lösung noch aufge-

*) Journ. f. prakt. Chemie [N. F.] **6**, 1.

) Annalen d. Chemie **173, 227.

***) 4. Auflage.

†) Ueber das Sättigungsvermögen der Phosphorsäure in einigen Lösungen. Journ. f. prakt. Chemie **80**, 193.

††) Versuch einer alkalimetrischen Phosphorsäurebestimmung. Diese Zeitschrift **7**, 51.

nommen wird; er fand, dass diese Menge stark schwankt und 0,73 bis 1,53 Atome beträgt.

Rheineck glaubte, dass das Verhalten der Kalkphosphate zu Lösungsmitteln charakteristisch genug wäre, eine alkalimetrische Methode darauf zu gründen; zur Lösung von $Ca_3(PO_4)_2$ z. B. sind 4 Aequivalente Säure nöthig; die geringste Menge Alkali erzeugt einen bleibenden Niederschlag. Man hat bei der Ausführung daher die Phosphorsäure in $Ca_3(PO_4)_2$ überzuführen, auszuwaschen, in titrirter überschüssiger Säure zu lösen und zurück zu titriren bis zur eintretenden Trübung.

In neuester Zeit haben Berthelot und Longuinine*) die Sättigungsgrenze zwischen Phosphorsäure und Base zu bestimmen gesucht; aber es wird nicht leicht jemand von ihren Resultaten sich befriedigt zeigen. Als sie titrirtes Barytwasser zu verdünnter Phosphorsäure setzten, so änderte sich die Farbe des Lackmus, wenn man 2 Aequivalente BaO für PH_3O_4 verbraucht hat, und nun war die ganze Phosphorsäure gefällt; setzten sie die Säure zum Barytwasser, so brauchte man 2,11 Aeq. Baryt, bei längerer Berührung mit der alkalischen Lösung sollen aber 3 und mehr Aeq. Baryt aufgenommen worden sein, bis zu 3,45 Aeq.

Mit Strontian wurden — so heisst es — dieselben Resultate erhalten; Strontianwasser zu Phosphorsäure gesetzt, bläute das Lackmus bei 1,7 Aeq. Strontian. Mit Kalkwasser soll die Bläuung bei 1,2 Aeq. Kalk eintreten, doch sich erst bei etwa 1,7 Aeq. Kalk vollenden! Von Natron ist gesagt, dass damit die Neutralgrenze schwer zu erkennen sei und dass sie für H_3PO_4 bei $1^1/_2$ Aeq. Natron zu liegen scheine etc.

Auf solche Art kann man keine brauchbaren Bestimmungen erhalten, wie Berthelot und Longuinine's Resultate zeigen, wo das Intervall für den Farbstoffumschlag $^1/_2$ Aeq. Base nöthig hat!

Dass man alkalische, also lösliche Phosphate nicht titriren kann, habe ich schon früher erwähnt, es ist unmöglich, dabei auch nur eine annähernde Ablesung zu machen. Aber es ist auch begreiflich, warum Berthelot und Longuinine mit Barytwasser, Strontian u. s. w. nicht zu einem reinen Resultate kommen konnten. Sind einmal auf PH_3O_4 2 Aeq. Baryt verbraucht, so ist ein schwer oder kaum lösliches Salz entstanden, das Dibaryumphosphat $BaHPO_4$ und die Titrirung scheint zu Ende, soferne sich alkalische Reaction einstellt.

Wartet man aber, so verschwindet die alkalische Reaction wieder,

*) Chem. Centralblatt 1876 No. 3.

das Dibaryumphosphat bindet noch — aber begreiflich, einmal unlöslich geworden nur schwer — weiter Baryt.

Man kommt nun wegen der langsamen Bindung zu keinem Ziele, und endlich bleibt die alkalische Reaction stehen, noch bevor 3 Aequivalente Baryt verbraucht sind, weil eben ein Theil $BaHPO_4$ äusserlich schon von $Ba_3(PO_4)_2$ eingehüllt ist. Aehnlich bei Strontian und Kalk, daher alle möglichen Sättigungsverhältnisse bei den Titrirungen von Berthelot und Longuinine.

Man kann leicht beweisen, dass das $^2/_3$ Baryumphosphat noch sauer reagirt, sich also ganz anders zu den Farbstoffanzeigen verhält als die correspondirenden Alkalisalze. Wenn man zu einer Lösung von gewöhnlichem Natriumphosphat, die mit Lackmus gefärbt, also blau ist, neutrales reines $BaCl_2$ fügt, so schlägt die alkalische Reaction in die saure um und Flüssigkeit wie Niederschlag sind rothviolett.

Noch viel deutlicher ist der Umschlag mit Corallin, wobei die erst rothe Flüssigkeit nach Zusatz von $BaCl_2$ fast farblos resp. gelblichweiss wird. Jetzt kann man Natronlauge zufliessen lassen; die durch den ausgeschiedenen phosphorsauren Baryt milchige Flüssigkeit wird roth, entfärbt sich aber bei einigem Schütteln und Erwärmen wieder, verträgt dann wieder Natron u. s. f., indem nach etlichen Sekunden das Umschlagen der Reaction immer wieder die Bindung der Base anzeigt.

Wenn man diesen Versuch quantitativ verfolgt, so findet man aber, dass die Menge von Base z. B. Normalnatron, welche unter diesen Umständen noch gebunden wird, bis zum definitiven Eintritt der alkalischen Reaction, eine etwas schwankende ist, und weniger als 1 Aeq. beträgt.

Ebensowenig ging es mit Barytwasser neutral zu titriren; es wird vom anfänglich entstandenen $BaHPO_4$ noch eine gewisse Menge Baryt aufgenommen und unter Rückschlag zur sauren Reaction gebunden, aber in einfacher Aequivalentmenge kann man den Baryt nicht ausdrücken.

Dieses Verfahren ist also so wenig zu brauchen zur Bestimmung des Sättigungsvermögens der Phosphorsäure, wie jenes von Berthelot & Longuinine.

Nach einigen Versuchen scheint die aufgenommene Barytmenge durchaus abhängig von der Zeit, seit welcher das $^2/_3$ Phosphat ausgefällt ist; in seinem anfänglichen, flockigen Zustande kann es noch leicht Baryt aufnehmen und verbraucht eine grössere Menge als in dem späteren, namentlich durch Kochen eintretenden, dichteren Zustande.

Im Folgenden soll ein Verfahren beschrieben werden, durch das man sehr einfach und recht befriedigend die Phosphorsäure acidimetrisch bestimmen kann und ebenso die Menge des Alkalis, welches einem löslichen Alkali-Phosphatgemische noch fehlt bis zur Bildung des Triphosphates $Na_3 P\Theta_4$.

Da man die Gesammtphosphorsäure so genau mit Uranlösung titriren kann, so gibt in Verbindung damit die zu beschreibende neue Methode eine vollständige Analyse der Phosphate resp. des Verhältnisses von Phosphorsäure und daran gebundenem Alkali. Salze schwerer Metalle dürfen freilich nicht zugegen sein.

Die Methode ist namentlich anwendbar bei freier Phosphorsäure und phosphorsauren Alkalien; sie wurde vorzüglich zu einem bestimmten Zwecke erdacht.

Vor einiger Zeit habe ich*) über die nach meinen Ideen von Dr. Posch ausgeführten Versuche referirt, über die Aenderung des Verhältnisses von Säure und Base in Lösungsgemischen durch Diffusion.

Das Ziel, welches ich dabei vor Augen hatte, war der experimentelle Nachweis der Möglichkeit der Secernirung einer sauren Flüssigkeit speciell des sauren Harns aus alkalischem Blute. Diese Versuche waren angestellt worden mit Lösungsgemengen von Mono- und Dinatriumphosphat; da man aber die Acidität der Phosphorsäure nicht titriren konnte, so musste der Natrongehalt gewichtsanalytisch bestimmt werden. Da die Absicht war, diese Versuche gelegentlich weiter zu führen, so war ein einfacheres Verfahren wünschenswerth, um auch die Acidität der Phosphorsäure zu titriren. Ohne Zweifel wird es auch in andern Fällen brauchbar sein.

Das Princip der acidimetrischen Bestimmung ist nun folgendes:

Es muss die Phosphorsäure aus der Lösung weggeschafft werden d. h. sie muss in eine unlösliche, sich an der Reaction nicht mehr betheiligende Verbindung übergeführt werden.

Eine solche Verbindung ist z. B. nicht der $^2/_3$ phosphorsaure Baryt $\text{Ba} H P O_4$ oder die analoge Kalkverbindung, denn diese nehmen wie wir gesehen, mehr weniger leicht noch Base auf. Wohl aber ist eine solche Verbindung der dreibasische phosphorsaure Baryt. Um ihn sofort zu erzeugen, muss soviel resp. mehr Natronlauge zugesetzt werden, als nöthig

*) Ber. d. deutsch. chem. Ges. z. Berlin. 1876. Heft 2.

ist um $Na_3 P\Theta_4$ zu bilden. Dieses Salz setzt man durch Hinzufügung von $\text{Ba} Cl_2$ in $\text{Ba}_3 (P\Theta_4)_2$, das so gut wie unlöslich ist, um, und titrirt nun mit Säure das überschüssige Alkali zurück. Die Ausführung gestaltet sich demnach so einfach als möglich; man misst die zu analysirende (nicht zu concentrirte) Phosphatlösung in einen Kolben, lässt eine abgemessene Menge $^1/_2$ oder $^1/_4$ Normalnatronlauge zufliessen, färbt mit dem Indicator, fügt eine beliebige Menge $\text{Ba} Cl_2$ hinzu, erhitzt und titrirt nun mit der Säure ($^1/_4$ oder $^1/_2$ Normal-Salzsäure) wie gewöhnlich zurück. Die Flüssigkeit muss heiss gehalten werden, namentlich zuletzt.

Der in der Flüssigkeit schwimmende phosphorsaure Baryt stört die Titrirung nicht, wirkt etwa wie ein unter das Kölbchen gelegtes, weisses Papier und lässt die Farbe deutlich erkennen. Wir haben nicht Lackmus, sondern immer das viel empfindlichere Corallin benützt. Davon genügt bei mässig concentrirter Lösung ein einziger Tropfen, um die ganze alkalische Flüssigkeit sammt der Fällung stark rosenroth zu färben. Anfänglich kann man die Säure im Strahl zufliessen lassen; ist der Neutralisationspunkt nahe, so wird die Masse weiss wie Milch, da eine kleine Menge Corallin, die in alkalischer Lösung noch stark roth ist, am Neutralpunkte kaum mehr gefärbt ist, namentlich aber durch den phosphorsauren Baryt verdeckt wird. Man kocht nun im Kölbchen, das nicht zu klein sein darf, auf, wobei gewöhnlich noch einmal eine Rosafarbe auftritt, die man wieder durch ein paar Tropfen Säure verschwinden macht und allenfalls dieses wiederholt. Man kann deshalb auch bei der ersten Titrirung nicht leicht zuviel Säure erhalten.

Die Neutralisation ist eingetreten, wenn bei einigen Minuten langem Kochen die Mischung milchweiss erscheint, höchstens mit einem Stich in's Gelbliche und alles Rosenroth verschwunden ist. Man hat nun nur die verbrauchte Säuremenge von der anfänglich zugesetzten Alkalimenge abzuziehen und die resultirenden CC. Natronlauge repräsentiren die Menge Alkali, welche der Phosphorsäure oder dem Phosphat noch fehlten zur Bildung von $Na_3 P\Theta_4$. War die titrirte Substanz gewöhnliches phosphorsaures Natrium, so hat man die paradoxe Reaction gemacht, eine alkalische Substanz wieder mit einem Alkali zu titriren. Die erhaltenen Resultate sind recht befriedigend, jedoch freilich kaum so genau, als es sonst das Corallin bei gelösten Säuren und Alkalien zulässt. Immerhin aber haben wir für gut befunden auf $^1/_4$ Normal-Lösungen zurück zu gehen und die folgenden Belege werden die Verlässlichkeit begründen. Die Zahlen geben uns auch Anhalt dafür, dass die Sättigungscapacität der Phosphorsäure durch scharf den Aequivalenten folgende Mengen ausgedrückt wird und nicht durch Bruchtheile von Aequivalenten, wie Berthelot und Longuinine angeben.

Titrirt man freie Phosphorsäure in der beschriebenen Weise, so braucht man genau 3 Aeq. Natron auf $H_3 P\Theta_4$. Titrirt man gewöhnliches Natriumphosphat, so braucht man noch 1 Aeq. Natron; oder 358 Theile $Na_2 H P\Theta_4 + 12 H_2\Theta$ brauchen 1 Liter Normalnatron.

Titrirt man Mononatrium-Phosphat, so braucht man zweimal soviel Natron als schon darin enthalten ist.

Belege.

I. Reihe mit 1/2 Normalsalzsäure, 1/2 Normalnatronlauge und 1/4 Normalnatrium-Phosphat (d. i. 89,5 Grm. im Liter). Da hier das Phosphat halb so stark ist, als die Säure und die Lauge, so musste um 2 CC. Natriumphosphat durch Titriren in Trinatriumphosphat zu verwandeln, gerade 1 CC. Natronlauge nöthig sein, oder die CC. Natronlauge mussten nach Abzug der zum Titriren verbrauchten Säure CC. durch 2 dividirt werden.

Immer wurden 1 Tropfen Corallinlösung und einige CC. conc. Chlorbaryumlösung zugesetzt.

1/4 Normal-Natrium-Phosphat	1/2 Normalalkali zu	1/2 Normalsäure zurück	Alkali verbraucht	Alkali berechnet
20 CC.	10 CC.	0,2 CC.	9,8 CC.	10,0 CC.
20 «	20 «	10,1 «	9,9 «	10,0 «
30 «	20 «	5,2 «	14,8 «	15,0 «
20 «	20 «	10,0 «	10,0 «	10,0 «
20 «	20 «	9,8 «	10,2 «	10,0 «
30 «	30 «	15,0 «	15,0 «	15,0 «

II. Reihe mit einer 1/8 Natriumphosphatlösung d. i. 44,75 Grm. kryst. phosphors. Natrium im Liter.

1/8 Normal-Natrium-Phosphat	1/2 Alkali zu	1/2 Säure zurück	1/2 Alkali verbraucht	1/2 Alkali berechnet
30 CC.	15 CC.	7,6 CC.	7,4 CC.	7,5 CC.
40 «	20 «	9,9 «	10,1 «	10,0 «
30 «	15 «	7,4 «	7,6 «	7,5 «
39,25 «	12 «	2,3 «	9,7 «	9,82 « *)

*) Bei dieser und den folgenden 7 Bestimmungen war die abgemessene Phosphatmenge unbekannt und erst nach der Titrirung wurde nachgesehen, wie gross das aus der Bürette abgemessene Volum war.

$^1/_8$ Normal-Natrium-Phosphat	$^1/_2$ Alkali zu	$^1/_2$ Säure zurück	$^1/_2$ Alkali verbraucht	$^1/_2$ Alkali berechnet
9,8 CC.	6 CC.	3,55 CC.	2,45 CC.	2,45 CC.
25,4 «	8 «	1,75 «	6,25 «	6,35 «
37,4 «	11 «	1,80 «	9,20 «	9,35 «
30,0 «	12 «	4,45 «	7,55 «	7,50 «
41,4 «	14 «	3,60 «	10,40 «	10,35 «
30,7 «	15 «	7,00 «	8,00 «	7,68 «
39,6 «	14 «	4,15 «	9,85 «	9,90 «

III. Reihe mit $^1/_4$ Normalsalzsäure, $^1/_4$ Normalnatronlauge und einer Natriumphosphatlösung von nur 9,4313 $Na_2HP\Theta_4 + 12H_2\Theta$ im Liter.

(100 CC. dieser Phosphatlösung müssen 10,587 CC. $^1/_4$ Normalnatronlauge verbrauchen.)

Natrium-Phosphat	$^1/_4$ Normal-Natronlauge dazu	$^1/_4$ Normal-Salzsäure zurück	$^1/_4$ Normal-Alkali verbraucht	$^1/_4$ Normal-Alkali berechnet
40 CC.	20 CC.	15,5 CC.	4,5 CC.	4,2 CC.
50 «	20 «	14,5 «	5,5 «	5,26 «
100 «	20 «	9,35 «	10,65 «	10,54 «
60 «	20 «	13,50 «	6,50 «	6,32 «
30 «	15 «	11,70 «	3,30 «	3,16 «

IV. Reihe mit freier Phosphorsäure und $^1/_4$ Normallösungen.

(Die Phosphorsäure enthielt nach der Urantitrirung in 20 CC. 0,6 Grm. Phosphorsäureanhydrid, nach der Bestimmung als pyropnosphorsaures Magnesium in 20 CC. 0,5989 Grm. $P_2\Theta_5$.)

Phosphorsäure	$^1/_4$ Normal-Alkali dazu	$^1/_4$ Normal-Salzsäure zurück	$^1/_4$ Normal-Natronlauge verbraucht	$^1/_4$ Normal-Natronlauge berechnet
10 CC.	60 CC.	10,2 CC.	49,8 CC.	50,7 CC.
10 «	65 «	14,5 «	50,5 «	50,7 «
10 «	65 «	14,8 «	50,2 «	50,7 «
10 «	64 «	13,65 «	50,35 «	50,7 «
10 «	60 «	9,7 «	50,30 «	50,7 «

V. Reihe. Eine neue $^1/_8$ Phosphatlösung und $^1/_4$ Normalsalzsäure und Natron.

$^1/_8$ Normal-Phosphat	$^1/_4$ Normal-Alkali dazu	$^1/_4$ Normal-Salzsäure zurück	$^1/_4$ Normal-Alkali verbraucht	$^1/_4$ Normal-Alkali berechnet
20,0 CC.	15 CC.	5,1 CC.	9,9 CC.	10,0 CC.
20,0 «	15 «	5,2 «	9,8 «	10,0 «
30,0 «	20 «	5,0 «	15,0 «	15.0 «

1/8 Normal-Phosphat	1/4 Normal-Alkali dazu	1/4 Normal-Salzsäure zurück	1/4 Normal-Alkali verbraucht	1/4 Normal-Alkali berechnet
36,0 CC.	20 CC.	2,1 CC.	17,9 CC.	18,0 CC.
30,0 «	20 «	5,1 «	14,9 «	15,0 «
34,0 «	19 «	2,1 «	16,9 «	17,0 «
30,0 «	20 «	4,05 «	14,95 «	15,0 «
30,0 «	20 «	5,1 «	14,9 «	15,0 «
40,0 «	30 «	10,15 «	19,85 «	20,0 «
30,0 «	22 «	7,05 «	14,95 «	15,0 «

Maassanalytische Bestimmung der Magnesia in Brunnenwassern.

Von

Ludwig Legler,

Assistent an der Chemischen Centralstelle für öffentliche Gesundheitspflege in Dresden.

Folgende Bestimmungsmethode der Magnesia gründet sich auf die Fällbarkeit ihrer löslichen Salze durch Kali- oder Natronlauge als Hydrat, sowie zumal auf die vollkommene Unlöslichkeit letzterer Verbindung in neutralen oxalsauren Alkalien bei gleichzeitiger Ausscheidung des vorhandenen Kalkes als oxalsaurer Kalk, und auf die leichte Bestimmbarkeit der zur Fällung dieses Hydrats verwendeten Kali- oder Natronlauge auf maassanalytischem Wege.

Zur Ausführung der Methode sind erforderlich: Eine Normalschwefelsäure und Normalnatronlauge (etwa $^1/_{10}$ Normallösung), — eine verdünnte Lösung von neutralem oxalsaurem Kali (Natron), etwa $^1/_2$-procentig, und als Indicator 1 Tropfen Rosolsäurelösung.

Die Bestimmung selbst gelingt aus einem weiter unten noch zu erörternden Grunde nur in vollkommen von kohlensauren Salzen befreitem Wasser; es lässt sich daher zweckmässig in einer Arbeit in demselben Antheil Wasser die Menge des vorhandenen doppeltkohlensauren Kalkes und der Magnesia feststellen und zwar in folgender Weise:

Man kocht ein bestimmtes Volumen Wasser (etwa 100 CC.) kurze Zeit zur Entfernung der freien und halbgebundenen Kohlensäure, versetzt dasselbe mit titrirter Schwefelsäure im Ueberschuss und, nach kurzem Stehenlassen, mit überschüssiger titrirter Natronlauge, fügt wiederum Schwefelsäure hinzu bis zur Entfärbung und kocht; die Flüssigkeit wird sich bald wieder roth färben, da sich das gebildete doppeltkohlensaure

Natron nur schwierig zersetzen lässt. Durch ein mehrmaliges wechselseitiges tropfenweises Hinzufügen der Schwefelsäure und Kochen der Flüssigkeit gelangt man endlich zu einem Punkte, bei welchem sich letztere nicht wieder roth kocht. Es lässt sich dieser mit grosser Genauigkeit feststellen. Die verbrauchten CC. Schwefelsäure berechnet man auf Kohlensäure oder Kalk.

Es ist hierbei ein Kochen des Wassers mit freier Säure zu vermeiden, weil im entgegengesetzten Falle ein Mehr der Säure verbraucht wird, was jedenfalls in der Zersetzung der im Wasser enthaltenen Chloralkalien und in der Verflüchtigung der in Folge dessen auftretenden freien Salzsäure seinen Grund hat.

Zu dem in angegebener Weise von kohlensauren Salzen befreiten neutralen Wasser setzt man einen Ueberschuss von neutralem oxalsaurem Alkali und fügt nach vollkommener Ausfällung des Kalkes eine bestimmte Menge Normal-Natron hinzu, kocht, verdünnt auf ein bestimmtes Volumen (etwa 150 CC.) filtrirt womöglich heiss durch ein trocknes, faltiges Filter in ein trocknes Gefäss, nimmt vom Filtrat einen bestimmten Antheil (etwa 100 CC.) und titrirt mit Normal-Schwefelsäure in der schon vorher angegebenen Weise zurück, indem auch hier ein Theil des Natrons während der Arbeit in kohlensaures Natron übergegangen ist. Die verbrauchten CC. Natronlauge verrechnet man für Magnesia.

Eine Beseitigung der kohlensauren Salze ist nothwendig, weil der im Wasser gelöste doppeltkohlensaure Kalk mit dem oxalsauren Alkali sich in oxalsauren Kalk und kohlensaures Alkali umwandeln würde, welches letztere dann von der Schwefelsäure beim Zurücktitriren mit zersetzt würde und in Folge dessen die Bestimmung der Magnesia unrichtig ausfallen müsste. —

Bei Gegenwart einer grösseren Menge von Eisen wird das gebildete Eisenoxydhydrat vor der Magnesiabestimmung abfiltrirt und bezüglich der Bestimmung des doppeltkohlensauren Kalkes eine Correction angebracht. Ebenso leicht liesse sich die Magnesia ermitteln, die etwa in Form von kohlensaurer Magnesia vorhanden ist.

Zur praktischen Erläuterung des Verfahrens, welches gestattet, noch einen Gehalt von 0,002 Grm. Magnesia in 1 Liter Wasser neben beliebigen Mengen von Kalk und Alkalien mit fast völliger Sicherheit zu bestimmen, folgen hier drei Beispiele der vorerwähnten Bestimmungsweise.

I. Bestimmung des kohlensauren Kalkes und der Magnesia im Wasser des botanischen Gartens in Dresden.

100 CC. des angeführten Wassers wurden nach kurzem Kochen desselben mit 4 CC. Normal-Schwefelsäure (1 CC. = 0,00416 Grm. $S\Theta_3$) versetzt, nach einiger Zeit 3 CC. Natronlauge (1 CC. = 0,004264 Na HΘ = 0,002132 MgΘ und 100 CC. NaHΘ = 104 CC. $S\Theta_3$) zugegeben und nach erfolgter weiteren Hinzufügung von Schwefelsäure und abwechselndem Kochen des Wassers noch ferner 3,1 CC. Schwefelsäure verbraucht. In Summa also 7,1 CC. Schwefelsäure, hiervon die 3 CC. Natronlauge = 3,12 CC. Schwefelsäure in Abzug gebracht, verblieben 3,98 CC. Schwefelsäure, die zur Zersetzung des kohlensauren Kalkes erforderlich gewesen und für letzteren berechnet den Werth von 0,02039 Grm. für 100 CC. oder 0,2039 Grm. für 1 Liter Wasser ergaben.

Zu der neutralen Flüssigkeit wurden jetzt circa 30—40 CC. der Lösung von oxalsaurem Kali und nach Ausfällung des Kalkes noch 20 CC. Natronlauge zugegeben, gekocht, auf 150 CC. verdünnt, filtrirt und 100 CC. des Filtrats zurücktitrirt mit 12,45 CC. Schwefelsäure; diese für 150 CC. und auf den Titre der Natronlauge berechnet ergaben 17,95 CC. $\left(12,45 \cdot \frac{150}{100} \cdot \frac{100}{104}\right)$ Natronlauge, es verblieben mithin nach Abzug von den 20 CC. Natronlauge 2,05 CC., die für die Ausfällung der Magnesia verbraucht wurden; d. i. 0,002132 . 2,05 = 0,00437 Grm. MgΘ, oder für 1 Liter berechnet = 0,0437 Grm. Magnesia [0,0420 Grm. MgΘ auf gewichtsanalytischem Wege bestimmt.]

II. Einer Lösung von schwefelsaurer Magnesia (Gehalt 2 Grm. MgΘ pro Liter) wurde entnommen 1 CC. = 0,002 Grm. MgΘ, ferner eine unbestimmte Menge Gypslösung, ein Ueberschuss an oxalsaurem Kali und 5 CC. Natronlauge zugegeben. 100 CC. der vorher auf 150 CC. verdünnt gewesenen Flüssigkeit wurden zurücktitrirt mit 2,90 CC. Schwefelsäure d. i. für 150 CC. berechnet 4,15 CC. $\left(2,90 \cdot \frac{150}{100} \cdot \frac{100}{104}\right)$ Natronlauge, mithin verbraucht 5 — 4,15 = 0,85 CC. Natronlauge oder 0,002132 . 0,85 = 0,0018 MgΘ.

III. Endlich wurden verwendet 0,13 CC. = 0,00026 Grm. MgΘ der vorigen Magnesialösung, zugegeben 1 CC. Natronlauge und unter Einhaltung derselben Verhältnisse wie im vorigen Beispiele zurücktitrirt mit 0,60 CC. Schwefelsäure, d. i. 0,60 . $\frac{150}{100} \cdot \frac{100}{104}$ = 0,86 Natronlauge. Verbraucht 1,0 — 0,86 = 0,14 Natron entspricht 0,002312 . 0,14 = 0,0003 MgΘ.

Ein Apparat zur mechanischen Boden-Analyse.

Von

Dr. Richard Deetz.

(Hierzu Fig. 1 auf Taf. VII.)

Man hat gewöhnlich zwei Richtungen der Boden-Analyse unterschieden, die chemische und die mechanische. Nachdem sich die Ansichten über diese Operationen mehr geklärt haben, spricht man der chemischen Boden-Analyse — bei der wiederum vielerlei Fragestellungen möglich sind — mit Recht einen nur bedingungsweisen, beschränkten Werth zu, während man zur Charakterisirung der Böden, zur Betrachtung ihrer mineralogischen Bestandtheile und zu Schlussfolgerungen auf die mannigfachen sogenannten physikalischen Eigenschaften die mechanische Trennung der Bestandtheile — oder Bodenpartikel — eintreten lässt.

Um diese Trennung bewirken zu können, hat man eine grosse Zahl von Apparaten hergestellt, die sich darauf gründen, dass das Wasser kleineren Partikelchen, mit also relativ mehr Oberfläche, einen grösseren Widerstand entgegenzusetzen im Stande ist, als grösseren Körpern. Man construirte hiernach Apparate, bei denen den fallenden Körpern ein bewegtes Wasser entgegenwirkt, also ein Strom, der nicht allein ihr Bestreben sich niederzusenken — zu fallen — je nach Grösse und spec. Gew. überwindet, sondern die mit mehr Oberfläche oder geringerem spec. Gewicht leichter mit sich reisst und so von den grösseren etc. trennt.

Bei der andern Reihe von Apparaten ist jenes Verhalten der fallenden Körper im ruhenden Wasser benutzt. Knop hat die erste Gruppe von Apparaten ganz passend «Spül-Apparate», die zweite «Sedimentir-Apparate» genannt.

Ich will die erste Gruppe von Apparaten hier ausser Acht lassen und mich auf eine kurze Betrachtung der Sedimentir-Apparate im allgemeinen beschränken, ehe ich zur Beschreibung des von mir construirten übergehe.

In den Culturböden finden sich, je nach ihrer Abstammung, Gesteinstrümmer verschiedenster Grösse von meist unregelmässiger Oberflächengestalt und verschiedenem spec. Gew. Die Grösse geht herab bis zu unmessbar feinen Substanzen, die gewöhnlich wegen ihrer Eigenschaft sehr lange im Wasser suspendirt zu bleiben, abschlämmbare Theile genannt werden. Dass diese letzteren Theile die bei weitem wichtigsten, dass sie die Träger der bedeutungsvollsten physikalischen Eigenschaften des Bodens sind, dass sie es ferner sind, welche die Nährstoffe in der den Wurzeln zugänglichen Form enthalten und die Absorption der dem Boden zugeführten Nährstoffe bewirken, ist bekannt.

Die Aufgabe der Schlämmapparate ist es nun, diese verschiedenen Gemengtheile so zu trennen, dass sie ohne Schwierigkeit quantitativ bestimmt werden können. Es soll nicht nur die Menge dieser Bestandtheile auf irgend eine Weise procentisch festgestellt werden, sondern, da die abschlämmbaren Theile nicht einen in allen Böden gleichwerthigen Körper darstellen, so muss jeder Gemengtheil in Substanz erhalten werden, um an ihn weitere Fragen stellen zu können. Gehen ausser den in Wasser gelösten — und etwa ausser Humusbestandtheilen — noch andere und besonders die abschlämmbaren Theile verloren, so erfüllt der Apparat seine Aufgabe nicht und ist nach meiner Ansicht fast werthlos.

Hiermit wäre aber über die meisten existirenden Schlämmapparate ein ungünstiges Urtheil ausgesprochen, denn bei fast allen ist es wegen der grossen Wassermassen, mit denen man arbeiten muss, sehr schwer und umständlich die abschlämmbaren Theile aufzufangen und ohne Verlust trocken zu erhalten. Daher wägt man die gröberen Theile, lässt die feineren mit der ganzen Wassermasse fortlaufen und bestimmt sie aus der Differenz.

Soll überhaupt eine mechanische Boden-Analyse Werth haben, so müssen die feinerdigen Bestandtheile nicht allein gewonnen, sondern auch sorgfältig und so weit als möglich nach ihrer Natur getrennt werden können. Nur auf diesem Wege würde vielleicht den mystischen wasserhaltigen Doppelsilicaten beizukommen sein.

Es muss ferner unbegreiflich erscheinen, wie man so hohen Werth auf die Trennung der gröberen Sandtheile und Gesteinspartikel durch das Sieb legen konnte. Ich halte es für vollkommen gleichgültig, ob von den Sandkörnern von 1—2 oder 3^{mm} einige Procente von diesem oder jenem mehr vorhanden sind. Diese Trennung ist nicht einmal annähernd durchführbar, da die Gestalt der Körner weder mit runden noch eckigen Löchern eines Siebes übereinstimmt. Bei kleinen Proben kann die zufällige Gestalt von einigen Körnern das ganze procentische Verhältniss unrichtig darstellen.

An einen Apparat zur mechanischen Boden-Analyse waren also folgende Anforderungen zu stellen:

1) Die ganze Operation muss sich möglichst einfach in den einzelnen Vorgängen auf Naturgesetze zurückführen lassen, also wissenschaftlich begründet sein, —
2) muss der Apparat die feinerdigen oder abschlämmbaren Theile recht weitgehend und scharf in ihre gleichwerthigen Bestandtheile zerlegen, —
3) müssen diese gesonderten Producte mit möglichst geringem Verlust aufgefangen und quantitativ bestimmt werden können, —
4) ist es sehr wünschenswerth, dass mit nicht zu grossen Quantitäten Wasser gearbeitet werde, —
5) muss der Apparat einfach und die Arbeit damit nicht zu zeitraubend sein.

Ein Sedimentir-Cylinder schien mir als Ausgangspunkt für einen zu construirenden Apparat allein entsprechend. Bei ihm lassen sich folgende theoretische Betrachtungen anstellen: Im luftleeren Raum fallen alle Körper mit gleicher Geschwindigkeit ohne Rücksicht auf Oberflächengestaltung und Dichtigkeit. Luft oder Wasser oder ein anderes Medium im Fallraum werden dem fallenden Körper einen Widerstand entgegen setzen, der um so stärker wirkt 1) je geringer das spec. Gew. des fallenden Körpers zum Medium, 2) je abweichender von der Kugelgestalt die Gestalt desselben ist, 3) je kleiner der Körper, also je relativ grösser seine Oberfläche und somit die Reibung ist.

Feinste Thontheilchen sinken kaum merklich, während bei gröberen Körpern das Fallgesetz deutlich hervortritt. *)

Meinen Apparat habe ich nun in folgender Weise construirt.

Die Bodenprobe soll dadurch in ihre Gemengtheile zerlegt werden, dass sie eine 1^m hohe Wassersäule durchfällt. Der Boden muss so über derselben gehalten werden, dass er in allen Theilen auf einmal zum Herabfallen gebracht werden kann. Die durch verschiedene Fallzeit gesonderten Producte sollen auf horizontalen Klappen aufgefangen, die am längsten suspendirten Theile aber auf einem gewogenen Filter gesammelt werden.

Das Glasrohr A Fig. 1 auf Taf. VII von 5 Cm. innerem Durchmesser trägt oben den trichterförmig erweiterten Messingaufsatz B, welcher eine durch die Kurbel a drehbare und das Rohrstück dicht abschliessende Klappe hat.

*) Versuche mit Körpern aus Aluminium von verschiedener Grösse und Oberflächengestalt behalte ich mir vor.

Der untere Haupttheil C (ebenfalls von Gelbguss) ist mit dem Rohr durch die lose über dasselbe verschiebbare Mutter D verbunden, so dass man sie auf- und abschrauben kann, ohne die Theile A und C drehen zu müssen. Der dichte Aufeinanderschluss dieser Theile ist durch eine gefettete Lederverpackung hergestellt.

An dem Haupttheil C befinden sich die etwas schräg nach unten geneigten, etwa 1 Cm. weiten Ausflüsse b b_1 b_2 und b_3, deren oberer am längsten und unterer am kürzesten ist. An seinem unteren Rande wird der Ausfluss b_3 durch den Boden des Innenraumes von C abgeschlossen. An dem unteren Rande der anderen drei Ausflüsse fügen sich die horizontalen, durch die Kurbeln c—c_2 drehbaren Klappen genau an. Die Ausflüsse sind vorn mit kurzen Enden Gummischlauch und Quetschhähnen verschlossen.

1,5 Cm. über b befindet sich ein knieförmiges Ausflussrohr d, an welchem durch Gummischlauch ein kurzes Stück ausgezogenes Glasrohr mit sehr feiner Oeffnung angebracht ist. Es wird durch einen Quetschhahn mit Schraube verschlossen.

Der Apparat steht auf einem einfachen Holzstativ.

Die Operation wird nun in der Weise ausgeführt, dass an dem Apparat alle Ausflüsse geschlossen, die Klappen c—c_2 aber vertical gestellt, also geöffnet werden. Man füllt nun den Apparat mit Wasser und schliesst in dem Aufsatz B die Klappe a.

In den Aufsatz B werden 50 Grm. vorsichtig gekochten Bodens gebracht, die man einige Zeit absetzen lässt. Man öffnet dann die Klappe a durch rasche, genaue Verticalstellung, so dass der Boden möglichst gleichzeitig fallen kann.

Die durch die ungleiche Fallgeschwindigkeit getrennten Producte verschiedener Grösse werden — nach empirisch gefundenen Fallzeiten — durch Schliessen der Klappen getrennt und auf diesen aufgefangen.

Die Sonderung wird sich ganz nach der Fragestellung richten. Lege ich weniger Werth auf die Trennung der gröberen Theile über 0,5^{mm} und liegt mir an der der abschlämmbaren Theile in ihre noch irgend verschiedenes Verhalten zeigenden Gemengtheile, so fange ich sie nach ihrem augenscheinlichen Verhalten auf den drei Klappen auf. Die am längsten suspendirten Theile werden auf einem gewogenen Faltenfilter, welches mit einem Becherglase unter den knieförmigen Ausfluss d gebracht wird, aufgefangen. Es wird dabei der Quetschhahn durch die Schraube so vorsichtig geöffnet, dass Alles von dem Faltenfilter durchgelassen wird.

Die sich leider an den Glaswandungen anhängenden feinerdigen und besonders humosen Theile, sind durch vorsichtiges Herunterlaufenlassen von Wasser — am besten mit Hülfe der Spritzflasche — abzuspülen und zu gewinnen.

Um die in dem Körper C auf den Klappen befindlichen Schlämmproducte zu gewinnen, wird die Schraubenmutter D emporgeschraubt, der Theil C vom Stativ genommen und nach Abnehmen des Quetschhahns die Theile mit der Spritzflasche in eine Schale etc. gespült.

Die gröberen Theile, vielleicht die über 0,5^{mm}, sind dann wohl, wie üblich, durch das Sieb zu sondern.

Der Apparat, dessen Beschreibung ich hier ohne Mittheilung eingehender Versuchsresultate gebe, leidet auch noch an Unvollkommenheiten und die Arbeit bleibt noch eine rohe; vor allen Dingen sind 1) die Verluste noch zu gross, wenn auch geringer als bei den meisten mir bekannten Schlämm-Apparaten, — 2) ist die Trennung keine scharfe, da spec. Gew. und Oberflächengestalt ungleich sind und daher die Fallgeschwindigkeit sich bei gleicher Grösse ändern muss und 3) muss die — wenn auch geringe — Adhäsion an den Wandungen die Genauigkeit beeinträchtigen.

Ueber das Trocknen der Luft durch Phosphorsäureanhydrid.

Briefliche Mittheilung

Von

C. Voit.

Herr Dr. H. C. Dibbits bespricht in seiner in dieser Zeitschrift **15**, 121 veröffentlichten interessanten Abhandlung: «Einige Versuche über das Sättigen der Luft mit Wasserdampf und über das Trocknen derselben» auch die Frage, ob Phosphorsäureanhydrid die Luft absolut trocknet (a. a. O. p. 169). Er schlägt zur Entscheidung dieser Frage den Versuch vor, ein wasserfreies Gas durch ein gewogenes, Wasser enthaltendes Kölbchen und dann durch eine oder mehrere Phosphorsäureröhren gehen zu lassen; nimmt die Phosphorsäure ebensoviel Wasser auf als das Kölbchen mit Wasser abgibt, so wäre der Beweis geliefert, dass die Phosphorsäure das Gas absolut zu trocknen vermag. Dibbits bemerkt, dass die Quantität Wasserdampf in einem Liter eines durch Phosphorsäureanhydrid getrockneten Gases höchstens einen kleinen Bruchtheil eines Milligramms betragen kann.

Ich möchte darauf aufmerksam machen, dass in einer von mir in Gemeinschaft mit meinem Bruder Ernst und mit Dr. J. Forster geführten Untersuchung über die Bestimmung des Wassers mittelst des Pettenkofer'schen Respirationsapparates*) die von Dibbits gestellte Frage auf die von ihm vorgeschlagene Weise schon für conc. Schwefelsäure zu beantworten gesucht worden ist.

Atmosphärische Luft wurde dabei zuerst durch zwei mit Schwefelsäure beschickte, eigenthümlich construirte Kölbchen gesaugt, um sie zu trocknen, dann die trockne Luft durch vier Kölbchen, welche mit Wasser befeuchteten Bimsstein enthielten, und endlich durch vier mit Schwefelsäure beschickte Kölbchen, um der Luft das aufgenommene Wasser wieder zu entziehen.

Wir erhielten dabei:

	Wasserkölbchen	Schwefelsäurekölbchen
1)	— 1,09813	+ 1,17252
2)	— 0,06023	+ 0,00037
3)	— 0,01431	— 0,00007
4)	— 0,00653	+ 0,00019
	— 1,17920	+ 1,17301.

Das in der ersten Reihe der Kölbchen aufgenommene Wasser wurde also in der zweiten Reihe bis auf 6,19 Milligrm. = 0,53 % wieder abgegeben.

Nach einem von Dibbits citirten Versuche von Favre gab durch Schwefelsäure getrockneter Sauerstoff nach Wegnahme des Sauerstoffs durch Glühen mit Kupfer

bei 31 Liter Sauerstoff noch 0,0025 Grm. Wasser,
« 23 « « « 0,0015 « «

oder für 1 Liter Sauerstoff im Mittel nur mehr 0,07 Milligrm. Wasser.

Da wir, was in unserer Abhandlung nicht angegeben ist, 29,248 Liter Luft angewandt haben, so wurden also bei unseren Versuchen aus 1 Liter Luft mit 0,40317 Grm. Wasser 0,21 Milligrm. Wasser nicht absorbirt.

München, 24. August 1876.

*) Zeitschr. f. Biologie **11**, 161 (1875).

Bericht über die Fortschritte der analytischen Chemie.

I. Allgemeine analytische Methoden, analytische Operationen, Apparate und Reagentien.

Von

H. Fresenius.

Ueber die Lichtabsorption in Flüssigkeiten hat F. Lippich*) Untersuchungen angestellt.

Die Annahme, dass ein bestimmter Körper von gegebener Dicke immer denselben Bruchtheil der ihn treffenden Lichtmenge absorbire, dürfte, wenigstens für nicht zu grosse Intensitäten, keinem Bedenken unterliegen und durch Versuche hinreichend gestützt sein. Anders verhält es sich mit der weiteren die Absorption betreffenden Voraussetzung, dass die Grösse der Absorption nur abhänge von der Zahl der absorbirenden Theilchen, welche der Lichtstrahl durchsetzt, und mithin Aenderungen der Dichtigkeit oder Concentration sich in gleicher Weise äussern wie Aenderungen der Dicke der durchstrahlten Schichte. Es wurden zwar von Melde**) Versuche mitgetheilt, welche die Richtigkeit dieser Voraussetzung darthun sollen, allein diese Versuche besitzen nach der Ansicht des Verfassers eine zu geringe Genauigkeit, um als entscheidend gelten zu können.

Durch verschiedene Ueberlegungen wurde Lippich veranlasst, den Einfluss der mittleren gegenseitigen Entfernung der absorbirenden Theilchen auf die Absorption zu untersuchen. Da ein solcher Einfluss namentlich dann deutlich hervortreten muss, wenn die betreffende Substanz gut begrenzte Absorptionsbanden darbietet und bei bedeutender Dichte oder Concentration keine sehr starken Färbungen zeigt, so wählte er zu seinen Versuchen das salpetersaure Didymoxyd, welches die genannten Eigenschaften in ausgezeichnetem Maasse besitzt.

Eine ziemlich concentrirte wässerige Lösung dieses Salzes in einem Gefässe von 1 Centimeter Dicke wurde bezüglich der Absorption spectroskopisch verglichen mit einer Lösung, deren Concentration nur 0,1; 0,05 .... der ersteren betrug, dafür aber in Röhren gefüllt wurde, deren

*) Sitzungsber. d. kaiserl. Akademie d. Wissensch. in Wien 1876, p. 93.

**) Poggendorff's Ann. d. Phys. u. Chem. 126, 284.

Längen beziehungsweise gleich 10; 20 Centimeter.... gewählt waren. Zu dieser Vergleichung diente ein Steinheil'sches Spectroskop mit zwei Flintglasprismen von je 60° brechendem Winkel und Vergleichsprisma. Als Lichtquellen wurden zwei Gaslampen benutzt, die so regulirt wurden, dass die beiden Spectra an den von Absorption freien Stellen gleiche Helligkeiten zeigten. Sofort ergaben sich schon bei dem Concentrationsverhältnisse 1:10 sehr merkbare Verschiedenheiten in den Absorptionsbanden. Der sehr charakteristische Streifen im Gelb und Gelbgrün war für die concentrirtere Lösung bedeutend gegen das rothe Ende des Spectrums hin verbreitert, während die scharfe gegen Violett gewendete Grenze für beide Lösungen übereinstimmte. Ein ganz ähnliches Verhalten zeigte der folgende, viel schmälere Streifen im Grün. An den übrigen Stellen waren Verschiedenheiten nur schwer wahrzunehmen. Die Unterschiede in der Breite correspondirender Streifen sind aber nicht die einzigen, die auftreten, sondern es zeigen sich noch weitere in der Vertheilung der Helligkeiten. Denkt man sich die Curve der Absorptionsintensitäten des Streifens in Gelb entsprechend der concentrirteren Lösung, so würde dieselbe einem Wellenberge ähnlich mit steilerem Abfall gegen Violett hin sich darstellen. Entsprechend der weniger concentrirten Lösung würde diese Curve staffelförmige Absätze darbieten, übereinstimmend mit einem geänderten Aussehen des Absorptionsstreifens. Im Grün treten wirkliche und scheinbare Maxima auf, die für die concentrirtere Lösung fehlen.

Versuche mit stark färbenden Substanzen wie Carmin, Blattgrün etc., haben bisher keine augenfälligen Verschiedenheiten ergeben. Für gefärbte Dämpfe (es wurde Bromdampf näher untersucht) war die Dispersion des Spectroskopes entschieden zu schwach, um mit Sicherheit Aenderungen in der Absorption nachweisen zu können.

Ueber die specifische Wärme der Gase hat E. Wiedemann*) Untersuchungen angestellt. Der Gegenstand ist seit Regnault nicht von neuem experimentell behandelt worden, was darin seinen Grund haben mag, dass nach den Versuchen desselben so grossartige Hülfsmittel dazu nöthig erschienen, wie sie unter gewöhnlichen Umständen nicht leicht zu Gebote stehen. Verfasser hat nun eine Methode angewendet, die bei Erzielung einer gleichen Genauigkeit doch sehr wohl gestattet,

*) Poggendorff's Ann. d. Phys. u. Chem. **157**, 630 u. Chem. Centralbl. [3 F.] **7**, 417.

mit beschränkteren Mitteln diese wichtigen Bestimmungen fortzusetzen. Er gibt in dieser ersten Abhandlung eine genaue Beschreibung seiner Untersuchungsmethode und theilt dann die Resultate einer ersten Versuchsreihe mit, welche die Bestimmung der specifischen Wärme bei constantem Druck für Luft, Wasserstoff, Kohlenoxyd, Kohlensäure, Aethylen, Stickoxydul und Ammoniak umfasst. Die Resultate zeigen, dass die Methode in Bezug auf Genauigkeit in der That mit der von Regnault angewendeten gleichsteht. Ferner fand Verfasser bei den nicht vollkommenen Gasen übereinstimmend mit Regnault eine Zunahme mit der Temperatur und erhielt Werthe, welche mit denen des genannten Forschers vergleichbar sind.

Die Resultate sind in folgender Tabelle zusammengestellt. Die Columnen I., II. und III. enthalten die wahren specifischen Wärmen der Gase bei 0⁰, 100⁰ und 200⁰ bezogen auf die Gewichtseinheit; IV. gibt den Unterschied der wahren specifischen Wärme bei 0⁰ und 200⁰ ausgedrückt in Procenten der specifischen Wärme bei 0⁰; V., VI. und VII. enthalten die wahren specifischen Wärmen, bezogen auf die Volumeinheit, die spec. Wärme der Volumeinheit Luft gleich 0,2389 gesetzt; VIII. enthält die specifischen Gewichte der betreffenden Gase, während IX. das von Regnault bestimmte Verhältniss der Producte aus dem Volumen V und V_1 und dem Drucke P und P_1 angibt, wenn P etwa 1 Atmosphäre, P_1 dagegen etwa 2 Atmosphären beträgt. Die Abweichung dieser Zahlen von der Einheit, der sie bei vollkommenen Gasen gleich sind, kann als ein Maass für ihre Abweichung vom vollkommenen Gaszustande dienen.

	Specifische Wärmen gleicher Gewichte				Specifische Wärmen gleicher Volumina				
	I.	II.	III.	IV.	V.	VI.	VII.	VIII.	IX.
	0^0	100^0	200^0		0^0	100^0	200^0	Spec. Gew.	$\frac{PV}{P_1V_1}$
Luft	0,2389	„	„	0	0,2389	„	„	1	1,00215
H	3,410	„	„	0	0,2359	„	„	0,0692	—
CO	0,2426	„	„	0	0,2346	„	„	0,967	1,00293
CO_2	0,1952	0,2169	0,2387	22,28	0,2985	0,3316	0,3650	1,529	1,00722
C_4H_4	0,3364	0,4189	0,5015	49,08	0,3254	0,4052	0,4851	0,9677	—
NO	0,1983	0,2212	0,2442	23,15	0,3014	0,3362	0,3712	1,5241	1,00651
NH_3	0,5009	0,5317	0,5629	12,38	0,2952	0,3134	0,3318	0,5894	1,01881

Ueber Orsat's Apparat zur schnellen Untersuchung der Rauchgase hat J. Aron *) ausführliche Mittheilungen gemacht.

Der Orsat'sche Apparat ermöglicht, binnen weniger Minuten **) die Zusammensetzung der Rauchgase festzustellen. Die Wichtigkeit einer solchen Bestimmung ist einleuchtend. Wenn man die Zusammensetzung der aus einem Ofen entweichenden Gase kennt, ist man im Stande, den Gang desselben so zu reguliren, dass man den grössten Nutzeffect von dem verbrannten Material erzielt, dass man das für eine vollkommene Verbrennung nöthige Quantum atmosphärischer Luft ohne schädlichen Ueberschuss in den Ofen hineinlässt.

Der Apparat gibt zwar nicht die genauen Resultate, welche für wissenschaftliche Zwecke gefordert werden müssen und beschränkt sich auch nur auf die Bestimmung der Hauptbestandtheile der Feuerluft, Kohlensäure, Sauerstoff, Kohlenoxyd und Stickstoff, besitzt aber immerhin eine genügende Genauigkeit für praktische Zwecke und bedarf zu seiner Handhabung nicht eines Chemikers, sondern kann von jedem Fabrikanten oder zur Noth auch von einem geschickten Arbeiter bedient werden.

Der Apparat in seiner ursprünglichen Gestalt ***) erwies sich als zu zerbrechlich und gestattete die Sauerstoffbestimmung nicht, es war deshalb nöthig denselben in geeigneter Weise zu verbessern, wie dies in dem Laboratorium der Töpfer- und Ziegler-Zeitung in Berlin, Kesselstrasse 7, geschehen ist. †) Die Benutzung des Apparates beruht darauf, dass eine gemessene Menge der Rauchgase aufgesogen und diese nach und nach mit auf einer grossen Oberfläche vertheilter Natronlauge, dann mit pyrogallussaurem Natron und schliesslich mit einer ammoniakalischen

---

*) Dingler's pol. Journ. 217, 220.

**) Bei Versuchen, welche in letzter Zeit auf dem Kalkwerk des Baumeisters Friedrich Hoffmann am Nordhafen in Berlin angestellt wurden, war es möglich in Zeit von ca. 6 Stunden mit 2 Orsat'schen Apparaten 60 Analysen auszuführen, so dass auf jede Analyse ca. 12 Minuten entfallen, incl. der Vorbereitungen bei Aenderung der Aufstellung der Apparate, um an verschiedenen Stellen des Ringofens Proben zu nehmen. Was die Genauigkeit der Resultate betrifft, so sei bemerkt, dass die Analysen von zu gleicher Zeit mit 2 Apparaten aufgesogenen Proben in der Regel nicht um $^1/_2$%, nie über 1 % von einander abwichen, was für technische Zwecke ausreichend sein dürfte.

***) Beschrieben in einer Brochüre von A. Fichet in Paris: Ueber die Anwendung der Gasfeuerung für industrielle Zwecke.

†) Vom genannten Laboratorium wird der verbesserte Orsat'sche Apparat incl. Chemikalien für 1500 bis 2000 Analysen zum Preise von 150 Mark geliefert.

Kupferchlorürlösung zusammengebracht wird. Die erstere nimmt die Kohlensäure daraus fort, das zweite den Sauerstoff, die dritte ist ein Lösungsmittel für Kohlenoxyd, so dass als Rest nur Stickstoff (nebst Kohlenwasserstoffen) bleibt. Werden nun 100 CC. der Rauchgase abgemessen und wird nach jeder Behandlung derselben mit den verschiedenen Absorptionsflüssigkeiten die Volumabnahme gemessen, so erhält man direct ohne Rechnung die Volumprocente der einzelnen Hauptbestandtheile durch die in Cubikcentimetern ausgedrückten Volumabnahmen.

Die Einrichtung des Apparates ergibt sich aus Fig. 2 auf Taf. VII. Eine cylindrische graduirte Glasröhre M steht einerseits mittelst eines durch einen Quetschhahn verschliessbaren Kautschukschlauches mit einer Flasche A in Verbindung, andererseits läuft sie in ein sehr enges Glasrohr aus, welches durch eine Stopfbüchse mit einem sehr eng gebohrten Zinnrohr luftdicht verbunden ist. Dieses Zinnrohr hat vier Abzweigungen, von denen drei h_1, h_2 und h_3 durch Zinnhähne verschliessbar sind, unter welchen sich wiederum drei Stopfbüchsen befinden. Senkrecht unter diesen Hähnen befinden sich drei zweihalsige Glasflaschen n, p, k, welche als Vorrathsgefässe für die Absorptionsflüssigkeiten dienen und in deren oberen Hals die Absorptionsgefässe N, P, K mittelst Gummistopfen eingesetzt sind. Die Absorptionsgefässe sind cylindrische Glasgefässe von etwa 150 CC. Inhalt, welche unten in ein Rohr auslaufen, das bis nahe auf den Boden der betreffenden Vorrathsgefässe n, p, k hinabreicht, und oben zu einem engen Halse zusammengezogen sind. Diese Gefässe sind ganz mit engen Glasröhren angefüllt, welche benetzt der Absorptionsflüssigkeit eine grosse Oberfläche geben. In dem für das Aufsaugen des Kohlenoxydes bestimmten Gefässe K befindet sich ausserdem noch eine Quantität von Kupfer- oder Messingdrähten.*)

Die vorerwähnte Zinnröhre ist bei der vierten Ableitung mit einem dreifach durchbohrten Hahn H verschliessbar, dessen Bohrungsrichtung am Griff durch einen kleinen angesetzten Dorn D sich schon durch das Gefühl markirt. Durch den Hahn H kann die Zinnröhre und damit der ganze Apparat abgeschlossen, resp. mit dem zum Ofen führenden Gummischlauch R und mit dem kleinen Luftinjector J in Verbindung gebracht werden. Der Injector J hat den Zweck, vor der Benutzung des Appa-

*) Bei einem der ursprünglichen Apparate, von Salleron in Paris bezogen, war das Gefäss K mit Kupferdrahtnetz gefüllt; es zeigte sich jedoch, dass dieses oft zu erheblichen Fehlern Veranlassung gab, weil häufig Gasbläschen an demselben hängen blieben und sich dadurch der nachherigen Messung entzogen.

rates die in der Rohrleitung R enthaltene Luft oder den Stickstoff auszupumpen und sie mit den Rauchgasen zu füllen. Bläst man kräftig durch das an einem Gummischlauch hängende Mundstück i, so treibt man durch eine kleine Glasspitze einen kräftigen Luftstrahl in einen kleinen Trichter, reisst die im Injector enthaltene Luft mit und bewirkt dadurch in demselben eine Luftverdünnung, welche zur Aussaugung der Rohrleitung R dient. Die Verbindung der Absorptionsgefässe mit den Hähnen h_1, h_2, h_3 ist hergestellt durch sehr enge, dickwandige Glasröhren, welche oben in die Stopfbüchsen der Hähne luftdicht eingelassen und an die Hälse der Absorptionsgefässe mittelst kleiner Gummischläuche luftdicht befestigt sind. Durch diese Anordnung gewinnt der Apparat eine gewisse Biegsamkeit, so dass er vor einem Zerbrechen geschützt ist. Zu bemerken ist noch, dass das Messrohr M mit einem Glasmantel umgeben ist. Der Zwischenraum ist mit Wasser gefüllt, um etwa noch übergehende Wasserdämpfe aus den Rauchgasen zu condensiren und Temperaturschwankungen während des Versuchs zu vermeiden. Der ganze Apparat ist in einem Holzkasten mit Schiebedeckeln angebracht, so dass er vor Verletzungen geschützt ist; ausserdem sind die Vorrathsgefässe für die Absorptionsflüssigkeit verschliessbar, so dass beim Transport ein Verlust nicht stattfinden kann.

Ueber die praktische Handhabung ist Folgendes zu bemerken:

Es ist dafür Sorge zu tragen, dass die Flüssigkeiten in den drei Absorptionsgefässen und in der graduirten Röhre bis zu den an ihnen eingeätzten Marken emporreichen, also die Natronlauge in N bis m_1 das pyrogallussaure Natron in P bis m_2, die Kupferlösung in K bis zu m_3 und endlich das Wasser in M bis zur Marke m. Dies geschieht in folgender Weise: Man entfernt den Gummipfropfen von A und nimmt die Glasstopfen von den Flaschen n, p und k ab; die Hähne h_1, h_2 und h_3 werden geschlossen, H so gestellt, dass die Zinnröhre mit der äusseren Luft communicirt. Letzteres ist der Fall, wenn der Handgriff des Hahnes H horizontal ist, also in der Richtung der horizontalen Zinnröhre steht. Man hebt die Aspiratorflasche A mit der rechten Hand, öffnet den Quetschhahn Q mit der linken Hand und lässt aus A so lange Wasser in die Röhre M fliessen, bis die Marke m erreicht ist, worauf man Q wieder schliesst. Nunmehr sperrt man die Communication der Zinnröhre mit der äusseren Luft ab, indem man den Hahn H so stellt, dass sein Handgriff senkrecht zur Röhre steht, während der Dorn D nach links zeigt. Zunächst ist nun die Natronlauge in N bis zur Marke m_1 zu bringen.

Zu diesem Behufe öffnet man h_1, so dass die Messröhre M mit dem Gefässe N communicirt. Senkt man nun die Flasche A und öffnet den Quetschhahn $_Q$, so sinkt das Wasser in M und es steigt in Folge der Luftverdünnung die Natronlauge in N in die Höhe. Das Auge hat stets die steigende Flüssigkeit zu fixiren. Man lässt die Natronlauge nur genau bis m_1 steigen, indem man in dem Moment, wo dieser Punkt erreicht ist, den Quetschhahn $_Q$ schliesst. Dieses Einstellen erfordert einige Aufmerksamkeit, damit man die Natronlauge nicht bis über die Marke oder gar in die Zinnröhre hineinzieht. Ist die Natronlauge nur eben über die Marke hinausgegangen, so hat man nur A zu heben, $_Q$ zu öffnen und die Natronlauge vorsichtig bis zur Marke m_1 sinken zu lassen. Sollte aber unvorsichtiger Weise die Natronlauge bis in das Zinnrohr gezogen sein, so muss man dasselbe wieder reinigen. Dies geschieht in der Weise, dass man durch Heben von A bei geöffnetem Quetschhahn einige Tropfen Wasser durch die Röhre spült. Ist aber die Lauge gar bis in die Messröhre M gezogen worden, so bleibt nichts übrig, als das Wasser in M durch reines Wasser zu ersetzen, weil sonst Fehler in der Analyse entstehen würden. Dies würde in der Weise auszuführen sein, dass man sofort h_1 schliesst, H öffnet, A senkt, $_Q$ öffnet und sämmtliches Wasser aus M in die Flasche A ausfliessen lässt. Man kehrt dann A um, giesst das Wasser fort und ersetzt es durch neues. Mit diesem Wasser spült man die Zinnröhre aus, indem man durch Heben von A dasselbe in die Röhre eintreten lässt, zieht es durch Senken von A wieder in die Flasche A und schüttet auch dieses Wasser aus. Nachdem man nun nochmals frisches Wasser in A gegeben hat, ist der Apparat als gereinigt zu betrachten. Um solche Unannehmlichkeiten zu vermeiden, beachte man sorgfältig die Regel, dass das Auge auf die steigende Flüssigkeit zu richten ist, damit die Flüssigkeit nur genau bis zur Marke emporgesogen werde. Deshalb agire man, sobald die aufsteigende Flüssigkeit sich dem engen Rohre, auf dem die Marke eingeätzt ist, nähert, sehr vorsichtig mit dem Quetschhahn und wende nur leichten Druck und in kleinen Intervallen an. Ist die Natronlauge ordnungsmässig bis m_1 emporgehoben, so schliesse man den Hahn h_1. — Es handelt sich nun darum, das pyrogallussaure Natron in P bis Marke m_2 zu heben. Dies geschieht genau in der oben geschilderten Art. Man öffnet zuerst H, so dass der Handgriff dieses Hahnes horizontal steht, hebt A, öffnet Q dabei und lässt das Wasser in M bis zur Marke m steigen, dann schliesst man H, öffnet diesmal h_2 statt h_1 und verfährt sonst wie oben angegeben. Steht das pyrogallussaure Natron bei Marke m_2, so schliesst man h_2, und es wiederholt sich nun das analoge Spiel bei dem dritten Absorptionsgefäss K. Steht auch hier die Flüssigkeit bei Marke m_3, so schliesst man h_3, und es bleibt nur noch übrig, in bereits bekannter Weise das Wasser in M bis zur Marke m zu treiben.

Ist der Apparat so eingestellt, so untersuche man vor jedem Versuche, ob alle Verschlüsse luftdicht sind. Ob die Hähne h_1, h_2, h_3 oder die unter den Hähnen befindlichen Stopfbüchsen und Schlauchverbindungen dicht sind, erkennt man sofort daran, dass die Flüssigkeiten an den betreffenden Marken stehen bleiben. Sinken dieselben aber, so sind entweder die Hähne oder die Stopfbüchsen oder der kurze Schlauchverband nicht dicht. Im ersteren Falle sind die Hähne neu zu schmieren, im anderen die Gummiverschlüsse nachzuziehen oder durch neue zu ersetzen. In keinem Falle ist eine Analyse mit einem nicht absolut dicht schliessenden Apparate anzustellen. Bleiben die Flüssigkeiten aber an den betreffenden Marken stehen, so ist der Apparat in den Absorptionstheilen dicht. Ob er sonst dicht ist, erkennt man dadurch, dass, wenn H so geschlossen ist, dass der Dorn D nach links zeigt, A gesenkt und Q geöffnet wird, das Wasserniveau bei Abschluss der Hähne h_1, h_2, h_3 ausser einer geringen anfänglichen Senkung constant stehen bleibt, nicht aber beständig, wenn auch langsam, sinkt. Sinkt das Niveau, so ist entweder H nicht dicht und muss geschmiert werden, oder es ist die Stopfbüchse der Messröhre M nicht dicht, und dann muss letztere in Ordnung gebracht werden. Erweist sich aber der Verschluss überall zuverlässig, so kann, wenn die Einstellung genau erfolgt ist, die Analyse begonnen werden.

Es handelt sich zunächst darum, aus der Röhrenleitung, welche zum Apparat führt, die atmosphärische Luft zu entfernen, und sie mit den zu untersuchenden Rauchgasen anzufüllen. Dies geschieht in folgender Weise: Hahn H wird so gestellt, dass die Röhrenleitung R mit dem kleinen Injector J in Verbindung steht. Dies ist dann der Fall, wenn H horizontal steht und der angelöthete Dorn D nach J gesenkt ist. Nun nimmt man das Mundstück i in den Mund und bläst mehrere Male kräftig hinein, indem man kurz vor Ende des jedesmaligen Hineinblasens mit der linken Hand den Schlauch R zukneift, beim Beginn des Hineinblasens aber R frei lässt, und dreht beim fünften oder sechsten Luftstosse den Hahn H so, dass seine Verbindung mit dem Injector J unterbrochen ist, d. h. H horizontal steht, aber mit dem angelötheten Dorn D nach oben gekehrt. Senkt man nun Flasche A, öffnet Q und lässt das Wasser aus M so lange ausfliessen, bis der untere Rand des Wasserniveaus genau bei dem Theilstriche 100 steht, während das beobachtende Auge sich in derselben Höhe mit Theilstrich 100 befindet, schliesst dann H, d. h. stellt man ihn senkrecht zur Zinnröhre, während der Dorn des Hahnes nach links gekehrt ist, so hat man 100 CC. von Rauchgasen im Apparate, abgeschlossen von der äusseren Luft. — Es kommt nun darauf an, die Zusammensetzung derselben zu ermitteln. Zu diesem Behufe öffnet man zunächst h_1, hebt Flasche A, öffnet Quetschhahn Q und treibt die Gase in das Absorptionsgefäss N, in dem die Kohlensäure in Folge der Aufsaugung derselben durch die Natronlauge zurückbleibt. Man lasse hierbei das Wasser nicht über Marke m steigen. Um auch den letzten Rest von Gas, der von Marke m bis zur nächsten durch Natronlauge benetzten Stelle, also etwa bis m_1 zurückbleibt, von Kohlensäure zu befreien, lässt man die Natronlauge in bekannter Weise wieder aufsteigen und dann zurücksinken. Schliesslich hebt man dieselbe wieder bis m_1, schliesst Hahn h_1 und misst nun in der Messröhre M das Volumen des Gasrückstandes. Um keinen Fehler zu begehen, muss das Messen des Gases in der Weise erfolgen, dass es dabei genau unter dem Druck der Atmosphäre steht. Dies ist dann der Fall, wenn man den Quetschhahn öffnet und A so hebt, dass das Niveau des Wassers in A und das Niveau des Wassers in M genau gleich hoch steht. Dann schliesst man, während A sich noch in dieser Stellung befindet, den Quetschhahn Q und liest nunmehr ab wieviel Cubikcentimer Gas sich noch in M befinden, wobei man immer den unteren Rand des Wasserniveaus als Maassstab wählt und das Auge genau horizontal in die Höhe dieses Niveaus bringt. Die Differenz des gefundenen Volumens und des ursprünglichen von 100 CC. gibt das Volumen der Kohlensäure, in Cubikcentimetern resp. in Procenten an. Hierbei ist zu bemerken, dass die Natronlauge, so lange sie noch frisch ist, fast momentan absorbirt, später muss man einige Minuten warten, selbst die Glasröhren in den Absorptionsgefässen durch mehrfaches Heben und Senken der Natronlauge neu benetzen. Bemerkt man, dass die Absorption sich langsam vollzieht, so ist es gerathen, die Natronlauge durch frische zu ersetzen.

Hat man die Menge der Kohlensäure ermittelt, so ist zunächst die Menge des freien Sauerstoffs zu bestimmen. Dies geschieht in der Weise, dass man jetzt h_2 öffnet und den Gasrückstand aus M durch Heben der Flasche A bei geöffnetem Quetschhahn Q in das Gefäss mit pyrogallussaurem Natron treibt. Die Manipulationen sind in diesem Falle völlig analog denen, wie sie vorher für die Absorption der Kohlensäure beschrieben sind. Die Absorption erfordert in diesem Gefässe nur etwas längere Zeit, 5 Minuten etwa, und ist es zweckmässig, die Glasröhren in P mehrmals mit der sich dunkelbraun färbenden Lösung der Pyrogallussäure zu benetzen. Schliesslich misst man den Gasrückstand, analog wie oben. Die Differenz zwischen der letzten Messung und der nunmehrigen gibt die Menge des freien Sauerstoffs in Cubikcentimetern resp. Volumprocenten an.

Um endlich das Kohlenoxydgas zu bestimmen, treibt man nach Oeffnung von b_3 den Rest des Gases aus M in das Gefäss K. Ist hier das Kohlenoxydgas verschluckt, so misst man wieder den Rückstand des Gases in M und findet aus der zurückbleibenden Menge und der vorhergehenden Messung die Menge desselben.

Das Gas, das nun noch in M zurückgeblieben ist, ist Stickstoff. Man hat also die Mengen der vier Gase, die man bestimmen wollte, festgestellt. Dem Stickstoff sind natürlich noch die in dem Rauchgase enthaltenen Kohlenwasserstoffe beigemengt. Der Gehalt an Stickstoff wird daher zu hoch gefunden, während gleichzeitig die Gegenwart dieser unverbrannten Gase, die einen Verlust an Brennmaterial durch unvollständige Verbrennung anzeigen, nicht constatirt resp. ihre Menge nicht ermittelt wird. Will man mit dem Orsat'schen Apparate auch eine Bestimmung der Kohlenwasserstoffe ausführen, so lässt sich dies leicht erreichen, wenn man denselben in geeigneter Weise abändert.*) Der Apparat wird dadurch etwas complicirter und die Analyse erfordert etwas mehr Sorgfalt; immerhin ist jedoch die Ausführung leicht und die erhaltenen Resultate sind besonders bei Generatorgasen aus Steinkohlen, Braunkohlen etc. sehr werthvoll. Der Apparat erhält zur Ausführung dieser Bestimmung noch einen Ansatz auf der rechten Seite des Messrohres bei m von dem Capillarrohr abzweigend. Ist Kohlensäure, Sauerstoff und Kohlenoxyd in der früher geschilderten Weise absorbirt, so wird der gemessene Rest mit bestimmten Mengen Wasserstoffgas und von Kohlensäure befreiter Luft gemischt und das Gasgemenge über eine glühende Platinspirale nach einem, den Absorptionsgefässen für Kohlensäure und Kohlenoxydgas ähnlichen mit Wasser gefüllten Rohr geleitet. Beim Passiren der glühenden Röhre

*) Journal f. Gasbeleuchtung 1876, p. 297 u. Dingler's pol. Journ. 221, 284.

wird der zugesetzte Wasserstoff in der Luft verbrennen und gleichzeitig auch die Verbrennung der Kohlenwasserstoffe zu Kohlensäure und Wasser stattfinden. Bringt man nach dem Erkalten das Gas wieder rückwärts in die Messröhre, so wird sich das Volum um den verschwundenen zu Wasser verbundenen Sauerstoff und Wasserstoff vermindert, dagegen um die gebildete Kohlensäure vermehrt haben. Bestimmt man dann die Menge der Kohlensäure in der früher beschriebenen Weise, so erhält man die nöthigen Anhaltspunkte, um sowohl die Menge der Kohlenwasserstoffe, als auch des Stickstoffes in bekannter Weise zu berechnen.

Um eine neue Analyse zu machen, hat man den Apparat wieder einzustellen. Da die Flüssigkeiten in den drei Absorptionsgefässen, wie aus dem Obigen erhellt, bis zu den dazu gehörigen Marken aufgesogen sind, so ist nur das Wasser in M bis zur Marke m zu bringen. Zu diesem Behufe dreht man H so, dass M mit dem Injector J communicirt, d. h., dass der Dorn D nach unten gerichtet ist, und lässt nun durch Heben von A bei geöffnetem Quetschahn das Wasser bis Marke m steigen. Nunmehr ist der Apparat zu einer neuen Analyse hergerichtet.

Zu bemerken ist noch, dass die Natronlauge passend in einer Concentration von 1 Gewichtstheil geschmolzenem Natronhydrat auf 3 Gewichtstheile destillirten Wassers gewählt wird. Für das pyrogallussaure Natron nimmt man 25 Grm. Pyrogallussäure, löst dieselbe in möglichst wenig heissem Wasser und versetzt mit 150 CC. der obigen Natronlauge. Die dritte Flüssigkeit wird hergestellt durch Vermischen von gleichen Theilen Ammoniakflüssigkeit und einer gesättigten Salmiaklösung, welche man mit Kupferhammerschlag oder geglühten Kupferspänen schüttelt, bis sie intensiv dunkelblau gefärbt ist. Man giesst passend auf die drei Lösungen in den Flaschen etwas Solaröl in einer Schicht von einigen Millimetern, damit sie vor Berührung mit der Luft geschützt sind, weil sie sonst, namentlich die Pyrogallussäurelösung wie die Kupferlösung, sehr bald unwirksam werden. Es reichen dann die Lösungen für mehrere Hunderte von Analysen aus.

Ein elektrisches Pyrometer, auf welches hier nur aufmerksam gemacht werden kann, hat C. William Siemens*) construirt.

Eine Präcisionswage mit einer Vorrichtung zum Umwechseln der Gewichte bei geschlossenem Wagekasten hat Arzberger**) construirt.

*) Berg- u. Hüttenm. Ztg. **35,** 155.

) Dingler's pol. Journ. **219, 402.

Bei genauen Wägungen bringen kleine Temperaturdifferenzen in den beiden Armen des Wagebalkens bedeutende Störungen hervor. Bedenkt man, dass bei einem messingenen Wagebalken die Ausdehnung für 1^0 0,000019 der Gesammtlänge beträgt, so ist bei einer Temperaturdifferenz von $^1/_{10}{}^0$ in den zwei Armen eine Veränderung in den Längen eingetreten, die sich nahezu wie 1 : 1,0000019 verhält, was beim Auswägen von 1 Kilo eine Differenz von 1,9 Milligrm. entspricht. Diese Grösse hat bei gewöhnlichen Wägungen keinen Belang, bei eigentlichen Präcisionswägungen aber können noch viel kleinere Differenzen nicht mehr übergangen werden.

Sobald der Beobachter den Wagekasten öffnet, um die Gewichte zu verwechseln, oder ein kleines Gewichtchen aufzulegen, werden durch dessen Körperwärme Temperaturdifferenzen in den einzelnen Theilen des inneren Wagenkastenraumes hervorgebracht, die allerdings sehr gering sind, aber eben deshalb sehr lange Zeit zur völligen Ausgleichung brauchen. Dieser Umstand macht genaue Wägungen äusserst zeitraubend und war die Veranlassung zur Construction einer Wage, bei welcher alle beim Wägen vorkommenden Operationen vorgenommen werden können, ohne den Wagekasten zu öffnen, das Umwechseln der Gewichte insbesondere aber von einer beliebig grossen Entfernung aus geschehen kann.

Die interessante Einrichtung dieser Wage erfordert eine sehr umfangreiche Beschreibung, die sich nicht wohl im Auszuge geben lässt. Ich muss mich deshalb mit dem Hinweise auf die mit Abbildungen ausgestattete Originalabhandlung begnügen.

Hahnen und Maassstäbe aus Bergkrystall. In dieser Zeitschrift **13**, 444 habe ich auf die Gewichte von Bergkrystall aufmerksam gemacht, welche H. Stern in Oberstein verfertigt. In neuerer Zeit stellt derselbe auch Hahnen und Maassstäbe aus dem gleichen Material her, die wegen ihrer vorzüglichen Arbeit und ihres relativ billigen Preises alle Aufmerksamkeit verdienen.

Ein neues Polariskop, besonders für Untersuchung von Krystallen, auf welches hier nur aufmerksam gemacht werden kann, hat W. G. Adams*) angegeben.

---

*) Philos. Magazine 1875 Juli, p. 18 u. Poggendorff's Ann. d. Phys. u. Chem. **157**, 297.

Ein neues Mikrometer zur Positionsbestimmung von Linien in der Spectralanalyse hat W. M. Watts*) construirt. Auch bezüglich dieses Instrumentes müssen wir uns mit dem Hinweis auf die Originalabhandlung begnügen.

Zum Filtriren bei höheren Temperaturen ist ausser den bekannten Heisswassertrichtern von A. Horvath eine Vorrichtung angegeben worden, über welche in dieser Zeitschrift **13**, 43 berichtet wurde.

H. Carrington Bolton**) glaubt, dass sich die genannten Apparate in den meisten Fällen zweckmässig durch eine weit einfachere Vorrichtung ersetzen lassen, welche man aus den in jedem Laboratorium vorhandenen Geräthschaften leicht und rasch herstellen kann.

Mit Hülfe eines Stückchens Kautschukschlauch von geeigneten Dimensionen wird ein kleinerer Glastrichter in einen grösseren so eingesetzt, dass der Rand des kleineren Trichters ungefähr $^1/_2$ Centimeter über den des äusseren hervorragt.***) Der Zwischenraum zwischen beiden Trichtern wird mit Wasser (oder für höhere Temperaturen mit einer geeigneten Salzlösung) grossentheils gefüllt und durch Einleiten von Dampf mittelst eines Glasrohres erhitzt. Von Zeit zu Zeit muss das durch Condensation des Dampfes gebildete Wasser entfernt werden.

Ein Schwefelwasserstoffapparat, den P. Casamajor†) angegeben hat, bietet weder im Principe noch in der speciellen Anordnung etwas neues.

Eine neue Waschflasche hat E. Drechsel††) angegeben. Die Construction derselben ist aus Fig. 3 auf Taf. VII leicht ersichtlich. Die Röhren für Zu- und Ableitung des Gases sind mit einer Art Kappe, welche luftdicht in den Hals der eigentlichen Flasche eingeschliffen ist, zu einem Stück verschmolzen. Der Apparat ist leicht und bequem zu füllen und zu rei-

*) Poggendorff's Ann. d. Phys. u. Chem. **156**, 313.

) American Chemist **5, 397.

***) Folgende Dimensionen haben sich dem Verfasser als die für die verschiedenen analytischen Zwecke geeignetsten erwiesen. Die ersten Zahlen geben den grössten Durchmesser, die zweiten die Länge der Trichter sammt der Röhre in Centimetern.

	äusserer Trichter	innerer Trichter
Nr. 1.	$7 : 6^1/_2$	$4 : 10$
Nr. 2.	$10^1/_2 : 9^1/_2$	$6^1/_2 : 12^1/_2$
Nr. 3.	$13^1/_2 : 13$	$10 : 17.$

†) Am. Chemist **6**, 209 und Chem. News **33**, 67.

††) Journ. f. prakt. Chem. [N. F.] **13**, 479.

nigen, überhaupt zu handhaben und, da man zur Verbindung desselben mit anderen Apparaten nur sehr wenig Kautschukschlauch bedarf, auch in solchen Fällen sehr gut verwendbar, wo Gase oder Dämpfe entwickelt werden, welche den Kautschuk angreifen.*)

Eine andere in Fig. 4 auf Taf. VII dargestellte Waschflasche empfiehlt Rob. Muencke.**) Der Cylinder ist etwa 180^{mm} hoch und 40^{mm} weit; sein unterer Theil ist erweitert, theils um ein festeres Stehen zu ermöglichen, theils um die Quantität der Waschflüssigkeit zu vergrössern; in seinem oberen Theile sind zwei rechtwinklig gebogene Röhren eingeschmolzen, deren Kugeln zweckmässig mit losen Stopfen von Glaswolle versehen werden können. Der eine dieser Ansätze trägt ein bis fast auf den Boden des Cylinders reichendes oben erweitertes, unten verengtes cylindrisches Gefäss, in dessen unterstem Theil mehrere gleichgeformte 2^{mm} weite und in einer und derselben Ebene liegende Oeffnungen sich befinden. Die andere Ansatzröhre dient zur Weiterleitung des gewaschenen Gases. Mit Waschflüssigkeit wird der Cylinder bis zu etwa $^1/_3$ seiner Höhe gefüllt. Tritt das Gas in das innere cylindrische Gefäss, so verdrängt es die darin befindliche Flüssigkeit und gelangt, da die Oeffnungen in einer Ebene liegen und gleich weit sind, gleichmässig vertheilt in den äusseren Cylinder, in dessen Flüssigkeitssäule, deren Höhe durch die aus dem inneren Gefässe verdrängte Flüssigkeit noch vergrössert wurde, das Gas gewaschen resp. getrocknet wird. Die Erweiterung des inneren Gefässes verhindert das Zurücksteigen der Waschflüssigkeit in das Entwickelungsgefäss.***)

Ueber die Anwendung von Blumenfarbstoffen als Reagentien. Die bekannte Thatsache, dass viele violette Blumenfarbstoffe bezüglich der Erkennung der Acidität oder Alkalinität von Flüssigkeiten weit empfindlicher sind als im allgemeinen die Lackmustinctur, wird auf's Neue von G. Pellagri†) besprochen. Kalilösung in der Verdünnung von 1 : 600000, welche auf die angewandte Lackmustinctur nicht mehr reagirte, ergab noch sehr deutliche Reaction mit dem Farbstoff aus Veilchen,

*) Die Fabrik chemischer und physikalischer Glasapparate von Greiner und Friedrichs in Stützerbach in Thüringen liefert diese Waschflaschen zu mässigem Preise.

) Dingler's pol. Journ. **221, 138.

***) Diese Waschflaschen sind von Warmbrunn, Quilitz & Comp., Berlin C. Rosenthalerstrasse 40 zu beziehen.

†) Gazz. chim. italian. durch Ber. d. deutsch. chem. Ges. z. Berlin **9, 344.**

Iris oder Verbena; ja selbst bei einer Verdünnung von 1 : 1200000 war die Reaction noch deutlich.

Auch Stevenin*) empfiehlt Veilchen und Malven als Reagentien auf Säuren und Alkalien. Er räth die Veilchen oder Malven 1—2 Tage lang mit ganz neutralem Glycerin zu digeriren, dann einige Augenblicke im Wasserbade zu erwärmen und zu coliren. Die so erhaltene Flüssigkeit wird durch Alkalien intensiv grün und durch Säuren hochroth gefärbt. Das Reagens lässt sich nach den Angaben des Verfassers lange unverändert aufbewahren.

Zur Bereitung reinen Cyankaliums aus sogenanntem Liebig'schem bedient sich J. Eneu Loughlin**) des Schwefelkohlenstoffes. Das mässig fein gepulverte, cyansaures und kohlensaures Kali enthaltende Cyankalium wird in einem gläsernen Extractionsapparate mit Schwefelkohlenstoff extrahirt, welcher das Cyankalium unter Zurücklassung der Verunreinigungen löst. Die Schwefelkohlenstofflösung wird entweder in gelinder Wärme verdampft oder der freiwilligen Verdunstung überlassen, wobei sich das reine Cyankalium als krystallinische Masse ausscheidet. Es wird zerschlagen und in einem gut schliessenden Glase aufbewahrt. So bereitetes Cyankalium besitzt einen Gehalt von 97 bis 99,2 % K Cy; es ist sehr zerfliesslich, riecht stark nach Blausäure, ist weniger hart als das gewöhnliche Präparat, mehr oder weniger durchscheinend und hat eine sehr deutlich krystallinische Structur.

II. Chemische Analyse anorganischer Körper.

Von

H. Fresenius.

Im Calciumspectrum hat Lockyer***) zwei neue Linien im Violett entdeckt, welche den Fraunhofer'schen Linien H und H[1] im Sonnenspectrum entsprechen. Die Linien treten nur bei sehr hoher Temperatur auf und lassen sich daher nur mit Hülfe einer starken galvanischen Batterie hervorrufen.

---

*) Répert. de Pharm. 1875 p. 233 u. Zeitschr. d. österr. Apoth.-Vereins **14**, 7.

) Amer. Chemist. **5, 396.

***) Compt. rend. **82**, 660.

Ueber die Einwirkung des Zinks auf Kobaltlösungen. Bisher nahm man an, dass die Kobaltsalze durch Zink weder in der Kälte noch in der Wärme gefällt werden. Lecoq de Boisbaudran*) hat jedoch in dem durch Zink aus den Königswasserlösungen von Zinkblenden ausgefällten Metallschwämmen beträchtliche Mengen von Kobalt**) gefunden. Er wurde hierdurch veranlasst nach dem Grund dieser eigenthümlichen Erscheinung zu suchen und theilt die Resultate seiner über die Fällbarkeit des Kobalts durch Zink angestellten Versuche in folgenden Sätzen mit.

1. Es muss nothwendigerweise ein durch Zink leicht reducirbares Metall zugegen sein.

2. Kupfer und Blei können das Kobalt mit niederreissen und zwar wirkt das Kupfer in dieser Hinsicht stärker als das Blei. Cadmium ergab negative Resultate.

3. Wenn die Kupfer und Kobalt enthaltende Flüssigkeit sehr sauer ist, wird nur das Kupfer niedergeschlagen.

4. Nur bei einem bestimmten dem Neutralitätspunkte naheliegenden Zustande der Flüssigkeit veranlasst die Abscheidung des Kupfers auch die des Kobalts; die Flüssigkeit entfärbt sich dann sehr rasch.

5. In einer Flüssigkeit, welche durch lang dauernde Berührung mit einem Ueberschuss von Zink basisch geworden ist, wird das Kobalt nicht nur nicht reducirt, sondern löst sich wieder auf, wenn es vorher abgeschieden war. Um die Flüssigkeit von neuem zu entfärben, braucht man nur eine sehr kleine Quantität Säure zuzusetzen.

6. Das Kobalt wird unter den angegebenen Umständen völlig in den metallischen Zustand übergeführt; gegen verdünnte Essigsäure erweist es sich widerstandsfähig. Salzsäure greift den Metallschwamm anfangs unter Wasserstoffentwicklung etwas an, aber die Wirkung hört bald auf, woraus zu schliessen ist, dass eine innige Mischung von Kupfer und Kobalt statt hat und nicht blos eine Ablagerung an der Oberfläche. Ein Metallschwamm enthielt noch $^4/_5$ seines Kobaltgehaltes, nachdem er 48 Stunden in concentrirter Salzsäure gelegen hatte.

7. Die Anwesenheit einer gewissen Menge Kupfersalz ist nöthig. Mit zu wenig Kupfer wird nur ein Theil des Kobalts niedergerissen; ein weiterer Zusatz von Kupfersalz ruft wieder eine neue Kobaltabscheidung hervor.

---

*) Compt. rend. **82**, 1100.

**) Die meisten Zinkblenden enthalten nicht unbedeutende Mengen von Kobalt.

Ueber die Schwärzung des Chlorsilbers am Lichte wurde in dieser Zeitschrift **14**, 345 nach einer vorläufigen Mittheilung Ernst v. Bibra's berichtet. Der Verfasser hat nun in einer ausführlichen Abhandlung*) die Resultate seiner Studien über diesen Gegenstand und über das Silberchlorür mitgetheilt. Zunächst gibt er eine Uebersicht über die bisher darüber ausgeführten Arbeiten und bespricht: 1. Die Schwärzung des Chlorsilbers überhaupt. 2. Substanzen und Momente, welche hindernd auf die Schwärzung des Chlorsilbers einwirken. 3. Zersetzung des schwarzen Chlorsilbers. Verhalten gegen Reagentien. 4. Darstellung von schwarzem Chlorsilber, beziehungsweise Silberchlorür. Hierauf lässt er eine Zusammenstellung seiner eigenen Beobachtungen über geschwärztes Chlorsilber und über Silberchlorür folgen. Auf die Einzelnheiten der interessanten Abhandlung kann hier nicht eingegangen, sondern es muss in dieser Hinsicht auf die Originalabhandlung verwiesen werden. Das Endresultat, zu dem Bibra's Versuche führten, dass nämlich das durch Einwirkung des Lichtes geschwärzte Chlorsilber nicht als Silberchlorür betrachtet werden darf, wurde schon in dem früheren Berichte a. a. O. mitgetheilt.

Ueber das Verhalten des Antimonwasserstoffes zu Schwefel hat F. Jones**) gelegentlich einer Arbeit über Antimonwasserstoff Untersuchungen angestellt.

Was der Verfasser über Antimonwasserstoffgas und dessen Verhalten zu Silbernitratlösung mitgetheilt, ist bekannt.

Gegen Schwefel zeigt Antimonwasserstoff ein sehr deutlich charakterisirtes Verhalten, er wird nämlich unter Bildung von Schwefelantimon und Schwefelwasserstoff zerlegt im Sinne der folgenden Gleichung

$$Sb\,H_3 + 6\,S = Sb\,S_3 + 3\,HS.$$

Diese Reaction erfolgt langsam bei 100°, rasch im Sonnenlicht und ist sehr empfindlich, so dass sie sich nach der Ansicht des Verfassers zum qualitativen Nachweis des Antimons eignet. In einem Falle erhielt Jones mit 0,00007 Grm. Antimon eine deutliche Färbung.***)

*) Journ. f. prakt. Chem. [N. F.] **12**, 39.

) Chem. News **33, 127.

***) Der Verfasser hat diese Reaction dazu benutzt, um photographische Abbildungen von Farnkrautwedeln etc. herzustellen, indem er diese auf ein mit Schwefel eingeriebenes Papier legte, in eine Antimonwasserstoff enthaltende Atmosphäre brachte und das Ganze dem Lichte aussetzte. Die unbedeckten Stellen nahmen rasch eine tief orangerothe Farbe an, während die bedeckten gelb blieben.

Er versuchte ferner auf dies Verhalten eine Methode zur Messung der

Das specifische Gewicht des reinen Platins und Iridiums, sowie einiger Legirungen der beiden Metalle haben H. St. Claire Deville und H. Debray*) neuerdings bestimmt.

Die Reindarstellung des Platins, namentlich die Entfernung der letzten Spuren von Iridium und Rhodium, ist bekanntlich mit grossen Schwierigkeiten verbunden. Die Verfasser wandten ein neues Verfahren an, welches eine vollständige und sichere Abscheidung des Iridiums ermöglicht; um alles Rhodium zu entfernen muss man einen Theil des Platins opfern, welcher dem Rhodium beigemengt bleibt.

Käufliches Platin wird in möglichst feinvertheiltem Zustande mit seinem 6—10 fachen Gewichte reinen Blei's **) zusammengeschmolzen. Das Blei löst Kupfer, Palladium, einen Theil des Eisens und eine kleine Menge Platin auf. Behandelt man nun mit reiner Salpetersäure, so gehen die eben genannten Metalle sammt dem Blei in Lösung und es hinterbleibt eine Legirung von Platin und Blei, welche sich nebst dem Rhodium in schwachem Königswasser löst. Schliesslich bleibt als Rückstand eine krystallisirte Legirung der in Blei unlöslichen Metalle Iridium und Ruthenium nebst einem Theil des Eisens. ***)

Das neben Rhodium und Blei in der Königswasserlösung befindliche Platin wird mit Salmiak abgeschieden. Um den Niederschlag von Platinsalmiak völlig frei von Rhodium zu erhalten, ist es nöthig, ihn so feinpulvrig auszufällen, dass er amorph und fast weiss erscheint. Zum Auswaschen bedient man sich, nach Stas' Vorschlag, mit Salzsäure angesäuerten Wassers, welches eine gewisse Menge Platin aufnimmt. Durch Glühen des reinen Platinsalmiaks in bekannter Weise erhält man nun reines Platin.

Das Platin schmolzen die Verfasser mittelst ihres Knallgasgebläses in einem Ofen von reinem oder wenigstens eisenfreiem Kalk. Wenn die Metallmasse gut fliesst und eine Zeit lang dem stärksten Feuer ausgesetzt war, schliesst man plötzlich die beiden Hähne, welche das Leucht-

Lichtintensität zu gründen und mit ziemlich gutem Erfolg. Der einzige Uebelstand der Methode ist, dass es schwer gelingt, ein Gas von gleichem Gehalt an Antimonwasserstoff darzustellen oder aufzubewahren.

*) Compt. rend. **81**, 839.

**) Dargestellt durch Glühen von reinem essigsaurem Bleioxyd.

***) Ist das Platin reich an Rhodium, so wird dieses, mit Blei verbunden, nicht von Königswasser — selbs concentrirtem — gelöst, lässt sich aber von dem mit Eisen und Ruthenium gemengten Iridium durch concentrirte kochende Schwefelsäure trennen.

gas und den Sauerstoff liefern; der Barren beginnt dann von der Oberfläche aus zu erstarren. Der sehr stark erhitzte Kalk erhält den unteren Theil des Barrens noch geschmolzen und das Schwinden findet dort statt, meistens so, dass die sich bildenden Höhlungen mit der äusseren Luft in Verbindung stehen. Bei der Bestimmung der Dichte mit so hergestellten Massen von 200—250 Grm. reinen Platins wurden die höchsten Zahlen erhalten. *)

Das Iridium wurde zunächst in feinvertheilten Zustand gebracht, entweder durch Pulvern im Mörser oder durch Auflösen in Zink und Abtreiben des letzteren im Feuer, und dann mit Blei zusammengeschmolzen. Der erhaltene Barren wurde mit Salpetersäure, Königswasser und kochender Schwefelsäure behandelt, es hinterblieb dann krystallisirtes Iridium, welches noch Ruthenium (aber keine Spur von Osmium) und ein wenig Eisen enthielt. Es wurde in einem Silber- oder Porcellantiegel mit der vierfachen Gewichtsmenge Baryt und mit dem gleichen Gewichte salpetersauren Baryts oder mit dem fünffachen Gewicht Baryumhyperoxyd behandelt. Die erhaltene Masse wurde zerkleinert, mit dem vier- bis fünffachen Gewicht Wasser versetzt und in einer tubulirten Retorte mit Chlor behandelt. Nach der Uebersättigung mit Chlor destillirte man in einem sehr langsamen Chlorstrome. Man erhält flüchtige Ueberruthensäure, die anfangs in rothen Krystallen oder Tröpfchen übergeht und sich dann in dem übergehenden Wasser auflöst. Der iridiumsaure Baryt wird unter Sauerstoffentwickelung in grünes Iridiumperchlorid **) und in Chlorbaryum übergeführt. Nachdem man die Flüssigkeit mittelst titrirter Schwefelsäure von Baryt befreit hat, dampft man sie zur Abscheidung der Kieselsäure zur Trockne. Nimmt man nun mit Wasser auf, so erhält man braunrothes Iridiumchlorid, da das grüne Iridiumperchlorid während des Verdampfens Chlor verloren hat. Man fällt mit Chlorammonium, wascht das dunkelviolette Ammonium-Iridiumchlorid lange

*) Hätten die Verfasser grössere Mengen von Platin zur Verfügung gehabt, so hätten sie grössere Barren gegossen und aus der Mitte derselben Proben genommen.

**) Im Original steht „perchlorure d'iridium vert". Die Verfasser scheinen ausser dem dunkelolivengrünen Iridiumchlorür $Jr\,Cl$, dem hellolivengrünen Iridiumsesquichlorid $Jr_2\,Cl_3$ und dem schwarzen Iridiumchlorid $Jr\,Cl_2$ (vergl. Gmelin-Kraut's Handbuch der Chemie, anorganische Chemie 6. Aufl. Bd. 3 p. 1300) noch eine chlorreichere Verbindung anzunehmen, welche sie als „perchlorure d'iridium vert" bezeichnen; diese Verbindung soll nämlich, wie sie angeben, durch Chlorverlust in „bichlorure brun rouge d'iridium" übergehen.

mit einer halbgesättigten Lösung von Salmiak und glüht es dann in einem Strom von Wasserstoff. Man erhält dann metallisches Iridium. Behandelt man dieses in einem silbernen oder goldenen Gefässe mit Salpeter und Kali, so liefert es eine violette Masse, welche beim Auflösen mit Wasser eine violette oder dunkelblau gefärbte Lösung gibt. Der Rückstand wird zunächst mit Wasser und dann mit verdünnter Salmiaklösung gewaschen, um das Kali zu entfernen, hierauf mit einer Lösung von Oxalsäure zur Auflösung des Eisens, dann mit Chlorwasser und schliesslich mit Ammoniak, um das Gold oder Silber zu entfernen.*)

Das Iridium wird nun in einem aus mittelst Chlor gereinigter Kohle gefertigten Tiegel stark geglüht und dann unter Anwendung der beim Platin angegebenen Vorsichtsmaassregeln in reinem Kalk geschmolzen. Statt des Leuchtgases muss hierbei jedoch reines trockenes Wasserstoffgas angewandt werden.

Die Verfasser führten mit den auf die angegebene Weise gereinigten Metallen folgende Dichtigkeitsbestimmungen aus.

1. Bestimmung des specifischen Gewichtes des reinen Platins.

Die Barren wurden wiederholt umgeschmolzen und es wurden immer Zahlen erhalten, welche sich 21,5 näherten, wenn die Barren ein gutes Aussehen hatten. Die höchste gefundene Zahl ist 21,504 (ohne Correctur bei 17,6° C.); bei anderen Versuchen wurden Zahlen erhalten, welche zwischen 21,48 und 21,50 liegen. Das Metall enthielt keine Verunreinigungen in merkbarer Menge, nur eine Spur Rhodium war nachzuweisen.

2. Specifisches Gewicht des Iridiums.

Das zur Bestimmung des specifischen Gewichtes verwandte Iridium wurde zunächst bis zum völligen Fluss geschmolzen und nach sorgfältigem Erkaltenlassen zerkleinert; es stellte glänzende weisse Körner mit gekrümmten Flächen dar. Das specifische Gewicht ergab sich zu 22,421 (uncorrigirt bei 17,5° C.). Das angewandte Iridium enthielt nur noch Spuren von Ruthenium.

Wie gering die vorhandenen Spuren von Rhodium im Platin und von Ruthenium im Iridium waren, ergibt sich aus den sogleich mitzutheilenden Analysen der Legirungen beider Metalle.

3. Legirung von 90 Thln. Platin und 10 Thln. Iridium.

---

*) Hat man ein silbernes Gefäss angewandt oder befürchtet man, dass Rhodium zugegen sei, so muss man die reducirte Substanz noch mit saurem schwefelsaurem Kali, dann mit Salpetersäure und endlich mit Ammoniak behandeln.

Das specifische Gewicht ergab sich zu 21,615 (uncorrigirt bei 17,5° C.)

Die mit 8 Grm. der Legirung ausgeführte Analyse lieferte folgende Resultate:

Platin	89,91
Iridium	9,93
Rhodium	0,05
Ruthenium	0,01
Verlust	0,10
	100,00

4. Legirung von 85 Thln. Platin und 15 Thln. Iridium.

Das specifische Gewicht wurde gefunden zu 21,618 (ohne Correctur bei 17,5° C.)

Die mit 8 Grm. Substanz ausgeführte Analyse ergab folgende Resultate:

Platin	85,30
Iridium	14,53
Rhodium	0,05
Ruthenium	0,06
Verlust	0,06
	100,00

Diese Legirung ist sehr ductil, sehr hämmerbar und von beträchtlicher Zähigkeit. Sie könnte sehr gute Verwendung finden.

5. Legirung von 66,67 Thln. Platin und 33,3 Thln. Iridium.

Specifisches Gewicht = 21.874 (uncorrigirt bei 16° C.).

Die Legirung ist nicht hämmerbar.

6. Legirung von 5 Thln. Platin und 95 Thln. Iridium.

Spec. Gew. = 22,384 (uncorrigirt bei 13° C.).

Vor der Dichtigkeitsbestimmung war die Legirung zerkleinert worden.

Die von Deville und Debray jetzt mitgetheilten Zahlen für die specifischen Gewichte von Platin und Iridium sind höher als alle früher gefundenen.

Die Dichtigkeiten der Legirungen wachsen sehr regelmässig mit dem Gehalt an Iridium, worin die Verfasser einen weiteren Beweis der Reinheit beider Metalle erblicken.

Ueber das Osmium haben H. Sainte-Claire Deville und H. Debray*) Mittheilungen gemacht. Das Osmium, wie es die Verfasser

*) Compt. rend. **82**, 1076.

erhalten haben, ist ein Metall von schön bläulicher Farbe, mit einem Stich in's Graue. Im reflectirten Lichte zeigt es eine violette Farbe. Es krystallisirt in kleinen sehr feinen trichterförmigen Gebilden, welche aus Würfeln oder dem Würfel sehr ähnlichen Rhomboëdern zusammengesetzt zu sein scheinen. Es ist härter als Glas, welches es mit Leichtigkeit ritzt.

Das Osmium besitzt die grösste bis jetzt beobachte Dichtigkeit, nämlich 22,477 (uncorrigirt).*)

Berechnet wurde diese Zahl aus folgenden Versuchsresultaten:

Gewicht der Substanz in der Luft bei 11,5° C. und 755mm Barometerstand . . . . = 108,048 Grm.

Gewichtsverlust im Wasser bei 8,5° C. . . . . . = 4,807 «

Das krystallisirte Osmium stellten die Verfasser dar, indem sie durch mehrmalige Destillation gereinigte Osmiumsäure dampfförmig im Stickstoffstrom über reinen zur Rothgluth erhitzten Kohlenstoff leiteten. Die Osmiumsäure wird dadurch unter Abscheidung von Osmium und Bildung von Kohlensäure zerlegt. Bezüglich der Einzelnheiten des Verfahrens muss auf die Originalabhandlung verwiesen werden.

Ueber die Nachweisung freier Mineralsäuren durch Colchicin. In dieser Zeitschrift **13**, 321 ist über einige Methoden zur Nachweisung freier Säuren berichtet, welche Fr. Mohr empfiehlt und welche darauf beruhen, dass gewisse Reactionen durch Anwesenheit organischer Säuren verhindert, durch die Gegenwart anorganischer Säuren aber hervorgerufen werden. F. A. Flückiger**) macht auf eine ähnliche Reaction unter Anwendung von Colchicin aufmerksam.***)

---

*) Da die Zahlen für die Dichtigkeiten des Platins und Iridiums — auch diejenigen, welche die Verfasser neuerdings mitgetheilt haben (vergl. diese Zeitschrift **15**, 453) — wahrscheinlich zu niedrig sind, so ist es nicht unmöglich, dass das Osmium und das Iridium dieselbe Dichtigkeit besitzen.

) N. Repert. f. Pharm. **25, 18.

***) Flückiger erwähnt bei dieser Gelegenheit auch ein umgekehrtes Verhalten. Gibt man eine erst im Augenblicke des Bedarfes dargestellte Auflösung von oxydfreiem Eisenvitriol zu einer ebenfalls ganz frischen, gesättigten Auflösung von Gallussäure in ausgekochtem erkaltetem Wasser, so tritt keine Veränderung ein. Erst bei längerem Stehen an der Luft färbt sich das Gemisch allmählich in Folge der Oxydation violett. Wird diese aber ausgeschlossen, so bleibt die Flüssigkeit farblos, weil die Schwefelsäure des Vitriols hier gleich wirkt wie freie Schwefelsäure; freie Essigsäure jedoch vermag die Violettfärbung nicht zu verhindern. In der That nimmt das Gemisch sogleich eine violette Farbe an, wenn ihm z. B. essigsaures Natron zugesetzt wird, und durch eine

Um bequem die Reactionen dieses noch immer so wenig bekannten muthmaasslichen Alkaloides vorführen zu können, pflegt der Verfasser einige wenige Gramme der Samen, ohne sie zu zerkleinern, mit gleich viel Weingeist, welchem noch sein dreifaches Gewicht Wasser zugesetzt ist, auszukochen und die Flüssigkeit bis zur Syrupconsistenz einzudampfen. Dieser Rückstand wird erwärmt und mit soviel absolutem Alkohol versetzt, dass ein reichlicher klebriger Absatz entsteht, von welchem nach einiger Ruhe der Alkohol klar abgezogen werden kann. Man verjagt den Alkohol und verdünnt wieder mit ungefähr so viel Wasser, als das Gewicht der Samen betragen hatte. Diese stark bittere saure Flüssigkeit enthält genug Colchicin, um die diesem Alkaloide zugeschriebenen Reactionen zu zeigen; einige derselben können sogar ziemlich deutlich ausgeführt werden, wenn man auch nur einen einzigen Samen in Arbeit genommen hatte. Wird die bräunliche Colchicinlösung so weit mit Wasser verdünnt, dass sie kaum mehr gefärbt erscheint, so wird sie in Berührung mit concentrirter Schwefelsäure oder mit Salpetersäure von 1,20 spec. Gew. sehr stark und rein gelb. Lässt man auf die durch Colchicin gelb gefärbte Schwefelsäure einen Tropfen Salpetersäure fliessen, so umgibt er sich bald mit blau-violetten Kreisen. Wird die Colchicinlösung mit einem Tröpfchen Salpetersäure stark concentrirt, dann ein Körnchen Aetznatron beigefügt, so nimmt die Flüssigkeit gelbrothe Färbung an. Diesen wohlbekannten Reactionen ist von Johannson*) ferner die Wahrnehmung beigefügt worden, dass Jodkalium-Jodquecksilberlösung (50 Jodkalium und 13,5 Sublimat gelöst zu 1 Liter) in der

---

geringe Menge Mineralsäure kann diese Färbung wieder zum Verschwinden gebracht werden. Stellt man also in angedeuteter Weise ein violettes Gemisch von Eisenvitriol, Gallussäure und Natriumacetat her, so wird es durch Essig nur dann entfärbt, wenn derselbe freie Mineralsäure enthält.

Diese Thatsachen hebt der Verfasser nicht hervor, um die darauf zu gründende Nachweisung freier Säure, etwa im Essig, als besonders empfehlenswerth zu bezeichnen, sondern nur als merkwürdige Ergänzung der von Mohr besprochenen Reactionen. Will man die Gallussäure-Reaction zur Bestätigung ebenfalls herbeiziehen, so muss immer berücksichtigt werden, dass die Lösungen von Eisenvitriol und von Gallussäure nach dem Zusammengiessen nur einige Zeit farblos bleiben und nur wenn sie jeweilen im Augenblicke frisch bereitet worden sind. Dasselbe Verhalten wie die Gallussäure zeigen übrigens eine Menge Substanzen aus der Classe der Gerbsäuren und ihrer Derivate.

*) In Dragendorff, Werthbestimmung stark wirkender Droguen. St. Petersburg 1874, 78.

durch Schwefelsäure angesäuerten Colchicinlösung einen Niederschlag hervorbringt.

Flückiger hat gefunden, dass es sich hiermit folgendermaassen verhält. Die nach obigen Angaben gewonnene wässerige Colchicinlösung wird schon von vornherein durch die Quecksilberlösung weisslich getrübt oder ebenso gefällt, was aller Wahrscheinlichkeit nach auf die Existenz eines zweiten Alkaloides im Colchicumsamen deutet; die Trübung oder Fällung wird durch Zusatz organischer Säuren meist noch vermehrt, ist aber immer nur schwach, oft kaum wahrnehmbar. Gönnt man der Flüssigkeit einige Ruhe, so geht sie vollkommen klar und nur wenig gefärbt durch das Filtrum; die geringste Menge Salzsäure, Salpetersäure, Phosphorsäure, Schwefelsäure ruft sogleich Ausscheidung sehr reichlicher Flocken von schön hellgelber Farbe hervor. Organische Säuren haben durchaus nicht diesen Erfolg und die Flocken werden z. B. durch Essigsäure und Weinsäure sehr leicht aufgelöst. Auch Arsensäure und Eisenvitriollösung vermögen den gelben Niederschlag nicht hervorzurufen und selbst Phosphorsäure wirkt schwächer als Salzsäure, Salpetersäure und Schwefelsäure. Da des Verfassers Colchicinlösung stark sauer reagirte, so vermuthete er, der gelbe Niederschlag entstehe in derselben deshalb nicht ohne weiteres, weil die Lösung Essigsäure oder eine andere organische Säure enthalte; er neutralisirte daher die Colchicinlösung mit kohlensaurem Baryt, fand aber, dass in dieser nunmehr neutralen (baryumhaltigen) Lösung der gelbe Niederschlag durch Jodkalium-Jodquecksilber eben so wenig hervorgerufen wurde als in der ursprünglichen sauren Flüssigkeit. Mineralsäuren bewirkten jedoch alsbald dessen Ausscheidung. Derselbe ist beim Erwärmen der Flüssigkeit selbst leicht löslich und legt sich beim Erkalten als amorphe, weiche, missfarbige Masse an die Wand des Gefässes; auch gelingt es nicht, den Niederschlag zum Krystallisiren zu bringen, wenn man ihn in Weingeist löst oder längere Zeit mit der Flüssigkeit stehen lässt, in welcher er entstanden ist.

Das Auftreten dieser auffallend gelben leichten Flocken, worin wohl Colchicin anzunehmen ist, erscheint daher in sonderbarer Weise an die Gegenwart anorganischer Säuren gebunden; sind organische Säuren allein zugegen, so wird das Colchicin durch die Quecksilberlösung nicht gefällt. Die gewöhnlicheren der in Wasser löslichen anorganischen Säuren verhalten sich gleich und zwar werden durch das Colchicin sehr geringe Mengen derselben angezeigt. Essig, welcher das klare Gemenge der Colchicinlösung mit Jodkalium-Jodquecksilber nicht trübte, bewirkte sofort die reichlichste Ausscheidung der gelben Flocken, als der Verfasser demselben $^1/_2$% Schwefelsäure zusetzte. Dasselbe war der Fall, als er der Eisenvitriollösung eine Spur freier Schwefelsäure beifügte.

Die richtige Deutung der hier niedergelegten Beobachtungen kann erst aus einem erneuten Studium des Colchicins hervorgehen.

Zur Nachweisung des Jods. Ad. Chatin *) hat in Folge verschiedener an ihn ergangener Aufforderungen die Methode mitgetheilt, deren er sich seiner Zeit bediente, um die Anwesenheit des Jods in sehr vielen Substanzen und Naturproducten (in dem Wasser, den Pflanzen, den Thieren, der Ackererde, den Mineralien, dem Schwefel, dem Phosphor, dem Eisen, dem Zink, dem Kupfer etc., sowie in den Meteorsteinen) nachzuweisen. Die Beobachtungen des Verfassers sind damals vielfach angegriffen worden und er will deshalb durch eine genaue Darlegung seiner Untersuchungsmethode zeigen, welche ausserordentlichen Vorsichtsmaassregeln man anwenden muss, um geringe Mengen Jod nicht zu übersehen.

Die Abhandlung des Verfassers ist, obgleich sie nichts wesentlich neues enthält, doch sehr interessant, so dass wir im Nachstehenden das Wichtigste daraus mittheilen.

Soll ein Fluss- oder Brunnenwasser auf Jod geprüft werden, so verfährt man in folgender Weise: Zuerst werden durch einen Ueberschuss von reinem kohlensaurem Kali **) die löslichen Kalk- und Magnesiasalze gefällt. Auf diese Weise wird das in dem Wasser enthaltene Jod fixirt und bleibt in dem Verdampfungsrückstande, welchen man schwach glüht, um die organische Substanz zu zerstören. Die Erdalkalicarbonate, welche sich während des ersten Viertels der Abdampfung abscheiden, beseitigt man durch Decantation. Gegen das Ende der Abdampfung muss das Feuer vermindert werden, um ein Verspritzen zu verhüten. Dies ist von besonderer Wichtigkeit, da das Jod gerade in den letzten zu verdampfenden Tropfen gelöst ist. Der nach der Ausfällung der Kalk- und Magnesiasalze bleibende Ueberschuss von kohlensaurem Kali muss um so grösser sein, je mehr organische Substanzen

*) Compt. rend. **82**, 128.

**) Da man im Handel nur äusserst selten wirklich ganz jodfreies kohlensaures Kali antrifft, so muss man sich dieses Salz selbst bereiten und zwar entweder aus mehrmals umkrystallisirtem doppeltkohlensaurem Kali oder aus mehrfach umkrystallisirtem Weinstein. Wenn nöthig entfernt man die letzten Jodspuren durch Waschen mit Alkohol.

vorhanden sind. Dass der angewandte Ueberschuss genügend war, erkennt man daraus, dass der Rückstand nach dem Glühen farblos erscheint oder dass er wenigstens — selbst wenn er noch gefärbt sein sollte — beim Uebergiessen mit 90 procentigem Alkohol (durch Aufnahme des im Alkohol enthaltenen Wassers) teigig wird. Ist zu wenig kohlensaures Kali angewandt worden, so zertheilt sich der Niederschlag pulvrig in dem Alkohol; das Jod ist dann beim Glühen zum Theil oder vollständig entwichen.

Man behandelt den Glührückstand zu mehreren Malen (in der Regel reichen drei Wiederholungen aus) mit Alkohol, decantirt die alkoholische Lösung und bringt dieselbe in eine Platinschale, welche wenigstens viermal so viel fasst als die alkoholische Flüssigkeit zusammen beträgt, denn man muss, bevor man zum Abdampfen schreitet, etwa das gleiche Volum reinen destillirten Wassers *) hinzufügen. Ohne diese Vorsichtsmaassregel würde die alkoholische Flüssigkeit an den Wänden der Platinschale aufsteigen und dort verdampfen, so dass man am Boden der Schale vergeblich nach Jod suchen würde. Es ist nicht überflüssig zu bemerken, dass man durch wiederholtes Schwenken der Lösung in der Platinschale die beim Eindampfen sich an den Wänden ausscheidenden Theile wieder mit der Flüssigkeit vereinigen muss, um sie schliesslich auf dem Boden zu haben. Endlich muss man den trockenen Rückstand etwas stärker erhitzen, um eine kleine Menge organischer Substanz, die bei dem ersten Glühen unzersetzt geblieben ist oder die der Alkohol etwa hinzugeführt hat, zu zerstören, da deren Gegenwart die charakteristischen Reactionen geringer Spuren von Jod verdecken würde.

Der auf dem Boden der kleinen Schale verbleibende Rückstand muss farblos und kaum wahrnehmbar sein. Wäre er sehr bedeutend, so wären noch zu viel alkalische Salze vorhanden und man müsste dann das Ausziehen mit Alkohol wiederholen.

Eine letzte Bedingung, welche ebenfalls nothwendiger Weise eingehalten werden muss, besteht darin, den Rückstand nur in einer ganz minimalen Quantität Wasser, z. B. zwei Tropfen (oder nur einem) zu lösen, welche man mittelst eines Glasstäbchens auf dem Boden der Schale hin und her bewegt, um alles vorhandene Jodür zu lösen. Dann theilt

*) Destillirtes Wasser wird man nur dann jodfrei erhalten, wenn man dem Wasser, aus welchem es bereitet wird, vorher kohlensaures Kali zusetzt. Die gleiche Vorsicht ist bei dem Alkohol anzuwenden, dessen man sich beim Aufsuchen von Jodspuren bedient.

man die Flüssigkeit mittelst des Glasstäbchens in drei oder vier Theile. Den einen lässt man auf dem Boden der Schale, die übrigen bringt man in Schälchen, auf Teller oder Porcellanscherben. Zum einen fügt man Palladiumchlorür, zu den anderen, nachdem man sie mit ein wenig frisch bereitetem Stärkekleister versetzt hat, vorsichtig zum einen Salpetersäure, zum anderen käufliche Schwefelsäure*); Chlorwasser erzeugt nur dann eine Bläuung, wenn die Jodmenge verhältnissmässig bedeutend ist. Hat man eine genügende Menge Substanz, so kann man auch noch die Probe mit Eisenchlorid machen.**)

Die Gegenwart von Jod in der Ackererde, in Metallen, im Schwefel etc. weist man nach, indem man die betreffenden, vorher hinreichend fein gepulverten Körper mit einer siedenden Lösung von kohlensaurem Kali auszieht und dann die resultirende Flüssigkeit ebenso behandelt, wie für Wasser angegeben ist.

Was salzhaltige Wasser (Meerwasser etc.) sowie Chlor und Salpetersäure enthaltende Brunnenwasser betrifft, so ist es am besten sie mit Eisenchloridlösung zu versetzen, zu drei Viertheilen abzudestilliren, das Destillat in einer etwas kohlensaures Kali enthaltenden Vorlage aufzufangen und mit demselben weiter zu verfahren wie oben angegeben.

Um sich vor Irrthümern, welche in der Anwendung unreiner Reagentien begründet sein könnten, zu hüten, ist es gut, gleichzeitig einen Parallelversuch mit den Reagentien allein auszuführen, indem man dieselben ohne Zusatz der zu prüfenden Substanz in gleicher Weise behandelt.

Die Jodstärkereaction wird, wie die Untersuchungen von Fr. Goppelsröder und von Schönbein***) dargethan haben, durch manche Salze z. B. Kalialaun, schwefelsaures Ammon, schwefelsaures Natron verzögert oder auch total verhindert. Ed. Puchot†) hat, gelegentlich der Prüfung einer Butter auf Verfälschung mit Stärkemehl gefunden, dass gewisse stickstoffhaltige organische Substanzen, namentlich Albumin die Jodstärke-

*) Die Reaction mit Salpetersäure ist, da ein Ueberschuss das Jod in Jodsäure überführt, weniger sicher als die mit Schwefelsäure.

**) Dem Umstande, dass man sich blos auf die Prüfung mit Chlorwasser beschränkte und sehr verdünnte Flüssigkeiten anwandte, ist es wohl hauptsächlich zuzuschreiben, dass manche Chemiker Jod weder in Wasser, noch in der Luft, noch in Pflanzenaschen haben auffinden können.

***) Diese Zeitschr. 2, 398.

†) Compt. rend. 83, 225.

reaction verhindern und zwar, wie es scheint, in weit höherem Grade als die obengenannten Salze. Die trüben Molken, welche man beim Abtropfenlassen der geronnenen Milch gewinnt, verhalten sich in dieser Hinsicht ebenso wie eine Lösung von Eiereiweiss.

Fügt man Albumin zu in Wasser suspendirtem Jodamylum, so verschwindet die Farbe. Giesst man Albumin zu einer Stärkelösung, so bringt eine gesättigte Lösung von Jod in Wasser darin keine Färbung hervor, wenn man nicht einen grossen Ueberschuss zusetzt.

Diese Wirkung des Albumins ist nach Puchot wahrscheinlich dem Umstande zuzuschreiben, dass dasselbe eine bestimmte Quantität Jod aufnimmt, sei es nun in freiem Zustande vorhanden oder schon an Stärke gebunden. In der That entfärbt sich eine wässerige Jodlösung auf Zusatz von Albumin. Dass die so durch Albumin entfärbte Jodlösung Stärke nicht mehr blau färbt braucht nach dem Vorhergegangenen kaum mehr zugefügt zu werden.

Zerreibt man Stärkemehl mit etwas Albumin in einem Mörser und fügt dann tropfenweise Jodlösung hinzu, so bringt jeder Tropfen eine vorübergehende locale Blaufärbung hervor, die jedoch gleich wieder verschwindet in dem Maasse als der sich ausbreitende Tropfen auf eine genügende Menge Albumin trifft.

Zur Erkennung sehr geringer Mengen gelöster freier Phosphorsäure räth F. Selmi*) eine kleine Menge der betreffenden Flüssigkeit auf einem ringförmig gebogenen Platindraht in eine farblos brennende Wasserstoffflamme, nahe der Ausströmungsspitze einzuführen. Es trete sogleich die grüne Phosphorflamme auf. Erdalkalische und metallische Phosphate geben die Reaction nach Befeuchtung mit Schwefelsäure. Gegenwart von Natronsalzen verhindert die Reaction.

Ich mache darauf aufmerksam, dass diese Reaction nicht neu ist, schon Gustav Merz**) bespricht dieselbe gelegentlich einer Abhandlung über «Analyse durch Flammenfärbung». Ueber das Verhalten der Phosphorsäure und ihrer Verbindungen in der Wasserstoffflamme ist dort Folgendes mitgetheilt.

«Die Phosphorsäure gibt eine näherliegende grau-gelb-grüne Saumfarbe sowie eine schön grüne Kernfarbe. Die trockene Probe wird,

*) Gazz. chim. ital. 1875, p. 34 u. Ber. d. deutsch. chem. Gesellsch. z. Berlin 9, 344.

**) Journ. f. prakt. Chem. 80, 494 (1860).

um die Saumfarbe zu geben, in Schwefelsäure eingetaucht und in der angegebenen Weise an die Flamme gehalten.*) Die Empfindlichkeit ist $\frac{1}{8000}$ Milligramm. Die grüne Kernfarbe ist weniger empfindlich, aber unentbehrlich zur Erkennung der Phosphorsäure neben grossen Mengen von Borsäure und wird hervorgebracht, indem man eine Probe so lange abwechselnd mit Kieselflusssäure-Lösung befeuchtet und bis zum Glühen in die Wasserstoffflamme hält, bis die Farbe deutlich erscheint.**) Dass die Phosphorsäure hierbei in eine niedere Oxydationsstufe des Phosphors zersetzt wird, schliesse ich theils aus der Analogie mit der Schwefelsäure, theils aus der Thatsache, dass der entstehende weisse Dampf im Stande ist, übermangansaures Kali zu entfärben. — Viele phosphorsaure Salze verlieren, wie man in der Wasserstoffflamme sehen kann, die Säure schon beim Glühen in dieser.»

III. Chemische Analyse organischer Körper.

Von

C. Neubauer.

1. Qualitative Ermittelung organischer Körper.

Ueber das Apomorphin. Obertin***) beschreibt die Eigenschaften des aus der Fabrik von Macfarlane & Comp. in Edinburg bezogenen Apomorphins. Dasselbe bildet ein graues amorphes Pulver, welches sich leicht in Wasser löst. Die wässerige Lösung bleibt eine zeitlang grau, nimmt aber nach und nach einen schwachen grünlichen Reflex an, der sich allmählich noch vermehrt, so dass die Flüssigkeit nach 12 Stunden eine schön grüne Farbe besitzt. In diesem Zustande ist das Apomorphin

---

*) An einem Platindraht, dessen eines Ende zu einem 1–2 Millimeter weiten Ringe umgebogen ist. Zur Hervorbringung der Saumfarben wird das Platinöhr mit der Probe ausserhalb der Flamme und parallel mit deren Achse gehalten, etwa in einer Entfernung von 1—2 Millimeter vom unteren Flammenrande.

**) Kieselflusssäure ist der von Selmi empfohlenen Schwefelsäure vorzuziehen, da letztere eine blaue Kernfarbe in der Wasserstoffflamme hervorbringt vergl. G. Merz a. a. O. p. 494.

***) Zeitschr. d. österr. Apotheker-Vereins 13, 258.

bereits zersetzt und wirkt, subcutan angewandt, nicht mehr brechenerregend. Löst man dagegen das Apomorphin in Zuckersyrup und bewahrt diese Lösung in einer verschlossenen Flasche auf, so hat es selbst nach mehreren Wochen keine Veränderung erlitten. — Die weingeistige Lösung bleibt eine zeitlang grau, wird dann allmählich grün und bleibt schliesslich schön smaragdgrün. — Salpetersäure nimmt durch Apomorphin eine tief violettrothe Farbe an, die sich mehrere Stunden hält. Die durch Morphin erzeugte lebhaft rothe Farbe geht bekanntlich rasch in eine gelbe über. — Das Fröhde'sche Reagens (1 Milligrm. molybdänsaures Natron aufgelöst in 1 CC. conc. Schwefelsäure) ruft eine intensiv grüne Farbe hervor, welche einen Stich ins Violette hat. Der Rückstand einer an der Luft veränderten Lösung von Apomorphin nimmt eine violette Farbe an. — Eisenchlorid erzeugt eine rosarothe Farbe; das Morphin bekanntlich eine blaue. — Eine wässerige Lösung von Jodsäure, die $^1/_{10}$ Säure enthält, ertheilt dem Apomorphin eine granatrothe Farbe; wendet man die Säure in weingeistiger Lösung an, so bekommt man eine rein rothe Farbe.

Zur Prüfung des Conchininsulfats. O. Hesse*) theilt eine Methode mit, nach welcher man leicht die Reinheit eines angeblichen Conchininsulfats erkennen kann. Das Verfahren gründet sich auf das verschiedene Verhalten des Conchininjodhydrats zu Wasser und Ammoniak gegenüber dem von Chinin-, Cinchonidin- und Cinchoninjodhydrat. Zu diesem Zweck nimmt man 0,5 Grm. von dem fraglichen Sulfat (1 Th.), erwärmt dasselbe mit 10 CC. Wasser (20 Th.), bis die Temperatur der Mischung etwa 60° C. erreicht hat, fügt dann 0,5 Grm. (1 Th.) reines Jodkalium hinzu, rührt die Masse einigemal um, lässt erkalten und filtrirt nach etwa 1 Stunde die Flüssigkeit von dem Niederschlage ab. War das Präparat rein, so bleibt das Filtrat auf Zusatz von reinem Ammon vollkommen klar. Häufig wird man aber finden, dass die für Conchininsulfat ausgegebenen Chinidinsorten in angegebener Weise geprüft, eine mehr oder weniger starke Fällung geben. Ein solcher Niederschlag kann aus Chinin, Cinchonidin und Cinchonin bestehen.

Bei geringeren Ansprüchen an die Reinheit der fraglichen Substanz dürfte etwa folgende Methode genügen. Man nimmt 0,5 Grm. (1 Th.) des Sulfats, digerirt dasselbe bei etwa 60° C. ungefähr 5 Minuten lang mit 40 CC. (= 80 Th.) Wasser und mischt hierzu 3 Grm. (6 Th.)

*) Annalen d. Chemie **176**, 322.

Seignettesalz. Enthält das Sulfat wenig oder gar kein Chinin oder Cinchonidinsalz, so bleibt die Lösung klar, im anderen Falle entsteht aber ein Niederschlag, sofern die Beimischung über 6 % beträgt. Wenn also ein Niederschlag entstand, so wird derselbe nach Verlauf von 1 Stunde abfiltrirt, der Filterrückstand mit wenig kaltem Wasser nachgewaschen und das Filtrat nach dem Erwärmen mit 1 Th. (0,5 Grm.) Jodkalium versetzt. Hierdurch entsteht ein Niederschlag von Conchininjodhydrat, wenn überhaupt Conchinin vorhanden war. Nach Ablauf einer Stunde wird, falls ein Niederschlag entstand, derselbe abfiltrirt und das Filtrat mit einem Tropfen Ammon vermischt. Entsteht hierdurch ein Niederschlag, so ist damit erwiesen, dass Cinchonin zugegen ist. Doch zeigt diese Methode den Cinchoningehalt erst dann an, wenn er mehr als 2 % beträgt. Bisweilen bemerkt man, dass dem «Chinidinsulfat», das für Conchininsulfat gehalten wird, auch Kalk- und Natronsalze, von der Darstellung herrührend beigemischt sind. Diese lassen sich leicht entdecken, wenn man 0,5 Grm. in 7 CC. reinem Chloroform löst, wobei diese fremden Bestandtheile ungelöst zurückbleiben. Enthält das fragliche Conchininsulfat grössere Mengen von Chinin- oder Cinchonidinsulfat, so wird von beiden Salzen bei der Behandlung mit Chloroform ein Theil ungelöst bleiben und dadurch das Resultat unsicher. Diesem Uebelstande begegnet man dadurch, dass man dem Chloroform einige Tropfen absoluten (97 %) Alkohol zumischt, oder gleich Anfangs auf 1 Grm. des Salzes 7 CC. eines Gemisches von 2 Vol. Chloroform und 1 Vol. 97 procentigem Alkohol verwendet, wodurch Chinin- und Cinchonidinsulfat sogleich gelöst werden.

Zur Prüfung des Chinidinsulfats. Unter Chinidinsulfat versteht man in herkömmlicher Weise im Handel ein chininhaltiges Cinchonidinsulfat, dem allerdings zuweilen ein cinchonidinhaltiges Conchininsulfat und auch ein cinchoninhaltiges Salz unterstellt wird. Um nun Cinchonin und Conchinin in dem fraglichen Sulfat nachzuweisen, prüft man nach O. Hesse*) wie folgt:

1. 1 Grm. Sulfat übergiesst man mit 7 CC. eines Gemisches von 2 Vol. Chloroform und 1 Vol. 97 procentigem Alkohol. Bleibt hierbei ein Rückstand, so besteht dieser aus unorganischen Salzen.

2. Man nimmt 0,5 Grm. (1 Th.) Sulfat, digerirt dasselbe mit 20 CC. (40 Th.) Wasser bei etwa 60⁰ C. und fügt hierzu 1,5 Grm. (3 Th.) Seignettesalz, wodurch ein krystallinischer Niederschlag entsteht.

*) Annalen der Chemie **176**, 325.

Nach einer Stunde wird filtrirt und das Filtrat mit einem Tropfen Ammon versetzt, wobei nicht die geringste Trübung desselben eintreten darf. Entsteht ein Niederschlag, so kann derselbe sowohl aus Cinchonin wie aus Conchinin bestehen. Man erhält weitere Auskunft, wenn man zu dem erwärmten und eventuell auf 20 CC. gebrachten Filtrat 0.5 Grm. Jodkalium mischt. Entsteht ein Niederschlag, so ist damit die Gegenwart von Conchinin erwiesen. Nach einer Stunde wird der entstandene Niederschlag abfiltrirt und das Filtrat mit einem Tropfen Ammon vermischt. Bleibt die Mischung klar, so ist damit die Abwesenheit von Cinchonin dargethan.

Diese Methode zur Prüfung des Chinidinsulfats hält sich an die Bedeutung des Begriffs «Chinidin». Lässt man aber im Chinidinsulfat einen Gehalt an Conchininsulfat zu, so prüft man in der Art, dass man zur warmen Mischung ausser 1.5 Grm. Seignettesalz noch 0.5 Grm. Jodkalium setzt. Nach einer Stunde wird die erkaltete Mutterlauge abfiltrirt und mit einem Tropfen Ammon vermischt, wodurch bei Abwesenheit von Cinchonin kein Niederschlag entsteht. Die Temperatur kann bei dieser Probe zwischen 8 und 20° C. schwanken, Bedingung aber ist, dass die Sulfate neutral sind.

Ueber die Reaction des Brenzcatechins mit Eisenchlorid. Anschliessend an ihre früheren Mittheilungen über das Vorkommen des Brenzcatechins im menschlichen Harn*) berichten W. Ebstein und J. Müller**) über die charakteristische, aber subtile Reaction des Brenzcatechins mit Eisenchlorid, welche die Verf. in verschiedenen Modificationen ausführten. Folgendes:

I. Einige Tropfen einer Eisenchloridlösung (circa 1 Vol. des offic. Liquor ferri sesquichlor. mit 10 Vol. destillirten Wassers) wurden im Uhrglase mit einigen Tropfen der Brenzcatechinlösung vermischt. Es entstand dabei eine smaragdgrüne Färbung, welche beim Aufblasen von Ammoniakdampf mittelst eines mit Ammoniakflüssigkeit befeuchteten und über das Uhrglas gehaltenen Glasstöpsels in Violett überging. Beim Zusatz einer grösseren Menge von Ammoniak wurde diese Färbung durch das sich ausscheidende Eisenoxyd zerstört und ging auch auf Zusatz von Essigsäure nicht in Grün über. Wurde nun die Ausscheidung von Eisenoxyd beim Hinzufügen von Ammoniak durch eine zur Eisenchlorid-

*) Diese Zeitschrift 14, 421.

**) Aus Virchow's Archiv Bd. 65 von den Verf. mitgetheilt.

lösung hinzugefügte Spur von Weinsäure verhindert, so trat auf Zusatz von Ammoniak eine schöne violette Färbung ein, welche beim Zusatz von Essigsäure in ein deutliches, schönes, wenn auch nicht so intensives Smaragd-Grün, wie es beim Anfang der Reaction beobachtet wurde, überging.

II. Es wurde zunächst folgende Weinsäure-Eisenchloridflüssigkeit bereitet: Die Verf. setzten zu der Eisenchloridlösung, welche sub I. beschrieben wurde, so viel Weinsäure, dass in einer Probe dieser Mischung Ammoniak keinen Niederschlag hervorbrachte. Die Flüssigkeit wird beim Zusatz von Ammoniak rothbraun. — Von einer solchen Weinsäure-Eisenchloridlösung fügten sie einige Tropfen in einem Uhrglase zu einigen Tropfen der Brenzcatechinlösung. Sofort beim Zusammenfliessen beider Flüssigkeiten enstand eine schöne grüne Farbe; jedoch weniger intensiv als im Beginn von Reaction I., wo die Eisenchloridlösung nicht mit Weinsäure versetzt war. Brachten sie zu der grünen Flüssigkeit Ammoniak im Ueberschuss, so entstand eine violette Farbe, welche beim erneuten Ansäuern der violetten Flüssigkeit mit Essigsäure in Grün und auch beim nachherigen nochmaligen Hinzufügen von Ammoniak im Ueberschuss wieder in Violett überging.

Die Manipulationen müssen schnell hintereinander ausgeführt werden, wenn die Reaction recht schön gelingen soll. Besonders muss zu der ammoniakalischen Flüssigkeit mit der violetten Färbung schnell Essigsäure hinzugefügt werden, wenn die grüne Färbung gut eintreten soll. Die saure Lösung ist weit beständiger und es konnte in der grünen Flüssigkeit nach längerer Zeit durch Zusatz von Ammoniak im Ueberschuss die violette Reaction erzeugt werden.

III. Ein Tropfen der sub I. genauer bezeichneten Eisenchloridlösung wurde in circa 10 CC. destillirten Wassers mit einem Tropfen ziemlich concentrirter Weinsäurelösung vermischt, wobei starke Gelbfärbung eintrat, dann Ammoniak hinzugefügt, wobei die Flüssigkeit fast ganz entfärbt wurde. Liess man in diese Flüssigkeit auch nur einen Tropfen der Brenzcatechinlösung hinein fallen, so entstanden sofort schöne violette Wolken, beim Schütteln färbte sich beim Zusatz mehrerer Tropfen die ganze Flüssigkeit rothviolett. Beim Ansäuern mit Essigsäure entstand eine gelbgrünliche Färbung, welche beim erneuten Zusatz von Ammoniak wieder violett wurde. — In dieser Modification, d. h. bei verhältnissmässig reichlicher Anwesenheit von Weinsäure und starker

Verdünnung tritt die violette Farbe zwar sehr deutlich und lebhaft, die grüne Farbe jedoch weniger intensiv auf als bei II., besonders weniger deutlich aber als bei I.

IV. Einige Tropfen der sub I. beschriebenen Eisenchloridlösung gaben mit der Brenzcatechinlösung im Uhrglas lebhaft grüne Färbung, welche auf Zusatz einiger Tropfen einer verdünnten Lösung von Natron bicarbon. in reines Violett überging, worauf Zusatz von Essigsäure unter Aufbrausen die grüne Farbe, wenn auch nicht in ursprünglicher Schönheit wieder herstellte.

Nachweis des Nitrobenzols. Jacquemin*) gründet eine Methode zum Nachweis von Nitrobenzol in Bittermandelöl, Kirschwasser etc., auf die Reduction zu Anilin, welche das Nitrobenzol durch Behandlung mit Zinnoxydulnatron erleidet. Wenn man eine Zinnchlorürlösung mit überschüssigem, d. h. so viel Natronhydrat versetzt, bis der anfangs entstehende Niederschlag wieder gelöst ist, dann einige Tropfen der auf Nitrobenzol zu prüfenden Substanz zusetzt und kurze Zeit erwärmt, so wird hinreichend Anilin gebildet, um auf Zusatz von einem Tropfen Phenol und etwas unterchlorigsaurem Natron die bekannte blaue Farbe des erythrophenylsauren Natrons mit Entschiedenheit hervortreten zu lassen.

Farbenreaction des Albumins. Anschliessend an seine früheren Untersuchungen über diesen Gegenstand (diese Zeitschrift **14**, 196) untersuchte A. Adamkiewicz**) zunächst die Momente, von welchen der Farbenton der Mischung von Albumin und Schwefelsäure und die Intensität desselben abhängt. Der Verf. fand, dass die Intensität der Farbe bestimmt wird durch die Concentration der angewendeten Eiweisslösung, der Farbenton dagegen durch die Menge der letzteren. Die farbigen Eiweisslösungen zeigen eine Reihe von Absorptionsstreifen. Durch entsprechende Verdünnung mit Alkohol oder verdünnter Schwefelsäure lässt sich aus allen eine Lösung herstellen, welche nur noch einen Absorptionsstreifen zeigt zwischen den Linien E und F des Spectrums. Die Farben treten am schönsten auf bei Albumin, das vorher durch Dialyse gereinigt ist. Sie gelingen jedoch mit allen Albuminsubstanzen, den Peptonen und den ungeformten Fermenten. Ausser den Eiweisskörpern scheinen keine

*) Aus Journ. de Pharm. et de Chim. **21**, 455 durch Archiv d. Pharm. **208**, 86.

**) Centralbl. f. d. med. Wissenschaften 1875; p. 856.

anderen Substanzen die Farbenreaction in gleicher Weise zu geben. Die Färbungen, welche das Cholesterin unter gewissen Bedingungen beim Behandeln mit Schwefelsäure gibt, zeigen eine Reihe von Abweichungen und haben mit der durch Albumin erzeugten Färbung nur die grüne Fluorescenz gemein. Von Wichtigkeit für die Entstehung der Farben ist ausser der Wasserentziehung durch Schwefelsäure auch die Wärmeentwicklung beim Mischen mit der Säure. Richtet man den Versuch so ein, dass die Wärmeentwicklung nur gering ist, so treten auch die Farben nur schwach auf.

Verf. weist schliesslich auf die Analogie der auf diesem Wege hergestellten farbigen Spaltungsproducte mit denen hin, die durch die Lebensthätigkeit gewisser Bacterien aus Eiweiss hervorgehen.

Eine Reaction auf Peptone. Im weiteren Verfolg seiner Untersuchungen über diastatische und peptonbildende Fermente im Pflanzenreich fand v. Gorup-Besanez*), durch Rosenthal und Lenke darauf aufmerksam gemacht, dass die sogenannte Biuretreaction auch die empfindlichste und sicherste Reaction auf Peptone ist, deren sonstige Merkmale bekanntlich mehr negativer Natur sind. Peptonlösungen färben sich mit etwas Kali- oder Natronlauge und ein oder zwei Tropfen einer höchst verdünnten Kupfervitriollösung versetzt deutlich und rein blassrosa, während Lösungen, die noch unveränderte Eiweisskörper enthalten, dadurch bekanntlich violett und wenn sie ausschliesslich nur solche enthalten, rein blau gefärbt werden. Soll übrigens die Reaction gelingen, so muss die Kupfervitriollösung so verdünnt sein, dass ihre Färbung erst wahrgenommen wird, wenn man sie in einer Proberöhre von oben herab betrachtet. Auch ist jeder Ueberschuss derselben auf das sorgfältigste zu vermeiden. Von der Sicherheit dieser Reaction hat sich der Verf. vielfach überzeugt und namentlich auch gefunden, dass, wenn Lösungen gleichzeitig Pepton und unveränderte Eiweisskörper enthalten und man die letzteren, sei es durch Kochen, Abdampfen oder durch Neutralisation der sauren Lösungen entfernt, die Filtrate die Reaction mit Kupfervitriol und Natronlauge in vollkommener Reinheit geben.

Zur Bieruntersuchung. Zur Erkennung des Traubenzuckers im Biere empfiehlt F. A. Haarstick**) dieselbe Methode, welche ich zur Erkennung des käuflichen Kartoffelzuckers in gallisirten Weinen beschrie-

*) Berichte d. deutsch. chem. Gesellsch. z. Berlin **8**, 1511.

**) Chem. Centralbl. 1876, p. 201.

ben habe*) und welche darauf beruht, dass den ordinären Traubenzuckersorten des Handels stets erhebliche Mengen unvergährbarer, dextrinartiger Substanzen beigemischt sind, die sich durch eine sehr starke Rechtsdrehung der Polarisationsebene auszeichnen. Zur Auffindung dieser unvergährbaren Stoffe, die in ihren Eigenschaften mit dem Amylin Béchamp's übereinstimmen, verfährt man nach Haarstick wie folgt: Ein Liter Bier wird auf dem Wasserbade so weit verdampft, dass der Rückstand nach dem Erkalten einen dünnen Syrup bildet; demselben fügt man aus einer Bürette Weingeist von 90 Vol. Proc. unter Umrühren hinzu, immer nur 1—2 CC. Nachdem etwa 300 CC. zugemischt sind und sich das meiste Dextrin ausgeschieden hat, dient zu dessen vollständiger Fällung 95 procent. Weingeist, ebenfalls immer nur kleine Mengen von 3—4 CC., bis eine filtrirte Probe mit dem gleichen Volum 95 procent. Weingeist gemischt nicht die leiseste Trübung zeigt. Nach 12 Stunden Ruhe wird die dextrinfreie Zuckerlösung filtrirt, der grösste Theil des Weingeistes abdestillirt, der Rest auf dem Wasserbade verdampft, der Rückstand in destillirtem Wasser gelöst, bis zu 1 Liter verdünnt und mit ausgewaschener Hefe bei 20° C. der Gährung überlassen. Wenn man am 2. und 3. Tage etwas frische Hefe hinzurührt, so ist am 4. Tage die Gährung vollständig beendigt und die vergohrene Flüssigkeit zeigt bei Bieren, die ohne Traubenzucker bereitet wurden, im Polarisationsapparat Null, bei mit Traubenzucker dargestellten zeigt die vergohrene Flüssigkeit dagegen eine mehr oder minder starke Rechtsdrehung. Will man das Amylin aus der braunen Flüssigkeit abscheiden, so ist dieselbe zuvor mit Knochenkohle zu entfärben.

---

2. Quantitative Ermittelung organischer Körper.

Ueber die Aichung der Gasuhren bei ihrer Verwendung zu chemischen Arbeiten. C. Voit**) beschreibt einen Apparat zur Untersuchung der gasförmigen Ausscheidungen des Thierkörpers und macht bei dieser Gelegenheit auch darauf aufmerksam, dass eine genaue Aichung bei der gewöhnlichen Construction der Gasuhren nicht möglich sei, da dabei die Uebertragung auf den letzten Zeiger durch eine Spindel ohne Ende geschieht. Sind die Windungen der Spindel nicht völlig gleich

*) Diese Zeitschr. 15, 188.

**) Zeitschr. f. Biologie 11, 562.

geschnitten, was meist der Fall ist, so fallen die Angaben der Gasuhr verschieden aus; da man nämlich nie weiss, welcher Gang der Spindel eben benutzt wird, so ist man nicht im Stande durch eine Aichung den wirklichen Werth der Drehung zu bestimmen. Bei den neuen Gasuhren, wie sie zu chemisch-physiologischen Zwecken L. A. Riedinger in Augsburg liefert, ist der die Unterabtheilungen angebende Zeiger fest mit der Axe der Trommel verbunden und bewegt sich mit dieser. Befindet sich dieser Zeiger an einem bestimmten Theilstriche des Zifferblattes, so hat die Trommel einen bestimmten und stets den nämlichen Stand, so dass sich jetzt durch Aichung der wirkliche Werth einer Trommelumdrehung und auch der eines Theiles einer Drehung leicht ermitteln lässt. Eine ganze Umdrehung des kleineren Zeigers dieser Gasuhren entspricht etwa 2,4 Liter und da der Kreis in 100 Grade getheilt ist, so kann bis auf 24 CC. abgelesen und auf 2,4 CC. geschätzt werden. In der That stimmen 3 hinter einander mit einem Wasservolum von nahezu 44 Liter gemachte Aichungen der gleichen Gasuhr bis auf diesen Werth unter einander überein. Das Princip der Aichvorrichtung ist einfach: das aus einem Aspirator auslaufende Wasser von bekanntem Volum verdrängt ein gleiches Volum Luft aus einem Glasballon, welche Luft dann durch die Gasuhr getrieben wird und nach der Messung entweicht.

Der auf einem Holzgestell stehende Aspirator fasst etwa 44 Kilo Wasser; ein wesentlich geringeres Volum darf nicht genommen werden, da sonst die Genauigkeit der Aichung leidet. Der Aspirator ist aus starkem Zinkblech gefertigt; an dem oberen Theile befindet sich ein Rohr zur Füllung des Apparates, an dem Boden ist ein messingenes Ausflussrohr mit Hahn angebracht, an welches das zum Glaskolben führende Kautschukrohr angesteckt wird. Zwischen dem Boden und dem Hahn ist ein unter rechtem Winkel abgehendes Messingrohr angesetzt, in welches eine als Wasserstandsmesser dienende senkrechte Glasröhre eingesteckt wird; an dem Glasrohr befindet sich, in der Höhe des verjüngten oberen Theils des Aspirators, eine Marke, bis zu welcher man das Wasser einfüllt. Nach der Füllung wird der Aspirator auf einer auf 1 Grm. ausschlagenden Decimalwaage gewogen, die Temperatur des Wassers bestimmt und nach dem Auslaufen des Wassers der Aspirator wieder gewogen.

Als Gefäss für das Ablaufen des Wassers aus dem Aspirator dient ein gewöhnlicher, in einem Zinktrog stehender Schwefelsäureballon. Derselbe ist durch einen dreifach tubulirten Kautschukstopfen verschlossen;

in der einen Oeffnung steckt ein bis auf den Boden des Ballons reichendes und an seinem unteren Ende aufgebogenes als Syphon wirkendes Glasrohr, dessen oberes Ende das vom Aspirator kommende Kautschukrohr aufnimmt. Die zweite Oeffnung trägt ein dicht unter dem Stopfen mündendes Glasrohr, um den Ballon mit der Gasuhr durch einen Kautschukschlauch in Verbindung zu setzen; die dritte Oeffnung endlich ist durch ein Thermometer verschlossen. Eine im Umkreis der Ballonmündung angebrachte, über den Kautschukstopfen hervorragende Messingfassung erlaubt durch Eingiessen von Wasser einen völlig luftdichten Verschluss herzustellen.

Ist der Aspirator gefüllt und der Ballon mit der Gasuhr verbunden, so treibt man zunächst mit dem Munde Luft durch das für den Aspirator bestimmte Kautschukrohr, bis der Zeiger der Gasuhr sich bewegt, wodurch die Spannung in dem Ballon und der Uhr hergestellt wird, damit im Momente des Eintretens von Wasser in den Ballon der Zeiger der Uhr sich zu bewegen beginnt. Sobald die Spannung eingetreten ist, drückt man die Kautschukröhre mit den Fingern zu und steckt sie an das Ausflussrohr des Aspirators. Nun verschliesst man die Wasserstandsröhre am Aspirator, weil sonst beim Abfliessen des Wassers Luft in die enge Röhre hineingerissen wird, liest die Gasuhr ab und öffnet den Hahn. Sofort beginnt der Zeiger der Gasuhr sich zu bewegen. Während des Ablaufens des Wassers notirt man von Zeit zu Zeit die Temperatur an dem Thermometer des Ballons und der Gasuhr. Nach Vollendung des Abflusses öffnet man den Verschluss an der Manometerröhre, erhebt den Aspirator, um alles Wasser aus dem Kautschukschlauch zu entfernen, und liest dann abermals den Stand der Gasuhr ab. — Durch einen Flaschenzug wird darauf der volle Ballon in die Höhe gehoben und durch einen Heber in wenigen Minuten das Wasser wieder in den Aspirator übergefüllt.

Das Wasser im Aspirator, im Ballon und in der Gasuhr, sowie die darin befindliche Luft sollen womöglich die gleiche Temperatur haben, da Reductionen wegen der oft raschen und ungleichen Aenderung der Temperatur zu keinen genauen Resultaten führen. Es wird dieserhalb ein grösserer Wasservorrath in dem nach Norden gelegenen Raume, in welchem auch die Uhren und die Aichapparate stehen, aufbewahrt, und die Aichung an solchen Tagen vorgenommen, an denen nur geringe Temperaturschwankungen vorkommen. Man erhält dann bei mehrmaliger Aichung derselben Uhr mit 43,72 Liter Luft nicht mehr als 2,4 CC. Differenz.

Da das in den Ballon einfliessende Wasser häufig eine etwas niedrigere Temperatur hat als die Zimmerluft, und da sich deshalb die aus dem Ballon durch das Wasser verdrängte erkältete Luft auf ihrem Wege bis zur Gasuhr wieder erwärmt, so muss in diesem Falle das Volumen der bei einer gewissen Temperatur verdrängten Luft entsprechend der Temperatur der in die Gasuhr eintretenden Luft nach bekannten Regeln vermehrt werden.

Der Wasserstand der Gasuhren ist von Zeit zu Zeit zu ergänzen. Es ist dabei zu berücksichtigen, dass das etwas enge mit Windungen versehene Ueberlaufrohr der Gasuhr dem Ablaufen des Wassers einen gewissen Widerstand entgegen setzt und deshalb das Ausfliessen erst beginnt, wenn das Niveau des Wassers in der Uhr höher steht als dem unteren Rande der Oeffnung entspricht. Legt man aber, wenn das Wasser nach dem Auffüllen nicht mehr freiwillig abfliesst, den Finger oder einen Glasstab an die Oeffnungen, so folgt noch Tropfen auf Tropfen. Man erhält auf diese Weise stets den gleichen Wasserstand und die Aichungen geben nur sehr geringe Unterschiede.

Pettenkofer war der erste, welcher die Gasuhren in die chemischen Laboratorien eingeführt hat und in der That verdienen sie hier mehr Beachtung als sie bisher gefunden haben. Es gibt eine Reihe von chemischen und chemisch-physiologischen Arbeiten, wo die Gasuhren vortreffliche Dienste leisten. Ich benutze bei meinen Gährversuchen seit mehreren Jahren zwei von L. A. Riedinger in Augsburg bezogene Apparate, die von mir in der oben beschriebenen Weise geaicht wurden, so dass ich das Mitgetheilte aus eigner Erfahrung bestätigen kann. (N.)

Ueber Bestimmung der Schmelztemperatur organischer Körper. C. H. Wolff*) macht darauf aufmerksam, dass bei der Löwe'schen Methode**) zur Bestimmung des Schmelzpunktes die übereinstimmende Genauigkeit wesentlich bedingt wird durch die Form und Dicke des Platindrahts, der mit der auf ihren Schmelzpunkt zu prüfenden Substanz überzogen wird, sowie durch die gleichmässige Dicke dieses Ueberzugs. J. Löwe verwendet einen mässig dicken, unten zugespitzten Platindraht, der in eine Glasröhre eingeschmolzen, lothrecht in das Quecksilber eingeschoben wird. Es war dem Verf. nicht möglich, mit einem solchen Platindraht einigermaassen übereinstimmende Resultate zu erzielen. Bei

*) Archiv der Pharm. **206**, 534.

) Diese Zeitschr. **11, 211.

weissem Wachs lagen die Schmelzpunkte in 24 aufeinanderfolgenden Versuchen zwischen 61.2° C. und 65.4° C., mithin eine Differenz von 4.2° C. Anstatt des dicken unten zugespitzten Platindrahts benutzte Wolff dagegen einen dünnen, von der Stärke wie man ihn zu Löthrohrversuchen verwendet und bog denselben unten in einen runden Bogen um, dergestalt, dass die Länge des umgebogenen Endes etwa 8mm betrug und der Abstand beider Enden, also die Biegung 5mm ausmachte. Taucht man nun das umgebogene Ende ein- oder zweimal in die geschmolzene Substanz, welche man vorher soweit hat erkalten lassen, dass sie an den Rändern des Gefässes zu erstarren beginnt, so überzieht sich das eingetauchte Ende mit einer durchaus gleichmässig dicken Schichte der zu prüfenden Masse. Nach einiger Uebung gelingt dies leicht und wird dadurch wesentlich die übereinstimmende Genauigkeit der zu erzielenden Resultate bedingt. Bei einem dickeren zugespitzten Platindraht ist dies viel schwieriger auszuführen, entweder bildet sich an der Spitze eine kleine Kugel oder aber dieselbe wird nicht genügend überzogen und ist dann nicht isolirt. Ferner findet auch bei einem dickeren Draht wegen der geringeren Wärmeleitungsfähigkeit des Platins gegenüber dem Quecksilber nicht immer sofort ein Abschmelzen der Masse statt, wenn auch das Quecksilber schon die Schmelztemperatur der Substanz angenommen hat. Die äusserlich geschmolzene Masse adhärirt noch am Platindraht und steigt erst dann an die Oberfläche des Quecksilbers, stellt also den Contact her, wenn der Platindraht dieselbe Temperatur angenommen hat. Während dessen aber steigt das Thermometer und zeigt beim Ertönen der Glocke einen höheren Schmelzpunkt des Körpers als wie er demselben in Wirklichkeit zukommt. Diese Differenzen nehmen zu mit der Dicke des Drahtes. In der oben angegebenen Modification soll jedoch die Methode nichts zu wünschen übrig lassen. Bei weissem Wachs wurde im Mittel von 22 aufeinanderfolgenden Bestimmungen der Schmelzpunkt bei 62,8° C. gefunden; die niedrigste Temperatur war 62,4°, die höchste 62,9°, in den meisten Fällen schellte die Glocke genau bei 62,8° C.

Bei Schmelzpunktsbestimmungen von Körpern, welche unter 100° schmelzen, benutzt Verf. ein einfaches Wasserbad, in dessen Deckel ein kleiner Porcellantiegel von 40—50 Grm. Inhalt passt. Dieser Tiegel dient zu $^3/_4$ mit Quecksilber gefüllt als Quecksilberbad. Dadurch, dass man jedes Mal nach einem beendigten Versuche den Tiegel aus dem Wasserbade herausnehmen und in kaltes Wasser stellen kann, wird es möglich eine ganze Reihe von Bestimmungen nacheinander in kurzer Zeit auszuführen. Das Wasserbad muss so weit gefüllt sein, dass der Tiegel von dem Wasser umgeben ist, es findet dadurch eine langsame und gleichmässige Erwärmung des Quecksilberbades statt. Den Platindraht befestigt man derart, dass der umgebogene überzogene Theil 4—5^{mm} in das Quecksilber eintaucht, das kurze Ende aber noch aus dem Quecksilber hervorragt.

Quantitative Bestimmung des Caffeïns. Nach A. Commaille*) bildet man aus 5 Grm. feinem Kaffeepulver und 1 Grm. gebrannter Magnesia mit Wasser einen ziemlich festen Teig und überlässt denselben zunächst 24 Stunden sich selbst. Darauf zertheilt man denselben in einer auf dem Wasserbade erwärmten Schale und sobald die Masse vollständig trocken geworden, zerreibt man sie fein und treibt das Pulver durch ein Sieb. Das so erhaltene grünliche Pulver wird darauf in einem passenden, mit Rückflusskühler verbundenen Kolben dreimal hintereinander je eine halbe Stunde mit je 100 Grm. wasserfreiem Chloroform ausgekocht. Von den nach dem Erkalten filtrirten Chloroformauszügen destillirt man das Chloroform ab und vertreibt die letzten Spuren, indem man den Ballon in siedendes Wasser taucht, mittelst eines Blasebalgs. Der so erhaltene Rückstand ist fast farblos, ziemlich voluminös und enthält ausser Fett und wachsartigen Substanzen das Caffeïn, welches an den Wänden krystallisirt und unter der Lupe in der Form langer Nadeln erscheint. Man giesst hierauf Wasser in den Kolben und setzt, damit die fettige Masse sich leicht von den Wänden löst, 10 Grm. mit Salzsäure gewaschenes Glaspulver hinzu. Darauf erhitzt man unter Umschwenken zum Sieden, verschliesst den Ballon mit einem Stopfen und schüttelt tüchtig. Die Wände reinigen sich so vollständig und die fettige Masse setzt sich an die Glassplitter und ballt diese zu kleinen Kugeln zusammen. Man filtrirt darauf durch ein angefeuchtetes Filter und wiederholt das Auskochen mit Wasser noch dreimal. Nach dem Verdunsten der Lösung im Wasserbade bleibt das Caffeïn weiss und krystallinisch zurück, worauf schliesslich getrocknet und gewogen wird.

Commaille hat ferner die Löslichkeit des Caffeïns in verschiedenen Lösungsmitteln bestimmt und folgende Zahlen gefunden:

---

*) Compt. rend. **81**, 817.

	100 Grm. Flüssigkeit lösen bei 15—17°		100 Grm. Flüssigkeit lösen beim Siedepunkt	
Chloroform	12.97	Caffeïn (wasserfrei)	19.02	Caffeïn (wasserfrei)
Alkohol (85 %) . .	2.30	„	—	„
Wasser	1.35	„	45.55	„ (Wasser von
Alkohol (absoluter)	0.61	„	3.12	„ 65° C.)
Aether (käuflicher)	0.19	„	—	
Aether (absoluter)	0.0437	„	0.36	„
Schwefelkohlenstoff	0.0585	„	0.454	„
Petroleumäther .	0.025	„	—	„

Zur quantitativen Bestimmung des Gehaltes an ätherischem Oel in Pflanzen. Nach O. Osse*) übergiesst man 5 Grm. der feingepulverten Substanz mit 25 CC. Petroleumäther, dessen Siedepunkt nicht über 40° C. liegen darf. Man schüttelt einige Stunden, lässt darauf klar absitzen und nimmt mit einer Pipette einige Cubikcentimeter der Flüssigkeit heraus, die man in einem trocknen Bechergläschen im Luftstrom, bis zum Verschwinden des Aethergeruchs verdunsten lässt. Man wägt darauf, verjagt das ätherische Oel bei 110° C. und bestimmt den Gewichtsverlust, welcher die Menge des ätherischen Oeles angibt. Da wo reichlichere Mengen von Fett das ätherische Oel begleiten, muss für ersteres, weil beim Erwärmen an der Luft eine geringe Gewichtszunahme erfolgt, eine Correction angebracht werden. Für nicht trocknende Fette wird man der Wahrheit nahe kommen, wenn man 0,09 % vom gefundenen Gewichte desselben abzieht und dem Gewichte des ätherischen Oeles hinzuaddirt.

Zur Bestimmung des Schwefelkohlenstoffs in den Sulfocarbonaten benutzen Delachanal und Mermet**) ein Verfahren, das sich auf die Zersetzung des Bleisulfocarbonats durch siedendes Wasser gründet. Zu diesem Zweck bringt man in einen Kolben von 500 CC. 10 Grm. Sulfocarbonat, etwa 150 CC. Wasser, 150 CC. $^1/_{10}$ Bleiacetatlösung, 10 CC. Essigsäure und erhitzt langsam zum Sieden. Die Dämpfe passiren zuerst eine mit Schwefelsäure gefüllte und erhitzte Waschflasche und gelangen dann in einen mit Olivenöl beschickten Absorptionsapparat, wo sich der Schwefelkohlenstoff vollständig verdichtet. Sollen ganz genaue Resultate erzielt werden, so trägt man für eine vollkommenere Absorption des

---

*) Zeitschr. d. österreich. Apothekervereins **13**, 441. Ausführlich in Archiv d. Pharm. **207**, 104.

) Ber. d. deutsch. chem. Ges. z. Berlin **8, 1192.

Wassers Sorge und verdichtet den Schwefelkohlenstoff in einem mit alkoholischer Kalilauge gefüllten Apparat.

Zur Harnstoffbestimmung. L. Bruehl*) empfiehlt zur schnellen Bestimmung des Harnstoffs ebenfalls das bekannte Verfahren mit unterbromigsaurem Natron. Verf. bediente sich bei seinen Versuchen des von Steel im Jahre 1874 beschriebenen sehr einfachen Apparates, der aber in allen Einzelheiten vollständig mit dem vereinfachten Apparat zur gasvolumetrischen Analyse übereinstimmt, welcher von G. Rumpf bereits im Jahre 1867 in hiesigem Laboratorium benutzt und in dieser Zeitschrift **6**, 398 abgebildet und beschrieben wurde.

Zur Bereitung der Bromlauge werden 100 Grm. Aetznatron in Wasser gelöst und auf 1250 CC. verdünnt. Die durch Einsetzen in kaltes Wasser möglichst stark gekühlte Lauge wird mit 25 CC. Brom versetzt, kräftig geschüttelt und wiederum gekühlt.

0,1 Grm. Harnstoff gibt nach Steel bei einer Temperatur von 17,5^0 C. und einem Barometerstande von 30″ Luftdruck eine Quantität von 37,5 CC. N. Bei einem Luftdruck von 29,5″ stieg das Volumen auf 38 CC. Der geringe Fehler von 0,5 CC. im Vergleich zu dem Gesammtvolumen muss ausser Rechnung gesetzt werden. (Warum? N.) Die Gesammtmenge des Stickstoffs, dividirt durch 37,5, gibt also die Gesammtquantität des Harnstoffs in Decigrammen, der in der zum Versuch benutzten Menge Urin enthalten war.

Zur Analyse verwendet man auf 3 oder 6 CC. Urin etwa 30 CC. der Bromlauge.

Harnsäure liefert ungefähr nur die Hälfte ihres Stickstoffgehaltes.

Zur quantitativen Eiweissbestimmung. Die bekannte qualitative Prüfung auf Albumin, welche darin besteht, dass man die Flüssigkeit mit Essigsäure ansäuert, mit Kochsalzlösung versetzt und sodann erhitzt, lässt sich nach Untersuchungen von A. Heynsius **) zur quantitativen Eiweissbestimmung nicht verwerthen. Verf. hat gefunden, dass sich beim Auswaschen des salzhaltigen Albumins ein Theil desselben auflöst und im Waschwasser nachweisbar ist. Steigert man die zugesetzte Salzmenge, so steigt auch der Verlust an Albumin. Ebenso gibt die Methode von Scherer und Berzelius nach Heynsius zu niedrige Zahlen

---

*) Neues Repertorium d. Pharm. **24**, 621.

**) Centralblatt f. d. med. Wissenschaften 1875 p. 889.

wie bereits früher Liborius angegeben hat. Für die beste Bestimmungsmethode hält H. die Fällung der genau neutralisirten Flüssigkeit mit Alkohol: der Alkohol fällt allerdings stets Salze mit, die später in Abzug gebracht werden müssen. Für manche Flüssigkeiten, z. B. Harn, ist eine solche Correctur aber unstatthaft, da durch den Alkohol auch organische Substanzen niedergeschlagen werden, die nicht Albumin sind. Heynsius empfiehlt daher die Reinigung der Flüssigkeit durch Dialyse und Bestimmung des Trockenrückstandes. Auch das so erhaltene Albumin enthält aber immer noch Asche, die unter Umständen bis auf 2 % steigen kann.

Zur Prüfung der Zuckerrüben. Nach Durin *) kann man den Werth der Zuckerrüben aus der Dichte ihres Saftes bestimmen. Der Verf. hat sich überzeugt, dass im Allgemeinen der Salzgehalt ziemlich constant ist und nur bei schlechten Rüben, bei welchen der Saft ein geringeres spec. Gewicht als 1,04 besitzt, die Bestimmung beeinflusst und unsicher macht. Die fremden organischen Beimischungen, wie Gummi, Albuminkörper etc. sind allerdings grossen Schwankungen unterworfen, aber ihre Menge ist im Allgemeinen klein und können sie daher auch nur einen beschränkten Einfluss auf das Resultat ausüben. Hierauf gestützt hat der Verf. die Coëfficienten berechnet, mit denen man die Dichte, oder vielmehr den Ueberschuss der Dichte über 1,000 multipliciren muss, um den Zuckergehalt des Saftes zu finden.

				Coëfficient.
Für Säfte unter		1,040	(unter 4°)	1,74
« «	von	1,040—1,045	(4°—4,5°)	1,99
« «	«	1,045 - 1,050	(4,5—5°)	2,03
« «	«	1,050—1,055	(5—5,5°)	2,06
« «	«	1,055—1,060	(5,5—6°)	2,08
« «	«	1,060—1,070	(6—7°)	2,15

Verf. zeigt, dass die mit diesen Coëfficienten berechneten Zahlen mit den durch directe Analyse erzielten Resultaten genügend übereinstimmen.

---

*) Ber. d. deutsch. chem. Ges. z. Berlin **8**, 1346.

IV. Specielle analytische Methoden.

Von

H. Fresenius und **C. Neubauer.**

1. Auf Lebensmittel, Handel, Industrie, Agricultur und Pharmacie bezügliche.

Von

H. Fresenius.

Zum Nachweis der Salpetersäure im Trinkwasser empfiehlt August Vogel*) die Löslichkeit des Blattgoldes in mit Salzsäure versetzten salpetersäurehaltigen Flüssigkeiten zu benutzen und sich durch Prüfung mit Zinnchlorür zu überzeugen, ob Gold gelöst worden ist oder nicht. **)

Der Verfasser räth 10 – 15 CC. des zu untersuchenden Wassers in eine kleine Porcellanschale zu bringen, etwas ächtes Blattgold und dann einige Cubikcentimeter chemisch reiner Salzsäure zuzusetzen. In der Kälte zeigt sich keine Veränderung, beim Kochen aber und Abdampfen bis auf eine geringe Menge Flüssigkeit bemerkt man, — vorausgesetzt, dass das zu untersuchende Wasser Salpetersäure enthält — ein theilweises Verschwinden der Goldblättchen und eine gelbliche Farbe der Lösung. Man verdünnt nun die eingedampfte Flüssigkeit mit etwas destillirtem Wasser und filtrirt von dem ungelöst gebliebenen Blattgolde ab. Je nach der Menge der im Wasser enthaltenen Nitrate zeigt die filtrirte Lösung auf Zusatz von Zinnchlorür eine mehr oder weniger rothe Färbung.

Der Verfasser hebt als einen besonderen Vortheil dieser Methode hervor, dass die Anwendung von concentrirter Schwefelsäure, welche bei den Proben mit Indigo, Eisenvitriol und Brucin zur Zersetzung der Nitrate nothwendig ist, hinwegfällt. Die Schwefelsäure ist nämlich häufig nicht vollkommen frei von Salpetersäure, eine Verunreinigung der Salzsäure mit Salpetersäure ist dem Verfasser bis jetzt noch nicht vorgekommen. Als ein Vorzug gegenüber den Salpetersäurereactionen mit Eisenvitriol und Brucinschwefelsäure, welche schnell verschwinden und daher nur vorübergehend wahrgenommen werden können, dürfte hervorzuheben sein, dass die rothe Farbe des Goldpurpurs sich unverändert erhält. Es ist sogar zu empfehlen, die von den Goldblättchen abfiltrirte Lösung, nachdem sie

*) N. Repert. f. Pharm. **24**, 666.

**) Chlorsäure und Bromsäure liefern die gleiche Reaction, was übrigens für Wasserprüfungen nicht wesentlich in Betracht kommt.

mit Zinnchlorür versetzt worden, einige Tage stehen zu lassen; wenn auch anfangs keine rothe Färbung entsteht, so bemerkt man doch bisweilen nach dieser Zeit einen schwach hellrothen Bodensatz, welcher wie es scheint die geringsten Spuren von Salpetersäure im untersuchten Wasser anzeigt.

Zur Prüfung weisser Weine gibt G. C. Wittstein *) eine Anleitung auf die hier nur aufmerksam gemacht werden kann, da sie nichts wesentlich neues enthält.

Ueber die Entdeckung einer künstlichen Färbung des Weins auf spectralanalytischem Wege hat Herm. W. Vogel **) Studien gemacht. Er untersuchte die Absorptionsspectren reiner Weine und verschiedener zur Weinfärbung benutzter Farbstoffe ***) und bediente sich dabei derselben Untersuchungsmethode und der gleichen Art der Darstellung der Absorptionsspectren wie bei seinen Studien über die Absorptionsspectren der Metalle der Eisengruppe. †)

Es kam zunächst darauf an, die Spectralreaction des reinen Rothweines zu untersuchen. Sorby hat zu dem Zweck den Farbstoff des Rothweines selbst und den Farbstoff frischer Beeren zu isoliren versucht. ††) In der Praxis hat man es jedoch nicht mit dem isolirten Farbstoff, sondern mit einer Mischung desselben mit Wasser, Weingeist, Weinsäure etc. als Wein zu thun; der Verfasser hielt es daher für zweckmässiger, die Reaction der reinen Weine selbst spectroskopisch festzustellen. Die Beschaffung völlig reinen Rothweins war schwieriger als es den Anschein hatte. Durch Hülfe befreundeter Weinhändler erhielt Vogel einen völlig reinen Assmannshäuser, einen Burgunder Nuit, einen Côte d'or und einen Bordeaux. Obgleich alle drei in Intensität der Farbe und Alter sehr verschieden, zeigten sie doch übereinstimmend folgende Spectralreactionen:

---

*) Zeitschr. d. österr. Apotheker-Vereins **14,** 65 u. Pharm. Centralhalle **17,** 98.

) Ber. d. deutsch. chem. Gesellsch. z. Berlin **8, 1246.

***) Einige derselben sind bereits früher spectroskopisch untersucht worden. Sorby hat die Verfälschung durch Campecheholz, Fernambuk, Ratanhiawurzel und Scharlachbeeren geprüft (diese Zeitschr. **10,** 360), Phipson die durch Malven (diese Zeitschr. **9,** 121) Romei die mit Fuchsin.

†) Vergl. diese Zeitschr. **15,** 326.

††) Quaterl. Journ. of microscop. Sc. 1869 p. 358; Dingler's polyt. Journ. **198,** 243.

Reiner concentrirter Wein löscht das ganze Spectrum aus bis auf Orange (Fig. 16 a I.). Verdünnter Wein löscht Dunkelblau fast ganz aus, lässt Hellblau leicht durch, absorbirt aber Grün und Gelbgrün stärker. Die Absorption nimmt nach D hin wieder ab (Fig. 16 a II.). Das Roth geht unverändert durch. Mit Weinsäure oder Essigsäure versetzt, dunkeln diese reinen Weine nur unbedeutend. Mit Ammoniak versetzt ändern die Weine ihre Farbe in Dunkelgraugrün und zugleich werden sie erheblich undurchsichtiger, man muss daher stärker verdünnen, um das Absorptionsspectrum deutlicher zu beobachten. Dieses ist jetzt ein total anderes: Indigo und Blau werden stark verschluckt, gegen Grün sinkt die Absorption und ist im Gelb und Orange am geringsten (Fig. 16 b). Im Orange zeigt sich zwischen den leicht erkennbaren Linien bei C und d ein schwacher Absorptionsstreif. Im Lampenlicht treten diese Erscheinungen viel weniger charakteristisch hervor, daher bedient sich Vogel bei seinen bezüglichen Untersuchungen stets des Tageslichtes. Der Absorptionsstreif des alkalischen Weines ist bei Lampenlicht kaum wahrnehmbar.

Fig. 16.

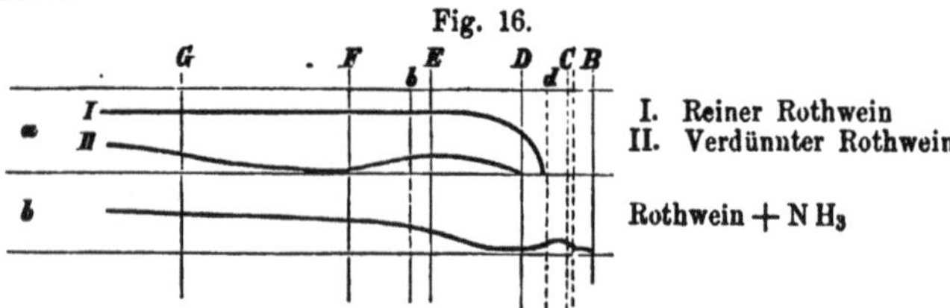

Anders sind nun die Spectralreactionen der Farbstoffe, welche zum Färben der Weine dienen. In erster Linie verwendet man hierzu Kirschsaft, Heidelbeersaft, zuweilen Hollunderbeersaft und in Frankreich den Extract der braunen Malvenblüthen. Die Färbung, welche diese zwar für die Gesundheit, aber nicht für den Geschmack der Weine unschädlichen Stoffe erzeugen, sind in der That äusserst weinähnlich und das blosse Auge dürfte nur schwer einen charakteristischen Unterschied wahrnehmen. Auch die Spectralreaction der reinen Säfte gibt keinen sehr erheblichen Unterschied. Der Verfasser untersuchte Kirschsaft und Heidelbeersaft nach dem Ausdrücken mit Wasser und Filtriren, Hollunderbeeren und Malvenblüthen in alkoholischem Extract nach der Verdünnung mit Wasser. Alle diese Säfte lassen in concentrirter Form in Schichten von 1 Centimeter Dicke nur das weniger brechbare Orange des Spectrums durch (Fig. 17 a I.). Durch Verdünnen wird die Absorption schwächer, es erscheint die D-Linie, das Gelb (Fig. 17a II.), dann das Hellblau und bei weiterem Verdünnen erkennt man nur eine allmählich nach G im Indigo und E im Grün hinansteigende und nach D im Roth abnehmende Verdunkelung (siehe die ausgezogenen Linien Fig. 17b—e). Verdünnt man Kirschsaft, Heidelbeer- und Hollunderbeersaft, reinen Rothwein und Malve in 5 Gläsern mit Wasser, so dass sie ungefähr gleiche Farbenintensität zeigen, so erscheint Wein etwas gelblicher als saurer Kirschensaft, dieser etwas gelblicher als Heidelbeersaft, dieser etwas gelblicher als Hollunderbeerensaft und Malve. Ihre Spectra

Fig. 17.

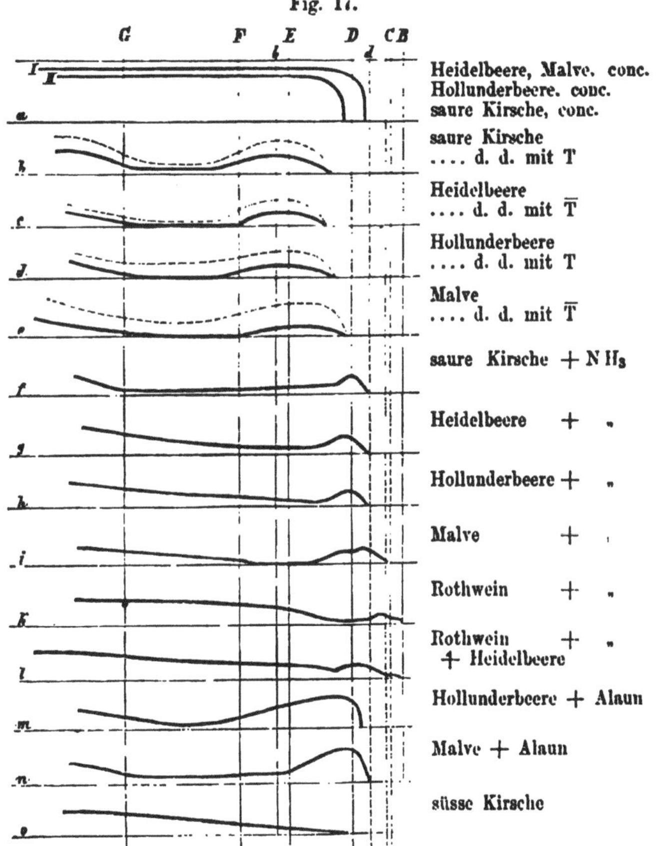

stimmen aber sehr nahe überein, wie die ausgezogenen Linien Fig. 17 b—e und Fig. 16 a II. ergeben.

Deutlichere Unterschiede treten aber hervor, wenn man die Proben welche so weit verdünnt sind, dass sie noch Blau zwischen F und G durchlassen, auf 2 CC. mit 1 Tropfen Weinsäurelösung 1:10 versetzt.

Hollunderbeerensaft wird dadurch intensiv rothgelb und sein Absorptionsvermögen wird enorm gesteigert (siehe die punktirte Linie in Fig. 17 d), so dass er jetzt Blau und Grün und einen Theil des Gelb bis nahe D vollständig auslöscht. Bei stärkerer Verdünnung lässt er wieder Blau hindurch.

Sehr ähnlich verhält sich Malvenblüthe, sie wird durch Weinsäure intensiv weinroth (nicht gelbroth wie Hollunderbeerensaft) und absorbirt dann bei hinreichender Concentration das ganze Spectrum bis nahe D (siehe die punktirte Linie in Fig. 17 e). Von zwei Proben verdünnten Hollunderbeerensaftes und Malvenblüthe, beide von gleicher Intensität, dunkelt bei Zusatz je eines Tropfens Weinsäurelösung Malvenblüthe bei weitem intensiver als Hollunderbeere und die Absorption erstreckt sich bei Malve weiter nach D.

Heidelbeersaft und Sauerkirschensaft verdunkeln mit Weinsäure ihre Farbe nur mässig, ohne deren Nüance zu ändern, die Absorption in Grün und Dunkelblau wird dadurch stärker, aber bei weitem nicht in dem Grade als bei Hollunder und Malve. Die punktirten Linien in Fig. 17 a—e drücken das Absorptionsspectrum der mit Weinsäure versetzten Säfte aus. Färbt man einen Weisswein mit den gedachten Säften und setzt dann Weinsäure hinzu, so ist die Verdunkelung nicht so intensiv als bei reinen Säften, weil im Wein schon Weinsäure enthalten ist.

Reine Weine dunkeln ihre Farbe durch Zusatz von Weinsäure nur ganz unbedeutend. Der Verfasser fand solche leise Verdunkelung allein beim Assmannshäuser, dagegen nicht beim Macon und Nuit. Ein Wein, dessen Farbe durch Zusatz von Weinsäure dunkelt, erregt Verdacht, dass eine künstliche Färbung vorliegt, obgleich kein zuverlässiges Resultat gewonnen ist.

Charakteristisch aber und von der Weinreaction abweichend ist das Verhalten gedachter Säfte zu Ammoniak. Ein Tropfen Ammoniak zu etwa 2 CC. derselben gesetzt, färbt diese zunächst dunkler, so dass man sie mehr verdünnen muss, um das Absorptionsspectrum zu sehen, dann ändert Ammoniak gänzlich die Farbe und das Absorptionsspectrum.

Kirschsaft wird dadurch graugrün wie Wein, Heidelbeersaft anfangs rein blau, später grau. Hollunderbeerensaft olivengrün und Malventinctur schön grün wie Gras oder Chlorophyll-Lösung, eine Färbung, die nicht lange von Bestand ist. Die Färbung der drei ersten ist der Färbung des Weins mit Ammoniak ziemlich ähnlich. Im Spectroskop offenbart sich aber sofort ein Unterschied, indem die sämmtlichen hier genannten Säfte mit Ammoniak einen Absorptionsstreif auf der D-Linie geben, der nach beiden Seiten sanft verläuft, während Wein nur eine sehr schwache Absorption in der Mitte zwischen D und C zeigt (siehe Fig. 17 d—k).

Weisswein mit den genannten Farbstoffen versetzt, zeigt dieselben Farbenänderungen mit Ammoniak; bei Gegenwart von viel Weinsäure sind die Farben auf Zusatz von Ammoniak mehr bläulich.

Die Lage der Absorptionsstreifen von Heidelbeere, Kirsche und Hollunderbeere ist nicht erheblich verschieden, während der Absorptionsstreif der Malve etwas weiter in's Roth hineingeht; er erstreckt sich bis zur Linie C, während die anderen bei der Linie d aufhören (siehe Fig. 17 i) vorausgesetzt, dass man zur Vergleichung Flüssigkeit von gleicher Helligkeit angewendet hat. Der schwache Absorptionsstreif des Weins mit Ammoniak fällt mit der weniger brechbaren Seite des Streifens von Malve mit Ammoniak zusammen, letzterer aber erstreckt sich weit über D hin und unterscheidet sich dadurch von dem des Weins ganz zweifellos.

Selbst wenn der Wein zum Theil Naturfarbe hat und nur künstlich dunkler gemacht worden ist, lässt sich, wie der Verfasser angibt, der Zusatz an fremdem Farbstoff leicht entdecken. So zeigt Fig. 17 Curve l die Reaction eines solchen Weins, der mit Heidelbeeren theilweise gefärbt wurde.

Aehnliche Reactionen zeigt von anderen Farbstoffen nur Lackmus, das aber durch seine Reaction gegen Salpetersäure zu erkennen ist. Ein Tropfen Salpetersäure zu 2 CC. der mässig verdünnten oben gedachten Farbstoffe gegeben, färbt diese erheblich dunkler, Lackmus dagegen heller.

Haben die Farbstoffe bereits eine Zersetzung erfahren, so zeigen sich die Farbenveränderung und der Absorptionsstreif nach dem Versetzen mit Ammon nicht mehr so deutlich.*) Aehnliches bemerkt man bei ge-

*) Es ist deshalb noch festzustellen, inwieweit der Farbstoff sich beim Altern der Weine verändert. Die ältesten von Vogel geprüften Weine waren fünfjährig.

färbten verdorbenen Weinen. Dieselben lassen sich aber mit Gelatine prüfen, wie weiter unten mitgetheilt wird.

Um die Art des Farbstoffes festzustellen, gibt es noch folgende sichere Reactionen:

Phipson erkannte, dass Malvenfarbstoff mit Alaun einen Absorptionsstreif bei der D-Linie gibt. Der Verfasser beobachtete dasselbe bei den Hollunderbeeren. Verdünnt man beide Farbstoffe so weit mit Wasser, bis sie ziemlich gleich durchsichtig sind und ungefähr das Absorptionsspectrum Fig. 17 d geben, und setzt alsdann zu je 2 CC. einen Tropfen gesättigter Alaunlösung, so färbt sich Hollunderbeere damit höchst intensiv violett und seine Absorption setzt dann zwischen d und D plötzlich ein, rasch steigend und nach Blau hin ganz allmählich abnehmend (Fig. 17 m).

Malve wird mit Alaun bläulich und trübe, zeigt eine plötzlich auftretende Absorption bei d, die aber nach Grün fällt, so dass E, C und F deutlich hervortreten (Fig. 17 n). Diese Blaufärbung neben Trübung und grössere Durchsichtigkeit für Grün ist für Malve charakteristisch.

Bei Verdünnung der Farbstofflösungen rückt der Anfang der Absorption mehr nach D. Dieselben Farbstoffe geben jedoch mit Alaun bei Gegenwart der Weinsäure andere Reactionen; Hollunderbeere färbt sich dann gelbroth, Malve weinroth und der charakteristische Absorptionsstreif auf D erscheint dann nicht. Da nun im Wein stets Weinsäure enthalten ist, so ist mit Alaun ohne weiteres der Farbstoff nicht zu erkennen. *) Man kann jedoch die Reaction wieder herstellen, wenn man den Wein vorsichtig mit verdünntem Ammoniak neutralisirt, bis die Farbenänderung eintritt und dann einige Tropfen Essigsäure hinzusetzt, bis die rothe Farbe wieder erscheint. Jetzt lässt sich die Hollunderbeer- und Malvenreaction mit Alaun sehr gut erkennen, da Essigsäure das Entstehen der Absorptionsstreifen auf D nicht verhindert. Malve zeigt hierbei nicht die intensive Reaction wie Hollunderbeere, da sie durch Ammoniak z. Th. zersetzt zu werden scheint, doch erkennt man sehr gut mit Alaun die bläuliche Farbe und den Absorptionsstreif.

Reiner Wein wird durch Alaun nicht verändert. Kirsche dunkelt mit Alaun viel weniger als Hollunderbeere und Malve und zeigt dann nur eine etwas intensivere Absorption als Fig. 17 b. Heidelbeere dunkelt

*) Phipson hat vermuthlich nur die Reaction des Malvenextracts, nicht aber die des damit gefärbten Weines untersucht.

durch Alaun noch weniger als Kirsche mit unwesentlicher Aenderung der Absorption. Beide zeigen damit keinen Absorptionsstreif auf D.

Fauré*) erkannte, dass reiner Weinfarbstoff durch Zusatz von Tannin und Gelatine vollständig ausgefällt wird, Malve dagegen nicht. Diese Reaction kann Vogel bestätigen, indem er hinzufügt, dass auch Hollunderbeerfarbstoff durch Tannin und Gelatine nicht ausgefällt wird. Dagegen wird der Farbstoff der Kirsche und Heidelbeere zum grossen Theil durch Tannin mit Gelatine gefällt.

Versetzt man 2 CC. eines Rothweins mit 10 Tropfen Tanninlösung von 2 % und 6 Tropfen Gelatine von 2 % und lässt den Niederschlag absitzen, so bleibt bei reinem Wein in der klaren Flüssigkeit nur ein ganz schwacher rosa oder gelber Schimmer zurück, bei künstlich gefärbtem Wein dagegen eine merkliche Färbung, die bei Kirsche und Heidelbeere deutlich rosa ist. Diese Reaction ist selbst bei zersetzten Weinen noch brauchbar, wenn die Reaction mit Ammoniak versagt. Macht man daneben einen Control-Versuch mit reinem Wein, so ist eine Täuschung kaum möglich. Hollunderbeerfarbstoff und Malve bilden somit eine Gruppe für sich, ebenso wie Kirsche**) und Heidelbeere, die Glieder derselben Gruppe zeigen unter sich grosse Aehnlichkeiten, die Gruppen untereinander aber sehr bestimmte Unterschiede.

Kirsche und Heidelbeerfarbstoff sicher zu unterscheiden, ist schwierig.

Zur Unterscheidung des ungefälschten Rothweines vom künstlich gefärbten empfiehlt R. Sulzer***) die Anwendung von concentrirter (reiner oder roher) Salpetersäure. Der Verfasser räth gleiche Theile des zu prüfenden Weines und Salpetersäure zu mischen. Bei echtem Rothwein soll sich die Farbe mindestens eine Stunde halten, während mit künstlichem Farbstoff gefärbter Wein sogleich oder innerhalb einer Minute entfärbt wird resp. die Farbe ändert. Sulzer gibt an, er habe diese Reaction zutreffend gefunden für den Farbstoff der Heidelbeeren, Maulbeeren, für Phytolacca decandra, Malven, Campeche- und Fernambukholz, ferner für Carminsäure (vulgo Carmin) und Fuchsin.

*) Vgl. diese Zeitschr. **9**, 122.

**) Der Farbstoff der süssen Kirsche ist erheblich weniger intensiv als der der sauren Kirsche und zeigt eine ganz andere Absorption als letztere, die von Blau nach Gelb ganz allmählich abnimmt. Mit Ammon gibt er keinen Absorptionsstreif bei D (siehe Fig. 17 o).

***) Schweizer. Wochenschr. f. Pharm. 1876 p. 160 und Polyt. Notizbl. **31**, 176.

Ich mache darauf aufmerksam, dass schon Cottini und Fantoggini *) die Salpetersäure zum gleichen Zwecke empfohlen haben. Nach ihrer Vorschrift werden 50 CC. des zu prüfenden Rothweines mit 6 CC. Salpetersäure von 42° R. gemischt und auf 90—95° erhitzt. Der natürliche Rothwein soll unter diesen Umständen selbst nach einer Stunde keine Veränderung zeigen, während künstlich gefärbter innerhalb 5 Minuten seine Farbe verlieren soll.

Später hat F. Sestini**) das Verfahren von Cottini und Fantoggini an echten Rothweinen aus Friaul und der Romagna geprüft und gefunden, dass es zur Unterscheidung dieser Rothweine von künstlich gefärbten nicht geeignet ist. Die Farbe des von S. untersuchten echten Rothweines wurde nämlich durch Salpetersäure ebenfalls zerstört.

Eine Verfälschung des chinesischen Thees. In einer Sitzung der St. Petersburger Gouvernement - Landschafts - Versammlung brachte Winnicki***) das von den Bauern im Grossen betriebene Sammeln der Blätter des Feuerkrautes oder schmalblättrigen Weidenröschens (Epilobium angustifolium) behufs Verfälschung des chinesischen Thees, sowie des bereits ausgezogenen Thees zur Sprache. Hier ergab sich auch die Thatsache, dass diese Weidenröschenblätter in beträchtlichen Quantitäten nach dem Auslande exportirt werden. In Wien wurden vor einiger Zeit zwei grössere Posten von sogen. chinesischem Thee nur aus Weidenröschenblättern bestehend angetroffen.

Die Erkennung dieser Verfälschung ist (abgesehen von der mikroskopischen Unterscheidung) insofern erleichtert, als die Blätter des Weidenröschens viel Schleim enthalten und der heisse dünne Aufguss dunkel gefärbt ist. Der concentrirte Aufguss mit dem doppelten Volum 90procentigen Alkohols gemischt scheidet Schleimgerinnsel aus, während der Aufguss des echten Thees damit eine klare Mischung gibt. Während der echte Theeaufguss munter macht, bewirkt der falsche Thee Ermüdung und Eingeschlafenheit der Glieder.

Die Blätter des Weidenröschens sind schon seit undenklichen Zeiten in Russland von dem gemeinen Manne als medicinischer Thee unter Namen wie kapor'scher Thee, kurilischer Thee gebraucht worden. Die

*) Diese Zeitschr. **10**, 367.

) Diese Zeitschrift **11, 232.

***) Pharm. Centralhalle und Dingler's pol. Journ. **217**, 256.

Verwendung zur Fälschung des chinesischen Thees dürfte erst in neuerer Zeit zur Ausführung gekommen sein.

Zur Bestimmung der Essigsäure im holzessigsauren Kalk empfiehlt H. Endemann*) ein Verfahren, was mit dem von R. Fresenius**) angegebenen völlig übereinstimmt. Auch die Construction des von Endemann angewandten Apparates zeigt nur unwesentliche Abweichungen, so dass es nicht nöthig ist, näher darauf einzugehen.

Zur Auffindung von Blei in Verzinnungen. In dieser Zeitschrift **14**, 389 wurde über ein von Fordos zum genannten Zweck empfohlenes Verfahren berichtet. Dasselbe beruht auf der Prüfung des mit Salpetersäure behandelten Metalls mit verdünnter Jodkaliumlösung. Als Albert Pürckhauer***) die angegebene Reaction prüfte, fand er, dass auch bleifreies Zinn nach der Behandlung mit Salpetersäure bei Benetzung mit Jodkaliumlösung eine mehr oder weniger stark gelbe Färbung zeigte, welche aber in diesem Falle offenbar von durch noch vorhandene freie Säure ausgeschiedenem Jod herrührte, da sich die Salpetersäure vom Zinn, selbst wenn dieses bis zu seinem Schmelzpunkt erhitzt wird, nicht vollständig wegtreiben lässt. Dass auf dem nicht bleihaltigen mit Salpetersäure behandelten und erwärmten Zinn aus der hinzugebrachten Jodkaliumlösung wirklich Jod ausgeschieden wird, kann durch Betupfen des Fleckens mit Stärkekleister leicht nachgewiesen werden.

Die Prüfung auf Blei fällt dagegen jedesmal sicher aus, wenn man auf das gebildete Zinnoxyd vor dem Zusatz von Jodkaliumlösung einen Tropfen einer stark verdünnten Kalilauge bringt.

Zur einfachsten Prüfung des Zinnsalzes (Zinnchlorür) auf Verfälschungen empfiehlt Gust. Merz†) folgendermassen zu verfahren.

Aus der zu prüfenden grösseren Zinnsalzmenge entnehme man aus möglichst vielen Schichten kleine Portionen und mische dieselben gut, um eine Durchschnittsprobe zu erhalten. Davon wäge man 2 Grm. ab, übergiesse dieselben in einem trockenen Becherglase mit dem fünffachen Gewichte absoluten Alkohols und rühre etwa 5 Minuten lang um. War das Zinnsalz frei von den gewöhnlichen Zusätzen, so wird alles gelöst

*) Am. Chem. **6**, 294.

) Diese Zeitschr. **5, 315 und **14**, 172.

***) Neues Repert. f. Pharmacie **24**, 724.

†) Pharm. Centralhalle **17**, 105.

sein, waren ihm aber schwefelsaure Salze oder andere in Alkohol nicht lösliche Stoffe beigemischt, so zeigen sich diese z. B. in Form von Krystalltrümmern am Boden des Gefässes und bleiben bei längerem Umrühren ungelöst. War ferner das Zinnsalz der Luft nicht zu lange ausgesetzt gewesen, so entsteht eine völlig oder fast klare Lösung, hatte es dagegen aus der Luft schon viel Sauerstoff aufgenommen, so zeigt sich in der Lösung ein zarter, pulveriger oder flockiger Niederschlag. Ist derselbe nur gering, so verschwindet er durch Erhitzen der Lösung, ist er bedeutender, so löst er sich bei tropfenweisem Zufügen von concentrirter Salzsäure, oder besser einer alkoholischen Lösung von Chlorwasserstoffgas, je nach seiner Menge früher oder später.

Das Zinnsalz erfordert in der Kälte weniger als sein gleiches Gewicht absoluten Alkohols zur Lösung. Die bei der empfohlenen Prüfung vorgeschriebene grössere Menge Alkohol soll das zunächst im Zinnsalz vorhandene Krystallwasser unwirksam machen, so dass ein möglichst wasserarmer Alkohol den zu entdeckenden Substanzen gegenübersteht. Von den üblichen Verfälschungsmitteln, Zinkvitriol, Bittersalz und Glaubersalz, löst sich keines in Alkohol auf. Diese Zusätze entdeckte man bisher durch die Nachweisung der Schwefelsäure mit Chlorbaryum. Es ist aber hierbei zu bedenken, dass die zur Bereitung des Zinnsalzes verwendete Salsäure häufig Schwefelsäure enthält, mithin auch unverfälschtes Zinnsalz schwefelsäurehaltig sein kann, so dass bei dieser Prüfung die Menge des Zinnsalzes und des daraus erhaltenen Niederschlages berücksichtigt werden muss. Eine Verfälschung des Zinnsalzes mit Kochsalz oder Salmiak musste erst durch eine besondere Prüfung entdeckt werden, während durch die neue Prüfung mit Alkohol die Gegenwart aller genannten und noch mancher anderer Zusätze erkannt wird. Nur die Chloride von Calcium, Magnesium und Zink, deren Anwendung zur Verfälschung des Zinnsalzes zwar noch nicht bekannt, aber doch möglich ist, sind nach dem angegebenen Verfahren nicht zu erkennen, weil sie ebenfalls in Alkohol löslich sind. *)

Zur Bestimmung der Heizkraft der Steinkohle. Das einfachste und sicherste Mittel, die für den Betrieb vortheilhafteste, wenn auch nicht immer dem Gewichte nach billigste Kohle auszuwählen ist, nach

*) Die Hygroskopicität dieser Salze, welche sie zur Verfälschung des Zinnsalzes sehr ungeeignet macht, bietet übrigens ein leichtes Mittel zu ihrer etwaigen Aufsuchung.

Mittheilungen von L. Lintz *), die Gruner'sche Immediatanalyse **) nämlich Bestimmung des Wasser-, des Cokes- und Aschengehaltes. Zur Ausführung dieser Bestimmungen wird ein Durchschnittsmuster der Kohle von 50—100 Kilo gezogen und nach dem Zerkleinern und Mischen diesem erst das zur Untersuchung bestimmte Quantum entnommen. In dieser Probe wird zuerst das Wasser in bekannter Weise bestimmt, dann eine Partie in einem geschlossenen, nur mit einer kleinen Oeffnung zum Entweichen der Gase versehenen hessischen Tiegel vercokt und die so erhaltene Cokesmenge bestimmt. Ein Theil dieses Glührückstandes wird verascht und die erhaltene Aschenmenge wird bei der Berechnung von dem Coke abgezogen.

Lintz hat die Resultate dieser Gruner'schen Immediatanalyse mit dem Verhalten der Kohlen im praktischen Betriebe verglichen und zwar in einer Fabrik, deren täglicher Dampfverbrauch nur wenig wechselte. Jede der untersuchten Kohlensorten wurde 10—14 Tage lang gebrannt und aus der in dieser Zeit verwendeten Menge der Tagesdurchschnitt genommen. Die Ergebnisse waren:

Kohlensorte	Durchschnittlicher Tagesaufwand	Gehalt der Kohle an trockenem aschenfreiem Coke
No. 1	19000 Kilo	53 %
« 2	18300 «	54 «
« 3	20050 «	49 «
« 4a	17650 «	59 «
« 4b	19800 «	50 «
« 5a	17800 «	58 «
« 5b	18900 «	53 «

Die Kohlen No. 4a und 4b, sowie 5a und 5b waren angeblich aus derselben Grube.

Diesen Untersuchungen zu Folge verhielt sich also der tägliche Kohlenverbrauch umgekehrt, der Brennwerth direct wie der Cokesgehalt.

Weder die Elementaranalyse noch die Bleiglätteprobe geben nach der Ansicht des Verfassers richtige Anhaltspunkte zur Beurtheilung der Heizkraft.

In einem längeren sehr interessanten Aufsatze «die Zuverlässigkeit der Kohlenuntersuchungen für die Zwecke der Dampferzeugung» von

*) Dingler's polyt. Journ. **219**, 178.

) Vergl. Gruner über die Heizkraft und Classification der Steinkohlen, Annales des Mines 1873 t. IV. p. 169 und Dingler's pol. Journ. **218, 70; **242**; **430**.

C. H. Schneider*) ist mitgetheilt, in welcher Weise Merz**) die Vercokung der Steinkohle ausführt.

Circa 5 Grm. der Kohle werden in einen bedeckten Porcellantiegel gebracht, der in einen zur Hälfte mit Thonpulver gefüllten, ebenfalls bedeckten Thontiegel so eingesetzt wird, dass die beiden Wände der Tiegel 1—2 Centimeter voneinander abstehen. Der so gebildete Zwischenraum wird mit Holzkohlenstücken ausgefüllt und dann wird der Tiegel im Holzkohlenfeuer eine Stunde lang der Rothglühhitze ausgesetzt. Merz erhitzte immer 4 solche Tiegel gleichzeitig. Es wird so eine vollständige Vercokung erzielt, wenigstens war dies bei den vom Verfasser untersuchten Kohlensorten der Fall; ein nochmaliges Glühen während einer Stunde ergab nämlich keine Gewichtsveränderung mehr. Das Wägen der Cokes ist natürlich vorzunehmen ehe dieselben Wasser aus der Luft angezogen haben.

Ueber den Einfluss der Probenahme der Düngemittel auf die Resultate der Analyse derselben haben J. A. Barral und R. Duval***) Mittheilungen gemacht. Da es von Interesse ist zu untersuchen, innerhalb welcher Grenzen die Zusammensetzung des Guano's von ein und derselben Ladung schwanken kann, je nach der Art und Weise der Probenahme, so hat sich die Düngercommission des Vereins französischer Landwirthe mit der Lösung dieser Frage beschäftigt. Von einer Lieferung von 40,000 Kilo Peruguano, bezogen von Dreyfuss in Nantes und in St. Nazaire, wurden 16 verschiedene Proben in versiegelten Gläschen durch Duval an Barral übersandt. Dieselben trugen die Buchstaben A, E, G, M und waren ferner in derselben Weise bezeichnet, wie in nachstehender Uebersicht angegeben, welche die Resultate zusammenfasst, die Barral bei Untersuchung dieser Proben erhielt.

	Guano A.				Guano B.			
	Probe von Dreyfuss	Grober Antheil	Mittelfeiner Antheil	Feiner Antheil	Probe von Dreyfuss	Grober Antheil	Mittelfeiner Antheil	Feiner Antheil
Wasser	27,53	29,50	28,20	28,56	33,85	32,24	31,28	30,40
Organ. Substanz und Ammonsalze . . .	35,71	41,02	36,86	35,42	27,19	36,44	33,36	31,76

*) Der Civilingenieur 1876 p. 214.

**) A. a. O. p. 218.

***) Journ. de l'agriculture 1874 Nr. 280; Biedermann's Centralbl. f. Agriculturchemie 1875 Bd. 1 p. 9 und Dingler's pol. Journ. **217**, 246.

Phosphorsäure	[illegible]	[illegible]	[illegible]	[illegible]	[illegible]	[illegible]	[illegible]	[illegible]
Kalk, Kali u. andere								
lösl. Mineralstoffe	[illegible]	[illegible]	[illegible]	[illegible]	[illegible]	[illegible]	[illegible]	[illegible]
Unlösl. Mineralstoffe	[illegible]	[illegible]	[illegible]	[illegible]	[illegible]	[illegible]	[illegible]	2.88
	[illegible]	[illegible]	[illegible]	[illegible]	[illegible]	[illegible]	[illegible]	[illegible]
Gesammtstickstoff in								
Procenten	[illegible]	[illegible]	[illegible]	[illegible]	[illegible]	[illegible]	[illegible]	8.82

	Guano [illegible]				Guano M.			
Wasser	[illegible]	[illegible]	[illegible]	[illegible]	[illegible]	[illegible]	[illegible]	[illegible]
Organ. Substanz und								
Ammonsalze . .	[illegible]	[illegible]	[illegible]	[illegible]	[illegible]	39.54	35.64	35.96
Phosphorsäure . . .	[illegible]	[illegible]	[illegible]	[illegible]	[illegible]	[illegible]	12.72	[illegible]
Kalk, Kali u. andere								
lösl. Mineralstoffe .	[illegible]	[illegible]	[illegible]	[illegible]	14.44	[illegible]	15.42	[illegible]
Unlösl. Mineralstoffe	[illegible]	[illegible]	[illegible]	[illegible]	[illegible]	[illegible]	[illegible]	2.88
	[illegible]	[illegible]	[illegible]	[illegible]	[illegible]	[illegible]	[illegible]	[illegible]
Gesammtstickstoff in								
Procenten . . .	[illegible]	[illegible]	[illegible]	[illegible]	11.56	11.04	[illegible]	11.22

Aus diesen analytischen Resultaten ergibt sich die folgende unter I. bis IV. verzeichnete mittlere Zusammensetzung für die vier Guanosorten, während unter V. das Mittel aus sämmtlichen oben aufgeführten Proben angegeben ist. Unter VI. bis IX. endlich sind die Durchschnittswerthe für die sämmtlichen Analysen der ursprünglichen Proben, sowie der groben, mittleren und feineren Theile gegeben.

	I. Guano A.	II. Guano E.	III. Guano G.	IV. Guano M.	V. Gesammtmittel	VI. Probe von Dreyfuss Mittel	VII. Grober Antheil Mittel	VIII. Mittlerer Antheil Mittel	IX. Feiner Antheil Mittel
Wasser	28.44	31.94	33.89	30.62	31.22	32.45	31.19	31,10	30.16
Org. Substanz u.									
Ammonsalze . .	37.24	32.19	32.30	39.09	35.21	32,66	38,36	35,27	34,55
Phosphorsäure .	14.06	14,43	13.56	12.64	13.67	14.47	12,06	13,66	14,46
Lösl.Mineralstoffe	18,00	19,02	18,67	15.26	17.59	18,42	15,77	17,65	18,51
Unlösl. Mineral-									
stoffe	2,26	2,42	2.18	2.39	2.31	2.00	2,62	2,32	2,32
	100.00	100,00	100.00	100,00	100,00	100,00	100,00	100,00	100,00
Ges.-Stickstoff in									
Procenten . .	11.00	9,91	9.90	11,30	10,51	9.87	11,74	10,42	10,12

Es ergibt sich aus diesen Zahlen in Bezug auf die Bestimmung des Stickstoffes Folgendes:

1. Die von Dreyfuss gelieferten Proben sind unterhalb des Durchschnittes aller anderen Proben geblieben,

2. Die groben Partien sind erheblich reichhaltiger als alle anderen.

Im übrigen differirt das Mittel aus allen Proben nicht wesentlich von den Mittelwerthen, welche sich aus den Analysen des mittelfeinen Antheils der vier Guanosorten ergaben.

Es zeigt sich, dass der nicht pulverförmige Antheil des Guano's, d. h. die steinigen und klumpigen Partien reichhaltiger sind als die anderen und dass die Mittelproben, welche aus der Gesammtmasse entnommen wurden, genau den Gehalt des Guano's angeben und bis auf einige Hundertstel nahezu mit den Mittelzahlen übereinstimmen, welche sich aus der gesonderten Untersuchung der feinen und der groben Theile ergeben.

Da sich nun überdies bei einer von Duval vorgenommenen Prüfung zeigte, dass der Gehalt an groben und feineren Theilen sehr verschieden in den verschiedenen Guanotransporten ist (er fand den Gehalt an groben Theilen bei vier verschiedenen Ladungen schwankend zwischen 35 und 65 Proc.), so erhellt hieraus die Schwierigkeit, eine genaue Durchschnittsprobe zu nehmen und die Nothwendigkeit einer sorgfältigen Mischung grösserer Partien vor Entnahme einer Probe zur Analyse.

Zur Unterscheidung der Faser des neuseeländischen Flachses (Phormium tenax) von der des Flachses, Hanfs etc. empfiehlt E. Vitrebert*) folgendes Verfahren.

Man taucht die Faser oder das Gewebe in die wässerige Lösung einer Anilinfarbe (Fuchsin oder Anilinblau**) — im Liter etwa 1 Decigramm — lässt darin einige Stunden in der Kälte oder einige Secunden in der Wärme (bei 70—80°) liegen, wascht mit Wasser oder besser noch mit Seifenwasser***) und prüft. Alle Phormiumfasern sind nun stark gefärbt, während die des Flachses, Hanfs etc. weiss oder naturfarben bleiben.

Der Verfasser hält diese Prüfungsweise für empfindlicher als die mit Salpetersäure; †) ein vorhergegangenes Bleichen beeinträchtigt die Reaction nicht.

---

*) Bull. de la soc. chim. de Paris **21**, 545.

**) Mit letzterem ist die Reaction weniger scharf.

***) Der Farbenunterschied tritt dann noch deutlicher hervor.

†) Vergl. diese Zeitschrift **13**, 341. Bezügl. der Erkennung des Phormiums mit dem Mikroskop vergl. diese Zeitschrift **11**, 342.

Handelt es sich um gebleichte Faser oder Gewebe, so kann auch Ammoniak als Unterscheidungsmittel dienen. Beim Eintauchen in Ammoniakflüssigkeit nimmt nämlich Phormium sofort seine natürliche Farbe wieder an, während sich Hanf nicht merklich verändert.

Im Papier lässt sich durch diese Methoden das Phormium nicht so leicht erkennen, weil die Fasern hier weit inniger mit einander vermengt sind.

Zur Bestimmung der Kohlensäure in den Saturationsgasen der Zuckerfabriken haben sowohl F. Kroupa als O. Kohlrausch*) Apparate construirt, welche namentlich einfacher und billiger als der bekannte Scheibler'sche Apparat**) und weniger zerbrechlich sein sollen als die Stammer'sche Röhre.***)

Die Apparate sind in der Originalabhandlung, auf welche hier nur hingewiesen werden kann, durch Abbildungen erläutert. Kohlrausch stellt nach eingehender Erprobung der neuen Apparate weitere Mittheilungen über dieselben in Aussicht.

Ueber die Absorptionsspectren verschiedener Ultramarinsorten hat Justin Wunder†) Mittheilungen gemacht, auf die hier nur hingewiesen werden kann.

Zur Cochenille-Prüfung. In dieser Zeitschrift **11**, 230 ist über ein von J. M. Merrick angegebenes Verfahren zur Bestimmung des Farbstoffgehaltes in der Cochenille — Ermittelung der zur Zerstörung des Farbstoffes nöthigen Sauerstoffmenge durch Titriren mit Chamäleonlösung — berichtet. Der Wirkungswerth der Chamäleonlösung wird mit einer reinen und vorzüglichen Cochenillesorte festgestellt. Merrick††) macht neuerdings darauf aufmerksam, dass sich schwarze Cochenille in ihrem Verhalten zu übermangansaurem Kali von Silber-Cochenille unterscheidet. Bringt man nämlich Lösungen der beiden genannten Sorten mit Chamäleon auf eine gleichmässige gelbliche Farbe, so behalten sie dieselbe einige Stunden unverändert bei; lässt man aber längere Zeit (über Nacht) stehen, so erscheint die Lösung von Silber-Cochenille unverändert oder vielleicht ein wenig blasser, während die der schwarzen Cochenille eine starke Rothfärbung zeigt.

*) Dingler's pol. Journ. **218**, 446.
) Diese Zeitschr. **6, 261.
***) Diese Zeitschr. **11**, 231.
†) Dingler's pol. Journ. **220**, 551.
††) Amer. Chemist **6**, 201.

Diese Erscheinung ist von keinem Belang, wenn man bei der Prüfung von Cochenille-Proben die Vergleichung stets mit einer Normalprobe gleicher Art vornimmt. Der Verfasser räth deshalb sich Normalproben sowohl von schwarzer als auch von Silber-Cochenille zu verschaffen.

Zur Nachweisung des Eosins auf gefärbten Stoffen. A. Baeyer*) hat ein Verfahren angegeben, welches erlaubt in wenigen Minuten eine Prüfung auf Eosin auszuführen. Schüttelt man nämlich Eosin mit Wasser und Natriumamalgam unter gelindem Erwärmen, so entfärbt sich die rothe Flüssigkeit nach ganz kurzer Zeit, indem das Brom herausgenommen und farbloses Fluorescin, das Reductionsproduct des Fluoresceïns gebildet wird. Verdünnt man nun mit Wasser und setzt einen Tropfen Chamäleonlösung hinzu, so wird die farblose Flüssigkeit im auffallenden Lichte undurchsichtig grün, weil das Fluorescin durch Oxydation sofort in Fluoresceïn übergeht. Diese für den Chemiker zur Erkennung des Eosins sehr geeignete Reaction wird in der Praxis zur Untersuchung roth gefärbter Gewebe wenig Anwendung finden.

Reimann's Färberzeitung empfiehlt für letzteren Zweck eine concentrirte wässerige Lösung (1 : 4) von schwefelsaurer Thonerde, in welcher die zu untersuchenden Stoffmuster erwärmt werden. Während die andern rothen Farbstoffe, die Farblacke der Cochenille und des Rothholzes, ferner die rothen Theerfarben, das Fuchsin, Corallin und Safranin, durch diese Lösung von dem Gewebe abgezogen werden, bleibt das Eosinroth in derselben beinahe vollständig intact. Zur Prüfung des Eosins auf etwaige Verfälschungen durch die genannten drei Theerfarben wird die Anwendung einer mit ihrem vierfachen Volum Wasser verdünnten Schwefelsäure vorgeschlagen. Das Eosin wird durch dieselbe unter Bildung eines rothorangefarbigen Niederschlages aus der Lösung ausgeschieden, während Fuchsin und Corallin mit gelber, Safranin mit blauvioletter Farbe in Lösung bleiben.

Neuerdings empfiehlt ferner R. Wagner**) eine leicht ausführbare und vollkommen sichere Eosinprobe. Nach ihm wird eine Lösung von Eosin und Methyleosin, in Collodium gebracht, sofort entfärbt, während sämmtliche Anilinfarben sowie das Magdalaroth und das Alizarin Collodium intensiv und dauernd färben. Es genügt demnach, einen rothgefärbten Stoff, Gespinnst, Gewebe oder Papier, mittelst eines Glasstabes mit Collo-

*) Ber. d. deutsch. chem. Ges. z. Berlin **8**, 146.

) Deutsche Industrieztg. 1876 S. 4 und Dingler's pol. Journ. **220, 182.

dium zu betupfen, um sofort das Vorhandensein des gebromten Fluoresceïns zu erkennen. War der Stoff mit gewöhnlichem Eosin oder mit der methylirten Sorte gefärbt, so entsteht dort, wo das Collodium mit der Farbe in Berührung kam, ein weisser Fleck. *)

Prüfung der Salicylsäure auf Reinheit. Seit die Salicylsäure als Arzneimittel Verwendung findet, ist es wünschenswerth, ein einfaches Verfahren zu kennen, um dieselbe schnell und sicher auf ihre Reinheit zu prüfen.

H. Kolbe**) empfiehlt folgende sehr einfache Prüfungsweise, mittelst deren Jedermann leicht im Stande ist, die Qualität der käuflichen Salicylsäure zu beurtheilen. Man löst eine kleine Menge — etwa 0,5 Grm. — in ungefähr der zehnfachen Menge starken Alkohols, giesst die klare Lösung in ein Uhrglas und lässt bei gewöhnlicher Lufttemperatur langsam verdunsten. Die dann zurückbleibende Salicylsäure bildet rings um den Rand des Uhrglases einen Ring von schön efflorescirten Krystallaggregaten. Diese efflorescirte Masse ist rein weiss, wenn die Salicylsäure ganz rein und umkrystallisirt war, aber gelblich oder gelb bei der blos präcipitirten Säure. Ist sie bräunlich oder braun, dann ist das Präparat, auch wenn es als Pulver weiss und äusserlich rein erscheint, als schecht zu verwerfen.

Zur Erkennung des Gurjunbalsams im Copaivabalsam empfiehlt A. Flückiger***) folgendes Verfahren. Die Lösung von circa 15 Tropfen des fraglichen Copaivabalsams in etwa der zwanzigfachen Menge Schwefelkohlenstoff wird mit einem Tropfen einer erkalteten Mischung aus gleichen Theilen concentrirter Schwefelsäure und Salpetersäure vermischt. Bei Gegenwart von Gurjunbalsam erfolgt eine violette Färbung, welche länger als eine Stunde anhält.

*) Der Verfasser macht bei dieser Gelegenheit auf die seltsame, aber jedenfalls mit der erwähnten Collodiumreaction zusammenhängende Erscheinung aufmerksam, dass Schiessbaumwolle, welche ja die Anilinfarben besonders leicht aufnimmt, durch Eosin nicht oder nur blass röthlich gefärbt wird.

) Journ. f. prakt. Chem. [N. F.] **14, 143,

***) Arch. Pharm. und Pharm. Centralb. **17**, 234.

2. Auf Physiologie und Pathologie bezügliche Methoden.

Von

C. Neubauer.

Ueber die Darstellung der ungeformten Fermente. Erlenmeyer*) hat sich durch Versuche überzeugt, dass zum Ausziehen von Labmagen sehr wohl eine kalt gesättigte Lösung von Salicylsäure verwendet werden kann, ohne die Wirkung des Fermentes zu beeinträchtigen. Zwei gleiche Portionen zerschnittener Labmagen wurden, die eine mit Wasser, die andere mit einer gleichen Menge gesättigter Salicylsäurelösung übergossen und über Nacht stehen gelassen. Von beiden Lösungen wurden dann gleiche Mengen abfiltrirt und mit entsprechend gleichen Mengen Milch unter den bekannten Bedingungen zusammengebracht. Beide Auszüge brachten die Milch in gleicher Zeit (6 Minuten) zum Gerinnen. Als nun die beiden Ansätze in offenen Kolben neben einander längere Zeit stehen gelassen wurden, war der wässerige Ansatz schon nach 24 Stunden ganz trübe geworden und roch faulig, während der Salicylsäureansatz nach 8 Tagen noch vollkommen klar geblieben war und keinerlei Fäulnissgeruch zu erkennen gab. Das klare Filtrat erzeugte beim Eintröpfeln in Alkohol einen weissen, flockigen Niederschlag, der sich sehr bald absetzte. Die alkoholische Flüssigkeit wurde durch ein Filter getrennt und der Filterinhalt mit Wasser behandelt. Er löste sich fast vollständig zu einer sehr zähen Flüssigkeit, welche Milch in der kürzesten Zeit (2 Minuten) zum Gestehen brachte. Der grösste Theil dieser Lösung wurde wieder in Alkohol gegossen, der erhaltene Niederschlag wie vorher behandelt und diese Procedur noch einmal wiederholt. Die Wirkung der wässerigen Lösung war immer dieselbe, während die erste alkoholische Flüssigkeit, in welche die Salicylsäure übergegangen war, beim freiwilligen Verdunsten einen vollkommen wirkungslosen Rückstand liess. Diese Methode führt vielleicht zur Reindarstellung dieser räthselhaften Körper.

Erlenmeyer erwähnt schliesslich, dass er mit verdünnter Ameisensäure (1 Th. Säure vom 1,205 spec. Gew. zu 1000 Th. Wasser) ganz ähnliche Resultate erzielte, wie mit Salicylsäure.

Ueber das Vorkommen von Alkohol im Organismus. A. Rajewsky**) benutzte zu seinen Versuchen Kaninchen. Den Thieren wur-

*) Sitzungsberichte der k. b. Akademie der Wissenschaften 1875 p. 82.

**) Archiv der Physiologie 11, 122.

den verschiedenen Quantitäten von Alkohol eingespritzt und sodann nach Ablauf kürzerer oder längerer Zeit die zerriebenen Organe mit Wasser der Destillation unterworfen. Das Destillat gab stets, einerlei ob den Thieren Alkohol eingespritzt war oder nicht, mit Natronlauge und Jod geprüft, die bekannte Lieben'sche Reaction auf Jodoform, dessen Krystalle mikroskopisch constatirt wurden. Auch selbst bei der Bearbeitung von frischem Rindfleisch wurde ein Destillat erhalten, welches die Jodoform-reaction auf's schönste gab. Bajewsky kommt daher durch seine Versuche zu dem Schluss, dass zur Bestimmung des Alkohols im Organismus nach seiner Aufnahme, die Reaction auf Jodoform nicht anwendbar ist, da entweder im thierischen Organismus immer Bestandtheile existiren, die bei der Destillation im gut geschlossenen Apparat Alkohol geben, oder die Organe der Thiere stets ganz geringe Mengen von präformirtem Alkohol enthalten. Die bei solchen Versuchen erhaltene Alkoholmenge ist jedoch so gering, dass ihre quantitative Bestimmung mit bedeutenden Schwierigkeiten verknüpft ist.

Ueber das Vorkommen von Methylamin. H. Schwarz*) erhielt bei der Destillation von Fäkalien mit Kalk eine bedeutende Menge von Ammoniak. Die Mutterlauge des mit Schwefelsäure gesättigten Destillates wurde mit Alkohol gefällt, das ausgeschiedene Salz abfiltrirt, der Alkohol abdestillirt, der Rückstand von Neuem mit Kalk destillirt und das Destillat nach der Sättigung mit Schwefelsäure abermals der Alkoholbehandlung unterworfen. Die Mutterlauge lieferte jetzt bei der Behandlung mit Kalk ein Destillat, welches in Salzsäure aufgefangen, nach dem Eindampfen mit Platinchlorid gefällt, einen Niederschlag ergab, der beim Glühen 41,09—41,60 % Platin hinterliess. Die Formel $Pt Cl_2 + C H_6 N Cl$ = Chlorplatin und Methylammoniumchlorid verlangt 41,67 % Platin. Es ist demnach dem Ammoniak der Fäkalien eine kleine Menge Methylamin beigemischt.

Ueber die Urochloralsäure. Chloral geht nach den Untersuchungen von v. Mering und Musculus**) zum geringsten Theil unverändert in den Harn über, bei weitem die grösste Menge verbindet sich mit Producten des Organismus und erscheint im Urin als Urochloralsäure ($C_7 H_{12} Cl_2 O_6$) wieder. Nach Chloralgenuss (5—6 Grm.) zeigte der Urin stark saure Reaction und reducirte die alkalische Kupfer-

*) Chem. Centralblatt 1876 p. 5.

**) Ber. d. deutsch. chem. Gesellsch. zu Berlin 8, 662.

lösung. Der Nachweis von Chloroform oder Ameisensäure im Harn gelang nicht, dagegen liessen sich geringe Mengen von Chloral mittelst der Hofmann'schen Isocyanphenylreaction nachweisen. Zucker war nicht vorhanden, dagegen eine nicht unerhebliche Menge einer linksdrehenden organischen Säure, welcher v. Mering und Musculus den Namen Urochloralsäure gegeben haben.

Die Abscheidung der Urochloralsäure gelang nach folgendem Verfahren: Der Chloralharn wird auf dem Wasserbade eingedampft, mit Schwefelsäure versetzt und mit einer Mischung von 2 Vol. Aether und 1 Vol. Alkohol ausgeschüttelt. Der Aether wird abdestillirt, der Rückstand mit Kali neutralisirt, eingedampft, mit 90procent. Alkohol aufgenommen, filtrirt, das Filtrat mit Aether gefällt, der Niederschlag in Wasser gelöst, mit Thierkohle entfärbt und auf ein geringes Volum eingedampft. Beim Erkalten bildet sich eine krystallinische Masse, welche zum grössten Theile aus dem Kalisalz der Urochloralsäure besteht. Durch Waschen des über Schwefelsäure getrockneten Salzes mit absolutem Alkohol wird es von beigemischtem Harnstoff und hippursaurem Kali befreit. Das reine Kalisalz löst man darauf in möglichst wenig Wasser, säuert mit Salzsäure an, schüttelt diese Lösung mit dem eben erwähnten Aether-Alkohol aus und filtrirt. Die grösste Menge des Chlorkaliums bleibt hierbei auf dem Filter, der Rest scheidet sich aus, wenn man das Filtrat mit einem grossen Ueberschuss von Aether versetzt und 48 Stunden stehen lässt. Das Filtrat wird abdestillirt und der Rückstand durch feuchtes Silberoxyd vom Chlor befreit. Der Ueberschuss des in Lösung gegangenen Silberoxydes wird durch Schwefelwasserstoff schnell ausgefällt und das Filtrat zur Syrupconsistenz eingedampft. Nach 12 Stunden krystallisirt die Säure. Das Kalisalz ergab 12,56 % Kalium; das Barytsalz 19,57 % Baryum.

Die Urochloralsäure krystallisirt in farblosen seidenglänzenden Nadeln, die, ähnlich dem Tyrosin, sternförmig gruppirt sind und sich in Wasser, Alkohol und Aetherweingeist leicht lösen, dagegen unlöslich in Aether sind. Sie reducirt beim Kochen alkalische Kupferlösung, Silber- und Wismuthoxyd und färbt mit kohlensaurem Natron schwach alkalisch gemachte Indigolösung gelb. Die Lösung dreht die Polarisationsebene nach links und zwar wurde das specifische Drehungsvermögen des Kalisalzes für gelbes Licht annähernd zu $(\alpha) = -60^0$ gefunden. Der Harn drehte nach Einführung von 5—6 Grm. Chloralhydrat in den Organismus circa 5^0 links, enthält daher ungefähr 10 Grm. dieser Säure im Liter. Beim

Erhitzen mit Anilin und alkoholischer Kalilauge entwickelt die Urochloralsäure kein Isocyanphenyl.

Ueber das Vorkommen von Brenzcatechin im Harn. E. Baumann*) hat gefunden, dass die Dunkelfärbung, die der Pferdeharn beim Stehen an der Luft an der Oberfläche zeigt, nicht wie man früher annahm durch Zersetzung des Indicans bedingt wird, sondern vielmehr in einem Gehalt an Brenzcatechin und einigen anderen Substanzen, die Spaltungsproducte von Gerbsäuren zu sein scheinen, ihren Grund hat. Das Brenzcatechin lässt sich nach folgender Methode aus dem Pferdeharn gewinnen. Frischer Urin wird mit Essigsäure angesäuert und wiederholt mit Aether geschüttelt. Die Aetherauszüge werden nach dem Abdestilliren des Aethers auf dem Wasserbade völlig eingedampft; man erhält so eine braunschwarze harzige Masse, die in Wasser aufgenommen und filtrirt wird. Die so erhaltene Lösung reagirt stark sauer, durch Zusatz einiger Tropfen Bleizuckerlösung werden daraus Bleiverbindungen von färbenden und harzigen Substanzen abgeschieden; das Filtrat wird mit kohlensaurem Ammon vorsichtig neutralisirt und so lange mit Bleiacetat versetzt, als noch ein Niederschlag entsteht; derselbe wird abfiltrirt, gewaschen und unter Wasser mit H_2S zerlegt. Die vom Schwefelblei abfiltrirte Flüssigkeit färbt sich beim Verdunsten noch etwas und zeigt stark saure Reaction. Um die noch vorhandenen Säuren abzutrennen neutralisirt man mit Baryumcarbonat und schüttelt darauf wiederholt mit Aether. Diese Aetherauszüge werden verdunstet und der Rückstand mit Wasser aufgenommen. Die so erhaltene Lösung zeigt folgende Reactionen:

Auf Zusatz von 1 Tropfen Eisenchlorid entsteht, selbst bei starker Verdünnung, eine intensiv grüne Färbung, die auf Zusatz von doppeltkohlensaurem Natron schön violett wird. In concentrirterer Lösung entsteht durch Eisenchlorid ein grünschwarzer Niederschlag. Mit Natronlauge oder Ammon versetzt, färbt sich die Lösung braun und wird beim Schütteln mit Luft schwarzbraun. Silber in ammoniakalischer Lösung wird in der Kälte fast augenblicklich reducirt.

Das Brenzcatechin wurde aus dem Pferdeharn wohl krystallinisch erhalten, aber niemals so rein, dass es zur Analyse verwendet werden konnte; zu diesem Zweck wäre es nothwendig gewesen, sehr grosse Mengen von Urin zu verarbeiten. Um die Reactionen deutlich zu erhalten, genügt dagegen schon eine Quantität von 200 bis 250 CC.

*) Archiv der Physiologie **12**, 63.

Der Pferdeharn enthält aber nicht allein Brenzcatechin als solches, sondern auch noch eine Substanz, die beim Behandeln mit Salzsäure Brenzcatechin liefert. Schüttelt man etwa 200 CC. frischen Pferdeharn, nach dem Ansäuern mit Essigsäure, so lange mit Aether aus, als derselbe noch etwas aufnimmt, erwärmt dann den Rückstand, der keine Spur von Brenzcatechin mehr enthält, einige Zeit mit Salzsäure auf dem Wasserbade und schüttelt nach dem Erkalten wieder mit Aether aus, so nimmt letzterer abermals reichliche Mengen von Bestandtheilen aus demselben auf. Verdunstet man diese ätherischen Auszüge, so erhält man als Rückstand eine rothbraune harzige Masse, aus der durch Wasser Hippursäure, Phenol, Brenzcatechin und einige harzartige Körper aufgenommen werden. Der Wasserauszug wird wieder zur Trockne gebracht und mit wenig Wasser behandelt, wodurch die grösste Menge der Hippursäure (Benzoësäure) und einige harzartige Stoffe abgeschieden werden. Mit der so erhaltenen Lösung kann man direct die Reactionen des Brenzcatechins anstellen. Die Gegenwart von Phenol beeinträchtigt die Eisenreaction des Brenzcatechins nicht, da letztere viel schärfer ist als die von Phenol und noch bei Verdünnungen eintritt, wo Phenol mit Eisenchlorid längst keine Reaction mehr gibt.

Weitere Untersuchungen haben ergeben, dass das Brenzcatechin wenn auch nicht ein normaler, so doch ein sehr häufiger Bestandtheil des menschlichen Urins ist. (Vergleiche diese Zeitschrift **14**, 421.) Ein gutes Kriterium für die Menge des Brenzcatechins im Harn gibt die Dunkelfärbung, welche derselbe nach der Fäulniss an der Oberfläche nach und nach zeigt.

Brenzcatechin entsteht bekanntlich nach Hoppe-Seyler aus Kohlehydraten durch Einwirkung von Wasser bei hoher Temperatur und ebenso bei der Einwirkung von Alkalien. Es findet sich ferner im wilden Wein (Ampelopsis) fertig gebildet.

Baumann hat sich nun überzeugt, dass ein Körper, der die Eisenreaction des Brenzcatechins, sein Verhalten gegen Alkalien, alkalische Silberlösung und Bleiacetat zeigt, sehr weit verbreitet ist. Derselbe findet sich im Wein, Aepfelwein, in geringer Menge im Bier, dann in den meisten Zuckerobstsorten, am reichlichsten in Aepfeln und Trauben, sowohl reifen wie unreifen; in Kartoffeln und Rüben scheint er dagegen nicht vorhanden zu sein. Bringt man auf eine frische Schnittfläche von einem Apfel einen Tropfen Eisenchlorid, so färbt sich die benetzte Stelle deutlich grün und wird auf Zusatz von Ammon oder Natriumbicarbonat violett. Dieselbe Substanz, welche diese Reaction gibt, scheint auch das Braunwerden von Schnittflächen von Aepfeln, Birnen etc. an der Luft zu verursachen. Verf. glaubte anfänglich diese Substanz in allen Fällen für Brenzcatechin halten zu dürfen, allein die Untersuchung von Aepfelwein nach dem oben mitgetheilten Verfahren ergab, dass diese Folgerung nicht unbedingt richtig ist. Jene Substanz in dem Aepfelwein war kein Brenzcatechin, sondern scheint Protocatechusäure oder eine Gerbsäure zu sein.

Zur Untersuchung des Harns auf Gallenfarbstoff. O. Rosenbach*) empfiehlt zur Prüfung des Urins auf Gallenfarbstoff das folgende Verfahren. Lässt man ikterischen Harn durch gewöhnliches weisses Filtrirpapier laufen, so färbt sich dieses intensiv gelb bis braun. Tropft man nun auf die Innenfläche dieses Papiers mit einem Glasstab einen Tropfen concentrirter, schwach rauchender Salpetersäure, so wird die betupfte Stelle gelb, dann gelbroth, und am Rande schön violett. An der Peripherie bildet sich ein intensiver blauer Ring und an diesen schliesst sich sogleich ein immer deutlicher werdender, zuletzt smaragdgrüner Kreis. Am besten ist es das Papier im feuchten Zustande zu betupfen, da die Reaction dadurch etwas intensiver erscheint. Lässt man den Tropfen Salpetersäure über die Innenfläche des Papiers herablaufen, so zeigt sich eine längliche Figur, die auf das Schönste alle Farbenveränderungen zeigt, deren unterer Theil jedoch, entsprechend der von oben nach unten zunehmenden stärkeren Tingirung des Filters eine deutlichere Farbenreaction zeigt, als der obere. Je weiter nach dem engeren Ende des Filters zu man die Probe anstellt, desto schöner ist, entsprechend der grösseren dort imbibirten Farbstoffmenge, der Farbenwechsel. Die Farben bleiben nebeneinander sehr lange, bisweilen stundenlang bestehen. In durchfallendem Lichte treten die gefärbten Partien bisweilen auffallend distinct hervor, namentlich der Ring. Selbst bei ziemlich bedeutender Verdünnung des ikterischen Urins lässt sich das Farbenspiel deutlich erkennen, doch natürlich in bedeutend geringerer Intensität. Taucht man Filtrirpapier in ikterischen Urin nur ein, und betupft dann mit Salpetersäure, so ist die Reaction nicht so prägnant, ja der grüne Ring fehlt oft ganz. Auf trocken gewordenem Filter bildet sich durch Betupfen mit Salpetersäure nur ein rother Fleck und um diesen ein verwaschener mattblauer Ring. Befeuchtet man jetzt eine Stelle des Filters mit destillirtem Wasser und tropft nun auf die befeuchtete Stelle Salpetersäure, so bildet sich ein

*) Chem. Centralbl. 1876, p. 150.

prachtvoller smaragdgrüner Fleck, dessen Centrum sich bald blau färbt und endlich entsteht in der Mitte eine rothviolette Färbung, so dass wir ein Farbenspiel in umgekehrter Reihenfolge haben, erst grün, dann blau, endlich violett.

Zur Abscheidung des Cholesterins aus fettigen Massen. A. Commaille*) empfiehlt zu diesem Zweck die Fette mit Aetznatron zu verseifen, die Seife nach dem Erkalten in Wasser zu lösen und etwa vorhandenes Cholesterin darauf mit Aether auszuschütteln. Das Verfahren ist dasselbe, welches meines Wissens zuerst von Hoppe-Seyler angegeben, bei uns schon seit Jahren zu genanntem Zweck gebräuchlich ist.

Modification der Gallenfarbstoffprobe. Die Gmelin'sche Gallenfarbstoff-Reaction wird jetzt bekanntlich häufig nach der Brücke'schen Modification ausgeführt, welche darin besteht, dass man statt untersalpetersäurehaltiger Salpetersäure reine, ausgekochte zusetzt, die Flüssigkeiten mischt und dann auf den Boden des Probirgläschens vorsichtig eine Schicht conc. Schwefelsäure fliessen lässt. Die Reaction gelingt so besser, weil sie nicht gleichzeitig in der ganzen Flüssigkeit auftritt und nicht so rasch wieder verschwindet, sondern sich ganz allmählich von der Grenzschicht nach oben fortpflanzt, so dass die Farben, die sonst nacheinander auftreten, jetzt gleichzeitig übereinander stehen. Man kann sich nach E. Fleischl**) das jedesmal vor der Reaction auszuführende Auskochen der Salpetersäure ersparen, ohne einen der Vortheile, welche die Brücke'sche Modification bietet, zu verlieren, wenn man auf die Anwendung freier Salpetersäure verzichtet und der zu untersuchenden Flüssigkeit statt ihrer eine concentrirte Lösung von salpetersaurem Natron zumischt. Das Salz wirkt auf die Gallenfarbstoffe gar nicht ein und man hat alle Musse, die conc. Schwefelsäure auf den Boden des Reagircylinders nachfliessen zu lassen. Die Reaction tritt hier noch weniger stürmisch ein als bei reiner Salpetersäure, verläuft noch langsamer und hält sich leicht $^1/_2$ Stunde und länger.

Ueber Urobilin im Harne. Zur Abscheidung desjenigen Körpers, welcher das Urobilin bei seiner Umwandlung liefert, ist es nach J. Esoff***) am zweckmässigsten, den frischen Harn erst mit neutralem, dann mit

*) Compt. rend. **81**, 819.

**) Centralbl. f. d. m. Wissensch. 1875, p. 561.

***) Archiv der Physiologie **12**, 50.

basischem Bleiacetat vollkommen auszufällen. Die grösste Quantität des Urobilins wird schon durch den Bleizucker gefällt, doch macht der Bleiessig erst die Fällung vollständig. Den abfiltrirten und etwas ausgewaschenen Niederschlag zerlegt man mit Alkohol und Schwefelsäure und filtrirt die dunkelgefärbte alkoholische Lösung ab. Letztere wird dann mit Wasser und Chloroform versetzt, gut geschüttelt, im Scheidetrichter die Chloroformlösung abfliessen lassen und das Ausschütteln mit neuen Mengen Chloroform noch so oft wiederholt, als dieser noch wesentliche Mengen des Farbstoffs aufnimmt. Die Chloroformlösungen werden sodann filtrirt und mit einer grossen Menge angesäuerten Wassers geschüttelt. Das Wasser nimmt hierbei eine nicht unbedeutende Menge von Urobilin auf, während fette Säuren, Fette etc. in dem Chloroform gelöst bleiben. Leider bleibt wohl der grösste Theil des Urobilins in der Chloroformlösung und wenn dann ein Theil des Chloroforms abdestillirt, der Rückstand bei mässiger Wärme auf ein kleines Volum verdunstet wird, so kann zwar durch Wasser dem Rückstande eine neue Quantität des Farbstoffes entzogen werden, aber immerhin bleibt ein grosser Theil des Urobilins zurück und geht verloren.

Aus der schwefelsäurehaltigen Lösung des Farbstoffes kann der letztere durch Barytwasser ausgefällt werden, aber es gelang nicht aus diesem Niederschlage das Urobilin in passender Weise frei zu machen. Es wurde dieserhalb abermals mit Bleiessig die saure wässerige Lösung ausgefällt, der Niederschlag mit schwefelsäurehaltigem Alkohol ausgezogen, wieder mit Wasser und Chloroform versetzt und schliesslich nach dem Verdunsten des Chloroforms der Farbstoff erhalten. Allein derselbe war keineswegs rein; Aether zog aus dem rothbraunen amorphen Rückstande eine bedeutende Menge einer röthlichen Substanz aus und liess eine geringe Quantität eines amorphen braunen Körpers zurück, der in saurer alkoholischer Lösung sehr intensiv den Absorptionsstreifen des Urobilins zeigte.

Bei der Spectraluntersuchung wurde in 39 Proben von verschiedenen normalen Urinen nur 4 mal der Absorptionsstreifen des Urobilins gefunden, während in den 35 übrigen derselbe erst nach Zusatz von Säuren zu erkennen war. In mehreren Proben eiweisshaltigen Harns war der Streifen ohne Weiteres sichtbar. Nicht bei jedem Harn liess sich durch Säurezusatz allein der Streifen des Urobilins sichtbar machen. Doch trat er unzweifelhaft auf in dem Auszug des Bleiessigniederschlags vom Harn mit schwefelsäurehaltigem Alkohol, auch war bei Verdünnung dieses Auszugs auf das ursprüngliche Volumen des Harns der Streifen noch deutlich sichtbar. Fäulniss lässt den Streifen, wenn er ursprünglich vorhanden war, nur sehr undeutlich erkennen, auf Säurezusatz wird er wieder deutlich; zeigte ein Urin ursprünglich den Streifen nicht, so wurde er auch durch Fäulniss nicht hervorgerufen. — Die Wirkung der Säuren auf den Urin erwies sich durchaus nicht gleich, am stärksten wirkte Schwefelsäure, Salz- und Salpetersäure, viel schwächer Essigsäure. War durch eine derselben der Streifen in Harn erkennbar gemacht, so verschwand er wieder bei nachheriger Neutralisation, wurde dann hervorgerufen, aber nach b hin verschoben, durch Zusatz von Natronlauge oder Natriumcarbonat oder Ammon, um wieder zu verschwinden, wenn diese Alkalien neutralisirt wurden.

Es folgt hieraus, dass die neutrale Urobilinlösung eine sehr deutliche Absorption des Lichtes zwischen b und F nicht besitzt, dass die Absorption in der Nähe von F eine Eigenschaft der Säureverbindung des Urobilins ist. Es ergibt sich ferner, dass der Urin in normalem Zustande stets einen Körper enthält, der durch Bleilösungen gefällt, bei Behandlung des Bleiniederschlags mit schwefelsäurehaltigem Alkohol Urobilin liefert, dass wir aber bis jetzt noch kein Mittel besitzen zu bestimmen, ob ein Harn, welcher wegen nahezu neutraler Reaction den Streifen nicht erkennen lässt, bereits präformirt diesen Farbstoff enthält, denn wenn sich derselbe nach Zusatz von Säure einstellt, so kann das Urobilin durch Einwirkung der Säure gebildet sein. Im Harn von Fieberkranken tritt der Streifen des Urobilins oft ausserordentlich stark auf und es ist keine Frage, dass nicht der Säuregehalt des Harns, sondern der reiche Gehalt desselben an Urobilin selbst als Ursache dieser Erscheinung allein angesehen werden muss. Alle Beachtung verdient es aber, einen Körper, der nur durch Reductionsprocesse im Organismus gebildet werden kann, reichlich im Urin erscheinen zu sehen bei einem Krankheitsprocesse, von dem man annimmt, dass er mit besonders lebhafter Oxydation verbunden ist.

Reaction auf Harnsäure. Magnier de la Source*) verwendet zu der bekannten Murexidreaction auf Harnsäure Bromwasser anstatt Salpetersäure. Die Sedimente, welche Harnsäure enthalten, werden ohne Anwendung einer hohen Temperatur mit einigen Tropfen Bromwasser behandelt. Nach dem Verdunsten im Wasserbade bleibt bei Gegenwart

*) Aus Repert d. Pharm. Tom. III. p. 103 durch Archiv d. Pharm. **208**, 84.

von Harnsäure ein ziegelrother Absatz, welcher mit einem Tropfen Kalilauge eine schöne blaue Färbung, mit einem Tropfen Ammon die bekannte Purpurfarbe gibt. Man soll auf diese Weise die geringsten Spuren von Harnsäure nachweisen können, wenn jedes überschüssige Bromwasser vermieden wird, indem sich sonst höhere Oxydationsproducte als das Alloxan, nämlich Parabansäure und Oxalsäure bilden würden. Verf. verwendet ein Bromwasser, welches auf 100 CC. Wasser 5 bis 6 Tropfen Brom enthält.

3. Auf gerichtliche Chemie bezügliche Methoden.

Von

C. Neubauer.

Zur Nachweisung des Phosphors in Vergiftungsfällen. In gerichtlichen Fällen von Phosphorvergiftung wäre es ein bedeutender Fortschritt, wenn es gelänge den Phosphor während der Operationen gegen Oxydation zu schützen, alles Fremdartige davon zu entfernen und ihn in einen haltbaren Verbindungszustand überzuführen, der aber gleichzeitig gestattet den Phosphor daraus nach Belieben wieder frei zu machen. Das folgende Verfahren von L. Dusart*) scheint diese Bedingungen zu erfüllen; es beruht:

1. auf der Eigenschaft, welche eine Mischung von gleichen Raumtheilen Schwefelkohlenstoff, Aether und Weingeist besitzt, den Phosphor leicht zu lösen und mit den flüssigen oder halbflüssigen Producten der gerichtlichen Untersuchung eine Emulsion von einer gewissen Haltbarkeit zu geben, welche sie in allen ihren Theilen mit einem energischen Lösungsmittel in Berührung bringt;

2. auf der Verbindung des Phosphors mit dem Schwefel, welcher sich nicht so leicht oxydirt als der freie Phosphor und eine gewisse Beständigkeit besitzt;

3. auf der Fällung des so erhaltenen Schwefelphosphors durch metallisches Kupfer, wodurch man ein Gemenge von Schwefelkupfer und Phosphorkupfer erhält, welches haltbar ist und durch Einwirkung von Wasserstoff in stat. nasc. Phosphorwasserstoff entbindet.

*) Aus Journ. de Méd. de Bruxelles durch Zeitschrift d. österr. Apothekervereins **12**, 633.

Zunächst bereitet man sich eine Mischung von gleichen Raumtheilen Schwefelkohlenstoff, Aether und 90 procentigem Weingeist und löst in 100 CC. derselben 0,5 Grm. Schwefel auf.

Die festen und flüssigen Contenta des Magens und Darmcanals gibt man zusammen mit dem Blute der grossen Gefässe in eine gut verschliessbare Flasche, setzt von obiger Mischung in kleinen Portionen unter gutem Umschütteln hinzu und hört damit auf, wenn eine ziemlich stabile Emulsion entstanden ist. Selbstverständlich lässt sich im Voraus die anzuwendende Quantität der Mischung nicht bestimmen.

Nach 24 Stunden zieht man die ätherische Lösung ab, wiederholt dieselbe Behandlung mit neuer Mischung noch 1—2 Mal, filtrirt und giesst das vereinigte Filtrat in eine tubulirte Retorte, in welcher sich einige blanke Kupferdrehspäne befinden. Man überlässt das Ganze 24 Stunden bei gewöhnlicher Temperatur sich selbst. Sollte während dieser Zeit sämmtliches Metall seinen Glanz verloren haben und schwarz geworden sein, so müsste noch eine weitere Quantität Kupfer hinzugegeben werden. Nach Ablauf der angegebenen Zeit zieht man die ätherische Flüssigkeit im Wasserbade ab. Der Retorteninhalt besteht aus Wasser, Fett, extractiven Materien und mit Phosphor und Schwefel verbundenem Kupfer. Letzteres sammelt man in einem Trichter, wäscht mit Weingeist, dann mit Aether ab, lässt es an der Luft trocken werden und bewahrt es zur weiteren Prüfung in einem verschlossenen Glase auf.

Man kann auch so verfahren, dass man die vereinigten Flüssigkeiten ohne vorherige Behandlung mit Kupfer der Destillation unterwirft, die wässerigen erkalteten Rückstände filtrirt, den aus Schwefel, Schwefelphosphor und Fett bestehenden Filterinhalt in eine Flasche bringt und mit einer Auflösung von schwefligsaurem Natron bei 10^0 R. schüttelt. Dadurch wird der überschüssige Schwefel entfernt, während der Schwefelphosphor zurückbleibt. Man setzt jetzt noch mehr Wasser zu, dekantirt, behandelt den Rückstand mit Schwefelkohlenstoff und Kupfer und verfährt sodann wie oben.

Mit Wasserstoff in stat. nasc. gibt dieses Phosphorkupfer jetzt Phosphorwasserstoff, welchem bekanntlich die Eigenschaft, mit grüner Flamme zu brennen, zukommt. Man braucht also um diese Eigenschaft beobachten zu können, nur das phosphorhaltige Kupfer in einen Apparat zu bringen, in welchem sich reines Wasserstoffgas entwickelt. Da aber gleichzeitig vorhandenes Schwefelkupfer Schwefelwasserstoff entbindet, und dieser beim Brennen die Anwesenheit des Phosphors verdeckt, so muss man ihn beseitigen. Letzteres erreicht man dadurch, dass man das Gas über mit Aetzlauge getränkten Bimsstein oder über mit Eisenoxydhydrat imprägnirte Holzsägespäne streichen lässt. Die Herstellung solcher Späne geschieht auf die Weise, dass man dieselben erst mit einer Lösung von Eisenchlorid tränkt und dann mit ammoniakalischem Wasser auswäscht.

Urin bei acuter Phosphorvergiftung. v. Mering*) beschreibt einen Fall, wo der 24stündige Urin (1200 CC.) der vom 3. zum 4ten Tage nach der Phosphorvergiftung von einem 22jährigen Patienten entleert wurde, 20,5 Grm. Harnstoff und 1,34 Grm. Harnsäure enthielt. Dagegen war der Urin frei von Fleischmilchsäure, peptonartiger Substanz, Leucin und Tyrosin. Der Urin war in der ganzen Beobachtungszeit bis zum Tode frei von Zucker, obgleich Patient über 200 Grm. Traubenzucker eingenommen hatte; ebensowenig gab der Urin Gallenfarbstoffreaction. In dem alkoholischen Leberextract konnte kein Zucker nachgewiesen werden.

In einem anderen Falle von Phosphorvergiftung enthielt der Urin Fleischmilchsäure aber wenig Harnstoff.

Zur Bestimmung des Arsens in gerichtlichen Fällen. Gautier**) verfährt zur Abscheidung des Arsens in gerichtlichen Fällen folgendermaassen: Etwa 100 Grm. der fraglichen Objecte werden in einer Schale mit 30 Grm. Salpetersäure übergossen und solange gelinde erwärmt, bis die zu Anfang verflüssigte Masse anfängt schleimig zu werden und sich an den Wänden anzusetzen. Man entfernt sodann die Schale vom Feuer, da im anderen Falle leicht eine äusserst heftige Reaction eintreten kann, die eine theilweise Verflüchtigung des Arsens zur Folge haben könnte. Man setzt darauf 6 Grm. Schwefelsäure hinzu, erhitzt bis die braunschwarze Masse anfängt sich an den Boden anzusetzen und lässt endlich tropfenweise 15 Grm. Salpetersäure in die heisse Masse fliessen. Die Reaction wird jetzt ziemlich heftig, nach kurzer Zeit ist alle Salpetersäure verdampft und man erhält den Rückstand als eine kohlige Masse, welche sich leicht pulverisiren lässt und an heisses Wasser die gesammte Menge des Arsens abgiebt. Gautier hat sich durch quantitative Versuche überzeugt, dass bei genauer Befolgung dieser sehr rasch ausführbaren Methode kein Verlust an Arsenik stattfindet und weiter, dass

*) Centralblatt f. d. med. Wissenschaften 1876 p. 160.

) Ber. d. deutsch. chem. Ges. z. Berlin **8, 1349.

selbst die Gegenwart grosser Mengen von Chlorverbindungen ohne merklichen Einfluss ist.

Nachweisung von Blut in gerichtlichen Fällen. E. Reichardt*) bespricht die verschiedenen Reactionen, welche zur Auffindung des Blutes in gerichtlichen Fällen gebräuchlich sind. Zur Aufweichung alter Flecken, behufs der mikroskopischen Prüfung auf Blutkörperchen, empfiehlt der Verf. eine Lösung von 30 Grm. Eiweiss, 270 Grm. Wasser und 40 Grm. Chlornatrium. Die Besprechung der Prüfung auf Stickstoff, der Reaction auf Eisen, der Darstellung der Häminkrystalle, sowie der Guajakreaction bietet nichts Neues.

Bei der Prüfung auf Blutfarbstoff mit dem Spectroskop erwähnt der Verf., dass die rothe Flüssigkeit, welche man beim Kochen von Indigocarmin mit überschüssigem Alkali erhält, dieselbe spectralanalytische Reaction ergibt wie alkalisches Blut, so dass auch bei dieser, bis jetzt als sehr sicher bezeichneten Reaction, bei alkalischen und gekochten Flüssigkeiten grosse Vorsicht in der Deutung zu beobachten ist. Die einzig sichere und allein beweisende Reaction für Blut sind nach Reichardt die Häminkrystalle. Die anderen Mittel sind, abgesehen von dem Auffinden noch erhaltener Blutkörperchen, wohl sehr brauchbar zur Bestätigung und können vereint werthvolles Material zur Beurtheilung des Falles bieten, allein entscheidend sind sie nicht.

---

*) Archiv der Pharm. **207**, 537.

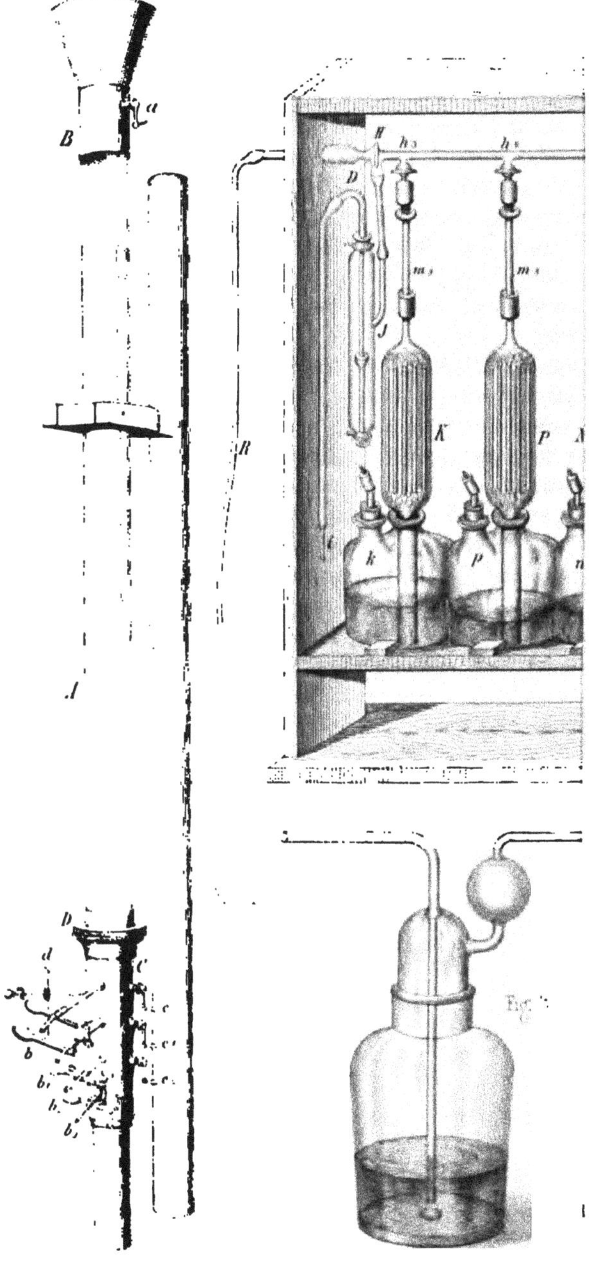
a
B
H
h
h
D
m
m
J
K
P
R
k
p
n
A
D
d
C
c
b
Fig.

Sachregister.

(Die Salze sind bei den betreffenden Säuren oder Halogenen zu suchen.)

Autorenregister.

ZEITSCHRIFT

FÜR

ANALYTISCHE CHEMIE.

HERAUSGEGEBEN

VON

DR. C. REMIGIUS FRESENIUS,
GEH. HOFRATHE UND PROFESSOR, DIRECTOR DES CHEMISCHEN LABORATORIUMS
ZU WIESBADEN.

SECHZEHNTER JAHRGANG.

MIT IN DEN TEXT GEDRUCKTEN HOLZSCHNITTEN UND VIER LITHOGR. TAFELN.

WIESBADEN.
C. W. KREIDEL'S VERLAG.
1877.

Inhalts-Verzeichniss.

I. Original-Abhandlungen.

Seite.

II. Bericht über die Fortschritte der analytischen Chemie.

I. Allgemeine analytische Methoden, analytische Operationen, Apparate und Reagentien. Von H. Fresenius.

Eine neue Methode zur gewichts- oder maassanalytischen Bestimmung von Phosphor, Arsen, Schwefel, Chlor, Brom und Jod in organischen Substanzen, und zwar in den Verbindungen sowohl, wie in den Vegetabilien, den Animalien und bezüglich des Schwefels auch im Leuchtgase. *)

Von

G. Brügelmann.

Durch zwei leicht vorzunehmende Modificationen an meiner in dieser Zeitschrift **15**, 1—27, und — in ihrer Anwendung auf die Bestimmung des Schwefels im Leuchtgase — daselbst **15**, 175—186 beschriebenen Methode zur Bestimmung von Phosphor, Schwefel und Chlor in organischen Substanzen, ist es mir gelungen, einmal die Anwendbarkeit der Methode noch auf das Arsen, und nach Ersetzung der gekörnten Aetzkalkschicht durch eine Schicht gekörnten Natronkalkes, auch auf das Brom und auf das Jod zu erstrecken, dann aber auch die Verbrennung der beim Erhitzen im Sauerstoffstrome leichtentzündlichen und daher auch leicht zu Explosionen Veranlassung gebenden Körper so sicher zu gestalten, dass man den ruhigen und regelmässigen Verlauf der Operation vollkommen in der Hand hat.

Ausserdem lassen sich, worauf ich nachher näher eingehen werde, bei Anwendung dieser Methode die betreffenden sechs Elemente mit nur wenigen Ausnahmen beim Phosphor und Arsen durchgängig genau und in kurzer Zeit maassanalytisch bestimmen, nämlich der Phosphor und das Arsen (als Phosphor- und Arsensäure) mit Uranlösung, der Schwefel (als Schwefelsäure in saurer Lösung) mit Chlorbaryumlösung und Chlor, Brom und Jod mit Silber- und Rhodanlösung. Namentlich für die so häufig in der organischen Chemie vorkommenden Bestimmungen der betreffenden

*) Dieser Abhandlung habe ich, da dieselbe meine beiden vorhergehenden, im 15. Bde. dieser Zeitschrift enthaltenen Aufsätze vervollständigt, eine auf den Inhalt sämmtlicher drei Abhandlungen hindeutende Ueberschrift gegeben.

Elemente bietet dies ohne Zweifel eine bedeutende Erleichterung. Denn ein jedes derselben lässt sich auf diese Weise in 3—4 Stunden quantitativ ermitteln, und verlangen diese Bestimmungen daher annähernd nur dieselbe Zeit zur Ausführung, wie die Kohlenstoff- und Wasserstoffbestimmungen in organischen Verbindungen.

Bei diesen maassanalytischen Bestimmungen machen sich die verhältnissmässig kleinen Mengen von Reagentien, welche meine Methode selbst für die Verarbeitung sehr grosser Substanzmengen beansprucht, besonders auch dadurch vortheilhaft geltend, dass die Auflösung des Rohrinhaltes mit nur wenig Flüssigkeit zu erreichen ist.

Vorzüge der Methode sind es noch, dass sich nacheinander, oder wenn man die Flüssigkeit theilt, auch nebeneinander in einer und derselben Lösung die genannten sechs Elemente bestimmen lassen und dass, wie man dies in einer Verbindung vermag, es auch in zweien ausführbar ist, wenn man dieselben gleichzeitig in demselben Rohr verbrennt; auch auf diese Punkte komme ich noch zurück.

Vorweg bemerke ich ausdrücklich, dass die Ausführung der Methode, wie ich sie in den oben angegebenen beiden Abhandlungen früher beschrieben habe, in allen Einzelheiten bis auf die sogleich mitzutheilenden Modificationen genau dieselbe bleibt.

I. Erste Modification.

Diese Modification besteht darin, dass man die Substanz, wenn sie beim Erhitzen im Sauerstoffstrom leichtentzündliche Dämpfe entwickelt, und hierher gehören namentlich fast sämmtliche «feste und flüssige nicht flüchtige Verbindungen», zuerst in einem Luftstrome in die für diese Fälle nicht unter 15 Cm. betragende Asbestschicht hinein treibt. Der Luftstrom wird alsdann, bevor man mit dem Erhitzen weiter fortschreitet, durch den Sauerstoffstrom verdrängt und hierauf in diesem erst die Verbrennung bewirkt. Die für den Luftstrom einzuhaltende Schnelligkeit ist dieselbe wie die für den Sauerstoffstrom früher angegebene, also einer Zuleitung von etwas über 100 CC. Gas in einer Minute entsprechend. Die beiden den Sauerstoff und die Luft enthaltenden Gasometer stehen in bekannter Weise derart mit einander in Verbindung, dass man ohne Unterbrechung des Gasstromes dem Luftstrome den Sauerstoffstrom folgen lassen kann.

Diese Abänderung des Verfahrens, welches mir bei alleiniger Anwendung einer Asbestschicht noch nicht genügend sicher erschien, ermöglichte beispielsweise zuerst eine ruhige und gleichmässige Verbrennung der Kakodylsäure und des Carbothialdins, welche vorher trotz der grössten Vorsicht beim Erhitzen nicht zu erreichen war. Indessen nicht nur für die Analyse der arsen- und schwefelhaltigen, sondern auch für die Untersuchung der Chlor-, Brom- und Jodverbindungen (nur phosphorhaltige Verbindungen, welche mit überschüssigem Aetzkalke, etwa dem dreifachen Volum, gemischt werden, verbrennt man direct im Sauerstoffstrom und ohne Anwendung einer Asbestschicht; s. diese Zeitschrift **15**, 15) bedient man sich zur sicheren Vermeidung von Explosionen, ausser der Asbestschicht, des Luftstromes in der eben angedeuteten Weise.

Von den «flüssigen, flüchtigen Verbindungen» verbrennt man, da man den oft unbedingt erforderlichen Sauerstoffüberschuss während der Operation sonst nicht erreichen könnte, und da sie zu Explosionen bei vorsichtigem Erhitzen keine Veranlassung geben, die schon bei gewöhnlicher Temperatur leicht flüchtigen, wie Schwefelkohlenstoff, Aethylbromid und Aethyljodid, ohne Anwendung des Luftstromes direct im Sauerstoffstrome; aber auch bei den schwerer flüchtigen, wie Phenylsenföl, Benzoylchlorid und Hexyljodid, ist dies im Allgemeinen gut ausführbar; denn einestheils verdampfen auch sie schon bei verhältnissmässig niedriger Temperatur, anderentheils reicht die Spitze des Halses der die Substanz enthaltenden kleinen Glaskugel, nach dem Abbrechen durch Einschieben des Sauerstoffzuleitungsrohres, fast immer bis an die Asbestschicht oder bis in dieselbe hinein, so dass die Flüssigkeit beim Austreten aus der Kugel direct in den Asbest gelangt.

Für die Verbrennungen der arsenhaltigen Verbindungen trennt man die Asbestschicht von der Kalkschicht (oder Natronkalkschicht) nicht durch Platin, sondern durch Glasstücke, da durch die Gegenwart des Arsens das Platin sehr bedeutend angegriffen wird. Bei den nachher zu erwähnenden Verbrennungen mit einer Natronkalkschicht, ebenfalls auf die Annehmlichkeit der Anwendung des Platins zu verzichten, ist nicht empfehlenswerth, da dasselbe durch einen Natronkalk von der dort angegebenen Zusammensetzung nur sehr wenig angegriffen wird, die Resultate hierdurch aber vollkommen unbeeinflusst bleiben; man kann sich indessen anstatt des Platins ausser den Glasstücken zur Trennung der Natronkalkschicht vom Asbest, auch eines lockeren Asbestpfropfens zum Verschlusse des Rohres bedienen.

Die arsenhaltigen Substanzen müssen, nachdem sie im Luftstrome in die Asbestschicht sublimirt worden sind, wie die Schwefelverbindungen mit fortwährendem Sauerstoffüberschuss verbrannt werden, da bei einer Abscheidung von Kohle auf der Kalk- oder Natronkalkschicht sich Arsen im metallischen Zustande verflüchtigen würde. Das Arsen erhält man so in der Form von Arsensäure, in der es sich leicht und gut auf gewichtsanalytischem, wie besonders schnell und ebenfalls genau auf maassanalytischem als arsensaures Uranoxyd bestimmen lässt.

Von der von Bödeker angegebenen Methode der maassanalytischen Bestimmung der Arsensäure mit salpetersaurer (essigsaurer) Uranlösung bin ich etwas abgewichen; die Methode wird hierdurch einfacher und auch wohl genauer. Das Nähere hierüber findet sich in meiner ebenfalls in diesem Hefte enthaltenen Mittheilung: «Zur maassanalytischen Bestimmung der Arsensäure und der Phosphorsäure durch Uranlösung.» Für die speciell hierhergehörigen Fälle erwähne ich nur, dass der Rohrinhalt zweckmässig zuerst in einem 100 CC., oder, wenn dies die gleichzeitige Anwesenheit der anderen Elemente erfordern sollte, mehr (bis zu 250 CC.) fassenden Messkolben mit etwas Wasser übergossen und dann durch Zusatz von Salpeter- oder Salzsäure — ein Ueberschuss an Säure schadet der Arsensäurebestimmung nicht — gelöst wird.

Die gewichtsanalytischen Bestimmungen des Arsens als arsensaures Uranoxyd nach Werther*) wurden bewirkt wie dies in Fresenius' Anl. z. quant. chem. Anal. 6. Aufl. S. 370—371 angegeben ist, also unter Berücksichtigung der von Puller**) in neuerer Zeit über die Methode mitgetheilten Erfahrungen. Nur wurde der Niederschlag statt in einem Porcellantiegel wie das phosphorsaure Uranoxyd in einer Platinschale behandelt; eine nachtheilige Einwirkung desselben auf das Platin habe ich bei sorgfältiger Vermeidung einer Abscheidung von Arsen nicht bemerken können.

Der für die Arsenbestimmungen zur Verwendung kommende Kalk (oder Natronkalk) muss wie für die entsprechenden Phosphorbestimmungen selbstverständlich frei von Eisen und Thonerde sein,***) da diese sonst in den durch Uranlösung erhaltenen Niederschlag mit übergehen.

II. Zweite Modification.

Die zweite Modification, welche es ermöglicht, die Methode mit Vortheil auch auf die Bestimmungen des Broms und Jods auszudehnen, be-

*) Journ. f. prakt. Chem. 43, 346.

**) Diese Zeitschrift 10, 72.

***) S. die Darstellung von reinem Aetzkalk in dieser Zeitschrift 15, 5—8.

steht, wie schon eingangs dieser Abhandlung erwähnt worden, darin, dass an Stelle des gekörnten Aetzkalkes gekörnter Natronkalk zur Anwendung kommt. *) Bei der Herstellung dieses Materiales kam es einmal darauf an, eine Mischung von Kalk und Natronhydrat zu erhalten, welche ohne die Vorzüge des reinen Kalkes**), insbesondere seine Unveränderlichkeit in hoher Temperatur und seine höchst geringe Einwirkung auf das Glas, in einer für die betreffenden Bestimmungen bemerkenswerthen Weise zu beeinträchtigen, doch auf der anderen Seite die bindende Kraft des Natrons, also eine ausreichende Menge desselben zur Aufnahme für Brom und Jod besitze. Eine diesen Anforderungen vollkommen entsprechende Zusammensetzung erhält man durch die Darstellung des Natronkalkes***) in der Weise, dass auf 4 Thle. Kalk 1 Thl. Natronhydrat genommen wird. Die Darstellung richtet man zweckmässig in folgender Weise ein: In einem grossen Porcellantiegel (nicht in einer Silberschale) von etwa 8—9 Cm. Oeffnung und 7 Cm. Höhe†) löscht man 80 Grm. zerriebenen Marmorkalk mit einer heissen Lösung von 20 Grm. Natronhydrat in 60 Grm. Wasser. Nach dem Zusatze der Natronlauge rührt man sofort und schnell mit einem Glasstabe gut um, damit die Lauge den Kalk vollkommen gleichmässig durchdringt, ehe dieser gelöscht wird; denn tritt die Absorption des Wassers (in der angegebenen Menge) durch den Kalk früher ein, so ist die gleichmässige Aufsaugung der Natronlauge durch

---

*) Für das seither vielfach angewandte Verfahren, Chlor, Brom und Jod in organischen Substanzen durch Glühen mit Kalk in einem an einer Seite zugeschmolzenen Rohre zu bestimmen, ist im Handbuch der analyt. Chem. von H. Rose, 6. Aufl. vollend. von R. Finkener, Bd. 2. S. 735, ebenfalls die Anwendung von Natronkalk (3 Thle. Kalk auf 1 Thl. Natronhydrat) anstatt des Aetzkalkes empfohlen, einmal um eine vollständige Verbrennung der Kohle zu erzielen, dann auch, um die Bildung von Cyan bei stickstoffhaltigen Verbindungen zu vermeiden.

) Diese Zeitschrift **15, 2—3.

***) Ein vollkommen reines, namentlich auch von Schwefel und Chlor gänzlich freies, aus Natrium dargestelltes und daher für den vorliegenden Zweck vorzüglich geeignetes Natronhydrat liefert die chemische Fabrik von H. Trommsdorff in Erfurt; ebenso habe ich von derselben für meine Untersuchungen den chlorfreien Marmorkalk bezogen. Auch dieser war stets von sehr guter Qualität; obgleich nur chlorfreier Kalk verlangt worden, war derselbe ab und zu auch vollkommen frei von Schwefel und enthielt nur sehr geringe Mengen von Eisen, Thonerde und Quarz.

†) Tiegel von der angegebenen Grösse liefert die Königl. Sächs. Porcellanmanufactur in Meissen.

denselben nicht gesichert — es kann vielmehr ein Theil Kalk ungelöscht bleiben — und eine nachherige gleichförmige Mischung ist bei der Zähigkeit der Masse nicht mehr zu erreichen. Andrerseits ist aber ein grösserer Zusatz von Wasser, welches doch wieder verjagt werden müsste, wenn wie angegeben verfahren wird, nicht erforderlich. Der erhaltene Natronkalk wird alsdann über einer Glühlampe so lange erhitzt, bis das Wasser ausgetrieben und die Masse vollständig fest geworden ist. Sie löst sich nach dem Erkalten leicht aus dem Tiegel los und wird für den Gebrauch, wie ich dies für den Marmorkalk und den gereinigten Aetzkalk früher angegeben habe,*) gekörnt. 80 Grm. Kalk und 20 Grm. Natronhydrat geben Material für etwa 8 Verbrennungen und lassen sich bequem in einem Tiegel von der angegebenen Grösse verarbeiten. Der Kalk wird direct in dem Tiegel gelöscht.

Nach der Verbrennung wird der Rohrinhalt, namentlich bei Jodbestimmungen, am besten in der Weise behandelt, dass man ihn in ein Becherglas, oder will man nur einen Theil der Flüssigkeit zur Bestimmung verwenden, in einen Messkolben von 250 CC. Inhalt bringt und alsdann durch Zusatz von etwa 150 CC. Wasser und Erhitzen zum beginnenden Sieden — erforderlichenfalls einige Zeit lang — vollkommen fein zertheilt. In Folge dieser feinen Zertheilung lässt sich nun nach dem Erkalten und nachdem man vorher zweckmässig ein Stückchen stark gebläutes Lackmuspapier in die Flüssigkeit gebracht, durch einen nur geringen Ueberschuss von Salpetersäure schnell eine klare Lösung erhalten. Bei einem solchen geringen Ueberschuss an Säure ist man vor Verlusten durch Entwicklung von Chlor-, Brom- oder Jodwasserstoff oder auch von Jod, selbst bei der angegebenen Concentration der Lösung, gesichert. Um die bei der Auflösung des Rohrinhaltes durch die Säure hervorgerufene Wärmeentwicklung jedenfalls unschädlich zu machen, stellt man den Kolben hierbei vortheilhaft in ein Gefäss mit kaltem Wasser und setzt die Säure in kleinen Portionen und langsam zu.

Während man nach der Auflösung in Wasser und Säure bei Chlor- und Brombestimmungen ohne weiteres zur Ausfällung oder Titrirung mit Silberlösung schreiten kann, geht dies bei Jodbestimmungen nicht, denn durch die bei der Auflösung eingetretene wechselnde Einwirkung der Salpetersäure auf das Jodnatrium unter Abscheidung von Jod, und der

---

*) Diese Zeitschrift **15**, 6.

überschüssig vorhandenen Natronlauge auf das, wie eben erwähnt, entstandene freie Jod, ist die grössere Quantität des Jods theils als solches und theils als jodsaures Natron in Lösung gegangen, würde sich also der Bestimmung entziehen. Man verwandelt daher in bekannter Weise durch Zutröpfeln von schwefliger Säure bis die Lösung farblos geworden ist, das freie Jod und das Jod des jodsauren Natrons zurück in Jodwasserstoffsäure.

Zur Bestimmung des Chlors, Broms oder Jods, und zwar auch der kleinen Mengen, wie sie in den organischen Gebilden (Vegetabilien und Animalien) vorkommen, bedient man sich nun am vortheilhaftesten der bereits erwähnten, schnell ausführbaren und höchst genauen maasanalytischen Bestimmungsweise mittelst zweier Lösungen von salpetersaurem Silber und Rhodanammonium (Rhodankalium) nach J. Volhard*). Gleichgültig ob die Lösung ganz klar ist oder nicht, nimmt man entweder die ganze bis zu 250 CC. betragende Flüssigkeit oder auch einen Theil derselben zum Titriren. Für diese maassanalytischen Bestimmungen ist der eben hervorgehobene geringe Säureüberschuss, ganz abgesehen von einer Verflüchtigung von Chlor-, Brom- oder Jodwasserstoff oder auch Jod, schon deshalb erforderlich, weil Anwesenheit einer grösseren Menge von Säure schnell zersetzend auf das als Indicator dienende Rhodaneisen wirkt, während wenig Säure dies nicht thut.

Einen etwas zu grossen Ueberschuss an Säure nimmt man am besten, und zwar auch bei den für die Bestimmung des Schwefels erhaltenen Lösungen, in der Weise fort, dass man die Flüssigkeit mit dem bei der Darstellung des Natronkalkes erwähnten vollkommen reinen, aus Natrium dargestellten Natronhydrat bis zur alkalischen Reaction versetzt und dann wieder eine kleine Menge der entsprechenden Säure zufügt.

Die maassanalytische Bestimmung der Schwefelsäure durch Chlorbaryum in sauren Lösungen nach R. Wildenstein ist, soviel mir bekannt, bis jetzt nur für technische Zwecke benutzt worden. Ich habe dieselbe jedoch in einer Weise abgeändert, dass sie allgemein anwendbar, und zwar auch für die Bestimmung kleiner Schwefelsäuremengen, geworden ist; das Nähere hierüber findet sich in meinem ebenfalls in diesem Hefte enthaltenen Aufsatze: »Zur maassanalytischen Bestimmung der Schwefelsäure durch Chlorbaryumlösung in sauren Flüssigkeiten.« In der

*) Beschreibungen von Volhard's Methode finden sich in dieser Zeitschrift 18, 171—175 und im Journ. f. prakt. Chem. [N. F.] 9, 217, aus den Sitzungsber. d. Königl. Bayer. Akademie d. Wissensch.

dort mitgetheilten Form habe ich verschiedene meiner Bestimmungen der bei der Verbrennung von Verbindungen, Vegetabilien und Animalien erhaltenen Schwefelsäure ausgeführt und, wie die Belege zeigen, gute Resultate erhalten. Vergl. die Belege Nr. 7, 22, 23 u. 24, 25 u. 26, sowie 28 u. 30.

Wenn man bedenkt, wie langwierig die gewichtsanalytische Bestimmung der Schwefelsäure durch Chlorbaryum in Folge der bekannten Neigung des schwefelsauren Baryts bei Gegenwart anderer Salze stark verunreinigt niederzufallen sich gestaltet, da man alsdann, wenigstens bei Verbindungen, eine nachherige Reinigung des Niederschlages niemals unterlassen darf, so erscheint die allgemeine Anwendbarkeit der erwähnten maassanalytischen Methode nur um so werthvoller.

Mit Ausnahme derjenigen Fälle, welche für die Bestimmungen der Phosphorsäure eintreten, und der analogen für die Arsensäurebestimmungen, nämlich wenn Eisen oder Thonerde in störender Menge sich in der Lösung befinden, lassen sich also nach meiner Methode und unter Anwendung der erwähnten maassanalytischen Bestimmungsweisen, die sämmtlichen in den Kreis der Untersuchung gezogenen sechs Elemente schnell und genau bestimmen. — Die manchmal nur höchst geringen Mengen von Eisen (und Thonerde), die sich in den organischen Gebilden befinden, sind meiner früheren Annahme entgegen, für die maassanalytische Bestimmung der Phosphorsäure nicht störend; sie beeinflussen das Resultat, wie die Belege Nr. 23 u. 24, 25 u. 26, sowie 27 u. 29 zeigen, in keiner Weise. —

Die maassanalytischen Bestimmungsweisen verdienen daher im Allgemeinen gewiss den Vorzug vor den längere Zeit erfordernden gewichtsanalytischen. Man wird indessen, sollte es sich nur um eine, oder nur um wenige Bestimmungen handeln und sollte man die nöthigen titrirten Lösungen nicht bereits besitzen, wohl vortheilhafter den Weg der Gewichtsbestimmung einschlagen.

Für diese Fälle ist es nicht erforderlich, die durch die Einwirkung des Natronkalkes auf das Glas aufgenommene und nach etwa erforderlichem Filtriren in Lösung bleibende Kieselsäure zu berücksichtigen; dieselbe ist ohne Einfluss auf die Resultate, wie die Belege Nr. 4, 7, 11, 16, 21, 25 (für den P.) 27 und 28 beweisen.

Es wurde schon oben erwähnt, dass die betreffenden sechs Elemente sich nacheinander, oder wenn man die Flüssigkeit theilt, auch nebeneinander in einer und derselben Lösung bestimmen lassen. S. hierfür die Belege Nr. 19, 20, 21, 22, 23 u. 24, 25 u. 26, sowie 27 u. 29.

Die ersten vier dieser Belege habe ich, da mir keine gleichzeitig zwei der betreffenden Elemente enthaltende Substanz zur Verfügung stand, in der Weise erhalten, dass ich, was für das Resultat dasselbe, zwei Substanzen mit den gewünschten Elementen auf einmal verbrannte.

Denn ebenso gut wie man die betreffenden Elemente in einer Substanz nebeneinander zu bestimmen vermag, kann man dies auch in zwei Verbindungen. Man bringt dieselben alsdann wenn sie fest, oder flüssig und nicht flüchtig, wie sonst, in einem und demselben Schiffchen, in dem man sie nacheinander abwiegt, oder auch gesondert in zwei Schiffchen, — sind sie flüssig und flüchtig in zwei Glaskugeln mit langem zugeschmolzenem Halse in das Verbrennungsrohr; das weitere Verfahren bleibt unverändert. Drei Verbindungen zugleich zu verbrennen wird sich, sollte es überhaupt einmal wünschenswerth sein, weniger empfehlen, da man schon bei zweien von einer jeden etwas weniger nehmen muss, als wenn man nur eine untersucht; es würde sonst die Absorptionsfähigkeit der kurzen Kalk- oder Natronkalkschicht überschritten werden.

Nach meinen Versuchen beträgt die zur Untersuchung kommende Substanzmenge der Verbindungen zweckmässig 0,2—0,6 Grm. und zwar weniger von den an den betreffenden Elementen reicheren, mehr von den anderen. Während der Aetzkalk nur anwendbar für die Bestimmungen von Phosphor, Arsen, Schwefel und Chlor, ist der Natronkalk dies für sämmtliche sechs Elemente. Ausserdem hat derselbe für die Bestimmung des Schwefels in Verbindungen das Angenehme, die entstandene Schwefelsäure zum grösseren Theile als leichtlösliches schwefelsaures Natron zu liefern und für Chlorbestimmungen bietet er dem Aetzkalke gegenüber den Vortheil, dass, da hauptsächlich Chlornatrium bei der Aufnahme des Chlors durch den Natronkalk entsteht, das Glas an den betreffenden Stellen weit weniger angegriffen wird, als bei der Anwendung des Kalkes durch das entstandene leichter schmelzbare Chlorcalcium an einer sehr kleinen Stelle in Verbindung mit dem Kalke.

Zur Auflösung des Rohrinhaltes ist die Salpetersäure stets, die Salzsäure nur für die phosphor-, arsen und schwefelhaltigen Substanzen anwendbar.

Ein Verlust an Chor-, Brom- oder Jodnatrium durch Verflüchtigung tritt bei den Verbrennungen nicht ein; es geht dies schon daraus hervor, dass sich bei gutem Verlauf der Operation und bei richtiger Beschaffenheit der Natronkalkschicht die letzten 2 Cm. derselben, bei der nachherigen gesonderten Prüfung, als vollkommen frei von den betreffenden drei Elementen erweisen; auch tritt keine Verflüchtigung von (Chlor) Brom oder Jod in Folge einer etwaigen Zersetzung des (Chlor-) Brom- oder Jodnatriums ein, und ist der Ueberschuss an vorhandenem Natronhydrat jedenfalls die Ursache dieser Beständigkeit.

Die Absorptionskraft der kurzen, nur 10 Cm. langen Kalk- oder Natronkalkschicht ist eine sehr grosse. Was indessen die Menge der zu absorbirenden Elemente angeht, so ist der Marmorkalk hierin dem Natronkalk, mehr noch dem gereinigten Aetzkalke, überlegen. Es ist dies von vornherein wahrscheinlich, wenn man berücksichtigt, wie ausserordentlich porös der Marmorkalk ist, wie dagegen der gereinigte Aetzkalk ein ziemlich festes Gefüge besitzt und der Natronkalk etwa zwischen beiden steht. Will man insbesondere den gereinigten Aetzkalk anwenden, so thut man, um sich sicher zu stellen, gut, von der zu untersuchenden Verbindung nicht mehr zu nehmen, als es mit Berücksichtigung des durch die Wägung bei kleinen Mengen entstehenden Fehlers nöthig ist; bei der Untersuchung von organischen Gebilden, sowie auch bei der des Leuchtgases, kommt die geringere Absorptionsfähigkeit des gereinigten Aetzkalkes nicht in Betracht.

Wie schon erwähnt worden, ist die bei den Verbindungen zur Anwendung kommende Zeit der Verbrennung zweckmässig ungefähr derjenigen entsprechend, welche man auch für die Kohlenstoff- und Wasserstoffbestimmungen in organischen Substanzen anwendet. Sollte der Versuch indessen durch zu starkes Erhitzen einmal zu schnell verlaufen, so ist, falls die Kalk- oder Natronkalkschicht die erforderliche Beschaffenheit hat, ein Verlust so leicht nicht zu befürchten; doch treten alsdann die Nachtheile auf, welche durch mangelnden Sauerstoffzutritt bei der Verbrennung schwefel- und arsenhaltiger Verbindungen, sowie bei der Verbrennung zugleich Stickstoff enthaltender Chlorverbindungen mit Aetzkalk bedingt werden.

Es sei daher hier noch einmal als das sicherste empfohlen, die Verbrennung der Verbindungen mit fortwährendem Sauerstoffüberschuss, die Verbrennung der organischen Gebilde (bis auf eine sogleich anzuführende Ausnahme) und des Leuchtgases aber mit einer zur vollständigen Oxydation womöglich stets genügenden Sauerstoffzufuhr in der früher angedeuteten Weise zu bewirken und schon deshalb, da man alsdann unter allen Umständen einen zuverlässigen Anhaltspunkt dafür hat, dass die Verbrennung nicht zu schnell verläuft.

Die Vegetabilien und Animalien bringt man, was mir erst nachträglich bei einigen derselben als nothwendig aufgefallen ist, in der Weise in das Verbrennungsrohr, dass sich zwischen ihnen und der Wandung desselben ein weiter Kanal, wenigstens von der Hälfte des Rohrdurchmessers befindet; die Verbrennung mit genügendem Sauerstoffzutritt ist dann leicht zu erreichen. Bei Substanzen die, wie das getrocknete Rindfleisch, beim Erhitzen sich stark aufblähen, ist ein weiter Kanal ohnehin erforderlich, damit das Rohr sich nicht verstopft; auch ist dann ein Verbrennen mit Flamme, welches für einige der organischen Gebilde, insbesondere der Animalien, wie ebenfalls für das Rindfleisch z. B., bei der früher angegebenen Schnelligkeit des Sauerstoffstromes von etwas über 100 CC. in einer Minute, sich doch nicht immer vermeiden lässt, welches man indessen erforderlichenfalls durch langsameres Operiren umgeht, weit weniger störend.

Die Uebertragung der Verbrennung von dem der Kalkschicht zugekehrten Theile der Substanz (bei organischen Gebilden) nach der dem eintretenden Sauerstoffstrome zugewendeten Seite ändert die Operation nicht, da man dieselbe auch von hier aus zu Ende führen kann; besser leitet man aber die Verbrennung durch Fortschreiten von der Kalkschicht aus.

Früher habe ich angegeben, nur die Verbindungen mit Sauerstoffüberschuss zu verbrennen, die organischen Gebilde dagegen mit genügendem Sauerstoffzutritt. Da es aber auch unter diesen Substanzen gibt, welche wie das Fischbein, bis zu 3 Procent Schwefel und selbst mehr enthalten, so dass sie von diesem Gesichtspunkte aus eher unter die Verbindungen zu zählen sind, so wählt man von denselben für die Schwefelbestimmungen eine besondere bis zu 2 Grm. betragende Portion (s. die Belege Nr. 28 und 30). Diese besondere Menge wiegt man in einem Schiffchen ab und verbrennt sie mit fortwährendem Sauerstoffüberschuss unter Anwendung einer Asbestschicht wie die Verbindungen. In dieser Weise behandelt man diejenigen der organischen Gebilde zur Bestimmung des Schwefels, welche voraussichtlich etwa 1 Procent Schwefel oder mehr enthalten. Auch diese beim Erhitzen vollkommen zersetzbaren Substanzen lassen sich, wenn man nicht mehr als 2 Grm. — eine solche Menge genügt aber für dieselben stets zur Bestimmung des Schwefels — zur Untersuchung nimmt, leicht mit Sauerstoffüberschuss verbrennen; man treibt, und zwar hier immer ohne vorherige Anwendung des Luftstromes, direct im Sauerstoffstrome durch vorsichtiges Erwärmen zuerst die Producte der trocknen Destillation in die Asbestschicht und verfährt dann weiter genau so, wie bei den Verbindungen; auch wird wie bei diesen die im Schiffchen und der Asbestschicht zurückgebliebene Kohle schliesslich natürlich unter allen Umständen verbrannt.

Sollte die Substanz, gleichviel, ob sie den Vegetabilien oder Animalien angehört, oder ob man eine Verbindung untersucht, beim Erhitzen im Schiffchen einmal zu brennen beginnen, so beseitigt man dies durch zeitweise Verlangsamung oder erforderlichenfalls auch Abstellung des Sauerstoff- oder Luftstromes.

III. Bemerkungen zu den Beleganalysen.

1. In ihrer äusseren Form schliesst sich die nachstehende Tabelle an diejenige an, welche die Beleganalysen zu meiner ersten den vorliegenden Gegenstand betreffenden Abhandlung in dieser Zeitschrift **15**, 1—27, enthält; diese Form hielt ich für die zweckmässigste, da sie einen gewissen Einblick in die Ausführung jedes einzelnen Versuches gestattet.
2. In der Weise bewirkt, dass die maass- und gewichtsanalytischen Bestimmungen sich gegenseitig controliren, wurden die Analysen Nr. 3, 4, 7 und 11; ferner 1 u. 19 (für den P), 2 u. 20 (für das As), 5, 6 u. 22 (für den S), 23 u. 24, 25 u. 26 (für den P), 27 u. 29, sowie 28 u. 30. Bei Nr. 3, 4, 7 u. 11 geschah dies in der Weise, dass nach der Auflösung des Rohrinhaltes die Flüssigkeit getheilt wurde, worauf in dem einen Theil die gewichts-, in dem anderen die maassanalytische Bestimmung erfolgte; bei den übrigen der eben aufgezählten Analysen kamen von derselben Substanz zur gewichts- und maassanalytischen Bestimmung je zwei besondere Portionen zur Verwendung.
3. Da keine den Phosphor als solchen enthaltende organische Verbindung zur Verfügung stand, wurde, was für das Resultat ganz dasselbe, statt einer solchen das phosphorsaure Strychnin zur Untersuchung gewählt.
4. Bei der Analyse des Mais und des Rindfleisches wurde der Rohrinhalt zu 250 CC. gelöst und hierauf der Phosphor in 50 CC., der Schwefel in 100 CC. und das Chlor ebenfalls in 100 CC. bestimmt.
5. Für die Analyse des Fischbeins wurden vier Verbrennungen ausgeführt; zwei derselben dienten, nachdem der Rohrinhalt zu je 250 CC. gelöst worden, zur Bestimmung des Phosphors und des

Chlors in der Weise, dass jedesmal 100 CC. zur Phosphor- und 150 CC. zur Chlorbestimmung gewählt wurden. Vor der Titrirung der Phosphorsäure wurde die 100 CC. betragende Flüssigkeit auf 50 CC. eingeengt. Bei den beiden anderen Analysen wurde die Substanz unter Anwendung von fortwährendem Sauerstoffüberschuss im Schiffchen verbrannt.

6. Es wurde beabsichtigt, auch im Leuchtgase den Schwefel gewichts- und maassanalytisch zu bestimmen; das am 12. und 15. Juli untersuchte Leuchtgas der Leipziger Gasanstalt erwies sich indessen als vollkommen schwefelfrei. (Vergl. hierzu meine ebenfalls in diesem Hefte enthaltene Mittheilung: «Zur Bestimmung des Schwefels im Leuchtgase.»)

IV. Beleganalysen.*)

Substanz	Angew. Menge in Grm.	Gefunden in 100 G.-Thln.	Absoluter Bestimmungsfehler in Grm.	Länge des Rohres	Beschickung des Rohres	Ungefähre Dauer der Verbrennung
1. Phosphors. Strychnin**)	0,6050	G. 5,996 P		40 Cm.	10 Cm. Kalk	1/2 St.
2. Kakodylsäure	0,4360	G. 54,056 As statt 54,348	— 0,00127 As	50 Cm.	10 Cm. Kalk 5 „ Glas 15 „ Asbest	1 St.
3. Kakodylsäure	0,4825	G. 54,181 As statt 54,348	— 0,00080 As			
		M. 53,974 As statt 54,348	— 0,00180 As			
4. Kakodylsäure	0,3860	G. 54,047 As statt 54,348	— 0,00116 As		10 Cm. Natronkalk 5 „ Glas 15 „ Asbest	
		M. 54,109 As statt 54,348	— 0,00092 As			

*) Die den Procentzahlen vorgesetzten Buchstaben G. und M. bedeuten, dass die betreffenden Resultate beziehungsweise auf gewichts- oder maassanalytischem Wege erhalten worden sind.

) Bei den Analysen Nr. 1 und 19 glaubte ich das phosphorsaure Strychnin von der Formel $C_{21}H_{22}N_2O_2 \cdot H_3PO_4 + H_2O$ (Th. Anderson, Annal. d. Chem. u. Pharm. **66, 55) mit einem Procentgehalt von 6,888 Phosphor, liege in reiner Beschaffenheit zur Untersuchung vor. Die beiden Analysen ergaben jedoch im Mittel nur 6,002 Phosphor. Ungeachtet des im Vergleich zu der Theorie also zu niedrig gefundenen Phosphorgehaltes wurden, da dieses minus ohne Zweifel von einer Verunreinigung des Salzes herrührt, die betreffenden Analysen, welche fast dieselbe Zahl lieferten, dennoch angeführt, da sie jedenfalls die Uebereinstimmung der ausgeführten maass- und gewichtsanalytischen Bestimmungen der erhaltenen Phosphorsäure zeigen.

Substanz	Angew. Menge in Grm.	Gefunden in 100 G.-Thln.	Absoluter Bestimmungsfehler in Grm.	Länge des Rohres	Beschickung des Rohres	Ungefähre Dauer der Verbrennung.
5. Carbothialdin	0,3810	G. 39,558 S statt 39,506	+ 0,00020 S	50 Cm.	10 Cm. Kalk 5 „ Platin 15 „ Asbest	1 St.
6. Carbothialdin	0,3430	G. 39,625 S statt 39,506	+ 0,00040 S			
7. Sulfocarbamid	0,3725	G. 41,931 S statt 42,105	— 0,00064 S		10 Cm. Natronkalk 5 „ Platin 15 „ Asbest	
		M. 41,792 S statt 42,105	— 0,00116 S			
8. Chloroform	0,3110	M. 89,000 Cl statt 89,121	— 0,00037 Cl	48 Cm.	10 Cm. Kalk 5 „ Platin 20 „ leer	1/2 St.
9. Benzoylchlorid	0,3575	M. 25,016 Cl statt 25,267	— 0,00089 Cl		10 Cm. Natronkalk 5 „ Platin 15 „ Asbest	
10. Naphtalintetrachlorid	0,4135	M. 52,309 Cl statt 52,593	— 0,00117 Cl			
11. Aethylbromid	0,4085	G. 73,225 Br statt 73,394	— 0,00069 Br	18 Cm.	10 Cm. Natronkalk 5 „ Platin 20 „ Asbest	1/2 St.
		M. 73,050 Br statt 73,394	— 0,00140 Br			
12. Monobrombenzol	0,5450	M. 51,083 Br statt 50,955	— 0,00070 Br	38 Cm.	10 Cm. Natronkalk 5 „ Platin 15 „ Asbest	
13. Monobromkampfer	0,5860	M. 34,813 Br statt 34,632	+ 0,00106 Br	50 Cm.		
14. Monobromkampfer	0,3855	M. 34,991 Br statt 34,632	+ 0,00138 Br			
15. Aethyljodid	0,3375	M. 81,080 J statt 81,410	— 0,00111 J	48 Cm.	10 Cm. Natronkalk 5 „ Platin 20 „ Asbest	1/2 St.
16. Amyljodid	0,3350	G. 64,012 J statt 64.141	— 0,00043 J	43 Cm.	10 Cm. Natronkalk 5 „ Platin 15 „ Asbest	
17. Hexyljodid	0,3005	M. 59,802 J statt 59,906	— 0,00031 J			
18. Hexyljodid	0,3180	M. 59,607 J statt 59,906	— 0,00095 J			
19. Phosphorsaures Strychnin **) und Jodoform	0,3370 + 0,3235	M. 6,007 P M. 96.082 J statt 96,701	— 0,00200 J	40 Cm.	10 Cm. Natronkalk	1/2 St.
20. Kakodylsäure und Bibromanthracen	0,2575 + 0,2555	M. 53,921 As statt 54,348 M. 47,593 Br statt 47,619	— 0,00109 As — 0,00006 Br	50 Cm.	10 Cm. Natronkalk 5 „ Glas 15 „ Asbest	

Substanz	Angew. Menge in Grm.	Gefunden in 100 G.-Thln.	Absoluter Bestimmungsfehler in Grm.	Länge des Rohres	Beschickung des Rohres	Ungefähre Dauer der Verbrennung
21. Aethylsenföl und Benzoylchlorid	0,2650 + 0,3085	G. 36,781 S statt 36,782 M. 25,160 Cl statt 25,267	— — 0,00033 Cl	43 Cm.	10 Cm. Natronkalk 5 „ Platin 15 „ Asbest	1 St.
22. Carbothialdin und Naphtalintetrachlorid	0,2050 + 0,3435	M. 39,485 S statt 39,506 M. 52,490 Cl statt 52,593	— 0,0004 S — 0,00035 Cl	50 Cm.	10 Cm. Kalk 5 „ Platin 15 „ Asbest	
23. Mais (lufttrocken)	10,5600	G. 0,253 P 0,272 S 0,012 Cl	—	50 Cm.	10 Cm. Kalk	1 St.
24. Mais (lufttrocken)	5,4400	M. 0,241 P 0,332 S 0,014 Cl				1/2 St.
25. Rindfleisch (getrocknet bei 110° C.)	10,7100	G. 0,780 P M. 0,805 S 0,124 Cl		70 Cm.	10 Cm. Natronkalk	1 1/2 St.
26. Rindfleisch (getrocknet bei 110° C.)	5,3400	M. 0,782 P 0,881 S 0,103 Cl		50 Cm.	10 Cm. Kalk	3/4 St.
27. Fischbein (lufttrocken)	5,8400	G. 0,185 P 0,034 Cl			10 Cm Natronkalk	
28. Fischbein (lufttrocken)	1,0140	G. 2,909 S			10 Cm. Natronkalk 5 „ Platin 15 „ Asbest	1/2 St.
29. Fischbein (lufttrocken)	10,8600	M. 0,207 P 0,054 Cl		60 Cm.	10 Cm. Kalk	1 1/2 St.
30. Fischbein (lufttrocken)	2,2415	M. 2,885 S		50 Cm.	10 Cm. Kalk 5 „ Platin 15 „ Asbest	1 St.

Leipzig, den 15. August 1876.

Zur maassanalytischen Bestimmung der Arsensäure und der Phosphorsäure durch Uranlösung.

Von

G. Brügelmann.

Von der von Bödeker*) herrührenden maassanalytischen Bestimmung der Arsensäure durch eine titrirte Lösung von salpetersaurem Uranoxyd bin ich etwas abgewichen; die Methode wird dadurch einfacher und nach meinem Dafürhalten auch genauer.

Die von mir vorgenommene Veränderung des Verfahrens besteht in Folgendem: Nachdem man das betreffende arsensaure Salz zuerst in Wasser, Salpeter- oder Salzsäure wie gewöhnlich gelöst hat, gibt man vorsichtig Natronhydrat (oder Ammon) tropfenweise in die Flüssigkeit, bis ein in dieselbe gebrachtes stark rothes Stückchen Lackmuspapier seine Farbe in intensives Blau umgewechselt hat (bei Gegenwart von freier Arsensäure [oder Phosphorsäure] würde man ebenso operiren) und fügt hierauf wie bisher Essigsäure bis zur stark sauren Reaction zu; ein nachheriger weiterer Zusatz von essigsaurem Natron (essigsaurem Ammon) vor dem Titriren findet nicht statt. Den Zusatz des Natronhydrates (oder Ammons) und der Essigsäure nimmt man am sichersten in der Kälte vor, um bei Gegenwart der alkalischen Erden (mit Ausnahme der Magnesia) eine etwaige theilweise Ausfällung der arsen- (oder phosphor-) sauren Salze derselben zu verhindern.

In der angegebenen Weise gelangt nur eine sehr geringe Menge von essigsaurem Natron (oder Ammon) in die Lösung, und da für die vorliegenden Bestimmungen eine grössere Quantität dieser die Reaction von Ferrocyankalium auf Uranlösung ungemein beeinträchtigenden Salze nicht erforderlich, so lässt sich beim Titriren der Arsensäure die Endreaction mit Ferrocyankaliumlösung, wenn die Flüssigkeit nicht zu verdünnt ist, sehr scharf direct nachweisen. Verfährt man wie eben angegeben, so wird also die bisher vorgenommene Correctur**) überflüssig, denn alsdann fallen Gehalt und Wirkungswerth der Uranlösung so gut wie zusammen. Freie Mineralsäure soll die Uranlösung durchaus nicht enthalten.

Zu einer jeden Bestimmung nimmt man nicht mehr als 50 CC. Lösung — ein Quantum, das man sich nöthigenfalls durch Theilung oder

*) Annal. d. Chem. und Pharm. **117**, 195; vergl. auch Fresenius, Anl. z. quant. chem. Anal. 5. Aufl. S. 311 und 6. Aufl. S. 375.

**) Fresenius, Anl. z. quant. chem. Anal. 5. Aufl. S. 312 u. 6. Aufl. S. 376.

auch durch Eindampfen herstellt — wie dies auch bei der maassanalytischen Bestimmung der Phosphorsäure mit Uranlösung geschieht.

Die Phosphorsäurebestimmungen habe ich genau in derselben Weise ausgeführt, wie eben für die Arsensäurebestimmungen beschrieben worden, also insbesondere mit sorgfältiger Vermeidung eines Zusatzes störender Mengen von essigsaurem Natron (oder essigsaurem Ammon)*) und mit demselben guten Erfolge, selbst zur Bestimmung sehr kleiner Mengen von Phosphor (Phosphorsäure), wie sie z. B. in den Vegetabilien und Animalien enthalten sind.

Die für die Phosphorsäurebestimmungen benutzte Uranlösung (auf 1 Ltr. etwa 20 Grm. Uranoxyd enthaltend) dient auch zu den Arsensäurebestimmungen.

Erst nach dem jedesmaligen Zusatze der Uranlösung, namentlich nachdem zuerst die Hauptmenge derselben der kalten Flüssigkeit zugefügt worden,**) wird die Lösung einige Minuten lang bis zum Kochen erhitzt und ausserdem die Titrirung bei der Arsensäure sowohl wie bei der Phosphorsäure bis auf 0,1 CC., dem nur die sehr kleine Menge von etwa 0,0005 Phosphorsäure (oder 0,00022 Phosphor) und 0,00081 Arsensäure (oder 0,00053 Arsen) entspricht, genau ausgeführt. Nach dem jedesmaligen Zusatze von Uranlösung und Kochen prüft man in bekannter Weise mit einer schwach gefärbten gelben Blutlaugensalzlösung, ob die Ausfällung beendigt ist und man betrachtet sowohl bei den Arsensäure- wie Phosphorsäurebestimmungen den Punkt als die Endreaction, bei dem ein paar Tropfen der Lösung, nachdem dieselbe, wie schon bemerkt, einige Minuten lang zum Kochen erhitzt worden, auf einen Porcellanteller ausgebreitet und mit einem Tropfen der Ferrocyankaliumlösung zusammengebracht eine ganz schwache, eben erkennbare Reaction durch Bildung des bekannten braunen Niederschlages von Uranferrocyanid hervorbringt. Hat sich die Endreaction eingestellt, so wird die Flüssigkeit, ohne erneuten Zusatz von Uranlösung noch einmal einige Minuten bis zum Kochen erhitzt und in derselben Weise wiedergeprüft; tritt die Endreaction auch jetzt wieder ein, so ist der Versuch beendigt.

Bei Einhaltung der eben dargelegten Form des Verfahrens habe ich genaue Zahlen erhalten und ist mir demnach bei meinen Versuchen, bei denen verhältnissmässig viel Kalk in der Lösung sich befand, die in

*) Vergl. Heidepriem, Chem. Centralbl. 1871, sowie Fresenius, Neubauer und Luck, diese Zeitschr. **10**, 146.

) Vergl. Schumann, diese Zeitschr. **11, 391.

Fresenius' Anl. z. quant. chem. Anal. 6. Aufl. S. 413 für die betreffenden Phosphorsäurebestimmungen erwähnte Fehlerquelle, der zufolge man bei Gegenwart von viel Kalk fast immer zu wenig Phosphorsäure findet, weil beim Erhitzen etwas phosphorsaurer Kalk mit ausfällt, nicht hindernd entgegengetreten. Ich vermuthe daher, dass entweder durch die nur sehr unbedeutende Menge des in Lösung befindlichen essigsauren Natrons (hierüber Handb. der analyt. Chem. von H. Rose, 6. Aufl., vollendet von R. Finkener, Bd. 2, S. 532) oder durch den Zusatz der Hauptmenge der Uranlösung vor dem Erhitzen die Abscheidung von phosphorsaurem Kalk, wenigstens in einer das Resultat beeinflussenden Weise, verhindert wurde.

Der Zusatz der Hauptmenge der Uranlösung zu der kalten Flüssigkeit lässt sich bei der Untersuchung von Substanzen, deren Phosphor- oder Arsengehalt annähernd bekannt ist, direct einhalten; bei anderen Substanzen verfährt man zu diesem Zwecke vortheilhaft in der Weise, dass man zweimal titrirt, das erstemal blos auf 1 CC. genau und das zweitemal erst endgültig bis auf 0,1 CC. Die zur heissen Lösung noch zuzusetzende Quantität der Uranlösung ist dann nur noch eine sehr geringe und in demselben Grade würde auch das Mitausfallen des phosphorsauren Kalkes abnehmen.

Als Belege führe ich an die Analysen Nr. 1 u. 19, 23 u. 24, 25 u. 26, sowie 27 u. 29 (für die Phosphorsäure), ferner Nr. 2 u. 20, 3, 4 (für die Arsensäure) der zu meiner S. 1 ff. dieses Heftes enthaltenen Abhandlung: «Eine neue Methode zur gewichts- oder maassanalytischen Bestimmung von Phosphor, Arsen, Schwefel, Chlor, Brom und Jod in organischen Substanzen etc.» gehörenden Tabelle. Nach dieser Methode wurden die in den betreffenden organischen Substanzen vorhandenen Elemente Arsen und Phosphor, unter Zerstörung der organischen Materie durch Oxydation im Sauerstoffstrom, in Arsen- und Phosphorsäure verwandelt und durch Kalk oder Natronkalk gebunden; in den so erhaltenen arsen- und phosphorsauren Salzen wurden dann die Bestimmungen der beiden Säuren ausgeführt.

Leipzig, den 15. Aug. 1876.

Zur maassanalytischen Bestimmung der Schwefelsäure durch Chlorbaryumlösung in sauren Flüssigkeiten.

Von

G. Brügelmann.

Ein Verfahren, welches bei der directen Titrirung der Schwefelsäure durch Chlorbaryumlösung den Endpunkt der Reaction genau erkennen lässt, hat R. Wildenstein in dieser Zeitschrift 1, 431—437 angegeben. Dieses Verfahren habe ich in einer Weise modificirt, dass es ganz allgemein anwendbar wird, dass man also die Schwefelsäure in allen Fällen, in denen sie bisher gewichtsanalytisch bestimmt wurde, jetzt auch maassanalytisch in kurzer Zeit bestimmen kann. Eine solche Verallgemeinerung der Anwendbarkeit der maassanalytischen Bestimmungsweise der Schwefelsäure in sauren Flüssigkeiten, schien mir, abgesehen von der Zeitersparniss, welche maassanalytische Bestimmungsweisen überhaupt mit sich bringen, um so wichtiger, als der aus einer viel fremde Salze enthaltenden Lösung gefällte schwefelsaure Baryt auch nach dem besten Auswaschen durch diese Salze noch so stark verunreinigt ist, dass er, bevor die Bestimmung als endgültig angesehen werden kann, nach dem Glühen noch einem Reinigungsprocess unterworfen werden muss.

Fig. 1.

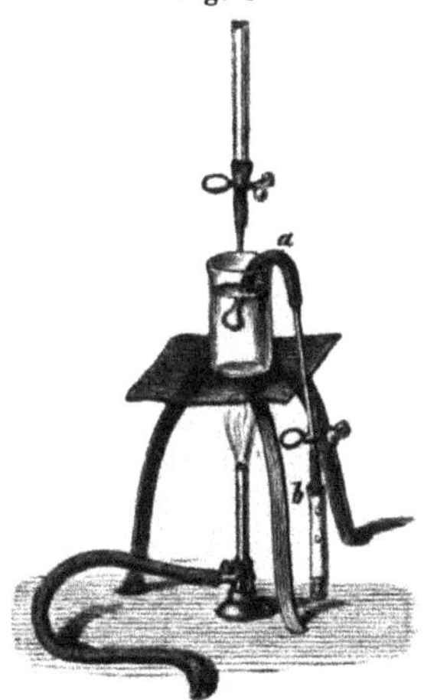

Um den Endpunkt der Ausfällung deutlich erkennen zu können, bediente sich Wildenstein einer Glasflasche mit abgesprengtem Boden (oder einer Glasglocke mit Tubus) und mit nach unten gekehrtem Halse, durch welchen ein kleines Heberfilter in das Gefäss reicht. Dieses Heberfilter ermöglicht es, jederzeit eine Probe der Lösung klar abzuziehen und durch Zusatz von ein paar Tropfen der titrirten Chlorbaryumlösung aus der Bürette zu prüfen, ob die Endreaction erreicht ist. Die Glasglocke soll etwa 900—950 CC. Inhalt haben.

Ich habe den Apparat nun in der Weise abgeändert, dass anstatt der Glasflasche mit abgesprengtem Boden (oder der Glasglocke mit Tubus) ein gewöhnliches Becherglas zur Anwendung kommt. Das kleine Heberfilter wird dann, wie die beistehende Figur 1 zeigt, auf dem Rande des Becherglases hängend in die heisse Flüssigkeit eingeführt, nachdem man es vorher durch Eintauchen mit heissem Wasser ganz angefüllt hat. Dies kann auch vortheilhaft und ohne Gefahr für eine Verletzung des Heberfilters, unter Anwendung von nur sehr wenig heissem Wasser, durch vorsichtiges Saugen mit dem Munde geschehen, namentlich wenn der zum Ueberbinden der Trichterglocke dienende, das Filtrirpapier einschliessende Baumwollstoff dicht genug ist. Die Biegung des Hebers besteht aus einem Stück Kautschukschlauch, ebenso das Ende des aus dem Glase hervorragenden Heberarmes. Die Strecke von a bis b beträgt etwa 18—20 Cm.

Durch diese Form des Apparates ist man einmal in der Lage, demselben kleinere Dimensionen zu geben, also mit concentrirteren Lösungen zu arbeiten, dann auch während des Titrirens die Flüssigkeit andauernd bis zum beginnenden Sieden zu erhitzen und demnach in der für die vollständige Ausfällung der Schwefelsäure möglichst günstigen Temperatur zu erhalten; beide Umstände aber bedingen den Vortheil, dass die Endreaction verschärft wird, und dass man so genau titriren kann, dass der Fehler 0,1 CC. der anzuwendenden Fünftel-Normal-Chlorbaryumlösung nicht überschreitet.

Das anzuwendende Becherglas hat einen Inhalt von etwa 250 CC., die Oeffnung des kleinen Saugfilters beträgt nur etwa 1,5 Cm. im Durchmesser, und der ganzen Saugvorrichtung gibt man eine solche Dimension, dass sie nicht über 15 CC. Flüssigkeit fasst; die zum jedesmaligen Titriren sowie zur Stellung des Titers dienende Flüssigkeitsmenge betrage etwa 150—200 CC. und zwar im allgemeinen innerhalb dieser Grenzen beziehungsweise mehr oder weniger, je nachdem die Bestimmung den Verbrauch von weniger oder mehr Chlorbaryumlösung erfordert.

Der Versuch ist beendigt, wenn 0,1 der Chlorbaryumlösung, deren Wirkungswerth man durch Titriren bekannter Mengen eines reinen schwefelsauren Salzes vorher ermittelt hat, in einer klar abgesaugten Probe der Lösung nach dem Umschütteln eben keine Trübung mehr hervorbringt. — Da Verbindungen verhältnissmässig schwefelsäurereich sind, würde man in vielen Fällen bedeutende Mengen der Chlorbaryumlösung gebrauchen; man wird daher, wenn man es nicht vorzieht, nur einen entsprechenden Theil der Flüssigkeit zur Titrirung zu verwenden, zuerst auch mit Normallösung nicht ganz ausfällen und dann erst mit der Fünftellösung beendigen können. Ferner wird man, wenn Bestimmungen von nicht annähernd bekannten Schwefelsäuremengen vorliegen, oft vortheilhaft so verfahren, dass man zuerst in einem Theil blos annähernd, etwa auf 1 CC. mit Normal- (oder auch Fünftel-Lösung) titrirt und den Versuch hierauf in einem zweiten Theil mit Fünftellösung beendigt, oder dass man von vornherein etwas mehr Fünftel-Chlorbaryumlösung als nöthig zusetzt und dann mit gleichwerthiger Schwefelsäurelösung zurücktitrirt. —

Bis auf die eben erwähnten Abweichungen, bleibt Alles so, wie es Wildenstein beschrieben hat, und verweise ich daher betreffs der Einleitung und Ausführung des Versuches auf dessen schon eingangs erwähnte Originalabhandlung, sowie auf Fresenius' Anl. z. quant. chem. Anal. 5. Aufl. S. 327—329 und 6. Aufl. S. 395—397.

Die Fünftel-Normal-Chlorbaryumlösung, enthaltend 24,392 Grm. $BaCl_2 + 2$ aq. im Liter, entspricht auf 0,1 CC. nur 0,0008 Schwefelsäure = 0,00028 Schwefel), bis auf ein Zehntel CC. kann man aber mit Sicherheit titriren. Die Genauigkeit der Schwefelsäurebestimmungen in der angegebenen Form ist denn auch, verglichen mit den entsprechenden auf gewichtsanalytischem Wege erhaltenen Bestimmungen, eine vollkommen genügende, und habe ich den erwähnten Weg der maassanalytischen Bestimmung der Schwefelsäure mit grossem Vortheil für die Ermittelung des Schwefelgehaltes, nicht nur in organischen Verbindungen, sondern auch in solchen Fällen benutzt, in denen nur sehr kleine Mengen von Schwefelsäure, wie man dieselben z. B. bei der Verbrennung von Vegetabilien, Animalien oder auch des Leuchtgases erhält, zugegen sind. Die Lösung darf bei diesen, wie auch bei den gewichtsanalytischen Bestimmungen der Schwefelsäure nicht stark sauer sein.

Als Belege führe ich an die Analysen Nr. 7, 22, 23 u. 24, 25 u. 26, sowie 28 u. 30 meiner S. 14 u. 15 dieses Heftes mitgetheilten Tabelle. Nach dieser Methode wurde der in den betreffenden organischen Substanzen vorhandene Schwefel unter Zerstörung der organischen Materie durch Oxydation im Sauerstoffstrome in Schwefelsäure verwandelt und als solche an eine vorgelegte Kalk- oder Natronkalkschicht gebunden; in dem so erhaltenen schwefelsauren Kalk oder Natron wurden die Bestimmungen vorgenommen.

Leipzig, den 15. Aug. 1876.

Zur Reinigung des bei quantitativen Analysen erhaltenen schwefelsauren Baryts.

Von

G. Brügelmann.

Der schwefelsaure Baryt reisst bekanntlich, sobald er aus Flüssigkeiten abgeschieden wird, welche grössere Mengen anderer, namentlich salpetersaurer Salze enthalten, stets grössere Mengen dieser Salze mit nieder, die sich auch durch das beste Auswaschen mit kochendem Wasser nicht entfernen lassen. Fresenius empfiehlt in der 5. Aufl. seiner Anl. z. quant. chem. Analyse S. 324 einen derartigen verunreinigten schwefelsauren Baryt nach dem Glühen mit einigen Tropfen Salzsäure zu befeuchten, dann heisses Wasser zuzufügen, die Klümpchen gut zu zertheilen, die Flüssigkeit alsdann durch ein kleines Filter abzufiltriren, den Niederschlag von neuem auszuwaschen und hierauf erst zur endgültigen Bestimmung zu schreiten.

Während mich nun die eben angegebene einmalige Reinigung mit Salzsäure und Wasser oft noch nicht die gewünschten Zahlen erreichen liess, hat mir die Wiederholung des Reinigungsprocesses in der nachfolgend beschriebenen Weise ohne Ausnahme genaue Resultate geliefert.

Der Niederschlag wird also nach dem Glühen im Tiegel mit einigen, 3—4 Tropfen ziemlich starker Salzsäure versetzt, worauf man ein paar CC. Wasser zufügt. Man zertheilt nun die Klümpchen gut mit einem kleinen Glasstabe und erwärmt dann die Flüssigkeit, so dass sie nicht ins Kochen geräth etwa 2 Minuten lang über einer Flamme. Die über dem Niederschlage stehende Lösung giesst man jetzt durch ein kleines Filter ab und wiederholt dann den eben angegebenen Process, ohne vorerst mit heissem Wasser auszuwaschen, fünfmal. Nun erst wäscht man aus und prüft die ablaufende Flüssigkeit mit Schwefelsäure auf Chlorbaryum. Trübt sie sich noch merklich, so erneuert man die Reinigung, welche nach mehreren Versuchen, die ich unter den ungünstigsten Verhältnissen anstellte — wenn nämlich, was ich besonders hervorhebe, die Schwefelsäure mit einem bedeutenden Ueberschusse von Chlorbaryum und aus salpetersaurer Lösung gefällt worden war — etwa bei der 8. Wiederholung entweder eine vollständige Entfernung der fremden Bestandtheile bewirkt hat, oder doch nur noch so geringe Mengen von denselben aufnimmt, dass sie von keinem Belange mehr sind.

Der Prüfung auf Chlorbaryum kann man sich hierbei stets als Indicators bedienen.

Wenn man sich die Mühe nimmt, nach dem jedesmaligen Reinigen auch auszuwaschen und die erhaltene Flüssigkeit alsdann jedesmal in einem besonderen kleinen Becherglase mit etwas Schwefelsäure versetzt, so kann man bei der nachherigen Vergleichung der erhaltenen Proben eine allmähliche Abnahme der Verunreinigung deutlich wahrnehmen.

Eine Zersetzung des schwefelsauren Baryts findet bei der Einhaltung der erwähnten Verhältnisse, da das Reinigen bis zum vollständigen Verschwinden der Reaction von Schwefelsäure auf Chlorbaryum zu treiben ist, nicht statt; auch wurden die übrigen verunreinigenden Salze, wie die von mir erhaltenen guten Resultate beweisen, mit entfernt.

Der Zusatz grösserer Mengen von Salzsäure als angegeben, und das Erhitzen der sauren Flüssigkeit zum Kochen bewirken eine Zersetzung des schwefelsauren Baryts, so dass man dann in der ablaufenden Flüssigkeit nicht nur stets Chlorbaryum finden wird, sondern auch Gefahr läuft, das anfängliche Zuviel des Resultates nun in ein Zuwenig zu verwandeln.

Das eben angegebene Reinigungsverfahren empfiehlt sich den anderen beiden in Fresenius' Anl. z. quant. chem. Anal. 6. Aufl. S. 392 erwähnten, namentlich aber demjenigen derselben, nach dem man den schwefelsauren Baryt mit 4 Thln. kohlensaurem Natron schmelzt und dann die Schwefelsäure wiederum bestimmt, durch geringeren Zeitaufwand; denn innerhalb einer Stunde lässt es das gewünschte Ziel sicher erreichen.

Im Allgemeinen wird man sich allerdings am besten statt der gewichtsanalytischen Methode der schnell und leicht ausführbaren maassanalytischen Bestimmung der Schwefelsäure bedienen, die ich durch eine Abänderung des R. Wildenstein'schen Verfahrens für alle Fälle anwendbar gemacht habe und die S. 19 dieses Heftes mitgetheilt ist.

Nur wenn man es mit einer oder mit wenigen Bestimmungen zu thun und die titrirte Chlorbaryumlösung nicht zur Hand hat, wird die Gewichtsbestimmung der Schwefelsäure als schwefelsaurer Baryt und erforderlichenfalls das angegebene Reinigungsverfahren von Vortheil sein.

Belege für dasselbe bilden die Analysen Nr. 5, 6, 7 und 21 der S. 14 u. 15 dies. Heft. mitgetheilten Tabelle. Nach dieser Methode wurde der in den betreffenden organischen Substanzen enthaltene Schwefel unter Zerstörung der organischen Materie durch Oxydation im Sauerstoffstrom in Schwefelsäure verwandelt und als solche an eine vorgelegte Kalk- oder Natronkalkschicht gebunden; der so erhaltene schwefelsaure Kalk oder das schwefelsaure Natron wurde in Wasser und Säure, Salz- oder Salpetersäure gelöst, die Schwefelsäure mit Chlorbaryum ausgefällt und der erhaltene schwefelsaure Baryt in der beschriebenen Weise gereinigt. Auch für die Analysen Nr. 4, 5 u. 6, der in dieser Zeitschrift **15**, 27 enthaltenen Tabelle wurde das angegebene Reinigungsverfahren befolgt.

Leipzig, den 15. Aug. 1876.

Zur Bestimmung des Schwefels im Leuchtgase.

Von

G. Brügelmann.

In dieser Zeitschrift **15**, 175 habe ich eine neue Methode zur Bestimmung des Schwefels im Leuchtgase mitgetheilt. Zu meiner S. 1 ff. dieses Heftes enthaltenen Abhandlung beabsichtigte ich nun als Belege auch zwei im Leuchtgase ausgeführte Schwefelbestimmungen anzuführen, und zwar sollte die bei der Auflösung des Rohrinhaltes erhaltene Lösung in zwei Hälften getheilt und dann die Bestimmung der gebildeten Schwefelsäure in der einen Hälfte gewichts- und in der andern Hälfte maassanalytisch erfolgen. (Vergl. hierzu meine S. 19 dieses Heftes enthaltene Abhandlung: «Zur maassanalytischen Bestimmung der Schwefelsäure durch Chlorbaryumlösung in sauren Flüssigkeiten.»)

Das am 12. und 15. Juli untersuchte Leuchtgas der Leipziger Gasanstalt erwies sich aber als vollkommen schwefelfrei. Ich glaube indessen nicht — und aus diesem Grunde bespreche ich den vorliegenden Gegenstand an dieser Stelle — das erhaltene Resultat sei etwa darin zu suchen, dass das nach meiner Methode zur Untersuchung gelangende Volum von etwa 10 Ltr. Gas ein zu kleines sei. Ich bin vielmehr der Ansicht, dass man ein Leuchtgas, welches in 10000 CC. keine nachweisbare Menge von Schwefel enthält, als schwefelfrei bezeichnen kann, denn während der in England gesetzlich festgestellte Schwefelgehalt, den das gereinigte Leuchtgas höchstens enthalten darf, 0,0057 Grm. auf 10000 CC. beträgt, findet sich unter den zu meiner Methode mitgetheilten fünf Belegen, keiner der diesen Schwefelgehalt erreicht, wogegen sich die kleine Menge von 0,0029 Grm. Schwefel auf 10000 CC., und zwar durch Verbrennen von nur 2883 CC. Gas, noch sehr gut ermitteln liess.

Leipzig, den 15. Aug. 1876.

Die quantitative Bestimmung der Borsäure durch Baryt.

Von

Paul Berg.

Prof. C. Schmidt*) hat in seiner Arbeit über die Borsäurefumarolen von Monte Cerboli in Toscana auch die Löslichkeit des borsauren Baryts in Wasser bestimmt und gefunden, dass eine Borsäurelösung, die in 1000 CC. Wasser 1 Grm. wasserfreier Borsäure $B_2\Theta_3$, äquivalent 1,774 Grm. krystallisirter $B_2\Theta_3$, $3\,H_2\Theta$ enthält, durch Barytwasser noch deutlich getrübt wird und nach einiger Zeit Flocken von borsaurem Baryt absetzt. 250 CC. Lösung, enthaltend 0,25 Grm. $B_2\Theta_3$, gaben 0,0293 Grm. borsauren Baryt oder 0,0219 Grm. $\mathrm{Ba}\Theta$ und 0,0074 Grm. $B_2\Theta_3$.

Prof. C. Schmidt schlug mir nun vor zu untersuchen, ob sich nicht die Borsäure durch Baryt quantitativ bestimmen liesse. Zur Untersuchung dieser Frage versetzte ich gleiche Gewichtsmengen Borsäure mit wechselnden Mengen Barytwassers in einer wohlverschlossenen Stöpselflasche. Nach circa 24 Stunden hatte sich der dadurch enstehende weisse, voluminöse, flockige Niederschlag am Boden der Flasche vollständig abgesetzt. Es wurde nun ein Theil von der über dem Niederschlage stehenden klaren Flüssigkeit mit der Pipette abgehoben und mit Salzsäure, deren Wirkungswerth so gestellt war, dass 10 CC. Salzsäure genau 1 CC. Barytwasser entsprachen, titrirt. Der Theil auf das Ganze berechnet gibt die in der Lösung enthaltene Barytmenge. Die Menge des an Borsäure gebundenen, im Niederschlage enthaltenen, Baryts findet sich aus der Differenz. Es waren in 1000 CC. Wasser gelöst 15,262 Grm. Baryt $\mathrm{Ba}\Theta$ und in 500 CC. Wasser 12,370 Grm. krystallisirter Borsäure $B_2\Theta_3$, $3H_2\Theta$, äquivalent 6,982 Grm. wasserfreier Borsäure $B_2\Theta_3$, mithin waren je 2 CC. Barytwasser äquivalent 1 CC. Borsäurelösung.

1) 25 CC. Borsäurelösung gefällt mit 25 CC. Barytwasser = 0,3815 Grm. $\mathrm{Ba}\Theta$.

Es kam mithin auf 1 At. B_2O_3 — $^1/_2$ At. $\mathrm{Ba}\Theta$. — 25 CC. Lösung verbrauchten 38,7 CC. HCl, also waren in 50 CC. Lösung 7,74 CC. $\mathrm{Ba}\Theta$ enthalten = 0,1181 Grm. $\mathrm{Ba}\Theta$. — An Borsäure gebunden **0,2634** Grm. $\mathrm{Ba}\Theta$.

2) 25 CC. Borsäurelösung gefällt mit 33,3 CC. Barytwasser = 0,5082 Grm. $\mathrm{Ba}\Theta$.

---

*) Liebig, Ann. 1856, **98**, 280.

Es kam mithin auf 1 At. $B_2Θ_3$ — $^2/_3$ At. BaΘ. — 20 CC. Lösung verbrauchten 22,5 CC. HCl, also waren in 58,3 CC. Lösung enthalten 6,56 CC. BaΘ = 0,1001 Grm. BaΘ. — An Borsäure gebunden **0,4081** Grm. BaΘ.

3) 25 CC. Borsäurelösung gefällt mit 37,5 CC. Barytwasser = 0,5723 Grm. BaΘ.

Es kam mithin auf 1 At. $B_2Θ_3$ — $^3/_4$ At. BaΘ. — 20 CC. Lösung verbrauchten 58,5 CC. HCl, also waren in 62,5 CC. Lösung enthalten 18,28 CC. = 0,2789 Grm. BaΘ. An Borsäure gebunden **0,2934** Grm. BaΘ.

4) 25 CC. Borsäurelösung gefällt mit 50 CC. Barytwasser = 0,7631 Grm. BaΘ.

Es kam mithin auf 1 At. $B_2Θ_3$ — 1 At. BaΘ. — 10 CC. Lösung verbrauchten 59 CC. HCl, also waren in 75 CC. Lösung enthalten 44,25 CC. Barytwasser = 0,6752 Grm. BaΘ. An Borsäure gebunden **0,0879** Grm. BaΘ.

5) 25 CC. Borsäurelösung gefällt mit 75 CC. Barytwasser.

Es kam mithin auf 1 At. $B_2Θ_3$ — $1^1/_2$ At. BaΘ. — Hier löste sich der anfangs entstandene Niederschlag im Ueberschuss des zugesetzten Barytwassers vollständig auf. Dass das Barytwasser und nicht etwa nur die grössere Wassermenge die Lösung bewirkte, davon überzeugte ich mich, indem ich zu 25 CC. Borsäurelösung und 50 CC. Barytwasser noch 25 CC. Wasser hinzufügte; der Niederschlag löste sich unter diesen Umständen nicht klar auf.

Bei keinem dieser Versuche war die Borsäure durch das Barytwasser vollständig gefällt, denn das Filtrat mit Schwefelsäure gefällt, filtrirt, zu kleinem Volum eingeengt, mit Alkohol versetzt und angezündet, färbte die Weingeistflamme deutlich grün.

Ich versetzte nun No. 5 mit dem gleichen Volum frisch ausgekochten Alkohols von 95 %, sogleich entstand ein starker, flockiger, weisser Niederschlag, der sich bald senkte und nach 24 Stunden vollständig krystallinisch geworden war. Die Flüssigkeit wurde vom Niederschlage, der fest am Boden haftete, rasch abgegossen, darauf das Salz erst durch Decantiren, dann auf dem Filter mit Alkohol von 75 % ausgewaschen, über Schwefelsäure unter dem Exsiccator getrocknet und der Analyse unterworfen. Eine Probe mit Salzsäure übergossen zeigte kein Aufbrausen, war also frei von Kohlensäure. — Das über Schwefelsäure getrocknete Salz wurde nun in einem Platintiegel geglüht, der Gewichtsverlust gab den Wassergehalt, das geglühte Salz wurde in Wasser, das mit Salzsäure angesäuert war, gelöst und der Baryt auf gewöhnliche Weise durch Fällung als schwefelsaurer Baryt bestimmt. Die Menge der Borsäure ergab sich aus der Differenz.

1,0761 Grm. bors. Baryt verloren beim Glühen 0,2654 Grm.

also 24,66 % aq.

0,8058 Grm. geglühtes Salz, äquivalent 1,0695 wasserhaltigem Salze, gaben 0,8506 Grm. $Ba\Theta$, $S\Theta_3$ oder 0,5586 Grm. $Ba\Theta$, also 52,22 % $Ba\Theta$ und 23,12 % $B_2\Theta_3$.

Zur Entscheidung der Frage, ob man beim Vermischen von Borsäurelösung mit Barytwasser und Zusatz von Alkohol immer das gleiche Salz erhält, versetzte ich in wohlverschlossenen Stöpselflaschen je 1 Atom Borsäure $B_2\Theta_3$ mit je $1 - 1^1/_2 - 2 - 3 - 3^1/_2$ Atom Baryt $Ba\Theta$ und fügte dann das gleiche Volum frisch ausgekochten Alkohols von 95 % hinzu. Nach 1 bis 2 Tagen war der Niederschlag in allen Gläsern krystallinisch geworden; es hatten sich aber in den Gläsern, die auf 1 Atom Borsäure über 2 Atom Baryt enthielten, neben dem borsauren Baryt auch kleine Mengen von Barytkrystallen ausgeschieden, diese liessen sich jedoch leicht durch Wasser und verdünnten Weingeist auswaschen. — Die ausgewaschenen und über Schwefelsäure getrockneten Niederschläge nach der oben angegebenen Methode analysirt, hatten folgende Zusammensetzung:

1) Genommen 1 At. $B_2\Theta_3$ und 1 At. $Ba\Theta$.

2,3620 Grm. bors. Baryt verloren beim Glühen 0,5873 Grm.

also 24,86 % aq.

1,7207 Grm. geglühtes Salz, äquivalent 2,2900 Grm. wasserhaltigem Salze, gaben 1,8058 Grm. $Ba\Theta$, $S\Theta_3$, entsprechend 1,1858 Grm. $Ba\Theta$. — Also 51,78 % $Ba\Theta$ und 23,36 % $B_2\Theta_3$.

2) Genommen 1 At. $B_2\Theta_3$ und $1^1/_2$ At. $Ba\Theta$.

2,8929 Grm. bors. Baryt verloren beim Glühen 0,7189 Grm.

also 24,85 % aq.

2,0783 Grm. geglühtes oder 2,7655 Grm. wasserhaltiges Salz gaben 2,1665 Grm. $Ba\Theta$, $S\Theta_3$, entsprechend 1,4227 Grm. $Ba\Theta$, also 51,44 % $Ba\Theta$ und 23,71 % $B_2\Theta_3$.

3) Genommen 1 At. $B_2\Theta_3$ und 2 At. $Ba\Theta$.

2,5490 Grm. bors. Baryt verloren beim Glühen 0,6320 Grm.

also 24,79 % aq.

1,6126 Grm. geglühtes oder 2,1441 Grm. wasserhaltiges Salz gaben

1,6926 Grm. BaO, SO_3, entsprechend 1,1115 Grm. BaO, also 51,84 % BaO und 23,37 % B_2O_3.

4) Genommen 1 At. B_2O_3 und 3 At. BaO.

2,6017 Grm. bors. Baryt verloren beim Glühen 0,6436 Grm. also 24,73 % H_2O.

1,9452 Grm. geglühtes oder 2,5842 Grm. wasserhaltiges Salz gaben 2,0450 Grm. BaO, SO_3, entsprechend 1,3429 Grm. BaO, also 51,96 % BaO und 23,31 % B_2O_3.

5) Genommen 1 At. B_2O_3 und $3\frac{1}{2}$ At. BaO.

2,8635 Grm. bors. Baryt verloren beim Glühen 0,7120 Grm. also 24,86 % aq.

2,1007 Grm. geglühtes oder 2,7957 Grm. wasserhaltiges Salz gaben 2,2117 Grm. BaO, SO_3, entsprechend 1,4524 Grm. BaO, also 51,95 % BaO und 23,20 % B_2O_3.

Im Mittel aus diesen 6 Analysen erhält man:

BaO =	51,87
B_2O_3 =	23,34
H_2O =	24,79
	100,00.

Es verhält sich also BaO : B_2O_3 : H_2O = $\frac{51,87}{152,62} : \frac{23,34}{69,82} : \frac{24.79}{17,96}$ = 0,33 : 0,33 : 1,38 = 1 : 1 : 4. Die Formel ist also: BaO, B_2O_3 + 4 aq. und die Zusammensetzung:

BaO	152,62	51,86
B_2O_3	69,82	23,72
4 H_2O	71,84	24,42
	294,28	100,00.

Zusammenstellung der Analysen des borsauren Baryts.

	1a.	1.	2.	3.	4.	5.	Mittel.	Berechnet.	Differenz.
BaO	52,22	51,78	51,44	51,84	51,96	51,95	51,86	51,86	0
B_2O_3	23,12	23,36	23,71	23,37	23,31	23,19	23,34	23,72	−0,38
4 H_2O	24,66	24,86	24,85	24,79	24,73	24,86	24,79	24,42	+0,38

Wie eine Vergleichung obiger Analysen zeigt, erhält man beim Fällen von Borsäure mit Barytwasser und Alkohol stets dieselbe Verbindung BaΘ, $B_2Θ_3 + 4$ aq. auch bei Anwendung eines grossen Barytüberschusses. Der einfach borsaure Baryt BaΘ, $B_2Θ_3 + 4$ aq. krystallisirt in feinen Nadeln, ist in verdünnten Säuren und Wasser leicht löslich, in Weingeist dagegen schwer löslich. Und zwar ist 1 Theil BaΘ, $B_2Θ_3 + 4$ aq. löslich in

3300	Theilen	Weingeist von	45 %.
7800	»	»	» 50 %.
25000		»	» 60 %.
55000	»	»	» 75 %.

Hiernach schien es möglich die Borsäure durch Fällung mit Barytwasser und Alkohol quantitativ zu bestimmen. Bei den in dieser Richtung angestellten Versuchen bediente ich mich folgenden Verfahrens: Sowohl die Fällung, als auch das nachherige Auswaschen muss bei möglichstem Luftabschluss geschehen, da man sonst leicht durch Kohlensäure-Anziehung zu hohe Resultate erlangt. Um jede Kohlensäure-Anziehung möglichst zu vermeiden, wurde ein Erlenmeyer'sches Becherglas mit einem Kork luftdicht verschlossen, in welchem sich 2 Durchbohrungen befanden, durch die ein Kalirohr und ein Trichter hindurchgeführt wurden. Ich liess nun mit einer Pipette eine bekannte Menge Borsäurelösung durch den Trichter hineinfliessen und filtrirte dann durch ein benetztes Filter kalt gesättigtes Barytwasser unter schwachem Umschütteln so lange hinein, bis sich der zuerst entstehende Niederschlag aufgelöst hatte. Es waren dann (cf. pag. 26) auf je 1 At. Borsäure $B_2Θ_3$ — $1^1/_2$ At. Baryt BaΘ in Lösung.

Bei Anwendung eines grösseren Barytüberschusses kann es leicht geschehen, dass sich neben borsaurem Baryt auch Barytkrystalle ausscheiden. Bei dem angegebenen Verhältnisse war das nicht der Fall, die Menge der Flüssigkeit war genügend, den Barytüberschuss in Lösung zu erhalten. Darauf wurde durch den Trichter frisch ausgekochter Alkohol von 95 % hinzugegossen und zwar so viel, dass die Flüssigkeit aus Weingeist von 55 % bis 60 % bestand, und dann das Kalirohr und der Trichter rasch durch solide Glasstäbe, die genau den Oeffnungen angepasst waren, ersetzt, einige Mal umgeschüttelt und 24 Stunden ruhig stehen gelassen. Im Verlaufe dieser Zeit war der anfänglich sehr voluminöse, flockige Niederschlag vollständig krystallinisch geworden, und hatten sich die Krystalle am Boden des Gefässes abgesetzt. Es wurde nun der eine Glasstab durch ein Kalirohr ersetzt und durch die zweite Durchbohrung ein Glasheber hineingeführt und durch Ansaugen sofort der bei weitem grösste Theil der klaren Flüssigkeit abgezogen, ohne dabei den Niederschlag aufzurühren. Dann wurde der Heber rasch durch einen Glastrichter ersetzt, der Niederschlag mit Alkohol von 75 % übergossen und das Gefäss darauf durch solide Glasstäbe verschlossen. Nach dem sich der Niederschlag wieder vollständig gesenkt hatte, und die über ihm stehende Flüssigkeit ganz klar erschien, wurde dieselbe durch den Heber abgezogen, der Niederschlag auf ein gewogenes Filter gebracht und mit Alkohol von 75 % ausgewaschen, wobei Filter und Glas stets bedeckt gehalten wurden. Die ausgewaschenen Niederschläge wurden über Schwefelsäure unter dem Exsiccator getrocknet und als einfach borsaurer Baryt $Ba\Theta, B_2\Theta_3 + 4$ aq. gewogen. Die mit Salzsäure übergossenen Niederschläge zeigten keine Kohlensäure-Entwickelung. Das Filtrat sowohl, als der durch den Heber abgehobene Theil der Flüssigkeit färbten nach Ausfällung des Baryts durch Schwefelsäure die Weingeistflamme n i c h t grün. Es war mithin die Borsäure durch das Barytwasser und den Alkohol vollständig gefällt worden. — Die erlangten Resultate sind folgende:

1) 0,3331 Grm. krystallisirte Borsäure, äquivalent 0,1880 Grm. wasserfreier Borsäure $B_2\Theta_3$, gaben 0,7899 Grm. $Ba\Theta, B_2\Theta_3 + 4$ aq., entsprechend 0,1873 Grm. $B_2\Theta_3$. statt 100 : 99,66. Diff. 0,34 %.

2) 0,4360 Grm. krystallisirte Borsäure, äquivalent 0,2461 Grm. wasserfreier Borsäure $B_2\Theta_3$, gaben 1,0303 Grm. $Ba\Theta, B_2\Theta_3 + 4$ aq., entsprechend 0,2444 Grm. B_2O_3, statt 100 : 99,30. Diff. — 0,70 %.

3) 0,6245 Grm. krystallisirte Borsäure, äquivalent 0,3525 Grm. wasserfreier Borsäure $B_2\Theta_3$, gaben:

a) 1,4700 Grm. $Ba\Theta, B_2\Theta_3 + 4$ aq., entsprechend 0,3487 Grm. $B_2\Theta_3$, statt 100 : 98,92. Diff. — 1,08 %.

b) 1,4792 Grm. $Ba\Theta, B_2\Theta_3 + 4$ aq., entsprechend 0,3509 Grm. $B_2\Theta_3$, statt 100 : 99,54. Diff. — 0,46 %.

c) 1,4905 Grm. $Ba\Theta, B_2\Theta_3 + 4$ aq., entsprechend 0,3535 Grm. $B_2\Theta_3$, statt 100 : 100,29. Diff. + 0,29 %.

d) 1,4821 Grm. $Ba\Theta, B_2\Theta_3 + 4$ aq., entsprechend 0,3515 Grm. $B_2\Theta_3$, statt 100 : 99,73. Diff. — 0,27 %.

e) 1,4818 Grm. $Ba\Theta, B_2\Theta_3 + 4$ aq., entsprechend 0,3514 Grm. $B_2\Theta_3$, statt 100 : 99,71. Diff. — 0,29 %.

4) 1,2162 Grm. krystallisirte Borsäure, äquivalent 0,6863 Grm. wasserfreier Borsäure $B_2\Theta_3$, gaben:

a) 2,9040 Grm. BaO, $B_2O_3 + 4$ aq., entsprechend 0,6888 Grm. B_2O_3, statt 100 : 100,33. Diff. + 0,33 %.

b) 2,9010 Grm. BaO, $B_2O_3 + 4$ aq., entsprechend 0,6881 Grm. B_2O_3, statt 100 : 100,23. Diff. + 0,23 %.

Zusammenstellung der Analysen.

B_2O_3 genommen.	B_2O_3 gefunden.	in Procenten.	Differirt.
0,1880 Grm.	0,1873 Grm.	99,66	— 0,34
0,2461 "	0,2444 "	99,30	— 0,70
0,3525 "	0,3487 "	98,92	— 1,08
0,3525 "	0,3509 "	99,54	— 0,46
0,3525 "	0,3535 "	100,29	+ 0,29
0,3525 "	0,3515 "	99,73	— 0,27
0,3525 "	0,3514 "	99,71	— 0,29
0,6865 "	0,6888 "	100,33	+ 0,33
0,6865 "	0,6881 "	100,23	+ 0,23

Da sich alle borsauren Salze der alkalischen Erden und schweren Metalloxyde leicht durch Kochen oder Schmelzen mit kohlensaurem Natron zerlegen lassen, so kommt es bei der Analyse borsaurer Salze blos darauf an, die Borsäure neben Natron bestimmen zu können. Vor Allem ist dazu erforderlich, das Natron an eine Säure zu binden, die sowohl mit Natron, als auch mit Baryt in Alkohol leicht lösliche Salze bildet. — Am geeignetsten hierzu ist die Bromwasserstoffsäure, da sowohl $NaBr$ als auch $BaBr_2$ selbst in 95 % Alkohol noch leicht löslich sind, und borsaures Natron durch HBr sehr leicht in $NaBr$ und freie B_2O_3, $3H_2O$ zerlegt wird.

Bei der Analyse des Borax verfuhr ich in folgender Weise. Es wurde Boraxglas fein gepulvert, in heissem Wasser gelöst, mit etwas Lackmustinktur versetzt, Bromwasserstoffsäure bis zur deutlichen Rothfärbung zugegeben und dann die Bestimmung der Borsäure genau nach der bereits beschriebenen Methode ausgeführt. Die Gegenwart von Bromnatrium beeinträchtigt dabei die Fällung in keiner Weise. Da jedoch das Boraxglas beim Pulvern Wasser anzieht, so musste der Wassergehalt in einer besonderen Portion vorher bestimmt und vom Gewicht des zur Analyse genommenen Salzes in Abzug gebracht werden.

1) 2,8910 Grm. Boraxglas mit 4,03 % hygroskopischem Wasser, äquivalent 2,7745 Grm. wasserfreiem Salze, entsprechend 1,9157 Grm. $B_2 \Theta_3$, wurden gelöst in 100 CC. Wasser und von dieser Lösung je 10 CC. zur Analyse genommen:

a) 0,2774 Grm. wasserfreies Salz entsprechend 0,1916 Grm. $B_2 \Theta_3$, gaben 0,8100 Grm. $Ba\Theta$, $B_2\Theta_3 + 4$ aq., entsprechend 0,1921 Gramm $B_2\Theta_3$, statt 100 : 100,28. Diff. + 0,28 %.

b) 0,2774 Grm., entsprechend 0,1916 Grm. $B_2\Theta_3$, gaben 0,8089 Grm. $Ba\Theta$, $B_2\Theta_3 + 4$ aq., entsprechend 0,1918 Grm. $B_2\Theta_3$, statt 100 : 100,15. Diff. + 0,15.

c) 0,2774 Grm., entsprechend 0,1916 Grm. $B_2\Theta_3$, gaben 0,8080 Grm. $Ba\Theta$, $B_2\Theta_3 + 4$ aq., entsprechend 0,1917 Grm. $B_2\Theta_3$, statt 100 : 100,04. Diff. + 0,04 %.

d) 0,2774 Grm., entsprechend 0,1916 Grm. $B_2\Theta_3$, gaben 0,8119 $Ba\Theta$, $B_2\Theta_3 + 4$ aq., entsprechend 0,1925 Grm. $B_2\Theta_3$, statt 100 : 100,52. Diff. + 0,52 %.

e) 0,2774 Grm., entsprechend 0,1916 Grm. $B_2\Theta_3$, gaben 0,8105 Gramm $Ba\Theta$, $B_2\Theta_3 + 4$ aq., entsprechend 0,1922 Grm. $B_2\Theta_3$, statt 100 : 100,35. Diff. + 0,35 %.

f) 0,2774 Grm., entsprechend 0,1916 Grm. $B_2\Theta_3$, gaben 0,8076 Grm. $Ba\Theta$, $B_2\Theta_3 + 4$ aq., entsprechend 0,1915 Grm. $B_2\Theta_3$, statt 100 : 99,99. Diff. — 0,01 %.

2) 0,7310 Grm. Boraxglas mit 5,60 % hygroskopischem Wasser, äquivalent 0,6900 Grm. wasserfreiem Salze, entsprechend 0,4765 Grm. $B_2\Theta_3$, gaben 1,9998 Grm. $Ba\Theta$, $B_2\Theta_3 + 4$ aq., entsprechend 0,4743 Gramm $B_2\Theta_3$, statt 100 : 99,53. Diff. 0,47 %.

3) 0,7464 Grm. Boraxglas mit 5,6 % Wasser äquivalent 0,7046 Gramm wasserfreiem Salze, entsprechend 0,4865 Grm. $B_2\Theta_3$, gaben 2,0400 Grm. $Ba\Theta$, $B_2\Theta_3 + 4$ aq., entsprechend 0,4838 Grm. $B_2\Theta_3$, statt 100 : 99,44. Diff. — 0,56 %.

4) 0,5988 Grm. Boraxglas mit 5,6 % Wasser äquivalent 0,5652 Grm. wasserfreiem Salze, entsprechend 0,3903 Grm. $B_2\Theta_3$, gaben 1,6446 Grm. $Ba\Theta$, $B_2\Theta_3 + 4$ aq., entsprechend 0,3901 Grm. $B_2\Theta_3$, statt 100 : 99,95. Diff. — 0,05 %.

5) 0,5850 Grm. Boraxglas mit 5,6 % Wasser, äquivalent 0,5522 Grm. wasserfreiem Salze, entsprechend 0,3813 Grm. $B_2\Theta_3$, gaben 1,6067 Grm. $Ba\Theta$, $B_2\Theta_3 + 4$ aq., entsprechend 0,3811 Grm. $B_2\Theta_3$, statt 100 : 99,95. Diff. — 0,05 %.

Zusammenstellung der Analysen des Boraxglases.

Wasserfreier Borax. Grm.	$B_2\Theta_3$ berechnet. Grm.	$B_2\Theta_3$ gefunden. Grm.	In Procenten.	Procentische Menge der $B_2\Theta_3$ im wasserfreien Borax. gefunden.	berechnet.	Diff.
0,2774	0,1916	0,1921	100,28	69,25	69,05	+ 0,20
0,2774	0,1916	0,1918	100,15	69,15	—	+ 0,10
0,2774	0,1916	0,1917	100,04	69,07	—	+ 0,02
0,2774	0,1916	0,1925	100,52	69,41	—	+ 0,36
0,2774	0,1916	0,1922	100,35	69,29	—	+ 0,24
0,2774	0,1916	0,1915	99,99	69,04	—	− 0,01
0,6900	0,4765	0,4743	99,53	68,74	—	− 0,21
0,7046	0,4865	0,4838	99,44	68,67	—	− 0,38
0,5652	0,3903	0,3901	99,95	69,01	—	− 0,04
0,5522	0,3813	0,3811	99,95	69,01	—	− 0,04

Nach diesen Versuchen erscheint mir diese Methode wohl zur quantitativen Bestimmung der Borsäure geeignet zu sein. Da bald zu viel, bald zu wenig erhalten wurde, (statt 100 : 98,92 bis 100,52 im Mittel 99,88) so dürften die kleinen Differenzen wohl mehr in der Ausführung und den unvermeidlichen Beobachtungsfehlern ihren Grund haben, als in der Methode selbst.

Dorpat, Juni 1876.

Ueber die Bestimmung des Gerbstoffs.

Von

J. Löwenthal.

In den letzten zehn Jahren sind eine Anzahl von Versuchen veröffentlicht worden, welche in der Absicht angestellt wurden, eine den Anforderungen der Praxis entsprechende Gerbstoffbestimmung zu ermitteln; aber das Ziel wurde noch nicht erreicht.

Diese Misserfolge einerseits und die grosse Wichtigkeit, welche eine richtige Gerbstoffbestimmung hat, andererseits, veranlassen mich meine Erfahrungen mitzutheilen.

Ich habe im Laufe der Zeit meine Gerbstoffbestimmung*) derart verbessert, dass das Resultat meiner Prüfungen für die Praxis ein sehr befriedigendes ist. Ich sage für die Praxis, weil die strenge Wissenschaft vielleicht noch exactere Genauigkeit verlangt. In der Praxis ist es wichtig vergleichende Versuche machen zu können. Ich gebrauche die Methode der Gerbstoffbestimmung um Sumach mit Sumach, Galläpfel mit Galläpfeln, niemals aber diese mit jenen zu vergleichen. Meine Methode empfiehlt sich auch dadurch, dass ein geschickter Arbeiter sie ausführen kann.

Ich habe das Princip, welches Hammer anwandte um den Gerbstoff von den andern Körpern zu trennen, für richtig erkannt und demzufolge verfahren. Ich titrire wie bekannt den gerbstoffhaltigen Auszug zuerst mit Zusatz von Indigolösung; hierbei wird der Chamäleonwerth für Gerbstoff und die anderen oxydirbaren Körper erhalten.

Dann wird in einem andern gemessenen Theil der Gerbstoff ausgefällt, filtrirt und das Filtrat wieder titrirt. Der Chamäleonverbrauch letzterer Titrirung von dem Chamäleonverbrauch ersterer Titrirung abgezogen, gibt den Chamäleonverbrauch für den Gerbstoff.

Meine frühere Methode als bekannt voraussetzend, gehe ich zu den Verbesserungen über, wie ich sie heute anwende. Zur Trennung des Gerbstoffes von den andern Körpern habe ich mich beinahe ausschliesslich des Leim's bedient, doch mit Hammer'schem Hautpulver ebenfalls gute Resultate erhalten.

Mit Leim ist das Verfahren folgendes: 75 Gramm bester hellster Kölner Leim werden über Nacht in kaltem Wasser eingeweicht, den andern Tag wird das Wasser abgegossen, der gequollene Leim unter Erhitzen auf dem Wasserbade im Wasser gelöst, dann reines Kochsalz bis zu vollständiger Sättigung zugerührt und hierauf das Ganze mit einer vollständig gesättigten Salzlösung auf 3 Liter gebracht, so dass 25 Grm. Leim in einem Liter enthalten sind.

Von der zu titrirenden gerbstoffhaltigen Abkochung wird so viel genommen, dass man 0,06 bis 0,08 Grm. Chamäleon zur Titrirung bedarf. In weiter unten folgenden Analysen sind immer 10 Grm. Sumach ausgekocht und nach dem Erkalten auf 2 Liter gebracht. Zu 100 CC. dieser Abkochung = 0,5 Grm. Sumach (bei Eichenlohe habe ich 1,25 geeignet gefunden) werden 100 CC. obiger Leimlösung — entsprechend 2,5 Grm.

*) Journ. f. prakt. Chem. 81. 150; — Fresenius, Anl. zur quantitativen Anal. 5. Aufl. 838.

trockenem Leim — zugegeben. Dieses Gemisch wird mit 50 CC. Wasser versetzt, welche entweder 5 CC. reine Salzsäure von 1,12 specifischem Gewicht, oder 2 bis 2,5 Grm. Schwefelsäure enthalten. Bei Zusatz der verdünnten Säure wird die Flüssigkeit käsig und die Abscheidung erfolgt.

Nach dem Umrühren werden die Gläser bei Seite gesetzt und mehrere Stunden oder über Nacht stehen gelassen, dann wird filtrirt. Im Filtrat darf auch nicht die geringste Trübung wahrzunehmen sein. Man beachte hierbei, dass Säure und Leimlösung nicht in Berührung kommen, bevor diese mit der gerbstoffhaltigen Lösung gemischt ist, indem die Säuren für sich den gesalzenen Leim wenigstens theilweise fällen. Ferner nehme man die Fällung nicht in einem Gefäss mit enger Oeffnung vor, da der Niederschlag festbackt.

Meine Lösung besteht gewöhnlich aus 250 CC., darin sind 100 CC. Leimlösung enthalten. Die Titrirung geschieht mit je 50 CC. Filtrat. Es kommen folglich in jeder Titrirung 20 CC. Leimlösung vor. Setzt man der Indigolösung in einem Liter hinreichend angesäuerten Wassers 20 CC. der ursprünglichen Leimlösung zu, so braucht man im Durchschnitt 0,4 CC. Chamäleon von meiner Lösung (4 Grm. krystallisirtes Chamäleon auf 3000 Grm. gelöst) mehr zur Herstellung der rein gelben Farbe, als der Indigo ohne diesen Leimzusatz bedarf. Ich habe diesen kleinen Mehrbedarf immer vernachlässigt, einestheils weil ich vermuthe, dass dieser reducirende Körper, wenigstens theilweise im Niederschlag zurückgehalten wird, andererseits, weil er bei allen Bestimmungen gleichmässig vorkommt.

Ich habe diese Eigenschaften bei allen Leimsorten, welche ich untersuchte, gefunden, ebenso bei Gelatine, am stärksten bei der Hausenblase. Dieser Fehler ist bei dem Hautpulver geringer. Hier findet sich, wenn man Wasser, Säure und Hautpulver in demselben Verhältniss wie bei der Gerbstofffällung selbst, mit Indigo vergleichend titrirt, eine sehr geringe Differenz.

Nach dem Titriren des Filtrats wird der Chamäleonverbrauch dieses, von dem Chamäleonverbrauch der ursprünglichen gerbstoffhaltigen Lösung abgezogen, der Rest ist der Chamäleonverbrauch, der Chamäleonwerth des Gerbstoffes.

Da ein Ueberschuss von Gelatine wie Persoz (Traité théorique et pratique de l'impression des tissus) angibt, in der Wärme Gerbstoff löst, so wollte ich mich doch überzeugen, ob bei meinen Verhältnissen, obwohl ich nicht erwärme, der überschüssige Leim von Gerbstoff nichts in Lösung halte. Zu diesem Zwecke wendete ich 50 CC. ganz klarer Lösung an, bestehend aus $^2/_5$ saurem Wasser und $^3/_5$ gesalzenem Leim, und setzte eine bestimmte Quantität Tannin dazu. In diesen 50 CC. Flüssigkeit brachten schon 0,0005 Grm. Tannin eine Trübung hervor, welche in einem Reagensglas, beim Durchsehen von oben nach unten, leicht zu bemerken war und die nach mehreren Stunden nicht verschwand.

Bis in den letzten Tagen war ich der Meinung, dass eine so grosse Quantität Leim nöthig sei, um ein klares Filtrat zu erhalten. Dass das Kochsalz irgend eine Wirkung ausübe, erwartete ich nicht. Und dennoch ist dieses der Fall, wovon ich mich in der letzten Zeit überzeugt habe. Es scheint, dass man circa $^4/_5$ der Leimlösung durch ein gleiches Volumen einer gesättigten Kochsalzlösung ersetzen kann. Vielleicht ist es nur das Kochsalz, welches das klare Filtriren bewirkt. Durch den theilweisen Ersatz der Leimlösung durch ein gleiches Volumen gesättigter Kochsalzlösung wird der kleine Fehler, welcher von jener, wie bereits angegeben, verursacht wird, fast vollständig aufgehoben.

Hervorheben muss ich noch, dass bei meiner Methode der Indigocarmin nicht blos Indicator ist, sondern auch Regulator, d. h. bei Anwendung von Indigocarmin werden nur diejenigen Stoffe oxydirt welche leichter oder doch eben so leicht oxydirt werden wie jener, nicht aber solche Körper, welche schwerer oxydirbar sind wie der Indigocarmin. Beweis für das Gesagte ist die genaue Uebereinstimmung der einzelnen Titrirungen, wenn sie richtig ausgeführt werden, wie Alle, welche sich damit beschäftigt, gefunden haben. Ohne Indigocarmin werden ganz andere Resultate erhalten. (Siehe Beleganalyse No. 7.)

Hier mögen nun die verschiedenen Belege folgen.

Nr. 1. 10 CC. Sumachlösung . . . } 25 CC. Indigolösung . . . }	11,8 CC.	Chamäleonlösung.		
desgleichen	11,8 CC.	»	»	
	23,6 »	»	»	
ab für 50 CC. Indigolösung .	13,0 »	»	»	
	10,6 »	»	»	
50 CC. Filtrat . . . . . } 25 CC. Indigolösung . . . }	9,4 »	»	»	
desgleichen	9,4 »	»	»	
	18,8 »	»	»	
ab für 50 CC. Indigolösung .	13,0 »			
	5,8 »	»	»	

10,6 × 2 = ...	21,2
ab	5,8
	15,4.

Der Verbrauch an Chamäleon vertheilt sich also:

für den durch Leim fällbaren Gerbstoff .	15,4 CC.
für die durch Leim nicht fällbaren Körper	5,8 »
In Procenten für ersteren	72,7
» » » letztere	27,3
	100,0.

Die Details der Prüfungen der Sumachsorten 2—6 übergehe ich und gebe nur die Zusammenstellung der Resultate. Die Columne a gibt die Chamäleonwerthe nach alter Methode, das heisst nach einfacher Titrirung, die Columne n die Chamäleonwerthe nach der neuen Methode, das heisst nach Abzug der Chamäleonmenge, welche die durch Leim nicht fällbaren Körper beanspruchen. Die Columne A gibt die Resultate der alten Methode, die bei der besten Sumachsorte verbrauchte Chamäleonmenge gleich 100 gesetzt, die Columne N in gleicher Weise die Resultate der neuen Methode.

	a.	n.	A.	N.
Nr. 1.	10,6	7,7	93,8	92,7
» 2.	10,6	7,6	93,8	91,5
» 3.	11,3	8,3	100,0	100,0
» 4.	11,0	8,3	97,3	100,0
» 5.	10,8	7,9	95,5	95,1
» 6.	11,0	7,75	97,3	93,2

Nr. 7, gibt Aufschlusss über die Chamäleonmenge, welche bei einer und derselben Sumachlösung mit und ohne Zusatz von Indigolösung verbraucht wird, (siehe oben).

10 CC. Sumachlösung . } 25 CC. Indigolösung . }	13,6 CC.
ab für Indigolösung . .	7,0 »
	6,6 »

10 CC. Sumachlösung bis zur eintretenden Röthe, welche aber nur 10 Secunden anhielt . . . . 8,8 CC.

bis die Röthe 20 Secunden blieb	10,4 »
» » » 60 » »	12,2 »
» » » länger als 60 Secunden blieb .	15,8 »

Die Versuche 8—12 beziehen sich auf fünf weitere Sumachsorten:

8 war Montenegro - Sumach vom Jahre 1873.
9 » Sicilianer- » » » 1874.
10 » » , andere Sorte » » »
11 » Albaneser - Sumach » » »
12 » » , andere Sorte » » »

Je 10 Grm. Sumach wurden mit $^3/_4$ Liter Wasser gekocht und nach dem Erkalten auf 1 Liter gebracht (nicht auf 2 Liter wie bei den früheren Versuchen).

Nr. 8.

10 CC. Sumachabkochung . . } 25 CC. Indigolösung . . . . }	18,6 CC.	Chamäleonlösung.	
desgleichen	18,8 »	»	»
	37,4 »	»	»
ab für Indigolösung	11,2 »	»	»
	26,2 »	»	»
50 CC. Filtrat . . . . . } 25 CC. Indigolösung . . . }	13,4 »	»	»
desgleichen	13,4 »	»	»
	26,8 »	»	»
ab für Indigolösung	11,2 »	»	»
	15,6 »	»	»

26,2 × 2 = ... 52,4
ab 15,6
36,8.

Der Verbrauch an Chamäleon vertheilt sich somit wie folgt:

für den durch Leim fällbaren Gerbstoff .	36,8 CC.
» die » » nicht fällbaren Körper	15,6 »
In Procenten für ersteren	70,2
» » » letztere	29,8
	100,0.

Die Details der Analysen der Sorten 9—12 übergehend wende ich mich sogleich zur Zusammenstellung der Resultate. Die Bezeichnung der Columnen und die Bedeutung der Buchstaben a, n, A, N ist dieselbe, wie bei der obigen Zusammenstellung.

	a.	n.	A.	N.
Nr. 8.	26,2	18,4	82,9	74,1
» 9.	28,0	22,3	88,6	89,9
» 10.	31,0	24,8	100,0	100,0

	a.	n.	A.	N.
Nr. 11.	22,8	17,3	72,1	69,3
» 12.	23,3	17,7	73,4	71,3.

Die Versuche 13 und 14 beziehen sich auf zwei Sumachanalysen, bei welcher gleichzeitig die Methode unter Zusatz von Gallussäure geprüft wurde.

Nr. 13. Je 10 Grm. Sumach wurden in $^3/_4$ Liter Wasser gekocht und nach dem Erkalten auf 1 Liter gebracht.

10 CC. Sumachabkochung . . } 25 CC. Indigolösung . . . }	16,6	CC.	Chamäleonlösung.	
desgleichen	16,5	»	»	»
	33,1	»	»	»
ab für Indigolösung	13,2	»	»	»
	19,9	»	»	»
50 CC. Filtrat . . . . . } 25 CC. Indigolösung . . . }	11,2	»	»	»
desgleichen	11,1	»	»	»
	22,3	»	»	»
ab für Indigolösung	13,2	»	»	»
	9,1	»	»	»

1 Grm. Gallussäure wurde zu 1 Liter gelöst.

5 CC. dieser Gallussäurelösung } 25 CC. Indigolösung . . . . }	10,2	CC.
desgleichen	10,2	»
	20,4	»
ab für Indigolösung	13,2	»
	7,2	»

Es wurden nun gemischt:

100 CC. Sumachabkochung.
25 CC. Gallussäurelösung,
100 CC. Leimlösung,
25 CC. saures Wasser,

später wurde filtrirt.

50 CC. dieses Filtrates . . } 25 CC. Indigolösung . . . }	14,6	CC.
desgleichen	14,7	»
	29,3	»

ab für Indigolösung	13,2 CC.
	16,1 »
Zieht man davon ab den beim vorigen Filtrat erhaltenen Werth mit . .	9,1 »
so bleiben	7,0 »
während direct	7,2 »

erhalten worden waren.

Ganz dasselbe Resultat wurde auch bei dem Versuch 14 erhalten.

Die Versuche 15, 16 und 17 beziehen sich auf 3 Tanninsorten.

Nr. 15 war aus Frankreich bezogene Waare von ganz heller Farbe, sehr leicht, von sehr schönem Ansehen.

Nr. 16 war etwas weniger schön, schwerer, stärker gefärbt, doch noch eine schöne Waare. Der Fabrikationsort war unbekannt.

Nr. 17 war ein schweres, dunkel gefärbtes Pulver, deutsches Fabrikat; wird als für technische Zwecke geeignetes Tannin zu 3 Mrk. 60 per Kilogramm angeboten.

Alle drei Sorten waren in Wasser vollständig löslich. Es wurden je 2 Grm. zu 1 Liter gelöst. Die Ausfällung geschah mit 150 CC. Tanninlösung, 100 CC. Leimlösung und 50 CC. angesäuertem Wasser. Da 50 CC. = $^1/_6$ des ganzen Filtrates zur Titrirung verwendet wurden, entsprechend 25 CC. der ursprünglichen Tanninlösung, so musste bei diesen Versuchen mit 2,5 multiplicirt werden, bevor der Chamäleonverbrauch des Filtrates abgezogen werden konnte.

Nr. 15.	10 CC. Tanninlösung . . . 25 CC. Indigolösung . . .	15,7 CC. Chamäleonlösung.
	desgleichen	15,7 » » »
		31,4 » » »
	ab für Indigolösung . . .	12,6 » » »
		18,8 » » »
	50 CC. Filtrat . . . . 25 CC. Indigolösung . . .	9,6 » » »
	desgleichen	9,5 » » »
		19,1 » » »
	ab für Indigolösung	12,6 » » »
		6,5 » » »

18,8 × 2,5 = ...	47,0 CC.
ab	6,5 »
	40,5. »

Der Chamäleonverbrauch für den Gerbstoff beträgt somit . .	40,5 CC.
Für Gallussäure und andere oxydable Körper	6,5 »
Oder in Procenten für ersteren	86,2
» » » » letztere	13,8
	100,0.

Nr. 16.

10 CC. Tanninlösung . . . / 25 CC. Indigolösung . . .	16,2 CC. Chamäleonlösung.
desgleichen	16,2 » » »
	32,4 » » »
ab für Indigolösung	12,6 » » »
	19,8 » » »
50 CC. Filtrat . . . . . / 25 CC. Indigolösung . . .	11,8 » » »
desgleichen	11,6 » » »
	23,4 » » »
ab für Indigolösung	12,6 » » »
	10,8 » » »

19,8 × 2,5 = ...	49,5
ab	10,8
	38,7.

Somit Chamäleonverbrauch für Gerbstoff	38,7 CC. Chamäleonlösung.
für Gallussäure etc.	10,8 » » »
oder in Procenten für ersteren	78,2
» » » » letztere	21,8
	100,0.

Nr. 17.

10 CC. Tanninlösung . . . / 25 CC. Indigolösung . . .	16,8 CC. Chamäleonlösung.
desgleichen	16,8 » » »
	33,6 » » »
ab für Indigolösung	12,6 » » »
	21,0 » » »
50 CC. Filtrat . . . . . / 25 CC. Indigolösung . . .	14,8 » » »
desgleichen	14,9 » » »
	29,7 » » »

ab für Indigolösung	12,6	CC.	Chamäleonlösung.	
	17,1	»	»	»
21 × 2,5 = ...	52,5	»	»	»
ab	17,1	»	»	»
	35,4.	»	»	»
Somit Chamäleonverbrauch für Gerbstoff	35,4	»	»	»
für Gallussäure etc.	17,1	»	»	»

oder in Procenten für ersteren 67,5
» » » » letztere 32,8
100,0.

Setzt man den Chamäleonverbrauch des Tannins Nr. 15 für Gerbsäure, Gallussäure etc. gleich 100, so erhält man für Nr. 16, 105,3 und für Nr. 17, 111,7. Es scheint aus diesen Zahlen hervorzugehen, dass die Verunreinigungen der Tanninsorten zum grossen Theile in Gallussäure bestehen, welche bei gleichem Gewichte mehr Chamäleon bedarf als Gerbsäure. Aus den Chamäleonmengen, welche bei Versuch 13 für Gallussäure und bei Versuch 15 für Gerbstoff gebraucht wurden, ergibt sich das Verhältniss 720 : 470. Ich will jedoch diese Zahlen nicht als richtig für Gallussäure und Gerbsäure ausgeben, da das verwandte Tannin nicht rein war und ich auch für die Reinheit der verwandten Gallussäure nicht einstehen kann.

Es mögen nun noch einige auf Galläpfel bezügliche Versuche folgen.

Es wurden je 10 Grm. sehr fein gemahlen, mit kaltem Wasser und wenigen Tropfen Eisessig angerührt und auf 2 Liter gebracht. Zuweilen koche ich auch 10 Minuten lang.

Zur Fällung wurden 50 CC. der Galläpfellösung, 100 CC. Leimlösung und 100 CC. saures Wasser gemischt.

Nr. 18.	5 CC. Galläpfellösung . . } 25 CC. Indigolösung . . . }	13,1	CC.	Chamäleonlösung.	
	desgleichen	13,1	»	»	»
		26,2	»	»	»
	ab für Indigolösung . . .	14,8	»	»	»
		11,4	»	»	»
	50 CC. Filtrat . . . . } 25 CC. Indigolösung . . . }	9,7	CC.	Chamäleonlösung.	
	desgleichen	9,7	»	»	»
		19,4	»	»	»

ab für Indigolösung	14,8 CC.	Chamäleonlösung.	
	4,6 »	»	»
11,4 × 2 = ...	22,8 »	»	»
ab	4,6 »	»	»
	18,2 »	»	»

Der Chamäleonverbrauch vertheilt sich wie folgt:

für den durch Leim fällbaren Gerbstoff	18,2 CC.
für die durch Leim nicht fällbaren Körper	4,6
oder in Procenten: für ersteren	79,9
» » » » letztere	20,1*)

Bei Versuch 19 wurden gefunden:

für durch Leim fällbaren Gerbstoff	13,5 CC.
für durch Leim nicht fällbare Körper	6,3 »
oder in Procenten: für ersteren	67,7
» » » » letztere	32,3**)

Bei Versuch 20 ergab sich:

für durch Leim fällbaren Gerbstoff	9,0 CC.
für durch Leim nicht fällbaren Körper	8,4 »
oder in Procenten: für ersteren	51,8
» » » » letztere	48,2

Die Versuche 21 und 22 beziehen sich auf Eichenrinde.

Nr. 21. 25 Grm. Eichenrinde wurden zweimal je $^1/_4$ Stunde mit 900 CC. destillirtem Wasser gekocht. Beide Abkochungen mit einigen Tropfen Eisessig gemischt und nach dem Erkalten auf 2000 CC. gebracht.

10 CC. Rindenauszug . . . } 25 CC. Indigolösung . . . }	12,2 CC.	Chamäleonlösung.		
desgleichen	12,3 »	»	»	
	24,5 »	»	»	
ab für Indigolösung	13,2 »	»	»	
	11,3 »	»	»	

*) Nach der Angabe Neubauer's 0,063 Oxalsäure = 0,04157 Tannin berechnet, gibt 31,5%.

**) Auf gleicher Grundlage berechnet, = 23,38%.

100 CC. Rindenauszug, 50 CC. mit Kochsalz gesättigte Leimlösung, 50 CC. Kochsalzlösung, 50 CC. saures Wasser wurden gemischt und die Mischung am andern Morgen filtrirt.

50 CC. Filtrat . . . . . 25 CC. Indigolösung . . .	9,3 CC. Chamäleonlösung.			
desgleichen	9,3	»	»	»
	18,6	»	»	»
ab für Indigolösung	13,2	»	»	»
	5,4	»	»	»
11,3 × 2 = ...	22,6	»	»	»
ab	5,4	»	»	»
	17,2	»	»	»

Der Chamäleonverbrauch vertheilt sich wie folgt:

für den durch Leim fällbaren Gerbstoff	17,2 CC.
für die durch Leim nicht fällbaren Körper	5,4 »
oder in Procenten: für jenen .	76,11
» » » » diese .	23,81

Nimmt man die Angabe Neubauer's, dass 0,04157 Tannin 0,063 Oxalsäure entsprechen, ferner die Angabe Oser's, dass 1,5 Grm. Eichenrindegerbstoff nur so viel Sauerstoff bedarf, wie 1,0 Grm. Tannin, als richtig an, so enthält obige Rinde 8,93 % Gerbstoff, denn es waren 24 CC. meiner Chamäleonlösung erforderlich, um 0,063 Grm. Oxalsäure zu oxydiren.

Nr. 22. Von dieser Bestimmung gebe ich nur die Resultate:

für den durch Leim fällbaren Gerbstoff	17,6 CC. Chamäleonlösung.
für die durch Leim nicht fällbaren Körper	6,6 » » »
oder in Procenten: für jenen	72,7
» » » » diese	27,3

Wie oben berechnet enthielt diese Lohrinde 9 % Gerbstoff.

Nr. 23 bezieht sich auf Sumach und hat den Zweck genauer zu zeigen, dass man einen Theil der mit Kochsalz gesättigten Leimlösung durch gesättigte Kochsalzlösung ersetzen kann.

10 Grm. Sumach wurden mit Wasser $^1/_4$ Stunde gekocht, einige Tropfen Eisessig zugegeben und nach dem Erkalten auf 2000 CC. gebracht.

25 CC. Indigolösung brauchen . . . . 6,1 CC. Chamäleonlösung.
» » » » . . . . 6,1 » » »
50 CC. = 12,2 » » »

a) 100 CC. Sumachauszug, 100 mit Kochsalz gesättigte Leimlösung, 50 CC. saures Wasser.
50 CC. Filtrat . . . . . }
25 CC. Indigolösung . . . } 9,4 CC. Chamäleonlösung.
desgleichen . . . . 9,3 » » »
18,7 » » »
ab . . . . 12,2 » » »
6,5 » » »

b) 100 CC. Sumachauszug, 75 CC. mit Kochsalz gesättigte Leimlösung, 50 CC. gesättigte Kochsalzlösung, 50 CC. saures Wasser.
50 CC. Filtrat . . . . . }
25 CC. Indigolösung. . . . } 9,1 CC. Chamäleonlösung.
desgleichen . . . . 9,2 » » »
18,3 » » »
ab für Indigolösung . . . . 12,2 » » »
6,1 » » »

c) 100 CC. Sumachauszug, 50 CC. Leim, 50 CC. Kochsalzlösung, 50 CC. saures Wasser.
50 CC. Filtrat . . . . . }
25 CC. Indigolösung . . . } 9,2 CC. Chamäleonlösung.
desgleichen . . . . 9,2 » » »
18,4 » » »
ab für Indigolösung . . . . 12,2 » » »
6,2 » » »

d) Bei 25 CC. Leim und 75 CC. Kochsalzlösung wurden gebraucht . . . . 6,0 » » »

e) Bei 15 CC. Leim, 100 CC. Kochsalzlösung und 35 CC. saurem Wasser . . . . 6,4 CC. Chamäleonlösung.

f) Bei 50 CC. Leim, 50 CC. Kochsalzlösung und 50 CC. Wasser ohne Säurezusatz . . . . . 6,6 CC. Chamäleonlösung.

g) 200 CC. Sumachabkochung, 10 CC. Salzsäure, 90 CC. Wasser, 2 Grm. Hautpulver,
30 CC. Filtrat . . . . . }
25 CC. Indigolösung . . . } 10 CC. Chamäleonlösung.

desgleichen	10	CC.	Chamäleonlösung
	20	»	» »
ab für Indigolösung	12,2	»	
	7,8	»	» »

Da sich aber das Filtrat mit Leim trübte, wurde noch einmal mit 2 Grm. Hautpulver geschüttelt und filtrirt. Das Filtrat wurde nun durch Leimlösung nicht mehr gefällt.

30 CC. des Filtrates . . . } 25 CC. Indigolösung . . . }	9,1	CC.	Chamäleonlösung.
desgleichen	9,1	»	» »
	18,2	»	» »
ab für Indigolösung	12,2	»	» »
	6,0	»	» »

Nach meiner Ansicht fehlt jetzt zur richtigen Bestimmung des Gerbstoffes in den verschiedenen gerbstoffhaltigen Materialien nur noch die Darstellung des reinen Gerbstoff's aus jedem einzelnen Material. Mit diesen verschiedenen reinen Gerbstoffen ist dann die Einwirkung, der Verbrauch an Chamäleon nach meiner Methode, festzustellen. Ist dieses geschehen, so lässt sich sehr leicht in jedem Material der Gerbstoff bestimmen.

Einige wenige Versuche, welche ich zu diesem Zwecke anstellte, machten sehr wahrscheinlich, dass Schwefelwasserstoff zur Abscheidung des Gerbstoff's in gerbsaurem Bleioxyd ganz ungeeignet sei, dass aber durch in ungenügender Quantität zugesetzte Oxalsäure ein ungemein besseres Resultat erhalten werde.

Anmerkungen und Zusätze.

1) Den zu prüfenden gerbstoffhaltigen Körper trockne ich nie, weil wir ihn so kaufen, wie er ist und Vergütung für Wassergehalt nicht geleistet wird.

2) die Verbesserung des Herrn Professor Oser in Wien, bei dem Titriren der Indigolösung etc. die nöthige Säure zuzusetzen, habe ich sofort acceptirt.

3) Ich habe wiederholt versucht meine Gerbstoffbestimmung umgekehrt zur Leimbestimmung anzuwenden, indem ich eine bestimmte Quantität Leim mit einem Ueberschuss von Tannin fällte, filtrirte und im

Filtrat den Gerbstoff bestimmte. Es scheiterten aber diese Versuche daran, dass bei steigender Quantität Gerbstoff auch der gebundene Gerbstoff sich vermehrte und zwar derart, dass ich bis heute noch kein Maximum feststellen konnte.

Diese Thatsache veranlasst mich zu fragen, wie konnten diejenigen Herren, welche die Gerbstoffbestimmung mit Leim ausgeführt haben, richtige Resultate erhalten?

Ich behalte mir vor, den Versuch der Leimbestimmung mit Hilfe von Kochsalz zu prüfen.

4) Ich wende vorzugsweise Salzsäure zum Ansäuern an und zwar aus folgender Veranlassung.

Früher titrirte ich ausschliesslich mit Chlorkalk und bin nur zum Chamäleon übergegangen, weil man mit letzterem rascher arbeiten kann als mit ersterem.

Nun gibt aber Mohr mit grosser Bestimmtheit an, dass wenn man Indigolösung mit Chlorkalk titrire, immer ein Nachbleichen stattfinde. Da ich dieses niemals bestätigt gefunden, so machte ich vor einigen Jahren noch folgende Versuche: Es wurden drei grosse Bechergläser mit je $^3/_4$ Liter Wasser gefüllt, Nr. 1 wurde mit gewöhnlicher englischer Schwefelsäure, Nr. 2 mit chemisch reiner Schwefelsäure und Nr. 3 mit reiner Salzsäure angesäuert.

Es wurden in jedes Glas 10 CC. reiner Indigocarminlösung gebracht, von welcher vorher festgestellt war, dass 10 CC. genau 23 CC. Chlorkalk zur Entfärbung bedurften. Jetzt wurden sehr langsam unter starkem Umrühren, wie dies bekanntlich beim Chlorkalk erforderlich ist, 22 CC. Chlorkalklösung zugegeben und über Nacht stehen gelassen. Den andern Morgen war Nr. 2 entfärbt, während 1 und 3 Tage und Wochen lang hellblau blieben, wie zur ersten Stunde. So oft ich auch diese Versuche wiederholte, ich erhielt immer dasselbe Resultat. Es fehlte mir damals an Zeit, um festzustellen, welcher Körper das Nachbleichen in Nr. 2 bewirkte.

5) In Dingler's polyt. Journ. **205**, 137 wiederholt Wagner seine frühere Angabe, dass eine Verbindung von Galläpfelgerbstoff mit Leim in Fäulniss übergehe.

Ich stellte zur Prüfung Versuche mit Sumach- und Galläpfel-Abkochung an, setzte sie im Ueberschuss zu Leim, wusch die Niederschläge aus und liess sie unter Wasser stehen. Sie zeigten selbst nach 2 Jahren noch keinen fauligen Geruch.

6) In derselben Arbeit, S. 142 sagt Wagner, niemals werde in der Türkischrothfärberei Sumach ohne Galläpfel angewandt. Hier im Wupperthale, wo die Türkischrothfärberei zu Hause ist, weiss man Nichts davon. Nur wenn die Galläpfel sehr billig sind, wendet man diese an. Man begnügt sich vollkommen mit Sumach und ganz besonders mit Montenegro-Sumach, welcher — nebenbei gesagt — von mir schon vor 13 Jahren als der beste von 12 Sumachsorten erkannt wurde und der seitdem sehr beliebt ist.

Elberfeld, im October 1876.

Mittheilungen aus dem Prof. Wartha'schen Laboratorium in Budapest.

Controlversuche mit der Mostwage.

Von

Dr. Wilhelm Pillitz.

Anknüpfend an meine in dieser Zeitschrift **15**, 255 ff. erschienene Abhandlung, erlaube ich mir die folgenden zur Prüfung meiner Mostwage angestellten Versuche, sowie einige Bemerkungen zu der von mir vorgeschlagenen Zuckertitration mitzutheilen.

Wie bereits früher auseinandergesetzt wurde, unterscheidet sich meine Mostwage von dem Balling'schen Saccharometer dadurch, dass ihre Angaben in allen Positionen um 4,3 niedriger angesetzt sind; ferner ist an der Mostwage eine zweite Scala für die specifischen Gewichte angebracht.

Behufs einer Prüfung der Mostwage verfuhr ich nun folgendermaassen:

Vor Allem prüfte ich das Instrument selbst in Bezug auf die Richtigkeit seiner Ausführung. Zu diesem Behufe machte ich zunächst einige Proben, indem ich die specifischen Gewichtsanzeigen der Wage durch Bestimmungen mit dem 100 Grm.-Fläschchen oder mittels des Pyknometers controlirte. Bei richtiger Ausführung der Wage dürfen nur in der dritten Decimale sich Differenzen von 2—3 Einheiten zeigen. Auf ähnliche Weise verfuhr ich mit den Zuckeranzeigen der Wage, dieselben wurden mit den Resultaten der Chamäleon-Titration verglichen.

Wie man aus der folgenden Tabelle ersieht, haben die Differenzen mit wenigen Ausnahmen 1—7 Zehntel Procente nicht überschritten. In zwei Fällen jedoch, nämlich am 2. und 6. October, betrug die Differenz wohl je ein ganzes Procent; diese Abweichungen erfolgten aber durch den Umstand, dass ich mit stark angefaulten Trauben operirte, und erlaube ich mir auf meine einschlägige Bemerkung in dieser Zeitschrift **15**, 273 hinzuweisen, wonach bei überreifen — und allenfalls auch bei kranken — Trauben jede Controle mit der Mostwage unzuverlässig bleibt.

Man thut wohl in Laboratorien, wo häufig Zuckerbestimmungen ausgeführt werden, die einzelnen Lösungen gesondert und in bestimmter Concentration vorräthig zu halten. Man kann sich zu diesem Zwecke sehr wohl an das Städeler-Krause'sche Recept halten, wonach 36 bis 37 Grm. Kupfervitriol, ferner 148—150 Grm. Natronhydrat auf je ein Liter und schliesslich 37—38 Grm. Weinsäure auf 100 CC. gelöst werden.

Beim Gebrauche mischt man sich 20 CC. der Kupfervitriollösung mit 4 CC. Weinsäure, setzt 20 CC. Natronlauge dazu und kocht auf. Wenn sich beim längeren Gebrauche der Flüssigkeiten Kupferoxydul ausscheiden sollte, so hat man blos die Weinsäure-Lösung zu erneuern.

Hat man nun auf übliche Weise aus der weinsauren Kupferoxydkali-Lösung das Kupferoxydul ausgeschieden und sorgfältig durch ein Filter decantirt, so soll nach Schwarz das Auflösen mittelst concentrirter Salzsäure und Kochsalz vorgenommen werden. Indess tauchten an dem hiesigen Laboratorium in jüngster Zeit Klagen auf, dass bei der Titration sich mitunter beträchtliche Differenzen einstellten. Es entwickelte sich nämlich ein deutlich wahrnehmbarer Chlorgeruch. Um dem Uebel für alle Fälle zu steuern, kann man die concentrirte Salzsäure ganz umgehen und das Lösen des Kupferoxyduls in verdünnter Schwefelsäure und Kochsalz vornehmen; das Oxydul löst sich ebenso rasch und mit derselben Leichtigkeit auf.

Ferner ist ein grosses Gewicht auf die Reinheit des Chamäleons zu legen, ein Product, welches mit verdünnter Schwefelsäure erhitzt an und für sich schon Chlor entwickelt, ist zu verwerfen.

Beim Auflösen des Kupferoxyduls thut man wohl blos mit mässigen Kochsalzmengen zu arbeiten, mit dem beiläufig 2—3fachen Gewichte des Kupferoxyduls. Dem Kochsalze, welches zu diesem Zwecke dient, mischt man etwas doppelt kohlensaures Natron bei, damit beim Uebergiessen mit verdünnter Schwefelsäure die sich entwickelnde Kohlensäure die Luft aus dem Kölbchen verjagt, welche durch das Krönig'sche Kautschukventil entweicht. Wenn man schliesslich kalt und bei starker Verdünnung titrirt, so sind alle Bedingungen der genauen Titration erfüllt.

Bei der folgenden Versuchsreihe habe ich gleichzeitig die Angaben der Babo'schen und der Guyot'schen (verfertigt von Salleron) Wage mit in den Kreis der Beobachtung gezogen.

Trauben vom	Specifisches Gewicht.		Extract nach Balling.	Zucker.						Guyot-Salleron's Wage.
	Pyknometer.	Meine Mostwage.		Titrirt mit Chamäleon in 100 Grm. Most.	Balling'sches Extract minus 4,3.	Meine Mostwage.	Klosterneuburger Wage.	Guyot's Wage.		
2. Septbr.	1,0644	1,0640	15,7	11,97	11,3	11,25	13,5	15,0		12,5
6. „	1,0614	1,0617	15,0	10,11	10,3	10,75	12,5	14,0		11,5
12. „	1,0727	1,0724	17,5	12,76	13,2	13,25	15,0	16,75		14,0
18. „	1,0669	1.0670	16,3	12,8	12,00	12,25	13,5	15,25		12,6
22. „	1,0743	1,0757	17,989	14,2	13,6	14,0	15,0	16,5		14,0
26. „	1,0595	1,0696	10,2	11,07	10,2	10,75	12,00	13,25		10,75
28. „	1,0615	1,0666	15,023	11,28	10,72	10,75	12,5	14,0		11,25
2. Octbr.	1,0707	1,0713	17,164	11,8	12.6	12,75	14,25	16,0		13,25
3. „	1,0692	1,0691	17,814	11,5	12,51	12,5	14,1	15,5		13,25
6. „	1,0648	1,0659	17,79	11,88	11,49	11,75	13,0	14,5		12,0

Wie aus dieser Versuchsreihe ersichtlich, ist die von mir angenommene Ziffer von 4,3 % für Nichtzucker diejenige, welche in allen Stadien der Reife gleichmässig die geringsten Abweichungen ergibt.

Budapest, im October 1876.

Zur Eisenbestimmung mit Zinnchlorür.

Von

Dr. H. Uelsmann
in Königshütte.

Seit längeren Jahren sämmtliche im hiesigen Laboratorium vorkommenden Eisenbestimmungen nach obiger Methode ausführend, erlaube ich mir nachstehend einige bei der praktischen Ausführung sich darbietende Punkte derselben zu berühren, ohne damit Anspruch auf völlige Neuheit der Einzelheiten machen zu wollen.

Die eine chemische Reaction der von Fresenius, Mohr u. A. vielfach empfohlenen Methode besteht bekanntlich darin, zu einer heissen sauren Lösung von Eisenchlorid, die mit bekannter Eisenlösung vorher auf gleiche Weise titrirte Zinnchlorürlösung bis zum Verschwinden der gelben Oxydfarbe zu setzen, und danach durch einfachen Ansatz den Eisengehalt zu berechnen. Zwei Einwände machten sich gleich anfangs gegen das Verfahren geltend: Das Zinnchlorür hält sich nicht, muss häufig wieder titrirt werden, was die Arbeit umständlich und zeitraubend macht, — und ferner: Die Zersetzung verläuft nicht glatt, man braucht das eine Mal zu der gleichen Eisenmenge mehr, das andere Mal weniger Zinnlösung.

Der erste Einwand ist richtig, — der Uebelstand kann aber so leicht gehoben werden, dass er factisch heut nicht mehr existirt. Fresenius hatte (diese Zeitschrift **2**, 58) Röhren mit Phosphor und Pyrogallussäure zur Absorption des Sauerstoffes der über dem Zinnchlorür in der Aufbewahrungsflasche stehenden Luft vorgeschlagen, Andre eine darauf schwimmende Schicht Petroleum. Ich benutze seit Jahren eine etwa 6 Liter haltende, am Boden mit Tubulus versehene Flasche, aus welcher unten mittelst Glashahns die Lösung abgelassen wird, wodurch jede Erschütterung der Oberfläche unterbleibt. Die beim Ablassen nachdringende Luft passirt ein oben an der Flasche mittelst einer zweimal gebogenen Röhre befestigtes Kochfläschchen, worin eine concentrirte Lösung von pyrogallussaurem Kali enthalten ist. Durch diese Lösung, sowie dadurch, dass die obere Schicht des Zinnchlorürs stets dieselbe bleibt, hält sich der Titer am unteren Ablauf so unverändert, dass derselbe innerhalb 4 Wochen allerhöchstens um 0,1 CC. differirte. Ist die Flasche zu etwa $^2/_3$ leer, so wird sie wieder frisch beschickt und mittelst bekannter Eisenlösung der Titer am andern Tage bestimmt. Quetschhahnbüretten haben sich bei längerem Gebrauch als nicht praktisch erwiesen, weil selbst bei bestem Schluss die Lösung zwischen den Gummiwänden efflorescirt. Ich benutze Büretten mit Glashahn. Der zweite Einwand ist insofern hinfällig, als die Reaction in stark saurer, heisser Lösung stets ganz gleichmässig und so elegant erfolgt, dass man über den letzten Tropfen nie im Zweifel ist, wenn man die Operation in einer Porzellanschale vornimmt. Für die Bestimmung von Eisenerzen, deren hier täglich 10—20 ausgeführt werden, ist das Zurücktitriren mit Jod als unnöthig aus diesem Grunde aufgegeben worden, da sich auch zeigte, dass bei richtiger Ausführung unter Anwendung von 1,5 Gr. Substanz der

Ueberschuss an Zinnchlorür 0,05 CC. nie überstieg. Es nimmt danach eine Eisenbestimmung mit dieser Methode, vom Abwägen an gerechnet, etwa 5 Minuten in Anspruch: Erhitzen des Erzes in einer Porzellanschale mit concentrirter Salzsäure bis nahe zum Sieden und, ohne abzufiltriren, Zugabe des Zinnchlorürs, — das ist die ganze Operation. Gegenüber der Chamäleonmethode, welche Abdampfen der salzsauren Lösung mit Schwefelsäure, Abfiltriren, Reduction mit Zink etc. erfordert, ohne deshalb irgendwie genauer zu sein, liegt der Vortheil obigen Verfahrens besonders für Hüttenwerke, welche vor Allem schnell wissen wollen, wie gehaltvoll ihre Erze, Möller und Gattirungen sind auf der Hand und ich nehme für dieselbe, gerade für diese Zwecke den entschiedensten Vorzug in Anspruch, gegenüber der Aeusserung von Mohr, welcher in seiner Titrirmethode 4. Aufl. p. 429 sagt, dass diese Methode zur Hüttenmännischen Verwerthung sich weniger eigene.

Ueber die salpetersaure Molybdänlösung.

Von

Dr. H. Uelsmann.

In dieser Zeitschrift **15**, 290 findet sich eine Mittheilung von M. Jungck, wonach die zur Fällung der Phosphorsäure dienende Molybdänlösung am Licht starke gelbe phosphorfreie Rinden absetzen solle, im Dunklen aber nicht. Falls man nicht annimmt, dass die dortige Lösung kieselsäurehaltig war, was bei Salpetersäure mir wiederholt vorgekommen, ist mir obige Angabe unerklärlich. Ich verbrauche im hiesigen Laboratorium wöchentlich durchschnittlich 10—15 Liter Molybdänlösung, welche in grösseren Mengen auf einmal bereitet wird und dann oft Monate lang in weissen Glasflaschen im hellen Zimmer stehen bleibt. Noch nicht einmal seit 7 Jahren ist jedoch ein auch nur annähernd unter obige Notiz zu bringender Niederschlag bemerkt worden; nach dem Absitzenlassen der ersten entstandenen geringen Trübung sind und bleiben die Lösungen klar.

Eine Flasche von weissem Glase, mit etwa 6 Liter Lösung, steht seit 5 Wochen am Fenster, direct von der Sonne beschienen, sie ist so klar wie anfangs, und dem gegenüber dürfte sich die a. a. O. vermuthete besondere Modification der Molybdänsäure in Nichts auflösen.*) Ich erlaube mir bei dieser Gelegenheit das Verfahren zu veröffentlichen, nach welchem die hier sehr bedeutenden Mengen Molybdänsäure regenerirt werden, und welches, an die Methoden von Muck und Fresenius sich anschliessend, sich recht gut bewährt hat. Die Lösungen werden in der Wärme mit phosphorsaurem Natron ausgefällt, der Niederschlag ausgewaschen, in Ammoniak gelöst, mit Magnesiamixtur gefällt, filtrirt und ausgewaschen. Das Filtrat verdampft man auf dem Wasserbade, wobei im Maasse der Verringerung der Flüssigkeit harte krystallinische Rinden von molybdänsaurem Ammoniak anschiessen, welche nach oberflächlichem Abwaschen auf einem Trichter rein sind. Die Mutterlauge kommt zu den Rückständen, — das Salz in 3 Gewth. Ammoniak gelöst und in 15 Gewth. Salpetersäure gegossen, liefert das fertige, ganz vorzüglich haltbare Reagens.

Königshütte O/S. Octbr. 1876.

Stromregulator für Leuchtgas.

Von

Nicolae Teclu.

(Hierzu Fig. 11, 12 u. 13 auf Taf. II.)

In den Boden eines Glasgefässes n Fig. 11, das durch einen Glassturz verschlossen werden kann, ist vollkommen dicht die rechtwinklig gebogene Glasröhre a mit ihrem längeren Schenkel in lothrechter Lage eingekittet. Der andere horizontale Theil dient dazu, um das zu regulirende Leuchtgas von der Gasleitung aufzunehmen. In dem vertical stehenden Theil ist der längere Schenkel einer zweiten rechtwinklig gebogenen Glasröhre f eingeschmolzen, durch deren wagerecht gestellten Theil das Leuchtgas den Apparat verlässt. Der lothrechte Schenkel (f) trägt einen Glascylinder, welcher auf dem Röhrenende luftdicht aufgeschliffen ist. Dieser ist an seinem untern Rande zu einer Schneide zugeschliffen, und besitzt einen rechteckigen Schlitz c (Fig. 13), dessen

*) Der Gegenstand bedarf jedenfalls einer weitern gründlichen Bearbeitung, denn ich kann die Beobachtungen Jungck's nur bestätigen. Der gelbe krystallinische Niederschlag, welcher sich in den mit einer Auflösung von molybdänsaurem Ammon in Salpetersäure gefüllten Flaschen oft bildet, enthält keine Phosphorsäure und auch von Kieselsäure nur ganz geringe Mengen. R. F.

Höhenrichtung parallel mit der Axe des Cylinders läuft. Auf die Röhre a passt knapp aufgeschoben die Glasröhre l, die am unteren Theile erweitert, am untersten Rande ebenfalls zu einer Schneide zugeschliffen ist. Am obersten Theile dieser Röhre ist luftdicht ein Gefäss aus Glas angebracht, in welches das den Schlitz verschliessende Quecksilber v eingegossen wird. Das Gefäss besteht aus zwei Theilen, welche luftdicht aufeinander aufgeschliffen sind. Der untere erweiterte Theil der Röhre l ist von einer Glasglocke umschlossen, und auf der Röhre selbst luftdicht aufgeschmolzen. Der cylindrische untere Theil der Glocke endet mit einem zu einer Schneide zugeschliffenen Rande. Zwischen der Glocke und dem oberen Gefässe befindet sich eine zur Aufnahme von Quecksilber bestimmte Schale aus Glas m, die ebenfalls an die Röhre l angefügt ist. Ueberdies befinden sich in dem Boden des Glasgefässes n zwei lothrecht stehende Glasröhren i eingekittet, welche unter der Glasglocke münden und ausserhalb des Gefässes zu einer horizontalen Glasröhre g in Fig. 12 sich vereinigen. Diese, sowie die Röhre a sind von Quecksilber umgeben, welches in dem Gefässe n bis nahezu zu den Mündungen der Röhren unter der Glasglocke reicht. Der ganze Apparat wird von einem durch Schrauben stellbaren Untersatz p getragen, dessen Stellschraube s und dessen zwei Füsschen q sind.

Um den Regulator in Thätigkeit zu setzen, ist zunächst die gewünschte Grösse des Schlitzes, welche sich nach der Menge des zur Verbrennung gelangenden Gases richtet, einzustellen, dann Quecksilber in das Gefäss n bis knapp unter den Mündungen der Glasröhren i zu bringen, wodurch die Röhre l im Quecksilber zu schwimmen beginnt. Auch in das Gefäss d wird so lange Quecksilber gegossen, bis der untere Theil des Cylinders abgeschlossen ist, wodurch die Lage des Schwimmers eine gewisse Grösse des Schlitzes bedingt, welche durch Eintragen grösserer oder kleinerer Mengen Quecksilber in die Schale m nach Bedarf verändert werden kann. Man schliesst sodann das Gefäss n und verbindet mit dem Ende der Gasleitungsröhre die Glasröhre a, mit dem Zweigrohr, das an dem Ende des Gasleitungsrohres angebracht ist, die Glasröhre g (Fig. 12) und schliesslich mit der Röhre f den Brenner, wobei nicht zu übersehen ist, dass die Ausflussöffnung des Brenners grösser oder mindestens so gross wie der Schlitz sein soll.

Oeffnet man nun den Hahn der Gasleitungsröhre, so beginnt der Apparat zu wirken. Das Gas strömt nämlich einerseits in die Röhre a, von da durch den Schlitz in das Gefäss d und gelangt durch die Röhre f zum Brenner; anderseits, da sich an der Gasleitungsröhre eine Abzweigung befindet und diese mit der Röhre g verbunden ist, durch letztere in die Röhren i und dadurch unter die Glocke des Schwimmers. In Folge des dadurch auf die Glocke ausgeübten Druckes hebt sich der Schwimmer, mit diesem somit auch das den Schlitz verschliessende Quecksilber. Dies geschieht nach der jeweiligen Spannung des in der Zweigröhre strömenden Gases, wodurch gleiche Gasmengen dem Brenner zufliessen.

Um nun grössere oder kleinere gleiche Mengen des Gases zu erzielen, muss der Querschnitt des Schlitzes der kleinste unter allen Querschnitten sein, und allein vergrössert oder verkleinert werden, wobei die Höhe des Schlitzes, d. i. die höchste Höhe, auf welche der Schwimmer gehoben werden kann, unverändert bleiben muss. Querschnittsveränderungen desselben dürfen sich also blos auf seine Breite beziehen. Es können aber auch die Ein- und Ausflussöffnungen dem Querschnitt des Schlitzes gleich gemacht werden, es kann selbst der Querschnitt der Einflussöffnung der kleinste sein, wenn nur der Schlitz grösser, oder gleichgross, die Ausflussöffnung aber grösser ist; nie dagegen darf die Ausflussöffnung den kleinsten Querschnitt haben.

Wien, im September 1876.

Dampfstrahl-Luftpumpe.

Von

Nicolae Teclu.

(Hierzu Fig. 5 u. 6 auf Taf. I.)

Bekanntlich adhärirt die Luft ringsum an dem Strahle einer Flüssigkeit oder eines Gases, wenn derselbe durch die Luft dringt; sie folgt dem Strahle. In den entstandenen luftverdünnten Raum strömt neue Luft ein, welche ebenso weggeschafft wird, so dass auf diese Weise ein fortwährendes Strömen von Luft um den Strahl herum entsteht; die Wirkung ist ein beständiges Saugen.

Diese, zuerst (1826) von Clement und Desormes beobachtete Erscheinung (Reis, Physik) bestätigen: der Apparat von Buff, jener von Reichert, das Wassertrommelgebläse, das Locomotivenblasrohr, wenn dessen Dampfstrahl durch den Schornstein der Locomotive streicht,

Giffard's Injector (Dampfstrahl-Pumpe), Sprengel's Luftsauger, der Bunsen'sche Brenner, die Bunsen'sche, Jagn'sche, Arzberger und Zulkowsky'sche, Dreyer'sche Wasserluftpumpe, sowie Körtings Dampfluftsauger.

Auf demselben Principe fussend ist die Pumpe Fig. 5 (0,1 der natürlichen Grösse), welche namentlich bei Mangel einer Wasserleitung für Laboratorien besonders geeignet erscheint, da ihre Anschaffung nur geringe Kosten verursacht, und da sie überdies den Vortheil gewährt, nicht nur an jedem beliebigen Orte sofort in Thätigkeit gesetzt werden zu können, sondern durch bestimmt eingestellte Temperaturen auch die Regulirung der Saugung ermöglicht wird.

Hier ist a ein kleiner Dampfkessel auf etwas über eine Atmosphäre geprüft, welcher 1,5 Liter Wasser (hinreichend für 8—10 Stunden) fasst. Auf dem Stative m ist dieser über einem Wiesnegg'schen Ofen b angebracht, in welchen das Leuchtgas bei h eingeleitet werden kann. Der Dampfkessel ist mit einem gewöhnlichen Sicherheitsventil g (das gleichzeitig dazu dient um durch dasselbe das verdampfte Wasser zu ersetzen) und Wasserstandsanzeiger versehen, ferner mit einem Dampfstrahlrohr c. Dieses, Fig. 6, ist aus Messing, besteht aus zwei Röhren a und b, die sich nach unten erweitern, und so übereinander gestellt sind, dass der erweiterte Theil der Röhre b die in den Kessel mündende Röhre a luftdicht umschliesst. Die verengten, cylindrisch geformten Theile beider Röhren haben eine gemeinsame Axe und sind derart angeordnet, dass jener der Röhre a, der einen kleinern Querschnitt besitzt, in jenen der Röhre b knapp, jedoch ohne diese zu berühren, hineinragt. In den erweiterten Theil der Röhre b, also in den Raum c mündet das Saugrohr i sowohl, als auch das Rohr f, welches vermittelst der Röhre e (Fig. 5) die Verbindung mit dem Manometer herstellt.

Das Dampfstrahlrohr c bei dem durch Fig. 5 dargestellten Apparate hat eine Ausflussöffnung b (Fig. 6) von $1{,}5^{mm}$ im Durchmesser, und eine Höhe von 17^{mm}, das in dieses mündende Rohr a einen Durchmesser von 1^{mm} und an der Berührungsstelle beider ist der Durchmesser der Röhre 10^{mm}. Die mit diesem Dampfstrahlrohre vorgenommenen vielfältigen Versuche ergaben die zwischen dem Druck des Dampfes und der Grösse der Saugung constant bestehende Differenz von 21^{mm}.

Wien, im October 1876.

Zur Bestimmung des Arsens als pyroarsensaure Magnesia.

Von

B. Brauner
in Prag.

Die Methode der Arsenbestimmung, welche auf der Fällung des Arsens aus einer arsensauren Lösung durch Magnesiamixtur beruht, ist in neuerer Zeit von vielen Forschern als eine sehr zuverlässige empfohlen worden. Es war nur die Frage, ob es räthlicher wäre, die Verbindung im getrockneten Zustande bei 100° C. zu wägen, oder dieselbe in pyroarsensaure Magnesia überzuführen.

Nach den bekannten Erfahrungen erfordert das Trocknen des Salzes bei 100° viel Zeit und öfteres Wägen, und ich habe mich überzeugt, dass bei einer Erhöhung der Temperatur auf nur 105—110° C. der weitere Verlust von Wasser Fehler bis über 1 % verursachen kann. Beim Ueberführen in $Mg_2 As_2 O_7$ tritt ein anderer Uebelstand ein, dass nämlich beim Einäschern des mit salpetersaurem Ammon getränkten Filters leicht Verlust durch Verflüchtigen des reducirten Arsens entsteht, was man deutlich nach dem sich dabei entwickelnden Knoblauchgeruch wahrnehmen kann, und dass man beim Ueberführen der Hauptmasse des Niederschlags in $Mg_2 As_2 O_7$ sehr vorsichtig vorgehen muss, um nicht einen weiteren Verlust zu erleiden.

Diese Uebelstände, sowie die geringe Löslichkeit des gefällten Salzes sind durch das Verfahren von Wood (Diese Zeitschrift **14**, 356) beseitigt worden, nämlich durch das Hinzufügen von Weingeist von 85 % zur gefällten Flüssigkeit und nochmalige Fällung, sowie dadurch, dass er nur einen kleinen Theil des Niederschlags am gewogenen Filter wägt, die Hauptmasse aber nach dem Befeuchten mit 3 – 4 Tropfen starker Salpetersäure in einem doppelten Porcellantiegel durch vorsichtiges Erhitzen in $Mg_2 As_2 O_7$ überführt.

Nur ein kleiner Uebelstand tritt dabei hervor, den ich zu beseitigen mir vorgenommen habe. Es ist dies das Arbeiten mit gewogenen Filtern, ein Stein des Anstosses, an dem manche gute Analyse scheitert, und es wurde daher von den Chemikern in neuester Zeit getrachtet, demselben, wo es möglich ist, auszuweichen, (z. B. Fresenius. Diese Zeitschrift **15**, 224 u. A.), da es wohlbekannt ist, dass das Gewicht des Filters vor und nach dem Filtriren nicht immer constant bleibt. (Kretschy. Diese Zeitschrift **15**, 50 u. A.)

Ich habe in letzterer Zeit mehrere Arsenbestimmungen ausgeführt und verfuhr dabei folgenderweise:

Man fällt mit Chlormagnesiummixtur (Fresenius, Quantitative Analyse 6. Aufl. p. 403) unter Zusatz von Ammon und $^1/_2$ Volum Alkohol, lässt über Nacht stehen und wiederholt nach dem Decantiren der klaren, über dem Niederschlage befindlichen Flüssigkeit und dem Auflösen des Niederschlags in HCl die Fällung unter Zusatz von NH_3 und $^1/_2$ Volum Alkohol. Nachdem man auf ein kleines Filter filtrirt hat, wäscht man mit einer Mischung von 1 NH_3, 2 Alkohol und 3 Th. Wasser aus, trocknet den Niederschlag, bringt denselben zunächst möglichst vollständig in einen dünnwandigen Porzellantiegel, setzt diesen in einen grösseren Platintiegel, befeuchtet mit 3 Tropfen Salpetersäure, bedeckt und glüht zuerst etwa 15 Minuten ganz gelinde, zuletzt zur starken Rothgluth. Den Rest am Filter befeuchtet man mit etwas verdünnter Salpetersäure, wäscht mit heissem Wasser in einen untergestellten grösseren Porzellantiegel vollständig aus, verdampft zur Trockne und glüht wie oben. So hat man die ganze Menge des Arsens als $Mg_2As_2O_7$ gewogen und die möglichen Fehler zugleich auf das Minimum reducirt.

Ich wende diese Methode seit mehr als einem halben Jahre an und dieselbe hat mir bei zahlreichen Arsenbestimmungen immer recht genaue Resultate geliefert.

Verfälschung von käuflich bezogenem Natrium-Palladiumchlorür mit Kochsalz.

Von

A. Gawalovski
in Prag.

Vor einiger Zeit bezog ich durch eine hiesige Chemikalienhandlung eine Partie obigen Chlorosalzes, bei welchem wohl durch qualitative Untersuchung der Beisatz «chem. pur» gerechtfertigt wurde, das aber trotz alledem, wie aus beifolgenden analyt. Daten zu ersehen, keinen berechtigten Anspruch auf diese Bezeichnung hatte.

Die Analyse ergab:

Wasser	=	16,38 %
Palladium	=	22,28 %

Chlor	=	43,05 %
Natrium	=	19,07 %
		100,78 %.

Hieraus resultiren:

Natrium-Palladiumchlorür . .	61,59 %
Wasser	16,38 %
Kochsalz	22,01 %
	99,98 %.

Der Wassergehalt, wie wohl beträchlich, ist jedoch bei einem derartigen, hygroscopischen Salze nicht gut zu beanstanden, wohl aber die 22 % Kochsalz, da selbe $^1/_5$ Theil des kostspieligen Salzes ausmachten.

Wohl sind in «Fresenius, qualit. Analyse 14. Aufl. p. 88,» 5 Theile Palladium (= 8,33 Pd Cl) 6 Theile Kochsalz, daher um 0,51 Theile Na Cl zu viel vorgeschrieben, was demnach einem Gehalte von 6,1 % an überschüssigem Kochsalz entsprechen würde, da jedoch etwas mechanisch gebundenes Wasser hinzu kommt, so werden wohl diese 6,1 % auf ein Minimum sinken.

Der Gehalt von 22 % Kochsalz ist jedoch gänzlich ungerechtfertigt, und geradezu als eine betrügerische Verfälschung zu bezeichnen.

Schliesslich sei noch bemerkt, dass der Kochsalzzusatz recht geschickt maskirt wurde, denn das vorliegende Präparat stellt selbst bei einer Beschauung durch die Loupe eine gleichförmige Krystallmasse von der bekannten braunen Färbung dar; löst man aber eine Partie des Salzes in Wasser, so geht das Chlorosalz sofort in Lösung, während das Kochsalz in farblosen kleinen Würfeln zurückbleibt.

Zusammenstellung diverser Filtrirpapiere des Handels.

Von

A. Gawalovski
in Prag.

In dieser Zeitschrift **12**, 148 macht Dr. Fr. Mohr bereits, und in Fresenius quant. Analyse macht letzterer gleichfalls darauf aufmerksam, dass die Bevorzugung des J. H. Munktell'schen Papieres (sogenanntes schwedisches Papier) vis-à-vis manchen deutschen Fabrikaten eine ungerechtfertigte ist.

Gattung, Firma.	Bezugsort.	Preis per 1 Buch = 24 Bogen.		Durchschnitt von 15 Filtern a 5^{cm} Rad.			Qualitative Eisen-reaction.	Dimension in Cent.-Met.	
		Mrk.	Pfg.	1 Filter bei 100 Cels. getrocknet. Grm.	Asche von 1 Filter. Grm.	% Asche.		Länge.	Breite.
Gewöhnliches . .	Alois Kreidel, Prag . . .	—	27	0,3[illegible]0	0,003	1,00	Spuren	36	43
„ . .	? Leipzig . .	—	57	0,507	0,002	0,40	„	53	58
Schwedisches . .	Eichmann, Prag.	1	67	0,300	0,001	0,30	höchst geringe Spuren	54	58
„ . .	Munktell, Stockholm . . .	2	—	0,291	0,0006	0,20	Spuren	43	53
Gewöhnliches . .	Actienges. Bohemia, Prag	—	23	0,440	0,004	0,90	beträchtlich	43	53
„ klein	Lenoir, Wien	—	42	0,410	0,0029	0,70	Spuren	46	37
„ gross	„ „	—	50	0,466	0,0089	0,80	„	60	44
Chemisch-rein . .	Schleicher & Schill, Düren	1	5	0,281	0,0013	0,46	höchst geringe Spuren	54	42
Gewöhnliches . .	„ „ „	—	52	0,303	0,010	3,30	Spuren	47	40
Schwedisches . .	Blaha & Kappus, Prag . .	3	—	0,306	0,0008	0,26	höchst geringe Spuren	54	41½

Ich hatte im Lauf von 3 Jahren Gelegenheit 9 der hervorragendsten Sorten von Filtrirpapier, welche in den Handel gebracht werden, zu prüfen, und lege die gewonnenen Resultate hier vor.

Bei der Zusammenstellung liess ich einzig und allein die Reihenfolge der vorgenommenen Versuche gelten.

Die Preisangaben beziehen sich auf Gross-Kauf, und sind bei den österreichischen Bezugsquellen die dermaligen hohen Curse (1 Mark = 60 kr. öster. W.) angenommen worden.

Im Aschenprocentgehalt erwies sich in der That das echt schwedische Papier als das Beste;

im absoluten Gewicht des Aschenrückstandes bei Veraschung gleichgrosser Papierflächen gleichfalls;

nach dem absoluten Gewichte des Filters, ausgetrocknet bei 100° Cels. war das Schleicher & Schüll'sche aus Düren, Rheinpreussen, das leichteste.

Eisenfrei war keine Sorte, demnach der Ausdruck «chemisch rein» in keinem Falle gerechtfertigt, da ein solches Papier richtiger Weise entweder ganz aschenfrei sein müsste, oder aber zum höchsten Kieselsäure hinterlassen dürfte.

Neue Methode zur quantitativen Bestimmung des reinen Anthracens im Rohanthracen.

Von

Meister, Lucius und Brüning.

Die in den letzten Jahren gesammelten Erfahrungen bezüglich unserer früher veröffentlichten Anthracen-Analyse veranlassen uns zur folgenden Präzisirung und Abänderung derselben:

Ein Gramm des zu untersuchenden Anthracens wird in einem 500 CC. fassenden Kölbchen mit Rückfluss, mit 45 CC. Eisessig übergossen und zum Kochen erhitzt.

Dieser in stetem Kochen zu erhaltenden Anthracen-Lösung wird allmählich tropfenweise eine Auflösung von 15 Gramm Chromsäure in 10 CC. Eisessig und 10 CC. Wasser zugesetzt.

Der Zusatz der Chromsäure-Lösung soll 2 Stunden in Anspruch nehmen und nach Beendigung desselben soll die Oxydationsflüssigkeit

noch 2 Stunden weiter kochen, so dass für die Oxydation im Ganzen 4 Stunden erforderlich sind.

Den Kolben-Inhalt lässt man 12 Stunden stehen, und versetzt alsdann denselben mit 400 CC. kaltem Wasser*), und lässt wiederum 3 Stunden stehen.

Das ausgeschiedene Antrachinon wird alsdann auf einem Filter gesammelt, zunächst mit reinem Wasser, dann mit kochendem schwach alkalischen Wasser, und zuletzt mit reinem heissen Wasser ausgewaschen.

Der Filter-Inhalt wird in eine kleine Porcellan-Schale gespritzt und in derselben bei 100° Celsius getrocknet.

Das getrocknete Anthrachinon wird in derselben Schale mit der zehnfachen Menge rauchender Schwefelsäure von 68° Baumé übergossen und 10 Minuten mit dieser Säure im Wasserbad auf 100° Celsius erhitzt.

Die erhaltene Antrachinon-Lösung giesst man in eine flache Schale und lässt zum Wasseranziehen 12 Stunden an feuchtem Orte stehen.

Nach dieser Zeit setzt man 200 CC. kaltes Wasser zu dem Schalen-Inhalt, sammelt das ausgeschiedene Anthrachinon auf einem Filter und wäscht wie oben, zuerst mit reinem, dann mit kochendem alkalischen und zuletzt wieder mit reinem heissem Wasser aus.

Das ausgewaschene Anthrachinon wird in eine Schale gespritzt, bei 100° Celsius gut getrocknet und gewogen.

Alsdann wird durch Erhitzen der Schale das Anthrachinon vollständig verflüchtigt und die Schale mit der verbleibenden Asche und wenig Kohle zurückgewogen.

Die Differenz zwischen beiden Wägungen gibt das erhaltene Anthrachinon-Gewicht, welches wie bekannt in Anthracen umgerechnet wird.

Höchst a. M., October 1876.

---

*) Der gegen die frühere Analyse grössere Wasser-Zusatz an dieser Stelle bewirkt die vollständige Ausscheidung des Anthrachinons, so dass die bisherige Correctur wegfallen muss.

Mittheilungen aus dem chemischen Laboratorium des Prof. Dr. R. Fresenius zu Wiesbaden.

Zur Bestimmung des Kaliums als Kaliumplatinchlorid, namentlich bei Gegenwart der Chlorverbindungen der Metalle der alkalischen Erden.

Theilweise nach Versuchen von A. Souchay.

Von

R. Fresenius.

1.

Wie schon aus meiner Abhandlung «Methode zur Analyse alkalischer Mineralwasser» *) zu ersehen, führe ich in neuerer Zeit die Bestimmung des Kaliums als Kaliumplatinchlorid in einer Weise aus, bei der das Wägen eines Filters — sei es eines Papierfilters oder eines Asbestfiltrir-Röhrchens — gang vermieden wird. Diese Methode zeichnet sich wie durch Bequemlichkeit so durch Genauigkeit aus und lässt namentlich auch zu, dass man das gewogene Kaliumplatinchlorid auf eine einfache Weise von kleinen Mengen von Chlornatrium oder Natriumplatinchlorid zu befreien vermag, durch die es unter Umständen verunreinigt sein kann.

Ich halte es daher für entsprechend diese die Kalium-Bestimmung erleichternde Methode hier etwas ausführlicher zu besprechen und auf einige Umstände aufmerksam zu machen, welche bei ihrer Ausführung nicht ausser Acht gelassen werden dürfen.

Anfänglich ist die Scheidungs-Methode (bei der nur die Anwesenheit von Chlorkalium und Chlornatrium vorausgesetzt werden mag) ganz die gewöhnliche, d. h. man versetzt die concentrirte, in einer kleinen Porcellanschale befindliche Lösung mit einer concentrirten, möglichst neutralen Lösung von reinem Platinchlorid im Ueberschuss, verdampft auf einem Wasserbade, dessen Wasser man nicht ganz zum Sieden erhitzt, zur Syrupconsistenz, übergiesst den Rückstand mit Weingeist von 80 Volumprocenten, mischt vorsichtig, lässt eine Zeit lang unter häufigem Umrühren stehen und trennt so das in Weingeist unlösliche Kaliumplatinchlorid von dem in Weingeist löslichen Natriumplatinchlorid.

*) Diese Zeitschr. **15**, 2?4.

Von jetzt an weicht die Methode von der früher üblichen ab. Man giesst nämlich die alkoholische Lösung durch ein nicht zu grosses ungewogenes Papierfilter, behandelt den Rückstand in der Porcellanschale, wenn erforderlich, noch mehrmals mit Weingeist von 80 Volumprocent, bis das Kaliumplatinchlorid rein erscheint, sammelt dies auf dem Filter und wäscht es mit kleinen, wiederholt aufzuspritzenden Mengen desselben Weingeistes vollständig aus.

Man trocknet jetzt das Filter in dem Trichter vollkommen, denn es ist erforderlich, dass sich aller Weingeist verflüchtigt.

Ist nun die Menge des Kaliumplatinchlorids eine etwas bedeutendere, so bringt man den trockenen Inhalt des Filters vorsichtig in ein Uhrglas, legt dann das Filterchen, an welchem noch kleine Antheile des Doppelsalzes hängen, wieder in den Trichter und löst diese mittelst kleiner Mengen siedenden Wassers, welche man aufspritzt. Die geringe Menge der so zu erhaltenden gelben Lösung sammelt man in einer kleinen gewogenen Platinschale und verdampft sie auf dem Wasserbade zur Trockene. Man bringt alsdann die Hauptmenge des Niederschlages aus dem Uhrglase ebenfalls in die Platinschale und trocknet bei 130° C. bis zu constantem Gewichte.

Ist dagegen die Menge des Kaliumplatinchlorids eine nur sehr geringe, so löst man den Niederschlag in angegebener Weise ganz in siedendem Wasser, verdampft die Lösung im gewogenen Platinschälchen, trocknet bei 130° C. und wägt. Man darf auch im letzteren Falle das Trocknen des Filters, d. h. die vollständige Verflüchtigung des Weingeistes, nicht unterlassen, weil sonst durch den in die Lösung gelangenden Weingeist eine partielle Reduction des gelösten Kaliumplatinchlorids eintreten kann.

Will man sich nun die beruhigende Gewissheit verschaffen, dass das gewogene Kaliumplatinchlorid rein, d. h. frei von Natriumplatinchlorid und Chlornatrium ist, so führt folgendes Verfahren einfach und rasch zum Ziel.

Man behandelt das Kaliumplatinchlorid mit einer kleinen Menge kalten Wassers, lässt nach wiederholtem Umrühren absitzen und giesst die gelbliche Lösung in eine kleine Porcellanschale ab. Diese Behandlung wiederholt man einige Mal, um auf diese Weise die Natriumverbindungen zu lösen, während bei weitem der grösste Theil des Kaliumplatinchlorids ungelöst bleibt. Ein Filtriren der Lösung ist nicht erforderlich, denn es ist gleichgültig, ob eine geringe Menge ungelösten Kaliumplatinchlorids mit in die Porcellanschale gelangte oder nicht. Man bringt jetzt in die Porcellanschale etwas Platinchlorid (um etwaiges Chlornatrium in Natriumplatinchlorid überzuführen), verdampft auf dem Wasserbade in angegebener Weise fast zur Trockne, behandelt mit Weingeist von 80 Volumproc., filtrirt die kleine Menge Kaliumplatinchlorid ab, wäscht mit Weingeist aus, trocknet das Filterchen völlig, löst seinen Inhalt durch Aufspritzen geringer Mengen siedenden Wassers, lässt die Lösung in die Platinschale fliessen, welche das ungelöst gebliebene Kaliumplatinchlorid enthält, verdampft im Wasserbade, trocknet bei 130° C. und wägt. Stimmt diese Wägung mit der ersten überein, so ist dies ein Beweis, dass das Kaliumplatinchlorid frei von Natriumverbindungen war; hat dagegen eine Gewichtsabnahme stattgefunden, so war das erst gewogene Kaliumplatinchlorid durch Natriumverbindungen verunreinigt, und die letztere Wägung ist die richtige.

Ist man von vornherein der Meinung, dass das zuerst abgeschiedene Doppelsalz nicht vollkommen rein sei, so kann man natürlich auch die erste Wägung ganz sparen und das angegebene Reinigungsverfahren sofort vornehmen. Man erhält dann gleich ein richtiges Resultat.

Das gewogene Kaliumplatinchlorid muss sich in siedendem Wasser vollkommen lösen.

2.

Die Frage, ob die Bestimmung des Kaliums als Kaliumplatinchlorid auch dann genaue Resultate gibt, wenn neben Chlorkalium (und etwa auch Chlornatrium) Chlorbaryum, Chlorstrontium, Chlorcalcium oder Chlormagnesium zugegen ist, wurde schon oft erörtert. Sie hat namentlich auch dadurch besondere Wichtigkeit, weil man beim Ueberführen schwefelsaurer Alkalien in Chlormetalle durch Chlorbaryum oder auch Chlorstrontium kleinere Ueberschüsse der Fällungsmittel nicht vermeiden kann, und es wichtig ist zu wissen, ob man zum Behuf einer richtigen Kaliumbestimmung jene erst durch kohlensaures Ammon entfernen muss oder nicht.

Auf meine Veranlassung hat Herr Aug. Souchay eine Reihe von Versuchen mit grosser Sorgfalt ausgeführt, wodurch die obige Frage entschieden wird.

Es diente dazu eine Lösung von reinem Cklorkalium, in welcher erst so, dann nach Zusatz von Chlorcalcium, Chlormagnesium, Chlorbaryum und Chlorstrontium das Kalium als Kaliumplatinchlorid bestimmt wurde. Die Art der Bestimmung war genau die oben angegebene und zwar ohne weitere Reinigung. Der Gehalt der angewandten Platinchloridlösung w[illegible] bekannt und die zugesetzte Menge wurde stets so bemessen, dass sie mehr als hinreichend war, die Chlormetalle in die entsprechenden Platindoppelsalze überzuführen.

Die folgende Zusammenstellung belehrt über die erhaltenen Resultate.

	$KCl, PtCl_2$ in Grammen	entsprechend K. in Grammen
1) 24,8314 Grm. Chlorkaliumlösung lieferten 0,8095 Grm. Kaliumplatinchlorid, also lieferten 20 Grm.*)	0,6520	0,10451
2) 20,1269 Grm. Chlorkaliumlösung, versetzt mit 0,2072 Grm. Chlorcalcium, lieferten 0,6560 Grm. Kaliumplatinchlorid, also lieferten 20 Grm.	0,6518	0,10448
3) 20,1840 Grm. Chlorkaliumlösung, versetzt mit 0,2056 Grm. Chlormagnesium, lieferten 0,6608 Grm. Kaliumplatinchlorid, also lieferten 20 Grm.	0,6548	0,1050
4) 20,0765 Grm. Chlorkaliumlösung, versetzt mit 0,2050 Grm. Chlorbaryum, lieferten 0,6587 Grm. Kaliumplatinchlorid, also lieferten 20 Grm.	0,6562	0,1052
5) 19,8758 Grm. Chlorkaliumlösung, versetzt mit 0,2014 Grm. Chlorstrontium, lieferten 0,6518 Grm. Kaliumplatinchlorid, also lieferten 20 Grm.	0,6559	0,1051.

Man erkennt, dass zwar bei Zusatz von Chlorcalcium fast ganz dasselbe Resultat erhalten wurde, wie bei der reinen Chlorkaliumlösung, dass aber bei Zusatz von Chlormagnesium, Chlorbaryum und Chlorstrontium Resultate erhalten wurden, welche bezogen auf Kaliumplatinchlorid 0,0028 0,0042 und 0,0039 und bezogen auf Kalium 0,0005, — 0,0007 und 0,0006 Grm. zu viel gaben.

Diese Resultate erscheinen ja bei Analysen gewöhnlicherer Art noch als genügend, aber sie lassen doch erkennen, dass das unter solchen Umständen erhaltene Kaliumplatinchlorid leicht verunreinigt ist durch kleine Mengen der Verbindungen der Metalle der alkalischen Erden.

---

*) Ich wähle als Zahl zur Vergleichung 20 Grm., weil immer eine etwa 20 Grm. betragende Menge genommen wurde und die Differenzen somit gleich erkennen lassen, wieviel Milligramme oder Decimilligramme zu viel oder zu wenig gefunden wurden.

Es empfiehlt sich daher bei Kaliumplatinchlorid, welches aus Lösungen abgeschieden worden ist, die Chlorverbindungen der Metalle der alkalischen Erden enthalten, immer das Reinigungsverfahren vorzunehmen, welches ich in 1. beschrieben habe. Man bekommt alsdann sofort vollkommen befriedigende Resultate.

So erhielt Herr Aug. Souchay aus 24,9866 Grm. oben genannter Chlorkaliumlösung, versetzt mit 0,2050 Grm. Chlorbaryum, 0,8124 Grm. nach obiger Angabe gereinigtes Platinchlorid. Bezogen auf 20 Grm. Chlorkaliumlösung gibt dies 0,6503 Grm. Kaliumplatinchlorid oder 0,1042 Gramm Kalium und somit nur ein Minus in ersterem von 0,0017, in letzterem von 0,0003 Grm.

Bericht über die Fortschritte der analytischen Chemie.

I. Allgemeine analytische Methoden, analytische Operationen, Apparate und Reagentien.

Von

H. Fresenius.

Ueber den Verbrennungspunkt und seine Bestimmung. A. Mitscherlich*) hat seine Studien über den Verbrennungspunkt, über deren erste Ergebnisse ich in dieser Zeitschrift **13**, 439 berichtet habe, weiter fortgesetzt.

Zunächst gibt er eine genauere Definition des Verbrennungspunktes als früher, dann beschreibt er die von ihm zur Bestimmung desselben angewandten Apparate und Verfahrungsweisen.

Unter Verbrennungspunkt eines Körpers versteht der Verfasser die Temperatur, bei welcher der Körper zuerst freien reinen Sauerstoff aufnimmt, mag diese Aufnahme nun in einer Oxydation des unzersetzten Körpers beruhen oder mag sie unter Zerlegung desselben vor sich gehen; mag diese langsam, unter schwer zu beobachtender Wärmeerzeugung, oder schnell, unter heftiger Wärme- und Lichtentwickelung, entstehen.**)

*) Ber. d. deutsch. chem. Gesellschaft zu Berlin **9**, 1171. Vom Verfasser eingesandt und von ihm mit Zusätzen und Verbesserungen versehen.

**) Die Lichtentwickelung wird häufig in den Begriff der Verbrennung hineingezogen. Da dieselbe aber, wie der Verfasser später zeigen wird, von

Zur Bestimmung des Verbrennungspunktes der Gasarten bei hohen Temperaturen dient der durch Fig. 2 und 3 auf Taf. I. veranschaulichte*) Apparat, dessen Beschreibung ich am besten mit den eigenen Worten des Verfassers gebe.

«Der Gasofen besteht aus einem Brenner a mit einem doppelten Mantel von Eisenblech b, über welchen letzteren ein Schornstein von Eisenblech c gestülpt werden kann. Der Schornstein c hat auf der einen Seite von unten an einen 15^{mm} weiten Ausschnitt bis zur Höhe von 115^{mm} und ferner noch andere ganz kleine Ausschnitte für später beschriebene Röhren i an den für diese erforderlichen Stellen. Um den ganzen Gasofen ist ein kreisförmig gebogener Schirm f von der Höhe des Ofens mit einem Ausschnitt für den Gas zuführenden Schlauch gestellt, welcher die starke Wärmeausstrahlung des Ofens mildert und die Luft, die zwischen Ofen und Schirm hindurch zu den Brennern gelangt, schon stark erwärmt. Auf Metallstäben d steht ein dickwandiger 123^{mm} hoher und 80^{mm} weiter Tiegel e von Eisen, in welchem ein zweiter Tiegel h von gezeichneter Form aus gebranntem und glasirtem Thone hängt. Theetassen sind von der Form und dem Material des letzteren sehr leicht zu beschaffen und erfüllen den Zweck vollkommen. Dieser Tiegel h, welcher eine Legirung von einem Theile Zinn und einem Theile Blei enthält, wird verdeckt mit einem kreisförmig ausgeschnittenen Eisenblech, welches auf der oberen Erweiterung des Tiegels h ruht und einen Durchmesser von 78^{mm} hat. In diesem Blech ist ein Ausschnitt bis über die Mitte in der Weite von 14^{mm} angebracht, um dasselbe bei dem Rohr eines Thermometers vorbeizuschieben. Das Blech ist wegen seiner einfachen Form nicht besonders in der Zeichnung aufgeführt; ebenso ein dritter Tiegel von derselben Form wie h, dessen Boden zum grössten Theil entfernt ist, um der Kugel des Thermometers den Durchgang zu gestatten, und dessen Rand für eine oder zwei Röhren von der Form i bis zur nöthigen Tiefe an den betreffenden Stellen eingefeilt ist. Derselbe wird umgekehrt auf den Tiegel h gestellt und nach der Zusammenstellung der übrigen Apparate — mit Ausnahme des Schornsteins c — durch die Oeffnung im Boden mit lockerem Asbest gefüllt.

Ausser dieser Heizvorrichtung wird benutzt ein Druckthermometer

---

nebensächlichen Umständen abhängt, so darf sie — seiner Ansicht nach — nicht als Erforderniss für die Verbrennung oder den Verbrennungspunkt gelten.

*) Die Gegenstände sind in der Figur zum Theil im Durchschnitt und zum Theil in der Ansicht aufgenommen.

mit einer Porcellankugel, dessen Construction der Verfasser in den wesentlichsten Momenten bereits angegeben hat,*) und dessen ausführlichere Beschreibung demnächst erfolgen wird.

Die Kugel des Thermometers muss mit der grössten Vorsicht in die Metalllegirung des Tiegels h gebracht werden. Die Kugel befindet sich, während die Legirung schmilzt, oberhalb des Tiegels und wird, ohne dass während dessen die Temperatur stark steigt, in Zwischenräumen von wenigen Minuten immer tiefer in die Legirung gebracht. Diese Vorsicht ist nöthig, weil durch ein schnelles Eintauchen die Kugel des Thermometers leicht springt. Ist die Kugel einmal in der Legirung, so bleibt sie darin beim Erkalten oder Erhitzen unverändert, ohne dass sie hierdurch Schaden leidet. Durch monatelange Benutzung stellte sich heraus, dass die bei hoher Temperatur auf der Legirung sich absetzenden Oxyde das Porcellan nicht so stark angreifen, um die Gegenstände aus diesem Material unbrauchbar zu machen. Wird die Kugel aus der Legirung genommen, so muss dies wieder mit der grössten Vorsicht geschehen.

Das Rohr an der Thermometerkugel geht bei der Zusammenstellung der Apparate durch die beschriebene Oeffnung des Bedeckungsbleches, durch die Oeffnung des oberen Tiegels und nach rechtwinkliger Biegung durch den erwähnten grösseren Ausschnitt des Schornsteines.

Vermittelst des beschriebenen Gasofens wird nun eine sehr hohe Temperatur bewirkt. Zur Ausgleichung der durch diesen entstehenden einseitigen Erwärmung und zur Beseitigung einer einseitigen Abkühlung des Tiegels h sind die eben beschriebenen Einrichtungen nothwendig geworden. Oefen von anderen Constructionen, welche dieselben Bedingungen erfüllen, können selbstverständlich angewendet werden.

Um die auf den Verbrennungspunkt zu untersuchenden Gasarten den hohen Temperaturen auszusetzen, werden Röhren von sehr schwer schmelzbarem Glase und, soweit es die Haltbarkeit erlaubt, mit dünnen Wandungen angewendet. Die Röhren haben meist die in der Zeichnung angegebene Form i j, bei der der innere Durchmesser des engen Rohres 1^{mm} und der des weiten 10^{mm} beträgt. Der nach Rohr m gehende Schenkel wird häufig zweckmässig nach Rohr l zurückgebogen. Bei bestimmten Versuchen haben die Röhren i j etwas andere Formen, so z. B. häufiger gleichen Durchmesser in der ganzen Röhre.

*) Siehe Tageblatt Nr. 4 der 48. Versammlung deutscher Naturforscher und Aerzte.

Das Rohr i wird gegen die directe Erwärmung durch die Flamme, da wo letztere Zutritt hat, durch einen um dasselbe gebogenen Streifen Eisenblech geschützt. Mit diesem Rohre steht vermittelst eines Kautschukschlauches, in dem sich etwas Asbest befindet, ein kleines Röhrchen mit wasserfreier Phosphorsäure l auf der einen Seite in Verbindung; an der anderen Seite desselben und an dem Rohr l befinden sich, wie Zeichnung angibt, zwei U-förmig gebogene mit etwas Schwefelsäure gefüllte Röhrchen k und m. In das Röhrchen k tritt die mit Sauerstoff gemengte Gasart durch den fast vollständig mit Wasser gefüllten Cylinder n vermittelst eines Tubulus und des Kautschukschlauches p aus einem kleinen Gasbehälter hinein. Durch einen Quetschhahn findet die Regulirung des Gasstromes statt. In dem U-förmigen Rohre m lässt sich durch Veränderung des Standes der Flüssigkeit leicht erkennen, ob in dem Glasrohr i j eine Verdichtung der Gasart stattfindet, oder ob eine Explosion in demselben vor sich geht. Zur besseren Wahrnehmung des Schalles bei diesen wird das Rohr m zweckmässig entfernt. Davor, dass eine solche Explosion gefährlich werden kann, schützen kleine Mengen Asbest in dem Kautschukschlauche zwischen Rohr l und i, welche das Weitergehen der Explosion fast immer verhindern, ferner das Phosphorsäurerohr l, das U-förmige Rohr k und bis zur vollkommenen Sicherheit der Cylinder n. Die Röhrchen k und l haben den Zweck, die Gasart zu trocknen. Die Erweiterung des Rohres i j gestattet eine grössere Aufnahme der Gasarten, während Temperaturveränderungen ausserhalb des Tiegels h der geringen Menge des Gases im Rohre i wegen keine bemerkbare Veränderung des ganzen Gasvolumens bewirken. Scheidet sich durch den Verbrennungsprocess ein fester oder flüssiger Körper im Rohre i j ab, so muss dasselbe wiederholt nach den entstandenen Verbrennungen gereinigt oder erneuert werden. Es gilt dies auch für alle nachfolgenden Bestimmungen.

Sollen Verbrennungspunkte bestimmt werden, so werden die Apparate nach Anbringen von ein, zwei oder mehr Röhren von den angegebenen Formen wie beschrieben zusammengestellt. Nachdem durch die Gasflammen die Erwärmung bewirkt und die Bestimmung gemacht ist, lässt man in der gleichen Zusammenstellung die erhitzten Apparate erkalten.

Sobald der Verbrennungspunkt erreicht ist, verbrennt sehr schnell, meist plötzlich, das Gasgemenge, da die Moleküle des Sauerstoffs und der Gasart sich dicht neben einander befinden. Ist das Gemenge des Sauerstoffs und der Gasart nicht zu verschieden von dem, welches der Zusammensetzung des Verbrennungsproductes entspricht, so tritt Entzündung unter Explosion ein. —

Nach drei verschiedenen Methoden kann jetzt der Verbrennungspunkt gefunden werden, entweder durch die vermittelst Auge und Ohr wahrnehmbaren Entzündungen oder durch das Zurücktreten der Flüssigkeit im Rohr m oder durch Erkennung eines Verbrennungsproductes.

Die erste Methode ist, wenn sie möglich, in den meisten Fällen als die bequemste vorzuziehen. Man lässt bei dieser durch Rohr i j einen nicht zu langsamen Gasstrom (ungefähr in jeder Secunde eine Blase im Rohr k) treten und beobachtet bei der Erwärmung die Temperatur der ersten und bei der Abkühlung die der letzten Explosion. Dieselbe Operation wird dann zur genauen Bestimmung unter ganz langsamer Erwärmung und Abkühlung in der Nähe der zuerst gefundenen Temperaturen wiederholt. Diese letzteren beiden Bestimmungen dürfen nicht um einen Grad von einander abweichen. Wendet man statt des Rohres i j ein solches mit gleichmässigem Durchmesser an, so lässt man einen für die Oeffnung des Rohres sehr langsamen Strom stets hindurch gehen und verstärkt denselben nur stossweise durch kurzes Oeffnen des Quetschhahnes ungefähr alle Viertel Minuten.

Ist der Verbrennungspunkt erreicht oder überschritten, so folgen die Explosionen regelmässig aufeinander. Nach jeder Explosion müssen die Verbrennungsproducte, welche eine Verbrennung bei niedrigerer Temperatur hervorbringen, durch Hindurchblasen von Luft aus den Röhren entfernt werden.

Lässt sich der Verbrennungspunkt durch Explosionen nicht feststellen, so wird derselbe bei Gasarten, die bei der Verbrennung des Gasgemenges eine Verdichtung erleiden, durch Zurücktreten der Flüssigkeit im Rohre m erkannt, welche vorher in Folge der Ausdehnung der Gasarten durch die Wärme emporgedrängt wurde. Auch diese Beobachtungen werden zur genaueren Feststellung des Verbrennungspunktes unter ganz langsamer Steigerung der Temperatur wiederholt. Das Gasgemenge wird bei diesen Bestimmungen unter zeitweiligem Oeffnen des Quetschhahnes häufiger erneuert.

Werden Gasgemenge untersucht, bei denen keine Explosion und keine Verdichtung bei der Verbrennung stattfindet, oder will man Erscheinungen beobachten, die eine sehr schwache Verbrennung geben, so wird der Verbrennungspunkt durch Nachweisung eines Verbrennungsproductes erkannt. —

Für Körper, in denen durch gebildetes Wasser der Verbrennungspunkt nachgewiesen werden soll, wird nach dem sorgfältigen Trocknen von Rohr i j zwischen Rohr l und i ein innerhalb mit wasserfreier Phosphorsäure durch Schütteln wenig bestäubtes dünnes Glasrohr eingeschaltet und ein eben solches zwischen Rohr i und m. Die hierbei in Anwendung kommenden Kautschukverbindungen werden mit Provenceröl durch Bepinseln stets gut bedeckt gehalten, um die Diffusion des Wasserdampfes aus der atmosphärischen Luft in den Schlauch zu verhindern. Durch das erste Röhrchen wird zunächst erkannt, ob vollkommen trockene Gasarten in Rohr i j hineintreten, und durch das zweite, ob ein vollkommenes Trocknen des Rohres i j bewerkstelligt ist. Ist dies letztere bewirkt, so wird unter langsamem Hindurchleiten des Gasgemenges vermittelst des Quetschhahns mit Hülfe des Durchsichtigwerdens der wasserfreien Phosphorsäure im zweiten Röhrchen das entstandene Wasser nachgewiesen.

Für Körper, in denen durch gebildete Kohlensäure der Verbrennungspunkt erkannt werden soll, wird bei der früheren Zusammenstellung der Apparate statt des Röhrchens k ein mit Kalilösung gefüllter Kaliapparat eingeschaltet, an dessen Ausgang ein Rohr angebracht ist, welches um jede Spur Kohlensäure aufzunehmen, zusammengerolltes mit Kalilösung getränktes Filtrirpapier enthält. Statt des Röhrchens m wird weiter ein Röhrchen q r in der angegebenen Form befestigt, welches Barytwasser enthält und häufig erneuert werden muss. Durch einen weissen ringartigen Beschlag bei r und später durch eine Trübung der Lösung, herrührend von der entstandenen kohlensauren Verbindung, wird jede Spur von gewonnener Kohlensäure nachgewiesen und eine starke Entstehung derselben durch eine weisse, um jede Blase sich bildende Haut erkannt. —

Sind Gasarten auf den Verbrennungspunkt zu untersuchen, welche hierzu keiner hohen Temperatur bedürfen, so sind die beschriebenen Apparate angemessen zu vereinfachen. Liegt der Verbrennungspunkt unter 300^{0}, so wird die bekannte aus $1^{1}/_{2}$ Gewichtstheilen Cadmium, 2 Theilen Zinn, $7^{1}/_{2}$ Theilen Wismuth und 4 Theilen Blei bestehende Metalllegirung, welche bei 70^{0} ungefähr schmilzt, in einen Tiegel h aus Eisenblech gethan und die Erwärmung statt durch den Ofen vermittelst eines stärkoren Brenners bewirkt, wobei ein Umrühren der Legirung zweckmässig ist, um überall die gleiche Temperatur zu erzielen. Thontiegel h können hierbei nicht angewendet werden, weil die Legirung dieselben beim Festwerden zersprengt. Liegt der zu bestimmende Verbrennungspunkt unter 70°, so wird zur Erwärmung von Rohr i j nur ein einfaches Wasserbad benutzt; auch hierbei muss für fleissiges Umrühren Sorge getragen werden. —

Soll der Verbrennungspunkt *flüssiger* oder *fester* Körper bestimmt werden, so wird die beschriebene Vorrichtung in folgender Weise abgeändert.

Bei der Untersuchung von *leicht flüchtigen* Körpern, wenn man dieselben nicht wie eben beschrieben mit Sauerstoff gemengt aus einem Gasbehälter austreten lassen kann, werden sie statt Schwefelsäure in das Röhrchen k gebracht, welches, wenn erforderlich, durch ein Wasserbad erwärmt wird. Sauerstoff lässt man nach Entfernung von Cylinder n durch dasselbe im langsamen Strome treten und bestimmt wie beschrieben durch Explosionen oder aus einem auftretenden gasförmigen Verbrennungsproduct den Verbrennungspunkt.

Bei *schwer flüchtigen* Körpern fällt auch Röhrchen k fort. Dafür ist Rohr j i nach l hin etwas weiter. Die sorgfältig getrocknete Substanz wird in den weiten Theil desselben gebracht und dann durch ein gasförmiges Verbrennungsproduct der Verbrennungspunkt bestimmt, indem die Substanz nach Bedürfniss erwärmt wird.

Nicht flüchtige Körper, deren Verbrennungspunkt durch ein *gasförmiges* Verbrennungsproduct bestimmt werden soll, werden fein zerrieben und gut getrocknet in die Erweiterung j des zuletzt beschriebenen Röhrchens gebracht, dann weiter getrocknet und der Verbrennungspunkt derselben bei einem langsamen Sauerstoffstrom durch die Verbrennungsproducte erkannt. Findet Verbrennung solcher Körper *ohne Entstehung gasförmiger* Producte statt, wie bei der Verbrennung von Metallen u. s. w., so erleidet das Rohr i j, bei dem i jetzt wieder überall einen kleinen inneren Durchmesser hat, folgende Abänderung. Anstatt dass die Erweiterung j an beiden Seiten an i angeschmolzen ist, ist das dünne Rohr, wie *st s* (Fig. 3 auf Taf. I) zeigt, in die Erweiterung bei t gut eingeschliffen. Bei solchen Körpern, deren Verbrennungspunkt nicht sehr hoch liegt, kann die Biegung, welche Rohr i zu Bestimmungen bei hohen Temperaturen hat, fortfallen und die einfachere Biegung, wie *st s* angibt, bekommen. Nachdem die zu untersuchenden vollständig oxydfreien Körper in möglichst fein vertheiltem und trockenem Zustande in die Erweiterung bei t eingeschüttet sind, wird der Schliff eingepasst und das Rohr vorsichtig in die Legirung gebracht. Die[illegible] tritt nicht durch den Schliff in das Rohr, verhindert aber jedes Austreten von Gasarten zwischen beiden Schliffen. Nach dem abermaligen Trocknen im Kohlensäure- oder Stickstoffstrom, wenn ein Luftstrom nicht gebraucht werden kann, wird Sauerstoff hineingelassen und nach Abstellung des Stromes die Sauerstoff-Aufnahme durch Zurücktreten der Flüssigkeit im Röhrchen m erkannt. Eine zweite Bestimmung wird zweckmässig mit neuer Substanz gemacht, da das entstandene Verbrennungsproduct leicht den Verbrennungspunkt verändert.»

Methoden zur Bestimmung der Brechungsexponenten von Flüssigkeiten und Glasplatten bespricht Eilhard Wiedemann*) in einer längeren Abhandlung, auf welche hier nur hingewiesen werden kann.

Ueber Dampfdichtebestimmungen hat J. W. Brühl**) Mittheilungen gemacht, auf welche hier nur vorläufig aufmerksam gemacht werden soll, da der Verf. demnächst eine ausführliche Originalabhandlung über denselben Gegenstand in dieser Zeitschrift zu publiciren beabsichtigt.

Ein hydrostatisches Aräometer hat Ph. Hess***) construirt.

Die Methode, durch Vergleichung der Druckhöhen zweier verschiedenen Flüssigkeiten, welche gleichen Gasdrucken das Gleichgewicht halten, das Verhältniss ihrer specifischen Gewichte zu ermitteln, ist durchaus nicht neueren Ursprungs, vielmehr, wie es scheint, schon von Muschenbroeck zur Anwendung gebracht worden und hat seither zur Construction einer ganzen Reihe von Apparaten geführt, welche fast alle darauf hinauslaufen, zwei Steigröhren, deren jede in ein Gefäss mit einer der zu vergleichenden Flüssigkeiten taucht, an ihrem oberen Ende mit einem Vacuum zu verbinden. Der Luftdruck hebt dann die beiden Flüssigkeiten bis zu gewissen Höhen in den Steigröhren, welche Höhen man mit einander zu vergleichen hat, um das Verhältniss der specifischen Gewichte der beiden Flüssigkeiten zu ermitteln. Bei den hydrostatischen Aräometern von Muschenbroeck, Scannegatty, Lichtenberg, Mester, Alexander, Mohr, Bertin und Schiff wird aber der störende Einfluss der Capillaritätserscheinungen theils ganz vernachlässigt, theils nicht genügend in Rechnung gezogen, so dass auch bei dem vollkommensten der genannten Apparate, jenem von Bertin, eine Genauig-

---

*) Poggendorff's Annal. d. Phys. & Chem. **158**, 375.

) Ber. d. deutsch. chem. Ges. z. Berlin, **9, 1368.

***) Mittheilungen aus dem Laboratorium des techn. und administrativen Militär-Comité, Wien 1876, p. 38 und Dingler's polyt. Journ. **221**, 140.

keit der Resultate nur bis zur zweiten Decimalstelle zu erreichen ist und dies nur dann, wenn man dem Apparate so grosse Dimensionen gibt, dass die Vortheile dieser Dichtenbestimmung — Anwendung minimaler Flüssigkeitsmengen — nahezu illusorisch werden.

Hess hat versucht für die Fälle, wo man nur geringe Flüssigkeitsmengen zur Verfügung hat, die hydrostatische Dichtenbestimmungsmethode mit möglichst compendiösen Apparaten zur Anwendung zu bringen, und gefunden, dass man mit einem rationell construirten hydrostatischen Aräometer Dichtenbestimmungen ausführen kann, welche fast ausnahmslos auf drei Decimalstellen mit den Bestimmungen durch die hydrostatische Wage übereinstimmen, und wobei die Abweichung im Maximum eine Einheit in der dritten Decimalstelle ausmacht. Bei dem nach seiner Angabe durch Heinrich Kapeller in Wien ausgeführten Apparate (Fig. 7 auf Taf. II.) ist durch die heberbarometerartige Gestalt der Steigröhren die Capillardepression vollständig aufgehoben.

Die beiden U-förmig gebogenen, beiderseits offenen, mit ihren langen und kurzen Schenkeln parallel zu einander gestellten und in diesen Parallelstücken durchaus gleich weiten Glasröhren sind durch Federklemmen f f und Halsbänder m m mit Schraubenbolzen an dem Messinggestell G G derart befestigt, dass sie zur Reinigung leicht abgenommen und ebenso leicht in ihre parallele, zur Basisfläche des Gestelles senkrechte Position wieder eingebracht werden können. Jedes der Rohre besitzt, und zwar an jedem Schenkel, eine genau gearbeitete Millimetertheilung mit gemeinsamen Nullpunkten für jedes der Schenkelpaare. Die oberen Enden der Steigrohre sind mittelst Kautschukschläuchen mit einem Gabelrohre R und durch dieses mit einem Kautschukrohr K gemeinsam verbunden, an welches ein Quetschhahn anzulegen ist. Die innere Rohrweite beträgt etwa 4^{mm}, die Länge der Steigröhren etwa 280^{mm}.

Um mit dem Apparate eine Dichtenbestimmung auszuführen, werden die gut gereinigten Glasröhren, nachdem der Quetschhahn geöffnet wurde, durch die kürzeren Schenkel mit den zu vergleichenden Flüssigkeiten beiläufig bis zu den Nullpunkten gefüllt, an dem Ende des Schlauches K gesaugt, bis die eine der Flüssigkeiten dem Schlusspunkte der Theilung ihrer Steigröhre nahe steht, und der Quetschhahn geschlossen. Man liest nun an den vier Rohrschenkeln die den Meniscusscheiteln entsprechenden Scalentheile ab und erhält so vier Zahlen u o und u_1 o_1. Zur Restriction der Beobachtungsfehler wiederholt man diese Operation, unter jedesmaliger Abänderung der Flüssigkeitsstände in den Röhren, wenigstens viermal.

Man findet hierauf $\Sigma u + \Sigma o = h$, $\Sigma u_1 + \Sigma o_1 = H$ und $\frac{h}{H}$ das Verhältniss der specifischen Gewichte der beiden Flüssigkeiten bei der während des Versuches zu beobachtenden Temperatur.

Einen Apparat zur Bestimmung des specifischen Gewichts der Gase, speciell des Leuchtgases oder vielmehr eine Modification des von Schilling für den gleichen Zweck construirten Apparates hat A. Wagner*) angegeben, nachdem er gefunden hatte, dass der Schilling'sche Apparat keine zuverlässigen Resultate liefert.**) Der neue Apparat ist für jedes Gas anwendbar, die Bestimmung kann mit der geringsten Menge eines Gases ausgeführt werden, zur Füllung kann sowohl Wasser als auch Quecksilber benutzt werden. Der Verfasser glaubt daher annehmen zu dürfen, dass sein Apparat allen Anforderungen des Laboratoriums wie der Leuchtgasfabrikanten entsprechen wird.

Die Construction ergibt sich aus Fig. 1 — 6 auf Taf. II. Der längere Schenkel A der U-förmigen Glasröhre (Fig. 1) von circa 25^{mm} Durchmesser hat eine Höhe von einem Meter, der kürzere B eine solche von $0{,}5^{m}$. An A ist ein kleiner Rohransatz b angeblasen, über welchen ein durch den Quetschhahn n verschliessbares Stückchen Kautschukschlauch gezogen wird. Auf die oben zu einer Weite von etwa 7^{mm} ausgezogene Röhre B ist ein Messinghahnaufsatz a luftdicht aufgekittet, auf welchen die mit einer feinen Ausströmungsöffnung versehene Röhre d aufgeschraubt ist. Die ganze Vorrichtung wird an einem soliden Gestell oder an einem aufhängbaren Brette befestigt.

Für den Gebrauch bringt man zunächst den Hahn a in die Stellung, welche Fig. 2***) anzeigt. In die Röhre A giesst man von oben

*) Bayer. Industrie- und Gewerbeblatt 8, 133.

**) Der Schilling'sche Apparat (beschrieben z. B. in Bolley's Handbuch der technisch-chemischen Untersuchungen 4. Aufl. bearb. von Dr. Emil Kopp, 2. Abth. p. 599) ist bekanntlich entstanden aus dem von Bunsen (gasometrische Methoden p. 128) angegebenen, welcher sich, ebenso wie der jetzt von A. Wagner construirte, auf den Satz gründet, dass die specifischen Gewichte zweier Gase, die aus engen Oeffnungen in dünner Platte ausströmen, sich nahezu verhalten wie die Quadrate ihrer Ausströmungszeiten.

Der ursprüngliche Bunsen'sche Apparat bedarf einer beträchtlichen Menge Quecksilber sowie besonderer Vorrichtungen (z. B. Glasschwimmer, Quecksilberwanne mit Spiegelscheiben, Kathetometerfernrohr etc.) und kann deshalb nur in vollständig eingerichteten Laboratorien benutzt werden.

***) Aus dieser Figur und den Fig. 3. 4 und 5 ist die Bohrung des Hahnes ersichtlich.

durch eine Trichterröhre destillirtes Wasser ein, so dass die Luft in B durch c entweicht und das Wasser im Schenkel B bis zum Hahnaufsatz und im Schenkel A zur gleichen Höhe m gelangt. Dann verbindet man die Ansatzröhre c mit einem Gashahn oder Gasbehälter vermittelst eines Kautschukschlauches, durch welchen man zuvor etwas Gas ausströmen liess.*) — Nun öffnet man, während der Hahn in der Stellung Fig. 2 steht, den Quetschhahn n bei b, so dass das Wasser aus beiden Schenkeln ausläuft, jedoch der gebogene Theil unterhalb b mit Wasser gefüllt bleibt, wodurch das nun in B befindliche Leuchtgas gegen A abgesperrt ist. Das durch den Kautschukschlauch bei b ausgeflossene Wasser muss ohne Verlust in einem Becherglase aufgefangen werden. Nachdem auf angegebene Weise der Schenkel B mit dem zu untersuchenden Leuchtgas gefüllt ist, bringt man den Hahn in die Stellung Fig. 5, wodurch das Gas abgesperrt wird. Das bei b ausgeflossene Wasserquantum wird nun von oben in A eingegossen. Da das in B befindliche Gas nicht austreten kann, so füllt sich hierdurch der Schenkel A fast bis oben mit Wasser an; im Schenkel B dagegen steht das Wasserniveau unterhalb der Marke e′. Man bringt nun den Hahn in die Stellung Fig. 3, so dass das Gas nur durch die feine Oeffnung in der Platinplatte bei d entweichen kann. In Folge dieser Ausströmung des Gases sinkt das Wasserniveau in A und steigt in B; mittelst einer Secundenuhr wird die Zeit genau bestimmt, welche das Wasser braucht um von e′ bis e zu steigen.

Nachdem das Leuchtgas aus B völlig entwichen und hierdurch das Wasser in A bis m und in B bis zum Hahn gelangt ist, bringt man den Hahn in die Stellung Fig. 2, nachdem man zuvor den Kautschukschlauch von c entfernt hat. Oeffnet man nun den Quetschhahn n, so läuft das Wasser bis b aus und der Schenkel B hat sich nun mit atmosphärischer Luft gefüllt. Nach Schliessen des Hahnes (Stellung wie in Fig. 5) giesst man das ausgeflossene Wasser in A ein, bringt dann den Hahn in die Stellung Fig. 3, so dass nun die Luft durch die feine Oeffnung entweicht, und bestimmt die Zeit, in welcher das Wasser jetzt von der unteren Marke e′ bis zur oberen e gelangt.

Selbstverständlich muss sowohl bei der Bestimmung mit Leuchtgas

*) Will man auch die unbedeutende Menge Luft, welche sich noch in der Hahnbohrung sowie im Ansatzrohr c befindet, durch Gas verdrängen, so bringt man kurze Zeit lang den Hahn in die Stellung Fig. 4, wobei die Luft vom Gas verdrängt wird und durch die freie Oeffnung in d entweicht.

als auch bei der mit atmosphärischer Luft ein gleiches Wasserquantum angewandt werden.

Die Berechnung des Resultates ist sehr einfach. War z. B. die Ausströmungszeit, bei Füllung mit atmosphärischer Luft, während das Wasser im Schenkel B von e′ bis e stieg 276 Secunden, und bei Füllung mit Leuchtgas 201 Secunden, so ist das specifische Gewicht s dieses Leuchgases:

$$s = \frac{201^2}{276^2} = 0,5303.$$

Der Wagner'sche Apparat hat vor dem Schilling'schen schon die Annehmlichkeit voraus, dass bei der Füllung mit Leuchtgas das umständliche und ganz unsichere Verdrängen der Luft aus dem Apparate durch Gas — wie es beim Schilling'schen Apparat nöthig ist — völlig wegfällt, so dass die Bestimmung viel sicherer, schneller, bequemer und mit weniger Gasaufwand ausgeführt wird.

Um die Uebereinstimmung der mit seinem Apparate für Leuchtgas erhaltenen Zahlenwerthe mit dem wahren specifischen Gewichte des betreffenden Leuchtgases vergleichen zu können, führte der Verfasser die Bestimmung des specifischen Gewichtes einmal mit seinem Apparate und dann in bekannter Weise auf gewichtsanalytischem Wege*) aus, wobei er, um sicher das gleiche Leuchtgas zu haben, dasselbe aus einem damit gefüllten Gasbehälter entnahm. Es wurden folgende Resultate erhalten:

	mittelst des Wagner'schen Apparates bestimmt	gewichtsanalytisch bestimmt
spec. Gew. d. Leuchtgases . .	0,5303	0,5328

Der Verfasser hat auch das spec. Gewicht anderer Gase mit seinem Apparate bestimmt. Hat man das betreffende Gas in einem Gasbehälter, so bleibt die Operation dieselbe, wie sie eben beschrieben wurde. Will man dagegen die Füllung mittelst eines Entwickelungsapparates vornehmen, so verfährt man in folgender Weise: Nachdem der Apparat in A bis m und in B bis zum Hahn mit Wasser gefüllt ist, schliesst man den Hahn (Stellung Fig. 5) und öffnet den Quetschhahn. Das Wasser aus dem Schenkel A läuft bis b ab und wird in einem Becherglase gesammelt; aus dem Schenkel B kann natürlich in Folge des Luftdruckes kein Wasser ausfliessen. Nach Entfernung des Quetschhahnes n führt man

*) Durch Wägen eines erst luftleer gemachten, dann mit trockener atmosphärischer Luft gefüllten und endlich mit Leuchtgas gefüllten Ballons bei gleicher Temperatur und gleichem Druck.

durch den Kautschukschlauch und durch das Ansatzrohr b ein sehr enges und entsprechend gebogenes Glasröhrchen, welches an dem Gasentwickelungsapparat befestigt ist — nach Austreibung der Luft — in der Art ein, dass die nun sich entwickelnden Gasblasen in der Röhre B aufsteigen. Hierdurch wird B mit dem betreffenden Gase gefüllt, während das verdrängte Wasser durch b und den Kautschukschlauch ausläuft. Dieses verdrängte Wasser muss ohne Verlust in dem schon erwähnten Becherglase zu dem bereits vorhandenen Wasser gesammelt werden. Alles im Becherglase befindliche Wasser wird nach Wiederansetzen des Quetschhahnes n an die Kautschukröhre in A gegossen. Die Ausführung der Bestimmung erfolgt weiter wie oben angegeben.

Selbstverständlich muss die U-förmige Röhre im Inneren stets völlig rein erhalten werden und ebenso darf nur völlig reines destillirtes Wasser verwendet werden.

Wagner erhielt bei verschiedenen Gasen folgende Resultate.

1) Bei Sauerstoff:

Ausströmungszeit der Luft: 152 Sec.
« des Sauerstoffs: 160 «

$$\text{spec. Gewicht des O} = \frac{160^2}{152^2} = 1{,}108$$

Das wahre spec. Gewicht des Sauerstoffs ist = 1,1056.

2) Bei Kohlensäure:

Ausströmungszeit der Luft: 152 Sec.
« « CO_2: 189 «

$$\text{spec. Gewicht der } CO_2 = \frac{189^2}{152^2} = 1{,}546$$

wirkliches spec. Gewicht der CO_2 = 1,52.

3) Bei Wasserstoff:

Ausströmungszeit der Luft: 152 Sec.
« des H: 44 «

$$\text{spec. Gewicht des H} = \frac{44^2}{152^2} = 0{,}083.$$

Da das spec. Gewicht des Wasserstoffs in Wirklichkeit = 0,069 ist, so ist die erhaltene Zahl zu hoch; eine genaue Bestimmung ist beim Wasserstoff übrigens wegen der grossen Geschwindigkeit, mit welcher er ausströmt, und der hierdurch bedingten unsicheren Zeitnotirung beim Passiren der Marken nicht wohl möglich.

Für Gase, welche von Wasser merklich absorbirt werden, muss Quecksilber zur Füllung des Apparates verwendet werden. In diesem Falle darf man natürlich keinen Messinghahn anbringen und bedient sich der Verfasser dann des in Fig. 6 auf Taf. II. dargestellten Apparates. Am kurzen Schenkel B ist ein absolut luftdicht schliessender Glashahn a mit einfacher Bohrung angeblasen. Ueber a befindet sich ein Aufsatz c angekittet, auf welchem die Röhre d, die eine feine Ausströmungsöffnung in einer Platinplatte enthält, luftdicht aufgeschraubt ist.*) Am längeren Schenkel A ist ein Ansatz b angeblasen, in welchen eine Glashahnröhre n eingeschliffen und eingesteckt ist. Das Arbeiten mit dem Apparat ist analog dem, wie es oben für den mit Wasser gefüllten beschrieben wurde. Die Füllung mit Gas aus einem Entwickelungsgefässe erfordert nur vor Einführung des Gasentbindungsrohres ein Herausnehmen des Glashahnrohres n, die Füllung aus einem Gasbehälter ein Abschrauben von d; der vom Gasbehälter kommende Kautschuckschlauch wird über c gezogen. Da durch das Quecksilber die Gase stärker zusammengedrückt werden als durch Wasser, so ist die Marke e' entsprechend höher anzubringen.

Selbstverständlich ist, dass das anzuwendende Quecksilber völlig trocken und rein sein muss und nicht im geringsten einen Schweif ziehen darf, sowie dass die U-förmige Röhre stets blank und rein und völlig trocken gehalten sein soll.

Bei Füllung des Apparates mit Quecksilber erhielt Wagner folgende Resultate:

1) Bei Sauerstoff:

Ausströmungszeit der Luft: 242 Sec.
« des O: 257 «

$$\text{spec. Gewicht des O} = \frac{257^2}{242^2} = 1{,}127$$

wirkliches spec. Gewicht des O = 1,1056.

2) Bei Kohlensäure:

Ausströmungszeit der Luft: 249 Sec.
« « CO_2: 308 «

spec. Gewicht der CO_2 = 1,530

wirkliches spec. Gewicht der CO_2 = 1,52.

*) Es ist zweckmässig von diesen Röhren d eine grössere Anzahl mit verschiedener Weite der Ausströmungsöffnung vorräthig zu haben.

3) Bei Wasserstoff;

Ausströmungszeit der Luft: 310 Sec.

« des H: 96 «

$$\text{spec. Gewicht des H} = \frac{96^2}{310^2} = 0{,}095$$

wirkliches spec. Gewicht des H = 0,069.

Während die für Sauerstoff und Kohlensäure erhaltenen Zahlen gut mit den wahren Werthen übereinstimmen, ist die für Wasserstoff gefundene zu hoch und zwar aus denselben Gründen, welche bei der Bestimmung mittelst des mit Wasser gefüllten Apparates angegeben wurden.

Ein neues Zersetzungsgefäss zum Knop'schen Azotometer empfiehlt F. Soxhlet.*) Bei der Bestimmung des Stickstoffs von Ammonsalz- oder Harnstofflösungen mittelst bromirter Lauge auf volumetrischem Wege verwendet Knop**) als Zersetzungsgefäss ein weithalsiges mit einem Kautschukstopfen verschliessbares Pulverglas, in das ein schräg abgeschnittener kleiner Cylinder umgekehrt eingesenkt wird, welcher mit einer mittelst Talg aufgekitteten Glasplatte verschlossen ist; das Einsenken geschieht mittelst einer an den Cylinder befestigten Bindfadenschlinge. Im grösseren Gefäss befindet sich die bromirte Lauge, im kleineren die zu zersetzende Flüssigkeit; durch Schütteln wird das Loslösen der aufgekitteten Glasplatte und damit die Vereinigung beider Flüssigkeiten bewirkt. Das richtige Aufkitten der Glasplatte auf den Cylinder und die nach jedem Versuch nothwendige Erneuerung der Bindfadenschlinge (sie wird durch die Bromlauge rasch zerfressen) wurde vielfach als eine Unbequemlichkeit empfunden. P. Wagner***) beseitigte diese Unbequemlichkeit dadurch, dass er in das äussere zur Aufnahme der Bromlauge bestimmte Gefäss einen kleinen Cylinder mittelst Gyps einkittete und letzteren schliesslich mit Paraffin tränkte.†) In den kleinen Cylinder wird die Ammoniaklösung gebracht und durch Neigen des Gefässes das Ausfliessen der letzteren bewirkt. Der Bequemlichkeit dieser Vorrichtung gegenüber der Knop'schen steht aber entgegen, dass die Ammonsalzlösung auf

*) Landwirthschaftl. Versuchs-Stationen **19**, 227.

) Diese Zeitschr. **9, 225.

***) Diese Zeitschr. **13**, 383.

†) Neuerdings liefern die Apparatenhandlungen Zersetzungsgefässe, bei denen der kleine Cylinder auf dem Boden des Pulverglases angeblasen ist, so dass die Gyps- und Paraffinschicht in Wegfall kommt. Vergleiche diese Zeitschrift **15**, 251. (H. F.)

die Oberfläche der Bromlauge ausgegossen wird, sonach eine Ammoniakentweichung sehr wohl ermöglicht wird und — bei der von Wagner ursprünglich angegebenen Construction — der Umstand, dass die Temperaturausgleichung, der paraffinirten Gypsmasse wegen, noch weniger rasch erfolgt, als dies bei der Knop'schen der Fall ist. Knop hat den ersteren Uebelstand sehr geschickt vermieden, dadurch dass die Salz- oder Harnstofflösung von unten mit der Bromlauge gemischt wird und die zuerst sich stürmisch entwickelnden Gasblasen im Einsatzgefäss aufsteigen. Freilich ist auch bei dieser Anordnung das plötzliche Aufeinanderwirken beider Flüssigkeiten für den vollständigen und glatten Verlauf der Reaction nicht von Vortheil.

Soxhlet bedient sich seit längerer Zeit bei azotometrischen Bestimmungen eines einfachen Zersetzungsgefässes, das eine Regulirung der Gasentwickelung leicht gestattet und bei welchem die Ammonsalzlösung von unten mit der bromirten Lauge in Berührung kommt, so dass die Gasblasen noch eine genügend hohe Schicht der Lauge passiren bevor sie in das Maassrohr gelangen. Dasselbe hat überdies den Vortheil einer raschen Temperaturausgleichung.

Ein U-förmiges Rohr (Fig. 2), dessen ungleich weite Schenkel unten durch ein circa 5mm weites Rohr verbunden sind, dient zur gesonderten Aufnahme der Bromlauge und der zu zersetzenden Ammonsalzlösung; die Vermischung beider Flüssigkeiten wird durch Anfüllen des unteren engen gekrümmten Theiles mit Quecksilber verhindert. Der engere Schenkel des U-Rohres fasst circa 30 CC. und dient zur Aufnahme von 20—25 CC. der Ammonsalzlösung; der zweite gleichlange aber weitere, circa 80 bis 100 CC. fassende Schenkel zur Aufnahme von 40—50 CC. bromirter Lauge. Beide Schenkel verengen sich nach oben hin zu 1 Centimeter weiten, 4 Centim. langen angesetzten Röhren, die flach abgeschliffen sind; durch diese erfolgt die Füllung beider Schenkel mittelst Pipetten. Zum U-Rohre passt ein Gabelrohr, dessen Schenkel genau so weit von einander abstehen wie die Ansatzröhren des ersteren; sie sind aus demselben Glasrohr gemacht, so dass sie auch ganz gleiche Weite wie diese haben. Durch zwei Stücke Kautschukschlauch werden U- und Gabelrohr so mit einander verbunden, dass die Schenkel beider, knapp aneinanderstossend, sich vereinigen. Das offene Rohrstück des Gabelrohrs wird dann in geeigneter Weise, mittelst Kautschukschlauchs, mit der Messvorrichtung ver-

Fig. 2.

bunden. Soll die Entwicklung vor sich gehen, so neigt man das bis dahin annähernd in verticaler Lage erhaltene U-Rohr nach der Seite des mit bromirter Lauge gefüllten Schenkels; das Quecksilber fliesst nach dieser Seite und öffnet, je nach der Steigung mehr oder weniger der Ammonsalzlösung den Weg zur bromirten Lauge. Die entwickelten Gasblasen treten, eine Laugenschicht passirend, in das Messrohr. Es bleibt nur ein kleiner Theil der Salzlösung im engeren Schenkel und in dem Verbindungsstück zurück, den man durch rasches und starkes Neigen auf die der bisherigen entgegengesetzte Seite mit der Bromlauge zusammenbringt. Das Schütteln zum Schlusse lässt sich sehr gut durch energisches, stossweises Auf- und Abwärtsbewegen des U-Rohres in verticaler Richtung ausführen. Die Temperaturausgleichung erfolgt bei diesem Zersetzungsgefässe ungemein rasch, vor der Zersetzung in der Regel schon in einer Minute. Sinkt der Apparat nicht von selbst in das Kühlwasser ein, so beschwert man ihn mittelst eines zusammengerollten Bleirohres. Der Quecksilberverbrauch in Folge der Oxydation des Quecksilbers durch die Bromlauge ist ein nicht in Betracht kommender, wenn man die Berührung beider Körper nicht länger stattfinden lässt als nothwendig.

Das von dem Verfasser verwendete Azotometer ist im Uebrigen dem P. Wagner'schen nachgebildet, mit dem Unterschiede, dass Mess- und Zersetzungsgefäss sammt verbindendem Kautschukschlauch in einem mit Wasser gefüllten Glascylinder untergebracht sind. Ausserdem hat Soxhlet in die obere Oeffnung der Messbürette ein Rohr mit Glashahn eingepasst, an welches unterhalb des Glashahns ⊣-förmig ein kurzes Glasrohr angelöthet ist; an das horizontale Stück des ⊣-Röhrchens wird mittelst Kautschukschlauchs der Zersetzungsapparat angehängt. Durch Oeffnen des Hahns wird die Communication mit der äusseren Luft hergestellt; im anderen Falle besteht immer nur Verbindung zwischen Zersetzungsgefäss und Messvorrichtung.

Ein Apparat zur mechanischen Bodenanalyse, den Alexander Müller*) angegeben hat, gehört nach Knop's Eintheilung**) zu den «Spül-Apparaten.» Die Einrichtung desselben wird durch Fig. 1 auf Taf. I. veranschaulicht. Die Beschreibung gebe ich am besten mit des Verfassers eigenen Worten.

*) Landw. Centralbl. Vom Verfasser eingesandt.

) Vergl. die Abhandlung von Dr. Richard Deetz: „Ein Apparat zur mechanischen Bodenanalyse." Diese Zeitschr. **15, 428.

«Das Schlämmglas A hat die Gestalt einer gestreckten Zuckerrübe; in der Höhe des grössten Durchmessers ist es in die 2 gut aufeinander geschliffenen Theile a und b zerschnitten. Das auf der Figur in knapp Fünftelgrösse gezeichnete Schlämmglas ist das grösste bisher vom Verfasser benutzte: es ist auf 100 Quadratcentimeter grössten Querschnitt berechnet.

Am oberen und unteren Ende ist dasselbe gerauht, damit die aufgeschobenen Kautschukröhren gehörig festsitzen. Oben wird das T-Rohr c befestigt. Mit der unteren Oeffnung ist das Wasserleitungsrohr g verbunden. Es besteht das letztere aus einer weiten Kautschukröhre, in welche oben eine 10^{mm} weite, $100-200^{mm}$ lange Glasröhre h und unten ein angebogenes dickwandiges engeres Röhrchen e eingeschoben ist, dessen wasserdichte Verbindung mit A b durch ein, den Quetschhahn ff tragendes Kautschukröhrchen hergestellt wird.

Wäre das T-röhrchen c weniger zerbrechlich, würde es in A a einzuschleifen sein.

Als Träger des Schlämmglases A mit Zubehör dient das Gestell B. Es besteht aus 3 verticalen, circa 6^{mm} dicken Stahldrähten a a a, welche durch die 3 horizontalen Ringe c, f und e zusammengehalten werden, unterhalb c durch übergeschobene Messingröhrchen etwas verdickt und am untern Ende mit den Stellschrauben b b b versehen sind.

Ausser den zur Befestigung der Verticalstäbe a a a nöthigen Schrauben finden sich 3 andere $\alpha\,\alpha\,\alpha$ am Ringe f, vermittelst deren die Stellung des Schlämmglases A bestimmt wird. Für enge Schlämmgläser benutzt man lange, für weite kurze Stellschrauben $\alpha\,\alpha\,\alpha$.

Die Ringe c und e unterscheiden sich von Ring f dadurch, dass ihre Oeffnung zuvörderst zu ungefähr $^1/_4$ des Durchmessers von einem angelötheten Messingdiaphragma verdeckt ist. Auf diesem Diaphragma ruht ein anderes dünneres mit, je nach Bedarf, engerer oder weiterer centraler Oeffnung; seine äussere Kante ist an 3 Punkten symmetrisch ausgeschnitten, damit das innere Diaphragma unter den breiten Köpfchen der in das grössere Diaphragma eingesetzten Schrauben s s s excentrisch verschoben werden kann.

Ring c mit möglichst central angeschraubtem Diaphragma stützt das Schlämmglas A b. Ring e hat die Aufgabe, A a sowohl horizontal als vertical in einer bestimmten Stellung zu A b zu erhalten; man schiebt ihn mit lose aufgeschraubtem innerem Diaphragma über A a und schraubt hn an die Stäbe B a a a an, worauf die Schrauben angezogen werden, welche das Schlämmglas A zwischen die etwas federnden Diaphragmen der Ringe c und e einpressen.

g und g' sind 2 Arme, welche in beliebiger Höhe auf den Verticalstäben von B aufgeschraubt werden können, an dem freien Ende eine mit Kork gefütterte vertical oder horizontal anfügbare Schraubenklemme tragen und in halber Länge mit Kniegelenk versehen sind; der eine, g, dient als Halter für das T-röhrchen c, der andere, g', für das Glasrohr A h.

Das Gestell B steht in einer flachen Metallschale — aus Zinkblech oder Kupfer mit oder ohne Ausguss; sie nützt ebensowohl für Aufrechterhaltung der Reinlichkeit als für Vermeidung von Verlusten.

Durch 3 seitlich untergeschobene Keile gibt man der Schale einen sicheren Stand.

Die Menge des für die Schlämmung nöthigen Wassers wird durch einen Röhrenapparat bemessen. Da die dem Verfasser zu Gebote stehenden Hähne sich als untauglich erwiesen für Erhaltung eines constanten Wasserstroms bis herab zu 5 CC. pro Minute, verfertigte er sich eine Anzahl verschieden eng ausgezogener Glasröhrenmundstücke i, welche bei einer gewissen Druckhöhe eine gewisse scalenförmig zunehmende Wassermenge ausströmen liessen, z. B. 5, 8, 12, 18, 27 CC. etc.

Die Regulirung der Druckhöhe versuchte der Verfasser anfänglich durch Benutzung eines langen Kautschukschlauchs, allein trotz wiederholten Ausknetens und Ausspülens verunreinigte er doch das durchströmende Wasser und gab so zu Verstopfungen der feinen Mundstücke Veranlassung.*) Müller construirte sich darum ein teleskopisches Röhrensystem aus Glasröhren, welche vermittelst der im unteren Ende etwas getalgten Kautschuk-Stopfbüchse wasserdicht, aber doch leicht in einander verschiebbar verbunden sind. Ein mit Quetschhahn versehenes Kautschukröhrchen verbindet das Mundstück mit der teleskopischen Glasröhre, welche für weitere Steigerung des Wasserdruckes nach Belieben durch ein eingeschaltetes Röhrenstück verlängert werden kann.

In der angedeuteten Weise durch Verkürzung oder Verlängerung des teleskopischen Röhrensystems und Anwendung verschieden weiter Mundstücke verfügt man über jeden beliebig starken Wasserstrom zwischen 5 und 2—300 CC. pro Minute. Allzuweites Ausziehen wird durch eine

*) Es standen damals nur eingepuderte grauvulkanisirte Schläuche zu Gebote. Die seitdem in den Handel gekommenen glattwandigen rothen oder schwarzen Schläuche sollten wohl von dem gerügten Uebelstande frei sein.

angemessen lange Schnur verhütet, welche das untere Ende des engeren teleskopischen Rohres und dasjenige des nächst weiteren verbindet.

Für den oft eintretenden Fall, dass das Mundstück i nicht in das Glasrohr h hineinreicht, schaltet man ein leichtes Kautschukröhrchen ein, in dessen oberes Ende ein Trichterchen und in dessen unteres ein ausgezogenes Glasröhrchen eingeschoben ist. In passender Stellung zu i wird es durch eine Schnur gehalten, welche durch eine oberhalb befestigte Oese gezogen und am freien Ende durch ein Gegengewicht angespannt ist.

Die Wirkungsfähigkeit der Mundstücke i prüft man durch Auswägen der bei bestimmter höchster und niedrigster Druckhöhe in einer gewissen Zeit ausfliessenden Wassermenge. Man berechnet dieselbe auf eine Minute und notirt sie zur Nummer der in einem Etui vereinigten Mundstücke.

Für Schlämmung mit minimaler Geschwindigkeit ist es nicht ganz leicht, ein geeignetes Wasser zu beschaffen. Muss für jede Schlämmung wie Sedimentation darauf geachtet werden, dass das Wasser nicht mit Luft übersättigt ist, welche bei der Operation in Bläschenform sich entwickeln würde, so muss für die feinen Ausflussspitzen, welche bis herunter zu 5 CC. oder weniger Wasser pro Minute geben sollen, ein völlig faserfreies Wasser angewendet werden. Am besten ist unstreitig in jeder Beziehung das destillirte Wasser, doch kann man auch Regenwasser anwenden. Fluss- und Brunnenwasser taugen (nach der nöthigen Correction des Luftgehaltes) höchstens für Sandschlämmungen.

Um das Regenwasser oder das destillirte Wasser faserfrei zu machen, hat der Verfasser Filter aus Papier oder organischen Geweben oder auch aus Sand für ungeeignet befunden und seine Zuflucht zu einem Metallfilter genommen, welches aus feinstem Messinggewebe nach Art der Falten- oder Sternfilter angefertigt war.

Zur Herstellung des constanten Niveaus in dem Gefässe, von welchem aus das Mundstück i gespeist wird, wähle man einen möglichst weiten Trichter; sehr brauchbar dazu ist die obere Hälfte einer durchgeschnittenen weiten Woulff'schen Flasche.

Zur verticalen Einstellung des Schlämmglases A dient ein Senkblei, welches von der oberen Mündung von A a frei in die untere von A b einspielen muss.

Ueber die Füllung des Apparates ist nur wenig zuzufügen. Um eines vollkommenen Schlusses zwischen A a und b sicher zu sein, bestreicht man die Schliffflächen mit Talg (in der kühleren Jahreszeit) oder mit einem Gemenge aus Talg und Wachs (bei höherer Zimmertemperatur), natürlich möglichst sparsam, damit nur die Schliffflächen unzugänglich für Wasser werden und nicht ein Talgwulst hervorgepresst wird.

Nachdem A gehörig zusammengepresst ist, öffnet man den Wasserleitungshahn so weit, dass in das constante Niveau ein schwacher Strom von 20—40 CC. pro Minute, etwas mehr als durch das Mundstück, womit die Schlämmung begonnen werden soll, abfliessen kann, sich ergiesst.

Man öffnet nun den Quetschhahn f so weit, dass bei unverändertem Zufluss das Wasserniveau in h nahezu constant bleibt, also ebensoviel Wasser in A b eintritt, als in h einfliesst, und beginnt, mittelst eines kurzen Röhrentrichters, durch das auf A a aufgeschobene Kautschukröhrchen hindurch, in welchem ein seitlich eingeschobener Draht der entweichenden Luft den Weg offen hält, die Füllung des Schlämmglases mit der vorher im Wasser vertheilten Schlämmprobe oder kurz, mit der Schlämmmilch. Letztere wird passender Weise aus einem, mit gutem Ausguss versehenen Porcellanschälchen in den Trichter eingegossen; den Bodensatz spült man mittelst Spritzflasche nach. Das Trichterröhrchen wird alsdann durch das T-röhrchen c ersetzt.

Sollte im Gefäss A das Wasserniveau durch Einfüllen der Schlämmprobe nicht bis zur Vereinigungslinie zwischen a und b gestiegen sein, so giesst man, bei entsprechender Oeffnung des Hahnes f zum Zweck schnellerer Füllung in h Wasser aus einer Spritzflasche nach.

Bezüglich der Schlämmung ist auf Folgendes aufmerksam zu machen.

Für die Analyse in dem beschriebenen Apparate benutzt man bei feinerdigen Objecten circa 25 Grm. lufttrockener Substanz. Die Menge grobsandiger Erdproben bemisst man so, dass darin circa 20 Grm. Thon und feiner Sand enthalten ist, welcher letztere durch ein Sieb mit $^1/_5$ bis $^1/_4{}^{mm}$ weiten Oeffnungen fällt.

Thonige Bodenproben zerdrückt man vorsichtig, ohne eingemischte Sandkörner zu zerreiben, und zerkocht dann die abgewogene Mittelprobe in einem (Kupfer- oder Silber)-Kessel, unter Zuhülfenahme eines Holz- oder mit Kautschuk überzogenen Porcellan-Pistills, mit Wasser, welches so oft erneuert wird, bis es sich nicht mehr trübt.

Versuche, den Zusammenhang der Thonklümpchen durch vorläufiges Tränken mit Weingeist zu lockern, sind erfolglos geblieben.

Organische Substanzen zerstört man, wenn sie in grösserer Menge zugegen sind, nach vorgängiger Extraction mit Säure, durch gelindes Rösten an der Luft.

Der beim Zerkochen der Bodenprobe in der Metallschale verbleibende

Sand wird getrocknet und gesiebt und nur der feinere, dessen Körner einen geringeren Durchmesser als $^1/_4$ oder $^1/_3$ mm haben, später in die Schlämmung gezogen.

Das vom Sand abgegossene trübe Wasser, die Schlämmmilch, lässt man so lange absetzen, bis es nur noch solche Bodentheilchen aufgeschlämmt enthält, welche bei der geringsten, für die Schlämmung verwendeten Stromgeschwindigkeit unbedingt übergeführt werden würden.

Die mittelst Hebers vorsichtig abgenommene Schlämmmilch wird zur Scheidung mit Ammonmargarat*) oder zur quantitativen Sedimentation zurückgestellt, der Bodensatz, wie oben erwähnt, in das Schlämmglas gespült.

Die Schlämmung wird ganz nach Art einer fractionirten Destillation geleitet.

Bei feinem Thon- oder Staubsand geht man schnell zu einer Stromgeschwindigkeit über, welche ein Drittel bis die Hälfte abschlämmt. Thonboden z. B. schlämmt man mit einer Geschwindigkeit von 5 mm pro Minute, damit ist gemeint, dass die Anzahl Cubikcentimeter oder Gramme Wasser, welches in einer Minute in A einströmt, getheilt durch die Anzahl Quadratcentimeter, welche den grössten Querschnitt des Schlämmglases A — an der Zusammensetzungsstelle von a und b — ausdrücken, den Quotienten 0,5 d. i. 0,5 Cm. = 5 mm gibt. Beträgt der grösste Querschnitt von A 100 Quadratcentimeter, so müssen 100 CC. Wasser pro Minute das Schlämmglas passiren, um an der weitesten Stelle mit einer Geschwindigkeit von 10 mm zu strömen.

Ausser der oben angegebenen Schlämmrübe von 100 Quadratcentimeter grösstem Querschnitte benutzt der Verfasser zwei engere von 50 und 25 Quadratcentimeter. Für Schlämmungen mit sehr grosser Geschwindigkeit bis 2000 mm pro Minute wendet er verschieden weite und bis zu 5 Quadratcentimeter enge Glasröhren an, welche nach oben hin schneller, nach unten hin ganz allmählich möhrenartig sich verjüngen und in einem Retortenhalter vertical eingeklemmt sind.

---

*) Nach sehr zahlreichen Versuchen mit vielerlei Klärmethoden und Bodenarten hält Müller diejenige für die sicherste, nach welcher die Schlämmmilch mit soviel lauwarmer schwach weingeistiger Ammonmargaratlösung versetzt wird, dass sie bei starkem Schütteln eben schäumt, worauf sie durch einige Tropfen Essigsäure wieder neutralisirt wird. Die abgeschiedenen Schmutzflocken sind leicht abzufiltriren und durch Schmelzen, bez. gelindes Rösten von der Margarinsäure zu befreien. Blosses Kochen und sogar Eindampfen führt nicht bei allen Bodenarten zur Klärung.

Die Calibrirung der durchschnittenen weiten Schlämmrüben kann bei kreisrundem Querschnitte allenfalls mittelst des Millimetermaassstabes ausgeführt werden. Sicherer ist für die weiten wie für die engen Schlämmgefässe die Calibrirung nach Art der Bürettencalibrirung durch Auswägen der Wassermenge zwischen 2 Marken, auf welche das Niveau aus einiger Entfernung mittelst eines Kathetometers einvisirt wird.

Bis zur weitesten Stelle des Schlämmglases strömt das Wasser mit von der Eintrittsstelle her abnehmender Geschwindigkeit; die Erdtheilchen, welche von der geringsten Stromgeschwindigkeit nicht fortgetragen werden, oder mit anderen Worten, mit grösserer Geschwindigkeit in unbewegtem Wasser fallen, sinken fortwährend zurück. Die feineren und leichteren Bodenbestandtheile aber, deren Fallgeschwindigkeit geringer als die der geringsten Stromgeschwindigkeit ist, gelangen in den sich verengenden Theil A a und somit in einen rasch beschleunigten Strom, von welchem sie in das T-Rohr getragen werden.

Um eine im Querschnitt des Schlämmglases gleichmässige Strömung zu erreichen, muss man dem Glase eine langgestreckte Form ohne stark gekrümmte Curvenlinien im Längenschnitt geben und ausserdem für axialen Einfluss und Ausfluss der Schlämmflüssigkeit sorgen. Die Gleichmässigkeit des Stromes kann ausserdem durch einen Rührdraht unterstützt werden, welcher durch das T-Rohr bis in das untere Ende der Schlämmrübe eingeschoben wird und mit leichter Federung an die Glaswand sich anlegt; vermittelst desselben gibt man dem Inhalt von A eine langsam rotirende Bewegung, welche dem unsymmetrisch axialen Aufsteigen des unten einströmenden Wassers entgegenwirkt und letzteres in einer Schraubenlinie nach oben führt. Bei zu schnellem Rühren würde die Centrifugalkraft störend auftreten. Der Rührdraht nützt ausserdem zum Aufrühren dicht abgesetzten Sandes, sowohl bei Wiederaufnahme einer abgebrochenen Schlämmung, als auch im Laufe der Schlämmung, und befördert die Ausspülung leichter abschlämmbarer Theile.

Die Schlämmung, welche wir beispielsweise als mit 5^{mm} Geschwindigkeit pro Minute in Gang gekommen annehmen, wird so lange fortgesetzt, als das abfliessende Wasser merkbar getrübt ist. Man verstärkt dann durch Einsetzen gröberer Mundstücke oder Erhöhung des Wasserdruckes nach und nach den Wasserstrom, ähnlich wie bei Destillationen die Heizung, und controlirt von Zeit zu Zeit die aus Mundstück und Druckhöhe abgeleitete Stromgeschwindigkeit durch Wägen oder Messen des während einer oder mehrer Minuten aus A abfliessenden Wassers.

Verunreinigung der Mundstücke beseitigt man durch Digestion der (getrockneten) Mundstücke mit etwas Chromsäure enthaltender concentrirter Schwefelsäure.

Mundstücke, welche mehr als 300 CC. Wasser pro Minute geben, sind kaum nöthig. Bei grösserer Stromgeschwindigkeit benutzt man für weite Schlämmgläser directen Zulauf aus einem Wasserleitungshahn — mit Vermeidung von Luftblasen.

Die mechanische Zerlegung der Bodenbestandtheile, welche in Wasser mit geringerer Geschwindigkeit als (beispielsweise) 5^{mm} fallen, geschieht in ähnlicher Weise, wie die der schwereren. Wenn sie in eine (grosse) Glasbüchse abgeschlämmt waren, so schüttelt man sie mit dem Schlämmwasser auf, lässt bis zur Absetzung eine nach der Flüssigkeitssäule berechnete Zeit lang ruhig stehen und bringt den Bodensatz in das weiteste Schlämmglas. In dieses und nach Befinden durch dieses unmittelbar aus einem kleineren Glase zu schlämmen, gewährt keinen, der grössern Complicirtheit entsprechenden Vortheil; höchstens nur dann, wenn man eine Bodenprobe in wenige gewisse Gruppen von Bestandtheilen in einer Operation zerlegen will. Bei Thonproben erfordert die Schlämmung mit $^1/_2{}^{mm}$ Geschwindigkeit (5 CC. Wasser) pro Minute wenigstens einen vollen Tag, bedarf aber nur zeitweiliger Beaufsichtigung und kann daher auch während der Nacht in Gang gehalten werden. Die Geschwindigkeit kann nicht zu-, sondern höchstens abnehmen, wegen Verunreinigung des feinausgezogenen Mundstückes.

Wegen speciellerer Anleitung zur Schlämmung wie zur Sedimentirung als einer ergänzenden Maassregel für die Bodenbestandtheile, welche weniger als einen halben Millimeter pro Minute in Wasser fallen, ist auf die Abhandlung in F. Nobbe's Landw. Versuchsstationen Bd. X, Heft 1 und auf die daselbst mitgetheilten Schlämmanalysen zu verweisen.

Die gefährlichste Klippe der Schlämmanalyse ist die Ungleichheit der Strömung an den verschiedenen Punkten des Querschnittes. Bei manchen vielbenutzten Schlämmapparaten finden sogar auf und niedergehende Strömungen statt! Die damit ausgeführten Analysen können selbstverständlich irgend welchen wissenschaftlichen Werth nicht beanspruchen, und da die Fehlerquelle keine constante, sind die Versuchszahlen nur innerhalb sehr weitgesteckter Grenzen unter sich vergleichbar.

Diese Fehler zu vermeiden war eine Hauptaufgabe bei der Construction des Apparates, aber trotz aller Vorsichtsmaassregeln ist das Ziel noch nicht erreicht. Der Verfasser glaubt jedoch durch den «Stromausgleicher» einen bedeutenden Fortschritt gemacht zu haben.

Der «Stromausgleicher» d d d besteht aus 2 oder mehreren an einer gemeinschaftlichen Achse befestigten Scheiben von feinem Drahtgewebe, welche dem Querschnitt der Schlämmrübe in verschiedener Höhe angepasst sind und dem von unten aufsteigenden Wasserstrom durch den ganzen Querschnitt hindurch eine gleichmässige Reibung entgegenstellen.

Um das Ansetzen von Schlamm und Sand am Sieb möglichst zu verhüten, ist die Achse des Ausgleichers oben mit einem Schraubengewinde versehen, welches von einem durch das T-Röhrchen eingeschobenen und mit Schraubenmutter versehenen Draht, den «Schüttler», gefasst werden kann. Mittelst desselben bewegt man den Ausgleicher von Zeit zu Zeit stossweise ein wenig auf und nieder. *)

Die Einführung des Stromausgleichers verspricht ferner einen sehr willkommenen Dienst bei der Sedimentationsanalyse. Letztere erfreut sich wegen angeblicher Leichtigkeit der Ausführung einer grossen Popularität, aber Niemand dürfte noch das Problem gelöst haben, dabei die obenerwähnten Wirbelströmungen zu verhüten oder genau zu berechnen, was während der Sedimentation gemäss der verschiedenen Weglängen von den verschiedenen Höhen der Flüssigkeitssäule in den Bodensatz übergeht. Ohne Lösung dieser Probleme aber ist die gebräuchliche Sedimentation nur als ein dürftiger Nothbehelf zu betrachten.

Mit Benutzung des «Ausgleichers» kann die Sedimentation in eine abgekürzte Schlämmung verwandelt werden und würde hierzu folgendes Verfahren vorzuschlagen sein.

Man benutze statt der ganzen Schlämmrübe A nur den untern Theil b, doch mit einer Verlängerung des weitesten, cylindrischen Theils

---

*) Eine recht anschauliche Probe auf die Gleichmässigkeit der Strömung durch den ganzen Querschnitt hindurch müsste es sein, aus verschieden gefärbtem glasigen Material gröberen bis allerfeinsten Staubsand herzustellen und daraus durch fractionirte Schlämmung verschiedenartige Schlämmproducte auszuscheiden, z. B. für Roth von 0,5—1,0, 90—100, 900—1000mm; für Gelb von 5—10, 200 bis 250, 1200—1300mm; für Grün von 30—40, 500—550, 1700 - 1800mm; für Blau von 60—70, 700—750, 2000—2100mm etc. Fallgeschwindigkeit pro Minute. Werden die hier aufgezählten 12 verschiedenwerthigen, durch einander gemischt, in die grösste Schlämmrübe gebracht, so müssen sie bei „ausgeglichener" Strömung scheibenförmig aus einander heraustreten und übereinander sich erheben, um bei Abschluss des Stromes scheibenförmig zu Boden zu fallen und einen gebänderten Bodensatz zu bilden.

und setze in denselben einige Drahtgewebe horizontal bis an die untere Gränze des cylindrischen Theiles ein. Die zu schlämmende Thonmilch giesse man bei h ein und lasse darauf eine der gewünschten geringsten Fallgeschwindigkeit entsprechende Menge Wasser pro Zeiteinheit nachfliessen, bis die Schlämmmilch im Trichter dem Rande sich nähert. Sobald das geschehen, saugt man dieselbe, unter fortdauerndem Wasserzufluss, immer nahe der Oberfläche sich haltend, bis zur obersten Drahtscheibe ab. Man wird diese Operation kaum mehr als zweimal zu wiederholen brauchen, um alle Bodenbestandtheile von geringerer Fallgeschwindigkeit, als dem Zufluss und Querschnitt entspricht, abgesondert zu haben.

Für gröbere Bodenbestandtheile wählt man engere Schlämmtrichter und schüttet dieselben direct hinein, ehe die Ausgleicher eingesetzt werden.»

Der Verfasser bespricht schliesslich noch kurz den im Principe ähnlichen Schlämmapparat von E. Schöne, vergl. diese Zeitschr. 7, 29.

Ueber die Verwendung der comprimirten Luft zur Filtration von Flüssigkeiten hat W. Leube*) gelegentlich der Einrichtung eines Apparates für die Anwendung comprimirter und verdünnter Luft bei Lungen- und Herzkrankheiten Versuche angestellt. Er liess zu diesem Zwecke zwei Trichter von Kupferblech anfertigen, deren weite Enden luftdicht auf einander geschraubt werden können. In den unteren Blechtrichter ist ein genau anschliessender Glastrichter durch Verkittung luftdicht eingefügt. Der untere Blechtrichter läuft mit seinem schmalen Ende durch einen Kautschukpfropf, durch welchen ausserdem eine gebogene Glasröhre gesteckt wird. Der Kautschukpfropf selbst schliesst luftdicht eine Glasflasche, in welche filtrirt werden soll; in den Glastrichter ist ein kleiner Platinconus und ein gut anschliessendes genässtes Papierfilter in bekannter Weise eingelegt. An die Röhre des (umgekehrt stehenden) oberen Blechtrichters endlich wird ein Kautschukschlauch angebracht und dieser mit dem Hahn in Verbindung gesetzt, welcher die comprimirte Luft aus dem betreffenden Luftcompressionsapparat ausströmen lässt.

Bei der Filtration von Flüssigkeiten zeigt sich nun, dass, indem die comprimirte Luft auf den Flüssigkeitsspiegel drückt, eine beträchtliche Beschleunigung des Filtrationsvorganges erzielt werden kann. Die Beschleunigung ist ziemlich dieselbe, wenn man den oberen Trichter mit der freien Luft communiciren lässt, die gebogene Glasröhre dagegen mit

---

*) Sitzungsberichte d. physikal.-medicin. Societät zu Erlangen; Sitzung vom 26. Juni 1876 und Dingler's pol. Journ. 221, 347.

einem luftverdünnten Raum in Verbindung bringt, dessen negativer Druck dem Atmosphärendruck der comprimirten Luft entspricht. Filtrirten z. B. von einer schlecht filtrirenden Flüssigkeit in 1 Minute 3 Tropfen durch, so filtrirten bei einem negativen Druck von $^1/_{42}$ Atmosphäre 10 Tropfen, bei einem positiven von $^1/_{42}$ Atmosphäre 9 Tropfen; in einer anderen Reihe im ersteren Falle 8, im letzteren 10 Tropfen. Mit der Steigerung des Druckes nach der einen oder anderen Richtung nimmt die Beschleunigung der Filtration selbstverständlich zu.

Combinirt man nun beide Methoden, die Compression und die Aspiration, indem man zu gleicher Zeit die Röhre des oberen Trichters mit der comprimirten Luft, die Glasröhre mit der verdünnten Luft in Verbindung setzt, so erhält man eine Steigerung der durch jede einzelne der beiden Filtrationsmethoden erreichten Geschwindigkeit:

Durchfiltrirende Tropfen in der Minute

bei gewöhnlichem Luftdruck	bei Anwendung der Compression	bei Anwendung der Aspiration	bei gleichzeitiger Compression u. Aspiration
12	46	46	56
12	40	42	56
10	25	27	36
9	32	20	30
9	32	29	46
6	16	15	24
3	12	13	17

Leube ist nach seinen Erfahrungen der Ueberzeugung, dass die Anwendung der comprimirten Luft zur Filtration sich in chemischen Laboratorien mit ähnlichem Nutzen wird verwerthen lassen, wie die bis jetzt übliche Verwendung der Luftverdünnung. Ausserdem wird man vielleicht durch passende Combination beider Methoden eine Steigerung der Filtrationsgeschwindigkeit erreichen können.

Ein Filter, bei welchem auf die zu filtrirende Flüssigkeit ein Druck — nicht mit comprimirter Luft, sondern mit Dampf — ausgeübt wird (mit oder ohne Anwendung gleichzeitiger Aspiration), hat früher schon A. Heintz construirt, vergl. diese Zeitschr. **12**, 443.

Eine Sicherheitsvorrichtung für Wasserstoffentwickelungsapparate, welche Max Rosenfeld*) empfiehlt, stimmt im Wesentlichen mit der von R. Fresenius in dieser Zeitschrift **12**, 73 angegebenen überein.

*) Poggendorff's Annal. d. Phys. u. Chem. **159**, 335.

Einen Verbrennungsofen für die Elementaranalyse hat Rob. Muencke*) angegeben. Fig. 3 verdeutlicht die Construction desselben.

Fig. 3.

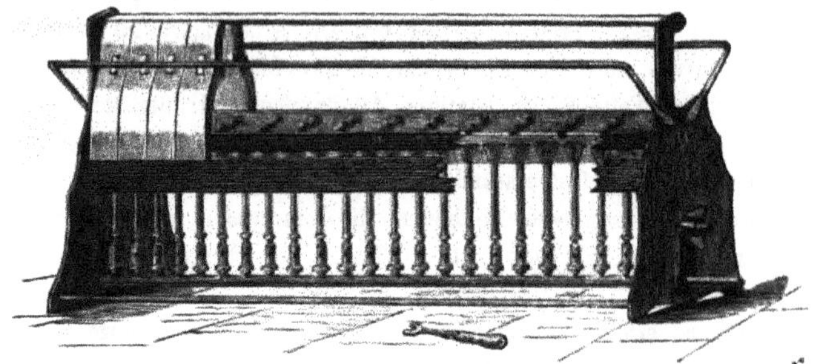

Er besitzt ein mit den Gaslampen vereinigtes Gestell nach Art der Oefen von v. Babo und Erlenmeyer. Die Gaszuleitungsröhre mit den 8 resp. 12 oder 16 Lampen ist durch eine einfache Vorrichtung vertical verstellbar. Die Construction der Lampen, die mit Flachbrenner-Aufsätzen versehen sind, ist dieselbe wie die an der von dem Verfasser früher beschriebenen Universal-Gaslampe **) und an seinem Verbrennungsofen mit zerlegbarem Gestell und vierstrahligen Gaslampen; ***) sie hat sich gut bewährt und gestattet mittelst eines einfachen Schraubenschlüssels eine sichere gleichzeitige Regulirung des Luft- und Gaszutritts ohne ein Herunterschlagen der niedrigst gestellten Flammen befürchten zu müssen.

Centrifuge für chemische Laboratorien. Die Centrifuge, welche bereits in vielen chemischen Industriezweigen ein unentbehrliches Hülfsmittel geworden ist, um Substanzen, welche höhere Hitzgrade nicht ertragen können, in kurzer Zeit zu trocknen etc., empfiehlt L. Sourdat†) zur Verwendung in chemischen Laboratorien, besonders Fabrikslaboratorien. Die vom Verfasser angegebene Construction des Apparates ††) wird durch die Fig. 8, 9 u. 10 auf Taf. II. veranschaulicht.

---

*) Dingler's pol. Journ. **227**, 354.

) Diese Zeitschrift **13, 46.

***) Diese Zeitschrift **13**, 167.

†) Moniteur industriel belge, Juliheft 1876 p. 299 und Dingler's polyt. Journ. **222**, 85.

††) Sourdat lässt den Apparat in zwei verschiedenen Grössen für 250 Grm. und 500 Grm. Füllung mit Trommeldurchmesser von 95^{mm} beziehungsweise 145^{mm} anfertigen.

Fig. 8 zeigt die Gesammtanordnung. Durch die Kurbel K und Räderübersetzung Z wird die Schnurscheibe R und von dieser die Rolle R_1 an der Trommelspindel A (Fig. 9 und 10) in Umdrehung gesetzt. Um bei dem geringen Trommeldurchmesser eine genügende Wirkung zu erzielen, muss die nöthige Umdrehungsgeschwindigkeit durch ein grosses Umsetzungsverhältniss hervorgebracht werden.

Der Apparat ist massiv und solid mit gusseisernen Tragständern auf einer mit Zinkblech bekleideten Eichenbohle von 80 Centimeter Länge montirt, kann beliebig aufgestellt und ohne weitere Vorbereitung in Gang gesetzt werden.

Die Trommelspindel A (Fig. 9 und 10) läuft in zwei Körnerspitzen aus, so dass ein ruhiger Gang ohne Reibungswiderstand erfolgen kann; die untere Spitze steckt in einer gut geölten Pfanne, die obere ruht in dem Kopf der Stellschraube S (Fig. 8) und kann mit dieser genau eingestellt werden.

Die Trommel lässt sich nach Bedarf leicht ausheben, indem man die Schraube D (Fig. 8) löst, den Bügel B nach B^1 zurückschlägt, wie in punktirten Linien angedeutet ist, und die Klemmschraube a der Schnurrolle R_1 (Fig. 9 und 10) lüftet. Der ringförmige Deckel ist mit der Trommel durch Bajonettverschluss verbunden.

Ein Wassergebläse, welches sich als eine Modification des von D. O. Knublauch in dieser Zeitschrift **14**, 168 beschriebenen und durch Holzschnitte erläuterten darstellt, hat H. Fischer *) angegeben. Der Verfasser glaubt, dass an dem Knublauch'schen Gebläse die scharfen vorspringenden Kanten der Düse b gegenüber (siehe d. Fig. a. a. O.) die Leistungsfähigkeit des Apparates wesentlich beeinträchtigen. Er hat deshalb an seinem Apparate Aenderungen vorgenommen, welche sich aus Fig. 4 auf Taf. I. ergeben. Der Wasserstrahl tritt bei a, die Luft bei c ein. Das Wasser trifft auf den Steg n, um die mitgerissene Luft rascher und vollständiger abzugeben und fliesst schliesslich durch f ab; die comprimirte Luft entweicht aus e.

Zur Reinigung der Platintiegel empfiehlt F. Stolba **) ein Gemenge von gleichen Theilen Borfluorkalium und Borsäure in denselben zu schmelzen. Die Mischung erweist sich als sehr wirksam und lässt sich

*) Dingler's polyt. Journ. **221**, 135.

) Sitzungsber. d. k. böhm. Gesellsch. d. Wissensch. **1876, H. 5. Vom Verfasser eingesandt.

beim Erkalten sehr leicht vom Platin ablösen, während das Borfluorkalium, welches der Verfasser früher für sich allein zum gleichen Zweck anwendete, am Platin sehr fest haftet und nur durch längeres Kochen mit Wasser abgelöst werden kann.

II. Chemische Analyse anorganischer Körper.

Von

H. Fresenius.

Ueber die Verzögerungen von chemischen Reactionen durch indifferente Substanzen hat Lunge*) Versuche angestellt. Die meisten derselben wurden mit einer Mischung gleicher Volumina rauchender Salzsäure und syrupdicken Glycerins (a) unternommen, welche mit einer ebenso viel H Cl enthaltenden Mischung von Wasser und Säure (b) verglichen wurde. Das Gemisch a wirkt auf mit Ultramarin stark gebläutes Papier erst nach 45 Secunden und bleicht es erst nach 3 Minuten aus, während das Gemisch b schon nach 10 Secunden anfängt zu wirken und in 35 Secunden das Papier völlig entfärbt hat. Zink und Eisen werden von dem Gemisch a viel langsamer angegriffen als von b; es dauerte z. B. unter sonst ganz gleichen Umständen die Entwickelung von 200 CC. Wasserstoffgas unter Anwendung von 1 Grm. Zn bei a 8 Minuten, bei b nur $1^1/_2$ Minuten. Aehnlich verhielten sich Eisenbohrspäne. Bei blanken Nägeln war die Wirkung langsamer und um so leichter zu verfolgen, sowohl durch Messung des ausgeschiedenen Wasserstoffs, als durch Beobachtung der Auflösungszeit des Nagels. Während z. B. Nägel von circa 0,5 Grm. Gewicht in 10 CC. des Gemisches b immer in weniger als 24 Stunden aufgelöst waren, wogen die Nägel in 10 CC. des Gemisches a

nach	24	Stunden	noch	86,2	%	
«	3	Tagen	«	56,6	«	
«	6	«	«	28,8	«	
«	14	«	«	1,3	«	des

Anfangsgewichtes.

Der Grund kann nicht der sein, dass die Mischung mit Glycerin ähnlich wie starke Säure weniger energisch als schwache wirke, denn

*) Ber. d. deutsch. chem. Gesellsch. z. Berlin 9, 1315.

die letztere Erscheinung tritt nur in solchen Fällen ein, wo das Reactionsproduct unlöslich oder schwerlöslich in der stärkeren Säure ist, aber der Versuch lehrte, dass Eisenchlorür ganz leicht löslich in Glycerin ist auch trat nie eine Ausscheidung desselben ein. Versuche, in welchen Schwefelsäure der Salzsäure substituirt wurde, ergaben ebenfalls ein ganz gleiches Resultat. Es kann auch keine chemische Einwirkung der Säure auf das Glycerin im Spiele sein, denn die nicht durch das Metall in Anspruch genommene Säure fand sich nach Beendigung des Versuches frei vor. Die Ursache der Erscheinung scheint mithin eine physikalische zu sein, wofür auch folgende Beobachtungen sprechen. Gummilösung verhielt sich ganz ähnlich wie Glycerin. Mit Kienruss vermischte Säure ebenso wie mit Glycerin vermischte verzögert den Angriff derselben auf Eisen so bedeutend, dass nur eine ganz schwache Gasentwickelung stattfindet. Filtrirt man aber einfach den Kienruss wieder ab, so greift das Filtrat das Eisen oder Zink ebenso stark an, wie ganz frische Säure. Am stärksten verzögernd wirkt eine Mischung von Glycerin mit circa 5 % Kienruss als Zusatz zur Säure; die eisernen Nägel verloren darin

	I.	II.
nach 3 Tagen nur	10,8 %	11,2 %
« 6 « «	25,4 «	23,0 «
« 14 « «	51,0 «	— «

ihres Gewichtes, während beim Verdünnen und Filtriren der Säure, diese sich immer wieder vollständig nachweisen liess und das Metall ähnlich wie blos mit Glycerin verdünnte angriff.

Diese Verzögerung von Reactionen dürfte vielleicht in manchen Fällen einer technischen Anwendung fähig sein oder auch zur Mässigung sonst zu heftig auftretender Reactionen bei wissenschaftlichen Untersuchungen dienen können.

Ueber die Absorption von Ammoniakgas durch schwefelsauren Kalk hat E. H. Jenkins*) Versuche angestellt. Das durch gelindes Erwärmen einer concentrirten wässerigen Ammoniaklösung gewonnene Gas wurde getrocknet und durch Passiren einer langen mit Aetzkalkstückchen gefüllten Röhre von Kohlensäure befreit. Der schwefelsaure Kalk befand sich in einem weiten Rohre, welches, gut verschlossen, gewogen wurde. Um den Zutritt von Feuchtigkeit und Kohlensäure zu verhüten, stand das andere Ende, an welchem das Ammoniak austrat, in Verbindung mit

*) Journ. f. prakt. Chem. [N. F.] 13, 239.

einer Aetzkalk enthaltenden Röhre. Um die Geschwindigkeit des Gasstromes zu controliren war am Ende des Apparates eine in Ammoniakflüssigkeit tauchende Glasröhre angebracht.

Bei den Versuchen wurden etwa 15 Grm. genau abgewogenen Materials dem Gasstrom 5 Stunden lang ausgesetzt. Längere Einwirkung hatte, wie sich ergab. keinen merklichen Einfluss auf die Grösse der Absorption. Bei Anfang jedes Versuches wurde das Gas schnell, später sehr langsam entwickelt. Nach Ablauf der bestimmten Zeit wurde durch das ausgeschaltete Rohr (mit dem schwefelsauren Kalk) 15 Minuten lang ein langsamer Strom trockener Luft geleitet, sodann jenes verschlossen gewogen.

Sollte der Einfluss verschiedener Temperaturen ermittelt werden, so wurden die mit dem schwefelsauren Kalk beschickten Röhren demselben Ammoniakgasstrom während der gleichen Zeit (5 Stunden) ausgesetzt.

Anhydrit zeigte sich nicht der geringsten Absorption für Ammoniak fähig, weder bei gewöhnlicher Temperatur, noch bei 50⁰ und 100⁰. In gleicher Weise zeigten natürlicher Gyps, sowie kalt oder heiss gefällter schwefelsaurer Kalk (aus Chlorcalcium mittelst schwefelsauren Natrons) mit ihrem normalen Krystallwassergehalt keine Absorption weder bei gewöhnlicher Temperatur noch bei 50⁰.

Wenn jedoch jene Substanzen durch gelindes Erwärmen einen Theil ihres Wassers verloren hatten, so absorbirten sie, wenn auch unbedeutend, Ammoniak. Für natürlichen Gyps wurden folgende Werthe beobachtet:

Wassergehalt desselben	Absorbirtes NH_3 in Proc. bei gewöhnl. Temperatur
20,7 %	0,00
12,3 «	0,05
5,9 «	0,66
0,7 «	2,37

Kaltgefällter CaO, SO_3 mit

Wassergehalt	absorbirte NH_3
17,8 %	0,00
6,8 «	0,00
1,4 «	2,31

Heissgefällter CaO, SO_3 mit

Wassergehalt	absorbirte NH_3
13,3 %	0,00
0,9 «	1,70

Was den Einfluss der Temperatur betrifft, so beobachtete der Verfasser, dass mit Zunahme derselben die Absorption vergrössert wird.

Natürlicher Gyps, durch Erhitzen auf einen Wassergehalt von nur 0,7 % gebracht, absorbirte

bei gewöhnlicher Temperatur . .	2,37 % NH_3
bei 50°	2,87 « «
bei 100°	3,01 « «

Käuflicher gebrannter Gyps mit 1,18 % Wasser absorbirte

bei gewöhnlicher Temperatur . .	1,11 % NH_3
bei 50°	1,20 « «
bei 100°	1,35 « «

Das absorbirte Ammoniak wird durch Ueberleiten von Luft bei gewöhnlicher Temperatur kaum oder nur sehr langsam abgegeben. Eine Probe natürlichen Gypses, welcher 1,85 % NH_3 absorbirt hatte, verlor nach $2^1/_2$stündiger Aspiration 0,05 %, nach weiteren $2^1/_2$ Stunden 0,03 %. Eine andere Probe mit 1,11 % absorbirten Ammoniaks gab nach vierstündigem Ueberleiten von Luft 0,07 % ab.

Zur Aufschliessung des Lepidoliths. Die Methode von Hauer's zur Aufschliessung des Lepidoliths besteht bekanntlich darin, dass man das Lepidolithpulver mit ungefähr dem halben Gewichte feinzertheilten Gypses innig mengt, und etwa 3 Stunden lang bis zum Zusammensintern, nicht aber bis zum Schmelzen, erhitzt. Eine kleine von F. Stolba*) angegebene Abänderung dieser Methode macht es möglich, beim Erhitzen die Anwendung der Schmelztiegel gänzlich zu umgehen und die abgehende Wärme der Heizungen der Laboratorien zum Aufschliessen nutzbar zu machen. Sie besteht ganz einfach darin, dass man das (trockene) Lepidolithpulver mit dem halben Gewichte gebrannten Gypses mengt und hierauf so viel Wasser zusetzt, dass ein dicker Brei entsteht, aus dem man Kuchen von passender Grösse formt. Da diese ziemlich rasch erhärten, so wendet man hierzu stets nur so viel des Gemisches an, dass man bequem formen kann, und geschieht dieses Formen am besten auf einer Papierunterlage mit Hülfe eines Spatels.

Der Verfasser gibt diesen Kuchen die Form eines Rechteckes mit abgerundeten Ecken, etwa von 15 Centimer Länge, 12 Centimeter Breite und 4 Centimeter Dicke. Nach dem Erstarren werden die Kuchen an

*) Sitzungsber. d. k. böhm. Gesellsch. d. Wissensch. 1876, H. 5. Vom Verfasser eingesandt.

einen heissen Ort gebracht, damit das Krystallwasser des Gypses allmählich entweichen kann, was in einigen Stunden erfolgt; hierauf können sie ohne weiteres in einer geeigneten Feuerung bis zum Zusammensintern erhitzt werden. Man legt die Kuchen je nach der Einrichtung der Feuerung einzeln oder zu mehreren der Art ein, dass sie die gerade nothwendige Hitze erhalten und wendet sie zu diesem Behufe auch zeitweilig um. Es gelingt bei einiger Vorsicht ganz gut das Zusammensintern zu erzielen, ohne dass die Masse in Fluss geräth, namentlich wenn man die Stücke von den Seiten der Feuerung aus erhitzt. Da hierbei das Brennmaterial mit der Sulfate enthaltenden Masse in Berührung kommt, so ist die Bildung von Sulfiden nicht zu verhindern, was aber eher von Nutzen ist, da später das Eingehen grösserer Mengen von Eisen und Mangan in die Lösung verhindert wird. Nachdem die Kuchen etwa 2 Stunden lang erhitzt worden waren, werden sie herausgenommen und nach dem Erkalten pulverisirt.

Dieses Pulver tritt bekanntlich bei der Behandlung mit heissem Wasser, welche am besten längere Zeit dauert, das meiste Lithium, Caesium, Rubidium und Kalium in Form von Sulfaten an das Wasser ab, und kann die Lösung, welche ausserdem Calciumsulfat und Sulfide enthält, nach einer der bekannten Methoden weiter verarbeitet werden.

Stolba hat auf diese Art grössere Mengen von Lepidolith verarbeitet und namhafte Quantitäten der betreffenden Präparate abgeschieden.

Zur quantitativen Bestimmung der Magnesia, der Phosphorsäure und Arsensäure durch Alkalimetrie. Zur quantitativen Bestimmung der Magnesia sowie der Phosphor- und Arsensäure wendet man bekanntlich sehr oft Methoden an, die auf der Bildung von phosphorsaurer Ammonmagnesia oder arsensaurer Ammonmagnesia beruhen. Die erstere Verbindung wird dann durch Glühen in pyrophosphorsaure Magnesia übergeführt, dessen Quantität man durch Wägen bestimmt, letztere wird in einem gewissen Trockenheitszustande gewogen, oder vor dem Wägen in arsensaure Magnesia übergeführt.

F. Stolba*) hat Versuche angestellt, die beiden Verbindungen auf einfacherem oder doch kürzerem Wege durch Maassanalyse zu bestimmen. Diese Versuche haben zu einer einfachen alkalimetrischen Bestimmung

*) Sitzungsberichte der k. böhm. Gesellschaft d. Wissenschaften 1876 H. 5. Vom Verfasser eingesandt.

derselben geführt, welche namentlich für technische Analysen Beachtung verdient. Die Grundlage ist folgende.

Versetzt man frisch gefällte und gut ausgewaschene phosphorsaure Ammonmagnesia, die in etwa 100 CC. Wasser aufgeschwemmt enthalten ist, mit einigen Tropfen Rothholz- oder noch besser Carmin-Tinctur, so bemerkt man sogleich den Eintritt der alkalischen Reaction an der intensiven violetten Färbung. Setzt man nun tropfenweise und unter stetem Rühren titrirte Säure hinzu, so bemerkt man, dass der Wechsel zwischen alkalischer und saurer Reaction fast ebenso rasch stattfindet, wie bei einer Lösung, und dass man demnach in kürzester Zeit zu dem Punkte gelangt, wo die alkalische Reaction der sauren eben weichen muss. Dasselbe gilt für die frischgefällte arsensaure Ammonmagnesia.

Wird ein derartiger Versuch in quantitativer Richtung angestellt, so ergibt sich, dass erst dann die saure Reaction eintritt, wenn die den beiden folgenden Gleichungen entsprechenden Zersetzungen stattgefunden haben:

$$\left.\begin{matrix} 2\,MgO \\ NH_4O \end{matrix}\right\} PO_5 + 2\,HCl = \left.\begin{matrix} 2\,HO \\ NH_4O \end{matrix}\right\} PO_5 + 2\,MgCl$$

$$\left.\begin{matrix} 2\,MgO \\ NH_4O \end{matrix}\right\} AsO_5 + 2\,HCl = \left.\begin{matrix} 2\,HO \\ NH_4O \end{matrix}\right\} AsO_5 + 2\,MgCl.$$

Ist dem so, so ergibt sich aus den beiden Gleichungen, dass 1 CC. sogenannter Normalsäure (nach Mohr) entsprechen müsse:

0,020 Grm. Magnesia
0,0355 Grm. Phosphorsäure
0,0575 Grm. Arsensäure,

und würden diese Zahlen bei der Schärfe der Reaction die Nothwendigkeit nachweisen, mit bedeutend schwächerer Säure z. B. Zehntelnormalsäure zu arbeiten.

Die Bestimmung wird nun in folgender Art durchgeführt. Der nach bekannten Methoden dargestellte, auf dem Filter gesammelte und mit wässerigem Ammoniak wohl ausgewaschene Niederschlag des betreffenden Phosphates oder Arseniates wird mit gewöhnlichem Weingeiste von neutraler Reaction so lange ausgewaschen, bis das Filtrat die Carmintinctur unverändert lässt und demnach alles freie Ammoniak durch das Auswaschen entfernt worden ist. Dieses Auswaschen mit Weingeist beruht auf der Unlöslichkeit der beiden analogen Verbindungen in demselben.

Man bringt das Filter sammt dem Niederschlage ohne Verlust in einen Kolben, setzt 100—200 CC. Wasser, welches vollkommen neutral reagiren muss und noch einige Tropfen Carmintinctur zu, so dass die

Flüssigkeit deutlich violett gefärbt erscheint. Man zertheilt das Filter in der Flüssigkeit mittelst eines Glasstäbchens oder starken Platindrahtes und lässt nun unter stetem Umrühren titrirte Säure so lange hinzutröpfeln, bis die saure Reaction eben eingetreten ist und auch beim Stehen und Rühren verbleibt.

Solche, welche an die Arbeit mit Carmintinctur nicht gewöhnt sind, thun gut, zum Schlusse der Operation mit gleichwerthigem Alkali bis zum Eintritt der violetten Farbe zurückzugehen, und den verbrauchten Antheil in Rechnung zu bringen. Man kann auch einen Antheil der Flüssigkeit in ein reines Gefäss abgiessen und während der Arbeit die Färbungen der beiden Flüssigkeiten vergleichen, wobei man dieselben von Zeit zu Zeit zusammenbringt. Der Geübte erkennt den Farbenübergang aus violett in gelbroth mit Leichtigkeit.

Versucht man in dieser Art die getrockneten Salze zu bestimmen, so ergibt es sich, dass die Arbeit nunmehr ungemein verzögert wird, indem einzelne Klümpchen der Auflösung sehr lange widerstehen und man gezwungen ist, dieselben durch Druck und Reibung mit einem Glasstäbchen fortwährend zu zertheilen. Die Bestimmung würde so zu einer wahren Geduldprobe werden, durch Anwendung heissen Wassers und etwas überschüssiger Säure aber kann man die Stückchen rasch in Lösung bringen und mit Alkali bis zum Punkte des Eintretens der alkalischen Reaction zurückgehen.

Die Erfahrung lehrt, dass man zum Titriren ebenso gut Salzsäure wie Schwefel- oder Salpetersäure verwenden kann, der Verfasser arbeitet fast ausschliesslich mit Salzsäure, da man den Titer dieser Säure nach der so scharfen Silbermethode besonders leicht bestimmen und controliren kann.

Bei dieser Gelegenheit hat Stolba auch versucht, die Zeitdauer der Bildung der beiden Magnesia-Niederschläge dadurch abzukürzen, dass die Mischung mittelst eines Glasstäbchens fleissig gerührt wird. Alsdann setzen sich auch Krystalle an dem Glasstäbchen und den etwa geriebenen Gefässwänden ab, was aber ganz gleichgiltig ist, wenn man nach dem Aussüssen mit Ammoniak und Weingeist die Operation in demselben Gefässe und vermittelst desselben Glasstäbchens vornimmt. Die Erfahrung lehrt, dass unter diesen Umständen die Zeitdauer der Fällung namentlich an einem warmen Orte ungemein abgekürzt wird. Der Verfasser hat in den Fällen, wo der Niederschlag mehr als einige Milligrm. betrug, und demnach sehr rasch eintrat, bereits binnen 40—60 Minuten, bei zeitweiligem fleissigem Rühren, so vollständige Fällungen erzielt, dass das Filtrat auch bei wochenlangem Stehen ganz unverändert blieb d. h. nichts weiter absetzte. Diese Beobachtung gestattet dort, wo nicht allzukleine Mengen zu bestimmen sind, namentlich für technische Zwecke ein sehr rasches Arbeiten.

Zur Prüfung der Genauigkeit der beschriebenen Methode hat Stolba einerseits Versuche mit abgewogenen Quantitäten reiner phosphor- und arsensaurer Ammon-Magnesia, welche im Zustande der Lufttrockne genommen wurden, angestellt, und anderseits durch Glühen oder Trocknen den Gewichts-Verlust der lufttrocknen Salze bestimmt, um durch Rechnung den Gehalt an Magnesia, Phosphor- oder Arsensäure zu erfahren.

Die berechneten Zahlen dienten zum Vergleiche mit den gefundenen. In allen Fällen, und selbst bei sehr kleinen Quantitäten, ergab sich eine sehr befriedigende Uebereinstimmung, und fielen die kleinen Differenzen bald positiv, bald negativ aus.

Ebenso günstige Resultate ergaben Versuche, bei welchen bestimmte Quantitäten von Magnesia, Phosphorsäure oder Arsensäure genommen und nach Bildung des entsprechenden Magnesiadoppelsalzes durch Titration bestimmt wurden. Auch hier fielen die kleinen Differenzen bald positiv bald negativ aus und war die Uebereinstimmung eine sehr befriedigende.

Da man, wenn Kalk und Magnesia nebeneinander vorkommen, nach dem gewöhnlich angewandten Verfahren den Kalk als Oxalat abscheiden muss, ehe man die Magnesia im Filtrate bestimmen kann, und dies bezüglich der Magnesia-Bestimmung zeitraubende Operationen — Filtration, Auswaschen und oft Concentriren durch Verdampfen des Filtrates — voraussetzt, so hat der Verfasser versucht, für solche Fälle, wo der Kalk in einem besonderen Antheile der Lösung bestimmt werden kann, die Magnesiabestimmung der Art durchzuführen, dass er nach Zusatz des oxalsauren Ammons und Bildung des Calciumoxalates (natürlich nach vorhergehendem Zusatze einer entsprechenden Quantität von Salmiak) die den Niederschlag enthaltende Flüssigkeit durch Zusatz von phosphorsaurem Natron und Ammoniak und fleissigem Rühren zur raschen Abscheidung der phosphorsauren Ammon-Magnesia brachte. Der Niederschlag, ein Gemenge des genannten Salzes mit oxalsaurem Kalk, wurde genau so wie das reine Phosphat behandelt, d. h. zunächst mit Ammoniak, dann mit Weingeist ausgewaschen, in Wasser suspendirt und nach Zusatz von Carmintinctur titrirt, da der oxalsaure Kalk hierbei keine störende Wirkung ausübt. Bei einigen derartigen Versuchen fielen die Resultate sehr befriedigend aus, Stolba gedenkt deshalb dieselben für sehr wechselnde Quantitäten von Kalk und Magnesia zu erweitern, und will darüber seiner Zeit berichten.

Da man eben so wie die Magnesia, auch das Lithion in Form eines Phosphates, nämlich als $3\,LiO,\ PO_5$ quantitativ bestimmen kann und bestimmt, so dürfte auch hier die alkalimetrische Bestimmung zu brauchbaren Resultaten führen, was allerdings durch Versuche erprobt werden muss.

Ueber Schwefelsäureanhydrid und über ein neues Schwefelsäurehydrat hat Rudolph Weber*) sehr interessante Mittheilungen gemacht, auf die jedoch hier nur hingewiesen werden kann.

Eine neue Methode zur maassanalytischen Bestimmung der Phosphorsäure hat Anton Bělohoubek**) angegeben.

Es ist eine bekannte Thatsache, dass sich aus essigsauren Lösungen von Phosphaten die Phosphorsäure mit Hülfe von essigsaurem Uranoxyd vollständig ausfällen lässt; der Niederschlag von phosphorsaurem Uranoxyd oder bei Gegenwart von Ammonsalzen von phosphorsaurem Uranoxydammon besitzt wie R. Arendt, W. Knop, H. Rose, G. Werther u. A. nachgewiesen haben, eine constante Zusammensetzung, auf welchen Umstand sich die bekannten Methoden zur gewichts- und maassanalytischen Bestimmung der Phosphorsäure, die zuerst von Ch. Leconte empfohlen und später von anderen Forschern weiter ausgebildet wurden, stützen.***)

Die zweite Thatsache, welche der Verfasser im Vereine mit der oben berührten Grundlage für seine neue Methode zur indirecten Bestimmung der Phosphorsäure mittelst der Maassanalyse benutzte, besteht darin, dass sich das Uran auch im phosphorsauren Uranoxyd, resp. Uranoxydammon, nach vorhergegangener Reduction in die entsprechende Uranoxydulverbindung, mit einer Chamäleonlösung von bekanntem Wirkungswerthe ebenso leicht und genau bestimmen lässt, wie in der entsprechenden schwefelsauren oder Chlorverbindung.

---

*) Poggendorff's Ann. d. Phys. u. Chem. **159**, 313.

**) Sitzungsberichte der k. böhm. Gesellsch. d. Wissenschaften 1876. H. 4. Vom Verfasser eingesandt.

***) Pharm. J. Trans. **13**, 80, Jahresbericht über die Fortschritte der reinen, pharmaceutischen und technischen Chemie 1853. Siehe auch den Jahresbericht für 1849.

Da der Verfasser in seiner früheren die maassanalytische Bestimmung des Urans betreffenden Arbeit*) keine Belege, welche sich auf die Titration von phosphorsaurem Uranoxyd beziehen, angeführt hat, so sucht er zunächst den Beweis zu liefern, dass sich das Uran auch in phosphorsauren Verbindungen mit analytischer Genauigkeit der Quantität nach feststellen lasse.

Eine mit Essigsäure angesäuerte Lösung von reinem, krystallisirtem phosphorsaurem Natron wurde in der Siedhitze mit einer Lösung von essigsaurem Uranoxyd versetzt, zur Trockne gebracht und in starker Essigsäure aufgenommen. Durch combinirte Decantation und Filtration wurde der Niederschlag auf das Vollständigste von der Lösung, welche essigsaures Uranoxyd und essigsaures Natron enthielt, getrennt und unter Zuhülfenahme von einigen Tropfen Chloroform ausgewaschen.

Der lufttrockene Niederschlag lieferte das für mehrere Versuchsreihen nothwendige Quantum von phosphorsaurem Uranoxyd.

Auf ähnliche Weise bereitete sich der Verfasser unter Mitanwendung eines entsprechend grossen Zusatzes von essigsaurem Ammon das phosphorsaure Uranoxydammon.

Der Wirkungswerth der zu den weiter unten folgenden Versuchen benutzten Chamäleonlösung wurde mit Hülfe von metallischem Eisen auf bekannte Weise festgestellt.

Es entsprachen 100 CC. derselben einmal 0,25262 und das zweite Mal 0,25229 Grm. Eisen, demnach im Mittel 0,252455 Grm. Eisen, welcher Werth 0,5355758 Grm. Uran unter Zugrundelegung des von Ebelmen mit 59,40 ermittelten Aequivalentgewichtes entspricht.

Für die später vorgenommenen Berechnungen wurde der Factor 0,005356 für jeden verbrauchten Cubikcentimeter der Chamäleonlösung in Anwendung gebracht.

A. Ergebnisse der Titration des phosphorsauren Uranoxyds.

Erste Versuchsreihe. Es wurden 2,2861 Grm. des lufttrockenen phosphorsauren Uranoxyds, welche 1,837 Grm. des auf gewichtsanalytischem Wege ermittelten pyrophosphorsauren Uranoxyds entsprachen, in verdünnter Schwefelsäure gelöst und die erhaltene Lösung auf ein Liter verdünnt; es entsprachen demnach 100 CC. dieser Lösung 0,1837 Grm. pyrophosphorsaurem Uranoxyd.

*) Diese Zeitschrift 6, 120.

Versuche:	Die Reduction währte:	Bei der Titration wurden verbraucht Cubikcentimeter Chamäleonlösung:
1) 50 CC. der Uranlösung	20 Minuten	10,966
2) 50 CC. « «	30 «	11,450
3) 50 CC. « «	30 «	11,400
4) 50 CC. « «	35 «	11,450
5) 50 CC. « «	45 «	11,500
6) 50 CC. « «	50 «	11,450

Aus diesen Versuchen unter Ausschluss des ad 1 angeführten berechnen sich für 100 CC. der verwendeten Uranlösung 22,9 Cubikcentimeter Chamäleonlösung.

Multiplicirt man diese Zahl mit dem früher berechneten Factor 0,005356, so resultirt eine Uranmenge von 0,1226524 Grm., woraus sich unter Benützung des Factors 1,501 (da 237,6 Gewichtstheile Uran 356,6 Gewichtstheilen pyrophosphorsauren Uranoxyds entsprechen) 0,184101254 Grm. pyrophosphorsaures Uranoxyd ergibt.

100 CC. der Lösung enthielten 0,12239 Grm. Uran oder 0,18370 Grm. pyrophosphorsaures Uranoxyd;

gefunden wurden 0,12265 Grm. Uran oder 0,18410 Grm. pyrophosphorsaures Uranoxyd.

Die Differenz beträgt sonach 0,00026 Grm. Uran oder 0,00040 Grm. pyrophosphorsaures Uranoxyd,

oder auf Procente berechnet + 0,21700 pyrophosphorsaures Uranoxyd.

Zweite Versuchsreihe. Es wurden 0,3999 Grm. lufttrockener Substanz, welche 0,32134 Grm. pyrophosphorsaurem Uranoxyd entsprachen, in verdünnter Schwefelsäure gelöst und die Lösung auf 500 CC. gebracht; es entsprechen aus diesem Grunde 100 CC. der Lösung 0,064268 Grm. pyrophosphorsaurem Uranoxyd.

Versuche:	Die Reduction währte:	Bei der Titration wurden verbraucht Cubikcentimeter Chamäleonlösung:
1) 50 CC. der Uranlösung	17 Minuten	3,830
2) 50 CC. « «	25 «	4,000
3) 50 CC. « «	30 «	4,025
4) 50 CC. « «	35	4,050
5) 100 CC. « «	35 «	8,050

Aus diesen Versuchen ergibt sich unter Ausschluss des ersten ein Durchschnittswerth von 8,05 CC. Chamäleonlösung für 100 CC. der Uranlösung. Daraus berechnet sich auf die früher angedeutete Weise der Urangehalt mit 0,04312 und der Gehalt an pyrophosphorsaurem Uranoxyd mit 0,06472 Grm., während auf gewichtsanalytischem Wege der Urangehalt mit 0,04282 und jener an pyrophosphorsaurem Uranoxyd mit 0,06427 Grm. sichergestellt worden war.

Die Differenzen betragen folglich 0,00030 Uran und 0,00045 Grm. pyrophosphorsaures Uranoxyd oder in Procenten + 0,7.

Auf ähnliche Weise wurden noch andere Versuchsreihen erhalten, welche einen analogen befriedigenden Erfolg hatten, selbst wenn das phosphorsaure Uranoxyd in salzsaurer Lösung enthalten war.

Zur Controle wurden dann noch einige Versuche unternommen, bei welchen die Reduction des Uranoxyds, sowie auch die Abkühlung der reducirten Lösung im Kohlensäurestrom stattfand, ohne dass jedoch nennenswerthe günstigere Differenzen erzielt worden wären.

B. Ergebnisse der Titration des phosphorsauren Uranoxydammons.

Erste Versuchsreihe. Es wurden 1,4842 Grm. der lufttrockenen Substanz, welche, wie gewichtsanalytisch festgestellt wurde, 1,239 Grm. pyrophosphorsaurem Uranoxyd entsprachen, in verdünnter Schwefelsäure gelöst und die Lösung auf 1000 CC. gebracht; 100 CC. dieser Lösung entsprachen hiernach 0,1239 Grm. pyrophosphorsaurem Uranoxyd.

Versuche:	Die Reduction währte:	Bei der Titration wurden verbraucht Cubikcentimeter Chamäleonlösung:
1) 50 CC. der Uranlösung	25 Minuten	7,65
2) 50 CC. « «	20 «	7,70
3) 50 CC. « «	25 «	7,20
4) 75 CC. « «	28 «	11,50
5) 75 CC. « «	37 «	11,55
6) 100 CC. « «	37 «	15,35
7) 50 CC. « «	120 «	7,70

Aus diesen Resultaten berechnet sich unter Ausserachtlassung jenes ad 3 für 100 CC. der Uranlösung ein Durchschnittswerth von 15,36 CC. der Chamäleonlösung, woraus sich ein Urangehalt von 0,08227 Grm. oder ein Gehalt an pyrophosphorsaurem Uranoxyd von 0,1235 Grm. ergibt, während auf Grund gewichtsanalytischer Bestimmung der Urangehalt 0,08255 Grm. und jener an pyrophosphorsaurem Uranoxyd 0,1239 Grm. betrug.

Die Differenzen beziffern sich beim Uran auf 0,00028 Grm. und beim pyrophosphorsauren Uranoxyd auf 0,00040 Grm., oder dieselben betragen in Procenten — 0,32.

Zweite Versuchsreihe. Es wurden 1,971 Grm. lufttrockenes phosphorsaures Uranoxydammon, welche 1,642 Grm. pyrophosphorsaurem Uranoxyd entsprachen, in verdünnter Schwefelsäure gelöst und die Lösung auf 575 CC. gebracht; sonach entsprachen 100 CC. dieser Lösung 0,2855 Grm. der zuletzt genannten Uranverbindung (oder 0,19023 Grm. Uran).

Versuche:	Dauer der Reduction:	Bei der Titration wurden verbraucht Cubikcentimeter Chamäleonlösung:
1) 20 CC. der Uranlösung	45 Minuten	7,1
2) 20 CC. « «	30 «	7,1
3) 20 CC. « «	25 «	7,15
4) 40 CC. « «	37 «	14,20
5) 50 CC. « «	60 «	17,80
6) 20 CC. « «	20 «	7,10
7) 20 CC. « «	15 «	7,20

Aus diesen Versuchen berechnet sich für 100 CC. der verwendeten Uranlösung ein Verbrauch von 35,6 CC. der Chamäleonlösung; hieraus ergibt sich für pyrophosphorsaures Uranoxyd der Werth 0,2861956 Grm. und für Uran der Werth 0,1906736 Grm. Vergleicht man diese Zahlen mit jenen, welche auf gewichtsanalytischem Wege erhalten wurden, so resultiren Differenzen von 0,00070 Grm. bei dem pyrophosphorsauren Uranoxyd und 0,00044 Grm. beim Uran, oder in Procenten von + 0,36.

Die citirten Untersuchungsresultate berechtigen zu dem Schlusse, dass man den Urangehalt des phosphorsauren Uranoxyds oder des phosphorsauren Uranoxydammons mit voller Sicherheit auf dem beschriebenen maassanalytischen wie auf gewichtsanalytischem Wege zu bestimmen im Stande ist.

Berücksichtigt man aber weiter den Umstand, dass die genannten Uranoxydphosphate eine constante Zusammensetzung besitzen und dass demnach einem bestimmten Urangehalte ein bestimmter Gehalt an Phosphorsäure-Anhydrid entspricht, so ergibt sich die zweite Folgerung, dass die beschriebene Methode eine indirecte genaue Bestimmung der Phosphorsäure gestattet.

Der Verfasser räth hierbei folgendermaassen zu verfahren:

Die phosphorsäurehaltige Substanz wird je nach Umständen in Wasser, Essigsäure oder in verdünnter Salz- oder auch wohl in verdünnter Salpetersäure unter Vermeidung jedes grösseren Ueberschusses der letzteren gelöst und die Lösung auf ein bestimmtes Volumen verdünnt.

Von der erwähnten Lösung wird ein bestimmtes Quantum abgemessen, und wenn Mineralsäuren gegenwärtig sind, mit essigsaurem Ammon in entsprechender Menge versetzt, mit Ammoniak übersättigt, mit Essigsäure wieder angesäuert und hierauf zum Sieden erhitzt. Zu der kochenden Flüssigkeit fügt man dann einen Ueberschuss von Uranoxydacetatlösung erhält einige Minuten im Sieden und lässt endlich die Flüssigkeit so lange stehen, bis sich der Niederschlag am Boden des Gefässes angesammelt hat. *)

Behufs vollständiger Trennung des Niederschlages von der über demselben befindlichen Lösung, wendet man eine mit der Decantion combinirte Filtration an und bringt den Niederschlag nicht auf das Filtrum, ehe er nicht vollständig ausgewaschen ist. Zum Auswaschen des Niederschlages verwendet der Verfasser eine heisse Salmiaklösung **), welche man sich aus einer kalt bereiteten gesättigten Lösung von Salmiak unter Zusatz des drei- bis vierfachen Volumen's destillirten Wassers darstellt.

Der Verfasser prüfte sowohl das Filtrat als auch die Waschwasser auf Phosphorsäure, es gelang ihm jedoch nie dieselbe im Filtrat nachzuweisen, während im Abdampfrückstande der Waschwasser blos Spuren derselben mit Hülfe von molybdänsaurem Ammon vorgefunden wurden.

Die Fällung und das Auswaschen des Uranoxyd-Ammonphosphates nehmen, wenn keine Wasserluftpumpe zu Gebote steht, etwa 5—6 Stunden in Anspruch.

Der ausgewaschene Niederschlag wird auf dem Filter in verdünnter Schwefelsäure (1 : 5) unter Zuhülfenahme von heissem Wasser gelöst und die Lösung in einen Kolben von bestimmtem Volumen (200—500 CC.) gefüllt, mit kaltem Wasser rasch auf die Normaltemperatur gebracht, mit destillirtem Wasser bis zur Marke aufgefüllt und schliesslich gut durchgemischt. Von dieser Lösung bringt man abgemessene Quantitäten

---

*) Die über demselben befindliche Flüssigkeit muss deutlich gelb gefärbt erscheinen.

**) Leconte empfahl eine Salmiaklösung zum Auswaschen von Ammonium-Uranat (Uranoxyd-Ammoniak).

in zwei oder drei Kolben, versetzt sie mit Schwefelsäure und reducirt mit Zink auf bekannte Weise.

Ist die Reduction beendet (in der Regel nach 15 — 30 Minuten), so lässt man die Lösung entweder im Kohlensäurestrom abkühlen oder mischt dieselbe mit ausgekochtem und abgekühltem Wasser und titrirt sie mit der Chamäleonlösung unter Beobachtung aller gebotenen Vorsichtsmaassregeln.

Durch Multiplication der verbrauchten Anzahl Cubikcentimeter Chamäleonlösung mit dem ihrem Titer entsprechenden Factor erhält man sie in dem verwendeten Quantum der Uranlösung enthaltene Phosphorsäuremenge.

Belege.

Erste Versuchsreihe. Von 1000 CC. einer Lösung von reinem, krystallisirtem phosphorsaurem Natron wurden zweimal je 50 CC. in Bechergläser gefüllt und hierin auf übliche Weise die Phosphorsäure mittelst Magnesiamixtur bestimmt.

Es wurden erhalten 0,1654 Grm. und 0,1632 Grm., also im Mittel 0,1643 Grm. pyrophosphorsaure Magnesia, entsprechend 0,105093 Grm. Phosphorsäure.

Von derselben Lösung wurden 50 CC. abgemessen, auf die oben beschriebene Art mit Uranoxydacetat gefällt etc., und die schwefelsaure Lösung des Niederschlages auf 500 CC. verdünnt.

Hiervon erforderten:

50 CC. nach vorhergegangener Reduction	6,525 CC.	Chamäleonlösung
100 CC. « « «	13,150 CC.	«
100 CC. «	13,200 CC.	«
50 CC. «	6,550 CC.	
50 CC. « « «	6,550 CC.	«
im Mittel demnach 50 CC. . . .	6,569 CC.	«

Da der Phosphorsäurefactor 0,0016 beträgt und da von 500 CC. der Uranoxydphosphatlösung blos 50 CC. berücksichtigt erscheinen, so ergibt sich die Rechnung $6{,}569 \times 0{,}0016 \times 10 = 0{,}105104$ Grm.

Es wurden auf gewichtsanalytischem Wege

	0,105093 Grm.	Phosphorsäure
und auf maassanalytischem Wege	0,105104 «	«

gefunden, was eine Differenz von + 0,000011 Grm. Phosphorsäure oder in Procenten von 0,01 ergibt.

Zweite Versuchsreihe. Es wurde wieder eine wässrige Lösung von gewöhnlichem, krystallisirtem phosphorsaurem Natron bereitet, welche, auf ihren Phosphorsäuregehalt geprüft, einmal 0,1703 Grm. und das anderemal 0,1693 Grm. pyrophosphorsaure Magnesia für 50 CC. der Lösung lieferte; sonach beträgt der Gehalt an Phosphorsäure 0,108739 Grm.

Es wurden 50 CC. der Natriumphosphatlösung mit Uranoxydacetat gefällt etc., der Niederschlag von phosphorsaurem Uranoxydammon in verdünnter Schwefelsäure gelöst und die Lösung auf 500 CC. verdünnt.

Hiervon erforderten:

50 CC. nach vorhergegangener Reduction	6,825 CC.	Chamäleonlösung
50 CC. « « «	6,800 CC.	«
50 CC. « «	6,825 CC.	
50 CC. « «	6,825 CC.	
100 CC. « « «	13,625 CC.	
oder im Mittel 50 CC.	6,816 CC.	«
und deshalb 6,816 × 0,0016 × 10 =	0,109056 Grm.	Phosphorsäure;
da gewichtsanalytisch	0,108739 «	«
gefunden wurden, so ergibt sich eine		
Differenz von	+ 0,000317 «	«
oder in Procenten von	0,29 %	Phosphorsäure.

Dritte Versuchsreihe. Von der für die zweite Versuchsreihe bereiteten Natriumphosphatlösung wurden 200 CC. in einen 500 CC. fassenden Kolben pipettirt, hernach eine mit Salzsäure angesäuerte Lösung von Chlormagnesium, Chlorcalcium, Chlorbaryum, salpetersaurem Strontian, salpetersaurem Kali und salpetersaurem Natron zugefügt und schliesslich das Ganze mit destillirtem Wasser bis zur Marke verdünnt.

Von dieser so bereiteten Lösung wurden 100 CC. (in denen also 0,086991 Grm. Phosphorsäure enthalten waren) auf die früher beschriebene Weise mit Uranoxydacetat versetzt etc. Der ausgewaschene Niederschlag wurde in verdünnter Schwefelsäure gelöst und die Lösung auf 500 CC. verdünnt.

Hiervon erforderten:

50 CC. nach vorhergegangener Reduction	5,450 CC.	Chamäleolösung
100 CC. « « «	10,900 CC.	«
100 CC. «	10,925 CC.	«
100 CC. « « «	10,925 CC.	«
oder im Mittel 100 CC.	10,910 CC.	«
und deshalb 10,91 × 0,0016 × 5 =	0,087280 Grm.	Phosphorsäure

anstatt . . . . 0,086991 Grm. Phosphorsäure

woraus sich eine Differenz von . . + 0,000289 Grm. Phosphorsäure oder in Procenten von 0,33 berechnet.

Aus dem bisher Angeführten geht hervor, dass die maassanalytische Bestimmung des Uran's im phosphorsauren Uranoxyd (resp. Uranoxydammon) mittelst Chamäleons, eine genaue indirecte Bestimmung der Phosphorsäure zulässt. Selbstverständlich ist diese Methode blos bei Abwesenheit von Eisen- und Aluminiumverbindungen in der zu untersuchenden Substanz anwendbar.

Es könnte der Einwurf gemacht werden, dass es bequemer sei, den ausgewaschenen Niederschlag des Uranoxydphosphates einfach zu trocknen etc. und endlich zu wägen, als denselben in Schwefelsäure zu lösen und nach erfolgter Reduction den Uran- resp. den Phosphorsäuregehalt maassanalytisch zu bestimmen.

Hierzu bemerkt der Verfasser, dass das Trocknen, Glühen, das wiederholte Befeuchten mit Salpetersäure, Glühen und Wägen des Uranoxydphosphates, bei gewissenhafter Einhaltung aller gebotenen Vorschriften mehr Zeit in Anspruch nimmt, als die beschriebene maassanalytische Methode, weshalb letztere, da sie gleich gute Resultate liefert, wohl den Vorzug vor der ersteren verdienen dürfte.

Aus den Filtraten lässt sich das Uran auf einfache Weise wiedergewinnen, ebenso aus den nicht verbrauchten Antheilen der schwefelsauren Lösungen des Uranoxyd- oder Uranoxydammonphosphates. *)

Zum Schlusse bemerkt der Verfasser, dass er jetzt damit beschäftigt ist, die beschriebene Methode derart zu modificiren, dass die Filtration und das Auswaschen des gefällten phosphorsauren Uranoxydammons wegfallen. Seine Absicht geht nämlich dahin, die Phosphorsäurelösung mit einer Lösung von Uranoxydacetat von bekanntem Volumen und Wirkungswerthe zu versetzen, nach beendeter Fällung des Uranoxydammonphosphates die Flüssigkeit (nachdem sie abgekühlt ist), auf ein bestimmtes Volumen zu verdünnen, zu mischen, zu filtriren und in einem Antheile des Filtrates die Menge des überschüssigen Uranacetats zu bestimmen, woraus sich dann das Uebrige ergeben würde.

---

*) Methode von W. Heintz (Ann. der Chemie und Pharm. 151, 216). Methode von H. Rose, welcher vorschlägt, das Uranoxydphosphat mit einem Gemenge von Soda und Cyankalium zu schmelzen u. s. w.

Ueber die Zersetzung der unlöslichen Carbonate durch Schwefelwasserstoff haben L. Naudin und F. de Montholon*) Untersuchungen angestellt. St. Claire Deville hat die Zersetzung der im Wasser löslichen alkalischen Carbonate durch Schwefelwasserstoff dadurch erklärt, dass die Kohlensäure des Salzes in einer Atmosphäre von Schwefelwasserstoff flüchtig ist.**) Er nimmt an, dass in Folge dessen nach dem Berthollet'schen Gesetze die Carbonate nothwendig zersetzt werden müssen. Die Verfasser haben eine gleiche Zersetzung auch für die unlöslichen Carbonate des Baryts, Strontians, Kalks, Lithions, Zinkoxydes und der Magnesia dargethan. Sie machen nähere Angaben über das Verhalten des kohlensauren Baryts. Das Salz wurde in destillirtem Wasser suspendirt und bei einer constanten Temperatur von 10° erhalten. Schwefelwasserstoff wurde so hindurch geleitet, dass man die Blasen zählen konnte und dass die ganze Menge des Carbonates durch jede Blase von Neuem in Bewegung gesetzt wurde. Folgende Tabelle gibt eine übersichtliche Zusammenstellung der Versuche:

Gewicht der Substanz.	Carbonat in Sulfür umgewandelt.	Dauer des Versuchs.	Destill. Wasser für 1 Thl. des Carbonats.
100	9,5	1 Stunde	10
100	11,9	2 »	10
100	13,7	3	10
100	14,5	4	10
100	15,3	5	10
100	15,3	6	10
100	51,2	6	50
100	51,2	8	50
100	73,1	15	100
100	100	30 »	100

Hieraus folgt: 1. dass nach 5 Stunden eine Grenze (15,3 %) der Zersetzung erreicht war, wenn das Gewicht des Wassers das Zehnfache von dem des kohlensauren Baryts betrug; 2. dass bei Vermehrung der Wassermenge die Zersetzung weiter fortschritt; 3. dass die Zersetzung vollständig wurde, sobald man die Wassermenge auf das hundertfache und die Zeit auf 30 Stunden steigerte.

Jede Versuchsreihe war zweimal wiederholt worden und die Resultate sind das Mittel je zweier Zahlen, welche in allen Fällen bis auf ½ %

*) Compt. rend. **83**, 58.

**) Leç. sur la dissoc. 1864.

übereinstimmten. Die Lösungen waren am Ende jedes Versuches farblos, wurden aber durch Stehen an der Luft gelb.

Ueber die Zersetzung der Jodkaliumlösung durch das Licht. Es ist bekannt, dass eine Lösung von Jodkalium im Sonnenlichte gelb wird und dann freies Jod enthält. Nach Vidau*) soll diese Veränderung durch das Licht allein bewirkt werden. Battandier**) hat darüber ebenfalls Versuche angestellt, welche aber zu dem Resultate führen, dass zur Hervorrufung der Zersetzung Luft nöthig ist.

III. Chemische Analyse organischer Körper.

Von

C. Neubauer.

1. Qualitative Ermittelung organischer Körper.

Zur Erkennung des Chinins durch Fluorescenz. Da nach den Untersuchungen von J. Regnauld***) das Fluorescenzvermögen des Chinins durch die Einwirkung überschüssiger Schwefelsäure um das 20fache erhöht wird, so dürfte diese Thatsache in vorkommenden Fällen geeignet sein, die Gegenwart des Alkaloides in einer Lösung zu erkennen, die $^1/_{50000}$ Chinin enthält, ein Verdünnungsgrad, der die von Flückiger angegebene Grenze eher noch überschreitet. Nach Regnauld's Versuchen übertrifft dieses Erkennungsmittel im Verhältniss von 5 : 4 noch die durch Jodkalium-Jodquecksilber hervorgerufene Opalescenz, welche ausserdem bekanntlich keinen Schluss auf die Natur des vorhandenen Alkaloids ziehen lässt.

Vergleiche hierzu diese Zeitschrift **9**, 134.

Zwischenglieder, die bei der Umsetzung der Stärke in Zucker auftreten. L. Bondonneau†) hat gefunden, dass bei der Ueberführung des Amylums in Zucker drei verschiedene Substanzen als Zwischenproducte auftreten, die der Verfasser als Dextrin α, β und γ bezeichnet. Das Dextrin α wird durch Jod roth gefärbt. Dextrin β wird nicht durch Jod

*) Journ. de Pharm. et de Chim. 1874.

) Journ. de Pharm. et de Chim. [4] **24, 214.

***) Pharm. Centralh. **15**, 323 und Chem. Centralblatt 1875 p. 727.

†) Ber. d. deutsch. chem. Gesellsch. z. Berlin, **9**, 61 und 69.

gefärbt, dagegen wird das Dextrin α durch Alkohol gefällt. Endlich ist das Dextrin γ durch Alkohol nicht fällbar, reducirt aber auch die alkalische Kupferlösung nicht. Beim Abkühlen auf 1° der stark concentrirten Lösungen (24—25° B.) der Dextrine α und β, bildet sich an dem Boden der Gefässe ein milchiger Absatz, der sich bei höherer Temperatur wieder löst. Dextrin α wird durch Diastase in der Kälte nach sehr kurzer Zeit in Dextrin β verwandelt, wodurch die Lösung die Eigenschaft durch Jod gefärbt zu werden verliert. Dextrin γ wird hierbei nicht gebildet.

Dextrin γ konnte der Verfasser nicht rein erhalten. Unter der Einwirkung der Hefe nimmt dieses leicht Wasser auf und vergährt; ebenso hydratirt es sich leicht beim Aufbewahren seiner kalten wässerigen Lösung.

Verfasser hat folgendes Rotationsvermögen für diese verschiedenen Körper gefunden:

Amylum	α(D.)	216°.
Dextrin α	»	186°.
» β	»	176.
» γ	»	164°.
Glycose	»	52°.

Die Theorie von Musculus, wonach die Stärke zuerst in Glycose und Dextrin zerfallen soll, hält B. den Thatsachen für nicht entsprechend.

Ueber das specifische Drehungsvermögen des Traubenzuckers. B. Tollens*) hat mit drei von ihm selbst dargestellten Traubenzuckersorten und mit 3 verschiedenen Polarisationsinstrumenten die specifische Drehung dieses Körpers bestimmt und dieselbe übereinstimmend mit Hoppe-Seylers**) älteren Versuchen, aber abweichend von dessen ***) neuesten Bestimmungen, zu α(D) = 53,10° für das Anhydrit gefunden.

Einem specifischen Drehungsvermögen von 53,10° entspricht die Drehungsconstante 1883,3 mittelst deren man nach der Formel

$$C = 1883,3 \frac{\alpha}{L}$$

den Gehalt eines Liters Lösung an Grammen Traubenzucker erhält.

Für das specifische Drehungsvermögen des wasserfreien Traubenzuckers sind bis jetzt sehr verschiedene Zahlen angegeben worden, ohne

*) Ber. d. deutsch. chem. Gesellsch. z. Berlin, **9**, 487.

**) Medicinisch-chem. Untersuchung. 1866, p. 163.

***) Diese Zeitschr. **14**, 303.

dass die Gründe dieser ziemlich bedeutenden Abweichungen genügend klar gestellt sind. So fanden:

Dubrunfaut . . α(D) = 53,2°.
Béchamp . . . » = 57,44°.
Pasteur . . . » = 55,15°.
O. Schmidt . . » = 57,00°.
Berthelot . . . » = 56.
Hoppe-Seyler . » = 53,5°, (ältere Bestimmung.)
» » . . » = 56,4°, (neuere Bestimmung.)
O. Hesse . . . » = 51,17—51,80° (In concentrirteren Lösungen.)
Clerget, Listing » = 52,47°.
Bondonneau . . » = 52°.
Tollens. . . . » = 53,10°.

Ueber das specifische Drehungsvermögen gelöster Substanzen. A. Müntz*) hat die Verminderung des specifischen Drehungsvermögens bestimmt, welches der Rohrzucker durch verschiedene Salze erleidet. Verfasser hat gefunden, dass die Sulfate, Nitrate und Acetate des Natriums, Kaliums, Ammoniums und Magnesiums, Natrium- Kalium- und Ammoniumphosphat, Natriumchlorid, Natriumhyposulfit und Natriumsulfid, Chlorcalcium, Chlormagnesium und Chlorbaryum nur einen geringen Einfluss ausüben und in 20—30 procentiger Lösung angewandt werden müssen, um das Rotationsvermögen um 3—4° zu vermindern. Manche andere Salze dagegen, wie das Borat, Carbonat und Chlorid des Natriums, Kaliumcarbonat etc. stören bedeutend mehr, jedoch ist ihre Wirkung nicht gross genug, um bei der gewöhnlichen optischen Zuckerprobe die Resultate merklich herabzudrücken.

Calciumhydrat wirkt viel schädlicher, denn in einer Lösung, die 1,6 Grm. €a Θ in 100 CC. enthält, besitzt der Zucker das Rotationsvermögen 56,9°, während das normale 67° beträgt.

Eine sehr ausführliche Arbeit von H. Landolt**) «Zur Kenntniss des specifischen Drehungsvermögens gelöster Substanzen» erlaubt keinen Auszug, daher ich mich damit begnüge auf das Original zu verweisen.

Ueber eine dem Colchicin ähnliche Substanz im Biere. Eine von E. Dannenberg im Archiv der Pharm. gemachte vorläufige Mittheilung über ein dem Colchicin ähnliches Alkaloid im Biere, veranlasst H. von

*) Ber. d. deutsch. chem. Gesellsch. z. Berlin, **9**, 962.
) Ber. d. deutsch. chem. Gesellsch. z. Berlin, **9, 901.

Geldern *) zu folgender Notiz. Schon im Jahre 1874 fand ich im Biere eine Substanz, die in vielen Verhältnissen Aehnlichkeit mit dem Colchicin zeigte. Der Körper war gelb, löste sich mit gelber Farbe grösstentheils in Wasser und ganz in Aether. Die wässerige Lösung gab einen Niederschlag mit Gerbstoff und Jodlösung, die trockne Substanz wurde durch concentrirte Schwefelsäure intensiv gelb, durch conc. Salpetersäure einigermaassen roth, aber nicht schön roth. Die letzte Flüssigkeit wurde mit Wasser verdünnt hellgelb und hierauf durch einen Ueberschuss von Kalilauge orangeroth. In der wässerigen Lösung wurde durch Chlorwasser ein Niederschlag erhalten, der sich in Ammon mit orangegelber Farbe auflöste. Ich glaubte daher auf die Anwesenheit von Colchicin schliessen zu können. Als ich aber später verschiedene Hopfenarten und darunter eine von mir selbst eingesammelte, untersuchte, resultirte auch eine gelbe Substanz, welche die für das Colchicin angegebenen Reactionen zeigte. Allein die Reactionen auf Alkaloide im Allgemeinen, die Niederschläge mit Jodlösung und Gerbstoff entstanden nicht. Es wurde aber durch angestellte Versuche bewiesen, dass der nie im Biere fehlende Leim, bei der von mir angewandten Methode (die modificirte Methode von Stas-Otto,) auch in Aether übergeht und daher zu den Reactionen mit Gerbsäure und Jodlösung Veranlassung geben kann. Es ist mir dann auch gelungen, aus einer Mischung von reinem Hopfen und Leim, alle Colchicin-Reactionen (die mit Salpetersäure war nicht deutlich) zu erhalten. Durch einen Versuch auf zwei Kaninchen, wovon das eine mit Colchicin, das andere mit der aus dem Hopfen erhaltenen Substanz injicirt wurde, ergab sich dass letztere nicht giftig war. Ich will hier noch bemerken, dass bei vielen Versuchen die Reaction mit Salpetersäure sehr verschieden war; zuweilen wurde eine prachtvoll roth-violette Färbung erhalten, zuweilen auch war die Farbe nicht schön. Der einzige Unterschied zwischen mir und Herrn Dannenberg besteht in Folgendem: Herr Dannenberg spricht von einem Alkaloide, während ich die Alkaloid-Reactionen nur dann bekommen konnte, wenn der gelbe Körper aus dem Hopfen zugleich mit einer der Ingredienzen des Biers, mit Leim, vermischt war. Vielleicht wird Herr Dannenberg bei einer näheren Untersuchung meine Ansicht theilen.

Die Prüfung des Essigs auf freie Mineralsäuren. A. Hilger **) hat die von Strohl und Witz angegebenen Methoden zur Untersuchung

*) Pharm. Centralhalle 17, 257.

**) Archiv der Pharm., 5, 193.

des Essigs auf Mineralsäuren einer Prüfung unterworfen. In Betreff der Methode von Strahl, welche sich auf die Unlöslichkeit des oxalsauren Kalks in Essigsäure und die Löslichkeit desselben in Mineralsäuren gründet, kommt Hilger zu dem Schluss, dass dieses Verfahren nur beim Vorhandensein grösserer Mengen von Mineralsäuren brauchbar sei.

Mehr Beachtung verdienen die Vorschläge von Witz,*) welche darauf gegründet sind, dass Methylanilinviolett durch Essigsäure nicht verändert wird, sich dagegen mit Mineralsäuren grünblau färbt. Witz hält seine Methode nicht nur zum qualitativen Nachweise, sondern auch zur volumetrischen Bestimmung von Mineralsäuren neben Essigsäure für brauchbar. Wird nämlich z. B. ein schwefelsäurehaltiger Essig in abgemessener Menge mit Methylanilinviolett versetzt, und allmählich titrirte Natronlauge zugefügt, so wird die vorhandene grünblaue Färbung verschwinden, sobald die freie Schwefelsäure neutralisirt ist. Zur Prüfung dieser Methode wurden folgende Versuche angestellt. Es wurden zunächst käufliche, reine Essigproben mit Salzsäure und Schwefelsäure in verschiedenem Procentgehalt versetzt und mit Methylanilinviolett geprüft. Es ergaben sich folgende Resultate:

1) Gewöhnliche Essige von 2—4 % Essigsäure verändern die Farbe des Methylanilinvioletts nicht, dagegen färben sogen. Essigsprite das Violett blau.
2) Bei Gegenwart von $^1/_5$ % Schwefelsäure färbt sich Methylanilinviolett blau, bei $^1/_2$ % Schwefelsäure blaugrün, bei 1 % dagegen intensiv grün.
3) Salzsäure enthaltender Essig zeigt beim Vorhandensein von $^1/_{10}$ % Salzsäure, mit dem Violett geprüft, sofort eine blaue, bei $^1/_5$ % Salzsäure dagegen eine grüne Färbung. Bei 1 % Salzsäure endlich verschwindet die Färbung des Violetts vollständig.

Die angewandte Violettlösung enthält in 100 Grm. Wasser 1 Centigramm des trocknen Farbstoffs, und ist in sehr kleinen Mengen, in wenigen Tropfen, anzuwenden.

Weitere Versuche zeigten auf das Bestimmteste, dass beim Vorhandensein geringerer Mengen freier Mineralsäuren, $^1/_{10}$—$^1/_{20}$ %, in welchem Falle Methylanilinviolett keine Veränderung hervorbringt, durch Verdampfen der Mischung die oben angeführten Färbungen deutlich bei genügender Concentration der Flüssigkeit zum Vorschein kommen. Essig mit $^1/_{20}$ %

*) Diese Zeitschr. 15, 108.

Schwefelsäure versetzt, gibt beim Verdampfen bei Gegenwart von Violett die Farbenübergänge von Violett zum Blau, von Blau in Grün, je nach der Concentration. Zuletzt resultirt ein grünblauer Rückstand, der sich in Wasser mit schmutzig grünblauer Farbe löst.

Analog verhielten sich Essigproben, mit $^1/_{10}$—$^1/_{20}$% Salzsäure. Die Verdampfungsprobe gelingt am besten in der Weise, dass 25 CC. des zu prüfenden Essigs nach Zusatz von 2—3 Tropfen der Violettlösung vorsichtig direct über der Flamme verdampft werden.

Die Witz'sche Methode verdient daher wohl Beachtung zum qualitativen Nachweis von Mineralsäuren in Essig, jedoch mit den Modificationen hinsichtlich der auftretenden Färbungen.

Bei käuflichen, schwächeren Speiseessigsorten wird demnach das Methylanilinviolett in der oben angegebenen Weise mit Erfolg bei der Prüfung auf Mineralsäuren, speciell Salz- und Schwefelsäure, angewandt.

Weniger günstig fielen die quantitativen Bestimmungen aus. Abgesehen davon, dass die Uebergänge der grünblauen und blauen Färbungen zu Violett ausserordentlich schwer zu unterscheiden sind, zeigte sich die noch weitere, sehr unangenehme Erscheinung, dass die violette Färbung stets vor dem Neutralisationspunkt der Mineralsäure eintrat.

Zahlreiche Versuche mit Essigsorten von verschiedenem Procentgehalt an Mineralsäuren gaben beim Titriren mit $^1/_{10}$ Normalnatron den Gehalt an Mineralsäuren niemals in annähernd richtigen Zahlen.

2. Quantitative Bestimmung organischer Körper.

a. Elementaranalyse.

Ueber den Nachweis des Schwefels in organischen Verbindungen. H. Vohl*) macht darauf aufmerksam, dass seine Methode zur Entdeckung von Schwefel in organischen Verbindungen, Erhitzen mit Natrium und Nachweis des Natriumsulfids durch Nitroprussidnatrium, ganz vortrefflich ist, wenn es sich darum handelt, einen Schwefelgehalt überhaupt nachzuweisen, oder wenn man schon im Voraus weiss, in welcher Form derselbe in der Substanz nur vorhanden sein kann. Sie hat jedoch einen geringeren Werth, wenn es sich um das Erkennen der Form, in welcher der Schwefel in der Verbindung vorkommt, handelt, weil

*) Berichte der deutsch. chem. Gesellschaft zu Berlin 9, 875.

nicht nur der Schwefel als solcher, sondern auch seine Sauerstoffverbindungen beim Behandeln mit Alkalimetallen zur Bildung von Schwefelalkalimetallen Veranlassung geben. Soll die Form, in welcher der Schwefel in Verbindung vorkommt, nachgewiesen werden, so erhitzt Vohl, nachdem der Nachweis des Schwefels mittelst der Alkalimetalle geliefert ist, die fragliche Substanz noch mit einer Lösung von Kalkhydrat und Bleioxyd in Glycerin zum Sieden. Zur Darstellung dieser Auflösung vermischt man 1 Vol. Wasser mit 2 Vol. reinem Glycerin zum Sieden und setzt frisch bereitetes Kalkhydrat in kleinen Mengen so lange zu bis die Flüssigkeit vollständig damit gesättigt ist. Alsdann gibt man frisch bereitetes Bleioxydhydrat oder auch geschlämmte Bleiglätte in Ueberschuss hinzu und lässt einige Minuten lang schwach aufkochen. Man lässt den Kolben fest verkorkt erkalten und giesst die geklärte Flüssigkeit vom Bodensatz in ein gut zu verschliessendes Glas ab. Organische Substanzen, welche den Schwefel als solchen enthalten, liefern mit dieser Flüssigkeit erhitzt, schwarzes Schwefelblei, während die Sauerstoffverbindungen des Schwefels keine Reaction geben. Bei vielen flüchtigen, schwefelhaltigen, organischen Verbindungen wirkt das Reagens nicht sofort ein. Man muss alsdann die mit dem Reagens versetzte Substanz in eine Glasröhre einschmelzen und mehrere Stunden auf 105—110° C erhitzen.

b. Bestimmung näherer Bestandtheile.

Ueber das Drehungsvermögen des Asparagins und über den Einfluss dieses Körpers auf die optische Zuckerprobe. Nach neueren Untersuchungen von P. Champion und H. Pellet*) besitzt das Asparagin in wässeriger Lösung ein Drehungsvermögen von — 6°, 14′ für Natriumlicht. In ammoniakalischer Lösung, welche 10 Vol. % Ammoniak enthält, findet man das Rotationsvermögen zu — 10°, 47′, eine Grösse die mit dem Ammongehalt wächst. Bei Gegenwart von Mineralsäuren endlich, schlägt die Drehung nach rechts um; so beträgt sie beispielsweise in einer salzsauren Lösung, die 10 Vol. % Cl H enthält, + 37°, 27′.

Versetzt man gleiche Volumina Rübensaft, einerseits mit Bleiessig und andererseits mit Bleiessig und Asparagin, so besitzt die letztere Flüssigkeit, obschon alkalisch, ein höheres Drehungsvermögen als die asparaginfreie Lösung. Da die Zuckerrübe nach Untersuchungen von Dubrunfaut 2—3% Asparagin enthalten kann, so gibt die optische

*) Berichte der deutsch. chem. Gesellschaft zu Berlin **9**, 724.

Zuckerprobe häufig zu hohe Resultate. In einigen Fällen kann der Fehler bis auf 0,7 Grm. in 100 CC. Flüssigkeit betragen. Es ist jedoch leicht diesen Fehler zu beseitigen, da Essigsäure, in hinreichender Menge zugesetzt, das Drehungsvermögen des Asparagins zerstört. Dies wird erreicht, sobald man auf 100 CC. Flüssigkeit 10 CC. einer Essigsäure von 50% zusetzt.

Hierauf gründen die Verf. ein einfaches Verfahren zur Bestimmung des Asparagins im Rübensafte. Man ermittelt einerseits die Rotationsabnahme, welche der Saft durch Zusatz von Essigsäure erleidet, und anderseits die durch Zusatz einer bekannten Asparaginmenge erzeugte Rotationszunahme, eine einfache Proportion ergibt sodann die im Rübensafte vorhandene Menge von Asparagin.

Eine neue Methode zur quantitativen Bestimmung des Zuckers. Zur Feststellung der Endreaction bei der Knapp'schen Zuckerbestimmungsmethode mit Cyanquecksilber bediente sich R. Sachsse*) einer alkalischen Lösung von Zinnoxydul, hergestellt durch Uebersättigung einer Lösung des käuflichen Zinnsalzes mit Natronlauge. Diese Flüssigkeit fällt Quecksilber aus seiner alkalischen Lösung je nach der Menge als schwarzen bis braun erscheinenden Niederschlag. Zur Ausführung bringt man einige Tropfen der Zinnchlorürlösung in ein kleines Porzellannäpfchen und setzt dann ein bis zwei Tropfen der Quecksilberlösung hinzu. Die geringste noch vorhandene Quecksilbermenge zeigt sich durch das Erscheinen eines braunen Niederschlags. Man fährt mit diesen Versuchen fort, bis die Zinnoxydullösung auf Zusatz der Probe vollständig unverändert bleibt. Auf Veranlassung von Sachsse hat Brumme mit Hülfe dieser Endreaction die Knapp'sche Methode einer Prüfung unterworfen, gegen Erwarten aber keine günstigen Resultate erhalten, vielmehr gefunden, dass das Ende der Reaction nicht constant ist. Dieser Misserfolg, anderseits die so scharfe Endreaction mit Hülfe der Zinnlösung veranlassten den Verf. andere Quecksilbersalze in derselben Richtung zu prüfen und er hat in der alkalischen Jodquecksilberlösung ein sehr geeignetes Mittel hierzu gefunden. Man bereitet dieselbe wie folgt: 18 Grm. reines und trockenes Jodquecksilber HgJ_2 werden mit Hülfe von 25 Grm. Jodkalium in Wasser gelöst. Zu dieser Flüssigkeit setzt man 80 Grm. Aetzkali in Wasser gelöst und verdünnt auf 1000 CC. Zur Ausführung erhitzt man 40 CC. dieser Flüssigkeit, entsprechend

*) Pharmaceut. Zeitschrift f. Russland 1876, 549.

0,72 Grm. HgJ_2, in einer Schale zum Sieden und lässt die Zuckerlösung aus einer Bürette nach und nach zufliessen. Man vollführt die Bestimmung am besten in mehreren Abtheilungen, indem man zuerst von 5 zu 5 CC., dann von 1 zu 1 CC. fortschreitend, das Ende der Reaction in immer engere Grenzen einschliesst, und endlich bei einem dritten Versuch zu den zehntel CC. übergeht.

Der Wirkungswerth der Quecksilberlösung wurde gegen chemisch reinen Traubenzucker festgestellt. Es wurde gefunden, dass 40 CC. der Quecksilberlösung = 0,72 Grm. HgJ_2, 0,15 Grm. Traubenzucker im Mittel entsprechen. Die Vorzüge dieses Verfahrens bestehen in der leichten Herstellbarkeit der haltbaren Lösung und in der Schärfe der Endreaction, sowie endlich in einem dritten Punkte, zu dessen Erörterung noch einige Bemerkungen vorausgeschickt werden müssen.

Die Fehling'sche Lösung verhält sich bekanntlich gegen Dextrose, Invertzucker und Levulose gleich. Da aber Fälle bekannt sind, in welchen Levulose und Dextrose gegen Oxydationsmittel ein verschiedenes Verhalten zeigen, so ist die Gleichheit des Verhaltens von Metallsalzen gegen diese Zuckerarten nicht von vornherein vorauszusetzen, sondern in jedem Falle zu erweisen. Bei derartigen Versuchen hat sich herausgestellt, dass das Verhältniss zwischen Invertzucker und der Jodquecksilberlösung ein anderes ist wie bei der Dextrose. Es genügen nämlich zur Reaction von 40 CC. der Lösung = 0,72 HgJ_2 bereits 0,1072 Invertzucker. Durch diesen Umstand wird es nun möglich, in einer beliebigen Flüssigkeit nicht allein die Menge des Zuckers, sondern auch seine Qualität zu bestimmen, zu entscheiden ob man es mit Traubenzucker, Invertzucker oder einem Gemenge beider zu thun hat. Hierzu sind zwei Bestimmungen erforderlich. Man hat erstens zu ermitteln, wie viel CC. der Lösung erforderlich sind um 40 CC. der Quecksilberlösung zu reduciren. Man hat zweitens festzustellen mit Hülfe der Fehling'schen Kupferlösung, wie viel in dem zu Versuch 1 verbrauchten Flüssigkeitsquantum Zucker $C_6H_{12}O_6$ vorhanden ist. Aus beiden Versuchen lassen sich dann zwei Gleichungen gewinnen, in welchen die beiden gesuchten Grössen, die Mengen von Traubenzucker und Invertzucker, vorkommen und durch deren Lösung diese erhalten werden. In derselben Weise wird man auch bestimmen können, ob ein in einer Flüsssigkeit enthaltener nicht direct reducirender Körper Rohrzucker oder Dextrin ist. In diesem Falle hätte man mit Hülfe von Säure zu invertiren und in der invertirten Flüssigkeit obige beiden Bestimmungen vorzunehmen. Der Nachweis von Invertzucker würde den Rückschluss auf Rohrzucker, der von Traubenzucker auf Dextrin gestatten.

Zur Bestimmung der Gerbsäure. F. Jean*) hat gefunden, dass Gerbsäure und Gallussäure bei Gegenwart von kohlensaurem Natron, Jod direct binden, und zwar eine bestimmte, der vorhandenen Gerb- oder Gallussäure proportionale Menge. Jean hat hierauf eine Titration der Gerbsäure gegründet. Da sich aber die Flüssigkeit roth färbt, so kann man bei dem Titriren nicht direct Stärkekleister zusetzen, sondern muss, um das Ende der Reaction zu bekommen, eine Tüpfelprobe auf mit Stärkepulver eingeriebenem Papier machen. Die Extractivstoffe der Eichenrinde sollen auf das Verfahren keinen störenden Einfluss ausüben. Enthält die Flüssigkeit jedoch gleichzeitig Gallussäure, so sind zwei Titrationen nöthig, die eine direct, die andere nachdem das Tannin durch Thierhaut oder durch Gelatine und Alkohol entfernt ist.

Beitrag zur Tanninbestimmung. J. Barbieri hat eine Reihe von Tanninbestimmungen nach der Methode von A. Carpené ausgeführt. Carpené**) empfiehlt bekanntlich, den Gerbstoff durch eine mit viel NH_3 versetzte Lösung von Zinkacetat zu fällen, den Niederschlag nach dem Auswaschen mit heissem Wasser in verdünnter Schwefelsäure zu lösen und den Tanningehalt dieser Lösung mit Chamäleon zu titriren. Als Barbieri***) nach diesem Verfahren, trotz vieler Versuche, nicht die gewünschten Resultate erhalten konnte, verfuhr er in folgender Weise: Die Tanninbestimmung wird mit einem Ueberschuss der ammoniakalischen Zinkacetatlösung versetzt, die Flüssigkeit mit dem Niederschlage zum Kochen erhitzt und hierauf circa $^1/_3$ des Volums durch Eindampfen entfernt. Nach dem Erkalten wird filtrirt, der Niederschlag mit heissem Wasser ausgewaschen und in verdünnter Schwefelsäure gelöst. Von den vorhandenen unlöslichen Stoffen wird die Lösung abfiltrirt, und das erhaltene Filtrat mit Chamäleon titrirt. Auf diese Weise wurden immer constante Resultate erhalten.

Barbieri prüfte diese Methode auch noch auf eine andere Art. Er entzog einem Veltliner-Wein das darin enthaltene Tannin, setzte darauf eine gewogene Menge reines Tannin zu und fand in diesem so behandelten Weine nach obiger Methode genau die zugesetzte Gerbsäuremenge

---

*) Berichte der deutsch. chem. Gesellschaft zu Berlin **9**, 730.

) Diese Zeitschr. **15, 112.

***) Berichte d. deutsch. chem. Ges. z. Berlin, **9**, 78.

wieder. In einem käuflichen Kastanienextract, dessen Gerbstoffgehalt nach der Hammer'schen Methode zu 48,9 % bestimmt wurde, fand der Verf. nach obigem Verfahren 49,6 %.

Zur quantitativen Albuminbestimmung. A. Bornhardt*) hat früher eine Methode zur quantitativen Albuminbestimmung angegeben, welche auf der Differenz der spec. Gewichte des eiweisshaltigen und des vom Albumin befreiten Harns beruht, die aber bei geringem Albumingehalt aus naheliegenden Gründen nicht hinreichend zuverlässig ist. Die jetzige Methode des Verf. unterscheidet sich nun dadurch von der allgemein gebräuchlichen, dass das Eiweiss nicht getrocknet und gewogen, sondern nach dem Auswaschen im feuchten Zustande in ein feines Pyknometer übertragen wird, welches sodann, da das Albumin ein höheres spec. Gewicht als das Wasser hat, nämlich 1,314, eine Gewichtszunahme zeigen wird. Die Menge des Albumins findet man nach der Formel $x = \frac{d . 1,314}{0,314}$, wobei d die Differenz des nur mit Wasser und des mit Wasser und Albumin gefüllten Pyknometers bedeutet. Verf. gibt eine Reihe minutiöser Vorschriften für die offenbar schwierige Technik der Methode, die sich im Auszuge nicht wiedergeben lassen.

Zusammensetzung käuflicher Stärkesyrupe. Fr. Anthon**) hat drei Proben solcher Fabrikate untersucht, eine aus Böhmen, eine aus Frankreich und eine aus Deutschland. Die Analyse wurde ausgeführt durch Behandlung der Syrupe mit Weingeist von 0,834 (85 Gewichtsprocent.) in der Wärme, Erkaltenlassen, Filtriren, Wägen des Rückstandes und Eintrocknen des Filtrats. Ein Rückstand blieb in zwei Fällen und bestand aus Dextrin. Das Eingetrocknete als Traubenzucker in Rechnung gebracht, erhielt Anthon folgende Resultate:

	Böhmen.	Frankreich.	Deutschland.
Dextrin . .	25,5	48,0	—
Zucker . .	54,5	35,1	80,0
Wasser . .	20,0	16,9	20,0.

Das deutsche Fabrikat enthielt mithin kein Dextrin, aber die 80 % erwiesen sich nicht als reiner vergährbarer Zucker, sondern als ein Gemenge von 50 Zucker und 30 einer in Weingeist löslichen nicht vergährbaren Materie.

---

*) Centralbl. f. d. med. Wissensch. 1876, p. 461.

**) Zeitschr. d. öster. Apotheker-Vereins 1876, p. 429.

IV. Specielle analytische Methoden.

Von

H. Fresenius und **C. Neubauer.**

1. Auf Lebensmittel, Handel, Industrie, Agricultur und Pharmacie bezügliche.

Von

H. Fresenius.

Ueber die Prüfung des Malzextractes hat H. Hager*) Mittheilungen gemacht. Das Malzextract ist ein beliebtes diätetisches Volksheilmittel geworden und gilt als ein besonders den Kindern zuträgliches Demulcens, Nutriens und Plasticum. In seiner honigdicken Form bietet es aber eine bequeme Gelegenheit, Verfälschungen zu verdecken. Das billigste und bequemste Verfälschungsmittel ist der Stärkezuckersyrup, welcher bekanntlich vielfach zur Vermehrung des Extractgehaltes der Biere verbraucht wird. Eine Methode, diese Verfälschung in leichter Weise zu erforschen, existirt nicht. Da in jedem einzelnen Falle eine umständliche Analyse unthunlich ist, so blieb bisher der Consument auf die Redlichkeit des Fabrikanten angewiesen, d. h. der Consument musste das Malzextract aus guter Hand entnehmen.

Es wurde dem Verfasser ein Malzextract, entnommen aus einer sogenannten Apothekerwaarenhandlung, zur Begutachtung übersendet, welches einen nur dem Kenner auffallenden Nebengeschmack hatte, im Uebrigen aber sich in physikalischer Beziehung von einem echten Malzextracte nicht im Geringsten verschieden zeigte. Allein sein Verhalten gegen Reagentien war so abweichend, dass man berechtigt war, es für ein künstliches Gemisch aus Stärkezuckersyrup, Glycerin und circa 30 % Malzextract zu halten.

Behufs Constatirung dieses Umstandes wurden vergleichende Reactionen vorgenommen und zwar mit 1) J. D. Riedel'schem, 2) Schering'schem und 3) einem im pharmaceutischen Laboratorium bereiteten Extracte. Letzteres war nicht im Vacuum abgedampft und daher von etwas dunkelbrauner Farbe. Der wesentlichste Unterschied zwischen einem Malzextracte und Stärkezuckersyrup liegt wohl in dem Gehalte an löslichen Modificationen der Proteïnstoffe. Nun könnte man behaupten, dass das mit Stärkezuckersyrup verfälschte Extract auch bedeutend mehr Kupfer-

*) Pharm. Centralhalle 17, 193.

oxyd aus der kalischen Kupferlösung ausscheiden müsse. Im vorliegenden Falle reducirten 1 Grm. Extract von 1) 43 CC., 2) 44,5 CC., 3) 46 CC. und jenes apothekerwaarenhändlerische 48.5 CC. derselben kalischen Kupferlösung. Diese Resultate gaben keinen Anhalt auf eine Verfälschung zu schliessen. Den Glyceringehalt in mässigem Umfange z. B. bis zu 10 % wird man schwerlich zu den Verfälschungen zählen können, ihn sogar in Hinsicht auf die Haltbarkeit des Präparates für gut und zweckmässig halten, natürlich, wenn das Glycerin ein reines ist. Das vorliegende künstliche Malzextract enthielt dagegen (mit ätherhaltigem Weingeist extrahirt) 26 % Glycerin, und — wie aus der Gegenwart einer reichlichen Menge Calciumchlorides zu schliessen war — wahrscheinlich ein wenig gereinigtes, was auch die Ursache des Nebengeschmackes des Extractes sein mochte. Wie bemerkt, scheint nur die Erkennung des Umfanges der in Lösung befindlichen Proteïnstoffe entscheidend für die Güte und Echtheit eines Malzextractes zu sein.

Die Prüfung folgender Punkte hält Verfasser gewöhnlich für ausreichend, um die Güte eines Malzextractes zu erkennen:

1. Geruch und Geschmack. — Das echte Malzextract zeichnet sich durch eigenthümlichen süsslichen Geschmack und den angenehmen Geruch nach frischem Brode aus.

2. Die Löslichkeit in Wasser. — Echtes Malzextract liefert eine wenig trübe Lösung in Wasser. Wenn man 5,0 Grm. des Extractes in 45,0 CC. destillirtem Wasser unter Umrühren und ohne Wärmeanwendung löst, so erlangt man eine schwach trübe Lösung, welche sich leicht filtriren lässt. Die trübenden Theile ergaben unter dem Mikroskope Aehnliches, aber nicht Uebereinstimmendes, was seinen Grund in dem zur Darstellung des Extractes verwendeten Wasser haben mochte. Das Unlösliche aus dem einen Extracte ergab amorphes Gerinnsel, Fermentkörperchen und säulenförmige 4- und 6seitige Kryställchen, das des andern Extractes auch sternförmige Krystallgebilde, das des dritten (mit destillirtem Wasser bereiteten) Extractes wies keine Krystalle auf.

3. 10 CC. der 10 procentigen filtrirten Malzextractlösung gibt man in ein 1,5 Centimeter weites Reagirglas und mischt es darin mit 10 CC., also einem gleichen Volumen wässeriger, kalt gesättigter Pikrinsäurelösung. Beim guten Extracte erfolgt eine starke Trübung, welche allmählich zunimmt und in 10 Minuten eine solche Intensität angenommen hat, dass die Flüssigkeitssäule gegen das Tageslicht gehalten undurchsichtig ist. — Jenes verfälschte Extract wurde durch die Pikrinsäurelösung

nur schwach getrübt und die Trübung war nach 10 Minuten immer noch von der Art, dass sie die Flüssigkeitssäule gegen das Tageslicht gehalten, völlig diaphan erscheinen liess. Behufs der quantitativen Bestimmung der gelösten Proteïnstoffe, wenn man sie unternehmen will, löst man unter Digestionswärme 10,0 Grm. des Extracts in 100,0 CC. jener Pikrinsäurelösung, digerirt noch eine halbe Stunde und lässt dann am kalten Orte sedimentiren. Der auf einem tarirten Filter gesammelte Niederschlag wird mit Wasser ausgewaschen und im Wasserbade getrocknet. Die Hälfte seines Gewichtes ist annähernd gleich der Menge der Proteïnstoffe.

4. Dieselbe filtrirte 10procentige Extractlösung muss sich auf Zusatz von Galläpfeltinktur im Ueberschusse und dann umgeschüttelt stark und weisslich bis zur völligen Undurchsichtigkeit trüben. — Das verfälschte Extract gab nur eine schwache Trübung.

Obgleich es noch mehrere Fällungsmittel der Proteïnstoffe gibt, so dürften die vorstehenden beiden Reactionen genügen.

Das J. D. Riedel'sche Extract, welches in neuester Zeit in den Handel gebracht worden ist, verräth nach seinen Eigenschaften eine sehr sorgfältige Bereitung und reiht sich dem Schering'schen Extract ebenbürtig an. Der Bezug aus diesen Berliner Quellen sichert immer ein echtes und gutes Extract.

Zur Bestimmung des Theïns im Thee bedient sich W. Markownikoff*) des Mulder'schen Verfahrens**) mit dem einzigen Unterschiede, dass er statt Aether oder Chloroform zur Extraction des mit gebrannter Magnesia eingedampften wässerigen Theeauszuges Benzol verwendet. Er verfährt folgendermaassen:

15 Grm. gepulverten Thees werden mit 500 CC. Wasser übergossen und sodann, unter Zugabe von 15 Grm. gebrannter Magnesia, zu je 5 Grm.***) auf einmal gekocht. Alsdann wird die Flüssigkeit abfiltrirt, der Niederschlag mit heissem Wasser gewaschen und das Filtrat unter Zusatz von wenig Magnesia und Sand zur Trockne verdampft. Das Theïn wird aus dem Rückstande durch heisses Benzol (in einem besonderen Apparate) extrahirt. Letzteres wird aus dem Wasserbade abdestillirt und, nachdem jede Spur desselben durch sachtes Einblasen von Luft (mittelst eines Blasebalges) in den Kolben entfernt ist, kann das Theïn gewogen werden.

*) Ber. d. deutsch. chem. Ges. z. Berlin **9**, 1312.

) Vergl. diese Zeitschr. **12, 107.

***) Soll wohl heissen: „unter Zugabe von 15 Grm. gebrannter Magnesia zu je 5 Grm.,“ (H. F.)

Nach der Meinung des Verfassers wird die nicht ganz vollkommene Genauigkeit dieses Verfahrens durch das mögliche Verflüchtigen einer geringen Quantität des Theïns mit den Benzoldämpfen bedingt. Aus seinen Experimenten geht hervor, dass die Quantität unorganischer Bestandtheile, welche als Asche zurückbleiben, mit zunehmendem Werthe des Theïns abnimmt (von 6,09 % bis zu 5,66 %). Da nun die Theesorten mit höherem Theïngehalt aus jüngeren Blättern bereitet werden, als die mit niedrigem, so ist folglich in dem jüngeren Blatte verhältnissmässig mehr Theïn als in dem alten enthalten. Markownikoff ist übrigens der Ansicht, dass der Werth des Thees nicht durch die Quantität des Theïns, sondern durch Gerbsäure, ätherisches Oel und andere Bestandtheile bedingt wird.

Zur Erkennung einer künstlichen Färbung des Branntweines. Bekanntlich unterliegt der Branntwein beim Aufbewahren in hölzernen Fässern gewissen Veränderungen. Eine der merklichsten ist das allmähliche Dunklerwerden der Farbe, eine Folge der langsamen Auflösung der Extractivstoffe des Holzes. Man sucht daher betrügerischer Weise jungen Branntweinen durch künstliche Gelbfärbung, namentlich mit gebranntem Zucker (Caramel) das Ansehen höheren Alters zu geben. Geübte Zungen sind meist im Stande, eine solche Fälschung sofort zu erkennen, aber es ist auch wünschenswerth, Mittel zu besitzen, welche unter allen Umständen leicht zur Entscheidung führen und diese glaubt E. Carles*) im Eiweiss und Eisenvitriol gefunden zu haben.

Setzt man zu zwei Proben Branntwein, von denen die eine rein, die andere künstlich gelb gefärbt ist, je ein Sechstel ihres Volumens Eiweiss und schüttelt heftig, so erfolgt in beiden Fällen starke Trübung. Beim ruhigen Stehen klären sich die Proben, aber bei der künstlich gefärbten zeigt die überstehende Flüssigkeit noch die vorige gelbe Farbe, während bei der naturellen dieselbe nunmehr vollständig farblos erscheint. In den von dem Absatze durch Filtriren getrennten Proben tritt der Unterschied noch deutlicher hervor.

Lässt man in den zu prüfenden Branntwein einige Tropfen einer concentrirten wässerigen Lösung von Eisenvitriol fallen, so erleidet künstlich gefärbter dadurch keine Veränderung, der durch Aufbewahren in den Fässern gelb gewordene dagegen nimmt eine schwärzlich grüne Farbe an, die um so tiefer, je älter das Getränk ist.

*) Journ. de Pharm. et de Chim. **22**, 127 (1875) und Polyt. Notizblatt **31**, 303.

Zur Unterscheidung des Buchenholztheerkreosotes von sogenanntem Steinkohlentheerkreosot (Phenol) hat sich nach R. Böttger's*) Beobachtungen keine Reaction so gut bewährt als die bekannte mit Eisenchlorid.**) Der Verfasser räth folgendermaassen zu operiren.

Man löst durch Schütteln 1 Tropfen von dem zu untersuchenden Theerproducte in 40 CC. destillirten Wassers auf und fügt dann einige Tropfen einer concentrirten Lösung von Eisenchlorid hinzu; entsteht dadurch in wenig Minuten eine schmutzig bräunlichgelbe Färbung, so hat man es mit Buchenholztheerkreosot zu thun, färbt sich dagegen die Flüssigkeit nach einigen Minuten ganz schwach (kaum sichtbar) bläulichviolett, dann rührt diese Farbe von Phenol her.

Prüfung der Alkalisalze auf Arsen. Die im Handel vorkommenden rohen Salze der Alkalien enthalten sehr häufig Arsen in der Form arsensaurer Salze, deren Nachweis durch Schwefelwasserstoff bekanntlich ziemlich zeitraubend ist. Patrouillard***) empfiehlt daher, dieselben durch Kochen mit 4% vom Gewicht des zu prüfenden Alkalisalzes Oxalsäure zunächst in arsenigsaure Verbindungen überzuführen und dann mit Schwefelwasserstoffgas zu behandeln. Er zieht Oxalsäure — deren Verwendung zu genanntem Zweck übrigens keineswegs neu ist — als Reductionsmittel der schwefligen Säure und dem unterschwefligsauren Natron vor, weil die wässerige Lösung der ersten sich nur schwer aufbewahren lässt und das zweite durch die stattfindende Schwefelausscheidung leicht Veranlassung zu Täuschungen gibt.

Ueber die Bestimmung der Explosionsgrenzen von Gemengen brennbarer Gase mit Sauerstoff oder Luft hat A. Wagner†) eine längere Abhandlung veröffentlicht, auf welche hier nur aufmerksam gemacht werden kann.

Kaliumcadmiumjodid zur Werthbestimmung mehrerer pharmaceutischer Präparate. Wie W. Marmé††) nachgewiesen hat, werden durch das genannte Doppelsalz eine ganze Reihe von Alkaloiden gefällt. Lepage†††) empfiehlt dies Reagens zur Prüfung einer ganzen Reihe wich-

*) Jahresber. d. phys. Vereins zu Frankfurt a. M. und Pharm. Centralhalle **17**, 284.

) Vergl. diese Zeitschr. **6, 491.

***) Journ. de Pharm. et de Chim. [4 sér.] **22**, 185.

†) Bayer. Industrie- u. Gewerbeblatt **8**, 186.

††) Vergl. diese Zeitschr. **6**, 123.

†††) Répert. de Pharm. 1875 p. 647 durch Arch. Pharm. **6**, 271 (1876).

tiger officineller Präparate. Die Menge des durch Kaliumcadmiumjodid erzeugten Niederschlages soll zum Maassstab des Werthes dienen. Verfasser gibt bei den einzelnen Arzneimitteln die Gewichtsmenge und die Quantität Wasser an, welche nöthig sind, um mit Bestimmtheit den Werth beurtheilen zu können. In unserer Quelle fehlen diese Angaben leider.

Lepage untersuchte auf diese Weise das Opium und seine Präparate, Ipecacuanha-Extract und -Syrup, Krähenaugenextract, die verschiedenen Chinaextracte, den Codeïn- und Chinasyrup.

Bei den Opiumpräparaten unterliess er nicht, die Meconsäure nachzuweisen; bei dem Krähenaugenextract macht er noch auf die gelbe Färbung aufmerksam, welche Ammoniak in seiner Lösung sofort hervorruft. Den Codeïnsyrup unterscheidet er von dem Morphiumsyrup durch Jodsäure, welche nur im letzteren eine gelbe Färbung hervorruft.

Zur Prüfung des Tolubalsams empfiehlt Lepage*) ein Verfahren, welches sich auf den Nachweis von Alkaloiden in demselben gründet. Der genannte Balsam soll nämlich, wenn er gut bereitet ist, Alkaloide der Solaneen enthalten.

30—40 Grm. Tolubalsam werden mit ebensoviel destillirtem Wasser, dem 0,50 Grm. Weinsäure zugesetzt wurde, einige Minuten geschüttelt; dann filtrirt man. Zum Filtrate setzt man einige Tropfen Kaliumquecksilberjodid**). Entsteht eine gelblich weisse Trübung, so ist der Balsam gut, entsteht gar keine Trübung, so muss er verworfen werden.

---

2. Auf Physiologie und Pathologie bezügliche Methoden.

Von

C. Neubauer.

Eine neue Tinctionsflüssigkeit für histologische Zwecke. J. Dreschfeld***) benutzt zu mikroskopischen Untersuchungen eine Lösung von 1 Th. Eosin in 1000—1500 Th. Wasser. Die Anwendungsweise ist äusserst einfach: die feinen Schnitte, frisch oder am besten erhärtet,

---

*) Répert. de Pharm. 1875 p. 647 durch Arch. Pharm. 6, 271 (1876).

**) Zu bereiten durch Auflösen von 2 Grm. KJ in 20 CC. destillirten Wassers und Sättigung mit rothem HgJ oder dadurch, dass man 13,546 Grm. Quecksilberchlorid und 49,8 Grm. Jodkalium in Wasser löst und die Lösung auf 1 Liter bringt. (Vergl. Dragendorff, Ermittelung von Giften 2. Aufl. p. 125.)

***) Centralblatt f. d. med. Wissenschaft. 1876, p. 705.

werden in die verdünnte sherrygelbe, grün fluorescirende Lösung gebracht, verbleiben darin 1—1½ Minuten, werden dann auf einige Secunden in mit Essigsäure leicht angesäuertes Wasser gebracht und können nun entweder in Glycerin oder den anderen gebräuchlichen Menstruen untersucht, oder in der bekannten Weise in Balsam eingeschlossen werden. Man erhält auf diese Art schön rosa gefärbte Präparate, in denen die histologischen Details mit vollendeter Klarheit und Deutlichkeit hervortreten. Da das Eosin die Eigenschaft besitzt, besonders die Kerngebilde zu färben, so lässt es sich überall da verwenden, wo bis jetzt Carmin angewandt wurde. Dabei bietet es noch die folgenden Vortheile:

1. bedarf es nur einer wässerigen Lösung, die sich unverändert erhält und vollkommen klar bleibt;
2. genügt schon die Zeit von 1—1½ Minuten, um das Gewebe vollkommen und durchgängig zu färben.
3. besitzt Eosin die Eigenschaft die Gewebe aufzuhellen, so dass selbst dicke Schnitte die histologischen Details in sehr netter Weise zeigen, und
4. werden die einzelnen Gewebstheile hübsch differenzirt, was besonders bei der Untersuchung von complicirten Geschwülsten äusserst brauchbare Resultate liefert.

Neue Amyloidreaction. V. Cornil, Heschl und R. Jürgens*) haben unabhängig von einander ein neues Reagens auf amyloid degenerirte Körpertheile gefunden, welches sowohl an frischen wie gehärteten Präparaten anwendbar ist und sich vor dem seither gebrauchten Jod durch seine Schärfe und Dauerhaftigkeit in Glycerin und Farrant'scher Lösung auszeichnet. Die amyloiden Theile färben sich schön roth, nicht amyloide blau. Heschl benutzt die violette Schreibtinte von Leonhardi in Dresden, Cornil und Jürgens dagegen reines Methylanilin.

Spectralanalytische Bestimmungen des Hämoglobingehaltes des menschlichen Blutes. M. Wickemann**) hat nach der spectralanalytischen Methode von Vierordt eine grosse Anzahl quantitativer Hämoglobinbestimmungen des menschlichen Blutes ausgeführt. Die Arbeit erlaubt keinen Auszug und begnüge ich mich daher damit auf das Original zu verweisen, um so mehr, da der Verf. selbst bemerkt, dass zur näheren Würdigung der Vierordt'schen Methode der quantitativen

*) Centralblatt f. d. med. Wissenschaft. 1876, p. 266.

) Zeitschrift f. Biologie **12, 434.

Spectralanalyse ein genaues Studium der bezüglichen Vierordt'schen Monographie unerlässlich ist.

Methode das Kohlenoxydhämoglobin in Sauerstoffhämoglobin zu verwandeln. C. Liman*) hat Blut, welches von einem in Kohlendunst gestorbenen Menschen entnommen war, und welches auch nach Zusatz von Schwefelammonium die beiden Streifen von D und E zeigte, während normales Blut reducirt wurde, folgendermaassen behandelt. In einem Reagensglas wurde das Blut zur spectroskopischen Untersuchung hinreichend mit Wasser verdünnt, geschüttelt, alsdann in ein anderes Reagensglas übergegossen, wieder geschüttelt u. s. f. etwa eine halbe Stunde lang, und nunmehr nach Zusatz von Schwefelammonium spectroskopisch untersucht. Jetzt verhielt sich dieses Blut wie normales, es zeigte zwischen D und E des Spectrums, den Streifen des reducirten Sauerstoffhämoglobins.

Es erklärt sich hieraus, dass in dem Blute solcher Menschen, welche, aus der Kohlenoxydatmosphäre befreit, durch die Einwirkung des Kohlenoxyds an Hirnaffection (Coma) zu Grunde gehen, das Kohlenoxyd spectroskopisch nicht mehr nachweisbar ist, während in allen Leichen von Menschen, welche in der Kohlenoxydatmosphäre starben, das Kohlenoxyd stets nachweisbar ist. Es erklärt sich durch die Thatsache des allmählichen Verdrängtwerdens des Kohlenoxyds gleichzeitig der Process der Wiederbelebung.

Ueber den diabetischen Blutzucker. A. Cantani**) will gefunden haben, dass der im Blute von Diabetikern sich findende Zucker sonst in allen seinen Eigenschaften mit dem Traubenzucker übereinstimmt, aber ohne Einwirkung auf die Polarisationsebene des Lichtes ist, weder nach rechts noch nach links drehend. Die genauere Untersuchung wurde in 8 Fällen gemacht und zwar die 4 letzteren vereinigt. Der Verf. erhält so schliesslich aus dem Blute eine Flüssigkeit, die, nach der Fehling'schen Methode bestimmt, 1,5% Zucker enthält, sich aber optisch absolut unwirksam zeigte.

Ein neues Reagens auf Galle. C. Paul***) empfiehlt das s. g. Pariser Violett (Methylanilin) als empfindliches Reagens auf Galle. Wird Pariser Violett mit gesundem Urin zusammengebracht, so ändert es die

*) Centralblatt f. d. med. Wissenschaft. 1876, p. 353.

**) Centralblatt f. d. med. Wissenschaft. 1876, p. 317.

***) Pharm. Centralhalle **16**, 396.

Farbe nicht und färbt den Harn bläulich-violett. Die Farbe ist dichroistisch, blau in auffallendem, violett im durchfallenden Lichte. Enthält jedoch der Urin Galle oder nur Gallenfarbstoff, so geht das Violett in Roth über. Die Farbenveränderung tritt unmittelbar auf, ohne dass der Harn erwärmt wird und es entsteht ein Roth, das dem des Blutfarbstoffes sehr nahe kommt. Albumin und Zucker sind ohne Einfluss auf die Reaction, dasselbe ist mit der Harnsäure der Fall. Es gibt aber einen Stoff, der ausnahmsweise im Urin vorkommen und auf das Reagens wirken kann und zwar in höchst intensiver Weise. Es ist dies die Chrysophansäure. Was Blut und Blutfarbstoff betrifft, so behauptet Paul, dass auch diese, wenn das Blut nur in geringer Menge vorhanden ist, die Reaction auf Galle mit Pariser Violett nicht stören.

Ueber Sulfosäuren in Harn. E. Baumann*) hat gefunden, dass im Urin neben Sulfaten auch stets Sulfosäuren vorkommen. Die Methode, nach welcher beide im Harn nebeneinander bestimmt werden können, ist folgende. Der frische Urin wird mit Essigsäure stark angesäuert und mit überschüssigem Chlorbaryum versetzt; nach 1—2 stündigem Stehen wird der Niederschlag abfiltrirt und zuerst mit Wasser, dann mit warmer verdünnter Salzsäure und zuletzt wieder mit Wasser gewaschen. Das Filtrat von diesem Niederschlage wird sodann mit dem gleichen Volum Salzsäure mehrere Stunden lang auf dem Wasserbade erwärmt. Der hierbei ausgeschiedene Niederschlag enthält neben einem amorphen organischen Körper, wieder in grösserer oder geringerer Menge schwefelsauren Baryt, dessen Schwefelsäure nicht als Sulfat im ursprünglichen Harn enthalten war.

Es sind nach B. hauptsächlich drei Substanzen, die als Sulfosäuren im Harn erkannt werden konnten; die s. g. Phenol bildende, die Indigo bildende, und die Brenzcatechin bildende Substanz.

Es ist dem Verf. gelungen, die Phenol bildende Substanz aus dem Pferdeharn in krystallisirtem Zustande abzuscheiden und zwar in folgender Weise: Pferdeharn wird zum Syrup verdunstet und mit 80% Alkohol aufgenommen. Nach dem Abdestilliren des Alkohols verdunstet man wieder zum dünnen Syrup und lässt diesen in der Kälte stehen. Nach ein oder mehreren Tagen bilden sich reichliche Krystalle in demselben, die nach einigen Tagen abfiltrirt werden. Nach dem Umkrystallisiren aus Wasser und zuletzt aus Alkohol erhält man blendend weisse,

*) Berichte d. deutsch. chem. Gesellschaft z. Berlin 9, 54.

perlmutterglänzende Tafeln, welche die Phenol bildende Substanz des Harns darstellen. Der Körper löst sich in heissem Wasser leicht, schwerer in kaltem. In kaltem Alkohol sind die Krystalle nicht und in kochendem schwer löslich. Ihre Lösung zeigt eine schön blaue Fluorescenz. Durch Erhitzen mit concentrirter Salzsäure wird der Körper zerlegt in Phenol und saures schwefelsaures Kali. Die Analyse ergab Werthe, die für phenolsulfosaures Kali sehr nahe stimmen. Baumann hat sich ferner durch directe Versuche überzeugt, dass Phenol und ebenso Brenzcatechin im Organismus in Sulfosäuren übergehen, so dass nach dem innerlichen Gebrauche obiger Körper eine starke Vermehrung der Sulfosäuren im Urin nachgewiesen werden kann.

Ueber das Vorkommen von unterschwefliger Säure im Harn des Menschen. Schmiedeberg und Meissner haben den Nachweis geliefert, dass unterschweflige Säure einen fast constanten Bestandtheil des Katzenharns und einen häufigen des Hundeharns bildet. A. Strümpell*) hat denselben Körper jetzt auch in dem Urin eines Typhuskranken nachgewiesen. Der Umstand, welcher die Aufmerksamkeit auf ein ungewöhnliches Verhalten des Harns lenkte, war folgender: Bei der in der gewöhnlichen Art vorgenommenen Chlortitrirung trat die Endreaction, der rothe Niederschlag von chromsaurem Silberoxyd nicht ein, vielmehr entstand nach der Ausfällung des Chlors durch weiteren Zusatz der salpetersauren Silberlösung eine schmutzige, bald schwarz werdende Fällung. Auch das Filtrat des mit Baryt gefällten und durch CO_2 vom überschüssigen Baryt befreiten Harns gab mit Silberlösung einen schwarzen Niederschlag, der als Schwefelsilber erkannt wurde. Eine grössere Menge des Harns wurde darauf mit Salzsäure versetzt, zwei Tage stehen gelassen, filtrirt und der auf dem Filter befindliche Niederschlag mit Schwefelkohlenstoff extrahirt. Nach dem Verdunsten des letzteren blieb ein relativ reichlicher, nicht deutlich krystallinischer Rückstand, welcher beim Erhitzen in einem Proberöhrchen das schönste Sublimat von Schwefelblumen lieferte. Eine quantitative Bestimmung der vorhandenen unterschwefligen Säure wurde nach folgender Methode versucht. Da die unterschweflige Säure im Harn nicht durch $BaCl_2$ gefällt wird, so kann man dieselbe im Filtrate der Chlorbaryumfällung mit Salpetersäure zu Schwefelsäure oxydiren und letztere wieder mit Baryt bestimmen. Aus der Menge des zuletzt gewonnenen Barytsulfats liesse

*) Archiv d. Heilkunde, 17, 390.

sich die Menge der vorhandenen $S_2\Theta_2$ sicher berechnen, wenn die Voraussetzung richtig wäre, dass ausser der unterschwefligen Säure in diesem Filtrat keine anderen schwefelhaltigen Körper vorhanden sind. Diese Annahme ist aber nach bekannten Erfahrungen nicht ohne Weiteres zulässig. Eine derartige Bestimmung lässt also mit Sicherheit nur die Menge des im Harn ausser Schwefelsäure vorhandenen Schwefels erkennen. Leider konnte der Verfasser nicht die Gesammtmenge des in 24 Stunden entleerten Harns erhalten. Rechnen wir aber dieselbe, entsprechend den Fieberverhältnissen, auch nur zu 500 CC., so ergibt sich, nach der oben angegebenen Methode bestimmt, schon eine tägliche Ausscheidung von 1,5 Grm. Schwefel in einer anderen Form als in jener der schwefelsauren Salze. Auf $S_2\Theta_2$ berechnet würde dies eine Ausscheidung von 2,25 Grm. in 24 Stunden ergeben. Der gesammte in dieser Zeit ausgeschiedene Schwefel würde 2,36 Grm. betragen haben, was einen sehr beträchtlichen Eiweisszerfall anzeigt.

Inosit im Urin gesunder Personen. E. Külz*) hat durch Versuche an 6 Personen die Angaben von Strauss bestätigt, nach welchen Inosit im Harn Gesunder bei übermässiger Wasserzufuhr auftreten soll. Külz stellt nach seinen Untersuchungen den Satz auf, dass Zufuhr von 6 Liter Flüssigkeit über der gewohnheitsmässigen Menge, das Auftreten von Inosit bedingt. Die eingeführte Flüssigkeitsmenge schwankte in den Versuchen von 6—10½ Liter; die Zeit der Einfuhr derselben von 3½ bis 24 Stunden. Der entleerte Inosit betrug 0,4217 bis 0,9134 Grm. Bei Diabetes insipidus ist das Auftreten des Inosits nicht constant; Verf. selbst hat in einem Falle 20 Liter Urin vergeblich auf Inosit untersucht.

---

3. Auf gerichtliche Chemie bezügliche Methoden

Von

C. Neubauer.

Ueber die spectralanalytische Reaction auf Blut. H. W. Vogel**) hat die von Reichardt***) gemachte Angabe, nach welcher Indigo beim Erhitzen mit Alkali unter Umständen eine blutrothe Flüssigkeit liefern soll, die dieselbe spectralanalytische Reaction wie das Blut zeigt,

*) Centralblatt f. d. med. Wissensch. 1876, p. 550.
) Ber. d. deutsch. chem. Ges. z. Berlin, **9, 587.
***) Diese Zeitschr. **15**, 508.

so dass bei mit Indigo gefärbten Stoffen Irrthümer eintreten können, einer genauen Prüfung unterworfen. Als Vogel Indigocarmin mit Kalilauge von 1,4 spec. Gew. bis zum Sieden erhitzte, erhielt er in der That eine blutrothe Flüssigkeit, deren Spectralreaction jedoch bei genauerer Beobachtung von der des mit Alkali erhitzten Blutes in sehr bestimmter Weise unterschieden werden konnte. Die rothe Indigoflüssigkeit gab warm zwar einen Absorptionsstreif, dessen Lage, Charakter und Verhalten jedoch keineswegs mit dem des mit Alkali erhitzten Blutes übereinstimmt. Der Streif der Indigoflüssigkeit trat dicht bei der Linie D auf und reichte bis etwa zur Mitte zwischen D und E, an beiden Rändern zeigt er sich etwas verwaschen. (Siehe Curve 1.) Beim Ab-

Fig. 4.

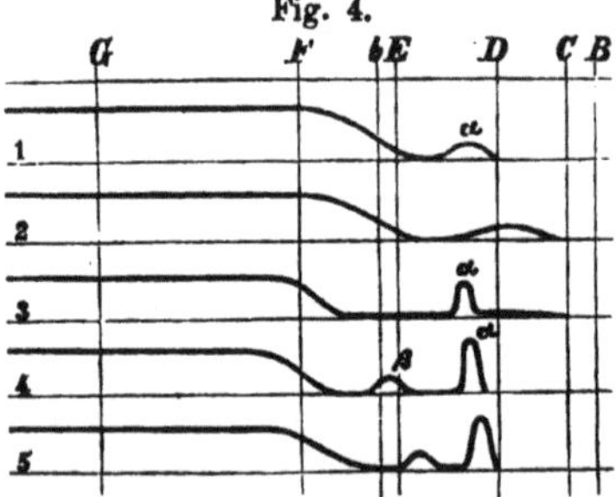

kühlen wurde der Streif merklich blasser und verschwand beim völligen Erkalten vollständig, indem zugleich die Farbe der Flüssigkeit, wie auch Reichardt erwähnt, in Grün überging. Schwefelammonium bewirkt keine Veränderung dieser Spectralreaction, falls man lange genug mit conc. Lauge erhitzt hat.

Ganz anders verhält sich Blut. 2 CC. eines auf das 10fache verdünnten Blutes geben mit einigen Tropfen Natronlauge (spec. Gew. = 1,4) versetzt keine rothe, sondern eine grüne Färbung, die sich beim Erkalten in rothgelb verwandelt. (Indigolösung verhält sich gerade umgekehrt). Heiss zeigte die alkalische Blutlösung nur den mässig starken Absorptionsstreif des Hämatins von C $^1/_3$, D bis D $^1/_2$, (Curve 2), abweichend von der Reaction der heissen Indigoflüssigkeit. Beim Erkalten aber ändert sich die Reaction auffallend, das breite wenig intensive Band (Curve 2) verschwindet und es stellt sich dafür ein schmaler intensiver Absorptionsstreif bei E $^1/_2$ D ein, (siehe Curve 3), also wiederum eine Reaction, die total von dem Verhalten der Indigoflüssigkeit abweicht. Schüttelt man die erkaltete alkalische Blutlösung heftig mit Luft, so verschwindet der Streif, kehrt aber beim Zusatz von Schwefelammonium höchst intensiv wieder, zugleich stellt sich ein anderer Streifen auf E b (Curve 4) ein und es entsteht so das Hämochromogen- oder zweite Hämatinspectrum von Stokes.

Dieses letztere Verhalten macht eine Verwechslung mit Indigoflüssigkeit fast unmöglich. — Um zu sehen in wie weit Indigocarmin bei der Blutreaction stören kann, versetzte der Verf. verdünntes Blut mit etwas Indigocarmin und erhitzte mit Natronlauge. Die heisse Flüssigkeit gab deutlich den breiten Streifen α (Curve 1), beim Erkalten trat aber der enge Blutstreif α (Curve 3) in sehr bestimmter Weise auf, während der Indigostreif verschwand und bei Zusatz von $(NH_4)_2S$ trat die Reaction (Curve 4) höchst intensiv auf. Mit kohlensaurem Natron erhitzt gab Indigocarmin warm und kalt nichts als den bekannten Indigostreif von C $^1/_4$ bis D $^1/_3$ E., der bei Zusatz von $(NH_4)_2S$ unter Entfärbung der Flüssigkeit verschwand und durch diese Reaction bestimmt von dem Streif des Blutes zu unterscheiden war. In conc. Lösungen von Indigotin in Na_2CO_3 entsteht mit $(NH_4)_2S$ ein schwacher Absorptionsstreif zwischen D und E, der aber rasch verschwindet.

Sehr geringe Mengen von Blut geben mit Kali oder kohlensaurem Natron erhitzt nur einen sehr schwachen Absorptionsstreif auf D, das Spectrum (Curve 3) bleibt aus. Bei Zusatz von $(NH_4)_2S$ zu der erkalteten Flüssigkeit erscheint aber der Streif α auf D $^1/_2$ E (Curve 4) sofort und ist diese Reaction bei Anwendung von kohlensaurer Natronlösung 1 : 10 eine durchaus zuverlässige und empfindliche. Ein paar Tropfen alten, auf Tuch eingetrockneten Blutes gaben mit Na_2CO_3-Lösung erhitzt und mit $(NH_4)_2S$ versetzt, diese Reaction in ganz ausgezeichneter Weise. — Zum näheren Verständniss ist in Curve 5 das Spectrum des unveränderten Oxyhämoglobins beigefügt.

Schliesslich sei erwähnt, dass H. Struve*) über das Vorkommen eines neuen, das Absorptionsspectrum des Blutes zeigenden Körpers im thierischen Organismus berichtet, welchen der Verf. im Muskelfleisch, so wie in der Leber verschiedener Thiere aufgefunden hat und welcher sich vom Blut dadurch unterscheidet, dass sein, im übrigen vollkommen mit den Absorptionserscheinungen des Hämoglobins übereinstimmendes, Spectrum weder durch die Einwirkung von Schwefelalkalien noch von Säuren verändert wird.

*) Ber. d. deutsch. chem. Ges. z. Berlin 9, 623.

Ebenso wie Vogel, so widerlegt auch C. Gänge*) die Angaben Reichardt's, dass alkalische Indigolösung und alkalische Blutlösung spectroskopisch verwechselt werden könnten. Zu den oben mitgetheilten Untersuchungen Vogels macht Gänge noch speciell folgende Bemerkungen: Die von Vogel nicht näher geprüfte rothe Indigolösung wird erhalten durch kurz dauernde Einwirkung von Alkalien auf Indigcarmin (d. i. indigblauschwefelsaures Alkali, welches wesentlich aus cörulin- und phönicin-schwefelsauren Salzen besteht). Berzelius nennt die dabei sich bildende Säure Purpurinschwefelsäure. Sie ist nicht zu verwechseln mit der oben erwähnten Phönizinschwefelsäure, die auch Purpurschwefelsäure (Berzelius) oder Indigpurpur genannt wird. Purpurinschwefelsäure wird durch Kochen, namentlich mit conc. Aetzlauge, sogleich zerstört und kann, wenn dies geschehen, durch Schwefelammonium nicht wieder hervorgerufen werden. Gänge hat daher bei seinen Versuchen ein längeres Kochen absichtlich vermieden. Die nach dem Kochen resultirende Flüssigkeit unterscheidet sich freilich noch mehr vom Blut, da sie gar keine Absorptionsbänder gibt, wird aber eben darum niemals mit Blut verwechselt werden können.

Gänge bemerkt ferner, dass alkalische Blutlösung (Sauerstoffhämatinalkali) schon dadurch von Purpurinschwefelsäure wesentlich abweicht, dass das Absorptionsband eine andere Lage hat, dasselbe dagegen bei durch wenig Schwefelalkali reducirtem Blute (sauerstofffreiem Hämoglobin) dieselbe Lage und Ausdehnung, wie beim purpurinschwefelsauren Alkali einnimmt, ausserdem aber, dass das Absorptionsband der Purpurinschwefelsäure beim Erkalten an der Luft verschwindet, während das des Sauerstoffhämatinalkalis warm und kalt dasselbe bleibt, das des sauerstofffreien Hämoglobins dagegen in Berührung mit Luft einem andern, dem bekannten zweibändrigen Spectrum des Sauerstoffhämoglobins Platz macht.

Gänge legt besonders Gewicht auf das gleiche spectroskopische Verhalten des Sauerstoffhämatinalkalis in der Wärme und in der Kälte, welches nach Vogel, wie oben zu ersehen, nicht stattfindet. Wenn Vogel das Absorptionsband desselben, Curve 2 in seiner Abbildung, beim Abkühlen verschwinden und ein anderes einbändriges (Curve 3) dafür auftraten sah, so war die Ursache auch hier wieder das längere Kochen, durch welches, wenn man Blut mit Kalilauge erwärmt, nicht allein das

*) Ber. d. deutsch. chem. Ges. z. Berlin 9, 833.

Hämatin allmählich reducirt, sondern auch das Albumin im Blute zersetzt wird, indem das Kali diesem höchst wahrscheinlich seinen Schwefel entzieht und, ohne dass ein besonderer Zusatz von Schwefelalkali nöthig wäre, das charakteristische s. g. zweite Stoke'sche Spectrum des reducirten Hämatins hervorruft. Vogel's Curve 3 ist nach Gänge weiter nichts als der Uebergang von Curve 2 zu 4. Diese letztere Absorption (Curve 4) entsteht beim Zusatz von Schwefelammonium zu dem mit Kalilauge gekochten Blute nur schneller und intensiver, während beim allmählichen Entstehen derselben, nach dem blossen Erwärmen von Blut mit Alkali, der weit dunklere Streif α, Curve 4, immer zuerst allein auftritt, der zweite schwächere β beim Erkalten und Stehen erst allmählich erscheint. Beide Streifen aber verschwinden wieder mit dem Sieden des Gemisches, um beim Abkühlen jedesmal wieder zu erscheinen.

Zur Abscheidung der Alkaloide aus Leichentheilen etc. C. Rennard *) theilt einige bei der Abscheidung der Alkaloide aus Leichentheilen, Fruchtsäften etc. gemachte Erfahrungen mit, deren Befolgung eine Abkürzung und Vereinfachung der Arbeiten ermöglichen soll.

Zur Extraction der Leichentheile bedient sich der Verf. vorzugsweise eines 90—94% Alkohols und nur ausnahmsweise bei sehr fettreichen Geweben, des Wassers. Dem Alkohol wird so viel verdünnte Schwefelsäure zugesetzt, dass die flüssige Masse nach dem Umschütteln eine deutlich saure Reaction zeigt, wozu in der Regel 5—15 Tropfen genügen. Erst nach völligem Erkalten filtrirt man die alkoholische Flüssigkeit, destillirt den Alkohol aus dem Wasserbade zum grössten Theil ab und verjagt aus dem Rückstande nach Zusatz von etwas Wasser, den letzten Rest. Die wässerige Flüssigkeit lässt man ebenfalls zuvor vollständig erkalten, bevor sie durch ein benetztes Filter filtrirt wird. Auf dem Filter bleibt ein grösstentheils aus Fett bestehender Rückstand, den man mit heissem, etwas angesäuertem Wasser ausschüttelt und das Filtrat mit dem ersteren vereinigt. Liegen zur Untersuchung schleimige oder zuckerhaltige Stoffe vor, so lässt sich Wasser zum Ausziehen gar nicht anwenden, weil schliesslich eine wässerige, syrupöse Flüssigkeit resultirt, welche beim Ausschütteln mit Aether, Benzin etc. mit diesen eine Emulsion bildet, die schwierig zu klären ist. Auch Alkohol allein gibt kein genügendes Resultat, aber in solchem Falle leistet ein Zusatz von Aether ganz vorzügliche Dienste. Fügt man zum alkoholischen

*) Pharm. Centralhalle 17, 800.

sauren Auszuge $^1/_4$ bis $^1/_3$ Vol. Aether hinzu, so scheidet sich der Fruchtzucker als schmierige Masse fast vollständig aus, so dass sich die überstehende Flüssigkeit klar abgiessen und ohne Filtriren weiter, wie oben angegeben, verarbeiten lässt. — Bei Erbrochenem, überhaupt viel Wasser enthaltenden Objecten erhält man nach dem Abdestilliren des Alkohols eine relativ grosse Menge wässeriger Flüssigkeit, die man zuvor concentriren und mit starkem Alkohol nochmals behandeln muss; auch hier ist ein Zusatz von Aether sehr zu empfehlen. Man erhält auf diese Weise schliesslich eine verhältnissmässig kleine Menge einer dünnflüssigen, klaren, wässerigen Lösung, aus welcher sich das etwa vorhandene Alkaloid mit Leichtigkeit und in fast reinem Zustande isoliren lässt.

Hauptbedingung bleibt dabei immer, dass man den Auszügen vor dem Filtriren genügend Zeit gönnt zum Absitzen und Abkühlen; man erspart sich dadurch später viel Aerger und Zeitverlust.

Das Ausschütteln der sauren, wässerigen Flüssigkeit geschieht zuerst mehrere Mal mit Petroleumäther, dann einmal mit wenig Aether. Beide werden vorläufig bei Seite gestellt, weil sie nur einige, seltene Alkaloide enthalten können.

Die mit Ammon übersättigte wässerige Flüssigkeit kann gleich bequem mit Aether oder Benzin ausgeschüttelt werden; Verf. zieht den rectificirten und alkoholfreien Aether, seiner grössern Flüchtigkeit wegen vor. Zur schliesslichen Extraction wendet er statt des Amylalkohols, rectificirten Essigäther an.

Die aus der alkalisch gemachten Flüssigkeit in Aether oder Benzin übergehenden Alkaloide hinterbleiben, nach dem Verdunsten der Lösungsmittel, in der Regel in so reinem Zustande, dass ohne weiteres die betreffenden Reactionen angestellt werden können. Dagegen nimmt Amylalkohol, in geringerem Grade Essigäther, aus dem Wasser etwas gefärbte Stoffe auf, sodass eine weitere Reinigung des Alkaloids (Morphin) nothwendig wird.

Der Zweck dieser Mittheilung ist vor Allem, eine practische Anweisung zu geben, wie man die Auszüge auf einfache Weise und rasch reinigen kann. Das Erkaltenlassen der Flüssigkeiten ermöglicht eine schnelle Filtration; der Aetherzusatz bewirkt eine ziemlich vollständige Fällung störender Stoffe; eine Ausscheidung vom Alkaloid findet hierbei nicht statt, wovon der Verf. sich durch Versuche mit Chinin, Strychnin und Morphin überzeugt hat.

Beitrag zur forensischen Untersuchung auf Alkaloide. Ueber das Auftreten alkaloidartiger Körper namentlich in faulen Leichentheilen, die bei forensischen Untersuchungen leicht zu Irrthümern Veranlassung geben können, liegen bereits eine Anzahl Untersuchungen vor. (Diese Zeitschrift **12**, 344 und **14**, 230.) Einen neuen Beitrag zu dieser höchst wichtigen Frage lieferte L. Liebermann.*) Bei der Untersuchung eines schon ziemlich faulen Magens und einigen Mageninhaltes fand der Verf. einen Körper, der in mancher Beziehung sich einem Alkaloid ähnlich verhielt, jedoch kein solches war. Auch mit Schwanert's Substanz konnte derselbe nicht identisch sein, da diese flüchtig, Liebermanns Körper dagegen nicht flüchtig war.

Liebermann erhielt seine Substanz nach der Methode von Stas-Otto.

Der Aetherauszug aus alkalischer Lösung in einem Uhrglase am Wasserbade verdunstet, zeigte während des Verdunstens gelbe, ölige Tropfen, die sich zum Rande hinaufzogen und wieder herabrannen. Diese Tropfen blieben nach dem vollständigen Verdunsten des Aethers als harzige, bräunliche Masse zurück, die sich in Wasser zu einer trüben Flüssigkeit löste. Diese Erscheinungen stimmten auffallend mit denjenigen, die man beim Coniin beobachtet. In der That verhielten sich bei einem Parallelversuch mit reinem Coniin beide Körper gleich, bis auf den Geruch, der deutlich verschieden war.

Die wässerige Lösung der aus dem Magen gewonnenen Substanz reagirte stark alkalisch und diese, sowie die mit einem Tropfen verdünnter Salzsäure aus ihr erzeugte, wässerige Salzlösung, gaben folgende für Alkaloide überhaupt, und für Coniin insbesondere charakteristische Reactionen:

1) Wässerige Tanninlösung: weisse Fällung.
2) Jodjodkaliumlösung: gelbbraune, später dunkelbraune Fällung.
3) Chlorwasser: starke weisse Trübung.
4) Phosphormolybdänsäure: gelbe Fällung.
5) Jodquecksilberkalium: weisse Fällung.
6) Sublimat: weisse Trübung.
7) Conc. Schwefelsäure: anfangs nichts, bei längerem Stehen schwach röthlich violette Färbung.
8) Conc. Salpetersäure: anfangs nichts, nach dem Verdunsten bleibt

*) Ber. d. deutsch. chem. Ges. z. Berlin, **9**, 151.

ein gelber Fleck. Gold- und Platinchlorid gaben sowohl hier, als auch bei reinem Coniin sehr undeutliche Reactionen.

Diese und andere mit negativem Resultat angestellte Reactionen liessen den Verfasser alle, oder doch die wichtigsten Alkaloide, mit Ausnahme des Coniins ausschliessen. Nicotin konnte der Körper nicht sein, da er eine trübe wässerige Lösung und eine weisse Trübung mit Chlorwasser gab. Gegen Coniin sprach bisher nur der Geruch der Substanz. Es blieb nun zur Entscheidung ob der Körper Coniin sei oder nicht, nichts übrig als 1) die Flüchtigkeit zu constatiren und 2) entweder eine Elementaranalyse desselben oder einen Vergiftungsversuch an einem kleinen Thiere vorzunehmen. Verf. entschloss sich zu letzterem.

Alle Versuche, die Flüchtigkeit des Körpers nachzuweisen ergaben mit Evidenz, dass hier kein flüchtiges Alkaloid, also kein Coniin vorlag. Der Rückstand vom ätherischen Auszuge wurde darauf mit etwas Weizenmehl zu Pillen verarbeitet und diese an eine Taube verfüttert. Obgleich das Thier einige Decigramme der fraglichen Substanz bekommen hatte, blieb dasselbe ganz gesund und zeigte auch nach längerer Zeit keinerlei Veränderungen.

Liebermann stellt schliesslich die wichtigsten Eigenschaften dieser Substanz wie folgt, zusammen:

Die Substanz geht sowohl aus alkalischer wie auch saurer Lösung in Aether über. Sie bildet beim Verdunsten des Aethers gelbliche, ölige Tropfen und bleibt schliesslich als bräunlich gelbe, harzige Masse von eigenthümlichem Geruch zurück (wie kann sie Geruch haben, wenn sie nicht flüchtig ist ? N.), die sich in Alkohol leicht löst, jedoch aus dieser Lösung nicht krystallisirt. Mit Wasser gibt sie eine trübe Flüssigkeit, die alkalisch reagirt. Sie schmeckt etwas säuerlich (?), schwach brennend. Sie wird von saurem Wasser aufgenommen, gibt alle Reactionen des Coniins, ist jedoch nicht flüchtig. Soviel bis jetzt festgestellt werden konnte, ist sie nicht giftig.

Verf. macht auch noch darauf aufmerksam, dass eine wässerige Coniinlösung mit Jodjodkaliumlösung am Uhrglase anfangs neben braunen und gelben, auch deutlich violette Streifen gibt.

Nach Berichten von F. Selmi*) sollen Gehirn und Leber des Menschen und Ochsen ein Alkaloid enthalten, welches sich dem Morphin ganz ähnlich verhält. Dieses Alkaloid besitzt in wässeriger Lösung

---

*) A. a. O. p. 195.

alkalische Reaction; es ist nicht in Aether wohl aber in Amylalkohol löslich, reducirt Jodsäure und färbt sich mit Eisenchlorid bläulich, aber es wirkt auf Frösche nicht giftig. Ein genau ebenso sich verhaltendes und vielleicht damit identisches Alkaloid hat Selmi in den grünen, nicht in den trocknen Fruchtkapseln der Klatschrose entdeckt. Leider gibt Schiff, der über diese Untersuchungen Selmi's berichtet, nicht an, wie diese Alkaloide abgeschieden und vom Morphin getrennt werden können. Mit jodhaltigem Jodwasserstoff gibt Morphin nur sehr allmählich mikroskopische Krystalle, während das neue Alkaloid sogleich Krystalle entstehen lässt, welche aber sehr rasch wieder verschwinden. — Wird ein Tropfen verdünnter Morphinlösung mit einem Tropfen einer kalt bereiteten Lösung von Mennige in Eisessig bei sehr gelinder Wärme verdampft, so bleibt ein gelber Rückstand, der durch orange in violett übergeht und schliesslich missfarbig wird. Mit dem neuen Alkaloid, sowie mit den anderen Opiumalkaloiden, erhält man in dieser Weise nur einen gelblichen, sich nicht weiter verändernden Rückstand.

A. Moriggia und A. Battistini*) haben Versuche angestellt, in wiefern aus Leichentheilen giftig wirkende Substanzen ausgezogen werden können. Es gelang dieses sowohl aus frischen, als auch namentlich aus mehr oder weniger verfaulten menschlichen Leichen. Die Verfasser haben die nach dem üblichen Verfahren ausgezogenen alkaloidartigen Substanzen zu Versuchen mit Meerschweinchen und Fröschen verwandt, ohne jene Substanzen den mehrfachen Reinigungsverfahren unterworfen zu haben, weil bei letzteren und überhaupt an der Luft jene Körper sich rasch verändern und ihre giftigen Wirkungen verlieren. Aus ähnlichem Grunde wurde auch bei gegen 8 Monate alten Leichentheilen nur noch wenig von den giftig wirkenden Substanzen vorgefunden. Letztere gehen wenig in den Aether, leicht aber in Amylalkohol über. Die Verf. machen besonders darauf aufmerksam, dass sie zu ihren Untersuchungen weit grössere Mengen von Leichentheilen verwandt haben, als dieses gewöhnlich bei gerichtlichen Untersuchungen der Fall ist, und dass die Vergiftungssymptome des nicht öfter gereinigten und concentrirt angewandten Extracts verschieden seien von denjenigen der meisten giftigen Pflanzenalkaloide. Für den umsichtigen Chemiker etc. behalte also der Nachweis giftiger Alkaloide durch den Versuch mit lebenden Thieren seinen ungeschmälerten Werth, besonders dann, wenn die Versuche vom Verdauungs-

*) A. a. O. p. 197.

kanal aus vorgenommen werden können. Das cadaverische Gift wirkte nämlich von hier aus sehr viel schwächer als bei subcutaner Einspritzung.

Diese Angaben der beiden genannten Forscher finden im Allgemeinen Bestätigung durch die neuesten Untersuchungen Selmi's. Aus menschlichen Leichen, welche nach 1, 3, 6 und 10 Monaten ausgegraben wurden, hat Selmi mehrere stark alkalisch reagirende Alkaloide abgeschieden, welche alle mit jodhaltigem Jodwasserstoff, charakteristische krystallisirende Verbindungen bilden. Von drei in Aether löslichen, nicht giftigen Alkaloiden wird eins durch Kohlensäure ausgeschieden. Ein nicht in Aether, wohl aber in Amylalkohol lösliches Alkaloid wirkt in hohem Grade giftig und bringt bei Kaninchen Tetanus, starke Pupillenerweiterung, Herzlähmung und raschen Tod hervor. Alle diese Körper gaben die allgemeinen Alkaloidreactionen und verändern sich leicht an der Luft. Selmi ist mit der Darstellung dieser letzteren Substanz im grösseren Maassstabe beschäftigt. Zu bemerken ist endlich, dass sowohl bei den Untersuchungen von Selmi wie von Moriggia und Battistini die allgemein bekannten stickstoffhaltigen, krystallinischen Umsetzungsproducte der Eiweisskörper durch die Abscheidungsmethode selbst ausgeschlossen sind.

An die Fachgenossen.

Bei der Fülle der in steter Zunahme begriffenen chemischen Literatur wird die Erstattung des Berichts über die Fortschritte der analytischen Chemie von Jahr zu Jahr schwieriger, besonders ist es oft fast unmöglich, alles auf analytische Chemie Bezügliche aufzufinden. Dies ist namentlich dann der Fall, wenn in grösseren Arbeiten, deren Ueberschrift dies nicht erkennen lässt, analytische Methoden etc. gelegentlich mitgetheilt sind. Deshalb richtet die Redaction an die Herren Verfasser solcher Abhandlungen die Bitte, die analytischen Methoden als solche — nach Umständen in ausführlicherer Darlegung — zur Aufnahme als Originalbeitrag in die Zeitschrift für analytische Chemie einzusenden oder doch wenigstens der Redaction einen Separatabzug zukommen zu lassen.

Ferner ersucht die Redaction die Herren Verfasser rein analytischer Abhandlungen, welche in anderen Zeitschriften publicirt sind, im Interesse möglichst vollständiger Berichterstattung, um Zusendung von Separatabdrücken.

Die Redaction.

Die Analyse des Butterfettes, mit besonderer Rücksicht auf Entdeckung und Bestimmung von fremden Fetten.

Von

Otto Hehner,
öffentl. Chemiker für die Insel Wight.

Es kann der Mehrheit der deutschen Chemiker nicht unbekannt sein, dass die englische Gesetzgebung in Betreff öffentlicher Gesundheitspflege und Beschützung des Publikums vor Geldverlust und Gesundheitsschädigung seitens der verschiedenen Verkäufer von Nahrungsmitteln weit vor der deutschen voraus ist. Schon vor vielen Jahren fing man hier an auf die in grossartiger Masse stattfindende Verfälschung der Nahrungsmittel hinzuweisen und die Aufmerksamkeit auf den kolossalen Verlust zu richten, der sowohl der Zollverwaltung wie einem jeden einzelnen Consumenten von solchen verfälschten Artikeln erwächst.

So grosse Dimensionen nahm bald diese Bewegung an, dass im Jahre 1862 das engl. Parlament ein Gesetz erliess, um dieser Verfälschung zu steuern; aber bis zum Jahre 1872 geschah im Ganzen nur wenig, um den bestehenden Uebelständen abzuhelfen. Damals aber wurde ein neues und verbessertes Gesetz, «Adulteration of Food und Drugs Act» erlassen, und unter diesem wurden in jeder Grafschaft und in jeder unabhängigen Stadt (Borough) Chemiker angestellt, denen die Untersuchung der Nahrungsmittel speciell obliegt. Schon im Jahre 1874, bald nach dem Austritte des liberalen Ministeriums Gladstone, erfuhr dieses Gesetz eine bedeutende Umänderung und kam unter dem Titel «Sale of Food and Drugs Act» in Kraft. Damals, in 1874, vernahm ein Parlamentsausschuss die hervorragendsten der Nahrungsmittelchemiker, sowohl um deren Ansichten über das ältere, zweite Gesetz zu sammeln, als auch festzustellen, ob die Entdeckung aller Verfälschungen überhaupt möglich sei. Die Gegner des Gesetzes, die Vertreter der Spezerei- und Colonialwaarenhändler, legten nun besonderes Gewicht auf den Umstand, dass die meisten dieser Chemiker zu erklären gezwungen waren, dass die Entdeckung und mehr noch die quantitative Bestimmung von fremden Fetten in Butter, bei dem damaligen Zustande der Wissenschaft, ein Ding der Unmöglichkeit sei. In der That war eine zuverlässige Methode damals nicht bekannt. War die Verfälschung nur einigermaassen vorsichtig ausgeführt, dann konnten weder Schmelzpunkt noch sonstige physikalische Eigenschaften geeignete Anhaltspunkte bieten.

Damals schon händigte ich durch Dr. Hassall, den Vorkämpfer für die Reinheit der Nahrungsmittel, dem Ausschusse eine von mir und meinem Freunde, Herrn Arthur Angell, Public Analyst für die Grafschaft Southampton, verfasste Erklärung ein, in welcher wir die Grundzüge einer damals von uns aufgefundenen, auf chemische Analyse begründeten Methode zur Entdeckung und Bestimmung fremder Fette in Butter niedergelegt hatten. Natürlich wurde diese Methode von vorn herein angezweifelt, da es manchen der Herren, die stark für die Unmöglichkeit chemischer Butteranalyse aufgetreten waren, nicht leicht wurde anzuerkennen, dass ihre Meinung doch eigentlich nur auf Unkenntniss der Zusammensetzung des Butterfettes begründet sei. Aber nach vielseitigen kritischen Untersuchungen durch Männer wie Dr. Dupré, Dr. Stephenson, Dr. Turner und Dr. Muter wurde unsere Methode als richtig und zuverlässig anerkannt, und dieselbe ist nun, mit einigen bald nach ihrer im Jahre 1874 erfolgten Veröffentlichung eingeführten Modificationen, in allen Laboratorien der englischen Nahrungsmittelchemiker und der Zollbehörden aufgenommen; viele hunderte von Analysen sind schon nach ihr ausgeführt, und wie das Organ der öffentlichen Chemiker jüngst erklärte «Butteranalyse steht nun auf einer sichereren Grundlage, als die meisten anderen Methoden der Nahrungsmittelanalyse.»

Wenn ich nun dennoch diese Methode, die nicht nur einer der vielen von Zeit zu Zeit gemachten Vorschläge, sondern geprüft und von allen Seiten als richtig anerkannt ist, mehr als zwei Jahre nach ihrer ersten Veröffentlichung in einer deutschen Zeitschrift behandle, und ich somit erwarten muss, dass sie Manchem nichts Neues mehr bietet, so glaube ich doch, dass sie der grossen Mehrzahl der Chemiker, welchen die englische Specialliteratur nicht zugänglich ist, unbekannt geblieben, wie aus dem Umstande hervorgeht, dass «der Vorstand des Pharmaceutischen Kreisvereins zu Leipzig, für Untersuchung von Nahrungsmitteln und für hygieinische Zwecke» noch ganz kürzlich, im Novbr. 1876, einen Preis zur Ausmittelung einer solchen Methode aussetzte. Und da auch endlich in Deutschland sich eine starke Strömung fühlbar zu machen anfängt, welche die Untersuchung der Nahrungsmittel verlangt, so hoffe ich, dass meine und Herrn A. Angell's Methode auch von den deutschen Collegen für so zweckentsprechend befunden werde, wie dies von Seiten der englischen geschah.

Die chemische Literatur bietet nur sehr wenige Anhaltspunkte, welche zur Ausmittelung einer Methode wie die erwähnte, dienen könnte. Nur eine vor vielen Jahren ausgeführte Analyse des Butterfettes ist so viel mir bekannt veröffentlicht, und zwar von Bromeis, der die Zusammensetzung angibt wie folgt:

Margarin	68
Butyrolein	30
Butyrin, Caprin und Caproin	2
	100.

Nun wurde aber durch spätere Beobachter nachgewiesen, dass Bromeis' Margarinsäure eigentlich nur Stearinsäure gemischt mit flüchtigen Fettsäuren sei, und dass auch, wie aus den Versuchen Gottlieb's hervorgeht, das sogen. Butyrolein nichts weiter sei als gewöhnliches Triolein. Die 2 Procente Butyrin, Caprin und Caproin würden, als Butyrin gerechnet, nur 1,74 Procenten Buttersäurehydrat, $Є_4 H_8 Θ_2$, entsprechen. Da aber die Gegenwart dieser flüchtigen Fettsäuren gerade den Unterschied zwischen Butterfett und allen anderen thierischen Fetten bedingt, so schien es von vornherein unmöglich, auf diese geringe Menge, 1,74 Proc., eine Methode zur Unterscheidung der Butter von fremden Fetten, viel weniger noch zur Entdeckung und Bestimmung der letzteren, wenn mit der ersteren gemischt, zu gründen, und demgemäss scheint es auch, als ob Niemand seit Bromeis' Zeiten die Bestimmung der flüchtigen Fettsäuren im Butterfett versucht habe.

Auf die physikalischen Eigenschaften des Butterfettes, wie Löslichkeit in Alkohol, Aether und Petroleumaether, Schmelzpunkt etc. wurden zahlreiche Methoden zur Unterscheidung gegründet, aber dieselben scheiterten alle an dem Umstande, dass es leicht ist durch Mischen von flüssigen und festen Fetten Produkte herzustellen, die sich in ihrem Aeusseren und allen physikalischen Eigenschaften durchaus nicht von Butter unterscheiden. Im Gegentheile wurde gar manche ächte Butter als verfälscht betrachtet, weil ihr Geruch und ihr Aussehen auf die Anwesenheit von Talg zu deuten schien. Alle Butter aber ohne Ausnahme, selbst die beste, nimmt durch längeres Liegen an der Luft den Geruch des Talges im stärksten Maasse an und wird blendend weiss, wie dieser.

Es wäre nun freilich von ausserordentlichem Interesse eine genaue Analyse des Butterfettes zu haben, so weit Stearinsäure, Palmitinsäure und Oelsäure in Betracht kommen, aber bei der ausserordentlichen Schwierigkeit so hochatomige Körper zu trennen, muss dies fast als eine Unmöglichkeit angesehen werden. Auch wenn die Verhältnisse dieser Körper bekannt wären, so wäre es doch, wie gesagt, leicht Gemische von derselben Zusammensetzung herzustellen, die nicht eine Spur von Butter enthielten. Die einzige chemische Methode, die demnach zum Ziele führen konnte, musste auf die directe oder indirecte Bestimmung der flüchtigen Fettsäuren basirt sein, denn nur durch die Anwesenheit dieser Säuren unterscheidet sich Butterfett von den anderen so nahe verwandten Gemischen, die wir als Thierfette kennen.

Das erste und vielleicht wichtigste Resultat unserer Untersuchungen war, dass wir erkannten, die Menge der flüchtigen Säuren in Butterfett sei weit grösser, als von Bromeis angegeben, und betrage ungefähr das Vierfache der von diesem Beobachter angegebenen Menge.

Das zweite und praktisch bedeutendste Resultat war dies: Die Menge der flüchtigen Fettsäuren in Butterfett ist sehr constant und nahezu unabhängig von der Varietät der die Milch liefernden Kühe, von dem Futter, der Jahreszeit und der Bereitungsart der Butter. Es soll natürlich damit nicht gesagt sein, dass die flüchtigen Säuren immer absolut genau in derselben Procentzahl in der Butter enthalten seien, sondern nur, dass sie innerhalb gewisser, nicht zu weit auseinanderliegender Grenzen schwanken, und dass eine Minimalzahl existire, unter welche sie in reiner Butter nicht fallen.

Es wurde ferner klar, dass das Alter der Butter, sei dieselbe frisch oder ranzig oder soweit zersetzt, dass sie vollkommen talgig erscheint, praktisch ohne Einfluss auf das Resultat der Analyse ist. Da die zu untersuchenden Proben häufig erst in hochzersetztem Zustande in die Hände des Chemikers gelangen, so muss dieses Resultat als von grosser praktischer Bedeutung angesehen werden.

Zu diesen Schlüssen führte eine Reihe von zum Theil unvollkommenen und daher durch bessere ersetzten Methoden, die wohl von genügendem Interesse sein mögen, sie hier in Kürze zu behandeln.

Um das Butterfett in reinem Zustande zu erhalten schmelze man die Butter im Wasserbade, lasse die im Durchschnitte 15 Proc. betragenden Verunreinigungen, nämlich Wasser, Salz und Casein, so viel wie möglich zu Boden sinken und giesse das meistens stark trübe, geschmolzene Fett vorsichtig auf ein in einem heissen Trichter befindliches trocknes Filter. Ein doppelter Trichter, wie dieselben zum Aussüssen mit heissem Wasser benutzt werden, leistet hierbei gute Dienste, oder aber kann man den Trichter sammt untergesetztem ganz kleinen leichten Becherglas in ein Trockenschränkchen des Wasserbades stellen. Auf diese Weise erhält man ein vollkommen klares gelbes Oel, das beim Trocknen im Wasserbade nicht an Gewicht verliert und also frei von Feuchtigkeit ist. Man muss vorsichtig verfahren, um die aus der geschmolzenen Butter zu Boden gesunkene wässerige Salzlösung nicht auf's Filter zu giessen, da leicht Wassertröpfchen in's Filtrat übergehen.

Von dem starr gewordenen Butterfett wurden etwa 3 oder 4 Grm. abgewogen und in einer Kochflasche auf dem Sandbade mit starker wässriger Kalilauge verseift, eine Operation, die durchaus nicht glatt von Statten geht, da die Flüssigkeit mit grosser Beharrlichkeit stösst und häufig die Kochflasche in Stücke schlägt. Am Ende erhielt man aber doch eine vollkommen klare gelbe Seifenlösung. Diese wurde nun mit verdünnter Schwefelsäure zersetzt, und die flüchtigen Fettsäuren aus der sauren Flüssigkeit mit oben schwimmenden unlöslichen Fettsäuren abdestillirt. Auch hier hinderte starkes Stossen die glatte Ausführung des Versuchs. Wenn aber die geschmolzenen Fettsäuren, nach gehörigem Waschen mit kochendem Wasser, abgehoben wurden, ging die Destillation leicht von Statten. Der Säuregehalt des Destillates wurde mittelst Normal-Natronlauge bestimmt. Auf diese Weise wurden 6,52, 6,146, 7,480, 5,094, 4,796. 7,452, 7,259 und 6,026 Proc. flüchtige Säuren abdestillirt und als Buttersäure in Rechnung gebracht. Constante Resultate waren aber nicht zu erhalten (wie denn z. B. die Zahlen 4—7 von der nämlichen Probe Butterfettes geliefert wurden), da der Säuregehalt des zuerst stark nach Buttersäure riechenden Destillates noch ganz beträchtlich war, selbst wenn die Flüssigkeit sich in einem so hohen Concentrationszustande befand, dass das Glycerin in — an seinen scharfen Dämpfen erkennbares — Acrolein überzugehen anfing.

Durch directe Bestimmung mittelst Destillation war demnach das gesuchte Resultat nicht zu erreichen, obwohl zur Genüge festgestellt schien, dass der Gehalt an flüchtigen Säuren weit grösser sei, als von Bromeis angegeben. Da wir nun auch durch sehr zahlreiche Versuche bewiesen hatten, dass der Schmelzpunkt der Butter nur innerhalb zweie Grade schwanke, waren wir überzeugt, dass die Zusammensetzung de Fettes weit constanter sei, als durch die obigen Zahlen angedeutet schien

Eine indirecte Bestimmungsmethode führte uns zu der gesuchte Lösung.

So weit bis jetzt bekannt, bestehen alle Thierfette, mit Ausnahm von Butter, aus Gemischen von Tristearin, Tripalmitin und Triolein. D nun die Aequivalentzahlen sowohl dieser Glyceride, wie die der entsprechen den Säuren, sehr hoch und nur wenig von einander abweichend sind war vorauszusetzen, dass die drei Glyceride nahezu dieselbe Procentmeng von Säuren liefern würden. So berechnet sich die 100 Theilen Tristeari entsprechende Stearinsäuremenge zu 95,73, die 100 Theilen Palmiti entsprechende Palmitinsäuremenge zu 95,28, und endlich ebenso be Oelsäure zu 95,70 Procent. Da nun alle Fette mit Ausnahme vo Butter Gemische dieser 3 Glyceride sind, so müssen sie, verseift und mi Schwefelsäure zersetzt, eine zwischen 95,28 und 95,73 % liegende Fett säuremenge liefern. Da gewöhnlich Stearin und Olein vorwiegen, kan man 95,5 als eine theoretische Durchschnittszahl ansehen. In der Tha erhielten wir von Schweineschmalz, Hammelstalg und ähnlichen Fetten stet dieser Zahl innerhalb 0,1 % nahekommende Mengen.*)

Da nun aber Butterfett neben diesen unlöslichen Säuren auch ein beträchtliche Menge von flüchtigen, oder (da diese flüchtigen Säuren auc alle in Wasser löslich sind), löslichen Säuren liefert, so muss noth wendigerweise die Menge der unlöslichen Säuren im Verhältniss zu der jenigen der löslichen Säuren verringert sein. Es war also zu erwarten dass Butterfett nicht 95,5 % unlösliche Fettsäuren ergeben würde, son dern eine bedeutend geringere Zahl.

Bei 12 mit verschiedenen Butterproben ausgeführten Bestimmunge fanden wir, dass Butterfett 85,85 % unlösliche Fettsäuren liefert; di Resultate variirten von 85,4 bis 86,2 Procent. Hier also war der We klar vorgezeichnet, auf welchem Beimischungen von fremden Fetten mi Butter entdeckt und sogar mit bedeutender Sicherheit quantitativ bestimm werden konnten, und statt der flüchtigen Fettsäuren, die mit Gewisshei nicht quantitativ zu bestimmen waren, entschieden wir uns dafür, di u n l ö s l i c h e n Säuren zum Ausgangspunkte zu nehmen.

---

*) Die weiter unten beschriebene verbesserte Methode wurde bei diese Versuchen benutzt.

Die oben erwähnten, von 85,4 bis 86,2 % schwankenden Zahlen waren erhalten worden durch Verseifung einer gewogenen, circa 3 Grm. betragenden Menge Butterfettes mit einer wässerigen Natronlauge. Da aber die Verseifung in einer Kochflasche nur sehr schwierig von Statten ging, waren wir gezwungen, dieselbe in einer Abdampfschale vorzunehmen, und selbst dann, unter stetigem Umrühren mit einem Glasstabe, während die Flüssigkeit fast auf dem Siedepunkte erhalten wurde, waren meistens 2 bis 4 Stunden erforderlich, um eine klare Lösung zu erhalten. Dass auf diese Weise selbst bei sehr sorgfältigem Arbeiten Verlust kaum zu vermeiden ist, liegt auf der Hand, und man kann daher nicht erstaunt sein, dass unsere Zahlen für zu niedrig erkannt wurden, sobald die schnellere und bessere, von Dr. G. Turner vorgeschlagene Verseifungsmethode angewendet werde. Statt der wässerigen Natronlauge als Verseifungsmittel gebrauchten wir, Turner's Vorschlage folgend, eine Lösung von Natron oder Kali in starkem Alkohol. Diese löst das Butterfett in der Wärme mit Leichtigkeit auf, und die Verseifung geht fast augenblicklich vor sich. Verlust ist nicht zu befürchten, da die Wärme des Wasserbades vollkommen genügt, und die ganze Operation in wenigen Minuten vollendet ist. Auf diese, sogleich eingehend zu beschreibende Weise erhielten wir und die vielen Chemiker, welche die Bestimmung der unlöslichen Fettsäuren als sichersten Weg zur Unterscheidung zwischen Butter und anderen Thierfetten anerkannt haben, Zahlen, die fast alle zwischen 86,5 und 87,5 % liegen. Da aber in einzelnen Fällen die Fettsäuren bis 88 % steigen, so kann es nicht als gerechtfertigt angesehen werden, eine Butter, welche 88 % oder weniger liefert, als verfälscht zu erklären. Aber wenn die Fettsäuren über diese Zahl steigen, ist Verfälschung als erwiesen zu betrachten, und die Berechnung der Menge fremden Fettes auf die Zahl 87,5 zu basiren. Ein Fett, welches 91 % unlösliche Fettsäuren liefert, enthält demnach 43,5 % fremdes Fett, da 95.5 — 87,5 = 8, und 91 — 87,5 = 3,5. Daher 8 : 3,5 = 100 : x. Zur Berechnung der Menge des fremden Fettes ziehe man daher von der gefundenen Procentzahl 87,5 ab, multiplicire mit 100 und dividire mit 8. Da Butter nie mit nur wenigen Procenten fremden Fettes vermischt wird, sondern mit wenigstens einem Drittel und oft mit weit mehr, so läuft man nicht leicht Gefahr, selbst eine ausnahmsweise hochprocentige Butter als verfälscht zu erklären. Man bedenke immer, dass kein thierisches Produkt absolut constant und unabänderlich in Zusammensetzung ist. Wenn je ein zweifelhafter Fall vorkommt, gebe m[illegible] immer sein Urtheil zu Gunsten des Verkäufers. Durch Befolgung dieser Regel sind Collisionen zwischen Public Analyst und Händlern hier in England noch immer vermieden worden.

Nun zur genauen Beschreibung der Methode. Die Einzelheiten müssen sorgfältig eingehalten werden, wenn man sicher sein will, gute und brauchbare Resultate zu bekommen.

Man wäge das kleine, das reine Butterfett enthaltende Bechergläschen und nehme sodann mittelst eines Glasstabes ungefähr 3 oder 4 Gramm heraus, die in eine 5 Zoll im Durchmesser messende Abdampfschale gebracht werden; der Glasstab mit dem daran klebenden Fette kommt gleichfalls in die Schale. Das Bechergläschen wird wieder gewogen und so die angewandte Butterfettmenge genau in Erfahrung gebracht. Man füge nun zum Fette 50 CC. Alkohol und ein 1 bis 2 Grm. wiegendes Stückchen reines Aetzkali. Der Alkohol wird auf dem Wasserbade mässig erwärmt, wobei sich das Butterfett, besonders beim Umrühren, mit Leichtigkeit zu einer klaren, gelben Flüssigkeit löst und sich ein starker Geruch nach Buttersäureäther bemerkbar macht. Man erwärme ungefähr 5 Minuten lang und füge sodann tropfenweise destillirtes Wasser zu. Entsteht hierdurch eine Trübung von ausgeschiedenem unzersetztem Fett, so erhitzt man etwas länger, bis zuletzt weiterer Zusatz von Wasser die Flüssigkeit nicht mehr im allergeringsten trübt. Die Verseifung ist dann vollendet. Sollte aber, durch unvorsichtigen Wasserzusatz, sich Fett in öligen Tropfen, die sich nicht leicht in dem nun zu verdünnten Alkohol wieder lösen, ausgeschieden haben, so muss man entweder fast zur Trockne dampfen und durch erneuerten Alkoholzusatz lösen, oder besser wird der Versuch mit einer neuen Buttermenge von vorn angefangen. Geschieht die Verdünnung mit Wasser nur einigermaassen vorsichtig, so wird eine solche bleibende Ausscheidung von Fett nicht leicht vorkommen.

Die klare Seifenlösung wird zur Entfernung des Alkohols auf dem Wasserbade bis zur Syrupconsistenz eingedampft, sodann der Rückstand in etwa 100—150 CC. Wasser gelöst. Zu der klaren Flüssigkeit fügt man zur Zersetzung der Seife verdünnte Salz- oder Schwefelsäure, bis zur stark sauren Reaction. Hierdurch scheiden sich die unlöslichen Fettsäuren als käsige Masse ab, welche zum grössten Theile rasch zur Oberfläche steigt. Das Erhitzen wird eine halbe Stunde lang fortgesetzt, bis die Fettsäuren zu einem klaren Oele geschmolzen sind, und die saure wässerige Flüssigkeit sich fast völlig geklärt hat.

Mittlerweile hat man im Wasserbade ein 4 bis 5 Zoll im Durchmesser grosses Filter vom dichtesten schwedischen Filtrirpapier getrocknet. Das Filtrirpapier muss von der besten Qualität und so dicht sein, dass selbst heisses Wasser nur tropfenweise davon durchgelassen wird. Gewöhnliches Filtrirpapier lässt leicht die zu filtrirende Flüssigkeit trübe durchlaufen. Man wäge ein kleines Bechergläschen, ferner eine Filterröhre, und drittens Filterröhre plus Filter. So erhält man das Gewicht des Filters plus Bechergläschen.

Das gewogene Filter wird dicht in einen Trichter angelegt, gehörig befeuchtet und halb mit Wasser gefüllt; dann giesst man aus der Schale die wässerige Flüssigkeit und das geschmolzene Fett auf und wäscht die Schale und Glasstab mit ganz kochendem Wasser. Es hat keine Schwierigkeit alles Fett auf das Filter zu bringen, so dass die Schale nicht mehr im Geringsten fettig erscheint. Zur Beruhigung kann man sie aber mit Aether waschen und die so erhaltene Flüssigkeit nachher zu den Fettsäuren fügen. Gewöhnlich beträgt jedoch die mit Aether ausgezogene Fettmenge weniger als 1 Milligramm.

Die Fettsäuren werden auf dem Filter mit kochendem Wasser auf das sorgfältigste gewaschen. Man fülle den Trichter nie mehr als bis zu zwei Dritteln voll. Wenn das Filtrat mit empfindlicher Lakmustinktur geprüft, nicht mehr sauer erscheint (3 Grm. Fett gebrauchen gewöhnlich $^3/_4$ Liter kochendes Wasser,) lässt man alles Wasser abtropfen, und taucht den Trichter in ein mit kaltem Wasser gefülltes Becherglas, so dass der Spiegel der Flüssigkeiten innen und aussen annähernd derselbe ist. Sobald die Fettsäuren erstarrt sind, wird das Filter aus dem Trichter herausgenommen, in das gewogene Becherglas gestellt und im Wasserbade zu constantem Gewichte getrocknet.

Beim Filtriren des Oeles, eine Operation die wohl Manchem als eine gefährliche erscheinen mag, hat man Verlust nicht zu befürchten, wenn nur die Qualität des Filtrirpapiers die beste ist. Das Filtrat ist völlig klar, und selbst mit dem Mikroskope lassen sich keine Fettkügelchen erkennen. Auch kann man das Filter trocken ablaufen lassen, und doch dringt die ölige Flüssigkeit nicht durch das nasse Papier.

Man trockne 2 Stunden lang und wäge, nach weiteren $2^1/_2$ Stunden wird abermals gewogen. Meistens hat zwischen den zwei Wägungen das Gewicht nicht um mehr als ein Milligramm abgenommen. Man muss bedenken, dass man nicht mit einem Mineralkörper, sondern mit einem verhältnissmässig leicht oxydirbaren Fette zu thun hat; völlige Gewichtsconstanz kann man daher nicht erwarten. Doch ist die Aenderung, aus den folgenden Zahlen hervorgehen wird, keine sehr bedeutende, und auf jeden Fall eine für praktische Zwecke ganz unwichtige.

Becherglas und Filter und Fettsäuren, nach	2½	Stunden	24,4500 Grm.
» » » »	3	»	24,4505 »
»	3½	»	24,4504 »
»	4½	»	24,4504 »
»	6	»	24,4517 »
»	7	»	24,4556 »
»	11	»	24,4553 »
» » » »	17	»	24,4526 »

Nach 22 bis 27 Stunden ist das Gewicht wieder dasselbe wie nach 2½ Stunden, und nimmt nachher stetig ab. Ohne Zweifel tritt zuerst Oxydation, und dann Verflüchtigung der gebildeten Produkte ein.

Wenn das Waschen des Oeles auf dem Filter nicht ganz gründlich vorgenommen wurde, ist constantes Gewicht nur sehr schwer, oder gar nicht zu erreichen. Die nur mit Schwierigkeit löslichen Buttersäuren, wie Capronsäure, bleiben dann in den ganz unlöslichen Säuren gelöst, und verflüchtigen sich langsam beim Trocknen.

Die nachfolgende Analyse mag hier aus einer sehr grossen Anzahl mir zu Gebote stehender angeführt werden:

Becherglas und Butterfett .	38,6654 Grm.
Becherglas und Butterfett .	35,0555 »
Butterfett	3,6099 »
Röhre und Filter	15,4730 »
Röhre leer.	14,8457 »
Filter	0,6273 »
Bechergläschen	23,9013 »
Bechergläschen und Filter .	24,5286 »

Bechergläschen und Filter und Fettsäuren, nach	2	Stunden	27,6809 Grm.
» » » »	2½	»	27,6800 »

Fettsäuren 3,1514,

Unlösliche Fettsäuren 87,3 Procent.

Wie schon erwähnt erhält man auf diese im obigen beschriebene Weise von allen Thierfetten, mit Ausnahme des Butterfettes, Zahlen, die der theoretischen Menge 95,5 % ganz nahe kommen.

Butterfett aber liefert meistens zwischen 86,5 und 87,5 liegende Procentzahlen, doch, wie schon gesagt, steigen die Fettsäuren in seltenen Fällen bis zu 88 Procent.

Man sollte erwarten, dass die Art der Fütterung der Kühe diese Resultate stark beeinflussen könnte. Um diesen wichtigen Punct zu entscheiden, liess Dr. Turner eine Kuh längere Zeit ausschliesslich mit Oelkuchen füttern, mit der Absicht die Fettsäuren auf ihren höchsten Punkt zu steigern. Merkwürdigerweise aber lieferte die so producirte Butter nur die ungewöhnlich niedrige Zahl 86,3 Procent.

Man erkennt, dass einer solchen, eine niedrige Procentzahl liefernden Butter eine ganz bedeutende Menge fremden Fettes beigemischt werden könnte, um sie bis zur höchsten Grenze, zu 88 heraufzubringen, und die chemische Analyse könnte keinen Aufschluss darüber bieten, ob eine solche Butter verfälscht sei oder nicht. Man sieht ferner, dass eine Beimischung von nur wenigen Procenten fremden Fettes zu einer Durchschnittsbutter nicht entdeckt werden kann. Doch verringern diese Umstände die praktische Anwendbarkeit der Methode nicht, denn Butter kann nicht wohl im kleinen Maassstabe mit fremden Fetten gemischt werden, da es ausserordentlich schwierig ist homogene Massen zu erhalten, die ihr butterähnliches Aussehen nicht gänzlich verloren haben. Im Grossen allein kann Butter verfälscht werden, und in der That findet man nie, dass kleinere Gutsbesitzer verfälschte Butter zum Verkaufe anbieten; nur Fabriken verfertigen solche zweifelhafte Artikel wie die sogenannte «Kochbutter», «Butterine», «Oleomargarin» und wie die Gemenge und Substitute alle heissen, die zwar vom Fabrikanten als Gemische verkauft werden, die aber, wenn sie einmal in die zweite oder dritte Hand gekommen sind, alle den alten guten Namen «Butter» angenommen haben. Solche Gemische nun bestehen zum grössten Theile aus fremden Fetten, zum kleineren aus Butter und kann niemals eine Schwierigkeit in Betreff ihres Fettsäuregehaltes eintreten; sie alle zeigen sich unverkennbar als gemischt.

Sollte aber in einzelnen Fällen eine geringe Beimischung übersehen werden, so wird doch der Irrthum stets zu Gunsten des Verkäufers begangen, und ungerechte Bestrafung kann unter keinen Umständen vorkommen.

Die praktische Seite der Entdeckung von Verfälschungen der Butter ist damit erschöpft, soweit die von mir und Herrn A. Angell angegebene Methode berührt ist. Aber nicht so die wissenschaftliche. Woher kommt die bedeutende Differenz zwischen dem Fettsäuregehalt des Butterfettes und anderer thierischer Fette? Diese Frage musste sich aufdrängen, sobald die Thatsache, dass solche Differenz wirklich statthabe, erwiesen war. Freilich hatten wir auf das Vorhandensein von löslichen Fettsäuren unseren ganzen Untersuchungsweg gegründet, aber die oben erwähnten Destillationsversuche waren doch gerechten Einwürfen blos gelegt. Konnte der Säuregehalt des Destillates nicht von Acrylsäure, entstanden durch Einwirkung der Schwefelsäure auf das Glycerin, herrühren? Konnte nicht Butter durch Gehalt an Mono- oder Diglyceriden allein sich von anderen Fetten unterscheiden? Konnten endlich nicht die von uns abdestillirten Säuren durch die Zersetzung von etwa im Butterfette erhaltener secundärer Stearin- oder Oelsäure herrühren?

Alle diese Einwürfe wurden nacheinander gemacht, obwohl freilich, wie schon gesagt, das praktische Resultat unserer Untersuchungen durchaus nicht durch dieselben berührt würde.

Es würde mich hier viel zu weit führen, die Versuche Dupré's, Muters und Anderer, selbst im Auszuge mitzutheilen; sie sind in der englischen Fachliteratur, besonders in den verschiedenen Nummern des «Analyst» zu finden. Aber als allgemeines Resultat folgte daraus zweifellos, dass Butter wirklich eine ganz bedeutende Menge löslicher Fettsäuren, meistens Buttersäure, enthält. Die genaue Bestimmung derselben bietet aber ungewöhnliche Schwierigkeiten, daher kann die quantitative Bestimmung der löslichen nicht wohl als ein Complement zu derjenigen der unlöslichen benutzt werden.

Zu erwähnen ist noch, obwohl es sich ganz von selbst versteht, dass die Verseifung der Butter und das Waschen der Fettsäuren auch recht wohl in einer Kochflasche vorgenommen werden kann, und dass das auf dem Filter befindliche Fett mittelst Aethers gelöst, und der beim Abdampfen der Lösung erhaltene Rückstand ohne das Filter gewogen werden mag. Doch ist diese Abänderung umständlicher und fallen die Resultate durchaus nicht genauer aus, als die mittelst der Filterwaschmethode erhaltenen.

London, 54 Holborn Viaduct, im November 1876.

Ueber die quantitative Bestimmung von Niederschlägen ohne Auswaschen und Trocknen derselben.

Von

Richard Popper.

Es ist bekannt, dass, wenn man einen aus einer Lösung gefällten Niederschlag durch Auswaschen von dieser Lösung befreit, ihn hierauf vom Filter in ein Pyknometer spült, dieses mit Wasser füllt und wägt, das Gewicht des Niederschlags berechnet werden kann.

Hierzu ist es nöthig, dass sein spec. Gewicht bekannt sei und man wisse, wieviel das mit Wasser gefüllte Pyknometer allein wiegt.

Dieses Verfahren gewährt jedoch, wie jeder bald erkennt, keine grossen Vortheile, indem dasselbe vor dem gewöhnlichen nur den Vorzug hat, dass man den auf dem Filter befindlichen Niederschlag nicht erst zu trocknen braucht. Uebrigens ist das spec. Gewicht eines Niederschlags nicht immer ganz constant, wenn auch die hierdurch entstehenden geringen Ungenauigkeiten in den meisten Fällen ganz gut vernachlässigt werden könnten.

Vor Kurzem hatte ich nun das Glück, ein Verfahren zu finden, mit Hülfe dessen ausser dem Trocknen auch das Auswaschen leicht umgangen werden kann.

Wenn man nämlich den Niederschlag mit derselben Flüssigkeit ins Pyknometer spült, in der er ausgefällt ist, so lässt sich sein Gewicht sehr gut berechnen, sobald man nur, ausser dem durch einen Fundamentalversuch festgestellten spec. Gewicht desselben, auch das specifische Gewicht der Lösung kennt, was sich ja durch eine einzige Wägung finden lässt.

Es sei das durch einen Fundamentalversuch gefundene spec. Gewicht des betreffenden Niederschlags S, das spec. Gewicht der Lösung, in welcher sich der Niederschlag nach dem Ausfällen befindet, s, — ferner das Gewicht des Pyknometers sammt Lösung und Niederschlag G, das Gewicht des Pyknometers mit der Lösung allein gefüllt g, und endlich das zu suchende Gewicht des Niederschlags x, so ergibt sich folgende Gleichung

$$G = g + x - \frac{x}{S} s.$$

Denn die Grösse $\frac{x}{S}$ stellt ja das Volumen der vom Niederschlag verdrängten Lösung, folglich $\frac{x}{S}$ s ihr Gewicht dar, welches natürlich in Abzug gebracht werden muss.

Aus der obigen Gleichung ergibt sich

$$x - \frac{x}{S} s = G - g$$

und hieraus durch Umformung

$$x S - x s = S (G - g),$$

$$\text{folglich } x = \frac{S}{S - s} (G - g).$$

Die hierin vorkommenden Werthe G und g ergeben sich direkt aus der Wägung, S ist bekannt und s ergibt sich, wenn man von g die Tara des Pyknometers subtrahirt und die erhaltene Differenz durch das bekannte Volumen desselben dividirt. Zur wirklichen Ausführung solcher Versuche wählte ich den Thonerdeniederschlag, weil bei diesem ein Ersparen des Auswaschens doch gewiss wünschenswerth sein würde, indem er sich bekanntlich sehr schlecht von der anhängenden Lösung befreien lässt, und weil ausserdem für diesen Körper, obgleich er ziemlich häufig ist, eine brauchbare, maassanalytische Methode, wie bei Eisen, Kalk u. a. nicht existirt.

Es war natürlich, ehe ich mit diesen Versuchen begann, ein von fremden Bestandtheilen freies Thonerdesalz nöthig.

Da dies nicht vorhanden war, so musste es durch mehrmaliges Umkrystallisiren hergestellt werden. Ich wählte hierzu den Kalialaun, weil dieser am leichtesten auskrystallisirt und sich also auch am leichtesten rein herstellen lässt. Dieses Umkrystallisiren wurde fortgesetzt, bis sich die Alaunkrystalle bei einer Prüfung auf Eisen frei davon zeigten.

Um nun vor Allem das spec. Gewicht des Thonerdeniederschlages festzustellen und ausserdem zu sehen, ob dasselbe nicht etwa in verschiedenen Fällen zu sehr differire, stellte ich mir grössere Mengen Thonerdeniederschlag her, die ich aus 2 Lösungen von sehr verschiedener Concentration fällte.

Diese Niederschläge wurden durch öfter wiederholte Dekantation so lange ausgewaschen, bis das abfliessende Wasser auf Zusatz von Chlorbaryum sich nicht mehr trübte.

Ich dampfte nun das noch im Becherglas zurückgebliebene ungefähr zur Hälfte ein und füllte, nachdem es ausgekühlt war, mein Pyknometer damit. Jeder der beiden Niederschläge, also sowohl der aus der verdünnten, als auch der aus der concentrirten Lösung gefällte, reichten für 2 Pyknometerfüllungen, also beide zusammen für 4 Versuche hin.

Ich nahm nun die 4 Wägungen vor, nachdem jedesmal vorher die Temperatur gemessen und das gefundene Gewicht auf die Temperatur von 17,5⁰ reducirt worden war.

Nach jeder Wägung spülte ich das im Pyknometer befindliche auf ein Filter und fand in dieser Weise die Menge der angewandten Thonerde.

Aus dem Gewicht eines Körpers in und ausserhalb des Wassers lässt sich aber bekanntlich sein spec. Gewicht leicht berechnen, wie folgt:

Das Gewicht des mit dem Niederschlage und Wasser gefüllten Pyknometers wäre offenbar gleich

$$\text{Pykn.} + \text{Wasser} + \text{N} - \frac{\text{N}}{\text{S}}$$

wenn N die Menge des Niederschlags und S das noch unbekannte spec. Gewicht desselben bedeutet.

Subtrahirt man das Gewicht des mit Wasser gefüllten Pyknometers von obigem Werthe, so würde offenbar übrig bleiben

$$\text{N} - \frac{\text{N}}{\text{S}}.$$

Nehmen wir an, es sei dieser Werth gleich M gefunden worden, so entstände also die Gleichung

$$\text{N} - \frac{\text{N}}{\text{S}} = \text{M}.$$

Da man N durch die Gewichtsanalyse in der vorhin erwähnten Weise finden kann, so enthält die Gleichung nur eine Unbekannte S, welche sich leicht ausdrücken lässt. Durch Umformung erhält man nämlich aus obiger Gleichung

$$\text{N S} - \text{N} = \text{M S}$$

und hieraus

$$(\text{N} - \text{M})\,\text{S} = \text{N}$$

also

$$\text{S} = \frac{\text{N}}{\text{N} - \text{M}}.$$

Es ergaben sich nun bei den Versuchen folgende Resultate:

I. Thonerde aus der verdünnten Alaunlösung

a. $\text{Pykn.} + \text{Wasser} + \text{Al}\,\Theta_3\,\text{H}_3 - \frac{\text{Al}\,\Theta_3\,\text{H}_3}{\text{S}} = 50{,}5784$ (Temp. 22,5⁰)

$\text{Pykn.} + \text{Wasser} = 50{,}1180$ (Temp. [illegible]

Beides auf die Temperatur von 17,5⁰ reducirt, gab, da ich gefunden hatte, dass für mein mit Wasser gefülltes Pyknometer einer Temperaturzunahme von 1⁰ C., eine Gewichtsabnahme von 8 Milligramm entspreche (der Ausdehnungscoefficient des Niederschlags, welcher an Volumen kaum $^1/_{100}$ der Flüssigkeit einnahm, konnte natürlich vollständig vernachlässigt werden):

$$P + W + Al\,\Theta_3\,H_3 - \frac{Al\,\Theta_3\,H_3}{S} = 50{,}5784 - 5 \,.\, 0{,}008 = 50{,}5384 \text{ Grm.}$$

$$P + W = 50{,}118 - 4{,}3 \,.\, 0{,}008 = 50{,}0846 \text{ Grm.}$$

$$Al\,\Theta_3\,H_3 - \frac{Al\,\Theta_3\,H_3}{S} = 0{,}4538 \text{ Grm.}$$

Ferner ergab sich hierbei

$$\text{Tiegel} + \text{Asche} + Al_2\,\Theta_3 = 24{,}0649.$$
$$\text{Tiegel} + \text{Asche} = 23{,}5225$$
$$Al_2\,\Theta_3 = 0{,}5424$$

also

$$Al\,O_3\,H_3 = 0{,}8273.$$

Nach der entwickelten Formel würde man also haben

$$S = \frac{0{,}8273}{0{,}8273 - 0{,}4538}.$$

Hieraus ergibt sich

$$S = 2{,}215.$$

b. $P + W + Al\,\Theta_3\,H_3 - \frac{Al\,\Theta_3\,H_3}{S} = 50{,}505$ (Temp. 21,0⁰ C.)

Dies wäre bei 17,5⁰

$$P + W\ Al\,\Theta_3\,H_3 - \frac{Al\,\Theta_3\,H_3}{S} = 50{,}595 - 3{,}5 \,.\, 0{,}008 = 50{,}5670$$

$$Al\,\Theta_3\,H_3 - \frac{Al\,\Theta_3\,H_3}{S} = 0{,}4824.$$

Ausserdem ergab sich

$$\text{Tiegel} + \text{Asche} + Al_2\,\Theta_3 = 24{,}0980$$
$$\text{Tiegel} + \text{Asche} = 23{,}5225$$
$$Al_2\,\Theta_3 = 0{,}5755$$

und hieraus

$$Al\,\Theta_3\,H_3 = 0{,}8778$$

also

$$S = \frac{0{,}8778}{0{,}8778 - 0{,}4824}$$

$$S = 2{,}220.$$

II. Thonerde aus der concentrirten Alaunlösung.

a. $P + W + Al\,\Theta_3\,H_3 - \frac{Al\,\Theta_3\,H_3}{S} = 50{,}7215$ (reducirt auf 17,5° C.)

$$P + W = 50{,}0846$$

$$Al\,\Theta_3\,H_3 - \frac{Al\,\Theta_3\,H_3}{S} = 0{,}6369.$$

Ausserdem fand sich

$$T + A + Al_2\,\Theta_3 = 24{,}2865$$

$$T + A = 23{,}5225$$

$$Al_2\,\Theta_3 = 0{,}7640$$

$$Al\,\Theta_3\,H_3 = 1{,}1654.$$

$$S = \frac{1{,}1654}{1{,}1654 - 0{,}6369}$$

$$S = 2{,}205.$$

b. $P + W + Al\,\Theta_3\,H_3 - \frac{Al\,\Theta_3\,H_3}{S} = 50{,}6043$ (reducirt auf 17,5°)

$$P + W = 50{,}0846$$

$$Al\,\Theta_3\,H_3 - \frac{Al\,\Theta_3\,H_3}{S} = 0{,}5197.$$

Ferner ergab sich

$$T + A + Al_2\,\Theta_3 = 24{,}1526.$$

$$T + A = 23{,}5225.$$

$$Al_2\,\Theta_3 = 0{,}6301.$$

und hieraus

$$Al\,\Theta_3\,H_3 = 0{,}9474.$$

$$S = \frac{0{,}9474}{0{,}9474 - 0{,}5197}$$

$$S = 2{,}215.$$

Die spec. Gewichte der aus der verdünnten Lösung gefällten Thonerde waren also

2,215 und 2,220

und die spec. Gewichte der aus der concentrirten Lösung gefällten

2,205 und 2,215.

Alle diese Zahlen stimmen wenigstens soweit überein, dass jedenfalls für technische Analysen vollkommen genügende Resultate damit erzielt werden könnten.

Die kleinen hier vorliegenden Ungenauigkeiten kommen auch wahrscheinlich nicht von einer Verschiedenheit des spec. Gewichts der Th[illegible]

erde, wenn sie aus verschieden concentrirten Lösungen gefällt wird, sondern rühren jedenfalls von den unvermeidlichen Fehlerquellen der mir zu Gebote stehenden Instrumente her, denn es zeigen sich ja oben zwischen den spec. Gewichten der aus einer Lösung gefällten Thonerde dieselben kleinen Differenzen, wie zwischen den spec. Gewichten der aus verschiedenen Lösungen erhaltenen.

Das mittlere spec. Gewicht des Thonerdeniederschlages wäre nach den obigen Zahlen

2,214.

Nachdem nun in dieser Weise das spec. Gewicht des Thonerdeniederschlages festgestellt war, konnte zur wirklichen Ausführung der Analysen geschritten werden.

Ich wog deshalb 40 Grm. Alaun ab, löste sie in Wasser zu einem Liter und nahm hiervon mit einer Pipette 2mal 50 CC. heraus, fällte nach Zusatz von etwas Salmiak die Thonerde in der bekannten Weise mit Ammoniak und erhielt eine Zeit lang im Kochen. Es konnte jedoch hier nicht wie bei der Bestimmung des spec. Gewichts verfahren werden; denn wenn sich auch in $^1/_4$—$^1/_2$ Stunde der Niederschlag zu Boden setzte, so ist es ja bekannt, dass durch blosses Weggiessen der über ihm stehenden Lösung viele Partikelchen desselben mit fortgerissen werden, wodurch eine ganz unzulässige Ungenauigkeit entstände.

Wollte man jedoch hierbei so behutsam verfahren, dass dieser Uebelstand nicht eintritt, so müsste noch soviel Lösung neben dem Niederschlag im Becherglase bleiben, dass 2 Pyknometer-Füllungen kaum hingereicht hätten, um diese Menge Flüssigkeit aufzunehmen, wodurch natürlich erstens die Arbeit bedeutend verlängert und zweitens die Ungenauigkeit verdoppelt worden wäre.

Ich brachte deshalb den Niederschlag auf ein Filter und liess das Filtrat in meine untergestellte Spritzflasche laufen, die ich erst zweimal mit demselben ausspülte, um die an den Wänden hängende Feuchtigkeit zu verdrängen. Den auf dem Filter befindlichen Niederschlag, welcher natürlich mit derselben Lösung, die sich in der Spritzflasche befand, durchtränkt war, versuchte ich nun mit Hülfe der letzteren, natürlich unter Anwendung eines Trichters, ins Pyknometer zu spülen. Es traten jedoch hierbei unangenehme Uebelstände auf. Denn da beim blossen Spritzen mit der Lösung viel mehr von derselben verbraucht worden wäre, als das Pyknometer gefasst hätte, so sah ich mich genöthigt mit einem dünnen Glasstabe zu Hülfe zu kommen, der auch dazu benutzt werden musste, die vom Filter gelösten Stücke durch die Trichteröffnung zu bringen, bei welcher unangenehmen Operation sich aber viel Luftbläschen bildeten.

Da die auf diese Weise abgelöste Thonerdemasse sich nicht genügend in der übrigen Flüssigkeit suspendirte, sondern zum grossen Theil als gesonderte Klumpen im Pyknometer herumschwamm, so stiegen natürlich die von diesen Klumpen mechanisch eingeschlossenen Luftbläschen nicht zum Hals des Pyknometers empor und konnten also auch nicht entfernt werden.

Fig. 5.

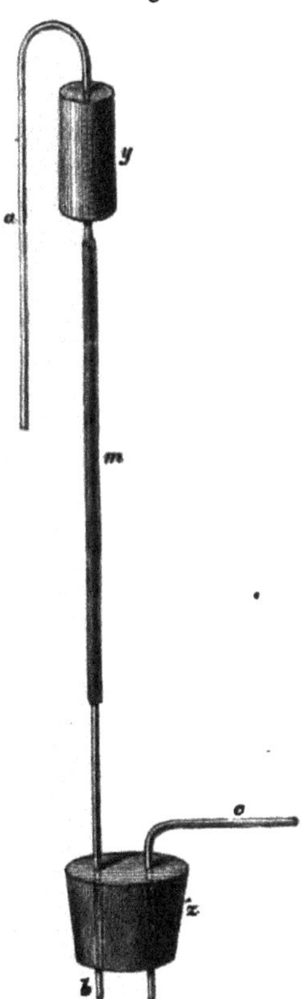

Die bis hierher beschriebene Methode musste ich also fallen lassen, und es ist mir seitdem wirklich glücklich gelungen, mit Hülfe einer Saughebervorrichtung die über dem Niederschlage stehende Flüssigkeitssäule fast bis auf den letzten Tropfen von demselben zu entfernen, ohne dass deshalb eine Spur des Niederschlags mit übergegangen wäre. Einen gewöhnlichen Saugheber anzuwenden würde aber hierbei unangenehm gewesen sein, denn das Füllen desselben hätte nicht mit Wasser, sondern mit derselben Flüssigkeit, welche abgezogen werden sollte, geschehen müssen. Ich construirte mir deshalb einen Heber, wie nebenstehende Figur zeigt, in welcher a, b und c Glasröhren, m einen Gummischlauch und y und z Korke darstellen, von denen z auf meine gewöhnliche Spritzflasche passt, und wie Figur 5 zeigt, zweifach durchbohrt ist.

Ich stellte nun das Becherglas, aus welchem ich mit Hülfe dieser Vorrichtung die über dem Niederschlage befindliche Flüssigkeit abziehen wollte, nachdem sich derselbe vollständig zu Boden gesetzt hatte, auf ein Stativ und befestigte an einem ebenfalls an diesem Stativ befindlichen Halter (der in Figur 6 der Uebersichtlichkeit wegen weggelassen ist) den Kork y, so dass der eine Schenkel der Glasröhre a in die Flüssigkeit des Becherglases hineinragte und mit seinem unteren Ende vielleicht 2 Cm. über dem Niveau des Niederschlags stand, wie ich in Fig. 6 darzustellen versucht habe.

Fig. 6.

Den Kork z befestigte ich an meiner Spritzflasche und sog einen Augenblick mit dem Munde an der Röhre c. Sofort begann die Flüssigkeit continuirlich durch die Hebervorrichtung in die Spritzflasche hinabzulaufen. Das zuerst Durchlaufende benutzte ich, um sie zweimal damit auszuspülen.

Das Stativ war von vorn herein für alle Versuche so eingestellt worden, dass die obere Grenze des Niederschlags sich nicht mehr als 1—2 Cm. über dem unteren Ende der an der Spritzflasche befindlichen Röhre b befand und war ausserdem das Becherglas etwas schief gestellt, weshalb sich das Niveau des Niederschlags an der Stelle, wo die Röhre a eintauchte, am tiefsten befand.

Die Lösung lief nun in wenigen Minuten aus dem Becherglase in den Kolben; jedoch wurde, sobald sich das Flüssigkeitsniveau dem unteren Ende von b näherte, der Lauf der Flüssigkeit, wegen der oben angeführten Einstellung des Stativs, sehr langsam, weshalb ich die Röhre a jetzt unbedenklich so weit herabschieben konnte, dass ihr unteres Ende nur wenige Millimeter vom Niederschlage entfernt war, ohne dass, bei dem jetzt so schwach gewordenen Zuge des Hebers, eine einzige Flocke mit übergegangen wäre.

Da nun ausserdem wegen der schrägen Stellung des Becherglases der Niederschlag sich an der Stelle, wo der Heber eintauchte, am tiefsten befand, so war es auf diese Weise wirklich möglich, die über ihm stehende klare Lösung fast bis auf den letzten Tropfen von demselben zu trennen.

Ich entfernte nun die Hebervorrichtung und setzte auf die, nun mit der Lösung angefüllte, Spritzflasche wieder den gewöhnlichen Gummistopfen mit Spritzvorrichtung.

Mit dieser Spritzflasche spülte ich nun das Pyknometer einige Male aus, um die darin enthaltene Feuchtigkeit vollständig zu verdrängen, füllte es hierauf mit der in der Spritzflasche enthaltenen Flüssigkeit an, bestimmte die Temperatur derselben und wog es. (Ein vorher angestellter Versuch hatte dargethan, dass die Lösung beim Erhöhen der Temperatur sich fast ebenso ausdehne wie Wasser, wenigstens innerhalb so kleiner Temperaturgrenzen, wie sie hier vorkommen konnten.) Hierauf brachte ich wieder in ähnlicher Weise wie schon früher angeführt, einen Trichter mit möglichst enger Ausflussröhre über das Pyknometer und goss den im Becherglase zurückgebliebenen Niederschlag durch denselben. Ich spülte das Becherglas hierauf mit der in meiner Spritzflasche befindlichen Lösung mehrmals aus, um sämmtlichen an den Wänden hängenden Niederschlag ins Pyknometer zu bringen, welches ich nun mit der Flüssigkeit anfüllte, und einige Minuten wartete, bis sich darin der etwas aufgerührte Niederschlag wieder ein wenig gesetzt hatte. Hierauf bestimmte ich auch hier die Temperatur der Flüssigkeit und wog nun das Pyknometer.

Abgesehen davon, dass auf diese Weise derartige unzulässige Fehlerquellen, wie bei dem vorigen Verfahren vollständig vermieden wurden, dauerte auch diese ganze Operation nicht halb so lange; denn das auf das Filter Bringen der Thonerde, sowie das Herabspülen derselben ins Pyknometer nahm im Vergleich zur Operation mit dem Saugheber sehr viel Zeit in Anspruch, wobei ausserdem die Operation viel unangenehmer war.

Der bis hierher beschriebene Versuch wurde mit vier Proben zu je 50 CC. vorgenommen, wobei sich folgende Zahlen ergaben:

I. Analyse.

$$\text{Pykn.} + \text{Lösung} + \text{Thonerde} - \frac{\text{Thonerde}}{\text{S}}\,\text{s} = 50{,}4223$$

$$\text{Pykn.} + \text{Lösung} = 50{,}2435$$

(Die Temperaturdifferenz der beiden Flüssigkeiten ist hier schon berücksichtigt.)

$$\text{Thonerde} - \frac{\text{Thonerde}}{\text{S}}\,\text{s} = 0{,}1788.$$

Die hier gefundene Zahl 0,1788 entsprach also in Formel

$$\text{Al}\,\Theta_3\,\text{H}_3 = \frac{\text{S}}{\text{S} - \text{s}}(\text{G} - \text{g})$$

dem Ausdruck G — g.

Der Werth s würde sein

$$\frac{g - P}{V}$$

wenn P die Tara und V das Volumen des Pyknometers bezeichnet, folglich

$$s = \frac{50,2435 - 9,914}{40,170} = 1,0038.$$

Es wäre also

$$Al\,\Theta_3\,H_3 = \frac{2,214}{2,214 - 1,0038} = 0,1788$$

oder, da wir ja die Thonerde als Anhydrid berechnen müssen, um sie mit der später vorzunehmenden Gewichtsanalyse vergleichen zu können,

$$Al_2\,\Theta_3 = \frac{2,214\ .\ 0,1788}{1,2102} \cdot \frac{51,4}{78,4}.$$

In diesem Ausdruck wären allerdings nicht weniger als 3 Multiplikationen und eine Division vorzunehmen. Jedoch würde er sich auf logarithmischem Wege, besonders da das spec. Gewicht 2,214 und die Molekulargewichte 51,4 und 78,4 für jeden Fall dieselben bleiben, in wenigen Minuten ganz bequem berechnen lassen.

Es ergab sich auf diese Weise

$$Al_2\,\Theta_3 = 0,2145$$

oder, wenn man berücksichtigt, dass die angewandten 50 CC. 2 Gramm Alaun entsprechen

$$Al_2\,\Theta_3 = 10,73\ \%.$$

II. Analyse.

$$P + L + Th - \frac{Th}{S}\,s = 50,4737$$
$$P + L = 50,2960$$

Die Temperaturdifferenz ist ebenfalls schon berücksichtigt.

$$Th - \frac{Th}{S}\,s = 0,1777.$$

Der Werth s wäre hier =

$$\frac{50,296 - 9,914}{40,17} = 1,0053.$$

Man bekäme also für $Al_2\,\Theta_3$

$$Al_2\,\Theta_3 = \frac{2,214\ .\ 0,1777}{1,2087} \cdot \frac{51,4}{78,4}.$$

Dies gibt berechnet:

$$Al_2\,\Theta_3 = 0,2135$$
$$Al_2\,\Theta_3 = 10,67\ \%.$$

III. Analyse.

$$P + L + Th - \frac{Th}{S} s = 50,6585$$

$$P + L = 50,4810$$

$$Th - \frac{Th}{S} s = 0,1775.$$

Hier würde sich für s ergeben

$$\frac{50,481 - 9,914}{40,17} = 1,010.$$

$$Al_2 \Theta_3 = \frac{2,214 . 0,1775}{1,204} \cdot \frac{51,4}{78,4}$$

$$Al_2 \Theta_3 = 0,2140$$

$$Al_2 \Theta_3 = 10,70 \%.$$

IV. Analyse.

$$P + L + Th - \frac{Th}{S} s = 50,5975$$

$$P + L = 50,4205$$

$$Th - \frac{Th}{S} s = 0,1770$$

$$s = \frac{50,4205 - 9,914}{40,17} = 1,008$$

$$Al_2 \Theta_3 = \frac{2,214 . 0,177}{1,206} \cdot \frac{51,4}{78,4}$$

$$Al_2 \Theta_3 = 0,2118 \text{ Grm.}$$

$$Al_2 \Theta_3 = 10,59 \%.$$

Die hier gefundenen vier Resultate stimmen wirklich gar nicht schlecht überein, und man sieht hieraus, dass wenigstens für technische Analysen das Verfahren vollständig genügend ist.

Um ganz sicher über die Richtigkeit der Resultate zu sein, bestimmte ich bei zwei dieser Analysen den im Pyknometer befindlichen Niederschlag noch auf dem gewöhnlichen Wege und fand hier

0,215 und 0,214 Grm.

oder $Al_2 \Theta_3 = 10,75$ und $10,70 \%$,

was einen Durchschnittswerth von

10,72 %

ergibt.

Dass dieser Werth etwas geringer ausfiel, als er nach der Formel des Alauns gefunden werden musste (10,83 %), rührt jedenfalls von etwas Feuchtigkeit her, welche den Krystallen noch anhaftete.

Vergleichen wir nun die vier Werthe 10,73, 10,67, 10,70 und 10,59 mit dem gewichtsanalytisch gefundenen Mittelwerth 10,72, so sehen wir, dass auch hier keine zu bedeutenden Abweichungen stattfinden.

Genauigkeitsregeln. *)

Da man die Spritzflasche, an welcher die Hebervorrichtung angebracht ist, erst mehrmals mit der Lösung ausspülen muss, so ist es natürlich nöthig, dass sich während dessen ein kleines Becherglas daneben befindet, um mit diesem, während des Ausspülens, den continuirlich laufenden Flüssigkeitsstrahl auffangen zu können.

Da die Temperatur der Lösung eine grosse Rolle spielt (es betrug z. B. wie schon erwähnt für mein Pyknometer bei Erhöhung um 1^0, die Gewichtsabnahme 8 Milligramm), so muss sie natürlich bis auf $0,1^0$ abgelesen werden. Um dies mit Genauigkeit thun zu können, ist es nöthig, dass die Thermometerkugel 1—2 Minuten im Pyknometer bleibt. Am besten ist es, während dieser Zeit das Thermometer an irgend ein Stativ zu lehnen.

Bei all' diesen Operationen darf man, der Körperwärme wegen, das Pyknometer (falls dasselbe nicht 2 Röhrenansätze haben sollte) so wenig wie möglich mit der Hand anfassen und ist es deshalb am besten, dasselbe in eine Porzellanschale zu setzen und, wenn nöthig, diese statt des Pyknometers zu ergreifen.

Da die Lösung im Becherglase nach dem Absitzen des Niederschlags meistens noch warm ist, so muss dasselbe einige Minuten in kaltem — aber nicht zu kaltem — Wasser abgekühlt werden; denn die Wärme der Lösung darf um nicht mehr als 2^0 von der Luftwärme differiren, indem sonst, noch bevor man die Temperatur im Pyknometer abliest, dasselbe sich an den Wänden abkühlen würde, während in der Mitte, wo sich die Thermometerkugel befindet, die Wärme noch etwas höher bliebe. Die Folge davon würde das Ablesen einer zu hohen Temperatur sein. Es wäre deshalb auch nicht unzweckmässig, wenn im Laboratorium ein besonderes Thermometer die Temperatur der Luft anzeigte.

*) Die gewöhnlichen schon längst bei Anwendung von Pyknometern gebräuchlichen Sicherheitsmaassregeln, wie z. B. das Abkühlen derselben nach dem Füllen, müssen hier als bekannt vorausgesetzt werden.

Aus dem vorhin angeführten Grunde darf man auch das Pyknometer, sobald sich der Niederschlag darin nur einigermassen zu Boden gesetzt hat, so dass wenigstens der oberste Theil dieses kleinen Gefässes von demselben frei geworden ist, nicht länger stehen lassen, sondern muss, nachdem man die Temperatur gemessen, es jetzt füllen und wägen. Wenn auch hierbei die über dem Niederschlag im Pyknometer befindliche Flüssigkeit noch getrübt ist und deshalb beim Aufsetzen des Glasstopfens (welcher nur sanft aufgedrückt werden darf) die ausfliessenden Tropfen noch Spuren von dem ersteren enthalten, so hat dies auf die Genauigkeit so gut wie gar keinen Einfluss.

Den nach dem Aufsetzen des Stopfens auf dem Röhrenansatze befindlichen Tropfen entfernt man am besten mit dem Finger (nicht durch Saugen mit Fliesspapier).

Eine fernere Fehlerquelle würde entstehen, wenn man das Pyknometer mit dem darin Befindlichen in die Nähe einer Gasflamme setzen wollte, indem dieselbe ebenfalls die Temperaturerhöhung eines Theils der Flüssigkeit bewirken würde.

Es muss deshalb, falls man am Abend arbeitet, darauf gesehen werden, dass das Messgefäss wenigstens 2 bis 3 Meter von den vorhandenen Flammen entfernt ist.

Fig. 7.

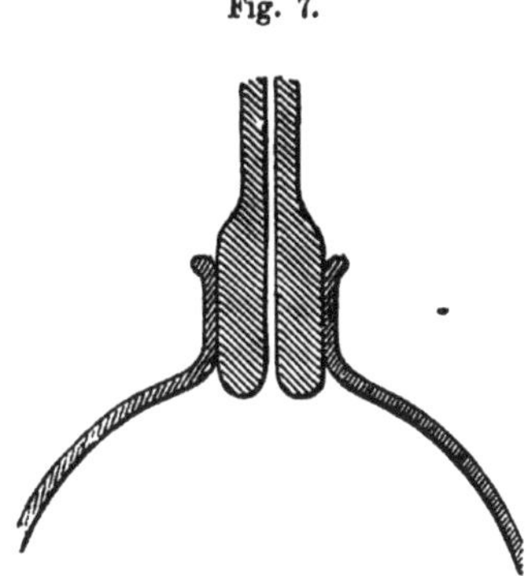

Noch wäre zu erwähnen, dass viel auf ein genaues und nicht zu kleines Pyknometer ankommt. (Dasselbe darf nicht unter 30 CC. Rauminhalt besitzen). Dr. Geissler in Bonn a. Rh. versteht diese Instrumente sehr genau anzufertigen.

Ein Pyknometer, welches einen Hals mit gekrümmtem Rande besitzt, wie ihn Figur 7 im Durchschnitt zeigt, bewährt sich nicht gut, indem sich dasselbe an diesem Rande schlecht abtrocknen lässt. Man muss deshalb hier den Hals etwas abschleifen, so dass derselbe die in Fig. 8 dargestellte Form annimmt.

Da sich ferner das Trocknen eines Pyknometers mit Fliesspapier unbequem bewerkstelligen lässt, so ist es am besten, hier 2 Tücher anzuwenden. Man trocknet es erst mit dem einen so gut als möglich und entfernt mit dem andern kurz vor der Wägung die letzten Reste von Feuchtigkeit. Natürlich darf das zweite dieser beiden Tücher, welches immer eine gewisse Trockenheit besitzen muss, nie die Function des ersten übernehmen. Zwei Regeln, welche vielleicht nur bei der Bestimmung der Thonerde gelten, sind ausserdem, dass ein Abkühlen der Lösung vor dem vollständigen Absitzen des Niederschlags hier nicht zulässig ist und dass die Flüssigkeitssäule nicht länger als 2—4 Stunden über demselben stehen bleiben darf, indem er eine (wenn auch geringe) Adhäsion auf die, in der Lösung befindlichen Salze ausübt, wodurch das spec. Gewicht der in der Nähe des Niederschlags befindlichen Flüssigkeit ein wenig höher wird, als das der darüberstehenden.

Fig. 8.

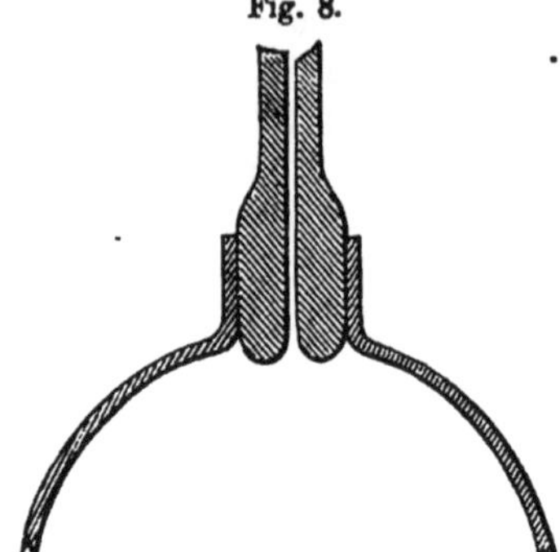

Aus diesem Grunde ist es auch nicht gerathen, die Fällung in einer sehr salzreichen Lösung vorzunehmen, ohne dieselbe vorher genügend zu verdünnen.

Hütet man sich vor allen hier angeführten Fehlerquellen, (was ja gar keine Schwierigkeiten hat, indem die Operationen ebenso rasch, ja fast noch schneller vor sich gehen, als wenn man diese Vorsichtsmaassregeln ausser Acht lässt) so werden die Resultate immer günstig ausfallen.

Natürlich würden sich fast alle vorkommenden Niederschläge in derselben Weise, wie hier die Thonerde, quantitativ bestimmen lassen, womit selbstverständlich durchaus nicht gemeint ist, dass dieses Verfahren überall den anderen vorzuziehen sei.

Gibt es doch für die Bestimmungen vieler Substanzen so zweckmässige maassanalytische Methoden, dass diese wohl ohne Zweifel den Vorzug verdienen. So würde z. B. das Fällen einer Kalklösung mit oxalsaurem Ammon und Bestimmen des überschüssig zugesetzten Fällungsmittels in einem aliquoten Theile des Filtrats, wobei man ja den Niederschlag auch nicht auszuwaschen braucht, wohl noch rationeller sein, als obiges Verfahren.

Ungeachtet dessen dürfte dasselbe jedoch in manchen Fällen eine angenehme Erleichterung bieten, indem bekanntlich für viele Körper die maassanalytischen Methoden (besonders wenn es nöthig ist diese Körper erst von anderen, die irgend wie störend einwirken, zu trennen) ebenfalls sehr mühevoll sind.

Uebrigens gedenke ich die oben beschriebenen Versuche auch auf andere Körper auszudehnen und die gefundenen Resultate der Oeffentlichkeit zu übergeben.

Als Schluss möchte ich jetzt nur noch Folgendes anführen:

Will man in einer Substanz mehrere Bestandtheile quantitativ ermitteln, sodass es nöthig ist, dieselben von einander zu trennen, so kann auch hier das Auswaschen vollständig umgangen werden. Angenommen, es sei in einer Lösung Kupfer und Blei enthalten, welche Körper sich natürlich am zweckmässigsten durch Versetzen mit Schwefelsäure von einander scheiden lassen würden; so kann man ja nach dem Bestimmen des schwefelsauren Bleies mit Hülfe eines Pyknometers von der noch übrig bleibenden Lösung einen aliquoten Theil (vielleicht $^9/_{10}$) zur Kupferbestimmung verwenden und das gefundene Resultat mit der diesem aliquoten Theile entsprechenden reciproken Zahl (also hier $^{10}/_9$) multipliciren, welches Verfahren ja auch bei der Maassanalyse in manchen Fällen angewendet wird. Der kleine Fehler, welcher hierbei dadurch begangen wird, dass man das Volumen des Bleiniederschlags ausser Acht lässt, kommt offenbar nicht in Betracht, könnte übrigens mit Leichtigkeit vermieden werden, indem man ja dieses Volumen aus dem gefundenen Gewichte und dem als bekannt vorausgesetzten spec. Gewichte durch einfache Division finden kann.

Natürlich lässt sich eine derartige Trennungsmethode für alle aus einer Lösung fällbaren Körper anwenden, gleichviel in welcher Anzahl sie in dieser Lösung vorhanden sind.

Selbstverständlich kann alles bisher Angeführte ausser zur Ermittlung des Gewichtes irgend welcher Niederschläge auch zur Bestimmung von Rückständen verwendet werden. So würde z. B. in einer mit Schwerspath gemengten Farbe, wie Mennige, chromsaures Blei, Zinkweiss und dergl. mehr durch Behandeln derselben mit Salzsäure und Bestimmen des Rückstandes im Pyknometer, sich leicht dessen Menge ermitteln und der Werth der Farbe danach bestimmen lassen.

Dresden, im December 1876.

Ueber die Bestimmung von Mangan und Phosphor im Spiegeleisen.

Von

C. Stöckmann.

Im Laufe dieses Jahres war ich häufig in der Lage, in Gemeinschaft mit andern Chemikern Untersuchungen von Spiegeleisen vornehmen zu müssen. Es lag eine Meinungsverschiedenheit zwischen Abnehmer und Lieferant in Betreff der Qualität vor. Die Proben wurden gemeinschaftlich in der Weise genommen, dass jedesmal aus einem Haufen von 200 Centnern an 10 verschiedenen Stellen von den grösseren Spiegeleisenstücken kleinere, ganz saubere Stückchen abgeschlagen und diese später in einem Stahlmörser vollständig zu Pulver zerschlagen und durch ein feines Sieb getrieben wurden. Diese vollständig zu Mehl zerstampfte Probe wurde nun gehörig gemischt und ganz regelrecht in 2 Theile getheilt, indem regelmässig abwechselnd bald in die eine und dann in die andere Probeschachtel ein kleiner Löffel voll Probemehl geschüttet wurde. Man war also ganz sicher, dass beide Theile dieser Probe in ihrer chemischen Zusammensetzung genau übereinstimmten.

Bestimmung des Mangans.

Trotzdem die Proben übereinstimmten, so stellten sich in den Resultaten doch Differenzen heraus. In vielen Fällen liegt das Schwanken der Uebereinstimmung in dem Mangangehalte in dem Umstande, dass man Eisen und Mangan durch nur einmaliges Fällen nicht vollständig trennen kann; es bleibt stets Mangan bei dem Eisen zurück und deshalb ist es unbedingt erforderlich, das Eisenoxyd, nachdem die Flüssigkeit abfiltrirt und einige Male ausgewaschen ist, wieder aufzulösen und noch einmal mit essigsaurem Natron zu fällen. In dem zweiten Filtrat wird man dann immer noch ganz ansehnliche Mengen von Mangan finden. Obgleich auf diese Erscheinung schon vor langer Zeit, zuerst durch Eggertz*) und später auch von Anderen aufmerksam gemacht worden ist, so scheint man im Allgemeinen doch noch wenig Rücksicht auf dieses Faktum zu nehmen; besonders weil nach Eggertz die Manganmengen nicht so sehr gross sind, welche zurückbleiben, so mag Mancher denken, die zurückbleibende Manganmenge ist so gering, dass es sich nicht der

*) Berg- und Hüttenmännische Zeitung 1867, pag. 187.

Mühe lohnt, noch die umständliche zweite Fällung vorzunehmen. Eggertz theilt nämlich mit, dass er in einem Roheisen mit 11,5 % Mn bei der zweiten Fällung im Filtrat noch 0,2 % Mn gefunden habe. Andere Chemiker *) und auch ich haben gefunden, dass viel grössere Manganmengen in der ersten Fällung bei dem Eisen bleiben können. Dieses hängt hauptsächlich davon ab, wie weit man mit kohlensaurem Natron neutralisirt. Eggertz fällt das basisch essigsaure Eisenoxyd aus einer ziemlich sauren Lösung, da er noch 3 CC. Cl H zusetzt, wenn er mit dem kohlensauren Natron bis an die Grenze des Trübwerdens neutralisirt hat, während ich dieses nicht thue, sondern direct essigsaures Natron zufüge. Das Fällen aus saurer Lösung hat den Uebelstand, dass sich das basisch essigsaure Eisenoxyd in einer Form ausscheidet, in der es sich nur äusserst schwer filtriren lässt. Weiter scheint aber auch noch die Temperatur, welche die Eisenlösung beim Neutralisiren hat, von Einfluss auf die zurückbleibende Manganmenge zu sein. Bei einer höhern Temperatur scheint weniger Mn zurückzubleiben, als bei einer niedrigen. Um ein Bild zu geben wie verschieden und wie gross die zurückbleibenden Manganmengen sind, theile ich nachstehend die Manganbestimmungen einer Anzahl Spiegeleisenproben mit.

				Mngehalt des Spiegeleisens.	Mn im II. Filtrat.
1.	I. Filtrat enthielt	9,38 % Mn		= 10,29 %	0,91 %
	II. « «	0,91 « «			
2.	I. « «	10,98 « «		= 11,30 %	0,32 %
	II. « «	0,32 « «			
3.	I. « «	10,17 « «		= 10,83 %	0,66 %
	II. « «	0,66 « «			
4.	I. « «	8,25 « «		= 8,83 %	0,58 %
	II. « «	0,58 « «			
5.	I. « «	9,54 « «		= 10,02 %	0,48 %
	II. « «	0,48 « «			
6.	I. « «	8,98 « «		= 10,02 %	1,04 %
	II. « «	1,04 « «			
7.	I. « «	8,58 « «		= 9,18 %	0,60 %
	II. « «	0,60 « «			

*) Herr Chemiker Meinecke in Oberlahnstein machte mich schon vor 2 Jahren darauf aufmerksam, dass er im Spiegeleisen bei der zweiten Fällung noch bis zu 0,75 % Mn gefunden habe.

				Mngehalt des Spiegeleisens.	Mn im II. Filtrat.
8.	I. Filtrat enthielt	9,19 % Mn		= 9,56 %	0,37 %
	II. « «	0,37 « «			
9.	I. « «	10,05 « «		= 10,30 %	0,25 %
	II. « «	0,25 « «			
10.*)	I. « «	9,32 « «		= 10,32 %	1,00 %
	II. « «	1,00 « «			
11.	I. « «	10,06 « «		= 10,40 %	0,34 %
	II. « «	0,34 « «			
12.	I. « «	8,85 « «		= 9,61 %	0,76 %
	II. « «	0,76 « «			
13.	I. « «	13,30 « «		= 14,34 %	1,04 %
	II. « «	1,04 « «			
14.	I. « «	8,96 « «		= 9,45 %	0,49 %.
	II. « «	0,49 « «			

Wie man aus obigen Zahlen ersieht, sind die zurückbleibenden Manganmengen sehr verschieden und verhältnissmässig auch sehr bedeutend; deshalb ist es unbedingt erforderlich, das Eisen zweimal zu fällen und zwar gilt dieses nicht von Spiegeleisen allein, sondern auch von sonstigem manganhaltigen Roheisen und von manganhaltigen Erzen; man wird jedesmal finden, dass bei der ersten Fällung immer ein ziemlich bedeutendes Quantum Mangan zurückgeblieben ist; ja sogar bei der zweiten Fällung trennt man Mangan und Eisen noch nicht vollständig, und wer sich die Mühe nehmen will, das Eisen zum dritten Mal zu fällen, der wird auch im dritten Filtrat das Mangan noch ganz gut nachweisen können. Diese letzte Menge ist indessen in den meisten Fällen so gering, dass man dieselbe vollständig vernachlässigen kann.

Bestimmung des Phosphors.

In den Phosphorbestimmungen stellten sich ebenfalls regelmässig Differenzen heraus; und zwar waren dieselben im Allgemeinen um so grösser, je höher der Phosphorgehalt war und bewegten sich in 10 Proben zwischen 0,007 und 0,037 %, während die Gesammt-Phosphormengen in den Proben zwischen 0,097 und 0,171 % variirten. Ich fand immer

*) Nr. 10 und 11 sind Bestimmungen von ein und derselben Probe, mitgetheilt um zu zeigen, wie verschieden die Manganmenge im II. Filtrat sein kann bei derselben Probe.

die höheren Zahlen. Zunächst bemerke ich, dass wir nicht genau nach ein und derselben Methode arbeiteten; ich löste das Eisen in reiner Salpetersäure und der andere Chemiker löste in Königswasser. In diesen verschiedenen Lösungsmitteln lag auch die Ursache der Differenzen, nicht etwa in den Personen; denn so wie wir nach demselben Verfahren arbeiteten, stimmten die Resultate überein, z. B. fand ich in einer Spiegeleisenprobe 0,157 % P; während der andere Chemiker in derselben Probe nur 0,127 % fand. Als ich die Bestimmung wiederholte und als Lösungsmittel auch warmes Königswasser von derselben Zusammensetzung (50 CC. NO_5 und 50 CC. Cl H) anwandte, fand ich 0,127 % P, also fast genau dasselbe Resultat, welches der andere Chemiker gefunden hatte. Ebenso habe ich auch früher im hiesigen Laboratorium constatirt, wenn verschiedene Chemiker Salpetersäure als Lösungsmittel nehmen, dann stimmen die Resultate ebenfalls vorzüglich überein.

Als ich später mit einem andern Chemiker in der Phosphorbestimmung einer Spiegeleisenprobe noch grössere Differenzen bekam, (er fand 0,047 % während ich 0,0888 % fand), und weil ich vermuthete, dass derselbe die Lösung ebenfalls in Königswasser vornehme, entschloss ich mich, die Sache genauer zu untersuchen.

Zunächst will ich die Methode beschreiben, nach welcher ich die Phosphorbestimmungen im Spiegeleisen (auch in anderen Eisen- und Stahlsorten) zu machen pflege.*)

5 Grm. gepulvertes Spiegeleisen werden in 60 CC. reiner Salpetersäure vom spec. Gew. 1,20 in einem etwa 800—1000 CC. grossen, mit einer Uhrschale bedeckten Becherglase gelöst, indem man die Säure nach und nach zusetzt. Wenn das letzte Aufschäumen vorüber ist, stellt man das Becherglas sofort auf eine heisse Stelle im Sandbad, damit die Flüssigkeit in's Kochen kommt, alsdann ist die Substanz in höchstens 10 Minuten vollständig gelöst. Diese Lösung wird jetzt in einen Porzellantiegel von 250 CC. Inhalt gespült und auf dem Sandbade vollständig zur Trockne eingedampft, wobei man denselben gegen den Schluss mit einer Uhrschale theilweise zudeckt, um etwaiges Spritzen zu verhüten. Darauf wird der mit einem Porzellandeckel bedeckte Tiegel über einer Lampe erst vorsichtig und später kräftig geglüht bei abgehobenem Deckel, und zwar so lange bis die Kohle verbrannt oder wenigstens die organische

*) Diese Art, in Salpetersäure zu lösen ist zuerst von F. Kessler an[illegible]geben; Journal für prakt. Chem. (N. F.) 2, 364. Auch diese Zeitschrift 11, [illegible]

Substanz ganz sicher zerstört ist. Nach dem vollständigen Erkalten fügt man conc. Salzsäure zu und erwärmt den mit Uhrglas bedeckten Tiegel auf dem Sandbade so lange, bis die Massen vollständig gelöst sind, was in der Regel in kurzer Zeit geschehen ist. Darauf wird diese Lösung in ein Becherglas filtrirt und eingedampft bis zur theilweisen Trockne; alsdann, um alle Säure fortzunehmen, mit etwas Ammoniak bis zur Ausscheidung von Eisenoxyd versetzt und das Ganze jetzt so lange wieder mit Salpetersäure versetzt, bis Alles, event. unter Kochen, gelöst ist. Nach vollständigem Erkalten setzt man 50—60 CC. der bekannten Molybdänlösung zu und lässt 12—24 Stunden an einem 30—40° C. warmen Orte stehen. Darauf wird der gelbe Niederschlag abfiltrirt, gehörig ausgewaschen mit der Mischung von Fresenius: 100 Molybdänlösung, 20 Salpetersäure, und 80 Wasser; nun in verdünntem Ammoniak gelöst, mit Salzsäure etwas abgestumpft, nach dem Erkalten mit Chlormagnesiumlösung und dann mit Ammoniak versetzt, bis die Flüssigkeitsmenge 100—110 CC. beträgt.

Die phosphorsaure Magnesia wird vor dem Wägen jedesmal auf dem Gebläse geglüht.

Ich habe jetzt folgende Versuche mit ein und derselben Spiegeleisenprobe gemacht.

1. Versuch.

Genau nach vorhin beschriebener Methode wurden 3 Phosphorbestimmungen gemacht. Die phosphorsaure Ammoniak-Magnesia war weiss gefallen. Die Bestimmungen ergaben:

I. 0,0870 % P
II. 0,0899 « «
III. 0,0894 « « also

0,0888 % P als Mittelwerth.

2. Versuch.

5 Grm. wurden ebenfalls behandelt wie oben, aber nur im Porzellantiegel scharf zur Trockne eingedampft und nicht geglüht. Phosphorsaure Ammoniak-Magnesia sah aus wie oben, es war nur sehr wenig organische Substanz zu bemerken. Die Bestimmung ergab:

0,0827 % P.

Die organische Substanz scheint etwas Phosphorsäure irgendwo in Lösung zu halten.

3. Versuch.

5 Grm. der Spiegeleisenprobe wurden in etwa 100 CC. warmen Königswassers (50 CC. NO_5 und 50 CC. Cl H) gelöst, im Becherglase vollständig eingedampft zur Trockne, in Salzsäure gelöst, filtrirt und dann genau weiter behandelt wie die vorigen Proben. Der Molybdänniederschlag war durch organische Substanz orange und die Lösung desselben braun gefärbt; die phosphorsaure Ammoniak-Magnesia war aus demselben Grunde braungrau gefärbt. Die Bestimmung ergab:

0,064 % P.

In dem wenigen, dunkel gefärbten Rückstande befanden sich nur Spuren von Phosphor.

4. Versuch.

5 Grm. Spiegeleisen wurden in Königswasser von voriger Zusammensetzung gelöst, im Porzellantiegel eingedampft und geglüht, und dann genau wie die vorhergehenden Proben behandelt. Die phosphorsaure Ammoniak-Magnesia war wegen Abwesenheit der organischen Substanz weiss gefallen. Die Bestimmung ergab:

0,072 % P.

Vergleicht man dieses Resultat mit dem vorigen, so scheint die organische Substanz dort auch wieder etwas Phosphorsäure in Lösung gehalten zu haben.

5. Versuch.

5 Grm. Spiegeleisen wurden in 100 CC. warmen Königswassers von der Zusammensetzung 25 CC. NO_5 und 75 CC. Cl H gelöst, im Becherglase zur Trockne eingedampft (nicht geglüht), in Salzsäure gelöst und dann genau weiter behandelt wie die vorigen Proben. Die Niederschläge und Lösungen waren noch dunkler gefärbt wie bei Versuch 3. Die Bestimmung ergab:

0,048 % P.

Der reichliche schwarze Rückstand enthielt noch 0,008 % P, so dass die ganze Bestimmung 0,056 % P ergab.

6. Versuch.

5 Grm. Spiegeleisen wurden in 100 CC. warmen Königswassers von der Zusammensetzung 20 CC. NO_5 und 80 CC. Cl H gelöst und genau wie die vorige Probe behandelt. Merkwürdiger Weise war der Molybdänniederschlag schön gelb, die ammoniakalische Lösung desselben fast

wasserhell und der Magnesianiederschlag ganz weiss gefärbt. Es schien bei dieser Mischung des Königswassers kaum organische Substanz in Lösung gegangen zu sein. Die Bestimmung ergab:

0,054 % P.

In dem sehr reichlichen schwarzen Rückstande befanden sich noch 0,006 % P, so dass im Ganzen 0,060 % P gefunden wurden. Worin der auffallende Unterschied dieser beiden Königswassermischungen von Versuch 5 und 6 begründet ist, ist mir nicht bekannt, die letztere scheint den Phosphor auch noch besser zu oxydiren als die erstere.

Wir sehen aus obigen Zahlen, dass das Königswasser, in welcher Zusammensetzung man es auch anwenden möge, stets **niedrigere Resultate** liefert als die Salpetersäure.

Um keinen Punkt ausser Acht zu lassen, der hier von Einfluss auf das Resultat sein konnte, untersuchte ich auch noch die Salpetersäure, dieselbe erwies sich als absolut phosphorfrei, wie ja auch aus dem Vergleich der obigen Zahlen nicht anders zu erwarten war.

Nach diesen Erwägungen lag nur noch eine Möglichkeit vor, nämlich die, dass ein Theil des Phosphors beim Auflösen des Eisens in Königswasser als irgend ein flüchtiges Produkt entweiche. Diese Vermuthung fand ich denn auch vollkommen bestätigt und zwar durch folgenden Versuch:

In einem Erlenmeyer'schen Kolben, der mit doppelt durchbohrtem Kork versehen war, wurden 5 Grm. Spiegeleisen aufgelöst. In der einen Oeffnung des Korkes steckte ein Geissler'scher Kugeltrichter, während in der andern ein weites, doppelt gebogenes Glasrohr steckte. Das freie Ende dieses Rohres war in einen langen, mit Glasperlen angefüllten Glascylinder gesteckt; die Perlen waren mit Bromsalzsäure übergossen und auf dem Boden des Cylinders stand eine mehrere Zoll hohe Schicht davon. Die Lösung des Spiegeleisens wurde mit warmem Königswasser 1 NO_5 : 1 Cl H vorgenommen, indem dasselbe nach und nach durch den Kugeltrichter eingeführt wurde. Das sich mit grosser Heftigkeit entwickelnde Gas musste die Bromsalzsäure passiren. Nach vollständiger Lösung des Spiegeleisens spülte ich die Bromsalzsäure in ein Becherglas, dampfte zur Trockne ein, nahm mit einigen Tropfen Salzsäure wieder auf, übersättigte mit Ammoniak und löste in Salpetersäure. (Bei der Lösung in Königswasser hatte sich Eisen wahrscheinlich als Chlorid verflüchtigt und war mit in die Bromsalzsäure gegangen.) Jetzt fügte ich Molybdänsäurelösung hinzu und erhielt nach einiger Zeit einen gelben Niederschlag; als ich denselben abfiltrirte, in Ammoniak löste und dann Magnesiamischung zusetzte, erhielt ich einen Niederschlag von phosphorsaurer Ammoniak-Magnesia.

Hiermit war also unzweifelhaft bewiesen, dass wirklich beim Auflösen des Spiegeleisens in Königswasser ein Theil des Phosphors mit den sich entwickelnden Gasen entweicht.

Ich habe versäumt, diesen letzten Niederschlag zu wägen, würde aber wahrscheinlich die ganze Menge der PO_5 auch doch nicht erhalten haben, weil sich die Gase mit einer solchen Heftigkeit entwickeln, dass man jedenfalls mehrere Vorlagen haben muss, wenn der entweichende Phosphor in denselben ganz absorbirt werden soll.

Um mich darüber zu beruhigen, dass nicht die Bromsalzsäure an und für sich schon phosphorhaltig sei, untersuchte ich dieselbe noch besonders, sie erwies sich als absolut phosphorfrei.

Das Königswasser ist deshalb als Lösungsmittel für Spiegeleisen (und jedenfalls auch für andere Eisen- und Stahlsorten) zur Bestimmung des Phosphors vollständig zu verwerfen, weil ein Theil des letzteren mit den Gasen entweicht und deshalb stets zu niedrige Resultate erhalten werden.

Bei der wichtigen Rolle, die heutzutage der Phosphor in unserer Stahl-Industrie spielt und wo es auf die Hundertstel von Procenten ankommt, ist dieses Faktum jedenfalls wohl zu berücksichtigen.

Ob sonst Jemand schon diese Erscheinung beobachtet und veröffentlicht hat, weiss ich nicht; in den mir zu Gebote stehenden Zeitschriften, die bis zum Jahre 1864 incl. reichen, finde ich keine Andeutung darüber.

Laboratorium der Hütte Phönix bei Ruhrort, den 15. Dezbr. 1876.

Ueber Cochenilleprüfung.

Von

J. Löwenthal.

Meine im Hinblick auf Gerbstoff S. 33 u. f. dieses Bandes nochmals ausführlich dargelegte Bestimmungsmethode scheint in Hinsicht auf Cochenille wenig Anklang gefunden zu haben, aber mit Unrecht.

Seit 17 Jahren prüfe ich die Cochenille durch Titrirung mit übermangansaurem Kali unter Zusatz von Indigocarmin und es ist mir bei der grossen Anzahl von Proben, welche ich zu untersuchen hatte, nur einmal eine Cochenille vorgekommen, deren Werth ich auf die angegebene Weise nicht bestimmen konnte. Diese Cochenille war mit kleinen schwarzen Kügelchen versetzt, von der Grösse von Gerstengraupen; die Färber nennen sie Lackkörner. Der Auszug dieser Körner wirkt stark auf Chamäleon, enthält aber keinen Farbstoff.

Bei der Cochenille hat man es leichter eine Vergleichsprobe aufzubewahren, als bei den gerbstoffhaltigen Körpern, indem sich wie bekannt ganze Cochenille, wenn sie trocken aufbewahrt wird, lange Zeit nicht verändert.

Meine Vergleichsprobe bewahre ich seit 1862.

Es ist unmöglich nach dem äussern Ansehen eine Cochenille zu beurtheilen. Die Ansicht der Färber, dass eine gute Cochenille recht leicht sein muss, habe ich keineswegs immer bestätigt gefunden. Ich habe recht leichte Cochenille geprüft, welche sehr schlecht, und schwere, welche gut war.

Seither war die Cochenille sehr billig, aber es war auch sehr schwierig gute Waare zu erhalten. Das Aussehen war ein überaus schönes, bei geringem Gehalte. Die Fälschung scheint dadurch vielfach begangen zu werden, dass die Cochenille ausgezogen und dann wieder getrocknet und zum Verkauf gebracht wird. Bei solcher Cochenille bleibt der zweite Auszug fast ungefärbt.

Meine Methode hat mir nie ein falsches Urtheil gegeben; ich kann daher dieselbe als ganz sicher empfehlen.

2 Gramm ganze Cochenille werden das erstemal mit $1^1/_2$ Liter destillirtem Wasser 1 Stunde gekocht, durch ein gewöhnliches Theesieb gegossen und die im Siebe zurückgebliebene Cochenille noch einmal mit 1 Liter destillirtem Wasser $^3/_4$ Stunden gekocht. Beide Flüssigkeiten zusammen betragen also nicht 2 Liter, weil viel Wasser verdampft ist. Nach dem Erkalten wird die Flüssigkeit auf 2 Liter gebracht und je 100 CC. davon mit Indigocarmin und hinreichend Säure in 750 CC. bis 1 Liter Wasser titrirt. Nach Abzug des Chamäleonverbrauchs für den Indigo hat man den Werth der Cochenille mit der Vergleichscochenille zu berechnen.

Belege:

25 CC. Indigolösung brauchten . .	5,6	Chamäleonlösung.
desgleichen	5,6	« «
	11,2	« «

Nr. 1.

100 CC. Cochenille . / 25 « Indigolösung	. . . .	12,2	Chamäleonlösung.
desgleichen		12,2	« «
		24,4	« «
ab für Indigo		11,2	« «
		13,2	« «

Nr. 2.

100 CC. Cochenilleabk. / 25 « Indigolösung .	. . . .	11,6	« «
desgleichen		11,4	« «
		23,0	« «
ab für den Indigo		11,2	« «
		11,8	« «

Nr. 3.

100 CC. Cochenilleabk. / 25 « Indigolösung .	. . . .	10,6	« «
desgleichen		10,4	« «
		21,0	« «
ab für den Indigo		11,2	« «
		9,8	« «

Nr. 4.

100 CC. Cochenilleabk. / 25 « Indigolösung .	. . . .	10,6	« «
desgleichen		10,6	« «
		21,2	« «
ab für den Indigo		11,2	« «
		10,0	« «

Nr. 5.

100 CC. Cochenilleabk. / 25 « Indigolösung .	. . . .	9,8	« «
desgleichen		9,8	« «
		19,6	« «
ab für Indigo		11,2	« «
		8,4	« «

Nr. 6.

100 CC. Cochenilleabk. / 25 « Indigolösung .	. . . .	13,0	« «
desgleichen		13,0	« «
		26,0	« «
ab für Indigo		11,2	« «
		14,8	« «

Nr. 7.

Dieses ist die Vergleichscochenille.

100 CC. Cochenilleabk. / 25 « Indigolösung	12,8	Chamäleonlösung.
desgleichen	12,8	« «
	25,6	« «
ab für Indigo	11,2	« «
	14,4	« «

Setzt man Nr. 7 = 100, so erhält man für die andern Proben folgende Werthverhältnisse:

Nr. 7 = 100
« 1 = 91,7
« 2 = 81,9
« 3 = 68,1
« 4 = 69,5
« 5 = 58,3
« 6 = 102,8.

Wenn die Cochenille am Aeusseren zu erkennen wäre, so hätten Nr. 2, 3, 4 und 5 für gute Sorten gehalten werden müssen. Die Versuche aber ergaben ihren geringen Werth. Ich bin im Besitze einer Cochenilleprobe, die äusserlich eine ganz unansehnliche Waare vorstellt, welche gewiss kein Färber kaufen würde. Trotzdem übertrifft sie an Gehalt meine Probecochenille bei weitem. Es ist die gehaltreichste, welche mir jemals vorgekommen ist.

Beiträge zur Werthbestimmung der Superphosphate.

Von

H. Albert und Dr. L. Siegfried.

Die Unhaltbarkeit der Gehaltsbestimmung der Superphosphate durch Wasserauszug liegt in der Natur des Fabrikats. Das hier zur Verwendung kommende Material ist kein chemisch reiner phosphorsaurer Kalk und theilt nur theilweise dessen Eigenschaften. Der saure phosphorsaure Kalk zerlegt sich leicht durch Erwärmung und Trocknung in freie Phosphorsäure und neutralen phosphorsauren Kalk, von welchen letzterer in Wasser unlöslich ist; diese Erwärmung und Gypstrocknung tritt bei der Vermischung des Kalkphosphats mit Schwefelsäure unvermeidlich ein, daher lässt sich durch einen einfachen wässrigen Auszug des Superphosphates nicht ein genügendes Urtheil fällen auf den gemachten Aufwand an Phosphat und Säure, welches der Fabrikant beansprucht. Der Landwirth dagegen verlangt zur Sicherstellung seiner Ernte wirksame Phosphorsäure und damit sind wir an der oft gestellten und nicht genügend beantworteten agricultur-chemischen Frage, in welcher Form ist die Phosphorsäure wirksam für die Pflanzenernährung? Hiernach soll sich die Herstellung des Fabrikates doch nur richten und nicht nach der Analyse, welcher ja die Bestimmung der Qualität der Waare abverlangt wird. Die nach Liebig's Angabe begonnene und heute zur Grossindustrie emporgeblühte Fabrikation von Superphosphat beruhte auf der Ansicht, dass schwerlösliche Phosphate in gemahlenem Zustande durch soviel Schwefelsäure-Zusatz aufzuschliessen seien, dass saurer phosphorsaurer Kalk entstände, wobei zugleich durch die Einwirkung der Säure das Phosphat, in dem gebildeten schwefelsauren Kalk eingehüllt, in äusserst feiner Vertheilung günstig für die Pflanzenaufnahme vorbereitet werde. Nach der Entwicklung der Düngerfabriken erschienen die landwirthschaftlichen Versuchsstationen und damit die Controle der Dünger; nach deren Ansichten musste der Werth der Superphosphate nach wasserlöslicher Phosphorsäure bestimmt werden, obwohl schon 1857 Prof. Erlenmeyer die Gegenwart von in Wasser schwer löslichem saurem phosphorsaurem Kalk bekannt machte und jetzt mittheilt,*) dass sich dieser erst in 700 Theilen Wasser von gewöhnlicher Temperatur vollständig löst und durch eine kleine Menge Wasser theilweise in freie Phosphorsäure und neutralen phosphorsauren Kalk zerfällt.

Vergebens strebten daher die Agricultur-Chemiker nach einer correcten übereinstimmenden Analyse. weil mehr oder weniger Wasser bei der Superphosphatlösung, Zeit und Wärme, Eisen und Thonerde erhebliche Differenzen hervorrufen, namentlich veranlasst durch Ausscheidung von neutralem phosphorsaurem Kalk.

Ein Fabrikat, zu dessen Herstellung in grossen Massen alles vorhandene Phosphorsäure-Material genommen wird, um in grosser Concurrenz der Landwirthschaft zur Auswahl vorgelegt zu werden, kann nicht nach einer einseitigen Theorie beurtheilt werden; dieses umsoweniger, weil es in den Boden gebracht höchst verschiedenen Factoren unterliegt. Wer will dem hydratischen Thon- und Eisenphosphat im Boden die Wirkung absprechen, wenn die Phosphorsäure und der saure phosphorsaure Kalk im Boden in kürzester Zeit dieselben Verbindungen bilden können, während das Eisen- und Thonerdephosphat vielleicht in phosphorsauren Kalk und Kali umgewandelt wird. Durch die heutige Methode nur die wasserlösliche Phosphorsäure zu bestimmen, sind die Fabrikanten

*) Ber. d. deutsch. chem. Ges. z. Berlin 9, 1839.

wie die Landwirthe sehr beschädigt. Erstere müssen hochgrädige und möglichst reine Phosphate, welche verhältnissmässig theurer sind, mit 25—30 % Schwefelsäure mehr versetzen als nöthig ist um sauren phosphorsauren Kalk zu bereiten, nur um alle Phosphorsäure als wasserlösliche bestimmbar zu erhalten, ein Ziel, welches lediglich bei Anwesenheit von viel freier Phosphorsäure erreicht wird. Diese für die Wirkung der Superphosphate unnütze Mehrverwendung von Schwefelsäure müssen die Landwirthe schliesslich bezahlen, weil die Fabriken grösstentheils nicht mehr sauren phosphorsauren Kalk, sondern freie Phosphorsäure bereiten.

Im Superphosphat spricht man der zurückgegangenen Phosphorsäure einen zweifelhaften Werth zu, andererseits empfiehlt man den präcipitirten neutralen und basischen phosphorsauren Kalk als besten Phosphorsäure-Dünger, obwohl die Vertheilung des Phosphats im schwefelsauren Kalk des Superphosphats eine grössere ist und dem Gyps immer eine gute Mitwirkung zugeschrieben werden muss.

In England wurde vergebens von vielen Fabriken versucht hochgrädige ganz wasserlösliche Superphosphate einzuführen. Die Coprolithen-Superphosphate, welche ganz ähnlich den deutschen Phosphorit-Superphosphaten $^1/_3$ ihrer Phosphorsäure in zurückgegangenem Zustande enthalten, erhielten immer den Vorzug; ebenso vergebens bemühte man sich hier am Rhein das Phosphorit-Superphosphat durch nur wasserlösliche Phosphorsäure enthaltende Fabrikate zu verdrängen.

In Frankreich hat man die Unzulänglichkeit der Analyse auf nur wasserlösliche Phosphorsäure erkannt und seit 1872—73 haben alle Chemiker die von Joulie modificirte Methode Fresenius, Neubauer und Luck angenommen, welche die wasserlösliche und mobile, assimilirbare Phosphorsäure in einer Lösung von alkalisch-citronensaurem Ammoniak bestimmt und als gleichwerthig annimmt. Der unaufgeschlossene basisch phosphorsaure Kalk wird davon nicht berührt und nur die anderen Phosphate in Lösung gebracht.

Wir haben das mässiger alkalisch gemachte weinsaure Ammoniak in Betrachtung gezogen und ihm bei gleichem Resultat den Vorzug gegeben, weil weinsaures Ammoniak wie essigsaures Natron zur Urantitrirung genommen werden kann, der Magnesia-Niederschlag sich schneller abscheidet und mit wenig Auswaschen schnell zur Titrirung gelöst werden kann. Zur Darstellung der Lösungsflüssigkeit nehmen wir: 240 Grm. Weinsäure, neutralisiren mit Ammoniak, setzen nach dem Erkalten 10 CC. Ammoniakliquor von 0,93 spec. Gewicht oder 16,1 procent. NH_3 zu und füllen auf

1000 CC. mit Wasser an. Zur Lösung der Superphosphate wird auf 1 Grm. wohl gemischten und gesiebten Superphosphates 40 CC. alkalisch weinsaure Ammoniakflüssigkeit genommen, nach und nach im Mörser mit Ausguss fein abgerieben und in ein 100 CC. Kölbchen gebracht; nach einer Stunde wird auf 100 CC. mit Wasser angefüllt, gemischt, filtrirt, das Erstablaufende weggegossen und dann 50 CC. mit 10 CC. Magnesialösung und 20 CC. Ammoniakliquor versetzt, 2 Stunden in bedecktem Glas stehen gelassen; dann wird die phosphorsaure Ammon-Magnesia auf dem Filter gesammelt, etwa 3 mal ausgewaschen mit verdünntem Ammoniak, mit Salpetersäure gelöst, mit Ammoniak gesättigt, mit Essigsäure angesäuert und mit Uran titrirt.

Der Ammon-Magnesia-Phosphat-Niederschlag entsteht sehr schnell und vollkommen in 2 Stunden, wie es in mehreren Fällen controlirt wurde. Die Differenzen, welche andere Chemiker im Vergleich der Weinsäure-Analyse mit Urantitrirung gegen die Molybdän-Methode gefunden haben, fanden wir nicht; halten vielmehr jene Methode jedenfalls zu Superphosphat-Analysen für hinreichend genau.

Es bedarf kaum der Bemerkung, dass die wasserlösliche Phosphorsäure für sich allein und die sogenannte zurückgegangene extra bestimmt werden kann; aber wir möchten dann empfehlen, die Wasserlösung auch mit basich weinsaurem Ammon zu versetzen und den Magnesia-Niederschlag zu titriren, zur Ueberzeugung wieviel correcter die Analysen hier ausfallen, wenn kein Eisen den Titer hindert und kein Kalkphosphat sich ausscheiden kann. Nasses Superphosphat, welches Thonerde- und Eisenphosphat enthält, darf nicht mit gebranntem Gyps getrocknet werden, weil hierdurch Phosphorsäure zurückgeht; es kann zu einem gleichmässigen Teig geknetet, mit dem Spatel genommen und in einem Uhrglas gewogen werden.

Von den unten stehenden Tabellen A, B, C zeigt A die Ergebnisse der Einwirkung des alkalisch weinsauren Ammoniaks in verschiedenen Temperaturen im Vergleich mit dem neutralen weinsauren Ammoniak auf die verschiedenen Phosphate im Düngerhandel, wozu wir noch selbst dargestellten reinen neutralen und basisch phosphorsauren Kalk, frisch gefälltes Thonerde- und Eisenphosphat hinzuzogen. Die Resultate der Analysen bedürfen keiner besonderen Erläuterung; nur hervorzuheben ist die Feststellung, dass präcipitirtes basisches Kalkphosphat hierbei nicht in Lösung geht und somit auch bei Superphosphatbestimmungen nicht in Anrechnung kommen kann, wie es befürchtet wurde.

In Tabelle B sind in 1 die Molybdänsäure-Analysen von Phosphorit und Superphosphat vergleichbar mit 2. Die Phosphate wurden in heisser Salzsäure aufgelöst, diese Lösung mit SO_3 versetzt und zur Vertreibung der freien Salzsäure zur Syrup-Consistenz abgedampft. Nach dem Verdünnen und Filtriren versetzte man mit weinsaurem Ammoniak, fällte mit Magnesialösung und bestimmte in dem Ammon-Magnesia-Phosphat die Phosphorsäure durch Titration mit Uranlösung.

Sechs weitere übereinstimmend mit 1 gefundene Analysen theilen wir nicht mit und halten die Methode für genau und sicher genug zur Analyse der Phosphate. Es waren hier absichtlich Thonerdephosphat haltende Phosphorite von Dehrn in Arbeit genommen worden, welche wesentliche Differenzen mit der Graham'schen Lösung mit 4procentiger Schwefelsäure zeigen.

In 3 ist die Methode die salzsaure Lösung, ohne vorheriges Abdampfen, mit weinsaurem Ammon, Magnesialösung und Ammon zu versetzen, als unbrauchbar gefunden worden.

In 4 sind die Resultate nach Graham's Methode, welche nur brauchbar für reine Kalkphosphate ist, mitgetheilt.

In 5 ist die gleichfalls unbrauchbar gefundene Aufschliessung derselben in heisser Schwefelsäure von 50% angeführt.

Auf Tabelle C sind die Bestimmungen der wasserlöslichen Phosphorsäure mit alkalisch weinsaurem Ammoniak im Vergleich mit citronensaurem Ammoniak nach Fresenius, Neubauer und Luck angeführt und dienen als eine wesentliche Bestätigung derselben; der geringe Mehrbefund bei Anwendung des letzteren ergibt sich aus der Erwärmung und längeren Einwirkung, und schlagen auch wir 1 Stunde Lösungszeit vor. Weitaus die meisten Superphosphate zeigten noch eine alkalische Reaction und wo sie nicht vorhanden war, stellten wir sie durch Beigabe von verdünntem Ammoniak her. Die Nichtanwendbarkeit der Trocknung feuchter Superphosphate für die Analysen-Proben durch Zusatz von gebranntem Gyps für Phosphorit- und Coprolith-Superphosphat ergibt sich aus dessen hierbei constatirtem reducirendem Einfluss auf die hydratischen Phosphate. Da sich im Allgemeinen und Ganzen in den Phosphorit-Superphosphaten nur 1 % Thonerde und Eisenoxyd löst, kann auch unmöglich das mächtige Zurückgehen derselben hieraus erklärt werden. Die Phosphorite zeigen eine ungewöhnlich schnelle Gypserhärtung in wenig Minuten nach der Mischung mit Schwefelsäure, die bei anderen Phosphaten ebensoviele Stunden dauert. Mit 40 procentiger Schwefelsäure angesetzt, zeigt ein

Phosphorit-Superphosphat 10 %, dasselbe mit 50 procentiger Säure nur 6 % wasserlöliche PO_5, weil in letzterem der Wasserentzug noch energischer das Zurückgehen bewirkt.

Zu den Analysen bemerken wir noch, dass wir hierbei möglichst concentrirte Lösungen zur Anwendung zu bringen für gut fanden. Die Salpetersäure zur Lösung des Ammon-Magnesia-Phosphats enthielt 10 % NO_5.

A.

Alkalisch weinsaures Ammon, 40 CC. auf 1 Grm. Substanz.								Neutr. weinsaures Ammon, kalt
Kalk-Verbindung der PO_5	Menge der Substanz Grm.	Temperatur	Zeit der Einwirkung	PO_5 lösl. geworden in %	Dieselbe Menge bei erhöhter Temperatur	Zeit der Einwirkung	PO_5 löslich in %	Dieselben Mengeverhältnisse und Einwirkungszeit bei 16—20 Temp. in %
Phosphorit mit 72 % 3 CaO, PO_5	1	16—20° C.	1/2 St.	0	40—45° C. im Wasserbad	1/2 St.	0	0
„ „ 61 % „	1	„	„	0	80—90°	„	0	0
„ „ 60 % „	1	„	„	0	50°	„	0	0
Spodium „ 65 % „	1	„	„	0	40—50°	„	0,5	0
„ „ 66 % „	1	„	„	0	„	„	0,6	0
Frisch gebr. Knochensplitter 64 %	1	„	„	0,7	„	„	1,0	1,0
Praecipitirter phosph. Kalk des Handels	1	„	„	8,6	„	1 St.	10,4	11,2
dto.	1	„	„	14,4	„	1/2 St.	15,0	14,8
Gefällter basisch phos. Kalk aus Phosphorit bei 110° getrocknet	1	„	„	0,6	„	„	0,8	0,7
dto. aus Knochenkohle . . .	1	„	„	0,4	„	„	0,7	0,9
Rohes Knochenmehl	1	„	„	1,8	—	—	—	2,1
Gedämpftes Knochenmehl . .	1	„	„	1,3	—	—	—	1,5
Peru Guano	1	„	„	7,3	—	—	—	7,6
Baker Guano	1	„	„	0,8	—	—	—	0,9
Mejillones Guano	1	„	„	1,3	—	—	—	1,5
neutraler phos. Kalk, frisch gefällt	0,25	„	„	98,4	getrocknet bei 120° C. kalt digerirt	1 St.	46,4	—
dto. mit Gyps getrocknet . .	0,25	„	„	71,1	—	—	—	—
Phosph. Eisenoxyd frisch gefällt	0,25	„	„	99,4	—	—	—	—
Phosph. Thonerde frisch gefällt	0,25	„	„	98,2	getrocknet bei 40° C.	1 St.	48,2	—
dto.	0,25	„	„	—	getrocknet bei 140° C.	„	0,2	

B.

Zur Gesammtmenge-Bestimmung

	1 Gewichtsanalyse: Molybdänmethode	2 Titrirt Mit HCl aufgeschl. mit SO_3 die HCl verjagt und nach Zusatz von weins. Amm. mit Magnesialös. gefällt etc.	3 Titrirt Im salzsauren Filtrat direct nach Zusatz von weinsaur. Amm. mit Magnesialös. gefällt etc.	4 Titrirt Lösung nach Graham. Nach Zusatz von weinsaur. Amm. mit Magnesialös. gefällt etc.	5 Titrirt Lösung mit concentr. SO_3. Nach Zusatz von weinsaur. Amm. mit Magnesialös. gefällt etc.
Phosphorit mit Thonerdephosphat . .	74,4	73,8	68,4	72,0	72,0
Phosphorit	72,0	72,2	—	71,8	—
Phosphorit mit viel Thonerdephosphat	71,6	71,4	—	61,2	—
Superphosphat . .	14,6	14,3	12,8	12,6	13,0

C.

Art der Superphosphate	Einwirkung des alkalisch weinsauren Ammoniaks. Gehalt wasserlösl. PO_5	Menge der Substanz	Temperatur	Zeit der Einwirkung	Aufgeschl. PO_5	des citronensauren Ammoniaks nach Fresenius, Neubauer u. Luck. Gesammtgehalt n. d. Molybdänmeth.	Unaufgeschl. PO_5	Aufgeschl. PO_5
Phosphoritsuperphosphat	7,7	1 Grm.	18—20° C.	1/2 St.	10,3	14,1	3,6	10,5
"	8,7	"	"	"	10,1	12,3	2,1	10,2
"	10,2	"	"	"	11,4	14,4	2,7	11,7
"	7,2	"	"	"	10,5	14,5	3,7	10,7
"	9,3	"	"	"	12,1	14,3	1,9	12,4
Beinschwarzsuperphosphat	9,0	"	"	"	9,0			
"	16,4	"	"	"	16,5			
"	18,3	"	"	"	18,4			
Mejillonessuperphosphat	20,3	"	"	"	20,8			
Bakerguanosuperphosphat	16,1	"	"	"	16,9			
Apatitsuperphosphat	13,8	"	"	"	14,0			
Phosphoritsuperphosphat	8,8	"	"	"				
dto. mit 50% Gyps anger.	7,0	"	"	"				
Phosphoritsuperphosphat	9,1	"	"	"				
dto. mit 50% Gyps anger.	7,2	"	"	"				
Beinschwarzsuperphosphat	16,4							
dto. mit 50% Gyps anger.	16,4							
Beinschwarzsuperphosphat	9,0							
dto. mit 50% Gyps anger.	9,0							

Zur Bestimmung des Phosphors in Eisenerzen.

Von

Carl Holthof.

Bei meinem Eintritt in die Hüttenpraxis wurde mir von dem vorgesetzten Ingenieur geklagt, dass er in den verschiedensten Laboratorien die Phosphorbestimmung seiner Eisenerze habe machen lassen und dabei für dasselbe Muster Angaben erhalten habe, die zwischen 0,4 % und 1,2 % — also bis zum Dreifachen — schwankten. Wenn er nun auch das zum grossen Schaden der Industriellen selbst, wie auch der, eine Verwerthung ihrer Kenntnisse suchenden, gründlich ausgebildeten Analytiker eingerissene, fabrikmässig aufs Stück Analysiren und die damit naturgemäss verbundene Oberflächlichkeit der Arbeit als Hauptursache solch enormer Differenzen ansah, so glaubte er doch auch ein Recht zu haben, Zweifel an der Zuverlässigkeit der zur Zeit üblichen Bestimmungsmethoden zu hegen, sei es, dass dieselben in den mit der Ausführung verbundenen Manipulationen noch unbekannten Anlass zu ungenauen Resultaten böten, sei es, dass die Methoden selbst nicht auf strikte richtigen Grundlagen fussten. Er beauftragte mich daher, die Phosphorbestimmung mit demselben Materiale auf verschiedenen Wegen auszuführen und nach den Ursachen entstehender Differenzen zu forschen.

Sämmtliche mir in Betracht kommende Methoden liefen auf schliessliche Abscheidung des Phosphors als c phosphorsaure Ammoniak-Magnesia und Bestimmung durch Wägen des geglühten Niederschlags als pyrophosphorsaure Magnesia, mit 27,928 % Phosphor, hinaus. Abgesehen von dem Verfahren die Probe mit Soda und etwas Kieselerde aufzuschliessen und die Phosphorsäure in der wässerigen Lösung der Schmelze zu bestimmen — welche ich, der Umständlichkeit der separaten Analyse, der nöthigen Abscheidung der Kieselerde halber, ferner in Anbetracht der Schwierigkeit phosphorsauren Kalk so ganz zu zersetzen und später bei viel Chloralkalien das Magnesiaammon-Phosphat ganz auszufällen, ganz unbeachtet liess — blieb mir:

A. die Methode der Abscheidung des Phosphors als basisch phosphorsaures Eisenoxyd in schwach essigsaurer, siedender Lösung, darauf folgendes Lösen des Niederschags von phosphorsaurem und basisch essigsaurem Eisenoxyde in Salzsäure und Ausfällen der Phosphorsäure mit Magnesiamixtur aus dieser mit Citronensäure versetzten [illegible] Ammon übersättigten Lösung.

B. die Methode der Abscheidung des Phosphors durch Molybdänsäurelösung und Ausfällen der Phosphorsäure mit Magnesiamixtur aus dem in Ammon gelösten Niederschlage von Ammonmolybdänphosphat, nach vorheriger partieller Neutralisation des Ammons durch Salzsäure.

Die Methode A gab mir bei wiederholter Durchführung durchgängig zu niedrige Resultate; sie hat überdiess in der Ausführung grosse Unannehmlichkeiten und erfordert sehr viel Aufmerksamkeit. Der Niederschlag von Ammon-Magnesiaphosphat enthält stets Eisen und ist daher noch einmal in Salzsäure zu lösen und unter Zusatz von etwas Citronensäure wieder mit Ammon zu fällen, wodurch der Fehler der Löslichkeit des Ammon-Magnesia-Phosphates in citronensaurem Ammon vergrössert wird. Ich erhielt daher auch in allen Filtraten noch Reactionen mit Molybdänsäurelösung und konnte, beispielsweise, in den vereinigten Filtraten einer Bestimmung des Phosphors in einem Roheisen, für welches diese Methode nur 1,45 % ergab, — während eine Bestimmung mit Molybdänsäure (unter Anwendung derselben Lösung) 1,85 % lieferte — noch 0,40 % Phosphor durch Molybdänsäure zur Bestimmung bringen. Ob die vorliegenden Fehler trotz aller angewandten, möglichen Sorgfalt noch auf mangelhafte Ausführung der Operationen und dadurch mögliche Oxydation der nicht genügend heissen essigsauren Eisenoxydullösung zu den Niederschlag von phosphorsaurem Eisenoxyde wieder lösendem essigsaurem Eisenoxyde zurückzuführen waren, oder ob eine Löslichkeit des phosphorsauren Eisenoxydes auch in essigsaurem Eisenoxydul die bedeutenden Verluste gab, blieb zum vorliegenden Zweck gleichgültig, da die gleiche Sorgfalt selbst in einem technischen Laboratorium nicht stets angewandt werden konnte und nach obigen Erfahrungen die Methode verlassen werden musste.

Sehr zufriedenstellende Resultate gab die Methode B; dieselben wurden auch in salzsaurer Lösung ganz übereinstimmend, wenn die zur Ausfällung genommene Molybdänsäurelösung in grossem Ueberschuss — mindestens 60 CC. Lösung auf jedes Centigramm gelöster Phosphorsäure — vorhanden war, die freie Chlorwasserstoffsäure nicht über 2 % betrug, der Niederschlag die hinreichende Zeit zur Abscheidung hatte und jede Erwärmung über Blutwärme vermieden war. Vergleichende Versuche mit denselben Mengen Flüssigkeit gaben mir keine nennenswerthe Differenzen, wenn durch Eindampfen auf dem Wasserbade unter Zusatz starker Salpetersäure die Salzsäure entfernt und durch Salpetersäure ersetzt wurde, wie dieses inzwischen Vorschrift geworden ist. Doch erfolgte in diesem Falle die Abscheidung des Niederschlags viel schneller und wurde durch Erwärmen noch beschleunigt. Es lässt sich also auch diese Bestimmung bei salzsauren Lösungen vornehmen, doch ist dann eine Hauptbedingung des Gelingens, dass ein stärkeres Erwärmen der Flüssigkeit vermieden wird, wie denn auch in der V. wie VI. Auflage der Anleitung zur quantit. Analyse von Prof. R. Fresenius nur ein Erwärmen bis 40⁰ C. angegeben ist.

Wird die mit der salpetersauren Lösung von molybdänsaurem Ammon versetzte salzsaure Eisenlösung erwärmt, so zersetzen sich Salpetersäure und Salzsäure wechselseitig, es geht dabei das Lösungsmittel der Molybdänsäure verloren, und diese scheidet sich mit aus, wodurch dann in der überstehenden fast molybdänsäurefreien Flüssigkeit das ursprünglich gefällte Ammon-Molybdän-Phosphat wieder löslich wird; offenbar wird auch durch die freiwerdenden Chlorverbindungen das Ammon in dieser Verbindung zersetzt, dieselbe aufgehoben und somit Phosphorsäure wieder löslich gemacht. Daher lassen sich in den Filtraten solcher stärker erhitzten und deutlichen Chlorgeruch zeigenden Lösungen nach Einengen unter Zusatz von Salpetersäure, durch wiederholten Zusatz von Molybdänlösung stets noch ziemliche Mengen von Phosphorsäure zur Bestimmung bringen.

Da es in vielen Laboratorien üblich war, bei Ausführung dieser Methode, die mit der salpetersauren Molybdänlösung versetzte salzsaure Lösung der Probe über 60⁰ und noch höher zu erhitzen, so ist wohl in den Fehlerquellen dieses Verfahrens ein Anlass zu Eingangs beregten Differenzen zu suchen.

Auf eine andere Fehlerquelle bei Durchführung dieser Sonnenschein'schen Bestimmungsmethode wollte ich in Folgendem hinweisen.

Nach bisherigen Vorschriften wird bekanntlich der Niederschlag mit Magnesiamischung in der Lösung des Ammonium-Molybdän-Phosphats in verdünntem, mit Salzsäure fast neutralisirtem Ammon als reine Phosphorsäure-Ammoniak-Magnesia angesehen. Auf anderweitige Beobachtungen gestützt, dass der isomorphe Niederschlag von Arsensäure mit Magnesiamischung stets noch überschüssige Magnesia enthielt, pflegte ich zu Eliminirung letzterer obigen Niederschlag nochmals in Salzsäure zu lösen und mit Ammon zu fällen; erhielt auch bei Prüfung der Filtrate sowohl mit Phosphorsäure, als mit Schwefelwasserstoff bedeutendere Niederschläge.

Die Magnesiamixtur hatte ich damals freilich noch mit schw[illegible] saurer Magnesia bereitet. Wiederholte Versuche ergaben mir aber [illegible] auch das mit Chlormagnesium bereitete Reagens Niederschläge fällte, welche gewogen, in Salzsäure gelöst und nochmals mit Ammon in starkem Ueberschuss — so dass die Flüssigkeit mindestens 3 % freies NH_3-Gas enthielt — gefällt, Gewichtsverluste zeigten, welche aus bisher bekannten Thatsachen nicht erklärbar waren. *) Die Filtrate erwiesen sich dabei Magnesia, sowie Molybdänsäure enthaltend, und zwar um so stärker, je flockiger der ursprüngliche Niederschlag ausgefallen war.

Ich fand aber auch oft die so nach zweimaliger Fällung erhaltenen Niederschläge noch Molybdän enthaltend, obschon ich mir eine Ursache dieses Umstandes nicht denken konnte. Um daher sicher zu gehen, nur reine Phosphorsäure-Ammon-Magnesia zu haben und in dem geglühten Niederschlag mit Bestimmtheit 27,93 % Phosphor in Berechnung stellen zu können, zog ich es schliesslich vor, die erhaltenen ersten Niederschläge immer in möglichst wenig Salzsäure zu lösen, die Lösung zur Abscheidung stets vorgefundener geringer Mengen Kieselerde zur Trockne zu bringen, und nach Aufnehmen mit einigen Tropfen Salzsäure und heissem Wasser durch Behandeln mit Schwefelwasserstoff sämmtliches Molybdän auszufällen; darauf nach Abfiltriren und Einengen erst mit Ammon zu fällen und nach zwölfstündigem kaltem Stehen bei wohl bedecktem Glase zu filtriren und die Bestimmung zu Ende zu führen.

Gewiss wäre es von Wichtigkeit für die Praxis, wie von Interesse für die Wissenschaft, wenn der Ursache dieser Fehlerquelle in einem grösseren Laboratorium nachgeforscht und die Umstände, welche sie bedingen, klar gelegt würden.

Eine einfache Saug-Vorrichtung zum Schnellfiltriren.

Von

Carl Holthof.

(Hierzu die untere Abbildung auf Taf. III.)

Um die Vortheile des Filtrirens unter Druck auch in den Laboratorien nicht zu verlieren, welche durch örtliche Verhältnisse die Bunsen'sche Wasserluftpumpe nicht anwenden können, sind in dieser Zeit-

*) Ein gewisser Verlust findet bei dieser Art der Behandlung immer, d. h. auch bei reiner pyrophosphorsaurer Magnesia statt, vergl. meine Anleitung zur quantitativen Analyse, 5. Aufl. analyt. Belege 36, 937 und Weber (Pogg. Annal. 73, 146). R. F.

schrift bereits zweckdienliche Vorrichtungen angegeben worden. Wenn ich nun mit Folgendem einen Apparat zu diesem Zwecke beschreibe, so beanspruche ich nicht etwas Neues zu liefern, sondern glaube nur jedem Laboranten, auch in dem bescheidensten Laboratorium, eine mit geringsten Auslagen, ohne Beihülfe des Mechanikers, aus überall vorhandenen Bestandtheilen selbst zusammenstellbare Einrichtung zum Filtriren an die Hand zu geben, welche ihm möglich macht, diese Operation selbst unter einer Druck-Differenz von zweidrittel Atmosphären ohne weitere Umstände zu jeder Zeit vornehmen zu können.

Dieselbe besteht zunächst aus dem Luftpumpenstiefel A (Taf. III, untere Abbild.) mit aufgesetzten Gummiventilen. Zu demselben dient eine etwa 250 CC. fassende überall käufliche zinnerne Spritze bester Qualität, deren geliderter Kolben, gut gefettet, beim Druck einer Atmosphäre dicht bleibt. Von derselben ist die Spitze abgeschraubt und in die Schraubenwindungen ein zweifach durchbohrter Gummistopfen fest eingedreht. Durch die eine Bohrung desselben führt ein etwa 6 Cm. langes Glasrohr a, auf welches ein 8 Cm. langes Bunsen'sches Gummirohrventil mit Längsschlitz α gesteckt ist. Durch die andere Bohrung führt das rechtwinklig gebogene, dünnere Ende eines starkwandigen Chlorcalciumrohres b, in dessen weiteren, etwa 11 Cm. langen Theil mittelst eines durchbohrten Gummistopfens ein 8 Cm. langes Glasrohr c eingepasst ist, dessen inneres, nur 1 Cm. vorstehendes Ende ein gleiches Ventil wie α — β — trägt, während das andere Ende durch ein dickwandiges Gummirohr mit einer grossen Flasche B verbunden ist. — Die Röhren a und c sind an beiden Enden abgeschmolzen und, wie der gebogene Schenkel der Chlorcalciumröhre b, nicht zu eng, von mindestens 3^{mm} lichter Weite.

Die Flasche B ist aus starkem Glase, von 5—6 Liter Inhalt und mit einem dreifach durchbohrten Gummistopfen verschlossen. Durch eine Bohrung desselben geht ein gebogenes, mit dem am Rohre c des Saug-Apparates befindlichen Gummirohre verbundenes Glasrohr d bis etwa in die Hälfte der Flasche, durch die zweite Bohrung führt ein gebogenes Rohr e, welches mittelst eines durch Quetschhahn verschliessbaren Gummischlauches mit dem Filtrirkolben in Verbindung steht. Dasselbe ist bei γ vor der Lampe bis auf eine feine Oeffnung, wie die Spitze einer Spritzflasche, beigeschmolzen. Durch die dritte Bohrung des Stopfens geht ein mit einem Manometer D in Verbindung gebrachtes rechtwinklig ge-bogenes Glasrohr f. Dieses Manometer ist mit der für vorliegenden Zweck genügenden Genauigkeit leicht aus einer Barometerröhre herstellen, welche man mittelst Korken auf eine Latte nagelt, worauf eine Centimetertheilung angebracht ist.

Die oben besprochenen Gummirohrventile α und β öffnen sich bekanntlich, ähnlich wie eine Venenklappe, bei jedem Druck von innen und schliessen sich bei Druck von aussen um so fester, je stärker dieser Druck ist. Erzeugt man nun durch Anziehen des Kolbens in A einen luftverdünnten Raum, so leuchtet ein, dass der äussere Luftdruck das nach der freien Atmosphäre führende Ventil α zupresst, während das nach der Flasche führende Ventil β durch den Ueberdruck der in jener enthaltenen Luft geöffnet wird und diese bis zur Herstellung des Gleichgewichts in den luftverdünnten Raum einfliessen lässt. Beim Eindrücken des Kolbens schliesst sich durch den Druck der nun in A comprimirten Luft das nach der Flasche führende Ventil β fest zu, während sich das nach aussen führende Ventil α öffnet und das eben aus der Flasche B entnommene Luftquantum in die freie Atmosphäre treten lässt.

So gelingt es mit wenigen Kolbenhüben die Flasche A soweit auszupumpen, dass die entstandene Verdünnung genügt, eine grössere Flüssigkeitsmasse vom Niederschlag abzufiltriren, bei gut eingepasstem Filter den Niederschlag noch auf das Filter zu bringen und oft noch auszuwaschen. Lässt der Druck nach, so genügen wenige Kolbenhübe, welche man, bei zweckmässig mit zwei Metallspangen auf dem Tisch befestigtem Pumpenstiefel, mit einer Hand bewirken kann, während die andere aufgiesst, die gewünschte Verdünnung sofort wieder herzustellen.

Ich habe mir diese Einrichtung bereits im Winter 1872/73 in dem Laboratorium der Luxemburger Hochofen-Actiengesellschaft zu Esch an der Elz zusammengestellt, da das dortige Laboratorium Parterre auf einem Terrain gelegen ist, woselbst man in geringer Tiefe schon auf Wasser stösst, so dass das Graben eines Brunnenschachtes von einer Tiefe, welche die Herstellung einer auch nur eine viertel Atmosphäre Saugkraft ergebenden Wassersäule, ermöglichen würde, nicht ausführbar war.

Nachdem ich eine bei zu hastig geführten Kolbenhüben stossweise eintretende Verdünnung und hierdurch bedingtes Reissen der Filter durch den kleinen Kunstgriff überwunden, dass das Rohr e bei γ stark verengt wurde, hat mir — und ebenso meinen Bekannten — der Apparat stets beste Dienste geleistet, und habe ich selbst Niederschläge, welche leicht trüb durchs Filter gehen, wie Barytsulfat und selbst Zinnsulfid abfiltriren können. Bei sorgfältiger Herstellung der Ventile und aufmerksamem Einfetten der Stopfen und Verbindungen gelingt es leicht beim

Filtriren eine Druckdifferenz von 500^{mm} Quecksilberdruck zu halten und habe ich bereits mit 535^{mm} gearbeitet. Da die Gummiventile und der zinnerne Pumpenstiefel weder durch Säure noch durch Ammoniak, deren Dünste sich übrigens meist in B condensiren, angegriffen werden, jeder Bestandtheil des Apparates bei einem Unfall leicht zu ersetzen und das Ganze ohne viel Zeitverlust herzurichten ist, so dürfte die Einrichtung wohl geeignet sein, auch in den Laboratorien eine Aushülfe zu bieten, welche die Bunsen'sche Wasserluftpumpe haben, dieselbe aber — wie dies in nordischen Klimaten oft während vieler Monate der Fall — bei Frostwetter nicht benutzen können.

Zur Bestimmung des Kobalts in salpetrigsaurem Kobaltoxydkali.

Von

B. Brauner
in Prag.

Bei der Trennung des Nickels von Kobalt wird das letztere bekanntlich als gelbes salpetrigsaures Kobaltoxydkali gefällt. Ich habe mir die Aufgabe gestellt, eine Methode zu finden, welche eine möglichst genaue und zugleich rasche Bestimmung des Kobalts in demselben ermöglichen würde. Das Auflösen in Salzsäure und Fällen mit Kalilauge bietet zwar bei genauer Arbeit sichere Resultate, ist aber nichts destoweniger sehr langwierig, zumal es wiederholtes Glühen im Wasserstoffstrome und öfteres Wägen beansprucht. Handelt es sich aber um die Bestimmung von Kobalt in geringen Mengen des obenerwähnten Salzes, so erleidet man bei Anwendung dieser Methode sehr leicht Verlust. Das Verdampfen mit H_2SO_4 und Glühen gibt auch keine sicheren Resultate, wie Fresenius (Anleitung zur quantit. Analyse, 6. Aufl. 173) bemerkt und wie ich mich durch einen Versuch überzeugt habe.

0,5032 gelbes Salz von 13,72 % Kobaltgehalt wurden mit H_2SO_4 verdampft, und zuletzt mit kohlensaurem Ammon geglüht. Anfangs wurden 15,01 % Kobalt gefunden, endlich nach wiederholtem Glühen 0,4637 Grm. $2\,CoSO_4 + 3\,K_2SO_4$, welches Spuren einer Violetfärbung zeigte, entsprechend 0,0657 metall. Kobalt oder 13,35 Procent. D[illegible] Berechnung erfordert 0,0690, also betrug der Fehler 0,0033 Grm. Kob[illegible] was gar nicht unbedeutend ist.

Ich habe deshalb Versuche angestellt über das Verhalten des gelben Salzes beim Glühen im Wasserstoffstrome. Das Salz wurde zuerst im Porzellantiegel an der Luft, dann im Wasserstoffstrome geglüht. Es entzündete sich aber plötzlich, was offenbar vom Stickstoffsäuregehalte herrührt. Deshalb wurde das Salz zuerst mit Salzsäure zur Trockne gebracht und dann im Wasserstoffstrome reducirt. Dann wurde das Gemisch von K Cl und KΘH mit Wasser gut extrahirt und nach wiederholtem Glühen gewogen. Weil aber der Tiegel vom Alkali etwas angegriffen wird, wurde das Kobalt in verdünnter Salpetersäure gelöst, filtrirt und der Rückstand mit dem Tiegel gewogen. Es ergab sich aber, dass dieses Verfahren nicht taugt, weil dabei ein kleiner Theil des angegriffenen Tiegels von verdünnter Salpetersäure mit gelöst wird.

0,1303 Grm. ergaben auf diese Weise 0,0241 Kobalt, anstatt 0,0179 Grm.

Wurde aber nach dem zweiten Glühen im Wasserstoffstrome das Gewicht des Tiegels + Filterasche von dem des Tiegels + Kobalt subtrahirt, so resultirten Zahlen, die ziemlich nahe mit dem für das Kobalt berechneten Gewicht übereinstimmten, denn der Tiegel wurde zwar von der kleinen Menge anwesenden Alkalis angegriffen, nicht aber beim Auswaschen des Alkalis von Wasser merklich gelöst.

0,1303 Grm. Salz ergaben 0,0181 Grm. Kobalt, statt 0,0179 Grm.
0,5567 « « « 0,0751 « « « 0,0764 «

Im Filtrate bewirkte Ammon keine merkliche Fällung. Wenn man das Glühen in einem Platintiegel vornehmen würde, so könnte man vielleicht genauere Resultate erlangen, was ich aber nicht versuchen wollte, da sich unterdessen ein anderes Verfahren ergeben hat.

Herr Prof. Stolba forderte mich auf, das Verhalten des gelben Salzes beim Glühen mit Kieselsäure zu prüfen. Es ist aus vielen Analysen bekannt, dass das Verhältniss von Єo zu K in dem gelben Salze constant ist, sowie dass das Kobalt, besonders bei Gegenwart von Alkali, mit Si Θ_2 ein Silicat bildet, das genau seiner Oxydulstufe entspricht. Zu den Versuchen bereitete ich mir eine grössere Menge des gelben Fischer'schen Salzes und trocknete es vorher bei 100° C. Die obenerwähnten Versuche wurden mit demselben Salze angestellt. Zuerst wurde darin der Gehalt an Єo bestimmt.

a) 0,2140 Grm. in Salzsäure gelöst, mit Kalilauge gefällt und ganz nach Fresenius (§. 111. 1. b.) behandelt, gaben 0,0299 metallisches Kobalt.

b) 0,1857 Grm. wurden in Salzsäure gelöst und mit Schwefelammonium gefällt. Das Schwefelkobalt wurde an der Luft stark geglüht und dann im Wasserstoffstrome reducirt u. s. w. Metallisches Kobalt = 0,0250 Grm.

Der Gehalt an Kobalt ergibt sich also im Mittel zu 13,72 Proc. Bei den folgenden Versuchen wurde ein abgewogenes Quantum des gelben Salzes mit feingeschlämmtem und ausgeglühtem Quarzpulver in einem Platiutiegel innig gemischt, wieder gewogen, der Tiegel in einen grösseren Platintiegel gesetzt und allmählich zur starken Rothgluth erhitzt. Versuch Nr. IV. wurde mit Glaspulver ausgeführt. Die Masse sinterte zusammen und färbte sich blau. Die Gewichtszunahme der Kieselsäure (= Probe minus Verlust) repräsentirt 27,26 % Kobalt, d. h. Kobalt in 2 Co O, 3 K_2 O.

I. 0,1383 Grm. mit 0,9005 Grm. Quarzpulver geglüht ergaben 0,0699 Grm. 2 Co O, 3 K_2 O. Metall. Kobalt: gefunden 0,0191 (13,78 %), berechnet 0,0190 Grm.

II. 0,1602 Grm. mit 0,8019 Quarz geglüht. Kobaltoxydulkali = 0,0809 Grm. Metall. Kobalt: gefunden 0,0221 Grm. (13,77 %), berechnet 0,0220 Grm.

III. 0,1413 Grm. mit 0,707 Quarz geglüht. Kobaltoxydulkali = 0,0704 Grm. Metall. Kobalt: gefunden 0,0192 Grm. (13,58 %), berechnet 0,0194 Grm.

IV. 0,0849 Grm. mit 0,3203 Glaspulver geglüht. Kobaltoxydulkali = 0,0431 Grm. Metall. Kobalt: gefunden 0,0118 (13,84 %), berechnet 0,0117 Grm.

V. 0,0523 Grm. mit 0,2689 Quarz geglüht. Kobaltoxydulkali = 0,0271 Grm. Metall. Kobalt: gefunden 0,0074 (14,13 %), berechnet 0,0072 Grm.

VI. 0,02575 Grm. mit Quarz geglüht. Kobaltoxydulkali = 0,01285 Gramm. Metall. Kobalt: gefunden 0,00350 Grm. (13,61 %), berechnet 0,00353 Grm.

Man ersieht hieraus, dass die Resultate, zumal wenn es sich um die Bestimmung kleinerer Quantitäten handelt, recht befriedigend sind.

Enthält eine Lösung wenig Kobalt neben mehr Nickel, so kann ich zur raschen und zugleich möglichst genauen Bestimmung dieser Metalle folgendes Verfahren anempfehlen: Man bringt die Flüssigkeit auf ein bestimmtes Volum und nimmt zwei gleichwerthige Theile davon. In der einen Portion fällt man die Metalle als Hydrate mit Kalilauge und glüht

etwas schwächer im Wasserstoffstrome, kocht mit Wasser aus und glüht nochmals stärker; endlich bestimmt man die nach dem Auflösen zurückgebliebene Kieselsäure. In der zweiten Portion fällt man das Kobalt mit salpetrigsaurem Kali wie gewöhnlich, filtrirt auf einem kleinen Filter, befeuchtet mit etwas verdünnter Salpetersäure und wäscht mit heissem Wasser in einen untergestellten Platintiegel aus, in welchem man zuvor ein bekanntes Gewicht (etwa das Fünffache des Salzes) feinen Quarzpulvers (oder in Ermangelung desselben, Glaspulvers) ausgeglüht hat. Man verdampft vorsichtig zur Trockne, mischt, wenn nöthig, vollständig mit einem gewogenen Platindraht und glüht in einem doppelten Platintiegel. Die Gewichtszunahme der Kieselsäure multiplicirt man mit 0,2726 und erhält so das Gewicht des Kobalts. Wird dieses von der früher gefundenen Menge der beiden Metalle abgezogen, so resultirt das Gewicht des Nickels. Bei guter Arbeit sind keine bedeutende Fehlerquellen zu befürchten. Den Beweis davon liefert z. B. nachstehende Analyse eines Kupfernickels von Michelsberg. Das Arsen wurde nach meiner Modification des Wood'schen Verfahrens bestimmt.

S = 0,39 %, As = 40,15, Sb = 18,31, Fe = 0,12, Co = 1,02,
Ni = 40,24, Ag = 0,62 %. Summe = 100,85.

Die Quotienten von As + Sb zu denen von Fe + Co + Ni (der an S gebundene kleine Theil abgezogen) verhalten sich wie 1 : 1,026, was mit dem berechneten Verhältniss 1 : 1 gut übereinstimmt.

Diese Differenzbestimmung zeichnet sich vor dem üblichen Verfahren dadurch aus, dass man dabei zwei Fällungen mit Kalilauge, sowie die unangenehme Fällung des Nickels mit Schwefelammonium, und folglich etwa die halbe Zeit, die dazu gewöhnlich erforderlich ist, erspart.

Es gereicht mir zur besonderen Freude, Herrn Prof. Stolba für die Erlaubniss die Versuche in seinem Laboratorium auszuführen, an dieser Stelle meinen Dank aussprechen zu dürfen.

Zur Benutzung der Gasometer.

Briefliche Mittheilung

Von

Hermann Seidler.

In dieser Zeitschrift **15**, 317 ff. ist über die von Rob. Muencke angegebenen sehr bequemen Gasbehälter für chemische Laboratorien berichtet worden. Aus den betreffenden Gasometern wird das Gas durch das Wasser einer Wasserleitung verdrängt. Schreiber dieses hat bereits seit Jahren an den ihm zu Gebote stehenden Gasbehältern die Einrichtung getroffen, dass das Gas durch das Wasser der Wasserleitung verdrängt wird, und hat sich diese Einrichtung bei vielen Experimenten ausgezeichnet bewährt.

Ein einfacher Hahn von 15^{mm} Lochweite mit Schlauchspitze ist etwa 4 Cm. vom unteren Boden des Gasbehälters angelöthet. Die Schlauchspitze wird durch einen Gummischlauch mit der unter dem Arbeitstisch hinlaufenden Wasserleitung in Verbindung gesetzt. Der Hahn ist an jedem Gasbehälter leichter anzubringen als eine Verschraubung am Wasserzufluss- und Abflussrohre (Wasserrohre).

Der Druck der städtischen Wasserleitung ist häufig ein sehr verschiedener, namentlich da, wo vom Hauptrohre in einem Gebäude mehrere Leitungen abgezweigt sind. — Ein solch variabler Druck kann häufig recht unangenehme Störungen während der Arbeit verursachen.

Um für das Laboratorium einen constanten Wasserdruck zu erzielen, ist daher eine besondere Leitung eingerichtet. Im Dachraum des Gebäudes befindet sich ein geräumiges Wasserreservoir, welches durch die städtische Leitung mittelst eines Schwimmkugelhahns gespeist wird. Von diesem Reservoir wird das Wasser in das Laboratorium geführt. Man erzielt so einen gleichmässigen Druck, der beim Gebrauch der Bunsen-schen Filtrirpumpe und bei zahlreichen anderen Arbeiten recht zu statten kommt.

Riga, den 7. (19.) Novbr. 1876.

Reines Cyankalium des Handels.

Berichtigende briefliche Mittheilung

Von

Carl Moldenhauer.

In dieser Zeitschrift **15**, 448 findet sich eine Mittheilung aus dem Americ. Chemist **5**, 396 zur Bereitung von reinem Cyankalium nach J. Eneu Loughlin. Es soll hiernach das sogenannte Liebig'sche Cyankalium mit Schwefelkohlenstoff digerirt werden, wobei das Cyankalium sich auflöse, die anderen Bestandtheile aber ungelöst zurückblieben. Das sich dann aus der Lösung durch Verdunstung des Schwefelkohlenstoffs abscheidende Cyankalium soll einen Gehalt von 97 bis 99,2 % K Cy besitzen.

Dieses Verfahren fand ich vor etwa anderthalb Jahren, jedoch ohne Angabe eines bestimmten Gehalts, in der neusten (dritten) Auflage von Muspratt-Stohmann's technischer Chemie, worin man sich auf H. Schwarz, Dingl. polyt. Journ. **168**, 463 bezieht. Hier findet sich darüber folgende Mittheilung:

«Fabrikation von reinem Cyankalium.»

«Für Photographen und Vergolder, sowie für analytische Chemiker war ein interessantes Präparat, das reine Cyankalium, in der französischen Abtheilung der allgemeinen Londoner Industrie-Ausstellung von 1862. Dieses Salz in unreinem Zustande wird bekanntlich nach einer Vorschrift von J. v. Liebig erhalten, indem man getrocknetes Blutlaugensalz mit trockener Pottasche mischt und in einem hessischen Tiegel einschmilzt. Es bildet sich dann ein dünnflüssiges Salz, das leicht von dem zu Boden fallenden metallischen Eisenschwamm durch Abschöpfen getrennt werden kann. Dieses Salz ist indessen kein reines Cyankalium, sondern enthält noch kohlensaures und cyansaures Kali.

Auf der Ausstellung waren nun sehr schöne Würfel von reinem Cyankalium, die erhalten worden waren, indem man das rohe Cyankalium mit Schwefelkohlenstoff digerirte, vom Bodensatz abgoss und den Schwefelkohlenstoff abdestillirte. Da letzterer jetzt schon sehr billig zu haben ist, so dürfte sich diese Reinigungsmethode sehr empfehlen. H. Schwarz (Breslauer Gewerbeblatt 1863 Nr. 11.)

Hierzu habe ich nur zu bemerken, dass nach meinen Versuchen Cyankalium in Schwefelkohlenstoff vollständig unlöslich und das Verfahren hierdurch unmöglich ist. Die Darstellung des reinen Cyankaliums des Handels aber wird als Fabrikgeheimniss behandelt und ist, soweit mir bekannt, noch nichts darüber veröffentlicht worden.

Frankfurt a. M., im Januar 1877.

Zusätze und Berichtigungen zu seiner Abhandlung „über die Bestimmung des Gerbstoffs.“

Briefliche Mittheilung

Von

J. Löwenthal.

In meiner Abhandlung «über die Bestimmung des Gerbstoffs«*) vergass ich anzuführen, dass die Abkochungen der gerbstoffhaltigen Substanzen in Gefässe abzugiessen sind, welche einige Tropfen Eisessig (oder auch reine Phosphorsäure) enthalten. Es ist dies wesentlich, weil sich im Sommer die verdünnten Lösungen ohne diese Ansäuerung rasch verändern, während ich bei Zusatz von Eisessig keinen Uebelstand gefunden habe, wenn auch die Lösung über Nacht gestanden hatte.

Sodann bitte ich folgende Fehler in der genannten Abhandlung zu verbessern:

S. 34 Zeile 10 v. u. muss es heissen „auf dem Wasserbade geschmolzen“ statt auf dem Wasserbade in Wasser gelöst.

S. 45 bei Analyse b muss es heissen „25 CC. saures Wasser“ nicht 50 CC.

S. 46 Zeile 5 v. u. ist das „etc.“ hinter Indigolösung zu streichen.

S. 48 Zeile 7 v. o. muss es heissen „vor 16 Jahren“ statt vor 13 Jahren.

Mittheilungen aus dem chemischen Laboratorium des Prof. Dr. R. Fresenius zu Wiesbaden.

Ueber das optische Verhalten verschiedener Weine, sowie über die Erkennung mit Traubenzucker gallisirter Weine.

Von

C. Neubauer.

(2. Abhandlung.)

In meiner ersten Abhandlung über die Erkennung mit Traubenzucker gallisirter Weine (diese Zeitschr. 15, 188), habe ich dargethan, dass die unvergährbaren dextrinartigen Stoffe, welche keinem käuflichen Kartoffelzucker fehlen, den damit versetzten Weinen die Eigenschaft ertheilen, die Polarisationsebene des Lichtes nach Rechts zu drehen, woran dieselben leicht als mit Traubenzucker gallisirte erkannt werden können.

*) S. 33 ff. dieses Bandes.

Ich habe mich seitdem unausgesetzt mit dem optischen Verhalten der Weine beschäftigt, und mögen meine weiter gesammelten Erfahrungen hier ihren Platz finden.

1. Ausführung der optischen Weinprüfung.

Zu allen meinen derartigen Untersuchungen benutzte ich ein grosses Polaristrobometer von Wild aus der Werkstätte von Hermann und Pfister in Bern. Bei der Untersuchung von Weissweinen füllt man dieselben, je nach dem Grad der Färbung, in eine 100 oder 200^{mm} lange Röhre und prüft bei Natriumlicht, ob eine Rechtsdrehung der Polarisationsebene statt findet oder nicht. Da das genannte Wild'sche Instrument einen sehr hohen Grad von Empfindlichkeit besitzt, so wird selbst eine sehr schwache Rechtsdrehung der Entdeckung nicht entgehen. Fällt diese aber zu gering aus um jeden Zweifel zu beseitigen, so verdunstet man, je nach dem Ausfall der ersten Prüfung, 500, 400 oder 200 CC. der fraglichen Weine bis auf etwa 25 CC., behandelt in der Hitze mit reiner, ausgezogener Thierkohle, lässt erkalten, filtrirt, verdünnt bis auf 50 CC. und untersucht das absolut klare Filtrat zum 2. Mal und zwar in 200^{mm} langer Röhre.

Liegt in der That ein mit Traubenzucker gallisirter Wein vor, so werden die unvergährbaren Stoffe des letzteren sich jetzt durch eine mehr oder weniger starke Rechtsdrehung, die nicht selten 5—8^{0} beträgt, verrathen.

Bei Rothweinen, die, wie mich die Erfahrung gelehrt hat, ebenfalls sehr häufig gallisirt im Handel vorkommen, ist eine vorherige vollständige Entfärbung absolut nothwendig. Man kann dieselbe auf zweierlei Weise erreichen, entweder durch Behandlung mit Thierkohle allein, oder durch Fällung mit Bleiessig und darauf folgende Behandlung mit Thierkohle. Beim ersten Verfahren verdunstet man 100 CC. des fraglichen Weins bis zur Hälfte, versetzt mit reiner ausgewaschener Thierkohle in genügender Menge, filtrirt, verdünnt wieder auf 100 CC. und benutzt das klare Filtrat zur optischen Untersuchung. Allein die rothen Weine enthalten neben dem rothen Farbstoff nicht selten einen gelben, welcher sich nur schwierig durch Thierkohle entfernen lässt, aber mit Bleiessig ziemlich vollständig beseitigt werden kann. Sollte also das erste Verfahren nicht zum gewünschten Ziele führen, so fällt man 100 CC. des Weins mit 10 CC. Bleiessig und filtrirt sogleich. Zuweilen wird man auf diese Weise sofort ein farbloses Filtrat erzielen, häufiger aber zeigt dasselbe noch einen röthlichen oder violetten Farbenton, der aber auf Zusatz einer sehr geringen Menge reiner Thierkohle vollständig verschwindet, sodass die Flüssigkeit nach abermaligem Filtriren jetzt wasserhell erhalten wird.

Vergleichende Versuche, mit ein und demselben Wein nach beiden Methoden angestellt, haben mir den Beweis geliefert, dass eine bestehende Rechtsdrehung durch die Behandlung mit Bleiessig kaum nennenswerth beeinflusst wird. So zeigte ein gallisirter Rothwein nach dem Behandeln mit Thierkohle allein, in 200^{mm} langer Röhre untersucht, eine Rechtsdrehung von 1,8^0 R. Als derselbe mit Bleiessig und Kohle in angegebener Weise behandelt wurde, war das Drehungsvermögen bei der Untersuchung in 220^{mm} langer Röhre immer noch 1,6^0 R., so dass die Gesammtabnahme nur 0,2^0 betrug.

Wenn aber das Drehungsvermögen eines wie oben angegeben behandelten Rothweins so gering ausfällt, dass ein zuvoriges Concentriren desselben nothwendig wird, so gelangt man mit Thierkohle allein nur schwierig zum Ziele, denn wenn sich auch der rothe Farbstoff aus der concentrirten Flüssigkeit durch grosse Mengen von Thierkohle entfernen lässt, so zeigt das Filtrat doch nicht selten eine gelb-bräunliche Farbe, die Thierkohle nicht zu beseitigen vermag. In diesem Falle fällt man 400 CC. des Weins mit 40 CC. Bleiessig, filtrirt und verdunstet das Filtrat bis auf 60 CC. Auf Zusatz von etwas reiner Thierkohle tritt jetzt ziemlich vollständige Entfärbung ein, so dass das auf 100 CC. wieder verdünnte Filtrat zur optischen Untersuchung sehr geeignet ist.

400 CC. desselben Rothweins zeigten, nach der angegebenen Methode entfärbt und concentrirt, eine Drehung von 6,4^0 R. bei der Untersuchung in 200^{mm} langer Röhre.

2. Analysen verschiedener mit Traubenzucker gallisirter Weine des Handels.

Um zu zeigen, welche Getränke nicht selten dem Publikum als Naturweine verkauft werden, lasse ich die Analysen einer Reihe gallisirter Weine des Handels hier folgen:

1. Weisswein 1875.

Alkohol	3,19 %
Gesammt-Extract . . .	2,13 «
Freie Säure	0,64 «

In 200^{mm} langer Röhre untersucht, drehte derselbe 2,6^0 nach Rechts.

2. Weisswein 1875.

Alkohol	3,07 %.
Gesammt-Extract . . .	2,20 «
Freie Säure	0,59 «

In 200mm langer Röhre untersucht, drehte derselbe 2,5° nach Rechts.

3. Mit gallisirtem Hefenwein verstochener 1875er.

Alkohol	7,18 %.
Gesammt-Extract . . .	2,47 «
Freie Säure	0,66 «

In 200mm langer Röhre untersucht, drehte dieser Wein 2,4° nach Rechts.

4. Weisswein 1874.

Alkohol	7,35 %.
Gesammt-Extract . . .	2,03 «
Freie Säure	0,62 «

In 200mm langer Röhre untersucht, drehte dieser Wein 0,8° nach Rechts. 200 CC. wurden auf 50 CC. concentrirt und entfärbt; das Drehungsvermögen war jetzt auf 3,1° Rechts gestiegen.

5. Weisswein.

Alkohol	5,89 %.
Gesammt-Extract . . .	1,73 «
Freie Säure	0,51 «

Der Wein drehte, in 200mm langer Röhre untersucht, 1,4° nach Rechts.

6. Weisswein aus Danzig.

Alkohol	7,09 %.
Gesammt-Extract . . .	2,32 «
Freie Säure	0,71 «

In 200mm langer Röhre drehte der Wein 1,3° nach Rechts.

600 CC. wurden auf 100 CC. concentrirt und entfärbt; die Drehung betrug jetzt 8,2° Rechts. Aus der auf dem Wasserbade bis zum Syrup concentrirten Flüssigkeit, fällte absoluter Alkohol eine dicke zähe Masse, die nach längerer Berührung mit dem Alkohol nach und nach erhärtete. In kaltem Wasser löste sich diese Fällung unter Zurücklassung von Mineralstoffen ziemlich leicht auf, und die auf 50 CC. gebrachte und nochmals mit Thierkohle behandelte Lösung drehte jetzt in 200mm langer Röhre um einen Winkel von 5,9° nach Rechts. Die alkoholische Mutter-

lange hinterliess nach dem Verdunsten einen syrupartigen Rückstand, der in Wasser gelöst und nach dem Entfärben mit Thierkohle auf 100 CC. verdünnt wurde. Jn 200^{mm} langer Röhre untersucht, drehte diese Flüssigkeit 3,5^0 nach Rechts. Die Lösung wurde darauf mit frischer Hefe versetzt und drei Tage lang der Ruhe überlassen, wobei aber eine bemerkbare Gährung nicht mehr eintrat. Nachdem die Flüssigkeit klar geworden, betrug die Rechtsdrehung immer noch 3,1^0, so dass also vergährbarer Zucker nicht mehr oder höchstens in verschwindend kleinen Spuren vorhanden gewesen ist. Zum Gegenversuch diente ein reiner 1874er Wein. Die Analyse desselben ergab:

Alkohol	7,85 %.
Gesammt-Extract . . .	1,99 «
Freie Säure	0,59 «

600 CC. dieses Weins wurden auf 100 CC. concentrirt. Allein die so erhaltene Flüssigkeit zeigte weder nach dem Entfärben mit Thierkohle noch nach der Behandlung mit Bleiessig die geringste Drehung der Polarisationsebene nach Rechts.

Ein zweiter in meinem Laboratorium vergohrener Wein zeigte nach gleicher Behandlung dasselbe negative Resultat. Das optische Verhalten des auf $^1/_6$ des ursprünglichen Volums concentrirten und darauf entfärbten Weins war = 0.

7. Rothwein.

Alkohol	9,49 %.
Freie Säure	0,45 «
Farb- und Gerbstoff . .	0,206 «
Gesammt-Extract . . .	2,86 «
Mineralstoffe	0,233 «

Nach dem Eindampfen zeigte der entfärbte Wein in 200^{mm} langer Röhre eine Drehung von 1,8^0 nach Rechts. — 400 CC. wurden mit Bleiessig ausgefällt, das Filtrat auf 100 CC. concentrirt und nach der Behandlung mit Thierkohle optisch geprüft. Die Drehung betrug jetzt in 200^{mm} langer Röhre 6,8^0 Rechts.

8. Weisswein. Das Non plus ultra eines ungeschickt gallisirten Weins.

Alkohol	6,66 %.
Freie Säure	0,50 «
Zucker	0,895 «

Gesammt-Extract . . . 3,94 %
Mineralstoffe . . . . . 0,157 »

In 200mm langer Röhre untersucht, drehte dieser Wein um einen Winkel von 6,4° nach Rechts.

Zur näheren Prüfung dieser rechtsdrehenden Substanzen wurden 300 CC. dieses Weins bis zum stärksten Syrup concentrirt und darauf nach und nach mit absolutem Alkohol gemischt und gefällt. Der entstandene zähe Niederschlag wurde nach 24 Stunden gesammelt, mit Wasser behandelt und die Lösung von den ungelöst bleibenden Mineralstoffen abfiltrirt. Die mit Thierkohle entfärbte Flüssigkeit, in welcher die Analyse einen Gehalt an organischer Substanz von 10,022 % nachwies, drehte in 200mm langer Röhre untersucht, die Polarisationsebene um einen Winkel von 21° nach Rechts.

Daraus berechnet sich nach der Formel:

$$\alpha_{(D)} = \frac{a}{p.l} \text{ die specifische Drehung;}$$

in unserem Falle also:

$$\alpha_{(D)} = \frac{21}{0,10022 \, . \, 2} = 104,7^0.$$

Aus der bekannten specifischen Drehung findet man die s. g. Drehungsconstante A nach der Formel:

$$A = \frac{10^5}{(a)}$$

in unserem Falle also:

$$A = \frac{10^5}{104,7} \text{ zu } 955.$$

Diese Zahlen weichen von den entsprechenden Werthen des reinen Traubenzuckers (53,1 spec. Drehung und 1883 Drehungsconstante nach Tollens) bedeutend ab, sie entsprechen vielmehr den Verhältnissen, wie sie den unvergährbaren dextrinähnlichen Körpern der käuflichen Traubenzucker zukommen.

Ich könnte diese Blumenlese noch bedeutend vermehren, doch werden die mitgetheilten Beispiele genügen, um zu zeigen, dass die Keller unserer Weinhändler und Weinproducenten noch erhebliche Mengen dieser Kunstproducte beherbergen. Ich will hier die oft besprochenen Fragen, ob gallisirte Weine gesundheitsschädlich sind oder nicht, und ob man das Gallisiren mit Kartoffelzucker verbieten soll oder nicht, nicht weiter berühren, mit Recht aber kann man verlangen, dass der Weinfabrikant sein Kind beim rechten Namen nennt.

Wer einen mit Traubenzucker gallisirten Wein als Naturproduct verkauft, begeht, darüber sind wohl die Freunde wie Gegner des Gallisirens einig, eine Fälschung, die aufhören muss, sobald meine Prüfungsmethode allgemein beim Ankauf der Weine in Anwendung gezogen wird.

Freilich ist das Gallisiren mit Kartoffelzucker nicht die einzige übliche s. g. Weinverbesserungsmethode. Zusätze von Rohrzucker, Alkohol, Wasser, Glycerin etc. sind ebenfalls an der Tagesordnung und können nicht immer, ja oft gar nicht mit Sicherheit nachgewiesen werden. Allein der Verbrauch von unreinem Kartoffelzucker ist bis jetzt in der Weintechnik ein sehr bedeutender gewesen und wird es auch bleiben, wenn der Consument sich nicht entschliesst, von den Mitteln einstweilen Gebrauch zu machen, die ihm die Wissenschaft bis jetzt zur Entdeckung einer weit verbreiteten Fälschung zu bieten im Stande ist.

Die sicheren Methoden, welche wir besitzen, um selbst Spuren von Fuchsin und Methylviolett in Rothwein zu entdecken, wird dem Unfug, den man mit diesem Farbstoff in der Weintechnik getrieben hat, bald ein Ziel setzen. Die optische Prüfungsmethode der Weine wird, wenn sie auch das Gallisiren mit käuflichem unreinem Kartoffelzucker nicht beseitigt, doch den Fabrikanten zwingen, sein Fabrikat als Kunstwein und nicht mehr als Naturwein in den Handel zu bringen. Wollen wir aber gegen die Weinfälschungen erst dann vorgehen, sobald die Wissenschaft für alle möglichen Zusätze sichere Erkennungsmittel gefunden hat, so werden wir, abgesehen davon, dass vernünftig ausgeführte Zusätze von Glycerin oder Weingeist, wohl niemals mit Sicherheit entdeckt werden können, auch noch für lange Zeiten mit Fuchsin gefärbte und mit schlechtem Kartoffelzucker gallisirte Weine als Naturproducte zu unverhältnissmässig hohen Preisen kaufen und consumiren.

3. Das optische Verhalten der zum Theil mit Traubenzucker und zum Theil mit Rohrzucker gallisirten und chaptalisirten Moste während und nach der Gährung.

Zu den folgenden Versuchen diente ein 1875er Neroberger Riesling Most, dessen Analyse folgende Resultate ergab:

Spec. Gewicht	1,0925 %
Zucker	18,34 «
Mineralstoffe	0,30 «
Gesammt-Extract	22,97 «
Freie Säure	0,735 «
Stickstoff	0,0442 «

In 200mm langer Röhre untersucht, drehte dieser Most die Polarisationsebene — 9,7⁰ nach Links.

Der benutzte Traubenzucker zeigte folgende Zusammensetzung:

Trockensubstanz aus dem spec. Gew. nach Balling	82,92 %.
Zucker nach Fehling	69,78 «
Mineralstoffe	0,48 «
Unvergährbare Stoffe	12,66 «
Wasser	17,08 «
	100,00 %.

Bei den Chaptalisirungsversuchen wurde der Most theils mit Rohrzucker, theils mit Traubenzucker auf einen Zuckergehalt von 24 % gebracht. Es ergaben sich also folgende Verhältnisse:

1. 1 Liter Most	184 Grm.	Traubenzucker.
Zusatz von 53,2 Grm. Rohrzucker . .	56 «	«
	240 Grm.	«
2. 1 Liter Most	184 Grm.	Traubenzucker.
Zusatz von 67,5 Grm. Traubenzucker, der ganze Gehalt an Trockensubstanz als Zucker gerechnet	56 «	
	240 Grm.	«

Zu den Versuchen nach Gall's Methode wurde der Most zur Hälfte mit Wasser verdünnt, und sodann sowohl mit Rohrzucker, wie mit Traubenzucker auf einen Gehalt von 24 % gebracht.

Es ergaben sich folgende Verhältnisse:

1. Ein Liter verdünnter Most	92 Grm.	Traubenzucker.
Zusatz von 141 Grm. Rohrzucker gleich	148 «	«
	240 Grm.	«
2. Ein Liter verdünnter Most	92 Grm.	Traubenzucker.
Zusatz von 178,3 Grm. Traubenzucker, der ganze Gehalt an Trockensubstanz als Zucker gerechnet	148 «	
	240 Grm.	«

Optisches Verhalten dieser Moste während der Gährung, beobachtet in 100mm langer Röhre.

	A. Chaptalisirt:		B. Gallisirt:	
Monat	pro Liter mit 53,2 Grm. Rohrzucker	pro Liter mit 67,5 Grm. Traubenzucker	pro Liter mit 141 Grm. Rohrzucker	pro Liter mit 178,3 Grm. Traubenzucker
18. Mai	— 4,2 L.	— 0,9 L.	+ 6,2 R.	+ 6,3 R.
20. „	— 5,6 „	— 1,4 „	+ 2,2 „	+ 5,7 „
23. „	— 4,7 „	— 1,2 „	— 2,3 L.	+ 5,3 „
27. „	— 1,1 „	— 0,4 „	— 3,7 „	+ 2,6 „
30. „	— 0,4 „	+ 0,5 R.	— 2,9 „	+ 3,1 „
3. Juni	± 0 „	+ 1,3 „	— 1,2 „	+ 3,4 „
28. „	± 0 „	+ 1,5 „	± 0 „	+ 3,2 „

Nachdem die Gährung vollständig beendigt war und die Weine sich geklärt hatten, ergab die Analyse folgende Resultate:

1. Chaptalisirte Weine.

	Chaptalisirt mit 53,2 Grm. Rohrzucker pro Liter	Chaptalisirt mit 67,50 Grm Traubenzucker pro Liter
Spec. Gew. des Weins	0,9948	1,0025.
Spec. Gew. des Weins ohne Alkohol	1,010	1,021.
Alkohol	11,09 %	10,63 %.
Freie Säure	0,74 «	0,82 «
Zucker nach Fehling	0,27 «	0,98 «
Gesammt-Extract	2,62 «	4,66 «
Drehungsvermögen	± 0	+ 1,5 R.

Der Unterschied dieser beiden Weine liegt klar auf der Hand. In dem ersten Versuch, wobei der Zuckergehalt des Mostes durch Zusatz von reinem Rohrzucker von 18,4 % auf 24 % gebracht war, 1000 Liter Most also einen Zusatz von 53 Kilo Rohrzucker erhalten, ist nach der Gährung der gesammte Zuckergehalt nahezu vollständig verschwunden. Der Wein enthält bei nur 2,62 % Gesammt-Extract 11,09 % Alkohol und zeichnet sich durch einen brandigen Geschmack aus. Bei den mit Traubenzucker chaptalisirten dagegen waren bei nahezu gleichem Alkoholgehalt noch 4,66 % Gesammt-Extract vorhanden, und während das Drehungsvermögen des mit Rohrzucker chaptalisirten Weins 0 war, betrug es bei dem mit Traubenzucker versetzten noch + 1,5° R. bei der Prüfung in 100mm langer Röhre.

Noch auffallendere Differenzen zeigten sich bei den beiden gallisirten Weinen. Die Analyse dieser Weine ergab folgende Resultate:

2. Gallisirte Weine.

	Gallisirt mit 141 Grm. Rohrzucker pro Liter	Gallisirt mit 178,3 Grm. Traubenzucker pro Liter
Spec. Gew. des Weins	0,9910	1,0075.
Spec. Gew. des Weins ohne Alkohol	1,010	1,023
Alkohol	10,53 %	8,06 %
Freie Säure	0,50 «	0,52 «
Zucker nach Fehling	0,13 «	1,61 «
Gesammt-Extract	1,66 «	5,45 «
Drehungsvermögen	± 0	+ 3,2 R.

Bei dem mit Rohrzucker gallisirten Wein wurde der Zuckergehalt des verdünnten Mostes von 9,2 % auf 24 % gebracht. Der erzielte Wein hatte bei einem Alkoholgehalt von 10,53 % nur 1,66 % Gesammt-Extract. Der Geschmack war, dieser Zusammensetzung entsprechend, dünn und brandig. Bei dem mit Traubenzucker gallisirten betrug nach beendigter Gährung der Extractgehalt noch 5,45 % bei einem Alkoholgehalt von nur 8 %. Der Wein hatte einen viel volleren Geschmack, aber die unvergährbaren Stoffe des zugesetzten Kartoffelzuckers verriethen sich sogleich durch eine Rechtsdrehung von + 3,2° bei der Untersuchung in 100^{mm} langer Röhre.

Zu einem 2. Chaptalisirungs-Versuch diente derselbe Neroberger Most, dessen Analyse oben mitgetheilt wurde.

Der benutzte Traubenzucker zeigte folgende Zusammensetzung:

Trockensubstanz aus dem spec. Gew. nach Balling	84,38 %.
Zucker nach Fehling	67,57 «
Unvergährbare Stoffe	16,45 «
Mineralstoffe	0,36 «
Wasser	15,62 «

Mit Zugrundelegung des in diesem Traubenzucker nach Fehling's Methode gefundenen Zuckergehalts, wurden die Moste auf einen Gehalt von 24, 28 und 32 % Zucker gebracht.

Je 1 Liter Most erhielt mithin einen Zusatz von:

A.	83,8 Grm.	entsprechend	56,6 Grm.	Traubenzucker.
B.	143,0 «	«	96,6 «	«
C.	202,2 «	«	136,6 «	«

Die so chaptalisirten Moste hatten also folgende Zusammensetzung:

	I.	II.	III.
.cker	24,00 %	28,00 %	32,00 %.
eie Säure	0,74 «	0,74 «	0,74 «
ineralstoffe	0,33 «	0,33 «	0,33 «
sammt-Extract	30,04 «	35,04 «	40,04 «

Zu einem Gegenversuch mit Rohrzucker erhielt je 1 Liter Most ıen Zusatz von Rohrzucker, welcher 83,8 Grm., 143 Grm. und ı2,2 Grm. Traubenzucker entsprach.

Die so erzeugten Mischungen hatten mithin folgende Zusammen- :zung:

	I.	II.	III.
.cker	26,72 %	32,64 %	38,56 %.
eie Säure	0,74 «	0,74 «	0,74 «
ineralstoffe	0,30 «	0,30 «	0,30 «
sammt-Extract	31,35 «	37,27 «	43,19 «

ıtisches Verhalten dieser 6 Moste während der Gährung, beobachtet in 100^{mm} langer Röhre.

	A. Chaptalisirt mit Rohrzucker			B. Chaptalisirt mit Traubenzucker		
1876	79,6 Grm. pro Liter	135,9 Grm. pro Liter	192 Grm. pro Liter	83,8 Grm. pro Liter	143 Grm. pro Liter	202,2 Grm. pro Liter
5. Januar	+ 0,2° R.	+ 3,5° R.	+ 6,6° R.	+ 0,7° R.	+ 4,4° R.	+ 7,6° R.
). „	— 1,7° L.	+ 0,7° „	+ 3,9° „	± 0	+ 3,7° „	+ 6,8° „
3. „	— 3,8° „	— 1,7° L.	+ 1,7° „	— 0,4° L.	+ 2,6° „	+ 5,9° „
7. „	— 5,2° „	— 4,3° „	— 2,2° L.	± 0	+ 2,0° „	+ 4,7° „
). „	— 4,8° „	— 5,4° „	— 3,9° „	+ 0,6° R.	+ 2,1° „	+ 4,4° „
4. „	— 3,4° „	— 5,5° „	— 6,0° „	+ 2,1° „	+ 2,5° „	+ 4,1° „
1. „	— 2,7° „	— 5,7° „	— 6,9° „	+ 2,9° „	+ 3,5° „	+ 4,1° „
1. Februar	— 2,2° „	— 5,4° „	— 6,7° „	+ 3,1° „	+ 3,7° „	+ 4,0° „
5. März	— 2,1° „	— 5,7° „	— 7,3° „	+ 3,0° „	+ 3,8° „	+ 4,3° „
4. Juni	— 1,7° „	— 5,5° „	— 7,2° „	+ 3,2° „	+ 3,7° „	+ 4,2° „

Nach beendeter Gährung und nachdem sich die Weine geklärt tten, ergab die Analyse derselben folgende Resultate:

1. Chaptalisirt mit Rohrzucker.

	Chaptalisirt		
	mit 79,6 Grm. Rohrzucker pro Liter	mit 135,9 Grm. Rohrzucker pro Liter	mit 192,1 Grm. Rohrzucker pro Liter
Spec. Gew. des Weins	1,0081	1,0316	1,0588
Spec. Gew. des Weins ohne Alkohol	1,0259	1,0495	1,0729
Alkohol	11,04 %	10,07 %	9,12 %
Zucker	3,11 «	7,63 «	11,17 «
Freie Säure	0,88 «	0,82 «	0,67 «
Mineralstoffe	0,325 «	0,310 «	0,35 «
Gesammt-Extract	5,96 «	11,32 «	18,39 «
Drehungswinkel	— 1,7⁰ L.	— 5,5⁰ L.	— 7,2⁰ L.

2. Chaptalisirt mit Traubenzucker.

	Chaptalisirt		
	mit 83,8 Grm. Traubenzucker pro Liter	mit 143 Grm. Traubenzucker pro Liter	mit 202,2 Grm. Traubenzucker pro Liter
Spec. Gew. des Weins	1,0082	1,0214	1,0425
Spec. Gew. des Weins ohne Alkohol	1,0257	1,0383	1,058
Alkohol	10,33 %	10,35 %	9,617 %
Zucker	1,78 «	4,03 «	8,33 «
Freie Säure	0,89 «	0,79 «	0,75 «
Mineralstoffe	0,35 «	0,36 «	0,35 «
Gesammt-Extract	5,97 «	9,59 «	15,02 «
Drehungswinkel	+ 3,2⁰ R.	+ 3,7⁰ R.	+ 4,2⁰ R.

Bei diesen bedeutenden Mostconcentrationen war also bei den mit Rohrzucker chaptalisirten Weinen ein Theil der Levulose unvergohren geblieben, in Folge dessen die erzielten Weine, ebenso wie die zuckerhaltigen Ausleseweine guter Jahrgänge, eine mehr oder weniger starke Drehung der Polarisationsebene nach Links zeigten. Die mit Traubenzucker chaptalisirten waren dagegen wieder durch ein sehr starkes Drehungsvermögen nach Rechts ausgezeichnet.

4. Der optische Weinprober von Mechanikus W. Steeg in Homburg v. d. Höhe.

Sehr bald nach dem Erscheinen meiner ersten Abhandlung über die Erkennung der mit Traubenzucker gallisirten Weine, wurde in den betreffenden Kreisen der Wunsch nach einem möglichst einfachen, billigen, aber doch genügend empfindlichen Instrument rege, welches auch in den Händen von Laien sichere Resultate verbürgt. Herr Optikus W. Steeg in Homburg v. d. H., auf dem Gebiete der Polarisation auch über die Grenzen des engeren Vaterlandes weit hinaus rühmlichst bekannt, nahm die Sache in die Hand und sind wir nach wiederholten Besprechungen und vielfach abgeänderten Versuchen, bei folgendem einfachen Instrumentchen stehen geblieben, welches Fig. 9 in $^1/_3$ seiner natürlichen Grösse zeigt.

Fig. 9.

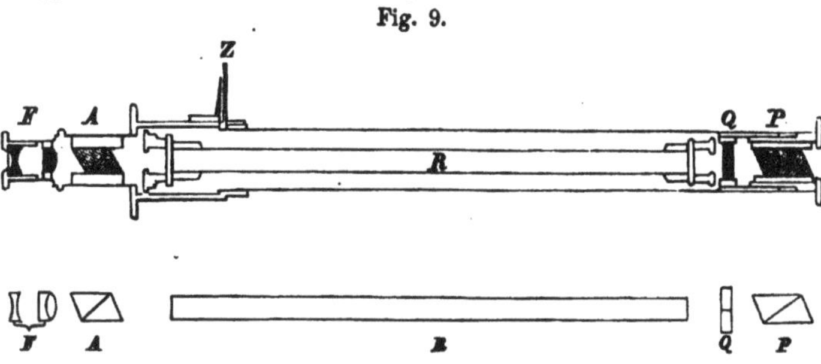

Der optische Theil dieses Instrumentes besteht aus den beiden Nicol'schen Prismen A und P, der Soleil'schen Doppelplatte aus links- und rechtsdrehendem Quarz Q und einem kleinen, zur Vergrösserung des Gesichtsfeldes dienenden achromatischen Fernrohr F. Zur Aufnahme des Weins ist die Glasröhre R bestimmt, welche in die Metallhülse des Instrumentes eingeschoben wird. Die Grösse der Drehung wird an dem Zeiger Z, welcher sich über einen getheilten Kreis bewegt, abgelesen.

Die Handhabung des Apparates ist nun einfach folgende. Man stellt zunächst den Zeiger, welcher sich gleichzeitig mit dem Analysator A dreht, genau auf 0 und verschiebt darauf das Fernrohr so lange hin und her, bis das hindurchsehende Auge, wobei man das Instrument gegen den hellen Himmel richtet, die Trennungslinie der Doppelplatte Q scharf und deutlich zeigt. Jetzt dreht man den Polarisator P vorsichtig nach rechts oder links, bis die Doppelplatte den bekannten blauvioletten Farbenton auf beiden Plattenhälften gleichmässig angenommen hat. Das Instrument, in angegebener Weise auf den Nullpunkt eingestellt, ist jetzt zum Gebrauch fertig. Nachdem die mit dem entfärbten Wein gefüllte Glasröhre in die Metallhülse eingeschoben und das Fernrohr [illegible] scharf auf die Trennungslinie der Doppelplatte eingestellt ist, [illegible] hindurchsehende Auge, indem man das Instrument wieder am besten gegen den hellen Himmel richtet, mit Sicherheit die leisesten Veränderungen in der Färbung der beiden Plattenhälften wahrnehmen. Sobald der fragliche Wein unvergohrene Levulose enthält, muss man den Zeiger Z vorsichtig nach Links drehen, um die gestörte Gleichfarbigkeit wieder herzustellen. Enthält der Wein dagegen Traubenzucker oder die unvergährbaren stark nach Rechts drehenden Bestandtheile desselben, so tritt die Gleichfarbigkeit der Doppelplatte nur dann wieder ein, wenn man den Zeiger Z vorsichtig mehr oder weniger nach Rechts dreht. Bei den meisten reinen Tischweinen bleibt endlich die Gleichfarbigkeit der Doppelplatte auch nach dem Einlegen der mit Wein gefüllten Röhre gänzlich unverändert.

Ich darf hier jedoch nicht unerwähnt lassen, dass wenn der fragliche Wein eine ziemlich starke Drehung der Polarisationsebene bewirkt, es bei einfallendem weissem Lichte nicht mehr möglich ist, durch Drehung des Analysators A die absolute Gleichheit der Farben in den beiden Hälften der Doppelplatte wieder herzustellen, wie sich ja leicht aus den bekannten Gesetzen der Circularpolarisation nachweisen lässt. Für genaue quantitative Bestimmungen ist daher das fragliche Instrument nicht brauchbar, allein die optische Prüfung des Weins ist immer nur eine qualitative und hier gewährt der Steeg'sche Weinprober, wie sich aus Folgendem ergibt, in der That eine genügende Sicherheit.

Erste und wichtigste Bedingung, um mit dem beschriebenen Instrument möglichst scharfe Resultate zu erzielen, ist die vollständige oder wenigstens nahezu vollständige Entfärbung des zu prüfenden Weines, damit die hohe Empfindlichkeit des blauvioletten Farbentons der Doppelplatte nicht leidet. Nach meinen vielfachen Versuchen erreicht man diese Entfärbung am besten durch gleichzeitige Anwendung von Bleiessig und reiner Thierkohle.

Das Verfahren ist folgendes: Zuerst versetzt man 100 CC. des Weins, einerlei ob Roth- oder Weisswein, mit 10 CC. Bleiessig, fügt sodann eine genügende Menge reiner mit Salzsäure ausgezogener Thierkohle hinzu, schüttelt einige Minuten um und filtrirt. Das nahezu absolut farblose Filtrat prüft man darauf, wie oben angegeben. Fällt das Resultat irgendwie zweifelhaft aus, so concentrirt man 200 oder 100 CC. desselben Weins durch Einkochen bis auf 50 oder 25 CC., setzt Bleiessig und Thierkohle zu, filtrirt und prüft das farblose Filtrat abermals. Selbst sehr geringe Mengen der unvergährbaren Stoffe der käuflichen

Traubenzucker werden sich jetzt, sobald sie vorhanden, durch eine ungleiche Färbung der beiden Hälften der Doppelplatte verrathen, die verschwindet, sobald man den Zeiger je nach dem Grad der Farbendifferenz um 1—4⁰ nach Rechts dreht.

Um über die Leistungsfähigkeit des Steeg'schen Weinprobers ins Klare zu kommen, wurden folgende Versuche ausgeführt, wobei zum Vergleich das grosse Polaristrobometer von Wild diente.

1. Versuche mit einem zwei Jahre alten, von mir selbst gallisirten Wein. Der Wein wurde ohne vorherige Concentration, wie oben angegeben, mit Bleiessig und Kohle entfärbt und sodann in 200^{mm} langer Röhre geprüft.

	Steeg	Wild
Der Wein direct	4^0	$8,1^0$.
Nach dem Verdünnen auf $^1/_2$ des ursprünglichen Volums	2^0	4^0.
Nach dem Verdünnen auf $^1/_4$ des ursprünglichen Volums	1^0	2^0.
Nach dem Verdünnen auf $^1/_8$ des ursprünglichen Volums	für ein geübtes Auge eben noch erkennbar	1^0.
50 CC. desselben Weins wurden nach dem Entfärben auf 200 CC. verdünnt	1^0	2^0.

25 CC. desselben gallisirten Weins wurden auf 200 CC. mit reinem Tischwein verdünnt, darauf 100 CC. wie oben angegeben mit Bleiessig und Thierkohle entfärbt und das farblose Filtrat geprüft. Im Steeg'schen Apparat war die eingetretene ungleiche Färbung der Doppelplatte eben noch bemerkbar, im Wild'schen Apparat bewirkte diese Flüssigkeit in 200^{mm} langer Röhre eine Drehung von 1^0 nach Rechts.

100 CC. derselben Weinmischung wurden darauf bis auf $^1/_3$ des ursprünglichen Volums eingekocht, mit 5 CC. Bleiessig versetzt und nach dem Zufügen von Thierkohle filtrirt. Das nahezu absolut farblose Filtrat bewirkte in 200^{mm} langer Röhre untersucht im Steeg'schen Apparat eine Drehung von $2^1/_2{}^0$, im Wild'schen Polaristrobometer eine Ablenkung von $4,7^0$ R.

Zu einem 3. Versuch diente eine $^1/_2$procentige Lösung der von mir aus käuflichem Traubenzucker abgeschiedenen unvergährbaren Stoffe. Diese wasserhelle Flüssigkeit bewirkte, in 200^{mm} langer Röhre untersucht, im Steeg'schen Apparat eine Rechtsdrehung von 1^0, im Wild'schen dagegen eine Ablenkung von $1,3^0$ nach Rechts.

Endlich wurde auch noch ein reiner, von mir selbst bereiteter Johannisberger Wein vergleichsweise geprüft. 130 CC. desselben wurden auf etwa 30 CC. eingedampft und darauf mit Bleiessig und Kohle behandelt. Die nahezu absolut farblose Flüssigkeit bewirkte in beiden Apparaten, in 200^{mm} langer Röhre untersucht, ebensowenig wie der ursprüngliche Wein die geringste Drehung der Polarisationsebene.

Zieht man nach diesen Versuchen endlich noch in Erwägung, dass bei dem grossen Polaristrobometer von Wild die Drehungswinkel auf einem fein getheilten Kreise von über 1 Decimeter Durchmesser abgelesen waren, so glaube ich kann man mit der Leistungsfähigkeit des Steeg'schen Apparates, so lange es sich nur, wie bei der optischen Weinprobe, um qualitative Bestimmungen handelt, wohl zufrieden sein. Durch einen grösseren Theilkreis liesse sich die Brauchbarkeit, namentlich für Ungeübte, wohl noch steigern, allein auch wie das Instrument jetzt ist, wird der Laie sich bald mit demselben, sofern das Auge nur für feine Farbenunterschiede die genügende Empfindlichkeit besitzt, völlig vertraut machen.

Bericht über die Fortschritte der analytischen Chemie.

I. Allgemeine analytische Methoden, analytische Operationen, Apparate und Reagentien.

Von

H. Fresenius.

Gasanalyse. Clemens Winkler hat vor Kurzem eine Anleitung zur Gasanalyse veröffentlicht, welche wir unseren Lesern auf's Wärmste empfehlen können.*) Der Verfasser hat sich mit der technisch-chemischen Gasanalyse bekanntlich sehr eingehend beschäftigt **) und ist im Laufe seiner Arbeiten auf diesem Gebiete zu der Ueberzeugung gelangt, dass sich eine für die grosse Fabrikpraxis geeignete Methode der Gasvolumetrie nur dann zu

*) Der genaue Titel ist: Anleitung zur chemischen Untersuchung der Industriegase von Dr. Clemens Winkler, Professor an der K. S. Bergacademie Freiberg. Erste Abtheilung: Qualitative Analyse. Mit 31 in den Text gedruckten Holzschnitten und einer lithographirten Tafel. Freiberg, J. G. Engelhardt'sche Buchhandlung (M. Isensee) 1876.

**) Vergl. diese Zeitschr. 12, 74, 191.

entwickeln vermag, wenn man systematischer als bisher zu Werke geht, wenn man die in der Industrie auftretenden Gase nach Eigenschaften und Verhalten zu classificiren und ein Verfahren festzustellen sucht, welches vor der eigentlichen Analyse die qualitative Nachweisung der einzelnen Glieder eines Gasgemisches ermöglicht. In der genannten Anleitung hat Winkler nun versucht diesem Mangel abzuhelfen und zum ersten Male einen systematischen Gang für die qualitative Analyse der häufiger vorkommenden Gase aufgestellt. Das Büchlein ist in 4 Abschnitte eingetheilt.

Der erste Abschnitt ist überschrieben: Operationen, Apparate und Geräthschaften und behandelt namentlich das Aufsammeln der Gasproben in ausführlicher Weise. Es werden einige zweckmässige neue Apparate angegeben, auf die näher einzugehen uns leider der Raum verbietet.

Im zweiten Abschnitte werden die bei Gasanalysen nöthigen Reagentien besprochen. Soweit nicht besondere Vorschriften nöthig waren, ist dabei auf den betreffenden Abschnitt der «Anleitung zur qualitativen chemischen Analyse von R. Fresenius 14. Aufl.» hingewiesen worden. Auch die dort gegebene Eintheilung der Reagentien ist beibehalten.

Der dritte Abschnitt handelt von den Eigenschaften und Reactionen der Gase. Nach ihrem Verhalten zu verschiedenen Absorptionsmitteln hat Winkler die Gase, welche er abhandelt, in folgende 7 Gruppen eingetheilt, von denen manche nur durch ein einziges Glied gebildet werden:

Erste Gruppe. Gase, welche durch Schwefelsäure absorbirt werden: Ammoniak, salpetrige Säure, Untersalpetersäure.

Zweite Gruppe. Gase, welche durch Kali- oder Natronlauge absorbirt werden: Chlor, Chlorwasserstoff, Cyan, Cyanwasserstoff, Schwefelwasserstoff, Fluorsilicium, schweflige Säure, Kohlensäure.

Dritte Gruppe. Gase, welche durch Silbernitratlösung absorbirt werden: Phosphorwasserstoff, Arsenwasserstoff, Antimonwasserstoff.

Vierte Gruppe. Gase, welche durch Pyrogallussäure in alkalischer Lösung absorbirt werden: Sauerstoff.

Fünfte Gruppe. Gase, welche durch Kupferchlorür in salzsaurer Lösung absorbirt werden: Kohlenoxyd.

Sechste Gruppe. Gase, welche durch Eisenoxydullösungen absorbirt werden: Stickoxyd.

Siebente Gruppe. Gase, welche durch Flüssigkeiten nicht (oder nur wenig) absorbirt werden: Stickoxydul, Wasserstoff, Kohlenwasserstoff (Grubengas, Aethylen, Acetylen), Kohlenoxysulfid, Stickstoff.

Der vierte Abschnitt endlich enthält den systematischen Gang der qualitativen Gasanalyse, der in die Vorprüfung und die eigentliche Untersuchung zerfällt. Eine gedrängte Uebersicht desselben geben wir nachstehend.

I. Vorprüfung.

Man prüft das Gas 1. vor der Entzündung und, falls es brennbar ist, 2. nach der Entzündung.

1. Prüfung vor der Entzündung.

A. Prüfung auf Farbe und Geruch.

a) Das Gas ist farblos und geruchlos: Kohlensäure,*) Antimonwasserstoff, Sauerstoff, Kohlenoxyd, Wasserstoff, Grubengas, Stickstoff, Stickoxydul.

b) Das Gas ist farblos aber es besitzt Geruch: Ammoniak, Chlorwasserstoff, Cyan, Cyanwasserstoff, Schwefelwasserstoff, Fluorsilicium, schweflige Säure, Phosphorwasserstoff, Arsenwasserstoff, Stickoxyd,**) Aethylen, Acetylen, Kohlenoxysulfid.

c) Das Gas besitzt Farbe und Geruch: Salpetrige Säure, Untersalpetersäure, Chlor.

B. Reaction auf Pflanzenfarben.

a) Reaction neutral: Cyan, Phosphorwasserstoff, Arsenwasserstoff, Antimonwasserstoff, Sauerstoff, Kohlenoxyd, Stickoxydul, Wasserstoff, Grubengas, Aethylen, Acetylen, Stickstoff.

b) Reaction alkalisch: Ammoniak.

c) Reaction sauer: Salpetrige Säure, Untersalpetersäure, Chlorwasserstoff, Schwefelwasserstoff, Fluorsilicium, schweflige Säure, Kohlensäure, Stickoxyd, Kohlenoxysulfid.

d) Blaues wie rothes Lackmuspapier wird gebleicht: Chlor.

C. Verhalten gegen Jodkaliumstärkepapier.

Es tritt Bläuung ein: Salpetrige Säure, Untersalpetersäure, Chlor, Stickoxyd.

D. Verhalten gegen Silberlösung.

Man schwenkt einen Probircylinder mit einer verdünnten ammoniakalischen Lösung von salpetersaurem Silberoxyd aus, lässt den Ueberschuss ausfliessen und hält den Cylinder über das ausströmende Gas.

---

*) Der Geruch der Kohlensäure ist zu schwach, um sicher wahrgenommen zu werden.

**) Bei der Vorprüfung auf Stickoxyd kommt, da die Luft nie abgeschlossen ist, stets dessen Oxydationsproduct zur Geltung.

Es entsteht ein braunschwarzer, metallisch glänzender Beschlag: Schwefelwasserstoff, Phosphorwasserstoff, Arsenwasserstoff, Kohlenoxysulfid.

E. Verhalten gegen Barytwasser.

Man hält einen mit Barytwasser ausgeschwenkten Probircylinder über das ausströmende Gas.

Seine innere Wandung beschlägt sich mit einem weissen Hauche: Fluorsilicium, schweflige Säure, Kohlensäure, Kohlenoxysulfid.

F. Verhalten gegen Chlorwasserstoff.

Man hält einen mit conc. Salzsäure ausgeschwenkten Probircylinder über das ausströmende Gas.

Es bilden sich weisse Nebel: Ammoniak.

G. Verhalten gegen Ammoniak.

Man hält einen mit conc. Ammoniakflüssigkeit ausgeschwenkten Probircylinder über das ausströmende Gas.

Es bilden sich weisse Nebel: Salpetrige Säure, Untersalpetersäure, Chlor, Chlorwasserstoff, Fluorsilicium, schweflige Säure, Stickoxyd.

H. Prüfung des Gases auf seine Brennbarkeit und sein Vermögen die Verbrennung zu unterhalten.

Sobald ein Gas brennbar ist, unterwirft man auch sein Verbrennungsproduct einer Prüfung und gelangt zu

2. Prüfung nach der Entzündung.

A. Verhalten bei Abkühlung der Flamme.

Man hält einen kleinen Metallspiegel*) dicht über die Flamme.

a) Der Spiegel wird in Folge von Wasserbildung bethaut: Ammoniak, Phosphorwasserstoff, Arsenwasserstoff, Antimonwasserstoff, Wasserstoff, Grubengas, Aethylen, Acetylen.

b) Der Spiegel wird nicht bethaut: Kohlenoxyd, Kohlenoxysulfid.

B. Verhalten gegen Barytwasser.

Man hält einen mit Barytwasser ausgeschwenkten Probircylinder über die Flamme.

Seine innere Wandung beschlägt sich mit einem weissen Hauche: Kohlenoxyd, Grubengas, Aethylen, Acetylen, Kohlenoxysulfid.

C. Verhalten gegen Ammoniak.

Man hält einen mit conc. Ammoniakflüssigkeit ausgeschwenkten Probircylinder über die Flamme.

Es bilden sich weisse Nebel: Kohlenoxysulfid.

---

*) Zu beziehen aus der Metalldreherei von C. Baumann in Freiberg.

II. Eigentliche Untersuchung.

Dieselbe besteht darin, dass man eine Gruppe nach der anderen zur Absorption bringt. Das Vorhandensein der verschiedenen Gruppenglieder gibt sich dabei entweder sofort kund oder dieselben werden hinterher in der Absorptionsflüssigkeit nach kekannten Methoden nachgewiesen. Der zuletzt übrig bleibende Theil, welcher die Gruppe VII umfasst, wird auf dem Wege der Verbrennung in absorbirbare und erkennbare Verbindungen umgewandelt.*)

Gruppe I. Ammoniak tritt mit den übrigen Gruppengliedern selten gemeinsam auf; hat man es mit ihm allein zu thun, so bedient man sich als Absorptionsflüssigkeit einer beliebig verdünnten Schwefelsäure; gilt es dagegen salpetrige oder Untersalpetersäure zu absorbiren, so ist die Einhaltung einer bestimmten Concentration unbedingtes Erforderniss und zwar wendet man Schwefelsäure von 1,70 spec. Gew. = 60° B. an.

Der Nachweis der von der Schwefelsäure absorbirten Gase in der erhaltenen Flüssigkeit erfolgt nach bekannten Methoden und bietet keine Schwierigkeit.

Gruppe II. Um vollkommener Absorption sicher zu sein, verwendet man Kalilauge von 1,25—1,30 spec. Gew. Der Nachweis der von der Kalilauge absorbirten Gase in dieser geschieht in bekannter Weise.

Gruppe III. Das Absorptionsmittel ist eine Lösung von salpetersaurem Silberoxyd. Die Absorption selbst ist von der Ausscheidung eines dunkel gefärbten Niederschlages begleitet, die Umsetzung aber derart, dass die elektronegativen Gasbestandtheile sowohl im Niederschlag wie in der Lösung enthalten sein können und zwar, das Vorhandensein von überschüssigem Silbersalz vorausgesetzt, in nachfolgender Gestalt und Vertheilung:

	Niederschlag:	Lösung:
Phosphorwasserstoff . . .	met. Silber	Phosphorsäure.
Arsenwasserstoff	« «	Arsenige Säure.
Antimonwasserstoff	Antimonsilber . . .	—

Die Erkennung der einzelnen Glieder der Gruppe geschieht dem entsprechend.

---

*) Bei der grossen Anzahl der Gase, welche hier in Frage kommen, bedarf es natürlich eines ziemlich umfänglichen Apparates, wenn es gelten sollte, diese Gase sämmtlich nachzuweisen. Winkler hat seinem Büchlein eine Tafel beigegeben, welche denselben in allen seinen Einzelnheiten zeigt. Es muss aber hierzu bemerkt werden, dass dieser Apparat das Vorhandensein und den Nachweis sämmtlicher Gase voraussetzt, ein Fall der nie vorkommt, ja aus naheliegenden Gründen überhaupt nicht vorkommen kann.

Gruppe IV. Die Absorption des Sauerstoffes geschieht durch Pyrogallussäure in alkalischer Lösung.

Zur Nachweisung des Sauerstoffes verfährt man folgendermaassen: Man tränkt Filtrirpapier mit einer concentrirten Lösung von reinem, völlig eisenfreiem Manganchlorür und schneidet dasselbe nach dem Trocknen in Streifen. Auf den Boden einer kleinen Waschflasche giesst man sodann etwas Kalilauge unter Beobachtung der Vorsicht, dass die Wände nicht benetzt werden und klemmt dann beim Aufsetzen des Pfropfens einen Streifen des Manganchlorürpapiers mit ein. Dann füllt man das Gefäss mit dem zu untersuchenden Gase und lässt, sobald man sicher ist, dass dieses alle Luft verdrängt hat, durch entsprechendes Neigen der Waschflasche den Papierstreifen sich mit Kalilauge vollsaugen. Es erfolgt nun auf der Papierfaser eine Ausscheidung von Manganoxydulhydrat, ohne dass im Uebrigen eine sichtbare Veränderung eintritt. Das Papier bleibt auch dauernd weiss, sobald das Gas absolut sauerstofffrei ist, aber schon Spuren von Sauerstoff rufen eine gelinde, grössere Quantitäten eine tiefe Bräunung hervor, wenn man das Gas eine Viertel- bis eine halbe Stunde auf das Papier einwirken lässt.*)

Gruppe V. Die Absorption des Kohlenoxyds geschieht mit einer gesättigten Auflösung von Kupferchlorür in Salzsäure.

Nach beendigter Operation bringt man einige CC. der Flüssigkeit in ein Reagensglas, verdünnt sie mit dem fünf- bis sechsfachen Volum Wasser und fügt wenige Tropfen Natrium-Palladiumchlorür hinzu. Sobald die geringste Menge Kohlenoxyd vorhanden ist, bildet sich eine tief schwarze Wolke von fein zertheiltem Palladium.**)

*) Diese Reaction, welche natürlich durchweg dichte Verschlüsse voraussetzt, ist so empfindlich, dass es eine Zeit lang fast schien, als wäre es gar nicht möglich, ein sauerstofffreies Gas darzustellen, denn fast immer trat eine, wenn auch sehr geringe Bräunung ein, wenn man z. B. Wasserstoffgas (aus Zink und verdünnter Schwefelsäure entwickelt) oder Kohlensäure (erhalten durch Einwirkung von Salzsäure auf Marmor) selbst in langandauerndem Strome durch die Vorlage leitete und dann die Kalilauge mit dem Papier in Berührung brachte. Als man aber Stickstoff anwendete, welcher vorher ein langes, glühendes, mit Kupferspänen gefülltes Rohr durchstrichen hatte, blieb der Papierstreifen stundenlang weiss, begann aber sich bald zu bräunen, wenn man eine sehr geringe Menge Luft zutreten liess.

**) An die beim Verdünnen eintretende Ausscheidung von Kupferchlorür braucht man sich dabei nicht zu kehren. Die Reaction ist trotz derselben auf's Schärfste wahrzunehmen. Beim Stehen der Flüssigkeit an der Luft löst sich das feinzertheilte Palladium allmählich wieder auf.

Gruppe VI. Die Absorption des Stickoxydes geschieht mit einer concentrirten Lösung von Eisenvitriol oder Eisenchlorür. Eine eintretende Braun- oder Schwarzfärbung lässt dabei das Stickoxyd erkennen.

Gruppe VII umfasst die nicht (oder nur wenig) absorbirbaren Gase. Es müssen zur Erkennung derselben specielle Verfahrungsweisen eingeschlagen werden, hinsichtlich deren wir auf das Winkler'sche Buch verweisen müssen.

Zur raschen Abdunstung ätherischer Auszüge bei gewöhnlicher Temperatur empfiehlt G. Vulpius*) einen Glasheber zu verwenden, dessen kürzerer Schenkel etwa die der Höhe des Gefässes, in welchem sich der zu verdunstende ätherische Auszug befindet, gleiche Länge besitzt, während der längere Schenkel bis in die Nähe des Zimmerbodens reichen darf. Man befestigt diesen Heber mittelst eines Retortenhalters so über dem betreffenden Gefässe, dass das Ende seines kürzeren Schenkels höchstens einen Centimeter von der Oberfläche des abzudunstenden Aethers entfernt ist. Saugt man jetzt einen Augenblick an der Mündung des längeren Heberschenkels, so wird hierdurch ein Abfliessen des Aetherdampfes durch den Heber eingeleitet, welches fortdauert und durch den Geruch auf das Deutlichste wahrnehmbar ist. Wie man sieht, hat man es hier mit einer Art von Destillation bei gewöhnlicher Temperatur unter Mitwirkung des Luftdruckes zu thun. Bei Sommertemperatur ist das Durchströmen des Aetherdampfes durch den Heber so stark, dass derselbe in Tropfen aus dem längeren Heberschenkel abfliesst, wenn man diesen mit befeuchtetem Papier umwickelt. Nach den Angaben des Verfassers lassen sich auf diese Weise in erstaunlich kurzer Zeit erhebliche Aethermengen abdunsten, wenn man nur darauf achtet, das Ende des kürzeren Heberschenkels dem durch die Verdunstung gesunkenen Flüssigkeitsspiegel von Zeit zu Zeit wieder zu nähern.

Ueber das Wasserlein'sche Saccharometer hat A. Schnacke**) Mittheilungen gemacht.

Bekanntlich konnten bisher solche Körper, deren Lösungen den polarisirten Lichtstrahl ablenken, nur mittelst eines theueren Polorisationsinstrumentes***) genau quantitativ untersucht werden. Wer sich heute

*) Arch. Pharm. **204**, 522.

) Dingler's pol. Journ. **222, 462.

***) im Preise von etwa 300 bis 390 Mark.

ein Polarisationsinstrument anzuschaffen hätte, würde wohl auch auf das billige Saccharometer des Mechanikers Wasserlein in Berlin Rücksicht zu nehmen haben. Das letztere Instrument ist ebenfalls ein Polarisationsinstrument, welches aber nicht wie das gewöhnliche horizontal auf einem Dreifuss ruht, sondern vertical in der Tubushülse des Stativs eines Mikroskopes steckt und durch den Spiegel am genannten Stativ beleuchtet wird. Beim gewöhnlichen Polarisationsinstrument braucht man eine Lampe, nach deren Flamme die Beobachtungsröhre gerichtet werden muss; beim Saccharometer ist eine solche nicht nöthig, da der Stativspiegel genügende Lichtquantitäten zuführt. Will man mit dem Saccharometer arbeiten, so sind folgende Manipulationen vorzunehmen. Erstens richtet man den Stativspiegel so, dass er gehörig viel Licht in die Tubushülse wirft, und steckt den Polarisator, ein in einer kleinen Messingröhre befindliches Nicol'sches Prisma, in die unter dem Objecttisch angebrachte Cylinderblende, welche dann unter die Oeffnung des Objecttisches gedreht wird.

Zweitens steckt man den Saccharometertubus in die Tubushülse ein und setzt den Analysator, ein zweites in einer Messingröhre befindliches Nicol'sches Prisma, auf den eingesteckten Tubus auf, so dass der Nullpunkt seines Nonius sich mit dem Nullpunkt der am Tubus befindlichen Skala deckt.

Drittens dreht man, gleichzeitig durch den Analysator sehend, den Polarisator so lange bis die beiden blau und roth gefärbten Felder in eine Farbe, blau oder gelbroth, übergegangen sind.

Das Instrument muss nun während der Untersuchung auf derselben Stelle stehen bleiben, wenn man nicht abermals den Spiegel richten und den Polarisator drehen will.

Die Untersuchung selbst ist ganz so, wie beim gewöhnlichen Polarisationsinstrument. Die gefärbte Lösung wird durch Thierkohle oder Bleiessig entfärbt, filtrirt und die klare farblose Flüssigkeit sofort in die Beobachtungsröhre gebracht. Die nach der Herstellung der gleichmässigen blauen oder gelbrothen Farbe abgelesenen Grade werden beim Soleil-Scheibler'schen Instrument mit 0,26, beim Mitscherlich'schen mit 0,75 und beim Wasserlein'schen Saccharometer mit 1,323 multiplicirt um die Volumprocente Rohrzucker zu erhalten.

Dem Wasserlein'schen Saccharometer sind Tabellen beigegeben, in denen man die abgelesenen Saccharometergrade nur aufzusuchen braucht, um daneben gleich die Volumprocente resp. Gewichtsprocente

Rohrzucker aufgezeichnet zu finden. Jeder Grad der Wasserlein'schen Skala entspricht 1 Volumprocent Traubenzucker und 1,323 Vol.-Proc. Rohrzucker.

In nächster Zeit sollen vom Verfasser noch Tabellen für Eiweiss und andere polarisirende Substanzen bearbeitet und dem Saccharometer beigegeben werden.

Nach der Angabe des Verfassers steht das Wasserlein'sche Saccharometer dem gewöhnlichen Polarisationsinstrumente hinsichtlich der praktischen Verwendbarkeit und der Genauigkeit gleich. Verschiedene Polarisationsinstrumente ergaben, ebenso wie mehrere mit einander verglichene Wasserlein'sche Saccharometer, eine höchste Differenz von 0,4 Vol.-Procent.

Der Preis des Wasserlein'schen Saccharometers beträgt 54 Mark; es ist jedoch dabei zu berücksichtigen, dass ein Mikroskopstativ schon vorhanden sein muss. Wer sich daher ein solches Saccharometer anschaffen will, ohne ein Mikroskop zu besitzen, muss sich das letztere gleichzeitig mit besorgen.

Eine Wage zur Bestimmung des specifischen Gewichtes, besonders von Mineralien und anderen festen Substanzen hat Roswell Parish*) angegeben. Dieselbe kann ohne Zuhülfenahme genauer Gewichte gebraucht werden; das specifische Gewicht wird direct abgelesen, so dass jede Rechnung wegfällt. Im Uebrigen zeigt weder das Princip noch die Anordnung etwas wesentlich Neues.

Ein neues Hydrometer, welches Jos. Sedlaczek**) empfiehlt, ist eine Modification des früher von Alexander***) angegebenen Hydrometers. Beide Instrumente haben den Uebelstand, dass der störende Einfluss der Capillaritätserscheinungen vernachlässigt wird. Die mit ihrer Hülfe erhaltenen Resultate können demgemäss nicht so genau sein wie die, welche man bei Anwendung des Hess'schen hydrostatischen Aräometers†) erhält. Da die Construction des letztgenannten Instrumentes eben so einfach ist, wie die des Sedlaczek'schen, so glaube ich von einer Beschreibung des letzteren absehen und mich hinsichtlich seiner Construction mit dem Hinweis auf die Originalabhandlung begnügen zu sollen.

*) Am. Journ. of science and arts [3 ser.] **10**, 352.

) Poggendorff's Annalen d. Phys. u. Chem. **158, 650.

***) Poggendorff's Annalen d. Phys. u. Chem. **70**, 137.

†) Diese Zeitschrift **16**, 74.

Einen verbesserten Giftheber hat Carl Antolik*) construirt. Fig. 10 zeigt einen Querschnitt desselben. Die auf bekannte Weise ge-

Fig. 10.

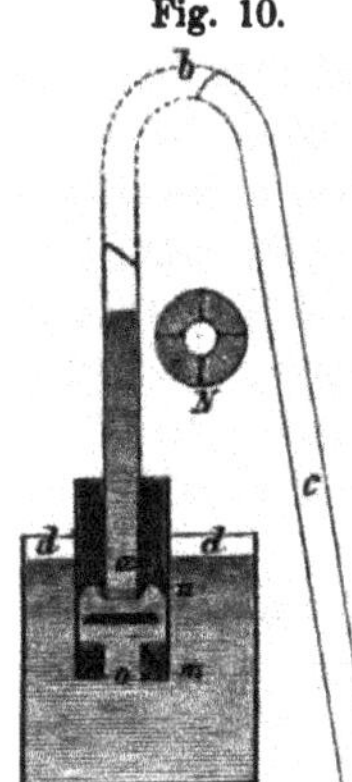

bogene Röhre a b c wird mit einem eigenthümlichen Ventile versehen. Zu diesem Zweck nimmt man ein Stück Glasröhre d d von etwa 2 Centimeter Durchmesser und 4 Centimeter Länge, ferner einen Korkstöpsel, der in diese Röhre luftdicht passt. Den Korkstöpsel schneidet man in zwei Hälften, versieht die eine Hälfte an ihrem unteren Ende mit kleinen Furchen (N zeigt den Boden) und durchbohrt dann den Stöpsel, um die Glasröhre a b c luftdicht hineinpassen zu können. Nun gibt man in den Spielraum n m der Glasröhre d d eine kleine runde Glasscheibe, die sich in diesem Raume leicht auf und ab bewegen lässt; endlich versieht man auch den unteren Theil der Glasröhre d d mit einem durchbohrten Korkstöpsel und der Giftheber ist fertig. Will man nun denselben in Gang bringen, so senke man den mit dem Ventil versehenen Arm des Gifthebers in die betreffende Flüssigkeit und rüttele den Heber auf und ab. Die Flüssigkeit wird sich schnell heben und in kaum 2 Secunden aus einem Gefässe in ein anderes überfliessen. Es ist leicht einzusehen, dass die ganze Erscheinung auf der Trägheit und Adhäsion der Flüssigkeit beruht. Die Oeffnung o muss etwas grösser sein, als die der Röhre a b c damit die Menge der eindringenden Flüssigkeit der Ausflussmenge gleich sei, sonst geht die Füllung des Hebers anfangs etwas langsamer vor sich.

Einen Siedetrichter zur Vermittelung eines ruhigen gefahrlosen Kochens oder Abdampfens von Flüssigkeiten, wenn dieselben wegen des grösseren specifischen Gewichtes oder der Entwickelung von Gasen unruhig kochen, leicht aufschäumen und über den Rand des Kochgefässes laufen hat Hamper**) angegeben und durch Abbildungen erläutert. Der Apparat ist für Arbeiten in grossem Maassstabe bestimmt.

Gebläselampen mit erwärmter Luft. Die Temperatur unserer Gebläselampen wird bedeutend erhöht, wenn an Stelle der Luft von ge-

*) Poggendorff's Annalen d. Phys. u. Chem. **158**, 618.

) Dingler's pol. Journ. **222, 438.

wöhnlicher Temperatur stark erwärmte Luft in dieselben eingeführt wird. Die Höhe der Temperatur kann dadurch so hoch gesteigert werden, dass in der Stichflamme selbst Platindraht von über 1,5^{mm} Stärke in kürzester Zeit geschmolzen wird. Man erreicht dies am rationellsten durch diejenige Construction, welche Th. Fletcher in Warrington seinen bekannten «Hot blast blowpipes» gegeben hat. Dieselbe beruht darauf, dass die Luft, ehe sie in die Flamme tritt, durch eine zum Glühen erhitzte, spiralig gewundene Röhre geleitet wird. Rob. Muencke*) hat versucht, diese englischen Gebläselampen unseren chemischen Laboratorien anzupassen und dieselben womöglich noch zu verbessern.

Der Verfasser gelangte so zu den in Fig. 11—13 dargestellten Gebläselampen.

Der Zapfen des runden gusseisernen Fusses trägt eine zur genügenden Erhitzung der Gebläseluft geeignete Gaslampe mit Regulirungshahn und aufschraubbarem, etwa 60^{mm} langem Flachbrenner, und in entgegengesetzter Richtung das Gasschlauchstück, durch welches sowohl gleichzeitig das Gas in die erwähnte Lampe, als auch durch den mit Hahn versehenen verticalen Aufsatz in die horizontale, um ihre Achse drehbare, Gasleitungsröhre eintritt, die einerseits in die Ausströmungöffnung endigt, andererseits mit den Handhaben zum Drehen dieser Röhre und mit dem Schlauchstück für die Gebläseluft versehen ist. Der über dem Flachbrenner befindliche Theil dieser horizontalen Röhre ist mit der etwa 4^{mm} starken Gebläseröhre spiralförmig umwunden, welche sowohl in den vorderen Theil der horizontalen Röhre eintritt, wo sie die Ausströmungsspitze bildet, als auch diesseits der Windungen in dieselbe mündet und in dem obern Schlauchstück für die Luftzuführung endigt. Die horizontale Röhre ist demnach, abweichend von den englischen Lampen, gleichzeitig mit der spiralförmig gewundenen Luftröhre um ihre Achse drehbar und dadurch die Richtung der Flamme nach allen Seiten ermöglicht. Auch schützt eine starke Vernickelung des horizontalen Röhrentheiles die messingene Spiralröhre vor den nachtheiligen Wirkungen der anhaltenden Glühhitze.

Je nach der Weite und Stellung der Luftausströmungsspitze ist die Gestalt und Wirkung der Flamme eine verschiedene.

Fig. 11 zeigt die Gebläselampe mit senkrechter, grosser, vertheilter Flamme; die Luftausströmungsspitze ist weit und senkrecht eingestellt. Sie dient zum Erhitzen von Schmelztiegeln etc.

*) Dingler's pol. Journ. **222**, 565.

In Fig. 12 besitzt die Lampe eine enge Ausströmungsspitze, die so eingestellt ist, dass die Flamme lang gezogen wird. Durch Regulirung

Fig. 11. Fig. 12.

des Gaszutrittes erreicht man bald eine Stichflamme von sehr hoher Temperatur, die sich, ausser zu Löthrohr-Arbeiten, gewiss auch zu vielen optischen Versuchen vortrefflich eignen dürfte.

In Figur 13 ist die Lampe am Stativ befestigt dargestellt. Auf der am Fuss der Säule befindlichen kurzen Schraubenspindel lässt sich eine grosse Schraubenmutter bewegen, mittelst welcher die Lampe auf einer runden, mit Stiel versehenen Platte festgeschraubt werden kann, die am Stativ durch eine Muffe in beliebiger Höhe und Entfernung befestigt wird.

Fig. 13.

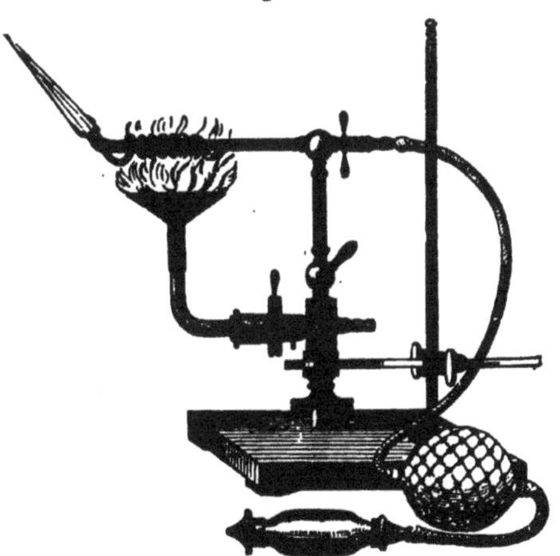

Die combinirte Löthrohr-Gebläselampe vereinigt die Einrichtung von Fig. 11 und 12 zu einer Lampe.

Die Muencke'schen Gebläselampen werden von der Firma Warmbrunn, Quilitz & Comp. in Berlin geliefert.

Ein Bürettenstativ, an welchem besonders die Einrichtung der zum Halten der Büretten dienenden Klemmen neu und eigenthümlich ist, hat Rob. Muencke*) angegeben.

Der runde gusseiserne Fuss von 210^{mm} Durchmesser (Fig. 14) trägt auf seiner vertieften Oberfläche eine eingekittete, ringförmige, 55^{mm} breite, starke Milchglasplatte; in seinem erhöhten Centrum ist der 70^{cm} lange und 10^{mm} starke Messingstab senkrecht eingeschraubt, auf welchem sich mittelst einer kleinen, verschiebbaren Hülse mit seitlicher Schraube ein 20^{cm} langes, der Stärke des Stabes entsprechend weites Messingrohr in beliebiger Höhe bewegen lässt, an dessen Enden je eine schwarzgebrannte, 2^{mm} starke Messingscheibe von 150 resp. 135^{mm} Durchmesser durch Schrauben befestigt ist. Nahe der Peripherie über der Mitte der ringförmigen Glasplatte, befinden sich in der obern 150^{mm} weiten Scheibe sechs gleichweit von einander entfernte Oeffnungen von je 22^{mm} Durchmesser, die durch 5^{mm} weite Ausschnitte mit der Peripherie der Scheibe in Verbindung stehen. Diesen grossen Oeffnungen entsprechen genau centrisch auf der untern Scheibe sechs kleinere, 9^{mm} weite. Auf der untern Seite der obern Scheibe (Fig. 15) sind den 6 Oeffnungen entsprechend 6 messingene Klemmen befestigt, deren detaillirte Construction aus Fig. 16 leicht ersichtlich sein wird. Die in den Lagern

Fig. 14.

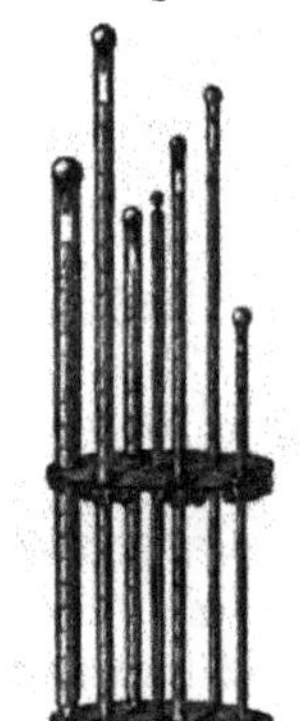

Fig. 15.

Fig. 16.

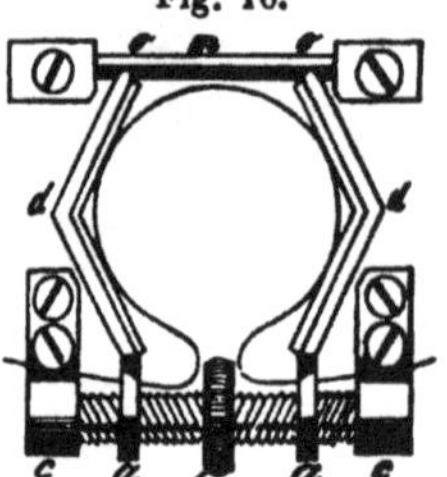

c c ruhende Schraubenspindel a trägt auf der einen Seite rechts, auf der andern Seite links geschnittene Gänge und in der Mitte das Triebscheibchen b. Auf dieser Spindel bewegen sich zwei gleiche, winklig

*) Dingler's pol. Journ. **222**, 465.

geformte, kurzgestielte, mit Korkeinlagen versehene Backen d d, welche mittelst zweier kleiner Ausschnitte bei o o — in dem untern Theile der Vorderbacken — an dem festen, der Schraubenspindel parallelen Stäbchen m geführt werden. Dieselbe Figur zeigt die Lage resp. die Entfernung der Spindel von der Oeffnung. Da die Winkel der Backen sich in dem der Spindel parallelen Durchmesser der Oeffnungen gleichförmig bewegen, so ermöglicht diese Vorrichtung die Centrirung und Befestigung der Büretten unabhängig von ihrem Durchmesser und der Weite der Oeffnungen.

Als Vorzüge seines Bürettenstativs vor der von Fr. Mohr beschriebenen Büretten-Etagère hebt der Verfasser folgende hervor. «Der gusseiserne Fuss bewirkt grössere Stabilität und sicherere Horizontalstellung als der gebräuchliche hölzerne Fuss. Die messingenen Scheiben sind genauer zu centriren als die hölzernen, welche viel zu sehr der Veränderung unterworfen sind. Die Klemmvorrichtungen gestatten, die engsten Büretten sowohl als auch solche bis zu 22^{mm} Durchmesser (100 CC. Inhalt) in beliebiger Reihenfolge genau centrisch und gut befestigt in die Oeffnungen der Scheibe einzustellen, ohne dass dieselben durch das Drehen der letzteren in ihrer senkrechten Stellung irgend welche Veränderung erleiden. Nur wenige Drehungen des Triebscheibchens b genügen, um eine Bürette zu entfernen oder festzuklemmen. Auch für mehr oder weniger als sechs Büretten kann dieses Stativ in entsprechender Grösse angefertigt werden.»

Das Muencke'sche Bürettenstativ wird von der Firma Warmbrunn, Quilitz & Co. in Berlin geliefert.

Zur Darstellung des Schwefeleisens. Das Einfachschwefeleisen, dessen man sich in den chemischen Laboratorien zur Darstellung des Schwefelwasserstoffgases bedient, wird bekanntlich durch Zusammenschmelzen von Schwefel und Eisen erhalten.

Obwohl diese Materialien, Schwefel und Eisen, ziemlich niedrig im Preise stehen, so hat doch das Product der Vereinigung beider, das Schwefeleisen, im Handel einen verhältnissmässig hohen Preis. Um letzteren herabzumindern empfiehlt C. Méhu*) zur Darstellung des Einfachschwefeleisens statt des Schwefels Pyrit (Zweifachschwefeleisen) zu nehmen.

Wird nämlich ein Gemenge von 2 Thln. feingepulvertem Pyrit und

*) Zeitschr. d. allgem. österr. Apotheker-Vereins 14, 413.

1 Thl. (oxydfreiem) Eisenpulver in einem hessischen Tiegel eine halbe Stunde lang bis zur Rothgluth erhitzt, so erhält man eine graue Masse, welche sich sehr leicht pulvern lässt und mit Salzsäure übergossen reichliche Mengen von Schwefelwasserstoffgas entwickelt. Die Bildung des Einfachschwefeleisens findet im Sinne folgender Gleichung statt:

$$Fe\,S_2 + Fe = 2\,Fe\,S.$$

Es ist durchaus nicht nothwendig, dass die Masse im Tiegel zum Schmelzen gelange, da die Vereinigung des Eisens mit dem Zweifachschwefeleisen wie erwähnt schon bei Rothgluth erfolgt, doch müssen die Materialien möglichst fein gepulvert und innig gemischt in den Tiegel eingetragen werden. Ein Einstampfen ist zu vermeiden, wenn man den Tiegel öfters benutzen will.

Ich verfehle nicht darauf aufmerksam zu machen, dass dem Schwefelwasserstoffgase, welches aus nach Méhu's Vorschlag bereitetem Schwefeleisen gewonnen wird, Arsen- und Antimonwasserstoffgas beigemengt sein kann, wenn der verwandte Pyrit Arsen oder Antimon enthielt. Es verdient dies Beachtung, namentlich hinsichtlich gerichtlicher Untersuchungen.

H. F.

II. Chemische Analyse anorganischer Körper.

Von

H. Fresenius.

Ueber die Geschwindigkeit chemischer Reactionen hat S. Bogusky *) einige Mittheilungen gemacht. Eine ganze Reihe von Versuchen, welche Verfasser mit carrarischem Marmor und Salzsäure von verschiedener Concentration vornahm, führt ihn zu dem Schlusse, dass die Geschwindigkeit der Kohlensäureentwickelung (unter sonst gleichen Umständen) der Concentration der Säure proportional ist.

Ueber die Diffusion der Gase durch absorbirende Substanzen hat Sigmund v. Wroblewski **) eine ausführliche Abhandlung veröffentlicht, welche für den Chemiker dadurch besonders interessant ist, dass das Verhalten des Kautschuks hinsichtlich der Gasdiffusion eingehend besprochen ist.

*) Ber. d. deutsch. chem. Gesellsch. z. Berlin **9**, 1442.

) Poggendorffs Annal. d. Phys. u. Chem. **158, 539.

Die Versuche, welche der Verfasser mit Kautschuk, Kohlensäure und Wasserstoff angestellt hat, führten zu dem Schlusse, dass die Geschwindigkeit, mit welcher eine gegebene Gasmenge durch eine Kautschukmembran diffundirt, dem Drucke des diffundirenden Gases auf die Membran proportional ist. Nimmt man aber als Maass für die Diffusionsgeschwindigkeit die in der Zeiteinheit durch eine Kautschukmembran diffundirende Gasmenge, so ist dieselbe dem Drucke des diffundirenden Gases auf die Membran proportional. Verfasser hat dieses Gesetz zwischen den Grenzen von 740 bis 20^{mm} des wirksamen Druckes geprüft und als gültig befunden.

Ueber Wasserbestimmungen mittelst des Respirationsapparates hat F. Stohmann*) eine ausführliche Abhandlung veröffentlicht, auf welche hier nur hingewiesen werden kann.

Ueber die Zersetzung von Kalialaunlösungen bei 100° hat Alex. Naumann**) Mittheilungen gemacht, aus denen wir Folgendes hervorheben.

Durch Erhitzen einer wässerigen Kalialaunlösung zum Sieden oder im kochenden Wasserbade bildet sich ein weisser Niederschlag, der nach dem Auswaschen mit Wasser ein amorphes, jedoch mit glänzenden Blättchen untermengtes Pulver darstellt, sich selbst beim Erwärmen mit starker Salzsäure nur schwierig, dagegen in Kalilauge leicht löst. Derselbe enthält nach den Analysen einiger Proben von verschiedener Darstellung immer nahezu die gleiche Menge — 31,2 bis 32,6 % — Thonerde, gegen 11 % Kali, aber stärker und im entgegengesetzten Sinne schwankende Mengen von Schwefelsäure (von über 30 bis gegen 40 %) und Wasser. Daher darf der Niederschlag, trotz des ungleichförmigen äusseren Aussehens, im Grossen und Ganzen als eine mehr oder weniger basische Verbindung von Thonerde, Kali, Schwefelsäure und Wasser betrachtet werden. Der Zusammensetzung des Niederschlages entsprechend nimmt in der erhitzten Flüssigkeit der relative Gehalt an Schwefelsäure zu, an Thonerde ab.

Ueber das Absorptionsspectrum des übermangansauren Kalis und seine Benutzung bei chemisch-analytischen Arbeiten hat Ernst Brücke***) interessante Mittheilungen gemacht.

*) Landwirthschaftl. Versuchsstationen **19**, 81 und 159.

) Ber. d. deutsch. chem. Ges. z. Berlin **8, 1630.

***) Sitzb. d. k. Acad. d. Wissensch. zu Wien **74**, Heft 3. Vom Verfasser eingesandt.

Es ist bekannt, dass sehr verdünnte Lösungen von übermangansaurem Kali nicht wie concentrirtere ein breites Absorptionsband zeigen, welches das ganze Grün und einen Theil des Blau wegnimmt, sondern fünf getrennte Streifen, von denen der erste unweit D, der letzte bei F zu suchen ist, und der mittlere zwischen E und b liegt. Die drei mittleren Streifen sind bedeutend dunkler als der erste und der letzte.

Diese Streifen zeigen sich bei zunehmender Verdünnung sehr haltbar und die letzten Reste derselben, namentlich den zweiten und dritten Streifen und den Zwischenraum, der sie trennt, nimmt man fast so lange wahr, als man an der Flüssigkeit noch eine röthliche Färbung unterscheidet. Man kann hieraus in einzelnen Fällen Nutzen ziehen. Wenn man mit übermangansaurem Kali in farblosen Flüssigkeiten titrirt, wird man sich freilich lediglich durch die rothe Farbe des Reagens leiten lassen; beim Arbeiten mit farbigen Flüssigkeiten aber kann das Spectroskop noch Auskunft geben, wo das blosse Auge uns nicht mehr hinreichend sicher leitet.

Grosse Spectroskope mit mehreren in ein und demselben Sinne wirkenden Prismen, die das Spectrum zu grosser Länge auseinanderzerren, sind für diesen Zweck nicht günstig; die Streifen sind in solchem Spectrum breit, aber blass, und verschwinden bei zunehmender Verdünnung früher als in kürzeren Spectren. Verf. bedient sich eines kleinen Handspectroskops à vision directe von Steinheil in München. In Ermangelung eines solchen kann man sich mit einem gewöhnlichen Glasprisma mit einer brechenden Kante von etwa 60° in folgender Weise helfen. Man giesst die zu untersuchende Flüssigkeit in ein Glas mit ebenen Wänden, stellt dasselbe gegen das Licht und befestigt unmittelbar an der dem Beobachter zugewendeten Wand des Glases ein schwarzes Papier, in das man einen schmalen, geraden Schlitz geschnitten hat. Diesen betrachtet man durch das Prisma aus der Entfernung des deutlichen Sehens. Besser ist es freilich, sich eines geeigneten Spectroskops zu bedienen, schon deshalb, weil man dann während der Beobachtung durch Erweitern und Verengern des Spaltes das Licht reguliren kann.

Wie die Beobachtung der erwähnten Streifen nützen kann, hat Brücke an einigen Beispielen gezeigt.

1. Eisen. Es soll in einer Lösung eines Eisenoxydsalzes eine verhältnissmässig geringe Beimischung von Eisenoxydulsalz quantitativ bestimmt werden.

Hier darf man begreiflicher Weise nicht zu stark verdünnen, weil dann durch Multiplication der Fehler zu sehr vergrössert werden würde. In der gelben Flüssigkeit bringt ein kleiner Rest von übermangansaurem Kali nur eine unbedeutende Farbenveränderung hervor, die nicht hinreicht, um die Flüssigkeit von einer reinen aber etwas concentrirteren Lösung sicher zu unterscheiden. Die Beobachtung mittelst des Spectroskops zeigt aber die charakteristischen Absorptionsstreifen, die durch Zusatz einer Eisenoxydullösung wieder zum Verschwinden gebracht werden können, womit man zugleich, wenn diese Lösung titrirt ist und in gemessener Menge zugesetzt wird, den Ueberschuss zurückmisst.

Der Rothblinde titrirt hierbei mit derselben Sicherheit wie der Normalsichtige. Auch kann die Lösung für die optische Untersuchung niemals zu concentrirt und niemals zu verdünnt sein, da man immer die Dicke der Schicht reguliren kann, durch welche man hindurchsieht. Man könnte ein für alle Male keilförmige Gefässe anwenden, um sich während der Beobachtung die passende Dicke der Schicht aussuchen zu können.

2. Jod. Eine von Hempel angegebene Methode, gebundenes Jod mittelst übermangansauren Kalis zu bestimmen, beschreibt und kritisirt Mohr (Lehrbuch der Titrirmethode, 4. Auflage, S. 246) folgendermaassen: «Wenn man zu einer mit Schwefelsäure in geringem Ueberschusse versetzten Lösung von übermangansaurem Kali ein lösliches Jodmetall bringt, so schlägt sich in ein bis zwei Minuten ein Oxyd des Mangans nieder und alles Jod ist, wenn Uebermangansäure im Ueberschuss vorhanden war, in Jodsäure verwandelt. Hat man aber einen grossen Ueberschuss von verdünnter Schwefelsäure angewendet, so scheidet sich kein niederes Oxyd aus und die Flüssigkeit bleibt vollkommen durchsichtig aber roth gefärbt. Eben dasselbe findet statt, wenn man zur Lösung des Jodmetalls viel verdünnte Säure und dann allmählich die Lösung von Uebermangansäure hinzusetzt, so dass die letztere vorwaltet, was man leicht an der bleibend rothen Farbe und daran erkennt, dass die Flüssigkeit nicht mehr nach Jod riecht. Die Zersetzung ist folgende:

$$J + Mn_2O_7 + 2\,SO_3 = JO_5 + 2\,(MnO, SO_3);$$

bei Jodwasserstoff:

$$5\,HJ + 6\,Mn_2O_7 + 12\,SO_3 = 5\,JO_5 + 5\,HO + 12\,(MnO, SO_3).$$

Man hätte also nur den Ueberschuss von Uebermangansäure zu bestimmen um zu erfahren, wie viel davon zersetzt war.»

«Bei den von mir mit dieser Methode angestellten Versuchen» (fährt Mohr fort) «erhielt ich keine günstigen Ergebnisse. Die Versuche von Hempel sind mit so kleinen Mengen Substanz angestellt, dass, wenn die Versuche mit grösseren nicht gelängen, die Brauchbarkeit der Methode schon sehr beschränkt wäre. Bei Quantitäten von 0,2 Grm. Jodkalium entstand selbst bei viel freier Schwefelsäure ein brauner Niederschlag, welcher jedes Erkennen verhinderte. und da das Chamäleon in starker Verdünnung von selbst in kurzer Zeit verschwindet, so blieb man über die vollständige Zersetzung ungewiss. Auch wollte die trübe Flüssigkeit sich durch Kleesäure nicht vollständig aufhellen und klären.»

«W. Reinige*) schlägt vor, diese Bestimmung ohne Zusatz von Säure in neutraler oder alkalischer Flüssigkeit zu machen. Es bleibt dann nothwendig der ganze Niederschlag von Manganoxyd ungelöst und die Erscheinung ist noch trüber.»

«Gebundenes Jod lässt sich so leicht durch Eisenchlorid austreiben und dann direct messen, dass beide Methoden daneben keine Anwendung finden können.»

Wenn man zu einer mit Schwefelsäure gut angesäuerten Lösung von Jodkalium übermangansaures Kali in kleinen Portionen hinzufügt, so entsteht anfangs kein Niederschlag, die Flüssigkeit färbt sich von Jod, das im Rest des Jodkaliums gelöst bleibt, und von unseren charakteristischen Spectralstreifen ist nie etwas zu sehen, weil die Zersetzung des Reagens ganz plötzlich erfolgt, nicht weil die Jodfärbung ein absolutes Hinderniss für das Erkennen wäre, denn diese absorbirt nur das Violett und Blau und den diesem zunächst liegenden Theil des Grün.

Nachdem man weiter von dem Reagens hinzugefügt hat, entsteht, wenn die Jodkaliumlösung nicht sehr verdünnt war, ein Niederschlag. Er besteht aus Jod, das sich ausschied, weil nicht mehr genug Jodkalium zu seiner Lösung vorhanden war, und kann durch Zusatz von viel Wasser wieder aufgelöst werden. Setzt man nun weiter vom Reagens hinzu, so zeigt die Flüssigkeit bald eine auffällige Veränderung. Während sonst die Farbe des zugesetzten Reagens sofort verschwand, bleibt die Flüssigkeit jetzt eine Weile deutlich geröthet, so dass man vermuthen muss, die Reaction gehe langsamer von Statten. Die spectroskopische Untersuchung bestätigt dies, sie lässt in der ersten Minute nach Zusatz des Reagens die Absorptionsstreifen, soweit sie nicht durch die Jodabsorption verdeckt sind, deutlich erkennen. Später im Verlaufe der Arbeit verlangsamt sich die Reaction noch mehr und man kann durch Verdünnen der Flüssigkeit alle fünf Absorptionsstreifen zur Anschauung bringen.

---

*) Diese Zeitschr. 9, 39.

Es scheint, dass dieser auffallende Wechsel den Zeitpunkt bezeichnet, wo alles Jod frei gemacht ist, und von dem an der übertragbare Sauerstoff des Reagens dazu verwendet wird Jod zu Jodsäure zu oxydiren.

Wenn dieser Wechsel eben eingetreten ist und man eine etwas grössere Menge des Reagens zugesetzt hat, ist die Farbe sehr tief und feurig, und wenn man dann das Spectrum untersucht, so sieht man nur das rothe Ende bis wenig über D hinaus. Da das übermangansaure Kali nur in sehr grosser Verdünnung seine fünf Streifen zeigt, sonst aber ein breites Absorptionsband, welches das ganze Grün und einen Theil des Blau wegnimmt und da das Jod an und für sich schon alles Violett und Blau und einen Theil des Grün absorbirt, so hat die combinirte Wirkung beider den ganzen Rest des Spectrums ausgelöscht.

Später erscheint die Farbe nicht mehr so feurig, es tritt in der ganzen Flüssigkeit eine sehr feine aber mit weiterem Zusatz des Reagens immer mehr und mehr zunehmende Trübung ein. Wenn man jetzt Proben aus der Füssigkeit heraushebt, so findet man, dass sie weder durch viel Wasser noch durch weiteren Zusatz von verdünnter Schwefelsäure, wohl aber durch Oxalsäure vollständig geklärt werden.

Wenn man das übermangansaure Kali von Zeit zu Zeit in kleinen Portionen und immer erst, wenn die Absorptionsstreifen vollständig verschwunden sind, hinzusetzt, so bemerkt man, dass die Flüssigkeit immer mehr verblasst, ihre gelbe Jodfarbe verliert und die Reaction sich immer mehr verlangsamt. Selbst wenn nur so wenig Reagens zugesetzt ist, als nothwendig um die Streifen gut und deutlich zu erkennen, lassen sie sich noch zwei bis drei Minuten lang wahrnehmen. Endlich hat sich die Flüssigkeit vollständig entfärbt und kann mit einem Ueberschusse des Reagens stundenlang stehen, ohne dass derselbe verschwindet.

Wenn man eine reine wässrige Jodlösung ebenso behandelt, sind die Erscheinungen dieselben; es fehlen nur die der ersten Hälfte der Reaction, welche dem Freiwerden des Jods in der Flüssigkeit angehörten. Auch hier tritt eine Trübung ein, nicht gleich zu Anfang, aber im Verlaufe der Operation.

Ueberblickt man diesen Verlauf, so ist das erste Hinderniss die eintretende Trübung. Mit Oxalsäure darf man nicht klären, weil sie selbst das Reagens zersetzt. Allerdings kann man trotz der Trübung das Spectrum beobachten, wenn man hinreichend verdünnt, oder besser, die Schicht, durch welche man hindurchsieht, hinreichend verkürzt; aber man darf sich nicht darüber täuschen, dass man hiermit auch die Grösse des Ueberschusses an Reagens, der der Beobachtung möglicherweise entgehen kann, vergrössert.

Das zweite Hinderniss für den gewöhnlichen Gang des Titrirens ist die im Verlaufe der Arbeit eintretende Verlangsamung der Reaction. Man ist durch dieselbe wieder auf den ursprünglichen Vorschlag von Hempel zurückgewiesen, das Reagens im Ueberschusse zuzusetzen und den Ueberschuss nach beendigter Reaction zurückzumessen. Man wird dabei, nach der Ansicht des Verfassers, am besten folgendermaassen verfahren: Man setzt der Jodkaliumlösung vom Reagens hinzu, bis sich Jod ausscheidet, das sich nicht mehr durch blosses Schütteln oder Umrühren wieder auflöst; man löst es durch Wasserzusatz auf, setzt wieder vom Reagens hinzu und fährt so fort, bis der früher erwähnte Wechsel eintritt, dann setzt man Reagens im Ueberschusse zu und liest die ganze Menge desselben ab, welche man verbraucht hat. Die Flüssigkeit bedeckt man und setzt sie an einen kühlen und dunkeln Ort, um die Senkung der sich schwer absetzenden Trübung zu befördern. Nach ein oder zwei Stunden hebt man von der sich bildenden klaren Schicht eine gemessene Quantität ab und titrirt sie. Aus dem Titer der Probe und dem Gesammtvolum der Flüssigkeit berechnet man den Ueberschuss, den man an übermangansaurem Kali hinzugesetzt hat. Die Probe braucht nicht einmal ganz klar zu sein. In der nunmehr lediglich von übermangansaurem Kali gefärbten Flüssigkeit täuscht man sich auch bei einer mässigen Trübung nicht über die Endreaction. Vielleicht wird es durch einige Uebung und mit Benutzung des Spectroskops gelingen den Wendepunkt, bei dem die Zersetzung des Jodkaliums aufhört und die Oxydation des Jods beginnt, jedesmal scharf zu bestimmen. Sollte sich hierin hinreichende Genauigkeit erzielen lassen, so würde nicht nur die Bestimmung des gebundenen Jods sehr vereinfacht sein, sondern man würde auch in einer Jodkaliumjodlösung durch eine einzige Operation die Menge des freien und des gebundenen Jods bestimmen können, oder vielleicht richtiger, die ganze Menge des Jods und die Menge des bindenden Aequivalents.*) Man würde bis zum Wendepunkte titriren, dann ab-

*) Brücke sagt dies mit Rücksicht auf eine mögliche stöchiometrische Verbindung in der Jodkalium-Jod-Lösung, für deren Annahme nicht nur allgemeine Gründe sprechen, sondern auch die auffallende Farbenveränderung, die in einer reinen wässerigen Jodlösung dadurch hervorgebracht wird, dass man Jodkalium in ihr auflöst, eine Veränderung, die z. B. schwefelsaures Natron, salpetersaures Natron und salpetersaures Kali nicht hervorbringen. Chlornatrium bringt sie hervor; es bedarf aber davon einer viel grösseren Menge.

lesen, wieviel übermangansaures Kali man verbraucht hat, und weiter arbeiten in der früher beschriebenen Weise, um die ganze Menge des Jods zu bestimmen.

3. Kobalt. Die Anwesenheit von Kobaltoxydulverbindungen in mit übermangansaurem Kali zu titrirenden Flüssigkeiten galt bisher für ein Hinderniss, weil die Lösungen dieser Verbindungen in ähnlicher Weise roth sind wie sehr verdünnte Chamäleonlösungen. Dieses Hinderniss besteht nicht mehr, wenn man das Spectrum untersucht. Die Kobaltoxydulsalze, die der Verf. untersucht hat, zeigten in ihrer mit Schwefelsäure angesäuerten Lösung eine Absorption im Blau und Grün, welche dem Erkennen der fünf Streifen nicht gerade förderlich war, dasselbe aber auch keineswegs ganz verhinderte. In concentrirten Kobaltlösungen erkennt man allerdings nur den ersten neben D und ausserhalb der Absorptionszone des Kobaltoxyduls liegenden Streifen. Der Gehalt an übermangansaurem Kali muss dann etwas grösser sein, um erkannt zu werden, weil dieser Streifen schwächer ist, als die mittleren. In verdünnten Kobaltlösungen aber lassen sich alle fünf Streifen auf das schönste darstellen. Bei der viel stärkeren und schärfer begrenzten Absorption des übermangansauren Kalis lassen sich noch immer sehr kleine Mengen desselben neben verhältnissmässig grossen Mengen von Kobaltoxydul durch das Spectroskop entdecken. Brücke hat dies am Acetat und am Nitrat beobachtet. Mit letzterem hat er noch folgenden Versuch angestellt. Er bereitete davon eine lichtrothe Lösung, einen Theil derselben verdünnte er mit Wasser und fügte ihm dann so viel von einer verdünnten Chamäleonlösung hinzu, dass die neue Flüssigkeit wieder ebenso tief gefärbt war, wie der Rest der alten. Sie unterschied sich von dieser für das blosse Auge nur dadurch, dass ihre Farbe um ein sehr geringes mehr ins Violett zog; für die spectroskopische Untersuchung aber war der Unterschied sehr auffallend, indem alle fünf Absorptionsstreifen deutlich zu sehen waren.

Kobaltoxydul zersetzt an und für sich in mit Schwefelsäure angesäuerten Lösungen das übermangansaure Kali bei gewöhnlicher Zimmertemperatur nicht, oder doch, wenn es ja der Fall sein sollte, so langsam, dass es für praktische Zwecke nicht in Betracht kommt. Der Verf. hat in einer verdünnten Lösung von Kobaltnitrat einen kleinen Zusatz von übermangansaurem Kali Tage lang durch das Spectroskop erkennen können. Man kann eine mit Schwefelsäure angesäuerte und mit übermangansaurem Kali versetzte Lösung von Kobaltnitrat sogar bis zum Sieden erhitzen, ohne dass die Absorption der einen oder der anderen Substanz aus dem Spectrum verschwindet. Dagegen hat C. Winkler bekanntlich zur Bestimmung des Kobalts eine Methode angegeben, die auf der Oxydation von Kobaltchlorür durch übermangansaures Kali unter gleichzeitiger Anwesenheit von Quecksilberoxyd beruht. *)

Die Empfindlichkeit der Salicylsäure als Reagens auf Eisenoxyd. Fügt man die wässerige Lösung der Salicylsäure oder eines salicylsauren Salzes zur Auflösung eines Eisenoxydsalzes, so entsteht bekanntlich eine intensive Violettfärbung. R. Böttger**) hat nun Versuche über die Empfindlichkeit der Reaction zwischen Salicylsäure und Eisenoxyd angestellt. Diese Versuche haben ergeben, dass insbesondere eine Auflösung von salicylsaurem Kali ein weit empfindlicheres Reagens für Eisenoxydsalze ist, als Rhodankalium oder Rhodanammonium.

Eine neue Reaction auf Uran. Ferrocyankalium erzeugt bekanntlich in Uranoxydsalzlösungen einen braunen Niederschlag von Ferrocyanuran, welcher dem Ferrocyankupfer sehr ähnlich sieht. Sergius Kern***) gibt an, die beiden Niederschläge könnten durch ihr Verhalten gegen Salzsäure leicht unterschieden werden; während sich nämlich Ferrocyanuran leicht selbst in verdünnter Salzsäure auflöse, sei Ferrocyankupfer in Säuren unlöslich. Er glaubt, es lasse sich auf dies Verhalten eine Trennung von Kupfer und Uran gründen. Ferner gibt der Verfasser an, wenn man die Lösung des Ferrocyanurans in Salzsäure mit einigen Tropfen Salpetersäure versetze und einige Minuten lang koche, so entstehe eine grüne Färbung. Er hält das Auftreten dieser grünen Färbung für charakteristisch für Uranverbindungen und empfiehlt die Hervorrufung dieser Grünfärbung in angegebener Weise als Reaction auf Uran.

Da mir Kern's Angaben unwahrscheinlich erschienen, so nahm ich Veranlassung, dieselben zu prüfen und fand, dass sie in mehrfacher Hinsicht unrichtig sind.

Völlig ausgewaschenes Ferrocyanuran löst sich in verdünnter Salzsäure beim Erwämen leicht auf. Die Lösung ist schwach gelb gefärbt. Setzt man einige Tropfen Salpetersäure zu und kocht, so nimmt die gelbe Färbung an Intensität zu, eine grüne Färbung aber entsteht nicht.

*) Diese Zeitschr. **3**, 266.

**) Jahresber. d. physikal. Vereins zu Frankfurt a. M. f. 1874/75, p. 26.

***) Chem. News **33**, 5.

Unvollständig ausgewaschenes, also noch Ferrocyankalium enthaltendes Ferrocyanuran liefert natürlich ebenso wie Ferrocyankalium allein bei gleicher Behandlung eine Grünfärbung. Die von Kern vorgeschlagene neue Reaction auf Uran ist demnach hinfällig; seine Beobachtungen beziehen sich auf schlecht ausgewaschenes Ferrocyanuran.

Auch die Angabe Kern's über das Verhalten des Ferrocyankupfers gegen Salzsäure ist nicht ganz correct. Beim schwachen Erwärmen wird Ferrocyankupfer von verdünnter Salzsäure allerdings nicht angegriffen (in der von dem Niederschlag abfiltrirten Flüssigkeit ist kein Kupfer enthalten), während sich das Ferrocyanuran bei gleicher Temperatur in verdünnter Salzsäure sehr leicht löst. Wird aber Ferrocyankupfer mit verdünnter Salzsäure gekocht, so ändert der Niederschlag seine Farbe (er stellt nach dem Auswaschen auf dem Filter ein grünliches Pulver dar) und in der von demselben abfiltrirten Lösung lassen sich Kupfer und Eisen nachweisen. Eine Trennung von Kupfer und Uran wird sich also auf das verschiedene Verhalten der Ferrocyanverbindungen beider Metalle gegen Salzsäure nicht gründen lassen.

Bei dieser Gelegenheit will ich übrigens auf einen charakteristischen Unterschied zwischen Ferrocyanuran und Ferrocyankupfer aufmerksam machen. Beim Erwärmen mit einer Mischung von kohlensaurem Ammon löst sich die erstere Verbindung zu einer klaren, schwach gelben, die letztere zu einer klaren, blauen Flüssigkeit auf. H. F.

Das Vanadintetroxyd (vanadige Säure) und seine Verbindungen hat J. K. Crow*) genauer studirt; die erhaltenen Resultate dienen zur Bestätigung der früher von Roscoe**) gemachten Angaben. Die Bestimmung des Vanads führte der Verfasser entweder maassanalytisch durch Titrirung mit Chamäleonlösung***) oder durch Wägung der bis zum Schmelzen erhitzten Vanadinsäure aus.

Ueber das Gallium. Mit dem Namen Gallium und dem Symbol Ga bezeichnet Lecoq de Boisbaudran†) ein neues Metall, welches er im Jahre 1875 (am 27. August zwischen 3 und 4 Uhr Nachmittags) entdeckt hat, zunächst in der Blende von Pierrefitte (im Thale von Argelès

---

*) Journ. of the chem. soc. 1876 vol. II. p. 453.

) Diese Zeitschr. **9, 386, 433.

***) Vergl. hierzu Czudnowicz diese Zeitschr. **3**, 379.

†) Compt. rend. **81**, 493, 1100; **82**, 168, 1036, 1098; **83**, 611.

in den Pyrenäen) später auch in Blenden von anderen Fundorten, besonders in der schwarzen Blende von Bensberg (Proben dieser Blende hatte die Société de la Vieille-Montagne eingeschickt) und in einer gelben durchscheinenden aus Asturien.*)

Als beste Darstellungsweise gibt er folgende an. Man löst die Blende in Königswasser, stellt Zinkstreifen in die Flüssigkeit und zieht dieselben heraus, sobald die Wasserstoff-Entwicklung sich verlangsamt, aber noch merklich ist. Auf diese Weise wird der grösste Theil von Cu, Pb, Cd, Jn, Tl, Ag, Hg, Se, As u. s. w. abgeschieden. Nun setzt man zu der klaren Flüssigkeit einen grossen Ueberschuss von Zink und kocht mehrere Stunden lang; es bildet sich ein reichlicher gelatinöser Niederschlag, welcher hauptsächlich Thonerde, basische Zinksalze und endlich das Gallium enthält. Diesen Niederschlag löst man wieder in Salzsäure und behandelt die Flüssigkeit abermals mit Zink in der Siedhitze. Alles in der Blende enthaltene Gallium wird so in einem verhältnissmässig geringen Niederschlag vereinigt. Den letzten gelatinösen Niederschlag löst man in Salzsäure, fügt essigsaures Ammon hinzu und leitet Schwefelwasserstoff ein. Diese Operation wird wiederholt, um alle Thonerde zu entfernen. Die salzsaure Lösung der weissen Schwefelmetalle wird der fractionirten Fällung mit kohlensaurem Natron unterworfen; das Gallium concentrirt sich in den ersten Niederschlägen; das Spectroskop zeigt an, wenn man damit einhalten muss. Um die Abscheidung des Zinks zu vollenden, löst man das Galliumoxyd in Schwefelsäure (nicht in Salzsäure, welche bei der Elektrolyse schädlich ist) und übersättigt mit Ammon. Es bleibt viel Gallium in der ammoniakalischen Lösung; man erhält es daraus indem man 1) kocht, um das freie Ammon zu verjagen, 2) die Ammonsalze mit Königswasser zerstört und 3) der fractionirten Fällung mit kohlensaurem Natron unterwirft.

Das reine durch Ammon gefällte Galliumoxyd wird in Kalilauge gelöst und elektrolysirt. Das Gallium schlägt sich auf der negativen Platinelektrode nieder. Die ebenfalls aus Platin bestehende positive Elektrode muss grösser sein als die negative. Fünf bis sechs Bunsen'sche Elemente reichen zur Elektrolyse von 20—30 CC. concentrirter

---

*) Auch in pulverförmigem und granulirtem Zink von der Vieille-Montagne fand sich etwas Ga, noch ärmer daran sind eine Reihe anderer vom Verfasser (Compt. rend. 82, 1099) aufgeführter Blenden, während sich in einer Anzahl von anderen Zinkmineralien etc. überhaupt kein Ga auffinden liess.

Flüssigkeit hin.*) Bringt man die negative Elektrode in kaltes Wasser, so lässt sich das Gallium durch Biegen leicht ablösen.

Das Gallium schmilzt bei + 30,16° C.**) und erstarrt krystallinisch bei + 30,06° C. In geschmolzenem Zustande zeigt es eine schöne silberweisse Farbe, beim Krystallisiren aber nimmt es eine sehr deutliche bläuliche Färbung an und sein Glanz nimmt beträchtlich ab. Bei vorsichtigem Operiren gelingt es, gut ausgebildete Krystalle zu erhalten, welche abgestumpfte Octaëder zu sein scheinen. Das specifische Gewicht des Galliums ist bei + 24,45° C. 5,956 verglichen mit Wasser von gleicher Temperatur. Das einmal erstarrte Gallium ist hart, doch lässt es sich schneiden und ist in gewissem Grade hämmerbar. An der Luft bis zur Rothgluth erhitzt, oxydirt es sich nur sehr oberflächlich und verflüchtigt sich nicht. Von Salpetersäure wird es in der Kälte nicht merklich angegriffen, in der Wärme aber unter Entwicklung rother Dämpfe gelöst.

Lecoq de Boisbaudran hat die Reactionen des Galliums und seiner Salze, soweit thunlich, festzustellen gesucht, bemerkt aber, dass das hierzu verwandte Material noch nicht ganz frei von Zink war, wodurch Abweichungen bedingt sein können. Er beabsichtigt, sobald ihm reines Material in genügender Menge zu Gebote steht, seine Untersuchungen fortzusetzen und darüber Mittheilung zu machen. Bis jetzt kann Folgendes als festgestellt angesehen werden:

Das Gallium und seine Verbindungen liefern ein charakteristisches Spectrum. Am leichtesten lässt sich dasselbe mit Chlorgallium hervorrufen und zwar als Funkenspectrum. Dasselbe zeigt zwei violette Linien α und β auf 417 und 403,1 der Wellenlänge-Scala***); die erstere ist bei weitem stärker als die zweite und ist bei Anwendung verdünnterer Lösungen allein sichtbar. Die Galliumsalze werden durch Schwefelammonium gefällt; das gebildete Schwefelgallium ist im Ueberschuss des Fällungsmittels unlöslich.

---

*) Zur elektrolytischen Abscheidung des Galliums wird sich mit Vortheil die in dieser Zeitschrift **15**, 333 beschriebene Clamond'sche Thermosäule verwenden lassen. H. F.

) Diese Zahl ist durch die neuesten Versuche, welche mit grösseren Quantitäten des Metalles ausgeführt werden konnten, festgestellt (Compt. rend. **83, 611), während frühere Versuche (a. a. O. **82**, 1036) 29,5° ergaben.

***) Beide Linien liegen zwischen den Fraunhofer'schen Linien G und H und zwar α auf 193,72 und β auf 208,90 der Scala des von Lecoq de Boisbaudran gebrauchten Apparates, bei welchem die Natriumlinie auf 100, die violette Kaliumlinie auf 207,2 fällt. H. F.

Ammoniak und kohlensaures Ammon in geringer Menge zu einer Chlorgalliumlösung gesetzt erzeugen Niederschläge, welche sich im Ueberschuss des Fällungsmittels lösen.

Schwefelwasserstoff fällt Galliumsalzlösungen, welche essigsaures Ammon und viel freie Essigsäure enthalten. Das gefällte Schwefelgallium ist weiss. Gallium wird unter diesen Umständen vor dem Zink ausgefällt, doch war bei Gegenwart von Zink in der ursprünglichen Lösung eine sechsmalige Fällung erforderlich, um den Niederschlag zinkfrei zu erhalten.

Eine durch Salzsäure schwach saure Galliumlösung wird durch Schwefelwasserstoff nicht gefällt.

Galliumsalze werden durch kohlensauren Baryt in der Kälte leicht gefällt.

Dampft man eine Galliumlösung wiederholt mit einem grossen Ueberschuss von Königswasser ein, so scheint ein Verlust durch Verflüchtigung von Chlorgallium nicht stattzufinden.

Ferrocyankalium scheint das Gallium ebenso zu fällen wie das Zink.

Metallisches Cadmium fällt aus einer Lösung von Zink und Gallium selbst beim Kochen nichts aus.

Fällt man eine Lösung von Zink und Gallium mit zur vollständigen Ausfällung ungenügenden Mengen von kohlensaurem Natron, so befindet sich das Gallium in dem zuerst gefällten Niederschlag. Durch fractionirte Fällung mit kohlensaurem Natron lässt sich eine Trennung von Gallium und Zink verhältnissmässig leicht bewerkstelligen.

Ein neues Reagens auf freie Mineralsäuren hat Huber*) vorgeschlagen. Dasselbe besteht aus einer Mischung der wässerigen Lösungen von molybdänsaurem Ammon und Ferrocyankalium. Setzt man etwas von dieser klaren gelblichen Flüssigkeit zu einer farblosen wässerigen Lösung, welche für sich oder neben Salzen der Alkalien und Erden nur eine Spur freier Mineralsäure (Schwefelsäure, Salzsäure, Salpetersäure, Phosphorsäure, Arsensäure, schweflige Säure, phosphorige Säure) enthält, so tritt sofort eine röthlich gelbe, bei Anwesenheit einer nur etwas grösseren Säuremenge eine mehr oder weniger dunkelbraune Färbung resp. Trübung ein, welche aber durch den geringsten Ueberschuss von Alkali wieder verschwindet. Borsäure und arsenige Säure geben keine Reaction.

---

*) Pharm. Centralhalle **17**, 346.

Das Huber'sche Reagens dürfte sich als Indicator bei der Acidietrie und Alkalimetrie verwenden lassen.

Zur volumetrischen Bestimmung der Phosphorsäure hat J. Maagno*) eine Methode vorgeschlagen, welche von Schiff als gänzlich ıbrauchbar bezeichnet worden ist.

Die Phosphorsäure wird in bekannter Weise als phosphormolybdänıures Ammon gefällt, die im Niederschlage enthaltene Molybdänsäure it Zink- und Schwefelsäure zu Molybdänsesquioxyd ($Mo_2 O_3$) reducirt, tzteres, nach Entfernung des Zinks, durch übermangansaures Kali neuerings zu Molybdänsäure oxydirt und die Menge der Molybdänsäure aus em verbrauchten Quantum der Chamäleonlösung berechnet. Für je 0 Thle. $Mo O_3$ bringt der Verfasser dann, einer von ihm berechneten ittleren Zusammensetzung des phosphormolybdänsauren Ammons entrechend, 3 Thle. PO_5 in Rechnung. H. Schiff**) bemerkt hierzu: Der Autor hat die dieser Methode als Basis dienenden Zwischenreactioen nicht quantitativ untersucht und die bei rein empirischen Bestimmungen erbrauchte Menge von Permanganat stimmt mit der von der Gleichung

$$5\,Mo_2O_3 + 3\,(KO, Mn_2O_7) = 10\,MoO_3 + 6\,MnO + 3\,KO$$

erlangten Menge auch nicht einmal annähernd überein. Berechnet man ie anscheinend ausgezeichnet gut stimmenden Resultate auf Grundlage er Angaben des Autors, so ergibt sich ein Ausfall von mindestens 5 % Phosphorsäure, selbst dann, wenn man statt des angenommenen erhältnisses zwischen MoO_3 und PO_5 90:3 auch das Maximum 90:4 ı Rechnung bringt.»

Zu diesen Berechnungen wurde Schiff durch den Umstand veranısst, dass er selbst vor längerer Zeit (1858) und zu ähnlichem Zwecke ie Reduction der Molybdänsäure quantitativ studirt hatte. Er hat sich amals sehr bald überzeugt, dass diese Reaction keine brauchbare Meıode zu quantitativen Bestimmungen abgeben kann. Eine Reduction zu $[oO_2$ oder $Mo_2 O_3$ wird nur durch lange dauernde, schwache Einwirkung rzielt. Bei rascher Reduction in kürzerer Zeit hat man stets Gemenge on intermediären Oxyden vor sich, selbst dann, wenn die Masse gleichırmig dunkelbraun erscheint. Diese Thatsache wird auch durch die Verıche Macagno's vollständig bestätigt, sobald man dieselben nach den orliegenden Angaben richtig berechnet. Dieselben stimmen annähernd

*) Gazz. chim. ital. 4, 567 u. Ber. d. deutsch. chem. Gesellsch. 8, 258.

**) Ber. d. deutsch. chem. Gesellsch. z. Berlin 8, 258.

nur in dem Falle einer unregelmässigen Reduction zu intermediären Oxyden, welche auf 1 Aequivalent Mo_2O_3 noch 1, 2 oder 3 Aequivalente MoO_3 enthielten. *)

III. Chemische Analyse organischer Körper.

Von

C. Neubauer.

1. Qualitative Ermittelung organischer Körper.

Einige neue Reactionen auf Alkaloide. Nach den Untersuchungen von R. Godeffroy**) erzeugt eine Lösung von Eisenchlorid in Salzsäure in nicht zu verdünnten salzsauren Lösungen von Aconitin, Piperin, Strychnin und Veratrin gelbrothe Niederschläge. Bei Atropin, Chinin und Cinchonin löst sich der Niederschlag in einem Ueberschuss des Fällungsmittels leicht auf. Nicht gefällt werden Brucin, Caffeïn, Morphin. Die Niederschläge enthalten auf 1 Mol. Eisenchlorid 2 Mol. des Alkaloidchlorids, sind in Wasser und verdünnter Salzsäure leicht löslich und lassen sich nur mit ganz concentrirter Salzsäure auswaschen. Aehnliche Niederschläge erzeugen Antimonchlorid und Zinnchlorid.

Beinahe sämmtliche Alkaloide geben ferner noch in sehr verdünnten neutralen oder schwach sauren Lösungen mit einer wässerigen Lösung von Silicowolframsäure Niederschläge. Dieselben lösen sich in conc. Salzsäure mehr oder weniger schwer auf; durch Aetzlauge werden sie zersetzt und es scheidet sich das Alkaloid als solches ab, während gleichzeitig leicht lösliches silicowolframsaures Alkali gebildet wird. Mit Ammon geschüttelt, geben diese Niederschläge anfangs eine klare Lösung, welche aber nach längerem Stehen an der Luft durch sich ausscheidende Kieselsäure getrübt wird.

Die Silicowolframsäure stellt man bekanntlich am besten dar durch Kochen von wolframsaurem Natron mit frisch gefällter Kieselsäure. Aus der so erhaltenen Lösung fällt man mit Quecksilberoxydulnitrat gelbes silicowolframsaures Quecksilberoxydul, bringt den Niederschlag auf ein Filter, wäscht aus und zersetzt ihn hierauf mit Salzsäure. Die klar filtrirte Lösung wird zur Verjagung der Salzsäure eingedampft und liefert

---

*) Ich bemerke hierzu, dass nach den Angaben von Pisani und von Rammelsberg (diese Zeitschr. 4, 420 u. 5, 203) die Reduction der Molybdänsäure zu Molybdänsesquioxyd durch Zink in salzsaurer Lösung glatt verläuft. Pisani hat bekanntlich darauf eine maassanalytische Methode zur Bestimmung des Molybdäns gegründet. H. F.

**) Pharm. Zeitschr. f. Russland 15, 673.

hierauf beim freiwilligen Verdunsten der conc. Lösung grosse glänzende, farblose Octaëder, die an der Luft verwittern und in Wasser und Alkohol leicht löslich sind. Letzterer Umstand erlaubt es nun auch aus einer alkoholischen Lösung der Alkaloide, diese mit einer alkoholischen Lösung von Silicowolframsäure zu fällen.

Ich darf nicht unerwähnt lassen, dass Scheibler bereits vor Jahren auch die Phosphorwolframsäure zur Abscheidung der Alkaloide empfohlen hat (diese Zeitschr. **12**, 315).

Reagentien auf Alkaloide. F. Selmi*) empfiehlt als Reagentien auf Alkaloide Jod in Jodwasserstoff, Goldbromid, Natriumgoldhyposulfit, ferner als Reagentien mit allmählich gesteigerter Oxydationswirkung: Kaliumgoldjodid, Kaliumplatinjodid, Bleitetrachlorid und Mangansuperoxydhydrat in Schwefelsäure. Selmi benutzt diese Reagentien in systematischer Folge zur Unterscheidung von Nicotin und Coniin, einiger Opiumalkaloide, von Methylamin, Trimethylamin und Propylamin, ferner zur Erkennung von Solanin, Solanidin, Brucin etc.

In einer neueren ausführlichen Abhandlung in den Acten der Academie zu Bologna Ser. III. Vol. VI. beschreibt Selmi**) jetzt in ausführlicher Weise, wie diese neu eingeführten Reagentien sich zu den einzelnen giftigen Alkaloiden verhalten und wie dieselben zur Unterscheidung einzelner Alkaloide dienen können. Bezüglich der Reactionen des Bleitetrachlorids, des Manganoxydsulfats und einer Lösung von Kaliumpermanganat und Goldchlorid in kalter concentrirter Schwefelsäure sind besondere tabellarische Uebersichten beigegeben und das Verhalten von jodhaltiger Jodwasserstoffsäure ist namentlich mit Rücksicht auf die Opiumalkaloide studirt worden.

Die auch in verdünntem Zustande granatrothe Lösung des Kaliumplatinjodids, deren Selmi sich namentlich bedient, um Solanin und Solanidin, sowie Coniin und Nicotin nebeneinander zu erkennen, ist in verschlossenen Gefässen unveränderlich, gibt aber an andere Stoffe sehr leicht zwei Atome Jod ab und geht in gelbliches Kaliumplatinjodür über. Selmi***) empfiehlt dieses Verhalten für volumetrische Analysen statt der Jodlösungen von bekanntem Gehalt, welche, ihrer Unbeständigkeit wegen, weniger bequem sind. Spuren von Ammoniak in Regenwasser, sogar in mehrfach destillirtem, reichen hin, um einen aliquoten Antheil der rothen Lösung zu zersetzen.

*) Ber. d. deutsch. chem. Ges. z. Berlin **8**, 1198.

) a. a. O. **9, 195. ***) a. a. O. **9**, 196.

Ueber das Rhodeïn und eine neue Reaction auf Anilin. C. Jacquemin*) berichtet, dass die bekannte Reaction auf Anilin mit unterchlorigsaurem Natron sehr bedeutend verschärft werden kann, wenn man der mit dem Hypochlorit versetzten farblosen oder braunen Flüssigkeit einige Tropfen eines sehr verdünnten Schwefelammoniums (1 Tropfen auf 30 CC. Wasser) zufügt. Es tritt sodann eine mehr oder weniger deutliche schöne Rosafärbung ein, die selbst noch bei sehr bedeutenden Verdünnungen sichtbar ist. 1 Grm. Anilin kann, auf angegebene Weise mit unterchlorigsaurem Natron und Schwefelammonium behandelt, 250 Liter Wasser deutlich färben. Jacquemin nennt die hierbei auftretende sehr vergängliche, sofort bei einem Ueberschuss von Schwefelammonium verschwindende Verbindung Rhodeïn und fügt hinzu, dass keine andere Basis als das Anilin diese Rhodeïnreaction gibt.

Ueber das Vorkommen von Bernsteinsäure in unreifen Trauben. H. Brunner und R. Brandenburg**) untersuchten den Saft unreifer Trauben namentlich im Hinblick auf das Vorkommen von Glyoxyl- und Desoxalsäure. Zu diesem Zweck wurden circa 50 Pfd. Mitte Juni gepflückter Trauben gepresst. Der Saft floss direct auf Kreide und wurde nach eingetretener Neutralisation in der Kälte vom Unlöslichen abfiltrirt. Das braune Filtrat wurde, um durch Fällung der Proteïnsubstanzen eine spätere Gährung zu verhindern, zum Sieden erhitzt und nach dem Filtriren sofort auf dem Wasserbade so weit als möglich eingedickt. Es resultirte eine dunkelbraune, zähe Masse; dieselbe ward mit heissem Wasser extrahirt und durch wiederholtes Behandeln mit Thierkohle gänzlich von den Extractivstoffen befreit. Die so erhaltene farblose Lösung hinterliess nach dem Verdunsten weisse, harte Krystallkrusten, die nach abermaligem Auflösen beim Verdunsten über Schwefelsäure in schön ausgebildeten Nadeln anschossen. Dieses Salz war bernsteinsaurer Kalk. Zur Gewinnung der Säure wurde aus dem Kalksalz theils das Silber-, theils das Bleisalz dargestellt, dieselben mit Schwefelwasserstoff zersetzt, abfiltrirt etc. Die Analysen der gereinigten Säure, sowie des Kalksalzes, gaben die Zusammensetzung der Bernsteinsäure.

Es ist dem Verf. nicht gelungen, in dieser löslichen Partie die gehofften Säuren aufzufinden, da die Trauben wahrscheinlich zu weit fortgeschritten waren; sie beabsichtigen daher ganz junge Trauben, un-

*) Compt. rend. **83**, 226.

) Ber. d. deutsch. chem. Ges. z. Berlin **9, 982.

mittelbar nach dem Verblühen, einer abermaligen Untersuchung zu unterwerfen. Von besonderem Interesse scheint das Auffinden der Glyoxylsäure, da wenn dieselbe in unreifem Traubensafte constatirt wird, sich alsdann wohl mit ziemlicher Sicherheit ein Begriff der allmählichen Umwandlung der Kohlensäure in die anderen Pflanzensäuren unter dem reducirenden Einflusse des Lichtes gewinnen liesse, eine Umwandlung, welche den in den Laboratorien gemachten Erfahrungen analog wäre. Es würde demnach, von hypothetischem Kohlensäurehydrat ausgehend, sich nachstehende Stufenfolge in den Trauben ergeben:

$2\,(\text{Є}H_2\,O_3) + H_2 = \text{Є}_2\,H_2\,\Theta_4 + 2\,H_2\Theta$ (Oxalsäure).

$C_2\,H_2\,\Theta_4 + H_2 = \text{Є}_2\,H_2\,\Theta_3 + H_2\Theta$ (Glyoxylsäure).

$\text{Є}_2\,H_2\,\Theta_3 + H_2 = \text{Є}_2\,H_4\,\Theta_3$ (Glycolsäure).

$2\,(\text{Є}_2\,H_2\,\Theta_3) + H_2 = \text{Є}_4\,H_6\,\Theta_6$ (Weinsäure).

$\text{Є}_4\,H_6\,\Theta_6 + H_2 = \text{Є}_4\,H_6\,\Theta_5 + H_2\Theta$ (Aepfelsäure).

$\text{Є}_4\,H_6\,\Theta_5 + H_2 = \text{Є}_4\,H_6\,\Theta_4 + H_2\Theta$ (Bernsteinsäure).

Ich bemerke hierzu, dass Oxalsäure von mir sowohl im Weinlaube, als auch im Weine schlechter Jahrgänge, wie 1871, nachgewiesen und in grösseren Mengen abgeschieden wurde. In demselben 1871er Wein war ferner eine ganz erhebliche Menge von Aepfelsäure vorhanden, die in guten Jahrgängen fehlt, dagegen zu gewissen Vegetationsperioden mit Leichtigkeit in reichlicher Menge aus dem Weinlaub abgeschieden werden kann. Bernsteinsäure wurde ferner von mir schon in dem Frühjahrssafte des Weinstockes, den s. g. Rebthränen nachgewiesen und aus demselben dargestellt. Endlich ist zu erwähnen, dass v. Gorup-Besanez ja auch die Glycolsäure in dem wilden Weinlaub (Ampelopsis) bereits aufgefunden hat. Die Glyoxylsäure würde demnach allerdings das letzte Glied sein, welches dieser interessanten Säurereihe bis jetzt noch fehlt.

(N.)

Reaction auf Zucker. Nach Biltz*) tritt die bekannte Reaction auf Zucker mit Kupferlösung sehr scharf und elegant ein, wenn man eine gesättigte Kochsalzlösung mit wenigen Tropfen Fehling'scher Lösung schwach bläulich färbt, zum Kochen erhitzt und diese Mischung mit dem zu prüfenden Harn vorsichtig überschichtet. Die schwere Kochsalzlösung verhindert die Mischung beider Flüssigkeiten, so dass an der Berührungsstelle beider die rothe Farbenreaction mit Schärfe wahrgenommen werden kann.

---

*) Pharm. Centralhalle **17**, 395.

Reagens zur Nachweisung von Traubenzucker. A. Soldaini*) empfiehlt als ein haltbares, sich auch beim längeren Kochen nicht veränderndes Reagens auf Traubenzucker, eine alkalische Lösung von Kaliumkupfercarbonat. Man bereitet die Lösung, indem man 15 Grm. gefälltes Kupfercarbonat allmählich in der Wärme in einer Lösung von 416 Grm. Kaliumbicarbonat in 1400 CC. Wasser auflöst. Diese Lösung wird durch Fruchtzucker und Milchzucker, nicht aber durch Rohrzucker, Dextrin und Stärkekleister reducirt, sofern selbstverständlich diese letztgenannten Stoffe keine Glycose enthalten. Ebenso sind Weinsäure, Harnsäure und normaler Urin ohne Wirkung, dagegen bewirken Gerbsäure und Ameisensäure in der Wärme eine Ausscheidung von Kupferoxydul.

Raffinose. D. Loiseau**) hat aus der Melasse des Rübenzuckers einen neuen Körper isolirt, welchem er den Namen Raffinose gegeben. Der Körper, welcher in grossen Krystallen erhalten werden kann, löst sich in Alkohol sehr wenig, dagegen in etwa 7 Theilen Wasser von 20°. Der Geschmack ist nur wenig süss, das Rotationsvermögen grösser als dasjenige des Zuckers. Bei 100° verliert die Raffinose 15,1 % Wasser, so dass der krystallisirten Substanz die Formel $C_6 H_{14} O_7$ oder $C_9 H_{16} O_8 + 2\frac{1}{2} H_2O$ zukommt.

Ueber den Nachweis des Paralbumins. Huppert***) macht darauf aufmerksam, dass die beiden von Spiegelberg angegebenen Proben auf Paralbumin leicht zu Irrthümern führen können, denn eine jede eiweisshaltige Flüssigkeit liefert beim Verdünnen und Durchleiten von Kohlensäure einen Niederschlag von Globulin, der sich ebenso verhält wie Paralbumin, eine jede liefert mit Alkohol einen Niederschlag, der sich auch nach längerem Stehen unter Alkohol, wenigstens zum Theil wieder in Wasser löst. Wenn dieses Verhalten beweisend sein soll, muss sich der grösste Theil des Niederschlags in Wasser wieder auflösen. Als charakteristisch für Paralbumin ist nach Huppert 1. sein Verhalten beim Kochen unter Zusatz von Essigsäure anzusehen. Bei einer Lösung von Serumalbumin gelingt es leicht, den Essigsäurezusatz so zu treffen, dass beim Aufkochen sich alles Albumin in groben Flocken ausscheidet und die Flüssigkeit klar wird; beim Paralbumin gelingt dies nicht, man mag den Säurezusatz wählen wie man will,

---

*) Ber. d. deutsch. chem. Ges. z. Berlin **9**, 1126.

) Ber. d. deutsch. chem. Ges. z. Berlin **9, 732.

***) Centralbl. f. d. med. Wissenschaft. 1876, p. 765.

immer bleibt die Flüssigkeit milchig trübe. 2. bildet sich in einer paralbuminhaltigen Flüssigkeit Zucker, wenn man sie einige Zeit auf dem Wasserbade mit schwacher Salzsäure digerirt. Es genügt schon $^1/_{10}$procentige Salzsäure. Das Paralbumin ist endlich nach Huppert nicht charakteristisch für Ovarialcysten, es kann sich auch in Ascitesflüssigkeit und in anderen Cysten finden.

---

2. Quantitative Bestimmung organischer Körper.

a. Elementaranalyse.

Ueber die Stickstoffbestimmungsmethode nach Will und Varrentrapp. Const. Makris*) hat sich durch directe Versuche überzeugt, dass die häufig besprochenen ungenauen Resultate der Will-Varrentrapp'schen Stickstoffbestimmung einen zweifachen Grund haben, indem zunächst bei zu hoher Temperatur ein Theil des Ammoniaks durch Dissociation zersetzt wird und ausserdem eine directe Verbrennung des Ammoniaks stattfindet, sobald nach Beendigung der Bestimmung Luft über den glühenden Natronkalk, der ja noch in Berührung mit dem Ammoniakgas ist, geleitet wird. Beide Fehlerquellen (Dissociation und Verbrennung von Ammoniak) lassen sich nur vermeiden, wenn man 1. die Temperatur nicht bis zur hellen Rothgluth steigert, sondern die Röhre bei dunkler Rothgluth hält; 2. dadurch, dass das entwickelte Ammoniak hinreichend verdünnt den glühenden Natronkalk passirt; 3. wenn man nach Beendigung der Verbrennung nicht Luft, sondern ein indifferentes Gas zur Austreibung des in der Röhre zurückgebliebenen Ammoniaks verwendet. Die Brauchbarkeit der Methode unter Einhaltung dieser Bedingungen prüfte Makris durch Verbrennungen von Guanidinsalzen, da diese gerade unter allen Substanzen die grössten Differenzen ergeben hatten. Die Ausführung der Analyse war folgende:

In das hintere Ende einer 60 Cm. langen hinten rund zugeschmolzenen Röhre wurden 0,3 Grm. reiner Zucker gebracht und durch Schütteln mit circa der 20fachen Menge Natronkalkpulver gemischt. Hierauf wurde eine 12 Cm. lange Schicht von gekörntem Natronkalk gegeben, sodann folgte eine 3 Cm. lange Schicht von gepulvertem Natronkalk, hierauf die Mischung der Substanz (circa 0,2 Grm.) mit 0,3 Grm. Zucker und gepulvertem Natronkalk. Im Uebrigen wurde die Röhre wie gewöhnlich

*) Liebig's Annalen **184**, 371.

mit gekörntem Natronkalk, einem Asbestpfropfen etc. beschickt. Zunächst wurde die vordere Schicht des reinen Natronkalks zum Dunkelrothglühen erhitzt, sodann die Schicht Natronkalk zwischen der Substanz und der am Ende befindlichen Zuckernatronkalkmischung, dann die Substanz und zwar so, dass ein continuirlicher langsamer Gasstrom erhalten wurde. Sobald die Entwicklung aufhörte, wurde die Zuckernatronkalkmischung erhitzt, um durch die daraus entwickelten Gase den Rest des Ammoniaks aus der Röhre auszutreiben. Die angewandte Menge von 0,3 Grm. Zucker genügt, um 15 Minuten lang eine continuirliche Gasentwicklung, die man beliebig reguliren kann, zu erhalten.

Die so erhaltenen Resultate waren sehr befriedigend. Kohlensaures Guanidin, welches 46,6 % Stickstoff enthält, lieferte 46,9 %; Salzsaures Guanidinplatinchlorid mit 15,8 % Stickstoff, lieferte 15,91 %.

Hierdurch ist also der Beweis geliefert, dass die Ursachen der Fehlerhaftigkeit der Stickstoffbestimmungen, welche bei der Verbrennung mit Natronkalk mehrfach beobachtet wurde, in der Dissociation des Ammoniakgases in hoher Temperatur und seiner Verbrennung bei Gegenwart von Sauerstoff begründet sind, und dass bei Einhaltung bestimmter oben bezeichneter Cautelen und einer kleinen Abänderung des von Will und Varrentrapp angegebenen Verfahrens hinreichend genaue Werthe auch für diejenigen Substanzen gefunden werden, deren Analyse nach dem nicht modificirten Verfahren zu recht fehlerhaften Resultaten führen kann.

b. Bestimmung näherer Bestandtheile.

Volumetrische Bestimmung der Ameisensäure. Portes und Ruyssen*) verfahren zur Bestimmung der Ameisensäure wie folgt: In einen Kolben bringt man 5 Grm. essigsaures Natron, 25 CC. einer 10procentigen Lösung der zu untersuchenden Flüssigkeit und 200 CC. einer 4,5procentigen Sublimatlösung. Man erhitzt darauf zur Zersetzung der vorhandenen Ameisensäure 1—$1^1/_2$ Stunden lang im Wasserbade, bis sich das gebildete Quecksilberchlorür abgesetzt hat und die Flüssigkeit vollständig klar geworden ist. Ist dieser Punkt eingetreten, so verdünnt man das Ganze auf 500 CC., filtrirt, füllt in eine Bürette und bestimmt, wieviel CC. zur Bindung von 1 Grm. Jodkalium erforderlich sind. Durch eine einfache Rechnung ergibt sich sodann die vorhanden gewesene Menge von Ameisensäure.

*) Compt. rend. 82, 1504.

Volumetrische Bestimmung des Alkohols. Setzt man nach den Untersuchungen von T. T. Morrell*) zu einer weingeistigen Lösung von Schwefelcyanammonium eine Lösung von salpetersaurem Kobaltoxyd, so entsteht eine tiefblaue Färbung, die rasch auf Zusatz von Wasser verschwindet und nach Zusatz von Weingeist wieder erscheint. Ein und derselbe Procentgehalt an Weingeist gibt bei gleichem Flüssigkeitsvolum und demselben blauen Farbenton stets genau dieselbe Farbenintensität, in welcher Ordnung man Weingeist und Wasser zusetzen mag. Es ist nach Morrell möglich, bis auf $^1/_4$% die Weingeistmenge in Mischungen auf diese Weise rasch volumetrisch zu ermitteln. Giesst man in einen Cylinder eine abgemessene Menge der dunkelblauen Stammflüssigkeit und dazu die zu prüfende Mischung, bis die Farbe diejenige eines Streifens blassblauen Glases erreicht hat, so wird das Volum der so gefärbten Flüssigkeit um so grösser sein, je reicher die Mischung an Weingeist ist.

Diese einmal bestimmten Volumina werden stets sich gleich bleiben und die am Cylinder verzeichneten Procente können sofort abgelesen werden. Die Stammflüssigkeit ist stets mit Weingeist von gleicher Stärke und mit demselben Streifen blauen Glases herzustellen. Die Kobaltlösung kann neutral oder schwach sauer sein, darf aber nur möglichst wenig Wasser enthalten.

Entdeckung von Weinsteinsäure in Citronensäure. Allen**) empfiehlt hierzu das folgende Verfahren: 2 Grm. der zu prüfenden Säure löst man in 45 CC. Spiritus, filtrirt wenn nöthig, setzt 5 CC. einer kalt gesättigten Lösung von essigsaurem Kali in Spiritus hinzu und überlässt 12 Stunden der Ruhe. Der entstandene Niederschlag wird abfiltrirt, mit Spiritus gewaschen, mit einer gesättigten Lösung von Weinstein in Wasser vom Filter gespült, einige Stunden mit dieser Lösung digerirt und sodann wieder auf das Filter gebracht. Nach einmaligem Waschen mit Weingeist spült man den Niederschlag in eine Platinschale mit kochendem Wasser, dampft zur Trockne und wägt den aus Weinstein bestehenden Rückstand. Das erhaltene Gewicht gibt mit 0,798 oder mit 0,8 multiplicirt den Gehalt an Weinsteinsäure in 2 Grm. der geprüften Citronensäure an. Zur Controle kann man endlich noch den Weinstein verkohlen und den Alkaligehalt mit titrirter Säure volumetrisch bestimmen.

Neuer Apparat zur Fettbestimmung der Milch. N. Gerber***)

*) Pharm. Centralhalle **17**, 394.

) Chem. Centralbl. [3 F.] **7, 713.

***) Ber. d. deutsch. chem. Ges. z. Berlin **9**, 656.

empfiehlt zur Bestimmung des Caseïn-, Albumin- und Fettgehaltes der Milch das folgende Verfahren: 10—20 CC. Milch werden mit dem 20—30fachen Volumen Wasser verdünnt und in einem hinreichend grossen Becherglase unter Umrühren so lange tropfenweise mit sehr verdünnter Essigsäure versetzt, bis die Milch anfängt kleine Flocken zu bilden. Man bringt das Glas mit der Mischung in ein auf 75° C. erwärmtes Wasserbad und lässt es hier so lange, bis sich das Caseïn vom Serum in grossen Flocken getrennt hat, worauf man durch ein bei 110° getrocknetes Filter filtrirt. Das Serum wird nicht nur, wie gewöhnlich angegeben, aufgekocht, sondern zur vollständigen Ausscheidung der noch in Lösung enthaltenen Albuminate auf $^1/_4$ seines Volums eingedampft. Die so erhaltenen Albuminate werden zum Caseïn filtrirt und das Coagulum bis zum Verschwinden der sauren Reaction mit kaltem Wasser gewaschen. Die Flüssigkeit dient zur Zuckerbestimmung. — Um einheitlichere Resultate im Gehalt der Milchalbuminate (Caseïn und Albumin) zu erhalten, schlägt der Verf. vor, das Caseïn und Albumin immer zusammen und nicht getrennt zu bestimmen, indem die mehr oder weniger grosse Quantität an Letzterem von verschiedenen Factoren abhängig ist. Nimmt man mehr oder weniger Säure zur Coagulation der Milch, oder kocht man das Serum mehr oder weniger lang auf, so erhält man davon abhängig auch mehr oder weniger von den s. g. Albuminaten, die der Verf. nur durch die Löslichkeit von Caseïn verschieden betrachtet. Die Folge davon ist, dass ein und dieselbe Milch in den Händen verschiedener Chemiker, je nach ihrem analytischen Verfahren, verschiedene Resultate geben muss.

Die so erhaltenen Milchalbuminate werden darauf mit dem Filter in den trichterförmigen Aufsatz B (siehe die obere Abbildung auf Taf. III) gebracht und dieser auf das lufttrocken gewogene Fläschchen A. Zuerst wird das Coagulum mit etwas Alkohol gewaschen und zu diesem in das Fläschchen $^3/_4$ seines Volums Aether gebracht, der Apparat dann mit dem Liebig'schen Kühler in Verbindung gebracht und auf das Wasserbad gestellt. Der Aether darf nur schwach sieden, um nicht in zu grossen Mengen in den Trichter zu steigen und etwa Theilchen des Coagulums mit sich in das Fläschchen zu reissen. Der im Kühler condensirte Aether fällt wieder auf das Coagulum zurück und bezweckt damit eine constante doppelte Bearbeitung desselben. Hat der Aether einige Zeit eingewirkt, so überzeugt man sich von der Entfettung dadurch, dass ein Tropfen des vom Trichter

abfliessenden Aethers auf Filtrirpapier gebracht, keine Fettflecken zurücklassen darf. Ist die Entfettung vollendet, so dreht man den Kühler, welcher durch die Klemmen C gehalten, bei a und b um seine Axe drehbar ist, um, verbindet denselben durch ein knieförmig gebogenes Rohr mit dem Fläschchen und destillirt den Alkohol und Aether ab. Das Fläschchen mit seinem Gehalt wird schliesslich, ebenso wie das Filter mit dem Caseïn und Albumin, im Luftbade bei 105—110° C. getrocknet.

Zur quantitativen Bestimmung des Albumins. J. Stolnikow*) empfiehlt den eiweisshaltigen Urin so weit mit bestimmten Wassermengen zu verdünnen, bis eine auf Salpetersäure im Reagensglase gegossene Probe, eben noch einen nach 40 Secunden auftretenden weisslichen Ring gibt. Die Zahl der zur Verdünnung verbrauchten Wasservolumina + dem Volumen des Harns wird durch 250 dividirt; die erhaltene Zahl soll sodann den Procentgehalt des Urins an Albumin angeben. Diese Relation wurde vom Verf. durch Gewichtsbestimmungen ermittelt.

IV. Specielle analytische Methoden.

Von

H. Fresenius und **C. Neubauer.**

1. Auf Lebensmittel, Handel, Industrie, Agricultur und Pharmacie bezügliche.

Von

H. Fresenius.

Ueber die Erkennung der Stärkemehlsorten in Nahrungsmitteln und Droguen hat Muter**) Mittheilungen gemacht. Verfasser wendet hierzu das Mikroskop in bekannter Weise an und unterscheidet die verschiedenen Stärkearten durch die verschiedene Grösse ihrer Körnchen. Die in der Abhandlung mitgetheilten Tabellen über die Korngrösse enthalten die Maassangaben alle in Zehnteln des englischen Zolles und sind daher für den deutschen Chemiker in ihrer ursprünglichen Form nahezu unbrauchbar. Wir müssen uns dieserhalb mit dem Hinweis auf die Originalabhandlung begnügen.

---

*) Chem. Centralbl. [3 F.] 7, 809.

**) The Analyst 1876, p. 172.

Bestimmung des Silbers und Goldes in den Versilberungs- und Vergoldungsflüssigkeiten. Die zur galvanischen Vergoldung und Versilberung dienenden Flüssigkeiten bestehen im Wesentlichen aus Doppelcyaniden, aber es wäre falsch zu glauben, dass irgend eine zu untersuchende Probe nur ein schweres Metall enthielte. So gibt z. B. die gewöhnliche Versilberungsflüssigkeit, welche der Hauptsache nach aus Cyansilbercyankalium (K Cy + Ag Cy)' besteht, beim Ansäuern einen Niederschlag, der fast immer durch Ferrocyankupfer mehr oder weniger röthlich gefärbt ist, wodurch sich die Anwesenheit von Kupfer und Eisen in der Lösung zu erkennen gibt. Es ist daher unzulässig das Silber in der genannten Flüssigkeit in der Weise zu bestimmen, dass man dieselbe ansäuert und das ausgefällte Cyansilber entweder direct oder nach der Ueberführung in Metall wägt.

Alfred H. Allen*) räth folgendermaassen zu verfahren. Eine gemessene Menge der Flüssigkeit wird stark mit Wasser verdünnt und zum Sieden erhitzt. Dann leitet man Schwefelwasserstoff ein oder versetzt nach und nach mit Schwefelammonium, so lange noch ein Niederschlag entsteht. Das Silber fällt als schwarzes Schwefelsilber aus, frei oder fast frei von Kupfer, aber nicht von Zink. Man filtrirt ab und wäscht aus, löst in Salpetersäure, filtrirt von dem ungelöst gebliebenen Schwefel ab, fällt das Silber in bekannter Weise mit Salzsäure und wägt es als Chlorsilber. Statt den ausgewaschenen Schwefelwasserstoff- resp. Schwefelammoniumniederschlag in Salpetersäure zu lösen kann man ihn auch in einen Kolben oder ein Becherglas spritzen und mit einem Ueberschuss von Bromwasser behandeln, welches das Silber rasch und vollständig in Bromsilber überführt. Scheidet sich Schwefel aus, so versetzt man mit Brom bis zur völligen Oxydation. Hierauf setzt man siedendes Wasser zu, wäscht das Bromsilber aus, trocknet, erhitzt bis zum beginnenden Schmelzen und wägt.

Zur Bestimmung des Goldes in Vergoldungsflüssigkeiten empfiehlt Allen folgendes Verfahren. Eine gemessene Menge der Vergoldungsflüssigkeit wird in einem Porcellantiegel vorsichtig bis zur Syrupconsistenz verdampft, dann mit einigen Grammen reiner Bleiglätte versetzt und nun völlig zur Trockne verdampft. Wenn man vorsichtig operirt, ist ein Verlust durch Spritzen nicht zu befürchten. Der den Abdampfungsrückstand enthaltende Tiegel wird nun bedeckt und einige Zeit einer gelinden Rothglühhitze ausgesetzt. Das Bleioxyd wird durch das vorhandene Cyanalkalimetall unter

*) The Analyst 1876, p. 178.

Bildung von cyansaurem Alkali reducirt; das metallische Blei vereinigt sich mit dem Gold. Man trennt das resultirende Metallkorn von der Schlacke und erhält das Gold durch Cupellation oder durch Behandeln mit reiner Salpetersäure, worauf es gewogen wird.

Die Silberbestimmung in Versilberungsflüssigkeiten kann natürlich in ähnlicher Weise ausgeführt werden, nur muss man selbstverständlich die Behandlung des Metallkornes mit Salpetersäure unterlassen und das Cupellationsverfahren einschlagen.

Zur Untersuchung des Thones. In einem grösseren Werke über die feuerfesten Thone*) bespricht Carl Bischof die Untersuchung des Thones und zwar sowohl die chemische, als die physikalische und pyrometrische eingehend. Der betreffende Abschnitt des Buches enthält neben den älteren bewährten Methoden manches beachtenswerthe Neue aus der reichen Erfahrung des Verfassers auf diesem Gebiete und — was sehr wesentlich ist — fast nur von dem Verfasser selbst Erprobtes. Da uns der Raum fehlt, näher auf die Sache einzugehen, so müssen wir uns damit begnügen, das Bischof'sche Buch bestens zu empfehlen.

Ueber die Prüfung des Smirgels. In einer grösseren Abhandlung über den Naxos-Smirgel, seine Gewinnung, Verwendung etc. hat X. Landerer**) auch Einiges über die Prüfung des Smirgels mitgetheilt.

Je härter der Smirgel ist, desto besser ist er und desto theurer wird er verkauft; je weniger er an der Luft und durch die Feuchtigkeit roth wird, desto freier von Eisenoxyd ist er. Um die verschiedenen Smirgelsorten auf ihren Härtegrad zu untersuchen, sah Verfasser vor vielen Jahren in Smyrna von Amerikanern, welche die Smirgel-Ablagerung in Kleinasien gepachtet hatten, folgende Smirgelprobe ausführen.

Der zu untersuchende Smirgel wird in einem Stahl- oder Achatmörser zu feinem Pulver zerrieben; von diesem wird eine Quantität von 1—3 Grm. auf eine genau gewogene Glasplatte gebracht und mit einem ebenso genau gewogenen Glaspistill so lange gerieben, bis von dem Glase nichts mehr abgerieben wird, sodann werden beide Gläser gewogen. Je grösser der Gewichtsverlust, desto härter ist der Smirgel.

*) Die feuerfesten Thone, deren Vorkommen, Zusammensetzung, Untersuchung, Behandlung und Anwendung mit Berücksichtigung der feuerfesten Materialien überhaupt. Von Dr. Carl Bischof. Leipzig, Verlag von Quandt & Händel 1876.

**) Berg- und Hüttenmänn. Ztg. 35, 310.

Als der beste Smirgel erweist sich der von der Insel Naxos, jedoch auch unter diesem kommen reinere und schlechtere Sorten vor, denn es zeigt sich der Smirgel oft mit viel Glimmer durchwachsen und diese Lager sind auf krystallinisch-körnigem Kalke aufgelagert. Der Smirgel von Naxos enthält durchschnittlich in 100 Theilen:

Al_2O_3	86
SiO_2	3
Fe_2O_3	4
HO	7
	100

Die bessere Sorte hat ein specifisches Gew. von 3,96 und ist in dieser Hinsicht, sowie bezüglich der Härte dem Korund oder Demantspath, der sich — jedoch höchst selten — im Smirgel ausgeschieden findet, ähnlich.

Unterscheidung von künstlichem Alizarin und Krappextract. Druckt man ein fertiges echtes Alizarindampfroth auf Baumwolle mit einer verdickten Lösung von Ferridcyankalium (100 bis 200 Grm. pro Liter) und nimmt dann die getrocknete Druckprobe durch kalte verdünnte Natronlauge von 1,027 spec. Gew., hernach durch kochendes Wasser, endlich durch Seifenlösung, so erleidet das Roth keine Veränderung. Dasselbe Roth aber, wenn es mit Krappextract hergestellt war, wird durch die Einwirkung derselben Reagentien bedeutend alterirt und angegriffen.

J. Wagner*), welcher diesen Unterschied der beiden Roth zuerst beobachtet hat, spricht zugleich die Vermuthung aus, dass dieser Unterschied durch den Gehalt des Krappextractes an Purpurin bedingt sei, eine Vermuthung, deren Richtigkeit sofort durch directe Versuche von Brandt und Dupuy nachgewiesen worden ist. Nach denselben wird ein Roth oder Violett, das mit reinem Purpurin, z. B. mit dem von Schaaf und Lauth, gefärbt worden ist, durch die Einwirkung alkalischer Ferridcyankaliumlösung, wie sie J. Wagner vorschreibt, fast vollständig entfärbt. Garancineroth wird ebenfalls stark angegriffen, Garancinerosa und Garancineviolett fast ganz zerstört und dem entsprechend verhält sich auch Krappextract.

*) Bulletin de Mulhouse 1876, p. 125 und Dingler's polyt. Journ. **220, 444.**

Ein Roth, welches in Krappblumen, in künstlichem Alizarin für Roth oder in grünem Alizarin von Schaaf und Lauth gefärbt ist, wird durch die Ferridcyankaliumlösung weniger stark alterirt, je nach dem Purpuringehalt des Farbenmaterials, aber vollkommen intact bleibt ein Roth, Rosa oder Violett, das mit reinem Alizarin, z. B. mit Alizarin No. I. von Meister, Lucius und Brüning, hergestellt ist.

Vergl. hierzu übrigens auch diese Zeitschrift **14**, 214 und **15**, 354.

Zur Prüfung des Schellacks. Nur die dunkelfarbigen und die geringeren Sorten Schellack kommen mitunter mit Colophonium verfälscht in den Handel. Zur Bestimmung desselben gibt H. Hager*) folgende Anweisung.

5 Grm. Schellack werden zu feinem Pulver zerrieben und in einem Glaskölbchen einige Male mit 15 Grm. Petroleumbenzin ausgekocht. Der abgegossene Benzinauszug wird eingedampft und der Verdampfungsrückstand gewogen. Was dieser mehr als 10 % von der Menge des Schellacks beträgt, ist Colophonium oder ein ähnliches Harz. Oder man kocht in einem geräumigen Glaskölbchen 2,5 Grm. des zerriebenen Schellacks mit einer Lösung von 2,5 Grm. Aetzkali in 50 CC. Wasser bis zur Lösung, giesst diese in einen Reagircylinder und stellt sie einige Stunden bei Seite. Bei gutem Schellack erhält man eine rothe, gegen Lampenlicht gehalten durchsichtige Lösung, welche an ihrer oberen Schicht beim sanften Schütteln leicht zu zertheilende trübe Theile enthält. Bei mit Colophonium oder einem ähnlichen Harze verfälschtem Schellack hat die Lösung in der Ruhe einen dichteren, durch sanftes Schütteln nicht leicht zu zertheilenden Bodensatz gebildet. Dieser kann mit Wasser abgewaschen und in 2,5procentiger Salzsäure gekocht werden. Nach dem Erkalten wird er geschmolzen, von Feuchtigkeit befreit und gewogen. Sein Gewicht mit 1,25 multiplicirt gibt annähernd den Colophoniumgehalt im Schellack an.

Zur Prüfung der schwefelsauren Magnesia auf einen Gehalt an schwefelsauren Alkalien hat E. Biltz**) das folgende Verfahren empfohlen, welches sich auf die Zerlegung des schwefelsauren Natrons resp. Kalis durch Kalkhydrat unter Bildung von Gyps und freiem Natron resp. Kali gründet.***)

*) Pharm. Centralhalle **17**, 346.

) Arch. Pharm. **208, 46.

***) Neben der Zersetzung zwischen Kalkhydrat und den schwefelsauren Alkalien vollzieht sich die Zerlegung zwischen Kalk und Bittersalz zu Gyps und Magnesia.

2 Grm. trockenes Kalkhydrat (am besten aus gebranntem Marmor bereitet, weil derselbe nur etwa $^1/_{70}$ Procent Alkali enthält*), werden mit ebenfalls 2 Grm. von dem zu prüfenden Bittersalz fein zusammengerieben; dann tröpfelt man so viel Wasser zu, dass man beim Mischen ein krümliches Pulver erhält. Dies Pulver gibt man in ein Glas, übergiesst es mit 5 Grm. einer Mischung aus gleichen Theilen 90grädigen Alkohols und Wasser, lässt unter jeweiligem Schütteln eine ganze Stunde stehen und setzt zuletzt 10 Grm. absoluten Alkohol hinzu, worauf kräftig umgeschüttelt und zum Absetzen hingestellt wird. Schon nach wenigen Minuten wird sich so viel klare Flüssigkeit gebildet haben, dass man einen Streifen Curcumapapier einführen kann, ohne dass derselbe mit dem Niederschlag in Berührung kommt. Das Curcumapapier wird bei reinem Bittersalz gelb bleiben, bei alkalihaltigem dagegen sich braun färben (z. B. bei solchem, welches 1 Procent schwefelsaures Alkali enthält, sofort rothbraun). Man kann auch direct durch ein mit absolutem Alkohol befeuchtetes Filter abfiltriren und in das Filtrat das Curcumapapier eintauchen oder demselben einen Tropfen Curcumatinctur zusetzen.

Es ist wesentlich sich hierbei des Curcumapapieres zu bedienen, weil der Farbstoff desselben im Alkohol löslich ist. Geröthetes oder selbst neutrales Lackmuspapier würde aus dem entgegengesetzten Grunde gar nicht afficirt werden, wie ja bekanntlich starke in absolutem Alkohol gelöste Säuren nur äusserst langsam auf Lackmuspapier einwirken.

Der Verfasser macht darauf aufmerksam, dass an der beschriebenen Ausführungsweise nichts geändert werden darf, da manche kleine Abweichung, welche behufs Vereinfachung versucht wurde, sich als schädlich erwiesen hat. Namentlich aber ist das Anreiben der beiden Stoffe mit einigen Tropfen Wasser zu einem feuchten krümlichen Pulver ein kleiner praktischer Handgriff, ohne welchen die ausgeschiedene Magnesia durch Hydratbildung in der wässerig-weingeistigen Mischung so stark quillt, dass man einer grossen Menge Flüssigkeit bedürfen würde, um ein Absetzen oder Filtriren zu ermöglichen.

Zu fein ist die Probe für pharmaceutische Zwecke nicht, da die reinsten Handelssorten des Bittersalzes, z. B. das Struve'sche, sie nach des Verfassers Erfahrungen vollständig aushalten. Bei Zusatz von $^1/_2$% Glaubersalz, also $^1/_6$% wasserfreien schwefelsauren Alkalis ist die

---

*) Anderenfalls muss das Alkali ausgewaschen werden.

braune Färbung des Curcumapapieres übrigens schon ziemlich schwach, immer aber noch charakteristisch hervortretend; indessen dürfte die intensivbraune, welche mit $^1/_3$ % beginnt, die maassgebende, verurtheilende sein.

Zur Prüfung der Salicylsäure. In dieser Zeitschrift **15**, 495 wurde über ein von H. Kolbe angegebenes Verfahren zur Prüfung der Salicylsäure auf Reinheit berichtet, welches in der That als ein sehr einfaches angesehen werden muss. H. Hager*) hat mehrere Sorten Salicylsäure, welche zu verschiedenen Zeiten und von verschiedenen Bezugsquellen gekauft waren, nach diesem Verfahren geprüft. Der Versuch ergab nach der Kolbe'schen Krystallisationsprobe ein ziemlich übereinstimmendes Resultat und dennoch waren jene Sorten Salicylsäure sehr verschieden und in der Farbe graugelb, grauweisslich, weiss und blendend weiss. Die letztere Sorte, ganz vor kurzem aus der chemischen Fabrik auf Actien (vormals E. Schering) bezogen, ist in der Masse schneeweiss und ein Haufwerk sehr kleiner, stark glänzender nadelförmiger Prismen.

Es lag sehr nahe, dieses elegante Präparat als Ausgangspunkt der Prüfung zu wählen. Von verschiedenen Reactionen, welche Hager versuchte, scheint das Verhalten der reinen concentrirten Schwefelsäure zur Salicylsäure (wie bei der Prüfung des Chinins auf Reinheit) maassgebend zu sein. Eine bohnengrosse Menge Salicylsäure wird mit circa 5 CC. reiner concentrirter Schwefelsäure übergossen und agitirt. Im Verlaufe von 5 Minuten ergab jene Schering'sche Säure mit der Schwefelsäure eine, gegen das Tageslicht gehalten, völlig farblose Lösung. Dagegen waren alle übrigen Sorten, obgleich einige, nach der Kolbe'schen Methode geprüft, als sehr reine zu erachten gewesen wären, gelbliche, gelbe bis braungelbe Lösungen.

Nach des Verfassers Ansicht wäre bei Prüfung der Salicylsäure auf Reinheit als erste entscheidende Reaction das Verhalten derselben gegen concentrirte Schwefelsäure zu erachten.

Ueber die Verwendung des Kaliumcadmiumjodids zur Werthbestimmung mehrerer pharmaceutischer Präparate wurde in dieser Zeitschrift **16**, 129 berichtet. Leider konnten die genauen Vorschriften, wie sie Lepage gegeben hat, dort nicht mitgetheilt werden, da die damals benutzte Quelle dieselben nicht enthielt.

*) Pharm. Centralhalle **17**, 434.

Bezüglich der qualitativen Werthbestimmung der Chinarinde und des Opiums können wir die genauen Vorschriften von Lepage*) jetzt nachtragen.

1 Grm. der feingepulverten Chinarinde wird mit 10 Grm. destillirten Wassers, welches 1 Grm. verdünnte Schwefelsäure (1 : 10) enthält, 2—3 Stunden lang unter öfterem Umschütteln in Berührung gelassen. Alsdann setzt man noch 70 Grm. destillirtes Wasser zu, lässt das Gemisch unter öfterem Umschütteln noch einige Stunden stehen und filtrirt. Ist die zu untersuchende Chinarinde gut, so wird in diesem Filtrat eine Lösung von Kaliumcadmiumjodid (2,80 Grm. Cd J und 2,50 Grm. KJ in 50 Grm. dest. Wasser) etwas in Ueberschuss zugesetzt, sofort eine starke Trübung hervorrufen, welche nach einigen Stunden einen voluminösen Niederschlag bildet. Enthält die Chinarinde anstatt 30—35 Grm. Alkaloide per Kilogramm nur 10—12 Grm. oder noch weniger, so entsteht entweder gar keine oder nur eine schwache Trübung.

20 Centigramm des zu untersuchenden fein geriebenen Opiums werden mit 25 Grm. dest. Wasser gemischt und nach circa $^1/_2$ Stunde die Flüssigkeit abfiltrirt. Zwei Drittel dieses Filtrates werden mit einigen Tropfen des erwähnten Reagens versetzt. Ist das Opium gut, so wird sofort eine starke Trübung entstehen, welche später in einen flockigen Niederschlag übergeht. Enthält derselbe nur 4—5 % oder weniger Alkaloide, so entsteht entweder eine sehr schwache oder gar keine Trübung. Das andere Drittel des Filtrats wird mit 1 Grm. verdünnter Eisenchloridlösung gemischt, um an der rothen Farbe die Meconsäure zu erkennen.

---

2. Auf Physiologie und Pathologie bezügliche Methoden.

Von

C. Neubauer.

Pariser Violett als Reagens auf Galle. Nach den Untersuchungen von Demelle und Longuets**) ist das s. g. Pariser Violett (Methylanilinviolett) nicht, wie C. Paul***) glaubt gefunden zu haben, als Rea-

*) Nach der pharm. Zeitschr. f. Russland **15**, 716.

) Chem. Centralbl. [3 F.] **7, 697.

***) Diese Zeitschr. **16**, 132.

gens auf Galle zu verwerthen. Die Verf. halten die eintretende rothe Färbung für eine physikalische Erscheinung und zwar aus folgenden Gründen für eine einfache Farbenmischung: 1. Farbloser oder wenig gefärbter Urin führt das Methylviolett, selbst wenn er Galle oder deren Farbstoffe enthält, nicht in Roth über. 2. Gelber Harn sowohl wie andere gelb gefärbte Flüssigkeiten, ob sie Galle enthalten oder nicht, bedingen um so leichter die von Paul angegebene Farbenveränderung, je intensiver ihre Gelbfärbung ist. 3. Andere violett gefärbte Flüssigkeiten ersetzen das Methylviolett vollständig, indem sie ebenfalls mit gelbem Urin oder gelb gefärbten Flüssigkeiten in Berührung gebracht, diese Farbenveränderung bewirken. (Nach einigen Versuchen, die ich selbst mit normalem Urin angestellt, scheinen mir die Einwürfe der Herrn Verf. vollständig begründet. N.)

Ueber den Nachweis des Rhodans in thierischen Secreten und das Vorkommen desselben in Harn. Gscheidlen*) bedient sich zum Nachweis des Rhodans z. B. im Speichel gewöhnlichen Filtrirpapiers, das mit verdünnter Eisenchloridlösung und etwas Salzsäure getränkt wird. Bringt man auf derartig vorbereitetes Papier etwas Speichel, so tritt sofort an der benetzten Stelle eine rothe Färbung auf. Gscheidlen hat ferner den Harn von 22 Personen untersucht und stets in demselben Rhodan gefunden, so dass er nicht ansteht, denselben als constanten Bestandtheil des menschlichen Harns anzusprechen (s. das folgende Heft).

Ueber eine neue Farbenreaction des Eiweiss. E. Salkowski**) berichtet über die eigenthümlichen Färbungen, welche bei der Einwirkung der Alkalien auf Eiweiss entstehen und bisher wenig oder keine Berücksichtigung erfahren haben. Es ist allgemein bekannt, dass bei der Stickstoffbestimmung in Eiweisskörpern durch Glühen mit Natronkalk die vorgeschlagene Salzsäure nicht selten eine rothe oder violette Farbe annimmt. (Dieselbe Erscheinung tritt auch beim Erhitzen des Kreatinins mit Natronkalk ein. N.) Die Intensität dieser Färbung lässt sich steigern durch eine bei gelinder Temperatur vorgenommene unvollständige Verbrennung, die sich mehr als trockene Destillation mit Natronkalk darstellt. Wenn man Caseïn, etwa 5—10 Gramm, oder Blutalbumin oder irgend einen anderen Eiweisskörper, mit seinem 4—5fachen Gewicht

*) Jahresber. d. Schles. Ges. f. vaterl. Cultur 1874, p. 207.
**) Virchow's Archiv 63, 9.

Natronkalk vermischt gelinde erhitzt, so dass erst gegen das Ende der Operation Glühen stattfindet, so erhält man in der mit etwas Salzsäure beschickten Vorlage eine wässrige Flüssigkeit, reichlich untermischt mit braunrothen öligen Tropfen. Die Färbung nimmt beim Stehen an der Luft an Intensität zu. Dampft man das Gemisch auf dem Wasserbad ein — in der Regel geschah dieses erst, wenn der Kolben 24 Stunden gestanden hatte — und zieht den bleibenden Rückstand mit starkem Alkohol aus, so bleibt der grösste Theil des Salmiaks zurück und man erhält jetzt ein intensiv kirschroth oder blauroth gefärbtes Filtrat. Dasselbe wird verdampft, die Extraction mit Alkohol, dieses Mal absolutem, nochmals wiederholt und das Filtrat wieder verdampft. Die so erhaltene blaurothe Masse ist mit Leichtigkeit löslich in Alkohol, unvollständig in angesäuertem Wasser, unlöslich in ammoniakhaltigem. Die alkoholische Lösung mit Zinn und Salzsäure auf dem Wasserbad erwärmt, verändert allmählich ihre Farbe und nimmt schliesslich genau denselben Farbenton an, wie eine gleich behandelte Hämatinlösung (Hoppe-Seyler hat bekanntlich vor Kurzem gezeigt, dass bei der Reduction von Hämatin Urobilin entsteht, Ber. d. deutsch. chem. Ges. z. Berlin **7**, 1065. Diese Zeitschr. **13**, 471). Unterbricht man in diesem Zeitpunkt die Operation und schüttelt die Flüssigkeit mit Chloroform, so färbt sich dieses gelbroth mit grüner Fluorescenz und zeigt auch den Absorptionsstreifen des Urobilin, wiewohl mit verwaschenen Rändern. Die Uebereinstimmung in der Farbe tritt namentlich beim Verdünnen hervor: die gelbe Farbe geht dabei in Rosenroth über. Es gelang nun aber durchaus nicht immer, die Reduction bei dem gewünschten Punkt zu begrenzen: sie ging bald nicht weit genug, bald zu weit, d. h. die Flüssigkeit wurde vollständig entfärbt; eine Urobilinlösung zeigt übrigens dasselbe Verhalten, wie schon von Esoff*) angegeben ist; ebenso auch Hämatinlösung und es gelingt auch regelmässig, Harn durch andauernde Behandlung mit Zink und Salzsäure vollständig zu entfärben.

Constantere Resultate erhielt der Verfasser, wenn er den erwähnten blaurothen Farbstoff mit Zinkstaub und etwas Wasser verrieb, dann bei gelinder Temperatur destillirte. Es ging hierbei mit den Wasserdämpfen ein farbloses Oel über, das nach eintägigem Stehen an der Luft eine prachtvolle rosenrothe Farbe annahm. Beim Schütteln des Gemisches mit Aether und Verdunsten des ätherischen Auszuges bleibt ein harz-

*) Pflüger's Archiv Bd. XII. S. 50. Diese Zeitschr. **15**, 502.

artiger gelbrother Rückstand. Derselbe löst sich mit grösster Leichtigkeit in Aether, Chloroform, Alkohol. Die Lösungen sind oft von überraschender Farbenschönheit: intensiv goldgelb mit dem bekannten rosenrothen Schein der Ränder beim Schütteln und grün fluorescirend; beim weiteren Verdünnen werden sie rosenroth. Die alkoholische Lösung zeigt den Absorptionsstreifen des Urobilins, besonders scharf begrenzt, wenn man sie ansäuert, wobei sie gleichzeitig einen mehr rothen Farbenton annimmt. Durch Ammoniakzusatz wird die alkoholische Lösung mehr gelb. Die Fluorescenz verschwindet allmählich in dieser Lösung; setzt man alsdann einige Tropfen Chlorzinklösung hinzu, so tritt sie auf's Neue hervor; allerdings nicht so stark, wie bei einer frisch bereiteten Urobilinlösung. Der Absorptionsstreifen der ammoniakalischen mit Chorzink versetzten Lösung reichte ungefähr von 126—137 der Scala, wenn Na auf 100, Kα auf 71, Kβ auf 191, Srδ auf 148 stand. Die Lösung verändert sich allmählich, doch zeigte eine alkoholische Lösung, die gut verschlossen und vor Licht geschützt ein Jahr lang aufbewahrt war, noch den Absorptionsstreifen, wenn auch etwas verwaschen. Trotz der grossen Aehnlichkeit in den äusseren Erscheinungen kann man die Gegenwart von Urobilins in den Lösungen nicht annehmen. Das Urobilin hat den Charakter einer schwachen Säure und löst sich so leicht in Ammoniak, dass es auch aus einem Gemenge verschiedener Substanzen durch dieses Reagens aufgenommen wird; der erwähnte, beim Verdunsten des ätherischen Auszuges bleibende Rückstand gibt an Ammoniak nichts ab. Dagegen ist wohl an die Möglichkeit zu denken, dass dies Product mit dem von Stockvis*) bei der trockenen Destillation des Bilirubins erhaltenen übereinstimmt, das Stockvis freilich für das Chromogen des Urobilins erklärt, aus dem durch Oxydation wahres Urobilin entstehe. So wäre doch ein Zusammenhang zwischen dem Product aus Eiweiss und einem nahen Derivat des Bilirubins hergestellt. Leider befindet sich Salkowski nicht im Besitz einer grösseren Quantität Bilirubin, kann also den Versuch von Stockvis vorläufig nicht wiederholen. Verf. bemerkt noch, dass der Uebergang des farblosen Oeles in die gefärbte Substanz in der That unter Sauerstoffaufnahme erfolgt. Vielleicht stehen auch die Beobachtungen von Hoppe-Seyler**) über die Producte, die beim Erhitzen des Reductionsproductes des Hämatins mit Zinkstaub entstehen, in einem gewissen Zusammenhang mit Salkowski's Beobachtung.

*) Med. Centralbl. 1873, p. 449.

**) Tübinger Unters. p. 486.

V. Aequivalentgewichte der Elemente.

Von

H. Fresenius.

Aequivalentgewicht des Selens. Das Selen gehört einer Reihe von Elementen an, von denen die Aequivalentgewichte der beiden ersten — des Sauerstoffs und des Schwefels — sehr genau bestimmt sind, während über die Aequivalentgewichte der beiden übrigen Elemente — des Selens und Tellurs — noch eine verhältnissmässig grosse Unsicherheit herrscht. Das bisher angenommene Aequivalentgewicht des Selens 39,5 ist eine Mittelzahl aus den Bestimmungen von Berzelius, von Sacc und von Erdmann und Marchand.*)

Otto Pettersson und Gustav Ekman**) haben sich seit einigen Jahren mit der Aufgabe beschäftigt, das Aequivalentgewicht des Selens möglichst genau festzustellen und haben diesen Zweck namentlich durch die Analyse folgender Selenverbindungen zu erreichen versucht.

$CaO, SeO_3 + 2HO$

$MgO, SeO_2 + 6HO$

$NH_4O, SeO_3 + Al_2O_3, 3SeO_3 + 24HO$

AgO, SeO_3

AgO, SeO_2

SeO_2.

Alle diese Verbindungen lassen sich vollkommen rein darstellen und nach einfachen Methoden analysiren. Oft haben die Verfasser dieselbe Verbindung nach mehreren verschiedenen Methoden analysirt. In den meisten Fällen sind jedoch ihre Bemühungen gescheitert und jetzt, nachdem ihre ganze Untersuchung beendet ist, können sie nur 5 Analysen nach einer einzigen Methode (Reduction der selenigen Säure) als tadellos und vollkommen zuverlässig anführen, die übrigen schliessen sie von der Berechnung des Aequivalentgewichtes aus, weil es ihnen trotz aller Vorsicht nicht gelingen wollte, die Analyse vollkommen scharf auszuführen. In Anbetracht ihrer eignen vergeblichen Versuche und der grossen Anzahl von analytischen Methoden, welche von ihren Vorgängern (z. B. von Sacc) zu demselben Zwecke erfunden und angewandt worden sind, gelangen die Verfasser zu der Behauptung, dass nur wenige Selenverbin-

---

*) Vergl. Anleit. zur quantitat. chem. Analyse von R. Fresenius 5. Aufl. p. 970.

**) Ber. d. deutsch. chem. Ges. z. Berlin 9, 1210.

dungen sich zu einer genauen Analyse eignen. Neben der eigentlichen Reaction gehen nämlich andere Umsetzungen vor, die von Massenwirkung oder Dissociation herrühren und einen allerdings sehr geringen, aber doch für die Genauigkeit der Resultate verhängnissvollen Einfluss ausüben.

Hinsichtlich der Operationen, der Reindarstellung der Präparate und der Vorsichtsmaassregeln im Uebrigen verweisen Pettersson und Ekman auf den ausführlichen Bericht über ihre Arbeit, welcher in den Acten der wissenschaftlichen Societät zu Upsala erschienen ist und theilen nur die Resultate mit, welche sie durch die Analyse zweier der oben erwähnten Selenverbindungen erhalten haben.

1. Analyse des selenigsauren Silberoxyds.

Selenigsaures Silberoxyd liefert beim Glühen reines Silber als eine schöne, krystallinische Kruste. Die Zersetzung der Verbindung geht bei vorsichtigem Erhitzen so ruhig vor sich, dass die selenige Säure von der Oberfläche der geschmolzenen Verbindung ganz allmählich verdampft ohne Spritzen zu verursachen. Bei der Analyse kamen nur zwei Wägungen vor. Einmal wurde das Gewicht des selenigsauren Silberoxyds bestimmt und dann das nach dem Glühen zurückgebliebene Silber gewogen.

Versuch	AgO, SeO_2 Grm.	Ag Grm.	Ag in Proc.	Aequivalentgewicht von AgO, SeO_2	Aequivalentgewicht von Se
I.	5,2102	3,2787	62,93	171,52	39,59
II.	5,9721	3,7597	62,95	171,44	39,51
III.	7,2741	4,5803	62,97	171,41	39,48
IV.	7,5390	4,7450	62,94	171,48	39,55
V.	6,9250	4,3612	62,98	171,38	39,45
VI.	7,3455	4,6260	62,98	171,38	39,45
VII.	6,9878	4,3992	62,95	171,44	39,51

Das Mittel aus diesen Bestimmungen ist Se = 39,505.

2. Reduction der selenigen Säure.

Aus der erwärmten Lösung der selenigen Säure in Wasser wurde durch Zusatz von Salzsäure und Einleiten von Schwefligsäuregas das Selen ausgefällt und auf einem Glasfilter gesammelt. Die Ausfällung und besonders das Trocknen desselben musste unter vielerlei Vorsichtsmaassregeln geschehen, hinsichtlich welcher auf die in den Acten der wissenschaftlichen Societät zu Upsala veröffentlichte ausführliche Abhandlung hingewiesen werden muss.

Versuch	SeO_2 Grm.	Se Grm.	Se in Proc.	Aequivalentgewicht von SeO_2	Aequivalentgewicht von Se
I.	11,1760	7,9573	71,199	55,55	39,55
II.	11,2453	8,0053	71,185	55,53	39,53
III.	24,4729	17,4232	71,193	55,54	39,54
IV.	20,8444	14,8383	71,187	55,53	39,53
V.	31,6913	22,5600	71,191	55,54	39,54

Das Mittel aus diesen Bestimmungen ist Se = 39,54.

Die Resultate der Analysen des selenigsauren Silberoxydes verdienen nicht dasselbe Vertrauen wie die Analysen der selenigen Säure aus dem Grund, dass bei den ersteren mit geringeren Mengen von Substanz (etwa 5—7 Grm.) ein dreifach grösseres Aequivalentgewicht (das Aequivalentgewicht von AgO, SeO_2) zu bestimmen war als im letzten Fall, wo nur das Aequivalentgewicht der selenigen Säure festgestellt werden sollte und wo ausserdem beliebig grosse Quantitäten angewandt werden konnten.

Die Verfasser legen der Aequivalentgewichtsbestimmung des Selens deshalb das Resultat der 5 letzten Analysen der selenigen Säure zu Grunde und berechnen daraus Se = 39,54 mit dem Bemerken, dass die erste Decimalstelle als sicher, die zweite als annähernd richtig zu betrachten ist.

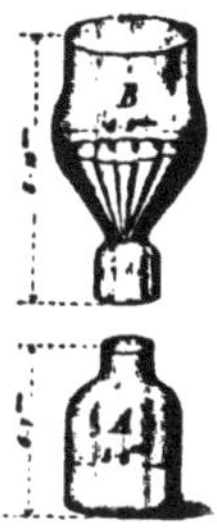

a b

a

A

Ueber einige Methoden der Bestimmung der Salpetersäure.

Von

Josef Maria Eder.

Die vorliegende Arbeit hat die Vergleichung der quantitativen Bestimmungsmethoden der Salpetersäure zum Gegenstand und umfasst nicht nur eine auf selbstständigen Untersuchungen beruhende Kritik derselben, sondern ich lege hiermit auch meine auf Grund dieser Analysen vorgenommenen Modificationen oder wesentlichen Aenderungen jener Methoden vor, welche mir solche zu verlangen schienen.

Zur leichteren Uebersicht theilte ich das Material in verschiedene Gruppen und sonderte insbesondere wiederum meine eigenen Arbeiten von jenen bereits von anderen Chemikern publicirten. Aus demselben Grunde that ich aller einschlägigen Arbeiten sammt genauer Quellenangabe Erwähnung und bestrebte mich zugleich, die ebenso interessante als lehrreiche Entwicklung jeder Bestimmungsmethode zu beschreiben, wodurch die Arbeit einigermaassen voluminös, aber der Ueberblick über das gesammte Material erleichtert wurde. Ich hielt diesen Weg für nothwendig, weil ich bei einigen Methoden zu älteren Verfahren zurückkehren musste und diese, sonderbar genug, zu richtigeren Resultaten führten als neuere.

Dies gilt namentlich von den Bestimmungen der Salpetersäure durch Umwandlung derselben in Ammoniak, über welche Methode sich die widersprechendsten Angaben finden, so dass kein anderer Ausweg blieb, als alle sowohl älteren als neueren Arbeiten zu wiederholen, um ein Urtheil abgeben, resp. die Bedingungen, unter welchen die Methode befriedigende Resultate gibt, ausmitteln zu können.

Die Verluste oder den etwaigen Ueberschuss an gefundener Salpetersäure im Vergleich zu der angewandten Menge habe ich immer nur in den absoluten Zahlen angegeben, denn diese scheinen mir einen besseren Anhaltspunkt zu geben als Procentzahlen, welche mit der Menge der angewandten Substanz bei gleich grossem Fehler der Methode variiren.

Ich habe bei diesen Arbeiten hauptsächlich die Bedingungen einer exacten Analyse im Auge gehabt, dabei aber auch die zu denselben nöthigen Mittel, wo es anging, vereinfacht und so auch den Anforderungen des technischen Chemikers gerecht zu werden versucht.

Die Bestimmungsmethode mit Chromoxyd wurde im Laboratorium des Hrn. Prof. Hlasiwetz unter Leitung des Hrn. Prof. Weselsky, die anderen analytischen Arbeiten im Laboratorium des Hrn. Prof. F. Schneider vorgenommen, welchen Herren Professoren meinen Dank für ihre freundliche Unterstützung auszudrücken, ich mich für verpflichtet halte.

Alle alten Methoden der Bestimmung der Salpetersäure waren nur auf die Ermittlung des Reingehaltes von Salpeter gerichtet, weil dieser für die Pulverfabrikation von ausserordentlicher Wichtigkeit ist. Vor dem Jahre 1773 begnügte man sich damit, eine gewisse Menge Salpeter in einem eisernen Löffel zu glühen, um durch das Verhalten dabei die relative Menge von dem Salpeter und dem Kochsalz zu bestimmen.

In dem genannten Jahre schlug Guyton de Morveau ein analytisches Mittel vor, welches in der aufeinanderfolgenden Anwendung des Alkohols und des Bleinitrates bestand. Dieses noch sehr unvollkommene und schwierig auszuführende Verfahren prüfte Lavoisier, verwarf aber die Methode auf Grund seiner Untersuchungen.

Endlich glaubte man im Jahre 1789 seinen Zweck erreicht zu haben; Riffault hatte die ingeniöse Idee, den Alkohol durch eine gesättigte Salpeterlösung zu ersetzen. Lavoisier griff diesen Vorschlag auf und verlieh ihm die Stütze seiner grossen Autorität. Jedoch geleitet durch einen Versuch Geoffroy's, wie er selbst sagt, zeigte er, dass das Chlornatrium die Auflösung einer beträchtlichen Menge von Salpeter bewirkt.

Man entwarf eine Correctionstabelle, in welcher man die Wirkung der in der Probe gefundenen Salzmenge zu bestimmen suchte; auch jetzt noch waren die Producte der Raffinerie mit der Probe nicht übereinstimmend.

Die Akademie der Wissenschaften in Paris nahm auf Vorschlag Berthollet's und Fourcroy's das Verfahren als Norm an, wie es von Lavoisier ausgebildet war. Ungeachtet dieses günstigen Berichtes kamen von vielen Seiten Klagen über die Ungenauigkeit dieses Verfahrens. Alle Klagen wurden jedoch von der von der Akademie aufgestellten Commission zurückgewiesen und nach einigen unbedeutenden Aenderungen die Instructionen im Jahre 1797 endgiltig fixirt; sie sind noch heute im Gebrauch.

Der Umstand, dass nur Kalisalpeter und zwar nur mit Chlornatrium verunreinigter Salpeter auf seine Reinheit mittelst dieser Methode geprüft werden kann, machte ein allgemeiner anwendbares Verfahren wünschenswerth.

Grossart war der Erste, welcher ein solches angab, indem er die Salpetersäure durch Wechselwirkung mit Eisenoxydul zu bestimmen suchte. Es lassen sich nach seiner Vorschrift zwar keine genügenden Resultate erzielen, aber es liegt derselbe Gedanke zu Grunde, wie dem Pelouze'schen, später von Fresenius vervollkommneten Verfahren.

In kurzen Zwischenräumen folgten dann die Publicationen jener Methoden, welche das bei dieser Reaction entwickelte Stickoxyd bestimmten (Schlösing u. a.) und solcher, welche sich auf die Umwandlung der Salpetersäure in Ammoniak gründen (Harcourt, Siewert u. a.).

Die weitere Entwicklung dieser Methoden, sowie die Beurtheilung der nach meinen Versuchen damit erzielbaren Resultate, werden in Folgendem im Detail beschrieben werden.

Die Methoden der Salpetersäurebestimmung sind sehr zahlreich. Ich sehe hier ab von jenen allgemeinen Verfahren, freie Säure acidimetrisch zu bestimmen, sowie auch die Elementaranalyse nicht in den Bereich dieser Untersuchungen reicht; nur solche Methoden, welche auf charakteristischen Reactionen der Salpetersäure beruhen und dieselbe in Gemengen mit anderen Säuren nachzuweisen ermöglichen, zog ich in den Kreis meiner Untersuchungen. Da alle Nitrate in Wasser löslich sind, so kann man nicht zu ihrer quantitativen Bestimmung die gewöhnlichen für andere Salze gebräuchlichen Methoden benützen, welche darin bestehen, einen Niederschlag von bekannter Zusammensetzung zu bilden, welcher ausgewaschen, getrocknet und gewogen wird. Es bleiben uns also nur noch zwei Wege übrig; entweder bestimmt man die Menge des Sauerstoffes in dem fraglichen Nitrat, resp. die Menge eines anderen durch die Salpetersäure oxydirten Körpers, oder man scheidet den Stickstoff der Salpetersäure als Stickoxyd oder als Ammoniak aus.

Diese Wege sind alle mehr oder weniger schwierig und die vollständige Umsetzung der Salpetersäure hängt von mehreren Factoren ab, so dass es uns nicht Wunder nehmen darf, dass zahlreiche Methoden und Modificationen vorgeschlagen wurden und dass die Einhaltung mancher scheinbar unbedeutender Bedingungen auf das Gelingen von wesentlichem Einfluss ist.

Es lassen sich die quantitativen Bestimmungsmethoden der Salpetersäure in zwei grosse Gruppen theilen.

Die erste Gruppe umfasst alle jene Methoden, nach welchen die Salpetersäure aus der Menge eines anderen durch sie oxydirten Körpers bestimmt wird,

die zweite Gruppe jene, nach welchen die Salpetersäure in eine andere leicht zu wägende oder zu messende Stickstoffverbindung umgewandelt wird; solche Stickstoffverbindungen sind das Stickoxyd und das Ammoniak, und je nachdem die Salpetersäure in die eine oder in die andere umgesetzt wird, ergeben sich zwei Unterabtheilungen.

Schon diese kurze Betrachtung zeigt, dass die Methoden der zweiten Gruppe der Individualität der Salpetersäure mehr entsprechen, als die der ersten Gruppe, weil eine oxydirende Wirkung viele andere Säuren zeigen und bei Anwesenheit solcher eine unmittelbare Bestimmung der Salpetersäure unmöglich ist, oder mit anderen Worten, die letzteren lassen eine vielseitigere Anwendung zu, als die ersteren, eine Annahme, die sich in der That durchaus bestätigt, wie die Betrachtung der einzelnen Methoden am deutlichsten zeigt. Dagegen kann man von den Methoden der ersten Gruppe im Allgemeinen sagen, dass sie rascher und leichter durchzuführen sind und in der Praxis mit Vorliebe angewendet werden.

Die

I. Gruppe der Methoden der Salpetersäurebestimmung

umfasst alle jene Methoden, nach welchen die Sapetersäure aus der Menge eines durch sie oxydirten Körpers bestimmt wird. Natürlich lassen sich nur solche Körper dazu verwenden, welche in Bezug auf die Bestimmung der Quantität der oxydirten Verbindung oder des nicht oxydirten Restes keine weiteren Schwierigkeiten bieten; solche Verbindungen, welche zu diesen Oxydationsbestimmungen dienen, sind z. B. Eisenoxydul, Chromoxyd, welche durch die Salpetersäure in ganz genau bestimmten Verhältnissen höher oxydirt werden. Meine Untersuchungen erstrecken sich über jene Verfahren, denen die erwähnten Verbindungen als Ausgangspunkt dienen.

A. Methoden, welche auf der Oxydation von Eisenoxydul beruhen.

Die Thatsache, dass Eisenoxydulsalze durch Salpetersäure höher oxydirt werden, war schon lange bekannt. Zur Bestimmung dieser Säure wurde sie jedoch lange Zeit nicht gebraucht und doch war es die erste Methode, welche auf dieser Basis gegründet wurde zur Bestimmung von Nitraten.

Gewöhnlich schreibt man Pelouze*) die Priorität dieser Idee zu; es ist dies falsch, wie Pelouze selbst zugibt**), indem Grossart***) diese Reaction zuerst zur Bestimmung der Salpetersäure vorschlug, freilich ein ganz unzulängliches Verfahren einschlagend. Pelouze aber gebührt das Verdienst, die Methode erst zu einer brauchbaren gemacht zu haben †); vervollkommnet hat sie später Fresenius ††).

Die Einwirkung der Salpetersäure auf Eisenoxydulsalze erfolgt nach dem Schema

$$6\,FeCl_2 + 2\,KNO_3 + 8\,HCl = 4\,H_2O + 2\,KCl$$
$$+ 3\,Fe_2Cl_6 + N_2O_2.$$

Die Bestimmung kann, ausgehend von zwei verschiedenen Grundgedanken, in zwei verschiedenen Weisen ausgeführt werden.

1. Entweder setzt man der durch Schwefelsäure zersetzten Lösung des Nitrates so lange eine Eisenvitriollösung von bestimmtem Gehalt zu, bis das zugesetzte Eisenoxydul nicht mehr in Oxyd verwandelt wird und berechnet aus der Menge der verbrauchten Eisenlösung die Menge der vorhandenen Salpetersäure (Grossart, Mohr); oder 2. man wendet einen Ueberschuss von Eisensalz an und berechnet aus dem noch als Oxydul vorhandenen Reste des Eisens die Salpetersäure oder bestimmt die Menge des gebildeten Eisenoxydes direct (Pelouze, Fresenius, Braun).

Beide Wege wurden betreten, mit Erfolg aber nur der zweite.

a. Das Nitrat wird durch überschüssiges Eisenoxydulsalz zersetzt und das noch unzersetzt vorhandene Eisenoxydul bestimmt.

Diese Methode rührt von Pelouze ††) her und war die erste

*) Journ. f. prakt. Chem. **40**, 324.
) Compt. rend. **24, 212.
***) Compt. rend. 1847, p. 1.
†) Compt. rend. **24**, 212; Journ. f. prakt. Chem. **40**, 324.
††) Annal. d. Chem. u. Pharm. **106**, 217.

brauchbare und rationelle, welche auf die oxydirenden Eigenschaften der Salpetersäure, d. h. deren Reduction zu Stickoxyd gegründet wurde.

Hat man das unbekannte Nitrat auf eine bekannte Menge von Eisenoxydulsalz wirken lassen, so kann man aus dem nicht oxydirten Rest, der nach Marguerite's*) Methode mit Chamäleonlösung titrirt wird, die Menge der Salpetersäure berechnen. Sie ist also eine Restmethode.

Pelouze (a. a. O.) bediente sich einer salzsauren Lösung von Eisenchlorür, die er darstellt, indem er in der Wärme 2 Grm. Clavierdraht in 80—100 CC. concentrirter Salzsäure in einem 150—200 CC. fassenden Kölbchen auflöst, welch' letzteres durch einen Stopfen verschlossen wird, der in der Mitte mit einer ausgezogenen Glasröhre versehen ist. Nach erfolgter Lösung bringt man 1,2 Grm. Salpeter hinzu und erhitzt nach wieder aufgesetztem Kork rasch zum Sieden. Bald verliert die Flüssigkeit ihre braune Farbe, sie wird gelb und nach 5—6 Min. langem Kochen endlich ganz durchsichtig, worauf man (sammt dem Spülwasser) die Flüssigkeit in einen Kolben giesst und fast bis auf 1 Liter verdünnt. Durch Titriren mit Kaliumhypermanganat bestimmt man das noch vorhandene Eisenchlorür und berechnet daraus die Menge der Salpetersäure.

Pelouze erkannte sehr wohl, dass bei der ganzen Operation die Luft ausgeschlossen sein muss und er hielt dafür, dass anfangs der entweichende Wasserstoff, dann der beim Erhitzen der Lösung sich bildende Dampf ausreiche, um den Luftzutritt zu hindern.

Andere Chemiker, die sich später mit dieser Methode beschäftigten, Fr. Mohr**), Abel und Bloxam***), Fresenius†), fanden übereinstimmend, dass seine die Ausführung betreffende Vorschrift unzuverlässige, zuweilen gute, zuweilen unrichtige Resultate gibt. Es hängt bei dieser Arbeit Alles von der richtigen und exacten Ausführung ab.

Es sind dabei eine Menge Fehlerquellen, welche störend auf das Resultat wirken und zwar folgende:

1. Vor allem die Einwirkung der Luft auf das im Kolben befindliche Stickoxyd, wodurch Salpetersäure regenerirt wird.

---

*) Annal. d. Chim. et d. Pharm. **18**. 244.

**) Lehrb. d. Titrirmethode. 3. Aufl. p. 199.

***) Quart. Journ. of the Chem. Soc. **9**, 97; Journ. f. prakt. Chem. **69**, 262.

†) Ann. d. Chem. und Pharm. **106**, 217; Anleit. z. quant. chem. Anal. 6. Aufl. p. 519.

2. Nicht vollständiges Austreiben des Stickoxydes aus der Flüssigkeit, wodurch mehr Chamäleon reducirt wird, besonders bei verdünnten Flüssigkeiten.

3. Entweichen der Salpetersäure, bevor sie noch auf das Eisenchlorür gewirkt hat, also bei raschem Kochen der Flüssigkeit nach Zusatz des Nitrates und bei relativ geringem Ueberschuss von Eisenchlorür.

4. Etwa ein Verlust von Eisen durch Ueberspritzen bei unvorsichtigem Kochen.

Um diese Klippen zu vermeiden, hat Fresenius*) das folgende modificirte Verfahren mit Erfolg eingeschlagen:

Man nehme eine tubulirte Retorte von etwa 200 CC. Inhalt mit langem Hals, der schräg nach aufwärts gerichtet ist. Darinnen löst man 1,5 Grm. weichen Eisendraht in 30—40 CC. reiner rauchender Salzsäure und leitet jetzt einen Strom von Wasserstoff durch. Der Hals der Retorte wird mit einem U-förmigen, etwas Wasser enthaltenden Rohre verbunden und die Retorte bis zur Lösung des Eisens im Wasserbad erwärmt. Man lässt im Wasserstoffstrom erkalten und wirft durch den Hals der Retorte das in einem Glasröhrchen befindliche abgewogene Nitrat (entsprechend 0,2 Grm. Salpetersäure) hinein. Nachdem die Verbindung mit dem U-förmigen Rohr hergestellt ist, erhitzt man die Retorte im Wasserbad etwa $^1/_4$ Stunde lang, bis die dunkle Lösung die Farbe des Eisenchlorides angenommen hat. Nach dem Erkalten im Wasserstoffstrom bestimmt man den Rest des Eisenoxyduls mit Chamäleon.

Eigene Versuche.

Ich führte einige Bestimmungen ganz nach dem von Fresenius angegebenen Verfahren aus, nur ersetzte ich den Wasserstoff durch einen Kohlensäurestrom, was schon Rose**) vorgeschlagen hat.

Die Kohlensäure wurde aus einem Kipp'schen Apparat entwickelt. — Ich fand jene Apparate, wie sie noch in manchen Laboratorien angewendet werden und welche aus einer Woulf'schen Flasche mit einem bis auf den Boden reichenden Trichterrohr zum Nachgiessen von Säure bestehen, zu diesen Bestimmungen wegen der Verunreinigung der Kohlensäure mit mitgerissener atmosphärischer Luft durch unvorsichtiges Nachgiessen ganz unbrauchbar. Meine dahin einschlägigen Versuche sind

*) Loc. citat.

**) Diese Zeitschr. 1, 304.

weiter unten angegeben. Zur Analyse wurde chemisch reiner, bei möglichst niedriger Temperatur geschmolzener Salpeter angewendet.

Ein CC. meiner Chamäleonlösung war erforderlich um 0,01865 Grm. Eisen aus dem Zustande des Oxyduls in Oxyd überzuführen.

a) Eisen 1,4154 Grm.; Salpeter 0,4085; Chamäleon 39,1 CC.; gefunden Salpeter 0,4129. — Zu viel Salpeter um 0,0044 Grm.

b) Eisen 1,5146 Grm.; Salpeter 0,3860; Chamäleon 46,7 CC.; gefunden Salpeter 0,3878. — Zu viel 0,0014 Grm. Salpeter.

c) Eisen 1,5673 Grm.; Salpeter 0,4626; Chamäleon 42,5 CC.; gefunden Salpeter 0,4662. — Zu viel 0,0036 Grm. Salpeter.

Die von mir erhaltenen Zahlen stimmen vollständig mit den von Fresenius erhaltenen; auch er findet etwas mehr Salpeter, als er zur Analyse anwandte, doch ist der Fehler nicht gross.

Ich muss ausdrücklich hervorheben, dass ein Erwärmen im Wasserbad gar nicht nothwendig ist, sondern die Retorte nur durch ein Drahtnetz vor der directen Einwirkung der Flamme zu schützen ist. Auch kann man sogleich nach dem Eintragen des Salpeters in die erkaltete Lösung mit dem Erwärmen beginnen und dieses braucht nicht allzu ängstlich vorgenommen zu werden; einen unvollständigen Verlauf der Reaction hat man bei genügendem Eisenüberschuss nicht zu fürchten. Die Zersetzung der Salpetersäure geht sehr leicht und vollständig vor sich. — Ein Uebelstand dieses Verfahrens ist die Einwirkung der Salzsäure auf das Kaliumhypermanganat, welche leicht zu einem Mehrverbrauch von Chamäleon führt; die starke Verdünnung mit Wasser, die natürlich immer vorgenommen werden muss, beseitigt diesen Uebelstand nicht ganz. Es macht auch einige Schwierigkeit, die Farbennüance des Chamäleons in der oxydirten salzsauren Flüssigkeit zu erkennen.

Versuche mit schwefelsaurer Eisenlösung. — Ich stellte mir die Frage, ob es nicht vortheilhaft wäre, die Eisenchlorürlösung durch eine Eisenvitriollösung zu ersetzen und die Salzsäure durch Schwefelsäure, um jene Fehler zu beseitigen, welche bei dem vorher beschriebenen Verfahren durch die Anwendung von Salzsäure bedingt werden.

Diese Modification hatten schon Abel u. Bloxam*) versucht, sie aber wieder aufgegeben, indem sie durch zwei wesentliche Uebelstände,

*) Quart. Journ. of the Chem. Soc. 9, 97; Journ. f. prakt. Chem. 69, 262.

die jetzt hervortreten, abgeschreckt wurden, die Versuche weiter zu verfolgen. Sie beobachteten die Ausscheidung eines schwer löslichen Eisenoxydsulfates, welches beim Kochen ein Stossen der Flüssigkeit veranlasst; auch lasse sich das Stickoxyd aus einer solchen Lösung noch viel schwieriger austreiben, als aus salzsaurer Lösung. Sie behaupten ferner, dass auch bei einem grossen Ueberschuss von Schwefelsäure in der Lösung nicht alle Salpetersäure zersetzt wird und selbst nach fortgesetztem Kochen in der Flüssigkeit noch Salpetersäure sich nachweisen lasse.

Ich muss bemerken, dass Abel und Bloxam alle diese Versuche nicht bei völligem Abschluss von Luft gemacht haben und auch bei Anwendung von Salzsäure keine richtigen Resultate erhalten konnten.

Diese Angaben schienen daher nicht ganz zuverlässig und ich stellte, um diese Verhältnisse näher zu studiren, eine Reihe von Versuchen mit Lösungen von verschiedener Concentration an und ermittelte schliesslich die Bedingungen, unter welchen ganz genaue Resultate erhalten werden können, die hinter jenen der Fresenius'schen Methode in keiner Weise zurückstehen.

Zuvor muss ich noch mit Hinweis auf die bei der Besprechung der vorigen Methode gethane Bemerkung nochmals ausdrücklich hervorheben, dass die Kohlensäureapparate älterer Construction, wobei die Säure mittelst eines Trichterrohres auf den am Boden einer Woulf'schen Flasche befindlichen Marmor gegossen wird, gänzlich unbrauchbar sind, indem es bei der grössten Vorsicht unmöglich ist zu vermeiden, dass beim Nachgiessen der Säure Luft in den Apparat gebracht wird. Diese, wenn auch geringe Menge Luft gibt zu einem Fehler ins Plus (bei einigermaassen unvorsichtigem Arbeiten bis zu 10% und mehr) Veranlassung, der einen Fehler als Verlust entweder deckt oder mindestens herabdrückt.

Desgleichen mag hier die Beobachtung, dass Nitrate durch Eisenvitriollösung in verdünnter schwefelsaurer Lösung nur sehr unvollkommen zerlegt werden, eine Stelle finden. Es wurde eine grosse Anzahl von Versuchen angestellt, wobei ich einen grossen Ueberschuss von Eisenvitriol anwendete und das Eisen zu diesem Ende in Schwefelsäure 1:8 bis 1:10 löste. Ich kochte Stunden lang in einer beständigen Kohlensäure-Atmosphäre, um zu sehen, ob die Umwandlung wirklich nicht vollständig gelingen könne. In allen Fällen waren die durch Titriren mit Chamäleon erhaltenen Salpetermengen zu gering, und es konnte in der Eisenlösung noch mit Leichtigkeit Salpetersäure nachgewiesen werden (durch Versetzen einer Probe mit krystallisirtem Eisenvitriol und Zusatz von reiner concentrirter Schwefelsäure; auch sehr deutlich mit Brucin). Diese Verluste sind, wie es in der Natur der Sache liegt, gar nicht constant und deshalb unterlasse ich es, die betreffenden Versuche speciell anzuführen, weil die einzelnen Zahlen gar nichts zeigen würden, und ich begnüge mich, das Resultat von etwa 12 Versuchen mitzutheilen, die unter diesen Bedingungen angestellt waren und bei denen sich ein Abgang von 6 % und darüber ergab.

Analoge Versuche stellte ich sodann mit concentrirteren Lösungen in dem von Fresenius (p. 273) beschriebenen Apparat an. Es zeigte sich sofort bei den ersten Versuchen, dass das Entfernen des in der Eisenvitriollösung absorbirten Stickoxydes durch Kochen sehr schwierig, bedeutend schwieriger als bei einer salzsauren Lösung stattfinde; dieser Umstand würde, wenn ihm nicht abgeholfen werden könnte, die Anwendbarkeit der Eisensulfatlösung in Frage stellen. Von der Erfahrung ausgehend, dass alle Gase aus Flüssigkeiten viel leichter entfernt werden können, wenn ein anderes Gas continuirlich dasselbe durchstreicht, wodurch mechanisch die absorbirten Gase mitgerissen werden, wendete ich dasselbe Princip auf die stickoxydhaltige Eisenlösung an und leitete durch die kochende Lösung einen ziemlich raschen Kohlensäurestrom in kleinen Blasen.

Zu diesem Ende war das durch den Tubus in die Retorte reichende Rohr in eine feine Spitze ausgezogen und reichte bis auf den Boden der Retorte, so dass das in dieselbe eintretende Kohlensäuregas die Eisenlösung passiren musste.

Ich nahm also dabei darauf besonders Rücksicht, dass die Eisensulfatlösung möglichst concentrirt sei; der Concentration der Schwefelsäure war aber eine Grenze gesetzt, denn erstlich fällt concentrirte Säure aus der Eisenlösung wasserfreies Salz und zweitens greift sie nicht das Eisen an, welches man zur Erzeugung von Eisenvitriol in möglichst wenig verdünnter Schwefelsäure in der Retorte auflösen muss. Die beste Concentration zur Lösung des Eisens ist etwa 1 : 3 bis 1 : 4. In die Lösung trug ich den Salpeter ein. Das Eintragen des Salpeters in die Eisenlösung erfordert auch einige Cautelen, um jeden Luftzutritt auszuschliessen. Blosses Lüften des Korkes und Hineinwerfen des in einem Glasröhrchen befindlichen Salpeters genügt nicht, denn das Röhrchen darf nicht zu eng sein, damit die Vermischung des Nitrates mit der Eisenlösung nicht zu langsam erfolge, und bei einem weiten Glasrohr ist auch ein bedeutendes Lüften des Korkes nothwendig.

Der Gedanke, an das Röhrchen einen Platindraht zu befestigen (durch Einschmelzen) und es über die Flüssigkeit zu hängen, bis das Eisen gelöst ist, dann aber nach dem Erkalten der Lösung durch ein geringes Heben des Pfropfens hineinfallen zu lassen, lag nahe; dagegen war ein Verlust durch Einwirkung beim Kochen etwa emporgerissener Schwefelsäure auf das Nitrat zu fürchten, wie denn auch Abel und Bloxam diese Voraussetzung experimentell nachgewiesen haben und den Verlust bis 6% angeben.

Alle diese Fehlerquellen beseitigte ich auf folgende Weise. Ich brachte das an einem Platindraht befestigte Glasröhrchen nach erfolgter Lösung des Eisens und dem Erkalten der Flüssigkeit in die Retorte, tauchte es jedoch nicht ein, sondern fixirte es durch Festklemmen des Drahtes mittelst des wieder im Tubulus eingesetzten Korkes und leitete jetzt einige Zeit Kohlensäure durch zur Verdrängung der dabei eingedrungenen Luft; durch vorsichtiges Lüften des Korkes wurde dann das Röhrchen in die Flüssigkeit fallen gelassen, unter beständigem Durchleiten von Kohlensäure.

Die Einwirkung von Luft war somit völlig ausgeschlossen.

Ich theile folgende Analysen als Beleg für die Brauchbarkeit der Methode bei Anwendung von schwefelsaurer Eisenlösung mit; die einzuhaltenden Bedingungen sind unten besprochen, desgleichen jene Fälle, die einen günstigen Verlauf zulassen.

a) Eisen 1,4077 gelöst in Schwefelsäure; Chamäleon 38,60 CC. Salpeter 0,4281; gef. Salpeter 0,4271. — Verlust 0,0010 Grm. Salpeter.

b) Eisen 1,3047; Chamäleon 38,10 CC.; Salpeter 0,3708; gefunden 0,3706 Salpeter. — Verlust 0,0002 Grm. Salpeter.

c) Eisen 1,2330; Chamäleon 32,5 CC.; Salpeter 0,3900; gefunden Salpeter 0,3894. — Verlust 0,0006 Grm. Salpeter. Bei den Versuchen a, b, c zeigte 1 CC. Chamäleonlösung 0,01808 Grm. metallisches Eisen an.

d) Eisen 0,9140; Chamäleon 18,4 CC.; Salpeter 0,4388; gefunden Salpeter 0,4370. — Verlust 0,0018 Grm. Salpeter.

e) Eisen 0,9734; Chamäleon 31,0 CC.; Salpeter 0,3951: gefunden Salpeter 0,3942. — Verlust 0,0009 Grm. Salpeter.

Bei den Versuchen d, e zeigte 1 CC. Chamäleon 0,001027 Grm. Eisen an.

Die Bedingungen, welche einzuhalten sind, um bei Anwendung von schwefelsaurer Eisenlösung gute Resultate zu erhalten und der Gang, der bei den eben angeführten Analysen eingehalten wurde, sind im Folgenden angegeben. Ich bediente mich des p. 276 beschriebenen Apparates, welcher ein Durchstreichen von Kohlensäure durch die erhitzte Eisenlösung in der Retorte ermöglicht. Der chemisch reine Salpeter wurde in der oben beschriebenen Weise in die erkaltete Eisenlösung, welche freie Schwefelsäure enthielt, eingetragen und eine Stunde lang bei gewöhnlicher Temperatur stehen gelassen, wonach dann das Maximum der Bräunung durch das entstandene Stickoxyd eintritt; dann muss unter beständigem Durchleiten von Kohlensäure zum lebhaften Kochen erhitzt werden, bis die Farbe der Lösung rein gelb ist, d. h. jene des reinen Eisenoxydsulfates angenommen hat. Nach dem Erkalten verdünnt man mit Wasser (es ist beiweitem nicht soviel erforderlich, als bei einer Eisenchlorürlösung und freier Salzsäure) und titrirt mit Chamäleon.

Es ist eine merkwürdige Erscheinung, dass man das Stickoxyd nicht leicht aus der Lösung entfernen kann, wenn zu wenig Flüssigkeit in der Retorte ist; abgesehen von dem dann erst auftretenden, sehr lästigen Stossen, geht das Stickoxyd aus der concentrirten Lösung viel schwerer weg als aus einer verdünnten, und die letzten Spuren von Stickoxyd lassen sich oft nur dadurch entfernen, dass man etwas Wasser durch den Retortenhals zufliessen lässt und mit dem Kochen fortfährt. — In wenigen Minuten wird die braune Färbung verschwinden.

Die Angabe Abels und Bloxams (a. a. O.) kann ich nicht bestätigen, nach welcher ein sich bildendes schwer lösliches Eisenoxydsulfat ein Stossen der Flüssigkeit beim Kochen veranlasst. Allerdings stösst die Flüssigkeit beim Kochen, wenn die Eisenlösung zu concentrirt ist; es bildet sich aber dann Eisenoxydulsulfat, welches sich beim Eintragen des Salpeters wieder löst. Erst beim starken Eindampfen zeigt sich das Stossen wieder; beim richtigen Gang der Analyse kommt es eben nicht dazu. Die von den genannten Chemikern gemachte Beobachtung, aus Eisenoxydulsulfatlösungen entweiche das Stickoxyd schwieriger, als aus Chlorürlösungen, hat seine volle Richtigkeit. Das Durchleiten von Kohlensäure beschleunigt aber das Entweichen des Gases sehr.

Zum Gelingen der Operation ist es nothwendig, die Reaction zwischen dem Salpeter und der Eisenvitriollösung zuerst in der Kälte verlaufen zu lassen. Dies zeigten mir nachstehende Versuche, bei welchen ich die Reaction gleich anfänglich durch die Wärme unterstützte.

a) Eisen 0,9727; Chamäleonlösung 30,75 CC.; gefunden 0,2507, angewendet 0,2572 Salpeter. — Verlust 0,0065 Grm. Salpeter.

b) Eisen 1,0843; Chamäleon 28,6 CC.; Salpeter 0,3502; gefunden 0,3413 Salpeter. — Verlust 0,0089 Grm. Salpeter.

c) Eisen 1,2188; Chamäleon 31,05 CC.; Salpeter 0,4035; gefunden 0,3955. — Verlust 0,0080 Grm. Salpeter.

Ein Cub.-Cent. Chamäleonlösung zeigte 0,01808 Grm. metallisches Eisen an.

Bei diesen Versuchen erhitzte ich die Eisenlösung sofort nach dem Eintragen des Salpeters und verfuhr im Uebrigen wie auf p. 278 beschrieben. Es machen sich grössere Verluste, als bei obiger Versuchsreihe, geltend.

Die Vermuthung, dass ein Theil der Salpetersäure nicht in Stickoxyd, sondern in eine an Sauerstoff reichere Stickstoffverbindung verwandelt wurde, liegt nahe und folgende Analysen machten sie mir zur Gewissheit.

d) Eisen 0,8305; Chamäleon 32,7 CC.; Salpeter 0,1592; gefunden 0,1440 Salpeter. — Verlust 0,0152 Grm. Salpeter.

e) Eisen 1,1679; Chamäleon 45,5 CC.; Salpeter 0,2264; gefunden 0,2077 Salpeter. — Verlust 0,0187 Grm. Salpeter.

Ein Cubik-Centimeter Chamäleon entspricht 0,01808 metallischem Eisen. Bei beiden Versuchen wurde der Salpeter in die nahezu kochende Flüssigkeit eingetragen. Es fand eine sehr heftige Reaction statt und starke rothe Dämpfe traten auf, obwohl Luft gänzlich ausgeschlossen war. Hiermit ist deutlich gezeigt, dass die Reaction bei raschem Verlauf unvollständig ist.

Schliesslich muss ich noch eines anderen Apparates zu diesen Bestimmungen erwähnen, der mir bequemer erscheint und den ich daher dem oben beschriebenen vorziehe. Ich nehme die Zersetzung nicht in einer Retorte, sondern in einem Kölbchen vor, welches durch einen zweifach durchbohrten Pfropfen verschlossen ist.

Die eine Bohrung enthält eine rechtwinklig gebogene, in eine Spitze ausgezogene Glasröhre, die bis zum Boden des Kölbchens reicht, während die zweite Bohrung ein aufwärts gerichtetes trompetenförmig erweitertes Rohr trägt (damit beim Kochen etwa mitgerissene Flüssigkeitstheilchen wieder ins Kölbchen zurückfliessen). Der zweite Schenkel dieses Rohres ist nach abwärts gebogen und taucht unter Wasser, wodurch nicht nur der Apparat gegen Luftzutritt geschützt ist, sondern auch der Gang der Gasentwicklung leicht beobachtet werden kann.

Durch die erste der beiden beschriebenen Röhren wird Kohlensäure geleitet.

In das Kölbchen wird eine abgewogene Menge schwefelsaures Eisenoxydulammon eingetragen und in überschüssiger verdünnter Schwefelsäure (1 : 3 bis 1 : 4) in der Wärme gelöst. Nach erfolgter Lösung entfernt man die Flamme und hängt das zu bestimmende Nitrat, welches sich in einem Glasröhrchen befindet, das an einem Platindraht befestigt ist, in der oben beschriebenen Weise über die Flüssigkeit unter beständigem Durchleiten von Kohlensäure. Das Nitrat wird erst nach dem vollständigen Erkalten der Flüssigkeit hineinfallen gelassen und dann in der p. 278 angegebehen Weise weiter vorgegangen.

Der Vollständigkeit halber erwähne ich, dass es nicht angeht, in der Weise zu verfahren, dass man das Kölbchen mit einem dreifach durchbohrten Kautschukstopfen verschliesst und durch die dritte Bohrung ein durch einen Hahn verschliessbares Trichterrohr gehen lässt, durch welches man, nachdem sowohl Nitrat als das Eisensalz in Wasser gelöst sind, concentrirte Schwefelsäure zufliessen lässt. Es wird 1. leicht Luft mitgerissen und 2. kann durch die beim Vermischen der Schwefelsäure mit Wasser entstehende erhöhte Temperatur ein Verlust an Salpetersäure stattfinden (vergl. p. 278); diese beiden Fehler können sich gegenseitig wohl compensiren, aber das Verfahren bleibt fehlerhaft, während das früher beschriebene die genauesten Resultate gibt.

Als Belege theile ich folgende Analysen mit (nach der ersten Methode):

a) Schwefelsaures Eisenoxydulammon 9,0839; Chamäleon 35,4 CC., Salpeter 0,4209, gefunden 0,4194. — Verlust 0,0015 Grm. Salpeter.

b) Schwefelsaures Eisenoxydulammon 7,2393; Chamäleon 30,5 CC., Salpeter 0,3162, gefunden 0,3154 Salpeter. — Verlust 0,0008 Grm. Salpeter.

Die Resultate dieser Versuche kommen, was ja ganz selbstverständlich ist, mit denen auf p. 277 angeführten ganz überein.

Auf die Frage: «Ist die Anwendung einer salzsauren Lösung von Eisenchlorür oder einer schwefelsauren Eisenlösung empfehlenswerther?» muss ich der Anwendung von Eisenchlorür (am besten erzeugt durch

Lösen von reinem schwefelsauren Eisenoxydulammon in Salzsäure) den Vorzug geben, obschon die Anwendung der Eisensulfatlösung an Genauigkeit jener in nichts nachsteht. Der Grund hierfür liegt in der rascheren Beendigung der Reaction in salzsaurer Lösung und in der Thatsache, dass das Stickoxyd aus einer salzsauren Lösung weit leichter entweicht, als aus einer schwefelsauren. Die Analyse ist also rascher zu beendigen und man braucht nicht ängstlich eine bestimmte Concentration der Salzsäure einzuhalten, wie dies bei der Schwefelsäure nothwendig ist, und auch nicht einen Verlust bei einigermaassen raschem Verlauf zu fürchten. Diese Vortheile gegenüber der Anwendung einer schwefelsauren Eisenlösung lassen den geringen Titrirungsfehler in Folge der Anwesenheit der Salzsäure in den Hintergrund treten.

Im Anschlusse an diese Methode erwähne ich meine Beobachtungen über einige Mittel, die dazu dienen sollen, die Erkennung der Endreaction beim Titriren mit Chamäleon zu erleichtern. Finkener*) gibt an, dass der nachtheilige Einfluss der Salzsäure beim Titriren von Eisenchlorür mit übermangansaurem Kali durch Zusatz von Flusssäure und Kaliumsulfat vernichtet werde.

Follenius**) fand diese Angaben nicht bestätigt und den Zusatz ganz ohne Wirkung. Meine in dieser Richtung angestellten Versuche bestätigten dies vollständig. Es tritt ein starker Chlorgeruch auf, nach dem Zusatz von Fluorkalium und Kaliumsulfat sowie ohne denselben.

In Eisensulfatlösung aber bewirkt der Zusatz eine hellere Färbung der Oxydlösung und die rothe Nüance, welche die Endreaction anzeigt, ist leichter zu erkennen. Hier jedoch scheint die Flusssäure wieder überflüssig zu sein, weil ein Zusatz von Kaliumsulfat allein ebenfalls eine hellere Färbung bewirkt. Diese Erscheinung halte ich durch Bildung von Eisenalaun verursacht; es scheint sich jedoch das Eisenoxydsulfat nicht vollständig mit dem Kaliumsulfat zu Eisenalaun zu verbinden, weil die Farbe der Flüssigkeit auch nach Zusatz eines bedeutenden Ueberschusses von Kaliumsulfat noch deutlich gelb bleibt. Ich kann also den Zusatz dieses Salzes zu der mit Chamäleon zu titrirenden Eisensulfatlösung empfehlen, als vortheilhaft zur leichteren Erkennung der Endreaction.

---

*) Rose's Handb. d. quant. Anal. 1872, p. 927.

) Diese Zeitschr. **11, 177.

b. Das Nitrat wird durch überschüssiges Eisenoxydulsalz zersetzt und das gebildete Eisenoxyd direct bestimmt.

Bei der Pelouze'schen Methode wird das durch die Salpetersäure gebildete Eisenoxyd indirect, d. h. aus der Menge des noch als Oxydul vorhandenen Eisens bestimmt, wobei man eine grosse Menge überschüssiges Eisenoxydul titriren muss. Eine unmittelbare Folge hiervon ist, dass man sowohl bei der Titerstellung der Chamäleonlösung, wie bei ihrer späteren Verwendung, nicht minder bei der Abwägung des Eisens und dessen Lösung sehr sorgfältig arbeiten muss, wenn man genaue Resultate erzielen will. Erfüllt man diese Bedingungen, so lassen die Resultate, wie im Vorigen gezeigt wurde, nichts zu wünschen übrig. — Diese Schwierigkeiten fallen ganz weg, wenn man das gebildete Eisenoxyd direct bestimmt, und dann werden zugleich alle Uebelstände, die mit der Titrirung (mittelst Chamäleons) einer salzsauren Eisenlösung oder andererseits mit der Anwendung einer schwefelsauren Lösung verbunden sind, beseitigt. Es ist somit besser, das entstandene Eisenoxyd direct zu bestimmen, um die genannten Fehlerquellen zu eliminiren.

Braun*), der dies Princip zuerst anwandte, bestimmte das Eisenoxyd durch Titriren mit Jodkalium. Fresenius**) schlug zu demselben Ende Zinnchlorür vor und machte dadurch die Methode zu einer sehr genauen. Er bringt das Nitrat mit einer Lösung von Eisenvitriol in Salzsäure (deren Oxydgehalt er zuvor bestimmt) in einen langhalsigen Kolben, auf den ein doppelt durchbohrter Pfropf passt; derselbe trägt zwei Glasröhren, von denen die eine fast bis zum Boden des Kolbens reicht, während die andere nur wenig einragt. Man leitet Kohlensäure durch den Kolben, erhitzt dann allmählich bis zum Sieden, bis sich die reine Farbe des Eisenchlorides eingestellt hat. Man nimmt jetzt den Kork weg, spült die Röhren ab und bestimmt das Eisenchlorid mit Zinnchlorür. Ein Ueberschuss von Zinnchlorür wird mit Jodlösung zurücktitrirt, nachdem zuvor die Flüssigkeit im Kohlensäurestrom erkaltet ist.

Eigene Versuche.

Zu meinen nachstehenden Versuchen, die nach dieser Methode ausgeführt wurden, bediente ich mich des p. 279 angegebenen Apparates.

*) Journ. f. prakt. Chem. 81, 421.

**) Diese Zeitschr. 1, 26.

Die Zinnchlorürlösung bereitete ich nach Fresenius*) durch Lösen von reinem Zinn in Salzsäure von 1,12 spec. Gewicht, und 1 Vol. davon wurde mit 3 Vol. Salzsäure und 6 Vol. Wasser vermischt.

1 CC. dieser Lösung entsprach 0,01922 Eisen, d. h. war hinlänglich, um 0,01922 Grm. metallisches Eisen aus dem Zustande des Oxydes in den des Oxyduls überzuführen. Von der Jodlösung zum Zurücktitriren des Zinnchlorürs unter Anwendung von Stärkekleister als Indicator entsprach 1 CC. Zinnchlorür 5,4 CC. der Jodlösung.

Anstatt eine grössere Menge Eisenvitriol in Salzsäure zu lösen und bei jedesmaligem Gebrauch den Oxydgehalt zu bestimmen, zog ich vor, jedesmal in dem mit Kohlensäure gefüllten Kölbchen eine beiläufig gewogene Menge reines schwefelsaures Eisenoxydulammon aufzulösen, wodurch eine oxydfreie Lösung erzielt wurde. Ich trug also in das Kölbchen etwa 10 Grm. des Eisendoppelsalzes ein und goss etwa 50 CC. Salzsäure (spec. Gewicht 1,07) nach, während beständig Kohlensäure den Apparat durchstrich; nach erfolgter Lösung wurde der in einem Röhrchen befindliche Salpeter mit der gehörigen Vorsicht eingetragen und das Stickoxyd durch Kochen ausgetrieben. Jetzt wurde der Pfropfen weggenommen, abgespült und nach dem Verdünnen mit dem doppelten Volumen Wasser in die ganz heisse Eisenlösung so lange Zinnchlorür getröpfelt, bis die gelbliche Lösung ganz farblos geworden. Der Pfropf wird dann wieder aufgesetzt und im Kohlensäurestrom erkalten gelassen.

Die Menge des überschüssig zugesetzten Zinnchlorürs wird mit der Jodlösung ermittelt und als Indicator Stärkekleister zugesetzt. Das überschüssige Zinnchlorür wird in Abrechnung gebracht.

a) Salpeter 0,2135; Zinnchlorür 18,6 CC.; Jodlösung 1 4 CC., entsprechend 0,25 CC. Zinnchlorür; gefunden 0,2121 Salpeter. — Verlust 0,0014 Grm. Salpeter.

b) Salpeter 0,2287, Zinnchlorür 30,3 CC., Jodlösung 3 1 CC., entsprechend 0,57 CC. Zinnchlorür; gefunden 0,2281 Salpeter. — Verlust 0,0006 Grm. Salpeter.

c) Salpeter 0,1687, Zinnchlorür 15,2 CC., Jodlösung 4,4 CC., entsprechend 0,81 CC. Zinnchlorür; gefunden 0,1663 Salpeter. — Verlust 0,0024 Grm. Salpeter.

d) Salpeter 0,3255, Zinnchlorür 28,6 CC., Jodlösung 2,8 CC., entsprechend 0,52 CC. Zinnchlorür; gefunden 0,3246 Salpeter. — Verlust 0,0009 Grm. Salpeter.

*) Anleit. z. quant. chem. Anal. VI. Aufl., p. 290.

Diese Methode liefert also sehr exacte Resultate und ist jedenfalls die rationellste unter jenen Methoden, nach welchen die Salpetersäure aus der Menge des oxydirten Eisens berechnet wird, weil letzteres direct bestimmt wird und alle Fehler, welche den Restmethoden anhaften, ausgeschlossen sind. Besonders bei der Bestimmung kleiner Mengen von Salpetersäure tritt dieser Unterschied deutlich hervor, denn da wird die Pelouze'sche Methode unsicher, während dieser Umstand die Resultate dieser Methode nicht beeinflusst.

c. Die Salpetersäure wird durch Titriren mit einer Eisenoxydullösung bestimmt.

Grossart*) suchte zuerst die Salpetersäure durch Wechselwirkung derselben mit schwefelsaurer Eisenoxydullösung zu bestimmen. Er führt dies in der Art aus, dass er das Salz mit Schwefelsäure mischt und durch eine titrirte Lösung von Eisenvitriol zersetzt, bis ein herausgenommener Tropfen Ferridcyankalium bläut.

Fr. Mohr**) schlug später ein eigenthümliches Verfahren für technische Zwecke vor, welches auf einem ähnlichen Principe beruht. Mohr trägt 1 Grm. Nitrat in 100 CC. einer Mischung von Schwefelsäure und Wasser (1 zu 9) ein und fügt zunächst 5—10 CC. Eisenlösung (200 Grm. Eisenvitriol, 100 CC. conc. Schwefelsäure mit Wasser zu 1 Lit. verdünnt) hinzu und erwärmt auf 70—80^0 C. Die Flüssigkeit wird bräunlich und in dem Maasse immer lichter, als Stickoxyd entweicht, schliesslich gelb und dann fügt man aus einer Bürette so lange Eisenlösung zu, bis die beim Eintröpfeln entstandene Färbung beim Umrühren verschwindet. Die Färbung entsteht dadurch, dass, sobald alle Salpetersäure zersetzt ist, das Eisenoxydulsalz nicht mehr in Oxyd überzugehen vermag, also mit dem in der Flüssigkeit gelösten Stickoxyd eine Färbung veranlasst. Bei fortgesetztem Kochen verschwindet diese Färbung, weil die lose Verbindung alsdann zerlegt wird.

Mohr's Methode wurde von Fresenius***) verworfen, weil die Endreaction nicht genau zu erkennen ist und die Zerlegung der letzten Reste der Salpetersäure langsam verläuft.

Eigene Versuche.

Die Titrirung der Salpetersäure mit Indigolösung hat mit dem erwähnten Verfahren grösste Aehnlichkeit; auch dort wird in die mit

*) Compt. rend. 1847, p. 1.

**) Dingler's polyt. Journ. 160, 219.

***) Diese Zeitschr. 1, 24.

Schwefelsäure versetzte Lösung des Nitrates die zu oxydirende Lösung gebracht; die Endreaction ist sehr deutlich. Eine grosse Fehlerquelle haben beide Methoden gemeinsam, die Verflüchtigung der Salpetersäure aus der schwefelsauren heissen Lösung, welche dadurch für den Versuch verloren geht. Für die Indigotitrirung hat Dr. Bemmelen*) diesen Uebelstand beseitigt. Ich versuchte es auch für diese Methode.

Zuerst stellte ich einige Versuche nach den oben beschriebenen Methoden an; dieselben zeigten bald die Unverlässlichkeit derselben.

Meine nach Mohr's Vorschrift dargestellte Eisenvitriollösung enthielt per Cubikcentimeter 0,16921 Grm. Eisenvitriol ($FeSO_4 + 7$ aq.), wie durch eine sorgfältige Chamäleontitrirung dargethan wurde; also entspräche 1 CC., wenn die Reaction glatt und vollkommen verlaufen würde, 0,02051 Grm. Salpeter.

Ich verbrauchte nach Mohr's Angabe arbeitend, weniger Eisenlösung.

a) Salpeter 1,0365, Eisenlösung 37,1 CC.
b) Salpeter 1,0037, Eisenlösung 36,3 CC.
c) Salpeter 0,5341, Eisenlösung 20,6 CC.
d) Salpeter 0,4988, Eisenlösung 20,0 CC.
e) Salpeter 0,2014, Eisenlösung 10,1 CC.

Man sieht aus diesen Zahlen, dass nicht jene Menge Eisenlösung verbraucht wurde, welche nach der Voraussetzung einer vollständigen Oxydation hätte verbraucht werden sollen, z. B.: beim Versuch a) hätten etwa 50 CC. Eisenlösung zugesetzt werden sollen; auch sind die erhaltenen Zahlen durchaus nicht constant.

Es zeigt sich auch, dass bei Anwesenheit kleiner Mengen Salpeter verhältnissmässig mehr Eisenlösung verbraucht wird, als bei mehr. Fresenius legt grosses Gewicht auf die undeutliche Endreaction und fand darin einen Hauptgrund der variirenden Resultate.

Ich versuchte daher die von Grossart vorgeschlagene Tüpfelprobe mit Ferridcyankalium; ich setzte so lange Eisenlösung zu, bis ein herausgenommener Tropfen mit Ferridcyankalium eine deutliche Reaction gab und fand folgende Zahlen.

f) Salpeter 1,2689; Eisenlösung 42,7 CC.
g) Salpeter 1,0643; Eisenlösung 42,1 CC.
h) Salpeter 0,4732; Eisenlösung 23,4 CC.
i) Salpeter 0,5124; Eisenlösung 22,6 CC.

---

*) Diese Zeitschr. **10**, 136.

Dieses Verfahren, die Endreaction zu erkennen, gab einen beträchtlichen Mehrverbrauch von Eisenlösung, ohne dass jedoch der theoretische Verbrauch erreicht wurde, obschon kein Eisenoxydul mehr höher oxydirt wurde. Ich suchte daher den Verlust in einer wahrscheinlichen, nicht unbedeutenden Verflüchtigung von Salpetersäure und machte daher einige Analysen in der Art, dass ich in die neutrale Salpeterlösung die berechnete schwach saure Eisenlösung eintrug, dann erst concentrirte Schwefelsäure zufliessen liess und aufkochte zur Verflüchtigung des Stickoxydes.

k) Salpeter 0,8423 in Wasser gelöst, Eisenlösung 41 CC. zugesetzt und gekocht, gab mit Ferridcyankalium eine eminente Reaction. Ich verminderte daher die Eisenmenge.

l) Salpeter 0,8467, Eisenlösung 39 CC. Sehr deutliche Reaction mit Ferridcyankalium.

m) Salpeter 0,8403. Eisenlösung 38 CC. Deutliche Reaction.

n) Salpeter 0,8408. Eisenlösung 37 CC. Keine Reaction.

Aus diesen Versuchen ergibt sich, dass wohl ein Theil durch Verflüchtigung verloren geht, aber die gefundene Menge immer noch nicht der Zersetzungsgleichung entspricht. Es muss also ein Theil der Salpetersäure neben Eisenvitriol noch unzersetzt in Lösung sein. Um dies nachzuweisen, wurde

0,8426 Salpeter in Wasser gelöst, 40 CC. Eisenlösung zugesetzt und nach Zusatz von Schwefelsäure das Stickoxyd durch Kochen weggejagt; die Flüssigkeit gab eine sehr deutliche Eisenoxydulreaction. Ein Theil davon wurde in eine Eprouvette gegossen, mit concentrirter Eisenvitriollösung geschichtet und conc. Schwefelsäure zufliessen gelassen: Es zeigte sich eine sehr schöne Salpetersäurereaction.

Die Umsetzung zwischen Eisenoxydul und Salpetersäure geht also nicht vollständig vor sich, wenn nicht das Eisen im Ueberschuss vorhanden ist. Zusatz von sehr viel Schwefelsäure verbessert das Resultat, aber erschwert das Austreiben von Stickoxyd durch Kochen.

Die Fehlerquellen, welche die beschriebene Methode völlig unbrauchbar machen, sind also nach diesen Versuchen

1. Unsicherheit der Erkennung der Endreaction.
2. Verlust von Salpetersäure durch Verflüchtigung.
3. Unvollständige Reaction zwischen Eisenvitriol und Salpetersäure, wenn ersterer nicht im Ueberschuss vorhanden ist.

Alle diese Factoren wirken auf einen Verlust hin, der auch sehr gross ist.

B. Die Salpetersäure wird aus der Menge des zu Chromsäure oxydirten Chromoxydes bestimmt.

Wagner*) gab eine Methode der Salpetersäure-Bestimmung an, bei welcher er sich des Chromoxydes an der Stelle des seit langer Zeit zu demselben Zwecke angewendeten Eisenoxyduls bediente.

Die Thatsache, dass Chromoxyd durch Salpeter in der Schmelzhitze zu Chromsäure oxydirt wird, ist schon lange bekannt, aber dass diese Oxydation ganz vollständig und regelmässig nach der Gleichung

$$Cr_2 O_3 + 2KNO_3 = 2K_2 Cr_2 O_7 + N_2 O_2$$

verläuft, zeigte Wagner zuerst.

Natürlich muss auch diese Operation unter Abschluss von Luft vorgenommen werden. Es ist für diese Methode charakteristisch, dass die Zersetzung des Nitrates nicht in Lösung, sondern in fester Form bei hoher Temperatur vorgenommen wird.

Zur Ausführung dieser Bestimmung bedient man sich einer Glasröhre (Verbrennungsröhre) von etwa 10 Cm. Länge, welche auf der einen Seite etwas ausgezogen ist, um einen Gummischlauch befestigen zu können. Die andere Seite wird glatt abgeschnitten, um eine enge rechtwinklig gebogene Glasröhre mittelst eines durchbohrten Korkes einstecken zu können. — Wagner füllt diese Röhre mit dem Gemenge von Soda, Salpeter und Chromoxyd (0,3 — 0,4 Grm. Salpeter mit circa 3 Grm. Chromoxyd und 1 Grm. Soda).

Jetzt wird die ausgezogene Stelle mit einem constanten Kohlensäureapparat verbunden und das rechtwinklig abwärts gebogene Röhrchen, des Verschlusses gegen äussere Luft wegen, einige Linien tief in Wasser getaucht. Nachdem durch Kohlensäure die Luft aus dem Apparate verdrängt wurde, erhitzt man etwa 10 Minuten lang.

Es entweicht Stickoxyd, welches sich nach seinem Austritt aus dem Wasser mit der atmosphärischen Luft roth färbt.

Die erkaltete Masse wird in Wasser gelöst, filtrirt und im Filtrat die Chromsäure (am besten nach der Rose'schen Methode mit Quecksilberoxydulnitrat) bestimmt. Die Salpetersäure kann nach obiger Gleichung dann leicht berechnet werden.

Eigene Versuche.

Ich stellte zur Prüfung des Verfahrens eine Reihe von Versuchen an, bei denen ich mich des von Wagner angegebenen Apparates bediente.

*) Dingler's polyt. Journ. **200**, 120.

Das Gemenge des Nitrates mit dem Chromoxyd und Soda ziehe ich vor, in einem Schiffchen (wo möglich aus Platin) befindlich in die Glasröhre einzuschieben, wodurch die letztere länger conservirt wird und die Sache bequemer auszuführen erscheint. Nach 10 Minuten langem Erhitzen — unter beständigem Durchleiten von Kohlensäure — liess ich erkalten, zog das Schiffchen heraus und digerirte mit Wasser. Die Chromsäure bestimmte ich entweder nach Rose's Methode, welche ich bei Abwesenheit von Chloriden und Sulfaten allen anderen vorziehe, oder, wenn diese nicht zulässig war, durch Reduction der Chromsäure (mit Weingeist und Salzsäure) zu Chromoxyd und Fällung mit den nöthigen Vorsichtsmaassregeln mit Ammoniak.

Als Belege theile ich folgende Analysen mit, die mit chemisch reinem Salpeter angestellt wurden.

a) Salpeter 0,2548, Chromoxyd gefunden 0,1910, daraus berechnet 0,2527 Grm. Salpeter. — Verlust 0,0021 Grm. Salpeter.

b) Salpeter 0,3118, Chromoxyd 0,2352; gefunden Salpeter 0,3111. Verlust 0,0007 Grm. Salpeter.

c) Salpeter 0,2308, Chromoxyd 0,1735; gefunden Salpeter 0,2295. — Verlust 0,0013 Grm. Salpeter.

d) Salpeter 0,4109, Chromoxyd 0,3013; gefunden Salpeter 0,3983. — Verlust 0,0025 Grm. Salpeter.

e) Salpeter 0,1125, Chromoxyd 0,0845; gefunden Salpeter 0,1108. — Verlust 0,0017 Grm. Salpeter.

Die Resultate sind also auch bei kleinen Mengen in hohem Grade zufriedenstellend.

Wagner gibt an (a. a. O.), bei technischen Zwecken, wobei es auf eine grosse Genauigkeit nicht ankommt, kann man sich eines kleinen Tiegels bedienen, dessen Boden mit doppelt kohlensaurem Natron bedeckt ist. Darüber kommt das Gemenge und schliesslich wieder eine Schicht Bicarbonat. Der Deckel wird dann aufgelegt und mit Thon oder Lehm verschmiert, mit Ausnahme einer kleinen Oeffnung zum Entweichen der Gase. Der Tiegel wird erhitzt und beim Erkalten auch diese Oeffnung verstopft. Wagner bemerkt hierzu, dass das Resultat meist etwas zu hoch ausfalle.

Eigene Versuche.

Nach meinen Versuchen ist der Fehler so bedeutend, dass die auf die letzte Art nach Wagner modificirte Methode auch für technische Zwecke ganz unbrauchbar ist. Dies zeigen nachstehende Analysen.

a) Salpeter 0,2705, Chromoxyd 0,2495; gefunden Salpeter 0,3300. — Zu viel 0,0595 Grm. Salpeter.

b) Salpeter 0,2684, Chromoxyd 0,2563; gefunden Salpeter 0,3390. — Zu viel 0,0706 Grm. Salpeter.

Ich arbeitete dabei mit grösster Vorsicht nach Wagner's Angabe. Es dringt offenbar beim Erkalten Luft ein, welche einen Theil des Chromoxydes in Chromsäure verwandelt.

Ich suchte dem Luftzutritt dadurch vorzubeugen, dass ich die Erhitzung des Gemenges von Nitrat, Chromoxyd und Soda in einem Rose'schen Tiegel vornahm und fortwährend einen raschen Strom Kohlensäure durchleitete. Folgende Analysen wurden so gemacht.

c) Salpeter 0,3618, Chromoxyd 0,2862; gefunden Salpeter 0,3786. — Zu viel 0,0168 Grm. Salpeter.

d) Salpeter 0,3140, Chromoxyd 0,2466; gefunden Salpeter 0,3262. — Zu viel 0,0122 Grm. Salpeter.

Unter Anwendung aller Cautelen lässt sich im Rose'schen Tiegel in einer Kohlensäureatmosphäre der Fehler wohl herabdrücken, allein die völlige Hintanhaltung von Luft ist auch auf diese Art nicht gut möglich und die Resultate sind unbrauchbar.

Die Erhitzung des Salpeters mit dem Chromoxyd und Soda muss also in einer gegen Luft gänzlich abgeschlossenen Glasröhre vorgenommen werden, was ich auch bei allen anderen Versuchen that.

Es blieb jetzt noch zu untersuchen übrig, welchen Einfluss die Anwesenheit solcher Basen hat, die mit Chromsäure unlösliche Salze bilden, z. B. Bleisalze. Der Urheber dieser Methode, R. Wagner, stellte keine diesbezüglichen Versuche an.

Zu diesem Ende bestimmte ich die Salpetersäure in chemisch reinem Bleinitrat (bei 100° C. getrocknet) in der p. 287 beschriebenen Weise. Um der Bildung von Bleichromat entgegenzuwirken, setzte ich der Mischung $^1/_2$ Grm. mehr Soda zu, als bei der Analyse von Salpeter.

a) Bleinitrat 0,4987, Chromoxyd 0,1837; Salpetersäure berechnet 0,1629, gefunden 0,1298. — Verlust 0,0431 Grm. Salpetersäure.

b) Bleinitrat 0,5950, Chromoxyd 0,2486; Salpetersäure berechnet 0,1941, gefunden 0,1757. — Verlust 0,0184 Grm. Salpetersäure.

c) Bleinitrat 0,4783, Chromoxyd 0,1704; Salpetersäure berechnet 0,1560, gefunden 0,1204. — Verlust 0,0356 Grm. Salpetersäure.

Bei allen diesen Versuchen wurde das in Wasser gelöste Chromat bestimmt; es blieb etwas Bleichromat im Rückstand und konnte deutlich nachgewiesen werden. So viel Soda zuzusetzen, dass das gebildete Bleichromat beim Erhitzen zersetzt wird, ist nicht gut thunlich und daher besser das Bleinitrat zuvor zu lösen, mit Natriumcarbonat das Blei zu fällen und das Filtrat zur Trockene zu verdampfen. Das so erzeugte Alkalinitrat wird auf die beschriebene Weise mit Chromoxyd erhitzt und die Chromsäure bestimmt. Dass auf diese Weise gut stimmende Resultate erzielt werden, zeigen folgende Versuche.

d) Bleinitrat 0,5732 (aus der wässerigen Lösung wurde das Blei mit Sodalösung gefällt und das im Filtrat befindliche Natriumnitrat nach dem Verdampfen zur Trockene zur Bestimmung verwendet) Chromoxyd 0,2818, Salpetersäure berechnet 0,2013; gefunden 0,1991. — Verlust 0,0022 Grm. Salpetersäure.

e) Bleinitrat 0,3575 (ebenso behandelt), Chromoxyd 0,1620, Salpetersäure berechnet 0,1166; gefunden 0,1145. — Verlust 0,0021 Grm. Salpetersäure.

Die Resultate sind, wie zu erwarten, nach Entfernung des Bleies befriedigend.

Auch den Einfluss von Sulfaten und Chloriden auf den Gang der Bestimmung ermittelte ich; derselbe ist bei den genannten Salzen gleich Null.

f) Salpeter 0,4879, Chromoxyd 0,3664; gefunden Salpeter 0,4848. — Verlust 0,0031 Grm. Salpeter.

g) Salpeter 0,4543, Chromoxyd 0,3412; gefunden Salpeter 0,4514. — Verlust 0,0029 Grm. Salpeter.

h) Salpeter 0,4149, Chromoxyd 0,3117; gefunden Salpeter 0,4124. — Verlust 0,0025 Grm. Salpeter.

Es war bei den Versuchen f bis h etwa 1 Grm. Kaliumsulfat und 1 Grm. Chlornatrium dem Salpeter beigemengt.

Die Chromsäure wurde bestimmt durch Reduction des gelösten Kalichromates mit Weingeist und Salzsäure und passende Fällung des Chromoxydes.

Ueberblicken wir die gefundenen Thatsachen, so müssen wir die Methode für eine sehr genaue und leicht auszuführende erklären, die aber nur dann genaue Resultate gibt, wenn die atmosphärische Luft gänzlich ausgeschlossen ist und keine Körper vorhanden sind, die unlösliche Chromate bilden.

Auch das bei dieser Reaction sich entwickelnde Stickoxyd kann aufgefangen und bestimmt werden und es ist die leichte Möglichkeit geboten in einer Analyse zwei sich gegenseitig controlirende Bestimmungen machen zu können, einerseits durch Messen des Stickoxydes, andererseits durch Bestimmung der gebildeten Chromsäure (vergl. p. 301).

Die

II. Gruppe der Methoden der Salpetersäurebestimmung

umfasst jene Methoden, nach welchen die Salpetersäure in eine andere Stickstoffverbindung, entweder in Stickoxyd oder in Ammon übergeführt wird und diese bestimmt werden. Die der grösseren Uebersichtlichkeit halber vortheilhafte weitere Classification ist von selbst gegeben, je nachdem die Salpetersäure in der einen oder der anderen Form gemessen oder gewogen wird.

A. Methoden, welche sich auf die Ueberführung der Salpetersäure in Stickoxyd gründen.

Die bei der Einwirkung von Salpetersäure auf Eisenchlorür nach der Gleichung

$$6\,FeCl_2 + 2\,KN\theta_3 + 8\,HCl = 4\,H_2\theta + 2\,KCl + 3\,Fe_2Cl_6 + N_2\theta_2$$

vor sich gehende Zersetzung wurde bei vielen Methoden der Salpetersäurebestimmung zu Grunde gelegt. Die Bestimmung der Salpetersäure kann entweder aus der Menge des oxydirten Eisens oder aus der Menge des entwickelten Stickoxydes bestimmt werden.

Zuerst wurde der erste Weg eingeschlagen (vergl. die erste Gruppe der Methoden); natürlich kann man die Salpetersäure so nur bei Abwesenheit anderer oxydirender Substanzen bestimmen, desgleichen ist die Methode bei Gegenwart von organischen Verbindungen nicht anwendbar.

Schlösing*) war der erste, welcher die Menge des entwickelten Stickoxydes als Maass für die anwesende Salpetersäure benutzte und jene vielfach angewandte Methode angab, welche auch bei Anwesenheit organischer Substanzen uns nicht im Stiche lässt.

Diese Methode ist mehr als eine andere mit einer Anzahl von Modificationen bedacht worden, die nicht immer als Verbesserungen anzu-

*) Journ. f. prakt. Chem. 62, 142.

geben sind und im Wesentlichen sich nur durch die verschiedene Art der Messung des Stickoxydes unterscheiden.

1. Kann das entwickelte Stickoxyd als solches gemessen werden,

2. kann es in Salpetersäure zurückverwandelt und diese titrimetrisch bestimmt werden.

Die Reihenfolge der Eintheilung entspricht zwar nicht der historischen Entwicklung, ist aber zweckentsprechender.

1. Methoden, welche auf der Zersetzung der Salpetersäure durch Eisenchlorür beruhen.

Der Schöpfer dieser Methoden ist Schlösing*), welcher sie namentlich zur Bestimmung der Salpetersäure im Tabak gebrauchte. Es ist der Hauptvorzug derselben, dass sie eine Bestimmung der Salpetersäure neben organischen Stoffen zulässt. Schlösing maass nicht das entweichende Stickoxydgas, sondern verwandelte es in Salpetersäure, welcher Umweg ihm einfacher und genauer schien; erst später zeigte Schulze**), dass auch eine volumetrische Bestimmung des Gases zu genauen Resultaten führt.

a) Es wird die Salpetersäure zu Stickoxyd reducirt und dieses wieder in Salpetersäure übergeführt.

Das Princip dieser, wie erwähnt, von Schlösing angegebenen Methode ist also Umwandlung der Salpetersäure in Stickoxyd (durch Eisenchlorür), Sammeln des Gases, Befreien von jedem anderen Gase und Oxydiren mit Sauerstoff, wobei sich Salpetersäure rückbildet und titrimetrisch bestimmt werden kann.

Diese Operationen werden mit Hülfe folgenden Apparates ausgeführt. Man bringt die neutrale Lösung des Nitrates in einen Kolben, dessen ausgezogener Hals durch eine Kautschukröhre a mit einer engen Glasröhre verbunden ist, welche am unteren Ende etwas aufwärts gebogen ist. Diese Röhre ist in der Mitte entzweigeschnitten und wieder durch einen Kautschukschlauch verbunden; die Enden der Röhre stossen nicht aneinander und man kann daher den Schlauch durch einen Quetschhahn schliessen.

Man kocht nun die Lösung des Nitrates, bis sie nur noch ein ganz kleines Volumen einnimmt, taucht das Ende des Röhrchens in ein Glas,

*) Annal. d. Chim. 3 sér. 40, 479; auch Journ. f. prakt. Chem. 62, 142.

**) Diese Zeitschr. 9, 400.

welches eine concentrirte Eisenchlorürlösung enthält, entfernt die Lampe und regulirt das nun erfolgende Zurücksteigen durch Zusammendrücken des Schlauches (a) mit den Fingern und schliesst, wenn eine genügende Menge zugetreten ist, ganz. Dann lässt man wiederholt Salzsäure nachsteigen, wodurch alles Eisenchlorür nachgespült wird und schliesst endlich den Schlauch mit einem Quetschhahn. Nachdem man nun das Ende des Glasrohrs unter eine mit Quecksilber und Kalkmilch gefüllte und mit Quecksilber gesperrte Glasglocke gebracht hat, erhitzt man den Kolben wieder und öffnet den Verschluss des Schlauches, sobald sich ein Druck nach aussen geltend macht.

Nach etwa 10 Minuten langem Kochen ist die Zersetzung beendet.

Die Glocke, in welcher das Stickoxyd aufgefangen wird, verengt sich oben und ist in eine capillare Spitze ausgezogen und zugeschmolzen. Um das Stickoxyd aus der Glocke zu entfernen und wieder in Salpetersäure überzuführen, erhitzt man einen zweiten Kolben, der zu $^1/_4$ mit reinem Wasser gefüllt ist; nun verdrängt man durch Kochen die Luft, schiebt das eine Ende des Schlauches, dessen anderes über den ausgezogenen Hals des Kolbens gezogen wurde, über das Ende der Glocke und bricht deren Spitze ab. Man entfernt jetzt die Lampe, wodurch ein luftverdünnter Raum im Kölbchen entsteht und das Gas in das Kölbchen gesaugt wird.

Sobald die Kalkmilch nahe an die enge Röhre gelangt, schliesst man den Schlauch, führt 20—30 CC. reines Wasserstoffgas ein und lässt auch dieses vorsichtig einsaugen. Schliesslich lässt man auf dieselbe Art Sauerstoff aus einem Gasometer in den Kolben treten und lässt 20 Minuten stehen. Die dann in dem Kolben enthaltene Salpetersäure wird mit verdünnter Natronlauge (Schlösing bediente sich des Kalksaccharates) bestimmt.

Nach diesem Verfahren kann die Salpetersäure in allen Salzen und auch bei Gegenwart von organischen Substanzen bestimmt werden.

Die nach dieser Methode erhaltenen Resultate sind nach dem Urtheile aller Chemiker, welche sich damit befassten [Fresenius*), Frühling und Grouven**), Schulze***) Reichardt†)], in hohem

*) Diese Zeitschr. 1, 39.

**) Landwirthschaftl. Versuchsst. 9, 14 und 150.

***) Diese Zeitschr. 6, 384 und 9, 400.

†) Diese Zeitschr. 9, 23.

Grade befriedigend. Die Vorschläge zu Aenderungen an dem Verfahren zielten nicht auf Erhöhung der Genauigkeit, sondern auf eine Vereinfachung des Apparates. Es ist hier namentlich zu erwähnen, dass Grouven und Frühling*) das Schlösing'sche Entwicklungsgefäss durch Kochflasche und Kautschukstopfen mit Vortheil ersetzten.

Eine wesentliche Verbesserung brachte Reichardt (a. a. O.) an durch Anwendung eines doppelt durchbohrten Stopfens zum Verschluss des Entwicklungsgefässes. Die eine Bohrung trägt das Schlösing'sche Gasentbindungsrohr, die andere ein diesem ähnliches, aber kürzeres Glasrohr, beide sind durch Kautschukschlauch und Quetschhahn verschliessbar. Zuerst wird das kürzere Rohr geschlossen und der Wasserdampf durch das Entbindungsrohr getrieben. Sobald alle Luft ausgetrieben ist, taucht man das Ende unter Quecksilber und schliesst den Hahn, während das andere Rohr geöffnet wird. Sobald auch aus diesem die Luft verdrängt ist, taucht man es in concentrirte Eisenchlorürlösung und lässt diese und dann Salzsäure einfliessen, worauf man den Quetschhahn schliesst und zu kochen beginnt. Wenn sich im Innern ein Druck zeigt, wird das Gasentwicklungsrohr geöffnet und das Gas, wie Schlösing angegeben, gesammelt.

Die weiters vorgeschlagenen Modificationen werde ich weiter unten beschreiben, nachdem ich meine nach dieser Methode angestellten Versuche mitgetheilt haben werde.

Eigene Versuche.

Zu meinen Versuchen bediente ich mich des von Reichardt vorgeschlagenen Apparates und arbeitete in der oben angegebenen Weise. Die Glasglocke, welche zum Aufsammeln des Stickoxydgases diente, sperrte ich mit Quecksilber ab und liess ausgekochte Kalilauge aufsteigen. Das zweite, zur Oxydation des Stickoxydes zu Salpetersäure dienende Kölbchen war ebenfalls mit einem Kautschukstopfen verschlossen; zur Titrirung der wässerigen Salpetersäure nahm ich Zehntelnormal-Natronlauge.

a) Salpeter 0,1602; verbrauchte Zehntellauge 15,7 CC., gefunden 0,1587 Salpeter. — Verlust 0,0015 Grm. Salpeter.

b) Salpeter 0,1448; Natronlauge 14,2 CC., gefunden 0,1436 Salpeter. — Verlust 0,0012 Grm. Salpeter.

c) Salpeter 0,1662; Natronlauge 16,4 CC., gefunden 0,1658 Salpeter. — Verlust 0,0004 Grm. Salpeter.

*) Landwirthschaftl. Versuchsst. 9, 14 und 150.

d) Salpeter 0,0885; Natronlauge 8,5 CC., gefunden 0,0859 Salpeter. — Verlust 0,0026 Grm. Salpeter.

e) Salpeter 0,0249; Natronlauge 2,2 CC., gefunden 0,0222 Salpeter. — Verlust 0,0027 Grm. Salpeter.

f) Salpeter 0,0279; Natronlauge 2,4 CC., gefunden 0,0244 Salpeter. — Verlust 0,0035 Grm. Salpeter.

Die bei grossen Mengen in hohem Grade zufriedenstellenden Resultate nehmen an Genauigkeit bei abnehmender Menge ebenfalls ab, eine Erscheinung, die Schlösing nicht entging; es ist dann vortheilhaft, das Eisenchlorür stark vorwalten zu lassen.

Durch einen kleinen Kunstgriff kann man das Austreten des Stickoxydes aus der Eisenlösung beschleunigen, welches bei allzugrossem Ueberschuss des letzteren schwierig vor sich geht; man schliesst den Schlauch, während das Rohr unter der Glocke ist und entfernt den Brenner. Bei vorsichtigem Abkühlen des Kolbens entweicht das Stickoxyd beim Abnehmen des Druckes aus der Lösung und kann nun durch erneutes Sieden in die Glocke gebracht werden.

Nachfolgende Versuche wurden mit Salpeter angestellt, welcher mit organischen Substanzen vermischt wurde, um so den Einfluss dieser auf die Genauigkeit der Methode zu prüfen.

a) Salpeter 0,1599 gemischt mit 0,4 Grm. Stärke; Zehntelnormalnatron 15,7 CC., gefunden 0,1587 Salpeter. — Verlust 0,0012 Grm. Salpeter.

b) Salpeter 0,0403 gemischt mit 0,3 Grm. Stärke; Natronlauge 3,6 CC., gefunden 0,0364 Salpeter. — Verlust 0,0039 Grm. Salpeter.

c) Salpeter 0,1302 gemengt mit 0,5 Grm. Harnstoff; Natronlauge 12,6 CC., gefunden 0,1274 Salpeter. — Verlust 0,0028 Grm. Salpeter.

d) Salpeter 0,0511 gemengt mit 0,2 Grm. Harnstoff; Natron 4,8 CC., gefunden 0,0485 Salpeter. — Verlust 0,0027 Grm. Salpeter.

e) Salpeter 0,1399 gemengt mit 0,5 Grm. ordinärem Leim; Natron 13,5 CC., gefunden 0,1365 Salpeter. — Verlust 0,0034 Grm. Salpeter.

f) Salpeter 0,1173 gemengt mit 0,5 Grm. ordinärem Leim; Natron 10,2 CC., gefunden 0,1132 Salpeter. — Verlust 0,0041 Grm. Salpeter.

Aus diesen Versuchen geht hervor, dass die organischen Substanzen einen Mehrausfall veranlassen, welcher jedoch zu gering ist, um die Methode für weniger genau zu halten.

Somit ist die Schlösing'sche Methode als eine, namentlich für den Zweck, für den sie bestimmt ist, d. h. die Bestimmung von Salpetersäure bei Gegenwart von organischen Substanzen, sehr gute und bessere als irgend eine andere zu bezeichnen. Auch ist das Verfahren, sobald man sich praktisch damit vertraut gemacht hat, nicht complicirt in der Ausführung; es bietet keinerlei Schwierigkeiten und ist in relativ kurzer Zeit auszuführen.

Reichardt*) sucht die Anwendung des Quecksilbers als Sperrflüssigkeit zu umgehen und fängt das Stickoxyd in einem mit Natronlauge gefüllten Recipienten auf. Er bemerkt mit Recht, dass der allgemeinen Verwendbarkeit der Schlösing'schen Methode der Gebrauch des Quecksilbers entgegenstehe, welches nur in eigentlichen chemischen Laboratorien in genügender Menge geboten wird. Der Gebrauch von Natronlauge aber bringt viele Unannehmlichkeiten mit sich und deshalb construirte Reichardt folgenden Apparat.

Das Entwicklungskölbchen ist mit einem doppelt durchbohrten Stopfen verschlossen, dessen eine Bohrung ein rechtwinklig abgebogenes Gasentbindungsrohr, dessen andere ein Röhrchen zum späteren Aufsaugen von Eisenchlorür (vergl. p. 294) enthält. Ersteres steht mit einem hohen Glasgefäss in Verbindung, welches mit einem dreifach durchbohrten Stopfen verschlossen ist. Durch zwei Oeffnungen gehen zwei rechtwinklig gebogene Glasröhren bis auf den Boden des Gefässes, ein drittes Rohr endigt genau mit der unteren Fläche des Stopfens. Die eine der erstgenannten Röhren steht durch einen — mittelst Quetschhahn verschliessbaren — Kautschukschlauch mit dem Kölbchen in Verbindung; die andere Röhre ist mit einer ebenso geformten Röhre eines zweiten Gefässes (dem Gefäss I ähnlich) verbunden. Das kurze Rohr ist mittelst Kautschukschlauch und Quetschhahn verschliessbar. Das Gefäss II ist durch einen doppelt durchbohrten Stopfen verschlossen, dessen eine Bohrung das erwähnte bis zum Boden reichende Rohr, die andere eine mit festem Aetznatron gefüllte Röhre trägt, um einen Schutz nach aussen zu gewähren.

*) Diese Zeitschr. 9, 24.

Gang der Analyse. Das Gefäss II wird mit 10% Natronlauge gefüllt und diese in das Gefäss I geblasen, wodurch die Luft aus diesem verdrängt wird. Hierauf leitet man nach I reines Wasserstoffgas und treibt die Lauge wieder nach II und wiederholt diese Operation 2—3mal. Jetzt entwickelt man im Kölbchen das Stickoxyd und leitet es nach I, wo es sich sammelt (indem das kurze Rohr wohl verschlossen ist) und die Lauge nach II drängt. Nach Beendigung der Stickoxydentwicklung schliesst man die Verbindung mit dem Kölbchen und saugt ganz nach Schlösing's Vorgang das Stickoxyd durch das jetzt geöffnete kurze Röhrchen in ein Kölbchen, wo es durch hinzutretenden Sauerstoff zu Salpetersäure oxydirt und auf die bekannte Weise bestimmt wird.

Reichardt verwendet viele Aufmerksamkeit auf die Hintanhaltung der atmosphärischen Luft, indem er alle Verbindungsschläuche vor ihrer Verwendung mit Wasser anfüllt, welche Vorsichtsmaassregeln ich auch bei meinen Versuchen nicht ausser Acht liess.

Eigene Versuche.

Dieselben stellte ich nach Angabe Reichardt's an und verwendete besondere Sorgfalt auf die Reinheit des Wasserstoffgases und die Freiheit der Natronlauge von Luft.

a) Salpeter 0,3142; Zehntelnormal-Natronlauge 30,7 CC., gefunden 0,3101 Salpeter. — Verlust 0,0041 Grm. Salpeter.

b) Salpeter 0,3796; Natronlauge 37,4 CC., gefunden 0,3781 Salpeter. — Verlust 0,0015 Grm. Salpeter.

c) Salpeter 0,1884; Natronlauge 18,3 CC., gefunden 0,1850 Salpeter. — Verlust 0,0033 Grm. Salpeter.

d) Salpeter 0,1990; Natronlauge 19,4 CC., gefunden 0,1960 Salpeter. — Verlust 0,0030 Grm. Salpeter.

e) Salpeter 0,1292; Natronlauge 12,3 CC., gefunden 0,1244 Salpeter. — Verlust 0,0048 Salpeter.

f) Salpeter 0,0555; Natronlauge 5,1 CC., gefunden 0,0516 Salpeter. — Verlust 0,0039 Grm. Salpeter.

g) Salpeter 0,0527; Natronlauge 4,7 CC., gefunden 0,0475 Salpeter. — Verlust 0,0052 Grm. Salpeter.

Die erhaltenen Zahlen sind ganz befriedigend. Die Verluste sind zwar grösser als bei Anwendung von Quecksilber als Sperrflüssigkeit, wie Schlösing vorschreibt; es mag dies in dem, wenn auch geringen

Luftgehalt der Natronlauge oder in der Einrichtung des Apparates überhaupt zu suchen sein.

Der Vortheil, dass die grossen Mengen Quecksilber entbehrlich sind, dürfte wohl den erwähnten Nachtheil in Schatten stellen.

b. Es wird das entwickelte Stickoxydgas als solches gemessen.

Es ist jedenfalls näher liegend, das bei der Zersetzung von Salpetersäure mit Eisenchlorür sich bildende Stickoxyd dem Volumen nach zu messen, als es wieder zu Salpetersäure zu oxydiren. Dies erwähnt auch Schlösing, der Schöpfer der letzt genannten Methode, gibt jedoch dieser den Vorzug. Er gibt als Grund die Möglichkeit an,*) dass bei der Reaction des Eisenchlorürs und der Salpetersäure auf organische Substanzen Gase entweichen können, die durch das Alkali der Glocke nicht absorbirt werden; man müsste demnach auf die gewöhnliche Weise absorbiren lassen, und sich überzeugen, dass das Gas keinen Rückstand lässt, respective diesen messen.

In neuerer Zeit wurde diese Art der Bestimmung der Salpetersäure von Schulze**) empfohlen; genau wurde es von Wulfert***) beschrieben. Sie bedienten sich des Quecksilbers als Sperrflüssigkeit, was nach den Versuchen von Reichardt†) und Tiemann,††) welche die geringe Löslichkeit des Stickoxydes in wässerigen Lösungen zeigten, durchaus nicht nothwendig ist.

Der von Schulze und Wulfert angewandte Apparat besteht in Folgendem: Das Stickoxydgas wird nach Schlösing's Angabe aus einem luftfreien Kölbchen entwickelt und das entweichende Gas in einem ganz mit Quecksilber abgesperrten Cylinder aufgefangen, welcher oben verengt und durch einen Glashahn verschlossen ist. Dieser Cylinder befindet sich in einem so tiefen Glasgefäss, dass man ihn ganz unter das Quecksilber tauchen kann. Sobald alles Stickoxyd in diesem Gefässe gesammelt und die Röhre wieder erkaltet ist, taucht man den Cylinder ganz unter das Quecksilber, bringt über die obere Oeffnung eine mit Quecksilber gefüllte Messröhre und lässt durch vorsichtiges Oeffnen des

*) Journ. f. prakt. Chem. 62, 147.

**) Diese Zeitschr. 9, 400; N. Repert. f. Pharm. 20, 700.

***) Diese Zeitschr. 9, 400.

†) Diese Zeitschr. 9, 24.

††) Ber. d. deutsch. chem. Ges. z. Berlin. 11, 920.

Hahnes das Stickoxyd in die graduirte und calibrirte Röhre treten, aber möglichst wenig von der überdestillirten sauren Flüssigkeit; das im Messrohr befindliche Stickoxyd wird nach den gewöhnlichen Methoden gemessen, das Volumen auf Null reducirt und aus diesem die Salpetersäure berechnet.

Wulfert liess bei einer grossen Anzahl von Versuchen das Stickoxyd durch Eisenchlorür absorbiren und es blieb nie mehr als 0,33 CC. eines Gasresiduums; in einer grossen Menge von Pflanzenextracten wurde nach diesem Verfahren die Salpetersäure bestimmt.

Viel einfacher gestaltet sich die Sache bei Hinweglassung des Quecksilbers und alleiniger Anwendung von Kalilauge nach Tiemann's (a. a. O.) Angabe. Das Stickoxyd wird über ausgekochter 10proc. Natronlauge in einer graduirten Röhre aufgefangen, dann die letztere in einen geräumigen Cylinder mit Wasser gebracht, um die Lauge zu verdrängen und nachdem man die Flüssigkeitssäule innerhalb der Röhre und ausserhalb derselben auf das gleiche Niveau gebracht hat, abgelesen. Man reducirt nach der Formel

$$v' = \frac{v\,(B-f)\,273}{760\,(273+t)}$$

wo B den Barometerstand, f die der Temperatur entsprechende Tension des Wasserdampfes, t die Temperatur und v das abgelesene Volumen Gas bedeuten.

Multiplicirt man die reducirten Cubikcentimeter Stickoxyd mit 2,418, so erhält man die Milligramme Salpetersäure.

Eigene Versuche.

Ich machte einige Analysen nach dem von Tiemann modificirten Schulze'schen Verfahren.

Ich zersetzte den Salpeter in dem p. 298 beschriebenen Entwicklungskölbchen von etwa 150 CC. Capacität und tauchte das Gasentwicklungsrohr in eine mit 10proc. Natronlauge gefüllte Glasschale, in welcher eine mit Natronlauge gefüllte graduirte Messröhre umgestürzt war; in dieser wird das Stickoxyd aufgefangen und beim Passiren der Natronlauge von allen sauren Dämpfen befreit. Nach etwa 10 Minuten langem Kochen nimmt man das Kölbchen auseinander, bringt die Messröhre mit Hülfe eines Porzellanschälchens in einen mit Wasser gefüllten Glascylinder, wodurch die Kalilauge bald durch Wasser verdrängt wird. Man verschliesst nun das Rohr unter Wasser mit dem Daumen und lässt das

Wasser ein Mal langsam an den Wänden der Röhre hinabfliessen, um dieselbe von der anhaftenden Kalilauge zu befreien. Man bringt dann den inneren und äusseren Stand des Wassers in's Gleichgewicht und liest nach 1 Stunde ab.

Das Volumen wurde auf Null Grad Temperatur und 760^{mm} Barometerstand reducirt und daraus die freie Salpetersäure berechnet.

a) Salpeter 0,2097 gaben 50,2 CC. Stickoxydgas bei 753,5^{mm} Barom. und 18^{0} C. Temperatur; reducirtes Vol. 45,74; gefunden 0,2072 Grm. Salpeter. — Verlust 0,0025 Grm. Salpeter.

b) Salpeter 0,2009 gaben 47,7 CC. Stickoxyd bei 753,3^{mm} Barom. und 17^{0} C.; reducirtes Vol. 43,66 CC.; gefunden 0,1976 Grm. Salpeter. — Verlust 0,0033 Grm. Salpeter.

c) Salpeter 0,1338 gaben 32,5 CC. Stickoxyd bei 21^{0} C. und 756,7^{mm} Barom.; reducirtes Volum. 29,32 CC.; gefunden 0,1327 Salpeter. — Verlust 0,0011 Grm. Salpeter.

d) Salpeter 0,1482 und 2 Grm. Zucker gaben 35,3 CC. Stickoxydgas bei 21^{0} C. und 756,0^{mm} Barom.; reducirtes Vol. 31,80 CC.; gefunden 0,1440 Grm. Salpeter. — Verlust 0,0042 Grm. Salpeter.

e) Salpeter 0,1302 und 2 Grm. ordinärer Leim gaben 30,8 CC. Stickoxyd bei 19^{0} C. und 755,3^{mm} Barom.; reducirtes Vol. 27,99 CC.; gefunden 0,1267 Salpeter. — Verlust 0,0035 Grm. Salpeter.

Diese Methode gibt, wie die aus meinen Analysen sich ergebenden Zahlen beweisen, ganz genaue Resultate, auch wenn nicht Quecksilber als Sperrflüssigkeit verwendet wird und die Manipulationen sind sehr einfach. Die Bestimmung ist schnell ausgeführt und erfordert ohne Zweifel weniger Geschicklichkeit, als die Schlösing'sche Methode. Aber trotzdem gebe ich der genauen und eleganten Methode Schlösing's in complicirten Fällen (z. B. Tabak) den Vorzug, weil sich indifferente Gase entwickeln können, die dann beim Messen einen Fehler bewirken, aber bei dem Schlösing'schen Verfahren in Bezug auf das Endresultat ohne Einfluss bleiben; die Tiemann'sche Methode eignet sich besonders zu Salpetersäurebestimmungen in Brunnenwasser etc.

NB. In Betreff der Details der Umwandlung der Salpetersäure in Stickoxyd durch Eisenchlorür, verweise ich auf den vorigen Abschnitt p. 292.

2. Methoden, welche auf der Zersetzung der Salpetersäure durch Chromoxyd beruhen.

Die Oxydation des Chromoxydes durch schmelzenden Salpeter hatte Wagner zur Aufstellung seiner Methode geführt, bei welcher die Chromsäure bestimmt und daraus die Salpetersäure berechnet wird.

Später beschrieb er*) dasselbe Verfahren mit der Bestimmung des entweichenden Stickoxydgases; die Methode ist also analog den p. 298 beschriebenen Methoden, welche sich von jener nur dadurch unterscheiden, dass bei derselben das Stickoxyd durch Einwirkung von Chromoxyd, bei jenen aber durch Eisenchlorür entwickelt wird.

Wagner gab in eine hinten zugeschmolzene Röhre circa $^3/_4$ Grm. Natriumbicarbonat, dann das Gemenge von Salpeter, Chromoxyd und Soda (vergl. p. 287); an das offene Ende der Röhre wurde ein Gasleitungsröhrchen befestigt. Zum Auffangen des Gases bedient er sich eines mit Quecksilber gefüllten Glaskolbens, der in einer Quecksilberwanne umgestürzt ist. In den Kolben lässt man eine bestimmte Menge verdünnte Normalnatronlauge aufsteigen und dann circa 100 CC. Sauerstoff. Nachdem durch kurzes Erhitzen des Natriumbicarbonates die Luft verdrängt ist, bringt man die Gasleitungsröhre unter die Oeffnung des Kolbens und erhitzt die Substanz etwa 10 Minuten lang. Das entweichende Stickoxyd gelangt in den Kolben zum Sauerstoff, oxydirt sich und wird von der Natronlauge absorbirt. Es wird nun so viel Sauerstoff in den Cylinder gelassen, dass das Quecksilber im Innern nur noch 1″ hoch steht. Nach einer Viertelstunde wird der Kolben umgestürzt, die Natronlauge abgegossen und siedend mit Normalschwefelsäure titrirt. — Hieraus lässt sich die Salpetersäure berechnen. — Beleganalysen theilt Wagner nicht mit.

Eigene Versuche.

Bei meinen Versuchen zur Prüfung der Methode bediente ich mich des p. 288 angegebenen Apparates. Das Gemenge brachte ich, in einem Platinschiffchen befindlich, in eine eben genug weite Kaliglasröhre, aus der die Luft durch Kohlensäure — entwickelt aus einem constanten Kohlensäureapparat — verdrängt wurde. Sodann begann ich (bei einem ziemlich langsamen Kohlensäurestrom) zu erhitzen und sammelte das Gas in dem oben beschriebenen, mit Normalnatron und Sauerstoff gefüllten Kolben, wobei nicht versäumt wurde, die letzten Reste Stickoxyd durch

*) Dingler's polyt. Journ. **201**, 423.

weiteres Durchleiten von Kohlensäure in den Kolben zu bringen. Es muss zu starke Kohlensäureentwicklung vermieden werden, damit nicht allzu viel davon in den Kolben gelangt.

Die Titrirung wurde mit Normalschwefelsäure vorgenommen und mit einer Zehntelsäure zu Ende titrirt.

a) Salpeter 0,3204, vorgeschlagen 20 CC. Normalnatron; zur Neutralisation nach Absorption der Salpetersäure waren 16,85 CC. Normalschwefelsäure nöthig; gefunden 0,3186 Salpeter. — Verlust 0,0018 Grm. Salpeter.

b) Salpeter 0,3419, vorgeschlagen 20 CC. Normalnatron; Schwefelsäure 16,65 CC.; gefunden 0,3387 Salpeter. — Verlust 0,0032 Grm. Salpeter.

c) Salpeter 0,3402; vorgeschlagen 20 CC. Natron; Schwefelsäure 16,65 CC.; gefunden 0,3387 Salpeter. — Verlust 0,0015 Grm. Salpeter.

d) Salpeter 0,1230; vorgeschlagen 10 CC. Natron; Schwefelsäure 8,81 CC.; gefunden 0,1203 Salpeter. — Verlust 0,0027 Grm. Salpeter.

e) Salpeter 0,2462; vorgeschlagen 10 CC. Natron; Schwefelsäure 7,60 CC.; gefunden 0,2426 Salpeter. — Verlust 0,0036 Grm. Salpeter.

Wenn schon die Schlösing'sche Methode bei Anwesenheit von vielen organischen Substanzen minder genaue Resultate gibt, so ist es erklärlich, dass die Reduction der Salpetersäure zu Stickoxyd bei erhöhter Temperatur nach Wagner's Vorgang noch viel unregelmässiger verlaufen muss. Ich habe Versuche mit Salpeter, welcher mit organischen Substanzen gemengt war, angestellt; die erhaltenen Zahlen zeigten so bedeutende Differenzen, dass sie sich der Wahrheit nicht einmal näherten.

Ganz natürlich kann man das entweichende Stickoxyd, anstatt es in Salpetersäure überzuführen, auch als solches messen, nachdem man es durch Kalilauge zuvor von Kohlensäure befreit hat; in diesem Falle gilt alles p. 299 Gesagte.

In den gegebenen Grenzen gibt die Wagner'sche Methode ganz vorzügliche Resultate, wie vorliegende Analysen beweisen, steht aber in Bezug auf die Allgemeinheit der Anwendbarkeit hinter jenen Methoden zurück, welche sich auf die Zersetzung der Salpetersäure durch Eisenchlorür gründen. An Einfachheit und Schnelligkeit der Ausführung steht sie wohl unter allen ähnlichen Methoden oben an.

B. Methoden, welche sich auf die Ueberführung der Salpetersäure in Ammoniak gründen.

Die Thatsache, dass Nitrate durch Zink, Aluminium etc. sowohl in saurer als in alkalischer Lösung zu Ammoniak reducirt werden, war schon lange bekannt.

Ein altes Experiment ist die Erzeugung von Ammoniak durch Erhitzen von Salpeter mit überschüssigem Zink und Kalilauge.

Auch hat bekanntlich Kuhlmann gezeigt, dass, wenn man in ein Gefäss, aus welchem sich nascirender Wasserstoff entwickelt, Salpetersäure oder ein Nitrat bringt, die Gasentwicklung nachlässt und bisweilen sogar vollständig aufhört; er wies nach, dass sich hierbei ein Ammonsalz bildet, das durch Umwandlung der Salpetersäure in Ammoniak auf Kosten des frei werdenden Wasserstoffes entsteht. Es frug sich nun, ob diese Umwandlung vollständig vor sich geht, und diese Frage beantwortete Martin*) bejahend und gab zugleich eine Methode der Bestimmung der Salpetersäure an. Er bringt in die wässerige Lösung des Nitrates Zink und setzt ganz reine Schwefelsäure oder Salzsäure zu; das gebildete Ammon wird mit Kalilauge abdestillirt und titrirt.

Es ist eigenthümlich, dass die Ansichten der Chemiker über die ganze Gruppe der hierher gehörigen Methoden in den bedeutendsten Punkten auseinander gehen. Während Schulze**) die Methode Martin's, wegen unvollständigen Verlaufes der Reaction verwirft, empfehlen sie Krocker und Dietrich***) direct an und geben ihr sogar den Vorzug vor der Ueberführung der Salpetersäure in Ammon in alkalischer Lösung. Fresenius†) verwarf dies Verfahren, weil das Zink in saurer Lösung die Salpetersäure sehr langsam und unvollständig in Ammoniak umsetzt. Diesem Urtheil schliesst sich auch Terreil††) an, und es ist ein einfaches und überzeugendes Experiment 0,010 Grm. Salpeter 12 Stunden lang in angesäuertem Wasser mit Zink zu behandeln, wonach es noch nicht vollständig in Ammonsalz übergeführt ist, denn die Flüssigkeit entfärbt noch übermangansaures Kali.

Die Unverlässlichkeit der Reduction der Salpetersäure in saurer Lösung war schon früher ausgesprochen, wenn auch nicht bewiesen. Dies

*) Compt. rend. **37**, 947, auch Journ. f. prakt. Chem. **61**, 247.

**) Chem. Centralbl. 1851, p. 657.

***) Diese Zeitschrift **3**, 64.

†) Anleit. z. quant. chem. Analyse. 4. Aufl., p. 372.

††) Compt. rend. **63**, 630; auch diese Zeitschr. **6**, 34.

brachte Schulze*) auf den Gedanken, die von ihm gemachte Beobachtung, dass Salpetersäure in alkalischer Lösung bei Einwirkung von Zink oder Aluminium oder Natriumamalgam ausnehmend leicht in Ammon umgewandelt wird, zur quantitativen Bestimmung der Salpetersäure zu benützen. Als Bedingungen des Gelingens zählt er folgende Punkte auf:

1. Das Zink wird durch Schütteln mit etwas Salzsäure und Platinchlorid verplatinirt und dann gut gewaschen.

2. Das Nitrat wird in Kalilauge von 1,3 spec. Gew. oder Natronlauge von 1,35 spec. Gew. gelöst und das platinirte Zink muss mit diesem Gemisch 3—4 Stunden kalt stehen bleiben, bevor man das Ammon abdestillirt (auf 0,1—0,3 Grm. Salpeter : 10—15 Grm. Zinkpulver).

3. Muss man beim Destilliren ein aufwärtsgerichtetes Abzugsrohr anwenden, um das Ueberreissen von Flüssigkeitstheilchen zu vermeiden.

4. Die Destillation wird fortgesetzt bis $^2/_3$ der Flüssigkeit abdestillirt sind und das überdestillirte Ammon als Platindoppelsalz bestimmt.

Schulze erhält damit meist genaue Resultate.

Die Einwirkung des platinirten Zinks ist elektrolytischer Art; das Zink wird oxydirt und der Wasserstoff bildet sich auf der Oberfläche des Platins; Kupfer und Zinn wirken dem Platin ähnlich. Am stärksten aber geht diese Einwirkung vor sich, wie schon Runge**) gefunden hat, wenn das Zink mit Eisen verbunden ist, dann verhält sich der Gewichtsverlust des Zinkes, je nachdem es für sich oder mit Platin oder Eisen verbunden in eine Kalilösung (1 Th. Aetzkali in 4 Thl. Wasser) eingetaucht wird, wie 1 : 11 : 148. — Daraus ist ersichtlich, dass die Zink-Eisen-Combination eine weit energischere Reaction einleitet als Zink und Platin.

Wolf***) wendet dies Gemenge bei unserer Methode zuerst an (Zinkdrehspähne und Eisenfeile) und verwendet als alkalische Flüssigkeit eine Lösung von 1 Th. Aetznatron in 7—8 Th. Wasser. Das ausgeschiedene Ammoniak zersetzt er mit Bromlauge und misst den ausgeschiedenen Stickstoff.

Ausführlich beschrieb Harcourt †) die Methode. Er bringt die Ammoniak entwickelnde Mischung von Salpeter, Kalilauge und Zink-Eisen in ein Kölbchen, welches mittelst eines zweimal rechtwinklig gebogenen

*) Chem. Centralbl. 1861, p. 657 und 833.

) Pogg. Annal. **16, 429.

***) Chem. Centralbl. 1862, p. 379; auch diese Zeitschr. **2**, 401.

†) Journ. of the Chem. Soc. **15**, 385; auch diese Zeitschr. **2**, 14.

Rohres mit einem zweiten etwas kleineren Kölbchen, das etwas Wasser enthält, in Verbindung steht. Nachdem die aus dem Entwicklungskölbchen entweichenden Dämpfe auch das Zweite passirt haben, streichen sie durch ein Kühlrohr, woselbst sie condensirt und in eine zweimal tubulirte Vorlage geleitet werden, deren einer Tubulus mit dem Kühlrohr, der andere mit einer mit titrirter Schwefelsäure gefüllten Kugelröhre in Verbindung steht; auch die tubulirte Vorlage enthält eine abgemessene Menge titrirter Schwefelsäure, so dass keine Spur Ammoniak entweichen kann.

Das Entwicklungskölbchen enthält ungefähr 50 Grm. fein granulirtes Zink und etwa 25 Grm. Eisenfeile, dann fügt man das abgewogene Nitrat (etwa $^1/_2$ Grm. Salpeter), 20 CC. Wasser und 20 CC. Kalilauge von 1,3 spec. Gew. zu.

Beide Kölbchen befinden sich in einem Sandbad; dieses wird nun so erhitzt, dass die alkalische Flüssigkeit ins Kochen kommt und dann die Lampe so gestellt, dass auch das im zweiten Kölbchen befindliche Wasser gelinde siedet. Die Flüssigkeit wird so in einer Operation zweimal destillirt und die Spuren von Kalilauge, welche übergerissen werden, werden im zweiten Kölbchen vollständig zurückgehalten.

Die Destillation erfordert 1—2 Stunden. Nach Beendigung derselben wird der Kühler mit Wasser abgespült, das Spülwasser und die in dem Kugelrohr befindliche Schwefelsäure in die Vorlage gebracht und die noch freie Säure mit Natronlauge titrirt.

Chlormetalle und Sulfate sind ohne allen Einfluss, sowie die Nitrate aller jener Basen, welche ohne Einwirkung auf Zink und Eisen sind. Bleinitrat gab bei directer Bestimmung einen kleinen Fehler.

Die im Vorhergehenden angegebenen Methoden leiden an dem Uebelstande, dass die kalische Reductionsflüssigkeit (welche auch gelöstes Zinkoxyd enthält) ausserordentlich leicht schäumt; der Entwicklungskolben wird oft ganz mit Blasen erfüllt und die Flüssigkeit kann sogar übersteigen.

Weingeistige Kalilösungen schäumen nicht und deshalb ersetzt Siewert *) die wässerige Kalilauge durch eine weingeistige. Sein Apparat besteht aus einem 300—350 CC. fassenden Kochkolben mit Entwicklungsrohr, welches in ein mit titrirter Schwefelsäure gefülltes Absorptionskölbchen führt und unter die Säure taucht. Dieses Absorptionskölbchen steht mit einem zweiten eben solchen und mit Schwefelsäure

---

*) Annal. d. Chem. u. Pharm. **125**, 293.

halb gefüllten in Verbindung, damit die letzten Spuren Ammon in diesem zurückgehalten werden. In den Kochkolben trägt Siewert 4 Grm. Eisen, 8—10 Grm. Zinkpulver ein, ferner 16 Grm. festes Aetzkali und 100 CC. Alkohol von 0,825 spec. Gew. Er stellt es als gleichgiltig hin, entweder die Gasentwicklung sich erst in der Kälte vollziehen zu lassen oder dieselbe gleich anfangs durch eine kleine Flamme zu verstärken.

Das gebildete Ammon geht nach Verlauf einer halben Stunde in dem Maasse über, als Alkohol abdestillirt.

Um die letzten Reste Ammon überzutreiben, erhitzt man entweder so lange bis Wasser überzugehen beginnt, oder man giesst schnell ein- oder zweimal 10—15 CC. Alkohol in den Entwicklungskolben nach und destillirt denselben wieder ab. Nach 2- bis 3stündiger Destillation wird die Menge des gebildeten Ammoniaks durch Titriren der überschüssig vorgeschlagenen Schwefelsäure mit Natronlauge bestimmt.

Diesem Verfahren wurde von Hager*) der Vorwurf der Ungenauigkeit gemacht, nicht sowohl dem Princip, sondern dem angewandten Apparate, der zu voluminös sei, so dass nicht unbedeutende Verluste stattfinden. Er vermeidet diese Fehlerquelle durch Anwendung eines nur 50 CC. Capacität habenden Destillationskölbchens, welches mit einem doppelt durchbohrten Kork verschlossen ist; die eine Bohrung enthält ein zweimal rechtwinklig gebogenes Gasleitungsrohr, welches wie bei Siewert zu dem Absorptionskölbchen führt. Die andere Bohrung trägt ein pipettenähnliches Reservoir, welches nach Belieben geöffnet und geschlossen worden kann. Die Gasentwicklungsröhre ist an dem abwärtsgebogenen Schenkel zu einer Kugel erweitert, damit sich daselbst etwa zurücksteigende Säure der Vorlage ansammeln kann.

Das Reservoir fasst etwa 10 CC. und wird mit 60% Weingeist gefüllt. In den Entwicklungskolben bringt man 0,5 Grm. Nitrat, 2,5—3 Gramm Eisenfeile, 6—7 Grm. Zinkstaub und zuletzt 8 Grm. ganz trockenes zerkleinertes Aetzkali. In die Vorlage werden 15 CC. Normal-Schwefelsäure gebracht und alle Verbindungen geschlossen. Jetzt lässt man etwa die Hälfte des Weingeistes in den Kolben einfliessen; es tritt die Reaction unter heftiger Erwärmung ein und die Ammoniakentwicklung beginnt sofort. Sobald sich der Entwicklungskolben abzukühlen beginnt, erwärmt man, destillirt das Ammoniak über und lässt gegen das Ende der Operation

*) Diese Zeitschr. 10, 334.

den übrigen Weingeist in den Kolben fliessen, der ebenfalls überdestillirt wird. — Bei Anwesenheit von organischen Substanzen sind diese Methoden alle unbrauchbar, wie Siewert*) und Frühling**) nachwiesen.

Eigene Versuche.

Ueber keine der Methoden der Salpetersäurebestimmung machten sich so verschiedene Meinungen geltend. Während einige Chemiker diese Methode aufs wärmste anempfehlen und ihre Ansicht durch gut übereinstimmende Beleganalysen unterstützen, sprechen andere, ebenfalls gestützt auf analytische Daten, derselben jeden Werth ab. Nicht nur über die Zweckmässigkeit der Modificationen dieser Methode ist man nicht einig (s. oben), sondern in einem der besten Handbücher der analytischen Chemie ***) ist die Methode geradezu für unbrauchbar erklärt.

Diese auffallende Erscheinung lässt sich nur so erklären, dass unter verschiedenen Umständen, denen man zu geringe Bedeutung beilegte, gearbeitet wurde. Harcourt schreibt vor, das Gemenge (Salpeter, Zink-Eisen und Kalilauge) unmittelbar nach dem Eintragen zu erwärmen und successive zum Kochen zu erhitzen, während Schulze und Wolf (a. a. O.) das Gegentheil vorschreiben, d. h. ein längeres Stehen in der Kälte für nothwendig halten, um den vollständigen Verlauf der Reaction zu sichern und endlich Siewert (a. a. O.) es für gleichgültig erklärt, ob man die Reaction anfangs bei gewöhnlicher Temperatur verlaufen lasse oder sogleich zu erwärmen beginne, ebenso unbestimmt drückt sich Fr. Schneider†) aus. Es erscheint aber auch bei nur oberflächlicher Betrachtung klar, dass die Temperatur, mit anderen Worten die Raschheit des Verlaufes der Reaction auf das Resultat nicht gleichgiltig sein kann; Wolf (a. a. O.) betont, es sei bei raschem Erhitzen unmöglich, alle Salpetersäure in Ammon überzuführen, so lange man auch die Wasserstoffentwicklung fortgehen lasse.

Ebenso bedeutende Differenzen erscheinen bei den Angaben über die zweckmässigste Concentration der Kalilauge; Wolf bediente sich einer Lösung von 1 Th. Aetzkali in 7—8 Th. Wasser, Harcourt aber im Verhältnisse 1 : 6,6; ersterer legt auf die Concentration grosses Gewicht, letzterer erklärt sie für unwesentlich, da die Flüssigkeit bei der Destillation

*) Annal. d. Chem. u. Pharm. **125**, 293.

) Landwirthsch. Versuchsstat. **8, 473.

***) Rose's Handb. d. analyt. Chem. v. Finkener **2**, 829.

†) Diese Zeitschr. **3**, 61.

alle Concentrationsgrade durchlaufe, nur anfangs dürfe sie von vornherein nicht zu concentrirt sein.

Bei diesen Verhältnissen muss man sich klar vor Augen halten, dass Wolf seine concentrirte Lauge in der Kälte wirken lässt, Harcourt seine weniger concentrirte gleich bei Beginn der Operation erwärmt. Der Anwendung von Weingeist scheint man keinen weiteren Einfluss als den, Schäumen zu verhindern, beigelegt zu haben und auch hier finden wir dieselbe Meinungsverschiedenheit bezüglich der Temperatur und Concentration der Kalilauge. Hager (a. a. O.) wendet sie viel concentrirter, als Siewert (a. a. O.) an und jener arbeitet gleich zu Beginn der Reaction bei höherer Temperatur, als dieser. Es ist merkwürdig, dass Hager bei Anwendung einer concentrirten Kalilauge und sofortiger Erwärmung des Gemisches bessere Resultate erzielt, als Siewert im entgegengesetzten Falle.

Die Frage, ob platinirtes Zink, oder Zink-Eisen, oder Aluminium, scheint ziemlich einstimmig zu Gunsten der Zink-Eisen-Mischung beantwortet zu sein, ohne die Trefflichkeit des Aluminiums anzuzweifeln.

Endlich mag auch der Umstand, dass sich Eisenoxyd-Ammoniak, vielleicht auch Zinkoxyd-Ammoniak bildet und das Ammon schwieriger überdestillirt, zu Verlusten Veranlassung gegeben haben.

Ich war bestrebt in diese Sache Klarheit zu bringen und musste daher alle Methoden unter Variation der Verhältnisse durchprüfen, um die Bedingungen eines günstigen Verlaufes oder die Unmöglichkeit eines solchen angeben zu können. Es gelang mir in der That die Quelle der Widersprüche zu finden und jene Bedingungen und Vorsichtsmaassregeln auszumitteln, welche die früher unzuverlässige Methode zu einer sehr genauen machen, die allen Anforderungen entspricht, welche die heutige Chemie an eine Bestimmungsmethode stellen kann.

Ich werde zuerst das Ergebniss meiner Untersuchungen mittheilen (wie ich es auch im Vorhergehenden gehalten habe), d. h. jenes Verfahren, welches ich bei dieser Art der Bestimmungen für das beste und am sichersten durchführbare halte und erst dann im Detail jene Versuche, welche keine günstigen Resultate gaben und mich bei der Angabe des ersteren leiteten.

Von den beschriebenen Apparaten scheint der Harcourt'sche der rationellste, durch Anbringen eines zweiten Condensationskölbchens; auch dieser bietet keine genügende Garantie, wie ich mich überzeugte, gegen das Ueberreissen von Kalilauge in die Vorlage, namentlich gegen das Ende der Operation, wo die Lauge leicht überschäumt.

Zugleich suchte ich dem Schäumen der wässerigen Kalilauge vorzubeugen, ohne mich der weingeistigen Kalilösung bedienen zu müssen, welche nur dieses Umstandes wegen empfohlen ist, und verwendete grosse Sorgfalt auf das vollständige Abdestilliren des Ammoniak's, was durchaus nicht leicht vor sich geht.

Durch die Construction des Apparates und die veränderte Manipulation, gegenüber den bisherigen Angaben, erreichte ich die Eliminirung aller dieser Fehlerquellen.

Anstatt des Kolbens, dessen sich Harcourt bedient, verwendete ich eine tubulirte nicht allzugrosse Retorte, deren aufwärts gerichteter Hals mittelst eines Glasrohrs mit einem kleinen Kölbchen in Verbindung steht, welches durch einen doppelt durchbohrten Kautschukstopfen verschlossen ist; die eine Bohrung enthält das von der Retorte kommende nach abwärts gebogene Gasleitungsrohr, die andere ein zweimal rechtwinkelig gebogenes Glasrohr, dessen aufsteigender Theil zu einer länglichen Kugel aufgeblasen ist. Der absteigende Schenkel stellt die Verbindung mit einem Peligot'schen Kugelapparat her, welcher beim Versuch mit Normal-Schwefelsäure gefüllt wird. In den Tubulus der Retorte ist eine Trichterröhre, deren Ende ausgezogen und umgebogen ist, eingepasst, welche je nach Bedarf durch einen gut eingeschliffenen Glashahn geöffnet oder geschlossen werden kann und bis zum Boden der Retorte reicht.

Der Peligot'sche Apparat ist mit einem Aspirator in Verbindung gebracht, so dass es möglich ist, Luft durch den ganzen Apparat zu saugen, und den Luftstrom beliebig reguliren zu können.

Retorte und Kölbchen ruhen auf einem Drahtnetze und können selbständig, jedes für sich erhitzt werden.

Das abgewogene Nitrat wird in die Retorte gebracht, dann die Zink-Eisenmischung in dem von Harcourt angegebenen Verhältniss zugesetzt und durch Schütteln mit der Substanz gemischt, dann etwa 50 CC. Kalilauge von 1,15—1,25 spec. Gew. durch die Trichterröhre nachfliessen gelassen. Die Mischung wird jetzt etwa 1 Stunde sich selbst überlassen; die sofort beginnende Gasentwicklung geht ruhig vor sich und wird bei dem darauffolgenden Erwärmen lebhafter. Würde man sogleich erhitzen, so wäre, wie meine folgenden Versuche beweisen, ein Verlust unvermeidlich.

Nach einstündigem Stehen also beginnt man mit der Destillation, indem man (bei verschlossenem Kugeltrichter) die Retorte erhitzt, bis die Flüssigkeit zu sieden beginnt, und setzt die Destillation so lange fort, bis circa 5—10 CC. Flüssigkeit (ammonhaltiges Wasser und mitgerissene Kalilauge) in das Kölbchen übergegangen sind. Jetzt saugt man mittelst des Aspirators einen mässig raschen Luftstrom — von Ammoniak und Ammonsalzen befreit — durch den Apparat, ohne die Destillation zu unterbrechen. Die Luft streicht in feinen Blasen durch die ausgezogene Spitze der Trichterröhre durch die ammoniakhaltige kalische Flüssigkeit; sodann erhitzt man auch das Sammelkölbchen, um das in diesem condensirte Ammoniak zu verjagen und kocht so lange unter beständigem Durchleiten von Luft, bis nur ganz wenig Flüssigkeit noch darinnen ist.

Das hinter dem Kölbchen angebrachte kugelförmig erweiterte Rohr schützt vor jedem Ueberreissen von Kalilauge.

Nach genügend langem Kochen unter Luftdurchsaugen gelingt es leicht, alles Ammoniak in die vorgeschlagene titrirte Schwefelsäure zu bringen. Durch Titriren der Säure mit Zehntelnormal-Natron kann man leicht finden, wie viel Schwefelsäure durch das Ammon neutralisirt wurde.

Das Durchleiten von Luft ist von ungeheurer Wichtigkeit für den Erfolg der Analyse; es verfolgt den doppelten Zweck:

1. Es geht das Abdestilliren des Ammons rasch und vollständig vor sich; bei der Unterlassung werden Spuren von Ammoniak hartnäckig in der kalischen Flüssigkeit zurückgehalten.

2. Macht sich ein Schäumen und Stossen der Lauge in der Retorte beim Kochen nicht störend bemerkbar, wenn durch die kochende Flüssigkeit beständig ein Luftstrom geleitet wird; unterbricht man den Luftstrom nur auf wenige Augenblicke, so wird ein heftiges Schäumen eintreten. Auf diese Weise kann man sich leicht von der guten Wirkung dieser Vorrichtung überzeugen. Ja es kann dann sogar oft plötzlich ein Theil der Flüssigkeit durch die Trichterröhre zurückgeschleudert werden; besonders gegen das Ende der Operation kann man dies (bei Unterbrechung des Luftstromes) beobachten.

Ich muss also das Destilliren in einem Luftstrom als einen wesentlichen Moment für das Gelingen der Operation bei Anwendung von wässeriger Kalilauge erklären.

Die Anwendung von Weingeist, der wohl gute Dienste leistet (siehe unten) zur Hintanhaltung des Schäumens oder Stossens, ist somit entbehrlich, denn einen anderen bedeutenden Vorzug als diesen besitzt er eben nicht.

Ich habe eine Reihe von Versuchen angestellt nach dieser Methode unter verschiedenen Verhältnissen und mich dabei des chemisch reinen Salpeters bedient.

a) Salpeter 0,3496; vorgeschlagen 10 CC. Normal-Schwefelsäure; zur Neutralisation des noch frei vorhandenen Restes (nach Absorption des Ammoniaks) 6,55 CC. Normalnatron (mit $^{1}/_{10}$ Natron zu Ende titrirt) verbraucht. — Gefunden 0,3487 Salpeter; — Verlust 0,0009 Grm. Salpeter.

b) Salpeter 0,3588; verbrauchte Natronlauge 6,46 CC. Gefunden 0,3579 Salpeter; — Verlust 0,0007 Grm. Salpeter.

c) Salpeter 0,2006; verbrauchte Natronlauge 8,03 CC.; gefunden Salpeter 0,1991; — Verlust 0,0015 Grm. Salpeter.

d) Salpeter 0,2326; verbrauchte Natronlauge 7,72 CC.; gefunden Salpeter 0,2305; — Verlust 0,0021 Grm. Salpeter.

Bei den Versuchen a—d arbeitete ich unter den p. 309 angegebenen Verhältnissen, d. h. liess die Zink-Eisenmischung zuerst bei gewöhnlicher Temperatur einwirken und destillirte im Luftstrom. Die Kalilauge hatte das spec. Gew. 1,15. Die Einwirkung und die dadurch bedingte Wasserstoffentwicklung geht ruhig vor sich und wird beim darauffolgenden Erwärmen lebhafter. Im Widerspruch mit Harcourt's Angabe fand ich, dass die einmal gebrauchte Mischung aus Zinkpulver und Eisenfeile zu einem zweiten Versuch nicht mehr verwendbar ist, weil dann die Ueberführung in Ammoniak nicht mehr vollständig geschieht.

Weitere Analysen machte ich mit dichterer Kalilauge.

e) Salpeter 0,3723; vorgeschlagen 10 CC. Normal-Schwefelsäure; verbrauchte Natronlauge 6,33 CC., gefunden 0,3710; — Verlust 0,0013 Grm. Salpeter.

f) Salpeter 0,3580; Natronlauge 6,48 CC.; gefunden Salpeter 0,3558; — Verlust 0,0022 Grm. Salpeter.

Die verwendete Kalilauge hatte das spec. Gew. 1,25; im Uebrigen wurde ganz wie bei den Versuchen a - d gearbeitet. Es zeigt sich, dass die Dichte der Kalilauge in nicht allzu engen Grenzen liegt und die Resultate sind (bei anfänglichem Verlauf der Reaction in der Kälte) ganz befriedigend.

Die Verhältnisse gestalten sich ungünstiger, wenn man die Reaction gleich bei Beginn durch Erwärmen unterstützt und beschleunigt.

g) Salpeter 0,2407; verbrauchte Norm.-Natronlauge 7,71 CC.; gefunden 0,2315 Grm. Salpeter; — Verlust 0,0092 Grm. Salpeter.

h) Salpeter 0,2972; Natronlauge 7,14 CC.; gefunden Salpeter 0,2892; — Verlust 0,0080 Grm. Salpeter.

i) Salpeter 0,3101; Natronlauge 6,99 CC.; gefunden Salpeter 0,3043; — Verlust 0,0058 Grm. Salpeter.

k) Salpeter 0,2952; Natronlauge 7,22 CC.; gefunden Salpeter 0,2811; — Verlust 0,0141 Grm. Salpeter.

l) Salpeter 0,2938; Natronlauge 7,29 CC.; gefunden Salpeter 0,2740; — Verlust 0,0198 Grm. Salpeter.

Die Versuche g—i wurden mit Kalilauge vom spec. Gew. 1,15 angestellt. Die Versuche k—l mit solcher von 1,30 spec. Gew. und bei allen fünfen sogleich nach dem Eintragen der Kalilauge erhitzt, sonst wie bei den vorigen verfahren. Wir sehen aus den Resultaten, dass die Verluste bei sofortigem Erwärmen grösser sind, als wenn man dies nicht thut und einige Zeit stehen lässt. Auch ergibt sich die interessante Thatsache, dass beim sofortigen Erhitzen die Verluste weit grösser sind, wenn die Kalilauge concentrirter ist, als unter ganz gleichen Umständen mit einer verdünnten Lauge.

Es kommt also auf den langsamen Verlauf der Reaction an und eine längere Einwirkung bei gewöhnlicher Temperatur, bevor man zur Destillation schreitet, ist unter allen Umständen räthlich und dann liegt die zweckmässige Concentration der Kalilauge in weiteren Grenzen, als man anzunehmen geneigt ist, wenn auch gewisse Grenzen nicht überschritten werden dürfen. Der von mancher Seite erhobene Vorwurf, dass die Destillation leicht zu Verlusten führe, ist unbegründet, wenn unter Einhaltung der angegebenen Vorsichtsmaassregeln gearbeitet wird; im entgegengesetzten Fall ist der Vorwurf ganz gerechtfertigt.

Es ist wohl kein Zweifel, dass es am zweckmässigsten und bequemsten ist, das entweichende Ammoniak in Normalschwefelsäure aufzufangen und den ungesättigten Rest der letzteren durch Titriren mit Normalnatronlauge (gegen Ende mit Zehntelnatron) zu ermitteln. Von den anderen Bestimmungsarten ist man mit Recht abgegangen (wie z. B. Bestimmung als Ammoniumplatinchlorid).

Zur Beantwortung der Frage über die Anwendbarkeit und Brauchbarkeit des platinirten Zinkes, Aluminiums und der Zink-Eisenmischung stellte ich folgende Versuche an, wobei ich mich ganz jenes Apparates und Verfahrens bediente, wie pag. 309, wo die Versuche mit Zink-Eisen beschrieben sind.

Versuche mit platinirtem Zink (nach Schulze, p. 304).

a) Salpeter 0,2681; Normalnatron 7,42 CC. (vorgeschlagen 10 CC. Normalschwefelsäure); gefunden 0,2608 Salpeter. — Verlust 0,0070 Grm. Salpeter.

b) Salpeter 0,2386; Normalnatron 7,70 CC.; gefunden 0,2345 Salpeter — Verlust 0,0041 Grm. Salpeter.

c) Salpeter 0,2546; Natronlauge 7,59; gefunden 0,2436 Salpeter. — Verlust 0,0110 Grm. Salpeter.

d) Salpeter 0,2238; Natronlauge 7,85 CC.; gefunden Salpeter 0,2174. — Verlust 0,0064 Grm. Salpeter.

Die Einwirkung der Kalilauge liess ich 2—3 Stunden lang in der Kälte vor sich gehen und destillirte dann das Ammon im Luftstrome ab.

Bei a und b hatte die Kalilauge die Dichte 1,15, bei c und d 1,3 spec. Gew. In beiden Fällen sind die Verluste bedeutend und würden beim sofortigen Erwärmen der Mischung noch um vieles grösser werden; platinirtes Zink ist also durchaus nicht zu empfehlen.

Schulze selbst gab das platinirte Zink zu diesem Zwecke auf und schloss sich Harcourt an, der ebenfalls die Vorzüge der Zink-Eisenmischung hervorhob.

Versuche mit Aluminium. Dasselbe wurde in Form von Feilspänen angewendet.

e) Salpeter 0,2254; Normalnatron 7,79 CC. (vorgeschlagen 10 CC. Normal-Schwefelsäure) gefunden 0,2234 Salpeter. — Verlust 0,0020 Grm. Salpeter.

f) Salpeter 0,2611; Natronlauge 7,43 CC.; gefunden 0,2598 Salpeter. — Verlust 0,0013 Salpeter.

g) Salpeter 0,1679; Natronlauge 8,34 CC.; gefunden 0,1668 Grm. Salpeter. — Verlust 0,0011 Grm. Salpeter.

Zu diesen Versuchen wurde etwa $^1/_2$ Grm. Aluminiumfeile genommen und Kalilauge von dem spec. Gew. 1,15. Die Zahlen zeigen, dass die Ueberführung der Salpetersäure in kalischer Lösung durch Aluminium ebenso vollständig geschieht, wie durch Zink-Eisen, ohne jedoch sonst wie erhebliche Vortheile mit sich zu bringen, welche ein etwaiges Vorziehen des Aluminiums zu unserem Zweck vor dem viel leichter zugänglichen Zink und Eisen rechtfertigen würden.

Weingeistige Kalilauge wurde an Stelle der wässerigen wegen des Schäumens der letzteren angewendet (vergl. pag. 305). Wenn ich also diesen Uebelstand beseitigte, in so weit er störend war, so entfällt damit der Grund zur Anwendung des Weingeistes.

Ich machte trotzdem mehrere Analysen von chemisch reinem Salpeter und bediente mich dabei des Hager'schen compendiösen Apparates. Eine kleine Aenderung in der Gasentwicklungsröhre schien mir geboten, um das beim Hager'schen Apparat leicht mögliche Ueberreissen von Kalilauge zu vermeiden: Das Gasentwicklungsrohr war nicht nur an seinem absteigenden, sondern auch an seinem ansteigenden Theil zu einer Kugel erweitert. Die letztgenannte Kugel war mit einem lockeren, doch eng anliegenden Bausch von ausgeglühtem Asbest gefüllt, um mitgerissene Kalilauge zurückzuhalten. — Im Uebrigen arbeitete ich ganz nach Hager's Vorschrift (s. pag. 306) und erhielt recht gute Resultate.

a) Salpeter 0,3492; 10 CC. Normal-Schwefelsäure vorgeschlagen, verbrauchte Normal-Natronlauge 6,59 CC.; gefunden 0,3448 Salpeter. — Verlust 0,0044 Grm. Salpeter.

b) Salpeter 0,3243; Natronlauge 6.82 CC.; gefunden Salpeter 0,3215. — Verlust 0,0028 Grm. Salpeter.

c) Salpeter 0,3558; Natronlauge 6,54 CC.; gefunden Salpeter 0,3498. — Verlust 0,0060 Grm. Salpeter.

Die Resultate stehen zwar an Genauigkeit hinter jenen bei Anwendung von wässerigem Kali und Destillation im Luftstrom zurück, aber die Analyse ist rascher durchzuführen, ein Vortheil, der, wo es weniger auf sehr genaue als rasche Vollendung ankommt, nicht zu unterschätzen ist.

Es ist eine merkwürdige Erscheinung, dass das rasche Verlaufen der Reaction bei erhöhter Temperatur in diesem Falle nicht so nachtheilig einwirkt, wie bei Anwendung von wässeriger Lauge. Der Weingeist scheint nicht blos indifferent, wie bis jetzt angenommen wird, durch Erniedrigung des Siedepunktes und Vermeiden des Schäumens zu wirken, sondern es scheint eine vorübergehende Amminbildung stattzufinden und dadurch die Reaction glatter zu verlaufen.

Ich muss schliesslich, meine oben ausgesprochene Beobachtung wiederholend, erwähnen, dass das Princip jener Methoden, welche sich auf Ueberführung der Salpetersäure in Ammon gründen, vollkommen richtig ist und alle Angriffe darauf völlig unbegründet sind, dass aber bei Ausserachtlassung der nothwendigen Vorsichtsmaassregeln, die ich genau bestimmt habe, die Methoden unzulängliche Resultate geben, welche zu irrigen Schlüssen Veranlassung gegeben haben; hält man aber diese Bedingungen ein, dann liefert die Methode ganz treffliche Resultate, welche hinter den genauesten Methoden der Salpetersäurebestimmung in keiner Richtung zurückstehen.

Quantitative Bestimmung des Mangans durch Fällung als Manganoxalat.

Von

Alexander Classen
in Aachen.

Nach der Angabe von Gibbs*) wird aus der neutralen und concentrirten Auflösung eines Mangansalzes auf Zusatz einer concentrirten Lösung von Oxalsäure und Hinzufügen eines Ueberschusses von starkem Alkohol das Mangan als Oxalat abgeschieden. Dieser Niederschlag ist indess so fein vertheilt, dass derselbe sich nicht zur quantitativen Bestimmung (durch Ueberführung in Manganoxyduloxyd) selbst eignet. Gibbs schlägt daher vor, die in dem Niederschlag enthaltene Menge von Oxalsäure titrimetrisch zu bestimmen und hieraus das Mangan zu berechnen. Fresenius**) und Leison***) haben diese Methode näher geprüft und keine genügenden Resultate erhalten. Fresenius fand, dass das Manganoxalat selbst auf Zusatz von sehr viel, fast absolutem Alkohol nicht vollständig niederfällt und man nicht ganz 99 % des vorhandenen Mangans erhält. Nach meinen Versuchen ist die Abscheidung des Manganoxalats auch keine ganz vollständige, wenn man die Oxalsäure durch Ammoniumoxalat oder Kaliumhydrooxalat ersetzt. Anders verhält es sich indess, wenn die Fällung durch eine concentrirte Auflösung von Kaliumoxalat (1 : 6) und nachherigen Zusatz von starkem Alkohol bewirkt wird. Das Filtrat ist dann ganz frei von Mangan. Der auf diese Weise erzeugte Niederschlag enthält aber stets erhebliche Mengen des Fällungsmittels, welches durch nachheriges Auswaschen nicht entfernt werden kann. Das Manganoxalat kann aber, statt durch Alkohol, auch durch concentrirte Essigsäure ganz vollständig abgeschieden werden. Der auf diese Art erhaltene Niederschlag besitzt, im Gegensatze zu dem mit Alkohol gefällten, eine ausgezeichnet krystallinische Beschaffenheit, setzt sich, besonders beim Erwärmen rasch ab und lässt sich sehr gut auswaschen. Die Fällung gelingt am Besten in der Art, dass man zu der concentrirten Manganlösung zuerst das Kaliumoxalat und dann so lange concentrirte Essigsäure hinzufügt, als noch ein Niederschlag entsteht. Man erwärmt alsdann die Flüssigkeit unter Umrühren und über-

*) Amer. Journ. **22**, 214.

) Diese Zeitschr. **11, 415.

***) Chem. News 1870. p. 210.

zeugt sich, ob auf tropfenweisen Zusatz von Kaliumoxalat noch eine Trübung entsteht.*) Geschah die Fällung aus concentrirter Auflösung, so kann die Flüssigkeit gleich nach dem Erkalten filtrirt werden. Verdünntere Manganlösungen erfordern, bei grösserem Aufwand von Essigsäure, längeres Stehen zur vollständigen Abscheidung des Niederschlages. Um, bei Ausführung mehrerer Bestimmungen, einen Aufwand von Essigsäure zu vermeiden, kann man auch die Auflösung des Mangansalzes stark mit Essigsäure ansäuern und dann eine genügende Menge von Alkohol (von etwa 95%) hinzufügen. Das so gefällte Manganoxalat besitzt gleiche Eigenschaften wie das durch Essigsäure gefällte. Zum Auswaschen wendet man entweder concentrirte Essigsäure oder, was vortheilhafter ist, ein Gemisch von concentrirter Essigsäure und Alkohol von 95% an. Das Mischungsverhältniss zwischen Essigsäure und Alkohol hat übrigens, wie ich mich durch quantitative Bestimmungen überzeugt habe, keinen Einfluss auf die Genauigkeit der Resultate. Selbst $^1/_3$ Vol. Essigsäure genügt, um den Niederschlag ohne Verlust auszuwaschen.

Zur Ueberführung des Manganoxalats in Manganoxyduloxyd wird der Niederschlag sammt Filter im Platintiegel zuerst ganz schwach (bei bedecktem Tiegel) und nach und nach stärker (bei Luftzutritt) bis zum constanten Gewicht geglüht. Bei unvollständigem Auswaschen des Niederschlages enthält das Manganoxyduloxyd Kaliumcarbonat beigemengt, welches durch Decantation mit Wasser leicht entfernt werden kann.

Von den vielen Bestimmungen, welche ich nach diesem Verfahren ausgeführt habe, will ich nur die folgenden hier anführen.

20 CC. einer Manganchlorürlösung gaben im Mittel aus 2 Bestimmungen 0,3375 Grm. Schwefelmangan.

20 CC. derselben Lösung lieferten 0,2975
« « « « « 0,2965
« « « « » 0,2965

Mittel . . 0,2968 Grm. Manganoxyduloxyd.

0,3375 Grm.	MnS	entsprechen	0,2131 Mn	=	1,0655 pro	100 CC.
0,2965 «	Mn_3O_4	«	0,2137 «	=	1,0665 «	100 «

*) Versetzt man eine Manganlösung mit Essigsäure und fügt dann Kaliumoxalat in grossem Ueberschuss hinzu, so löst sich der entstandene Niederschlag wieder auf. Aus einer solchen Auflösung scheidet ein erneuter Zusatz von Essigsäure das Manganoxalat wieder aus.

Die Fällung von Manganoxalat mit Alkohol tritt auch dann vollständig ein, wenn die Flüssigkeit schwach salzsauer ist. Setzt man mehr Chlorwasserstoffsäure hinzu, so bleibt die Lösung auch bei einem grossen Ueberschuss von Alkohol vollständig klar. Bezüglich der quantitativen Abscheidung des Niederschlages fand ich, dass schon 0,2 CC. Chlorwasserstoffsäure von spec. Gewicht 1,12, in einer Flüssigkeit, welche aus 10 CC. Manganchlorür, 5 CC. Kaliumoxalat und 50 CC. Wasser zusammengesetzt war, genügten, um eine deutlich nachweisbare Menge von Manganoxalat zu lösen.

Es erübrigt mir noch, einige Versuche, den Einfluss von Chlorammonium, Chlorkalium, Natriumacetat und Kaliumsulfat auf die Ausfällung des Manganoxalats betreffend, hier anzuführen.

10 CC. Manganchlorürlösung gaben, nach vorheriger Abscheidung als Oxalat, im Mittel aus 2 Bestimmungen, 0,1403 Grm. Mn_3O_4.

Manganchlorür,	Kaliumoxalat,	Wasser,	Chlorammonium (1 : 6)	Mn_3O_4
10	5	50	2 CC.	0,1402
«	«	«	3 «	0,1403
			4	0,1403
			5	0,1403
			6	0,1402
			7	0,1398
			8	0,1393
			9	0,1375
			10 «	0,1345
			Chlorkalium (1 : 12)	
			5 CC.	0,1404
			10 «	0,1395
			20 «	0,1320
			Natriumacetat (1 : 10)	
			5 CC.	0,1402
			10 «	0,1403
«	«	«	20 «	0,1403

Kobalt- und Nickeloxalat zeigen ein ähnliches Verhalten gegen concentrirte Essigsäure wie das Manganoxalat. Mit der Ausführung hierauf bezüglicher Versuche bin ich beschäftigt.

Zur Trennung des Mangans von Kalk.

Von

Alexander Classen.

Um kleine Mengen von Manganoxydul von grossen Mengen von Kalk zu trennen, empfiehlt Heinrich Rose*) zu der Flüssigkeit so viel Chlorammonium hinzuzufügen, dass Ammoniak keinen Niederschlag gibt, dann den Kalk als Oxalat zu fällen und im Filtrate das Mangan durch Schwefelammonium niederzuschlagen. Es ist hierbei zu bemerken, sagt Rose weiter, dass wenn man auch aus einer sehr verdünnten Lösung, die neben vieler Kalkerde kleine Mengen von Manganoxydul enthält, erstere als oxalsaure Kalkerde fällt, dieselbe häufig, besonders wenn man mit dem Filtriren der oxalsauren Kalkerde lange gesäumt hat, Spuren von Mangan enthalten kann, weil sich mit der Zeit etwas in Ammoniak unlösliches Manganoxyd bildet. Nach dem Glühen ist dann die Kalkerde von gelblicher oder brauner Farbe und hinterlässt nach der Lösung in verdünnter Salpetersäure die geringen Spuren von Manganoxyd ungelöst, welches man nach dem Glühen wägt. — Was die Ausführung des letzteren Vorschlages anbelangt, so gelingt es nicht, das rückständige Calciumoxyd durch verdünnte Salpetersäure in Lösung zu bringen, ohne dass auch ein Theil des Manganoxyduloxyds von der Säure angegriffen würde. Verdünnte Chlorwasserstoff- oder Essigsäure verhalten sich ähnlich wie die Salpetersäure. Um die Ausscheidung von Mangan aus der ammoniakalischen Lösung zu verhüten, führte ich die Trennung bisher so aus, dass die mit Ammoniak versetzte Flüssigkeit (welche eine genügende Menge Chlorammonium enthielt), schwach mit Essigsäure angesäuert und dann die Fällung des Calciums als Oxalat vorgenommen wurde**). Aber auch unter diesen Verhältnissen erhält man nie manganfreien Kalk. Der Grund liegt aber nicht in einer Oxydation des Manganoxydulsalzes, sondern in der Bildung von Manganoxalat, welches, bei Gegenwart von Kalk, auch aus ganz verdünnter Auflösung ausgeschieden wird. Die Ausscheidung des Mangansalzes tritt auch dann ein, wenn nur ganz geringe Mengen von Kalk in der zu fällenden Flüssigkeit vorhanden sind und die Fällung des ausgewaschenen Calciumoxalats aus chlorwasserstoffsaurer Lösung wiederholt wird. Nach-

*) Rose, Quantitative Analyse 1871. p. 90.

**) Meine quantitative Analyse p. 59.

dem ich die Bedingungen festgestellt hatte, unter welchen die Bildung von Manganoxalat stattfindet, versuchte ich in erster Linie, ob nicht ein grosser Ueberschuss von Chlorammonium die Fällung des Manganoxalats verhindere. Diese Versuche führten indess zu keinem genügenden Resultat, indem das Calciumoxalat, auch bei wiederholter Fällung und erneutem Zusatz von Chlorammonium sich nicht als manganfrei erwies. Wie ich oben bemerkte, findet die Abscheidung des Manganoxalats durch Alkohol, bei Gegenwart einer genügenden Menge von Chlorwasserstoffsäure überhaupt nicht statt. Versetzt man die Lösung von Calciumoxalat in Chlorwasserstoffsäure (wobei ein Ueberschuss vermieden werden muss) mit einem Ueberschuss von starkem Alkohol, so wird das Calciumoxalat wieder ausgeschieden. Es lag nun nahe, dass unter diesen Umständen die Fällung des Manganoxalats bei Gegenwart von Kalk überhaupt vermieden würde. Eine grosse Anzahl in dieser Richtung angestellter Versuche (welche ich hier nicht weiter aufführen will) ergab aber das Gegentheil. Das Calciumoxalat war in allen Fällen, mochte nun der Kalk oder das Mangan vorwiegend sein, selbst bei doppelter Ausfällung unter denselben Verhältnissen, stets mehr oder weniger mit Manganoxalat verunreinigt. Unter diesen Umständen muss man daher auf die Anwendung dieser Trennungsmethode überhaupt verzichten.

Ueber die Abscheidung des Mangans als wasserfreies Sulfür.

Von

Alexander Classen.

Die Fällung des Mangans als wasserfreies (grünes) Schwefelmangan hat, wenn es sich um quantitative Bestimmung desselben handelt, bekanntlich grosse Vorzüge, da sich dieser Niederschlag (im Gegensatze zu dem wasserhaltigen, fleischfarbigen Sulfür) rasch absetzt und was die Hauptsache ist, gut filtriren und auswaschen lässt. Nach den Versuchen von Fresenius findet der Uebergang des fleischfarbenen Schwefelmangans in grünes Sulfür namentlich dann statt, wenn man die Lösung direct mit einem Ueberschuss von Schwefelammonium versetzt und erhitzt. Die Anwesenheit von Chlorammonium beeinträchtigt oder verhindert die Ueberführung überhaupt. Da nun die Gegenwart von Chlorammonium bei der Fällung des Mangans durch Schwefelammonium erforderlich ist, so hat man es nicht in der Hand, dasselbe als grünes

Schwefelmangan abzuscheiden, abgesehen davon, dass die Ueberführung des hydratischen Niederschlags in wasserfreies Schwefelmangan nicht immer sicher gelingt. Die Abscheidung des Mangans als wasserfreies Sulfür gelingt nun stets, wenn man vorher die Auflösung einige Minuten auf Zusatz von etwas Kaliumoxalat zum Kochen erhitzt, dann ammoniakalisch macht und zu der heissen Flüssigkeit Schwefelammonium hinzufügt. Entweder entsteht sofort grünes Sulfür oder ein Gemenge beider Verbindungen; die vollständige Umwandlung erfolgt dann bald beim weiteren Erwärmen im Sandbade. Oxalsäure und Ammoniumoxalat verhalten sich ähnlich wie Kaliumoxalat, jedoch scheint mir letzteres die Ueberführung sicherer zu bewirken. Chlorammonium beeinträchtigt die Bildung des grünen Niederschlages nicht.

Digestionsofen, Apparat zum Erhitzen von Substanzen in zugeschmolzenen Glasröhren unter erhöhtem Druck für analytische und synthetische Operationen.

Von

Dr. C. O. Cech,
Privatdocent in Berlin.

Wenn es sich darum handelt, organische Substanzen zu Zwecken der Analyse nach der Methode von Carius (Bestimmung von Chlor, Jod, Brom, Schwefel, Arsen u. a. m.) der Einwirkung rauchender Salpetersäure unter erhöhtem Druck in zugeschmolzenen Glasröhren auszusetzen oder behufs synthetischer Studien Substanzen bei hoher Temperatur unter dem Druck einiger Atmosphären aufeinander einwirken zu lassen, so bedient man sich in Laboratorien eigens construirter Oefen (construirt von Carius und Erlenmeyer), sogenannter Digestionsöfen, Apparate, die auch unter der vulgären Bezeichnung «Schiesskästen» oder «Kanonenöfen» bekannt sind. Es werden bekannterweise die Substanzen in ein Rohr aus schwer schmelzbarem Kaliglas gegeben, und nachdem dasselbe in eine feine Spitze ausgezogen und geschlossen wurde, wird es in ein eisernes «Schutzrohr» eingeschoben und sammt diesem in eine der in dem Ofen angebrachten Röhren hineingelegt, um hierauf eine bestimmte Zeit auf eine gewisse Temperatur erhitzt zu werden.

Allein sowohl die Herstellung dieser Apparate, als auch die Handhabung derselben befindet sich heute noch in jenem Zustande, in dem dieselben vor Jahren in die Laboratorien eingeführt wurden und man würde es kaum glauben, wie wenig Sorgfalt bisher darauf verwendet wurde, um die unter Umständen überaus gefährliche Manipulation mit diesen Apparaten durch eine zweckmässigere Construction derselben für den Chemiker weniger gefahrvoll zu gestalten.

Abgesehen davon, dass das jetzt übliche Anbringen der Digestionsöfen in den Laboratorien durch Aufhängen derselben an eine Wand vollkommen verwerflich ist, indem das Beschicken des Ofens mit Glasröhren von der Seite, den Arbeitenden stets der Gefahr aussetzt, die im Ofen liegenden oft mit hohem Druck belasteten Glasröhren durch Erschütterung des Ofens oder durch Abbrechen der Glasspitzen zu Explosionen zu veranlassen, so ist auch eine Revision der Ofenröhren selbst mit einem Spiegel ohne Gefährdung von Hand und Gesicht des Arbeitenden fast unmöglich. Befindet sich jedoch der Ofen entweder im Laboratorium selbst oder in einer offenen Loggia, so wird bei erfolgenden Explosionen der im Ofen liegenden Röhren der Arbeitende selbst in beträchtlichen Entfernungen vom Digestionsofen durch heraus geschleuderte Glassplitter und durch die freiwerdenden Flüssigkeiten oder Gase oft in hohem Grade gefährdet.

Um den angeregten Uebelständen abzuhelfen, wäre es von Vortheil, erstens, die Anlage und Construction der jetzt gebräuchlichen Digestionsöfen abzuändern, zweitens, in jedem Laboratorium wenigstens drei Digestionsöfen aufzustellen, wobei jeder derselben für andere Hitzegrade bestimmt wäre, drittens auf ein strenges Einhalten der Vorsichtsmaassregeln zu achten, deren Unkenntniss oder Vernachlässigung oft mehrere Personen in Mitleidenschaft ziehen kann. Die jetzt gebräuchlichen Oefen sind viereckige Kasten von Eisenblech (0,3 Cm. Blechdicke, 1^m Länge, $^1/_3{}^m$ Breite), an den vier Seiten und der Rückenwand genietet, inwendig mit vier oder sechs eingenieteten eisernen Kanälen versehen, welche von der Seite (Stirnseite) mit Glasröhren beschickt werden, die sich ausserdem noch in eisernen, mit einem Deckel verschliessbaren Schutzröhre (Schliessrohr) befinden. Der ganze Ofen steht entweder frei oder ist fest an einer Wand angebracht. Die Herstellung dieser viermal aus Eisenblech genieteten Oefen ist eine kostspielige, das Beschicken und Herausziehen der Glasröhren aus dem Ofen von der Seite eine für den Arbeitenden gefährliche Manipulation. Wurde aber das Schutzrohr*) mittelst eines angeschraubten Deckels

*) Wie es aus übel angebrachter Vorsicht häufig geschieht.

verschlossen, so kann bei Explosionen die Gewalt der freiwerdenden Gase eine so enorme werden, dass nicht nur das eiserne Schutzrohr zertrümmert, sondern sogar der ganze Ofen selbst in den Nietungen auseinander gerissen wird. Bei Chlorbestimmungen aromatischer Substanzen wurde wiederholt beobachtet, dass durch das Bersten eines solchen Glasrohrs das eiserne Schutzrohr in kleine Stücke zerfasert und diese wie Projectile klafterweit geschleudert wurden. Uebrigens werden wohl in allen Laboratorien Fälle vorgekommen sein, wo bei Explosionen die in der Nähe des Ofens befindlichen Personen durch herumfliegende Glas- und Eisensplitter, sowie durch Herumspritzen ätzender Flüssigkeiten gefährdet wurden. Es ist einleuchtend, dass ein aus starkem Eisenblech in Form eines Cylinders angefertigter Digestionsofen mit einmaliger Nietung gegen das Zerreissen eine viel grössere Widerstandsfähigkeit besitzt, als ein viereckiger, viermal genieteter Ofen, dass in dem cylindrischen Raume mehr Röhren untergebracht werden können, als in einem entsprechend grossen Viereck, und dass die Anschaffungskosten eines solchen Ofens kaum die Hälfte eines viermal genieteten betragen. Wird dieser cylindrische Digestionsofen ausserdem zur Hälfte (siehe die Figur) in die zum Kamin führende Wand einge-

Fig. 17.

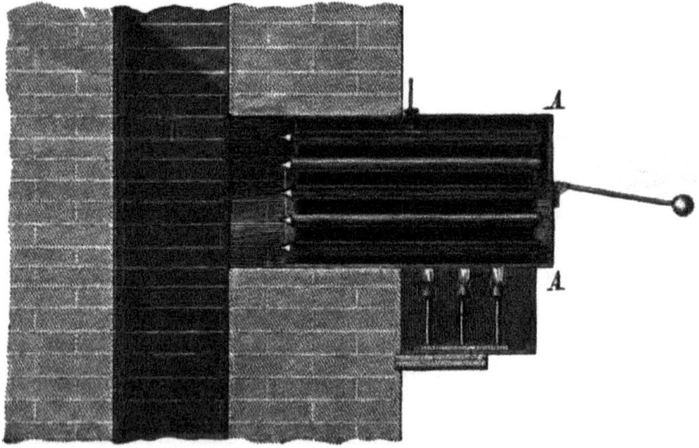

mauert, von den Seiten mit einer Lage Asche umgeben, um eine rasche Wärmeausstrahlung zu verhindern, so erfolgen alle etwa während des Erhitzens stattfindenden Explosionen der in den offenen Schutzröhren liegenden Glasröhren in den Kaminraum. Das Beschicken und Entladen des Ofens mit Röhren geschieht nach Oeffnen der Thüre (Fig. 17. A) von vorne; man ist demnach in der Lage, sich beim Herausnehmen der Röhren aus dem Ofen eher vor den Gefahren einer Explosion zu schützen, als es bei den jetzt gebräuchlichen Apparaten der Fall ist.

Fig. 18.

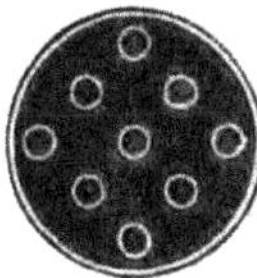

Fig. 19.

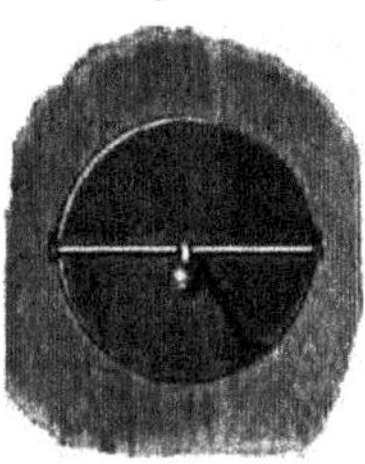

Da es in jedem Laboratorium vorzukommen pflegt, dass für verschiedene Operationen zu derselben Zeit die Benutzung des Digestionsofens bei verschiedenen Temperaturen nöthig wird, so ist es von Vortheil, in die Kaminwand wenigstens drei cylindrische Digestionsöfen anzubringen. Einer von denselben liefert eine constante Temperatur von 100° C., während zwei andere Oefen theils zu intermittirender Arbeit, theils für verschiedene Temperaturen über 100° verwendet werden können. Der Vorwurf, dass durch ein Einmauern des Ofens in der Kaminwand ungleiche Hitzegrade an der Stirn- und Rückseite des Apparats auftreten müssen, wird durch die Thatsache entkräftet, dass eine Differenz des Luftbades von nur wenigen Wärmegraden für die zu erhitzenden Glasröhren nicht nachtheilig sein kann.

Neue Methode der Eisenoxydulbestimmung in Silicaten, welche in den gewöhnlichen Mineralsäuren unlöslich sind.

Von

Professor **Albert R. Leeds.**

Die Neuheit der Methode besteht in der Darstellung der zur Lösung des Silicates verwandten Flusssäure während des Verlaufs der Analyse. Das fein pulverisirte, mit einer passenden Menge verdünnter Schwefelsäure versetzte Mineral wird zuerst mit einer Kohlensäureatmosphäre umgeben, alsdann wird der aus einer mit diesem Gas gesättigten Atmosphäre fortwährend Fluorwasserstoff aufnehmenden Flüssigkeit auf dasselbe zu wirken gestattet. Die Vortheile der Methode sind:

Erstens. Sie macht eine vorherige Darstellung einer reinen concentrirten Flusssäure unnöthig.

Zweitens. Die Menge der Säure, die nöthig ist, ist ausserordentlich klein, sie beträgt nur einige Cubikcentimeter; und nur soviel wird dargestellt, als zur Ausführung der augenblicklichen Analyse nothwendig ist.

Drittens. Die Mischung von Mineral und Lösungsmittel wird nicht zuerst in der Luft bewirkt und dann in die nicht oxydirende Atmosphäre übergeführt, sondern bei vollständigem Ausschluss von Luft findet Darstellung des Lösungsmittels und vollständige Lösung statt.

Die Geschichte des Verfahrens ist folgende: Es wurde ein Versuch gemacht die in Gutta-Percha-Flaschen aus Deutschland, als chemisch rein, importirte Säure zu benutzen. Es stellte sich heraus, dass dieselbe nicht nur zu verdünnt zum Bewirken der Lösung war, sondern auch eine solche Menge gelöster organischer Substanz enthielt, dass ihre Verwendung zur Eisenoxydulbestimmung ganz ausser Betracht kam. Selbst nach dreimaliger Destillation blieb ein schwarzer Rückstand in der Retorte. Die Darstellung irgend grösserer Mengen reiner Flusssäure aus Flussspath und conc. Schwefelsäure ist eine so unangenehme Arbeit, das Aufbewahren der concentrirten Säure so schwierig und die mit dem Gebrauch derselben verbundene Unbequemlichkeit so gross, dass es höchst wünschenswerth erschien, eine Art der Anwendung zu ermitteln, bei der diese Einwände nicht gemacht werden können. Umsomehr, als die Bestimmung des Eisenoxydulgehaltes von Silicaten, welche in den gewöhnlichen Mineralsäuren unlöslich sind, im Laboratorium nicht häufig vorkommt, und wenn die nöthigen Vorbereitungen zu umständlich gemacht werden, sie zu leicht, wie leider oft der Fall, ganz vernachlässigt wird.

Die Methode wird durch beigefügten Holzschnitt leicht verständlich sein.

Fig. 20.

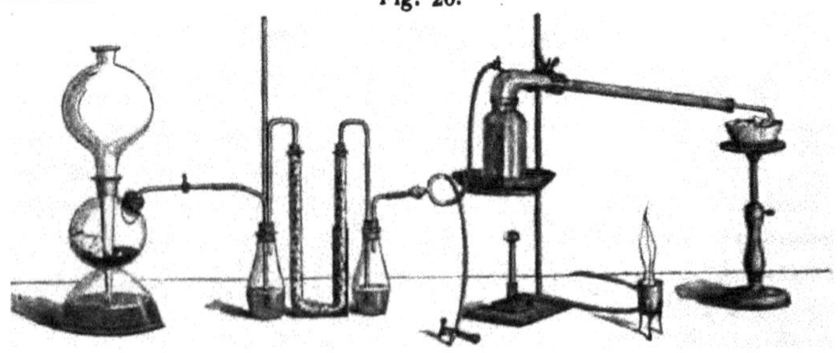

Zu 0,5 Grm. des Minerals werden zuerst 10 CC. eines Gemenges von gleichen Theilen Wasser und Schwefelsäure gesetzt. 15 Grm. gepulverten reinen Flussspaths werden in die Retorte gebracht und dann die das Mineral enthaltende Schale in dieselbe eingesenkt. Hierauf wird die Luft in dem Destillirapparate durch einen etwas raschen Strom von Kohlensäure, der durch das bis fast an den Boden der Retorte eingesenkte Ende des freien Kautschukschlauches eingeleitet wird, verdrängt. Schwefelsäure wird nun vermittelst einer Pipette zum Flussspath eingeführt, die Retorte, welche vorher nur mit dem übrigen Theil des Destillirapparates in Berührung gewesen war, wird an den Helm angeschraubt, das Gas durch den Tubulus eingeleitet und der freie Theil der Verbindung abgeschlossen. Nach Verdrängen der Luft wird der Kohlensäurestrom sehr langsam gehalten, und die Retorte so lange gelinde erwärmt, bis sich das Fluorwasserstoffgas stark am Ende der Austrittsröhre bemerkbar zeigt. Es wird nun mit Erhitzen aufgehört, und die Einwirkung so lange fortgehen gelassen, bis vollständige Zersetzung eingetreten ist, was selten mehr wie eine Stunde in Anspruch nimmt. Der Kohlensäurestrom wird jetzt verstärkt, der Tiegel oder die Schale aus der Retorte genommen, die erzeugte Lösung auf 250 CC. vermittelst ausgekochten Wassers gebracht und titrirt.

Die folgenden Resultate wurden bei Prüfung des Verfahrens erhalten: 15 CC. käufliche Flusssäure, $13^1/_2$% wirkliche Säure enthaltend, entfärbten eine 0,0345 Grm. FeO entsprechende Menge Chamäleonlösung. Diese käufliche Säure wurde mit Fluorwasserstoff gesättigt, die erhaltene Säure nochmals destillirt. 15 CC. des so erhaltenen Products gaben eine Reaction mit Chamäleonlösung entsprechend 0,01244 Grm. FeO, und 50 CC. entsprachen 0,0375 Grm. FeO. Die im Verlauf des Verfahrens erhaltene Säure enthielt in einem Falle 16% HF, in einem andern 18%. 15 CC. dieser Säure durch ausgekochtes Wasser auf 250 CC. gebracht entfärbten 0,1 CC. Chamäleonlösung (1 CC. = 0,01244 Grm. FeO) selbst nach zweistündigem Stehen nicht.

Labradorit (A)	0,5237 Grm.	=	0,28 CC.	=	0,003486 Grm. FeO	=	0,665 %
Hypersthen .	0,8353 „	=	37,3 „	=	0,1618 „ „	=	19,38 „
Diallag . . .	0,5552 „	=	6,61 „	=	0,0823 „ „	=	14,81 „
	0,5133 „	=	6,01 „	=	0,0748 „ „	=	14,56 „

Mit einer schwächeren Chamäleonlösung, die vorzuziehen war, 1 CC. = 0,00434 Grm. FeO.

Labradorit (B).	0,52 Grm.	=	0,7 CC.	=	0,003038 Grm. FeO	=	0,584 %
Hypersthen . .	0,5982 „	=	26,4 „	=	0,1146 „ „	=	19,17 „
Oligoklas . .	0,7000 „	=	3,06 „	=	0,01432 „ „	=	2,046 „
Pyroxen . . .	0,7102 „	=	20,00 „	=	0,09364 „ „	=	13,185 „

Prof. Cooke hat in dem Am. Journ. of Science II, XLIV, 1867 eine Methode der Eisenoxydulbestimmung beschrieben, bei der die Lösung durch Flusssäure bewirkt und mit Chamäleon titrirt wird. Nach diesem Verfahren, welches ausgezeichnete Resultate gibt, wird das feingepulverte Mineral zuerst mit concentrirter Flusssäure und Schwefelsäure gemengt, alsdann durch Erwärmen gelöst, und zwar auf einem mit einem umgekehrten Trichter bedeckten Wasserbad, durch welchen von unten aus ein continuirlicher Kohlensäurestrom geleitet wird. Wie oben erwähnt, ist das Streben, die vorherige unangenehme Darstellung reiner Flusssäure zu vermeiden, der Hauptgrund, der zur Annahme der neuen Methode führte.

Mit Vergnügen erwähne ich der Mitwirkung meines Assistenten Hrn. Dr. Geo. A. Prochazka bei Ermittelung der Einzelheiten und Resultate dieses Verfahrens.

Stevens Institute of Technology, Hoboken, V. S.

Alkalimetrische Phosphorsäurebestimmung nach Stolba.

Von

Fr. Mohr.

Franz Stolba*) hat den guten Gedanken gehabt, das phosphorsaure Bittererde-Ammon alkalimetrisch zu bestimmen, statt zu glühen und zu wägen. Es wird dabei vorausgesetzt, dass die Phosphorsäure unter allen Umständen als das genannte Salz ausgeschieden sei und Cochenilletinctur ist der Indicator. Alle diese Reaction störenden Körper, wie Eisenoxyd, Thonerde, Metallsalze sind durch den Gang der Analyse von selbst ausgeschlossen. Ueber die Ausführung der Methode verweise ich auf die unten citirte Stelle. Es knüpfen sich daran folgende Betrachtungen. Das erwähnte Doppelsalz besteht aus PO_5, 2 MgO, NH_4O im wasserleer gedachten Zustande, also aus 1 At. Phosphorsäure und 3 At. wirklicher Basen. Werden davon 2 At. Basis durch Säure gesättigt, so bleibt die Phosphorsäure mit 1 At. Basis im neutralen Zu-

*) Diese Zeitschrift 16, 100.

stande zurück und der kleinste Ueberschuss von Säure bringt die saure Reaction hervor.

Das bekannte Doppelsalz phosphorsaures Natron-Ammoniak oder Sal microcosmicum besteht aus PO_5, NaO, NH_4O. 9 aq., reagirt ebenfalls alkalisch und kann alkalimetrisch gemessen werden. 1 Grm. erforderte 4,8 CC. Normal-Salzsäure. Es enthält nach der Formel $\frac{71,36}{209,36}$ = 0,3408 Grm. Phosphorsäure, also 1 CC. N.Säure $= \frac{0,3408}{4,8} = 0,071$ Grm. PO_5 d. h. fast genau $\frac{1}{1000}$ des Atomgewichtes der Phosphorsäure. Wenn man nun 1 Grm. des Sal microcosm. mit Bittererdemixtur fällte und den ausgewaschenen Niederschlag nach Stolba titrirte, so wurden 9,6 CC. N. Säure, d. h. die doppelte Menge des obigen verbraucht. Dies erklärt sich sehr einfach aus dem Umstande, dass das Natronsalz 1 Atom basisches Wasser enthält, welches alkalimetrisch unwirksam ist, dagegen das Bittererdesalz wirklich 3 At. Basis enthält. Es wird also im ersten Falle 1 At. Basis, im zweiten werden 2 At. Basis gesättigt. Es ist dies ein entschiedener Vorzug der Methode von Stolba, dass die Phosphorsäure immer mit der grösseren Menge Basis verbunden auftritt.

Wird das Sal microcosmicum in der Platinschale bis zum Schmelzen zu einem Glase erhitzt, so bleibt aPO_5, NaO übrig, die bekannte Phosphorsalzperle aus der Löthrohrzeit. Diese in Wasser gelöst ist ganz neutral, färbt weder rothes noch blaues Lakmuspapier, noch Cochenilletinctur, und durch einen Tropfen Ammoniak zeigte Cochenille die violette Färbung.

Wird dagegen das gewöhnliche phosphorsaure Natron, mit 2 At. Natron und 1 At. basischem Wasser, alkalimetrisch gemessen, so erfordert es vor wie nach dem Glühen die gleiche Menge Säure, weil das Atom basisches Wasser nicht wirkt, und die 2 At. Natron nachher auch noch vorhanden sind. Diese Thatsache hatte ich schon in meinem Lehrbuch der Titrirmethode (4. Aufl. S. 69) mitgetheilt. Lösliche 3 basische phosphorsaure Salze, mit 3 At. wirklicher Basis, gibt es wenige, die löslichen c phosphorsauren Salze enthalten vielmehr meistens 1 At. basisches Wasser; unlösliche 3 basische phosphorsaure Salze mit 3 At. wirklicher Basis dagegen gibt es viele, wie das oben genannte Bittererdesalz, phosphorsaures Bleioxyd, phosphorsaurer Kalk, Baryt, Strontian. Der c phosphorsaure Kalk, aus Chlorcalcium und Sal microcosm. erhalten, der aber nur 2 At. Kalk enthält, färbt ebenfalls Cochenilletinctur lebhaft violett und liesse sich mit Salzsäure titriren, wenn dies einen Zweck hätte.

Eine empirische Phosphorsäureflüssigkeit, welche im Liter 10 Grm. Phosphorsäure enthält, wird am besten aus dem microcosmischen Salz dargestellt, wenn man 29,324 Grm. desselben zu einem Liter löst. Jeder Cubiccentimeter enthält dann 0,010 Grm. Phosphorsäure. Um eine gleich starke Salzsäure darzustellen, misst man 20 CC. reiner Salzsäure von der gewöhnlichen Stärke in den Mischcylinder und ergänzt mit dest. Wasser bis zu 1 Liter. Man lässt nun 10 oder 20 CC. der titrirten Phosphorsäurelösung in eine Porzellanschale laufen, setzt Cochenilletinctur zu, welche sogleich tiefviolett gefärbt wird, und lässt dann die Salzsäure aus einer in $\frac{1}{10}$ CC. getheilten Bürette einlaufen, bis der letzte Tropfen die violette Farbe in die gelbe verwandelt. Nach dem Erfolge der verbrauchten Menge ergänzt man die Säure durch Wasser nach bekannten Regeln, bis sie der Phosphorsäurelösung gleichwerthig ist. Jeder Cubikcentimeter zeigt dann bei dem Bittererdedoppelsalz 0,005 Grm. Phosphorsäure an. Für normale Salzsäure sind die Werthe schon bei Stolba loco citato angegeben. Sehr wichtig ist, dass selbst die kleinsten Spuren Eisenoxyd ausgeschlossen bleiben, weil sonst gegen Ende fast kein Farbenwechsel mehr eintritt. Freie Phosphorsäure lässt sich nicht titriren, weil gewöhnlich noch andere Säuren vorhanden sind. Barytwasser gibt damit ein Gemenge von PO_5, 2 BaO, HO und PO_5, 3 BaO. Es ist daher sicherer, die Phosphorsäure mit Ammoniak und Bittererdemixtur zu fällen und mit Salzsäure zu messen, wobei alle anderen Säuren ausgeschlossen bleiben.

Ueber die Eigenschaften der normalen Bier-Bestandtheile, welche nach den Methoden Stas-Otto und Dragendorff ausgeschüttelt werden.

Von

Dr. R. S. Tjaden-Moddermann.

Die Notiz «über eine dem Colchicin ähnliche Substanz im Biere» (diese Zeitschr. **16**, 116) gibt mir Veranlassung, das Folgende mitzutheilen.

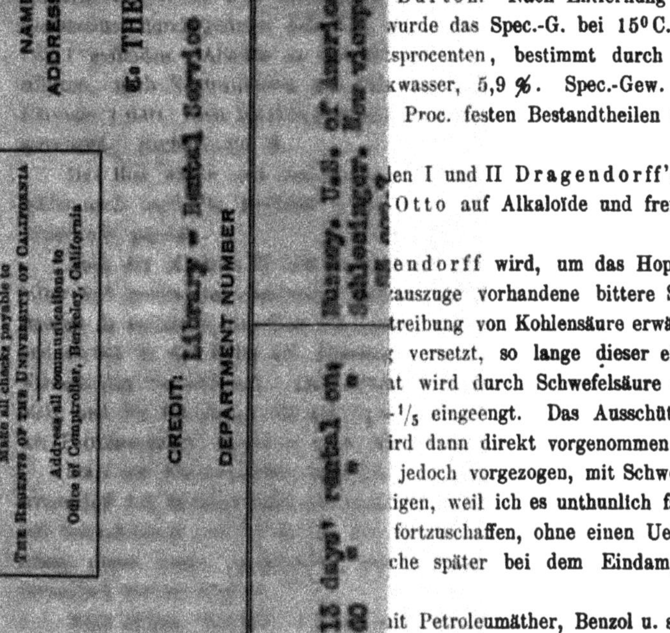

…erial Stout aus der berühmten … Burton. Nach Entfernung der … wurde das Spec.-G. bei 15° C. = …sprocenten, bestimmt durch De… …kwasser, 5,9 %. Spec.-Gew. des … Proc. festen Bestandtheilen ent…

…den I und II Dragendorff's*), …Otto auf Alkaloïde und fremde …

…endorff wird, um das Hopfen… …auszuge vorhandene bittere Sub… …treibung von Kohlensäure erwärmt … versetzt, so lange dieser einen …t wird durch Schwefelsäure ent… …-$^1/_5$ eingeengt. Das Ausschütteln …ird dann direkt vorgenommen. … jedoch vorgezogen, mit Schwefel… …igen, weil ich es unthunlich fand, … fortzuschaffen, ohne einen Ueber… …che später bei dem Eindampfen

…it Petroleumäther, Benzol u. s. w. aus dem genannten Biere gar keine Reste erhalten, mit Ausnahme einer Spur farblosen Fettes.

Nach der Methode I von Dragendorff und der Methode von Stas-Otto wurden dagegen mit Petroleumäther, Benzol, Chloroform und Aether, sowohl aus saurer als alkalischer Lösung, stets gelbe bis rothbraune Rückstände erzielt. Die Aehnlichkeit dieser Reste mit Colchicin ist aber nach meiner Erfahrung eine wenig bedeutende. Sie beschränkt sich auf den bitteren Geschmack, die (theilweise) Löslichkeit in Wasser mit blassgelber Farbe, welche intensiver wird durch Kali, und endlich die Fällbarkeit mit Chlorwasser. Aber sogar in diesen Beziehungen ist die Uebereinstimmung unvollständig. Eine wässerige Colchicin-Lösung wird nicht nur dunkler gelb durch Kali, sondern auch durch Mineralsäuren. Was dagegen Wasser aus Bier-, und wie ich mich

---

*) Die gerichtlich-chemische Ermittelung von Giften, zweite Auflage, S. 300.

phorsaure Kalk, aus Chlorcalcium und Sal microcosm. erhalten, der aber nur 2 At. Kalk enthält, färbt ebenfalls Cochenilletinctur lebhaft violett und liesse sich mit Salzsäure titriren, wenn dies einen Zweck hätte.

Eine empirische Phosphorsäureflüssigkeit, welche im Liter 10 Grm. Phosphorsäure enthält, wird am besten aus dem microcosmischen Salz dargestellt, wenn man 29,324 Grm. desselben zu einem Liter löst. Jeder Cubiccentimeter enthält dann 0,010 Grm. Phosphorsäure. Um eine gleich starke Salzsäure darzustellen, misst man 20 CC. reiner Salzsäure von der gewöhnlichen Stärke in den Mischcylinder und ergänzt mit dest. Wasser bis zu 1 Liter. Man lässt nun 10 oder 20 CC. der titrirten Phosphorsäurelösung in eine Porzellanschale laufen, setzt Cochenilletinctur zu, welche sogleich tiefviolett gefärbt wird, und lässt dann die Salzsäure aus einer in $\frac{1}{10}$ CC. getheilten Bürette einlaufen, bis der letzte Tropfen die violette Farbe in die gelbe verwandelt. Nach dem Erfolge der verbrauchten Menge ergänzt man die Säure durch Wasser nach bekannten Regeln, bis sie der Phosphorsäurelösung gleichwerthig ist. Jeder Cubikcentimeter zeigt dann bei dem Bittererdedoppelsalz 0,005 Grm. Phosphorsäure an. Für normale Salzsäure sind die Werthe schon bei Stolba loco citato angegeben. Sehr wichtig ist, dass selbst die kleinsten Spuren Eisenoxyd ausgeschlossen bleiben, weil sonst gegen Ende fast kein Farbenwechsel mehr eintritt. Freie Phosphorsäure lässt sich nicht titriren, weil gewöhnlich noch andere Säuren vorhanden sind. Barytwasser gibt damit ein Gemenge von PO_5, 2 BaO, HO und PO_5, 3 BaO. Es ist daher sicherer, die Phosphorsäure mit Ammoniak und Bittererdemixtur zu fällen und mit Salzsäure zu messen, wobei alle anderen Säuren ausgeschlossen bleiben.

Ueber die Eigenschaften der normalen Bier-Bestandtheile, welche nach den Methoden Stas-Otto und Dragendorff ausgeschüttelt werden.

Von

Dr. R. S. Tjaden-Moddermann.

Die Notiz «über eine dem Colchicin ähnliche Substanz im Biere» (diese Zeitschr. **16**, 116) gibt mir Veranlassung, das Folgende mitzutheilen.

Anfangs 1876 untersuchte ich Imperial Stout aus der berühmten Brauerei von Bass and Comp. in Burton. Nach Entfernung der Kohlensäure durch gelindes Schütteln wurde das Spec.-G. bei 15° C. = 1,029 gefunden. Alkohol in Gewichtsprocenten, bestimmt durch Destilliren, nach Neutralisation mit Kalkwasser, 5,9 %. Spec.-Gew. des Extracts 1,040, nach Balling 9,901 Proc. festen Bestandtheilen entsprechend. Asche 0,396 %.

Das Bier wurde nach den Methoden I und II Dragendorff's*), später auch nach der Methode Stas-Otto auf Alkaloïde und fremde Bitterstoffe geprüft.

Nach der Methode II von Dragendorff wird, um das Hopfenbitter und gewisse im gegohrenen Malzauszuge vorhandene bittere Substanzen zu entfernen, das Bier zur Austreibung von Kohlensäure erwärmt und darauf in der Kälte mit Bleiessig versetzt, so lange dieser einen Niederschlag hervorbringt. Das Filtrat wird durch Schwefelsäure entbleit, und die Flüssigkeit bis auf $^1/_4$—$^1/_5$ eingeengt. Das Ausschütteln mit Petroleumäther, Benzol u. s. w. wird dann direkt vorgenommen.

Statt mit Schwefelsäure, habe ich jedoch vorgezogen, mit Schwefelwasserstoff den Bleiüberschuss zu beseitigen, weil ich es unthunlich fand, mit Schwefelsäure vollständig das Blei fortzuschaffen, ohne einen Ueberschuss dieser Säure anzuwenden, welche später bei dem Eindampfen zersetzend wirken könnte.

Nach diesem Verfahren wurden mit Petroleumäther, Benzol u. s. w. aus dem genannten Biere gar keine Reste erhalten, mit Ausnahme einer Spur farblosen Fettes.

Nach der Methode I von Dragendorff und der Methode von Stas-Otto wurden dagegen mit Petroleumäther, Benzol, Chloroform und Aether, sowohl aus saurer als alkalischer Lösung, stets gelbe bis rothbraune Rückstände erzielt. Die Aehnlichkeit dieser Reste mit Colchicin ist aber nach meiner Erfahrung eine wenig bedeutende. Sie beschränkt sich auf den bitteren Geschmack, die (theilweise) Löslichkeit in Wasser mit blassgelber Farbe, welche intensiver wird durch Kali, und endlich die Fällbarkeit mit Chlorwasser. Aber sogar in diesen Beziehungen ist die Uebereinstimmung unvollständig. Eine wässerige Colchicin-Lösung wird nicht nur dunkler gelb durch Kali, sondern auch durch Mineralsäuren. Was dagegen Wasser aus Bier-, und wie ich mich

---

*) Die gerichtlich-chemische Ermittelung von Giften, zweite Auflage, S. 300.

überzeugt habe, auch aus Hopfenresten löst, wird nur durch Alkalien intensiver gelb gefärbt, und wenn man mit einer Säure neutralisirt, wird die blassgelbe Farbe der wässerigen Lösung wieder hergestellt.

Der Hopfen, welcher für die Controlversuche diente, war in dem hiesigen Universitätsgarten gewachsen und daher von unverdächtigem Ursprung. Auch mit diesem wurden nach den Methoden I von Dragendorff und nach der von Stas-Otto stets Reste erzielt (jedoch leichter gefärbt: blassgelb bis fast farblos), welche sich verhielten wie oben angegeben ist.

Die von H. van Geldern erwähnten allgemeinen Alkaloïd-Reactionen (Niederschläge mit Tannin und Jodlösung) blieben dagegen immer aus. Da ich mit der Erfahrung des Herrn van Geldern (schon 1874 in einem holländischen Wochenblatt veröffentlicht) bekannt war, habe ich diesen Punkt wiederholt geprüft; wie ich aber auch verfuhr, die wässerigen und alkoholischen Lösungen blieben stets mit Tannin und Jodjodkalium, auch nach Tagen, völlig klar. Auch kann ich mich nicht erinnern, dass bei Bieruntersuchungen nach der Methode von Stas-Otto, welche in meinem Laboratorium öfters vorgenommen werden, jemals allgemeine Alkaloïd-Reactionen beobachtet wurden, es sei denn, dass zur Uebung der Praktikanten absichtlich Alkaloïde beigemischt waren. Erwägt man, wie oft überhaupt Bier nach dieser Methode untersucht worden ist, und dass bis jetzt nichts veröffentlicht ist über normale Bier-Bestandtheile, welche in Aether übergehen und allgemeine Alkaloïd-Reactionen zeigen, so muss man sagen, dass die Beobachtung des Herrn v. G. sehr der Bestätigung bedarf.

Auch die erwähnte Färbung mit Salpetersäure, welche die Bier-Rückstände geben sollten, habe ich niemals beobachtet. Nach meiner Ueberzeugung enthält unverfälschtes Bier nichts, was zur Verwechslung mit Colchicin veranlassen kann.

Es kann übrigens nicht geläugnet werden, dass einzelne Hopfen- und Extract-Bestandtheile, welche stets in Aether, Petroleumäther, Benzol und Chloroform übergehen, die Prüfung des Bieres erschweren. Die Methode II von Dragendorff (fällen mit Bleiessig) ist daher sehr zu empfehlen. Leider ist sie selbstverständlich nicht immer genügend, namentlich nicht in dem häufig vorkommenden Falle, dass Bier überhaupt auf seine Reinheit zu prüfen ist.

Es würde aber schon viel gewonnen sein, wenn man mit den Eigenschaften der normalen Bier-Bestandtheile, wie sie ausgeschüttelt werden, bekannt wäre, und wenigstens wüsste, wie sie sich gegenüber Reagentien verhielten. Da hierüber wenig bekannt zu sein scheint, lasse ich hier summarisch folgen, was ich bei der oben erwähnten Untersuchung gefunden habe:

Eigenschaften der Bier-Rückstände, welche nach den Methoden von Dragendorff und von Stas-Otto sowohl aus saurer als alkalischer Lösung in Petroleumäther, Benzol, Chloroform und Aether übergehen.

Farbe: blassgelb bis rothbraun.

Form: amorph.

Geschmack: bitter, zumal in schwach alkoholischer Lösung.

Löslichkeit: theilweise in Wasser mit blassgelber Farbe, unter Zurücklassung einer hochgelben bis rothbraunen harzigen Substanz.

Ganz löslich in Alkohol, Aether, Petroleumäther, Benzol und Chloroform.

Geruch: Schwach nach Caramel.

Die Lösungen reduciren jedoch nicht die Fehling'sche Flüssigkeit, auch nicht nach Erwärmen mit verdünnter Schwefelsäure. Zwar gibt die alkoholische Lösung mit einer alkoholischen Kalilösung eine schwache Trübung, aber auch diese, in Wasser gelöst, gibt keine Reaction auf Glucose.

Erhitzung mit Natron-Kalk: gibt eine kaum wahrnehmbare Spur Ammoniak. Die Reste sind also nahezu von Stickstoff frei.

Wässerige Lösung.

Kali: färbt hochgelb. Durch Erwärmen wird die Farbe nicht dunkler, nach Neutralisation wird sie wieder blassgelb.

Chlor- und Bromwasser: geben weisse Trübungen, löslich in Ammoniak mit blassgelber, hochgelber oder rothbrauner Farbe. Die Intensität der Farbe scheint mit der zugefügten Menge Chlor- oder Bromwasser zu wechseln.

Normales und basisches Bleiacetat: geben geringe Niederschläge.

Jodjodkalium, Tannin, Goldchlorid: fällen nicht.

Ammoniakalische Silberlösung: wird nicht reducirt.

Goldchlorid mit Kali versetzt: wird reducirt.

Wässerige Lösung ausgetrocknet.

(Gelbbrauner Rest.)

Salpetersäure: (Spec.-G. 1,37) färbt nicht, d. h. der Rest bleibt gelbbraun.

Engl. Schwefelsäure: färbt dunkelbraun. Fügt man jetzt einen Tropfen Salpetersäure zu, so bleibt die Farbe unverändert. Chlorwasser dagegen entfärbt.

Alkoholische Lösung.

Alkoholische Lösung von:
Kupfer-Acetat: blaugrüner Niederschlag.
Blei-Acetat: farbloser Niederschlag.
Jodjodkalium, Tannin, Goldchlorid: fällen nicht.

Die Reste aus Hopfen verhielten sich ebenso: nur war die Farbe blasser gelb. Wird das Ausschütteln mit Aether längere Zeit fortgesetzt, so werden Rückstände erhalten, welche nicht mehr ganz amorph sind, sondern unter dem Mikroskop lange Nadeln zeigen mit schiefen Endflächen.*) Der wässerige Auszug, welcher übrigens die oben erwähnten Reactionen gab, liess eingedampft einen blassgelben Rest, der durch engl. Schwefelsäure gelbbraun wurde, durch Salpetersäure sich nicht veränderte.

Das Mitgetheilte, wie unvollständig es auch ist, gibt doch wenigstens einige Anhaltspunkte, um zu beurtheilen, inwieferne die Gegenwart dieser unvermeidlichen Bierbestandtheile hinderlich ist bei dem Reagiren auf bestimmte Verfälschungen. So wird z. B. die gelbe Färbung durch Kali nichts beweisen für die Gegenwart der Bitterstoffe aus Gentiana oder aus Daphne Mezereum. Vielleicht wird es in bestimmten Fällen vortheilhaft sein, den Rückstand in Alkohol zu lösen und das Hopfenharz, welches das Krystallisiren von Beimischungen verhindern kann, durch Kupferacetat zu fällen.

Groningen, den 16. Januar 1877.

Ein neuer Indicator zur Titrirung von Alkalien und Säuren.

Von

Dr. E. Luck
in Höchst.

Obgleich in neuerer Zeit verschiedene Vorschläge gemacht worden sind, den Lackmusfarbstoff bei der Titrirung durch andere Körper zu ersetzen, welche ohne das störende Eintreten einer Mittelfarbe den

---

*) Vielleicht das Hopfenbitter Lermer's (D. Polyt. J. 169, 59).

Uebergang von saurer zu alkalischer Reaction angeben, so ist dieser Zweck doch durch die zuletzt vorgeschlagene Rosolsäure und das ganz neuerdings aufgetauchte Fluorescein durchaus nicht nach Wunsch erreicht. Erstere sowohl als auch Letzteres lösen sich in sauren oder neutralen Flüssigkeiten nicht farblos auf und die bei Eintritt alkalischer Reaction eintretende stärkere Färbung oder Fluorescenz liefert weder eine sehr empfindliche, noch auch immer maassgebende Indication, da Fluoresceinlösungen auch ohne Alkali beim Verdünnen mit mancherlei Flüssigkeiten grüne Fluorescenz zeigen.

Der beste Ersatz für Lackmus war seither das Cyanin, aber es war ziemlich schwierig zu beschaffen und fand deshalb in der Praxis der analytischen Laboratorien keine Anwendung.

Ich kann es mir daher nicht versagen, die Aufmerksamkeit der Chemiker in oben besprochener Beziehung auf das Phenolphtalein, einen Körper, der von Baeyer vor einigen Jahren entdeckt wurde*) und den sich Jedermann mit Leichtigkeit durch Erhitzen von Phenol mit Phtalsäureanhydrit und Schwefelsäure darstellen kann, zu lenken.

Dasselbe geht in verdünnter wässriger oder angesäuerter Lösung von vollkommener Farblosigkeit durch den geringsten Ueberschuss von Alkali in intensives Purpurroth über.

Der Farbenübergang ist ganz plötzlich, die Färbung sehr intensiv, so dass durch die geringste Menge des Indicators und Alkalis noch eine sehr markirte Färbung eintritt. Ein Theil Phenolphtalein in 100,000 Theilen Wasser werden durch die kleinste Spur Alkali noch sehr deutlich roth und diese Färbung durch ein Minimum von Säure wieder zur Farblosigkeit gebracht.

Ich löse mir — zur praktischen Anwendung bei der Analyse — 1 Theil Phenolphtalein in 30 Theile Sprit auf und setze der zu titrirenden Flüssigkeit (circa 80—100 CC.) 1 höchstens 2 Tröpfchen dieser Lösung zu. Ist die Flüssigkeit sauer, so opalescirt die Flüssigkeit zuerst, klärt sich aber beim Umrühren vollkommen. Ein kleinster Tropfen von Normallauge oder Säure, wie er aus einer gut construirten Bürette austropft, ist mehr als hinreichend um in obigem Flüssigkeitsquantum den Uebergang aus der neutralen in die alkalische Reaction oder umgekehrt anzuzeigen.

---

*) Ber. d. deutsch. chem. Ges. z. Berlin 4, 658 (1871).

Verunreinigung der käuflichen Oxalsäure.

Briefliche Mittheilung von

Otto Binder.

Durch Unregelmässigkeiten bei einigen Analysen wurde ich veranlasst, das oxalsaure Ammoniak, welches ich zur Analyse benutzte, näher zu untersuchen und ich fand, dass dasselbe sehr schwefelsäurehaltig war. Indem ich dies weiter verfolgte, wurde ich gewahr, dass die zur Darstellung dienende käufliche Oxalsäure schwefelsäurehaltig war. Sie enthielt freie und gebundene Schwefelsäure 0,4 %. Die freie Schwefelsäure wurde nach A. Girard*) und auch auf andere Weise bestimmt. Sie war jedenfalls als Mutterlauge zwischen den Krystallen eingeschlossen, oder auch als saures schwefelsaures Alkali vorhanden. Dieser Schwefelsäuregehalt steigerte sich in Portionen, welche zuletzt bei der Darstellung des oxalsauren Ammons auskrystallisirten und allerdings nicht mehr als Reagens benutzt werden sollen (Fresenius, qualitative Analyse) bis zu 12,39 Proc.

Indem ich nun glaube, dass durch Aufmerksammachen auf diesen Umstand manchem Chemiker Verdruss erspart wird, erlaube ich mir Sie hievon zu benachrichtigen, um so mehr, da mich Herr Dr. Reischauer hiezu aufforderte, in dessen Laboratorium ich Assistent bin. Schliesslich möchte ich noch bemerken, dass bei weiterer Beschäftigung mit diesem Gegenstande mir nicht unbekannt blieb, dass Wicke (1857) auf diese Verunreinigung schon einmal aufmerksam gemacht hat.

Zur Trennung des Mangans von Eisen.

Briefliche Mittheilung von

C. Krämer,

Chemiker der Krupp'schen Johannishütte bei Hochfeld.

Das letzte Heft Ihrer Zeitschrift (**16**, 172) enthielt eine Abhandlung von C. Stöckmann über Manganbestimmung in Spiegeleisen. Ich habe daraus mit Erstaunen ersehen, dass der Verfasser behauptet, es bleibe bei der Trennung des Eisens von Mangan durch essigsaures Natron bei einmaliger Fällung bis 1 % Mangan beim Eisen zurück.

Nach langjähriger Erfahrung kann ich Ihnen mittheilen, dass dies lediglich an dem Auswaschen des Niederschlages liegt; wird dieses mit warmem Wasser so lange fortgesetzt, bis salpetersaures Silberoxyd in dem Filtrat keinen Niederschlag mehr erzeugt, so beträgt die Menge des im Eisenoxyd enthaltenen Mangans im höchsten Falle 0,1 %, wovon man sich sehr leicht durch den Versuch überzeugen kann. Die einzige Vorsicht, welche beim Scheiden von Eisen und Mangan durch essigsaures Natron nach vorherigem Neutralisiren mit kohlensaurem Natron beobachtet werden muss, ist: dass man einen oder zwei Tropfen verdünnte Essigsäure zusetzt.

---

*) Fresenius, quantitative Analyse, I. pag. 899. 6. Auflage.

Mittheilungen aus dem chemischen Laboratorium des Prof. Dr. R. Fresenius zu Wiesbaden.

Methode zur Bestimmung des Kupfers und Schwefels in kupferhaltigen Schwefelkiesen und den daraus resultirenden Abbränden und ausgelaugten Abbränden.

Von

R. Fresenius.

Wie bekannt, werden schon seit einer Reihe von Jahren Kupfer enthaltende Schwefelkiese in sehr grossen Quantitäten in England und in neuerer Zeit auch in Deutschland etc. eingeführt.

Man röstet sie zunächst in den Röstöfen der Schwefelsäurefabriken, um ihren Schwefel in schweflige Säure, beziehungsweise Schwefelsäure überzuführen, unterwirft alsdann die Abbrände einem eigenthümlichen Extractionsverfahren, um daraus das Kupfer zu gewinnen und verwendet schliesslich die ausgelaugten Abbrände zur Eisengewinnung beim Hochofenbetrieb.

Wie leicht ersichtlich, ist es daher von grösster Wichtigkeit, den Gehalt der Kiese, der Abbrände und der ausgelaugten Abbrände an Schwefel und an Kupfer genau zu bestimmen.

Eines derjenigen Etablissements, welches diese Kiese in grösstem Maassstabe verbraucht, hat mich ersucht, eine diese Untersuchungen regelnde Instruction auszuarbeiten. Ich habe diesem Wunsche entsprochen und theile im Folgenden — von der Erlaubniss des betreffenden Etablissements Gebrauch machend — die von mir als die besten erkannten Methoden in der Unterstellung mit, dass dadurch der technischen Chemie Nutzen erwachsen werde.

1. Trocknen der Substanzen.

Verschiedene Analytiker können natürlich nur dann übereinstimmende Resultate erhalten, wenn die von denselben untersuchten Substanzen sich in gleichem Zustande der Trockenheit befinden.

Es empfiehlt sich daher bei den Analysen der Kiese, Abbrände und ausgelaugten Abbrände einerseits eine Feuchtigkeitsbestimmung vorzunehmen, andererseits in der bei 100° C. getrockneten Substanz den Gehalt an Schwefel und an Kupfer zu bestimmen.

a. Feuchtigkeitsbestimmung.

Dieselbe muss mit den Substanzen vorgenommen werden, wie sie zur Ablieferung kommen. Die Proben sind in fest verschlossenen Gläsern zu versenden.

Zur Wasserbestimmung muss der Gehalt der Gläser genommen werden, wie derselbe ist; denn durch Zerkleinern würde sich der Wassergehalt ändern können.

Die Feuchtigkeitsbestimmung muss daher mit grösseren Proben vorgenommen werden von etwa 25 Grm. bei Kiesen, von etwa 10 Grm. bei Abbränden.

Zur Ausführung eignen sich grössere, auf einander passende Uhrgläser von 6—7 Cm. Durchmesser, zum Erhitzen dient ein gewöhnliches Wasserbad.

Der Versuch ist beendigt, wenn eine weitere Gewichtsabnahme nicht mehr erfolgt. Nach meinen Erfahrungen genügt ein vierstündiges Trocknen, um das Ziel zu erreichen.

Erhitzt man die bei 100° C. bis zu constantem Gewichte getrockneten Kiese oder Abbrände sodann weiter bei 120° bis zu constantem Gewichte, so nehmen sie zwar noch etwas an Gewicht ab, aber doch nur unbedeutend, so dass ich das Trocknen bei 100° als Norm aufstellen möchte, namentlich weil es in der Ausführung auch viel bequemer ist, als das Trocknen bei 120° C.

Folgende Beispiele belehren über den Unterschied des Trocknens bei 100 und bei 120° C.

	Substanzmenge.	Wasserabgabe in Procenten bei 100° C.	bei 120° C.
Kies: a)	25,1825	0,136	0,156
b)	23,4850	0,132	0,162
Abbrände: a)	10,5920	2,728	3,049
b)	10,7260	2,731	3,118
Ausgelaugte Abbrände: a)	10,323	15,601	15,615
b)	9,121	15,607	15,695

b. Herstellung der zur Analyse bestimmten Substanzen.

Hierzu eignen sich die in *a* gewonnenen Trockenrückstände nicht gut, weil sie keinen genügend sicheren Durchschnitt liefern. Ich empfehle daher weit grössere Proben zunächst zu stossen und ganz durch ein gröberes Blechsieb zu treiben, dessen Oeffnungen 3 Millimeter weit sind. Nach sehr gutem Mischen und wenn nöthig vorherigem Trocknen wird etwa

$^1/_4$ des gröberen Pulvers feiner gestossen und ganz durch ein enges Blechsieb getrieben, dessen Oeffnungen $0{,}6^{mm}$ weit sind.

Von dem wiederum gut gemischten feinen Pulver werden mittelst eines Löffelchens etwa 15 Grm. herausgenommen, in einer Achatreibschale ganz fein gerieben und 4 Stunden lang — ohne Wägung — bei 100^0 getrocknet. Das ganz feine und getrocknete Pulver kommt noch warm in ein grösseres und ein kleineres zu verstopfendes Glasröhrchen, am besten solche mit leichten eingeschliffenen Glasstopfen. Die zu den folgenden Analysen erforderlichen Substanzmengen werden gewogen, indem man erst das Röhrchen mit Substanz wägt, dann einen entsprechenden Theil ausschüttet und das Röhrchen wieder wägt. Zur Kupferbestimmung dient der Inhalt des grösseren, zur Schwefelbestimmung der des kleineren Röhrchens.

2. Kupferbestimmung.

a. *Auflösung der Substanzen.*

α. Kiese.

Da dieselben etwa 3 % Kupfer enthalten, so liefern 5 Grm. ungefähr 0,190 Grm. Kupfersulfür. Eine Differenz von 0,001 Grm. im Gewicht des Kupfersulfürs bedingt alsdann eine Differenz von 0,016 im Procentgehalt des Kupfers, was zulässig erscheint. Wollte man mehr Kies, z. B. 10 Grm. nehmen, so würde dadurch die Arbeit erheblich erschwert und verlangsamt.

Man verwende daher ungefähr 5 Grm. Kies, erwärme sie mit 6—7 CC. Salzsäure von 1,17 spec. Gew., füge alsdann nach und nach concentrirte Salpetersäure von 1,37 spec. Gew. hinzu, bis keine Einwirkung mehr erfolgt und digerire mehrere Stunden unter mässigem Erhitzen.

Man gebraucht von der Salpetersäure etwa 20—22 CC. Die Auflösung wird am besten in einem schief liegenden Kolben vorgenommen.

Nachdem alles Zersetzbare zersetzt und alles Lösliche gelöst, giesst man den Inhalt des Kolbens in eine Porzellanschale, spült denselben mit 10 und dann noch einmal mit 10 CC. Salzsäure von 1,12 spec. Gew. in die Porzellanschale nach und stellt den Kolben einstweilen bei Seite. Man verdampft jetzt den Inhalt der Porzellanschale im Wasserbade fast zur Trockne, setzt 20 CC. Salzsäure von 1,12 spec. Gew. zu, erwärmt, verdünnt mit Wasser und filtrirt in eine etwa 500 CC. fassende Kochflasche; auch den Auflösungskolben spült man nunmehr mit Wasser nach und bringt damit etwa darin noch befindliche Reste des Rückstandes auf das Filter.

Man trocknet das Filter, äschert es in einem Porzellantiegel ein, behandelt den zum Theil aus schwefelsaurem Bleioxyd bestehenden Rückstand mit 1 CC. Königswasser (aus 3 Th. Salzsäure v. 1,17 und 1 Th. Salpetersäure v. 1,37 spec. Gew. bestehend), verdampft zur Trockne, erwärmt den Rückstand mit 5 CC. Salzsäure von 1,12 spec. Gew., verdünnt ein wenig und filtrirt die Lösung des Chlorbleies etc., welche noch etwas Kupfer enthalten kann, zu der Hauptlösung, welche nöthigenfalls noch auf etwa 400 CC. verdünnt wird. Der unlösliche graue Rückstand enthält nun kein Kupfer mehr.

β. Abbrände (unausgelaugte und ausgelaugte).

Man verwendet etwa 3,5—4 Grm.

Dieselben werden in einer kleinen Kochflasche mit 24 CC. Salzsäure von 1,17 spec. G. und 6 CC. Salpetersäure von 1,37 spec. G. erwärmt, bis alles Lösliche gelöst ist. Man verdünnt, filtrirt den schwarzen Rückstand ab, wäscht ihn aus, äschert das ihn enthaltende Filter ein, behandelt den Rückstand im Tiegel mit 1 CC. Salzsäure von 1,17 spec. G. und einigen Tropfen Salpetersäure, verdampft, erwärmt mit 2 CC. Salzsäure von 1,12, verdünnt und filtrirt die Lösung zu der Hauptlösung, welche schliesslich auf etwa 400 CC. verdünnt wird. Der unlösliche graue Rückstand enthält kein Kupfer mehr.

b. Abscheidung und Gewichtsbestimmung des Kupfers.

Man fällt die Lösungen des Kieses oder der Abbrände, wie solche in 2. a. α und β erhalten worden sind, mit Schwefelwasserstoffgas und zwar unter Erhitzen auf 70° C.

Nach vollendeter Ausfällung filtrirt man den Niederschlag ab, wäscht ihn aus und trocknet ihn.

Er hat bei Kiesen rothbraune Farbe und besteht aus viel Schwefel, viel Schwefelarsen, Schwefelkupfer, Schwefelblei und etwas Schwefelantimon, — bei Abbränden hat er fast dieselbe Farbe und enthält auch dieselben Bestandtheile, nur viel weniger Schwefelarsen.

Bei ausgelaugten Abbränden ist der Niederschlag hellgrau und besteht grösstentheils aus Schwefel.

Man bringt den getrockneten Niederschlag auf ein Uhrglas, äschert das Filter in einem Porzellantiegel ein, bringt nun auch den Niederschlag hinzu und erhitzt ihn unter einem guten Dunstabzug bei Luftzutritt, zuletzt zum Glühen.

Man erwärmt jetzt den Rückstand mit 5 CC. Salpetersäure von 1,2 spec. Gew. verdünnt, filtrirt in eine Porzellanschale, und wäscht aus, dann äschert man das Filter von Neuem ein, erwärmt den kleinen Rückstand nochmals mit 2 CC. derselben Salpetersäure, verdünnt, filtrirt zu der Hauptlösung und wäscht aus.

Die salpetersaures Kupferoxyd und salpetersaures Bleioxyd enthaltende Lösung versetzt man mit 12 CC. verdünnter Schwefelsäure (1 Schwefelsäurehydrat: 5 Wasser), verdampft im Wasserbade bis alle Salpetersäure verjagt ist, setzt etwas Wasser zu, filtrirt das schwefelsaure Bleioxyd ab, wäscht es mit schwefelsäurehaltigem Wasser vollständig aus, fällt aus dem Filtrate das Kupfer bei 70° C. mit Schwefelwasserstoff, wäscht aus, trocknet, glüht das Schwefelkupfer sammt der Filterasche mit Schwefel gemengt im Wasserstoffstrom und wägt das Kupfersulfür.

Kommen die Analysen sehr häufig vor, so kann man auch aus der freien Schwefelsäure enthaltenden Lösung des schwefelsauren Kupferoxydes das Kupfer mittelst des Stromes einer Thermosäule auf einer Platinelectrode niederschlagen und als solches wägen (vgl. diese Zeitschrift **11**, 1—15, 297 und 333).

3. Bestimmung des Schwefels.

In den Kiesen kommt nur oder fast nur Schwefel in Form von Schwefelmetallen vor, in den Abbränden finden sich neben Schwefelmetallen auch schwefelsaure Salze. Die im Folgenden angegebene Schwefelbestimmung lässt den Gesammtschwefel finden ohne Berücksichtigung, ob derselbe in Schwefelmetallen oder Sulfaten enthalten ist.

a. Bestimmung des Schwefels in den Kiesen.

Man bedarf dazu einer Mischung aus 2 Theilen trocknem kohlensaurem Natron und 1 Theil salpetersaurem Kali. Beide Reagentien müssen rein, namentlich frei von Schwefelsäure sein.

Etwa 0,5 Grm. des bei 100° getrockneten fein zerriebenen Kieses mischt man in einem geräumigen Platintiegel mittelst eines am Ende rund geschmolzenen Glasstabes innigst mit 10 Theilen oben genannter Mischung, überdeckt das Gemenge noch mit einer Schicht der Mischung, erhitzt allmählich über einer Berzelius'schen Weingeistlampe*) zum Schmelzen, erhält eine Zeit lang darin, lässt erkalten, erwärmt den

*) Wendet man schwefelhaltiges Leuchtgas zum Erhitzen an, so kann hierdurch die Schwefelsäuremenge in der Schmelze in fehlerhafter Weise vermehrt werden (Price, diese Zeitschr. **3**, 483).

Rückstand mit Wasser, bis sich alles Lösliche gelöst hat, leitet — um die in die alkalische Lösung übergegangene kleine Menge Bleioxyd zu fällen — eine Zeit lang Kohlensäure ein, bis das Aetzalkali in Carbonat übergeführt ist, giesst die Lösung durch ein Filter ab, kocht den Rückstand mit einer Lösung von reinem kohlensaurem Natron, filtrirt und wäscht mit siedendem Wasser, welchem man etwas kohlensaures Natron zusetzt, aus, bis im Waschwasser keine Schwefelsäure mehr nachzuweisen ist.

Filtrat und Waschwasser, welche am besten in einer Kochflasche aufgefangen worden sind, säuert man mit reiner Salzsäure an, erwärmt bis die Kohlensäure entwichen ist, befreit die Flüssigkeit durch — in einer Porcellanschale vorzunehmendes — wiederholtes Abdampfen mit reiner Salzsäure von aller Salpetersäure, befeuchtet den Rückstand mit 2 CC. verdünnter Salzsäure, fügt Wasser zu, erhitzt, filtrirt und fällt die heisse Lösung mit in mässigem Ueberschuss zugesetztem Chlorbaryum. Nach dem Absitzen filtrirt man, wäscht den Niederschlag mit siedendem Wasser aus, trocknet, äschert das Filter ein, bringt den Niederschlag hinzu, glüht und wägt.

Der so erhaltene schwefelsaure Baryt ist häufig noch nicht ganz rein. Man erhitzt ihn daher im Platintiegel wiederholt mit verdünnter Salzsäure, verdünnt, giesst die Flüssigkeiten durch ein kleines Filterchen ab, verdampft sie — unter Zusatz von einigen Tropfen Chlorbaryum — im Wasserbade fast zur Trockne, nimmt mit Wasser auf, filtrirt durch das kleine Filterchen ab, wäscht aus, verbrennt das Filterchen in der Platinspirale über dem Platintiegel, in welchem die Hauptmenge des mittlerweile getrockneten schwefelsauren Baryts enthalten ist, glüht und wägt. Das so erhaltene Gewicht differirt in der Regel nur um einige Milligr. von dem erst erhaltenen und ist als das richtige zu betrachten.

Ist das Gemenge von kohlensaurem Natron und Salpeter, die Lösung des kohlensauren Natrons oder die Salzsäure nicht ganz frei von Schwefelsäure, so bestimmt man den kleinen Gehalt an Schwefelsäure in dem betreffenden Reagens, arbeitet mit gewogenen, beziehungsweise gemessenen Mengen und bringt die geringe Menge des schwefelsauren Baryts, welche dem Schwefelsäuregehalt des Reagens oder der Reagentien entspricht, in Abzug, ehe man aus dem schwefelsauren Baryt den Schwefel des Kieses berechnet.

b. Bestimmung des Schwefels in den Abbränden und ausgelaugten Abbränden.

Man bedarf zur Bestimmung des darin enthaltenen Gesammt-Schwefels einer Mischung von 4 Theilen wasserfreiem kohlensaurem Natron und

1 Theil salpetersaurem Kali. Beide Reagentien müssen rein, namentlich frei von Schwefelsäure sein.

Man mischt etwa 1 Grm. des bei 100° C. getrockneten, feinen Pulvers der Abbrände oder ausgelaugten Abbrände in einem Platintiegel mit 5 Theilen der zuvor genannten Mischung aus kohlensaurem Natron und Salpeter, überdeckt das Gemenge noch mit einer Schicht der Mischung, schmelzt über einer Berzelius'schen Weingeistlampe und bestimmt die Schwefelsäure in der Schmelze genau wie in 3. a.

Bericht über die Fortschritte der analytischen Chemie.

I. Allgemeine analytische Methoden, analytische Operationen, Apparate und Reagentien.

Von

H. Fresenius.

Plattner'scher Probirofen. In den königlichen und gewerkschaftlichen Hüttenlaboratorien zu Schemnitz in Ungarn, sowie auch in dem

Fig 21. Fig. 22.

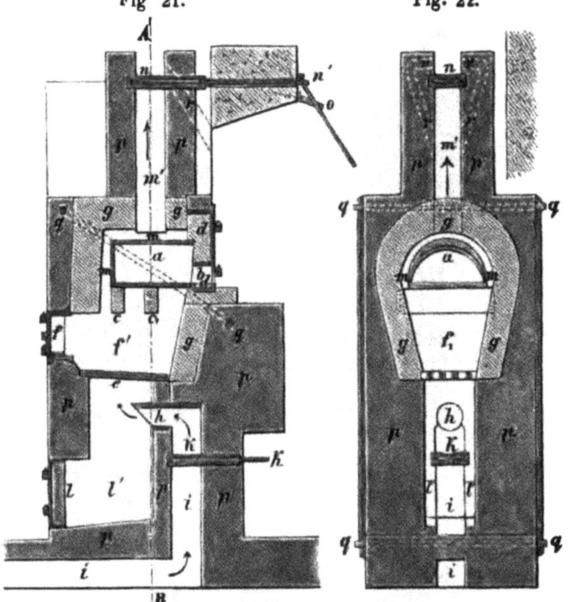

Laboratorium der Bergakademie daselbst werden nach einer Mittheilung der Berg- und Hüttenmänn. Ztg.*) die Plattner'schen Muffelöfen mit Holzkohlen von der Hinterseite aus geheizt und haben die durch Fig. 21 u. 22 (auf der vorigen Seite) veranschaulichte Einrichtung: a Muffel, auf den Tragsteinen c und c_1 ruhend, b Muffelmündung, d Vorwand, e Rost, f Schürlochthür, f_1 Feuerungsraum, g feuerfestes Futter, h unter dem Rost mündender Canal, mit welchem der ins Freie gehende, Luft zuführende Canal i communicirt, mit Register k versehen, l Aschenfallthür, l^1 Aschenfall, m von der Flamme durchzogener Raum um die Muffel herum, m^1 Schlot mit Register n n^1, mit Hebel o zu stellen, p Schornsteinmauerwerk mit Zügen r, welche den aus der Muffelmündung tretenden Rauch aufnehmen, q Verankerung.

Eine Wasserstrahlpumpe hat H. Fischer**) construirt. Dieselbe ist in Fig. 23 im Durchschnitt dargestellt. Das Wasser tritt bei A ein, strömt durch die enge Düse a, reisst die durch B eintretende Luft mit sich fort, passirt die Enge bei b und fliesst bei C ab. Die drei Rohrmündungen A, B und C können durch Gummischläuche mit den entsprechenden Leitungen verbunden werden, der Hals D wird in ein Stativ eingeklemmt. Die Pumpe kann daher auf jedem Tisch verwendet werden, der mit Wasserzufluss und Ableitung versehen ist.

Fig. 23.

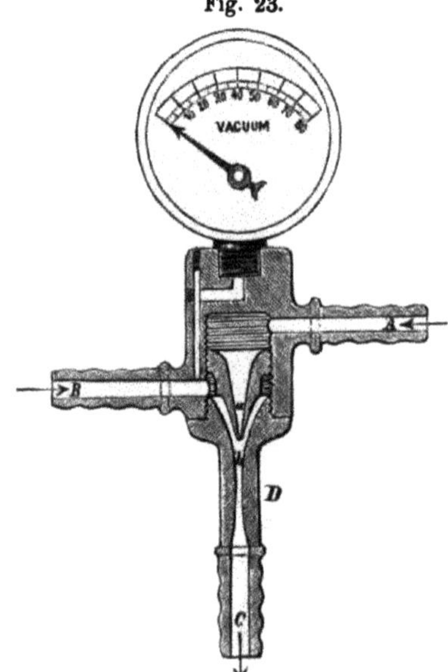

Da bei den meisten Arbeiten die Kenntniss der genauen Luftverdünnung nicht erforderlich ist, so ist ein nur 50 mm grosses Vacuummeter (Schinz'sche Röhre) auf die Pumpe geschraubt, welches die Handlichkeit derselben nicht wesentlich

*) 36, 61.
**) Dingler's pol. Journ. 221, 136.

stört. Bei einem Wasserdruck von 10^m liefert die Pumpe ein Vacuum, das nur 1 bis 2 Centim. vom Barometerstand abweicht; sie gebraucht hierzu verhältnissmässig wenig Wasser und kann nicht leicht in Unordnung kommen.

Die Firma Dreyer, Rosenkranz und Droop in Hannover liefert diese Pumpe für 17,50 M., mit Vacuummeter für 30 Mark.

Ueber eine Verbesserung am Orsat'schen Apparat zur Untersuchung der Rauchgase hat H. Seyberth*) Mittheilung gemacht. Bei längerem Arbeiten mit dem Apparat stellte sich der von Weinhold schon gerügte Fehler, dass die Hähne in ihrer jetzigen Ausführung öfter undicht sind, in so hohem Grade heraus, dass der Verfasser gezwungen war, sich nach einem anderen Material für die Hähne und das Metallrohr umzusehen. Die Beseitigung dieses Fehlers ist ihm in Verbindung mit Ingenieur Wach vollständig gelungen durch Anwendung von Rothguss (1 Th. Zinn und 9 Thle. Kupfer) anstatt der bisher üblichen Composition. Die ganze Röhre, deren Gestalt vollständig beibehalten wurde, ist in drei Theilen massiv gegossen, dann gebohrt und hierauf aneinander gelöthet. Die gut eingeschliffenen Hähne haben sich, mit etwas Talg eingeschmiert, bis jetzt ganz vorzüglich bewährt und ist selbst der Hahn, welcher mit der ammoniakalischen Kupferchlorürlösung in Verbindung steht, nicht im geringsten angegriffen. Die dadurch entstandenen geringen Mehrkosten des Apparates sind nur sehr unbedeutend im Vergleich zu der erzielten Zuverlässigkeit.

Die Anwendung des Broms in der chemischen Analyse haben E. Reichardt,**) R. Wagner***) und G. Vulpius†) neuerdings besprochen und empfohlen, wie dies schon früher von P. Waage,††) W. Skey†††) und H. Kämmerer§) und Anderen geschehen ist. Ein näheres Eingehen auf die genannten Abhandlungen ist nicht erforderlich, da dieselben nichts wesentlich Neues enthalten. — Ich verfehle nicht bei dieser Gelegenheit mitzutheilen, dass im hiesigen Laboratorium das Brom

---

*) Ber. d. deutsch. chem. Gesellsch. zu Berlin **10**, 375.

) Arch. Pharm. [3] **5, 1.

***) Dingler's pol. Journ. **218**, 332 und **219**, 544.

†) Arch. Pharm. [3] **5**, **422**.

††) Diese Zeitschrift **10**, 206.

†††) Diese Zeitschrift **10**, 221.

§) Diese Zeitschrift **10**, 464.

bei einer ganzen Reihe von analytischen Operationen seit längerer Zeit mit gutem Erfolg angewandt wird.

Ueber das Vorkommen von Bromoform im käuflichen Brom. S. Reymann*) hat in einem käuflichen Brom 10 Proc. eines fremden zwischen 80 und 165° siedenden Körpers gefunden, der seiner Hauptmenge nach aus Bromoform bestand. Es ist daher gerathen das käufliche Brom auf Bromoform zu prüfen. Ein zu niedriger Gehalt des gesättigten Bromwassers an Brom, sowie der charakteristische Geruch von Bromoform, der besonders stark hervortritt, wenn man statt des Bromwassers Brom in Substanz mit einer Lösung von Jodkalium zusammenbringt und das ausgeschiedene Jod mit unterschwefligsaurem Natron entfärbt, sind ein sicherer Beweis der Anwesenheit vou Bromoform im Brom.

Verfälschung des chlorsauren Kalis. A. Hilger**) macht darauf aufmerksam, dass das im Handel vorkommende chlorsaure Kali häufig bleihaltig ist. Es verdient dies Beachtung bei Verwendung des chlorsauren Kalis zu gerichtlichen Untersuchungen. Die Prüfung des genannten Salzes auf Blei geschieht in bekannter Weise.

II. Chemische Analyse anorganischer Körper.

Von

H. Fresenius.

Zur elektrolytischen Bestimmung des Nickels und Kobalts. George Ph. Schweder***) hat seine Erfahrungen über die quantitative Bestimmung der genannten Metalle auf elektrolytischem Wege mitgetheilt.

Hat man Kupfer und Nickel resp. Kobalt†) in einem Probirgut zu bestimmen, so kann man bekanntlich zunächst aus saurer Lösung das Kupfer und in der nun vom Kupfer befreiten Flüssigkeit, nach

*) Ber. d. deutsch. chem. Ges. zu Berlin **8**, 792.

) Arch. Pharm. [3.] **6, 391.

***) Berg- u. Hüttenmänn. Ztg. **36**, 5, 11, 31.

†) Da Nickel und Kobalt sich bei dieser Bestimmungsmethode gleich verhalten, so ist, wenn nichts anderes bemerkt, das in Betreff des Nickels Gesagte zugleich für Kobalt gültig. — Bezüglich des gleichen Verhaltens von Kobalt und Nickel bei der Elektrolyse vergl. übrigens diese Zeitschrift **15**, 304.

Hinzufügen des Spülwassers, Eindampfen auf ein geeignetes Volum und Uebersättigen mit Ammon, das Nickel elektrolytisch abscheiden.

Um das Eindampfen des Spülwassers zu vermeiden und die Gegenwart von Arsen, Antimon etc. in der zur elektrolytischen Abscheidung des Nickels dienenden Flüssigkeit auszuschliessen, zieht es der Verfasser vor, für die Nickelbestimmung eine neue Probe der Substanz abzuwägen, aufzulösen, das Kupfer etc. aus saurer Lösung mit Schwefelwasserstoff zu fällen und aus dem Filtrate das Nickel auf elektrolytischem Wege abzuscheiden.

Hierzu muss bemerkt werden, dass ein Eindampfen auch bei der vom Verfasser vorgeschlagenen Operationsweise nicht zu umgehen ist, da doch der Schwefelwasserstoffniederschlag auch ausgewaschen werden und dann das Filtrat sammt den Waschwassern auf das für die Elektrolyse geeignete Volum gebracht werden muss. Die Gegenwart geringer Mengen von Arsen ist nach den im Laboratorium der Mansfelder Ober-Berg- und Hütten-Direction zu Eisleben gemachten Erfahrungen für die elektrolytische Abscheidung des Nickels nicht nachtheilig.*) Ein nachtheiliger Einfluss geringer Antimonmengen wird weder in den Mittheilungen der Mansfelder Ober-Berg- und Hütten-Direction noch von dem Verfasser erwähnt.

Schon die Mansfelder Ober-Berg- und Hütten-Direction machte darauf aufmerksam, dass die Gegenwart von Chlorammonium für die elektrolytische Abscheidung des Nickels schädlich sei;**) Wrightson***) hat dies später bestätigt. Auch der Verfasser hat sich hiervon überzeugt und deshalb die elektrolytische Abscheidung des Nickels stets in ammoniakalischen Lösungen vorgenommen, welche nur schwefelsaure Salze enthielten. Die Anwesenheit schwefelsauren Ammons wirkt nach den Erfahrungen des Verfassers günstig. Da die ammoniakalischen Nickellösungen dem elektrischen Strom einen grösseren Leitungswiderstand bieten als beispielsweise die sauren Kupferlösungen, so setzt sich das metallische Nickel hauptsächlich an der inneren Seite und dem unteren Rande des Platinconus ab. An diesem unteren Rande erscheinen auch zuweilen Bläschen von Wasserstoff und bewirken, dass sich dort das Nickel in feinen, losen Blättchen ansetzt, die beim nachherigen Abspülen und Trocknen abspringen und also Verluste bewirken.

---

*) Vergl. diese Zeitschrift **11**, 14.

) Diese Zeitschrift **11, 11.

***) Diese Zeitschrift **15**, 301.

Diese Uebelstände vermeidet man, nach Schweder's Angaben, wenn man den Platinconus so aufhängt, dass sein unterer Rand circa $1\frac{1}{2}$ Centimeter vom Boden des Glases entfernt ist, aber hauptsächlich dadurch, dass man den Leitungswiderstand der Flüssigkeit durch Zusatz von schwefelsaurem Ammon verringert und dass man einen genügend starken Strom, der in einer halben Stunde mindestens 100 CC. Knallgas entwickelt, zur Zersetzung anwendet.

Der Verfasser hat beobachtet, dass sich nach beendeter Elektrolyse der Nickellösung am positiven Pol oft ein schwarzer Ueberzug von Nickeloxyd zeigt. Sein Auftreten wird vermieden, wenn man die zu elektrolysirende Flüssigkeit stark mit Ammon übersättigt.*)

Hat sich dieser Ueberzug von Nickeloxyd gebildet, so hebt man den Platinconus aus der Flüssigkeit, stellt ihn in Wasser, hebt darauf die Platinspirale heraus, lässt einige Tropfen Salzsäure an ihr entlang laufen, die den Ueberzug unter Chlorentwickelung schnell löst, und stellt nun nach Hinzufügung von etwas Ammon den Apparat noch auf ein paar Stunden zusammen.

Schweder hält es für zweckmässig das Gefäss, in welchem die Elektrolyse vorgenommen wird, zu bedecken, man vermeidet dadurch jeden Verlust durch Verspritzen — wenn man bei Zusammenstellung des Zersetzungsapparates die Nickellösung durch Zusatz von Wasser bis über den oberen Rand des Conus treten lässt, so spritzt bei Einwirkung des elektrischen Stromes die Flüssigkeit ziemlich lebhaft — sowie den Nachtheil, dass die Ammoniakdämpfe die messingenen Polklemmen angreifen und mit ammoniakalischen Kupferverbindungen überziehen, die sich leicht ablösen, in das Zersetzungsgefäss fallen und das Resultat beeinträchtigen können.

Man nimmt ein Uhrglas von der Grösse, dass es das Becherglas bedeckt, macht mit einem Diamanten dem Durchmesser entlang einen Strich und fährt nun mit einem glühenden Eisen auf letzterem so lange hin und her bis das Glas in der vorgezeichneten Richtung springt. Mit

*) Nach den Mittheilungen der Mansfelder Ober-Berg- und Hütten-Direction ist es zum Gelingen der elektrolytischen Abscheidung des Nickels erforderlich, dass in der Flüssigkeit stets ein kleiner Ueberschuss von Ammoniak vorhanden ist. (Vergl. diese Zeitschrift 11, 11). Da nun durch die Elektrolyse Ammoniak in Salpetersäure übergeführt werden kann (Luckow, diese Zeitschr. 8, 25), so muss man der Flüssigkeit jedenfalls so viel Ammoniak zusetzen, dass trotzdem auch noch zu Ende der Operation ein Ueberschuss davon vorhanden ist.

einer in Petroleum getauchten dreieckigen Feile feilt man darauf vorsichtig in die abgesprungenen Ränder je zwei correspondirende Einschnitte, so dass, wenn man die beiden Halbdeckel auf den Zersetzungsapparat auflegt, die Poldrähte des Conus und der Spirale bei dichtem Zusammenliegen der Sprungflächen bequem in die entstehenden Oeffnungen passen. Sind die Halbdeckel aufgelegt — die convexen Seiten natürlich nach unten — so tropft die gegen das Glas gespritzte Flüssigkeit immer wieder zurück. Die Verwendung einer Glasplatte statt des Uhrglases ist weniger zweckmässig.

Uebrigens ist es gut die Polklemmen ausserdem durch ab und zu erneuerte Schellackanstriche gegen den Einfluss der Dämpfe zu schützen.

Kommt in der zu untersuchenden Substanz neben Nickel Eisen vor, so genügt, wenn das Eisen nur wenige Procente des Nickels ausmacht, die einfache Abscheidung desselben mit Ammon;*) bei Anwesenheit grösserer Eisenmengen fällt Ammon mit dem Eisenoxydhydrat nicht unerhebliche Mengen von Nickel aus; man muss daher, um eine exacte Trennung des Eisens vom Nickel zu erreichen, entweder den erstgefällten Niederschlag in Salzsäure lösen und nochmals mit Ammon fällen (event. diesen Niederschlag neuerdings lösen und zum dritten Male mit Ammon fällen), oder eine andere Trennungsmethode anwenden.**) Bei den mehrfachen Fällungen mit Ammon und dem Auflösen in Salzsäure wird eine so grosse Menge Salmiak in die Nickellösung gebracht, dass dieselbe vor der elektrolytischen Abscheidung des Nickels abgedampft und das meiste Ammonsalz durch Erhitzen verjagt werden muss.

Von den Methoden der Trennung des Eisens vom Nickel ist bekanntlich die basische Fällung des Eisens mit kohlensaurem Ammon bei Gegenwart von viel Salmiak eine der besten.***) Für den vorliegenden Fall jedoch hat sie den Nachtheil, dass grosse Mengen von Salmiak in die Nickellösung gelangen. Schweder hat deshalb versucht diese Trennungsmethode derartig zu modificiren, dass die Anwendung von Salmiak wegfällt. Das Resultat dieser Versuche ist das folgende, mit des Verfassers eigenen Worten beschriebene Verfahren, welches seinen Angaben zufolge sehr gute Resultate liefert.

*) Vergl. diese Zeitschr. **11**, 11.

) Bezüglich der elektrolytischen Abscheidung des Nickels aus der den Eisenoxydhydratniederschlag enthaltenden Flüssigkeit vergl. diese Zeitschr. **11, 13.

***) Vergl. R. Fresenius, Anleitung zur quantitat. chem. Analyse 6. Aufl. I. p. 575.

«Die vom Kupfer etc. befreite Lösung wird, nöthigenfalls unter Zusatz von Salpetersäure, in einer geräumigen Porcellanschale zur Trockne verdampft und alle überschüssige Schwefelsäure auf dem Sandbade ausgetrieben.*) Man löst den Rückstand in circa 100 CC. heissem Wasser,**) lässt vollständig erkalten, fügt, wenn die Lösung eisenreich ist, 300 CC. kaltes Wasser zu, während bei eisenarmer Lösung 200 CC. genügen. Man lässt nun unter stetem Umrühren aus einer Pipette tropfenweise eine Lösung von anderthalbfach kohlensaurem Ammon in 12 Theilen Wasser zufliessen, bis die Lösung dunkelbraun erscheint, ohne dass eine Spur von Trübung sichtbar ist; sollte sich eine Trübung zeigen, so fügt man einige Tropfen Schwefelsäure hinzu, bis die Flüssigkeit wieder klar erscheint. Hat man gut abgedampft, so wird hierbei keine oder nur eine höchst geringe Entwickelung von Kohlensäure stattfinden. Darauf bedeckt man das Gefäss mit einem grossen Uhrglase und erhitzt ganz langsam zum Sieden. Hierbei scheidet sich der grösste Theil des Eisens als basich schwefelsaures Eisenoxyd mit ledergelber Farbe ab. Man nimmt die Schale vom Feuer, spritzt das Uhrglas mit heissem Wasser ab, lässt auf einem Wasserbad absitzen, was nur langsam geschieht, filtrirt und wäscht aus. Der Niederschlag ist pulverförmig, ähnlich dem des schwefelsauren Baryts; er lässt sich leicht auswaschen, was mit heissem Wasser geschehen muss; er nimmt nur circa den vierten Raumtheil ein, wie der aus gleicher Lösung durch Ammon gefällte und ist frei von Nickel und Kobalt.***) Hat man den Niederschlag sich nicht vollständig absetzen lassen, so läuft das Filtrat leicht trübe durch. Dasselbe enthält bei eisenreichem Probirgut noch viel Eisen. Man lässt es daher vollständig erkalten, behandelt mit kohlensaurem Ammon und verfährt übrigens wie oben. Auch das hierbei resultirende Filtrat enthält mehr oder weniger Eisen. Man dampft unter Zusatz von einigen Tropfen essigsauren Ammons so weit ein, dass die Lösung in dem zur elektrolytischen Zersetzung dienenenden Becherglase Platz hat, filtrirt resp. giesst die Flüssigkeit, wenn sie nur einen geringen Nieder-

*) Zum Gelingen der Operation ist dies unerlässlich.

**) Die angegebenen Verhältnisse beziehen sich, wie aus einigen in ihrer Ausführung genau beschriebenen Analysen des Verfassers hervorgeht, auf etwa 1 Grm. ursprünglicher Substanz.

***) Wenn der Niederschlag gelöst und aus der Lösung das Eisen mit essigsaurem Ammon abgeschieden wurde, so liess sich in dem eingedampften Filtrat allerdings noch durch Kaliumsulfocarbonat aber nicht durch Schwefelammonium Nickel nachweisen.

schlag von Eisenoxydhydrat enthält, ohne Filtration in das Becherglas über, setzt, wenn die ursprüngliche Lösung eisenarm war, so dass durch den Zusatz von kohlensaurem Ammon nur wenig schwefelsaures Ammon in der Flüssigkeit vorhanden, eine Lösung von letzterem Salze zu, übersättigt darauf stark mit Ammon, rührt mit der Platinspirale gut durcheinander und bewirkt nun die elektrolytische Ausfällung.»

Der Verfasser sagt weiter:

«Diese Methode der Eisenabscheidung erscheint auf den ersten Augenblick langwierig, da bei viel Eisen drei Filtrationen nöthig sind. Doch, wenn man bedenkt, dass der Niederschlag lange nicht so voluminös wie bei allen sonstigen Methoden der Eisenabscheidung ist und sich leicht und schnell auswaschen lässt, dass ferner bei den beiden letzten Filtrationen nur mit geringen Mengen von Niederschlägen zu operiren ist, so dürfte das Praktische derselben einleuchten. Soll das Eisen bestimmt werden, so löst man die Niederschläge in Säure und bestimmt das Eisen volumetrisch.

Ich betone nochmals, dass zum guten Gelingen dieser Trennung ein vollständiges Abrauchen der überschüssigen Schwefelsäure, sowie ein gutes Absetzen des Niederschlages in der Wärme nöthig ist, und dass es sich ferner empfiehlt, die zu filtrirende Flüssigkeit auf dem Wasserbade möglichst warm zu halten, auch siedendes Wasser zum Auswaschen anzuwenden, da sich der Eisenniederschlag in der erkalteten Flüssigkeit erheblich löst.»

Der Verfasser hat mittelst des von C. D. Braun*) als äusserst empfindliches Reagens für Nickel empfohlenen Kaliumsulfocarbonates nachgewiesen, dass das Nickel durch die Elektrolyse niemals ganz vollständig abgeschieden wird. Selbst nach dreitägiger Einwirkung des elektrischen Stromes auf die Flüssigkeit färbte sich dieselbe auf Zusatz von einem Tropfen Kaliumsulfocarbonatlösung bei schnellem Umrühren stark roth. Es konnten jedoch durch Eindampfen, Glühen, Lösen und Fällen mit Aetzkali nur unwägbare Spuren von Nickel nachgewiesen werden.

Schliesslich beschreibt der Verfasser noch den Gang der Analyse bei einigen von ihm ausgeführten Untersuchungen von Nickelmünzen, Nickelsteinen, nickelhaltigen Magnet-, Schwefel- und Kupferkiesen und arsenhaltigen Nickel- und Kobalterzen. Die vom Verfasser erhaltenen Resultate sind gut. Bei Besprechung der Analyse von Nickelsteinen

*) Diese Zeitschrift 7, 315.

macht der Verfasser darauf aufmerksam, dass, wenn viel Eisen zugegen ist, die elektrolytische Kupferabscheidung oft nicht gelingt. Die Gegenwart von viel schwefelsaurem Eisenoxyd ist der Grund, indem letzteres unter Reduction zu Oxydul das ausgeschiedene Kupfer löst. Die freie Salpetersäure wirkt nun wieder auf das Eisenoxydul und es entstehen schwarzbraune Zonen um den Platinconus, ein Zeichen, dass die Kupferausscheidung nicht exact verläuft. Nach des Verfassers Angaben vermindert man diesen Uebelstand meistens, indem man das mit Salpetersäure behandelte Probirgut*) in 360 CC. Wasser und 40 CC. Salpetersäure löst und einen starken Strom anwendet, der in einer halben Stunde 120 CC. Knallgas entwickelt, immer, wenn man den Schwefelwasserstoffniederschlag mit dem Filter in einem Becherglas mit 30 CC. Salpetersäure von 1,2 spec. Gew. digerirt, bis der ausgeschiedene Schwefel rein gelb erscheint, darauf auf 200 CC. mit Wasser verdünnt und elektrolysirt.

Zur Trennung des Arsens von Nickel und Kobalt hat F. Wöhler**) eine neue Methode angegeben, welche den Vorzug hat, dass man die lästige Behandlung mit Schwefelwasserstoff umgeht.

Man löst das Erz, Kupfernickel, Kobaltspeise, Speiskobalt, in Königswasser auf, dampft, wenn nöthig, die meiste überschüssige Säure ab und fällt die Lösung siedendheiss mit kohlensaurem Natron. Nach dem Auswaschen wird der Niederschlag noch nass mit einem Ueberschuss einer concentrirten Lösung von Oxalsäure übergossen. Hierbei werden Nickel und Kobalt in Oxalate verwandelt, während alle Arsensäure davon getrennt wird und nebst dem Eisenoxyd in Lösung geht. Das Gemenge von oxalsaurem Nickel- und Kobaltoxydul wird vollkommen ausgewaschen; beide können dann nach Laugier's Verfahren***) durch Ammoniak getrennt werden.

Enthielt das Erz Kupfer, so könnte dieses, vor der Fällung mit kohlensaurem Natron, durch mit Wasserstoffgas reducirtes fein vertheiltes Eisen gefällt werden, worauf freilich die aufgelösten Eisenmassen höher oxydirt werden müssen.

Speiskobalt kann vorher geschmolzen und dadurch ein grosser Theil des Arsens entfernt werden.

---

*) In einer Menge von etwa 2 Grm. angewandt.

) Ber. d. deutsch. chem. Gesellsch. z. Berlin **10, 546.

***) Vergl. H. Rose, Handbuch der analyt. Chem. 6. Aufl. bearbeitet von R. Finkener I. p. 270.

Zur Volhard'schen Silberbestimmungsmethode. Als E. Drechsel*) vor einiger Zeit den Gehalt einer wässerigen Salzsäure auf die Weise zu bestimmen suchte, dass er ein gemessenes Volum derselben mit einer überschüssigen Menge titrirter Silberlösung fällte und den in Lösung gebliebenen Antheil Silber mittelst Rhodanlösung zurücktitrirte, fand er, dass der Endpunkt sich nicht scharf erkennen liess; die Flüssigkeit wurde auf Zusatz eines Tropfens Rhodanlösung röthlich, allein beim Umschwenken wurde sie fast vollständig entfärbt und nur ein schwach gelblicher Farbenton blieb zurück. Als Grund dieser auffälligen Erscheinung erkannte der Verfasser das Verhalten des Chlorsilbers gegen Rhodanlösungen. Es ist schon lange bekannt, dass Chlorsilber und auch Bromsilber mit wässeriger Jodkaliumlösung geschüttelt, diese schon bei gewöhnlicher Temperatur vollständig zersetzen. Chlorsilber in Wasser vertheilt, färbt sich augenblicklich gelb, wenn man auch nur einen Tropfen verdünnter Jodkaliumlösung hinzufügt, und in der Flüssigkeit lässt sich keine Spur Jod mehr nachweisen. Aehnlich verhält sich nun Chlorsilber gegen Rhodankalium und Rhodanammonium. Schüttelt man deren Lösungen mit frisch gefälltem Chlorsilber, so wird das Filtrat durch schwefelsaures Eisenoxyd nicht geröthet; setzt man aber zu dem ausgewaschenen Chlorsilber Salzsäure und dann schwefelsaures Eisenoxyd, so tritt starke Rothfärbung ein. Es geht hieraus hervor, dass sich das Rhodankalium mit einem Theile des Chlorsilbers zu Rhodansilber und Chlorkalium umgesetzt hat. Dem entsprechend lässt sich auch eine durch Rhodanlösung stark gefärbte schwefelsaure Eisenoxydlösung durch Schütteln mit frisch gefälltem Chlorsilber fast vollständig entfärben; gewöhnlich behält aber die Flüssigkeit einen gelblichen Farbenton. Wäscht man den Niederschlag vollständig mit Wasser aus und behandelt ihn mit verdünnter Salzsäure, so erhält man eine hellrosafarbene Lösung, welche mit Eisenoxydsalzen sofort eine starke Reaction auf Rhodan gibt. Es scheint demnach durch das Chlorsilber oder das neu gebildete Rhodansilber eine Spur Eisenrhodanid mit niedergerissen zu werden. Auch Bromsilber zersetzt gelöste Rhodanmetalle, aber etwas schwieriger wie Chlorsilber.

Will man also Silber in einer Lösung, in welcher gleichzeitig Chlorsilber oder Bromsilber suspendirt ist, nach der Volhard'schen Methode bestimmen, so räth Drechsel, die Flüssigkeit auf ein be-

*) Journ. f. prakt. Chem. [N. F.] 15, 191.

kanntes Volum zu verdünnen, durch ein trockenes Filter zu giessen und vom Filtrate ein gemessenes Volum zur Titrirung zu verwenden.

Otto Lindemann*) hat gelegentlich der Einführung der Volhard'schen Silberbestimmungsmethode bei der Probirung von Blicksilber auf seinen Silbergehalt**) mit Blicksilber vergleichende Versuche nach der Volhard'schen und Gay-Lussac'schen Silberbestimmungsmethode angestellt. Die aus der nachfolgenden Zusammenstellung ersichtliche Uebereinstimmung der nach beiden Methoden erhaltenen Resultate rechtfertigt die Ansicht Volhard's, dass seine Methode dem Gay-Lussac'schen Verfahren gleichstehe, ***) und veranlassten Lindemann, die Volhard'sche Methode zur Probirung des Blicksilbers zu verwenden. Für die Brauchbarkeit derselben spricht ferner noch der Umstand, dass eine genau titrirte Rhodankaliumlösung, welche der Verfasser an Stelle der von Volhard gewählten Rhodanammoniumlösung benutzte, selbst nach $1^1/_2$jähriger Aufbewahrung ihren Titer nicht verändert hatte.

Die folgenden 10 Versuche sind mit Blicksilber angestellt worden, welches zu verschiedenen Zeiten auf den einzelnen Hüttenwerken durch Abtreiben von Werkblei gewonnen war, und die angegebenen Zahlen sind das Mittel aus mindestens zwei unter einander übereinstimmenden Versuchen.

Es braucht kaum bemerkt zu werden, dass die Titerbestimmung beider Lösungen, sowohl der Kochsalz- wie der Rhodankaliumlösung, stets vorangeschickt wurde, wenn zwischen der Beendigung einiger Proben und der Einsendung neuer ein längerer oder kürzerer Zeitraum lag. Auch diente die Volhard'sche Probe stets als Vorprobe, um aus dem Ergebniss derselben diejenige Blicksilbermenge zu berechnen, welche die Concentration der Kochsalzlösung vorschreibt.

Nummer der Proben.	Procente Ag nach Volhard	Procente Ag nach Gay-Lussac
1.	93,75	93,73
2.	93,34	93,37
3.	95,00	94,99
4.	95,80	95,88
5.	93,75	93,77
6.	94,30	94,26

*) Berg- und Hüttenmänn. Ztg. 35, 333.

**) Vergleiche dieses Heft p. 361.

***) Vergl. diese Zeitschrift 13, 175.

Nummer der Proben.	Procente Ag nach Volhard	nach Gay-Lussac
7.	94,31	94,29
8.	93,47	93,48
9.	93,22	93,27
10.	94,97	94,99

Was die Ausführung der Silberbestimmung nach der Volhard'schen Methode selbst betrifft, so wurde, abgesehen von einigen unwesentlichen Abweichungen, genau nach Volhard's eigenen Angaben*) operirt.

Die Genauigkeit der Resultate ist wie bei allen maassanalytischen Methoden so auch hier abhängig von der richtigen Beschaffenheit der Messgefässe, sowie von der Richtigkeit der titrirten Lösungen, und ist daher in diesem Falle der Wirkungswerth der Rhodansalzlösung mit grösster Genauigkeit festzustellen. Ferner sind bei späteren Silberproben möglichst dieselben Bedingungen einzuhalten wie bei der Titerstellung selbst.

Ueber das Verhalten der organischen Säuren gegen wolframsaures Natron und Kali hat Jules Lefort**) Untersuchungen angestellt.

Wie bekannt erzeugt Essigsäure in den Auflösungen der wolframsauren Alkalien einen weissen, im Ueberschuss des Fällungsmittels unlöslichen Niederschlag, während Oxalsäure, Weinsteinsäure und Citronensäure keinen Niederschlag bewirken. Der Verfasser bestätigt die Verhalten als Regel und zeigt, dass der durch Essigsäure hervorgerufene Niederschlag ein wasserhaltiges wolframsaures Alkalisalz ist, dessen Zusammensetzung je nach den Umständen, unter welchen die Fällung erfolgt, eine verschiedene sein kann. Ausserdem macht er darauf aufmerksam, dass in gewissen speciellen Fällen ausnahmsweise auch Oxalsäure, Weinsteinsäure und Citronensäure aus sauren wolframsauren Alkalisalzen gelbes Wolframsäurehydrat ausfällen können. Bezüglich der Einzelheiten muss ich auf die Originalabhandlung verweisen.

*) Vergl. diese Zeitschrift **13**, 171.

) Ann. de chim. et de phys. [5 sér.] **9, 93.

abweichen, bestimmt, zeigten dagegen die befriedigendste Uebereinstimmung, so dass die Untersuchung von Christenn in ihren Hauptresultaten als eine Ehrenrettung der vielverläumdeten Haidlen'schen Methode angesehen werden kann. Die Hoppe-Seyler'sche Methode ist allerdings die vollständigste, insofern sie Caseïn und Albumin gesondert bestimmt. Bei der Fettbestimmung nach Hoppe-Seyler glaubt Christenn auf zwei Momente aufmerksam machen zu sollen; nämlich eine kleinere Menge Milch in Arbeit zu nehmen, wie die angegebene, ferner statt ein gleiches Volumen Kalilauge, nur einige Tropfen derselben zuzusetzen. Durch ersteres erspart man Aether und Zeit, durch letzteres wird die Einwirkung der Kalilauge auf Fett und Milchzucker, wie auch schon Schukoffsky hervorhebt, wenn auch nicht aufgehoben, so doch bedeutend verzögert. Für die Analyse der Frauenmilch ist die Hoppe-Seyler'sche Methode insofern wenig geeignet, als ihre Ausführung grössere Milchquantitäten voraussetzt, wie in der Regel zu Gebote stehen. Die Methode von Tolmatscheff ist nur eine Modification der Hoppe-Seyler'schen, wobei auf die Trennung von Caseïn und Albumin verzichtet wird. Ferner macht Christenn geltend, dass bei Anwendung dieser Methode die Fällung der Eiweisskörper zwar eine vollständige ist, aber beim Auswaschen mit verdünntem Alkohol etwas Albumin wieder in Lösung gehe. Der Vorschlag Tolmatscheff's,*) die Lösung zu kochen, hebt den Verlust nicht völlig auf. Der Hauptvorzug der Haidlen'schen Methode ist der, dass sie geringe Mengen Milch beansprucht, und bei allen Milchgattungen anwendbar ist. Bei dieser Methode lassen sich drei Punkte aufstellen, welche die Bestimmungen ungenau machen können. Der Gyps, indem er rasch Feuchtigkeit anzieht, verlangt langes Trocknen und oftmaliges Wägen bis zum constanten Gewicht; da er endlich in verdünntem Alkohol durchaus nicht unlöslich ist, so kann der Zuckergehalt auf Kosten der Eiweisskörper leicht ein wenig zu hoch ausfallen. Beiden Uebelständen wird abgeholfen, wenn man nach dem Vorschlage von Otto und Brunner reinen Quarzsand, oder wie Hr. Christenn es that, reines Glaspulver verwendet. Letzteres erleichtert einerseits das Trocknen sehr, ebenso aber auch das Extrahiren mit Aether und Alkohol. Es setzt sich ziemlich rasch ab, und gestattet, indem die scharfen Kanten seiner Theilchen beim Schütteln das eingetrocknete Caseïn desaggregiren, den Extractionsmitteln für Fett und

*) Pflüger's Arch. f. Physiol. 13, 194.

Zucker leichten Zugang. Hr. Christenn hält es endlich für zweckmässig, beim Trocknen des Milchrückstandes (zur Bestimmung des Wassers und der festen Stoffe) die Temperatur von 105° C. nicht zu überschreiten, da bei 110° die Färbung des Rückstandes immer schon eine beginnende Zersetzung zu erkennen gebe. Die Methode von Brunner gibt, soweit sie von den andern Methoden abweicht, also zunächst bezüglich der Bestimmung der Eiweisskörper, unbrauchbare Resultate. Hr. Christenn analysirte eine und dieselbe Frauenmilchprobe nach Brunner und nach Haidlen, und erhielt nach ersterer Methode für die Eiweisskörper 0,91 %, nach letzterer 1,77 %. Bei der Bestimmung der Eiweisskörper nach Brunner (mittelst Natriumsulfates) bekam Hr. Christenn anfangs ein klares Filtrat, welches erträglich filtrirte, sich aber bald zu trüben anfing. Es musste sich also ein Theil der Eiweisskörper beim Auswaschen gelöst haben, was auch die Analyse bestätigte. Puls meint, dass bei dieser Methode es durchaus erforderlich sei, der Milch beim Sieden eine deutlich saure Reaction zu geben. Aber auch er erhielt trotzdem keine genauen Resultate, indem das ablaufende Filtrat zuletzt immer deutliche Eiweissreactionen gab. Die Gründe, warum Brunner bei seinen Analysen der Frauenmilch von jenen seiner Vorgänger so stark abweichende Resultate erhielt, können jedenfalls nur zum Theile, vielleicht bezüglich des auffallend geringen Fettgehaltes, den er fand (im Mittel 1,73 %), darin gesucht werden, dass die früheren Analysen der Frauenmilch sich auf Milch, bald nach dem Gebären secernirt, bezogen, während er die meisten Milchproben von Frauen nahm, die schon vor mehreren Monaten geboren hatten; bezüglich der Eiweisskörper führen sie jedenfalls, wie die Analysen von Christenn zeigen, auf die mangelhafte Bestimmung der Eiweisskörper zurück. Für die Frauenmilch erhielt übrigens Hr. Christenn ebensowohl als auch für Kuhmilch gute Resultate nach folgender von ihm ersonnener Methode, die aus der von ihm gemachten Beobachtung abgeleitet wurde, dass sich Fett, Milchzucker und die löslichen Salze von den Eiweisskörpern durch ein Gemisch von 1 Th. Aether und 2 Th. Alkohol sehr gut trennen lassen.

10 Grm. Frauenmilch wurden in einem Becherglase mit 10 CC. Aether und 20 CC. Alkohol versetzt, mit einem Glasstabe gut umgerührt, wodurch die Eiweissstoffe schön weiss herausfielen. Er filtrirte durch ein gewogenes Filter, wusch mit dem nämlichen Gemisch von Aether und Alkohol so lange aus, bis das Filtrat, welches anfangs trüb war, anfing hell zu werden und bis die Eiweisskörper auf dem Filter pulverig

wurden. Den Rückstand nebst Filter trocknete er bei 100° bis zum constanten Gewicht und erhielt so nach Abzug des Filtergewichts das Gewicht der Eiweisskörper plus dem der unlöslichen Salze. Die letzteren wurden durch Veraschen des Niederschlages gefunden. Das Filtrat verdunstete er vorsichtig, setzte das Verdunsten nach der Verjagung des Aethers und Alkohols bis zur Trockne fort, und erhitzte den Trockenrückstand bei 105° bis zum constanten Gewicht. Er erhielt so die Menge des Milchzuckers, der Fette und der löslichen Salze. Das Fett trennte er durch wiederholte Extraction mit Aether, so lange derselbe noch etwas aufnahm, und berechnete nach dem Trocknen des Rückstandes bis zum constanten Gewichte die Menge des Fettes aus dem Gewichtsverluste. Die löslichen Salze bestimmte er, indem er den Rückstand in heissem Wasser auflöste, in einer Platinschale zur Trockene verdampfte und so lange erhitzte, bis sich Alles in eine kohlige Masse verwandelt hatte. Diese zog er mit etwas heissem Wasser aus, verdampfte wieder, glühte abermals, und erhielt so durch Wägung des Glührückstandes die löslichen Salze. Die Gewichtsdifferenz war gleich der Menge des Milchzuckers. Sämmtliche Procentzahlen zusammen addirt ergaben die Menge der festen Stoffe und mithin auch jene des Wassers. Wir geben im Nachstehenden die erhaltenen Resultate gegenübergestellt den nach der Haidlen'schen Methode analysirten gleichen Milchproben:

In 100 Th.:

	Frauenmilch		Kuhmilch	
		nach Haidlen		nach Haidlen
Wasser . . .	86,46	87,08	88,11	88,65
Feste Stoffe . .	13,53	12,92	11,89	11,35
Eiweissstoffe . .	1,85	1,79	3,49	3,27
Butter	3,83	4,04	2,60	2,45
Milchzucker . .	7,21	6,74	5,05	4,93
Salze	0,32	0,33	0,75	0,75
a) unlösliche .	0,14	0,15	0,23	0,23
b) lösliche . .	0,18	0,18	0,52	0,52

Im Mittel aus 5 Analysen von 5 Portionen Frauenmilch, von welchen jede ein Gemisch von Milch verschiedener Wöchnerinnen war, erhielt Hr. Christenn nachstehende procentische Zahlen:

Wasser	87,24
Feste Stoffe . . .	12,75

Eiweisskörper . . .	1,90
Butter	4,32
Milchzucker . . .	5,97
Salze	0,28

Bezüglich der optischen Milchprobe nach Alf. Vogel, welche durch die Arbeit von W. Fleischmann bereits theoretisch verurtheilt war, constatirte Hr. Christenn, dass durch dieselbe der Buttergehalt stets nicht unbedeutend höher (etwa um 1 %) gefunden wird, wie auf analytischem Wege, und ebenso, dass es sich mit dem Lactobutyrometer von Salleron gerade umgekehrt verhält, indem bei Anwendung dieses Instrumentes der Buttergehalt der Butter zu niedrig gefunden wird, ein Resultat, welches mit von H. Schulze schon früher erhaltenen ebenfalls übereinstimmt.

Schliesslich unterwarf Hr. Christenn auch die seltsame Angabe Brunner's, dass die Frauenmilch 2,3- bis 4,5 Mal mehr Stickstoff enthalte, als ihrem Gehalte an Eiweisskörpern, diese als Caseïn berechnet, entspreche, der experimentellen Prüfung. Zwar hatte schon Liebermann*) nachgewiesen, dass in den Milchdialysaten keine wägbare Menge Stickstoff enthalten sei, und fand er eine solche ebenso wenig in einer aus der Schweiz bezogenen Milchzuckermutterlauge; allein wohl fand er, dass wenn man die Eiweisskörper der Frauen- und der Kuhmilch nach der Brunner'schen Methode bestimmt, im Vergleich mit dem Stickstoffgehalte der Gesammtmilch sich ein Stickstoffdeficit ergibt, welches aber bei Weitem nicht die Höhe erreicht, die Brunner findet. Heute aber, wo kein Zweifel mehr darüber bestehen kann, dass man die Eiweisskörper nach der Brunner'schen Methode viel zu niedrig erhält, kann auch das geringe von Liebermann gefundene Plus des Gesammtstickstoffs recht wohl hierin seine natürliche Erklärung finden. Herr Christenn hat durch eine Reihe von Versuchen, bei welchen die Eiweisskörper der Milch nach Haidlen bestimmt waren, nachgewiesen, dass in der Frauenmilch und in der Kuhmilch nur so viel Stickstoff enthalten sei, als den Eiweisskörpern entspricht. Bei seinen Versuchen wurde die Milch theils auf Marmor und theils auf Gyps eingetrocknet und der Stickstoff nach Will-Varrentrapp als Platinsalmiak bestimmt. Als Mittel mehrerer Versuche mit Frauenmilch angestellt erhielt er

Stickstoff . . . . . . 0,327 % entsprechend 2,10 % Eiweisskörper
Stickstoff der nach Br. bestimmten Eiweisskörper 1,83 % «

*) Sitzungsber. d. k. k. Akad. d. Wissensch. zu Wien. LXXII (2. Abth.) 1875.

Bei einem Versuche mit Kuhmilch erhielt er aus dem Gesammtstickstoff berechnet 2,95 % Eiweisskörper, während die directe Bestimmung nach Haidlen 3,28 % ergab. Diese Differenzen sind so gering, dass sie den Satz rechtfertigen, dass in der Frauen- und Kuhmilch nicht mehr Stickstoff enthalten sei, als den richtig bestimmten Eiweisskörpern entspricht.

IV. Specielle analytische Methoden.

Von

H. Fresenius und **C. Neubauer.**

1. Auf Lebensmittel, Handel, Industrie, Agricultur und Pharmacie bezügliche.

Von

H. Fresenius.

Ueber den Einfluss längerer Belichtung auf die Bestimmung der organischen Substanz im Wasser hat die wissenschaftliche Station für Brauerei Weihenstephan — München*) folgende Mittheilungen gemacht. «Wenn man gewöhnliches Wasser sich selber überlässt, so bilden sich darin, selbst bei vollkommenem Verschlusse, bekanntlich nach einiger Zeit grün, braun oder graulich gefärbte organische Ausscheidungen, die man unter der Bezeichnung Algenschleim zusammen zu fassen pflegt, und in welchen man bei der mikroskopischen Prüfung zahlreiche Algen und Infusorien auffindet. Dr. O. Harz, der eine grössere Anzahl Münchener Brunnenwasser nach dieser Richtung untersuchte, führt darunter folgende Species auf: **) Achnanthidium lineare Sm., Achnanthes minutissima Ktz., Amoeba porrecta Schulze und — princeps Carter, Aphanocapsa brunnea N., Aphanochaete repens A. Br., Bacterium Lineola Cohn, — termo und — viride Harz et Port, Chlamydomonas tingens A. Br., Chlorococcus Gigas Grun. und — humicola Rbh., Chroococcus pallidus N., Cyclidium glaucoma Ehrb., Fragilaria pusilla Bréb., Navicula mutica und — lanceolata Ktz., Hypheotrix aeruginea, Odontidium anceps Ehrb., Oscillaria chalybaea Mertem, Palmella heterospora Rbh. und — uvaeformis Rbh., Paramecium aurelia, Pleurococcus angulosus und — vulgaris Menegh., Rotifer vulgaris, Scenedesmus obtusus und acutus Meyen, Stauroneis dilatata Sm., Stichococcus bacillaris N., Synedra tabulata Ktz. ***)

---

*) Der bayer. Bierbrauer 11, 306. Vom Verf. eingesandt.

**) Der bayer. Bierbrauer 11, 87.

***) Ueber denselben Gegenstand s. a. Radlkofer, Mikroskopische Unter-

Man ist nun wohl geneigt, die Bildung dieser Organismen aus dem Gehalte des Wassers an präexistirender organischer Substanz abzuleiten. Dem gegenüber steht die Frage, ob nicht vielmehr in dem kohlensäurehaltigen Wasser eine Neubildung an organischer Masse durch den Lebensprocess dieser niedrigsten Organismen stattfinde. Es dürfte nicht unwahrscheinlich erscheinen, dass die mit der Entstehung der organisirten Gebilde gleichen Schritt haltende Ausscheidung von kohlensaurem Kalk in Folge Zersetzung der seine Lösung zuvor bedingenden freien Kohlensäure des Wassers sich vollziehe.

Gewiss ist, dass nach länger fortgesetzter Belichtung der Gesammtgehalt eines Wassers an organischer Substanz im dermaligen chemisch-analytischen Sinne sich während der Bildung des sogen. Algenschleims beträchtlich vermehrt. Dieses hat für die Bestimmung der organischen Substanz im Wasser eine wesentliche Bedeutung. Nimmt man ein zur Prüfung auf organische Substanz bestimmtes Wasser nicht sofort in Arbeit, so fällt unter Umständen der Gehalt an jener viel zu hoch aus, und mögen wohl bereits manche Fehlschlüsse auf Grund des analytischen Ergebnisses durch diesen Umstand bedingt und untergelaufen sein. In gar manchen Fällen dürfte der Gehalt an organischer Substanz im Wasser sich zu hoch gefunden haben, weil man gezwungen war, die Untersuchung zu verschieben.

O. Schottler hat zur Aufklärung dieses Verhältnisses verschiedene Wasser längere Zeit hindurch bezüglich der Zunahme der durch übermangansaures Kali darin angezeigten organischen Substanz beobachtet und gelangte, um nur ein den Sachverhalt veranschaulichendes Beispiel anzuführen, mit dem Wasser der Münchener (Thalkirchner) Leitung zu folgenden eclatanten Ergebnissen:

	Thalkirchner Wasser Grm. Sauerstoff zur Oxydation der in 100,000 Thln. Wasser enthaltenen organischen Substanz verlangt
10. Juli 1876	0,0432
21. « «	0,1090
1. Aug. «	0,1939
17. « «	0,2787
3. Oct. «	0,3272

suchung der organischen Substanzen in Brunnen, Zeitschrift für Biologie **1**, 26 und ebendaselbst **3**, 258 Thomé, Zur mikroskopischen Untersuchung des Brunnens. — Cohn, Ueber lebende Organismen im Trinkwasser, Jahresbericht der schlesischen Gesellschaft 1853. — 1866 Grünberg's Zeitschrift für klinische Medicin **4**. — Ueber den Brunnenfaden, Biologie der Pflanzen I. 1870. — Hassal A microscopical examination of the waters supplied to the inhabitation of London etc. London 1850.

In der Zeit vom 10. Juli bis 1. August, also innerhalb 22 Tagen, oder rund drei Wochen, war das in verschlossener Flasche exponirte Wasser nach dieser Richtung schon untrinkbar geworden, d. h. der Gehalt an organischer Substanz hatte bereits eine Höhe erlangt (circa 0,2 Grm. Sauerstoff verlangend), die das Wasser nicht mehr als Trinkwasser qualificirt.

Die bezüglichen Bestimmungen wurden genau nach der Methode von Kubel ausgeführt (Anleitung zur Untersuchung von Wasser etc. 2. Aufl. von Dr. F. Tiemann p. 105) nur mit dem Unterschiede, dass die Proben statt mit den bei dem citirten Verfahren vorgeschriebenen 5 CC. verdünnter Schwefelsäure mit 10 CC. angesäuert wurden.»

Zur Probirung von Blicksilber auf den Gold- und Silbergehalt bedient sich Otto Lindemann*) eines Verfahrens, bei welchem beide Metalle in ein und derselben abgewogenen Menge der Probesubstanz bestimmt werden. Die Silberbestimmung wird dabei nach der von Volhard angegebenen maassanalytischen Methode ausgeführt, über welche in dieser Zeitschrift **13**, 171 und **16**, 351 berichtet worden ist.

Das auf den Unterharzer Hüttenwerken zu Oker, Herzog Julius- und Frau Sophienhütte gewonnene Blicksilber ist vor seiner Weiterverarbeitung zum Zweck der Goldscheidung stets Gegenstand der Untersuchung auf den Gehalt an Gold und Silber und dienen die erhaltenen Resultate den Betriebsbeamten zur Controlirung des Metallausbringens im Grossen. Die Probenahme geschieht in der üblichen Weise auf der Hütte, auch wird das Granuliren der Proben unter Vermeidung des Feinbrennens von Seiten der Hütte besorgt. Es ist also das dem Laboratorium in versiegelten Büchsen zugehende Probematerial jederzeit zur Untersuchung geeignet und bedarf keiner weiteren Vorbereitung.

Auf einer chemischen Wage werden etwa 10 Grm. Blicksilbergranalien von Linsengrösse genau abgewogen und in einem Digerirkölbchen von 200—250 CC. Inhalt und schlanker, birnförmiger Gestalt mit etwa 50 CC. reiner, chlorfreier Salpetersäure von 1,2 spec. Gew. auf dem Sandbade so lange erwärmt, bis die Einwirkung der Säure beendet ist und keine rothen Dämpfe mehr entweichen. Hierauf verdünnt man mit destillirtem Wasser, wartet bis sämmtliches Gold sich vollständig am Boden des Kölbchens angesammelt hat und giesst die klare Silbernitratlösung vorsichtig unter Vermeidung jeglichen Verlustes in eine bereit ge-

*) Berg- u. Hüttenmänn. Ztg. **35**, 333.

haltene Literflasche. Das im Lösegefäss zurückbleibende Gold wird noch einige Male in derselben Weise wie zuvor, jedoch mit geringeren Mengen Salpetersäure, digerirt und durch vorsichtiges Decantiren, zuletzt mit destillirtem Wasser, so lange ausgewaschen, bis der Literkolben fast bis zur Marke angefüllt ist und in einer Probe der abgegossenen Flüssigkeit kein Silber mehr nachgewiesen werden kann. Jetzt füllt man das Kölbchen vollständig mit Wasser bis zum Rande, der, wenn er mit Fett bestrichen war, zuvor wieder gereinigt werden muss, deckt einen Porcellantiegel mittlerer Grösse über die Oeffnung des Kölbchens und dreht beide über einer flachen Porcellanschale rasch um, so dass zunächst der Tiegel bis zu einer bestimmten Höhe mit Wasser gefüllt wird, nach und nach aber auch sämmtliches Gold vermöge seiner Schwere langsam durch den Hals des Kölbchens in den Tiegel gelangt. Ist letzteres vollständig erreicht, so kommt es darauf an, mit einiger Geschicklichkeit durch eine rasche seitliche Bewegung das mit Wasser fast gefüllte Kölbchen vom Tiegel zu entfernen, ohne dass durch stürmischen Wasserausfluss Goldtheilchen aus dem Tiegel geschleudert werden, die sich jedoch zunächst in der geräumigen Porcellanschale wiederfinden würden. Die richtige Form des Kölbchens, die richtige Länge und Weite seines Halses sowie vor allem die geschickte Manipulation des Probirers helfen über diese geringe Schwierigkeit rasch hinweg. Das im Tiegel befindliche Gold wird nun, nachdem das Wasser vorsichtig abgegossen ist, bei mässiger Wärme getrocknet, über der Spiritusflamme erhitzt und im Exsiccator erkalten gelassen. Alsdann bestimmt man mit Hülfe einer chemischen Wage sein Gewicht bis auf 0,0002 Grm. genau. *)

Hierauf bringt man die Silberlösung genau auf 1 Liter und ermittelt in abgemessenen Mengen den Silbergehalt mit einer titrirten Lösung von Rhodankalium (statt der von Volhard empfohlenen Lösung von Rhodanammonium) unter Benutzung einer Lösung von schwefelsaurem Eisenoxyd (1 : 10) zur Erkennung des Endpunktes. **) Bei der grossen Uebereinstimmung

*) Bezüglich der Reinheit des abgeschiedenen Goldes ist zu bemerken, dass trotz dreimaliger Behandlung desselben mit kochender, chlorfreier Salpetersäure ein geringer Rückhalt an Silber nicht umgangen werden konnte.

**) Um sich von etwaigen Fehlern der Messgefässe unabhängig zu machen, zieht der Verfasser es vor, die Verdünnung der Silberlösung stets in derselben Literflasche vorzunehmen, welche auch zur Darstellung der Normal-Silberlösung gedient hatte und, falls mehrere Bestimmungen gleichzeitig neben einander auszuführen sind, die Lösungen sofort, nachdem sie auf 1 Liter gebracht und durch stimmung der in Wiederholungsfällen verbrauchten Mengen Rhodankaliumlösung, welche besonders unter Benutzung eines Erdmann'schen Schwimmers an der Bürette mit grosser Schärfe abgelesen werden können, ist es kaum nöthig noch eine $^1/_{10}$ verdünnte Lösung anzuwenden, da durch Anwendung derselben die Genauigkeit der Resultate nicht wesentlich erhöht wird.

Ueber den Nachweis des Selens im Feinsilber. H. Rössler*) und H. Debray**) machen auf das Vorkommen von Selen im Scheidesilber und im Feinsilber aufmerksam. Solches Silber eignet sich trotz seines hohen Feingehaltes (998—999 Tausendstel) sehr schlecht zur Herstellung der Legirungen für industrielle Zwecke. Besonders tritt bei der Herstellung der zu Schmucksachen und Medaillen verwandten Legirung von 950 Tausendstel Feingehalt die schlechte Beschaffenheit des Silbers dadurch hervor, dass Zaine dieser Legirung brüchig und blasig sind. Nur mit Mühe verarbeitet, zeigt diese Legirung eine mit grauen Flecken bedeckte Oberfläche. Diese Flecken sind durch Politur schwer zu entfernen und erscheinen bei der Vergoldung stets wieder. Bei der Herstellung einer Legirung durch Zusammenschmelzen des Silbers mit Kupfer zeigt sich ein ziemlich lebhaftes Aufkochen mit Herausschleudern von Substanz, selbst wenn man, wie üblich, unter einer Kohlenstaubdecke operirt. ***)

Um die Gegenwart von Selen im Silber zu constatiren bedient sich Debray †) des folgenden Verfahrens. Man löst 100 Grm. des Silbers in Salpetersäure von 34⁰ B. in der Wärme auf, trennt die Lösung des Silbernitrats von dem sich in Flocken abscheidenden Gold, fällt das Silber mit Chlorwasserstoffsäure und dampft die filtrirte Lösung auf dem Wasserbade zur Trockne. Das Selen findet sich im Rückstande als

Umschütteln gemischt sind, wieder in andere völlig trockene oder mit der betreffenden Silberlösung zuvor ausgespülte Glaskolben zu giessen. Ebenso benutzt er stets ein und dieselbe Bürette und Pipette.

*) Liebig's Ann. d. Chem. **180**, 240 u. Berg- u. Hüttenmänn. Ztg. **35**, 332.

) Compt. rend. **82, 1156.

***) Das Aufkochen erklärt sich durch das Entstehen von seleniger Säure in Folge der Einwirkung des Sauerstoffes des stets in Form von Rosettenkupfer angewandten Kupfers auf das Selen. Die Kohlendecke verhindert diese Reaction im Inneren nicht und giesst man vor Beendigung derselben die Legirung aus, so erhält man blasige Zaine. Die Flecken auf der Oberfläche rühren von Lamellen Selensilber her, welche durch die ganze Masse vertheilt sind.

†) a. a. O.

Selensäure. Man lässt nun mit einigen Tropfen Salzsäure kochen, um die Selensäure in selenige Säure zu verwandeln und fügt eine Lösung von schwefliger Säure hinzu, welche die selenige Säure leicht reducirt und unter diesen Umständen einen meist schwarzen Niederschlag von Selen gibt, das sich leicht auswaschen und bestimmen lässt. Wendet man statt der Salpetersäure von 34⁰ B. — wie sie in den Münzlaboratorien gebräuchlich ist — eine verdünntere Säure von 10—15⁰ B. an, so erhält man einen Absatz von kleinen grauen krystallinischen Lamellen von metallischem Aeusseren, die aus Selensilber bestehen, in concentrirter Säure leicht, in verdünnter schwer löslich sind.

Im Scheidesilber hat Debray wie Rössler die fast constante Gegenwart von Selen nachgewiesen. Das Brandsilber enthält kein Selen, jedoch wurde durch Hinzufügen von 6 Grm. Selen zu 6,5 Kilo Brandsilber, das in einem Tiegel eingeschmolzen war, ein Metall von den oben erwähnten Eigenschaften erhalten, obgleich bei diesem Versuche ein beträchtlicher Theil des Selens in Folge seiner Leichtflüchtigkeit verdampfte. Ein Selengehalt von bedeutend weniger als $^{1}/_{1000}$ genügt also um das Silber zu verderben. *)

Zur Prüfung des Zinnsalzes haben Friedrich Goppelsröder und W. Trechsel**) zwei neue Titrirmethoden vorgeschlagen.

1. Man löst in einem Kölbchen eine bestimmte Menge saures chromsaures Kali in Wasser auf und fügt zu der heissen aber nicht kochenden Lösung zuerst Salzsäure, hernach das zu untersuchende Zinnsalz.

---

*) Die Quelle des Selengehaltes ist offenbar in der zur Goldscheidung verwandten Schwefelsäure zu suchen, indem diese meist aus Kiesen erzeugt wird, deren Selengehalt in neuerer Zeit zugenommen zu haben scheint. Bekanntlich wird bei der Goldscheidung ein grosser Ueberschuss von Schwefelsäure angewandt, um das Silbersulfat in Lösung zu erhalten; bei dem darauffolgenden Fällen des Silbers durch Kupfer wird gleichzeitig der ganze Selengehalt mitgefällt. — Es ist also darauf zu sehen beim Scheideprocess selenfreie Säure zu verwenden. Um die Schwefelsäure auf Selen zu prüfen, verdünnt man sie mit dem vierfachen Volum Wasser, decantirt oder filtrirt, versetzt mit einer concentrirten Lösung von schwefliger Säure und erwärmt auf etwa 80⁰ C. Ist die Schwefelsäure selenhaltig, so bildet sich ein gewöhnlich roth gefärbter Niederschlag von feinvertheiltem Selen. Es lässt sich übrigens selenhaltiges Silber leicht durch ein oxydirendes Schmelzen bei Luftzutritt oder mit Beihülfe von Kali- oder Natronsalpeter reinigen.

) Bull. de la soc. industrielle de Mulhouse **44, 297 und Dingler's pol. Journ. **214**, 148.

Sobald dieses sich gelöst hat und eine neue grössere Menge Salzsäure zugefügt worden ist, erwärmt man und leitet das entwickelte Chlor in eine Lösung von Jodkalium. Das freigemachte, im überschüssigen Jodkalium gelöste Jod wird in bekannter Weise mit unterschwefligsaurem Natron titrirt; seine Menge entspricht der durch das Zinnsalz nicht reducirten Quantität des Bichromats, während das reducirte Bichromat dem Zinnsalze nach folgender Gleichung entspricht:

$$3\,Sn\,Cl + KO,\ 2\,Cr\,O_3 + 7\,H\,Cl = 3\,Sn\,Cl_2 + Cr_2\,Cl_3 + K\,Cl + 7\,HO.$$

Arbeitet man mit metallischem Zinn, so setzt man dieses zu der heissen concentrirten Bichromatlösung, welcher man Salzsäure zugefügt hat. Das Zinn löst sich und reducirt das Bichromat; die Operation bleibt sich im Uebrigen gleich. Die Bichromatlösung muss in diesem Falle sehr concentrirt sein, damit kein Wasserstoff entweicht. Die Reaction des Zinns auf das saure chromsaure Kali wird durch folgende Gleichung ausgedrückt:

$$3\,Sn + 2\,(KO,\ 2\,Cr\,O_3) + 14\,H\,Cl = 3\,Sn\,Cl_2 + 2\,Cr_2\,Cl_3 + 2\,K\,Cl + 14\,HO.$$

Die Verfasser fanden nach dieser Methode in einem eisenhaltigen Zinn 99,45 % Zinn.

2. Man löst das Zinnsalz unter Zusatz einer bekannten Menge sauren chromsauren Kalis in Salzsäure, fügt nach beendigter Einwirkung einen Ueberschuss von Jodkalium zu, lässt fünf Minuten stehen und titrirt das frei gewordene Jod mit unterschwefligsaurem Natron. Die Auflösung des Zinnsalzes, die Reduction des Bichromates, überhaupt die ganze Operation geschieht in einem mit eingeschliffenem Stöpsel versehenen Fläschchen und in der Kälte.

Die Verfasser fanden in verschiedenen Zinnsalzproben folgende Gehalte an Zinnchlorür (Sn Cl + 2 HO.)

nach Methode 1	nach Methode 2
Zinnsalzprobe a.	
96,26 %	95,89 %
—	96,257 «
	96,40 «
Zinnsalzprobe b.	
	96,90 «
	97,12 «
	96,99 «

nach Methode 1		nach Methode 2
	Zinnsalzprobe c.	
		91,38 %
		91,79 «
		91,45 «
	Zinnsalzprobe d.	
		96,53 «
		96,86 «
—		96,67 «

Wie die Verfasser mittheilen, bedient man sich in den Fabriken zu Mülhausen einfacherer Methoden, um das Zinnsalz mit saurem chromsaurem Kali zu titriren. Entweder fügt man zur Lösung des Zinnsalzes so lange eine Lösung von Bichromat, bis die Färbung vom reinen Grün in ein gelbliches Grün übergeht oder man wendet gleichzeitig mit Jodkaliumstärkekleister getränktes Papier an. Letztere Methode ergab bei Versuchen, welche Haby auf Veranlassung Goppelsröder's ausführte, ziemlich genaue Resultate. Mit Hülfe der ersteren Methode gelangt man nach dem Ausspruche industrieller Chemiker bei längerer Uebung des Auges zu Resultaten, welche für die Praxis genügend genau sind. Bei den von den Verfassern damit angestellten Versuchen war immer ein Ueberschuss von Bichromat erforderlich.

---

2. Auf Physiologie und Pathologie bezügliche Methoden.

Von

C. Neubauer.

Ueber die Bestimmung des Indigos im Harn. Die Leichtigkeit, mit welcher sich selbst bei indicanarmen Harnen die Ausscheidung des Indigos durch Zusatz von Salzsäure und Chlorkalk nach Jaffe's*) Methode vollzieht, veranlasste E. Salkowski**) zu Versuchen, diese schöne Reaction zu einer directen, wenn auch nur annähernden Bestimmung des Indigos zu verwerthen. Am nächsten liegt es, das Indigoblau mit Aether oder Chloroform auszuschütteln und den Gehalt der Lösung colorimetrisch festzustellen. Allein es gelingt auf diesem Wege selten, die ganze Menge des Indigoblau in den Aether oder das Chloroform

*) Diese Zeitschr. 10, 126.

**) Virchow's Archiv 68, 11.

überzuführen; namentlich scheidet sich an der Berührungszone der beiden Flüssigkeiten leicht Indigo aus. Ebenso geht bei der directen Filtration sehr leicht Indigo in das Filtrat über falls es sich nicht um eine grössere Menge flockig ausgeschiedenen Indigos handelt. Eine directe Wägung desselben nach dem Sammeln auf dem Filter ist auch kaum zulässig, da er nicht immer hinreichend rein dazu ist. Es gelingt nun mit Leichtigkeit, allen Indigo auf dem Filter zurückzuhalten, wenn man den Harn, sobald man die Reaction mit Salzsäure und Chlorkalk als beendigt ansehen kann, mit Aetznatron alkalisch macht. Es entsteht dabei ein Niederschlag von Phosphaten, der das Indigoblau mechanisch mitreisst und so fest hält, dass das Filtrat vollkommen frei von Indigoblau ist, ja dass man den Niederschlag sogar mit heissem Wasser auswaschen kann. Trocknet man das gut ausgewaschene Filter bei gelinder Wärme, zerschneidet es und kocht mit Chloroform aus, so löst sich das Indigoblau vollständig, wenngleich etwas schwierig auf. Ist die Menge des Phosphatniederschlages gross — in der Regel fällt reichliche Phosphatmenge und viel Indican zusammen —, so ist es zweckmässig, den Niederschlag vom Filter abzulösen und in der Achatreibschale zu zerreiben. Die etwa hängen bleibenden Reste werden mit etwas Papier ausgewischt oder die Reibschale mit Chloroform ausgespült. Der Gehalt der Lösung an Indigo kann leicht durch Vergleich mit einer Lösung von bekanntem Gehalt festgestellt werden. Die Lösung des am Phosphat haftenden Niederschlages erfolgt etwas träge; weit leichter geht sie von Statten, wenn man den Phosphatniederschlag auf dem Filter mit sehr verdünnter Säure behandelt, auswäscht und dann wie vorhin verfährt. Allein es lässt sich kaum vermeiden, dass dabei etwas Indigo in das saure Filtrat übergeht und sich der Bestimmung entzieht. Es ist also wohl zweckmässiger, die Behandlung mit Säure zu unterlassen. Sobald das Papier mit dem daran haftenden Niederschlag weiss erscheint, kann man darauf rechnen, das Indigoblau vollständig im Chloroform zu haben. Man kann sich davon leicht überzeugen, wenn man nach erschöpfender Behandlung mit Chloroform den Kolbeninhalt ausschüttet, das Chloroform abdunsten lässt, mit verdünnter Säure behandelt, auf dem Filter auswäscht, trocknet und nun auf's Neue mit Chloroform digerirt: dasselbe bleibt jetzt farblos, die erste Chloroformbehandlung hatte also kein Indigoblau zurückgelassen.

Zur Herstellung der Vergleichlösung verwendet man feingepulvertes durch Oxydation von Indigoweiss dargestelltes Indigoblau, das vorher wiederholt mit Chloroform ausgekocht ist, um alles Indigoroth zu entfernen, welches bei der Bestimmung störend ist. Man bringt am besten eine kleine Quantität davon in ein Filter, trocknet dasselbe und wägt Indigo und Filter. Auf das Filter giesst man wiederholt heisses Chloroform, trocknet wieder und erfährt durch die Gewichtsdifferenz die Menge des in Lösung gegangenen Indigblaus, die übrigens stets sehr geringfügig ist. Das Chloroform darf natürlich für sich verdunstet keinen Rückstand lassen. Die Lösung hält sich auch im Dunkeln bei längerer Aufbewahrung, wie es scheint, nicht ganz ohne Verfärbung und muss daher ab und zu frisch bereitet werden. Dennoch ist nicht zweckmässig, weniger als etwa 200 CC. Lösung jedesmal zu machen, da sonst die Gewichtsdifferenz gar zu klein ausfällt. Sehr zweckmässig dient zur Herstellung der Lösung nach dem Jaffe'schen Verfahren dargestellter Harnindigo, der indessen auch vorher von etwas Indigroth befreit werden muss.

Eine gewisse Schwierigkeit liegt noch in der Bemessung des Chlorkalkzusatzes. Setzt man zu wenig zu, so bleibt vielleicht Indican unzersetzt, während ein Ueberschuss von Chlorkalk wieder zur Zerstörung von Indigo führen kann. Verf. hat diese Schwierigkeit durch folgendes Verfahren zu umgehen gesucht, dass nach der Beschreibung vielleicht sehr umständlich erscheint, bei der Ausführung aber durchaus einfach ist.

2 Proben des zu untersuchenden Harns von je 10 CC. werden in 2 kleinen Bechergläsern mit je 10 CC. Salzsäure (gewöhnliche reine von 1,12 spec. Gew.) gemischt. Die Probe a mit 0,2, b mit 0,4 CC. Chlorkalklösung versetzt. Es ist leicht zu entscheiden, welche der beiden Proben nach etwa $^1/_2$ Minute stärker gefärbt erscheint; es wird, der Regel nach, die Probe b sein; man setzt zu Probe a alsdann noch 0,4 CC. hinzu; und falls nun a stärker gefärbt erscheint zu b 0,4 CC. in der Art, dass sich die Proben bezüglich ihres Chlorkalkgehaltes stets um 0,2 CC. unterscheiden. Man gelangt so leicht zu der Grenze, bei welcher die Probe mit grösserer Chlorkalklösung nicht mehr dunkler gefärbt erscheint, sondern in Folge von Zerstörung von Indigo heller. Tritt diese Erscheinung beispielsweise bei einem Zusatz von 1,2 CC. ein, so verwirft man diese Probe und behält die mit 1 CC. zur Bestimmung. Zur Sicherheit mischt man jetzt nochmals 10 CC. Harn, 10 CC. Salzsäure und 1 CC. Chlorkalklösung. Diese beiden Proben dienen dann zur Bestimmung: sie werden mit Natronlauge nahezu neutralisirt, dann mit kohlensaurem Natron übersättigt, nach einigen Minuten durch ein nicht zu kleines Faltenfilter filtrirt und mit heissem Wasser bis zum

Verschwinden der alkalischen Reaction gewaschen, bei gelinder Wärme getrocknet, zerschnitten, und in einem trockenen Kölbchen mit Chloroform ausgekocht, bis dasselbe sich nicht mehr färbt (die Erhitzung kann direct auf dem Drahtnetz geschehen), die Auszüge filtrirt und successiv vereinigt. Bei mässig indicanreichen Harnen reicht man mit etwa 30 CC. Chloroform aus; bei stark indicanhaltigen ist weit mehr zur vollständigen Lösung des Indigo nöthig, doch thut man überhaupt besser, in diesem Fall nicht 10 CC. Harn zur Bestimmung zu nehmen, sondern nur $2^1/_2$ oder 5 und $7^1/_2$ resp. 5 CC. Wasser vor dem Salzsäurezusatz. Es ist zweckmässig, den Chloroformauszug gleich in einen trockenen Messcylinder zu filtriren und auf eine runde Anzahl CC. zu verdünnen. Zum Vergleich der Farbenintensität dienen kleine Glascüvetten *), in die man die Lösungen hineingiesst. Die von Salkowski benutzten bestehen aus einem U-förmigen gebogenen dicken Glasstabe, der auf beiden Seiten genau bis zur Dicke von 1 Cm. plan geschliffen ist. Auf jeder Seite ist eine Spiegelglasplatte aufgekittet. Die Bestimmung gestaltet sich nun etwas verschieden, je nachdem die erhaltene Lösung stärker oder was der häufigere Fall schwächer gefärbt ist, wie die Normallösung. Im letzteren Fall giesst man in die eine Cüvette 10 CC. der erhaltenen blaugefärbten Lösung, in die andere 10 CC. Chloroform und lässt aus einer Glashahnbürette oder einer feingraduirten Pipette soviel der Normallösung hinzufliessen, bis die Färbung beider Flüssigkeiten gleich erscheint. Die Beurtheilung ist am leichtesten bei auffallendem Licht gegen eine weisse Unterlage; zweckmässig stellt man die Glaskästchen auf ein Blatt Papier und drückt an die hintere Seite ein der Form der Platte entsprechendes angefeuchtetes Stück Schreibepapier an, welches leicht haftet. 10 CC. Harn geben beispielsweise 30 CC. blaugefärbtes Chloroform. 10 CC. Chloroform bedurften eines Zusatzes von 2,0 CC. der Normallösung zur Erreichung gleicher Farbenintensität. Dieselbe enthielt in 200 CC. 7,4 Milligrm. Indigo, in 2 CC. also 0,074 Milligrm. Da die Färbung beider Lösungen jetzt gleich ist, so enthalten 12 CC. des Chloroformauszuges 0,074 Milligrm. also 30 CC. d. h. 10 CC. Harn $\frac{0,074 . 30}{12} = 0,185$ Milligrm., 100 CC. 1,85 Milligrm. — Ist der Chloroformauszug stärker gefärbt, wie die Normallösung, so kann man

*) Dieselben sind von Warmbrunn und Quilitz hier bezogen zum Preise von 2—2,5 Mk. pro Stück. Man braucht 2 Cüvetten für wässerige und 2 für alkoholische, ätherische etc. Flüssigkeiten.

ihn entweder soweit mit Chloroform verdünnen, bis die Färbung schwächer ist und dann wie gewöhnlich verfahren, oder umgekehrt den Chloroformauszug so lange zu ungefärbtem Chloroform tropfen lassen, bis die Färbung beiderseits gleich erscheint. Die Rechnung ergibt sich von selbst. Der Gehalt eines nach reiner Fleischfütterung entleerten Hundeharns ergab sich so in 2 Versuchen zu 7,6 und 7,06 Milligrm. in 100 CC. Die Uebereinstimmung ist allerdings keine sehr grosse, das Verfahren kann auch nur beanspruchen, Annäherungswerthe zu geben, ist aber nichtsdestoweniger für manche Zwecke, namentlich für grössere Fütterungsreihen, wo es weniger auf die absoluten, als auf die relativen Werthe ankommt, recht brauchbar. Wenn die Färbung des Chloroforms sehr schwach ist, genügt eine Schicht von 1 Cm. Dicke nicht; in diesem Fall hat der Verf. die Vergleichung in möglichst gleich weiten Cylindern gemacht oder sich damit begnügt, zur Sicherung des Urtheils die Vergleichung erst in der gewöhnlichen Weise zu machen und dann die Apparate um 90^0 zu drehen und der Quere nach hindurchzusehen: der lichte Abstand der Glasstäbe beträgt nämlich in den beiden hauptsächlich benutzten Cüvetten 30,5 und 31^{mm}, so dass eine derartige Benutzung durchaus zulässig erscheint. Viel bequemer wäre, wie für alle diese Zwecke, das Hermann'sche Hämoskop, wenn es gelänge, das Instrument chloroformdicht zu machen, was indessen auf erhebliche Schwierigkeiten stösst.

Salkowski hat das Verfahren bisher vorzugsweise bei Hundeharn angewendet, doch stösst man auch bei einigermaassen indicanreichem menschlichen Harn auf keine Schwierigkeit. So gaben 10 CC. Harn in einem Fall von Ileus 75 CC. intensiv gefärbten Chloroformauszug. Derselbe war erheblich dunkler, wie die Vergleichslösung (3,7 Milligrm. in 100 CC.). Darnach würden 100 CC. dieses Harns die enorme Menge von 27,7 Milligrm. Indigo enthalten, eine Zahl, die man fast Anstand nehmen möchte, für richtig zu halten. — Bei sehr indicanarmem menschlichem Harn, der mit Salzsäure und Chlorkalk nur eine Violettfärbung gibt, lässt sich Indigoblau oder Indigoroth auf diesem Wege nicht nachweisen: der Phosphatniederschlag gibt an Chloroform nichts ab. Wenn man nun auch zweifelhaft sein kann, ob die Rothfärbung in der That auf Bildung von Indigoroth beruht, so muss man andererseits doch an die Möglichkeit denken, dass das Verschwinden des Indigoroths der reducirenden Einwirkung des alkalischen Harns zuzuschreiben ist. In der That findet eine solche statt. Jeder Harn reducirt mit Aetznatron versetzt, Indigocarmin in nicht unbeträchtlicher Menge und schon in der

Kälte, ja selbst feinvertheiltes Indigoblau, wenn auch nicht so energisch. Macht man ihn mit kohlensaurem Natron alkalisch, so tritt die Reduction in der Kälte nicht mehr ein (wohl aber in der Wärme — die Zuckerprobe mit Indigolösung ist daher nicht viel werth — man müsste denn auf quantitative Verhältnisse recurriren). Verf. bemerkt schliesslich noch, dass man, statt die colorimetrische Methode anzuwenden, auch den Chloroformauszug destilliren und den rückständigen Indigo bestimmen könnte, beispielsweise nach dem volumetrischen Verfahren von Leuchs (Journ. f. pr. Ch. Bd. 105, S. 107. Diese Zeitschr. 8, 222.)

Ueber die quantitative Bestimmung der Harnsäure im Harn. Auf die Eigenschaft der Harnsäure mit Ammon in alkalischer Lösung eine unlösliche Verbindung zu geben, gründete bekanntlich Fokker*) eine Methode zur quantitativen Bestimmung der Harnsäure, die der Hauptsache nach in Folgendem besteht: 100 CC. Harn werden mit kohlensaurem Natron stark alkalisch gemacht, nach etwa 6 Stunden die ausgeschiedenen Erdphosphate abfiltrirt und mit heissem Wasser nachgewaschen. Filtrat und Waschwasser werden mit 10 CC. concentrirter Salmiaklösung versetzt und nach 12 Stunden das ausgeschiedene harnsaure Ammoniak auf einem gewogenen Filter gesammelt. Vor der Wägung führt man es durch Behandeln mit schwacher Salzsäure (1 : 10) in Harnsäure über. Zu dem gefundenen Werth addirt man nach Vf. noch 16 Milligrm. Harnsäure hinzu, entsprechend der Löslichkeit des harnsauren Ammoniaks in Wasser.

Bei der Prüfung dieser Methode, welche E. Salkowski**) anstellte, ergab sich nun zunächst, dass die von Fokker angegebene Zeit zur Fällung des harnsauren Ammoniaks auch bei sehr kühler Temperatur nicht ausreichte: es entstand im Filtrat regelmässig ein neuer, nicht unbeträchtlicher Niederschlag — man muss daher der Fällung mindestens 24, besser 48 Stunden Zeit lassen. Filtrirt man nach dieser Zeit ab, so scheidet sich aus dem Filtrat nichts weiter ab und dasselbe gibt mit ammoniakalischer Silberlösung in der That nur einen unbedeutenden Niederschlag, wie die weiter unten folgenden Doppelbestimmungen zeigen. Ferner muss hervorgehoben werden, dass beim Behandeln des harnsauren Ammons auf dem Filter mit verdünnter Salzsäure wohl stets etwas Harnsäure in Lösung geht und sich aus dem Filtrat bei längerem Stehen

*) Diese Zeitschr. 14, 206.

**) Virchow's Archiv 68, 1.

krystallinisch ausscheidet. Fokker sucht zwar die Filtration zu verhindern, doch wird sich stets etwas Harnsäure in der Trichterröhre ausscheiden. Man darf diese Ausscheidung nicht vernachlässigen; ihre Menge betrug in einem Fall, in dem sie gesondert bestimmt wurde, 0,012 Grm. Verf. führt nun die Zahlen der erwähnten Doppelbestimmungen an: a bezeichnet die in Form von Ammoniaksalz gefällte Harnsäure, b die aus dem Filtrate durch Silberlösung gefällte. Dabei wurde das Filtrat vom harnsauren Ammoniak mit Ammoniak und Magnesiamischung versetzt, in anderen Fällen auch nur mit Ammoniak und dann ohne vorgängige Filtration Silberlösung hinzugesetzt.

			Harnsäure a	Harnsäure b
No. 1.	Normaler Harn . .	100 CC.	0,027	0,014
No. 2.	Fieberharn . . .	100 «	0,077	0,085
No. 3.	Diabetischer Harn .	100 «	0,033	0,015
No. 4.	Normaler Harn . .	200 «	0,0795	0,024
No. 5.	Fieberharn . . .	200 «	0.268	0,018

In dem diabetischen Harn (Zuckergehalt 2,6 %) hatte schon eine ansehnliche Ausscheidung von freier Harnsäure stattgefunden. Bei No. 2 (Fieberharn) bestand ein starkes Sediment von harnsauren Salzen — es wurde durch Erwärmen gelöst, doch schieden sich bei Zusatz von kohlensaurem Natron auf's Neue harnsaure Salze aus — vielleicht in Folge stärkeren Gehaltes des Harns an Ammonsalzen, die somit der Bestimmung entgingen.

Es fragte sich nun, ob man diesen Fehler nicht dadurch sicher ausschliessen könne, dass man den Harn mit kohlensaurem Natron und dann sofort, ohne vorher zu filtriren, mit Salmiak versetzt. Gleichzeitig wird dadurch die Methode wesentlich vereinfacht. Drei Doppelbestimmungen nach dem ursprünglichen Fokker'schen Verfahren und nach dem so modificirten, stets mit Bestimmung des gelöst bleibenden Antheils durch Silberlösung, zeigten nun in der That die Zulässigkeit dieses Verfahrens.

No. 6. Normaler Harn; je 150 CC.

I. nach Fokker . a) 0,090 b) 0,0195 c) zusammen: 0,1095
II. modificirt . . a) 0,085 b) verloren gegangen.

No. 7. Normaler Harn; je 200 CC.

I. nach Fokker . a) 0,061 b) 0,0307 c) zusammen: 0,0917
II. modificirt . . a) 0,064 b) 0,0335 c) zusammen: 0,0975.

No. 8. Normaler Harn; je 200 CC.

I. nach Fokker . a) 0,0870 b) 0,0175 c) 0,1045
II. modificirt . . a) 0,0915 b) 0,0185 c) 0,1050.

Die Uebereinstimmung kann als genügende gelten und man kann sich also eine Filtration ersparen. Die durch die Silbermethode erhaltene Harnsäure wurde 2 Mal mit Wasser, dann mit Alkohol, schliesslich, um beigemischten Schwefel zu entfernen, mit reinem Schwefelkohlenstoff gewaschen; nach der Wägung wurde sie verascht und etwa bleibende Asche in Abzug gebracht; die Werthe sind etwas schwankend, vielleicht abhängig von der verschiedenen Temperatur. Der Harn No. 8 hatte mit dem Niederschlag 3 Mal 24 Stunden lang dauernd in Eis gestanden; die Zahl für die b-Harnsäure ist dadurch sehr herabgedrückt.

Salkowski schlägt nach seinen bisherigen Erfahrungen also folgendes Verfahren vor: 200 CC. Harn werden mit kohlensaurem Natron stark alkalisch gemacht (etwa 10 CC. der concentrirten Lösung), nach etwa 1 Stunde 20 CC. concentrirte Salmiaklösung hinzugesetzt, 48 Stunden bei kühler Temperatur stehen gelassen, durch ein gewogenes Filter abfiltrirt und 2—3 Mal gewaschen; alsdann das Filter voll verdünnter Salzsäure gegossen (1 Theil officinelle Säure auf 10 Theile Wasser), und das Filtrat aufgefangen; das Aufgiessen von Salzsäure wird noch mehrmals wiederholt, bis, wie der Augenschein leicht lehrt, alles harnsaure Ammoniak in Harnsäure übergegangen ist. Das Filtrat bleibt etwa 6 Stunden stehen; die nach dieser Zeit ausgeschiedene Harnsäure wird auf dasselbe Filter gebracht. Man wäscht 2 Mal mit Wasser, dann mit Alkohol bis zum Verschwinden der sauren Reaction, trocknet bei 110°. Zu der erhaltenen Zahl addirt man 0,030 hinzu. Handelt es sich um sehr dünne Harne, so wird man gut thun, sie bis zum spec. Gew. 1017—1020 einzudampfen. Ob auch bei dieser Methode ähnliche Ausnahmen vorkommen, wie bei der Salzsäurefällung, können nur weitere Beobachtungen lehren.

Zur Bestimmung des Gesammt-Stickstoffs im Harn. Zur Bestimmung des Stickstoffs in Urin verdunstet W. P. Washburne*) zunächst den Urin zur Trockne und zwar entweder mit Gyps im Vacuum oder nach Zusatz von Gyps und Oxalsäure im Wasserbade. Der Zusatz von Oxalsäure hat den Zweck, Ammoniak, welches durch partielle Zersetzung des Harns entstanden sein kann, zurückzuhalten. Der Verf. verwendet 10 Grm. Gyps, 5 CC. Harn und 0,5 Grm. Oxalsäure. Der so gewonnene trockne Rückstand wird sodann mit Natronkalk gemischt und wie gewöhnlich verbrannt. Versuche in demselben Urin, den Gesammt-

*) Bull. Soc. Chim. (N. S.) **25**, 498.

stickstoff mit unterbromigsaurem Natron zu bestimmen, ergaben durchweg etwas zu niedrige Resultate, wie sich aus folgender Zusammenstellung ergibt.

Stickstoff in 1 Liter Urin.

Versuch	Mit unterbromigsaurem Natron bestimmt	Im Vacuum mit Gyps eingedampft	Bei 100° mit Gyps und Oxalsäure eingedampft
1.	10,50 Grm.	10,80 Grm.	10,90 Grm.
2.	— «	5,32 «	5,60 «
3.	11,20 «	12,02 «	11,76 «
4.	8,60 «	9,52 «	9,50 «
5.	— «	8,40 «	8,68 «
6.	13,70 «	14,84 «	— «

Ueber das constante Vorkommen einer Schwefelcyanverbindung im Harn der Säugethiere. Richard Gscheidlen*) ist durch eine Reihe von Harnuntersuchungen zu der Ueberzeugung gelangt, dass der im Urin von Schönbein, Sertoli, Löbisch und Voit nachgewiesene schwefelhaltige Körper wahrscheinlich nichts anders als eine Schwefelcyanverbindung ist.

Bekanntlich hat Voit**) zuerst gefunden, dass der Harn des Menschen und verschiedener Säugethiere beim Verbrennen mit Kali und Salpeter mehr durch Baryumchlorid fällbare Schwefelsäure liefert, als wenn der Harn direkt mit dem Barytsalze gefällt wird. Diese Thatsache ist bis jetzt von allen Forschern, die über diesen Gegenstand gearbeitet haben, bestätigt worden; in jüngster Zeit von Baumann***) für den Harn des Menschen, des Pferdes, des Hundes und des Kaninchens.

Auf das Vorkommen einer schwefelhaltigen organischen Substanz im Harn lenkte auch Schönbein†) die Aufmerksamkeit. Schönbein wies nach, dass wenn man Harn mit amalgamirten Zinkspänen und verdünnter Schwefelsäure behandelt, sich eine riechende Substanz entwickelt, welche sich wie Schwefelwasserstoff verhält und Silber- und Bleisalze schwärzt. Die Entbindung des Schwefelwasserstoffs tritt auch ein, wenn die Sulfate aus dem Harn entfernt sind. Verf. hebt letzteren Umstand

*) Archiv d. Physiologie **14**, 401.

**) Bischoff und Voit, Die Gesetze der Ernährung des Fleischfressers S. 281. 1860.

***) Baumann, Ueber gepaarte Schwefelsäuren im Organismus. Pflüger's Archiv **13**, 285. (1876).

†) Schönbein, Ein Beitrag zur genaueren Kenntniss des menschlichen Harns. Journ. für prakt. Chem. **92**, 166. (1864).

deshalb hervor, weil Neubauer*) als charakteristisch für die Sulfate angibt, dass sie bei Gegenwart von feuchten organischen Stoffen bei mässig erhöhter Temperatur Schwefelwasserstoff entwickeln. Da nun die Schwefelwasserstoffentwicklung auch nach Entfernung der Sulfate im Harn eintritt, so ist die Vermuthung ausgeschlossen, es möchte der Schwefelwasserstoff, der bei der Behandlung des Harns mit Zink und einer Mineralsäure meist unter Wärmeentwicklung entsteht, von diesen herrühren. Später haben Sertoli**) und Löbisch***) sich bemüht, den Körper zu finden, welchem der Harn die Fähigkeit, Schwefelwasserstoff zu entwickeln, verdankt; allein ihre Versuche waren nicht mit Erfolg gekrönt. Genannte Forscher ermittelten allerdings einige Eigenschaften, welche diesem schwefelhaltigen Körper zukommen, den Körper selbst aber darzustellen gelang ihnen nicht.

Verf. glaubt nun gefunden zu haben, dass das Vermögen des Harns, mit Zink und Salzsäure Schwefelwasserstoff zu entwickeln, auf seinem Gehalt an Schwefelcyan beruht und dass dieses an Kalium oder Natrium gebunden einen constanten Bestandtheil des Harns der Säugethiere ausmacht.

Wenn man Harn des Menschen mit etwas Salzsäure ansäuert und dann mit wenigen Tropfen einer verdünnten Ferrichloridlösung versetzt, so nimmt er eine dunklere schwach röthliche Färbung an. Diese Färbung ähnelt sehr derjenigen, welche der Harn früher oder später annimmt, wenn er mit Salzsäure allein versetzt wird. Fällt man aus etwa 100 CC. Harn die Sulfate und Phosphate durch Barytwasser, dampft das Filtrat zur Syrupconsistenz ein, zieht mit Weingeist aus, verjagt den Alkohol, löst in Wasser, entfärbt mit wenig Thierkohle und setzt nun Ferrichlorid zu, so ist die entstehende Färbung intensiv roth.

Dasselbe Resultat erhält man mit Pferde-, Rinder-, Hunde-, Kaninchen- und Katzenharn.

Wenn man diese Versuche gemacht hat, so wird man alsbald auf den Gedanken kommen, dass man es mit einer Schwefelcyanverbindung zu thun hat; denn von dieser wissen wir, dass sie durch Eisenoxydsalze

*) Neubauer und Vogel, Anleitung zur qualitativen und quantitativen Analyse des Harns. S. 64. 1876.

) Sertoli, Sull' esistenza di uno speciale corpo solforato nell' orina. Gaz. med. italiana lombard. **29, 197. (1869).

***) Löbisch, Bemerkungen über den schwefelhaltigen Körper des Harns. Sitzungsber. der math. naturw. Classe der kaiserl. Akadem. der Wissensch. **63**, 2. Abth. 488. (1871).

roth gefärbt wird. Man wird sich daran erinnern, dass Schwefelcyanverbindungen mit Zink- und Salzsäure unter Schwefelwasserstoffbildung zersetzt werden, dass Schwefelcyanverbindungen in Alkohol löslich sind, dass dieselben mit Salzsäure, Schwefelsäure bei erhöhter Temperatur unter Schwefelwasserstoffentwicklung zerlegt werden und man wird den Schlüssel zu den Angaben von Schönbein, Sertoli und Löbisch über den Schwefelwasserstoff entwickelnden Körper des Harns haben. Der Gedanke, dass eine Schwefelcyanverbindung im Harne vorkommt, hat an sich nichts Wunderbares, seitdem wir wissen, dass Rhodanalkalimetall sich im Speichel aller Säugethiere, die darauf bis jetzt untersucht wurden, findet und nach den bekannten Versuchen von Frerichs und Wöhler*) nach Injection in den thierischen Kreislauf alsbald im Harn erscheint. Dazu kommt noch, dass Leared**) bereits das Vorkommen von Rhodanwasserstoff im physiologischen und pathologischen Harn studirt hat.

Um nun zu zeigen, dass eine Rhodanverbindung im Harn vorkommt, fällte Verf. aus einer grösseren Menge Harns des Menschen, des Pferdes, der Kuh, des Hundes und des Kaninchens die Phosphate und Sulfate mit Barytwasser, dampfte auf dem Wasserbade ein, extrahirte mit Alkohol, löste den Rückstand in Wasser, entfärbte mit Thierkohle und stellte mit den Filtraten nachfolgende Reactionen auf Schwefelcyan an.

Mit Ferrichloridlösung versetzt trat eine intensiv rothe Färbung auf. Dieselbe änderte sich nicht weder beim Kochen noch nach Zusatz von Kaliumchlorid, Kochsalz oder Salmiak. Verf. erwähnt des letzteren Umstandes deswegen, weil Thudichum***) das Vorkommen von Essigsäure im normalen Harn auf's neue wieder nachgewiesen haben will und Essigsäure Eisenoxydsalze in der Kälte roth färbt.

Wie Pettenkofer†) nachgewiesen, unterscheidet sich die durch Mekonsäure hervorgerufene rothe Färbung der Eisenoxydsalze dadurch von der durch Rhodanverbindungen hervorgerufenen, dass letztere mit Ferricyankalium versetzt bei gewöhnlicher Temperatur allmählich, beim

*) Frerichs und Wöhler, Ueber die Veränderungen, welche namentlich organische Stoffe bei ihrem Uebergang in den Harn erleiden. Annal. der Chem. und Pharm. 65, 342. (1848).

**) Leared, On the presence of sulphocyanides in the blood and urine. Proc. of the roy. society of London. 16, 18. (1870)

***) Thudichum, Vorkommen von Essigsäure im menschlichen Harn. Referat von Gerstl. Ber. der deutsch. chem. Ges. 3, 578. (1870).

†) Pettenkofer, Ueber den Schwefelcyan-Gehalt des menschlichen Speichels. Buchners Repert. für Pharm. 91, 303. (1846).

Erwärmen augenblicklich Berlinerblau bildet. Diese Reaction ist von verschiedener Seite so aufgefasst worden, als wäre dieselbe dem Schwefelcyan eigenthümlich; dem ist aber keineswegs so. Die Bildung von Berlinerblau aus Ferrichlorid und Ferricyankalium wird vielmehr durch die verschiedenartigsten Substanzen hervorgerufen, z. B. durch Kochen von Traubenzucker, Harnsäure etc. mit obiger Mischung.

Verf. unterwarf weiter eingeengten Harn nach Ausfällung der Sulfate und Phosphate mit Barytwasser der Destillation mit verdünnter Phosphorsäure und brachte in die Vorlage Bleicarbonat. Das Blei schwärzte sich durch entwickelten Schwefelwasserstoff. G. kochte dasselbe mit Wasser, dann mit Alkohol aus, behandelte den Rückstand mit Natriumcarbonat zur Zerlegung etwa gebildeten Schwefelcyanbleis, filtrirte, verdampfte das Filtrat und zog den Rückstand mit Weingeist aus. Der Auszug wurde mit Ferrichlorid stark geröthet.

Aus einer grösseren Menge eingedampften Harns wurden sodann alkoholische und ätherische Extracte dargestellt. Sämmtliche Reactionen auf Schwefelcyan fielen positiv aus; ingleichen gelang die von Sertoli und Löbisch angegebene Schwefelwasserstoffentwickelung mit Zink und Salzsäure. Der Schwefelwasserstoff entwickelnde Körper kann durch Alkohol aus dem Harn vollständig ausgezogen werden. Der Rückstand gibt keine Schwefelwasserstoffreaction mehr.

Schliesslich stellte der Verf. aus einer grösseren Menge Menschenharn Schwefelcyanblei dar und bestimmte durch Behandlung desselben mit Salpetersäure das daraus hervorgehende Bleisulfat. Zu dem Ende machte G. aus 14 Ltr. Menschenharn nach Ausfällung der Sulfate und Phosphate mit Barytwasser alkoholische Extracte, verjagte den Alkohol, löste in Wasser, versetzte mit Kalkmilch, wodurch der grösste Theil der Farbstoffe gefällt wurde, und filtrirte. Das schwach gelb gefärbte Filtrat wurde auf's neue auf dem Wasserbade eingeengt, der Rückstand mit Alkohol extrahirt und nach Verjagung desselben in Wasser aufgenommen. Um die auf diese Weise erhaltene Lösung vollständig zu entfärben und die durch Blei fällbaren Substanzen zu entfernen, ohne dass es dabei zur Bildung einer erheblichen Menge von Schwefelcyanblei kommen konnte, wurde die Lösung in 40 Portionen getheilt, jede derselben mit Bleizucker versetzt und rasch filtrirt. Die Filtrate wurden vereinigt und auf dem Wasserbade erwärmt. Nach kurzer Zeit schied sich ein schwach gelbliches, leicht absetzbares krystallinisches Pulver aus, das mi[illegible] lirtem Wasser ausgekocht, gesammelt, getrocknet und gewog[illegible]

Sein Gewicht war 0,1381 Grm. Es wurde in ein kleines Bechergläschen gespült und mit Salpetersäure auf dem Wasserbade erwärmt. Wie Liebig*) nachgewiesen, bildet sich auf diese Weise aus dem Schwefelcyanblei Bleisulfat. Dasselbe gewaschen und bei 100° C. getrocknet wog 0,1221 Grm. Daraus berechnet sich die Menge des Schwefelcyanbleis zu 0,1373 Grm. Es geht daraus hervor, dass das gewonnene Präparat von grosser Reinheit war.

Nachdem so erschöpfend dargethan ist, dass im Harn der Säugethiere sich eine Schwefelcyanverbindung findet und dass die Reactionen, die demselben zukommen, mit den Eigenschaften, die Sertoli und Löbisch ihrem Körper zuschreiben, im Einklang stehen, erübrigt es sich noch darüber zu handeln, in wie weit die Reactionen des Schwefelcyans mit dem Verhalten des Voit'schen schwefelhaltigen Körpers übereinstimmen. Voit**) gibt denselben als stickstoffhaltig an, weiter dass er mit Mercurinitrat eine leicht zersetzbare Verbindung eingeht und in einem blanken Silbertiegel mit Kalkwasser oder Kalilauge erwärmt die innere Oberfläche des Tiegels unter reichlicher Ammoniakentwickelung schwarz färbt. Dieser Körper liefert nach Ranke***), wie ihm directe Bestimmungen ergeben haben, die aber von Ranke nicht angeführt werden, Schwefelwasserstoff.

Auch diese Eigenschaften stimmen mit dem Verhalten des Schwefelcyans überein. Das Schwefelcyan wird durch Mercurinitrat gefällt, mit Kalilauge auf einer blanken Silbermünze erwärmt, schwärzt es das Silber intensiv und lässt Ammoniakdämpfe entweichen.

Wenn man Harn des Menschen nach Versetzen mit Barytwasser und Abfiltriren des Niederschlages extrahirt, den Alkohol verjagt, das Residuum in Wasser löst und mit Mercurinitrat so lange versetzt, bis ein Tropfen mit Natriumcarbonat gelbe Färbung zeigt, so fällt mit dem Harnstoff auch das Schwefelcyan nieder. Sammelt man diesen Niederschlag auf einem Filter, zerlegt ihn mit Schwefelwasserstoff, filtrirt, neutralisirt mit Natron, dampft ein, nimmt mit Alkohol auf und löst wieder in Wasser, so tritt beim Versetzen des wässrigen Extractes mit Ferrichloridlösung rothe Färbung auf; in gleicher Weise gelingt es aus dem

*) Liebig, Ueber einige Producte, welche durch die Zersetzung mehrerer Salze vermittelst Chlor erhalten werden. Poggendorff's Annal. der Physik und Chem. 15, 546. (1829).

**) Voit, Die Gesetze der Zersetzungen der stickstoffhaltigen Stoffe im Thierkörper. Zeitschr. für Biolog. 1, 127, 129 u. 140. (1865).

***) Ranke, Grundzüge der Physiologie des Menschen S. 431. 1868.

Extracte mit Zink und Salzsäure Schwefelwasserstoff zu entwickeln. Die Lösung schwärzt mit Kali oder Kalkwasser in einem blanken Silbertiegel gekocht die innere Oberfläche derselben.

Daraus geht hervor, dass die Reactionen, die Voit seinem stickstoff- und schwefelhaltigen Körper zuschreibt, auch dem Schwefelcyan zukommen.

Um zu untersuchen, ob die von Baumann entdeckten schwefelhaltigen Bestandtheile des Harns, welche bei der Behandlung mit Salzsäure in der Wärme durch Baryumchlorid fällbare Schwefelsäure liefern, zu dem Vermögen des Harns, mit Zink und Salzsäure Schwefelwasserstoff zu entwickeln, beitragen, fällte Verf. nach dem Ansäuern mit Essigsäure Menschen-, Pferde- und Rinderharn mit Baryumchlorid aus, versetzte die Filtrate weiter mit Salzsäure, erwärmte auf dem Wasserbade eine Stunde, filtrirte und brachte zu dem Filtrate Zink und Salzsäure. Es trat eine deutliche Reaction von Schwefelwasserstoff auf; jedoch wurde das Bleipapier, das als Reagens diente, nicht in demselben Maasse gebräunt, als dies durch andere Portionen derselben Harne vor dem Zusatze der Salzsäure und dem Erwärmen auf dem Wasserbade geschah. Diese Abnahme der Schwefelwasserstoffreaction findet in dem Verhalten des Schwefelcyans, durch starke Mineralsäuren in der Wärme unter Schwefelwasserstoffbildung zerlegt zu werden, seine Erklärung; die Richtigkeit derselben ergibt sich, wenn man das Erwärmen der Harne mit Salzsäure in einer Retorte vornimmt, deren Vorlage Bleicarbonat enthält; das Blei schwärzt sich. Die Thatsache, dass Harn des Menschen mit Salzsäure beim Sieden, Pferde- und Hundeharn mit Salzsäure bei 60° C. Schwefelwasserstoffreaction hervorruft, gibt auch Sertoli schon an.

Aus der ganzen Untersuchung glaubt G. folgern zu dürfen, dass so lange nicht gezeigt ist, dass neben dem Schwefelcyan noch ein anderer Körper vorkommt, der die von Schönbein, Sertoli, Löbisch und Voit angegebenen Reactionen zeigt, man annehmen muss, dass diese von dem Gehalte des Harns an Schwefelcyan herrühren. Diese Behauptung erhält jedoch dadurch Einschränkung, wenn unterschweflige Säure im Harn vorkommt. Dieselbe fand Schmiedeberg*) im Hunde- und Katzenharn, im ersteren jedoch keineswegs constant, womit die Angaben von Meissner**), Senff***) und Salkowski†) übereinstimmen.

*) Schmiedeberg, Ueber das Vorkommen von unterschwefliger Säure im Harn von Hunden und Katzen. Arch. der Heilkunde **8**, 429. (1867).

) Meissner, Beiträge zur Kenntniss des Stoffwechsels im thierischen Organismus. Zeitschr. für rat. Med. [3 R.] **31, 323. (1868).

***) Senff, Ueber den Diabetes nach Kohlenoxydathmung S. 14. 1869.

†) Salkowski, Ueber die Entstehung der Schwefelsäure und das Ver-

Ist unterschweflige Säure im Harn vorhanden, dann ist es klar, dass die Schwefelwasserstoffreaction auch von diesem Körper mit herrühren kann.

Vor einigen Jahren ist von Höne*) angegeben worden, es fände sich im normalen Harn die schwefelhaltige Taurocholsäure; allein gesetzt auch, dass diese Angabe richtig ist, so kommt dieselbe keineswegs bei der Erklärung der Schwefelwasserstoffreaction des Harns mit Zink und Salzsäure in Betracht, da die Taurocholsäure mit Zink und Salzsäure keine Schwefelwasserstoffreaction gibt.

Die Menge der Schwefelcyanverbindung, welche im Harne ausgeschieden wird, ist beim Menschen und den verschiedenen Thieren verschieden. Beim Menschen ist die Ausscheidung am reichlichsten in dem Nachmittagsharn, dem sogenannten urina chyli. Im Harn der Leute, welche Tabak rauchen, findet sich ungleich mehr Schwefelcyan, als in dem derer, welche sich dieses Genusses enthalten. Es geht dies aus der verschiedenen Intensität der Farbe hervor, welche gleiche Mengen verdünnter Ferrichloridlösungen in je 50 CC. eingedampftem, mit Kalkmilch versetztem, filtrirtem und mit Salzsäure angesäuertem Harne hervorrufen.

Um Anhaltspunkte über die Menge des Schwefelcyans im Harn zu bekommen, benützte Verf. die von Oehl**) angegebene colorimetrische Methode, bei welcher aus der Intensität der Färbung und dem jeweiligen Grade der Verdünnung zweier mit Ferrichlorid gerötheter Schwefelcyanlösungen, von denen die eine von bekanntem Gehalte, der Gehalt der andern an Schwefelcyan abgeleitet wird. G. musste zu dieser Methode seine Zuflucht nehmen, da die zur Bestimmung von Schwefelcyanverbindungen von Pettenkofer vorgeschlagene Methode, den Schwefel des Schwefelcyans mit Kaliumchlorat und Salzsäure zu oxydiren, die Schwefelsäure mit Baryumchlorid zu fällen und aus dem gebildeten Baryumsulfat das Schwefelcyan zu berechnen, wegen der beträchtlichen Menge Schwefels, die unter Umständen im Harne erscheint und deren Quelle zu entdecken Baumann***) theilweise bereits gelungen ist, von vornherein sich schon verbietet.

---

halten des Taurins im thierischen Organismus. Virchow's Arch. **58,** 503. (1873).

*) Hönc, Ueber die Anwesenheit der Gallensäuren im physiologischen Harne. S. 68. 1873.

**) Oehl, La saliva umana studiata colla siringazione dei condotti ghiandolari. p. 177. 1864.

***) Baumann, Ueber gepaarte Schwefelsäuren im Organismus. Pflüger's Archiv **13,** 285. (1876).

Verf. stellte daher zunächst eine 1% Schwefelcyanlösung, durch Auflösen von 1,0311 Grm. getrocknetem Schwefelcyankalium in 61,6 CC. Wasser dar. 1 CC. dieser Lösung wurde durch Zusatz von Wasser und Ferrichloridlösung, so lange noch eine Rothfärbung stattfand, zu einem Volumen von 100 CC. verdünnt. 10 CC. dieser Lösung wurden in ein planparalleles Glaskästchen gebracht. Hierauf brachte G. die auf ihren Schwefelcyangehalt zu untersuchende Flüssigkeit in ein anderes ebenso gebautes Glaskästchen. Die Flüssigkeit stammte aus 50 CC. Harn, der auf dem Wasserbade auf $^1/_3$ seines ursprünglichen Volumens concentrirt, mit Kalkmilch versetzt, filtrirt, mit Salzsäure angesäuert und mit einigen Tropfen Ferrichloridlösung versetzt war. Die Farbe der beiden Flüssigkeiten in den Glaskästchen wurde mit einander verglichen und zu der stärker tingirten so lange Wasser aus einer Bürette zugesetzt, bis Farbengleichheit eintrat. Aus dem ursprünglichen Volumen und der Menge des zugesetzten Wassers wurde der Gehalt an Schwefelcyan dann in bekannter Weise berechnet.

Mittelst dieser Methode, die selbstverständlich auf besondere Genauigkeit keinen Anspruch machen kann, fand sich in 1000 Thln. Menschenharn im Mittel aus 14 Bestimmungen 0,0225 Schwefelcyan, entsprechend 0,0314 Schwefelcyannatrium oder 0,0376 Schwefelcyankalium. Es fanden sich ferner in:

CC. Menschenharn.	Schwefelcyan	entspr.	Schwefelcyannatrium	oder	Schwefelcyankalium.
1050	0,0126		0,0175		0,0210
830	0,0182		0,0254		0,0304
1200	0,0288		0.0402		0,0481
960	0,0480		0,0670		0,0802
1420	0,0240		0,0335		0,0401
1000	0,0224		0,0312		0.0374
1000	0,0162		0,0226		0,0270
780	0,0110		0,0153		0,0183
400	0,0072		0,0100		0,0120
650	0,0145		0,0202		0,0242
120	0,0042		0,0058		0,0702
1260	0,0321		0,0448		0,0536
910	0,0225		0,0314		0,0376
170	0,0046		0,0064		0,0076

Mittelst obiger colorimetrischer Methode versuchte der Verf. auch den Schwefelcyangehalt des Pferde-, Rinder- und Hundeharns zu bestimmen; allein es gelang nicht, einigermaassen schwach gefärbte Extracte aus den betreffenden Harnen zu gewinnen. Die Anwendung der Thierkohle schloss sich bei einer Untersuchung der Menge des Schwefelcyans deswegen aus, weil ein Theil der Schwefelcyanverbindung durch dieselbe zurückgehalten wird. Dagegen gelang es aus dem Kaninchenharn ein Extract zu gewinnen, das nur wenig gelb gefärbt war. Es fand sich in:

CC. Kaninchenharn.	Schwefelcyan	entspr.	Schwefelcyannatrium	oder	Schwefelcyankalium
28	0,0005		0,0007		0,0009
43	0,0006		0,0008		0,0010

Demnach enthalten 1000 CC. Kaninchenharn im Mittel aus beiden Bestimmungen ungefähr 0,0211 Schwefelcyannatrium oder 0,0267 Schwefelcyankalium.

Fragen wir uns nun, woher stammt die Schwefelcyanverbindung des Harns? Entsteht dieselbe in einem besonderen Organ oder allenthalben im Organismus und gelangt nur durch die Speicheldrüsen und die Nieren zur Ausscheidung, etwa wie eine in den Organismus eingebrachte Jodverbindung alsbald im Speichel und Harn erscheint?

Eine Schwefelcyanverbindung, nach Tiedemann und Gmelin*) ist es Schwefelcyannatrium, ist im Speichel aller Thiere, die bis jetzt darauf untersucht wurden, gefunden worden. Auch im Blute lässt sich eine solche nach den Angaben von Leared finden, dagegen nicht im Chylus und dem Pankreassekret; denn die alkoholischen Extracte derselben geben, wie Lehmann**) anführt, mit Ferrichlorid keine rothe Färbung. Die Anschauung Bernards***), dass die Rhodanverbindung in dem Speichel nicht präformirt enthalten ist, sondern erst aus letzterem durch einen noch unbekannten Zersetzungsprocess entsteht, hat wenig Anklang gefunden, da man die Schwefelcyanverbindung auch in dem direct aus dem Ausführungsgange der Drüsen aufgefangenen Speichel nicht vermisste. Man hat die leicht zu constatirende Thatsache, dass der Speichel der Personen, welche Tabak rauchen, viel mehr Schwefelcyan enthält, als der von Personen, welche nicht rauchen, für die Bernard'sche Anschauung verwerthet; allein dieselbe kann auch in der ungemein reichlicheren Speichelsekretion der Tabakraucher ihre Erklärung finden.

Die Frage über den Ursprung der Schwefelcyanverbindung des Harns kann dadurch experimentell einer Entscheidung entgegengeführt werden, wenn es gelingt, Speichel und Harn während längerer Zeit gesondert aufzufangen und in dem einen das Vorhandensein der Schwefelcyanverbindung, in dem andern aber das Fehlen derselben zu constatiren. Verf. durchschnitt deshalb bei einem Hunde, unter Mitwirkung des Herrn

*) Tiedemann und Gmelin, Die Verdauung nach Versuchen. Bd. I. S. 22. 1826.

**) Lehmann, Zoochemie S. 79 und 221. 1858.

***) Bernard, Leçons de physiologie experimentale T. II. p. 140. 1856.

Professor Heidenhain, sämmtliche Ausführungsgänge der Speicheldrüsen, brachte durch die nicht vernähten Operationswunden den Speichel zum Ausfluss und sammelte den Harn während 6 Tagen. Es stellte sich dabei heraus, dass der aus den Wunden fliessende Speichel Rhodan enthielt, nicht aber der Harn. Das alkoholische Extract desselben gab nach geeigneter oben geschilderter Behandlung mit Ferrichloridlösung keine Röthung; auch gelang es nicht, aus demselben nach Ausfällen der Sulfate mit Zink und Salzsäure Schwefelwasserstoff zu entbinden. In dem Blute dieses Thieres konnte keine Schwefelcyanverbindung entdeckt werden, während es früher gelang, in den alkoholischen Extracten des Blutes und der Leber vom Hunde mit Ferrichlorid Röthung zu erzielen.

Das nämliche Resultat wurde bei einem zweiten Hunde, der auf die nämliche Weise operirt war und dessen Harn während 9 Tagen gesammelt und auf die Anwesenheit einer Schwefelcyanverbindung untersucht wurde, erzielt. Es ist demnach der Schluss gerechtfertigt, dass die Schwefelcyanverbindung des Harns aus dem Speichel oder den Speicheldrüsen stammt; zugleich geht daraus auf's neue hervor, dass die Schwefelwasserstoffentwicklung des Harns mit Zink und Salzsäure auf den Gehalt desselben an einer Schwefelcyanverbindung zurückzuführen ist.

Die Menge des Schwefelcyanalkalimetalls im Speichel hat Oehl mittelst obiger colorimetrischer Methode zu bestimmen versucht. Nach seinen Angaben enthält der Parotisspeichel des Menschen meist 0,03 % Schwefelcyankalium, der Submaxillarspeichel 0,0036 %. Hieraus berechnet Oehl, dass die beiden Parotiden in 24 Stunden 0,0264 Grm., die beiden Submaxillardrüsen 0,0108 Grm. Schwefelcyankalium liefern. Jakubowitsch*) fand in 1000 Theilen gemischtem Mundspeichel 0,0621 Grm. Schwefelcyankalium.

Nimmt man die mittlere 24 stündige Speichelmenge zu 15 CC. an, so enthält derselbe nach obigem Mittel ungefähr 0,0472 Grm. Schwefelcyannatrium oder 0,0565 Grm. Schwefelcyankalium.

Aus diesen Zahlen ersieht man, dass es nicht an Beziehungen zwischen der in 24 Stunden in dem abgesonderten Speichel enthaltenen Menge Schwefelcyanalkalimetalls und dem im Harne vorkommenden fehlt, namentlich wenn man berücksichtigt, wie verschieden die Menge desselben im Speichel verschiedener Personen ist.

Ueber das Harnferment. Partens und Jaubert**) bestätigen die Angaben von Musculus***) über das Harnferment. Sie fügen jedoch hinzu, dass das von Musculus erwähnte lösliche Ferment im

*) Jakubowitsch, De Saliva p. 15. 1848.

) Ber. d. deutsch. chem. Ges. z. Berlin. **9, 1130.

***) Diese Zeitschrift **13**, 247 u. **15**, 363.

Urin nie allein auftritt, vielmehr immer von dem früher von Partens beschriebenen organisirten Harnferment begleitet ist. Die Verf. kommen daher zu der Annahme, dass die Funktion des organisirten Ferments darin bestehe, das lösliche Ferment auszuscheiden, in ähnlicher Weise wie die Hefe das bekannte lösliche Inversionsferment secernirt.

---

3. Auf gerichtliche Chemie bezügliche Methoden.

Von

C. Neubauer.

Zum Nachweis des Phosphors in Vergiftungsfällen. F. Selmi*) hat sich mit der Frage beschäftigt, ob das zuweilen beobachtete Leuchten faulender Substanzen auf der Entwicklung eines phosphorhaltigen Körpers beruhe. Zur Beantwortung dieser nicht unwichtigen Frage wurden faulende Thiersubstanzen mit Alkohol oder Wasser im Kohlensäurestrom destillirt, das Destillat in Silbernitrat oder in conc. Salpetersäure aufgefangen, durch Eindampfen und Glühen, nöthigenfalls unter Zusatz von etwas Salpeter, die organische Substanz zerstört und dann mit einer Lösung von molybdänsaurem Ammon auf Phosphorsäure geprüft. Horn, Eingeweide und Fleisch, in verschiedenen Stadien der Fäulniss geprüft, ergaben kein phosphorhaltiges Destillat. Ein solches wurde aber in allen Fällen aus faulendem Gehirn erhalten. Aus letzterem entwickelten sich zugleich reichliche Mengen von Trimethylamin und eine Substanz, die beim Erwärmen mit Salpetersäure sich tief violett, roth, orange und zuletzt gelb färbt. Selmi hält es für unwahrscheinlich, dass diese flüchtige phosphorhaltige Substanz sich während der Fäulniss durch Reduction von oxydirtem Phosphor gebildet habe, sondern glaubt vielmehr, dass sie der Zersetzung einer complicirteren phosphaminartigen Substanz ihre Entstehung verdankte.

*) Ber. d. deutsch. chem. Ges. z. Berlin 9, 1127.

Berichtigungen.

Im 16. Jahrgang dieser Zeitschrift p. 130 Zeile 14 v. o. und Zeile 18 v. o. lies „Baume tranquille" statt Tolubalsam.

Im 16. Jahrgang dieser Zeitschrift p. 239 Zeile 20 v. o. lies „Mischung von kohlensaurem Ammon und Ammon" statt Mischung von kohlensaurem Ammon.

Systematischer Gang der Löthrohranalyse.

Von

J. Landauer.

Die doppelte Aufgabe der Löthrohranalyse, dem Chemiker als Vorprüfung bei der Analyse auf nassem Wege zu dienen und dem Mineralogen und Metallurgen ein ausreichendes Verfahren zur chemischen Untersuchung der Mineralien und Hüttenproducte zu bieten, bedingt eine ungleiche Verwerthung der Methoden. Für den Chemiker ist es ausreichend, die wichtigsten Reactionen in geeigneter Reihenfolge anzuwenden, während für den Mineralogen und Hüttenmann ausserdem noch Proben zur speciellen Nachweisung der einzelnen Elemente, insbesondere bei Untersuchungsobjecten von complicirter Zusammensetzung, nothwendig sind.

Dieser Gesichtspunkt ist bei der Zusammenstellung des vorliegenden Ganges, dessen Anordnung ohne weitere Erklärung ersichtlich ist, maassgebend gewesen. Derselbe macht keinen Anspruch, neue Reactionen mitzutheilen, sondern verfolgt nur den Zweck, die bekannten Löthrohrproben zu einem schnell zum Ziele führenden Ausmittelungsverfahren zu vereinigen.

Erforderliche Reagentien:

Soda. Borax. Phosphorsalz. Cyankalium. Salpeter. Saures schwefelsaures Kali. Unterschwefligsaures Natron, dem beim Gebrauch eine geringe Menge Oxalsäure zugesetzt wird. Flussspath. Borsäure. Kobaltsolution. Zinn. Probirblei. Zink. Magnesiumdraht. Jodkalium und Schwefel. Lackmuspapier. (Zinnchlorür). (Schwefelsaures Eisenoxydul). (Kupferoxyd). (Salpetersaures Silberoxyd). (Aetzkali). (Blutlaugensalzlösung). Salzsäure. Salpetersäure. Schwefelsäure. (Essigsäure). Ammoniak.

[Die eingeklammerten Reagentien sind minder wichtig.]

Vorprüfung.

A. Beim Erhitzen in der einseitig geschlossenen Röhre zeigt sich:

a) **Gas- und Dampfbildung.**

Farb- und geruchloses Gas.

Wasser: Krystallwasser, Hydrate.

Sauerstoff: Superoxyde, salpeters., chlors., broms. und jodsaure Salze.

Kohlensäure: viele kohlensaure u. oxals. Salze.

Kohlenoxydgas: oxals. u. ameisens. Salze (letztere verkohlen).

Farbloses, riechendes Gas.

Schweflige Säure: Unterschwefelsaure u. einige schwefels. Salze.

Schwefelwasserstoff: Unterschwefligs. Salze und wasserhaltige Sulfide.

Ammoniak: einige Ammoniaksalze.

Gefärbtes, riechend. Gas.

Untersalpetersäure: die meisten salpeters. und salpetrigs. Salze.

Jod (violett): einige Jodmetalle und jodsaure Salze.

Brom (braun): einige Brommetalle.

Chlor (grünlichgelb): einige Chlormetalle.

b) **Sublimatbildung.**

Weisses Sublimat.

Ammoniaksalze.

Quecksilberchlorür, sublimirt ohne vorher zu schmelzen.

Quecksilberchlorid, schmilzt zuvor.

Antimonoxyd, schmilzt u. sublimirt zu glänzenden Nadeln.

Tellurige Säure, schmilzt u. sublimirt zur amorphen Masse.

Arsenige Säure, sublimirt ohne zu schmelzen zu octaëdrischen Krystallen.

Schw. od. graues Sublim.

Arsen: met. Arsen u. manche Arsenverbindungen (Metallspiegel).

Quecksilberamalgame und einige Quecksilber-Verbindungen (met. Kügelchen).

Farbiges Sublimat.

Schwefel, heiss gelbbraun, kalt gelb.

Antimonsulfide, h. schwarz, k. rothgelb.

Arsensulfide, h. braunroth, k. rothgelb.

Quecksilberjodid, gelb, wird durch Reiben roth.

Zinnober, schwarz, beim Reiben roth.

Selen, röthlich bis schwarz, Pulver dunkelroth.

c) **Farbenwechsel.**

Zinkoxyd, von weiss in gelb, kalt weiss.
Zinnoxyd, « « « gelbbraun, « hellgelb.
Bleioxyd, « « « braunroth, « gelb.

Wismuthoxyd, von weiss in orangegelb, kalt citronengelb.
Quecksilberoxyd, « roth « schwarz, « roth (flüchtig).
Eisenoxyd, « « « « « « (nicht flüchtig).
Quecksilberjodid, « « « gelb « «
Hydrate der Kobalt-, Nickel-, Eisen- und Kupfersalze.

d) **Schmelzen:** Alkalisalze.
e) **Verkohlen:** Organische Substanzen.
f) **Phosphorescenz:** Alkalische Erden, Erden, Zinkoxyd, Zinnoxyd.
g) **Verknistern:** Chloralkalien, Bleiglanz und manche Mineralien.

B. Beim Erhitzen in der offenen Röhre zeigt sich:*)

a) **Gas- und Dampfbildung.**

Schweflige Säure, von charakteristischem Geruch: Schwefel und Schwefelmetalle.

Selenige Säure, nach faulem Rettig riechend: Selen und Selenmetalle.

b) **Sublimatbildung.**

Arsenige Säure, sehr flüchtiges, weit von der Probe entferntes, weisses Sublimat: Arsen und Arsenmetalle.

Antimonoxyd, weisser Rauch, Sublimat zum Theil flüchtig: Antimon und Antimonverbindungen.

Tellurige Säure, weisser Rauch, Sublimat zu farblosen Tropfen schmelzbar: Tellur und Tellurmetalle.

Schwefelsaures Bleioxyd,
Schwefelsaures Wismuthoxyd, } weisse, meist unterhalb der Probe befindliche Masse: Schwefelverbindungen von Blei, bezw. Wismuth.

C. Beim Glühen auf Kohle zeigt sich:

a) **Schmelzbarkeit.**

Schmelzbar:	Unschmelzbar:
Alkali- und einige Erdalkalisalze.	Salze der Erden und der alkalischen Erdmetalle. Kieselsäure.
Antimon, Blei, Cadmium, Tellur, Wismuth, Zink, Zinn (sämmtlich leicht schmelzbar).	Eisen, Kobalt, Nickel, Molybdän, Wolfram, Platin, Palladium, Iridium, Rhodium und Osmium.
Kupfer, Silber, Gold (schwer schmelzbar).	

*) Reactionen, welche mit den vorhergehenden übereinstimmen, sind nicht von Neuem angegeben.

b) **Verpuffen**: Salpetersaure, chlors., jods. und broms. Salze.

c) **Aufblähen**: Wasserabgabe, borsaure Salze und Alaun.

Flammenfärbung, Metallreduction und **Beschlagbildung** werden bei der eigentlichen Untersuchung beschrieben.

Eigentliche Untersuchung.

AUFFINDUNG DER BASEN.

I. Man behandelt die mit Soda versetzte Substanz auf Kohle mit der Reductionsflamme; bei regulinischen Metallen unterbleibt der Sodazusatz.

Tritt eine der nachstehenden Gruppenreactionen allein auf, so kann der Gang auf folgende Weise abgekürzt werden:

a) die Substanz gibt einen Beschlag . . .	Anfang bei	Abth.	I.	Nr. 1.
b) « « « ein Metallkorn ohne Beschlag	«	«	I.	« 10.
c) die Substanz gibt einen grauen oder schwarzen Rückstand	«	«	II.	« 13.
d) die Substanz färbt die Flamme, besonders nach Befeuchten mit H Cl	«	«	IV.	« 32.
e) die Substanz hinterlässt einen weissen, leuchtenden Rückstand	«	«	V.	« 43.
f) die Substanz verflüchtigt sich vollständig	«	«	VI.	« 52.

(Heparbildung ist als Anzeichen eines Sulfats oder Sulfids zu beachten).

1) B e s c h l a g w e i s s, sehr flüchtig, verschwindet mit hellblauem Schein und verbreitet Knoblauchgeruch . . . . **Arsen.**

1* S p e c i e l l e N a c h w e i s u n g. Beim Erhitzen mit Cyankalium und Soda im Glaskölbchen bildet sich ein Arsenspiegel.

2) — r ö t h l i c h b r a u n, bunt angelaufen wie die Augen der Pfauenfedern, durch O. u. R. Fl. ohne farbigen Schein vertreibbar **Cadmium.**

2* Sp. N a c h w. Der abgeschabte Beschlag färbt sich beim Erhitzen mit unterschwefligs. Natron in der einseitig geschlossenen Röhre gelb. Vergl. Nr. 3* Bei gleichzeitiger etc.

3) — heiss g e l b, kalt w e i s s, leuchtet und ist unvertreibbar **Zink.**

3* Sp. N a c h w. Der Beschlag wird beim Glühen mit Kobaltsolution grün. Bei gleichzeitiger Anwesenheit von Cd und Zn entsteht erst der Cd-Beschlag später der Zn-Beschlag.

4) Beschlag stahlgrau, verschwindet in der R. Fl. mit blauem Schein und verbreitet den Geruch faulen Rettigs . . **Selen.**

4* Sp. Nachw. Vergl. Nr. 5*.

5) — weiss mit dunkelgelbem bis rothem Rand, verschwindet in der R. Fl. mit grünem Schein . . . . **Tellur.**

5* Sp. Nachw. Sind Se und Te gleichzeitig vorhanden, so entsteht ein weisser Beschlag, der die R. Fl. blaugrün färbt und den Geruch des faulen Rettigs verbreitet. Behufs Unterscheidung bringt man am Probirglase einen Metallbeschlag hervor, befeuchtet mit einigen Tropfen concentrirter H_2SO_4 und erhitzt schwach. Te löst sich sofort mit carminrother Farbe, während die schmutziggrüne Farbe des Se erst bei gesteigerter Temperatur hervortritt.

6) — bläulichweiss, flüchtig, durch O. Fl. vertreibbar, verschwindet in der R. Fl. mit grünem Schein.

Korn: weiss, spröde und oxydirbar . . . . . . **Antimon.**

6* Sp. Nachw. Wird der abgeschabte Beschlag mit H Cl und Zn auf Platinblech zusammengebracht, so überzieht sich dieses mit einer schwarzen anhaftenden Antimonschicht.

7) — h. orange, k. citronengelb, durch O. u. R. Fl. ohne farbigen Schein vertreibbar.

Korn: röthlichweiss, spröde, oxydirbar . . . . . **Wismuth.**

7* Sp. Nachw. Auf Kohle mit Jodkalium und Schwefel in der O. Fl. behandelt entsteht der schön roth gefärbte Beschlag von Jodwismuth.

8) — h. citronengelb, k. schwefelgelb, durch O. u. R. Fl. vertreibbar, färbt die R. Fl. schön blau.

Korn: weiss, ductil und oxydirbar . . . . **Blei.**

8* Sp. Nachw. Man befeuchtet die Probe mit HNO_3, verdampft die Säure, setzt etwas H_2SO_4 hinzu und erhitzt bis zur Entwickelung weisser Dämpfe. Es entsteht ein weisses Pulver, das in mit H_2SO_4 angesäuertem Wasser völlig unlöslich ist.

9) — h. gelblich, k. weiss, sehr gering, dicht an der Probe und nicht flüchtig.

Korn: weiss, ductil und sehr oxydirbar . . . . **Zinn.**

9* Sp. Nachw. Man löst in H Cl und fällt aus der sauren Lösung durch Zn metallisches Zinn als graue, schwammartige Masse, welche am Platin nicht haftet (Unterschied von Sb). Wirft man in die Lösung (in der H Cl und Zn befindlich) einen Krystall von $Na_2S_2O_3$, so fällt braunes Sn S nieder.

10) Korn weiss, ductil, sehr glänzend. In starker O. Fl. entsteht ein rothbrauner Beschlag, der bei Anwesenheit von Pb und Sb carmoisinroth wird . . . . **Silber.**

10* Sp. Nachw. Man löst in HNO_3 und erhält durch H Cl einen weissen, käsigen Niederschlag von Ag Cl.

11) **Korn gelb**, sehr glänzend, ductil und nicht oxydirbar **Gold.**

11* Sp. Nachw. Man löst in Königswasser und fällt durch $SnCl_2$ Goldpurpur.

12) **Metall roth**, ductil und oxydirbar . . . . **Kupfer.**

12* Sp. Nachw. Vergl. Nr. 13 und 39.

Anmerkung.

Als graues, unschmelzbares Pulver bleiben Eisen, Nickel, Kobalt (magnetisch), Molybdän, Wolfram und die Metalle der Platingruppe zurück. Ueber die erstgenannten Körper gibt die Prüfung mit Borax (Abth. II.) näheren Aufschluss, wohingegen die Platinmetalle durch deutliche Löthrohrreactionen nicht ausgezeichnet sind.

Einige Chlor-, Jod-, Brom- und Schwefelmetalle bringen, ohne eine Metallreduction zu erleiden, weisse, wenig charakteristische Beschläge hervor, welche mit den oben beschriebenen nicht verwechselt werden dürfen. Die Substanzen, welche diese Beschläge hervorrufen, werden im Laufe des Ganges auf andere Weise ermittelt.

II. Man löst die Probe (Rückstand) in Borax am Platindraht.

a) es entsteht in der O. oder R. Fl. eine gefärbte Perle . . . . Nr. 13.

b) nicht . . . . Abth. IV. „ 32.

Die Farbe der Perle ist:

	Im Oxydationsfeuer		Im Reductionsfeuer		
	heiss	kalt	heiss	kalt	
13)	grün	blaugrün	farblos	braun	**Kupfer**
14)	blau	blau	blau	blau	**Kobalt**
15)	violett bis schwarz	rothviolett	farblos	farblos bis rosa	**Mangan**

13* Sp. Nachw. Die Phosphorsalzperle wird beim Reduciren mit Sn roth; wird sie schwarz, so röstet man auf Kohle ab und entfernt Sb und Bi durch Borsäure (O. Fl.)

14* Sp. Nachw. Das auf Kohle reducirte Metall gibt, auf Papier abgestrichen, mit HNO_3 eine rothe Lösung, die, mit HCl versetzt, nach dem Trocknen einen grünen Fleck erzeugt, welcher beim Anfeuchten mit H_2O verschwindet.

15* Sp. Nachw. Beim Schmelzen mit Soda und Salpeter auf Platin entsteht eine grüne Masse.

	Im Oxydationsfeuer		Im Reductionsfeuer		
	heiss	kalt	heiss	kalt	
16)	violett	rothbraun	gelblichgrau	gelblichgrau	**Nickel**
17)	roth, schwach gesättigt gelb	farblos	grün	bouteillen-grün	**Eisen**
18)	desgl.	desgl.	desgl.	desgl.	**Uran**
19)	desgl.	farblos, st. ges. opalartig	braun	braun (trübe)	**Molybdän**
20)	desgl.	grasgrün	grün	smaragdgrün	**Chrom**
21)	desgl.	farblos, st. ges. gelb	farblos	farblos	**Cer**
22)	gelb	grüngelb	bräunlich	smaragdgrün	**Vanadin**
23)	desgl.	farblos, st. ges. emailweiss	gelb	gelblich-braun	**Wolfram**
24)	desgl.	farblos	gelb bis braun	gelb b. braun, d. Flattern blau	**Titan**

16* Sp. Nachw. Das auf Kohle reducirte Metall gibt, auf Papier gestrichen, mit $HN\Theta_3$ eine grüne Lösung, die mit $Na_2 C\Theta_3$ versetzt, einen apfelgrünen Fleck erzeugt.

17* Sp. Nachw. Das auf Kohle reducirte Metall gibt, auf Papier gestrichen und mit $HN\Theta_3$ und HCl betropft, beim Erwärmen über der Flamme einen gelben Fleck, der, mit Blutlaugensalz befeuchtet, eine blaue Farbe annimmt.

18* Sp. Nachw. Die Phosphorsalzperle ist in der O. Fl. heiss gelb kalt gelbgrün; R. Fl. h. schmutziggrün, k. schön grün (Unterschied von Fe).

Man schliesst unlösliche Uranverbindungen in der Platinspirale mit $HKS\Theta_4$ auf, verreibt die Schmelze mit $Na_2 C\Theta_3$, befeuchtet die Masse und saugt sie in Papier auf. Auf der mit Essigsäure befeuchteten Stelle entsteht durch Blutlaugensalz ein brauner Fleck.

19* Sp. Nachw. Beim Digeriren mit $H_2S\Theta_4$ im Platinlöffel färbt $Mo\Theta_3$ die Säure nach Zusatz von Alkohol oder beim Anhauchen tiefblau.

20* Sp. Nachw. Beim Zusammenschmelzen mit Soda und Salpeter auf Platinblech entsteht eine gelbe Masse.

21* Sp. Nachw. Ist durch Löthrohrproben nicht bestimmt nachzuweisen.

22* Sp. Nachw. Nach Aufschliessen mit Soda und Salpeter, Ausziehen der Schmelze mit $H_2\Theta$, Ansäuern mit Essigsäure bringt $AgN\Theta_3$ einen gelben Niederschlag hervor.

23* Sp. Nachw. Die Phosphorsalzperle ist in der O. Fl. h. und k. farblos; R. Fl. h. schmutzig grün, k. blau, auf Zusatz von Fe blutroth. — Vergl. Nr. 27.

24* Sp. Nachw. Die Phosphorsalzperle ist in der O. Fl. h. und k. farblos; R. Fl. h. gelb, k. violett, auf Zusatz von Fe blutroth. — Vergl. Nr. 30.

25) Die Perle zeigt in Folge Vorhandenseins mehrerer **färbenden** Oxyde Doppelreactionen z. B.

Im Oxydationsfeuer		Im Reductionsfeuer		
heiss	kalt	heiss	kalt	
violett bis blutroth	bräunlich-violett	gelb	bouteillengrün	**Mn u. Fe**
pflaumenfarbig	pflaumenfarbig	blaugrün	blau	Mn, Fe u. Co
grün	graublau	blaugrün	grün	Mn, Fe, Co u. Ni
gelbgrün	grün	grünlichblau	blau	Fe, Co u. wenig Ni
violettbraun	braun	blau	blau	Co u. viel Ni
grün	hellgrün, blau oder gelb, je nach Sättigung	. . . .		Fe u. Co Fe u. Cu Fe u. Ni

25* Sp. Nachw. Man fertigt durch Lösen der Substanz in Borax und Abstossen vom Draht eine Anzahl Perlen an und reducirt diese auf Kohle unter Zufügung eines Bleikornes. Nach einigem Blasen trennt man die Perle (a) vom Bleikorn (b) und untersucht

a) die **Perle**, deren Bruchstücke in Borax am Platindraht gelöst werden:

α) die Perle ist blau . . . . **Kobalt**

β) „ „ „ h. grün, k. blau (O. Fl.) . **Eisen u. Kobalt**

γ) „ „ „ h. violett bis blutroth, k. bräunlich violett (O. Fl.); h. gelb, k. bouteillengrün (R. Fl.); auf Kohle mit Sn reducirt vitriolgrün. Bei mangelhafter O. Fl. ist die Perle h. gelb, k. farblos. **Mangan u. Eisen**

δ) die Perle ist h. und k. pflaumenfarbig (O. Fl.); h. blaugrün, k. blau (R. Fl.) . **Mangan, Eisen u. Kobalt**

b) das **Bleikorn**. Man entfernt das Blei mit Borsäure (O. Fl. auf Kohle) und löst den Rückstand in Phosphorsalz:

α) die Perle ist k. blau (O. Fl.), mit Sn auf Kohle reducirt roth . . . . **Kupfer**

β) die Perle ist k. gelb (O. Fl.) . . . . **Nickel**

γ) „ „ „ k. grün (O. Fl.) . . . . **Kupfer u. Nickel**

III. Man schliesst die Substanz mit saurem schwefelsauren Kali auf und stellt in die mit Salzsäure versetzte Lösung einen Zinkstab.*)

*) Abth. III. wird überschlagen, wenn auf Wolfram, Vanadin, Titan und Niob nicht untersucht zu werden braucht.

Die Lösung färbt sich:

26) blau, dann grün, endlich schwarzbraun . . . . **Molybdänsäure**

26* Sp. Nachw. Nach Nr. 19 bereis gefunden.

27) blau, dann kupferroth . . . . **Wolframsäure**

27* Sp. Nachw. Vergl. Nr. 23.

28) blau, dann grün, endlich violett . . . . **Vanadinsäure**

28* Sp. Nachw. Vergl. Nr. 22.

29) grün . . . . **Chromsäure**

29* Sp. Nachw. Nach Nr. 20 bereits gefunden.

30) violett . . . . **Titansäure**

30* Sp. Nachw. Vergl. Nr. 24.

31) blau, aus stark sauren Lösungen braun . . . . **Niobsäure.**

IV. Man führt die Substanz in der Platinpincette oder am Platindraht in die nicht leuchtende Flamme.

a) es tritt Flammenfärbung ein (event. nach Befeuchten mit H Cl oder $H_2 S\Theta_4$) . . . . . Nr. 32.

b) Nicht . . . . Abth. V. « 43.

Prüfung auf Basen.

Die Farbe der Flamme erscheint

		für sich	durch das blaue Glas	durch das grüne Glas	bei	
	32)	violett	rothviolett	blaugrün	**Kali**	
Nach Befeuchten mit $H_2 SO_4$ auf kurze Zeit in die Flamme gebracht.	33)	orange	desgl.	orangegelb	**Kali u. Natron**	
	34)	orange	unsichtbar od. schwach blau	desgl.	**Natron**	
	35)	carminroth	violettroth	unsichtbar	**Lithion**	
Wiederholt mit $H_2 S\Theta_4$ befeuchtet, getrocknet und der grossten Hitze ausgesetzt.	36)	gelbgrün	blaugrün	grün	**Baryt**	Ba, Ca u. Sr lassen sich nebeneinander erkennen, wenn man die Probe nach Befeuchten mit H Cl nass in die Flamme bringt und das Aufspritzen beobachtet.
	37)	gelbroth	grünlich-grau	zeisiggrün	**Kalk**	
	38)	carminroth	purpur	schw. gelb	**Strontian**	

39) grün, nach Befeuchten mit H Cl blau . **Kupfer.**

Prüfung auf Säuren.

40) gelbgrün, der Barytflamme ähnlich . . . . . . **Molybdänsäure**

40* Sp. Nachw. Gab mit Borax die Reactionen von Nr. 19.

41) gelbgrün (die Salze sind mit H_2SO_4 anzufeuchten). **Phosphorsäure**

41* Sp. Nachw. Mit Mg in der geschl. Röhre erhitzt, entsteht beim Anfeuchten mit Wasser der Geruch von Phosphorwasserstoff.

42) schön grün (die Salze sind mit H_2SO_4 anzufeuchten). **Borsäure**

42* Sp. Nachw. Mit $CaFl_2$ und $HKSO_4$ im Platinöhr erhitzt, entsteht die intensiv grüne Flamme von Fluorbor.

Anmerkung.

Auch Salzsäure und Salpetersäure bringen grüne Flammenfärbungen hervor; dieselben sind aber schwach und vergehen sehr schnell.

Die Flammenfärbungen der schon erkannten Elemente As, Sb, Pb (blau), Zn (grünlichweiss) werden durch die angewandte concentrirte Schwefelsäure meist beseitigt.

V. Man befeuchtet die Substanz mit Kobaltsolution auf Kohle und glüht sehr kräftig.

43) blaue, unschmelzbare Masse . . . . **Thonerde**

43* Sp. Nachw. Bei Nr. 41 trat keine Flammenfärbung ein; auch entsteht in der Phosphorsalzperle kein Si-Skelett.

44) blaue, unschmelzbare Masse . . . . **Phosphors. Erden**

44* Sp. Nachw. Bei Nr. 41 zeigte sich eine gelbgrüne Flammenfärbung.

45) blaue, unschmelzbare Masse . . . . **Kieselsaure Erden**

45* Sp. Nachw. In der Phosphorsalzperle entsteht ein Si-Skelett.

46) blaues Glas . . . . **Borsaure Alkalien**

46* Sp. Nachw. Bei Nr. 42 zeigte sich eine schön grüne Flammenfärbung.

47) blaues Glas . . . . **Phosphors. Alkalien**

47* Sp. Nachw. Bei Nr. 41 zeigte sich eine gelbgrüne Flammenfärbung.

48) blaues Glas . . . . **Kieselsaure Alkalien**

48* Sp. Nachw. In der Phosphorsalzperle entsteht ein Si-Skelett.

49) fleischrothe Masse . . . . **Magnesia**

50) violette Masse . . . . **Zirconerde**

51) grüne Masse . . . . **Zinkoxyd**, **Zinnoxyd**, **Antimonoxyd**, **Titansäure** (schon gefunden.)

VI. Man erhitzt die Substanz mit Soda in der einseitig geschlossenen Glasröhre.

52) Metallsublimat, zu Kügelchen vereinbar . . . **Quecksilber**

52* Sp. Nachw. Mit $Na_2S_2O_3$ in der geschl. Röhre erhitzt, entsteht schwarzes HgS.

53) Geruch nach NH_3 . . . . **Ammoniak**

53* Sp. Nachw. Mit HCl weisse Nebel.

AUFFINDUNG DER SÄUREN.

VII. Man erhitzt die Substanz mit saurem schwefelsauren Kali in der einseitig geschlossenen Glasröhre.

a) es bildet sich ein gefärbtes Gas . . . . Nr. 54.
b) « « « « farbloses, riechendes Gas . « 60.
c) « « « « farb- und geruchloses Gas « 68.
d) es tritt keine Reaction ein . . . . Abth. VIII. Nr. 71.

54) Rothe Dämpfe, vom Geruch der salpetrigen Säure **Salpetersäure od. salpetrige S.**

54* Sp. Nachw. Ein in die Röhre geschobener, mit Eisenvitriollösung getränkter Papierstreifen färbt sich braun.

Salpetersaure Salze verpuffen beim Erhitzen mit gepulvertem Cyankalium auf Platinblech mit Knall und Feuererscheinung.

55) gelbgrünes Gas, wie Chlor riechend . . . . **Chlorsäure**

55* Sp. Nachw. Die Substanz verpufft auf Kohle.

56) violetter Dampf, bläut Stärkekleister . . . **Jod**

56* Sp. Nachw. Einer kupferoxydhaltigen Phosphorsalzperle zugesetzt, färben Jodverbindungen die Flamme rein grün.

57) vorstehende Reaction tritt auf Zusatz von Eisenvitriol ein **Jodsäure**

57* Sp. Nachw. Die Substanz verpufft auf Kohle.

58) rothbrauner Dampf, färbt Stärkekleister gelb . **Brom**

58* Sp. Nachw. Einer kupferoxydhaltigen Phosphorsalzperle zugesetzt, färben Bromverbindungen die Flamme grünlich blau.

59) dieselbe Reaction . . . . **Bromsäure**

59* Sp. Nachw. Die Substanz verpufft auf Kohle.

60) Dämpfe, welche mit NH_3 weisse Nebel bilden und den Geruch haben von . . . . **Salzsäure**

60* Sp. Nachw. Einer kupferoxydhaltigen Phosphorsalzperle zugesetzt, färben Chlorverbindungen die Flamme intensiv blau.

61) stark rauchendes, ätzendes Gas, welches Glas angreift **Fluorwasserstoffs.**

62) Schwefelwasserstoffgeruch . . . . **Schwefelwasserstoff**

62* Sp. Nachw. Schwefelmetalle entwickeln in der offenen, schief gehaltenen Glasröhre schweflige Säure, welche am Geruch und an der Wirkung auf feuchtes, blaues Lackmuspapier kenntlich ist.

63) Geruch nach brennendem Schwefel, keine Ausscheidung von Schwefel . . . . **Schweflige Säure**

64) dieselbe Reaction mit Schwefelausscheidung . . **Unterschweflige S.**

65) stechend riechendes Gas, reizt die Augen zu Thränen und trübt Kalkwasser . . . . . **Cyansäure**

66) Essiggeruch . . . . **Essigsäure**

67) Blausäuregeruch . . . . **Blausäure**

68) das Gas wird unter Aufbrausen ausgetrieben und trübt Kalkwasser . . . . **Kohlensäure**

69) das Gas brennt mit blauer Flamme . . . . **Kohlenoxydgas**

70) es tritt Verkohlung ein . . . . **Organische Säuren**

VIII. Man erhitzt die Substanz, welche auf Kohle mit Soda Hepar bildete, mit Aetzkali im Platinlöffel, stellt das Ganze in ein Gefäss mit Wasser und legt eine blanke Silbermünze hinein.

71) die Münze bräunt sich nicht . . . . . **Schwefelsäure**

71* Sp. Nachw. Um Schwefelsäure neben Schwefelverbindungen (Nr. 62) nachzuweisen, löst man die Substanz in Wasser, welches mit Salpetersäure angesäuert ist und fällt die Schwefelsäure mit Chlorbaryum.

Unlösliche Sulfate werden zuvor mit einer Lösung von kohlensaurem Natron gekocht, filtrirt und angesäuert.

IX. Es sind im Laufe des Ganges schon gefunden:

72) **Phosphorsäure** (Nr. 41), **Borsäure** (Nr. 42), **Kieselsäure** (Nr. 45).

Braunschweig, Ende Mai 1877.

Ueber eine Fehlerquelle bei der im Trockenrückstande vorgenommenen Bestimmung des Fettes in der Milch und den aus ihr gewonnenen Producten.

Von

Dr. **L. Manetti** und Dr. **G. Musso**.

Unter allen zur strengen quantitativen Bestimmung des Fettes in der Milch und in den aus ihr dargestellten Producten vorgeschlagenen Verfahren ist das mit Herstellung eines Trockenrückstandes beginnende das älteste und auch heutzutage noch am allgemeinsten gebräuchliche.

Bekanntlich besteht es darin, dass eine gegebene Gewichtsmenge Milch, Molken, Butter, Käse od. dgl. abgedampft oder bei einer Temperatur von nicht weniger als 100° C. getrocknet wird, und zwar entweder für sich allein, oder, wie es mitunter nothwendig ist, in Gegenwart von Sand, Porcellanerde oder dgl.; dass man sodann den trocknen Rückstand aufs feinste pulvert, das Pulver vollständig mit absolutem Aether auszieht, den Aether verdampft, den Rückstand abermals mit Aether auszieht, das Extract bei mindestens 110° C. trocknet und dann wägt. Indessen haftet dem Gebrauche des Aethers zur Isolirung des Fettes aus der Milch und ihren Abkömmlingen eine Fehlerquelle an, die je nach Umständen mehr oder weniger schwer ins Gewicht fällt und nur in Ausnahmsfällen ganz vernachlässigt werden kann.

Beobachtet man das ätherische Extract, besonders von nicht ganz frischer Milch, von Butter, die aus einem etwas sauer gewordenen Rahme dargestellt worden, aus gut gelungenem und reifem Parmesankäse, so bemerkt man, nach Austreibung des Aethers, inmitten der homogenen Masse Tröpfchen einer dunkelrothen Flüssigkeit, von einem (je nach der Temperatur bei der das Trocknen erfolgte) mehr oder weniger dunklen Strohgelb, dichter als das Fett, mit dem sie sich nicht mischen, beweglich, so lange das Fett nicht erstarrt ist. Diese Tropfen fliessen zusammen, spalten sich und nehmen die mannigfachsten Gestalten an, wenn man den Behälter neigt. In diesem Zustande sind sie in Aether und in Wasser löslich, unlöslich in Schwefelkohlenstoff, reagiren stark sauer, während die alkoholische oder ätherische Lösung des sie umgebenden Fettes keine Reaction mit Rosolsäuretinctur zeigt.

Dass die rothbraunen Tropfen dem sie umgebenden Fette ihre saure Reaction nicht mittheilen, hat nichts befremdendes. So haben die Untersuchungen von A. Church*) gezeigt, dass Flüssigkeiten in Tropfengestalt über die Oberfläche anderer Flüssigkeiten gleiten können ohne auf diese chemisch einzuwirken. Ein Tropfen angesäuerten Aethers gleitet auf warmem mit Lackmus gebläutem Wasser ohne es zu röthen. Ebenso gleitet ein Tropfen rhodankaliumhaltigen Zuckerwassers auf chloreisenhaltiger Zuckerlösung ohne ihr eine Blutfarbe zu ertheilen; solches geschieht nur, wenn die beiden Flüssigkeiten confluiren.

Lässt man die Aetherschicht sich abkühlen, so sammeln sich die vorerwähnten Tropfen im untersten Theile des Glases an und bilden eine vom erstarrten Fette bedeckte Schicht.

Bringt man den Behälter in den Ofen bei 110° C., um die Substanz zum Behufe des Wägens zu trocknen, so bemerkt man, dass nach einigen Stunden die mit Fett nicht mischbare Substanz eine dunklere Farbe angenommen hat, weniger beweglich, von klebriger Consistenz geworden ist. Wird die Einwirkung der Wärme länger fortgesetzt, so verliert jene Substanz ihre Fluidität, wird fest und haftet stark in Gestalt einer schwarzen Incrustation an den Wandungen des Glases. Nimmt man jetzt das Fett mit Schwefelkohlenstoff auf und verdampft die Lösung, so erhält man ein homogenes, alle Eigenschaften der Glyceride zeigendes Product. Unter der fortgesetzten Wirkung der Wärme werden die rothbraunen Tropfen verharzt, weniger löslich in Aether und von immer schwächerer saurer Reaction. Zu dem erwähnten festen Zustande gekommen, sind sie sehr wenig in kaltem Aether löslich, wenig in kochendem Aether, löslicher in kochendem Wasser und Weingeist, und ertheilen dem kochenden Wasser die Fähigkeit, blaues Lackmuspapier deutlich zu röthen. Lässt man kochenden Schwefelkohlenstoff längere Zeit auf die in Rede stehende Substanz einwirken, so färbt er sich nicht rothbraun wie die vorerwähnten Flüssigkeiten. Concentrirte und kochende Essigsäure und Ammoniak lösen die verharzte Substanz rasch und vollständig; sie reducirt nicht die Fehling'sche Flüssigkeit.

Das Verharzen, welches die anfänglich flüssigen Tropfen des ätherischen Rückstandes bei einer Temperatur erfahren, bei welcher die Glyceride in keiner Weise alterirt werden; die Thatsache, dass sie fast unlöslich in Aether werden, dass sie in Schwefelkohlenstoff unlöslich, in Wasser löslich und mit Fett nicht mischbar sind, schliessen ohne Weiteres die Möglichkeit aus, dass sie fette Körper seien. Es erhellt daraus, dass die Chemiker, welche nach dem obenbeschriebenen Verfahren die Fette

*) Kopp, Jahresbericht der Chemie, 1874, S. 2.

der Milchwaaren bestimmten, bisher bei dem Fette einen Körper mitgerechnet haben, der aller Wahrscheinlichkeit nach so viel mit Fetten zu thun hat, wie Nicotin mit Essigsäure.

Man könnte glauben, dass die das Fett im ätherischen Extracte begleitende Substanz nichts als Milchsäure wäre, und liesse sich diese Annahme durch folgenden sehr einfachen Versuch bekräftigen.

In zwei Glaskölbchen bringt man je 25 Grm. frischer Milch: das eine überlässt man sich selbst, bis die freiwillige Gerinnung erfolgt ist. Im anderen behandelt man die Milch mit einigen Tropfen concentrirter Aetznatronlösung. schüttelt sodann mit Aether und schreitet zur Extraction des Fettes auf nassem Wege nach dem Hoppe-Seyler'schen Verfahren. Vergleicht man den Rückstand des ätherischen Extractes der mit Natron behandelten Milch mit dem aus der spontan geronnenen Milch nach Behandlung mit Aether ohne Natronzusatz gewonnenen, so bemerkt man, dass ersterer ganz homogen ist, während der zweite eine gewisse Menge rothbrauner Tropfen mit oben angegebenen Merkmalen enthält.

Auch die Thatsache, dass diese Tropfen, gleich der Milchsäure, in Schwefelkohlenstoff unlöslich sind, würde dazu beitragen, der obigen Annahme Halt zu geben. Doch der Umstand, dass die reine Milchsäure farblos ist, und, wie man in den Lehrbüchern der Chemie angegeben findet, erst bei weit über 110⁰ C. hinausgehenden Temperaturen verändert wird, erlaubt nicht ohne Vorbehalt jener Annahme beizutreten.

Eben gemolkene, für sich allein getrocknete Milch stellt sich als schwarze, brüchige, glänzende und poröse Masse dar, so dass man vermuthen könnte, es habe Verkohlung stattgefunden. Molken, und mehr noch die nach Gewinnung des Vorbruches aus den Molken zurückbleibende Flüssigkeit (in Norditalien «scotta» genannt) werden um so dunkler, je mehr sie im Wasserbade concentrirt werden; sie nehmen eine Kermesfarbe an und wandeln sich ebenfalls durch gänzlichen Wasserverlust in eine Masse um, welche an poröse und leichte Kohle erinnert. Bekanntlich haben Milchzucker und Milchsäure, so wie sie aus den Molken gewonnen sind und bevor sie eine völlige Reinigung erfahren, eine rothbraune oder braune Farbe; setzt man käufliche aus Molken gewonnene Milchsäure einer Temperatur von 110⁰ C. aus, so zeigt sie dieselben Erscheinungen, die wir anlässlich der sauren Tropfen des ätherischen Auszuges beschrieben haben. Diese Beobachtungen berechtigen wohl zur Annahme, dass die am sauren Theile des ätherischen Auszuges wahrgenommenen Eigenthümlichkeiten nicht der Milchsäure allein zuzuschreiben sind, und zeigen, dass es zur Entscheidung der hier angeregten Frage fernerer Untersuchungen bedarf. Dass der aus dem Mitrechnen einer ganz heterogenen Substanz bei der Fettbestimmung erwachsende Fehler in vielen Fällen nicht unerheblich wird, erhellt aus folgenden auf 100 Gramm Substanz berechneten vergleichenden Bestimmungen:

Nummer	Bezeichnung der Substanz	Aetherischer Auszug	Schwefelkohlenstoff-Auszug	Differenz
1	Milch, 1½ Stunden nach dem Melken . .	4,011	3,989	0,022
2	Abgerahmte Milch	1,819	1,552	0,267
3	" "	1,675	1,506	0,069
4	Sehr saure Molken	1,202	0,779	0,423
5	Molken	0,815	0,617	0,198
6	"	0,886	0,602	0,284
7	"	0,714	0,597	0,117
8	Parmesankäse	22,48	21,07	1,41
9	"	17,96	15,89	2,07
10	. . . .	15,41	14,13	1,29
11	"	21,40	20,26	1,14
12	"	13,79	13,22	0,57
*13	Drittes Heu, 2jährig (trocken)	5,75	3,57	2,18
*14	Rübenreps in Blüthe	0,66	0,50	0,16
15	Sehr junges Heu von Gramineen u. s. w. (trocken)	9,063	9,063	0,00
16	ditto.	8,976	8,967	0,009

Die Zahlen der vierten Colonne wurden durch Ausziehen des ätherischen Extractes mit Schwefelkohlenstoff, Filtriren, Verdunsten und Wägen des trocknen Rückstandes gewonnen.

In Bezug auf die Bestimmung des Fettes in den Milchwaaren müssen wir noch zweier Behauptungen gedenken: der von A. Müller**) und der von E. L. Cleaver***). Müller sagt, die letzten Portionen Aether, soweit man Käse, Rahm, oder Butter entfettet, enthalten eine wachsartige Substanz; und Cleaver meint, es lässt sich mit kaltem Aether nicht alles Fett getrockneter und pulverisirter Milch entziehen, und es werde 0,5 bis 1% mehr Fett extrahirt, wenn man statt des kalten sich dabei kochenden Aethers bedient.

*) Diese zwei Analysen sind von Dr. A. Galimberti ausgeführt.

**) Milchzeitung 1873, Nr. 31, S. 368.

***) Gazzetta chimica italiana, 1876, S. 222.

Es fragt sich zunächst, weshalb nur den letzten Aetherportionen das Vermögen zukommen soll, die wachsartige Substanz der genannten Milchwaaren zu lösen.

Die letzten Portionen Aether extrahirten noch einen harzigen Stoff, weil dieser, seiner äusserst geringen Löslichkeit wegen, nicht insgesammt mit dem Fette in die ersten Portionen übergehen konnte. Doch ist es gewiss, dass jener Stoff auch in dem zuallererst extrahirten Fette zugegen war.

Damit andererseits der Ausspruch von Cleaver richtig sei, müssten in der Milch Fette existiren, die in kaltem Aether unlöslich, in kochendem löslich wären. Wiewohl eine solche Annahme von vorne herein unzulässig erscheint, haben wir dennoch Cleaver's Versuche wiederholen wollen und dabei Folgendes gefunden: Je höher die Temperatur, bei welcher der trockene Rückstand der Milch getrocknet wird, desto grösser ist die erforderliche Aethermasse, um alle in Aether löslichen Substanzen auszuziehen; doch ist diese grössere Menge nicht zur Auflösung des Fettes, sondern zur Ausziehung der oben beschriebenen harzigen Substanz erforderlich. Das Fett ist schon längst ausgezogen, und dennoch, wenn man etwa 10 CC. Aether auf einem Uhrglase verdampft, hinterlässt er einige Milligramm eines dunkelrothen Rückstandes, der das Papier nicht schmierig macht und in Schwefelkohlenstoff unlöslich ist. Die grössere Menge Extract, die man erhält, wenn man in der Wärme operirt, beweist nur, dass die Extraction in der Kälte nicht so weit als nöthig getrieben war, und dass kochender Aether leichter «die wachsartige Substanz» von Müller löst als kalter Aether. Es ist sehr wahrscheinlich, dass wenn Müller und Cleaver die Säure der Substanzen, an denen sie operirten, mit einem Alkali gesättigt hätten, sie nicht dazu gekommen wären richtig beobachteten Thatsachen eine unrichtige Deutung zu geben. — In der obigen Tabelle findet man auch einige Fettbestimmungen an Futtersubstanzen. Bei diesen hatte der in Schwefelkohlenstoff unlösliche Theil des ätherischen Extractes das Aussehen eines Gummiharzes und reagirte schwach sauer. Bemerkenswerth ist der hohe Werth des Extractes in zarten Pflanzentheilen der Frühlingstriebe von Gramineen und die vollständige Löslichkeit ihres an Chlorophyll sehr reichen ätherischen Extractes in Schwefelkohlenstoff. Wenn es erlaubt wäre, den Ergebnissen blos zweier Bestimmungen einiges Gewicht beizulegen, so könnte man annehmen, die Gramineen enthielten ein reineres Fett als andere Futterpflanzen; in der That ist es bekannt, dass der ätherische Extract der Grasfrüchte (Caryopsen) fast reines Fett darstellt, während sich das Fett gewöhnlicher Futtersubstanzen so zum wahren Fett verhält, wie das Erz zu dem in ihm enthaltenen Metall.

Ueber die Art und Weise die Menge des durch Lab gerinnbaren Käsestoffes in der Milch zu bestimmen.

Von

Dr. L. Manetti und Dr. G. Musso.

Wenn es sich darum handelt, die Metamorphosen zu erforschen, welche die Albuminate bei der Käsebereitung erfahren, und zu gewerblichem Zwecke die Menge zu bestimmen, in welcher sie zu Käse werden und daher eine möglichst vortheilhafte Verwerthung finden, ist es nicht räthlich, die Milch mittelst Säuren, sondern mittelst Labes zu fällen.

Aus mehrfachen Gründen kann das mittelst Labes erhaltene Gerinnsel nicht dem bei Anwendung der Essigsäure gewonnenen qualitativ und quantitativ gleich sein.

1. Fällt man die Milch mittelst Essigsäure, so wechselt das Resultat nicht allein nach der Menge des in der Milch enthaltenen Käsestoffes, sondern auch nach der Menge des Fällungsmittels. Letzteres Moment ist ein sehr schwer nach seinem Einflusse zu bemessendes, und kann daher dem auf der Anwendung der Essigsäure beruhenden Verfahren zur quantitativen Bestimmung des Käsestoffes keine strenge Genauigkeit zugeschrieben werden.

Wird zu wenig Essigsäure zugesetzt, so ist die Fällung unvollständig; setzt man zu viel hinzu, so ist die Wiederauflösung des Niederschlages unvermeidlich. Besser als an der Milch lässt sich diese Thatsache an Lösungen von Käsestoff in Natron erkennen, die durch Dialyse ganz oder fast neutral gemacht sind: es genügt in der That ein Tropfen Essigsäure, um in der Flüssigkeit reichliche Flocken zu erzeugen; es genügen zwei Tropfen der concentrirten Lösung, um beim Schütteln die vollständige Wiederauflösung des Niederschlages zu bewirken. Wie Einer von uns in einer anderen Zeitschrift dargethan hat, sind überdies die zur Fällung frischer Milch erforderlichen Säuremengen von der Temperatur der Milch abhängig: am grössten bei 0⁰, am kleinsten bei 100⁰, null bei 130—150⁰ C.

Diesen Thatsachen gegenüber sieht man leicht den Werth des Vorschlages von Bouchardat und Quevenne ein, den Käsestoff der Milch in der Weise zu bestimmen, dass man zu derselben constante Mengen Essigsäure zusetze. Da die erforderliche Säuremenge im concreten Falle von mehrfachen Momenten abhängt (Menge des Käsestoffes, Säuregrad und Temperatur der Milch), so wird sie nie von einem constanten Werthe repräsentirt werden können. Eben deswegen ist das Hoppe-Seyler'sche Verfahren allen anderen zur quantitativen Bestimmung des Käsestoffes vorzuziehen.

2. Das mittelst Labes gewonnene Gerinnsel enthält immer phosphorsauren Kalk und Magnesia, und zwar in um so erheblicherer Menge, je frischer und je reicher die Milch an den genannten Salzen. Das mittelst Säuren in der Kälte erhaltene Gerinnsel enthält nur eine äusserst geringe Aschenmenge.

3. Während des Käsebildungsprocesses erfolgt, namentlich wenn die Milch eine gewisse Menge Milchsäure enthält, eine langsame aber unleugbare Umwandlung des mittelst Labes erhaltenen Gerinnsels in dieselben Producte, welche bei der künstlichen Verdauung der Albuminate mit Magensaft gebildet werden. Diese Thatsache, die wir in einer anderen Monographie festzustellen gesucht haben, gibt den Grund ab, weshalb das mittelst Labes erhaltene Gerinnsel um so mehr an Gewicht verliert, je länger es mit dem Fällungsmittel bei einer nicht weit über 40° C. hinausgehenden Temperatur verweilt.

4. Es ist nicht erwiesen, dass das Lab nur auf den Käsestoff der Milch wirke, denselben unlöslich machend, ihn aus dem Medium, worin er gelöst war, niederschlagend. Man erwäge, dass das durch Lab hervorgebrachte Gerinnsel (im Gegensatz zu dem durch Säuren gefällten Käsestoffe) nur schwer in Säuren, Alkalien und dem durch Dialyse der Milch erhaltenen concentrirten Milchdiffusat löslich ist, dass es ferner, wenn auch arm an Kalk, nach Auflösung in Kalkwasser, nicht ohne abermalige Fällung die Neutralisation der Lösung mit Phosphorsäure erträgt; denn diese Thatsachen beweisen klar, dass der Proteinkörper des Käses mindestens ein modificirter Käsestoff sei, vielleicht ein Käsestoff, der in seinem Atombaue mehr oder weniger eingreifende Aenderungen erfahren hat.

Ebenso wie es dem Practiker mehr darauf ankommt, die Rahmmengen zu kennen, welche zwei unter gleiche Verhältnisse gebrachte Milchproben liefern können, sowie die Buttermengen, die sich hieraus gewinnen lassen, als etwa darauf, den absoluten Fettgehalt der Milch zu wissen, muss ihm auch mehr daran gelegen sein, die Menge des durch Lab zur Gerinnung gebrachten stickstoffhaltigen Körpers als die Menge des durch Säuren gefällten Käsestoffes oder den Stickstoffgehalt der Milch zu erfahren.

Bei den Milchanalysen, die in Anstalten unternommen werden, in welchen die Milch zu Käse verarbeitet wird, ist es daher zweckmässiger, die Menge des durch Lab zu Käse werdenden Käsestoffes zu bestimmen und die durch Säuren fällbare Käsestoffmenge unberücksichtigt zu lassen, als etwa umgekehrt zu verfahren.

Bei der in Rede stehenden Bestimmung gehen wir folgendermaassen zu Werke: es werden in einer Porzellanschale 50 Grm. zu Käse zu machender Milch abgewogen, oder aber giesst man in dieselbe 50 CC. dieser Milch. Letztere kann frisch oder abgerahmt sein; gut ist es aber, dass sie ungefähr den Säuregrad habe, welchen sie für gewöhnlich besitzt, wenn sie zu Käse verarbeitet wird. Sollte aus irgend einem Grunde die betreffende Probe zu sauer sein, so würde man die überschüssige Säure durch kohlensaures Natron zu sättigen haben, wobei man jedoch darauf zu achten hat, dass ein auf blaues und empfindliches Lackmuspapier gebrachter und darauf eine Minute gelassener Tropfen darauf noch eine deutliche weinrothe Färbung hervorbringt.

Die Schale wird nun in ein Wasserbad mit Wasser von 50—60° C. gebracht und darin belassen, bis die Milch die Temperatur von 39—40° C. erreicht hat. Dann giesst man zur Milch einige Tropfen Glycerin-Lablösung hinzu*), rührt mittelst des Thermometerrohrs um und lässt Schale sammt Inhalt in einem Medium von 35—40° (auch im Wasserbade, falls sich dessen Wasser genügend abgekühlt hat). Gut ist es, dass die Menge des zuzusetzenden Labes eine solche sei, dass die Gerinnung binnen weniger als 10—15 Minuten erfolge. Einige Minuten nach erfolgter

---

*) Um eine Lösung von Lab in Glycerin darzustellen, nimmt man die Schleimhaut des Labmagens von einem noch saugenden Kalbe, trocknet sie, bewahrt sie einige Monate auf, schneidet sie dann in Streifen und macerirt diese einige Tage lang in 100 CC. Glycerin, schüttelt die Flüssigkeit von Zeit zu Zeit und giesst sie zuletzt ab. Man kann eine wirksamere Lösung erhalten, indem man auf dieselbe Menge des Lösungsmittels mehrere Labmägen verwendet und das nach Berührung mit dem ersten Magen decantirte Glycerin nach und nach auf einen zweiten, dritten Magen u. s. weiter wirken lässt. Wie Pavesi und Rotondi beobachteten und wir selbst zu bestätigen Gelegenheit hatten, bleibt die Glycerinlösung des Labes unbestimmt lange wirksam.

Gerinnung spaltet man das Gerinnsel mit einem Spatel und untersucht die Farbe des aus dem Spalte hervorquellenden Serums. Quillt dieses rasch hervor und ist es citronfarben, so ist es ein Zeichen, dass die coagulirende Wirkung des Labes vollendet ist, und dann zerschneidet man das Gerinnsel durch in verschiedener Richtung in demselben mit dem Spatel geführte Schnitte in kleine Würfel. Tritt aus dem Spalte spärliches und milchweisses Serum hervor, so wird man mit dem Zerschneiden der Masse abwarten müssen, bis der vorerwähnte Befund wahrgenommen wird. Beim Zerschneiden des Gerinnsels muss man vorsichtig zu Werke gehen, damit nicht eine übermässige Menge Fett in das Serum übergehe, was das Filtriren erschweren würde*). Nun wird durch ein Filter aus braunem Papier (Pratt und Dumas) von lockerem Gefüge decantirt; man giesst auf das Gerinnsel laues Wasser, rührt um, zertheilt das Gerinnsel (das immer stärker in eine Masse zu verschmelzen neigt) und giesst das Wasser auf das Filter. Man wiederholt so lange dieses Waschen, bis einige Tropfen des letzten Wassers gar nicht mehr die Fehling'sche Flüssigkeit reduciren.

Ist die Flüssigkeit vollständig abfiltrirt, so stellt man die geeignete Beschaffenheit des Filters wieder her, indem man durch dasselbe einige CC. eines Gemisches von Weingeist und Aether durchgehen lässt; man giesst in dieselbe Schale 40—50 CC. absoluten oder concentrirten Alkohols; lässt im Wasserbade durch einige Minuten kochen (während man die Schale mit einer Glasplatte bedeckt hält) und giesst den kochenden Alkohol auf das Filter. Man wiederholt diese Operation bis der letzte Alkohol keine Spur Fett mehr enthält. Die so behandelten Käsestoffkörner (die man vor dem Auswaschen mit Alkohol möglichst zerkleinert hat) sind wie hornig geworden. Man wäscht sie noch zwei oder mehrere Male mit Aether aus, den man auf das Filter giesst. Dieses wird nun auf einer Glasplatte ausgebreitet, das ihm aufliegende Gerinnsel mit einem Spatel abgehoben und auf ein Uhrglas gebracht. Man legt auch noch auf letzteres die Körner, welche in der Schale geblieben waren, sowie die an den Wänden derselben haftenden Theilchen. Das Gerinnsel wird sodann in einen Luftofen gebracht, bei 115° C. vollständig getrocknet und gewogen.

*) Zur Beschleunigung des Filtrirens dient vortrefflich ein Apparat, der aus einem Trichter besteht, umgeben von einer Kapsel, worin Wasser eingegossen und mittelst einer kleinen, an einer Erweiterung derselben angebrachten Lampe im Kochen erhalten wird. Das kochende Wasser steht in unmittelbarer Berührung mit der äusseren Wand des Trichters.

Die getrocknete Substanz muss vollkommen weiss sein oder höchstens ganz leicht ins Gelbe spielen; sind einige Körner dunkel geblieben, so zeigt es, dass das Gerinnsel Milchzucker oder Fett oder beides enthält.

Das gefundene Gewicht, mit zwei multiplicirt, gibt die Menge des in 100 Theilen Milch enthaltenen durch Lab gerinnbaren Käsestoffes, nebst den unlöslichen Phosphaten des Gerinnsels. Letztere kann man durch einfaches Einäschern bestimmen und so als Differenz das Gewicht der organischen Substanz ermitteln. Doch ist eine solche Scheidung in der Mehrzahl der practischen Fälle überflüssig.

In folgender Tabelle sind einige nach dem angegebenen Verfahren an Milchproben von zehn Kühen erhaltene Resultate verzeichnet:

100 Gramm Milch enthalten:

Unabgerahmte Milch		Abgerahmte Milch	
1.	3,900	5.	3,510
2.	3,327	6.	3,078
3.	3,080	7.	2,674
4.	2,270	8.	2,894
		9.	3,004
		10.	3,156.

Ueber die Bestimmung des Stickstoffs in der Milch und ihren Producten.

Von

Dr. Giovanni Musso.

Die Frage über die Bestimmung des Stickstoffs in den Eiweisskörpern oder anderen stickstoffhaltigen Substanzen ist seit geraumer Zeit Gegenstand kritischer Experimente.

J. Nowack*) machte nach Dumas' Methode eine grosse Anzahl von Stickstoffbestimmungen im Fleische von Rindvieh, Pferden, Hunden und Menschen, und erzielte bei Weitem höhere Resultate als P. Petersen**) und H. Huppert***) in denselben Stoffen bei Anwendung der

*) Sitzungsberichte der kaiserlichen Academie der Wissenschaften in Wien. October 1871; diese Zeitschrift **11**, 324.

**) Zeitschrift für Biologie, 1871, Seite 166.

***) Ebenda S. 354.

Methode von Will und Varrentrapp. Petersen behauptet dagegen, bei Anwendung beider Verfahren keine wesentlichen Unterschiede gefunden zu haben.

J. Seegen und J. Nowack*) meinen, dass die vergleichenden Bestimmungen von Petersen die Resultate ihrer Untersuchungen, aus welchen die Unbrauchbarkeit der Will-Varrentrapp'schen Methode für die Bestimmung des Stickstoffs im Fleische hervorgehe, durchaus nicht in Frage stellten. Sie weisen auf die Thatsache hin, dass, wenn der Stickstoff des Leucins, des Guanidins und (wie die Autoren behaupten) der Cynurensäure nach letztgenanntem Verfahren ermittelt wird, beständig ein beträchtliches Deficit resultirt. Sie schreiben diese Thatsache der unvollkommenen Zersetzung dieser Körper beim Glühen mit Natronkalk zu, und nicht (wie es M. Märcker thut) der Bildung von anilinartigen Producten, welche sich — bei Benutzung des Titrirverfahrens — der Bestimmung entziehen. Die grössere Menge Stickstoff, welche man erhält, wenn man das Ammoniak mit Platinchlorid fällt, rühre von einer Reduction des Platinsalzes während der Verdampfung her. Sie führten vergleichende Bestimmungen mit Eiweiss, Caseïn, Fibrin, Legumin, Kleber, Fleisch aus, und erhielten im Allgemeinen das Resultat, dass der Stickstoffgehalt in den Eiweisskörpern bei der Verbrennung mit Natronkalk immer zu gering ausfällt; er vergrössert sich durch Vermischung der Substanz mit Zucker, ohne doch jemals die Höhe zu erreichen, welche durch Verbrennung mit Kupferoxyd erlangt wird. Mit Albumin und Caseïn (nicht vollständig chemisch rein) erhielten sie folgende Resultate:

Albumin: Stickstoff in Procenten: a) mit Natronkalk: 11,87—11,68—11,83; durch Vermischung des Albumins mit Zucker: 12,83—12,96—13,80; b) mit Kupferoxyd: 15,25—15,18—15,23.

Caseïn: Stickstoff in Procenten: a) mit Natronkalk: 11,34—12,03—13,06 (entfettet); b) mit Kupferoxyd: 13,03—12,95—14,50 (entfettet).

H. Ritthausen**) bemerkt, dass er bei Anwendung der Natronkalkmethode mehrere Male zu niedrige Resultate fand, welche ihn schon an der Genauigkeit des Verfahrens zweifeln liessen, aber er überzeugte sich bald, dass die Schuld jenes Misserfolges immer den Arbeiter traf. Die beim Leucin erhaltenen, den wirklichen Werth nicht erreichenden

*) Pflüger's Archiv für die gesammte Physiologie 7, 284; diese Zeitschrift 12, 316.

**) Journal für prakt. Chemie (N. F.), 8, 10; diese Zeitschrift 13, 240.

Zahlen seien durch die Flüchtigkeit der ersten Spaltungsproducte jener Substanz zu erklären. Er bestimmte immer das Ammoniak als Ammoniumplatinchlorid, und sagt auch, dass der Einwand, das Platindoppelsalz enthalte reducirte Platinverbindungen, unbegründet sei — was man leicht durch vergleichende Wägungen des Doppelsalzes und des metallischen Platins erkennen könne.

,M. Märcker*) führte auch zahlreiche vergleichende Bestimmungen mit Pferdefleisch, Kleber und Albumin aus, und erhielt, nach beiden Methoden, Differenzen, die 0,33 % nicht überschritten. Er vermuthet, dass sich durch Anwendung zu langer Röhren und zu langsame Leitung der Verbrennung ein Theil des Ammoniaks wieder zersetzt habe, er bleibt dabei, dass sich bei der Verbrennung mit Natronkalk Anilin bilde: da nun der Titer einer Säure durch Aufnahme von Anilin sich nicht verändert, so begreift man — die Bildung jenes in Rede stehenden Körpers zugegeben, dass das volumetrische Verfahren zu niedrige Resultate geben muss. Die Hoffnung endlich, den Stickstoff der Eiweisskörper durch Verbrennung mit Zucker und Fällung des Ammoniaks mit Platinchlorid zu bestimmen, erfüllte sich nicht. In den stickstoffarmen Substanzen fand er eine befriedigende, fast absolute Uebereinstimmung zwischen beiden Methoden und daraus folgert er, dass der Grund der von Seegen und Nowack constatirten grossen Differenzen nicht in der Methode, sondern in der Art ihrer Ausführung liege.

E. Salkowski**) bemerkt, dass sich wahrscheinlich bei der Verbrennung mit Natronkalk Basen aus der Pyridinreihe bilden, welche eine deutlich alkalische Reaction haben; für diese würde also die Bemerkung von Seegen und Nowack doch zutreffend sein.

Bei einigen vergleichenden Bestimmungen, welche U. Kreusler***) mit Kleber, Rindfleisch und den Rückständen der Fleischextractfabrikation machte, ergaben sich für beide Methoden genügend übereinstimmende Zahlen. Der Autor sucht die Resultate von Seegen und Nowack dadurch zu erklären, dass er annimmt, dieselben hätten unreinen, Stickstoff enthaltenden Natronkalk angewendet.

In einer ihrer letzten Mittheilungen über die Bestimmung des Stick-

*) Die landwirthsch. Versuchs-Stationen, 1873, S. 104.

**) Jahresbericht für Anatomie und Physiologie für das Jahr 1873, S. 114.

***) Diese Zeitschrift 12, 354.

stoffs in den Eiweisskörpern heben Seegen und Nowack*) die Widersprüche hervor, in welche die Herren Märcker und Kreusler verfielen, als sie den Werth der Methode von Will und Varrentrapp einer Beurtheilung unterzogen, und verwerfen die Einwände, welche ihnen von den genannten Chemikern gemacht werden. Sie behaupten, dass bei wissenschaftlichen Untersuchungen über den Stoffwechsel im thierischen Organismus der Stickstoff nothwendig nach der Methode von Dumas bestimmt werden müsse.

Bei Ermittelung des Stickstoffs im Chitin, welches nach Peligot's Methode gereinigt war, erhielt O. Bütschli**) durch Verbrennung mit Natronkalk 6,26—6,31—6,40 % Stickstoff, durch Verbrennung mit Kupferoxyd 7,37—7,40 %.

M. Nencki und P. Lacheval***) bemerken, dass bei der Kuhmilch (im Gegensatze zu dem Verhalten der Frauenmilch) die Bestimmung der Eiweissstoffe durch Fällung der kochenden, mit Essigsäure versetzten Milch Resultate gibt, welche mit denen der Stickstoffbestimmung nach Dumas übereinstimmen.

In seinen Untersuchungen über den Stickstoffgehalt der Frauen- und Kuhmilch behauptet L. Liebermann†), dass die bis jetzt angewendeten Methoden (von Hoppe-Seyler und Brunner) zur Fällung der Eiweisskörper nicht die gesammten Milcheiweissstoffe geben, sondern dass sich dabei ein beträchtlicher Theil der Fällung entziehe. Die gesammten Eiweissstoffe bekomme man aber nach der alten Methode von Haidlen und ferner durch die Fällung mit essigsaurer Tanninlösung. Er belegt mit zahlreichen analytischen Daten, dass die Bestimmung des Stickstoffs nach der Methode von Will und Varrentrapp weit geringere Resultate gibt, als nach der von Dumas.

Endlich meint A. Völcker††), dass man bei der Bestimmung des Stickstoffs nach Will-Varrentrapp zu geringe Resultate erziele: 1) wenn die Substanz nicht fein pulverisirt und nicht innig genug mit Natronkalk vermischt wird†††); 2) wenn die Substanz nicht genügend

*) Pflüger's Archiv, 9, 227; diese Zeitschrift 13, 460.

**) Jahresbericht f. Anat. u. Physiol. für 1874. Berlin 1875, S. 182.

***) Ber. d. deutsch. chem. Ges. z. Berlin 8, 1046.

†) Chemisches Centralblatt, 1875, S. 489; diese Zeitschr. 15, 113.

††) Chemical News, 32, 277.

†††) Wenn es unumgänglich nöthig ist, die Substanz mit dem Natronkalk innig zu mischen — wie doch von Allen empfohlen wird — welches soll dann

Wasserstoff enthält, um sämmtlichen Stickstoff in Ammoniak zu verwandeln, und nicht mit Zucker vermischt wird; 3) wenn man das Rohr zu stark erwärmt, in Folge dessen eine Dissociation und Entbindung von Stickstoff im Elementarzustande eintrete.

Aus diesem Chaos widersprechender Resultate und Behauptungen geht wohl eines klar hervor; dass man die Bequemlichkeit und Leichtigkeit, mit welcher sich die Will und Varrentrapp'sche Methode ausführen lässt, oft gar zu theuer bezahlen muss.

Wenn wir auch von der grossen Wichtigkeit, welche die genaue Bestimmung des Stickstoffs für Untersuchungen über die Constitution der Eiweisskörper u. s. w. haben muss, absehen, so begreift man doch, wie ebenfalls in den verschiedenen Zweigen des landwirthschaftlichen Gewerbes in vielen Fällen, wo es sich um Aufstellung von Fundamentalsätzen handelt, jene Gründlichkeit, mit welcher man vorgeht, ohne Nutzen ist, sobald schwankende analytische Bestimmungen zu Grunde liegen.

Mit Rücksicht hierauf habe ich eine Reihe von vergleichenden Stickstoffbestimmungen mit Milch, Molken, Käse und den alkoholischen und wässrigen Auszügen des letzteren ausgeführt. Die Arbeiten gingen folgendermaassen vor sich:

In kleinen Porzellanschalen verdunstete ich 40 Grm. abgerahmter oder reiner Milch (von dem Ertrage von über 30 Kühen), oder 150 Grm. Molken, (welche gleich nach der Entfernung des Käses aus dem Kessel genommen waren) bis zur Syrupdicke. Durch Zusatz von geglühtem und pulverisirtem Kaolin machte ich das Ganze zu einer festen Masse, zerkleinerte dieselbe vermittelst eines Platinspatels, trocknete vollständig bei 115 bis 120° C., pulverisirte die Trockensubstanz so fein wie möglich, brachte das noch heisse Pulver in Glasröhrchen von bekanntem Gewichte, die eben aus dem Trockenofen genommen waren, verschloss dieselben hermetisch mit einem Korkstöpsel und verwahrte sie unter einem gewöhnlichen Exsiccator. Den zerriebenen Käse that ich gleichfalls in Porzellanschälchen über eine dünne Schicht geglühten Kaolin (dazu bestimmt, während des Trocknens das Fett aufzusaugen), trocknete ihn und brachte ihn in fest verschlossene und genau gewogene Röhrchen. Da ich das Gewicht der frischen Substanz und das des trockenen Rückstandes kannte, so berechnete ich nach einfachem Verhältniss den aliquoten Theil der

---

der Nutzen der Modification sein, welche kürzlich von Thibault (Gazzetta chimica italiana, 1876, S. 220) für die Methode von Will-Varrentrapp vorgeschlagen wurde?

Substanz (feucht oder trocken), welcher bei den einzelnen Bestimmungen zur Verwendung kam.

Um eine genaue Bestimmung auszuführen genügen 10 Grm. Milch, 40 bis 50 Grm. Molken und 6 bis 8 Decigrm. Käse: diese Zahlen dienten mir jederzeit als Norm, wenn ich die zur Analyse nöthige Menge aus dem Röhrchen schöpfte. Ich brauchte keinen Zucker mit dem Käse zu mischen, um den Gang der Verbrennung zu regeln; er enthielt schon eine genügende Fettmenge. Die Röhren für die Verbrennung mit Natronkalk hatten eine Länge von ungefähr 45 Centimeter für den Käse, 50 bis 55 für die Milch, 70 für die Molken; diejenigen zur Verbrennung mit Kupferoxyd maassen beständig 85 bis 90 Centimeter. Sie wurden mit Watte gereinigt. Die Röhren mit Natronkalk wurden in gewöhnlicher Weise beschickt: hinten ein Pfropfen von geglühtem Asbest, 2 bis 3 Centimeter groben Natronkalk, dann ebensoviel feinen, darauf die in einem warmen Mörser bereitete Mischung von Substanz und Natronkalk, eine 6 bis 8 Centimeter lange Schicht feinen Natronkalks, ein wenig von diesem in grossen Stücken und zuletzt der Asbestpfropfen.

Die Mischung der Substanz mit Kupferoxyd wurde auch im Mörser gemacht, und dann in eine Röhre gebracht, welche hinten eine etwa 12 Centimeter lange Schicht von reinem und trockenem doppeltkohlensauren Natron enthielt, sowie einige Centimeter reines Kupferoxyd: sie nahm eine Länge von 35 bis 45 Centimeter ein. Der Mörser wurde mit etwas Oxyd nachgespült, eine etwa 10 Centimeter lange Schicht reines Oxyd vorgelegt und das Ende der Röhre mit metallischem Kupfer ausgefüllt. Um dieses letztere zu erhalten, nahm ich neuen Kupferdraht, setzte denselben kurze Zeit der Oxydationsflamme eines Bunsen'schen Brenners aus, drehte ihn spiralförmig und brachte ihn in eine Röhre, durch welche ein Strom trockenen Wasserstoffs bis zur völligen Reduction geleitet wurde. Ich überzeugte mich von dem völligen Schluss der Röhren, indem ich eine Weingeistlampe in bekannter Weise einer Kugel des Will'schen Apparates nahe brachte; und indem ich beobachtete, ob nach Austreibung der Luft aus der Kupferoxydröhre und nach dem Aufhören der Kohlensäureentwickelung das Quecksilber in der Wanne zu einer ansehnlichen Höhe im Ausmündungsrohre stieg und sich auf unbestimmte Zeit in dieser Höhe hielt. Ich sah lieber, dass sich ein wenig Wasserdampf in Berührung mit dem Pfropfen im vorderen Theile der Röhre niederschlug, als dass sich Producte der trockenen Destillation, wenn auch in geringer Menge, entwickelten*). Wenn es mir begegnete, dass sich, nachdem ich die Glocke über das Quecksilber gestülpt hatte, nach einiger Zeit im oberen Theile derselben ein Ueberzug oder eine Ansammlung von ganz kleinen Luftbläschen bildete, so trug ich Sorge, die Glocke umzukehren und die Bläschen vollständig aus derselben zu entfernen, ehe ich anfing, die Röhre zu erwärmen.

Es ist bekannt, dass die Luft nicht gänzlich aus der Röhre entfernt wird, wenn man auch über 10 Minuten lang Kohlensäure entwickelt: diejenige Luft, welche sich in den Zwischenräumen zwischen den einzelnen Körnern des Kupferoxyds befindet, wird vielleicht vollständig ausgetrieben werden können; nicht aber die, welche in die Poren der Körner eingedrungen ist, und darum ist es anzurathen, dass man sich noch etwas warmen Oxyds bedient und die Thätigkeit der Kohlensäure durch eine Luftpumpe unterstützt. Ausserdem ist in Folge der überraschenden Untersuchungen Faraday's**) (die von Reiset zum Theil wiederholt, aber falsch gedeutet sind) bekannt, dass auch bei der Verbrennung stickstofffreier Körper in Gegenwart von Alkalien eine Entwickelung von Ammoniak stattfindet. Diese Fehlerquellen mussten in Berücksichtigung gezogen werden.

Zu dem Ende führte ich vier vorläufige Bestimmungen mit Milchzucker aus, welcher durch wiederholtes Umkrystallisiren gereinigt war: zwei nach Dumas' Methode, eine nach der ursprünglichen von Will-Varrentrapp und eine nach Will-Varrentrapp-Peligot's Verfahren. Folgendes sind die gewonnenen Resultate:

	Stickstoff in Grammen
Methode Dumas	0,00371
« «	0,00341
Mittel .	0,00356
Methode Will-Varrentrapp . .	0,0025
« Will-Varrentrapp-Peligot	0,0026.

Das Gas wurde mit der nöthigen Vorsicht in kleinen graduirten Glasglocken gemessen und das gefundene Volumen nach bekannter Rechnung auf den wasserfreien Zustand, einen Druck von 760^{mm} und 0^0 C. reducirt. Die so berichtigten Volumina wurden mit 1,25456 multiplicirt; von den einzelnen Resultaten brachte ich 0,00356 Grm. in Abzug und

*) Neuerdings hat D. Dupré (Bulletin de la Société chimique de Paris, [N. S.] 25, 224) einige Modificationen zu Dumas' Methode gebracht.

**) Quarterly Journal of Sience, 19, 116; siehe auch: „Die Chemie in ihrer Anw. auf Agric. und Physiol. Neunte Aufl. 1876, S. 56 und ff.

berechnete die so corrigirten und vergleichbaren Zahlen auf 100 Grm. Trockensubstanz der verschiedenen angewandten Stoffe. Von der Menge des Stickstoffs, welche sich in den Natronkalkröhren entwickelte und in titrirter Schwefelsäure oder Salzsäure aufgefangen wurde, zog ich die entsprechende Quantität Stickstoff ab, welche ich bei Verbrennen von reinem Milchzucker erhalten hatte. Die von mir gebrauchte Schwefelsäure enthielt 40,00067 Grm. Schwefelsäureanhydrid auf das Liter. (Durchschnitt von zwei Bestimmungen, welche mit 20 CC. der Flüssigkeit vorgenommen waren und nur um 25 Decimilligramm im Gewicht der bezüglichen Baryumsulfate abwichen.)

Die Sättigung der Schwefelsäure am Schluss der Verbrennung wurde durch eine Natronlauge bewerkstelligt, von der 29,8 CC. 10 CC. normaler Schwefelsäure sättigten. Das in verdünnter Salzsäure aufgefangene Ammoniak wurde als Ammoniumplatinchlorid gefällt, das Doppelsalz mit einer Mischung von Alkohol und Aether im Verhältniss von 4:1 gewaschen, und bei einer Temperatur von ungefähr 130° C. getrocknet. Ich bemerke, dass, wenn ich einen Krystall von Eisensulfat in die Glocke brachte, in welcher das Gas gemessen wurde, und einige Stunden darin liess, bei keiner Bestimmung eine merkliche Verringerung des zuerst festgestellten Volumens eintrat. Die erhaltenen Resultate sind in folgender Tabelle aufgezeichnet:

Flde. Nr.	Bezeichnung der Substanz	100 Grm. Trockensubstanz gaben Stickstoff		Differenz
		bei Verbrennung mit Kupferoxyd	bei Verbrennung mit Natronkalk	
1	Frische Molken	2,016	1,729*	0,287
2	dto.	1,838	1,239*	0,599
3	dto.	1,855	1,365	0,490
4	Abgerahmte Milch	6,130	5,620	0,510
5	dto.	6,200	5,500	0,700
6	dto.	7,270	5,900	1,370
7	dto.	6,450	5,340	1,110
8	dto.	6,270	5,250	1,020
9	Reifer Käse (Stracchiro)	3,714	3,226	0,488
10	Parmesankäse (Ausschuss)	7,200	6,160	1,040
11	dto. (erste Güte)	8,300	8,066*	0,234
12	dto.	8,249	7,632	0,617
13	dto.	6,871	6,062	0,809
14	dto.	6,885	6,105*	0,780
15	Alkoholischer Auszug des Käses Nr. 14	11,716	10,912*	0,804
16	Wässeriger Auszug des Käses Nr. 14	13,408	12,560	0,848

* Das bei einigen Zahlen befindliche Sternchen bedeutet, dass dieselben aus dem Niederschlag von Ammoniumplatinchlorid berechnet sind.

Die in der Tabelle zusammengestellten Resultate, die ich aus Bestimmungen gewann, welche mit der grösstmöglichen Sorgfalt ausgeführt waren, zeigen, dass man bei Ermittelung des Stickstoffs in der Milch und ihren Producten durch Verbrennung mit Natronkalk stets zu niedrige Zahlen erhält, welche von den wahren Werthen weit abliegen. Die Ursache des in Frage stehenden Deficits kann hier nicht die Anwendung zu grosser Hitze und daraus folgende stürmische Gasentwickelung sein, weil jedesmal 2 oder 3 Gasbläschen in der ovalen Mitte des Will'schen Apparates für einige Augenblicke hängen blieben, ehe sie die flüssige Schicht der letzten Kugel durchbrachen; zwischen der Entzündung der ersten Flamme und der Beendigung der Verbrennung lagen kaum weniger als drei Stunden; bei den stickstoffarmen Substanzen (Molken) währte die Verbrennung sogar bis 6 Stunden.

Mag nun dieses Deficit dadurch entstehen, dass sich Ammoniak der Absorption entzieht, oder dass sich Stickstoff im Elementarzustande entwickelt, oder dass sich flüchtige organische Substanzen bilden, welche weniger Säure sättigen, als eine Menge Ammoniak, welche ebensoviel Stickstoff enthält wie jene, oder mag es gleichzeitig zweien oder dreien dieser Ursachen zuzuschreiben sein, so bleibt es doch ein Problem, welches spätere Untersuchungen zu lösen haben werden. Es darf hier vielleicht eine Beobachtung P. Schützenberger's*) erwähnt werden, welche er im Laufe der kürzlich von ihm publicirten, schönen und lehrreichen Untersuchungen über die Eiweisskörper machte. Er beobachtete, dass, wenn man 1 Th. Proteinsubstanz, 3 Th. krystallisirtes Barythydrat und 3 bis 4 Th. Wasser in geschlossenen Gefässen 24 Stunden lang und bei einer Temperatur von mehr als 150° C. erhitzt, die ammoniakalische Barytlösung dann destillirt, und die Producte der Destillation in verdünnter Salzsäure sammelt, zugleich mit dem Wasser und dem Ammoniak ein flüchtiger Körper von fauligem Geruch sich entwickelt, welcher an denjenigen verwesender thierischer Substanzen erinnert, und dass die ursprünglich klare Salzsäure sich nach und nach trübt und rothbraune Flocken absetzt. Die Zersetzungsproducte der Eiweissstoffe, die man durch Anwendung von Glühhitze und Verbindung mit Alkalien erhält, sind gewiss nicht mit denen zu vergleichen, die Herr Schützenberger bei seinen Versuchen bemerkte; — aber wenn es festgestellt ist, dass das Deficit an Stickstoff, welches man beim Leucin erhält, von der vor-

*) Bulletin de la Société chimique de Paris. Nouv. Sér. XXIV.

zeitigen Bildung flüchtiger Producte herrührt, und wenn andererseits Leucin und Leucein 24 bis 26 % des Eiweissmoleküls ausmachen (Schützenberger), so ist es nicht unmöglich, dass alle Eiweisskörper und ihre ihnen am nächsten stehenden Derivate bei der Verbrennung in Gegenwart schmelzender Alkalien eine geringere Quantität Stickstoff in Form von Ammoniak entwickeln, als ihrem wirklichen Stickstoffgehalte entspricht.

Alexander Müller *) — Verfasser mehrerer werthvoller die Chemie der Milch und ihrer Producte betreffenden Untersuchungen — und m. A. glauben, dass man bei den Analysen der Käse befriedigende Resultate erhält, wenn man den Stickstoff durch Verbrennung mit Natronkalk bestimmt und dann eine restitutio in integrum durch Multiplication des erhaltenen Stickstoffs mit 6,25 ausführt: das Product repräsentirt die Menge des Proteins in der verbrannten Substanz. **) Diese Behauptung stimmt nicht gänzlich mit meinen analytischen Resultaten überein, und erfordert deshalb eine besondere Untersuchung.

Als A. Müller die Proteinmenge mit dem Wasser, der Asche und dem Aetherextract zusammenrechnete, kam er bis auf 97 bis 98 %; die an 100 fehlenden 2 bis 3 % würden nach ihm in dem analysirten reifen Käse die Menge der Milchsäure u. s. w. ausmachen, die also auf diese Weise durch Differenz ermittelt wird. Aber die Milchsäure ist in Aether löslich und wird deshalb schon mit dem Fett berechnet; daher wird man begreifen, wie das ebengenannte Deficit nicht den Betrag des isomeren Derivats des Milchzuckers ausdrückt, sondern einer Ursache zugeschrieben werden muss, über deren Natur kein Zweifel bestehen kann.

Und nun weiter. Die Veränderungen, denen die Eiweisskörper der Milch während des Processes der Käsebereitung unterworfen sind, und diejenigen, welche in den Käsen während der Zeit der Reife vor sich gehen, sind mit einem dichten Schleier bedeckt, welchen man bis jetzt nur wenig lüften konnte. Es ist zu vermuthen, dass, wenn man Schritt für Schritt ähnliche Verwandlungen verfolgt (indem man nämlich die Bildung und Natur der «Eiweissreste» studirt), die Constitution der

---

*) Milchzeitung, 1873. Nro. 31, S. 365.

**) A. Müller sagt am angeführten Orte: „Wenn Protein auch für die Zusammensetzung des reifen Käses als Rubrik gebraucht worden ist, so verbirgt sich darunter eine restitutio in integrum, welche auf dem Stickstoffgehalt des mehr oder weniger veränderten ursprünglichen Proteins und seiner Zersetzungsproducte fusst."

Eiweisskörper aufgeklärt werden wird. Die in Rede stehenden Veränderungen haben vielleicht einige Analogie mit denen, die im thierischen Organismus vor sich gehen, im normalen Zustande, mehr noch aber dann, wenn der Zutritt von Sauerstoff zu den Geweben karg bemessen ist (bei theilweiser Absperrung der arteriellen Blutzufuhr, bei Phosphorvergiftung u. s. w.); hierbei spaltet sich das «todte Eiweissmolekül» (Fränkel, 1875), durch die Thätigkeit von Fermenten (Schultzen und Nencki, 1873) in Amidosäuren und stickstofffreie Körper: jene gehen in Harnstoff u. s. w., und diese (Fette) werden oxydirt; wenn es an Sauerstoff fehlt, so sammelt sich das Fett im Körper an. Wir haben keine gegründete Ursache, zu bestreiten, dass beim Zerfall der Eiweisskörper in ihre Bestandtheile, eine bestimmte Anzahl von Wassermolekülen fixirt wird: schon die Kenntniss, welche wir von dem Zersetzen jenes Zerfalls haben, führen nah dahin, dieses anzunehmen: und die neuesten Forschungen Schützenberger's*) beweisen, dass die Zahl der Wassermoleküle, welche von einem sich spaltenden Eiweisskörper aufgenommen wird, von der Zahl der Stickstoffatome im Molekül abhängt; auf jedes Stickstoffatom wird ein Wassermolekül fixirt.

Wenn die Verhältnisse in Wirklichkeit so liegen, so ist zu verstehen, dass man durch Multiplication des Stickstoffs mit 6,25 und Addition des so erhaltenen Proteins zu der Asche und dem Fett (Aetherextract) welches zum Theil von Eiweiss herrührt, auf 100 Th. Käse eine Summe erhalten muss, die 100 übersteigt. Darum, wenn dieses nicht geschieht, vielmehr, nachdem man schon die Milchsäure mit dem Fett bestimmt hat, noch genügender Spielraum bleibt, um sie ein zweites Mal unter der Rubrik von Extractivstoffen zu berechnen, so besteht die beste Art, diese Thatsache zu erklären, in der Annahme, dass die Menge des analytisch festgestellten Stickstoffs die Wahrheit nicht erreiche. Diese Ansicht scheint noch durch die Thatsache eine Stütze zu erhalten, dass die reifen Käse (Parmesankäse u. s. w.) Verbindungen nach der Reihe $Є_n H_{2n+1} NΘ_2$ enthalten. Von einer dieser Verbindungen (Leucin) wenigstens ist bereits festgestellt, dass man bei ihrer Verbrennung mit Natronkalk — wie schon wiederholt erwähnt ist — zu niedrige Resultate erhält.

Die Behauptung A. Müller's ist also weit entfernt davon, mit den oben mitgetheilten analytischen Resultaten in Widerspruch zu stehen, sie kann vielmehr nur zur Bestätigung derselben dienen.

*) Bulletin de la Société chimique de Paris. Nouv. Sér. **25**, 147.

Es würde wünschenswerth sein, dass auch noch Andere vergleichende Stickstoff-Bestimmungen nach den beiden üblichsten Methoden ausführten, um endlich einmal zu entscheiden, ob nur bei einigen Substanzen die Verbrennung mit Natronkalk unbrauchbare Resultate gibt, und welches in diesem Falle jene Substanzen sind; oder ob das Deficit eine Regel ist, so dass es rathsam wäre, die Methode gehörig zu modificiren, oder gänzlich aufzugeben.

Ueber Bunsen's Methode, Antimon von Arsen zu trennen.

Von

L. F. Nilson.

Bei der Analyse eines schwedischen Tetraedrits, der nur eine sehr geringe Menge Arsen enthielt, wünschte ich diesen Arsengehalt quantitativ zu bestimmen und behandelte zu diesem Zwecke das mit Schwefelwasserstoff gefällte Gemisch der Sulfide nach Bunsen's Vorschriften, wie sie von Fresenius in Anleit. zur quant. chem. Analyse 6. Aufl., I. 636 wiedergegeben sind. Wie bekannt, ist dieses Verfahren auf die Unlöslichkeit des Antimontrisulfids und die Löslichkeit der entsprechenden Arsenverbindung in Kaliumbisulfit gegründet.

Da indessen die dabei erhaltene Lösung durch Einleiten von Schwefelwasserstoff eine überraschend grosse Fällung gab, und zufolge ihrer rothgelben Farbe nicht daran zu zweifeln war, dass auch Antimon in die Lösung gegangen war, und da dieselbe auch nach erneuter Behandlung mit Kaliumbisulfit eine bedeutende Antimonmenge enthielt, so wurde ich veranlasst, das Verfahren einer genaueren Prüfung zu unterwerfen und habe deshalb einige Versuche ausgeführt, bei denen Hr. Torbern Fegraeus mir in einigen Fällen behülflich war.

Das zum Zwecke erforderliche Antimontrisulfid stellte ich leicht auf folgende Weise dar. Käuflicher, fein gepulverter Spiessglanz wurde durch anhaltendes Erhitzen mit starker Salzsäure zerlegt und, nachdem die ungelösten Reste sich abgesetzt hatten, die klare Lösung abgezogen. Bei der Destillation lieferte dieselbe erst Wasser und Salzsäure und dann farblose Krystalle von Antimontrichlorid, frei von den im Spiessglanze vorkommenden fremden Stoffen, welche entweder in dem von Salzsäure ungelösten Reste zurückblieben oder, falls sie gelöst wurden, nur den Retortenrückstand bildeten. Eine verdünnte, warme Lösung dieses Chlorids in Salz- und Weinsäure gab mit Schwefelwasserstoff ein Antimontrisulfid, das mit warmem Wasser erst durch Decantation und dann auf Saugfiltern sich leicht auswaschen liess, beim Trocknen im Wasserbade schnell constantes Gewicht annahm und bei der Analyse sich vollkommen rein zeigte, denn

1) 0,302 Grm. davon gaben nach Oxydation mit rauchender Salpetersäure, Abtreiben und Glühen 0,2745 Grm. $Sb_2 \Theta_4$, entsprechend 0,303 Gramm $Sb_2 S_3$.

2) 0,35 Grm. desselben lieferten ebenso 0,3175 Grm. $Sb_2 \Theta_4$, entsprechend 0,3505 Grm. $Sb_2 S_3$.

Bei sämmtlichen unten angeführten Versuchen ist dieses reine Antimontrisulfid benutzt.*)

Hinsichtlich der fraglichen Trennungsmethode heisst es:

«Digerirt man frisch gefälltes Schwefelarsen mit schwefliger Säure und schwefligsaurem Kali, so wird der Niederschlag gelöst, kocht man, so trübt sich die Flüssigkeit durch ausgeschiedenen Schwefel, der bei längerem Kochen zum grösseren Theil wieder verschwindet. Die Flüssigkeit enthält nach Verjagung der schwefligen Säure arsenigsaures und unterschwefligsaures Kali. Schwefelantimon und Schwefelzinn zeigen diese Reaction nicht.»

Wie schon erwähnt, hatte ich doch Ursache die Richtigkeit der letzten Behauptung, was Antimon anbetrifft, in Zweifel zu ziehen; folgende Versuche sind in dieser Hinsicht entscheidend.

Versuch I. 0,5065 Grm. $Sb_2 S_3$ wurden in Kaliumsulfhydrat gelöst, welches durch Sättigung von ungefähr 8 Grm. Kaliumhydrat mit Schwefelwasserstoff bereitet war, die Lösung nach Fresenius' Vorschrift**) auf etwa 500 CC. verdünnt, 1 Liter eben bereiteter, gesättigter

*) Da Antimon also unter den erwähnten Umständen als ganz reines $Sb_2 S_3$ gefällt wird, kann man vielleicht bei der quantitativen Bestimmung dieses Metalls, falls man die warme Lösung mit Schwefelwasserstoff fällt, aus dem erhaltenen, bei 100° getrockneten, keinen freien Schwefel enthaltenden $Sb_2 S_3$ den Antimongehalt direct berechnen und somit dem beschwerlichen Umweg entgehen, einen aliquoten Theil des sonst durch freien Schwefel verunreinigten Sulfids im Kohlensäurestrom zu erhitzen oder in Antimontetroxyd überzuführen.

**) In meinem Laboratorium hatte bei verschiedenen Uebungsanalysen die Trennung des Antimons von Arsen nach Bunsen's Methode keine befriedigenden Resultate gegeben, namentlich war sie auch einem sehr genau arbeitenden Herrn misslungen, der später seine Studien in Heidelberg fortsetzte. Derselbe hatte in Folge dessen die Freundlichkeit mir genau und mit Angabe der Flüssigkeits-

Lösung von schwefliger Säure in Wasser hinzugefügt, die Flüssigkeit im Wasserbade mit dem Niederschlage digerirt, bis die grösste Menge schwefliger Säure entfernt war, und dann so lange gekocht, bis die Hälfte des Wassers und alle schweflige Säure verjagt waren. Die noch warme Lösung wurde dann mit Hülfe einer Wasserluftpumpe schnell abfiltrirt, der ungelöste Rückstand auf ein gewogenenes Filterchen genommen und mit Wasser, Alkohol und Schwefelkohlenstoff ausgewaschen. Derselbe wog nach dem Trocknen bei 100^0 bis zu constantem Gewicht 0,518 Grm. und 0,402 Grm. davon gaben 0,3405 Grm. $Sb_2\Theta_4$, das Ganze also 0,4387 Grm. $Sb_2\Theta_4$, entsprechend 0,4843 Grm, Sb_2S_3. Aus dem Filtrate von diesem ungelösten Rückstand fällte Schwefelwasserstoff 0,029 Grm. Schwefelantimon; wovon 0,0205 Grm. 0,017 Grm. $Sb_2\Theta_4$ gaben; die ganze Fällung entspricht also 0,024 Grm. $Sb_2\Theta_4$ oder 0,0265 Grm. Sb_2S_3.

Versuch II. 0,4605 Grm. Sb_2S_3 gaben ebenso einen ungelösten Rest von 0,4745 Grm., wovon 0,461 Grm. 0,3935 Grm. $Sb_2\Theta_4$ lieferten; der ganze Rest entspricht also 0,405 Grm. $Sb_2\Theta_4$ oder 0,4471 Grm. Sb_2S_3. Aus dem Filtrate schlug Schwefelwasserstoff 0,032 Grm. Schwefelantimon nieder, und davon gaben 0,0125 Grm. 0,0045 Grm. $Sb_2\Theta_4$; das Ganze entspricht somit 0,0115 Grm. $Sb_2\Theta_4$ oder 0,0127 Grm. Sb_2S_3.

Die erhaltenen Werthe geben in Procenten:

	I.	II.
ungelöstes Sb_2S_3 —	95,62 —	97,09
gelöstes Sb_2S_3 —	5,23 —	2,76

und zeigen, dass das Sulfid unter den erwähnten Umständen nicht unlöslich ist. Um zu sehen, ob die bei 100^0 getrocknete reine Verbindung in dieser Hinsicht mit der frisch gefällten einige Verschiedenheit zeige, wurde dieselbe in den zwei folgenden Versuchen mit Kaliumbisulfit digerirt.

Versuch III. 0,2515 Grm. Sb_2S_3 wurden mit Kaliumbisulfit gekocht, das von ungefähr 6 Grm. Kaliumhydrat und 300—400 CC. gesättigter Wasserlösung von schwefliger Säure erhalten war und die Flüssigkeit bis auf $^1/_3$ des ursprünglichen Volumens eingedampft. Das Ungelöste, unmittelbar auf ein gewogenes Filtrum genommen, wog 0,1957

mengen mitzutheilen, wie die fragliche Methode im Bunsen'schen Laboratorium ausgeführt wird. In Folge dessen änderte ich die Angaben, welche sich in der fünften Aufl. meiner Anl. zur quant. Analyse finden, bei Bearbeitung der sechsten Auflage genau nach den mir so gewordenen Mittheilungen. R. F.

Gramm und davon gaben 0,1285 Grm. 0,114 Grm. $Sb_2\Theta_4$. Der ganze Rückstand entspricht also 0,1736 Grm. $Sb_2\Theta_4$ oder 0,1916 Grm. Sb_2S_3. Aus der Lösung schlug Schwefelwasserstoff eine bedeutende voluminöse, rothgelbe Fällung von Sb_2S_3 nieder.

Versuch IV. 0,251 Grm. Sb_2S_3 wurden auf dieselbe Weise behandelt, der ungelöste Rückstand aber erst nach 24 Stunden abfiltrirt und gewaschen. Die Lösung hatte dabei ausser ungelöstem Sb_2S_3 auch eine weisse Fällung abgesetzt. Nach dem Auswaschen und Glühen blieben 0,1855 Grm. zurück, wovon 0,17 Grm. 0,1585 Grm. $Sb_2\Theta_4$ lieferten. Der ganze Rückstand ist also = 0,1729 Grm. $Sb_2\Theta_4$ oder 0,1909 Grm. Sb_2S_3 und muss mithin einige Procente $Sb_2\Theta_3$ enthalten haben. Im Filtrate befand sich die fehlende Antimonmenge; Schwefelwasserstoff schlug auch eine beträchtliche Fällung daraus nieder.

Die beiden Versuche geben in Procenten:

	III.	IV.
ungelöstes Sb_2S_3 —	76,20 —	76,06
gelöstes Sb_2S_3 —	23,80 —	23,94
	100,00	100,00

und zeigen einleuchtend, dass das Antimontrisulfid in Kaliumbisulfit durchaus nicht unlöslich ist, sondern vielmehr in beträchtlicher Menge davon aufgenommen wird. Die Voraussetzung, welche nach Bunsen's Angabe seinem Verfahren zur Trennung des Arsens von Antimon zu Grunde liegt, ist also in der That vollkommen ungegründet.

Es blieb nun noch übrig zu entscheiden, welchen Einfluss die Anwesenheit von Arsen auf die Löslichkeit des Antimons ausübe.

Versuch V. 0,2545 Grm. Sb_2S_3 und 0,099 Grm. $As_2\Theta_3$ wurden auf dieselbe Weise wie in den Vers. I und II behandelt. Der ungelöste Rückstand wog 0,1945 Grm. und davon gaben 0,164 Grm. 0,147 Gramm $Sb_2\Theta_4$; der ganze Rückstand entspricht mithin 0,1743 Grm. $Sb_2\Theta_4$ oder 0,1924 Grm. Sb_2S_3. Von dem abgewogenen Sulfid waren also 0,0621 Grm. in die Lösung gegangen; auch schlug Schwefelwasserstoff daraus eine lebhaft rothgelbe Fällung vom gemischten Sb_2S_3 und As_2S_3 nieder.

Dieser Versuch zeigt folglich, dass die Löslichkeit des Antimontrisulfids unter den erwähnten Umständen bei Gegenwart des Arsens nicht vermindert sondern im Gegentheil etwas vermehrt wird, weil nur 75,60 Procent des abgewogenen Sulfids im Ungelösten wiedergefunden wurden, und mithin nicht weniger als 24,40 % sich gelöst hatten.

Das für die hier in Rede stehende analytische Methode ungünstige Resultat, welches die oben mitgetheilten Versuche gegeben hatten, veranlasste mich in Bunsen's Originalaufsatze *) nachzusehen, ob in dem oben citirten analytischen Handbuche einige auf das Verfahren einwirkende Umstände vielleicht verändert oder weggelassen wären. Ich fand dann, dass man darin einerseits die Anwendung einer weit grösseren Menge schwefliger Säure als solche von Bunsen angegeben empfiehlt und andererseits nur so lange kocht bis $^1/_3$ [in den früheren Auflagen $^2/_3$] des Wassers und damit alle schweflige Säure verjagt ist — Veränderungen, die nicht gut von einigem Einflusse sein können, falls die schweflige Säure wirklich ausgekocht war, und dies ist in den oben angeführten Versuchen der Fall gewesen. Ferner gibt Bunsen in einem von Heydenreich **) ausgeführten Versuche an, er habe die Flüssigkeit erst nach 24 Stunden abfiltrirt, aber dieser Umstand ist in Fresenius' Handbuch nicht angegeben. Um zu sehen, ob es von einigem Einflusse auf den Verlauf der Reaction sein konnte, die Flüssigkeit mit dem Niederschlage während dieser Zeit sich selbst zu überlassen, wurde folgender Versuch angestellt.

Versuch VI. 0,2535 Grm. $Sb_2 S_3$ wurden in Kaliumsulfhydrat gelöst, das von ungefähr 6 Grm. Kaliumhydrat bereitet war, die Flüssigkeit mit einer gesättigten Lösung von schwefliger Säure in Wasser bis auf 1 Liter versetzt, dann digerirt und gekocht bis nur $^1/_3$ dieses Volumens übrig war, das Ungelöste nach 24 Stunden abfiltrirt, gewaschen und getrocknet. Es wog 0,255 Grm., wovon 0,2205 Grm. 0,1975 Grm. $Sb_2 O_4$ lieferten; die ganze Menge entspricht also 0,2284 Grm. $Sb_2 O_4$ oder 0,2521 Grm. $Sb_2 S_3$. Beim Sättigen des Filtrats mit Schwefelwasserstoff trübte es sich nur von freiem Schwefel.

Die ganze eingewogene Quantität $Sb_2 S_3$ wurde somit in dem ungelösten Rückstande wiedergefunden; es fehlt nämlich nur die kaum nennenswerthe Menge von 0,0014 Grm.

Die nächste Frage war nun, zu entscheiden, ob ein ebenso glücklicher Erfolg auch bei Gegenwart des Arsens auf diese Weise zu erhalten wäre; leider fällt die Antwort, wie man aus folgenden Bestimmungen ersieht, verneinend aus.

Versuch VII. 0,306 Grm. $Sb_2 S_3$ und 0,1505 Grm. $As_2 O_3$ gaben nach demselben Verfahren wie im Vers. VI. einen nach 48 Stun-

*) Ann. d. Ch. u. Pharm. **106**, 1.

**) A. a. O. 3.

den abfiltrirten ungelösten Rückstand, der 0,329 Grm. wog; davon lieferten 0,2985 Grm. 0,2605 Grm. $Sb_2 O_4$. Der ganze Rückstand ist folglich = 0,2871 Grm. $Sb_2 O_4$, entsprechend 0,3169 Grm. $Sb_2 S_3$, somit 0,0109 Gramm mehr als das abgewogene Sulfid. Dies überraschende Ergebniss rührt davon her, dass das bis auf constantes Gewicht geglühte Antimontetroxyd Arsen enthält. Mit Soda und Salpeter geschmolzen und nachher mit wenig Wasser behandelt, lieferte dasselbe nämlich eine Lösung, welche mit Salpetersäure sauer gemacht und dann mit überschüssigem Ammoniak, Chlorammonium und Chlormagnesium versetzt alsbald eine weisse krystallinische Fällung gab, die unter dem Mikroskope die dem Ammonium-Magnesium-Arsenate charakteristische Krystallform zeigte. Der ungelöste Rückstand bestand in diesem Falle also nicht nur aus Schwefelantimon, sondern enthielt auch Schwefelarsen. Aus der Lösung schlug Schwefelwasserstoff eine Fällung nieder, die nach Oxydation mit rauchender Salpetersäure etc. nur 0,2505 Grm. bei 102^0 getrocknetes Ammonium-Magnesiumarsenat = 0,1305 Grm. $As_2 O_3$ gab; 0,02 Grm. oder 13,29 % $As_2 O_3$ waren also mit dem Schwefelantimon niedergeschlagen. Das Antimon hatte sich vollständig ausgeschieden, denn das Schwefelarsen löste sich ohne Rückstand in rauchender Salpetersäure.

Versuch VIII. 0,304 Grm. $Sb_2 S_3$ und 0,15 Grm. $As_2 O_3$ ergaben ebenso einen nach 24 Stunden abfiltrirten Rückstand von 0,366 Grm. Von demselben lieferten 0,2745 Grm. 0,2215 Grm. $Sb_2 O_4$. Das Ganze ist also = 0,2953 Grm. $Sb_2 O_4$, entsprechend 0,326 Grm. $Sb_2 S_3$ oder 0,022 Grm. mehr als abgewogen war. Wie im Versuch VII. rührte dies auch von einem Arsengehalt des geglühten $Sb_2 O_4$ her. Das Schwefelarsen, welches aus dem Filtrate fiel, gab auch nur 0,14 Grm. bei 102^0 getrocknetes Ammonium-Magnesium-Arsenat = 0,073 Grm. $As_2 O_3$. Mit dem Schwefelantimon hatte sich somit 0,077 Grm. davon oder 51,33 % ausgeschieden. Das Schwefelarsen enthielt dagegen kein Schwefelantimon.

Aus den beiden letzten Versuchen folgt es zwar, dass das Schwefelantimon, ganz wie im Versuch VI, sich vollständig aus der Lösung ausgeschieden hatte, aber zugleich dass dieses Sulfid bis auf die Hälfte der anwesenden arsenigen Säure mit sich fällte. Zufolge dessen gab der ungelöste Rest nach Oxydation mit rauchender Salpetersäure ein Gemisch aus Schwefel-, Antimon- und Arsensäure, von welchem nach dem Glühen im Porzellantiegel bis auf constantes Gewicht in einer gewöhnlichen Gasflamme ein arsenhaltiges Product zurück blieb. Soweit mir bekannt ist, hat man bisher nicht beobachtet, dass Antimonsäure nicht nur mit Antimonoxyd sondern auch mit arseniger Säure eine feuerbeständige Verbindung zu geben vermag:

$$Sb\Theta . \Theta . Sb\Theta_2 \text{ und } As\Theta . \Theta . Sb\Theta_2.$$

Vergleicht man nun die Versuche III. und IV. mit den Vers. VI.—VIII., so erhellt es daraus deutlich, dass Antimontrisulfid nur dann vollständig abgeschieden wird, wenn die Flüssigkeit eine hinreichende Menge Hyposulfit enthält; dieses Salz wird durch Einwirkung des aus dem Sulfosalze und der schwefligen Säure frei gewordenen Schwefels auf die kochende Kaliumsulfitlösung gebildet und die Menge desselben wird natürlich grösser, je grössere Quantität Kaliumsulfhydrat man in Anwendung bringt.

Andererseits schien indessen ein derartiger Ueberschuss des Hyposulfits von schädlichem Einflusse auf die Löslichkeit des Arsens sein zu können. Ich wünschte deshalb zu versuchen, ob eine Verminderung der angewandten Schwefelkaliummenge vortheilhaft wäre. Deshalb:

Versuch IX. 0,3 Grm. $Sb_2 S_3$ und 0,155 Grm. $As_2 \Theta_3$ wurden in Kaliumsulfhydrat gelöst, welches von 2,5 Grm. Kaliumhydrat bereitet wurde, und die Lösung im Uebrigen wie im Vers. VIII. behandelt. Der ungelöste Rest wog 0,479 Grm. und 0,446 Grm. davon gaben 0,2455 $Sb_2 \Theta_4$. Der ganze Rest entspricht also 0,2637 Grm. $Sb_2 \Theta_4$ oder 0,2911 Grm. $Sb_2 S_3$. Das fehlende Schwefelantimon 0,0089 Grm. oder 2,97 % befand sich in der Lösung und blieb nach Oxydation des aus derselben gefällten Schwefelarsens mit rauchender Salpetersäure als unlösliche, weisse Antimonsäure zurück, welche durch Filtration abgeschieden wurde. Die Lösung gab alsdann 0,2595 Grm. bei 102^0 getrocknetes Ammonium-Magnesium-Arsenat = 0,1352 Grm. $As_2 \Theta_3$. Also fehlt 0,0198 Grm. oder 12,80 % $As_2 \Theta_3$, welche sich mit dem Schwefelantimon aus der Lösung ausgeschieden hatte. Es zeigte sich das erhaltene $Sb_2 \Theta_4$ auch in diesem Falle arsenhaltig.

Wie man erwarten konnte, fällt das Resultat noch schlechter aus, wenn man die bei der Reaction angewandte Quantität Schwefelkalium vermindert. In diesem Falle hatte weder das Antimon sich vollständig abgeschieden, noch blieb das Arsen vollständig in der Lösung.

Nach meinen, in den obigen unter bestimmten Umständen ausgeführten Versuchen gewonnenen Erfahrungen, scheint es leider vollkommen unmöglich zu sein, eine anwendbare Trennungsmethode auf das von Bunsen beobachtete verschiedene Verhalten der Sulfide von Arsen und Antimon zu gründen. Die Verschiedenheit liegt aber nicht in dem

Verhalten derselben zum Kaliumbisulfit sondern zum Kaliumhyposulfit; hat sich davon eine hinreichende Menge in der Lösung gebildet, so fällt das Antimon vollständig nieder, wenn man nach Verlauf einiger Zeit filtrirt; filtrirt man dagegen die Flüssigkeit noch warm, oder ist die Quantität des Kaliumhyposulfits nicht genügend, so bleibt mehr oder weniger davon in der Lösung. Ist Arsen zugleich anwesend, so gibt es, wie es scheint gar keine Umstände, unter denen man eine wirkliche Trennung der beiden Grundstoffe nach diesem Verfahren bewirken kann; mit dem Antimon fällt nämlich stets Arsen nieder und unter Umständen kann dasselbe auch zum Theil in der Lösung mit einer grösseren oder geringeren Quantität Arsen bleiben. Unter den von Bunsen angeführten Beleg-Versuchen ist nur ein einziger beweisend, nämlich die von Diffené ausgeführte Analyse eines Gemenges von Spiessglanz und arseniger Säure; dass dieselbe das mitgetheilte recht gute Resultat gegeben hat muss als ein Werk des Zufalls angesehen werden.

Ich will schliesslich eine charakteristische Reaction des Antimons anführen, welche während der erwähnten Untersuchung beobachtet worden und so empfindlich ist, dass man mittelst derselben auch äusserst geringe Spuren dieses Elements entdecken kann. Um dies zu zeigen braucht man nur 1—2 Grm. Natriumhyposulfit in einigen CC. Wasser zu lösen, die Flüssigkeit mit eben so viel einer gesättigten Lösung schwefliger Säure zu versetzen und dann eine unwägbare Menge von Brechweinstein hinzuzufügen. Die Flüssigkeit, welche beim Zusatz der schwefligen Säure gelblich gefärbt wird, kocht man, nachdem der Brechweinstein gelöst ist, in einem Proberöhrchen. Dabei trübt sie sich etwas vom ausgeschiedenen Schwefel, welcher jedoch bald wieder verschwindet, und opalisirt nach einige Augenblicke fortgesetztem Kochen roth mit bläulichem Reflex oder mit derselben Farbenerscheinung als wenn Spuren seleniger Säure von schwefliger Säure und Salzsäure reducirt werden und wie es scheint mit eben derselben Empfindlichkeit. Durch diese Reaction ist es z. B. möglich in arseniger Säure auch die kleinste Einmischung von Antimonoxyd schnell zu entdecken, was man mit den vorher bekannten Reactionsmitteln kaum erzielen konnte.

Upsala, Universitätslaboratorium den 17. Mai 1877.

Zur Böttger'schen Zuckerprobe.

Von

O. Maschke.

E. Brücke hat in den Berichten der Wiener Akademie 1875 p. 6 *) eine vortreffliche Abänderung der Böttger'schen Zuckerprobe mitgetheilt. Es möchte danach überflüssig erscheinen, noch einmal jenes Thema zu behandeln. Die nachstehende Variation besitzt aber bei gleicher Sicherheit einige praktische Vorzüge; ich stehe deshalb nicht an, sie hiermit der Oeffentlichkeit zu übergeben.

Zur Fällung vorhandener Proteinstoffe benutze ich nach den Angaben C. Sonnenschein's **) eine mit Essigsäure stark angesäuerte Lösung von wolframsaurem Natrium. An zweiprocentigen Gemischen von defibrinirtem Blut mit Wasser habe ich mich sicher überzeugt, dass die Beseitigung jener Stoffe so vollständig geschieht, dass bei der Prüfung mit Wismuth auch nicht die geringste Menge von Schwefelwismuth zu erkennen ist.

Die Gegenwart von Schwefelwasserstoff oder Schwefelalkalien würde allerdings störend wirken, allein auch diese Substanzen lassen sich durch eine kleine Aenderung in dem Untersuchungsgange leicht entfernen.

Ich will nun in Bezug auf Harn, als der am häufigsten auf Zucker zu prüfenden Flüssigkeit, das ganze Verfahren speciell mittheilen.

Man versetzt den Urin mit $^1/_4$—$^1/_3$ Vol. Wolframlösung und filtrirt, wenn durch vorhandene Proteïnstoffe ein Niederschlag entstanden ist, nach einigen Minuten. War der Niederschlag bedeutend, so muss durch erneuten Zusatz von Wolframlösung zu dem Filtrate die wirklich erfolgte vollständige Ausfällung festgestellt werden. Zu der klaren Flüssigkeit wird nun etwa ein halbes Vol. starker Natronlauge und eine kleine Menge basisch salpetersaures Wismuth — etwa von dem Volumen eines halben Pfefferkorns — gesetzt. Unbekümmert um die in der Regel auftretende schmutzig violette, blaue oder grüne Färbung schüttelt man einige Mal tüchtig durch und sieht nun zu, ob das sich absetzende Wismuth bräunlich oder schwärzlich gefärbt ist. Ist dieses der Fall, so ist in der Flüssigkeit Schwefelnatrium vorhanden. Dann allerdings muss man zu einer neuen Portion Harn greifen, diese mit Essigsäure schwach ansäuern und

*) Diese Zeitschrift **15**, 100.

**) Chem. Centralbl. 1873, p. 423.

am besten in einem Reagensglase mit einer Messerspitze basisch salpetersauren Wismuths tüchtig durchschütteln. In sehr kurzer Zeit ist jede Spur von Schwefelwasserstoff entfernt, und die Flüssigkeit kann dann sofort, wie oben angegeben, behandelt werden.

Man schreitet nun zum Aufkochen. Bei sehr kleinen Mengen von Zucker, wie sie auch in normalem Harn vorkommen, ist bekanntlich ein längeres Sieden nothwendig. Hierbei nun namentlich erweist das basisch salpetersaure Wismuth sehr gute Dienste. Ohne irgend ein unangenehmes, bis zum Hinausschleudern gesteigertes Stossen kann die Flüssigkeit beliebig lange im Reagensglase zum Aufwallen gebracht werden. Ich mache ferner darauf aufmerksam, dass Wismuthoxyd in kochender Natronlauge etwas löslich ist. Beim vollständigen Erkalten dieser Lösung entsteht eine starke weisse Trübung (Wismuthoxydnatrium?); enthielt aber die Flüssigkeit ausserdem Traubenzucker, so zeigt die Abscheidung (Wismuthoxydulnatrium?) eine tief schwarze Farbe. Bei Spuren von Traubenzucker erkennt man diese schwarze Substanz erst nach längerem Stehen durch Bildung eines Absatzes, der sich von dem überschüssigen, gelb oder grau gefärbten Wismuthoxyde stets sehr deutlich abhebt. Ein geübtes Auge jedoch kann schon während des Kochens durch den Eintritt eines eigenthümlich bräunlichen Farbentones die Reduction des gelösten Wismuthoxydes erkennen.

Bei der grossen Empfindlichkeit der modificirten Böttger'schen Probe — ein Gehalt von $^1/_{100}$ % Traubenzucker ist noch vollkommen deutlich nachzuweisen — und bei der Thatsache, dass auch normaler Harn geringe Mengen Zucker enthält, könnte man in Zweifel gerathen, ob irgend ein Harn diabetischer Natur sei, oder nicht. Tritt jedoch tiefe Schwärzung des ungelösten Wismuths noch vor dem wirklichen Aufwallen der Flüssigkeit ein, so kann man unbedenklich auf Diabetes erkennen; zweckmässig bleibt es aber immer, das Verhalten normalen Harns verschiedener Personen sich einmal näher anzusehen.

Die von Leared und Gscheidlen*) im Harn nachgewiesenen Schwefelcyanverbindungen, ferner die nach A. Strümpell**) im pathologischen Harn vorkommende unterschweflige Säure bringen bei der vorstehenden Untersuchungsweise keine Unsicherheiten hervor.

Die in Anwendung kommende Wolframlösung fertige ich nach folgenden Verhältnissen an:

---

*) Chem. Centralbl. 1877, 88.

**) Archiv der Heilkunde 17, 390.

krystallisirtes wolframsaures Natrium 30
verdünnte Essigsäure (30 % Essigsäurehydrat enthaltend) 75
Wasser . . . . 120.

Die Flüssigkeit hält sich, soweit meine Erfahrungen reichen, vollkommen unverändert.

Breslau, April 1877.

Ueber das Verhalten der Wolframsäure zu einigen Bestandtheilen des Harns.

Von

O. Maschke.

In den vorstehenden Mittheilungen «Zur Böttger'schen Zuckerprobe» erwähnte ich, dass bei dem Zusatz von starker Natronlauge zu dem mit Wolframlösung (30 wolframs. Natrium, 75 verd. Essigsäure, 120 Wasser) versetzten Harn eine Färbung der Flüssigkeit eintritt. Sie stellt sich in der Regel so dar, dass der obere Theil der Flüssigkeit schmutzig violett, der untere, wo sich die Hauptmenge der schweren Natronlauge befindet, blau wird. Bei gelindem Durchmischen der verschiedenen Schichten nimmt die ganze Flüssigkeit eine blaue oder grüne Farbe an; durch heftiges Schütteln mit atmosphärischer Luft tritt dagegen in sehr kurzer Zeit Entfärbung ein. Den Verlauf dieses Reductionsprocesses — denn ein solcher liegt hier offenbar vor — könnte man so annehmen, dass Natriummonowolframiat regenerirt und dieses dann desoxydirt werde; etwa wie aus Kaliumchromat bei ähnlichem Verfahren grünes Chromoxyd entsteht.

Das Natriummonowolframiat verhält sich aber, wie leicht nachzuweisen, vollständig indifferent; es entsteht auf Zusatz von Alkalihydrat und organischer Substanz keine Spur von Färbung und damit ist denn auch die Bildung von blauem Wolframoxyd ohne jene Zwischenstufe erwiesen.

Für sich allein bewirken selbst stark reducirende organische Substanzen keine Desoxydation sowohl der Wolframsäure wie der Polywolframiate; im Verein mit kaustischen Alkalien dagegen reagiren viele derselben äusserst kräftig.

Stumpft man also die Wolframlösung successive, ja sogar bis zur deutlich auftretenden alkalischen Reaction, mit Natronlauge ab, und versetzt alle diese verschiedenen Flüssigkeiten mit Koniglösung oder Harn, so bleiben sie sämmtlich unverändert; Bläuung tritt aber sofort ein, wenn nun nachträglich noch ein ansehnlicher Zusatz von Natronlauge gemacht wird.

Die der Wolframsäure ähnliche Molybdänsäure zeigt sich weit empfindlicher; bei ihr genügt schon die blosse Einwirkung organischer Substanzen, um Reduction hervorzurufen. Versetzt man z. B. eine Lösung von Natriumbimolybdänat mit etwas Honig, so färbt sich die Flüssigkeit sehr bald grün. Für die Untersuchung des Harns mit Wolframlösung war es nun selbstverständlich von ganz besonderer Wichtigkeit, das Verhalten des Traubenzuckers festzustellen.

Die Vorprüfungen mit käuflichem reinem Traubenzucker zeigten allerdings bedeutende Reductionserscheinungen. Reinigt man aber diesen Zucker durch wiederholtes Ausstüssen mit absolutem Alkohol und Umkrystallisiren aus Weingeist von 0,83 spec. Gew., oder stellt man sich durch wiederholtes Umkrystallisiren möglichst reine Krystalle von Traubenzucker-Chlornatrium dar, so erhält man nach der weiter unten mitgetheilten sehr empfindlichen Methode erst in längerer Zeit und selbst bei ziemlich starken Lösungen nur schwache Farbenerscheinungen. Wenn man nun aber bedenkt, dass bei der Untersuchung des Harns zwischen dem Zusatz der Natronlauge und dem Umschütteln der Flüssigkeit — also bis zu dem Augenblick, wo alle Wolframsäure in das indifferente Natriummonowolframiat verwandelt ist — nur wenige Secunden verstreichen, so liegt nicht die geringste Besorgniss vor, dass kleine Quantitäten von Traubenzucker wegen einer vorher schon stattfindenden Oxydation der Erkennung durch Wismuthoxyd entgehen könnten.

Um vieles kräftiger als Traubenzucker wirkt dagegen Fruchtzucker und es ist wohl der Gegenwart kleiner Mengen dieser Substanz zuzuschreiben, dass der käufliche reine Traubenzucker so beträchtliche Reductionserscheinungen zeigt. Daher gibt denn auch Rohrzucker — der, wie Amylum und Dextrin, unter Zusatz von Natronlauge vollständig indifferent gegen Wolframlösung ist — sofort eine starke Reaction, wenn seine Lösung mit einigen Tropfen verdünnter Schwefelsäure kurze Zeit zum Kochen erhitzt wird. Zur Darstellung des Fruchtzuckers wurde Honig mit absolutem Alkohol geschüttelt; der Rückstand der filtrirten und verdampften Lösung wurde mit Wasser aufgenommen und diese Flüssigkeit mit Thierkohle entfärbt.

Von den Bestandtheilen des Harns unterwarf ich noch Harnstoff, Kreatinin und Harnsäure der Prüfung.

Die beiden ersteren zeigten sich vollkommen wirkungslos, die Harnsäure dagegen reducirte die Wolframsäure ebenso leicht und schnell, wie etwa Pyrogallussäure, Brenzcatechin, Gerbsäure, und es wird daraus ersichtlich, dass sich jeder Harn mehr oder weniger grün oder blau färben muss, wenn derselbe nach meinen Angaben auf Traubenzucker untersucht wird.

Um das Verhalten der verschiedenen Substanzen gegen Wolframsäure zu prüfen, empfehle ich folgendes Verfahren:

Man versetzt die Lösung der Substanz mit etwa $^1/_3$ Vol. Wolframflüssigkeit und schichtet einen Theil dieses Gemisches mittelst einer schief an den Rand des Reagensglases gesetzten Pipette vorsichtig über concentrirte Natronlauge. Es entwickelt sich dann mehr oder weniger schnell, je nach der Natur und Menge der Substanz, an der Schichtungsstelle eine schöne blaue oder auch grüne, nach oben meist scharf begrenzte, sich allmählich verbreiternde Farbenzone, die von einer schmalen, blass röthlichen Schicht überlagert wird. Bei Beurtheilung dieser Schichten ist es zweckmässig, durch Dahinterhalten von Papier einen weissen Hintergrund herzustellen.

Breslau, April 1877.

Quantitative Analyse eines Gemisches organischer Verbindungen.

Von

Richard Popper.

Es ist bekannt, dass die Analyse eines Gemisches organischer Verbindungen auf weit grössere Schwierigkeiten stösst, als die der unorganischen, und wir bei jenen deshalb verhältnissmässig nur selten im Stande sind, sichere Resultate zu erhalten.

Ist dies schon bei der qualitativen Untersuchung der Fall, so natürlich noch in ungleich höherem Grade bei der quantitativen Bestimmung. Vor kurzem fand ich nun eine Methode, die es ermöglicht, aus einem Gemenge von 3, und wenn eine oder mehrere derselben Stickstoff enthalten, selbst 4 organischen Verbindungen in kurzer Zeit die Quantität jeder einzelnen derselben zu ermitteln, was wohl nicht ohne Interesse sein dürfte.

Das ganze Verfahren besteht nämlich in einer einfachen Elementaranalyse des betreffenden Gemisches.

Freilich erhält man hier weiter nichts, als die Gesammtmenge des Kohlenstoffs und Wasserstoffs, welcher sich in dem Gemenge vorfindet, jedoch lässt sich hieraus auf algebraischem Wege durch Ansatz dreier Gleichungen mit 3 Unbekannten die Menge jedes einzelnen Körpers ohne Schwierigkeit finden.

Nehmen wir z. B. an, die zu untersuchende Substanz enthielte Stearinsäure, Naphtalin und Brenzcatechin mit einem Gesammtgewicht von 0,555 Gramm und wir finden darin durch die Elementaranalyse 0,3936 Grm. Kohlenstoff und 0,0422 Grm. Wasserstoff, so liesse sich vor allem die Gleichung bilden

$$\text{I.}\quad x + y + z = 0{,}555,$$

worin x, y und z die unbekannten Gewichte der drei Verbindungen darstellen.

Ferner würde der Werth $\frac{216}{284}x$ die Menge des in der Stearinsäure enthaltenen Kohlenstoffs ausdrücken, da 284 das Molekulargewicht derselben und 216 (= 12 . 18) den in ihr enthaltenen Kohlenstoff repräsentirt. Ganz in derselben Weise würde der Ausdruck $\frac{120}{128}y$ den im Naphtalin und $\frac{72}{110}z$ den im Brenzcatechin enthaltenen Kohlenstoff darstellen und wir also die Gleichung erhalten:

$$\text{II.}\quad \frac{216}{284}x + \frac{120}{128}y + \frac{72}{110}z = 0{,}3936.$$

Als letzte Beziehung würde sich ergeben:

$$\text{III.}\quad \frac{36}{284}x + \frac{8}{128}y + \frac{6}{110}z = 0{,}0422,$$

da die Zahlen 36, 8 und 6 die Atomgewichte des Wasserstoffs, welcher sich in den 3 Verbindungen findet, ausdrücken.

Dass sich aus diesen 3 Gleichungen die Werthe von x, y und z, d. h. die Mengen der vorhandenen Stearinsäure, sowie des Naphtalins und Brenzcatechins finden lassen werden, unterliegt natürlich keinem Zweifel. Denken wir uns ausser allen diesen noch eine vierte Verbindung z. B. Harnstoff anwesend, (eine Zusammenstellung, die allerdings nicht so leicht vorkommen dürfte) bezeichnen dessen Menge mit u und finden ferner für die Menge des in unserem Gemische enthaltenen Stickstoffs 0,0504 Grm., so bilden sich, wenn im übrigen die gefundenen Werthe bleiben, folgende Gleichungen:

I. $x + y + z + u = 0,555.$

II. $\frac{216}{284} x + \frac{120}{128} y + \frac{72}{110} z + \frac{12}{60} u = 0,3936.$

III. $\frac{36}{284} x + \frac{8}{128} y + \frac{6}{110} z + \frac{4}{60} u = 0,0422.$

IV. $\frac{28}{60} u = 0,0504.$

Suchen wir aus diesen Relationen vor allem die vierte Unbekannte u zu eliminiren, so erhalten wir:

$$u = 0,0504 \cdot \frac{60}{28} = 0,1080$$

und es ergäbe sich durch Substitution dieses Werthes in die übrigen drei Gleichungen:

$$x + y + z = 0,4470$$

$$\frac{216}{284} x + \frac{120}{128} y + \frac{72}{110} z = 0,3720$$

$$\frac{36}{284} x + \frac{8}{128} y + \frac{6}{110} z = 0,0350$$

Zur Auflösung derartiger Relationen dürfte immer die bei Gleichungen mit mehreren Unbekannten gebräuchliche Coefficientenmethode am geeignetsten sein und würde die Rechnung ungeachtet der schwülstigen Brüche doch dadurch bedeutend erleichtert, dass die Nenner der letzteren in jeder Gleichung dieselben bleiben.

Um aus obigen Relationen 2 Gleichungen mit 2 Unbekannten x und z abzuleiten, würden wir zunächst die unterste derselben mit 15 multipliciren und durch Subtraction mit der darüber befindlichen vereinigen, worauf eine ganz ähnliche Operation mit der ersten und dritten vorgenommen werden müsste, nachdem letztere mit 16 multiplicirt worden.

Fährt man in dieser Weise fort, so ergeben sich die Resultate:
$x = 0,1215$ Grm., $y = 0,1896$ Grm., $z = 0,1386$ Grm., $u = 0,108$ Grm., oder in Procenten ausgedrückt:

Stearinsäure	=	21,89 %.
Naphtalin	=	33,64 «
Brenzcatechin	=	25,00 «
Harnstoff	=	19,46 «

Die Anführung einer besonderen Beleganalyse hielt ich nicht für nöthig, da ja jedem bekannt ist, dass sich der Kohlenstoff und Wasserstoff einer organischen Substanz mit grosser Genauigkeit durch eine Elementaranalyse finden lässt und dann, wie soeben angeführt, mit mathematischer Nothwendigkeit folgt, dass sich auch die Mengen ihrer Bestandtheile ermitteln lassen. Vielmehr ist es ein ganz andrer Umstand, der unsere Aufmerksamkeit in Anspruch nehmen muss.

Wären nämlich in obigen Gleichungen die Coefficienten $\frac{216}{284}$, $\frac{120}{128}$ u. s. w. ziemlich gleich, wie dies bei Körpern von nur wenig verschiedener Zusammensetzung vorkommt, so wird hierdurch ein sehr ungünstiger Einfluss auf die Genauigkeit ausgeübt. Es lässt sich das auch leicht erklären. Nehmen wir z. B. an, es lägen lauter Körper von empirisch gleicher Zusammensetzung vor, so würde man immer denselben Gehalt an Kohlenstoff, Wasserstoff und Stickstoff finden, gleichviel in welchem Verhältnisse diese Körper miteinander gemischt sind. Dass jedoch, wenn wir in jedem noch so verschiedenen Mischungsverhältnisse dessenungeachtet immer wieder ein und dieselben Werthe bekommen, sich auch umgekehrt aus diesen Werthen kein Schluss auf jenes Mischungsverhältniss ziehen lassen kann, wird jedem leicht erklärlich sein.

Was bei gleicher Zusammensetzung eine Berechnung geradezu unmöglich macht, würde bei nur wenig verschiedener mindestens einen sehr ungünstigen Einfluss auf die Genauigkeit ausüben, so dass wir z. B. bei einem Gemenge von Stearin-, Palmitin- und Oleinsäure höchst unsichere und schwankende Resultate erhalten würden.

Allerdings wäre das eben angeführte Beispiel einer der ungünstigsten Fälle; denn das Verhältniss zwischen Kohlenstoff, Wasserstoff und Sauerstoff (denn auf dieses allein kommt es ja hier an) würde in jeder dieser drei Verbindungen ziemlich dasselbe sein, so dass in den sich bildenden Gleichungen die Coefficienten des x von denen des y und z nur um wenige Tausendel differiren dürften.

Dessenungeachtet würden wir in den meisten derartigen Fällen den Procentgehalt der verschiedenen organischen Körper wenigstens abschätzungsweise finden können.

Die Untersuchung aller der Fälle, in welchen obige Methode von praktischem Nutzen sein dürfte, z. B. zur Ermittlung der Quantitäten mehrerer Farbstoffe, die aus einer Lösung mit Thonerde sämmtlich ausgefällt worden sind, u. a. m. würde wohl eine längere Zeit in Anspruch nehmen, weshalb ich den Bericht hierüber vorläufig noch zu unterlassen genöthigt bin.

Dresden, im April 1877.

Schnelles und sicheres Verfahren zur Nachweisung von Nickel neben Kobalt.

Von

Richard Popper.

Bekanntlich ist es ziemlich langwierig in einer Nickel und Kobalt enthaltenden Lösung ersteres nachzuweisen.

Nun weiss man zwar, dass Schwefelammonium, besonders wenn es freies Ammoniak enthält, kein gutes Fällungsmittel für Nickellösungen ist, indem es etwas Schwefelnickel auflöst. Jedoch fand ich in letzter Zeit, dass diese Löslichkeit sogar gross genug sei, um ein ganz hübsches Verfahren zur Nachweisung von Nickel neben Kobalt (selbst bei sehr geringen Mengen des ersteren) darauf zu basiren.

Ich operirte dabei in folgender Weise:

Nachdem eine Lösung, welche alle Basen der vierten Gruppe enthielt, mit etwas Salmiak versetzt worden war, fügte ich derselben vor dem Zusammenbringen mit Schwefelammonium wenigstens die Hälfte desselben an Ammoniak zu.

Würde ich zur Fällung Schwefelwasserstoffschwefelammonium angewendet haben, so hätte der Ammoniakzusatz natürlich dem entsprechend grösser sein müssen.

Nachdem nun der erhaltene Niederschlag (Fe S, Mn S, Zn S, Co S und ein Theil des Ni S) von der Flüssigkeit, welche noch viel überschüssiges Schwefelammonium enthalten muss, getrennt war, löste ich Fe S, Mn S und Zn S in der gewöhnlichen Weise mit verdünnter, kalter Salzsäure, konnte mir aber hierbei das langwierige und mühsame Auswaschen des schwarzen Rückstandes vollständig ersparen, da ich denselben nur auf Kobalt zu prüfen brauchte, welches ja unter allen Umständen in der Perle so ausserordentlich leicht erkennbar ist.

Im Filtrat verjagte ich das Schwefelammonium durch Erhitzen. Der hierbei entstehende schwarze Niederschlag konnte ohne Zweifel nur Schwefelnickel sein, da er die Perle nicht im mindesten bläute. Zum Ueberfluss löste ich das Schwefelnickel, dem allerdings ein wenig milchiger Schwefel (von Schwefelammonium herrührend) beigemengt war, noch in etwas Königswasser und fällte mit thonerdefreiem Kali das apfelgrüne Nickeloxydulhydrat, was jedoch eine weniger empfindliche Reaction war, als der erhaltene schwarze Niederschlag selbst.

Mit Hülfe dieser Methode gelang es mir auch später, ganz geringe Mengen Nickel neben Kobalt mit überraschender Schnelligkeit nachzuweisen.

In letzterem Falle wurde manchmal der neben dem Schwefelnickel ausgeschiedene milchige Schwefel nicht ganz von ersterem verdunkelt, und ich bekam dann statt eines schwarzen, einen grauen Niederschlag.

Das Verfahren bleibt übrigens, wenn man nach der älteren Art und Weise die dritte und vierte Basengruppe zugleich mit Schwefelammonium fällt, ganz dasselbe.

Auch die Gegenwart der seltneren Basen, wie Thalliumoxydul, Beryllerde, Didymoxyd und dergl. mehr würde obigen Gang durchaus nicht beeinträchtigen.

Dresden, im April 1877.

Ueber Bestimmung des Gewichtes kleiner Silber- und Goldkörner mit Hülfe des Mikroskopes.

Von

V. Goldschmidt,
Assistent a. d. Königl. Bergakademie zu Freiberg.

Zur Bestimmung des Gewichtes von Gold- und Silberkörnern, wie sie bei quantitativen Proben mit dem Löthrohr nöthig wird, hat man sich, wenn die Körner so klein sind, dass ein Auswägen derselben nicht mehr thunlich erscheint, verschiedener Apparate zum Messen derselben bedient und aus dem Durchmesser durch Rechnung resp. Tabellen das Gewicht festgestellt.

Von diesen Apparaten der älteste und einfachste ist der von Harkort-Plattner; complicirter und schwer zu erlangen sind die von Rüger und Kleritj. Alle sind sie genau beschrieben in Plattner's «Probirkunst mit dem Löthrohr» (5. Aufl. neu bearb. von Oberbergrath Richter pag. 36 ff.)

Zweck dieser Zeilen ist, zu obgenannter Bestimmung dem Mikroskop Eingang zu verschaffen.

Ich machte die folgenden Versuche mit einem Hartnack'schen Mikroskop, in dessen Ocular (2) eine Theilung (Ocularmikrometer) angebracht ist. Das Gesichtsfeld wird dadurch in 10 Haupttheile getheilt, deren jeder wieder in 10 Theile zerfällt. (Es mögen die Haupttheile als Theilungen, die Unterabtheilungen als Zehntel bezeichet werden). Dazu verwendete ich das Objectivsystem 4 und arbeitete so mit einer ca. 70fachen linearen Vergrösserung. Den Werth einer Theilung bestimmte ich mit Hülfe eines Mikrometers von Möller zu 0,125^{mm}, durch ein solches von Seibert und Krafft zu 0,12^{mm}. Doch ist es nöthig, den Werth der Theilung hier auf andere Art mit Hülfe der Körner selbst fest zu stellen, worauf ich später noch hinweisen werde. So fand sich 1 Theilung = 0,124^{mm}.

Als Unterlage für die Körner kann ein einfacher Objectträger oder jedes beliebige Glas dienen, angenehmer jedoch und weniger anstrengend für die Augen ist ein blaues Kobaltglas, in das man sich, um das Korn leichter ins Gesichtsfeld zu bringen, ein diagonales Kreuz mit dem Diamant eingeritzt hat. Das Korn findet man am schnellsten, wenn man es in die Nähe des Kreuzpunktes legt. (Fig. 24).

Fig. 24.

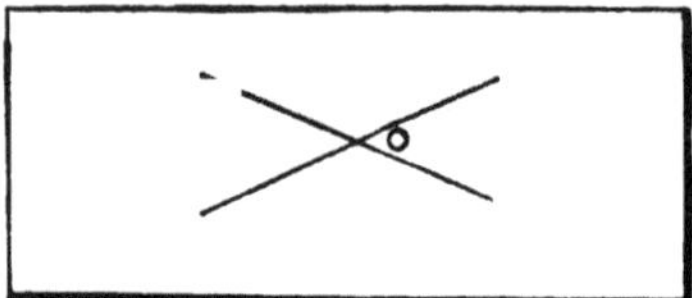

Es waren nun, bevor das Mikroskop sich zur Gewichtsbestimmung der Körner empfehlen liess, verschiedene Fragen zu beantworten und durch Versuche zu bestätigen.

1. Nehmen die Gold- und Silberkörner beim Schmelzen vollkommene Kugelgestalt an, so dass man aus Durchmesser und specifischem Gewicht direct das Gewicht bestimmen kann? Und ist dies bei allen Grössen, so weit die Messung unter dem Mikroskop möglich, also hier bis 10 Theilungen = 1,24^{mm} Durchmesser, der Fall?

2. Lässt sich der Vergrösserungswerth der Theilung leicht und sicher feststellen?

3. Wie genau kann man bei der Theilung ablesen, und welche Genauigkeit wird dadurch in Bestimmung des Durchmessers und Gewichtes erzielt?

4. Uebertrifft diese Genauigkeit die der übrigen Messinstrumente und in wie weit die der Wage?

5. Lässt sich aus dem gefundenen Durchmesser bequem und ohne sonderlich complicirte Rechnung das Gewicht finden?

6. Ist die Gestalt der beim Abtreiben mit dem Löthrohr auf der Kapelle entstehenden Körner zum Messen geeignet oder lassen sie sich auf einfache Weise und ohne wesentlichen Verlust in eine geeignete Form bringen?

7. Hat das Mikroskop noch andere Vortheile vor der Wage und den übrigen Messinstrumenten?

Die Versuche zur Beantwortung der 5 ersten Fragen, die sich nicht so scharf trennen lassen, wurden auf folgende Weise ausgeführt:

Es wurden Stückchen von ausgeplattetem Feinsilber und Gold in einem Grübchen auf Holzkohle zu Kugeln geschmolzen und mit den verschiedenen Apparaten gemessen, von mehreren kleineren die Summe, die grösseren einzeln gewogen, das Gewicht der mit dem Mikroskop gemessenen Körner berechnet nach der Formel:

$$G = \frac{d^3 \pi}{6} \gamma = \frac{(\mu n)^3 \pi}{6} \gamma,$$

wobei μ den Vergrösserungswerth der Skala, n die Zahl der abgelesenen Theilungen bedeutet.

μ wurde aus mehreren gemessenen und dann gewogenen Körnern nach der Formel berechnet:

$$\mu = \sqrt[3]{\frac{6 G}{n^3 \pi \gamma}},$$

die sich aus der obigen ableitet. Es ergab sich zu 0,124. Das specifische Gewicht des Goldes ist zu 19,3, das des Silbers zu 10,4 angenommen.

Indem obige Formeln zunächst als hier zutreffend angenommen wurden, wurde beobachtet, ob sich unter sich und mit der Wage übereinstimmende Resultate ergaben, und da dies der Fall war, die Annahme als richtig betrachtet.

Das Auswägen geschah auf einer Löthrohrwage von Osterland in Freiberg, die auf 0,1 Milligr. deutlichen Ausschlag gibt.

1. Messung von Silberkörnern

mit einem Harkort-Plattner'schen Maassstab von Osterland in Freiberg und dem Mikroskop.

Nr.	Sch. Milligr.	Gdt. Milligr.	n	G. aus n berechnet.
1	0,91	0,97	4,4	0,884
2	0,34	0,34	3,15	0,324
3	2,06	2,13	5,6	1,822
4	0,90	0,90	4,1	0,715
5	0,48	0,48	3,55	0,464
6	0,31	0,31	2,9	0,253
7	1,67	1,75	5,25	1,501
8	0,49	0,51	3,45	0,426
9	0,69	0,63	3,65	0,504
	Sa. 7,85	8,02		6,893

Auf der Wage ergaben die Körner zusammen:

6,9 Milligr.

Also vollkommene Uebereinstimmung mit der mikroskopischen Messung. Darauf wurden die Körner 1, 4, 5, 6 und 7 zusammen gewogen und ergaben: 3,8 Milligr.

Das aus der Messung erhaltene Gewicht ist:

0,884
0,715
0,464
0,253
1,501
3,817 Milligr.

Obige Körner wurden von Herrn Bergingenieur von Schoulz-Ascheraden (Sch.) und von mir (Gdt.) auf dem gleichen Maassstab gemessen, um Fehler durch verschiedene individuelle Beobachtungen zu constatiren oder auszuschliessen. In der That treten solche Differenzen auf, während beim Mikroskop unsere Ablesung von n stets auf 0,05 Theilungen übereinstimmte.

2. Vergleichende Messung

von Gold- und Silberkörnern mit dem Mikroskop (n) einem (in der Königl. Bergakademie befindlichen) Instrument von Rüger (Rg.), einem Harkort-Plattner'schen Maassstab von Lingke (L.) und einem von Osterland (O.) in Freiberg, und Auswägen bei kleinen Körnern in Summa bei grösseren einzeln und in Summa. G = Gewicht.

a) Goldkörner.

Nr.	n	G. *) aus n Milligr.	O. Gewicht Milligr.	Rg. Umdreh.	Rg. **) Gewicht Milligr.	G. auf Wage Milligr.
1	3,45	0,791	0,99	2,065	0,7349	—
2	2,6	0,338	0,28	1,465	0,2930	—
3	3,3	0,693	0,74	1,900	0,5725	—
4	3,02	0,531	0,54	1,68	0,3957	—
5	2,0	0,154	0,175	1,12	0,1173	—
6	2,2	0,205	0,27	1,19	0,1406	—
7	2,25	0,211	0,24	1,24	0,1591	—
8	2,4	0,266	0,21	1,30	0,1834	—
	Sa.	3,198	3,42		2,5965	3,1

*) Siehe Tabelle I. S. 443.

**) Mit dem Hünich'schen Coëfficienten.

Nr.	n Theilungen	G. aus n Milligr.	L. Theilstr.	L. Gewicht Milligr.	O. Theilstr.	O. Gew. Mgr.	Rg. Umdr.	Rg. Milligr.	G. auf Wage
9	2,3	0,234	17,2	0,31	17,6	0,33	1,26	0,1617	—
10	1,75	0,103	13,3	0,14	13,6	0,15	0,90	0,0608	—
11	2,175	0,200	16,8	0,29	17,2	0,31	1,18	0.1372	—
12	1,9	0,132	13,8	0,15	14,2	0,17	0,95	0,0716	—
13	2,025	0,160	15,7	0,23	16,0	0,25	1,05	0,0966	—
	Sa.	0,829		1,12		1,21		0,5279	0,8

Nr.	n Theilungen	G. aus n Milligr.	Rg. Umdreh.	Rg. Gewicht Milligr.	G. auf Wage Milligr.
14	2,95	0,495	1,70	0,4100	—
15	3,05	0,547	1,73	0,4321	—
16	3,5	0,826	1,99	0,6627	—
17	4,1	1,327	2,43	1,1976	—
18	3,6	0,898	2,12	0,7952	—
19	3,8	1,057	2,26	0,9634	—
20	4,25	1,479	2,53	1,3516	—
		Sa. 6,629		5,8126	6,8

Nr.	n Theilungen	G. aus n Milligr.	Rg. Umdreh.	Rg. Gewicht Milligr.	G. auf Wage Milligr.
21	4,4	1,640	2,62	1,5010	1,6
22	4,65	1,936	2,76	1,7547	1,9
23	5,35	2,949	3,17	2,6586	2,9
24	5,1	2,554	3,08	2,4386	2,5
25	5,35	2,949	3,21	2,7606	2,9
26	5,55	3,293	3,39	3,2515	3,3
		Sa. 15,321		14,3650	15,1
				Zus. ausgewogen	15,7

Nr.	n Theilungen	G. aus n Milligr.	Rg. Umdreh.	Rg. Gewicht Milligr.	G. auf Wage Milligr.
27	6,2	4,590	3,74	4,3661	4,5
28	6,875	6,190	4,14	6,9222	6,25
29	7,525	8,298	4,50	7,6054	8,1
30	7,0	6,605	4,20	6,1834	6,5
31	8,5	11,83	— *)	—	12,2
32	8,0	9,860	4,87	9,6398	10,0
		Sa. 47,373			47,65
				Zus. gewogen	48,0

b) Silberkörner.

Nr.	n Theilungen	G. aus n Milligr.	L. Gewicht Milligr.	O. Gewicht Milligr.	Rg. Umdreh.	Rg. Gewicht Milligr.	G. auf Wage Milligr.
1	1,9	0,071	0,06	0,07	0,91	0,0335	—
2	2,125	0,100	0,08	0,10	1,13	0,0642	—
3	2,175	0,108	0,115	0,12	1,22	0,0808	—
4	1,975	0,080	0,07	0,09	1,04	0,0501	—
5	1,95	0,077	0,09	0,10	1,04	0,0501	—
6	2,6	0,182	0,17	0,20	1,47	0,1413	—
	Sa.	0,618	0,585	0,68		0,4200	0,6

Nr.	n Theilungen	G. aus n Milligr.	L. Gewicht Milligr.	O. Gewicht Milligr.	Rg. Umdreh.	Rg. Gewicht Milligr.	G. auf Wage Milligr.
7	3,95	0,639	0,75	0,79	2,35	0,5775	0,7
8	4,1	0,715	0,75	0,84	2,40	0,6151	0,8
9	4,7	1,077	1,12	1,18	2,83	1,0085	1,2
10	3,7	0,525	0,55	0,65	2,16	0,4484	0,6
11	4,35	0,854	0,86	0,93	2,59	0,7731	0,9
12	4.4	0,884	0,82	0,94	2,66	0,8375	0,9
		4,694	4,85	5,33		4,2601	5,1
						Zus. ausgewogen	4,9

*) Korn 31 war für das Rüger'sche Instrument zu dick.

Nr.	n Theilungen	G. aus n Milligr.	Rg. Umdreh.	Rg. Gewicht Milligr.	G. auf Wage Milligr.
13	5,35	1,588	3,26	1,5417	1,6
14	6,075	2,325	3,74	2,3278	2,3
15	6,225	2,502	3,77	2,3842	2,5
16	5,8	2,024	3,52	1,9407	2,0
17	6,05	2,297	3,69	2,2357	2,35
18	6,0	2,240	3,60	2,0761	2,2
		Sa. 12,976		12,5063	12,95
				Zus. gewogen	13,2

Nr.	n Theilungen	G. aus n Milligr.	Rg. Umdreh.	Rg. Gewicht Milligr.	G. auf Wage Milligr.
19	8,5	6,870	— *)	—	6,8
20	8,8	7,068	—	—	6,9
21	9,35	8,479	—	—	8,3
22	7,15	3,791	4,36	3,688	3,65
23	6,95	3,482	4,19	3,273	3,5
24	5,9	2,130	3,58	2,0417	2,2
		Sa. 31,320			30,85
				Zus. gewogen	31,0

Aus diesen Versuchen ergibt sich zunächst, dass die durch mikroskopische Messung erzielten Resultate sehr gut mit den durch Wägung erlangten übereinstimmen. Da die Gewichtsresultate den nach der Kugelformel zu erwartenden entsprechen, so können die Körnchen sowohl des Goldes als auch des Silbers als vollkommene Kugeln betrachtet werden.

Die Maassstäbe (L. und O.) sind unter sich nicht ganz gleich, sondern es gibt der von O. stets grössere Resultate als der von L. Die beiden convergirenden Linien liegen also bei O. dichter zusammen. Es treten somit zu den Fehlern durch individuell verschiedene Beobachtung noch Fehler durch ungleiche Ausführung der Maassstäbe durch den Mechanikus.

Die Resultate mit dem Rüger'schen Apparat sind im Vergleich zu den übrigen nicht sonderlich günstig. Besonders nimmt die Genauigkeit mit der Kleinheit der Körner ab, wo sie gerade am nöthigsten wäre.

*) Die Körner 19, 20 u. 21 sind für das Rüger'sche Instrument zu dick.

Bei Auswägung selbst mit dieser höchst empfindlichen Wage, die auf $^1/_{10}$ Milligr. sehr merklichen Ausschlag gibt, ist auf grössere Genauigkeit als auf 0,1 Milligr. auch bei der sorgfältigsten Wägung nicht zu rechnen. Die Genauigkeit der Ablesung beim Mikroskop ist bis auf 0,05, bei sehr gut gerundeten und glatten, besonders kleinen Körnern, bis auf 0,025 Theilungen möglich. Auch kann man leicht durch Drehen des Oculars und somit der Scala an demselben Korn verschiedene Messungen vornehmen. Geben diese bedeutende Differenzen, so ist es rathsam dem Korn durch Umschmelzen eine bessere Kugelgestalt zu geben, da mit Unregelmässigkeiten im Querschnitt auch noch andere Unregelmässigkeiten zusammenhängen.

Der Vergrösserungs-Coëfficient μ der Scala muss nach der oben angeführten Formel:

$$\mu = \sqrt[3]{\frac{6\,G}{n^3 \pi \gamma}} = \frac{1}{n} \sqrt[3]{\frac{6\,G}{\pi \gamma}}$$

durch Messen und Auswägen mehrerer, am besten vieler Körnchen genau bestimmt werden und ist dabei Zeit und Sorgfalt nicht zu scheuen, da diese Arbeit für dasselbe Mikroskop nur einmal ausgeführt zu werden braucht und von ihr sämmtliche Bestimmungen sehr wesentlich abhängen.

z. B.

$G = 1,3$ Milligr.,
$n = 5$ Theilungen,
$\gamma = 10,4$ (Silber):

$$\mu = \frac{1}{5} \sqrt[3]{\frac{6\,.\,1,3}{3,14\,.\,10,4}} = \frac{1}{5} \sqrt[3]{0,239} = 0,1241.$$

Anmerkung. Solche Gold- und Silberkörnchen kann man somit auch statt der Mikrometer benutzen, um für andere Zwecke den Werth der Theilung in einem Ocularmikrometer festzustellen, dann auch wieder, um mit Hülfe dieses die Richtigkeit eines als Object dienenden Mikrometers zu prüfen, während man bis jetzt auf Vergleichung derselben unter sich und den guten Namen des Herstellers angewiesen ist. In diesem Falle dürfte es bequemer sein, statt Gold oder Silber Quecksilberkügelchen anzuwenden. Dass dies zu fast gleichen Resultaten führt bestätigt folgender Versuch. Es wurden 6 Quecksilberkügelchen gemessen (n) auf gläsernen Schälchen gewogen (G) und ergaben:

Nr.	n Theilungen	n^3	G Milligr.
1	5,5	166,375	2,1
2	3,75	52,734	0,8
3	3,1	29,791	0,4
4	4,9	117,649	1,7
5	3,6	46,656	0,5
6	4,4	85,184	1,2
		Sa. 498,389	6,7

Es ist:

$$\mu = \sqrt[3]{\frac{\mathfrak{G}}{N^3} \cdot \frac{6}{\pi \gamma}} = \sqrt[3]{\frac{\Sigma(G)}{\Sigma(n^3)} \cdot \frac{6}{\pi \gamma}}$$

$$\mathfrak{G} = \Sigma(G)$$

$$N^3 = \Sigma(n^3)$$

$$\mu = \sqrt[3]{\frac{6,7}{498,39} \cdot \frac{6}{3,14 \, . \, 13,58}} = 0,12365.$$

Das specifische Gewicht des Quecksilbers war zu 13,58 angenommen.

Nach der Formel:

$$G = \frac{(\mu n)^3 \pi}{6} \gamma,$$

die sich als hier zutreffend bewiesen hat, lässt sich eine Tabelle aufstellen, um aus n G zu finden.

Tabelle I.

Zur Bestimmung des Gewichtes von Gold- und Silberkörnern aus den an der Mikroskopscala abgelesenen Zahlen.

$$G = \frac{d^3 \pi}{6} \gamma = \begin{cases} \dfrac{d^3 \, 3,14}{6} \, . \, 19,3 = 10,1 \, d^3 \text{ für Gold,} \\ \dfrac{d^3 \, 3,14}{6} \, . \, 10,4 = 5,44 \, d^3 \text{ für Silber,} \end{cases}$$

$$d = \mu n = 0,124 \, n$$

n Theilungen	d mm	d³	G. für Gold Mgr.	G. für Silber Mgr.	n Theilungen	d mm	d³	G. für Gold Mgr.	G. für Silber Mgr.
1,5	0,1860	0,006435	0,065	0,035	5,8	0,7192	0,372006	3,757	2,024
1,6	0,1940	0,007809	0,079	0,042	5,9	0,7316	0,391582	3,955	2,130
1,7	0,2108	0,009367	0,095	0,051	6,0	0,7440	0,411831	4,159	2,240
1,8	0,2232	0,011129	0,112	0,061	6,1	0,7564	0,432768	4,371	2,354
1,9	0,2356	0,013074	0,132	0,071	6,2	0,7688	0,454407	4,590	2,472
2,0	0,2480	0,015253	0,154	0,083	6,3	0,7812	0,476745	4,814	2,594
2,1	0,2604	0,017656	0,178	0,096	6,4	0,7936	0,499810	5,048	2,719
2,2	0,2728	0,020302	0,205	0,110	6,5	0,8060	0,523607	5,288	2,848
2,3	0,2852	0,023200	0,234	0,126	6,6	0,8184	0,548147	5,535	2,982
2,4	0,2976	0,026357	0,266	0,143	6,7	0,8308	0,573642	5,794	3,120
2,5	0,3100	0,029791	0,301	0,162	6,8	0,8432	0,599504	6,055	3,261
2,6	0,3224	0,033511	0,338	0,182	6,9	0,8556	0,626344	6,326	3,407
2,7	0,3348	0,037528	0,379	0,204	7,0	0,8680	0,653972	6,609	3,558
2,8	0,3472	0,041854	0,423	0,228	7,1	0,8804	0,682403	6,892	3,712
2,9	0,3596	0,046500	0,470	0,253	7,2	0,8928	0,711644	7,188	3,871
3,0	0,3720	0,051479	0,520	0,280	7,3	0,9052	0,741810	7,492	4,035
3,1	0,3844	0,056800	0,574	0,309	7,4	0,9176	0,772610	7,803	4,203
3,2	0,3968	0,062476	0,631	0,340	7,5	0,9300	0,804357	8,124	4,376
3,3	0,4092	0,068610	0,693	0,372	7,6	0,9424	0,836963	8,453	4,553
3,4	0,4216	0,074943	0,757	0,408	7,7	0,9548	0,870437	8,791	4,735
3,5	0,4340	0,081746	0,826	0,445	7,8	0,9672	0,904793	9,138	4,922
3,6	0,4464	0,088956	0,898	0,484	7,9	0,9796	0,940041	9,49	5,114
3,7	0,4588	0,096570	0,976	0,525	8,0	0,9920	0,976191	9,86	5,310
3,8	0,4712	0,104619	1,057	0,569.	8,1	1,0044	1,01333	10,23	5,512
3,9	0,4836	0,113097	1,142	0,615	8,2	1,0168	1,05132	10,62	5,720
4,0	0,4960	0,122024	1,232	0,664	8,3	1,0292	1,0896	11,01	5,927
4,1	0,5084	0,131407	1,327	0,715	8,4	1,0416	1,1302	11,42	6,149
4,2	0,5208	0,141262	1,427	0,768	8,5	1,0540	1,1710	11,83	6,370
4,3	0,5332	0,151592	1,531	0,825	8,6	1,0664	1,2128	12,25	6,597
4,4	0,5456	0,162414	1,640	0,884	8,7	1,0788	1,2556	12,68	6,830
4,5	0,5580	0,173741	1,755	0,945	8,8	1,0912	1,2993	13,12	7,068
4,6	0,5704	0,185583	1,874	1,010	8,9	1,1036	1,3443	13,58	7,313
4,7	0,5828	0,197951	1,999	1,077	9,0	1,1160	1,3900	14,02	7,562
4,8	0,5952	0,210852	2,130	1,147	9,1	1,1284	1,4368	14,51	7,816
4,9	0,6076	0,224312	2,265	1,220	9,2	1,1408	1,4846	14,99	8,076
5,0	0,6200	0,238328	2,407	1,296	9,3	1,1532	1,5337	15,49	8,343
5,1	0,6324	0,252916	2,554	1,376	9,4	1,1656	1,5837	16,00	8,615
5,2	0,6448	0,268087	2,708	1,458	9,5	1,1780	1,6437	16,51	8,893
5,3	0,6572	0,283852	2,867	1,544	9,6	1,1904	1,6869	17,04	9,177
5,4	0,6696	0,300223	3,032	1,633	9,7	1,2028	1,7402	17,58	9,467
5,5	0,6820	0,317215	3,204	1,726	9,8	1,2152	1,7947	18,13	9,763
5,6	0,6944	0,334834	3,382	1,822	9,9	1,2276	1,8500	18,68	10,064
5,7	0,7068	0,353094	3,566	1,921	10,0	1,2400	1,9066	19,26	10,372

Man kann aus dieser Tabelle das Gewicht eines Gold- resp. Silberkörnchens aus der Zahl der am Mikroskop abgelesenen Theilungen direct finden und, da die Gewichte sehr langsam und gleichmässig ansteigen, die Zwischenwerthe durch Zuzählung der halben resp. viertel oder dreiviertel Differenz ergänzen:

z. B. $n = 4{,}95$ Theilungen (Silber),

$$\begin{array}{r} G = 1{,}220 \\ 38 \\ \hline 1{,}258 \end{array}$$ Milligr.

Es fragt sich nun: **Ist diese Art der Gewichtsbestimmung mit derselben Sicherheit für Körnchen anwendbar, die durch Abtreiben auf der Kapelle vor dem Löthrohr entstanden sind?**

Es wurden zur Beantwortung dieser Frage folgende Versuche angestellt: Es wurden Gold- und Silberkörnchen gemessen (I) mit Probirblei zusammengeschmolzen und abgetrieben, darauf wieder gemessen (II); dann zwischen Papier breitgeschlagen, in einem Grübchen auf Holzkohle wieder zur Kugel geschmolzen und aufs neue gemessen (III). War die Gestalt nicht vollkommen rund, so wurde das Umschmelzen wiederholt (IV, V, VI) bis die Form ganz gut war.

(Alle Zahlen bedeuten Anzahl der abgelesenen Theilungen).

Gold.

Nr.	I.	II. Abgetrieben.	III. Umgeschmolzen.	IV. 2 mal umgeschmolzen.
1	4,675	4,75 4,7	4,65	
2	2,2	2,25	2,15 2,075 2,25	2,2
3	2,2	2,2	2,2	
4	5,5	5,7 5,7 5,65	5,5	
5	4,45	4,45 4,4	4,4 4,5	4,45
6	5,1	5,15 5,15 5,05 5,1	5,125	
7	6,15	6,25 6,2	6,15	
8	6,95	7,1 6,95 7,1	7,1 6,9 7,0	6,925

Silber.

Nr.	I.	II. Abgetrieben.	III. Umgeschmolzen.	IV. 2mal umgeschmolzen.	V. 3mal umgeschmolzen.	VI. 4 mal umgeschmolzen.
1	3,025	3,3	3,1 3,1 3,0	3,0		
2	3,25	3,4	3,35	3,3 3,2	3,25	
3	4,2	4,6 4,2	4,2			
4	4,7	5,0	4,6 4,8	4,75 4,7	4,7 4,9	4,65
5	4,55	4,9 4,6	4,7 4,8	4,55 4,75	4,5	
6	6,2	6,4 6,6	6,3 6,3	6,2		

Die durch eine Klammer verbundenen Zahlen bedeuten verschiedene Messungen an demselben Korn, die unterstrichenen Zahlen gehören solchen Körnern an, die vollkommen rund und scharfrandig erscheinen.

Aus diesen Versuchen geht hervor, dass die beim Treiben entstandenen Körner sich nicht unmittelbar zum Messen eignen. Sie haben eine etwas unregelmässige Gestalt, meist an einer Seite eingedrückt — etwa so (Fig. 25 u. 26) und ergeben durchgängig jedenfalls dadurch, dass sie flacher dasitzen, ein zu hohes Maass. Ein zurückgehaltener Bleigehalt dürfte wohl nicht die Ursache sein. Er würde sich auf Kohle beim Umschmelzen durch einen stärkeren Beschlag zu erkennen gegeben haben, während nur ein schwacher Hauch eines solchen beobachtet wurde.

Fig. 25. Fig. 26.

Ferner ergibt sich aus diesen Versuchen, dass die Resultate dann und erst dann als richtig zu betrachten sind, wenn die Körner unter dem Mikroskop eine scharfe kreisförmige Begrenzung zeigen, mag diese nun durch ein- oder mehrmaliges Umschmelzen erzielt worden sein.

Fig. 27.

Beim Messen der durch Umschmelzen erhaltenen Körner zeigen sich manchmal an der Umgrenzung Hervorragungen (Fig. 27), die das Ablesen erschweren, herrührend von anhängenden Aschen- oder Staubtheilchen; besonders ist dies der Fall, wenn man mehrere Umschmelzungen in demselben Kohlengrübchen vorgenommen und sich dadurch Asche angesammelt hat. Sie lassen sich durch Reiben des Körnchens in der hohlen Hand beseitigen. Rathsam ist es allemal, nicht zu viele Schmelzungen in demselben Grübchen vorzunehmen, da auch die scharfen Rinnen, die durch Ausbrennen der Kohle zwischen den Jahresringen entstehen und zwischen die das Körnchen sich manchmal einklemmt, ungünstig auf die Gestaltung desselben einwirken können. Will man die Anhängsel vom Körnchen nicht beseitigen, so kann man einen andern Durchmesser messen oder darf sie wenigstens nicht mitrechnen.

Beim Umschmelzen von Goldkörnern tritt kein Verlust ein; bei Silberkörnern ist dies der Fall; es war daher zu constatiren, ob dieser bedeutend ist und ob er die Resultate wesentlich verändert, eventuell durch eine Correction ausgeglichen werden kann. Dazu dienten die folgenden Versuche:

Es wurden 6 Silberkörnchen gemessen und zusammen gewogen, darauf jedes 6 mal hintereinander zwischen Papier ausgeplattet und bei möglichst geringer Hitze im Holzkohlengrübchen zur Kugel geschmolzen, darauf wieder gemessen und zusammen gewogen. Folgendes sind die Resultate:

Nr.	Ursprüngliches Maass Theilungen.	Gewicht daraus berechnet.	Maass nach 6 Umschmelzungen	Gewicht daraus berechnet.
1	6,1	2,354	6,05	2,297
2	5,6	1,822	5,5	1,726
3	4,25	0,796	4,25	0,796
4	4,5	0,945	4,45	0,914
5	3,2	0,343	3,2	0,343
6	3,05	0,294	3,0	0,280
	Sa.	6,554		6,356

Gewicht der 6 Körner auf der Wage vor dem Umschmelzen = 6,6 Milligr.
« « « « « « « nach « « = 6,4 «

Der Verlust bei diesen 36 Umschmelzungen betrug also 0,2 Milligr. Das ist pro Korn und Umschmelzung

$$\frac{0,2}{36} = 0,0056 \text{ Milligr.}$$

Es wurden ferner 4 grössere Körner je 20 mal umgeschmolzen, nach je 5 Schmelzungen allemal gemessen, einzeln und zusammen gewogen.

Nr.	n	G aus n Mgr.	G Wage Mgr.	5 mal umgeschmolzen n			10 mal umgeschmolzen n			15 mal umgeschmolzen n			20 mal umgeschmolzen n			Verlust Theilungen	
				n	G aus n Mgr.	G Wage Mgr.	n	G aus n Mgr.	G Wage Mgr.	n	G aus n Mgr.	G Wage Mgr.	n	G aus n Mgr.	G Wage Mgr.	Theilungen	Mgr.
7	7,625	4,598	4,5	7,65	4,644	4,5	7,55	4,464	4,4	7,55	4,464	4,4	7,55	4,464	4,3	0,075	0,2
8	6,525	2,881	2,85	6,55	2,915	2,85	6,5	2,848	2,75	6,5	2,848	2,75	6,5	2,848	2,65	0,025	0,2
9	5,65	1,871	1,8	5,6	1,726	1,8	5,6	1,822	1,7	5,525	1,750	1,7	5,475	1,703	1,7	0,175	0,1
10	5,05	1,336	1,35	5,05	1,836	1,8	4,95	1,258	1,2	5,0	1,296	1,2	4,95	1,258	1,2	0,10	0,15
	Sa.	10,686	10,5		10,621	10,45		10,392	10,05		10,358	10,05		10,278	9,85		
	Zus. gewog.		10,9	Zus. gewog.		10,7	Zus. gewog.		10,5	Zus. gewog.		10,4	Zus. gewog.		10,3		

Der Durchschnittsverlust pro Korn und Umschmelzung stellt sich somit bei diesen 20 × 4 = 80 Umschmelzungen grösserer Körner als der ersten 6 auf

$$\frac{10,9-10,3}{80} = \frac{0,6}{80} = 0,0075 \text{ Milligr.}$$

Also fast ebenso wie bei obigen kleineren Körnern. Man kann somit ohne sonderlichen Fehler den Gewichtsverlust beim Umschmelzen bei allen Körnern als gleich annehmen — obwohl er bei kleinen geringer ist als bei grossen — und für jede Umschmelzung

0,006 Milligr.

addiren. Also wenn z. B. bei einem Korn 5 Umschmelzungen nöthig waren, um ihm vollkommene Kugelgestalt zu geben, so addirt man zu dem durch Messung gefundenen Gewichtswerth

$$0,006 \times 5 = 0,03 \text{ Milligr.}$$

Die Anwendbarkeit des Mikroskops zum Kornmessen ist zunächst begrenzt durch die Grösse des Gesichtsfeldes und die Stärke der Vergrösserung. Ich bin mit meinem Mikroskop nicht im Stande Körner über 10 Theilungen d. h. Goldkörner über 19,26 Milligr., Silberkörner über 10,372 Milligr. auszumessen. Ausserdem nimmt die absolute Genauigkeit der Gewichtsbestimmung ab, je grösser das Korn wird, da derselbe Messungsfehler einen grösseren Gewichtsfehler hervorbringt.

Da die genaue Ablesung bis auf 0,05 Theilungen, das Auswägen bis 0,1 Milligr. möglich ist, so ist das Mikroskop in allen den Fällen vorzuziehen, wo die Gewichtsdifferenz für 0,05 Theilungen kleiner als 0,1 Milligr. oder von 0,1 Theilungen kleiner als 0,2 Milligr. ist. Das ist, wie aus Tabelle I ersichtlich, der Fall für

Goldkörner von 3,75 Milligr. = 5,8 Theilungen.
Silberkörner « 5,114 « = 7,9 «

Wenn dagegen die Wage nur 0,2 Milligr. mit Sicherheit angibt, so ist das Mikroskop vorzuziehen für

Goldkörner bis 10,62 Milligr. = 8,2 Theilungen,
Silberkörner bis zu Ende der Tabelle also für mein Mikroskop bis 10,372 Milligr.

Den übrigen Messinstrumenten dagegen ist es unter allen Umständen vorzuziehen.

Noch mag zu Gunsten des Mikroskops gegenüber der Wage bemerkt werden, dass es nicht von Zeit zu Zeit justirt werden muss und vor der Justirung an Genauigkeit verloren hat, dass man also bei dem selbstgeprüften Instrument unabhängig ist vom Mechanikus, und dass es nicht vor jeder Gewichtsbestimmung auf seine Richtigkeit geprüft werden muss, dass überhaupt seine Zuverlässigkeit nicht so leicht leidet als die der Wage, endlich dass es keinen besonders ruhigen Ort braucht und dass seine Aufstellung nicht viel Zeit erfordert.

Ueber Bestimmung der Zusammensetzung von Gold-Silberlegirungen mit Hülfe des Miskroskopes.

Von

V. Goldschmidt,
Assistent an der königl. Bergakademie zu Freiberg.

Kennt man Durchmesser — also Volum — und Gewicht eines Gold-Silberkornes, so lässt sich daraus das spec. Gewicht und die Zusammensetzung feststellen.

Es ist, wenn:

$\mathfrak{G}$ = Gewicht der Legirung,
G = Gewicht des darin enthaltenen Goldes,
G_1 = Gewicht des darin enthaltenen Silbers,
γ = spec. Gewicht des Goldes = 19,3,
γ_1 = spec. Gewicht des Silbers = 10,4,
γ_5 = spec. Gewicht der Legirung,
v = Gold-, v_1 = Silber- } Korn-Volum,
d = Gold-, d_1 = Silber-, D = Legirungs- } Korn-Durchmesser:

$$\mathfrak{G} = \frac{D^3 \pi}{6} \gamma_5$$

$$1)\quad \gamma_5 = \frac{6\,\mathfrak{G}}{\pi D^3}$$

zur Berechnung des spec. Gewichts aus der Zusammensetzung dient die Formel:

$$\gamma_5 = \frac{G + G_1}{v + v_1} = \frac{G + G_1}{\frac{d^3\pi}{6} + \frac{d_1{}^3\pi}{6}} = \frac{\frac{6}{\pi}(G + G_1)}{d^3 + d_1{}^3}$$

$$2)\quad \gamma_5 = \frac{1{,}91\,(G + G_1)}{d^3 + d_1{}^3}$$

Die procentale Zusammensetzung aus Durchmesser und Gewicht berechnet sich aus folgender Formel (4).

I

$$\mathfrak{G} = G + G_1 = \frac{d^3\pi}{6}\gamma + \frac{d_1{}^3\pi}{6}\gamma_1$$

$$\frac{6}{\pi}\mathfrak{G} = d^3\gamma + d_1{}^3\gamma_1$$

$$\gamma_1 D^3 = d^3\gamma_1 + d_1{}^3\gamma_1 \; (II. \gamma_1)$$

$$\frac{6}{\pi}\mathfrak{G} - \gamma_1 D^3 = d^3(\gamma - \gamma_1)$$

II

$$\frac{D^3\pi}{6} = \frac{d^3\pi}{6} + \frac{d_1{}^3\pi}{6}$$

$$D^3 = d^3 + d_1{}^3$$

$$\left.\begin{array}{l} d^3 = \dfrac{\frac{6}{\pi}\mathfrak{G} - \gamma_1 D^3}{\gamma - \gamma_1} \\ d_1{}^3 = \dfrac{\frac{6}{\pi}\mathfrak{G} - D^3\gamma}{\gamma_1 - \gamma} \end{array}\right\} \frac{d^3}{d_1{}^3} = \frac{\frac{6}{\pi}\mathfrak{G} - D^3\gamma_1}{-\frac{6}{\pi}\mathfrak{G} + D^3\gamma}$$

$$\frac{G}{G_1} = \frac{\frac{d^3\pi}{6}\gamma}{\frac{d_1{}^3\pi}{6}\gamma_1} = \frac{d^3\gamma}{d_1{}^3\gamma_1} = \frac{\frac{6}{\pi}\mathfrak{G} - D^3\gamma_1}{-\frac{6}{\pi}\mathfrak{G} + D^3\gamma} \cdot \frac{\gamma}{\gamma_1}$$

$$\frac{G}{G_1} = \frac{\frac{6}{\pi\gamma_1}\mathfrak{G} - D^3}{-\frac{6}{\pi\gamma} + D^3} = \frac{\frac{6}{3{,}14.\ 10{,}4}\mathfrak{G} - D^3}{-\frac{3{,}14.\ 19{,}3}{6}\mathfrak{G} + D^3}$$

$$3)\quad \frac{G}{G_1} = \frac{0{,}1837\,\mathfrak{G} - D\gamma}{-0{,}099\,\mathfrak{G} + D^3}$$

Setzen wir: $0{,}1837 = a$

$0{,}099 = b$, so ist:

$$\frac{G}{G_1} = \frac{a\mathfrak{G} - D^3}{-b\mathfrak{G} + D^3}$$

$$\frac{\mathfrak{G}}{G_1} = \frac{G + G_1}{G_1} = \frac{a\mathfrak{G} - D^3 - b\mathfrak{G} + D^3}{-b\mathfrak{G} + D_3}$$

Die Zahl der Procente Silber beträgt demnach:

$$\frac{100\ G_1}{\mathfrak{G}} = 100\,\frac{D^3 - b\mathfrak{G}}{(a-b)\,\mathfrak{G}} = \frac{100\,D^3 - 9{,}9\,\mathfrak{G}}{0{,}0847\,\mathfrak{G}}$$

$$4)\quad \frac{100\ G_1}{\mathfrak{G}} = 1180{,}6\,\frac{D^3}{\mathfrak{G}} - 116{,}9 = \left(\frac{D^3}{\mathfrak{G}} - 0{,}1\right)1180{,}6 + 1{,}16.$$

Um zu constatiren, ob mit Hülfe dieser Formeln sich durch Messen und Wägen von Körnern, die aus einer Legirung von Gold und Silber bestehen, deren procentische Zusammensetzung ermitteln lasse, wurden nachstehende Versuche ausgeführt:

Es wurden Körnchen von Gold und Silber einzeln gemessen (I u. III) und daraus deren Gewicht nach Tabelle I (S. 443) bestimmt (II u. IV), addirt (V) und daraus die procentische Zusammensetzung berechnet (VI, VII). Darauf wurden je ein Gold- und ein Silberkörnchen in einer Vertiefung auf Holzkohle zusammengeschmolzen, von der Legirung das Maass unter dem Mikroskop (n, VIII) und das Gewicht auf der Wage (IX) bestimmt, dann die procentische Zusammensetzung bestimmt nach Formel 4 (Tabelle II) aus VIII und IX (X u. XI) sowie daraus die Zusammensetzung des Körnchens nach absolutem Gewicht (XII u. XIII) endlich die Differenzen von II u. XII, IV u. XIII zusammengestellt in XIV u. XV und die zwischen VI u. X in XVI.

Das Zusammenschmelzen der Körnchen geht sehr leicht und sie vereinigen sich sofort zu einer schön gerundeten Kugel, die ohne Weiteres zum Messen und Wägen verwendet werden kann.

	I	II	III	IV	V	VI	VII	VIII	IX	X	XI	XII	XIII	XIV	XV	XVI
Nr.	Au Theilungen	Au Gewicht aus I Mgr.	Ag Theilungen	Ag Gewicht aus III Mgr.	Ag + Au Gewicht addirt aus II u. IV Mgr.	Au aus II u. V %	Ag aus III u. V %	Au + Ag legirt Theilungen n	Au + Ag legirt Gewicht auf Wage Mgr.	Au berechnet aus VIII u. IX %	Ag berechnet aus VIII u. IX %	Au Gewicht aus IX u. X Mgr.	Ag Gewicht aus IX u. X Mgr.	Differenz von II u. XII Mgr.	Differenz von IV u. XIII Mgr.	Differenz von VI u. X %
1	2,05	0,166	6,075	2,325	2,491	6,7	93,3	6,1	2,4	4,06	95,94	0,098	2,302	0,068	0,023	2,6
2	2,25	0,219	3,1	0,309	0,528	41,5	58,5	3,4	0,55*)	56,1	43,9	0,307	0,242	0,088	0,067	14,6*)
3	3,5	0,826	5,45	1,679	2,505	33,0	67,0	5,9	2,5	32,14	67,86	0,804	1,696	0,027	0,022	0,9
4	3,3	0,693	4,45	0,914	1,607	43,1	56,9	4,95	1,6	46,18	53,82	0,739	0,861	0,046	0,053	3,1
5	3,5	0,826	4,3	0,825	1,651	50,0	50,0	4,9	1,6	51,39	48,61	0,822	0,778	0,004	0,047	1,4
6	5,1	2,554	3,2	0,340	2,894	88,3	11,7	5,55	2,9	84,44	15,56	2,449	0,451	0,105	0,111	3,9
7	5,4	3,032	3,0	0,280	3,312	91,5	8,5	5,9	3,6	88,46	11,54	3,185	0,415	0,153	0,135	3,0
8	6,9	6,326	3,15	0,314	6,640	95,3	4,7	7,05	6,7	99,19	0,81	6,646	0,054	0,320	0,260	3,9

Aus diesen Versuchen geht hervor: der Fehler in Procenten (XVI) geht nicht über 4 % hinaus, wenn die Körnchen nicht so klein sind, dass eine um 0,05 Mgr. ungenaue Abwägung schon einen bedeutenden Unterschied macht. Wäre z. B. bei Nr. 2 (*) statt 0,55 Mgr. 0,5 ausgewogen worden, so stellte sich die procentische Zusammensetzung auf

60,0 % Ag
39,9 % Au,

was der Wahrheit sehr nahe kommt. Vergleicht man dagegen das absolute Gewicht (XIV u. XV), so stellt sich die Sache anders. Es ergeben die Bestimmungen bei den ersten 5 Körnchen Differenzen, die auf der Wage nicht ermittelt werden können, die Genauigkeit aber nimmt nach der Goldgrenze hin ab und mag das natürlich erscheinen, da beim Goldkorn die Messungsfehler von grösserem, die Wägungsfehler von gleichem Einfluss sind, wie beim Silberkorn.

Aus alledem folgt für die Anwendbarkeit dieser Art der Bestimmung, natürlich unter Voraussetzung eines guten Mikroskops mit exacter Theilung und einer auf 0,1 Mgr. zuverlässigen Wage, ferner bei vorsichtiger Ablesung Folgendes:

Es lässt sich diese Art der Bestimmung anwenden:

1. Bei Löthrohrproben zur directen Bestimmung des Goldgehaltes in nicht zu kleinen und nicht zu goldreichen Körnern, jedoch kann es nicht schaden, wenn man zur Controle das Korn auflöst, das Gold zur Kugel schmilzt und misst. Das Umschmelzen und Messen des bei der Scheidung erhaltenen Goldes ist allemal rathsam bis zu der Grenze, wo die Messung an Genauigkeit die Wägung übertrifft, also bis 3,75 (resp. 10,62 Mgr.) wie oben S. 448 angegeben.

2. Als Vorprobe zur Quartscheidung, um die zum Zuschmelzen nöthige Quantität Silber zu bestimmen. Sie dürfte hier Zeitersparniss geben, da sie inclusive Berechnung etwa 10 Min. erfordert.

3. Kann sie sich als nützlich erweisen, da wo es, wie das auf Reisen oder an entlegenen Orten wohl vorkommen kann, an reinen Säuren fehlt.

Tabelle II

zur Bestimmung der procentischen Zusammensetzung von Gold- und Silberkörnern aus Durchmesser (D) und Gewicht 𝔊.

D = n. 0,124.

$$\text{Silbergehalt in Procenten} = \frac{100\ G_1}{\mathfrak{G}} = 1180{,}6\ \frac{D^3}{\mathfrak{G}} - 116{,}9$$

$$= \left(\frac{D^3}{\mathfrak{G}} - 0{,}1\right) 1180{,}6 + 1{,}16$$

$$\frac{D^3}{\mathfrak{G}} \begin{matrix} > 0{,}099 \\ < 0{,}1837. \end{matrix}$$

$\frac{D^3}{\mathfrak{G}}$	Gold %	Silber %	$\frac{D^3}{\mathfrak{G}}$	Gold %	Silber %
0,099	100,0	0,0	0,142	49,26	50,74
0,100	98,84	1,16	0,143	48,08	51,92
0,101	97,66	2,34	0,144	46,89	53,11
0,102	96,48	3,52	0,145	45,71	54,29
0,103	95,30	4,70	0,146	44,53	55,47
0,104	94,12	5,88	0,147	43,35	56,65
0,105	92,94	7,06	0,148	42,17	57,83
0,106	91,76	8,24	0,149	40,99	59,01
0,107	90,58	9,42	0,150	39,81	60,19
0,108	89,40	10,60	0,151	38,63	61,37
0,109	88,21	11,79	0,152	37,45	62,55
0,110	87,03	12,97	0,153	36,27	63,73
0,111	85,85	14,15	0,154	35,09	64,91
0,112	84,67	15,33	0,155	33,91	66,09
0,113	83,49	16,51	0,156	32,73	67,27
0,114	82,31	17,69	0,157	31,55	68,45
0,115	81,13	18,87	0,158	30,37	69,63
0,116	79,95	20,05	0,159	29,19	70,81
0,117	78,77	21,23	0,160	28,01	71,99
0,118	77,59	22,41	0,161	26,82	73,18
0,119	76,41	23,59	0,162	25,64	74,36
0,120	75,23	24,77	0,163	24,46	75,54
0,121	74,05	25,95	0,164	23,28	76,72
0,122	72,87	27,13	0,165	22,10	77,90
0,123	71,69	28,31	0,166	20,92	79,08
0,124	70,51	29,49	0,167	19,74	80,26
0,125	69,33	30,67	0,168	18,56	81,44
0,126	68,14	31,86	0,169	17,38	82,62
0,127	66,96	33,04	0,170	16,20	83,80
0,128	65,78	34,22	0,171	15,02	84,98
0,129	64,60	35,40	0,172	13,84	86,16
0,130	63,42	36,58	0,173	12,66	87,34
0,131	62,24	37,76	0,174	11,48	88,52
0,132	61,06	38,94	0,175	10,30	89,70
0,133	59,88	40,12	0,176	9,12	90,88
0,134	58,70	41,30	0,177	7,93	92,07
0,135	57,52	42,48	0,178	6,75	93,25
0,136	56,34	43,66	0,179	5,57	94,43
0,137	55,16	44,84	0,180	4,39	95,61
0,138	53,98	46,02	0,181	3,21	96,79
0,139	52,80	47,20	0,182	2,03	97,97
0,140	51,62	48,38	0,183	0,85	99,15
0,141	50,44	49,56	0,1837	0,00	100,00

Dass der Werth $\frac{D^3}{\mathfrak{G}}$ nur zwischen den Grenzen 0,099 und 0,1837 schwanken kann, ergibt sich schon aus der Formel:

$$\mathfrak{G} = \frac{D^3 \pi}{6} \gamma.$$

$$\frac{D^3}{\mathfrak{G}} = \frac{6}{\pi} \cdot \frac{1}{\gamma} = \begin{cases} \frac{1{,}91}{19{,}3} = 0{,}099 \text{ für Gold} \\ \frac{1{,}91}{10{,}4} = 0{,}1837 \text{ für Silber.} \end{cases}$$

Die Berechnung des Werthes $\frac{D^3}{\mathfrak{G}}$ ist sehr einfach. Man liest im Mikroskop n Theilungen ab und findet dazu in Tab. I den Werth D^3, hat $\mathfrak{G}$ auf der Wage gefunden und dividirt.

Z. B.: n = 5,9 Theilungen

$\mathfrak{G}$ = 2,5 Mgr.

Daraus: D^3 = 0,381582 (Tab. I)

$$\frac{D^3}{\mathfrak{G}} = \frac{0{,}391582}{2{,}5} = 0{,}1565.$$

Das Korn enthält: 32,14 % Gold (Tab. II)

67,86 % Silber.

Will man ein Mikroskop zu solchen Bestimmungen benutzen, so muss man sich den Werth μ für sein Ocularmikrometer bestimmen und, wenn man nicht für jedes Korn die Rechnung durchführen will, eine Tabelle I aufstellen. Tabelle II ist natürlich für alle Mikroskope gleich.

Ueber einen Gasofen als Ersatz des Gebläses bei analytischen Operationen.

Von

Dr. **Walther Hempel**.

Die Temperatur, bis zu welcher man in einer Flamme einen Körper erhitzen kann, ist bekanntlich abhängig von der Temperatur der Flamme selbst, andererseits von dem Wärmeverlust, den der erhitzte Körper durch Leitung und Ausstrahlung erfährt. Es ist daraus erklärlich, dass während hinreichend dünne Kupfer-, Eisen- und selbst Platindrähte in der Flamme eines einfachen Bunsen'schen Brenners sofort bis zum

Schmelzen erhitzt werden, es uns dennoch nicht gelingt einen auf einem Drahtdreieck stehenden Tiegel bis zu einer Temperatur zu erhitzen, die beträchtlich über dem Schmelzpunkt der Soda liegt, so dass wir dadurch gezwungen sind, bei einer ganzen Reihe von analytischen Operationen zu dem Gasgebläse unsere Zuflucht zu nehmen. Es lag daher der Gedanke nahe, dass sich durch passendes Umgeben des zu erhitzenden Tiegels mit Thonkörpern und der dadurch bedingten Verminderung der Wärmestrahlung, dessen Temperatur derart würde steigern lassen, dass alsdann sämmtliche analytische Operationen direct über der Flamme eines einzelnen Bunsen'schen Brenners ausführbar würden.*)

Fig. 28.

Im Nachfolgenden beschreibe ich einen aus einigen Thoncylindern und Eisenblechen zusammengesetzten Gasofen, mit welchem es leicht möglich ist, in den gebräuchlichen kleinen Platin- und Porzellantiegeln mit einer gut brennenden Bunsen'schen Flamme alle Aufschlüsse und Glühungen, die der Analytiker nöthig hat, auszuführen (Fig. 28).

Der Ofen besteht aus zwei Thoncylindern a und b, einem gewölbten Thondeckel c, einem in der Mitte durchbrochenen kreisförmigen Eisenblech e und einem blechernen Schornstein d. Als Träger des Apparats dient ein gewöhnliches eisernes Stativ mit Ring. Der kleinere, innere Thoncylinder a hat drei kleine Höcker g zur Aufnahme des Tiegels (mittelst einer gewöhnlichen Glasfeile kann man diese Höcker nach den Dimensionen des Tiegels zurecht feilen), der grössere b steht nur an

*) Vergl. O. L. Erdmann, diese Zeitschr. 1, 19. (R. F.)

drei Stellen auf, er hat an seiner Basis rechteckige Ausschnitte, so dass Gase unter ihm hinweggehen können. Der Schornstein und die Thoncylinder werden durch kleine aufgenietete Eisenstreifen in ihrer gegenseitigen Stellung auf dem Bleche e festgehalten.

Will man die Muffel benutzen, so stellt man zunächst das Blech e mit den Thonzellen a und b mittelst des Ringes f so über der Flamme des Bunsen'schen Brenners h ein, dass der heisseste Theil derselben den Punkt trifft, wo die Mitte des Tiegels hinzustehen kommen soll. Hierauf dreht man die Flamme klein, setzt den Tiegel ein, schliesst die Muffel mit dem Deckel c und stülpt den Schornstein d darüber. Nach 2—3 Minuten hat sich der Ofen so weit erwärmt, dass man, ohne irgend das Springen eines darin stehenden Porzellantiegels fürchten zu müssen, volle Flamme geben kann.

Die Flammengase sind so gezwungen den in der schematischen Zeichnung durch punktirte Linien angedeuteten Weg zu nehmen; dieselben zwängen sich zwischen dem Tiegel und dem Cylinder a hindurch, gehen innerhalb der Thonzellen a und b abwärts, wodurch die Wandungen von a stark erwärmt werden und entweichen schliesslich durch den Schornstein.

Der Effect des Ofens kommt zu Stande, indem die Thonkörper die Ausstrahlung der Wärme auf ein Minimum verringern, der gewölbte Deckel die Wärmestrahlen auf dem Tiegel concentrirt und endlich, indem die durch die abwärts gehenden Gase stark erwärmte Thonzelle a die zum Theil noch unverbrannte Mischung von Luft und Leuchtgas stark vorwärmt, wodurch bekanntlich die Verbrennungstemperatur wesentlich erhöht wird.

Da der äussere Thoncylinder b leicht zerspringt, so ist er mit einem Blechmantel umgeben, welcher die Benutzung der Zelle im zerbrochenen Zustande ermöglicht. Ferner ist jeder Muffel ein Thonring beigegeben, mittelst dessen man den Cylinder b etwas erhöhen und dadurch den Schmelzraum erweitern kann, um Tiegel von verschiedener Grösse in ein und demselben Apparat glühen zu können.

Der Muffelofen ist in der beschriebenen Form seit Monaten bei uns im Gebrauch; der Aufschluss von Silicaten, von Chromeisenstein, das Kaustisch-Brennen von oxalsaurem Kalk u. s. w. gelingt darin leicht in derselben Zeit wie mit dem Gebläse, vorausgesetzt, dass man sich nur die Mühe nimmt nach der Grösse der Flamme das Oefchen richtig einzustellen. Ich habe wiederholt einige fünfzig Gramm Silber in einem kleinen Porzellantiegel geschmolzen; Kupfer schmilzt viel schwieriger, es gelingt nur bei ganz günstiger Stellung des Brenners dasselbe zum vollen Schmelzen zu bringen.

Eine besondere Annehmlichkeit der Muffel ist, dass man über ein und derselben Flamme alle Temperaturen ganz allmählich erreichen kann, wodurch man bei Aufschlüssen mit Sicherheit ein Verspritzen durch Aufschäumen oder Uebersteigen vermeidet, dass man ferner den gefahrvollen Transport eines zu erhitzenden Tiegels nach einem entfernten Gebläse umgeht. Der Gasverbrauch ist bei gleichem Effect nur der vierte Theil von dem des Gebläses, abgesehen davon, dass man des lästigen Blasebalgtretens überhoben ist, oder, im Falle man ein Trommelgebläse verwendet, das Wasser spart.

Die Firma Julius Schober, Fabrik chemischer und physikalischer Apparate, Berlin, Adalbertstrasse 35 liefert solche Gasmuffeln für den Preis von 2 Mark 50 Pf., auch fertigt dieselbe dergleichen mit Füssen an dem Bleche e, so dass der Apparat für sich ein Ganzes bildet und keines eisernen Statives bedarf; es muss dann durch Unterlegen von Holzklötzen der Stellung des Bunsen'schen Brenners (da dessen Flammengrösse ja bei gebrauchten Brennern eine sehr wechselnde ist) gegen den Tiegel regulirt werden.

Dresden, Juni 1877, Laboratorium des Herrn Professor Schmitt im Polytechnikum.

Einfacher Gasentwickelungs-Apparat.

Von

Max Süss.

(Hierzu Fig. 4 auf Taf. IV).

In der grossen Reihe der neuerdings in Vorschlag gekommenen constanten Gasentwickelungs-Apparate wird vielleicht der durch Fig. 4 auf Taf. IV veranschaulichte noch Platz finden, und zwar besonders wegen seiner Einfachheit und Billigkeit der Herstellung. Er ist wegen seiner kleinen Dimensionen besonders für einen Arbeiter zu empfehlen.

Das Gefäss a ist eine Retortenvorlage, die beiläufig 3—500 CC. fasst und Säure enthält.

Das Gefäss b, welches zur Aufnahme von Marmor, Zink, Schwefeleisen etc. dienen kann, ist durch ein Platinnetz oder Bleisieb p von a getrennt. Die Spitzen des Bleisieb's sind durch einen Korkring am Hals der Vorlage festgehalten, auf den die Röhre b geschoben ist.

Durch Neigen des Apparats kann man leicht eine grössere oder kleinere Säuremenge nach b fliessen lassen, sowie durch Zurückdrehen den Gasstrom unterbrechen.

Wien, im Mai 1877.

Atomgewicht des Kupfers.

(Berichtigung).

Von

Dr. W. Hampe.

Bei meinen Bestimmungen des Aequivalentgewichts des Kupfers, deren Resulte Bd. 13 d. Zeitschr. im Auszuge enthält, sind 2 kleine Rechenfehler untergelaufen, auf welche Herr Professor Ulbricht in Altenburg (Ungarn) die Güte hatte, mich aufmerksam zu machen.

Es heisst nämlich auf Seite 368 in Bezug auf das für Sauerstoff = 8 als Grundlage gefundene Aequivalentgewicht des Kupfers:

«Das Mittel aus beiden Versuchsreihen ist 31,6648, rund 31,66.» Streng richtig müsste es heissen: 31,6653. Da aber die Versuche, aus denen jene Zahlen berechnet sind, höchstens noch die zweite Decimalstelle als zuverlässig erscheinen lassen, so ist dieser Rechnungsfehler von 0,0005 ohne alle Bedeutung. Er sei auch nur beiläufig erwähnt.

Anders ist es allerdings mit dem zweiten Fehler, der bei der Umrechnung des obigen Aequivalentgewichts auf Wasserstoff = 1 vorgefallen ist. Es heisst in dieser Hinsicht auf derselben Seite:

«Will man das Aequivalentgewicht des Kupfers nicht auf das hypothetisch = 8 gesetzte Aequivalent des Sauerstoffs beziehen, sondern auf Wasserstoff als Einheit, so hat man zu berücksichtigen, dass das Verhältniss zwischen Wasserstoff und Sauerstoff nicht genau wie 1:8 ist, sondern wie 1:7,98. Man muss also die Zahl 31,6648 um so viel reduciren, als der Differenz zwischen 7,98 und 8 entspricht, nämlich um $^1/_{200}$. Das Aequivalent des Kupfers wird dann gleich 31,5065» u. s. w.

Hier hätte es, abgesehen von der Substitution von 31,6653 für 31,6648, statt $^1/_{200}$ $^1/_{400}$ heissen müssen, wodurch das Schlussresultat nicht 31,5065, sondern 31,586 geworden wäre. Ueberhaupt hätte der vorletzte Satz im obigen Texte besser nachstehende Fassung bekommen:

«Man erhält das Aequivalent des Kupfers, bezogen auf Wasserstoff = 1, aus der Proportion:

$$8:7,98 = 31,6653:x$$
$$x = 31,586»$$

Das Atomgewicht des Kupfers, wie es sich aus meinen Versuchen ergibt, ist demnach = 2.31,586 = 63,172.

Bericht über die Fortschritte der analytischen Chemie.

I. Allgemeine analytische Methoden, analytische Operationen, Apparate und Reagentien.

Von

H. Fresenius.

Ein Verfahren, um zu ermitteln wie in wässeriger Lösung zwei Säuren sich in eine Basis theilen, wenn alles gelöst bleibt, hat W. Ostwald*) in einer grösseren Abhandlung betitelt «Volumchemische Studien» angegeben. Dasselbe beruht, abweichend von den von Berthelot und St. Martin,**) A. Müller,***) J. Thomsen†) zum gleichen Zwecke angewandten Untersuchungsmethoden, auf der Messung der zugänglichsten aller physikalischen Constanten, des specifischen Gewichtes.

Bei chemischen Vorgängen in wässerigen Lösungen finden im allgemeinen Volumänderungen statt; sind nun dieselben von einem Stoff zum anderen verschieden, so ergibt bei gleichzeitiger Wirkung zweier Stoffe die Messung der Aenderung das Verhältniss der resp. Wirkungsgrössen.

Als Beispiel für die Ausführung seiner Methode theilt der Verfasser zwei Versuchsreihen über die Wirkung der Schwefelsäure und Salpetersäure einerseits und der Schwefelsäure und Chlorwasserstoffsäure andererseits auf Natron mit.††)

*) Poggendorff's Ann. d. Phys. u. Chem. Ergänzungsb. 8, 154.

**) Ann. de chim. et de phys. [4] 26, 433 (1872).

***) Poggendorff's Ann. d. Phys u. Chem. Ergänzungsb. 6, 123 (1875).

†) Poggendorff's Ann. d. Phys. u. Chem. 138, 65 (1869).

††) Ostwald schloss sich dabei der erwähnten Arbeit von Thomsen eng an, da ein durchgehender Vergleich mit den Resultaten derselben über den Werth oder Unwerth der neuen Methode entscheiden musste.

Zur Ausführung der Versuche wurden zunächst chemisch reine verdünnte Lösungen von Natron und den drei Säuren hergestellt, die sich genau Volum für Volum sättigten; die Natronlösung hatte die Zusammensetzung NaO + 102,5 HO. Die Flüssigkeiten wurden vermittelst kalibrirter Büretten mit Erdmann'schem Schwimmer in passenden Mengen abgemessen, sorgfältig gemischt und sodann auf ihr specifisches Gewicht untersucht. Ebenso wurde das specifische Gewicht der einzelnen Lösungen bestimmt.

Die verwandten Pyknometer fassten etwa 10 CC.; sie hatten die von Sprengel*) angegebene Form einer U-Röhre mit horizontalen capillaren Armen und gestatteten ein schnelles und genaues Arbeiten. Die Temperatur der zu wägenden Flüssigkeiten wurde durch ein grosses doppeltes Wasserbad stets auf 20° gebracht; das Thermometer war in Zehntel-Grade eingetheilt. Beim Wägen diente ein ähnlicher Apparat als Gegengewicht, der Gewichtssatz war corrigirt.**)

Indem ich bezüglich der speciellen Versuchsresultate und der Art der Berechnung auf die Originalabhandlung verweise, bemerke ich, dass zunächst bei der Verbindung von Schwefelsäure mit Natron eine Verminderung des specifischen Gewichtes und ebenso eine solche (aber von der vorigen verschiedene) bei der Verbindung von Salpetersäure

---

*) Diese Zeitschr. 13, 162.

**) Die Fehler bei der Bestimmung des specifischen Gewichtes nach dieser Methode betragen höchstens fünf Einheiten der fünften Decimale, entsprechend 0,5 Milligrammen, und setzen sich aus den Fehlern dreier Wägungen = 0,3 Mgr., der Temperaturbestimmung = 0,1 Mgr. und der Einstellung der Flüssigkeit auf die Marke = 0,1 Mgr. zusammen. Fernere Abweichungen werden aber durch die Abmessung der einzelnen Lösungen und besonders durch die Kohlensäure-Anziehung der Natronlösung veranlasst und steigern den Gesammtfehler auf 1 Mgr. oder eine Einheit der vierten Decimale in Maximo. Anfangs erhielt der Verfasser bei der Natronlösung noch viel grössere Differenzen, die er durch folgende Vorrichtung auf das angegebene Maass zurückführte. Die Natronlösung befand sich in einer grossen mit einem doppelt durchbohrten Kork verschlossenen Vorrathsflasche, aus der sie durch einen stets gefüllten Heber mit Quetschhahn unmittelbar in die Bürette strömte. Der Heber ging durch die eine Bohrung; durch die andere führte eine Glasröhre zu einer kleinen Waschflasche, die mit derselben Natronlösung, wie die Vorrathsflasche gefüllt war. Die beim Abfüllen nachdringende Luft gab auf diese Weise ihren Kohlensäuregehalt ab und nahm so viel Wasserdampf auf, dass sie die Concentration der Lösung nicht ändern konnte. Ausserdem wurde die Natronlösung zuletzt zugemischt.

mit Natron gefunden wurde, dass somit die Grundbedingung für die Anwendbarkeit der Methode (siehe oben) erfüllt ist.

Nach einer Vergleichung sämmtlicher bei seinen Untersuchungen erhaltenen Resultate mit denen Thomsen's, wobei sich eine gute Uebereinstimmung ergab, gelangt der Verfasser zu dem Schluss, dass sich die von ihm angewandte Methode zu dem vorliegenden Zwecke als völlig brauchbar erwiesen hat.

Eine Methode, um auf spectralanalytischem Wege die kleinsten Mengen gasförmiger oder sehr flüchtiger Kohlenwasserstoffe in Gasgemengen oder im Wasser nachzuweisen haben Antonio und Giovanni de Negri*) angegeben.

Wie durch die Arbeiten Attfield's, Plücker's, Hittorf's und Morren's bekannt ist, strahlen die flüchtigen Kohlenwasserstoffe, wenn man sie in verdünntem Zustande in Geissler'sche Röhren einschliesst und Inductionsfunken durch sie hindurchschlagen lässt, ein Licht aus, welches im Spectralapparat ein deutliches Kohlenstoffspectrum liefert. Zur Ausführung des Versuches genügt die kleinste Menge eines gas- oder dampfförmigen Kohlenwasserstoffes, rein oder mit Wasserstoff oder Stickstoff gemischt. Die Spectrallinien und -streifen des Kohlenstoffes sind so charakteristisch und deutlich, dass sie sehr leicht zu erkennen sind.

Diese Thatsache lässt sich nach den Versuchen der Verfasser mit Vortheil benutzen, um in Gasgemengen die Gegenwart sehr kleiner Quantitäten von gasförmigen und leicht flüchtigen Kohlenwasserstoffen zu entdecken.

Das zu analysirende Gemenge darf weder Kohlenoxyd, noch Kohlensäure, noch Sauerstoff enthalten.**) Ersteres entfernt man in bekannter Weise mit einer salzsauren Lösung von Kupferchlorür, die Kohlensäure durch Kalilauge und den Sauerstoff mit pyrogallussaurem Kali. Von dem dann hinterbleibenden Gase wird eine sehr kleine Menge (einige Blasen) in eine leere Geissler'sche Röhre gebracht, so dass dieselbe

*) Atti della R. Università di Genova volume III. p. 141, von den Verfassern eingesandt.

**) Andere Körper, welche Kohlenstoff enthalten, wie Cyan, Blausäure etc. könnten Irrungen veranlassen, da sie aber nur selten in den zu prüfenden Gasgemengen vorkommen, so kann man sie für gewöhnlich vernachlässigen und sie nur in den Fällen in Rechnung ziehen, wo man ihre etwaige Gegenwart zu fürchten hätte.

unter einem Druck von nicht mehr als 20^{mm} steht.*) Nachdem man die Röhre hermetisch verschlossen hat, lässt man den elektrischen Funken durchschlagen. Ist das in der Röhre enthaltene Gas ein Kohlenwasserstoff, so leuchtet es unter der Einwirkung des Funkens sofort mit bläulichem Lichte und mittelst des Spectroskopes lassen sich die Linien und Streifen des Kohlenstoffes erkennen. Ganz ähnlich verhält sich das zu untersuchende Gas, wenn es aus Stickstoff oder Wasserstoff nebst Spuren von Kohlenwasserstoffen besteht. Auch in diesen Fällen tritt das Spectrum des Kohlenstoffes immer deutlich hervor und zwar gewöhnlich der Art, dass es die Spectra der anderen Gase fast vollständig verdeckt.

Die Verfasser haben ihr Verfahren mit Leuchtgas allein und mit Mischungen von Leuchtgas mit Wasserstoff, mit Stickstoff und mit atmosphärischer Luft geprüft. Im letzten Falle wurden der Sauerstoff und die Kohlensäure in der oben angegebenen Weise entfernt. Das Verfahren hat sich dabei gut bewährt, obgleich die aufzufindenden Quantitäten von Kohlenwasserstoffen fast immer äusserst gering waren. Im Wasser in kleinster Menge enthaltene Kohlenwasserstoffe können mittelst dieses Verfahrens durch Untersuchung der durch Auskochen aus dem Wasser erhaltenen Gase erkannt werden. Das Auskochen des Wassers wird in einem mit einer Gasentbindungsröhre versehenen Kolben vorgenommen; die entwickelten Gase werden in bekannter Weise über Quecksilber aufgefangen. Auch im Wasser enthaltene flüssige Kohlenwasserstoffe lassen sich meistens auf diese Weise entdecken, da die durch Auskochen aus dem Wasser erhaltenen Gase immer kleine Quantitäten der Kohlenwasserstoffdämpfe enthalten.

Die Verfasser glauben, dass diese Methode zur Nachweisung flüchtiger Kohlenwasserstoffe, welche sich durch sehr grosse Empfindlichkeit auszeichnet (für manche Zwecke ist sie vielleicht zu empfindlich), einer ausgedehnten Anwendung fähig ist, namentlich zur Untersuchung der

*) Stehen Geissler'sche Röhren und eine Luftpumpe nicht zu Gebote, so bedient man sich einer Barometer-Röhre, in welche oben zwei Platindrähte eingeschmolzen sind, deren Enden 2—3 Centimeter von einander entfernt sind. Das Gas wird in bekannter Weise in die durch Quecksilber abgesperrte Barometerröhre eingeführt, dann verbindet man die beiden Platindrähte mit dem Inductionsapparat, um den Funken durchschlagen zu lassen. Das Spectrum des Quecksilberdampfes kann in diesem Falle die Beobachtung erschweren, bei einiger Uebung unterscheidet man dasselbe jedoch leicht von dem des Kohlenstoffes.

aus der Erde (besonders in Bergwerken etc.) ausströmenden Gase, der in den Quellen, besonders den Mineralquellen, enthaltenen Gase, der Gase, welche bei gewissen Gährungsprocessen und anderen chemischen Vorgängen auftreten, welche sich im Inneren lebender Organismen vollziehen, ferner bei Entscheidung der Frage, ob ein Wasser durch Leuchtgas oder Petroleum verunreinigt ist oder nicht.*)

Die Beobachtung des Kohlenstoffspectrums kann, wie die Verfasser schliesslich noch andeuten, vielleicht auch zur Nachweisung anderer flüchtiger kohlenstoffhaltiger Substanzen verwerthet werden, so z. B. bei physiologischen, pathologischen und forensischen Untersuchungen zur Erkennung von Alkohol, Aceton, Chloroform, Aether, Blausäure, Cyan etc. Versuche hierüber sind übrigens bis jetzt noch nicht angestellt.

Ein neues geradsichtiges Spectroskop. Unter den geradsichtigen Spectroskopen (Sp. à vision directe)**) sind die Taschen- oder Miniatur-Spectroskope wohl am verbreitetsten. Bei mässiger Dispersion geben sie sehr intensive Spectra und eignen sich daher insbesondere für solche Zwecke, bei denen man es mit schwachen Lichtquellen zu thun hat, z. B. bei der Beobachtung von Sternspectren, bei den Mikrospectroskopen etc., sowie in solchen Fällen, in denen man ein Gesammtbild des ganzen Spectrums einer Lichtquelle zu haben wünscht, ohne es gerade auf die Messung der einzelnen Theile abgesehen zu haben. Die besten Taschenspectroskope lieferten bisher J. Browning in London und J. G. Hofmann in Paris; aber auch diese sonst so vortrefflichen Instrumente leiden an dem Uebelstande einer gar zu geringen Dispersion und dem Abbrechen des Spectrums weit vor seiner sichtbaren Grenze im Blau.

Nach einer Mittheilung von H. Schellen***) hat Adam Hilger in London in neuester Zeit an den Taschenspectroskopen einige wesentliche Verbesserungen angebracht, indem er einestheils durch Prismensätze von grosser Zerstreuungskraft die Dispersion derselben bedeutend erhöht und es anderentheils erreicht hat, dass man das ganze sichtbare Spectrum vom äussersten Roth (A und darüber hinaus) bis zum äussersten Violett (H und

*) Wenn sich in einem Wasser Spuren von Kohlenwasserstoffen finden, so kann übrigens auf eine Verunreinigung mit Leuchtgas oder Petroleum noch nicht mit Sicherheit geschlossen werden, da auch andere Ursachen, z. B. die Zersetzung in dem Wasser vorhandener organischer Substanzen das Vorkommen von Kohlenwasserstoffen darin bedingen können.

) Vergl. hierzu diese Zeitschr. **5, 329; **13**, 48, 442; **14**, 335.

***) Beiblätter zu Poggendorff's Ann. d. Phys. u. Chem. **1**, 124.

darüber hinaus) mit einem Blicke übersieht. Dabei erscheinen die Linien und Liniengruppen bei richtiger Einstellung des Oculars sämmtlich äusserst scharf, und das ganze Spectrum besitzt eine grosse Lichtstärke.

Hilger erreicht diese Vorzüge einestheils durch Hinzufügen eines achromatischen Oculars zwischen Prisma und Auge, anderntheils durch eine Cylinderlinse zwischen Spalt und Prisma an der Stelle der gewöhnlichen sphärischen Collimatorlinse. Diese Linse, deren Cylinderaxe der brechenden Kante des Prismas parallel ist, bewirkt nicht blos eine scharfe Begrenzung des Spectrums nach unten und oben, sondern verbreitet auch eine Fülle von Licht über das ganze Spectrum.

Adam Hilger in London (192 Tottenham Court Road) liefert diese Taschenspectroskope in 2 Grössen. Das grössere Instrument ist 22 Cm. lang und kostet in elegantem Messingetui 40 Mark, das kleinere ist nur 4 Cm. lang und kostet 35 Mark.

Eine Methode, Spectra zu verbreitern hat Kohlrausch*) empfohlen. An Stelle vieler oder stark dispergirender Prismen soll der Reflex an Cylinderspiegeln angewandt werden, deren Achsen der brechenden Kante des Prismas parallel stehen. Diese Methode wird überall da von grossem Nutzen sein, wo man wegen der intensiven Färbung des Stoffes nur Prismen mit sehr spitzem Winkel anwenden darf.

Ueber Glasgewichte. R. Ulbricht**) räth beim etwaigen Ankaufe von Gewichten aus Bergkrystall die grösste Vorsicht an. Von einem Berliner Mechaniker sind ihm im vorigen Jahre Glasgewichte für solche aus Bergkrystall geliefert worden. Der Preis des Satzes stellte sich um 40 Mark niedriger als für einen gleich grossen Satz von Stern in Oberstein***) und um circa 20 Mark höher als für Glasgewichte in Wien. Das specifische Gewicht dieser Glasgewichte betrug im Mittel 2,446 (beim 100-Grammstück wurde 2,45335, beim 50-Grammstück 2,43862 gefunden), war somit nur wenig niedriger als das des Bergkrystalls.

Einen Extractionsapparat, welcher namentlich zum Arbeiten mit grösseren Mengen Substanz geeignet ist, hat E. Drechsel†) angegeben.

Der Apparat gleicht hinsichtlich seiner Construction am meisten

*) Poggendorff's Ann. d. Phys. u. Chem. **153**, 147.
) Ber. d. deutsch. chem. Gesellsch. zu Berlin **10, 129.
***) Vergl. diese Zeitschrift **13**, 444.
†) Journ. f. prakt. Chem. [N. F.] **15**, 350.

den Extractionsapparaten von Zulkowski*) und Tollens**), ist jedoch in viel grösseren Dimensionen ausgeführt. Wie Fig. 1 auf Taf. IV zeigt besteht er aus drei Theilen: dem Siedegefäss A, dem Trichter B und dem Aufsatz C, welcher letztere das Ganze mit einem gewöhnlichen Rückflusskühler verbindet. Das Siedegefäss ist eine gewöhnliche Kochflasche mit seitlich angesetztem weitem Glasrohr a; der Trichter B ist etwas kleiner als A, hat einen Hals von etwa 20—25^{mm} lichter Weite und ein ebenfalls ziemlich weites, unten schräg abgeschnittenes Ablaufrohr. C besteht aus einem weiten Rohr r, in welches das Rohr eines Kühlers bequem mittelst eines Korkes eingesetzt werden kann; hinten ist r zu einer Art Kugel erweitert, welche, wie aus der Figur ersichtlich, mit zwei Röhrenansätzen b und c von demselben Kaliber wie a, versehen ist. Soll der Apparat gebraucht werden, so bringt man die zerkleinerte auszuziehende Substanz auf ein trockenes Faltenfilter in B; das Filter hat zweckmässig doppelt so viel Falten wie gewöhnlich, damit es sich möglichst ausbreiten kann; den Boden desselben kann man flach lassen. Hierauf giesst man in A die Flüssigkeit, mittelst welcher extrahirt werden soll, also Aether, Chloroform, Benzol etc., und setzt B auf A und C auf B mittelst guter Korkstopfen in der Weise, dass sich die Enden von a und b genau gegenüber stehen und einander gerade berühren. Diese Bedingung ist leicht zu erfüllen, wenn man die Durchbohrungen der Korke für c und das Rohr von B etwas excentrisch anbringt, alsdann ist durch einfaches Drehen dieser Theile bald diejenige Stellung herauszufinden, bei welcher a und b sich genau decken. Diese letzteren endlich verbindet man zweckmässig in der Art, dass man einen durchbohrten guten Kork über die Verbindungsstelle schiebt; Kautschukschlauch ist weniger zu empfehlen, da dieser in der Regel nach kurzer Zeit an der Nath platzt. Ist der Apparat einmal in Gang gesetzt, so kann man ihn tagelang darin erhalten, ohne dass er einer besonderen Aufsicht bedürfte. Die gebildeten Dämpfe entweichen aus A durch a, gelangen durch C in den Kühler, werden hier condensirt und fliessen durch c, wobei durch die nachströmenden Dämpfe die Flüssigkeit bis fast zu ihrem Siedepunkt erhitzt wird, auf die Substanz in B und filtriren von hier wieder nach A. Der Apparat ist sehr leistungsfähig; so wurden z. B. Hundefäces binnen einiger Stunden durch Aether völlig entfettet und in eine trockne pulverige Masse verwandelt, denn der Aether hatte allmählich auch alles Wasser mit ausgezogen.

---

*) Diese Zeitschrift 12, 303.

**) Diese Zeitschrift 14, 82.

Der Drechsel'sche Extractionsapparat kann von Greiner und Friedrichs in Stützerbach in Thüringen bezogen werden.

Ein Scheidetrichter zum Abheben oben auf schwimmender Flüssigkeiten. Wenn man eine wässrige Lösung mit Aether oder überhaupt einer specifisch leichteren Flüssigkeit auszuschütteln hat, ist es immer eine missliche Operation, die letztere ganz von Wasser zu trennen, da man weder durch Abgiessen, noch durch Abheben mittelst einer Pipette zum Ziele gelangt. E. Drechsel *) hat deshalb den in Fig. 2 auf Taf. IV. abgebildeten Apparat construirt, welcher gestattet, eine vollkommene Trennung zu bewerkstelligen mit demselben Grad von Schärfe, wie ein gewöhnlicher Scheidetrichter, wenn man die untere Flüssigkeit von der oberen wegzunehmen hat. Derselbe besteht aus einer starken Glaskugel, an welcher unten ein einfach, oben aber ein doppelt durchbohrter Hahn angebracht ist. Letzterer hat ausser der gewöhnlichen Bohrung noch eine zweite, welche mit einer in der Achse des Hahns befindlichen Röhre communicirt; an diese Röhre setzt man einen Gummischlauch an. Oberhalb dieses Hahns befindet sich ein kleiner trichterförmiger Ansatz zum Eingiessen der Flüssigkeiten. Der erst genannte untere einfache Hahn ist mit einem kurzen starken Röhrenansatz versehen, an welchem ein circa 1 Meter langer dickwandiger Gummischlauch (sog. Luftpumpenschlauch) von engem Kaliber befestigt wird; das andere Ende dieses Schlauches ist mit einer starken Glaskugel verbunden, welche eben so gross ist, als die erst genannte. Das Ganze wird an einem soliden Stativ befestigt, wie aus der Figur ersichtlich; jede Kugel ruht auf einem mit Tuchstreifen umwickelten Eisenringe, dessen Stab leicht aus der Muffe herauszuziehen resp. darin festzuschrauben ist. Die Hahnkugel wird in der mittleren Muffe befestigt, die andere Kugel dagegen je nach Bedürfniss in der obersten oder untersten. Soll der Apparat gebraucht werden, so füllt man zunächst die zweite Kugel in tiefer Stellung mit Quecksilber, bringt sie hierauf in die hohe Stellung, öffnet die Hähne und lässt das Quecksilber in die Hahnkugel treten. Ist dies geschehen, so schliesst man den unteren Hahn, bringt die leere Kugel in die tiefe Stellung, dreht den oberen Hahn so, dass der Trichter mit dem Innern communicirt, giesst zunächst die wässerige Flüssigkeit in den Trichter und saugt diese in die Kugel, indem man Quecksilber auslaufen lässt; hierauf saugt man in ähnlicher Weise den Aether ein und schliesslich Luft, indem man das ganze Quecksilber,

*) Journ. f. prakt. Chem. [N. F.] 15, 351.

is auf wenige Tropfen, ausfliessen lässt. Nun werden alle Hähne geschlossen, die Hahnkugel aus dem Stativ genommen und tüchtig geschüttelt; ierauf wird sie wieder festgeschraubt und die Trennung der Flüssigkeiten bgewartet. Ist letzteres geschehen, so bringt man die Quecksilberkugel in die hohe Stellung, dreht den oberen Hahn so, dass das Innere der Kugel mit dem seitlichen Röhrenansatz communicirt und öffnet den unteren Hahn langsam. Indem das Quecksilber einströmt, hebt es die beiden anderen Flüssigkeiten, der Aether fliesst seitlich ab durch den Gummischlauch in ein untergestelltes Gefäss, und sobald der letzte Tropfen in die Hahnbohrung eingetreten ist, schliesst man die Hähne. Dreht man den oberen nur so, dass jetzt der Trichter mit der seitlichen Röhre in Verbindung steht, so fliesst alle noch im Gummischlauche gebliebene Flüssigkeit ab, und man kann von Neuem Aether einsaugen und damit ausschütteln.

Fig. 29.

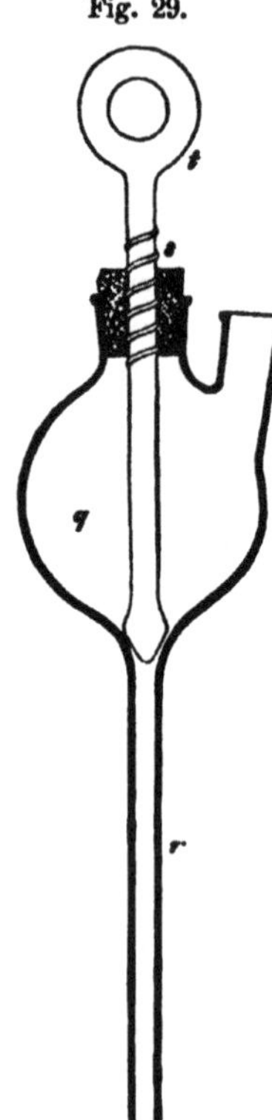

Die Fabrik chemischer und physikalischer Glasapparate von Greiner und Friedrichs in Stützerbach in Thüringen liefert diesen Scheidetrichter.

Einen anderen in Fig. 29 abgebildeten Scheidetrichter hat C. Bulk*) angegeben. Derselbe besteht im Wesentlichen aus einer mit Einguss und Abflussrohr r versehenen Glaskugel q. Der Verschluss des Abflussrohres wird durch die conische Spitze eines Glasstabes bewirkt, welcher bei s durch einen Kork gehalten wird und sich vermöge eines schraubenförmig aufgeschmolzenen Glasfadens beim Drehen des Griffes t auf und ab bewegt.

Einen tragbaren Apparat für die Maassanalyse hat Fausto estini**) construirt. Die Einrichtung wird durch Fig. 5 auf Taf. IV. ver-

*) Ber. d. deutsch. chem. Gesellsch. zu Berlin 9, 1898.

**) Gazzetta chimica italiana 7, vom Verfasser eingesandt.

anschaulicht und schliesst sich der der bekannten Ab- und Zuflussbüretten und Nachfüllbüretten *) dadurch an, dass die Bürette direct mit dem Vorrathsgefäss für die Normallösung verbunden ist. Neu ist an Sestini's Apparat hauptsächlich, dass er leicht tragbar ist, während die Ab- und Zuflussbüretten etc. einen festen Platz beanspruchen.

Der Cylinder A, welcher zweckmässig 500 oder 1000 CC. fasst, dient als Vorrathsgefäss für die Normallösung. Oben ist er mit einem doppelt durchbohrten Gummistopfen verschlossen. Durch die eine Bohrung geht ein Röhrchen, welches die Verbindung mit dem mit der betreffenden Normallösung beschickten Rohr B herstellt, dessen aus der Figur ohne weiteres verständliche Einrichtung einen hydraulischen Abschluss bildet. Die Luft kann daher in das Vorrathsgefäss erst eintreten, nachdem sie B passirt hat und wirkt dann nicht mehr verändernd auf die in A enthaltene Flüssigkeit. **) Durch die zweite Bohrung des auf A aufgesetzten Gummistopfens geht das Rohr C, welches die Verbindung mit der Bürette D herstellt; es reicht bis auf den Boden von A aber nur bis dicht unter den D schliessenden Stopfen. Dieser trägt in seiner zweiten Bohrung ein Röhrchen, an welches der ebenfalls mit der betreffenden Normallösung beschickte Kaliapparat E mittelst eines Stückchens Kautschukschlauch angefügt ist. Die in der Figur als Glashahnbürette mit Erdmann'schem Schwimmer dargestellte Bürette wird unten noch durch einen metallenen Halter befestigt, wie dies in der Figur angedeutet ist.

Um die Bürette zu füllen, saugt man an dem mit E verbundenen Kautschukschlauch F; die Normallösung fliesst dann aus dem Vorrathsgefäss A durch C nach D, während die entsprechende Menge Luft durch B nach A eintritt. Bei vorsichtigem Saugen gelingt es leicht, die Normallösung genau auf den Nullpunkt der Bürette einzustellen. Lässt man Flüssigkeit aus der Bürette ausfliessen, so dringt die Luft durch F und E nach. Wird der Apparat nicht gebraucht, so schiebt man den Kautschukschlauch F über das Ende des auf B aufgesetzten Kugelröhrchens.

Als einfache Bereitungsweise reinen Kupferchlorürs empfiehlt R. Böttger ***) die folgende: Zu einer Kupfervitriollösung fügt man so

*) Vergl. Mohr, Lehrbuch der Titrirmethode, 4. Aufl. p. 16—19.

**) Sollte die Wirksamkeit der einfachen Vorrichtung B sich als ungenügend erweisen, wie z. B. bei Zinnchlorürlösung, so kann man dem leicht durch Zufügung geeigneter Absorptionsröhren (vergl. diese Zeitschrift 2, 57) abhelfen. H. F.

***) Jahresber. d. physikal. Vereins zu Frankfurt a/M. für 1875/76 p. 16 (1877).

viel Kochsalz, als sich in der Wärme darin auflösen kann, wirft eine entsprechende, kleine Menge Kupferblechstreifen dazu und erhält das Ganze circa 10 Minuten im heftigsten Sieden, bringt die Flüssigkeit sodann auf ein Papierfilter und lässt das Filtrat tropfenweise in kaltes Wasser fliessen. Das im Wasser unlösliche Kupferchlorür scheidet sich hierbei in Gestalt eines zarten schneeweissen Pulvers ab. *)

II. Chemische Analyse anorganischer Körper.

Von

H. Fresenius.

Ueber die Bestimmung von Zink und Blei auf elektrolytischem Wege. Bisher war es noch nicht gelungen, das Zink auf elektrolytischem Wege zu bestimmen. Die hierüber angestellten Untersuchungen hatten ergeben, dass das Zink mittelst des elektrischen Stromes aus durch Mineralsäuren sauren Lösungen nicht abgeschieden werden kann,**) während es aus ammoniakalischer Lösung zwar abgeschieden wird, sich aber nur lose an der Platinelektrode ansetzt, so dass es nicht gewogen werden kann. ***)

Nach einer Mittheilung von Parodi und Mascazzini †) gelingt es nun, das Zink auf elektrolytischem Wege in compacter, zur Wägung geeigneter Form auf einem Platindraht abzuscheiden, wenn es sich als Sulfat in Lösung befindet und letztere einen Ueberschuss von essigsaurem Ammon enthält. Eisen und Blei müssen zuerst aus der Lösung entfernt werden. Eine sehr geringe Menge von Blei soll übrigens die compacte Abscheidung des Zinks befördern. Die Versuche wurden direct mit Zinkerzen angestellt und die Resultate zeigten mit anderen, auf dem gewöhnlichen gewichtsanalytischen Wege erhaltenen, genügende Uebereinstimmung. Aus derselben Lösung kann zuerst aus saurer Lösung das Kupfer und dann, nach Zusatz von Ammoniak und Essigsäure, das Zink elektrolytisch abgeschieden werden.

*) Zur Darstellung des Kupferchlorürs vergl. auch diese Zeitschr. **13**, 311.

) Vergl. die Mittheilungen der Mansfeld'schen Ober-Berg- und Hütten-Direction diese Zeitschr. **8, 24 und F. Wrightson „Beiträge zur quantitativen Bestimmung der Metalle auf elektrolytischem Wege" diese Zeitschr. **15**, 303.

***) Vergl. die Mittheilungen der Mansfeld'schen Ober-Berg- und Hütten-Direction diese Zeitschr. **11**, 14.

†) Gazz. chim. ital. durch Ber. d. deutsch. chem. Gesellsch. z. Berlin **10**, 1098.

Nach vorläufigen Versuchen ist es den Verfassern auch gelungen, das Blei in compacter Form abzuscheiden, wenn es, bei Gegenwart von essigsaurem Alkali, sich als Tartrat in alkalischer Lösung befindet. Weitere Mittheilungen hierüber werden in Aussicht gestellt.

Hinsichtlich der elektrolytischen Abscheidung des Bleies war bisher nur bekannt, dass dasselbe aus saurer Lösung meist als Superoxyd am positiven Pole abgeschieden wird. *)

Die Bestimmung von Kobalt, Nickel und Zink durch Fällung als Oxalate empfiehlt Alexander Classen. **) Das Verfahren ist genau dasselbe, welches der Verfasser zur Abscheidung des Mangans als oxalsaures Manganoxydul anwendet. ***)

Die concentrirte neutrale Auflösung des Salzes wird mit einer concentrirten Auflösung von neutralem oxalsaurem Kali (1 : 6) versetzt und dann so lange concentrirte Essigsäure hinzugefügt, als noch eine Fällung entsteht. Die erhaltenen Niederschläge werden nach dem Auswaschen und Trocknen durch Glühen in Kobaltoxydul resp. Nickeloxydul oder Zinkoxyd übergeführt und in diesem Zustand gewogen.

Zum Auswaschen des oxalsauren Nickeloxyduls und Zinkoxydes kann man sich einer Mischung von 2 Raumtheilen concentrirter (80-procentiger) Essigsäure und 1 Raumtheil Wasser bedienen, oder auch eines Gemisches aus gleichen Raumtheilen concentrirter Essigsäure, 95-procentigem Alkohol und Wasser. Zum Auswaschen des oxalsauren Kobaltoxyduls ist entweder letztere Mischung oder 80-procentige Essigsäure zu verwenden.

Die Methode lässt sich noch zur Bestimmung von Silber, Kupfer, Cadmium, Blei etc. benutzen. Bei der Fällung dieser Metalle ist indess die Gegenwart verschiedener Salze von Einfluss. Es wird z. B. das Cadmium bei Anwesenheit von Chlorkalium oder Chlorammonium gar nicht gefällt. Kupfer wird nur in ganz concentrirter Auflösung, und dann noch nicht ganz vollständig, gefällt. Das Verhalten dieser Metalle lässt sich in einzelnen Fällen zur Trennung von den oben angeführten, durch neutrales oxalsaures Kali fällbaren Metallen benutzen.

---

*) Vergl. die Mittheilungen der Mansfeld'schen Ober-Berg- und Hütten-Direction diese Zeitschr. **11**, 8.

) Ber. d. deutsch. chem. Gesellsch. z. Berlin **10, 1315.

***) Diese Zeitschrift **16**, 315.

Zur Trennung des Eisens von Mangan, Kobalt, Nickel und Zink empfiehlt Alexander Classen*) ein Verfahren, welches sich auf das verschiedene Verhalten der Lösungen der genannten Metalle gegen neutrales oxalsaures Kali und Essigsäure gründet.

Fügt man zu einer neutralen Auflösung eines Eisenoxydulsalzes neutrales oxalsaures Kali und dann Essigsäure im Ueberschuss, so wird oxalsaures Eisenoxydul abgeschieden. Verfährt man in gleicher Art mit einer Eisenoxydlösung, so bleibt dieselbe, selbst nach tagelangem Stehen, vollkommen klar. Kobaltoxydul, Nickeloxydul und Zinkoxyd werden durch neutrales oxalsaures Kali und Essigsäure als oxalsaure Salze gefällt. Zur Trennung des Eisens von den genannten Metallen, versetzt man nun die neutrale, concentrirte, alles Eisen als Oxyd enthaltende Auflösung mit einer genügenden Menge von neutralem oxalsaurem Kali (1 : 6) wobei die Farbe der Flüssigkeit von braunroth in grün oder gelbgrün übergeht, und fügt, unter Umrühren, concentrirte (80-procentige) Essigsäure im Ueberschuss hinzu. Anstatt Essigsäure kann man auch ein Gemisch aus gleichen Raumtheilen von 80-procentiger Essigsäure, 95-procentigem Alkohol und Wasser anwenden. Die Fällung wird zweckmässig in einer Porzellanschale vorgenommen und die Flüssigkeit einige Zeit im Wasserbade erhitzt. Verdünnte Auflösungen werden vor der Fällung zuerst im Wasserbade concentrirt. Zeigt die zu fällende Flüssigkeit saure Reaction, so wird die freie Säure vorher durch Abdampfen möglichst entfernt, dann die Flüssigkeit mit kohlensaurem Natron bis zur alkalischen Reaction versetzt, **) der Niederschlag in concentrirter Oxalsäure gelöst, oxalsaures Kali und schliesslich Essigsäure hinzugefügt. Nach dem Erkalten wird der entstandene Niederschlag filtrirt und von dem oxalsauren Eisenoxyd durch Auswaschen mit Essigsäure oder der obigen Mischung vollkommen befreit. Ist die Menge von Eisenoxyd bedeutend, so halten die Niederschläge (wahrscheinlich in Folge partieller Reduction des oxalsauren Eisenoxyds) leicht eine geringe Menge desselben zurück, was bei Zink und Mangan schon an der Farbe der Niederschläge ersichtlich ist. In diesem Falle wird der durch Decantation ausgewaschene Niederschlag in der Porzellanschale mit verdünnter Chlorwasserstoffsäure gelöst, die Lösung im Wasserbade bis fast zur Trockne verdampft, der Rückstand mit wenig Wasser versetzt, mit kohlensaurem Natron alkalisch

*) Ber. d. deutsch. chem. Gesellsch. z. Berlin **10**, 1316.

**) Geringe Mengen von Säure können ohne vorheriges Abdampfen direct mit kohlensaurem Natron neutralisirt werden.

gemacht und dann mit Essigsäure übersättigt. Der jetzt erhaltene Niederschlag ist eisenfrei.

Eine genauere Beschreibung der Einzelnheiten des Verfahrens und analytische Belege will der Verfasser später geben.

Zur maassanalytischen Bestimmung des Thalliums war bisher nur die Methode von E. Willm*) — Titrirung mittelst übermangansauren Kalis — bekannt.

Gelegentlich einer Arbeit über die Darstellung des Thalliums hat nun R. Nietzki**) gefunden, dass sich das bekannte Verhalten des Jodkaliums gegen Thalliumverbindungen dazu benutzen lässt, um das Thallium in nicht zu verdünnten Lösungen mit ziemlicher Genauigkeit zu titriren. Das Verfahren ist sehr einfach. Man lässt aus einer Bürette so lange Jodkaliumlösung von bekanntem Gehalt in die Thalliumlösung fliessen, als noch ein Niederschlag entsteht. Ist die Thalliumlösung nicht zu verdünnt, d. h. enthält sie nicht weniger als 0,5 % Thallium, so fällt das Jodür als kräftiger Niederschlag aus, der sich beim Rühren ähnlich dem Chlorsilber zusammenballt und schnell absetzt. Die Flüssigkeit wird um so klarer, je mehr sich die Operation dem Ende nähert und die ganze Arbeit ist, wenn es nicht auf grosse Genauigkeit ankommt, in fünf Minuten beendigt. Am zweckmässigsten nimmt man die Fällung in einer Glasschale vor; man sieht dann am Rande derselben die geringste Trübung, die ein Tropfen noch verursacht.

Sehr verdünnte Lösungen, z. B. die Flugstaubauszüge, hat der Verfasser mit einem Ueberschuss von Jodkalium ausgefällt, filtrirt, den abfiltrirten Niederschlag ohne auszuwaschen in eine Schale gespritzt, unter Zusatz von Schwefelsäure bis zum Verjagen des Jods abgedampft und den mit wenig Wasser aufgenommenen Rückstand wie angegeben mit Jodkaliumlösung titrirt.

Einige Beleganalysen, welche der Verfasser mitgetheilt hat, weisen befriedigende Resultate auf.

1) 0,802 Grm. Thalliumjodür wurden mit concentrirter Schwefelsäure bis zum Verjagen des Jods abgeraucht, der Rückstand mit wenig Wasser aufgenommen und mit Jodkaliumlösung titrirt. Gefunden 0,496 Grm. Tl statt 0,494 Grm.

2) 0,488 Grm. Thalliumchlorür in gleicher Weise behandelt ergaben 0,417 Grm. Tl statt 0,416 Grm.

*) Vergl. diese Zeitschr. **2**, 370 und **4**, 431.

) Arch. Pharm. [N. F.] **4, 385 und Dingler's pol. Journ. **219**, 262.

3) 1,102 Grm. Thalliumalaun ($TlO, SO_3 + Al_2O_3, 3 SO_3 + 24 HO$) lieferten 0,362 Grm. Tl statt 0,3617 Grm.

Die einzige Fehlerquelle, welche der Methode anhaftet, ist die, allerdings geringe, Löslichkeit des Thalliumjodürs. Bei concentrirten Lösungen kann man dieselbe als verschwindend klein betrachten, bei sehr verdünnten jedoch beobachtet man, dass die Flüssigkeit auf Zusatz von Jodkaliumlösung sich noch trübt, wenn bereits ein nachweisbarer Ueberschuss dieses Fällungsmittels vorhanden ist. Es beruht dies auf dem Umstande, dass das Thalliumjodür in jodkaliumhaltigen Flüssigkeiten schwerer löslich ist, als in davon freien. Daraus entstehen nun meist zu hohe Resultate und es ist daher räthlich, in solchen Fällen das Thallium zunächst mit einem Ueberschuss von Jodkalium auszufällen, abzufiltriren und das Thalliumjodür mit Schwefelsäure bis zur völligen Verjagung des Jods abzudampfen, um dann in oben beschriebener Weise zu titriren.

Ueber das Spectrum des Indiums. W. Clayden und Ch. T. Heywon*) haben gefunden, dass der zwischen Elektroden aus metallischem Indium überspringende Funken einer Inductionsspirale statt eines Spectrums von 3 ein solches von 16 Linien liefert.

Das Spectrum, wie es gewöhnlich beschrieben wird, mit 2 Linien im Indigo und einer im Violett, erhält man, wenn der Funke das Chlorid des Metalles zersetzt und verflüchtigt. Thalén gibt die Wellenlängen der drei Linien zu 4532, 4509**) und 4101 an. Springt aber der Funke zwischen Spitzen von metallischem Indium über, so entsteht ein Spectrum von 16 Linien, die über den ganzen Raum des Farbenbildes vertheilt sind. Die beiden brechbareren Streifen des Chlorides erscheinen neben 14 weniger brechbaren, während der Streifen von der Wellenlänge 4532 gänzlich fehlt. Die Helligkeit der äussersten Linie von der Wellenlänge 4101 erleidet eine beträchtliche Schwächung. Die Verfasser geben die Wellenlängen der von ihnen beobachteten Linien an zu 6906, 6193, 6114, 6095, 5922, 5905, 5862, 5820, 5722, 5644, 5250, 4680, 4656, 4638, 4510 und 4101.***) Die erste dieser Linien mit $\lambda = 6906$

*) Phil. Mag. [5] **2**, 387 (1876); Amer. Journ. of science and arts [3 ser.] **12**, 57; Beiblätter zu Poggendorff's Ann. d. Phys. u. Chem. **1**, 90.

**) Clayden und Heywon halten 4510 für die richtige Wellenlänge dieser Linie.

***) Die Wellenlängen wurden nicht direct gemessen; die angegebenen Werthe sind vielmehr durch Interpolation gefunden. Die Beobachtungen wurden unter Anwendung eines mit 4 Prismen versehenen Spectroskopes gemacht, welches sehr ausgedehnte Spectra lieferte.

ist durch geringe Brechbarkeit ausgezeichnet, nur Kalium, Strontium und Antimon liefern Linien von geringerer Brechbarkeit.

Die sehr deutliche Linie mit $\lambda = 5250$ ist von hellgrüner Färbung. Die Streifen mit $\lambda = 4680$, 4656 und 4638 werden von den Verfassern als Banden bezeichnet und sind gegen das Violett zu scharf begrenzt, nach dem Roth hin verwaschen. Ihre Farbe ist ein helles Blau.

Versuche mit Indiumnitrat gaben ein auffälliges Resultat. Dieselben 3 Linien wie beim Chlorid erschienen, gelegentlich aber blitzten auch Spuren einiger der helleren Linien des metallischen Spectrums auf, obgleich es durchaus nicht gelang, dieselben mit ausreichender Deutlichkeit und Sicherheit zu erzeugen. Selbst beträchtliche Aenderungen in der Intensität der Entladung ergaben keine Abweichungen von dem angeführten Resultate.

Eine Reaction auf Kupfer. Mittelst eines aus zwei dünnen Drähten bestehenden Zinkplatinelementes wird das Kupfer aus sehr verdünnten Lösungen seiner Salze als schwärzlicher Ueberzug auf dem Platindraht abgeschieden. Setzt man den mit Wasser gewaschenen aber nicht getrockneten Ueberzug nach L. Cresti*) einige Augenblicke einem Gemenge von Bromwasserstoff- und Bromdampf aus, wie man es durch Zersetzung von Bromkalium mittelst mässig concentrirter Schwefelsäure erhält, so nimmt der Kupferüberzug eine tief violette Farbe an, welche namentlich dann zu erkennen ist, wenn man den Platindraht auf einer Porzellanplatte abstreicht. Der Verfasser hält die violette Flüssigkeit für eine Lösung von Kupferbromür in Bromwasserstoff. Die Reaction soll sehr empfindlich sein; nach den Angaben des Verfassers genügen einige Cubikcentimeter einer ein Milliontheil Kupfer enthaltenden Lösung, um sie hervorzurufen, wenn man das Zinkplatinelement zwölf Stunden lang einwirken lässt.

Neue Reactionen des Wolframs. J. W. Mallet**) findet, im Widerspruch mit den Angaben einiger bedeutenden Lehrbücher, dass der durch Salzsäure in der Lösung eines wolframsauren Alkalis erzeugte Niederschlag durch einen Ueberschuss concentrirter Salzsäure in beträchtlicher Menge gelöst wird. Bringt man nach und nach Zinkstückchen in diese Lösung, so entstehen verschiedene Färbungen, namentlich tritt ein schönes Magentaroth auf, während ein prächtiges Grün erhalten wird,

---

*) Gazz. chim. ital. durch Ber. d. deutsch. chem. Gesellsch. z. Berlin **10**, 1099.

) Chem. News **31, 276.

wenn man der Lösung vor dem Eintragen des Zinks Rhodankalium zusetzt. Gibt man zu einer Lösung von wolframsaurem Alkali zuerst Rhodankalium, dann viel Wasser, hierauf Salzsäure und endlich metallisches Zink, so nimmt die Flüssigkeit eine schöne Amethyst-Farbe an. Die bekannte blaue Farbe, welche für die niederen Oxydationsstufen des Wolframs charakteristisch ist, lässt sich durch unterschweflige Säure sehr gut hervorrufen.

Vergl. hierzu übrigens H. Rose, 6, Aufl. I, 510.

Als eine der empfindlichsten Reactionen auf freien oder in Wasser gelösten Sauerstoff bezeichnet Oscar Loew*) die Blaufärbung einer alkalischen Lösung von Pyrogallo-Chinon. Dieselbe tritt nämlich seinen Versuchen zufolge nur bei Gegenwart von freiem Sauerstoff ein. Als der Verfasser ausgekochte Lösungen von Pyrogallo-Chinon und kohlensaurem Natron (letztere war sehr verdünnt) über Quecksilber zusammentreten liess, wurde die gelbliche Lösung etwas dunkler, aber es entstand keine Spur einer blauen Färbung. Dieselbe zeigte sich aber sofort, als man eine kleine Blase Luft oder Sauerstoff zutreten liess.

Die Anwesenheit von Pyrogallol (Pyrogallussäure) verhindert die Reaction, indem diese den Sauerstoff zuerst in Beschlag nimmt.

Die Darstellung des Pyrogallo-Chinons führte der Verfasser in der Weise aus, dass er eine Mischung von 10 Grm. Pyrogallol (Pyrogallussäure) und 25 Grm. phosphorsaurem Natron in 250 CC. destillirten Wassers löste und diese Lösung in einem von ihm construirten Schüttel-Apparat zu Oxydationen mit Luft oder Sauerstoffgas**) bei einer Temperatur von 25⁰ eine halbe Stunde lang behandelte. Das Pyrogallo-Chinon scheidet sich in nadelförmigen Krystallen ab; die Ausbeute ist eine geringe, sie beträgt weniger als 10 % des angewandten Pyrogallols.

Ueber das Verhalten der Säuren gegen den Lackmusfarbstoff. In einer grösseren Abhandlung «Untersuchungen über die mehrbasischen Säuren» und zwar im ersten Theil, welcher von der Constitution der gelösten Salze und Säuren handelt, hat Berthelot***) seine Ansichten über die Einwirkung starker Säuren auf den Lackmusfarbstoff mitgetheilt. Er sagt:†) «Diese Reaction ist nichts anderes als das Freimachen einer

*) Journ. f. prakt. Chem. [N. F.] **15**, 326.

) Journ. f. prakt. Chem. [N. F.] **15, 327.

***) Ann. de chim. et de phys. [5. sér.] **9**, 1.

†) a. a. O. p. 11.

schwachen, rothgefärbten Säure, welches bis zur geringsten Spur der starken Säure erfolgt, ohne dass ein irgend merkbarer Theilungsvorgang beschränkend einwirkt. Das bei der alkalimetrischen Bestimmung der Schwefelsäure, Salpetersäure und Salzsäure angewandte Verfahren zeigt deutlich, dass das Freimachen ein vollständiges ist; es gilt dies aber nur für die Säuren und Salze, welche durch das Wasser keine merkbare Zersetzung erleiden. Sobald ein Alkalisalz unter dem Einfluss des Wassers auch nur den Anfang einer Zersetzung zeigt, wird die alkalimetrische Bestimmung der entsprechenden Säure weniger genau, da der in der Lösung befindliche Antheil der freien Base eine entsprechende Quantität des blauen Salzes mit der Säure des Lackmus bildet, wodurch ein mehr oder weniger grosser Ueberschuss der zu bestimmenden Säure erforderlich ist, um die Säure des Lackmus vollständig frei zu machen — oder richtiger, um die durch das Alkali gebildete Quantität des blauen Salzes soweit herabzumindern, dass ihre färbende Kraft nicht mehr zur Geltung kommt. Dies zeigt sich schon bei den Alkalisalzen der Essigsäure und anderer Säuren aus der Reihe der Fettsäuren sehr deutlich, ebenso, aber im umgekehrten Sinne, bei der Bestimmung des Ammoniaks. Noch mehr aber tritt es hervor, je grösser die durch die Einwirkung des Wassers auf die neutralen Salze in Freiheit gesetzte Menge der Basis wird, so dass z. B. die Borsäure, das Phenol und die Alkohole, welche Alkalisalze bilden, mittelst des gewöhnlichen alkalimetrischen Verfahrens nicht bestimmt werden können.

Aehnliches ergibt sich beim Studium der Säuren mit gemischter Wirkung,*) aber die Verhältnisse sind hier noch complicirter. Die thermischen Beobachtungen führen nämlich zur Annahme der Existenz von Säuren gemischten Charakters, welche mit den Alkalien mehrere Reihen von Salzen bilden. Die eine Art dieser Salze ist beständig wie die Salze der starken Säuren, die andere enthält einen Ueberschuss der Basis; diese Salze werden durch Wasser zersetzt und zwar entsprechend dem vorhandenen Ueberschuss der Basis, nach Art der Salze der schwachen Säuren. Hierher gehören die Carbonate, die Salicylate, die Lactate, die Sulfhydrate, die Sulfite etc. Dieser Unterschied beruht auf der Existenz von Säuren mit wechselnder Wirkung, wie man sie in der organischen Chemie aus ganz anderen Gründen, nämlich wegen ihres allgemeinen Verhaltens und ihrer Entstehungsweise, angenommen hat.

---

*) Acides à fonction mixte.

Mitunter vollzieht sich die Einwirkung des Wassers auf diese Classe von Salzen nur nach und nach und wächst langsam mit der Menge des Lösungsmittels, so z. B. bei den Carbonaten, den Sulfiten, den Boraten. Solche Säuren können mittelst der gewöhnlichen alkalimetrischen Methoden natürlich nicht bestimmt werden. Mitunter dagegen erfolgt die Zersetzung des Alkalisalzes durch das Wasser so rasch, dass in einer einigermaassen verdünnten Flüssigkeit höchstens noch zu vernachlässigende Spuren basischer Salze neben normalen Salzen, welche der gewöhnlichen Wirkung der Säure entsprechen, bestehen bleiben; dies ist der Fall bei der Milchsäure, die dann einbasisch wird, bei der Weinsäure und Aepfelsäure, welche dann zweibasisch werden etc. Bei Gegenwart von viel Wasser wirken also die Körper dieser letzten Gruppe ganz wie gewöhnliche Säuren, wie sich dies sowohl aus der Messung der unter diesen Umständen freiwerdenden Wärmemengen als auch aus der Möglichkeit ergibt, diese Säuren mittelst des gewöhnlichen alkalimetrischen Verfahrens zu bestimmen.»

Zur Titerstellung der Lösung von unterschwefligsaurem Natron für die Jodometrie bedient sich C. Than*) des zweifach jodsauren Kalis (KO, HO, 2 JO_5). Um sich mit Hülfe dieses Salzes eine Jodlösung von genau bekanntem Jodgehalt zu bereiten, braucht man nur eine genau abgewogene Menge desselben mit einem Ueberschuss von chemisch reinem Jodkalium und einer genügenden Menge verdünnter Salzsäure zusammenzubringen. Die Menge des freiwerdenden Jodes wird nach der Gleichung:

$$KO, HO, 2\,JO_5 + 10\,KJ + 11\,H\,Cl = 11\,K\,Cl + 12\,J + 12\,HO$$

berechnet, welche bekanntlich den Zersetzungsprocess veranschaulicht.

III. Chemische Analyse organischer Körper.

Von

C. Neubauer.

1. Qualitative Ermittelung organischer Körper.

Darstellung und Auffindung der Aminbasen durch Herstellung ihrer Alaune. Nach W. Kirchmann**) gibt es zur Abscheidung und

*) Nach einer Mittheilung von Dr. W. Pillitz im VI. Bericht über die Thätigkeit der chem. Gesellsch. zu Würzburg (1877.)

**) Archiv d. Pharm. 7, 43.

Auffindung der Aminbasen keine bessere Methode, als die Extraction des Rohmaterials bei 100⁰ C. mit Kohlensäure und die Fixirung der Aminbasen in der Krystallform der Alaune.

Verfasser behandelte so 60 Grm. trockne Früchte von Heracleum asperum; dieselben wurden zerquetscht, mit überschüssiger Sodalauge angefeuchtet und in der Siedehitze mit Kohlensäure extrahirt. Die Kohlensäure hatte beim Austritt aus dem Apparat ätherisches Oel und eine Aminbase aufgelöst, sie gab die letztere an mit Schwefelsäure angesäuertes Wasser ab und entführte das ätherische Oel, in diesem Falle wohl Octylcapronat und Acetat, in die Luft. Die saure Lösung des schwefelsauren Amins wurde mit Thonerdehydrat übersättigt, filtrirt und durch Verdampfen bis zum Krystallhäutchen eingeengt. Es resultirten 2—3 Grm. Alaun, dessen Alkalitype durch eine Aminbase ausgefüllt war. Der Alaun wurde in Wasser gelöst, Natronlauge bis zur Ausfällung der Thonerde zugesetzt und mit Chloroform die reine Basis gesammelt. Das Chloroform liess nach dem Verdunsten die Basis als ein nicht krystallisirendes Fluidum von coniinartigem Geruch zurück. Die Chlorverbindung krystallisirte zwar in Nadeln, war aber leicht zerfliesslich. Mit Chloroform und alkoholischer Aetznatronlösung gab die Basis nicht den charakteristischen Geruch der Carbylamine; ein Monoamin ist also diese Heracleumbase nicht.

Ueber neue Reagentien auf Gallenfarbstoffe. W. G. Smith*) empfiehlt die schon wiederholt von anderen zur Reaction auf Gallenfarbstoff im Harn in Vorschlag gekommene Jodtinktur, welche vor der Salpetersäure den Vorzug hat, dass sie nicht so leicht zu Verwechselungen mit Indican Veranlassung gibt und die Reaction nicht so schnell abläuft. Man lässt auf den im Reagensglase befindlichen Urin einige Tropfen Jodtinktur vorsichtig auffliessen, wonach sich der Harn bei Gegenwart von Gallenpigment an der Berührungsstelle schön grün färbt. Die Farbe hält sich längere Zeit, selbst bis zu 24 Stunden. Stark saturirte Urine von Pneumonikern etc. geben keine Reaction. Verfasser versuchte noch einige andere oxydirende Reagentien und empfiehlt ausser der Jodtinktur noch Wasserstoffhyperoxyd, Eisenchlorid und eine essigsaure oder phosphorsaure Lösung von Bleihyperoxyd. In allen diesen Fällen färbt sich ein gallehaltiger Urin schön grün.

*) Chem. Centralbl. [3 F.] 8, 299.

Zur Untersuchung des Biers auf Stärkezucker. E. Dieterich *) bewirkte die Trennung des Zuckers und Amylins vom Dextrin anstatt mit Alkohol, wie Haarstick **) vorschlägt, durch Dialyse und erzielte befriedigende Resultate, da das Amylin, die unvergährbaren Stoffe der käuflichen Traubenzucker, wie der Zucker zur Klasse der Krystalloide gehört.

---

2. Quantitative Bestimmung organischer Körper.

a. Elementaranalyse.

Bemerkungen über Dampfdichtebestimmung in der Barometerleere. A. W. Hofmann ***) theilt einige Erfahrungen mit, welche eine Vereinfachung des Apparates gestatten und seine Handhabung erleichtern:

1. Ausführung der Versuche in nicht graduirten Röhren. Unbeschadet der Genauigkeit der Resultate kann man statt der graduirten eine gewöhnliche möglichst cylindrische Glasröhre verwenden. Sobald die Quecksilbersäule während des Versuchs stationär geworden ist, stellt man das Pendelkathetometer ein und klebt, der Einstellung entsprechend, nach dem Erkalten des Apparates und Entfernung des Glasmantels, einen Papierstreifen auf die Glasröhre. Man hat so das Volum bestimmt, welches der Dampf am Schlusse des Versuchs einnahm. Um dieses Volum in CC. zu wissen, hat man die Röhre nur noch bis zur Marke mit Quecksilber zu füllen und das so erhaltene Quecksilbervolum auf einer Wage, welche noch ein halbes Gramm angibt, zu wiegen; der Quotient des Gewichts in Grammen, durch das Volumgewicht des Quecksilbers gibt das Volum in CC.

2. Beobachtung der Drucksäule bei einer einheitlichen Temperatur. A. W. Hofmann hat versucht, eine Quecksilbersäule von einheitlicher Temperatur, zu welchem Zweck Wichelhaus †) bekanntlich anstatt des ursprünglichen Gefässbarometers ein Heberbarometer in Vorschlag brachte, auch für das Gefässbarometer zu erhalten. Zu dem Ende wurde ein hinlänglich langer Glasmantel so über das Barometer gestülpt, dass der untere Rand desselben in die Quecksilberwanne tauchte. In einer Entfernung von 2—3 C^m von dem Queck-

---

*) Archiv d. Pharm. 7, 246.

**) Diese Zeitschr. 15, 468.

***) Berichte d. deutsch. chem. Gesellsch. zu Berlin 9, 1304.

†) Diese Zeitschrift 9, 496.

silberspiegel war ein Röhrchen angeschmolzen, durch welches der überschüssige Dampf entweichen und die im unteren Theile des Apparates condensirte Flüssigkeit abfliessen konnte. Auf eine noch einfachere Weise gelangt man ebenfalls zum Ziele. Zu dem Ende steht das Barometer auf einer dicken, auf dem Boden der Wanne liegenden Kautschukplatte, welche auf einer Eisenscheibe mit über den Spiegel des Quecksilbers hervorragendem Griff aufgekittet ist. Auf der einen Seite des Kautschuks ist eine Rinne eingeschnitten, durch welche das Quecksilber in der Röhre frei mit dem Quecksilber der Wanne communicirt. Wenn der Dampf durch den Mantel streicht, welcher jetzt nur etwa 40 C^m^ länger als das Vacuum zu sein braucht, so fliesst das verdrängte Metall durch die Rinne in die Wanne. Sobald die Quecksilbersäule in dem Barometer stationär geworden ist, verschiebt man die Kautschukplatte so, dass sich die Mündung des Rohrs durch die Unterlage schliesst, wodurch das Quecksilber in der Röhre vollständig von dem in der Wanne getrennt wird. Diese Verschiebung geschieht mit Hülfe des über den Spiegel der Wanne hervorragenden Griffs der Eisenscheibe, auf welcher die Kautschukplatte befestigt ist, da sich durch Eintauchen der Finger der Spiegel des Quecksilbers in der Wanne und mithin auch der Stand des Metalls in der Röhre erhöhen würde. Nachdem man zur Bestimmung des Volums das Kathetometer eingestellt hat, lässt man den Apparat erkalten und beobachtet nun nach Verlauf einer Stunde die Höhe der eingeschlossenen Quecksilbersäule von der gleichförmigen Lufttemperatur t^0, welche man dann ohne Weiteres auf 0^0 reduciren kann.

3. Vereinfachung des Apparates für die Erzeugung des die Barometerleere umspülenden Dampfstroms. Wendet man bei den Dampfdichtebestimmungen höhere Temperaturen an, so ist es zweckmässig den ursprünglichen Apparat zu modificiren und zwar derart, dass man den Dampf von unten in den Mantel treten lässt und Sorge trägt, dass die sich verdichtende Flüssigkeit in den Siedekolben zurückfliesst. Zu dem Ende sind die Korke sowohl des Siedekolbens als auch des Glasmantels doppelt durchbohrt und von den beiden, die Verbindung herstellenden, Glasröhren beginnt die eine, für die Zufuhr des Dampfes bestimmte, unter dem Kork des Kolbens und endigt 4—5 C^m^ über dem Kork des Mantels, während die zweite, für den Rückfluss der Flüssigkeit bestimmte, gerade über dem Kork des Mantels beginnt und bis nahe auf den Boden des Kolbens herabreicht. Bei dieser Disposition des Apparates sind 100—150 CC. Flüssigkeit ausreichend. Wenn man einen Mantel

wählt, der etwa 40 C^m über die Kuppe des Barometers emporragt, so wird in dem oberen Theile alle Flüssigkeit verdichtet und man erhält, ob man mit Anilin, Aethylbenzoat oder Amylbenzoat arbeitet, im Laufe von 20—25 Minuten eine vollständig constante Temperatur.

Hat man derartige Bestimmungen häufiger auszuführen, so ist es zweckmässig einen kupfernen Siedekolben anzuwenden und auch die Verbindung mit dem Mantel in Metall herzustellen. Zu diesem Zweck ist das Barometerrohr von einer 12—15 C^m hohen Kupferhülse umfangen, deren oberer Theil, in welchen der Mantel einpasst, etwa 4,5 C^m weit ist, während der untere, in welchem das Barometer mit einem Korke befestigt ist, eine Weite von 3,5 C^m hat. In die Cylinderwand der Hülse sind die beiden Röhren eingelöthet, welche die Verbindung zwischen dem Mantel und dem Siedekolben herstellen. Das untere Ende dieser Röhren durchsetzt eine Kupferscheibe, welche mit Ueberfangschrauben auf die Flantsche des Kupferkolbens aufgepresst wurde. Die Dichtung geschieht mit Pappe, welche, so oft der Apparat geöffnet wird, erneuert werden muss. Die Metallvorrichtung bietet überdies den Vortheil, dass man den Apparat, ehe man ihm die extreme Temperatur gibt, bequem vorwärmen kann. Zu dem Ende sitzt in der Röhre, welche den Dampf einführt, ein Hahn, den man beim Anheizen des Siedekolbens schliesst. Die Folge ist, dass die erwärmte Flüssigkeit durch die mit der Erwärmung vermehrten Spannkraft der in dem oberen Theil des Kolbens befindlichen Luft in den Raum zwischen Barometer und Glasmantel gehoben wird. Ist der Apparat auf eine dem Siedepunkt der Flüssigkeit nahe Temperatur gebracht, so öffnet man den Hahn, wodurch die Flüssigkeit in den Kolben zurückfliesst und nun alsbald die Dampfentwicklung beginnt. Die beschriebene Modification des Apparates bietet nicht nur eine erwünschte Vereinfachung des Verfahrens, sondern wird auch die Anwendung dieser Methode in einer grossen Anzahl von Fällen gestatten, in denen man bisher von demselben Abstand nahm, zumal also für die Erforschung von Substanzen, die erst bei sehr hoher Temperatur sieden. Eine gewisse Schwierigkeit wird hier stets die schnell wachsende Spannkraft des Quecksilberdampfs bieten; diese Spannkräfte sind aber aus Regnault's berühmter Tabelle bekannt und lassen sich überdies für die wenigen Temperaturen, bei denen man wird arbeiten wollen, leicht nochmals bestimmen. Schliesslich bemerkt Hofmann, dass sich die Dampfdichte der Benzoësäure (Siedepunkt 250°) im Dampfe des Aethylbenzoats (Siedepunkt 212°) mit hinreichender Genauigkeit bestimmen lässt.

Verfahren zur Bestimmung der Dampfdichte hochsiedender Körper. Die zu genanntem Zweck von Victor Meyer*) angegebene Methode erlaubt keinen Auszug, daher geben wir dieselbe mit seinen eigenen Worten wieder.

Trotz der grossen Bedeutung, welche die Dampfdichte der Körper für die Kenntniss der chemischen Natur derselben hat, finden wir in den neueren Arbeiten dieselbe fast immer nur bei solchen Körpern bestimmt, deren Siedepunkte weit unter dem des Quecksilbers liegen, während Dampfdichtebestimmungen höher siedender Körper, wie sie Deville und Troost, Gräbe und Andere ausführten, zu den Ausnahmen gehören. Der Grund hierfür ist leicht ersichtlich: A. W. Hofmann's geniale Arbeit über die Bestimmung der Dampfdichte in der Barometerleere gestattet für zahlreiche Körper die Dichtebestimmung unter Aufopferung von wenigen Centigrammen der Substanz, und wird daher in den Laboratorien allgemein angewandt; allein die Nothwendigkeit, mit Quecksilber zu arbeiten, schliesst von der Untersuchung nach dieser Methode die höher siedenden Körper aus, und verweist hier auf das Dumas'sche, von Deville und Troost, sowie Bunsen weiter ausgebildete Verfahren, welches bei jeder Temperatur ausführbar ist, aber, da es einen Materialverlust von circa 3 Grm. bedingt, für die grosse Mehrzahl der neu entdeckten Substanzen nicht leicht angewandt werden kann.

Dies veranlasste mich, nach einem Verfahren zu suchen, welches ohne grössere Substanzmengen, als das Gay-Lussac-Hofmann'sche, zu erfordern, doch für höhere Temperaturen anwendbar ist, und ich habe ein solches vorderhand für Bestimmungen bei der Siedetemperatur des Schwefels ausgearbeitet.

Messungen des Dampfvolums sind selbstverständlich in dem undurchsichtigen Schwefeldampfe nicht ausführbar; das Princip des Verfahrens beruht nun darauf, an Stelle des für derartige Zwecke bisher einzig angewandten Quecksilbers eine nicht flüchtige Substanz als Sperrflüssigkeit anzuwenden, eine kleine, genau abgewogene Probe der Substanz (ca. 0,05 Grm.) in einem, von der nicht flüchtigen Flüssigkeit ganz erfüllten Gefässe zu verdampfen, und aus dem Gewichte der verdrängten Sperrflüssigkeit das Volumen des Dampfes zu ermitteln.**)

*) Ber. d. deutsch. chem. Gesellsch. z. Berlin 9, p. 1216. (Vom Verf. eingeschickt)

**) Ueber Untersuchungen ähnlicher Richtung für niedere Temperaturen unter Anwendung von Quecksilber als Sperrflüssigkeit vergl. man A. W. Hof-

Als Sperrflüssigkeit bediene ich mich der Wood'schen Metalllegirung, bekanntlich einer Mischung von 15 Thl. Bi, 8 Thl. Pb, 4 Thl. Sn und 3 Thl. Cd. Diese erwies sich für den Zweck vorzüglich geeignet. Da sie schon unter 70° C. schmilzt, so lässt sich mit ihr fast so bequem wie mit Quecksilber arbeiten. Dieselbe ist zu mässigem Preise und in beliebiger Menge zu erhalten*); sie wird von den meisten organischen Dämpfen nicht angegriffen und lässt sich, wenn verunreinigt, ausserordentlich leicht wieder säubern.

Denkt man sich ein Glasgefäss von der in Fig. 30 auf S. 485 abgebildeten Form mit der Legirung von bestimmter Temperatur (S. P. des Wassers) ganz gefüllt, in die Kugel eine abgewogene Substanzprobe eingeführt und darauf das Ganze in ein Bad von kochendem Schwefel gebracht, so ist die Menge des bei a ausfliessenden Metalls bedingt: erstens durch die Ausdehnung, die das Metall in Glasgefässen beim Erhitzen von 100° bis auf 444° erleidet, und zweitens durch das Volumen des gebildeten Dampfes der Substanz. Hat man nun ein für alle mal den Gewichtsverlust, den je 1 Gramm der Legirung durch Erhitzung von 100—444° in bei 100° ganz gefüllten Glasgefässen durch Ausfliessen erleidet, sowie das specifische Gewicht des Metalls bei 444° bestimmt, so ergibt sich aus den Wägungen 1) der Substanz, 2) der Gesammtmenge angewandten Metalls, 3) der Menge ausgeflossenen Metalls, endlich unter Berücksichtigung des Druckes und der Temperatur (die immer = 444° ist) die Dampfdichte der Substanz.

Von den genannten Wägungen wird nur die der Substanz auf der analytischen Wage mit Genauigkeit bis auf Decimilligramme ausgeführt; die Wägungen des Metalls werden auf einer gröberen Wage, welche indessen Decigramme sicher angibt, und nur bis auf die Decigramme genau ausgeführt; da nämlich das specifische Gewicht des Metalls grösser als 9 ist, und also 0,1 Grm. desselben ungefähr $^1/_{100}$ CC. entspricht, so misst man das Dampfvolumen schon bis auf Hundertel Cubikcentimeter genau, wenn man nur die Decigramme berücksichtigt.

mann, Liebig's Annalen, Suppl. I. 10, Wertheim, Liebig's Ann. 123 S. 173, 127, S. 81, 130 S. 269 und Watts J.-B. 1867, 31.

*) Die chemische Fabrik von Dr. Schuchardt in Görlitz liefert dieselbe zu 14 Mark p. Kilo. Im hiesigen Laboratorium ausgeführte Analysen der Legirung ergaben in 100 Theilen derselben:

Bi:	49,87	49,89	49,81	49,72
Pb:	26,81	26,73	26,80	26,90
Sn:	13,23	13,36	13,53	13,41
Cd:	10,13	9,93	9,69	10,10.

Es handelte sich nun zunächst darum, **ein für alle Mal** die oben genannten

Constanten der Wood'schen Legirung

zu bestimmen.

1. Bestimmung des specifischen Gewichts der Legirung bei der Siedetemperatur des Schwefels.

Das specifische Gewicht der Legirung beim Siedepunkt des Schwefels habe ich in mehreren Versuchen bestimmt, von denen ich einen näher beschreiben will.

Ich ermittelte zunächst den Inhalt einer mit ziemlich engem, gerade abgeschnittenen Halse versehenen Glaskugel [von ca. 50 CC. Capacität, Weite des Halses ca. 6^{mm}], genau durch Anfüllen mit Quecksilber von bekannter Temperatur (der des siedenden Wassers) und Wägen. Dieselbe Kugel wurde dann mit Metall von 100^0 ganz angefüllt (ich füllte sie zunächst durch Eingiessen des Metalls von beliebiger, aber unter 100^0 liegender Temperatur und liess sie durch Einstellen in kochendes Wasser und Auslaufenlassen des Ueberfliessenden sich ganz mit Metall von der Siedetemperatur des Wassers füllen.) Nachdem ihr Gewicht auch so bestimmt, liess sich leicht mit Hilfe der (im folgenden Abschnitt ermittelten) Ausdehnung der Legirung zwischen 100^0 und 444^0, sowie unter Berücksichtigung der Ausdehnung des Glases und des specifischen Gewichts der Luft das spec. Gew. der Legirung für 444^0 berechnen. Die Siedetemperatur des Wassers beim Versuche beobachtete ich bei 98^0 C., entsprechend dem hiesigen niederen Barometerstande.

Der Versuch ergab:

Glaskugel leer: 10,0 Grm.

Dieselbe gefüllt mit Quecksilber von 98^0 C.: 691,2 Grm.

Dieselbe gefüllt mit Legirung von 98^0 C.: 499,9 Grm.

Aus diesen Daten, sowie der, im folgenden Abschnitte bestimmten Ausdehnung der Legirung beim Erhitzen von 98^0 auf 444^0 C. berechnet sich, dass:

1 Grm. Wood'scher Legirung von 444^0 ein Volum von 0,1092 CC. einnimmt.*)

*) Diese Zahl berechnet sich nach der Formel

$$\frac{\left(d - \left[e - \frac{(d-e)(1+wi)a}{k}\right]\right)\left(1+[s-w]c\right)\left(1+wi\right)}{\left(f - \left[e - \frac{(d-e)(1+wi)a}{k}\right]\right)\left(1-g\right)k}$$

2. Bestimmung des Gewichtsverlustes, welchen die Legirung beim Erhitzen vom S. P. des Wassers auf den des Schwefels in bei ersterem ganz von ihr erfüllten Glasgefässen durch Ausdehnung erleidet.

Ich führte diese Bestimmungen in Glasgefässen der in Fig. 30 dargestellten Form aus, weil diese Form bei der Dampfdichtebestimmung selbst

Fig. 30.

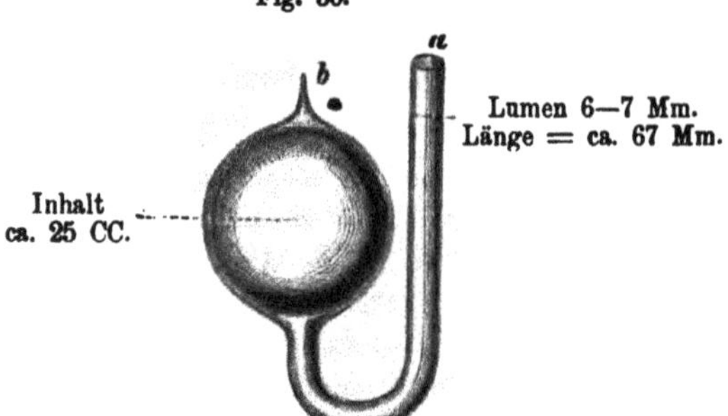

zur Anwendung kommt und es wünschenswerth war, die Fehlerquellen den bei der eigentlichen Dampfdichtebestimmung vorkommenden gleich zu machen und dadurch möglichst zu eliminiren.

Die zuerst leer gewogenen Gefässe wurden mit Metall von 98⁰ gefüllt, genau wie dies weiter unten bei der Beschreibung des Verfahrens selbst angegeben ist, und gewogen.

So ergab sich:

Versuch I:

Gewicht des leeren Kugelrohrs	13,7 Grm.
Gewicht des mit Metall von 98⁰ gefüllten Kugelrohrs . .	262,0 «
Gewicht des gefüllten Kugelrohrs nach dem Erhitzen im Schwefeldampf	253,5 «

in welcher bedeutet: d das Gewicht der mit Quecksilber gefüllten Kugel (691,2), e das Gewicht der leeren Kugel (10,0), f. das Gewicht der mit Legirung von 98⁰ gefüllten Kugel (499,9), a das Gewicht von 1 CC. Luft (Zimmertemperatur) (0,00129), i den Ausdehnungscoefficienten des Hg zwischen 0 u. 100⁰ (0,00018153), k das specifische Gewicht des Hg bei 0⁰ (13,5959), s den Siedepunkt des Schwefels, w den des Wassers, c den cubischen Ausdehnungscoefficienten des Glases zwischen 100⁰ und 444⁰ C. (0,0000313), g den Ausdehnungsverlust, den 1 Grm. der Legirung beim Erhitzen von 98 auf 444⁰ in ganz von ihr erfüllten Glasgefässen erleidet (0,036 Grm.).

Es verloren also 248,3 Grm. Metall von 98⁰ beim Erhitzen auf 444⁰2 durch Ausfliessen: 8,5 Grm., oder: 1 Grm. Metall verlor: 0,034 Grm.

Versuch II:

250,3 Grm. verloren 9,0 Grm., oder: 1 Grm. Metall verlor: 0,036 Grm.

Versuch III:

243,8 Grm. verloren 9,2 Grm., oder: 1 Grm. Metall verlor: 0,038 Grm.

Versuch IV:

230,7 Grm. verloren 8,0 Grm., oder: 1 Grm. Metall verlor: 0,035 Grm.

Es verliert also (im Mittel) 1 Grm.: 0,036 Grm.

Beschreibung des Verfahrens der Dampfdichtebestimmung.

Nachdem nunmehr durch die mitgetheilten Bestimmungen die in Betracht kommenden Constanten der Wood'schen Legirung ein für allemal bekannt sind, gestaltet sich die Ausführung der Dampfdichtebestimmung irgend welcher, bei 444⁰2 unzersetzt flüchtigen und auf das Metall nicht einwirkenden Substanz zu einer äusserst einfachen Operation, welche, ohne besondere manuelle Geschicklichkeit zu erfordern, einschliesslich aller Vorbereitungen bequem in 2 Stunden ausgeführt werden kann.

Die zu untersuchende Substanz wird in Glaseimerchen, die beistehend (Fig. 31) in natürlicher Grösse abgebildet sind, abgewogen. Die Menge der Substanz richtet sich natürlich nach dem erwarteten Molekulargewicht, und ich habe daher Gefässchen von verschiedenen Grössen angewandt. *) Dieselben sind ein wenig gekrümmt, um sie bequem von a aus in die Kugel (Fig. 30) einführen zu können.

Fig. 31.

Zur Einfüllung der Substanz in das (zuvor genau gewogene) Eimerchen wird dies an einen Platindraht gebunden und in der in einem engen Reagensrohr geschmolzenen Substanz untergetaucht; ein etwa zurückbleibendes Luftbläschen entfernt man leicht durch Bewegen, Erwärmen, oder wenn nöthig durch Berühren mit einem capillaren Glasfaden. Das wieder herausgezogene Eimerchen wird, nach dem Erstarren der Substanz, nachdem es vom Draht abgelöst und gut mit Seide abgerieben ist, gewogen. (Ist die im Ganzen zu Gebote stehende Substanzmenge zu dieser Art der Einfüllung zu gering, besitzt man z. B. nur eben die für eine Dampfdichtebestimmung erforderliche Menge, so wird die zuvor geschmolzene, in kleine Stückchen zerschlagene Substanz mit der Pincette in das ge-

*) Für Substanzen mit kleinem Molekulargewicht sind noch kleinere Gefässchen nöthig, damit das Dampfvolum kleiner als das der Glaskugel (Fig. 30) bleibt.

wogene Eimerchen gegeben und in diesem zusammengeschmolzen. Nicht schmelzbare Substanzen müssen in Form feinster Pulver in die Eimerchen gepfercht werden.) Eines Stöpsels bedarf es nicht, da die im Gefässchen erstarrte Substanz so fest adhärirt, dass keine Spur derselben verloren geht. Das Gefäss wird dann in die sorgfältig gereinigte und getrocknete Kugelröhre bei a eingeführt. (Um auch von Flüssigkeiten die Dampfdichte bestimmen zu können, habe ich Stöpselgläschen der beistehend abgebildeten Form anfertigen lassen, die sich von den Hofmann'schen nur durch leichte Krümmung unterscheiden; s. Fig. 32; übrigens habe ich bisher nur mit bei gewöhnlicher Temperatur festen Körpern gearbeitet.)

Fig. 32.

Die Kugelröhre*) (Fig. 30), deren Capillare bei b noch offen ist, wird sammt dem die Substanz enthaltenden Eimerchen auf der gröberen Wage bis auf Decigramme gewogen, dann an dem Schenkelrohr a in eine, an einem Stativ befestigte Klammer gespannt und mit der Legirung gefüllt. Letztere hat man zuvor, wenn sie zum ersten Male gebraucht wird, einige Male unter Benzol, dann unter Weingeist auszukochen und darauf andauernd im Wasserbade unter Umrühren und Entfernen einer kleinen Menge schaumiger Schlacke zu trocknen. Ist sie schon zu Bestimmungen gebraucht, so wird sie nur mit Weingeist ausgekocht und eben so getrocknet. Man bewahrt sie in einer mit Ausguss versehenen Porzellanschale, in der man sie erstarren lässt, im Exsiccator auf. Um sie in die Röhre einzufüllen, wird sie jedesmal zunächst im Wasserbade geschmolzen, dann über einer kleinen Flamme zur vollständigen Entfernung der Feuchtigkeit einige Zeit ziemlich stark (auf ca. 150—180° C.) erhitzt; man lässt sie dann bis auf ungefähr 100° erkalten, und giesst sie bei a in die Kugelröhre; während des Eingiessens der ersten Antheile muss durch Neigen des Stativs die Kugelröhre so gehalten werden, dass das die Substanz enthaltende Gefässchen nicht in das Schenkelrohr fällt, sondern in der Kugel bleibt, was natürlich nach dem Eingiessen der ersten Metallmenge durch Aufschwimmen von selbst erfolgt. (Beim Eingiessen bediene ich mich, um die gegen 100° warme Schale sicher zu fassen, eines ledernen Handschuhs.)

*) Die Schenkelröhre des Kugelapparats (Fig. 30) wird aus gleichförmigem, dünnem Glase gefertigt und muss sorgfältig gebogen sein. Die Apparate halten alsdann das Erhitzen im Schwefeldampf ohne jede Gefahr des Zerspringens aus. Hr. Glasbläser Kramer in Zürich lieferte mir dieselben in sehr befriedigender Qualität. Durch Denselben ist der ganze Apparat sammt allen zugehörigen Utensilien zu beziehen.

Bleibt am Substanz-Gefäss ein Luftbläschen hängen, so wird dies vor der gänzlichen Füllung leicht durch Klopfen und Bewegen in die Höhe getrieben und durch die Capillare bei b entfernt. Eine dann noch zurückbleibende minimale Spur von Luft hat auf das Resultat einen äusserst geringen Einfluss. Ist der (bei a scharf abgeschnittene) Schenkel, sowie die Kugel und Capillare b mit dem Metall gefüllt, so schmilzt man die Capillare durch Berühren mit der Flamme eines horizontal gehaltenen Bunsen'schen Brenners zu. Um nun den Apparat mit Metall von genau der Temperatur des siedenden Wassers anzufüllen, hängt man ihn freischwebend vermittelst eines Drahthalters ähnlich dem der Fig. 33

Fig. 33. Fig. 34.

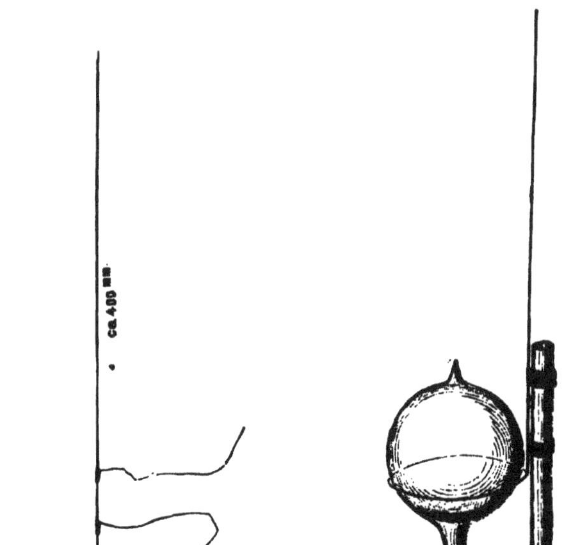

(derselbe ist, um ihn bequem aufhängen zu können, am oberen Ende umgebogen, die in der Figur angedeuteten Fäden, die hernach erwähnt werden, sind an demselben nicht vorhanden) in ein Becherglas oder besser ein Blechgefäss mit siedendem Wasser, wodurch bei a einige Tropfen Metall ausgetrieben werden. Nach einigen Minuten zieht man denselben aus dem Wasserbade, entfernt den bei a aufschwimmenden Wassertropfen, sowie die überragende Metallkuppe durch Streifen mit einem Stückchen Fliesspapier, trocknet den Apparat mit einem Tuch und wägt ihn abermals (auf der gröberen Wage) bis auf Decigramme genau. Darauf befestigt man ihn an einem in Fig. 33 abgebildeten Halter von starkem Eisendraht durch Umschlingen der an demselben festgebundenen, aus dünnem eisernen Claviersaitendraht bestehenden Fäden in verticaler Stellung. (S. Fig. 34) All diese Operationen gelingen mit der grössten Leichtigkeit.; der das Metall enthaltende Apparat ist dem Anblicke nach von einem mit Quecksilber gefüllten nicht zu unterscheiden. Vor dem Wägen erstarrt das Metall im Schenkelrohr, obwohl es noch lange ziemlich heiss bleibt. Dies ist ganz unschädlich, man darf aber dasselbe nicht vollständig erkalten lassen, da alsdann, (nach circa $^3/_4$ Stunden) der Apparat bersten würde.*) Um ganz sicher zu gehen, ist es zweckmässig, nach dem Wägen das Metall im Schenkelrohr durch Bestreichen mit der Bunsen'schen Flamme nochmals bis zum beginnenden Schmelzen zu erhitzen.

Fig. 35.

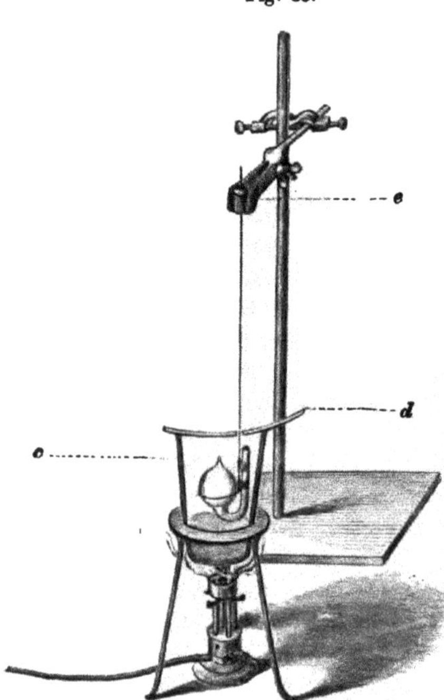

Das Erhitzen im Schwefeldampfe geschieht in einem gusseisernen Tiegel c von ca. 400 CC. Inhalt. (Fig. 35.) In diesen hat man vor der Ausführung der beschriebenen Operationen circa 120—130 Grm. Schwefel

*) Wenn man Glasgefässe, die mit Wood'schem Metall durch Eingiessen vollständig gefüllt sind, längere Zeit bei Zimmertemperatur sich selbst überlässt, so zerspringen sie plötzlich in sehr viele kleine Stücke, welche dem Metallkörper fest anhängen.

gebracht, diesen geschmolzen und wieder erstarren gelassen, damit er eine feste, horizontale Oberfläche bietet. Man führt nun den Drahthalter in den Tiegel ein, schiebt den in der Mitte mit einer 4—5 Millimeter weiten Durchbohrung versehenen, ca. 4^{mm} dicken eisernen Deckel d über den Draht, befestigt letzteren oben mittelst eines Korkstopfens, der mit einer, der Dicke des Drahts entsprechenden Durchbohrung versehen ist, in der Klammer e, und gibt durch passendes Schieben des schweren Deckels d dem Drahthalter eine solche Stellung, dass die Glaskugel ungefähr die Mitte des Tiegels einnimmt. Man erhitzt darauf mittelst eines guten Bunsen'schen Vierbrenners den Tiegel. Sobald der Schwefel lebhaft kocht, dringt aus den Fugen zwischen Tiegel und Deckel ein prasselnder Schwefel-Dampfstrom, welcher sich an der Luft zu ca. $^1/_2$ Fuss langen Stichflammen entzündet. Hierbei bemerkt man, selbst wenn die Operation unter einem nur mässig ziehenden Abzuge vorgenommen wird, keinen Geruch nach schwefliger Säure, da die Hitze des Vierbrenners und der Schwefelflammen einen heftigen Luftzug durch den Abzug in den Schornstein veranlasst.

Von dem Augenblicke des Auftretens der intensiven und geräuschvollen Schwefelflamme an, welches ca. 20 Minuten nach dem Beginnen des Erhitzens erfolgt, setzt man das Kochen noch 4 Minuten fort. Man löscht dann die Flamme des Brenners, und hebt, nachdem man die Klammer und den Kork bei e gelüftet und den Deckel d mit einer Zange hochgehoben, das Gefäss am Drahte aus dem Tiegel. In diesem Augenblicke ist noch eine kleine Operation erforderlich. Der Druck, unter welchen das Gas in der Kugel steht, ist nämlich offenbar gleich dem Barometerstand, vergrössert um den Druck der das Metallniveau in der Kugel überragenden Metallsäule im Schenkelrohr. Letztere muss sofort nach dem Herausheben markirt werden, da nämlich sogleich nach erfolgter Condensation des Dampfes in der Kugel das Metall aus dem Schenkel durch die einströmende Luft in die Kugel gedrängt wird. Man markirt daher im Augenblick, da man den Apparat aus dem Tiegel nimmt, den Spiegel des Metalls in der Kugel durch Berühren derselben mit einem Glasstäbchen, an dessen Spitze man einen Tropfen Siegellack angeschmolzen hat. Es entsteht so ein bleibender Fleck, und man kann dann bequem nach dem Wägen und Erkalten die Höhe der wirksamen Säule im Schenkelrohr durch Messen der Länge des letzteren, von dem Flecke ab gerechnet, mittelst eines Millimetermaassstabes bestimmen. Die gefundene Millimeterzahl muss, da das spec. Gewicht des Metalls von

444⁰2 sich zu dem des Quecksilbers verhält wie 2 : 3, mit $^2/_3$ multiplicirt und zu der den Barometerstand angebenden Millimeterzahl addirt werden.

Nachdem der Kugelapparat ein wenig abgekühlt und von einigen äusserlich ganz lose anhängenden Metalltheilchen durch leichtes Abreiben mit Fliesspapier gesäubert ist, wird er vom Drahthalter abgebunden und wieder (auf der gröberen Wage) gewogen. Hat man nun den Barometerstand während des Versuchs abgelesen, so ist man im Besitze aller Daten, um die Dampfdichte zu ermitteln, welche sich dann nach der einfachen Formel*) berechnet:

$$\text{Dichte (bez. auf Luft} = 1) = \frac{\text{S. } 14146000}{(\text{a}-0.036\,\text{b})\ (\text{P} + {}^2/_3\,\text{p})}$$

In dieser Formel bedeutet: S. das Gewicht der angewandten Substanz, b das des angewandten —, a das des ausgeflossenen Metalles, P den Barometerstand, p die Länge der das Niveau in der Kugel über-

*) Die Ableitung der Formel ist folgende: Offenbar ist die Dichte =

$$\frac{\text{S. } 760\ (1 + 0{,}003665\ .\ 444^0 2)}{\text{V. D. } 0{,}001293}$$

wenn V das Dampfvolumen, D den herrschenden Druck und 0,001293 das Gewicht von 1 CC. Luft bei 0⁰ und 760^{mm} Druck bedeutet. Nun ist aber selbstverständlich:

$$\text{V} = 0{,}1092\ (\text{a} - 0{,}036\,\text{b})$$

(0,1092 CC. ist das Volum von 1 Grm. der Legirung bei 444⁰2, 0,036 der mehrfach erwähnte Ausdehnungsverlust der Legirung) und:

$$\text{D} = \text{P} + {}^2/_3\ \text{p}.$$

Es ist also die Dichte =

$$\frac{\text{S. } 760\ (1 + 0{,}003665\ .\ 444{,}2)}{0{,}1092\ (\text{a} - 0{,}036\,\text{b})\ (\text{P} + {}^2/_3\ \text{p.})\ 0{,}001293}$$

oder, wenn man die vorkommenden Constanten zu einer Zahl zusammenzieht, =

$$\frac{\text{S. } 14146000}{(\text{a} - 0{,}036\,\text{b})\ (\text{P} + {}^2/_3\,\text{p})}$$

Der Siedepunkt des Schwefels liegt bekanntlich nach Regnault's genauester Bestimmung (Mem. de l'Acad. des sciences 26. p. 526) für 763,04^{mm} Druck bei 447⁰71, für 679,67^{mm} Druck bei 440⁰3 C. Aus diesen Zahlen ergibt sich für Zürich (Mittl. Barometerstand 723,5) durch Interpolation der Siedepunkt des Schwefels zu 444⁰2 C; diese Zahl habe ich angenommen und zu der Berechnung der Constanten 14146000 benutzt. Für niedriger liegende Orte, (wie Berlin) deren mittlerer Barometerstand um 760⁰ liegt, und für die daher der Kochpunkt des Schwefels zu 447⁰7 angenommen werden kann, ist die Constante durch 14216000 zu ersetzen. Der Logarithmus derselben ist 7,15276.

ragenden Metallsäule. 0,036 ist der eingangs bestimmte Ausdehnungsverlust der Legirung, $^2/_3$ das Verhältniss der spec. Gewichte der Legirung und des Quecksilbers. (Der Logarithmus der Constanten 14146000 ist = 7,15062.)

Es erübrigt schliesslich nur, das in den Tiegel ergossene Metall wieder zu gewinnen. Dies gelingt sehr leicht, da der kochende Schwefel das Metall kaum merklich angreift. Man lässt den Schwefel im Tiegel durch passende Erhitzung vollkommen dickfliessend werden und stülpt dann den Tiegel um; das Metall fliesst dann blank wie Quecksilber, ohne Spuren von Schwefel mitzuführen, aus. Bleibt noch ein Antheil desselben unter dem Schwefel zurück, so drückt man den Schwefelsyrup mit einem Stabe bei Seite und giesst den Rest des leicht flüssigen Metalls wie oben aus. Mit Weingeist ausgekocht und getrocknet, ist es direct wieder für neue Dampfdichtebestimmungen zu verwenden.

Um das in der Kugelröhre gebliebene Metall, sowie das Eimerchen zu gewinnen, wird die Kugel zerschlagen, die an dem Metallkörper bleibenden Glasstückchen mit einem Hämmerchen abgeschlagen und das Metall mit dem aus dem Tiegel gewonnenen vereinigt. Die Eimerchen werden durch Auskochen mit concentrirter Salpetersäure gereinigt.

Belegversuche.

I. Dampfdichte des Diphenyls.

Angewandte Substanz = S = 0,0543 Grm.

Kugelrohr leer = 15,1 Grm.

Dasselbe gefüllt mit Metall von der Temperatur des kochenden Wassers = 273,8 Grm.

Dasselbe nach dem Erhitzen im Schwefeldampf = 73,4 Grm.

also:

Angewandtes Metall = b = 258,7 Grm.

Ausgeflossenes Metall = a = 200,4 Grm.

Barometer (auf 0^0 reducirt) = P = $724{,}5^{mm}$.

Wirksame Metall-Säule = p = 43^{mm}.

Hieraus ergibt sich:

$$a - 0{,}036\,b = 191{,}1$$

$$P + {}^2/_3\,p = 753{,}5.$$

Es ist also die Dampfdichte:

	Berechnet für $C_{12}\,H_{10}$.	Gefunden.
Dichte:	5,32	5,33

II. Anthracen.

Angewandte Substanz = S = 0,0530 Grm.
Angewandtes Metall = b = 244,4 Grm.
Ausgeflossenes Metall = a = 168,7 Grm.
Barometer = P = 724,5^{mm}.
Wirksame Metallsäule = p = 41^{mm}.

Berechnet für C_{14} H_{10}.	Gefunden.
6,15	6,24

III. Methylanthracen.

Von Interesse erschien es mir, auch für das Methylanthracen die Dampfdichte zu bestimmen, da dies dem Anthracen bekanntlich in Eigenschaften und Zusammensetzung so nahe steht, dass beide zuweilen mit einander verwechselt worden sind. Die Bestimmung des Molekulargewichts lässt indess eine Unterscheidung beider zu, die schon mit wenigen Centigrammen constatirt werden kann. Herr Baeyer hatte die Güte, mir eine Probe des von Hrn. O. Fischer dargestellten Präparates zu übersenden, welches ich zu der folgenden Bestimmung benutzte.

Angewandte Substanz = S = 0,0360 Grm.
Angewandtes Metall = b = 283,3 Grm.
Ausgeflossenes Metall = a = 114,4 Grm.
Barometer = P = 722,5^{mm}.
Wirksame Metallsäule = p = 34^{mm}.

	Berechnet für C_{15} H_{12}.	Gefunden.
Dichte:	6,63	6,56

IV. Triphenylamin.

Eine Probe dieses interessanten Körpers verdanke ich der Güte der HH. Merz und Weith.

Angewandte Substanz = S = 0,0649 Grm.
Angewandtes Metall = b = 242,5 Grm.
Ausgeflossenes Metall = a = 151,9 Grm.
Barometer = P = 728,5^{mm}.
Wirksame Metallsäule = p = 41^{mm}.

	Berechnet für $N(C_6 H_5)_3$	Gefunden.
Dichte:	8,47	8,49

V. Antrachinon.

Um zu prüfen, ob das Metall auf sauerstoffhaltige und z. B. durch Zinkstaub reducirbare Körper nicht einwirke, habe ich die Dampfdichte des Anthrachinons bestimmt.

Angewandte Substanz = S = 0,0652 Grm.
Angewandtes Metall = b = 264,4 Grm.
Ausgeflossenes Metall = a = 179,6 Grm.
Barometer = P = 728,5^{mm}.
Wirksame Metallsäule = p = 33^{mm}.

	Berechnet für $C_{14} H_8 O_2$	Gefunden.
Dichte:	7,19	7,22

(Die Dampfdichte des Antrachinons ist bereits von Gräbe*) nach dem Dumas-Deville-Troost'schen Verfahren bestimmt worden; Er fand 7,35.)

VI. Paradibrombenzol.

Es schien mir endlich wichtig, zu prüfen, ob auch Halogenverbindungen nach diesem Verfahren auf ihre Dampfdichte geprüft werden können. Ein Versuch mit Paradibrombenzol (Schmelzp. 89°) ergab:

Angewandte Substanz = S. = 0,0772 Grm.
Angewandtes Metall = b = 261,5 Grm.
Ausgeflossenes Metall = a = 187,4 Grm.
Barometer = P = 728,5^{mm}.
Wirksame Metallsäule = p = 38^{mm}.

	Berechnet für $C_6 H_4 Br_2$.	Gefunden.
Dichte:	8,15	8,14

VII. Diphenylbenzol.

Die Dampfdichte des von Riese entdeckten Diphenylbenzols $C_6 H_4 (C_6 H_5)_2$ bestimmte ich mit einer Substanzprobe, welche mir Herr Abeljanz freundlichst zur Verfügung stellte:

Angewandte Substanz = S = 0,0448 Grm.
Angewandtes Metall = b = 279,9 Grm.
Ausgeflossenes Metall = a = 115,1 Grm.
Barometer = P = 727^{mm}.
Wirksame Metallsäule = p = 40^{mm},

	Berechnet für $C_{18} H_{14}$.	Gefunden.
Dichte:	7,95	8,00.

*) Liebig's Ann. d. Chem. **163**, 365.

Ueber eine Modification der Dampfdichtebestimmung. Die von Victor Meyer zur Bestimmung der Dampfdichte hochsiedender Körper in Schwefeldampf beschriebene Methode veranlasste G. Goldschmiedt und G. Ciamician*) das Princip derselben auch in Anwendung auf Körper zu prüfen, deren Siedepunkt unterhalb 300° liegt, wobei man also Quecksilber anstatt einer leichtflüssigen Metalllegirung als Sperrflüssigkeit anwenden kann. Die Verf. benutzten zu diesem Zweck Ballons wie sie Fig. 36 zeigt, deren Rauminhalt circa 150 CC. beträgt. Die Ausführung

Fig. 36.

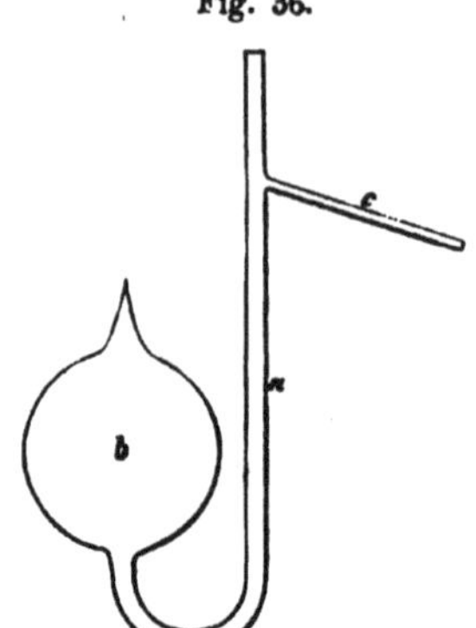

geschieht in folgender Art. Eine gewogene Menge Substanz wird in Glasröhrchen eingeschlossen, deren Gestalt und Grösse es gestattet, sie durch die Glasröhre a in die Ballons zu bringen. Bei festen verwendeten die Verfasser offene Glasröhrchen, während bei flüssigen ausser dem Röhrchen mit eingeschliffenem Stöpsel, auch Glasröhrchen aus dünnem Glase, die zugeschmolzen waren, zur Verwendung kamen. Im letzteren Falle wurde die Form des Ballons etwas abgeändert, anstatt die Spitze desselben in eine Capillare auszuziehen, wurde an deren Stelle ein weiteres Glasrohr angeschmolzen, welches erst ausgezogen wurde, nachdem durch dasselbe das Röhrchen mit der Substanz in den Ballon gebracht worden war. Durch das Schenkelrohr a giesst man aus einem gewogenen Gefässe Quecksilber in den Ballon, bis die Capillare gefüllt ist und schmilzt dieselbe zu. Hierauf wird Quecksilber nachgegossen, bis dasselbe bei verticaler Stellung des Schenkelrohres aus dem seitlich angeschmolzenen Rohre c auszufliessen beginnt. Damit während des Eingiessens aus dem Rohre c kein Quecksilber ausfliesse, hält man dasselbe mit dem Finger zu und lässt das sich ansammelnde Quecksilber nach der Füllung in das Gefäss zurückfliessen, welches zur Ermittelung des angewendeten Quecksilbers zurückgewogen wird.

Die Erhitzung geschieht je nach dem Siedepunct der Substanz, deren Dampfdichte zu ermitteln ist, entweder in Wasser oder im Paraffin-

*) Berichte d. deutsch. chem. Gesellschaft zu Berlin **10**, 641.

bade. Der Ballon ruht in demselben (Fig. 37) auf einer auf einem eisernen Ringe befestigten Korkplatte, welche man in der Weise durchschnitt wie Fig. 38 zeigt, so dass er fest darauf sitzt.

Fig. 37.

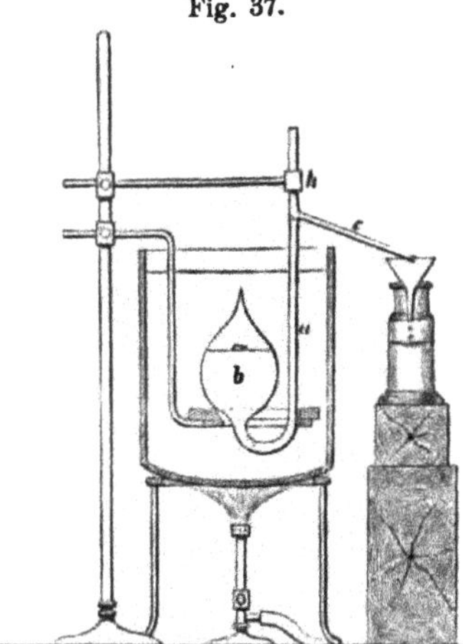

Der Ring lässt sich mittelst eines zweimal rechtwinklig gebogenen Stabes auf einem gewöhnlichen Stativ auf und ab bewegen, damit beim Ausfliessen des Quecksilbers der Ballon nicht umkippe, ist er durch eine lose über das Glasrohr gehende Hülse Fig. 37 h fixirt. Sobald der Ballon sich in dem Bade befindet, stellt man unter die Mündung des Rohres c ein Gefäss von bekanntem Gewichte, in welches das durch die Erwärmung und Dampfbildung austretende Quecksilber fliesst.

Nachdem man die Temperatur des Bades und den Barometerstand abgelesen hat, hebt man mit der einen Hand den Ballon an dem Stativ aus dem Bade, während man mit der anderen das Niveau des Quecksilbers in der Kugel durch einen Papierstreifen markirt. Man wägt nun das ausgeflossene Quecksilber, misst den Abstand der Marke von dem Niveau des Rohres c mit einem Millimeterstabe und hat somit alle zur Berechnung erforderlichen Beobachtungsdaten.

Fig. 38.

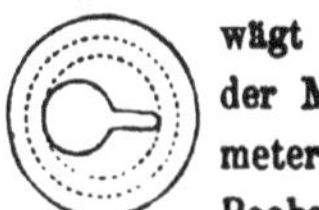

In Betreff der Berechnung, sowie der von den Verfassern benutzten Tabellen für die Tension des Quecksilberdampfes und den Ausdehnungscoefficienten des Quecksilbers verweise ich auf das Original.

Einen Apparat zu gleichem Zweck, bei welchem die Dichte ebenfalls aus dem Gewichte des ausfliessenden Quecksilbers berechnet wird, hat Frerichs*) beschrieben.

A. W. Hofmann**) macht darauf aufmerksam, dass er die beschriebene Methode zur Dampfdichtebestimmung schon vor 16 Jahren bei der Untersuchung des bei 243° siedenden Triaethylphosphinoxyds angewendet habe, auf die Einzelheiten dieser Methode aber später nicht zu-

*) Annal. d. Chemie u. Pharm. **185**, 199.

) Berichte d. deutsch. chem. Gesellschaft **10, 962.

rückgekommen sei, da W. M. Watts*) das Deplacirungsprincip in etwas veränderter Form für die Bestimmung der Dampfdichte zum Gegenstande einer ausführlichen Mittheilung gemacht habe.

Modification der V. Meyer'schen Methode zur Dampfdichtebestimmung bei niedrigeren Temperaturen. J. Perrenoud**) führt die Operation, wenn es sich um Dampfdichtebestimmungen bei niedrigeren Temperaturen handelt, in einem Oelbade aus, welches tief genug ist, um ein vollständiges Eintauchen der gefüllten Glaskugel zu gestatten. Das Oelbad ist mit einem Deckel bedeckt, der ausser einem Tubulus für das Thermometer mit einem Spalt versehen ist, welcher sich vom Centrum bis zur Peripherie erstreckt und die leichte Einführung zweier Drähte gestattet, von denen der eine die mit leichtflüssigem Metall gefüllte Kugel trägt, während der andere, nur mit einem wagrecht gestellten Kreise versehen, zum Bewegen des Oels, behufs Erhaltung einer constanten Temperatur von 260° während einer Viertelstunde dient. Die übrigen Manipulationen geschehen ganz nach der von V. Meyer empfohlenen Art und Weise; das der Kugel anhängende Oel wird durch Eintauchen in warmes hochsiedendes Benzol abgewaschen.

Zur Berechnung war eine Neubestimmung der Constanten nöthig, so für den Ausdehnungsverlust von 1,0 Legirung von 98 bis 260°. Derselbe beläuft sich auf 0,0169; ferner muss für s (siehe pag. 485 der vorstehenden Abhandlung von V. Meyer) an Stelle von 444° = 260° und für C = 0,00003054 gesetzt werden. Mit Hülfe dieser Zahlen lässt sich das Volumen berechnen, welches 1,0 Legirung von 260° einnimmt; es beträgt 0,1064 CC.

Das Gewichtsverhältniss gleicher Volumina von Quecksilber und Metall bei 98° wurde, um sicher zu sein die nämliche Legirung in Händen zu haben wie V. Meyer, ebenfalls bestimmt und wie 1,392 : 1 gefunden, während Meyer 1,39 : 1 fand.

In der Formel der Dampfdichtebestimmung selbst waren die veränderte Temperatur 260° statt 444°, das Verhältniss der spec. Gewichte des Quecksilbers zu dem der Metalllegirung bei 260°, welches 1 : 0,7248 beträgt, und der oben angeführte Ausdehnungsverlust der Legirung mit 0,0169, sowie das Volumen von 1,0 Legirung bei 260°, nämlich 0,1064 einzusetzen. Die Formel war also folgende:

$$\text{Dichte} = \frac{S.\,760\,(1 + 0{,}003665\,.\,260)}{0{,}1064\,(a - 0{,}0169\,b)\,(P + 0{,}7248\,p)\,0{,}001293.}$$

*) Diese Zeitschrift 7, 82.

**) Liebig's Annalen 187, 77.

b. Bestimmung näherer Bestandtheile.

Eine abgekürzte Methode der Rohfaserbestimmung. Zur Bestimmung der Rohfaser in Futtermitteln empfiehlt Holdefleiss*) das folgende Verfahren: In ein birnförmiges Glasgefäss A (Fig. 3 auf Taf. IV.) von 250—280 CC. Inhalt, welches oben einen verengten Hals hat und sich unten in ein engeres Rohr verjüngt, bringt man von oben einen Pfropfen aus langfaserigem ausgeglühtem Asbest, den man mit einem Glasstabe bei a in dem sich verjüngenden Theile des Gefässes feststösst, so dass er das Rohr möglichst fest verschliesst. Der Pfropfen darf nicht in dem gleichmässig weiten Rohre allein sitzen, sondern zum Theil an der conischen Stelle, damit er, bei der nachherigen Anwendung des starken Saugapparates nicht aus dem Rohre herausgerissen wird. Das Gefäss wird mittelst eines doppelt durchbohrten Stopfens mit einer Flasche von starkem Glase verbunden, so zwar, dass die zweite Durchbohrung des Stopfens ein umgebogenes Glasrohr b enthält.

Von dem zu untersuchenden Futtermittel werden nun, ebenso wie bei der ursprünglichen Weender Methode 3 Grm. in das Gefäss A auf den Asbestpfropf gebracht, hierauf, nachdem das Glasrohr b durch eine Gummikappe verschlossen ist, 200 CC. kochenden Wassers, die 50 CC. einer 5 procentigen Schwefelsäure enthalten, darauf gegossen, das Gefäss mit einem Handtuch dicht umwickelt, um die Ausstrahlung der Wärme zu verhindern und hierauf durch das umgebogene Glasrohr c, das bis dicht oberhalb des Asbestpfropfens in dem Gefäss herunterreicht, Dampf eingeleitet, der durch Kochen von Wasser in der Flasche C entwickelt wird. Durch den am Grunde des Gefässes eintretenden Dampf wird die zu extrahirende Substanz fortwährend in wirbelnder Bewegung erhalten, wodurch die Einwirkung wesentlich erleichtert und das Antrocknen der Masse am Rande verhindert wird. Dadurch, dass man die Flüssigkeit gleich kochend eingiesst und die Wärmeausstrahlung verhindert, wird die Concentration der Säure von Anfang bis zu Ende des Kochens fast genau constant erhalten. Einige Aufmerksamkeit erfordert nur die Regulirung der Flamme, durch die das Wasser in C im Kochen erhalten wird, denn einmal wird bei zu heftiger Entwicklung des Dampfes leicht etwas von der Masse durch den Hals des Gefässes A herausgeschleudert und andererseits liegt bei zu sehr ermässigtem Kochen die Möglichkeit nahe, dass der Druck in der Flasche C sich für Augenblicke

* Landwirthschaftliche Jahrbücher 6, Supplementheft p. 101.

so vermindert, dass ein Theil der Masse von A durch das Rohr c nach der Dampfentwicklungsflasche hereingesaugt wird. Um letztere Gefahr möglichst zu vermeiden, kann man mit Vortheil in einer zweiten Durchbohrung des Stopfens von C ein gebogenes, mit einer Kugel versehenes Sicherheitsrohr anbringen, in dem eine kleine Menge Wasser das Heraustreten des Dampfes verhindert, bei Druckverminderung in der Flasche aber ein Hereintreten von Luft ermöglicht.

Nachdem das Einleiten von Dampf $^1/_2$ Stunde gewährt hat, wird die Verbindung zwischen dem Einleitungsrohr c und der Dampfentwicklungsflasche durch Abstreifen des Gummischlauches bei d unterbrochen, das Rohr b geöffnet und mit einem starken Saugapparat in Verbindung gebracht, worauf die klare Flüssigkeit von der ausgekochten Masse in A abgesaugt wird. Dies Absaugen geht in den meisten Fällen sehr schnell, besonders wenn Wasserdruck bei dem neuen Wiebel'schen Saugapparat zur Verfügung steht. Da die Flüssigkeit durch Absaugen vollständig entfernt wird, so ist das Auswaschen, welches zweimal mit heissem Wasser wiederholt wird, ein sehr vollständiges. Darauf wird die Masse mit Kalilauge von derselben Concentration wie die Schwefelsäure in gleicher Weise ausgekocht und dann das Auswaschen wiederum zweimal mit heissem Wasser wiederholt.

Nachdem noch das Rohr c abgespült und herausgenommen ist, wird die Masse schliesslich noch mit Alkohol und Aether durch Absaugen ausgewaschen. Alle Operationen zusammen lassen sich in angegebener Weise in 4—5 Stunden ausführen, während die ursprüngliche Methode volle 3 Tage verlangt.

Endlich wird die Masse in und mit dem Gefäss A bei 100° getrocknet, dann das Gefäss sammt Inhalt gewogen und schliesslich der gesammte Inhalt, Rohfaser + Asbest, da sich beide mechanisch nicht trennen lassen, in einen gewogenen Platintiegel gebracht, geglüht und ebenso wie das entleerte Gefäss gewogen. In jenem ersten Gewichte des Gefässes sammt Inhalt war enthalten das Gewicht von:

Glasgefäss + Asbest + Rohfaser + dem zur Rohfaser gehörigen Ascherückstand,

davon abgezogen das Gewicht von:

leerem Gefäss + Tiegelinhalt, bestehend aus Asbest und Ascherückstand aus der Rohfaser, gibt die aschefreie Rohfaser.

Ueber die Werthbestimmung der Kartoffeln. Eine sehr ausführliche Untersuchung über die Werthbestimmung der Kartoffeln von

Holdefleiss*) erlaubt keinen Auszug, daher ich mich damit begnüge, auf das Original zu verweisen.

IV. Specielle analytische Methoden.

Von

H. Fresenius und **C. Neubauer.**

1. Auf Lebensmittel, Handel, Industrie, Agricultur und Pharmacie bezügliche.

Von

H. Fresenius.

Die Bestimmung der Färbung des Wassers. J. Falconer King**) macht darauf aufmerksam, dass bei Beurtheilung des Wassers, namentlich im Hinblick auf seine Verwendung als Trinkwasser, zu wenig Rücksicht auf die etwa vorhandene Färbung genommen werde. Bei den Mittheilungen über die Resultate der Untersuchung eines Wassers werde entweder die Färbung ganz unberücksichtigt gelassen oder doch in so unbestimmter Weise bezeichnet, dass eine Vergleichung mit anderen Wasserproben in dieser Hinsicht unmöglich sei. Er empfiehlt daher bei Wasseruntersuchungen stets auch eine Bestimmung der Färbung vorzunehmen und schlägt dazu folgende Methode vor.

In ein Proberöhrchen wird eine gemessene Menge des auf seine Färbung zu prüfenden Wassers und in ein zweites Proberöhrchen von gleichem Durchmesser eine gleich grosse Quantität destillirten Wassers gebracht. Beide Proberöhrchen werden über einer Unterlage von weissem Papier neben einander befestigt und dann lässt man zu dem destillirten Wasser von einer Normal-Caramellösung so lange tropfenweise aus einer Bürette zufliessen, bis die Färbung mit der des zu untersuchenden Wassers übereinstimmt, wenn man von oben in die Proberöhrchen hineinsieht.

Der Verfasser drückt die Färbung der verschiedenen Wasser in Graden aus. Ein Grad entspricht 10 Grains seiner Normal-Caramellösung.

Die Herstellung der letzteren beschreibt der Verfasser in einer für deutsche Chemiker nahezu unbrauchbaren Weise folgendermaassen:

«Zu 8 Unzen reinen, völlig ammonfreien destillirten Wassers, welche sich in einem Proberöhrchen befinden, so dass sie eine 12 Zoll lange Schicht bilden, setzt man 10 Grains einer Lösung von Chlorammonium,

*) Landwirthschaftliche Jahrbücher 6, Supplementheft p. 107.

**) Chem. News 31, 133.

welche 3,17 Grains des Salzes in 10000 Grains Wasser enthält (entsprechend 0,0001 Grain Ammoniak in ein Grain der Lösung), und dann 25 Grains des Nessler'schen Reagens von der gebräuchlichen Stärke, mischt und lässt bei einer Temperatur von 60° F. einige Minuten stehen. Die so erhaltene Färbung wird mit 30 Grad bezeichnet und die Normal-Caramellösung durch Auflösen von soviel Caramel in destillirtem Wasser bereitet, dass 10 Grains der Lösung 1 Färbungsgrad entsprechen.»

Ueber den Wassergehalt der Steinkohlen. Britton*) hat eine grosse Anzahl verschiedener Steinkohlensorten hinsichtlich ihres Wasserverlustes im Wasserbade und bei verschiedenen Temperaturen im Luftbade untersucht und ist dabei zu folgenden Resultaten gelangt:

1. Dass das Wasser in den verschiedenen Steinkohlensorten in zwei verschiedenen Zuständen vorkommt, nämlich chemisch gebunden und nicht chemisch gebunden, dass aber in diesen verschiedenen Zuständen sich keine feststehenden Verhältnisse kundgeben.

2. Dass einige Kohlen ohne Rücksicht auf die Classe, welcher sie angehören, durch Aufnahme von Sauerstoff an Gewicht zunehmen, wenn sie im feingepulverten Zustande der freien Luft ausgesetzt werden — und andere Kohlen dies nicht thun; während sie gleichzeitig durch den Verlust des Wassers und Kohlenwasserstoffgases bei den verschiedenen Temperaturen zwischen der des siedenden Wassers und der, welche für eine zersetzende Destillation hinreichend ist, an Gewicht abnehmen.

3. Dass alle Kohlen, wenn sie durch Hitze irgend eines Theiles ihres normalen Wassergehaltes beraubt worden sind, sofort wieder beginnen diesen Verlust zu ersetzen, insofern sie mit der freien Luft bei gewöhnlicher Temperatur in Berührung kommen. Es folgt daraus, dass ein richtiges Wägen des Materiales nicht stattfinden kann, wenn es nicht in einer Umhüllung geschieht.

4. Dass durch die Methode der Wassergehaltsbestimmung durch Bestimmung des Verlustes, welchen die Kohle durch's Trocknen bei 100° C. während einer Stunde oder auch längerer Zeit bei irgend einer anderen Temperatur erleidet, zweifelhafte Resultate erlangt werden, mag nun dabei Schwefelsäure angewandt werden oder nicht.

Ueber die Untersuchung des Nutzeffectes von Kesselfeuerungen mit Hülfe des Winkler'schen Gasanalysenapparates*) hat F. Wein-

*) Engineering and Mining Journal **22**, Nr. 7 u. Berg- u. Hüttenmänn. Ztg. **36**, 67.

*) Beschrieben und abgebildet in dieser Zeitschr. **12**, 74, 191.

hold*) interessante Mittheilungen gemacht, auf welche hier nur hingewiesen werden kann.

Ueber die Bestimmung organischer Stoffe in der Knochenkohle mit Chamäleonlösung. Man bestimmt bei der Wiederbelebung der Knochenkohle in den Zuckerfabriken meist nur den Gehalt an kohlensaurem Kalk zur Controle. W. Thorn**) hält auch die Bestimmung der organischen Substanzen für wichtig und empfiehlt dazu folgendes Verfahren.

50 Grm. Knochenkohle werden mit 25 CC. Natronlauge von 1,4 spec. Gew. und 200 CC. Wasser ausgekocht, dann giesst man die gelbe Flüssigkeit ab, wiederholt das Auskochen mehrmals mit reinem Wasser, übersättigt die vereinigten Flüssigkeiten mit Schwefelsäure und titrirt mit Chamäleonlösung. Nimmt man mit Kubel und Woods an, dass 5 Theile organischer Substanz durch 1 Theil Chamäleon oxydirt werden, dann entspricht 1 CC. Normal-Chamäleonlösung 0,158 Grm. organischer Substanz.

Versuche, welche in der Zuckerfabrik Züttlingen in Württemberg ausgeführt wurden, gaben im Durchschnitt folgende Resultate:

Knochenkohle.	Wasser. Proc.	Organ. Stoffe. Proc.	Organ. Stoffe in der trockenen Kohle. Proc.	Von organ. Stoffen noch vorhanden. Proc.	Organ. Stoffe wurden entfernt. Proc.	Abnahme der organ. Stoffe in Proc.
Aus den Filtern	17,91	3,45	4,20	100,00	—	—
Nach dem Säuern, Gähren und zweimaligen Waschen in den Gährgruben	17,75	1,43	1,73	41,19	58,81	58,81
Nach dem Waschen in den Waschapparaten . . .	18,18	1,28	1,58	37,62	62,38	3,57
Nach dem Auskochen mit Brüdenwasser, verdünnter Natronlauge (1 Proc. NaO, HO) und Ausdämpfen	16,50	1,18	1,41	35,57	66,43	4,05
Nach dem Glühen . . .	—	—	0,68	16,19	83,81	17,38

*) Dingler's pol. Journ. **219**, 20, 281, 409.

) Dingler's polyt. Journ. **216, 268.

Zur Analyse der Legirungen empfiehlt S. Kern*) so zu verfahren, dass man aus den Auflösungen derselben die Metalle in regulinischem Zustande ausfällt und wägt. Das Silber wird durch Kupfer, Zinn und Blei werden durch Zink, Kupfer durch Eisen niedergeschlagen. Der Verfasser hält dies Verfahren für anwendbar zur Analyse von Silber-, Blei- und Kupferlegirungen.

Zur Bestimmung des Silbers in den gebräuchlichen Legirungen des Silbers mit Kupfer löst man 1 Grm. der Substanz in Salpetersäure, bringt die Lösung vorsichtig und ohne Verlust in ein Proberöhrchen und hängt ein blankes Kupferstäbchen hinein. Nach beendigter Reduction wird das erhaltene metallische Silber gewaschen, getrocknet und gewogen.**)

Zur Analyse von Kupfer-Zinklegirungen löst man eine gewogene Menge der Substanz in Salpetersäure, hängt ein blankes Eisenstäbchen in die Lösung und wägt das erhaltene metallische Kupfer; das in der Lösung verbleibende Zink wird nach einer der üblichen Methoden bestimmt.

Die Vorschriften, welche der Verfasser für die Analyse von Blei-Zinn-, Blei-Antimon-, Kupfer-Zinn-, Kupfer-Zinn-Zinklegirungen gibt, sind nicht geeignet, genaue Resultate zu liefern, auch ist auf fast immer vorkommende kleinere Quantitäten anderer Metalle keine Rücksicht genommen.

Die Trennung des Zinns von den übrigen Metallen soll nämlich nach den Angaben des Verfassers durch Auflösen der Legirung in Salpetersäure und Abfiltriren des ausgeschiedenen Metazinnsäurehydrates bewirkt werden. Dann soll man das Metazinnsäurehydrat nach Behandlung mit kochender Salzsäure in Wasser lösen, aus der erhaltenen Lösung das Zinn durch Zink fällen und wägen. Aus den vom Metazinnsäurehydrat abfiltrirten Lösungen sollen dann die darin enthaltenen Metalle nach den oben gemachten Angaben in regulinischem Zustande abgeschieden und gewogen werden. Dass sich auf dem angegebenen Wege eine scharfe Trennung des Zinns von Blei oder Kupfer nicht erreichen lässt, ist bekannt.

Blei-Antimonlegirungen lässt der Verfasser ebenfalls mit Salpetersäure behandeln. Der Niederschlag wird abfiltrirt, in Salzsäure gelöst, mit Zink reducirt und das metallische Antimon gewogen;

*) Chem. News **31**, 76.

) Ueber die Bestimmung des Silbers als metallisches Silber vergl. übrigens auch diese Zeitschr. **5, 402, sowie **2**, 212 und **6**, 426.

aus dem Filtrate wird das Blei ebenfalls durch Zink reducirt und gewogen. Die Trennung von Antimon und Blei auf diesem Wege ist bekanntlich auch keine ganz scharfe.

Die Ursache der Differenzen bei Bestimmung des Silbergehaltes in Bleibarren findet Schweitzer*) in der ungleichmässigen Vertheilung des Silbers in den Barren. Dasselbe sammelt sich besonders aussen an, findet sich in grösserer Menge oben als unten, in früher erstarrten Partieen mehr als in länger flüssig gebliebenen.**) In die Durchschnittszeichnung eines Bleiblickes eingeschriebene Silbergehalte erläutern die gemachten Angaben. Es enthielt in 1 Ton Blei Unzen Silber: die Oberflächenmitte 102,32; die Mitte 79,83; die untere Seite 96,33; lange Seite oben 104,54, unten 102,36; kurze Seiten oben 104,13, unten 100,32.

Zur Bestimmung des Kohlenstoffes in Eisencarbureten. Pearse***) hat 36 Bestimmungen des Gesammt-Kohlenstoffes in Eisen- und Stahlsorten nach den verschiedensten Methoden ausgeführt. Die genauesten Resultate wurden erhalten bei Zerlegung des Carburets durch ein Doppelsalz von Kupferchlorid und Chlorammonium, Verbrennen des Kohlenstoffes mittelst Chromsäure und Schwefelsäure und Wägen der erhaltenen Kohlensäure. Nach den Angaben des Verfassers dauert das Lösen von 3—5 Grm. Eisen in der Kälte 10—15 Minuten, das Filtriren und Zurichten des Kohlenstoffes für die Verbrennung 25 Minuten und letztere $^3/_4$—1 Stunde.

Mc. Creath †) bedient sich zur Bestimmung des gebundenen Kohlenstoffes für gewöhnlich der bekannten colorimetrischen Methode von Eggertz.††) Diese setzt aber einen Normalstahl mit genau bekanntem Kohlenstoffgehalt voraus. Um letzteren exact zu bestimmen bedient sich Verfasser der Methode, welche auch nach den oben besprochenen Versuchen von Pearse die genauesten Resultate liefert. Auch Mc. Creath hebt hervor, dass zur raschen Zersetzung von Eisencarbureten Kupferchlorid-Chlorammonium besonders geeignet sei. Der von ihm zur Oxy-

*) Amer. Chemist 1876 Nr. 72 p. 456.

**) Siehe Kerl's Probirkunst p. 12.

***) Eng. and Min. Journ. New-York **21**, 151 und Berg- und Hüttenmänn. Ztg. **36**, 43.

†) Eng. and Min. Journ. New-York **23**, 168 und Berg- und Hüttenmänn. Ztg. **36**, 268.

††) Diese Zeitschrift **2**, 434 und **10**, 245.

dation des Kohlenstoffes mit Chromsäure und Schwefelsäure angewandte, im Original abgebildete Apparat weicht von dem bekannten Ullgren'schen etwas ab.

Auch T. T. Morrell *) bestimmt den gebundenen Kohlenstoff mittelst der Eggertz'schen colorimetrischen Probe, nur verwendet er statt der bestimmt gefärbten Normalflüssigkeiten gefärbtes Glas und zwar das gewöhnliche durch Silberoxyd bräunlichgelb gefärbte. Ist die richtige Färbung nicht direct zu finden, so überstreicht man die eine Seite so oft mit Carminlösung, bis der gewünschte Farbenton hervortritt. In ähnlicher Weise hat Verfasser schon früher gefärbte Glasstreifen bei einer von ihm vorgeschlagenen colorimetrischen Methode zur Bestimmung des Eisens benutzt. (Vgl. diese Zeitschrift **14**, 390.)

Ryder**) bedient sich zur Bestimmung des Kohlenstoffes im Eisen des Magnetismus. Eine Eisenprobe mit einem Querschnitt von etwa $^3/_4$ Zoll im Quadrat und von $3^1/_2$ Zoll Länge wird eine Minute lang auf die Pole eines gewöhnlichen Elektromagneten gelegt und dadurch magnetisch gemacht. Dann nähert man das Stück einem in der Originalabhandlung näher beschriebenen Indicator und beobachtet die Ablenkung. Zeigt dann ein Normaleisenstück von bekanntem Kohlenstoffgehalt nach gleicher Behandlung dieselbe Ablenkung, so ist der Kohlenstoffgehalt der untersuchten Probe gleich dem des Normaleisenstückes. Ueber die Genauigkeit dieses Verfahrens und über die Vergleichung desselben mit den anderen Methoden zur Bestimmung des Kohlenstoffes liegen keine Angaben vor.

Zur Bestimmung des Mangans im Spiegeleisen, Stabeisen und Stahl für technische Zwecke empfiehlt S. Kern***) folgendes Verfahren: 1 Grm. der zu untersuchenden Substanz wird in 30 CC. Salzsäure gelöst, wenn nöthig filtrirt, auf die Hälfte des Volums eingedampft, neuerdings filtrirt und das Filtrat mit überschüssiger Kalilauge versetzt. Hierbei bleibt Thonerde, wenn vorhanden, gelöst, während ein Niederschlag von Eisenoxydul und Manganoxydul (beide oxydhaltig) entsteht. Dieser wird abfiltrirt, gewaschen, getrocknet,

---

*) Am. Chemist **5**, 365; Berg- und Hüttenmänn. Ztg. **34**, 230.

) Eng. and Min. Journ. New-York **23, 27 und Berg- und Hüttenmänn. Ztg. **36**, 58.

***) Chem. News **32**, 100.

geglüht und dann in einem Glasrohre im Wasserstoffstrome erhitzt. Das feinpulverige Reductionsproduct bringt man dann mittelst Petroleums, welches man zuvor, um etwaigen absorbirten Sauerstoff zu verjagen, erhitzt hatte, in eine Schale, zieht das Eisen mit dem Magnete aus, sammelt das zurückbleibende Manganoxydul, glüht dasselbe zur Ueberführung in Manganoxyduloxyd und wägt es. Verfasser hält diese Methode für hinreichend genau, um bei technischen Untersuchungen Anwendung finden zu können; Belegzahlen hat er allerdings nicht beigebracht.

W. Galbraith*) bedient sich zur Bestimmung des Mangans im Spiegeleisen folgender Methode: Man löst 1 Grm. Substanz in Salpetersäure von 1,2 spec. Gewicht, dampft zur Trockne, erhitzt zur Kirschrothgluth und behandelt den Rückstand wie eine Braunsteinprobe entweder mit oxalsaurem Natron und Salzsäure, um aus der entwickelten Kohlensäure den Mangangehalt zu finden oder fügt zum Rückstand schwefelsaures Eisenoxydul-Ammon in gewogener Menge, löst in Salzsäure und titrirt das nicht oxydirte Eisenoxydul mit doppeltchromsaurem Kali.

Die Bestimmung des Glaubersalzes in einem damit verfälschten Bittersalz gelingt nach Friedrich Anthon**) sehr sicher durch Ermittelung des specifischen Gewichtes der Lösung des fraglichen Bittersalzes.

Das specifische Gewicht einer Bittersalzlösung, welche 10 Proc. wasserfreie schwefelsaure Magnesia enthält, ist bei 15° C. = 1,1053, während eine Glaubersalzlösung mit einem Gehalte von 10 Proc. wasserfreien schwefelsauren Natrons ein specifisches Gewicht von 1,0917 besitzt.

Man erhitzt von dem zu prüfenden Salze circa 20 Grm. in einer Abdampfschale so lange auf 200—250°, bis sich alles Wasser verflüchtigt hat. Von dem verbliebenen Rückstand wägt man nun 10 Grm. ab, löst diese in 90 Grm. Wasser, wobei man keine Wärme anzuwenden braucht, bringt die Temperatur der Lösung auf 15° und bestimmt bei dieser Temperatur das specifische Gewicht der Lösung, zweckmässig mittelst eines Pyknometers. Ist die für das specifische Gewicht erhaltene Zahl 1,1053, so war das untersuchte Salz reines Bittersalz; betrüge sie dagegen nur 1,0917, so wäre das untersuchte Salz nur Glaubersalz. Zwischen diesen beiden Grenzen liegen nun die verschiedenen möglichen Verfälschungen, so dass z. B. entspricht:

---

*) Am. Chem. 1876 Nr. 72, p. 462.

**) Dingler's pol. Journ. 220, 467.

ein specifisches Gewicht von	folgendem Procentgehalt an Bittersalz.
1,09170	0
1,09306	10
1,09442	20
1,09578	30
1,09714	40
1,09850	50
1,09986	60
1,10122	70
1,10258	80
1,10394	90
1,10530	100

Aus vorstehender Tabelle ist ersichtlich, dass man auf diese Weise im Stande ist, die Bestimmung bis auf etwa 1 Procent richtig auszuführen, was für den Handelsverkehr genügen dürfte. — Die Methode setzt natürlich voraus, dass ausser Glaubersalz keine anderen Substanzen im Bittersalz vorhanden sind, welche auf das specifische Gewicht der Lösung influiren.

Ueber das Drehungsvermögen ätherischer Oele hat F. A. Flückiger*) eine Reihe historischer Notizen zusammengestellt, welche sich auf den praktischen Werth der Bestimmung des Drehungsvermögens zur Prüfung ätherischer Oele beziehen. Es ergibt sich aus denselben Folgendes: 1. Unter den Gemengtheilen ätherischer Oele gibt es sowohl drehende als nicht drehende. 2. Das Drehungsvermögen eines Oeles ist die Resultante der Drehkraft seiner einzelnen Bestandtheile. 3. Da diese letzteren in wechselnden Verhältnissen im Oele vorhanden sind, so liegt darin ein erster Grund, weswegen ein und dasselbe Oel nicht immer gleiches Drehungsvermögen äussern kann. 4. Ein zweiter Grund ist darin zu suchen, dass auch ein einzelnes chemisches Individuum von bestimmter Zusammensetzung, z. B. das Molecül C_{20} H_{16}, bei längerer Aufbewahrung chemischen Veränderungen (Aufnahme von O oder HO) unterliegen kann, welche sich auch auf die optischen Eigenschaften erstrecken. 5. Drittens wird die Drehung ferner beeinflusst durch die Qualität und die Quantität von Substanzen, welche selbst ohne Wirkung auf die Polarisationsebene sind. 6. Viertens wird man denselben Ein-

*) Arch. Pharm. [3] 10, 193 u. Chem. Centralbl. [3 F.] 8, 312.

fluss auch zu gewärtigen haben, wenn es sich um Gemenge handelt, in welchen mehrere optisch wirksame Substanzen vorhanden sind. Wie ungemein verwickelt sich die Verhältnisse gestalten können und in ätherischen Oelen sicherlich gestalten müssen, leuchtet ein, wenn wir etwa von folgenden Ueberlegungen ausgehen. A sei ein optisch unwirksames Stearopten aufgelöst in B, einem linksdrehenden Terpen und begleitet von C, einem daraus vielleicht durch Oxydation hervorgegangenen Oele, das rechts dreht. In erster Linie wird die Drehung des rohen Oeles abhängen von dem relativen Verhältnisse zwischen B und C; sollte C weit höher sieden als B, so wird schon ein etwas verschiedener Gang der Destillation grosse Verschiedenheiten im Oele einer und derselben Pflanze herbeiführen können. Weiterhin fragt es sich, ob nicht die Gegenwart von A, ganz abgesehen von der durch seine Anwesenheit bewirkten Verdünnung, auf die optischen Eigenschaften von B und C einwirkt. 7. Erscheint somit das Drehungsvermögen eines Oeles als Resultante verschiedener zusammenwirkender Kräfte, so ist ferner zu bedenken, dass selbst diese Resultante nach Satz 4 nicht als unveränderlich gelten kann. 8. Bei denjenigen Oelen, deren Hauptbestandtheil optisch unwirksam ist und bei den ganz unwirksamen könnte aus den dargelegten Gründen doch nur mit Vorsicht auf völlige Echtheit geschlossen werden, wenn sie keine oder nur sehr geringe Drehkraft äussern.

Die Bestimmung des Drehungsvermögens der ätherischen Oele scheint hiernach nur eine untergeordnete praktische Bedeutung beanspruchen zu dürfen. Im Vereine mit anderen Eigenschaften mag sie z. B. dazu verwendet werden, etwa die Identität einer Oelsorte mit einer anderen zu prüfen.

Zur Nachweisung von Zucker im Glycerin bedient sich R. Böttger*) der bekannten Eigenschaft der Molybdänsäure mit Säuren und Alkohol, Zucker etc. eine schön blaue Färbung zu liefern.

Mischt man 5 Tropfen des auf Zucker zu prüfenden Glycerins mit 100 Tropfen destillirten Wassers, fügt dazu einen Tropfen Salpetersäure, von 1,30 spec. Gew. und 3 bis 4 Centigramm molybdänsaures Ammon und erhitzt das Ganze zum Kochen, so färbt sich bei Gegenwart von Zucker die Flüssigkeit intensiv blau. Reines Glycerin bleibt ungefärbt.

*) Jahresber. d. physikal. Vereins zu Frankfurt a. M. für 1875/76 p. 22.

2. Auf Physiologie und Pathologie bezügliche Methoden.

Von

C. Neubauer.

Ueber das Vorkommen von Sulfocyansäure im Harn und ihre quantitativen Verhältnisse macht I. Munk*) folgende Mittheilungen:

Von Sertoli**) rührt die Beobachtung her, dass beim Erhitzen des Harns vom Menschen, Hunde und Pferde mit Mineralsäuren auf 100° C. Schwefelwasserstoff sich entwickelt. Indess bedarf es dazu, wie ich finde, nicht erst der Siedetemperatur; schon beim Erhitzen des stark angesäuerten Harns auf dem Wasserbade, also unter 100° C., wird fast constant H_2S frei; ja häufig genug gibt frischer, saurer Harn vom Menschen und Hunde, auch ohne Zusatz von Mineralsäuren, beim Abdampfen deutliche H_2S - Entwickelung. Suchten wir nach der Quelle dieser H_2S - Bildung, so mussten wir zunächst die bekannte Erfahrung berücksichtigen, dass, wenn organische Stoffe mit schwefelsauren Salzen im feuchten Zustande einer erhöhten Temperatur ausgesetzt werden, H_2S gebildet werden kann. Schon Neubauer***) bemerkt, es wäre möglich, dass der im Harn zuweilen auftretende H_2S auf diese Weise sich bildet. Es wurden deshalb durch Zusatz des doppelten Volumens starken Alkohols oder durch Hinzufügen von Chlorbaryum und Essigsäure die Sulfate gefällt und die Filtrate auf H_2S-Entwickelung beim Destilliren geprüft, auch hier mit positivem Erfolge. Es musste daher die erwähnte Möglichkeit für die Entstehung von H_2S fallen gelassen werden; zugleich ergab dieser Versuch, dass diese H_2S-bildende Substanz in Alkohol löslich ist. An eine zweite, auch von Neubauer angezogene Möglichkeit der Entstehung von H_2S aus S-haltigen Thierstoffen (Albumin, Mucin u. A.) auch ohne Gegenwart von Sulfaten durch Fäulniss war gar nicht zu denken, weil stets frischer, saurer, eiweissfreier Harn in Arbeit genommen wurde. Weiterhin zeigte es sich, dass durch Alkalien der Schwefel unter Bildung von Schwefelalkali nicht abgespalten wird; danach konnte es sich also auch nicht etwa um Cystin oder Taurin handeln.

---

*) Virchow's Archiv. Bd. 69, vom Verf. mitgetheilt.

**) Sull' essistenza di uno speciale corpo solforato nell' orina. Gazz med. italiano-lombardia 1869. Ser. VI. Tom. II, p. 197.

***) Neubauer und Vogel, Anleitung zur qual. und quant. Analyse des Harns. VII. Aufl. 1876, S. 64 und 111.

Von Sertoli ist ferner festgestellt worden, dass der beim Erhitzen mit Säuren unter H_2S-Bildung zerfallende Körper durch Bleizucker fällbar, in Ammoniak, Alkohol, Aether löslich ist; auch hatte schon früher Schoenbein *) gezeigt, dass der Harn vom Menschen und Hunde mit Zink und Salzsäure H_2S entwickelt. Indess war es bisher nicht gelungen, die Zusammensetzung dieses Körpers selbst zu eruiren. Doch schwebt Sertoli schon die Vermuthung vor, dass es sich um eine organische Säure handeln möchte. So weit das bisher Ermittelte; **) auf einzelne hierher gehörige Notizen aus neuester Zeit kommen wir noch später zurück.

Auf Grundlage aller der angeführten Beobachtungen bot sich für die weitere Untersuchung zunächst die Vermuthung dar, es möchte sich um Schwefelcyanverbindungen handeln, da diese ja in Wasser, Alkohol, Aether löslich, durch Bleizucker gefällt werden, beim Erhitzen mit verdünnten Mineralsäuren unter H_2S-Bildung zerfallen und endlich bei Behandlung mit Zink und Salzsäure H_2S entwickeln. Wie nicht anders zu erwarten, fiel infolge der Eigenfarbe des Harns die für Rhodanide so empfindliche Farbenreaction mit Eisensalzen, wohl auch wegen der nur vorhandenen geringen Menge an Rhodan wenig charakteristisch und überzeugend aus. Der Nachweis musste daher auf anderem Wege geführt werden. Gelang es uns, von der durch Ausfällung möglichst isolirten Substanz die ihr zukommenden charakteristischen Zersetzungsproducte, die neben H_2S entstehen, zu erhalten, so dürfte der Nachweis als erbracht und exact gelten. Wir haben bereits oben angeführt, dass die Sulfocyansäure beim Kochen der wässerigen Lösung, während ein geringer Theil unzersetzt entweicht, in Kohlensäure, Schwefelwasserstoff, Ammoniak und schliesslich, wenn die Lösung concentrirter geworden ist, in Blausäure und Persulfocyansäure zerfällt. Diese Zersetzung erfolgt beim Kochen mit einer stärkeren Säure (Salz- oder Schwefelsäure) in gleicher Weise, nur noch viel schneller. War also Sulfocyansäure im Harn enthalten, so musste im Destillate der Nachweis freier Blausäure (neben H_2S) ge-

*) Sitz.-Ber. d. k. bayer. Acad. 1864, S. 107.

**) Eine sehr sorgfältige Darstellung der Geschichte des Schwefels im Harn gibt F. A. Falck in seinen „Physiologischen Studien über die Ausleerungen des auf absolute Carenz gesetzten Hundes“ (Beiträge zur Physiologie, Hygiene, Pharmakologie und Toxikologie von Falck sen. und jun. I. S. 1—129.) Falck hat auch nachgewiesen, dass die Priorität des Nachweises von Schwefel im Harn ausser in Form der Sulfate (des neutralen Schwefels, Salkowski) Ronalds gebührt, dessen Publication 14 Jahre vor der von Voit erfolgt ist.

lingen. Es wurde zu dem Zwecke der Alkoholextractrückstand von mindestens 1 Liter Harn, in Wasser aufgenommen, mit Bleizucker ausgefällt, mit welchem Rhodansalze eine in Wasser unlösliche Verbindung geben, und der Niederschlag mit Schwefelsäure zersetzt. In dem Filtrat vom schwefelsauren Blei musste, wenn überhaupt vorhanden, die Sulfocyansäure sich finden; um sie nicht allzu verdünnt zu haben, wurde das Filtrat nach vorgängiger Alkalisirung auf dem Wasserbade stark eingeengt und alsdann, mit Salzsäure reichlich versetzt, der Destillation auf dem Sandbade unterworfen. Im Destillate war gar bald H_2S nachweisbar; auf Zusatz von Natronlauge und schwefelsaurem Eisenoxydoxydul entstand ein Niederschlag der sich in Salzsäure fast ganz löste, während eine blaue Trübung oder nur eine blaue Färbung bestehen blieb, aus der sich nach kürzerer oder längerer Zeit ein blauer, körniger Niederschlag absetzte, der abfiltrirt sich als Berlinerblau unzweifelhaft erwies.

In gleicher Weise gelingt es, aus dem Aetherextracte grösserer Harnmengen beim Destilliren mit verdünnten Säuren Blausäure neben H_2S zu erhalten.

Will man die Sulfocyansäure möglichst von anderen Bestandtheilen isoliren, so geschieht dies wohl am besten in der Form ihres Silbersalzes. Man fällt 200 CC. Harn (diese geringe Menge genügt schon) mit Silberlösung, unter Zusatz von Salpetersäure, vollständig aus. Der abfiltrirte Niederschlag, der neben Rhodansilber noch Chlorsilber u. A. enthält, wird, in Wasser vertheilt, durch Einleiten von H_2S zersetzt. Dadurch wird Schwefelsilber gefällt, während Sulfocyansäure nebst Salzsäure in Lösung gehen. Ist das Filtrat vom abgeschiedenen Schwefelsilber nicht sehr voluminös und nur wenig gefärbt (ein Theil der Farbstoffe wird von der Silberlösung mit niedergeschlagen), so erhält man ab und zu mit Eisenchlorid die charakteristische Rhodanfärbung. Bleibt diese Reaction aus oder ist sie nicht deutlich genug, so destillirt man die Flüssigkeit mit Schwefelsäure und wird dann im Destillat die Anwesenheit von Blausäure stets darthun können. Diese Methode erscheint uns empfehlenswerther, als die der Bleifällung; ausserdem kann man durch sie mit einer weit geringeren Harnmenge den Nachweis überzeugend führen. Nach alledem kann wohl kein Zweifel mehr darüber sein, dass es sich in der That um Sulfocyansäure handelt.

Ausser dem Harn von Menschen wurde noch der von Hunden und Kaninchen auf Sulfocyansäure geprüft; in beiden ist Rhodan enthalten, im Hundeharn in anscheinend etwas reichlicherer Menge, als im Menschenharn.

Durch Erhitzen mit starken Säuren wird, wie wir gesehen haben, die Sulfocyansäure zum Theil verflüchtigt, zum Theil zersetzt. Es scheint, als ob derselbe Vorgang beim Abdampfen frischen, sauren Harns, auch ohne dass man eine Mineralsäure hinzusetzt, stattfindet, wenigstens beobachtet man nicht selten eine H_2S-Entwickelung, die wir auf eine derartige Zersetzung beziehen möchten. Wir stellen uns vor, dass das saure phosphorsaure Natron des Harns, wenn es beim Einengen in einer gewissen Concentration sich befindet, in gleicher Weise wie verdünnte Mineralsäuren zersetzend wirkt, so dass Blausäure neben H_2S entweicht und im Rückstand, je nach der Menge des sauren phosphorsauren Natrons und der Dauer seiner Einwirkung, dann weniger Sulfocyansäure nachweisbar ist. Es spricht hierfür der Versuch. Setzt man nämlich zu einer verdünnten, etwa $^1/_4$—$^1/_2$ procentigen Rhodankaliumlösung, deren Rhodangehalt man durch Titriren mit Silberlösung bestimmt, saures phosphorsaures Natron und dampft zur Trockene ein, so findet man im Rückstand weniger Rhodan, als vor dem Eindampfen. Der Verlust an Rhodan beträgt, mit Hülfe des Titrirverfahrens bestimmt, etwa 10—15 pCt. Um einen Verlust an Rhodan zu vermeiden, wird es sich daher empfehlen, vor dem Eindampfen den Harn schwach alkalisch zu machen.

Es erübrigt noch, auf zwei hierher gehörige Notizen aus neuerer Zeit näher einzugehen. Kuelz*) hat gezeigt, dass die Schoenbein'sche Reaction, die H_2S-Entwickelung bei Behandlung des Harns mit Zink- und Salzsäure, eine weit verbreitete, ganz allgemeine Reaction vorstellt, die man bei dem Harn vom Menschen, Hund, Pferd, Rind, Kalb, Schaf, Kaninchen, Schwein und Meerschweinchen constant erhält. Von bekannten Körpern, die im Harn vorkommen, gibt diese Reaction nur unterschweflige Säure und Cystin, ausserdem auch Rhodankalium. Da er nun unterschweflige Säure nur im Hundeharn, Cystin im Menschen- und Rinderharn nicht nachzuweisen vermochte, so zieht er daraus den Wahrscheinlichkeitsschluss, es möchte sich im Menschenharn wenigstens um Rhodankalium handeln. Diese Schlussfolgerung ist nichts weniger als stringent, können doch erstens andere Forscher in der Darstellung jener schwefelhaltigen Körper aus dem Harn glücklicher als Kuelz sein und kommt zudem die erwähnte Reaction noch vielen anderen organischen Verbindungen zu, in denen sich der Schwefel in unoxydirtem Zustande

*) Ueber die schwefelhaltigen Körper des Harns. Sitzungsberichte d. Ges. z. Beförderung d. ges. Nat. z. Marburg, 1875, S. 74.

befindet, sodass sich auf sie allein eine Beweisführung nicht begründen lässt. Nicht viel besser steht es mit einer Angabe von Gscheidlen*), auf die ich während des Niederschreibens aufmerksam gemacht werde. Zum Nachweis des Rhodans z. B. im Speichel bedient sich G. Filtrirpapiers, das mit Eisenchlorid und etwas Salzsäure getränkt ist. Jede Spur von Rhodan, auf solches Papier feucht aufgetragen, bringt eine Rothfärbung hervor. Bei Harn von 22 Personen soll diese Reaction eingetreten sein, so dass G. nicht ansteht, Rhodan als constanten Bestandtheil des menschlichen Harns anzusprechen. Bei Wiederholung dieses Versuches erhalte ich mit Speichel eine genügend charakteristische, beim Harn indess eine für Rhodan sehr wenig ausgesprochene Farbenreaction. Will man auf Grund derselben das Vorkommen von Rhodan vermuthen, so sind wir einverstanden. Jedoch können wir einen, auf eine nicht sehr ausgesprochene Farbenreaction einzig und allein sich stützenden Nachweis nicht als genügend und exact gelten lassen.

Von einigem Interesse erschien es, über die quantitativen Verhältnisse des Rhodans im Harn Ermittelungen anzustellen. Hierzu konnte die beim Speichel angeführte Methode der quantitativen Bestimmung sich verwerthen lassen, ja sie schien im normalen, eiweissfreien Harn bei der Möglichkeit der directen Fällung mit Silbernitrat gegenüber dem Verfahren mit albuminhaltigen Körperflüssigkeiten erheblich vereinfacht. Es wurden je 100 CC. frischen Harns vom Menschen unter Zusatz von Salpetersäure mit Silberlösung vollständig ausgefällt. Wegen des Reichthums an Chloriden bedarf man hier grösserer Mengen des Reagens, weshalb man vortheilhaft eine Silberlösung von stärkerer Concentration in Anwendung zieht. Mit dem abfiltrirten und sorgfältig ausgewaschenen Niederschlag wird genau so verfahren, wie bei der quantitativen Bestimmung des Rhodangehalts im Speichel (siehe das folgende Heft), also das darin enthaltene Rhodansilber aus dem Schwefelgehalt bestimmt. Zwar besteht der Silberniederschlag, auch im angesäuerten Harn, nie aus reinem Chlorsilber und, können wir jetzt hinzufügen, Rhodansilber, sondern es werden, wie Neubauer**) nachweist, gleichzeitig Farb- und Extractivstoffe mit niedergeschlagen. Aber dieser Umstand kann gegen unsere Methode nicht geltend gemacht werden, so lange nicht dargethan ist, dass unter diesen gleichzeitig gefällten Farb- und Extractivstoffen ein schwefelhaltiger sich befindet.

*) Jahresbericht der schlesischen Ges. f. vaterl. Cultur, 1874. S. 207.

**) a. a. O. 194.

Es ergab sich nach diesem Verfahren für je 100 CC. Menschenharn:

1) 0,031 $BaSO_4$,	entsprechend	0,008 HCNS	oder	0,011 NaCNS,
2) 0,025	«	« 0,006	«	« 0,009 «
3) 0,036	«	« 0,009	«	« 0,012 «
	im Durchschnitt etwa	0,008 HCNS	oder	0,011 NaCNS.

Im Hundeharn gibt das fast constante Vorkommen von unterschwefliger Säure *) für die quantitative Rhodanbestimmung eine nicht zu vernachlässigende Fehlerquelle ab. Fällt man Hundeharn mit Silberlösung aus, so geht neben Chlor- und Rhodansilber unterschwefligsaures Silber in den Niederschlag. Dieses zersetzt sich zu Schwefelsilber und schwefelsaurem Silber, und da Schwefelsilber in verdünnter Salpetersäure unlöslich ist, so bleibt es im Niederschlage. Man erhält demnach bei der Bestimmung des Rhodans aus dem Schwefelgehalt der Silberfällung Werthe, welche um den Schwefel des gebildeten Schwefelsilbers zu hoch ausfallen. Wir sind noch damit beschäftigt, ein Verfahren zu ermitteln, das diese durch die unterschweflige Säure bedingte Fehlerquelle eliminirt.

Von noch grösserem Interesse musste es sein, eine Anschauung über das Verhältniss der Sulfate, des «sauren Schwefels» zu dem in unoxydirter Form enthaltenen, dem «neutralen» Schwefel (Salkowski) und der Sulfocyansäure zu gewinnen. Zu dem Zweck wurden je 200 CC. Harn zunächst zur Abscheidung der Sulfalte mit Chlorbaryum und Essigsäure versetzt und nach 24 Stunden unter mässigem Erwärmen auf dem Wasserbade abfiltrirt. Essigsäure und nicht Salzsäure wurde angewandt, um die Zersetzung der Sulfocyansäure beim Erwärmen möglichst zu vermeiden. Der Niederschlag wurde erst mit heissem Wasser, dann mit verdünnter Salzsäure, um den mit niedergeschlagenen, in Essigsäure unlöslichen oxalsauren Kalk in Lösung überzuführen, und dann wieder mit heissem Wasser ausgewaschen, getrocknet und geglüht. Die Wägung des geglühten schwefelsauren Baryts ergab die Menge der Sulfate für 200 CC. Harn. Das Filtrat vom $BaSO_4$ nebst Waschwasser, in dem also der gesammte neutrale Schwefel enthalten sein musste, wurde in zwei gleiche Portionen (je 100 CC. Harn entsprechend) getheilt, in der einen mit Silbernitrat die Sulfocyansäure ausgefällt und das Rhodansilber bestimmt; die andere Hälfte wurde nach Neutralisirung in der Platinschale zur Trockene abgedampft, der Rückstand mit Soda und Salpeter geschmolzen und so der gesammte neutrale Schwefel in Schwefelsäure übergeführt und

*) Schmiedeberg, Arch. d. Heilkunde. VIII (1867) S. 429.

als $BaSO_4$ bestimmt. Nach diesem Verfahren sind die oben unter 2) und 3) angeführten Werthe gewonnen. Wir fanden so in je 100 CC. Harn an $BaSO_4$:

	I. Sulfate	II. Neutraler Schwefel	III. Sulfocyansäure
2)	0,656	0,0715	0,025
3)	0,458	0,077	0,036.

Berechnen wir daraus den S-Gehalt nach dem Verhältniss $S : BaSO_4 = 0,137 : 1$, so ergibt sich.

	I.	II.	III.
2)	0,090	0,010	0,0034
3)	0,063	0,0105	0,0046.

Von der Menge des in den Sulfaten (I.) enthaltenen Schwefels repräsentirt der neutrale Schwefel (II.) des Menschenharns etwa den 9. bis 6. Theil; mehr als ein Drittheil von letzterem findet sich in Form der Sulfocyansäure (III.) vor.

Die eben angeführten, quantitativen Bestimmungen sind, wie wir bemerken müssen, an dem eigenen, bei gemischter Kost entleerten Harn gemacht worden. Nach gelegentlichen Beobachtungen unterliegt der Rhodangehalt je nach der Kost nicht unbeträchtlichen Schwankungen; die grössten Mengen werden bei vorwiegender Fleischkost ausgeschieden, daher die weit höheren Werthe, die man im Harn von fast ausschliesslich mit Fleisch gefütterten Hunden erhält. Vielleicht steht die Menge des Rhodans in einem ebenso constanten Verhältniss zu dem N-Gehalt des Harns, wie dies für den Schwefelgehalt der Fall ist. Ueber die einzelnen Factoren, welche auf die Menge des mit dem Harn ausgeschiedenen Rhodans influiren, müssen weitere Untersuchungen Aufschluss geben.

Im Anschluss hieran möchten wir noch einer auffallenden Beobachtung gedenken, die wir vor mehr als Jahresfrist gemacht haben gelegentlich von Versuchen, denen die Frage zu Grunde lag, wie lange Zeit ein in den Körper eingeführter löslicher Stoff braucht, um in den Harn überzugehen und durch ihn aus dem Körper vollständig eliminirt zu werden. Wir hatten damals 1,5 Grm. Rhodanammonium innerlich genommen; der nach 10 Minuten entleerte Harn gab bereits deutliche Rhodanreaction. Das ausgeschiedene Rhodan nahm, nach der Intensität der tiefrothen Färbung auf Zusatz von Eisenchlorid zu urtheilen, bis zum Ende des dritten Tages an Menge zu, von da an sehr langsam und allmählich wieder ab. Indessen war noch am 7. Tage, in einem anderen Versuche sogar am 8. Tage, die Rothfärbung mit Eisensalzen trotz der Eigenfarbe des Harns deutlich genug, dass sie auch von Anderen für eine Rhodanreaction erklärt wurde. Eine neuerdings bei Wiederholung des Versuchs angestellte quantitative Bestimmung ergab denn auch für den 6. und 7. Tag nach der Rhodanaufnahme im Harn Rhodanmengen, die den von uns gefundenen Durchschnittsgehalt erheblich übersteigen. Erwägen wir, dass das Rhodanammonium entsprechend seiner grossen Löslichkeit schon innerhalb 10 Min. nach seiner Aufnahme in den Magen in den Harn übergetreten ist, so erscheint die Zurückhaltung eines Theiles von ihm im Körper und die erst spät erfolgende vollständige Elimination im höchsten Grade auffällig. Eine befriedigende Erklärung dafür sind wir zu geben ausser Stande; wir möchten vermuthen, dass ein Theil des Rhodans als leicht lösliches Salz schnell durch den Körper hindurchgeht, ein anderer vielleicht in organische Atomcomplexe eintritt unter Bildung von Substanzen, die weiterhin durch Oxydation ganz allmählich zerfallend, die Sulfocyansäure wieder frei werden lassen, die nun als solche den Organismus durch den Harn verlässt. Wie dem auch sei, jedenfalls erscheint diese Erfahrung nicht ohne Interesse.

Berichtigungen.

Im 16. Jahrgang dieser Zeitschrift p. 23 Zeile 18 v. o. lies „gegenüber den anderen“ statt den anderen.

Im 16. Jahrgang dieser Zeitschrift p. 123 Zeile 23 v. o. lies „Die Tanninlösung“ statt Die Tanninbestimmung.

Im 16. Jahrgang dieser Zeitschrift p. 354 zweite Anmerkung lies „Ann. d. Ch. u. Ph. **45**, 263“ statt Ann. d. Ch. u. Ph. **54**, 273.

Sachregister.

(Die Salze sind bei den betreffenden Säuren oder Halogenen zu suchen.)

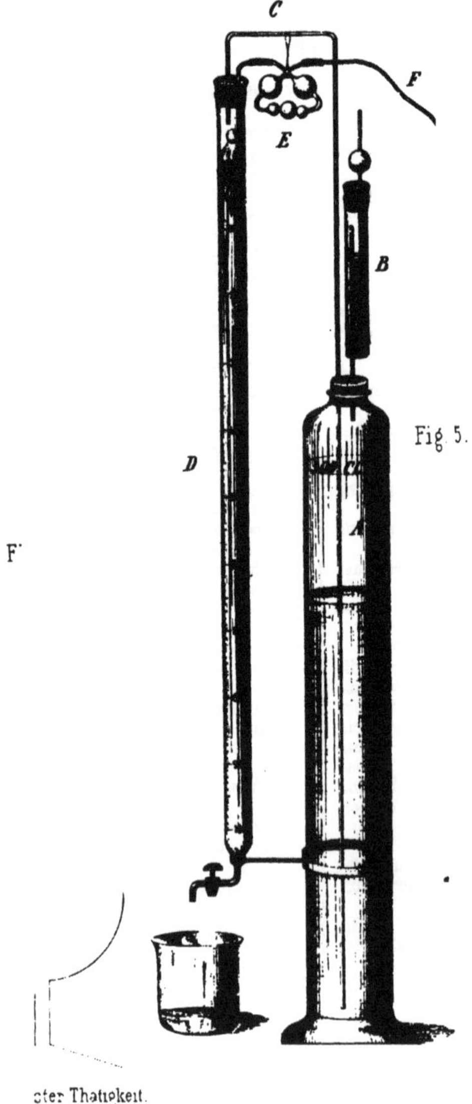

Fig. 5.

F

…ster Thätigkeit.

C. W. Kreidel's Verlag in Wiesbaden

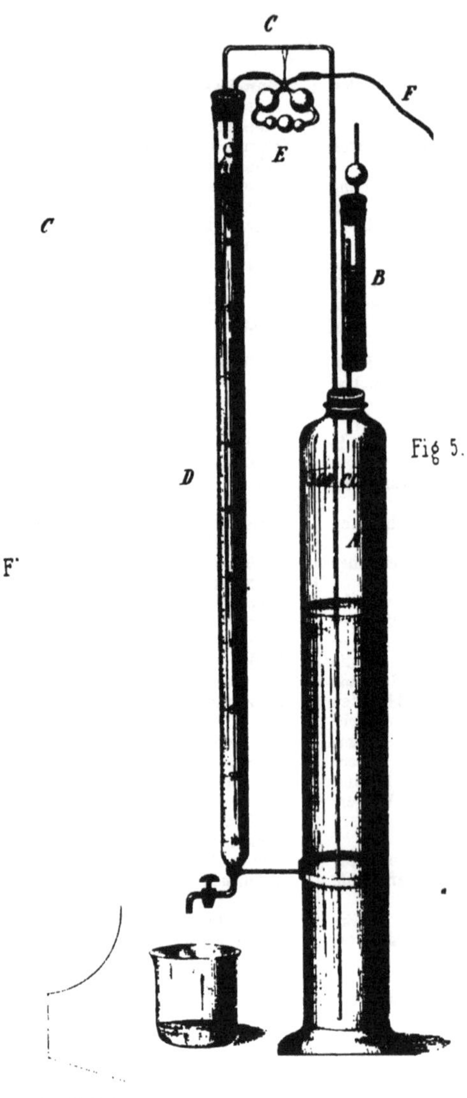

Fig 5.

ster Thatigkeit.

C W Kreidel's Verlag in Wiesbaden.

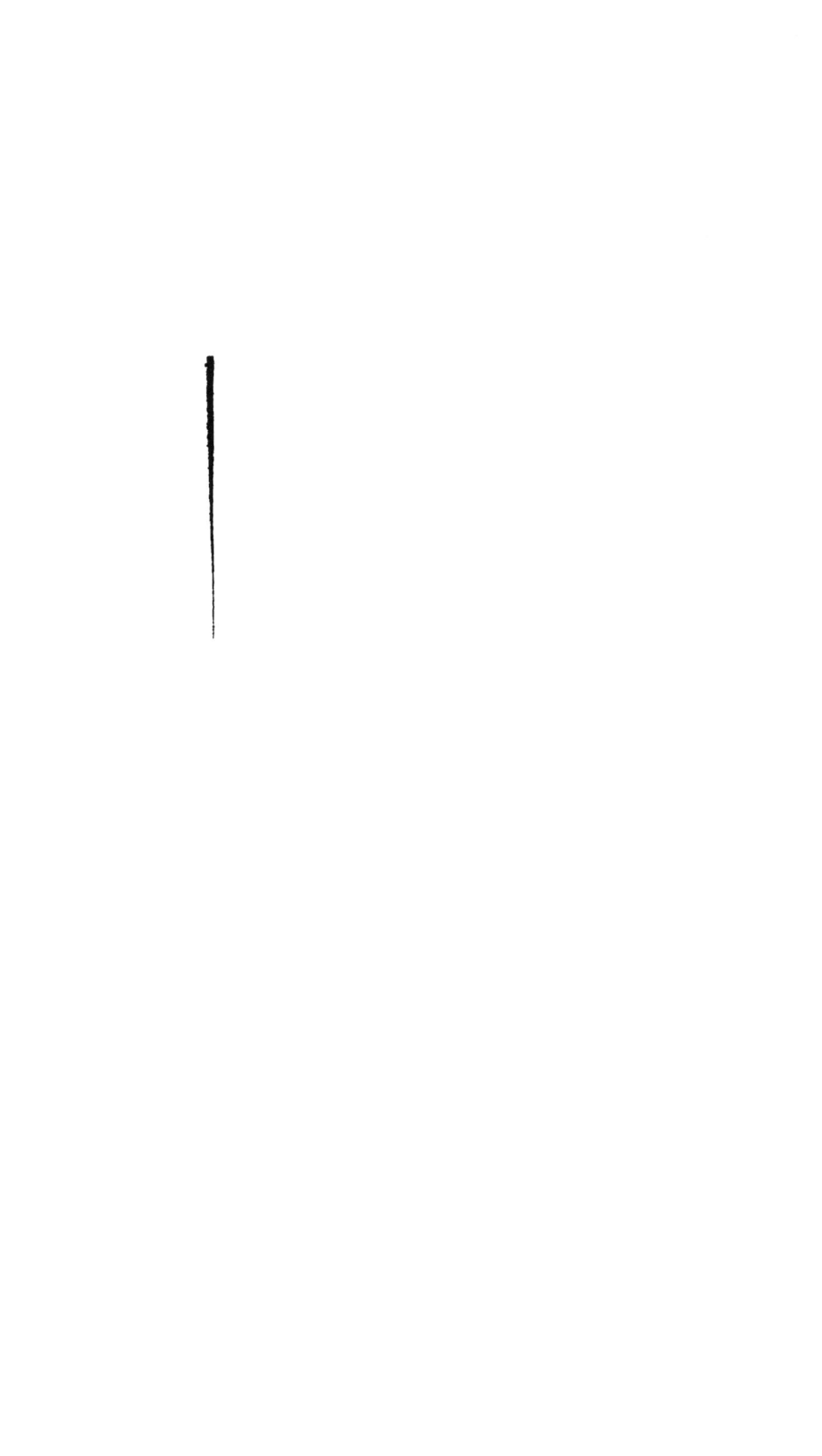

Autorenregister.

Druck von C. Ritter in Wiesbaden.

Lightning Source UK Ltd.
Milton Keynes UK
UKHW031034180119
335699UK00008B/1005/P